U0337161

国家科学技术学术著作出版基金资助出版

陆地生态系统通量观测的原理与方法

（第二版）

Principles of Flux Measurement in Terrestrial Ecosystems

(Second Edition)

于贵瑞　孙晓敏　等著

高等教育出版社·北京

内容简介

本书以近地边界层大气科学的基本理论为基础，系统地论述了陆地生态系统 CO_2、H_2O、热量和动量通量的观测原理与方法，为从事全球变化、陆地生态系统碳循环和水循环以及地圈-生物圈-大气圈相互作用研究领域的科技人员提供了野外观测、数据质量控制与分析、生态学知识与数学模型的提炼等方面的基础理论和实践技术，可作为相关领域科研工作者的理论学习和实践活动的参考书。

全书共17章，第1~6章系统介绍了全球变化与陆地生态系统碳、氮和水循环，陆地生态系统的能量和物质交换通量，地球大气圈的垂直构造与大气成分，大气圈的辐射传输与地表辐射平衡，近地边界层特征与空气运动基本方程，近地边界层湍流运动特征与扩散通量等有关近地边界层大气科学的基础理论；第7~10章详细讨论了基于空气动力学和热平衡的通量观测、涡度相关技术原理及通量观测、涡度相关观测中的若干理论和技术问题、稳定同位素技术在通量观测中的应用；第11~14章综述了陆地生态系统不同界面的碳氮水交换通量观测方法、陆地生态系统碳循环与碳通量评价模型、陆地生态系统的水循环及水通量的评价模拟、陆地生态系统碳-氮-水耦合循环及模拟模型的研究进展；第15、16章分别介绍和评述了全球陆地生态系统的通量观测及其实例，全球陆地大气边界层观测实验/生态系统通量观测网络与相关研究计划；第17章讨论了中国通量观测研究网络的建设、研究进展及发展方向。

图书在版编目（CIP）数据

陆地生态系统通量观测的原理与方法/于贵瑞等著.
—2版.—北京：高等教育出版社，2017.12
ISBN 978-7-04-046012-4

Ⅰ.①陆… Ⅱ.①于… Ⅲ.①陆地-生态系统-通量-观测 Ⅳ.①P91

中国版本图书馆 CIP 数据核字(2017)第217998号

策划编辑 关 焱 李冰祥 责任编辑 关 焱 封面设计 杨立新 版式设计 于 婕
插图绘制 于 博 责任校对 张 薇 责任印制 赵义民

出版发行 高等教育出版社
社 址 北京市西城区德外大街4号
邮政编码 100120
印 刷 北京中科印刷有限公司
开 本 889mm×1194mm 1/16
印 张 36.75
字 数 1090千字
插 页 2
购书热线 010-58581118
咨询电话 400-810-0598
网 址 http://www.hep.edu.cn
http://www.hep.com.cn
网上订购 http://www.hepmall.com.cn
http://www.hepmall.com
http://www.hepmall.cn
版 次 2006年4月第1版
2017年12月第2版
印 次 2017年12月第1次印刷
定 价 168.00元

物 料 号 46012-00

LUDI SHENGTAI XITONG TONGLIANG GUANCE DE YUANLI YU FANGFA

资助项目

中国科学院知识创新工程重大项目:中国陆地和近海生态系统碳收支研究(KZCX1-SW-01)

国家重点基础研究发展计划(973计划)项目:中国陆地生态系统碳循环及其驱动机制研究(2002CB412500)

国家自然科学基金委员会杰出青年科学基金项目:陆地生态系统水碳耦合循环机制及其模拟(30225012)

国家重点基础研究发展计划(973计划)项目:中国陆地生态系统碳-氮-水通量的相互关系及其环境影响机制(2010CB833500)

国家自然科学基金委员会A3前瞻计划项目(中日韩):CarbonEastAsia:基于通量观测网络的生态系统碳循环过程与模型综合研究(30721140307、31061140359)

中国科学院科技服务网络计划(STS计划)项目:生态系统碳氮水通量观测技术规范与数据集成(KFJ-SW-STS-169)

国家重点研发计划(典型脆弱生态修复与保护研究):碳通量及碳同位素通量的连续观测技术和方法(2017YFC0503904)

本书作者名单

（按姓氏笔画排序）

于贵瑞　王绍强　王秋凤　牛　栋　方华军
朱先进　朱治林　伏玉玲　任小丽　任传友
刘新安　米　娜　孙晓敏　李正泉　李庆康
何念鹏　何洪林　宋　霞　张雷明　张　黎
陈　智　赵风华　胡中民　高　扬　高鲁鹏
温学发　魏　杰

主要作者简介

于贵瑞　1959年生，辽宁省大连市新金县人，1982年毕业于沈阳农业大学，之后在沈阳农业大学获得农学硕士和博士学位，主要从事作物生理生态、耕作制度和土壤物理学等方面的研究，历任沈阳农业大学助教、讲师和副教授。1991年开始在日本千叶大学学习和工作，主要从事土壤-植物-大气系统的水分运动、农业气象和环境水利学的研究与教学工作，获千叶大学环境学博士学位，曾任千叶大学研究生院助理教授和园艺学部副教授等职。1999年入选中国科学院"百人计划"和"引进国外杰出人才计划"，2002年获得国家自然科学基金委员会"杰出青年基金"资助。曾任中国生态学学会副理事长，AsiaFlux副主席等职。

现任中国科学院地理科学与资源研究所副所长、研究员、博士生导师，中国科学院大学岗位教授，中国科学院"特聘核心骨干"，国家科技部国家生态系统观测研究网络(CNERN)综合中心主任，中国科学院中国生态系统研究网络(CERN)综合研究中心主任，中国科学院生态系统网络观测与模拟重点实验室主任，CERN科学委员会副主任，青藏高原研究会副理事长，中国生态学学会长期生态专业委员会主任，中国通量观测研究联盟理事长。

近年来，主要从事生态系统生态学研究，着力于发展生态系统碳氮水通量及耦合循环与全球变化方向，推动生物学与地理学的交叉融合，开展生态系统过程机制与自然地理格局规律的整合研究，在生态系统碳氮水通量协同观测技术、碳通量动态变化和区域空间格局的生态学机制、碳氮水通量时空格局的耦合关系以及碳-氮-水耦合循环过程方面取得了系统性的研究成果。主持国家科技部和中国科学院的生态系统网络建设工程项目6项，主持中国科学院知识创新工程重大项目、战略性先导科技专项、国家973计划领域前沿项目、国家自然科学基金委员会重大项目和重点国际合作项目等科学研究任务8项。主持完成的2项成果获国家科学技术进步二等奖，参与完成的1项成果获国家科学技术进步一等奖、2项成果获省部级一等奖。授权发明专利7项，登记软件著作权8项，主编著作9部，发表论文460余篇，主要成果发表于*PNAS*、*Global Ecology and Biogeography*、*Global Change Biology*、*Agricultural and Forest Meteorology*、*Environmental Science & Technology*等国际期刊。

孙晓敏　1957年生,1983年毕业于北京邮电学院无线电技术专业。现任中国科学院地理科学与资源研究所研究员、博士生导师,中国科学院特聘研究员,中国科学院大学岗位教授,中国科学院生态系统网络观测与模拟重点实验室常务副主任,中国科学院地理科学与资源研究所科技平台建设技术委员会副主任,中国通量观测研究联盟副理事长和技术顾问等。曾任中国生态系统研究网络(CERN)水分分中心主任、综合研究中心副主任等。

主要从事生态系统地表通量观测、定量实验遥感技术和尺度转换研究,着力于发展生态系统碳水通量及其同位素通量综合观测技术,在新型观测仪器的研制和观测系统的建立方面做出了卓有成效的工作。在长期的观测研究工作过程中,开展了新型通风干湿表、换位式波文比观测仪、空气动力学阻抗观测仪等多项观测仪器的实际应用和观测研究,有效地解决了关键地表通量参数的定量观测方法和获取途径问题。

先后主持承担了国家科技部973计划、中国科学院重大项目、国家重点研发计划项目、中国科学院仪器研制项目等。荣获国家科学技术进步二等奖2项、中国科学院自然科学二等奖1项。在国内外学术期刊上发表论文240余篇,主要成果发表于 *Global Change Biology*、*Agricultural and Forest Meteorology* 等国际期刊。申请及授权国家发明专利20余项。

再版前言

陆地生态系统的水、碳和氮循环过程机理、变化趋势及其调控管理的综合研究，是人类调节地圈-生物圈-大气圈的相互作用关系，维持全球生态系统的物质循环与能量流动、自然资源再生与循环利用的科学基础，成为生态系统与全球变化科学研究的重要领域。开展生态系统水、碳和氮通量及其耦合过程机制的联网观测研究是认识生态系统过程和功能的动态变化与空间格局规律，揭示全球气候变化和人为活动对生态系统的影响，以及生态系统对环境变化适应性的重要技术途径。有效组织生态系统能量、水和温室气体（CO_2、CH_4 和 N_2O 等）通量的联网观测，可以为认知和预测生态系统对全球气候变化的反馈作用、生态系统生产力和稳定性评价、生物多样性维持、生态系统碳固持、水源涵养、气候调节等功能提供理论依据和科学数据支撑。

中国陆地生态系统通量观测研究网络（ChinaFLUX），自 2002 年以中国生态系统研究网络（CERN）为基础开始建立以来，取得了健康发展和系统性的科学研究进展，已成为中国学者研究陆地生态系统水、碳和氮循环的生态过程机理、动态变化和空间格局，以及生态系统与全球变化互馈关系等科学问题的综合性野外平台及多学科交叉研究基地。ChinaFLUX 作为国际通量观测研究网络（FLUXNET）的核心成员之一，填补了亚洲大陆通量观测研究的区域空白，为全球尺度的通量观测体系发展和科学数据积累做出了重要贡献，开拓了中国通量观测研究事业，促进了陆地生态系统与全球变化学科领域的快速发展。

ChinaFLUX 针对陆地碳收支评估等科学问题，系统解决了生态系统碳通量观测技术和碳收支评估的系列关键技术难题，创建了服务陆地碳收支评估的生态系统碳通量联网观测与模型模拟系统，集成性成果“中国陆地碳收支评估的生态系统碳通量联网观测与模型模拟系统”获得 2010 年度国家科学技术进步二等奖。ChinaFLUX 学者陆续发表的系列研究成果得到了国内外同行广泛关注，为揭示欧亚大陆季风区的陆地生态系统水、碳、氮通量时空变异和过程机理、生态系统与气候系统间的相互作用关系，以及全球气候变化陆面过程模式开发和陆地生态系统综合管理等研究提供了有价值的科学认知和数据支持。

为了推动 ChinaFLUX 发展及观测技术规范化，ChinaFLUX 研究群体在 2006 年出版了该研究领域的第一部学术专著《陆地生态系统通量观测的原理与方法》，系统总结了陆地生态系统通量观测的理论、方法和技术方面的研究成果，成为该研究领域科技工作者学习边界层气象学、生物气象学、生态系统通量观测的相关理论和技术的重要参考书。图书出版之后供不应求，几年前就已售罄。近年来，众多科研院所和高校学者以及高等教育出版社强烈建议我们再版。为了回应学界的期待，并及时反映该研究领域的最新进展，我们欣然地接受了高等教育出版社的邀请，组织撰写了《陆地生态系统通量观测的原理与方法》（第二版）。在对初版进行校阅和补充的基础上，第二版进一步将内容扩展到陆地生态系统的辐射、能量、水热、碳、氮及其他温室气体的通量综合观测。期望本书的再版能够进一步推动中国陆地生态系统通量观测研究事业的发展，为新阶段的多要素与多途径协同、多方法与多技术集成、跨区域的多尺度立体化观测以及多源数据整合分析提供理论指导和技术参考。

《陆地生态系统通量观测的原理与方法》（第二版）在初版的基础上增加了相关领域的新进展，同时增加了第 11 章（陆地生态系统不同界面碳氮水交换通量观测方法）和第 14 章（陆地生态系统碳-氮-水耦合循环及模拟模型）。本书的第一部分（第 1~6 章）系统介绍了陆地生态系统的物质与热量通量、近地边界层特征与空气运动基本方程、近地边界层湍流运动特征与扩散通量等近地边界层大气科学的基础理论。第二部分（第 7~10 章）重点讨论了基于空气动力学和热平衡的通量观测、涡度相关技术原理及通量观测、通量观测的数据分析、稳定同位素在通量观测中的应用等。第三部分（第 11~17 章）介绍了陆地生态系统水、碳和氮循环及通量评价模型与数据整合分析研究进展。

ChinaFLUX 自建立以来，已历经 15 个春秋。在这 15 载的雨露风霜、阴晴圆缺历程中，ChinaFLUX 克服各种困难坚强前行，在阳光雨露的滋养和狂风暴雨的洗礼下茁壮成长，不仅为全球尺度的通量观测体系发展做出了中国的贡献，而且奠定了中国通量观测事业发展的基础，开拓了陆地生态系统碳-氮-水耦合循环综合研究的前沿领域。在本书再版之际，思绪万千，多少往事历历在目，多少情感涌上心头。衷心地感谢为本书初版作序的原中国科学院副院长孙鸿烈院士、原中国科学院副院长和原国家自然科学基金委员会主任陈宜瑜院士、北京大学陈家宜教授，感谢他们在 ChinaFLUX 创建初期所给予的关怀、指导与支持；衷心地感谢原中国科学院资源与环境技术局陈泮勤、刘健和冯仁国三位副局长，他们领导和支持了 ChinaFLUX 的建设、运行和设备升级工作。

ChinaFLUX 自创建以来，承担了中国科学院知识创新工程重大项目“中国陆地和近海生态系统碳收支研究”(KZCX1-SW-01，2001.08—2005.12)、知识创新工程重要方向项目“中国陆地生态系统碳氮通量特征及其环境控制作用研究”(KZCX2-YW-432，2007.01—2009.12)、战略性先导科技专项“生态系统固碳现状、速率、机制和潜力”(XDA05050000，2011.01—2015.12)的观测研究任务。多年来，同时承担了国家 973 计划“中国陆地生态系统碳循环及其驱动机制研究”(2002CB412500，2002.12—2007.08)和“中国陆地生态系统碳-氮-水通量的相互关系及其环境影响机制”(2010CB833500，2010.01—2014.08)，国家自然科学基金委员会重大项目“我国主要陆地生态系统对全球变化的响应与适应性样带研究”(30590380，2006.01—2010.12)和“森林生态系统碳-氮-水耦合循环过程的生物调控机制”(31290220，2013.01—2017.12)，以及国家自然科学基金委员会 A3 前瞻计划项目“CarbonEastAsia：基于通量观测网络的生态系统碳循环过程与模型综合研究”(30721140307、31061140359，2007.09—2012.07)和国际合作重点基金项目“北半球陆地生态系统碳循环及关键地表过程对气候变化的响应和适应”(31420103917，2015.01—2019.12)的科学研究工作。正是这些科学研究项目支持了 ChinaFLUX 的健康发展和开拓前行。由衷地感谢国家自然科学基金委员会生命科学部、科技部基础研究司以及原中国科学院资源与环境技术局对 ChinaFLUX 给予的资助和支持。

更让我难以忘怀的是已故的美国 Bertrand D. Tanner 和澳大利亚 Ray Leuning 在 ChinaFLUX 观测系统设计、数据分析理论和技术研究、观测队伍技术培训等方面的合作与帮助，以及日本通量观测研究网络(JapanFlux)的 Susumu Yamamoto、Akira Miyata、Saigusa Nobuko、Takashi Hirano 等和韩国通量网(Ko-Flux)的 Joon Kim 等亚洲通量网(AsiaFlux)的同仁对 ChinaFLUX 的指导及在 A3 前瞻计划执行期间的真诚合作。

十分留恋以 ChinaFLUX 为工作平台执行中国科学院创新团队国际合作伙伴计划“人类活动与生态系统变化”(CXTD-Z2005-1，2005.09—2008.08)与海外华人学者精诚合作的那段时光，怀念那个时期的年轻人所展现出的“胸怀天下、指点江山”的爱国激情，怀念那种“踌躇满志、数历史风流、谈今朝新星”的开放心态，怀念那种“勇于开拓、甘当大任、只争朝夕”的工作热情。令人欣慰的是，当年的这批海外华人学者(加拿大多伦多大学的陈镜明和魁北克大学的彭长辉，美国耶鲁大学的李旭辉、马里兰大学的梁顺林、俄克拉荷马大学的骆亦其和肖向明、密歇根州立大学的齐家国，以及英国伦敦大学的孙来祥)都已经成长为国际知名教授，也都以国家“千人计划”学者身份活跃在祖国的多所大学，持续地为中国科技发展做出新贡献。

本书的合作者孙晓敏研究员以及初版作者群体既是 ChinaFLUX 的建设者，也是中国陆地生态系统通量观测研究领域的开拓者。他们中的很多人伴随着 ChinaFLUX 的发展已经成长为陆地生态系统通量观测研究领域的专家。在第二版撰写过程中，我们又吸收了几位青年学者加盟，他们是近年来开始步入该研究领域的青年骨干，我相信他们必将成为继承和发展 ChinaFLUX 事业的有生力量。特此对本书初版和再版合作群体的精诚合作和智慧奉献表示衷心的感谢。

在本书完成之际，回忆并追记这些往事以为纪念。由于作者水平有限，书中难免会存在不足之处或者错误，敬请各位读者不吝指出。

于贵瑞

2017 年 5 月于北京大屯

初版序一

全球变化及其带来的生态环境问题是人类社会可持续发展所面临的重大挑战。生态系统作为生物圈的基本单元，为人类社会提供了食物、纤维、能量、自然资源以及生存环境等形式的服务，维持着社会经济系统的可持续发展。全球变化是来自各种尺度、不同类型生态系统变化的累计效应和交互影响的总体反应，所以生态系统的结构与功能、格局与过程研究是全球变化科学发展的基础。陆地生态系统的水和碳循环过程机理、变化趋势以及调控管理的综合研究，是探讨调控全球变暖进程、缓解淡水资源短缺、维持世界经济发展的战略需求，可是现今关于全球变化和人类活动影响下的生态系统水和碳循环变化特征、过程机理及其与全球气候变化的相互作用关系中的许多问题还没获得科学上共识的答案。

生态系统的联网观测研究是认识生态系统变化规律、揭示生态系统对全球气候变化的响应与适应性的重要技术途径。开展生态系统 CO_2 和水热通量的联网观测，对认知和预测全球气候变化趋势、评价生态系统的碳固定和水源涵养功能等都具有重要的科学意义。中国区域的陆地生态系统因其多样性和地理区位的特殊性，为开展全球尺度的生态系统 CO_2 和水热通量联网观测、生态系统水和碳循环机制研究提供了得天独厚的天然实验室。但长期以来，我国在国际通量观测研究网络（FLUXNET）中一直属于空白区域，使得我国独特的区位优势未能得到充分发挥。令我高兴的是，2002 年开始在中国生态系统研究网络（CERN）基础上所建立的中国陆地生态系统通量观测研究网络（ChinaFLUX）得到了健康发展，并取得了国内外关注的观测研究成就。ChinaFLUX 与 CERN 的有机结合，为我国开展陆地生态系统水和碳循环、生态系统与全球变化的综合研究提供了具有国际水平的野外研究平台和多学科交叉的合作基地。ChinaFLUX 的建立和发展，是对 CERN 的联网观测和综合研究能力的一次重大提升，使得 CERN 参与国际大型科学观测计划、开展陆地生态系统生物地球化学循环研究的综合能力得到了极大提高。同时，ChinaFLUX 作为 FLUXNET 的重要成员，它的研究工作也是我国科技界对国际通量观测研究领域学科发展的重要贡献。

ChinaFLUX 建立以来，获取了大量的系统性和连续性完好的原始科学数据，在生态系统通量观测的理论和方法、我国主要类型生态系统 CO_2、H_2O 和热量通量特征与过程机理研究等方面都取得了重要进展。这里出版的《陆地生态系统通量观测的原理与方法》是 ChinaFLUX 研究群体在生态系统通量观测的理论、方法和技术方面研究成果的集中总结，是我国在该研究领域的第一部学术专著。该专著比较全面地论述了近地边界层大气科学的基本理论，重点讨论了生态系统 CO_2、H_2O 和热量通量观测的原理及其应用技术。我相信该专著的出版，对推动我国陆地生态系统水和碳循环研究，以及生态系统与全球变化科学的发展将会做出重要的贡献。

中国科学院院士

2005 年 11 月

初版序二

全球气候变暖和淡水资源短缺是世界经济可持续发展所面临的两大重要环境问题。陆地生态系统的水循环和碳循环是陆地表层系统物质能量循环的核心，是地圈-生物圈-大气圈间相互作用关系的纽带。陆地生态系统的水循环和碳循环过程机理、变化趋势及其调控管理的综合研究，是人类调节地圈-生物圈-大气圈的相互作用关系，维持全球生态系统的物质与能量循环、自然资源再循环的科学基础，已经成为全球变化科学和生态系统生态学研究的热点和核心科学问题。为此，有关国际组织提出了生态系统水循环和碳循环方面的一系列国际合作研究计划（IGBP、IHDP和WCRP等），欧洲、美国和日本也率先开展了陆地生态系统CO_2、水蒸气、热量通量的长期观测研究，成立了国际通量观测研究网络（FLUXNET）。

建立FLUXNET的主要目的是获取全球陆地生态系统水循环和碳循环的实际观测数据。这不仅是全球变化科学发展的迫切需要，也是各国社会经济发展和生态环境建设的需求，是服务于《联合国全球气候变化框架公约》和《京都议定书》的重要科学研究行动。中国在该领域的工作虽然起步较晚，但是起点高、发展迅速。2002年，中国科学院知识创新工程启动了重大项目“中国陆地和近海生态系统碳收支研究”；2003年，国家科技部“973计划”又启动了“中国陆地生态系统碳循环及其驱动机制研究”。在这两个项目的共同支持下，2002年开始创建的中国陆地生态系统通量观测研究网络（ChinaFLUX），取得了令人振奋的科学研究进展，带动了在中国区域内陆地生态系统通量观测事业的迅速发展。据不完全统计，现阶段国内已有50余个不同类型的观测站在开展陆地生态系统通量的观测与研究工作，为联合开展国家尺度的生态系统水循环、碳循环以及生态系统与全球变化的相互作用关系的集成性综合研究奠定了良好基础。

ChinaFLUX已经成为FLUXNET的重要成员，填补了FLUXNET在中国区域的空白，是开展全球通量观测研究的重要力量之一。ChinaFLUX系列研究成果的陆续发表，已经得到了国内外同行的广泛关注，为揭示欧亚大陆季风气候条件下的陆地生态系统水碳通量特征和机理、生态系统与气候系统间的相互作用关系、全球气候变化的陆面过程模式的开发，以及陆地生态系统水和碳过程的综合管理等研究工作提供了有价值的科学认知和数据支持。该书是国内首部关于陆地生态系统通量观测的原理与方法的系统性学术专著，也是ChinaFLUX在通量观测理论和方法研究方面所获得的重要成果之一。该书的出版对推动我国生态系统水循环和碳循环研究，以及生态系统与全球变化科学的发展具有重要意义。该书是作者基于3年来的理论研究和实践经验撰写而成的，是一部基础性的、理论与实践紧密结合的学术著作，对从事全球变化、陆地生态系统碳循环和水循环研究领域的科技人员具有理论和实践方面的指导作用，也是一部相关领域研究生教育的基础教材。

该书的作者是中国生态系统研究网络综合研究中心ChinaFLUX研究小组的青年学者群体，他们既是ChinaFLUX的建设者，也是中国陆地生态系统通量观测与研究领域的开拓者，我十分欣慰地看到了他们的成长过程，也十分欣赏他们那种刻苦努力、勇于探索的科学精神，希望他们能够百尺竿头，更进一步，积极推动中国陆地生态系统通量观测研究事业的发展。

国家自然科学基金委员会主任

中国科学院院士

陈宜瑜

2005年12月

初版序三

陆地生态系统的水循环与碳循环是陆地表层系统物质能量循环的核心，而陆地生态系统 CO_2、水蒸气、热量通量是地圈-生物圈-大气圈的物质能量交换的主要形式。20 世纪 90 年代开始，欧洲、美国和日本已开展生态系统通量的长期观测研究，并联合成立了国际通量观测研究网络(FLUXNET)，开始获取全球陆地生态系统 CO_2、水蒸气、热量通量，以及陆地生态系统水循环和碳循环的实际观测数据。这一大型国际观测计划的实施为推动大气边界层科学、全球气候变化科学的发展做出了重要贡献。

2002 年开始创建的中国陆地生态系统通量观测研究网络(ChinaFLUX)，填补了 FLUXNET 在中国区域的空白，取得了一系列重要科学研究进展，已经成为 FLUXNET 的重要成员和重要研究力量。ChinaFLUX 的研究工作为揭示欧亚大陆季风气候区陆地生态系统水、碳通量特征和控制机理，近地边界层的物质和能量传输，全球气候变化陆面过程模式的参数化方案以及陆地生态系统碳汇和水源涵养功能的评价等研究工作提供了有价值的科学认知和数据支持。

该书是国内首部关于陆地生态系统通量观测的原理与方法的学术专著，除大气科学与陆地生态系统的基本原理和知识外，还讨论了陆地生态系统的物质与热量通量，对近地边界层特征与空气运动基本方程、近地边界层湍流运动特征与扩散通量等近地边界层大气科学的基础理论问题进行了系统论述，与此同时，重点阐述了基于空气动力学和热平衡的通量观测、涡度相关技术原理及通量观测、通量观测的数据分析、稳定同位素在通量观测中的应用等技术问题，还较全面地总结了陆地生态系统的碳循环和水循环及碳和水通量评价模型的研究进展。在该书的编写过程中，作者注意了理论与实践的结合，基础知识与专业技术问题的结合，做到了深入浅出。该书引用了 ChinaFLUX 大量的最新研究成果，是一部关于大气边界层科学、陆地表层通量观测原理与技术的优秀专著，可以作为从事全球变化、边界层大气科学、生态系统碳循环和水循环研究领域的科技人员的参考书，也可以作为相关领域研究生教育的基础教材。

该书的作者是 ChinaFLUX 研究群体的青年学者，他们刻苦努力、勇于开拓的科学精神，是 ChinaFLUX 健康运行和该书得以出版的基础。相信他们一定能够加倍努力，积极推动中国陆地生态系统通量观测与研究事业的发展，为相关领域的科学发展做出更大贡献。

北京大学教授

陈家宜

2005 年 12 月

初版前言

人类活动所引起的超越自然变率的全球变化(global change)主要表现为全球大气温室气体浓度增加与全球气候变暖、臭氧层破坏和紫外辐射增加、大气污染与酸雨、内陆水体和海洋污染、污染物质和有害废弃物的越境迁移、生态系统退化和土地荒漠化、森林功能与资源量减少、野生物种的减少和生物多样性丧失等方面。全球变化导致了一系列全球规模的环境问题,是对全球社会经济可持续发展的严峻挑战。以全球变暖为主要特征的气候变化已经成为国际公认的事实,是全球变化科学领域的核心问题。20世纪后期,大气中二氧化碳(CO_2)、臭氧(O_3)、甲烷(CH_4)、氧化亚氮(N_2O)和含氯氟烃(CFCs)等温室气体浓度的增加得到了科学观测的确认,科学界已经公认工业革命以来的化石燃料燃烧、水泥生产以及土地利用变化等人类活动的影响是导致全球变暖的直接原因。全球变暖所引起的一系列环境问题不仅会直接影响人类社会的食物生产和人类健康,同时还会改变地球系统的辐射平衡、水资源和水循环、大气环流和自然灾害系统,引起陆地生物圈的生物多样性、生物与生态系统格局、陆地表面过程等方面的一系列变化。

全球气候变暖和淡水资源短缺是世界经济可持续发展所面临的两大环境问题。陆地生态系统的水循环和碳循环是陆地表层系统物质能量循环的核心,是地圈-生物圈-大气圈的相互作用关系的纽带,也是两个耦合的基本生态学过程。陆地生态系统的水循环和碳循环过程机理、变化趋势以及调控管理的综合研究,不仅是探讨人类干预与调节全球变暖进程、缓解淡水资源短缺、维持世界经济可持续发展的战略需求,也是人类调节地圈-生物圈-大气圈的相互作用关系,维持全球生态系统的物质与能量循环、自然资源再循环的生态学途径。尽管科学界对陆地生态系统水循环和碳循环进行过长期的研究工作,取得了许多重要的科学进展。但是,关于全球变化背景下的陆地生态系统的水循环和碳循环的很多科学问题还未得到明晰的解答。为此,有关国际组织提出了生态系统水循环和碳循环方面的一系列国际合作研究计划(IGBP、IHDP和WCRP等),欧洲、美国和日本也率先开展了陆地生态系统CO_2、水蒸气、热量通量的长期观测研究,成立了国际通量观测研究网络(FLUXNET)。建立FLUXNET的主要目的是获取全球陆地生态系统水循环和碳循环的实际观测数据,这不仅是全球变化科学发展的迫切需要,也是各国社会经济发展和生态环境建设的重大需求。

中国陆地生态系统的多样性、地形的复杂性以及地理区位的特殊性为生态系统碳循环研究提供了得天独厚的天然实验室。可是长期以来,我国属于世界的CO_2和水热通量长期观测网络的空白区域。2000年以前,我国在生态系统碳循环通量和储量的观测研究方面做过一些工作,也开展了少数的应用微气象法对农田生态系统CO_2和水热通量的观测研究,而对草原和森林生态系统的研究却十分少见。尽管早期的研究工作十分零散,但是也有相当程度的知识积累,尤其是通过十多年的建设,中国生态系统研究网络(CERN)已经为中国的碳循环、碳储量和通量观测系统的建立奠定了良好的基础。2002年,中国科学院知识创新工程启动了重大项目"中国陆地和近海生态系统碳收支研究"(Study on Carbon Budget in Terrestrial and Marginal Sea Ecosystems of China,CBTSEC,KZCX1-SW-01);2003年,国家科技部"973计划"又启动了"中国陆地生态系统碳循环及其驱动机制研究"(Carbon Cycle and Driving Mechanisms in Chinese Terrestrial Ecosystem,CCDM-CTE,2002CB412500)。这两个项目的启动全面推动了中国陆地生态系统的CO_2和水热通量的观测研究,并共同支持创建了中国陆地生态系统通量观测研究网络(ChinaFLUX)。它标志着中国陆地生态系统CO_2和水热通量的研究进入了国家尺度综合研究的新阶段,为中国陆地生态系统碳循环、全球变化与生态系统变化科学的综合研究提供了良好的实验研究平台和多学科合作基地。

自2002年ChinaFLUX建立以来,为了培养国内的通量观测与研究人才,ChinaFLUX办公室多次邀请国内外的专家,围绕近地边界层大气科学基础理论与陆地生态系统通量观测的原理与方法,以及通量观测研究中的科学问题，举办了多次讲座和培训班。2003 年 12 月，在北京组织召开了亚洲通量观测与研究国际研讨会（International Workshop on Flux Observation and Research in Asia）。目前，许多大学和研究机构也正在积极参与或制订通量观测研究计划，国内陆地生态系统通量观测研究事业得到了极大的发展，大量的硕士、博士研究生和一批青年学者投入了该研究领域之中，急需一部比较系统的参考教材，来指导和促进我国在该领域的学术发展和实践工作。为此，笔者们将近年来的学习和工作体会撰写成本书，其目的是为从事全球变化、陆地生态系统碳循环和水循环以及地圈-生物圈-大气圈的相互作用研究领域的科技人员提供野外观测、数据分析、水-碳过程的解析、数学模型构建等方面的基础知识，为相关领域的科研工作者提供实验观测的技术指导，为相关领域的研究生教育提供基础教材。

本书以近地边界层大气科学基本理论为基础，系统地论述了陆地生态系统通量观测的原理与方法，共由 15 章构成，为了方便读者的查阅，提供进一步的学习参考资料，在各章中提供了参考文献目录，最后还附录了 SI 单位换算表和重要术语检索表。

本书的第 1 章至第 6 章在论述全球变化与陆地生态系统水/碳循环的关系和国际科学研究动向的基础上，系统地介绍了陆地生态系统的物质与热量通量、地球大气圈的垂直构造与大气成分、大气圈的辐射传输与地表辐射平衡、近地边界层特征与空气运动基本方程、近地边界层湍流运动特征与扩散通量等近地边界层大气科学的基础理论。第 7 章至第 10 章重点阐述基于空气动力学和热平衡的通量观测，涡度相关技术原理及通量观测、涡度相关技术的若干理论问题、稳定同位素技术在通量观测中的应用，还简要地介绍了不同类型陆地生态系统通量观测的实例。第 11 章至第 12 章讨论了陆地生态系统的碳循环与碳通量评价模型，陆地生态系统水的特性与水热通量评价模型。第 13 章至第 15 章分别介绍和评述了全球陆地生态系统的通量观测及实例，全球陆地大气边界层观测实验/生态系统通量观测网络与相关计划，讨论了中国通量观测研究网络的建设与发展问题。

在本书撰写过程中，主要参考了日本大阪府立大学文字信贵教授所著的《森林における温室效果ガスフラクッス測定手法に関する提言》和《植物と微気象》，AsiaFlux 运营委员会主编的《陸域生態系における二酸化炭素等のフラックス観測の実態》、美国耶鲁大学李旭辉教授编著的 *Handbook of Micrometeorology：A Guide for Surface Flux Measurement and Analysis*，以及国内外一些关于边界层大气科学方面的著作，特向这些著作的作者表示谢意。在本书撰写过程中，还参考了北京大学陈家宜教授、中国科学院大气物理研究所胡非研究员、周乐义研究员，以及美国耶鲁大学李旭辉教授等在通量观测培训班上的部分授课内容，同时他们还对本书的撰写工作给予了热情的支持和指导，特此致谢。十分感谢中国科学院资源与环境技术局、中国科学院地理科学与资源研究所的各位领导对本书撰写工作的支持，感谢陈泮勤研究员、刘纪远研究员和黄耀研究员的帮助和指导。特别感谢原中国科学院副院长孙鸿烈院士，原中国科学院副院长、国家自然科学基金委员会主任陈宜瑜院士，以及北京大学陈家宜教授对本书出版的支持，并在百忙之中为本书作序。另外，也十分感谢美国 Campbell Scientific 公司及其在中国的代理天正通公司在 ChinaFLUX 建立与运行过程中的技术支持和良好的服务。

本书的作者群体主要由近年来中国生态系统研究网络综合研究中心ChinaFLUX研究小组的博士研究生或博士后构成，他们同时又是 ChinaFLUX 的建设者，在本书出版之际为他们的快速成长感到欣慰，也对他们为 ChinaFLUX 的建设、运行和发展所做出的贡献表示感谢。本书的合作者孙晓敏研究员是国内早期开展通量观测技术研究的学者之一，是 ChinaFLUX 的主要负责人，近 4 年来愉快的合作和友谊是 ChinaFLUX 成功运行的基础，谨在本书出版之际特向他多年来所付出的努力和奉献表示谢意。

本书涉及的学科面广、问题复杂，国内的观测研究工作才刚刚起步，本书的撰写工作又是首次尝试，加上作者的水平有限，经验不足，所以错误和缺点在所难免，欢迎读者不吝批评指正。

于贵瑞
2005 年 10 月

目　录

第 1 章

全球变化与陆地生态系统碳、氮和水循环

全球变化,是指由人类活动所引起的超越自然变率的地球生态系统的各种变化,它引起了全球大气温室气体浓度增加与全球变暖,臭氧层破坏与紫外辐射增加,大气污染与酸雨,陆地水体和海洋污染,污染物质和有害废弃物的越境迁移,生态系统退化和土地荒漠化,森林功能退化与资源减少,野生物种的灭绝和生物多样性损失等一系列全球规模的环境问题。以全球变暖为主要特征的气候变化已经成为国际公认的事实,是全球变化科学领域的核心问题。20 世纪后期,大气中二氧化碳(CO_2)、臭氧(O_3)、甲烷(CH_4)、氧化亚氮(N_2O)和氯氟烃(CFCs)等温室气体浓度的增加得到了科学观测的确认,这是自工业革命以来由于化石燃料燃烧、水泥生产以及土地利用变化等人类活动影响的结果,是导致全球变暖的根本原因。全球变暖不仅会直接影响自然生态系统、水源和水资源、食物生产、人类健康,同时还会改变地球系统的辐射平衡、碳氮水循环、大气环流和自然灾害系统,引起陆地生物圈的生物多样性、生物与生态系统格局、陆地表面过程等一系列反应。

陆地生态系统碳循环、氮循环和水循环是生态系统生态学及全球变化科学研究长期被关注的三大物质循环,它们表征着全球、区域及典型生态系统的能量流动、养分循环和水循环。陆地生态系统碳循环、氮循环和水循环通过复杂的生理生态学、生物地球化学等机制耦合在一起,受多个关键性生物、物理、化学过程的调节和控制。三者之间通过资源供给与需求的计量平衡关系以及资源利用与转化效率的生物制约关系协同决定着生态系统的服务功能,它们受全球变化和生物地理条件的共同影响。陆地生态系统碳-氮-水耦合循环过程研究包括以下 4 个关键科学问题:①生态系统碳-氮-水耦合循环的关键过程及其生物调控机制;② 生态系统碳-氮-水通量组分的相互平衡关系及其影响机制;③ 生态系统碳-氮-水耦合循环调控陆地碳源汇时空格局机制;④ 生态系统碳-氮-水耦合循环过程对全球变化的响应和适应。在不同时空尺度下,陆地生态系统碳-氮-水耦合循环研究对象和应用目标有较大的差异,其研究的逻辑框架包括:① 碳、氮、水在植被-大气、土壤-大气和根系-土壤这三个界面上交换通量的生物物理过程;② 生物调控生态系统碳-氮-水耦合循环过程的生理生态学机制;③ 制约典型生态系统碳-氮-水循环耦合关系的生态系统生态学机制;④ 制约大尺度碳-氮-水循环耦联关系空间格局规律的生物地理学机制。在研究和操作层面,野外调查与观测、多因子大型控制实验、模型模拟以及多源数据集成分析是研究陆地生态系统碳-氮-水耦合循环对全球变化的响应与适应的重要研究思路和范式。

本章初版执笔者:于贵瑞,王秋凤,高鲁鹏,牛栋;再版修订者:方华军,何念鹏,于贵瑞

1.1 引言

近50年来,全球气候变暖主要由人类活动大量排放的二氧化碳(CO_2)、甲烷(CH_4)、氧化亚氮(N_2O)等温室气体产生的增温效应所致(Solomon, 2007)。过去几十年来,全球碳循环研究主要集中在陆地生态系统碳储量清查、碳循环过程机制的探讨、碳收支的评估和增汇潜力的评价等方面。气温升高、CO_2富集、降水格局改变以及大气氮沉降增加等全球变化过程正在强烈地影响着陆地生态系统碳源汇强度及其空间分布格局(Piao *et al.*, 2009; Lu *et al.*, 2011)。深入理解陆地生态系统对全球变化的响应和适应规律,准确评估各种全球变化因素对陆地生态系统固碳速率和潜力的影响,降低全球和区域碳收支评估的不确定性,是未来10年陆地碳循环研究领域所面临的重大挑战(于贵瑞等, 2011)。

过去几十年,陆地生态系统碳循环研究在生态系统碳通量及碳循环过程、碳储量和通量格局的评价方法、生态工程等人为措施的增汇效益等方面取得了显著的进展(于贵瑞等,2006, 2011a),分析了植被-大气界面的碳-氮-水交换通量的季节和年际变异特征,揭示了碳、氮、水交换通量对气候要素变化的响应规律,阐明了生态系统资源利用效率的时空变异和控制因子,并探讨了大气氮沉降、温度和降水变化对生态系统碳循环过程的影响(于贵瑞等, 2014)。氮循环研究主要集中在大气氮沉降通量监测与评价,土壤含氮气体通量(N_2O、NO、NH_3)监测与评价,流域地表径流氮流失通量平衡计算与模拟,地表水和地下水硝酸盐污染物的来源与区分,土壤氮素转化过程的深度解析及相关功能微生物群落动态,以及氮沉降/施氮对典型生态系统碳氮循环过程和生态系统功能的影响等诸多方面(Mo *et al.*, 2008; Fang *et al.*, 2012, 2014)。生态系统水循环研究主要集中在土壤-植被-大气连续体(SPAC)水分吸收和能量交换通量监测、区域水量平衡计算、典型生态系统水分循环过程和区域水文特征评价以及全球变化对区域和流域水资源及生态环境影响等诸多方面(陆桂华和何海,2006)。上述研究在生态系统水循环过程机理、水量平衡计算、水资源评价、水资源管理和保护等方面取得了一些阶段性的研究进展,为研究全球变化条件下海洋-大气-陆面间能量与水分相互作用与反馈模拟奠定了坚实的基础(张凡和李长生, 2010)。

上述研究工作对陆地生态系统的碳、氮、水循环单个过程及其生物学机理有了比较清楚的认识(Yu *et al.*, 2008, 2013; Liu *et al.*, 2011),可是关于陆地生态系统的碳、氮、水循环之间的耦合关系,这种耦合关系的时间和空间分异规律,以及植物和土壤微生物的调控机制等研究尚未系统地开展,相关研究积累还十分有限,难以支撑全球变化(温度、降水和氮沉降等)对生态系统生产力和碳源/汇功能影响的预测分析(于贵瑞等, 2011)。此外,迄今的研究工作未能明晰地辨识陆地生态系统碳-氮-水耦合循环的关键环节及其内涵,还未能清晰地揭示生态系统碳-氮-水循环之间的耦合关系与植物、土壤微生物功能群网络结构之间的理论联系(于贵瑞等, 2013)。

本章首先介绍全球变化的成因及其与陆地生物圈结构和功能的相互作用关系,阐述全球变化对陆地生态系统碳循环、水循环、氮循环单个循环过程的影响。其次,在综合论述陆地生态系统碳-氮-水耦合循环研究理论和实践意义的基础上,重点分析陆地生态系统碳-氮-水耦合循环的关键过程,提出该研究领域的基本科学问题,探讨植被-大气、土壤-大气和根系-土壤这三个界面上碳、氮、水交换的生物物理过程、典型生态系统碳-氮-水耦合循环的关键生物学化学过程,制约典型生态系统碳-氮-水循环耦合关系的生态系统生态学机制,以及制约生态系统碳-氮-水循环空间格局耦联关系的生物地理生态学机制,初步构建了陆地生态系统碳-氮-水耦合循环机制的逻辑框架系统。通过本章的综述,希冀在研究方向、内容和研究方法上能够厘清思路,起到抛砖引玉和引领的作用。

1.2 全球气候变化与生态系统

1.2.1 全球变化及其成因

全球变化(global change)是指由人类活动所引起的超越自然变率的地球生态系统的各种变化。这种变化通常在区域或全球尺度上发生,对地球生态系统、人类的生存环境,以及社会、经济和政治格局产生重大影响。全球环境问题的产生是由于工业革命以来科学技术的长足进步,以及第二次世界大战以来相对稳定的国际和平环境，世界人口急速增长以及发达国家过度追求生活质量的提高所引起的。在人类社会物质需求总量急速膨胀的同时，科学技术的进步使得人类开发资源的能力和规模无限制地增大，以产业工业化和农村城市化为特征的资源消耗型的社会发展模式，在世界经济一体化和全球化的过程中得到迅速扩大，人类的短视和贪婪导致了对资源的过度开发和消耗，越来越趋于环境承受能力的极限（于贵瑞，2003）。

科学家对全球变化的成因仍然存在很大争议，但大多将其归纳为两种因素：人为因素和自然因素。目前，大多数科学家将人为因素视为近期全球变化的主导因素，并开展了较系统的研究工作；而对自然因素，如天体辐射周期、地球轨道变化、火山喷发等研究较少。人口急速增长和生活享受驱动下的资源消耗型社会发展模式的恶性膨胀，导致了地球生态系统固有的地球大气-气候系统（大气系统组成、气候形成过程）变化，地球生态系统过程（地表能量平衡、生物地球化学循环、全球水循环、全球碳循环）变化，地球生物圈格局和功能（土地利用/土地覆被变化、生物物种演化与迁移、生态系统的退化）变化，这些变化超越了自然的调节及恢复能力，直接引起了：①温室气体浓度增加与全球变暖；②臭氧层破坏与紫外辐射增加；③大气污染与酸雨；④陆地水体和海洋污染；⑤污染物质和有害废弃物的越境迁移；⑥生态系统退化和土地荒漠化；⑦森林功能与资源量减少；⑧野生物种的减少和生物多样性损失等一系列全球规模的环境问题（于贵瑞，2003）。

1.2.2 全球气候变暖的基本事实

以全球变暖为主要特征的气候变化已经成为国际公认的事实，是全球变化科学领域的核心问题。1985 年，在世界气象组织（World Meteorological Organization，WMO）、联合国环境计划署（United Nations Environment Programme，UNEP）、国际科学联合会（International Council of Scientific Unions，ICSU）联合在澳大利亚召开的国际会议上，科学家们提出了“如果温室气体的浓度以现在的速度继续增加，到 2030 年，大气的所有温室气体，将具有相当于工业革命以前 CO_2 浓度 2 倍的增温效果”，对未来的地球变暖做出了预测性的警告。但是当时并没有得到社会上应有的重视，直到 20 世纪 80 年代末期才开始真正引起各种国际组织和各国政府的关注，使“人类活动引起的大气层温室气体浓度的变化，正在驱动着全球气候系统发生着有史以来从未有过的急剧变化”这一科学推论成为公认的科学结论。

根据政府间气候变化专门委员会（Intergovernmental Panel on Climate Change，IPCC）（1996）的预测，大气 CO_2 浓度和其他的温室气体的共同作用所引起的温室效应，将会导致全球变暖，地球平均气温将每 10 年上升 0.2℃；在今后的 100 年中，全球平均温度将升高 2℃，海平面将升高 50 cm 左右。IPCC（2001）第三次评估报告指出，自 19 世纪后期以来全球平均表面温度增加了（0.6±0.2）℃，20 世纪是过去千年来最暖的一个世纪，20 世纪 90 年代是过去千年来最暖的一个年代，1998 年为最暖年（陈宜瑜，2001）。IPCC 第三次评估报告对利用北半球的树木年轮、沉积核等估算数据（1000—1861 年）、仪器观测的数据（1861—2000 年）所得到的地球表面温度变化进行了总结，并依据全球碳排放量的预测数据对 2000—2100 年的未来 100 年的变化趋势进行了预测（Prentice *et al.*，2001）。

目前，科学家们已建立了多种模型预测气候的变化，这些模型都是基于大气环流理论，统称为 GCM（General Circulation Model）模型，包括 UKMO（UK Meteorological Office）模型、GISS（Goddar Institute of Space Studies）模型、NCAR（National Center for Atmospheric Research）模型、GFDL（Geophysical Fluid Dynamics Lab）模型、OSU（Oregen State University）模型等。尽管各种模型的预测结果在量上有差别，但变化的趋势基本是一致的（CENRRN-STC，1995）。基于 IPCC SRES（Special Report on Emission Scenarios）情景，科学家预测，到 2100 年大气 CO_2 体积分数介于 $540\times10^{-6}\sim970\times10^{-6}$，比 1750 年的 280×10^{-6} 高出 90%～250%。随着大气中 CO_2 浓度的增加，从 1990—2100 年全球平均地表气温将升高 1.4～5.8 ℃。这一预测的增暖速率比 20 世纪观测的变化大得多，根据古气候资料，可能至少是过去的一万年内所没有的。并且，几乎所有的陆地比全球平均增暖速率更快，特别是在北半球高纬度地区（IPCC，2001）。

1.2.3　全球变暖的成因

太阳辐射与地球和大气的红外辐射达到平衡时，依据热平衡计算的地球平均温度（辐射平均温度）应该为-18℃左右（地表与大气的平均温度与此相近），但是地球表层附近的实际温度为 15℃，这是大气中所含的水蒸气（H_2O）、二氧化碳（CO_2）、臭氧（O_3）、甲烷（CH_4）和氧化亚氮（N_2O）等所引起的红外辐射（地球辐射）吸收现象导致的。这些气体可以使太阳的短波辐射通过并到达地球表面，同时它们能够吸收地面放出的长波辐射，因此阻挡了地面长波辐射向宇宙空间的耗散，使近地大气储存热量，引起全球表层气温的上升，这种现象被称为温室效应（greenhouse effect）。能够导致温室效应的气体称为温室气体（greenhouse gas）。这种温室效应为地球生物提供了适宜的生存环境。

此外，剧烈的城市化增加了区域的人为热排放，在全球城市上空形成无数的“热岛”，进而改变了区域小气候的热状况，也影响了全球气候系统。人类通过各种活动对下垫面进行改变（或土地利用变化），造成局部区域地-气系统能量辐射平衡改变，间接影响全球气候系统的稳定。人类活动也影响海洋表面属性，进而影响区域和全球气候。海洋是全球气候变化的“协调器”，作为地-气系统重要的一个下垫面，其性质改变对全球气候影响的作用较大。然而，近些年随着人类经济活动加剧，海洋环境受到一定程度的影响，对全球气温的调节作用逐渐减弱。

1.2.4　全球变化对生物圈结构和功能的影响

气候既是人类的生存环境也是重要的生产资源，同人类的生产和生活密切相关，影响着自然生态和社会经济系统。全球变暖不仅将会直接影响自然生态系统、水资源、食物生产、人类健康，同时还会改变地球系统的辐射平衡、水循环、大气环流和自然灾害系统，进而引起陆地生物圈的生物多样性，生物与生态系统格局，陆地表面过程等发生一系列反应。因此，全球变暖、降水格局变化等全球气候变化必将对生物圈、人类的生存环境和社会经济系统产生广泛的影响（于贵瑞，2003）。

全球气候变暖将导致海平面上升，根据 IPCC（2013）估计：1901—2010 年海平面上升了 0.19 cm。全球气候变暖可能会增大海洋表面和陆地表面的蒸发量，从而提高大气中水汽的含量，使全球的降水量总体有所增加，也会使全球降水格局发生较大的变化。总体的趋势是中纬度地区降水量可能增大，北半球的亚热带地区降水量可能会下降，而南半球的降水量会增大（Houghton *et al.*，1990）。全球气候变暖还会导致全球云量和大气环流的变化，加剧了天气系统变化、极端气候事件（暴雨、极端干旱和热浪）和厄尔尼诺等现象的发生（Sheffield *et al.*，2012；Palmer，2014）。

全球的陆地生态系统和植被地带的形成是大气候长期作用的结果，如果气候发生较大幅度的变化，必然会对植被分布格局产生影响，也会使陆地生态系统的结构发生变化。气候变化对生态系统和植被地带的影响主要有 4 个途径：①大气中 CO_2 浓度的上升对植物光合作用的直接影响；②气温升高对生态系统各种物理、化学和生物学现象的直接影响；③CO_2浓度与气温对生态系统的协同影响；④气温变化引起的生态系统和植被地带格局的变化（于贵瑞，2003）。气候变暖已经使北方寒温带针叶林内开始出现更多物种的入侵（或温带树种向北扩展），长期来看可能会严重影响到原有生态系统的结构和稳定性（Trumbore *et al.*，2015）。

农业生态系统是一种受人类强烈干预的人为控制系统，也是自我调节机制较为脆弱的生态系统，是全球气候变化的主要承受者。已有不少研究表明，气候变化对农业生态系统的影响是一个复杂的问题，既有不利方面（土壤侵蚀加剧、土壤水分不足激化、杂草增多、病虫活性增加等），也有有利方面（植物干物质生产力增加、水分利用率提高、生育期延长等），它给农业带来的机会与挑战兼而有之（于贵瑞，2003）。近年来，极端气候事件频发给粮食生产与供给安全提出了巨大的挑战，在当前粮食供给不足的地区该问题尤为突出（Wheeler & von Braun，2013）。

1.2.5　应对全球变化的适应性管理对策

全球变化向人类的生存和可持续发展提出了十分严峻的挑战，国际社会和科学界正在进行着各种努力。首先是在全球变化科学的框架下，认识全球气候变化的成因、变化规律和趋势，探讨人类活动对地球生态系统调控管理的途径和方法；其次是从社会经济学角度探讨全球经济一体化和环境问题全球化背景下的世界社会经济的可持续发展模式；其三是通过联合国的作用，寻求各国或利益集团间的合作，利用政治谈判等方式制定相关的国际环境公约，提供国际环境合作的机制与国际法律依据；其四是通过各种国际学术机构，经济贸易组织和民间团体的合作，组织和指导“地球村民”采取共同的行动，保护大家共有的地球生态环境。

全球气候变暖和淡水资源短缺是全球变化研究的核心。而陆地生态系统的碳循环和水循环是陆地表层系统物质循环和能量传输的核心，是地圈-生物圈-大气圈相互作用关系的纽带，也是最基本的两个耦合的生态学过程。因此，陆地生态系统的碳循环和水循环过程机理、变化趋势以及调控管理的综合研究，不仅是探讨人类干预与调节全球变暖进程，缓解淡水资源短缺，维持世界经济可持续发展的战略需求，而且也是人类调节地圈-生物圈-大气圈的相互作用关系，维持全球生态系统正常的物质循环与能量传输，自然资源的循环再生的生态学途径和切入点（图 1.1）。

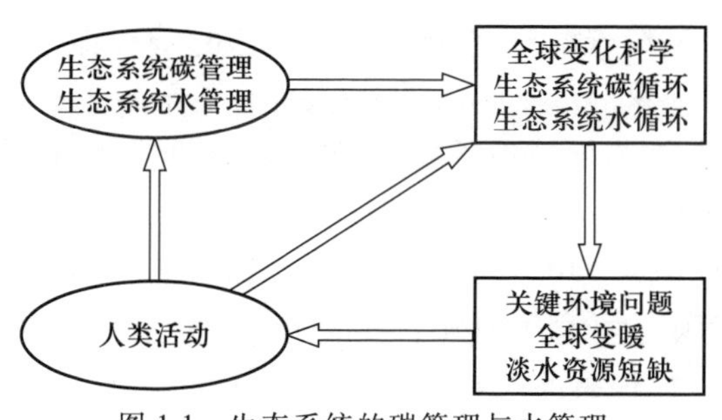

图 1.1 生态系统的碳管理与水管理

IGBP 委员会是组织全球变化研究的主要国际机构，倡导并推进着全球变化科学的研究，提出并组织了过去的全球变化研究计划（Past Global Changes，PAGES）、国际全球大气化学计划（International Global Atmospheric Chemistry Project，IGAC）、全球变化与陆地生态系统（Global Change and Terrestrial Ecosystems，GCTE）、水分循环的生物学方面（Biospheric Aspects of the Hydrological，BAHC）、土地利用与土地覆盖变化计划（LUCC）、全球海洋生态系统动力学（Global Ocean Ecosystem Dynamics，GLOBEC）、全球海洋通量联合研究计划（Joint Global Ocean Flux Study，JGOFS）和海岸带陆海相互作用（Land-Ocean Interactions in the Coastal Zone，LOICZ）8 个国际联合科学计划。其中的大部分研究计划都与陆地或海洋生态系统的碳循环和水循环具有密切的关系（图 1.2）。2001—2002 年，IGBP 开始了第二个阶段（IGBP Phase Ⅱ）发展规划的起草，全球变化与陆地生态系统（GCTE）也随之进入了转型时期，在新的发展阶段 GCTE 研究将围绕着陆地-人类-环境系统（Terrestrial-Human-Environment systems，T-H-E systems）开展工作。现阶段 GCTE 将“全球碳循环”作为今后研究工作的重心，启动了全球碳计划（The Global Carbon Project，GCP），并且还参与了 IGBP 其他研究领域（如土地利用（land use）和食物系统（food system）等）的合作。

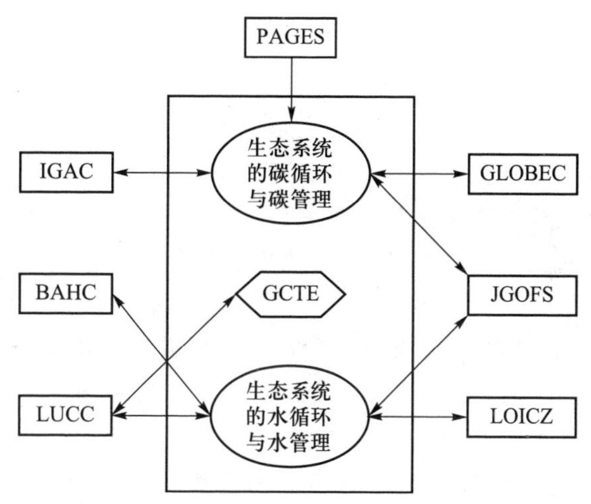

图 1.2 生态系统的碳-水循环与全球变化研究计划

全球尺度或区域尺度的生态系统管理研究的目的是，通过对不同类型和不同尺度生态系统的有效管理，维持有序的生态系统水循环、养分循环、碳循环和生物进化等关键生态学过程，保护物种（基因）和生态系统的多样性，维持生态系统的可持续生产力和环境服务功能的产出（于贵瑞，2004）。因此，陆地生态系统管理必须深入理解生态系统的水循环、养分循环、碳循环和生物进化等生态学过程的机制与动态行为，在此基础上提出生态系统的水、养分、碳和生物管理的策略和技术，为解决全球气候变化、生物多样性和社会可持续发展等重大问题提供科学依据和管理策略。合理的生态系统碳管理与水管理，需要深入理解不同尺度生态系统的碳循环和水循环过程机制，获取生态系统碳通量和水通量等生态信息，科学管理数据资源，开发基于生态学过程的模型，探讨不同尺度和不同类型的生态系统管理的技术策略与效果。

1.3 全球变化与陆地生态系统碳、氮和水循环研究

1.3.1 陆地生态系统碳循环及其对全球变化的响应与反馈

从1958年起，气候学家就在美国夏威夷的Mauna Loa火山上持续测量CO_2浓度，测量结果显示，CO_2的浓度正在持续上升。为了确认和预测各种陆地生态系统CO_2源/汇关系及其对气候变化的响应和反馈作用，在过去的几年中，世界范围内的科学家们从不同侧面做了大量的研究工作。然而，目前对陆地生态系统碳蓄积、碳循环的许多物理、化学和生理生态学过程的理解还十分有限，很多过程的机理尚不完全清楚；在陆地生态系统碳库容量和土壤、植被、大气圈层间的碳交换通量的评价等方面，还存在着诸多不确定性。最近IGBP、IHDP和WCRP提出的国际合作研究计划GCP，其总目标是要为社会提供有关碳循环的新的科学认识，为社会政策讨论和行动计划提供理论基础，其重点是要回答：

- 当前全球碳循环过程中主要碳储量和通量的时空分布如何？
- 碳循环动态变化的控制与反馈机制（人为因素和非人为因素）是什么？
- 未来碳-气候-人类系统将如何变化？人类对这一系统进行管理的干预点和机遇何在？

于贵瑞（2003）在《全球变化与陆地生态系统碳循环和碳蓄积》一书中详细地论述了以下7个方面的科学问题：

- “失踪碳汇”（missing sink）与陆地生态系统碳源/汇格局；
- 人类活动对全球碳循环的影响；
- 全球碳通量及碳收支评价的不确定性；
- 全球碳源/汇的时空格局与未知碳汇；
- 碳循环动态的控制与反馈机制；
- 未来全球碳循环的可能动态；
- CO_2施肥效应和土壤有机碳动态平衡。

这里从陆地生态系统碳循环机理与方法论方面重点讨论以下5个问题：

（1）陆地生态系统碳循环的调控机理和人为因素的驱动机制

自然和人为干扰活动是驱动陆地生态系统碳循环变化的两大因素。认识陆地生态系统碳循环动态过程，辨析控制碳循环的关键因子是分析和预测全球碳平衡和未来变化的关键。通过大量的野外观测和实验室的模拟实验，现在对短时间尺度的生态系统碳循环过程研究，取得了大量的科学认识，同时对自然环境因素调控碳循环过程的机理方面也有了相当程度的了解。但是，对决定几年到几千年尺度碳循环动态的控制机制还了解很少，特别是无法对人为和非人为因素的作用加以区分。因此，辨明人类活动对陆地生态系统碳循环的影响，揭示碳循环的调控机理与过程特征，是揭示全球变化中人为影响的关键科学问题。评价陆地生态系统碳汇潜力、持续性和碳库间循环周期，评价人类活动造成的陆地生态系统碳源/汇变化及其所引起的CO_2排放和增加碳储量的可能性，是探索人为调控陆地生态系统碳源/汇强度的重要基础理论，也是土地利用、土地利用变化与林业（land use, land use change and forestry, LULUCF）争论的焦点。现在国际社会关注的与碳循环有关的科学问题有：

- 控制古代和工业出现以前大气CO_2浓度的机制是什么？
- 控制目前陆地和海洋碳通量的机制是什么？
- 何种机制控制了人类起源时的碳通量和碳储量？
- 陆地生态系统碳通量的生态学过程对干扰的反馈机制是什么？

（2）陆地生态系统碳循环的生物过程对气候变化的适应机制

碳循环生物过程对环境变化的适应性是认识陆地生态系统碳循环适应气候变化的基础，大气中CO_2浓度增加，气温升高已经成为公认的事实。在CO_2浓度增加和气温升高的条件下生态系统的植物光合作用将会加强，增大生态系统的初级生产力（通常称为CO_2的施肥效应）；同时在气温升高的条件下，生态系统的生物呼吸作用可能加快土壤有机物的分解速度，对有机碳平衡也会产生较大的影响；大气氮化物（硝酸盐和氨）通过沉降和降水进入土壤所产生的土壤富营养化，会改善植物生长的营养条件，

促进植被生长。然而,过量的氮沉降会导致土壤酸化、物种多样性下降、生产力降低等多种影响。因此,这些环境变化是否会导致生态系统的代谢加快,是否会改变土壤和生态系统的有机质平衡,是当前人们广泛关注的科学问题之一。此外,日益明显的全球变化,明显增加了不同地区的暴雨、极端干旱和热浪的发生概率,如何评估这些极端事件对生态系统碳收支的影响是近期全球变化研究的主要难题之一。

(3) 陆地生态系统碳源/汇空间格局形成的生物地理学机理

陆地的碳汇存在于哪里是国际科学界争论的焦点,其正确估算是评价各国陆地碳汇功能的科学依据。气候、植被、地形和土壤等多要素相互作用决定了陆地生态系统碳循环的过程特征,研究陆地生态系统碳源/汇的空间格局与各种生物、地理要素的关系,阐明碳源/汇时空格局形成的生物地理学机理,是研究碳源/汇格局评价中不确定性的理论基础,是重建陆地碳源/汇空间格局历史变化过程,预测未来情景的理论基础。

(4) 尺度转换、碳循环的动力学——遥感反演模型的耦合集成分析方法论

尺度转换和尺度效应是地理学和生态学研究中的一个难题。自上而下(top-down)的遥感反演模型和自下而上(bottom-up)的过程模型的有机结合,是发展基于地学空间信息的现代地球系统科学方法论、提高碳源/汇强度评价精度的有效途径,是现代地球系统科学方法论在评价陆地生态系统碳源/汇的历史过程、现状和未来情景中的综合应用。

(5) 生态系统管理对碳汇功能的影响及其成本效益评价的理论与方法

利用陆地生态系统固碳功能增加碳固定量,不仅可以减少工业限排的压力,还有利于促进生态环境的改善,因而受到国际社会的关注。评价以固碳为目标的生态系统管理技术措施的增汇效果和成本效益,分析评估陆地生态系统的增汇潜力、农林业活动的固碳效应和可行性、分析人为固定的陆地碳库的持续性、泄漏和有效保存时间,探讨碳汇项目的计量方法学,不仅是国际外交谈判的需要,更是制定生态系统管理策略和生态环境规划的重要理论依据(于贵瑞等,2013)。

1.3.2 陆地生态系统水循环及其对全球变化的响应与反馈

地球的水循环为地球化学元素循环和能量流动提供动力和载体,在地表过程、生态系统和地球科学研究中占有十分重要的地位,是全球变化科学研究的核心之一。长期以来在水循环方面的科学积累已经取得了许多共识性的科学结论。但是,在全球变化背景下地球水循环中的很多问题还没有得到解决。因此,在 IGBP 委员会倡导的全球变化科学研究计划中设计了水分循环的生物学方面(BAHC)、全球海洋生态系统动力学(GLOBEC)、全球海洋通量联合研究计划(JGOFS)和海岸带陆海相互作用(LOICZ)国际联合科学计划,其目的都是为了推动地球的水循环科学问题的综合研究。就陆地水循环而言,当前国际学术界关注的主要科学问题有以下几个方面:

(1) 全球或大陆尺度的海陆水循环与相互作用

在过去的几十年中对全球尺度的陆地与海洋之间的水汽交换量、大气环流的水汽传输过程与机理开展了大量的研究工作,为大气环流模式(general circulation models,GCMs)和陆面过程模式(land surface model,LSM)的开发、天气过程分析和气象预报系统的进步提供了重要依据。当前所关注的主要问题是:典型大陆或区域与周边海洋的水汽交换特征;影响降水天气过程的关键因素与作用机理;社会经济活动引起的大气成分(温室气体、气溶胶、臭氧层敏感物质)变化与土地覆盖变化对大气水循环的影响;全球气候变化条件下的降水资源的区域格局与季节变化和年际变化;ENSO(El Niño/Southern Oscillation)和 La Niña 的形成规律及其对陆地天气过程的影响;大气水循环变化的历史过程与未来趋势的预测等。

(2) 生态系统植被变化与水循环的相互作用

气候变化会作用于植被,导致植被的变化;相反,植被覆盖状况的改变通过地表反照率、粗糙度及界面水汽交换乃至土壤水热特性的变化而影响气候系统,改变陆地水文条件和水循环过程。有关研究表明,陆地的植被变化可能引起湿润温带地区 $200\ mm\cdot a^{-1}$ 的蒸散量变化,在湿润热带约为 $400\ mm\cdot a^{-1}$。显然,人为活动造成的土地利用/土地

覆被变化很可能会对陆地表面的蒸散产生强烈影响。在全球的水循环中,陆地表面过程的比例不过20%左右,陆地表面10%的降水量的变率仅相当于海面蒸发量的2%,占陆面30%的内陆流域的降水量仅仅相当于海面蒸发量的0.2%。由此可以推测,全球水循环变化主要是通过海洋作用于大陆而引起的。但是,陆地表面过程可能会对海洋生态系统以及全球水循环产生反馈作用。陆地土地利用/土地覆被变化,可能通过影响陆地表面的水热平衡和辐射平衡来改变陆地表面温度分布,改变大气压场的梯度方向和强度,影响全球的大气环流和水循环。

水资源是社会经济发展的条件,世界的古代文明和现代文明的发源都离不开大江大河的淡水资源的支持,依赖于江河源区域的植被水源涵养功能。我国的地貌特征决定了我国的重要江河都起源于西部地区,东部地区的粮食生产和社会经济发展很大程度上依赖于西部地区水资源的支撑,中国几千年的社会发展和变革形成了以黄河和长江流域为主线的东西走向的两大经济带、城市群和粮食生产基地。目前的国际学术界对江河源区域的植被水源涵养功能的评价,生态系统的水源涵养功能的形成过程和生态学机制,全球气候变化对江河源区域降水和植被地理分布的可能影响等问题还没形成共识。

维护生态系统和物种多样性、恢复退化的森林、水体和湿地生态系统的基本生态功能是生态环境建设的主要生态学途径,这种生态环境建设所需要的水资源称为生态需水(ecological water demand)。现在对各类生态系统的生态需水的理论内涵和需水量的界定,生态需水与生态系统水循环的相互作用关系机理,河流水、湖泊水、地下水、土壤水的相互转化关系等许多理论问题还没有解决。水资源开发利用与生态保护相结合是社会可持续发展的一个基本原则,这就要在水资源开发利用的效益与水资源开发利用引起的生态损失之间进行综合权衡,而生态损失估算只能以对水资源在整个生态系统中循环过程的综合理解为基础,以生态系统植被变化与水循环相互作用的科学认识为依据。

(3) 土壤-植被-大气的水循环机理与模拟模式

土壤-植被-大气系统的水循环与生态系统的作用机制是生态学、气象学和水文学等学科的传统研究领域。土壤-植被-大气系统的水循环过程涉及水在土壤中的运动、植物的根系吸水、植物体内的水分传输、蒸发和蒸腾、大气边界层内的水汽输送,以及降水的植被截留和入渗等过程,并且这些过程又发生在土壤-地下水、土壤-植物、土壤-大气、植物-大气等不同界面上,所以土壤-植被-大气系统的水循环十分复杂,对它的理解需要物理学和生物学等多学科知识的支持。土壤-植物-大气连续体(soil-plant-atmosphere continuum,SPAC)概念的发展企图为土壤-植被-大气系统研究提供一个统一的物理学概念和方法,可是在非稳态的水分输送过程、非均质的土壤和非均一的植被条件下,SPAC系统概念的应用也遇到了严峻的挑战。深入开展土壤-植物-大气水循环的各种界面过程,非均质土层条件下的降水入渗、地表径流形成、土壤非饱和水运动和根系吸水的过程机制,非均一植被层的植物气孔控制蒸腾的生物学和物理学过程的研究工作,对于改进土壤-植被-大气传输(soil-vegetation-atmosphere transfer,SVAT)模型,提高土壤-植物-大气系统中水分传输和能量转换的模拟质量具有重要意义。

长期以来,通过大量的野外观测实验研究,确定土壤-植物-大气系统水循环中的生物和物理控制作用,建立各种时间和空间尺度的土壤-植物-大气系统的能量和水分通量模型一直是该领域的研究重点。近年来,在植被斑块尺度上,已经可以以秒和小时为单位对蒸散和能量输送通量进行实际测定,基于湍流理论的植被-大气间的水热交换量的测定和模型评价方法已经比较成熟,在以Penman-Monteith模型或Shuttleworth-Wallace模型为基础的中尺度,甚至全球尺度的土壤-植物-大气传输模型(SVAT模型)开发方面也取得了很大的进步(于贵瑞,2001)。而对于由不同植被构成的中尺度陆地表面而言,如何估算区域的平均能量和水分输送通量还十分困难,现今的数值模拟模型作为GCMs的地表过程模型,其局限性还很大,远远不能满足实际的需要。这是因为人们对复杂地形条件下的大气边界层过程的理解还十分有限,建立精确的评价复杂地形条件下大气边界层的水热交换过程动力学模型的科学积累还不够充分。深入了解复杂地形条件下边界层和地表面层结构,观测和分析陆地-大气系统的水汽、热量和动量交换特征,确立边界层的物理过程和陆地-大气系统的水汽、热量和动量交换的参数化方案是开发陆地-大气系统耦合模式所必须完成的重要研究工作。如何综合考虑全球气候变化对地球的水循环系统和陆地表面的植被分布的影响，构建陆地-大气系统的双向反馈耦合模式更是全球变化科学研究中所面临的难题。

(4) 流域水文过程与土壤-植被-大气系统水循环的耦合

目前，土壤-植被-大气的水循环模型大多是在假设下垫面均一的条件下建立的，能够基本估计土壤-植被-大气间的水循环通量特征。然而，分布十分广泛的山区森林、草地生态系统不仅下垫面地形条件复杂，而且植被类型多种多样，现有的模型难以获得可靠的模拟精度。对于流域的水资源管理，人们更加关注的是流域的水文学过程及其生态环境功能，分析流域水文过程与土壤-植被-大气系统的水循环耦合关系，建立以地理信息系统(geographic information system,GIS)和数字高程模型(digital elevation model,DEM)为基础的分布式水文过程与土壤-植被-大气系统水循环的耦合模式正是流域水循环和水资源管理的重要研究方向。该类模式建立的思路为，通过DEM提取陆地表面单元坡度、坡向、水流路径、河流网络和流域边界信息，并在DEM划分的流域单元网格上模拟土壤-植被-大气系统的水循环过程，进一步通过建立和描述单元网格之间水平方向，地表水和地下水的演算关系，综合模拟流域水的水平和垂直方向的运动和分配特征。与传统的水文模型相比，这种耦合模式具有以下特点：①具有物理基础，能够描述水文循环的时空变化过程；②容易与大气环流模式(GCM)嵌套，研究自然变化和气候变化对流域水文循环的影响，量化全球气候变化影响的大气-陆面-生态相互作用关系；③由于模式是建立在数字高程模型基础之上，便于模拟人类活动和下垫面因素变化对流域水文循环过程的影响。传统的水文学的物理方法在处理从微观尺度到宏观尺度的尺度扩展过程中，主要是将微观尺度上的理论关系参数化，推广到宏观尺度。但是流域或大尺度陆地水文循环过程的空间变异性(非均匀性)，河流水系演变和水文循环动力学过程的非线性是客观存在的(夏军，2000)，如何评价流域水循环中的各种尺度效应是必须解决的科学难题。

(5) 水文过程与生物地球化学循环的耦合关系

碳循环是生物地球化学研究的核心内容之一，它是生物圈新陈代谢的重要标志，碳循环与其他元素循环以及水循环耦合在一起，直接影响到生命支持系统以及人类的生存与发展。河流的碳输送及其与大气的交换通量是构成全球碳循环的一个重要环节，有着广泛的化学和生物学影响(Aitkenhead & McDowell,2000)，同时又是联系海洋和陆地生态系统的纽带(Degens *et al.*,1984;Gao,2002)，深入研究河流的碳存储与输运过程是全球碳循环和水循环研究的重要领域。

河流运移陆地碳入海主要有4种形式：①颗粒有机碳(particle organic carbon,POC)，包括植物凋落物、木质碎片和土壤有机质；②溶解态有机碳(dissolved organic carbon,DOC)，包括土壤碳和凋落物分解中产生的各类有机碳；③溶解态无机碳(dissolved inorganic carbon, DIC)；④颗粒无机碳(particle inorganic carbon,PIC)。全球陆地生态系统通过水土流失迁移的土壤有机碳有5.7 $Pg\cdot a^{-1}$($1Pg=10^{15}g$)，其中3.99 $Pg\cdot a^{-1}$依然存储在陆地生态系统(Lal,1995)。研究发现全球通过河流输运到海洋中的物质达到19 $Pg\cdot a^{-1}$，假设其平均有机碳含量为3%，则传送到海洋沉积物中的有机碳将达到0.57 $Pg\cdot a^{-1}$(以碳质量计)(Lal,1995)。水土流失、土壤侵蚀、人为排污和施肥活动等，是河流有机碳的重要来源，在正常状况下，河流会携带这些有机物质向下游运移，输运途中有机碳也会不断地沉淀和分解。另据研究，全球河流系统向海洋输出了约0.4~0.8 $Pg\cdot a^{-1}$的总有机碳(TOC)，0.4 $Pg\cdot a^{-1}$的溶解态有机碳(DOC)(以碳质量计)(Degens *et al.*,1991)，输出的颗粒有机碳和溶解态有机碳总量大约占全球陆地净初级生产力的1%~2%(Meybeck,1993; Ludwig *et al.*,1996)。虽然这些碳输送量比全球碳循环的其他环节小，但河流入海碳通量相当于大气CO_2海洋年净吸收量($(2.0\pm0.8)Pg\cdot a^{-1}$)(Sarmiento & Sundquist, 1992)的20%~50%，以及约1.4~1.7 $Pg\cdot a^{-1}$的全球未知碳汇(missing sink)(Houghton,1999)的40%~70%(以碳质量计)，因而河流碳通量的研究是评价陆地、海洋乃至全球碳收支的关键科学问题之一，河流系统也可能是陆地生态系统碳源产生的一个重要途径。

研究还发现，海洋中的溶解性碳主要来自于老的海洋碳(海洋生物形成的)，通过河流输送的大部分陆地有机碳似乎对海洋溶解性碳的形成没有贡献，一个原因可能是部分碳在输运过程中被沉淀，另一个可能的原因就是被河流和近海的微生物氧化，释放到大气之中，但是这些过程并不能解释所有河流入海碳通量的命运（Hedges *et al.*, 1986）。近 20 年来，区域、国家和全球尺度河流有机碳浓度、碳通量及入海碳输运过程研究受到了国内外学者和专家的高度重视，并已经在许多流域展开（Richey *et al.*, 1980；McDowell & Wood, 1984；Meybeck, 1993；Hope *et al.*, 1994, 1997, 2001）。由于流域生态系统土壤、植被和人为活动影响的多样性，以及河流水生物化学过程的复杂性，目前国际科学界对河流入海碳通量及碳输运过程的认识还十分肤浅，而且以往国内外的研究多侧重于河流碳通量的自然过程变化，有关人类活动对河流碳输运过程的干扰研究却很薄弱，特别是重大水利工程对河流碳循环过程的影响研究还几乎是空白。

现在，许多国家提出的国家或地区的大型碳循环科学研究计划都将河流碳输运通量和碳输运过程的研究作为一个新的研究问题，其研究内容主要包括：河流中溶解性 CO_2 的释放和流失（河流冲刷加上呼吸作用）、河流系统有机 ^{14}C 的周转周期、全球河流与大气之间的通量估计、河流颗粒有机碳和溶解态有机碳的含量、河水溶解态有机碳含量在河流中的变化、河流中有机碳的输送过程与通量特征、河水有机碳含量的季节波动等一系列问题。今后更要关注水文过程与生物地球化学循环的关系、河流碳通量与陆地生态系统碳输出的关系、洪水与河流碳输运和碳源/汇的关系、森林地区溶解态有机物质损失、生物群落的溶解态有机碳通量和土壤 C : N 值之间的关系等。

河流碳输运与沉积过程是陆地碳循环的重要环节，而评价河流向近海输运的碳通量及其河口–近海区域沉积物中碳储量的历史演变过程是认识河流碳输运在陆地碳循环中的作用，整体把握陆地生态系统碳循环特征所不可缺少的知识系统的组成部分。农业生产中大量使用的化肥、农药等化学物质，以及土壤和岩石中的盐分随水循环过程在地表水体、土壤和地下水含水层中迁移转化，是导致湖泊和海洋富营养化，以及地下水污染的主要根源，以水循环为载体或动力的泥沙输移、坡面土壤侵蚀、土地退化也是生态环境破坏的重要方面。因此，深入研究流域水文循环系统与农业化学物质的迁移，水文循环与泥沙侵蚀—搬运—沉积系统的耦合机理，流域泥沙侵蚀—搬运—沉积过程对水资源可持续利用的影响，大江大河洪水、泥沙和断流等水文事件与流域环境灾害系统形成的关系等科学问题，对于把握在全球变化条件下的陆地–河流–海洋的相互作用具有重要意义。

1.3.3　陆地生态系统氮循环及其对全球变化的响应与反馈

（1）全球和区域陆地生态系统氮循环的关键过程

自然界的氮素主要以三种形式存在：分子态的氮气、无机态结合氮和有机态结合氮。虽然空气中富含氮气（78%），但绝大多数植物和动物都不能直接利用这些分子态氮，需要豆科植物及其伴生的根瘤菌或少数蓝绿藻先将氮分子转变为铵态氮后才能加以利用，因此，空气中的氮分子很少参加陆地生态系统的氮循环过程。在微生物的帮助下，岩石和矿物中的氮经风化或被微生物矿化为硝态氮或铵态氮，其中一部分被生物体吸收，另一部分被淋溶、迁移到水体，直至沉积到湖泊、江河或海洋的底泥。通常，植物主要通过吸收土壤无机氮（硝态氮和铵态氮）来合成氨基酸和各种蛋白质；而动物则主要利用植物体内的有机氮（蛋白质），经分解为氨基酸后再合成自身的蛋白质。动植物在代谢过程中，会通过分泌和排泄等途径向土壤归还部分含氮物质。此外，动植物残体中的有机氮则被微生物转化为无机氮（铵态氮和硝态氮），从而完成生态系统的主要氮循环过程（图 1.3）。

陆地上生物体所贮存的有机氮总量约为 110 亿～140 亿 t（1 Pg = 10^3 Tg = 10^{15} g = 10 亿 t），虽然其总量不高，但却可以快速周转而被循环利用，是陆地生态系统中最活跃、最重要的氮循环过程。土壤有机氮总储量约为 2500 亿～3000 亿 t，但仅有土壤上层的少部分有机氮能在微生物转化作用下被植物吸收和利用。据估计，全球尺度陆地生态系统内部循环的氮周转约为 240 $Tg \cdot a^{-1}$，通过大气干湿沉降进入的氮约为 70 $Tg \cdot a^{-1}$，通过反硝化以 N_2O 途径释放的约为 100 $Tg \cdot a^{-1}$，通过火烧和汽车尾气排放释放的 NO 约为 40 $Tg \cdot a^{-1}$，通过氨化、动物粪便挥发和化肥挥发等途径释放的氨约为 60 $Tg \cdot a^{-1}$，从陆地生态系统输入海洋的氮素约为 80 $Tg \cdot a^{-1}$（Erisman *et al.*, 2013；Fowler *et al.*, 2013）。

（2）陆地生态系统氮循环对大气氮沉降响应与反馈

大气氮沉降是氮循环的重要环节，它是氮素从

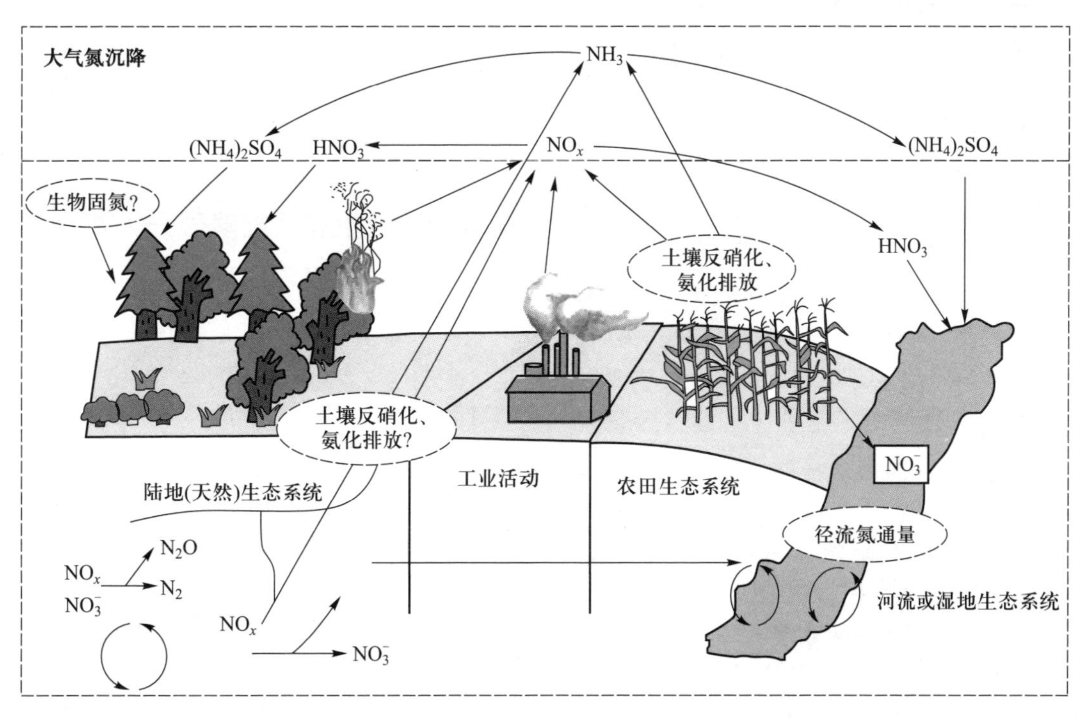

图 1.3 陆地生态系统氮循环关键过程

大气中输入至生物圈的重要途径，其输入量的大小对于维持陆地生态系统生产力及其生物多样性有着重要影响。从全球尺度来看，1860 年人为氮排放量仅为 15 Tg N，1995 年约为 156 Tg N，2005 年则达到 187 Tg N（Galloway *et al.*, 2004）。最终这部分氮素以沉降的方式返回到陆地和海洋表面，1995 年大气氮素沉降量达到了 100 Tg N，预计 2050 年将增加到 200 Tg N。据估计，中国区域无机氮湿沉降的全国均值由 1990 年代的 11.11 $kg \cdot hm^{-2} \cdot a^{-1}$ 上升到 2000 年代的 13.87 $kg \cdot hm^{-2} \cdot a^{-1}$，增加了近 25%；氮沉降空间格局的形成主要由氮肥施用量、能源消费量和降水三个因子决定；1990 年代到 2000 年代的氮沉降年际变化主要是由能源消费量和氮肥施用量的增加引起的（Jia *et al.*, 2014; Zhu *et al.*, 2015）。

在描述氮沉降对陆地生态系统氮循环的作用时，通常只考虑了氮沉降的有效氮部分，对于土壤活性氮而言，主要是指铵态氮（NH_4^+-N）和硝态氮（NO_3^--N）。在微生物帮助下土壤氮素从有机氮转化为无机氮的过程（简称氮矿化），对陆地生态系统氮素供给、氮组成、氮淋溶等具有重要影响。日益增长的氮沉降可以通过不同形式或途径对上述过程产生不一致的影响。通常，持续大气氮沉降输入会提高土壤中氮的初期矿化速率，因为增加的氮与有机物质结合会降低土壤 C∶N，加速土壤有机物的分解和养分的释放；然而，长期过量的氮输入虽然增加土壤氮素的总矿化作用，但其净矿化速率从先期的峰值开始出现下降，接近或低于对照值（或称为氮沉降的饱和效应），净矿化作用在中等氮沉降水平达到最高。矿化作用减少的原因可能是氮输入改变了土壤有机质的化学属性，降低了分解过程中胞外酶的活性，或是土壤中大量有效氮的存在抑制了腐殖质降解酶的生成。此外，随着大气氮沉降的增加，土壤中更大一部分 NH_4^+ 在自养细菌的硝化作用下转变为 NO_3^-，土壤氮库由 NH_4^+ 占优势变成了 NO_3^- 占优势；由于 NO_3^- 极易溶于水，因此可能会加剧土壤氮淋溶，造成径流或湖泊的可溶性氮含量显著增加。此外，长期持续的高氮输入可导致土壤酸化。大气氮沉降的增加引起的土壤氮淋溶增加是一种强烈的土壤酸化过程，它不仅使土壤 pH 下降，也引起盐基离子（Ca^{2+}、Mg^{2+}、K^+、Na^+）和 H^+、Al^{3+} 的释放和迁移，进而造成土壤酸化（Lu *et al.*, 2014）；土壤 pH 的改变又会通过影响土壤微生物群落和活性来调控土壤氮矿化过程。总之，日益增长的大气氮沉降输入，对陆地生态系统结构和功能具有非常复杂的影响，其正负效应往往与特定生态系统的氮素本底、大气氮素输入量、大气氮沉降组成、氮素承载力密切相关,研究结论还存在诸多不确定性。

(3) 陆地生态系统氮循环对气候变化的响应

水分既是土壤氮素溶解的媒介,又是氮素转移的载体,因此,土壤氮素的循环过程和利用情况与降水因子密切相关。根据大多数模型的预测,在全球及区域降水格局发生显著变化的背景下(降水量、降水格局、极端干旱和极端洪涝灾害等),土壤氮素的迁移转化过程势必将会受到很大的影响。例如,降水格局的改变对草地生态系统氮损失有着重要影响。在土壤含水量较低的干旱季节土壤氮含量较低,这可能是由于水分限制了草地初级生产力使得氮贮存较少;但当土壤含水量超过了植物生长需求时,会通过氮素淋溶途径造成大量有效氮素流失。土壤氮素与降雨的相互作用可用如下过程来描述:① 在雨滴作用下,表层土壤氮素溶入雨水中或被雨滴溅蚀;② 表层土壤中的氮素,特别是硝态氮,随雨水入渗;当降水强度小于土壤入渗率时,土壤氮素在土壤深层沉积(张兴昌和邵明安, 2000)。此外,降水格局变化(强度和频率)将不同程度地影响土壤水分、土壤通气状况和氧分压,直接或间接影响土壤微生物活性,从而引起土壤氮循环(包括含氮气体形成与释放)等的变化;其中,极端干旱和极大降雨都对微生物活性不利,从而对土壤氮循环过程起到抑制作用(沈菊培和贺纪正, 2011)。

温度升高会增强土壤微生物的活性进而加速土壤有机质降解和无机氮的释放。同时,温度变化还会影响参与氮循环过程的功能微生物特性(如氨氧化细菌、氨氧化古菌和反硝化细菌),进而改变由此驱动的生物地球氮循环过程(Delgado-Baquerizo *et al.*, 2014)。氨氧化细菌是整个自然界氨化作用的主要参与者,其最适生长温度为25~30℃,在不同温度下表现出一定的选择性和适应性。此外,温度剧烈变化时,会因为不同类群微生物的活性变化,而改变土壤硝化作用和反硝化作用的相对贡献,并引起土壤 N_2O 释放动态(Larsen *et al.*, 2011)。然而,微生物对升温存在一定程度的适应性,可能会减缓或更加复杂化土壤氮循环过程对气温升高的响应(Bradford *et al.*, 2008)。目前,科学家对微生物介导下的土壤氮循环过程对全球变暖的过程与机制还不甚理解,不同控制实验的结果间存在较大的差异。

1.4 全球变化与陆地生态系统碳-氮-水耦合循环研究

1.4.1 陆地生态系统碳-氮-水耦合循环研究的理论和实践意义

在土壤-植物-大气连续体、生态系统、区域和全球4个尺度上,生态系统碳-氮-水耦合循环研究的对象、表现形式和关注的科学问题各有所异,导致研究视角、采用的技术手段和驱动机制的探讨均存在明显的差异。另外,生态系统碳-氮-水耦合循环研究在不同的尺度上具有不同的理论与实践意义。

(1) 理解生态系统过程的理论基础

认知土壤-植物-大气连续体碳-氮-水耦合循环机制是理解生态系统过程机制的理论基础。关于陆地生态系统生物群落调控碳-氮-水耦合循环的关键过程及其生物学机制已开展了一些研究工作,然而由于观测技术和研究手段的限制,迄今的研究工作大多只能假设各个过程为相对独立的生物学、物理学或化学过程,其研究结果和科学认识具有较大的局限性(于贵瑞等,2013)。因此,充分利用现代的研究技术手段,开展碳-氮-水耦合循环过程的综合研究,整合分析植物叶片冠层、根系冠层和微生物功能群网络生物学过程及其生态系统生态学机制,综合理解调控碳-氮-水耦合循环的生物物理过程、生物化学过程以及生物-物理-化学过程的协同作用机制,不仅有助于我们科学地认识生态系统的能量-养分-水分循环三者的相互制约关系,并可发展生态化学计量学、资源利用和生态系统物质代谢等生态系统生态学基本理论,更能推动以植物冠层生物学、植物根系冠层生物学和土壤微生物功能群网络生物学向更深层次的发展。

(2) 调控和管理生态系统转换和物质循环的理论基础

认识典型生态系统的碳-氮-水耦合循环是认知生态系统能量转换、营养物质循环、水循环与生态功能的相互关系、调控和管理生态系统过程的理论基础。典型陆地生态系统的碳循环、氮循环和水循

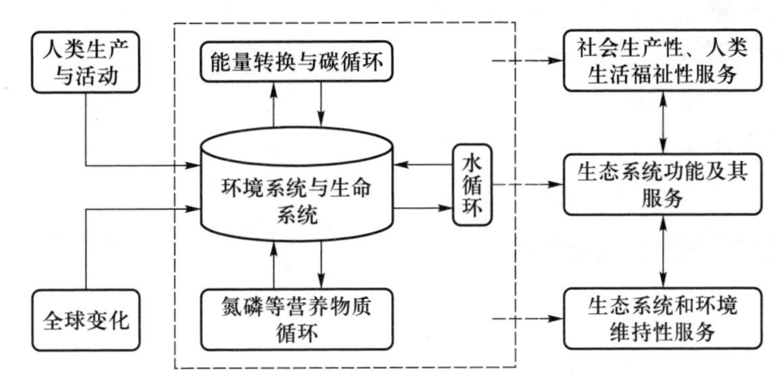

图 1.4 陆地生态系统能量转换、营养物质循环、水循环与碳-氮-水耦合循环的相互关系及其实践意义(于贵瑞等,2014)

环既是生态系统最为重要的 3 种物质循环,又是生态系统能量传输、养分循环、水分运移的载体。生态系统的物质和能量输入与输出是耦联生态系统与环境系统关系的重要方式(于贵瑞,2001)。陆地生态系统的能量固定过程也是陆地生态系统初级生产力的形成过程,并且该过程也只有在碳、氮等元素的物质循环和水循环的参与下才能完成。因此,生态系统净初级生产力的高低直接决定了太阳能固定的多寡,决定着生态系统物质循环的规模和速率;相反,净初级生产力又受到碳、氮、水等物质的供给水平和参与程度的制约。陆地生态系统碳-氮-水耦合循环过程及其生物调控与环境响应,直接决定着生态系统生产力水平和环境服务功能状态,决定着生态系统与环境系统的互作关系。

(3) 区域内自然资源管理和优化配置的科学依据

研究区域尺度生态系统的碳-氮-水循环耦联关系可以为区域内自然资源管理、优化配置以及经济合作提供决策依据。陆地生态系统的碳循环、氮循环和水循环是能量传输、养分循环、水分运移的载体,三者之间通过地理格局的资源供给与需求的计量平衡关系、资源利用与转化效率的生物制约关系以及生物学、物理学和化学过程的耦合机制而相互依赖、相互制约、联动循环,协同决定着生态系统的结构和功能状态,决定着生态系统提供生物质生产、资源更新、环境净化以及生物圈生命维持等生态服务的能力和强度(图 1.4)。由此可见,探讨生态系统碳-氮-水循环空间格局耦联关系的生物地理学机制、生理生态学机制及关键生物物理和生物化学过程,是了解地球各圈层相互作用的关键,有助于增强对区域尺度生态系统内部亚系统间生态学耦合过程的理解,有助于了解区域环境的变化规律,不仅可以直接为维持陆地生态系统较高的生产力提供技术原理,也可以为区域尺度的生态系统和自然资源管理、区域可持续发展提供科学依据,为自然和社会资源的区域优化配置、区域内经济合作等重大战略问题提供科学支持。

(4) 理解地球系统物质循环理论的重要组成部分

全球尺度生态系统的碳-氮-水耦合循环研究是应对全球变化的科技需求,也是理解地球系统物质循环的理论基础的重要组成部分。全球尺度的碳、氮、水循环和能量转换是全球变化的重要驱动因素之一,它们与全球变化之间具有极其复杂的影响和反馈作用。陆地生态系统是大气圈-生物圈-岩石圈-水圈或者陆地-海洋-大气系统中最为重要且活跃的组成部分,碳-氮-水循环是联系土壤圈、生物圈和大气圈的重要过程。人类活动使得原本被封存于岩石圈和陆地生态系统中的有机碳和无机碳被活化,导致大气中 CO_2浓度增加(Solomon,2007);通过工业固氮使大量的惰性氮素被活化,间接地造成了大气中 NH_3、NO_x、NO_y等气体含量增加,增加了大气的温室效应(Galloway *et al.*,2008)。生态系统与全球变化具有复杂的正负反馈关系,是通过生态系统与大气之间的能量、碳、氮、水等物质交换实现的,这些物质和能量的交换通量则是生态系统碳-氮-水耦合循环输送的结果。因此,陆地、海洋和大气系统之间的碳-氮-水循环一直是全球变化科学的核心领域,它被认为是分析全球变化成因、降低全球变化预测的不确定性、评估全球变化对人类生存环境和社会可持续发展的影响的关键科技问题(陈泮勤,2004)。只有深入研究陆地生态系统碳-氮-水耦合循环过程及其调控机制,才能深入理解陆地生态系统对全球变化的响应和适应规律,准确评估陆地生态系统的固碳速率和潜力,降低其不确定性,提高对陆地生态系统增汇/减排的评估精度。

1.4.2　陆地生态系统碳-氮-水耦合循环研究的基本科学问题

陆地生态系统碳循环、氮循环和水循环通过复杂的生理生态学、生物地球化学等机制耦合在一起,受多个关键性生物、物理和化学过程的调节和控制。三者之间通过资源供给与需求的计量平衡关系以及资源利用与转化效率的生物制约关系协同决定着生态系统的服务功能,它们受全球变化和生物地理条件的共同影响。陆地生态系统碳-氮-水耦合循环过程研究包括以下4个关键科学问题(图1.5)。

(1) 陆地生态系统碳-氮-水耦合循环的关键过程及其生物调控机制

陆地生态系统的碳循环、氮循环和水循环通过土壤-植物-大气连续体一系列的能量转化、物质循环和水分传输过程紧密地耦联在一起,制约着土壤、植物与大气系统之间的碳-氮-水交换通量及其三者间的平衡关系,这些复杂过程构成了生物参与的氧化还原反应网络系统,主要包括叶片冠层、根系冠层、微生物网络、生物种群和生物地理格局等生态过程对陆地生态系统的碳-氮-水循环的调控作用(图1.6)。

研究表明,叶片冠层吸收 CO_2 和蒸腾水分是通过叶片组织内部的生物化学反应来调控,且受到叶片气孔开合大小的控制;叶绿体内的光合碳代谢与 NO_3^- 同化都消耗来自光合碳同化和电子传递链的有机碳和能量,形成能量竞争(王建林等,2008);植

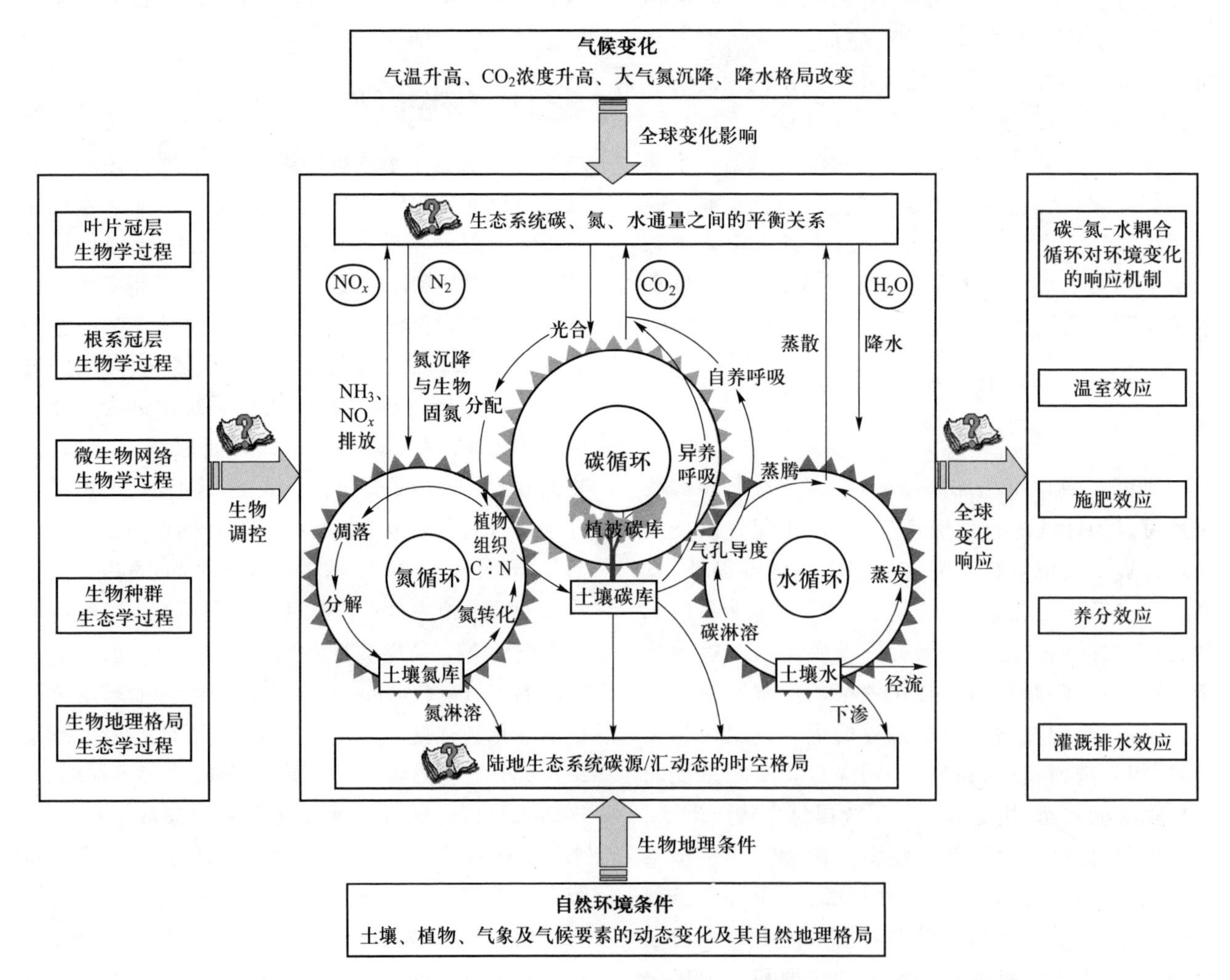

图1.5　陆地生态系统碳-氮-水耦合循环过程机制研究的关键科学问题(于贵瑞等,2014)

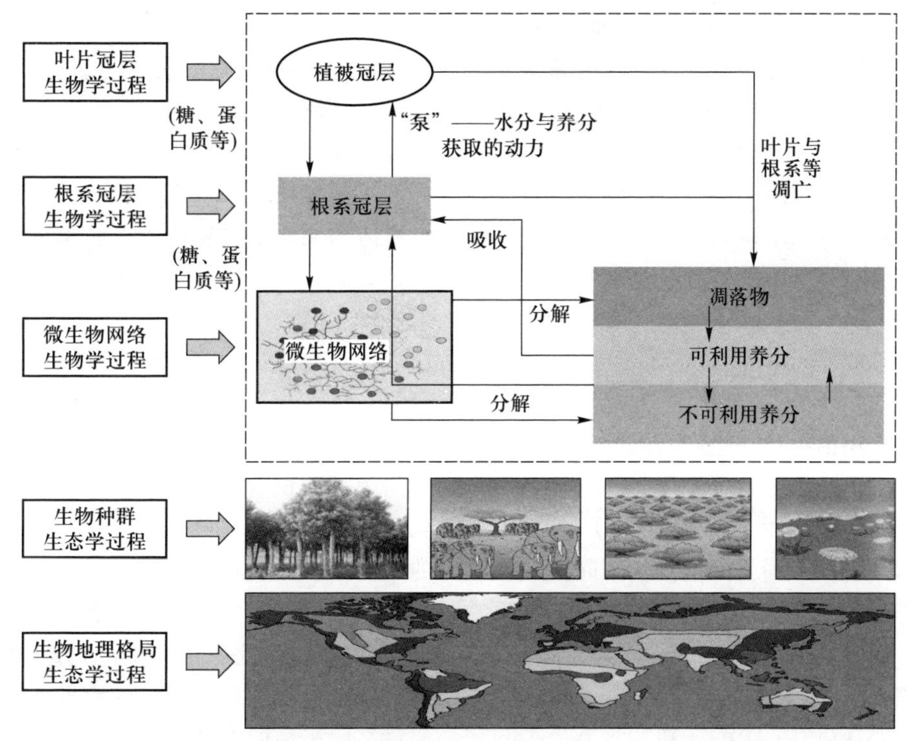

图 1.6　陆地生态系统碳-氮-水耦合循环生物调控的关键过程(于贵瑞等,2014)

被叶片冠层 C∶N 值显著影响核酮糖二磷酸羧化酶(Rubisco)的含量,进而影响叶片冠层 CO_2 固定和能量转化(Long *et al.*,2006)。植物光合作用所需要的氮素依赖于植物根系冠层对氮素的吸收和运输,而这些过程都需要消耗植物光合作用所提供的能量(王建林等,2008)。土壤缺水会引起叶片氮素含量与植物叶片光合速率及活性的降低(Llorens *et al.*,2003),促使植物地下部分得到较多的碳,导致根冠比增加(Yang et al.,2011)。可利用性氮量增加会使 CO_2 同化速率增加,但氮过量会降低同化速率,可能是因为氮同化能力增强,与碳同化竞争 ATP 和 NADPH,也可能是向碳同化提供碳架构成能力变小(Cao et al.,1998)。C∶N 值还影响着碳的分配,当叶片实际的 C∶N 值大于最适的 C∶N 值时,更多的碳将被分配给根系(任书杰等,2006)。

生物对陆地生态系统碳-氮-水耦合循环调控过程包含了叶片冠层的能量捕获、光合碳固定和植物的自养呼吸、植物根系冠层的养分吸收、凋落物归还分解和根系周转、土壤微生物功能网络对不同底物的竞争利用、土壤氧化-还原化学等关键过程。然而,目前我们并不清楚碳-氮-水耦合循环中上述过程之间的相互作用关系。所以,陆地生态系统碳-氮-水耦合循环的关键过程及其生物调控机制是生态系统碳-氮-水耦合循环研究的基本科学问题之一,需要揭示不同的生物过程如何调控碳-氮-水耦合循环及其平衡关系。其核心科学问题是"生物系统之间的链式生物化学过程如何决定和调控陆地生态系统碳-氮-水循环的耦合关系",目前迫切需要解答制约生态系统碳-氮-水耦合循环的关键过程(阀门式的过程)有哪些?这些关键过程间的相互关系如何?它们是怎样联系的,以及如何维持这些过程(功能强度)之间的平衡关系?此外,还需要关注生态系统生态学过程和生物地理格局生态过程如何在生态系统和区域尺度上制约碳、氮、水循环以及 3 个循环通量之间的平衡关系。

(2) 生态系统碳-氮-水耦合循环通量的计量平衡关系及其环境影响机制

制约生态系统碳-氮-水耦合循环通量平衡关系的主要过程包括水、气孔行为制约叶片的光合作用和蒸腾作用;根系对土壤水分和养分的吸收;土壤水分条件和降水对土壤蒸发、呼吸、气体排放的影响;植物体内碳-水之间的生化反应和植物体内水分循环对碳水化合物的运输作用;氮素对植物的光合作用、有机碳的分解、同化产物在植物器官中的分配的影响以及生态系统对全球变化的响应等。

生态化学计量学(ecological stoichiometry)原理表明,生态系统中生物有机体的碳、氮、磷等生源要素的化学计量关系有较强的内稳定性(homeostasis)(Sterner & Elser,2002)。植物可能通过内稳态机制维持C∶N值的动态平衡,使得有机体中碳氮维持一定的比例关系(Hessen *et al.*, 2004)。陆地生态系统中的土壤、微生物、凋落物等组分的碳氮含量也存在一定比例关系,例如,全球尺度的土壤和微生物体中碳氮摩尔比存在很强的保守性,分别为183∶12和60∶7(Cleveland & Liptzin, 2007),森林生态系统中叶片碳氮的摩尔比为1212∶28,凋落物为3004∶45(McGroddy *et al.*, 2004)。这一特性导致了生态系统光合作用的生物质生产和碳固定过程对氮和磷等生源要素以及水分等资源要素的利用效率也具有相当程度的保守性(conservation)(Han *et al.*, 2011),具体体现在不同类型植物或不同区域典型生态系统生产单位质量的生物质(或固定单位质量的碳)的需水系数(water requirement coefficient, WRC)、氮和磷等营养元素的需求系数(nutrient demand coefficient, NDC),以及水分利用效率(water use efficiency,WUE)和氮素利用效率(nitrogen use efficiency,NUE)等都表现出相对的稳定性。

相反,也有研究表明,在生物与环境的协同进化过程中,生物环境对有机体元素比值的影响很大,在不同的地质、气候和生物等因素影响下,有机体也会通过消耗和释放不同于环境元素比值的元素,从而对其周围环境元素的比值产生影响。例如,海洋中有机体的元素组成和环境中的无机养分比值之间存在显著的一致性(redfield ratio)(Redfield, 1958),后来发现在陆地生态系统也是如此(Chapin III *et al.*, 2011)。由此可见,生态系统碳-氮-水耦合循环通量的计量平衡关系及其环境影响机制成为生态系统碳-氮-水耦合循环研究的基本科学问题之一,其核心问题是认识"生物系统各组分的化学计量关系及其内稳性如何制约生态系统碳-氮-水循环通量间的平衡关系"。认知生命元素生态化学计量平衡关系的内稳性及变异规律和机制、生态系统碳-氮-水循环的计量平衡关系的保守性及变异机制,理解生态系统的化学计量平衡及其内稳性与碳、氮、水循环通量之间平衡的内在联系,以及生物生长的限制性养分元素对碳-氮-水循环速度和平衡关系的影响(图1.7)。

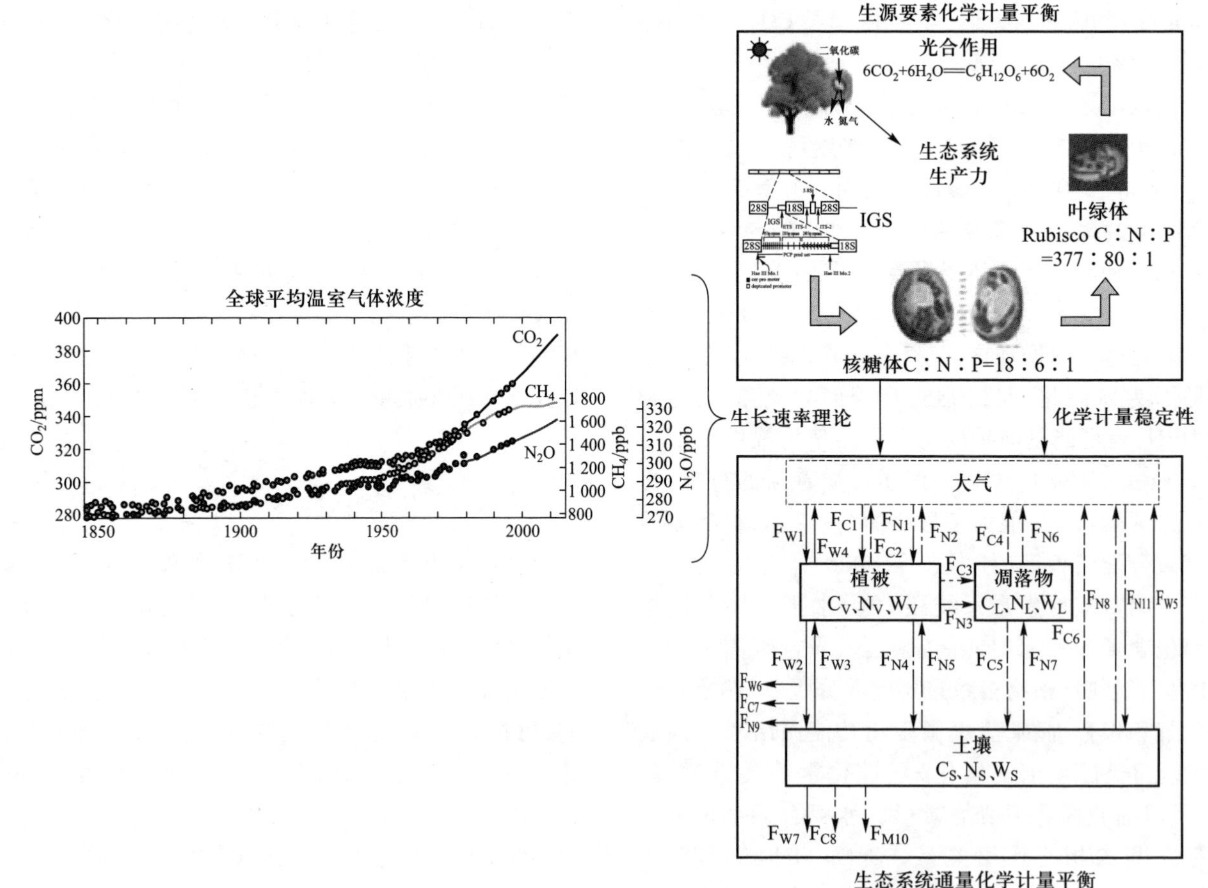

图1.7 生物体化学计量内稳性制约生态系统碳-氮-水循环通量平衡关系以及生态系统碳源/汇时空格局的生态学机制(于贵瑞等,2014)

（3）生态系统碳-氮-水耦合循环调控陆地生态系统碳源/汇时空格局机制

陆地生态系统的碳、氮和水循环的动态过程是相互制约的，并且在大的地理空间尺度上，生态系统的碳、氮和水循环的空间格局也具有耦联关系。其根本原因是受气候要素地理格局制约的植被具有明显的动态演替过程和地理空间格局规律，而水分的限制和氮素的供应水平也具有明显的季节和年际变化以及区域差异，这就导致了生态系统碳、氮、水循环及其耦合关系具有特定的时间动态和地理空间分布规律。其结果是直接影响或制约着陆地生态系统的生产力、植被和土壤的呼吸、植被和土壤碳储量的动态变化与地理空间差异，最终决定了陆地生态系统碳源/汇的时间和空间格局。

鉴于陆地生态系统的碳、氮和水循环的动态过程相互制约的事实，生态化学计量平衡理论认为，生态系统不同碳库的化学计量关系具有稳定的比例关系，所以伴随着生态系统碳固定和生物量蓄积过程的变化，其消耗的水分以及吸收的氮素也应该随之同步发生变化（Yu *et al.*, 2013）。同样，处于不同气候带的生态系统的碳、氮和水循环速率和周期的空间格局也具有高度关联性。此外，驱动生态系统的碳、氮和水循环速率和周期动态变化的直接因素是气候节律，而影响生态系统的碳、氮和水循环速率和周期空间分布的直接因素是气候要素的空间格局（Thornton *et al.*, 2009）。由此可以推论，受这种生态系统碳-氮-水循环内在耦联机制的制约，由气候要素动态节律和空间格局驱动的生态系统碳-氮-水耦合循环是调控植物-大气、土壤-大气之间的碳及其相关温室气体交换通量的时空变化，影响生态系统的碳源/汇功能时空格局的重要生态学原理之一。

研究生态系统碳-氮-水耦合循环调控陆地生态系统碳源/汇时空格局机制的核心问题是认识"生态系统碳-氮-水耦合循环及其环境响应的动力学和生物地理学机制"，其关键问题是要分析陆地生态系统碳-氮-水循环过程相互制约关系，认识陆地生态系统的碳-氮-水循环耦联关系空间格局，以及气候要素动态节律和空间格局驱动碳-氮-水耦合循环及其耦联关系的生态学机制。

（4）生态系统碳-氮-水耦合循环的生物过程对全球变化的响应和适应

全球变化的基本事实包括温室气体浓度升高、温度上升、外源性氮磷沉降增加、降水格局变化等，生态系统不仅会对环境变化做出短期的响应，更重要的是会对全球变化产生适应性的变化。例如，CO_2浓度升高对植被光合作用具有短时间的激发效应，但随着时间的推延，光合作用的增加速率有下降的趋势，亦即所谓的"光合下调"现象，CO_2浓度升高会导致叶片的气孔导度显著下降，一些植物的根冠比增加（Bunce *et al.*, 2001）。随着温度的升高，植物会关闭气孔、使得叶肉细胞的胞间CO_2浓度升高，从而提高叶片的水分利用率。同时，为避免受高温损伤，植物释放较低的异戊二烯以调整生化合成速率。在受到干旱胁迫时，植物通过调节气孔大小、植物体应急蛋白、改变气体交换过程等适应缺水状况（Niu *et al.*, 2011）。在干旱胁迫条件生长下植物在复水后产生的补偿与快速生长效应反映出了植物对水分变化的适应机制（Niu *et al.*, 2008）。

生态系统碳-氮-水耦合循环的生物控制过程对全球变化的响应和适应过程包括植物叶片冠层的能量捕获、水-碳交换的调控作用及其适应性进化，植物根系冠层的水-氮-磷吸收、通量平衡调控及其适应性进化，以及土壤微生物功能群落网络结构与碳-氮耦合循环之间关系等方面（图 1.8），其核心科学问题是：生物控制过程对环境变化的短期响应和长期适应以及通量平衡调控及其适应性进化。需要具体回答：生态系统碳-氮-水耦合循环的关键过程及其相互关系；植物叶片冠层、根系冠层和土壤微生物功能网络对碳-氮-水耦合循环的关键过程的调控机制；生态系统碳-氮-水耦合关系是否会因环境变化，生物控制过程对环境变化的短期响应和长期适应。

1.4.3 陆地生态系统碳-氮-水耦合循环机制的逻辑框架

陆地生态系统碳-氮-水耦合关系整合研究是生态系统与全球变化科学研究的前沿领域。在不同时空尺度下，陆地生态系统碳-氮-水耦合循环研究对象和应用目标有较大的差异（图 1.9），包括：① 碳、氮、水在植被-大气、土壤-大气和根系-土壤这三个界面上交换通量的生物物理过程；② 生物调

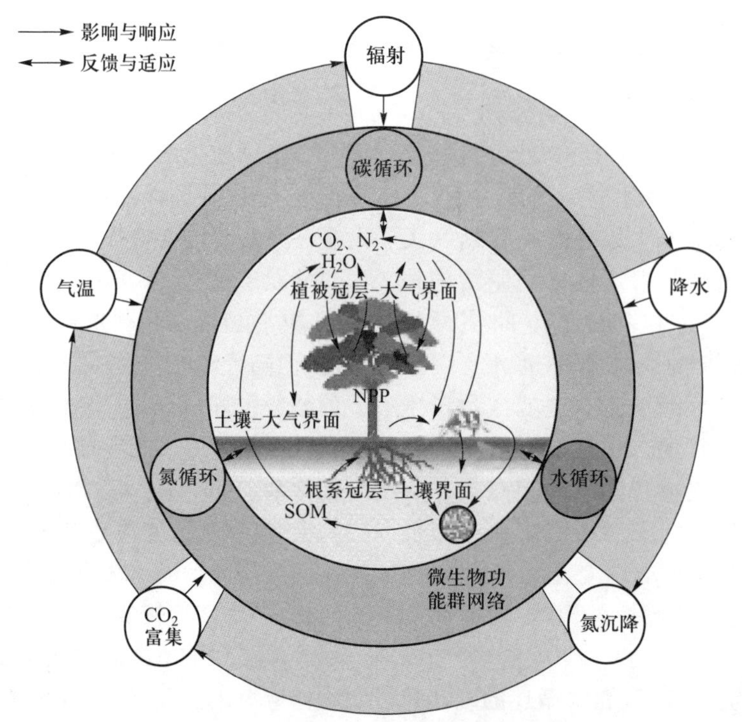

图1.8 陆地生态系统碳-氮-水耦合循环的生物控制过程对全球变化的响应和适应模式(于贵瑞等,2014)

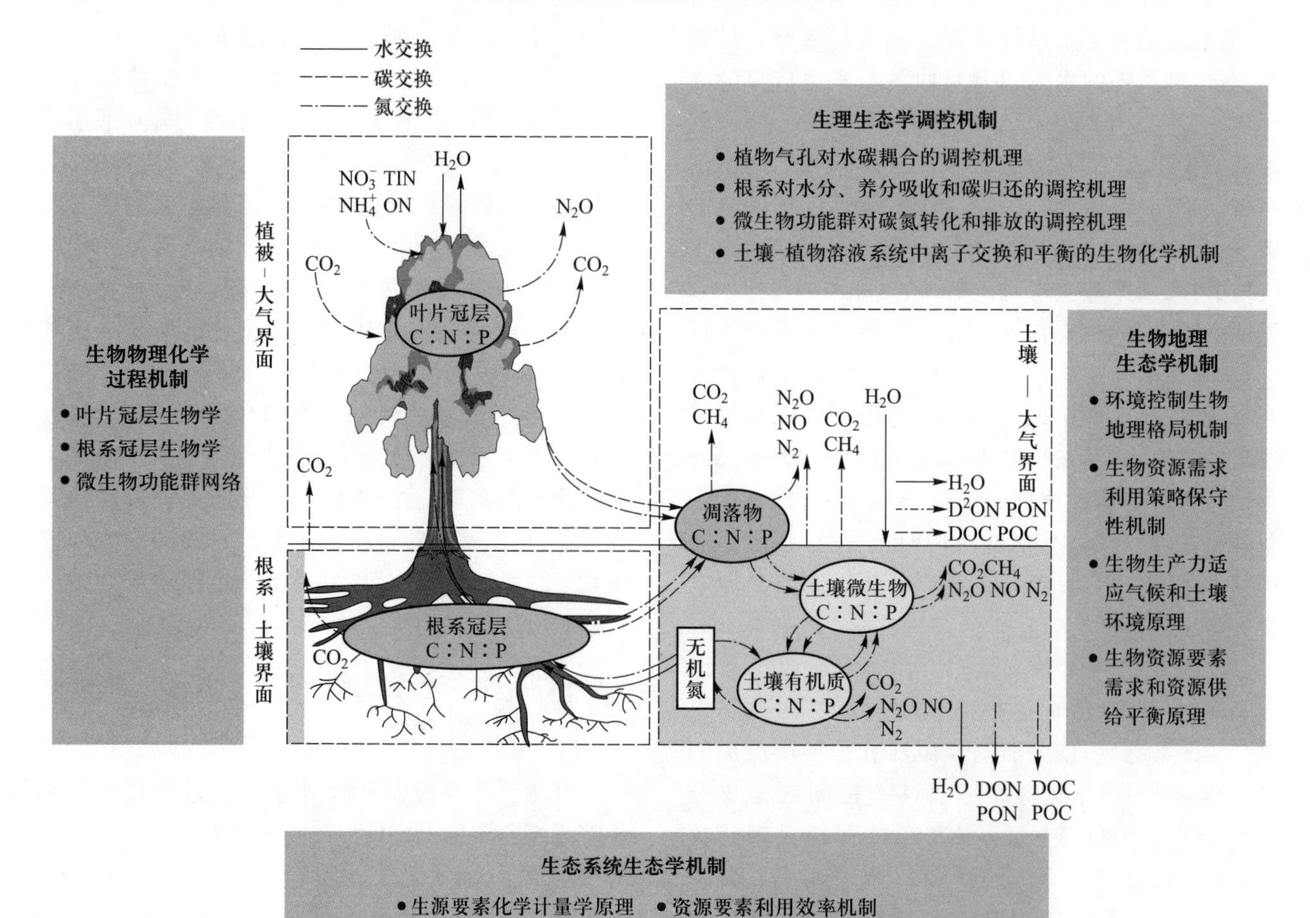

图1.9 不同尺度陆地生态系统碳-氮-水耦合循环研究的关键过程与驱动机制(于贵瑞等,2014)

控生态系统碳-氮-水耦合循环过程的生理生态学机制；③ 制约典型生态系统碳-氮-水循环耦合关系的生态系统生态学机制；④ 制约大尺度碳-氮-水循环耦联关系空间格局规律的生物地理学机制。

(1) 植被-大气、土壤-大气和根系-土壤这三个界面的碳氮水耦合过程及其生物物理学机制

陆地生态系统碳、氮和水循环及其交换通量是在植被-大气、土壤-大气和根系-土壤这三个界面发生的，研究这些通量及其相互关系是认识生物圈与大气圈和水圈相互作用的基础，也是全球变化生态学研究的核心命题，研究三大界面的碳、氮、水和能量交换通量的变化特征、过程机制及其定量表达一直是其主要的研究任务。三个界面上碳、氮和水交换的关键过程包括植被-大气界面的碳、水和能量收支平衡、土壤-大气界面的温室气体(CO_2、CH_4和N_2O)收支平衡，根系-土壤界面水分和养分收支平衡；碳、氮、水在各库之间的源汇关系，各种气体在边界层内的传输和扩散过程，以及各种溶质在传导组织中的传输过程等。

植被和大气之间的碳、水交换过程主要是通过植物的光合作用和蒸腾作用实现的，而两者又共同受植物气孔行为所控制，形成了光合作用-气孔行为-蒸腾作用之间的相互作用与反馈的生物物理学过程(Yu *et al.*, 2001)。水分利用效率常被用来揭示该环节上的水、碳通量耦合特征及其变化，但是水分利用效率不仅受环境因素影响，同时也受植被类型和群落结构所制约(Yu *et al.*, 2008)。发生在根系-土壤界面的植物养分吸收过程需要消耗一定量的有机碳作为提供养分选择吸收的驱动力，并且植物的养分吸收和输送等过程必须以水分的渗透、扩散及其溶质流动和长距离运输等生物物理过程为介导(Yu *et al.*, 2003,2004)，而营养物质的利用和转化更需要通过连环式的生物化学代谢过程才能完成。土壤-大气系统多种碳、氮温室气体的排放或吸收主要是土壤微生物参与，该系统内的碳-氮耦合循环过程则是由一系列微生物参与的氧化还原反应完成的，不同类型的微生物功能群落对基质的竞争与利用导致了不同碳、氮气体之间排放或吸收通量表现出多种形式的耦联关系。

(2) 生物调控生态系统碳-氮-水耦合循环的生物化学过程及其生理生态学机制

陆地生态系统碳-氮-水耦合循环主要是由植物叶片冠层系统、根系冠层系统、土壤微生物网络系统以及土壤-根系-茎秆-叶片的有机和无机溶液系统连环控制的。生态系统尺度上研究这些生物化学过程的机制与定量表达是认知生态系统结构与功能、构建过程机制模型的迫切需求，人们特别希望了解植物的叶片冠层系统、根系冠层系统、土壤微生物网络系统的结构和功能的改变如何制约生态系统的碳、氮、水循环，以及如何影响碳、氮、水在生物圈与大气圈和水圈之间的交换通量，为研究生态系统对全球变化的反馈作用提供科学依据。生态系统的碳-氮-水耦合循环是通过植物叶片、根系、土壤微生物等生理活动和物质代谢过程将植物、动物和微生物生命体、植物凋落物、动植物分泌物、土壤有机质、大气和土壤的无机环境系统的能量转化、物质循环和水分传输过程联结在一起，形成一个极其复杂的连环式的生物学化学耦合过程关系网络系统。在这个网络不同位点的各个生物化学过程都必须遵循各自生理生态学机制而运转，共同驱动着生态系统的碳、氮和水循环。

生物系统调控碳-氮-水耦合循环生物化学过程的运转，包括 4 个生理生态学机制：① 植物气孔行为调控光合和蒸腾碳-水通量平衡关系的生理生态学机制；② 根系冠层生物学过程控制植物根系-土壤系统界面的养分和水分吸收及碳分配的生理生态学机制；③ 土壤微生物功能群网络调节土壤有机物的分解和形态转化的碳氮气体释放的生物地球化学过程机制；④ 土壤-植物溶液系统的运输、离子平衡与介质间交换的生物化学过程机制。

(3) 陆地生态系统碳、氮、水循环的耦合关系及其生态系统生态学机制

生态系统碳收支、水分平衡和养分循环以及结构和功能是生态系统与全球变化生态学以及生态系统格局与生态服务研究的核心任务。在生态系统尺度上研究碳-氮-水耦合循环问题更多地关注与这些循环相关的生态系统生产力、温室气体源/汇功能、水源涵养和水土保持等生态系统服务供给能力及其变化，关注各种服务功能之间的权衡和协同关系。这些相互关联的基本原理、机制和规则构成了制约生态系统碳-氮-水耦合循环生态系统生态学的理论基础。生态系统生产力与碳素供给和水分消耗的耦联关系，通常可以应用生态系统水分利用效率(WUE)、氮素利用效率(NUE)或者其倒数光合作

用物质生产的需水系数(WRC)和需氮系数(nutrient demand coefficient, NDC)来定量描述。关于土壤微生物功能群控制的温室气体排放通量的耦合关系可以用CO_2、CH_4和N_2O通量之间回归曲线的斜率来表征:协同关系(斜率大于零),消长关系(斜率小于零)或随机关系(斜率等于零)。

碳-氮-水循环耦合关系的保守性,即生态系统水分利用效率(WUE)、氮素利用效率(NUE)趋于稳定常数的事实已经在的一些生态系统的研究中得到证实(Yu *et al.*, 2008),但是在不同类型之间变异性以及环境因素的影响也很多报道(Yu *et al.*, 2013)。那么,究竟哪些生态系统生态学的基本原理、机制和规则在制约着生态系统尺度的碳、氮、水循环及其三者的耦联关系,现有的研究还难以给出明确的认知,但是我们推测生态系统有机组分的生源要素化学计量学、资源要素需求系数和资源要素利用效率的保守性可能是几个重要的生态学原理,也与生物种群生态位互补和演替理论息息相关。关于陆地生态系统碳、氮、水循环的生态系统生态学研究已取得了重要进展。然而,由于观测技术和科学数据的限制,迄今大多数研究只能假设生态系统的碳、氮、水是相互独立的生物学、物理学或化学过程,再假设其中的两个不变,或者将其中的两个作为给定的环境条件来研究碳、氮、水中某个循环过程机制及其动态变化,其研究结果和科学认识具有较大的局限性。因此,充分利用现代的观测研究技术,开展生态系统碳-氮-水耦合循环过程的整合研究、综合理解调控生态系统碳-氮-水耦合循环的生物物理过程、生物物理化学过程,以及生态系统生态学机制是一个前瞻性的研究方向。

(4) 区域尺度陆地生态系统碳、氮、水循环的耦联关系及其生物地理生态学机制

在区域和全球尺度上,降水量及其时空格局的变化对陆地生态系统生产力和碳汇功能时空格局的影响,以及大气氮沉降量的时空格局对陆地生态系统生产力和碳汇功能的影响是两个重大科学命题。在区域尺度上研究生态系统碳-氮-水耦合循环研究的主要目的是回答不同区域生态系统碳、氮、水通量具有怎样的平衡关系,其中一个重要的视角是将氮和水作为生态系统支持服务或者限制性资源来评价其如何影响生态系统生产力和碳汇功能。生态系统的植被生产力会受到自然资源供给能力的限制,植物光合作用的碳固定必定耦联着水资源消耗以及氮素养分的吸收,这种区域性和全球性的植被光合作用物质生产对水资源和氮资源的需求具有特定的区域分异规律,而自然界的水资源和氮资源也具有明显的区域分异格局。陆地生态系统可以通过系统进化和群落演替来适应气候、水分和土壤营养状况,进而形成碳-氮-水循环耦联关系的空间格局规律。生态系统的植物水分利用效率和氮素利用效率是表征区域或全球尺度上碳-氮-水循环耦联关系的重要指标(Luo *et al.*, 2004; Hu *et al.*, 2008)。

很多研究都表明,虽然区域或全球尺度上生态系统水分利用效率和氮素利用效率的空间格局具有一定程度的变异规律,但是总体来看还是表现出较强的保守性。关于制约区域或全球尺度陆地生态系统碳-氮-水循环耦联关系区域格局的保守性和变异规律与机制的研究还很少见,我们可以推测其主要机制应该包括生态系统生物的资源需求和资源利用格局与环境的资源供给格局的平衡原理,同时它还与基于自然选择-生物适应-协同进化理论的生物区系空间格局形成机制等密切相关。正是这些生物地理生态学机制调控着区域与全球尺度陆地生态系统碳收支、水收支和氮收支通量的空间格局和耦合关系。

参考文献

陈泮勤. 2004. 地球系统碳循环. 北京:科学出版社:1~585

何洪林, 张黎, 黎建辉等. 2012. 中国陆地生态系统碳收支集成研究的 E-Science 系统构建. 地球科学进展, 27(2): 246~254

陆桂华,何海.2006.全球水循环研究进展. 水科学进展,17(3):419~424

任书杰,曹明奎,陶波等. 2006. 陆地生态系统氮状态对碳循环的限制作用研究进展. 地理科学进展,25(4):58~67

任小丽, 何洪林, 刘敏等. 2012. 基于模型数据融合的千烟洲亚热带人工林碳水通量模拟. 生态学报, 32(23): 7313~7326

沈菊培, 贺纪正. 2011. 微生物介导的碳氮循环过程对气候变化的响应. 生态学报, 31(11): 2957~2967

王建林,于贵瑞,房全孝等.2008.不同植物叶片水分利用效率对光和 CO_2 的响应与模拟. 生态学报,28(2):525~533

夏军. 2000. 灰色系统水文学——理论、方法及应用. 武汉:华中理工大学出版社

于贵瑞. 2001.生态系统管理学的概念框架及其生态学基础.

应用生态学报,12(5): 787~794

于贵瑞. 2003. 全球变化与陆地生态系统碳循环和碳蓄积. 北京: 气象出版社

于贵瑞, 孙晓敏等. 2006. 陆地生态系统通量观测的原理与方法.北京:高等教育出版社

于贵瑞, 孙晓敏. 2008. 中国陆地生态系统碳通量观测技术及时空变化特征. 北京:科学出版社: 1~676

于贵瑞,方华军,伏玉玲等. 2011. 区域尺度陆地生态系统碳收支及其循环过程研究进展. 生态学报, 31(19): 5449~5459

于贵瑞,伏玉玲,孙晓敏等. 2006. 中国陆地生态系统通量观测研究网络(ChinaFLUX)的研究进展及其发展思路. 中国科学(D辑),36(S1):1~21

于贵瑞,高扬,王秋凤等. 2013.陆地生态系统碳氮水循环的关键耦合过程及其生物调控机制探讨. 中国生态农业学报,21(1):1~13

于贵瑞,王秋凤,方华军.2014.陆地生态系统碳-氮-水耦合循环的基本科学问题、理论框架与研究方法.第四纪研究,34(4):683~698

于贵瑞,王秋凤,于振良. 2004.陆地生态系统水-碳耦合循环与过程管理研究. 地球科学进展, 19(5):831~839

张凡,李长生.2010.气候变化影响的黄土高原农业土壤有机碳与碳排放. 第四纪研究,30(3): 566~572

张黎, 于贵瑞, Luo Yiqi 等. 2009. 基于模型数据融合的长白山阔叶红松林碳循环模拟. 植物生态学报, 33(6):1044~1055

张兴昌, 邵明安. 2000. 坡地土壤氮素与降雨、径流的相互作用机理及模型.地理科学进展, 19(2): 128~135

Aitkenhead J A, McDowell W H. 2000. Soil C : N ratio as a predictor of annual riverine DOC flux at local and global scales. *Global Biogeochemical Cycles*, 14(1): 127~138

Baldocchi D, Falge E, Gu L H, *et al.* 2001. FLUXNET: A new tool to study the temporal and spatial variability of eco-system-scale carbon dioxide, water vapor, and energy flux densities. *Bulletin of the American Meteorological Society*, 82: 2415~2434

Baldocchi D. 2014. Measuring fluxes of trace gases and energy between ecosystems and the atmosphere—The state and future of the eddy covariance method. *Global Change Biology*, doi: 10.1111/gcb.12649

Bradford M A, Davies C A, Frey S D, *et al.*, 2008. Thermal adaptation of soil microbial respiration to elevated temperature. *Ecology Letters*, 11(12), 1316~1327

Bunce J A. Direct and acclamatory responses of stomatal conductance to elevated carbon dioxide in four herbaceous crop species in the field. *Global Change Biology*, 2001, 7(3): 323~331

Cao C, Li S, Miao F. 1998. The research situation about effects of nitrogen on certain physiological and biochemical process in plants. *Acta Universitatis Agriculturalis Boreali-occidentalis*, 27(4):96~101

Chapin III F S, Chapin M C, Matson P A, *et al.* 2011. *Principles of Terrestrial Ecosystem Ecology*. New York: Springer: 1~544

Cleveland C C, Liptzin D. 2007. C : N : P stoichiometry in soil: Is there a "Redfield ratio" for the microbial biomass? *Biogeochemistry*, 85(3): 235~252

Degens E T, Kempe S, Richey J E. 1991. *Biogeochemistry of Major World Rivers.* Chichester: Wiley:323~397

Degens E T, Kempe S, Spitey A. 1984. CO_2: A biogeochemical portrait. In: Hutzinger CD (ed.). *The Handbook of Environmental Chemical*, Vol.1. Berlin: Spinger-Verlag:127~251

Delgado-Baquerizo M, Maestre F T, Escolar C, *et al.* 2014. Direct and indirect impacts of climate change on microbial and biocrust communities alter the resistance of the N cycle in a semiarid grassland. *Journal of Ecology*, 102(6):1592~1605

Erisman J W, Galloway J N, Seitzinger S, *et al.* 2013. Consequences of human modification of the global nitrogen cycle. *Philosophical Transactions of the Royal Society B: Biological Sciences*, 368:20130116

Fang H, Cheng S, Yu G, *et al.* 2014. Low-level nitrogen deposition significantly inhibits methane uptake from an alpine meadow soil on the Qinghai-Tibetan Plateau. *Geoderma*, 213:444~452

Fang H, Cheng S, Yu G, *et al.* 2012. Responses of CO_2 efflux from an alpine meadow soil on the Qinghai-Tibetan Plateau to multi-form and low-level N addition. *Plant and Soil*, 351(1~2): 177~190

Fowler D, Coyle M, Skiba U, *et al.* 2013. The global nitrogen cycle in the twenty-first century. *Philosophical Transactions of the Royal Society B: Biological Sciences*, 368: 20130164

Galloway J N, Denterner F J, Capone D G, *et al.* 2004. Nitrogen cycles: Past, present, and future. *Biogeochemistry*, 70: 153~226

Galloway J N, Townsend A R, Erisman J W, *et al.* 2008. Transformation of the nitrogen cycle: Recent trends, questions, and potential solutions. *Science*, 320(5878): 889~892

Gao Q. 2002. The riverine organic carbon output in subtropical mountainous drainage: The Beijiang river example. *Journal of Geoscience of China*, 4(1): 30~37

Han W, Fang J, Reich P B, *et al.* 2011. Biogeography and variability of eleven mineral elements in plant leaves across gradients of climate, soil and plant functional type in China. *Ecology Letters*, 14(8): 788~796

Hedges J I, Ertei J R, Quay P D, *et al.* 1986. Organic carbon-14 in the Amazon river system. *Science*, 231: 1129~1131

Hessen D O, Ågren G I, Anderson T R, *et al.* 2004. Carbon sequestration in ecosystems: The role of stoichiometry. *Ecology*, 85(5):1179~1192

Hope D, Billett M F, Cresser M S. 1994. A review of the export of carbon in river water: Fluxes and processes. *Environmental Pollution*, 84:301~324

Hope D, Billett M F, Miline R, *et al.* 1997. Exports of organic carbon in British rivers. *Hydrological Processes*, 11: 325~344

Hope D, Palmer S M, Billett M F, *et al.* 2001. Carbon dioxide and methane evasion from a temperate peatland stream. *Limnology and Oceanography*, 46: 847~857

Houghton J T, Jenkins G J, Ephraums J J. 1990. *Climate Change: The IPCC Scientific Assessment*. Cambridge: Cambridge University Press

Houghton J T. 1999. The annual net flux of carbon to the atmosphere from change in land use 1850—1990. *Tellus*, 51B: 298~313

Hu Z, Yu G, Fu Y, *et al.* 2008. Effects of vegetation control on ecosystem water use efficiency within and among four grassland ecosystems in China. *Global Change Biology*, 14 (7): 1609~1619

IPCC. 2013. Summary for policymakers. In: Stocker T F, Qin D, Plattner G-K, *et al. Climate Change* 2013: *The Physical Science Basis*. Contribution of Working Group I to the Fifth Assessment Report of the Intergovernmental Panel on Climate Change. Cambridge, United Kingdom and New York, USA: Cambridge University Press

IPCC. 2001. *Climate Change* 2001: *The Scientific Basis*. Cambridge, United Kingdom and New York, USA: Cambridge University Press

Jia Y, Yu G, He N, *et al.* 2014. Spatial and decadal variations in inorganic nitrogen wet deposition in China induced by human activity. *Scientific Reports*, 4(3763): 1~7

Lal R. 1995. Global soil erosion by water and carbon dynamics. In: Lal R, Kimble J, Lavine E, Stewart B A (eds.). *Advances in Soil Science: Soils and Global Change*. Boca Raton, FL: Lewis Publishers, CRC Press:131~142

Larsen K S, Andresen L C, Beier C, *et al.* 2011. Reduced N cycling in response to elevated CO_2, warming, and drought in a Danish heathland: Synthesizing results of the CLIMAITE project after two years of treatments. *Global Change Biology*, 17:1884~1899

Liu X, Duan L, Mo J, *et al.* 2011. Nitrogen deposition and its ecological impact in China: An overview. *Environmental Pollution*, 159(10): 2251~2264

Llorens L, Penuelas J, Estiarte M. 2003. Ecophysiological responses of two Mediterranean shrubs, *Erica multiflora* and *Globularia alypum*, to experimentally drier and warmer conditions. *Physiologia Plantarum*, 119(2): 231~243

Long S P, Zhu X G, Naidu S L, *et al.* 2006. Can improvement in photosynthesis increase crop yields? *Plant, Cell & Environment*, 29(3): 315~330

Lu M, Zhou X, Luo Y, *et al.* 2011. Minor stimulation of soil carbon storage by nitrogen addition: A meta-analysis. *Agriculture, Ecosystems & Environment*, 140(1): 234~244

Lu X K, Mao Q G, Gilliam F S, *et al.* 2014. Nitrogen depositon contributes to soil acidifyion in tropical ecosystems. *Global Change Biology*, 20: 3790~3801

Ludwig W, Probst J, Kempe S. 1996. Predicting the oceanic input of organic carbon by continental erosion. *Global Biogeochemistry Cycle*, 10: 163~194

Luo Y, Su B, Currie W S, *et al.* 2004. Progressive nitrogen limitation of ecosystem responses to rising atmospheric carbon dioxide. *Bioscience*, 54(8): 731~739

McDowell W H, Wood T. 1984. Podzolization: Soil processes control dissolved organic carbon concentrations in stream water. *Soil Science*, 137: 23~32

McGroddy M E, Daufresne T, Hedin L O. 2004. Scaling of C : N : P stoichiometry in forests worldwide: Implications of terrestrial Redfield-type ratios. *Ecology*, 85(9): 2390~2401

Meybeck M. 1993. Riverine transport of atmospheric carbon: Sources, global typology and budget. *Water, Air and Soil Pollution*, 70: 443~463

Mo J, Zhang W, Zhu W, *et al.* 2008. Nitrogen addition reduces soil respiration in a mature tropical forest in Southern China. *Global Change Biology*, 14(2): 403~412

Niu S, Wu M, Han Y, *et al.* 2008. Water-mediated responses of ecosystem carbon fluxes to climatic change in a temperate steppe. *New Phytologist*, 177(1): 209~219

Niu S, Xing X, Zhang Z, *et al.* 2011. Water-use efficiency in response to climate change: From leaf to ecosystem in a temperate steppe. *Global Change Biology*, 17(2): 1073~1082

Palmer T. 2014. Record-breaking winters and global climate change. *Science*, 344: 803~804

Piao S, Fang J, Ciais P, *et al.* 2009. The carbon balance of terrestrial ecosystems in China. *Nature*, 458 (7241): 1009~1013

Redfield A C. 1958. The biological control of chemical factors in the environment. *American Scientist*, 46(3): 205~221

Richey J E, Brock J T, Naiman R J, *et al.* 1980. Organic carbon oxidation and transport in the Amazon River. *Science*, 207: 1348~1351

Sarmiento J L, Sundquist E T. 1992. Revised budget for the oceanic uptake of anthropogenic carbon dioxide. *Nature*, 356: 589~593

Sheffield J, Wood E F, Roderick M L. 2012. Little change in global drought over the past 60 years. *Nature*, 491:435

Solomon S. 2007. *Climate change 2007—The physical science basis: Working group I contribution to the fourth assessment report of the IPCC*. Cambridge:Cambridge University Press

Sterner R W, Elser J J. 2002. *Ecological Stoichiometry: The Biology of Elements from Molecules to the Biosphere*. Princeton: Princeton University Press

Thornton P E, Doney S C, Lindsay K, *et al.* 2009. Carbon-nitrogen interactions regulate climate-carbon cycle feedbacks: Results from an atmosphere-ocean general circulation model. *Biogeosciences*, 6(2): 2099~2120

Trumbore S, Brando P, Hartmann H. 2015. Forest health and global change. *Science*, 349: 814~818

Wen X F, Lee X, Sun X M, *et al.* 2012. Dew water isotopic ratios and their relationships to ecosystem water pools and fluxes in a cropland and a grassland in China. *Oecologia*, 168(2): 549~561

Wen X F, Zhang S C, Sun X M, *et al.* 2010. Water vapor and precipitation isotope ratios in Beijing, China. *Journal of Geophysical Research: Atmospheres*, 115(D1): doi: 10.1029/2009JD012408

Wheeler T, von Braun J. 2013. Climate change impacts on global food security. *Science*, 341: 508~513

Yang Y, Luo Y, Lu M, *et al.* 2011. Terrestrial C : N stoichiometry in response to elevated CO_2 and N addition: A synthesis of two meta-analyses. *Plant and Soil*, 343(1~2): 393~400

Yu G R, Kobayashi T, Zhuang J, *et al.* 2003. A coupled model of photosynthesis-transpiration based on the stomatal behavior for maize (*Zea mays* L.) grown in the field. *Plant and Soil*, 249(2): 401~415

Yu G R, Wang Q F, Zhuang J. 2004. Modeling the water use efficiency of soybean and maize plants under environmental stresses: Application of a synthetic model of photosynthesis-transpiration based on stomatal behavior. *Journal of Plant Physiology*, 161(3): 303~318

Yu G R, Zhang L M, Sun X M, *et al.* 2008. Environmental controls over carbon exchange of three forest ecosystems in eastern China. *Global Change Biology*, 14(11): 2555~2571

Yu G R, Zhu X J, Fu Y L, *et al.* 2013. Spatial patterns and climate drivers of carbon fluxes in terrestrial ecosystems of China. *Global Change Biology*, 19(3): 798~810

Yu G R, Zhuang J, Yu Z L. 2001. An attempt to establish a synthetic model of photosynthesis-transpiration based on stomatal behavior for maize and soybean plants grown in field. *Journal of Plant Physiology*, 158(7): 861~874

Zhang L, Luo Y Q, Yu G Q, *et al.* 2010. Estimated carbon residence times in three forest ecosystems of Eastern China: Applications of probabilistic inversion. *Journal of Geophysical Research: Biogeosciences*, doi: 10.1029/2009JG001004

Zhu J X, He N P, Wang Q F, *et al.* 2015. The composition, spatial patterns, and influencing factors of atmospheric nitrogen deposition in Chinese terrestrial ecosystems. *Sciences of Total Environment*, 511: 777~785

第2章 陆地生态系统能量和物质的交换通量

陆地生态系统是为人类提供居住环境和食物与纤维生产的主体。地球上的陆地生态系统形形色色，各式各样，它们的进化与分布受多种因素影响，但是起主导作用的是水陆的空间分布和地理因子（经度、纬度、海拔、地质和地貌等）空间分布所引起的水热状况的变化。

能量是生态系统的一切过程和功能的动力，是一切生命活动的基础，自然界的能量主要有力学能、热力学能（热能）、化学能、光能、电能等形式。生物、生态系统和生物圈都是维持在一种平衡状态的开放系统，生态系统的各种生命活动过程都伴随着能量的转化或传输。在生态系统的能量循环研究中，主要注重的是食物链的能流分析、种群和生态系统水平的生物间能量传递规律，以及系统能量的输入与输出关系等，其核心问题是以太阳能输入为驱动的有机化学能循环。而在边界层气象和地圈-生物圈-大气圈相互作用的研究中，则更注重辐射能、动量和热在生物圈与大气圈之间的传输过程与平衡。

地球生物圈生命系统的维持不单需要能量，而且也依赖于各种化学元素的供应。生物圈可以通过各种生态学过程不断地获取生命维持系统所需的生命元素和无机营养，构成了生物地球化学循环或营养物质循环，通称为生态系统的物质循环。生物地球化学循环过程研究主要在生态系统和地球生物圈两个不同尺度上展开。地球生物圈尺度的水循环和碳循环是与人类关系最为密切的两个地球化学循环，两者共同存在于极其活跃的大气库中，对人为的干扰非常敏感，其变化的结果反过来会引起天气和气候的变化。所以生物圈与大气圈间的水和CO_2交换过程与平衡关系是认识生物与气候系统相互作用关系的基础。

通量是通量密度的简称，是一种物理学用语，指单位时间内通过某特定界面的单位面积所输送的热量（能量）、动量和物质等物理量的度量。通常情况下的通量研究，主要是针对生态系统尺度上的土壤-大气界面或植被-大气界面的陆地-大气系统的物质流和能量流展开的；人们所关注并且可以直接测量的物理量通量主要有：生态系统的能量输入和输出通量（土壤-大气界面或植被-大气界面的辐射通量、显热和潜热通量），动量传输通量，气体（大量或痕量温室气体）的交换通量等。CO_2通量是通量研究的重要部分，CO_2通量的概念与生态系统生产力的GPP、NPP、NEP和NBP具有密切的关系，在一定的假设条件下两者具有相同的物理学意义。

传统的碳通量观测主要是利用生态学调查和碳循环过程的测定方法。近代微气象观测技术的进步为植被-大气及土壤-大气界面的水、碳和能量通量的直接测定提供了可能。涡度相关法作为评价植被群落水平的水、碳和热量通量最为有效的直接测定方法，已经广泛地被微气象学家和生态学家们所认同，被誉为目前检验各种测定方法和评价各类模型估算精度的标准方法。

本章初版执笔者：于贵瑞，高鲁鹏，王绍强；再版修订者：陈智，于贵瑞

本章主要符号

α_L	凋落物中的含碳百分比	R_h	异养呼吸通量
c	热容量($c=\Delta Q/\Delta T$)	R_e	生态系统呼吸通量
B_c	植被地上生物量	R_{leaf}	植物叶片的呼吸通量
B_r	植被地下生物量	R_{wood}	植物茎秆(木材)的呼吸通量
E	力学能量	R_{root}	植物根系的呼吸通量
F_c	植被-大气间净 CO_2 通量	R_{litt}	凋落物呼吸
$F_{storage}$	群落内的碳储存通量	R_{soil}	土壤呼吸通量
k	弹性系数	R	植物的总呼吸速率
NP	各类因素所引起的非生物呼吸消耗碳的总量	U	势能
P_g	光合作用固定的碳通量(GPP)	V	速度
$R_{microbe}$	土壤微生物分解作用的呼吸通量	W	现存的干物质量
R_a	自养呼吸通量	α_c	地上生物量的含碳百分比

2.1　生态系统的能量传输与物质循环

2.1.1　陆地生态系统的概念与分布格局

因受地理位置(经度、纬度和海拔)、气候和下垫面性质的影响,地球上的生态系统各种各样,首先可以划分为陆地生态系统和水域生态系统。水域生态系统主要是指陆地水域和海洋水域形成的生态系统,陆地水域可以涵盖湖泊、河流、冰川和沼泽湿地(李博,2000)。陆地生态系统是地球上最重要的生态系统类型,是大陆上水体以外各种类型生态系统的总称,包括农田、森林、草原、荒漠、冻原、都市和城镇等类型(李博,2000)。

通常将地球上的生态系统按植被类型划分为苔原、针叶林、温带常绿林、温带落叶林、温带草原、温带荒漠、热带雨林、热带季雨林、热带稀树草原和热带荒漠十大地带性类型(图 2.1 和图 2.2),这种地带性的植被格局主要是由地球表面的水热条件差异决定的。从图 2.1 可以看出,随温度的下降,植被分布从热带类型向苔原过渡;而随降水量的增加,植被则从荒漠转变为森林。苔原分布区的温度最低,降水量也较小,而雨热最充沛的地区分布着热带雨林。

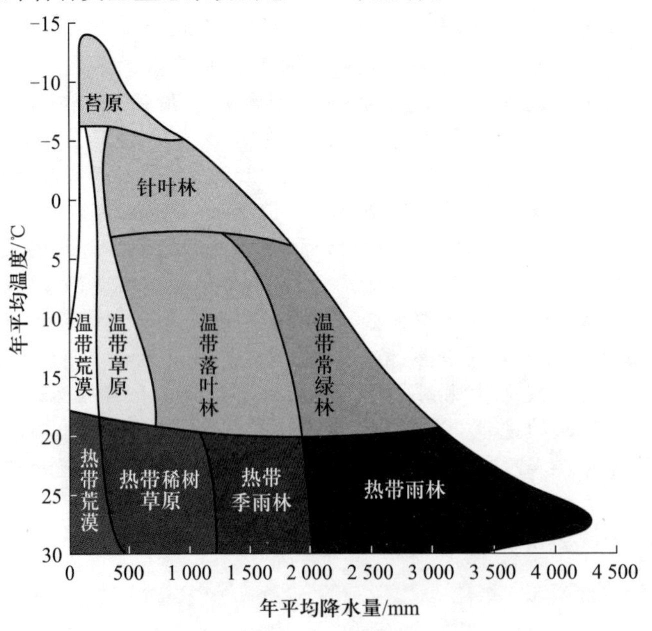

图 2.1　植被类型与温度和降水的关系(改自 Chapin Ⅲ *et al.*,2002)

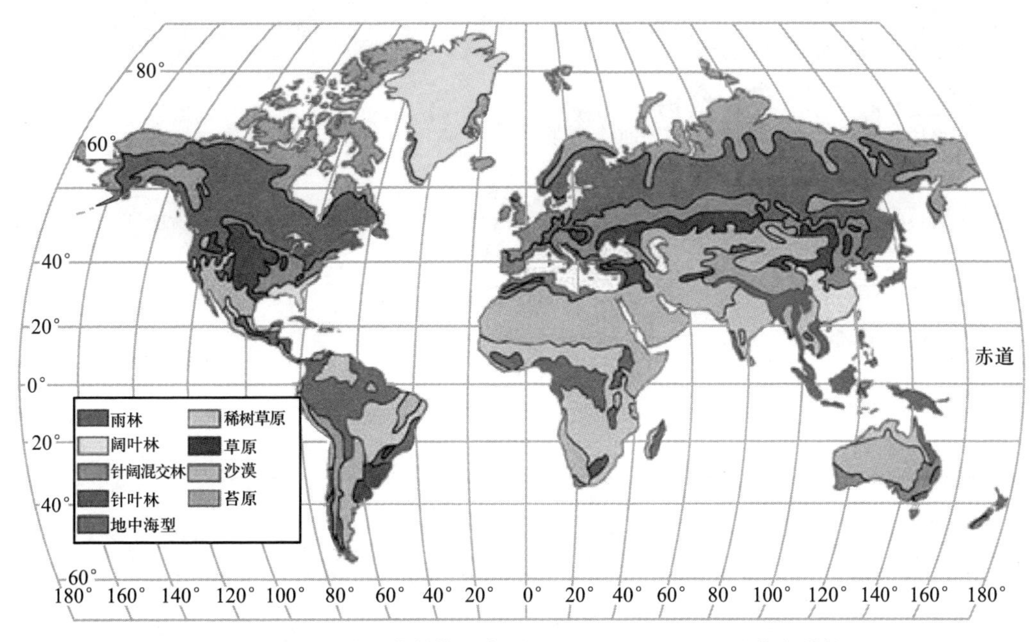

图 2.2 世界植被地带结构示意图(Getis *et al.*,1996)(见书末彩插)

陆地生态系统的空间格局主要是用植被类型和气候类型分布来描述的,具有明显的水平地带性(图2.2)和垂直地带性(图 2.3)规律。对北半球而言,由于热量的分布差异形成了不同的气候带,与之相对应,自北向南呈现出纬度地带性(latitudinal zonality),依次分布着苔原、针叶林、针阔混交林、草原、阔叶林和热带雨林;从海洋向内陆,由水分条件变化,植被分布具有明显的经度地带性(longitudinal zonality)。纬度地带性和经度地带性统称为水平地带性(horizontal zonality)。

地形的变化会影响温度和水分等自然环境因素,在一定区域形成特有的环境条件,进而造成植被类型的变化。比如在山区,随海拔高度的变化,其气温和降水呈现规律性变化,使植被分布也呈现出明显的垂直地带性(vertical zonality)。图 2.3 列举了我国温带(陈灵芝等,1997;陈灵芝和王祖望,1999)、亚热带(陈灵芝等,1997)和热带(蒋有绪,1991)山地植被的垂直地带性分布特征。以长白山为例,500 m 以下为落叶阔叶林带,500~1 100 m 为针阔叶混交林带,1 100~1 800 m 为针叶林带,1 800~2 100 m为亚高山岳桦林带,2 100 m以上为高山苔原带。

中国陆地生态系统如果以植被类型为分类依据,可以将其划分为 595 个类型(吴征镒等,1980;陈灵芝,1993),包括森林生态系统 248 类,灌丛生态系统 126 类(包括灌草丛生态系统),草原生态系统 55 类,荒漠生态系统 52 类,草甸生态系统 77 类,沼泽生态系统 37 类(包括红树林生态系统)。为了宏观地了解生态环境状况,明确不同生态区域的主要环境问题,直接为区域经济的发展和环境保护政策的制定提供科学依据,生态区划和生态制图正日益受到人们的重视,并在很多国家开展了相应的研究。然而由于各国的生态环境状况和自然条件不同,生态区划的原则和方法也存在着很大差别,因此生态系统的区划还是一个仍在探讨的问题。例如,在北美地区,现有的生态区划一般指的是对自然生态系统的地域划分,在我国,傅伯杰等(2001)则应用生态学原理和方法进行整合和分区,考虑了生态系统的经济属性,将不同生态系统按 3 级分区划分,即生态大区(domain)、生态地区(ecoregion)和生态区(ecodistrict)。一级分区包括三个生态大区,即东部湿润、半湿润生态大区,西北干旱、半干旱生态大区和青藏高原高寒生态大区。在此基础上,再划分出 13 个二级区(生态地区)(东部 6 个、西部 4 个、青藏高原 3 个)和 57 个三级区(生态区)(东部 35 个、西部 12 个、青藏高原 10 个)。

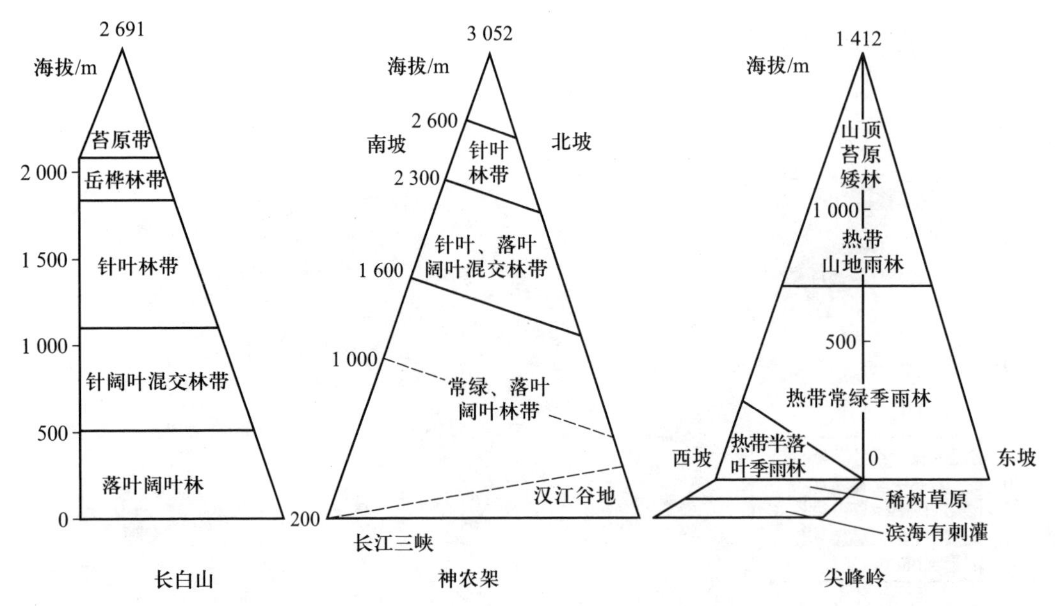

图 2.3　生态系统类型分布的垂直地带性(蒋有绪,1991;陈灵芝等,1997;陈灵芝和王祖望,1999)

2.1.2　陆地生态系统的能量传输和转化

(1) 能量的主要形态

能量是生态系统的动力,是一切生命活动的基础。生态系统的各种生命活动,生物的、物理的和化学的过程都伴随着能量的转化或能量的传输。物理学上能量是可以转化为功的物理量,其单位与功相同,为焦耳(J)(1 J= 1 N·m)。自然界中存在各种形式的能,主要有力学能、热力学能(热能)、波能、化学能、核能和电能等,它们之间可以相互转化。

① 力学能:由物体的力学特征所决定的能为力学能(mechanics energy,E)。主要包括动能(kinetic energy,K)和位置势能(potential energy,U),即

$$E=U+K \tag{2.1}$$

运动能是指运动的物体所具有的能量,简称为动能。动能的大小(K)与物体的质量(m)和速度的平方(v^2)成正比,即,当质量为 m(kg)的物体以速度 v($\mathrm{m\cdot s^{-1}}$)运动时所具有的动能 K(J)为

$$K=\frac{1}{2}mv^2 \tag{2.2}$$

位置势能是指由物体的位置特征所决定的力学能。当物体所处的高度发生变化时,由重力作用使物体具有的能量为重力势能(U)(gravitational potential energy)。质量为 m(kg)的物体在高度 h(m)处时所具有的重力势能 U(J)为

$$U=mgh \tag{2.3}$$

式中:g 为重力加速度($\mathrm{m\cdot s^{-2}}$)。同样,当挤压或拉长具有弹性的物体时,会引起物体的变形,使其具有弹性。当有弹性力的作用时,物体具有的能量称为弹性力势能或弹性势能(elastic potential energy)。当弹性系数为 k($\mathrm{N\cdot m^{-1}}$)的弹簧被挤压(或拉长)x(m)时,弹簧所具有的弹性势能为

$$U=kx^2 \tag{2.4}$$

② 热力学能(热能):物体是由分子或原子构成的。在物体内部,分子或原子不间断地进行着不规则的运动,这种运动称为热运动(heat motion)。与物体运动或位置变化时所具有的力学能量相同,物体内部的分子或原子也同样具有热运动决定的热运动能量和分子(或原子)间引力作用决定的位置势能。物体内部的原子和分子所具有的能量称为物体的内部能量(internal energy),它是各个分子和原子所具有的位置势能与运动能的总和。

对物体加热时,随着物体温度的升高,物体内部固体分子的震动更加激烈,气体分子运动速度加快,分子或原子热运动的热动能将会增大(温度虽然是表示物体冷热程度的指标,但是从分子水平来看,温度表示的是热运动的激烈程度),这时物体所得到的能量称为热能(heat energy)或者简称为热,将热能的量称为热量(heat quantity)。热也是一种能量形态,其单位与能量单位相同,也是焦耳。在日常生活中经常使用 kcal 或 cal(1cal≈4.19 J,1 cal 的定义为 1 g 水温度升高 1 K 所需要的热量)。在自然条

件下,热能将从高温的物体向低温的物体流动,称为热传输(heat transfer)。热传输主要有三种方式:传导输送(conductive transfer),当高温的物体与低温的物体接触时,热直接从高温的物体向低温的物体传导的现象,就是高温物体的分子动能通过接触点向低温物体的分子直接传导的现象。对流传输(convective transfer),气体或液体在循环过程中通过流体的湍流交换和对流运动运送热能的现象,是陆地与大气间热量交换的主要形式。辐射传输(radiation transfer),高温的物体所具有的热能可以转化为光能(波能)的形式,不需要任何媒介条件,直接在空间中传输,最后传送到与之分离的其他物体的现象。太阳能、地面和大气的长波辐射能等都是通过这种方式实现在陆地-大气系统间的交换。

在热传输过程中,当系统与外部没有热的交换时,高温物体损失的热量应与低温物体得到的热量相等(热量守恒定律)。

③ 波能:各种电磁波所具有的能量统称为波能(wave energy),主要以光波、电波、声波等形式携带传输能量。电磁波具有波粒二相性,其所携带的能量与频率 v 呈正比,与波长 λ 呈反比。在大气边界层中,太阳的短波辐射、地球表面和大气的长波辐射是决定边界层气象的主要能量来源。太阳辐射能是生物圈代谢的能量源泉,它通过植物的光合作用转换为有机的化学能,驱动着生物圈的物质循环与系统进化和演替。同时太阳辐射能也是大气圈的动能和热能的原始形式,它通过地球系统的各种物理过程转化成不同形式的能源,驱动着地球系统的进化,维持着地球的生命系统,也直接改变着地球大气圈的风场、温度场、力场的变化,驱动大气环流,通过改变地球表面的水平衡和热平衡驱动着地球水循环和生物地球化学循环,决定着大气圈的各种气象现象和过程。

④ 化学能:化学能(chemical energy)是在物质的结晶体、分子、原子中保持的能量,是分子和原子的化学结合能及其运动能的总和。一般特指在物质的化学变化过程中,化学反应所能释放出的原子或分子所保持的能量。如石油燃烧时,化学能以热能形式释放,火药爆炸时化学能转化为力学能、光和声形式的波能,电池可将化学能转换为电能。在自然条件下参与生物圈代谢的化学能主要是光合作用固定的太阳能,它在植物、动物和微生物以及其环境间进行转化,构成生态系统的能量流,驱动着生态系统的化学循环。

⑤ 核能与电能:核能(nuclear energy)是原子核内所含有的能力,在核裂变或聚变时,将会释放并转化为电能、波能和动能、热能等形式。来自太阳的辐射能就是由太阳核聚变所提供的。电能是物质内电子所具有的动能,电子运动构成的电子流是电能传输的主要方式,可以通过各种物理过程转化为热能和动能。但是在陆地表层系统中,核能和电能很少参与各种物理和化学过程,一般不考虑它对边界层的影响。

(2) 能量转化与传递的基本规律

能量在系统中的传递符合热力学的两个基本定律

① 能量可以不断地转换其存在的形态,但永远不会增加或减少(热力学第一定律,能量守恒定律)。

② 自然条件下的封闭系统,一切能量在传递或转换过程中,除了一部分能量可以继续传递和做功外,总有一部分能量会以热的形式被耗散,这部分能量使系统的熵和无序性增加,所以任何能量不可能100%地继续传递或转换为其他的形式(热力学第二定律,熵变定律)。

熵(entropy)是度量在能量转换过程中所产生的无法利用能量的物理量。开放系统与封闭系统不同,它倾向于保持较高的自由能,而使熵变小。只要不断地有物质和能量输入,并不断地排出熵,开放系统便可维持一种远离平衡态的稳定状态。陆地表层就是一个开放系统。

(3) 生态系统内的能量转化与传递

生物、生态系统和生物圈都是远离平衡态的稳定的开放的系统。在生态系统的能量循环研究中,主要注重的是食物链的能流分析、种群和生态系统水平的生物间能量传递规律,以及不同时间和空间尺度的生态系统或不同水平子系统间的能量输入与输出关系等,其核心问题是以太阳能输入为驱动的有机化学能循环。而在边界层气象和地圈-生物圈-大气圈相互作用的研究中,则更注重辐射能、动量和热能传输过程与平衡,及其对陆地表层系统和大气系统的影响。研究以能源交换为驱动力的地圈-生物圈-大气圈之间的相互作用关系和机制,服务于生物圈和气候系统变化机制的理解和预测。迄今为止,还没有人能够把陆地生态系统真正地综合成一个生物-物理系统,综合地阐述系统内部各种形态的能量间的相互作用、传输与转换关系。

2.1.3 陆地生态系统的物质循环

地球生物圈生命系统维持不仅需要能量，而且也依赖于各种化学元素的供应。生态系统从大气、水体和土壤等环境中获取营养物质，通过绿色植物的吸收而进入生态系统，被其他生物重复利用，最后再归还于环境之中。生物圈可以通过这种生态学过程不断地获取生命维持系统所需的生命元素和无机营养，这种生物圈的生态学过程被称为生物地球化学循环（biogeochemical cycle）或养分循环（nutrient cycle），通称为生态系统物质循环（ecosystem material cycle）。

各种物质的生物地球化学循环都包括储存库（reservoir pool）和流动库（labile pool）两个部分。储存库的库容很大，移动缓慢，一般由非生物要素构成。流动库或称为循环库（cycling pool），虽然库容小，却在生物与生物、生物与环境之间进行着频繁的交换，是非常活跃的部分。

在自然状态下，生态系统的物质循环一般是处于稳定的平衡状态（balance state），也就是说对于某种物质，在各主要库中的输入与输出基本保持相等。在自然的干扰因素作用下，可能会使这种稳定状态受到一定程度的破坏，但是可依靠生物圈自身的调节功能使其自我恢复（self-restoring），或达到新的平衡状态。可是，近代的人类活动对某些物质生物地球化学循环的影响远远超过了生物圈的自我调节能力，导致了许多地球化学循环的改变，引发了许多全球性环境问题。

生物地球化学循环可以划分为三大类型，即水循环（water cycle）、气体型循环（gaseous cycle）和沉积型循环（sedimentary cycle）。生态系统的所有物质循环都是在水循环推动下完成的，没有水循环，就没有生态系统的功能，就没有生命的存在。气体型循环的主要储存库为大气和海洋，其循环的空间尺度具有明显的全球性。因为这类循环具有巨大的大气或海洋储存库以及自我调整机能，即使在受到来自不同因素的干扰，也会很快地自我恢复。凡属于气体型循环的物质，其分子或某些化合物常以气体的形式参与循环，主要有氧、碳、氮、氯、溴、氟等。沉积型循环的储存库是地壳的岩石、土壤和沉积物。参与沉积型循环的物质，其分子或化合物主要是通过岩石风化和沉积物溶解转化为可被生物利用的营养物质形态进入生物圈，或者是海底沉积物转化为岩石的成矿过程，但是这一过程是相当缓慢的单向物质转移过程，其时间要以千年尺度计算。因此，沉积型循环虽然具有极大的储存库，可是大部分的物质是处于非活性的沉积状态（sediment state），循环速度缓慢，自身调节能力有限，一旦受到外来的干扰，较难自我恢复。属于沉积型循环的物质主要有磷、硫、钙、钾、钠、镁、锰、铁、铜、硅等。其中磷是较典型的沉积型循环，它从岩石中释放出来，最终又沉积到海底，转化为新的岩石。

生物地球化学循环过程的研究主要是在生态系统和地球生物圈两个不同尺度展开的。地球生物圈尺度的水循环和碳循环是与人类关系最为密切，意义最为重大的两个地球化学循环，其主要特征是它们都存在于极其活跃的大气库之中，对人为的干扰非常敏感，其变化的结果反过来会引起天气和气候的变化。长期以来，地球的碳循环和水循环一直是地球系统科学（earth system science）和近年来兴起的全球变化科学（global change science）以及系统生态学（system ecology）研究的核心问题。

（1）水循环

地球上的水循环如图2.4所指示。由于太阳辐射的热力影响，地球的陆地表面和江河湖海水面的水分不断地被蒸发或蒸腾形成水汽，在气流垂直运动过程中被带至空中；空气中的水蒸气抬升冷却凝结成水滴，在地心引力的作用下，又以降水的形式落到地面；落到地面的降水，一部分向地下渗透变成地下水以潜流形式流入河流湖泊，一部分则形成径流直接流入江河湖泊，最后流入海中，还有一部分被蒸发重新回到大气中。水在地圈-生物圈-大气圈之间不停地循环往返，称为地球上的水循环。海洋上蒸发的水汽被大气环流带至陆面上空凝结降落，再经地表径流回归到海洋的水循环称为水的大循环（major cycle），或外循环（extrinsic cycle），或海陆水循环（sea-land water cycle）。陆地上的水经蒸腾或蒸发到大气中后，遇冷凝结时形成降水回到大陆；或者海洋的水被蒸发到大气中后，遇冷凝结后形成降水回到海洋的水循环称为小循环（minor cycle），或内循环（intrinsic cycle），或局地循环（local cycle）（陆渝蓉，1999）。大气中仅储存很少量的水，水循环速率比 CO_2 还快，储存的时间极短。

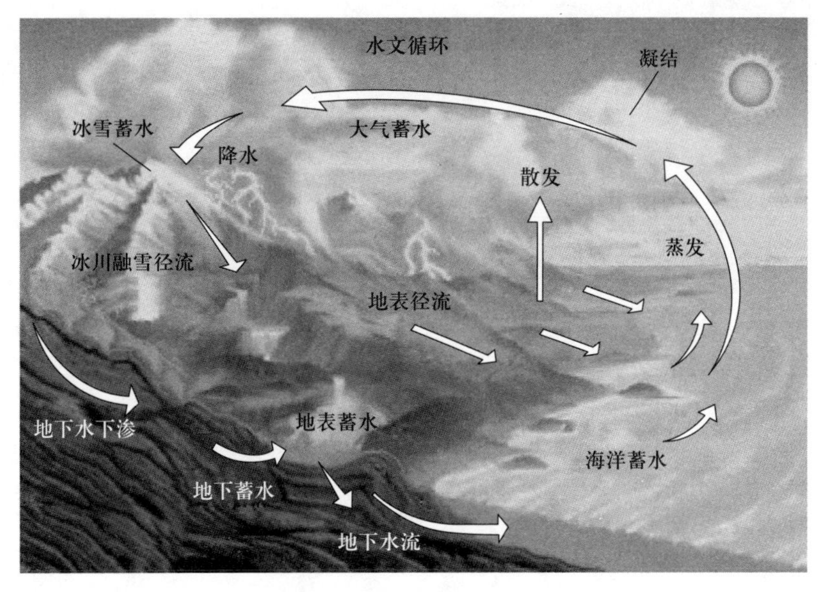

图 2.4 地球上的海陆水循环

资料来源：http://ga.water.usgs.gov/edu/watercyclegraphicchinesehi.html,2004

地球上水循环具有两个突出的特点：

① 在海洋，其蒸发的水分输出量大于降水的归还量；而陆地恰好相反。换言之，维持陆地生态系统、人类的食物生产和生活用水的大部分降水是来自海洋的蒸发。有人估计大部分地区 90% 的降水是来自海洋的蒸发。

② 地球的湖泊和河流的淡水储量约为 0.25 geogram($1geogram = 10^{20}$ g $= 10^{14}$ t)，每年的流出量为 0.2 geogram，由此可以推算水的循环时间约为 1 年。以年降水量为 1 geogram 与流出量 0.2 geogram 计算，两者之差 0.8 geogram 可作为年间用于补充地下水的水量。如果人类活动导致了流出量增加，就意味着对人类生存非常重要的地下水减少。

关于水的物理、化学特性以及全球的分布与循环状况将在第 13 章中叙述。与 CO_2 循环相同，地球的水循环也开始受到人类的严重影响。研究自然变化和人为影响下的地球水循环变化的过程机理与变化趋势是全球变化科学的重要的科学问题之一，其中的很多科学问题有待研究和认识（见第 1 章）。尽管世界上有大量的降水监测站（点）和河流水文监测站（点），但是对生态系统水循环的动态监测还不足，因而加强这方面的能力建设还是一项迫切的任务。

（2）*碳循环*

碳是生命物质的三个首要元素之一，是有机质的共同组分，其无机化合物 CO_2 是碳循环中最关键的物质形态。地球上的碳主要分布在大气、海洋和生物圈。在大气中，大部分碳以 CO_2 的形式存在。而在海洋中，则以二氧化碳（CO_2）、碳酸氢根（HCO_3^-）和碳酸根（CO_3^{2-}）等形式溶解在海水中。至于生物圈中的碳，则主要以有机物的形式被储存起来。

地球上碳循环主要是指碳元素在大气、海洋、陆地三大碳库中的循环，通常可以将全球的碳库划分为生物、岩石土壤、陆地及海洋水体、大气四个相对独立的分室。地球上生命的出现，导致大气中的 CO_2 和溶解在海洋中的碳转变为陆地和海洋中各种各样的无机和有机化合物。几百万年来不同生态系统的发展，建立了碳在全球环境系统中的流动模式（图 2.5a）。

碳在大气、海洋和陆地之间的自然交换被现代的人类活动所调整，主要是化石燃料的燃烧和土地利用变化的结果（图 2.5b）。在过去 150 年中，人类活动导致 CO_2 等温室气体持续地排放到大气中，使得大气 CO_2 浓度增加了 30%以上（IPCC,2013）。因此，我们需要了解碳在自然界的循环过程，评估人类活动对全球碳循环过程的影响。除了减少化石燃料使用造成的碳释放之外，利用陆地生态系统植被和土壤对碳储存积累的优势来降低大气 CO_2 浓度增大的速率可能是一个机会，这是《联合国气候变化框架公约》（UNFCCC）的第三次缔约方大会（the Conference of the Parties to the Climate Change Convention, COP）关注的焦点。大气、海洋、陆地和淡水

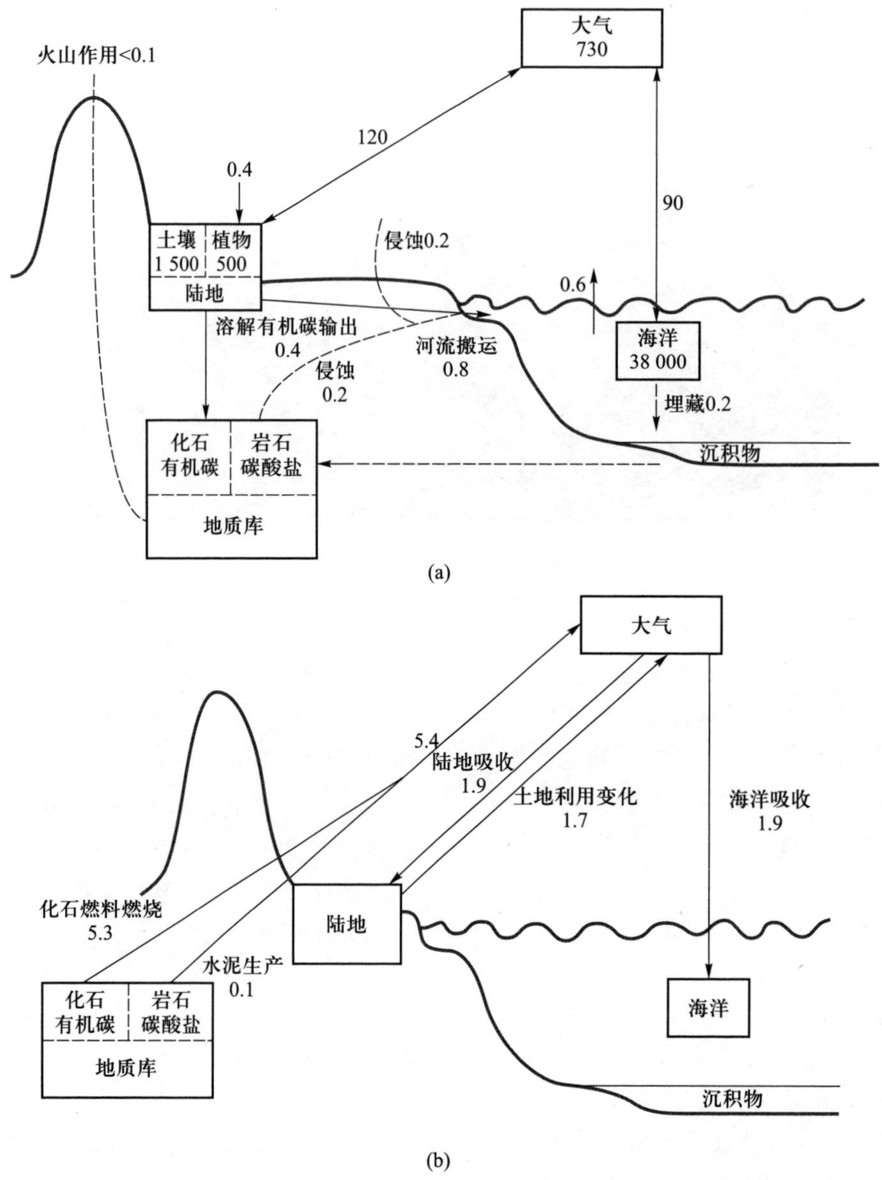

图 2.5　自然条件下的碳循环(a)和人类对碳循环的干扰(b)(IPCC,2001)
数字代表储量(单位:Pg)或通量(单位:Pg a^{-1})(以碳质量计)

系统各碳库间的自然流动和交换在空间和时间上是不断变化的。这种时间上的变化,包括季节之间、年际之间、多年之间和世纪之间不同时间尺度的变化,特别是不同生态系统类型之间的碳循环过程的特征具有很大的差异。在地球的碳循环中,与海洋、化石燃料以及地壳的储存库相比,大气库中 CO_2 的储存量非常小。在工业革命以前,大气与陆地以及海洋间的交换量基本处于平衡状态。工业革命以来,人类活动正在改变着地球固有的平衡关系,新增了 CO_2 大气库的输入项,化石燃料的燃烧、农业活动、森林的破坏、土地利用与土地覆被的变化等因素都成为大气 CO_2 输入增加的重要因素,使得地球系统固有的大气与陆地以及海洋间的交换平衡受到破坏,导致全球变化等一系列问题,这成为目前全球变化科学领域研究的核心问题之一(参见第 1 章)。

(3) 氮循环

氮循环(nitrogen cycle)是非常复杂的气体型循环之一(图 2.6),在大气储存库中氮主要以氮气(N_2)的形式存在。在交换库中以氨、亚硝酸盐和硝酸盐等无机形式和尿素等有机形式存在,它们与蛋白质和核酸中的有机氮构成了氮循环中起决

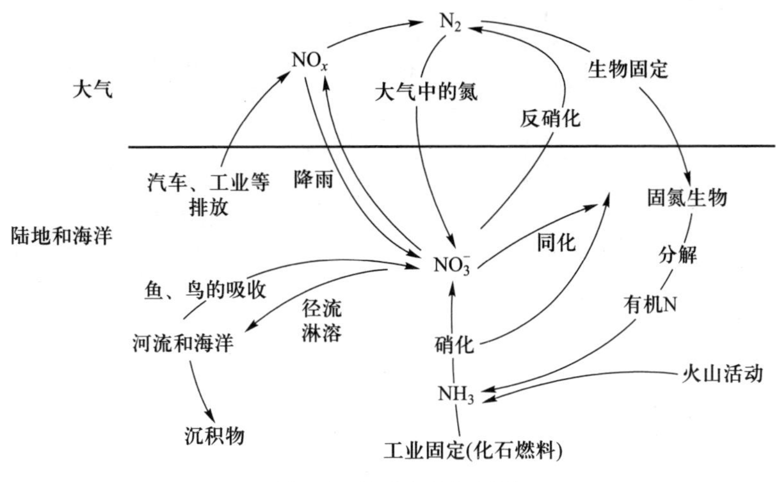

图 2.6 地球上的氮循环

定作用的交换库。生物圈氮循环的主要生物化学过程包括生物的固氮作用(nitrogen fixation)、氨化作用(ammonification)、硝化作用(nitrification)和反硝化作用(denitrification)四种生物化学过程(图 2.6)。

生物固氮作用是固氮生物(或高能固氮生物)将大气中的氮固定并还原成氨的过程,由固氮生物完成。氨化作用是将蛋白质、氨基酸、尿素以及其他有机氮化合物转变成氨和氨化物的过程,由细菌、真菌完成。硝化作用是将氨化物和氨转变成硝酸盐、亚硝酸盐的过程,由亚硝酸盐细菌和硝酸盐细菌完成。反硝化作用又称脱氮作用,是将硝酸盐转变成大气氮的过程,由反硝化细菌完成。氮循环的主要物理过程有大气的氮沉降(nitrogen deposition),从陆地、淡水和浅海向深海沉积物中的氮流失(nitrogen loss),火成岩的风化和火山活动的氮释放(nitrogen release)等。

在氮循环中,土壤圈和生物圈的小循环是较为活跃的。除了受到自然因素的影响,同时还受到人为因素的影响。如在农业生态系统中,施肥和灌溉成为向土壤圈和生物圈输入氮素的重要途径,而农产品输出和人畜消费过程中的氮损失成为重要的氮输出途径(图 2.7)。

氮是大气圈中含量最丰富的元素,但它又是大多数农业和自然的陆地生态系统植物光合作用和初级生产过程中最受限制的元素之一。在作物生产中,作物对氮的需要量较大,土壤供氮不足是引起农产品产量下降的主要限制因子,同时氮素肥料施用过剩会造成江湖水体的富营养化、地下水硝态氮(NO_3-N)积累及毒害等(沈善敏,1998;黄昌勇,2000)。由于氮素与碳、硫、磷等元素的循环是相互耦合的,对其中一种元素的研究有助于了解其他元素的作用(韩兴国等,1999)。同时,因为人类活动也干扰了氮素的正常流动,例如,光化学烟雾、酸雨,以及地下水中 NO_3^- 造成的污染,土壤和生态系统管理过程中的含氮温室气体的排放等。这些都要求我们去进一步深入地研究氮在全球尺度、区域尺度和生物体内的循环过程。氮的生物地球化学循环包含了许多重要的生物和非生物过程,这些过程涉及氮的许多重要的气态、液态和固态化合物(图 2.7)。

在氮循环过程中,直接与人类活动相关的有两个循环过程:一是向大气中的排放过程,二是通过肥料使用,生物和非生物的氮固定过程。现今的大气中 N_2 浓度变化不大,一般认为向大气的排放量与从大气的固定量大致是平衡的(固定量稍大些)。全球 60 亿人每年将消费 25×10^6 t 蛋白质的氮,估计到 2050 年将达到 $40\times10^6 \sim 45\times10^6$ t,其中大部分来自于哈伯-布斯奇流程(Haber-Bosch process 合成氨)固定部分。蛋白质生产需要大气 N_2 的供给,而且这种依赖性正在不断增长(Jenkinson,2001)。尽管人类所需要的氮量(9×10^6 t)相对于大气中的氮量(3.9×10^{15} t)、土壤有机质的氮量(1.5×10^{11} t)或者植被中的氮量(1.5×10^{10} t)只是极少的一部分,但是人类已经对生态系统氮循环过程产生了比其他生物地球化学循环更大的影响。当前在生物地球化学循环研究方面,关于全球和区域氮循环的研究工作日益增加(Galloway *et al.*, 1995; Jordan & Weller, 1996)。

氮是陆地和海洋生产力的重要限制元素,人类活动的 3 种主要方式,即农业生产、人口增长和燃烧排

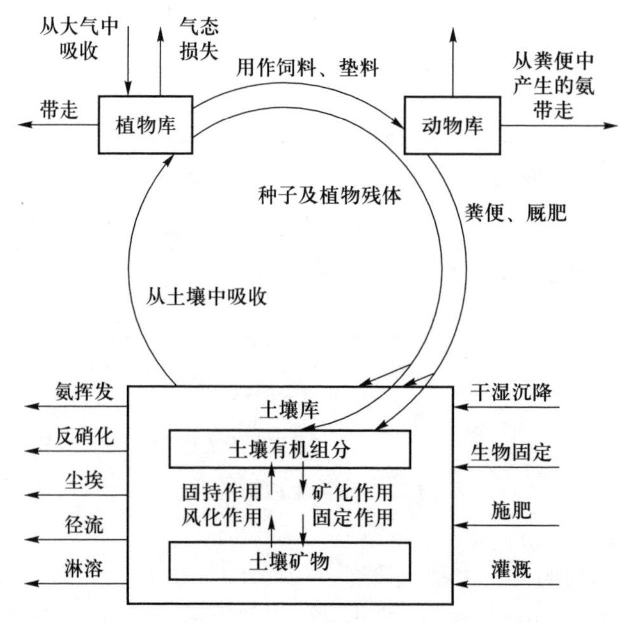

图 2.7 土壤植物生态系统氮循环(沈善敏,1998)

表 2.1 2013 年部分国家和地区的氮肥施用量(折纯量 10^7kg)

国家和地区	中国	印度	美国	亚洲	非洲	北美洲	南美洲	欧洲	大洋洲	全球总计
氮肥	2410	1673	1201	5590	388	1490	667	1455	179	9957

数据来源:联合国粮农组织数据库。

放已严重干扰了氮循环过程(Galloway *et al.*, 1995)。以氮肥施用为例,2013 年全球共施用氮肥 9 957万 t,其中亚洲国家施用量超过了其他所有国家的总和。施用量居前三位的国家是中国、印度和美国(表 2.1)。在中国,随着人口增加,人们对农产品需求增大,氮肥施用量也呈现上升的趋势(图 2.8),2013 年的氮肥施用量是 1980 年的 2 倍。研究表明,人类活动每年影响到的氮转化量大致相当于全球每年的细菌固氮量(Vitousek *et al.*,1997)。

氮循环的不平衡还将影响其他重要的生物地球化学循环,其中之一就是可能会增加陆地和海洋的碳固定量。IGBP 的全球变化与陆地生态系统、海陆相互作用等核心项目都把氮的生物地球化学循环作为主要的内容(晏维金等,2001)。从生物地球化学循环的角度来看,向生物圈最大的氮素输入是通过生物固氮的途径,而生物圈最主要的氮素损失途径是反硝化作用,这一结论在目前看来仍然是正确的(韩兴国等,1999)。从全球角度来说,并不是 N_2 的交换(固定和释放),而恰是各种痕量气体,如 NO、NO_2、N_2O 以及 NH_3 在生物地球化学循环中起到了主要作用。而这些痕量气体可能是在"内部"生物 N 循环中的各个阶段被释放进入大气的。从这一点来说,N 的生物圈内循环和全球循环之间存在着十分复杂的联系。要进一步了解 N 循环过程中这些痕量气体的行为,有必要考虑一个更广范围内的生物学过程(韩兴国等,1999)。

(4) 磷循环

磷的化合物比较少,与氮循环相比,其循环过程相对简单得多,为自我调节很弱的不完全的沉积型循环。磷是生物原生质的重要和必需的组成成分,是很多地区生物量的限制因素,备受人们的关注。作为生命活动中一切能量源泉的太阳能,也是通过光合磷酸化而传递到生物链上来的。除此之外,磷还是磷脂的重要成分,而磷脂是细胞膜的重要成分。牙齿、骨骼中也含有磷。因此不难理解,在地球上发生的磷的生物化学循环总是与生命活动密切相关的(韩兴国等,1999)。自然界的磷主要以生物有机磷(bioorganic phosphorus)、磷酸盐岩石(rock phosphate)和溶解磷酸盐(dissolved phosphate)的形

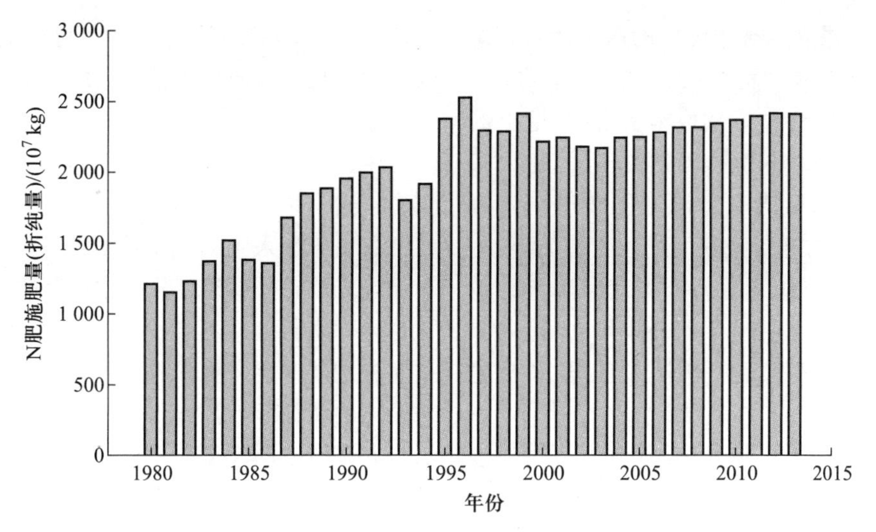

图 2.8 1980—2013 年我国 N 肥施肥量

数据来源:联合国粮农组织数据库

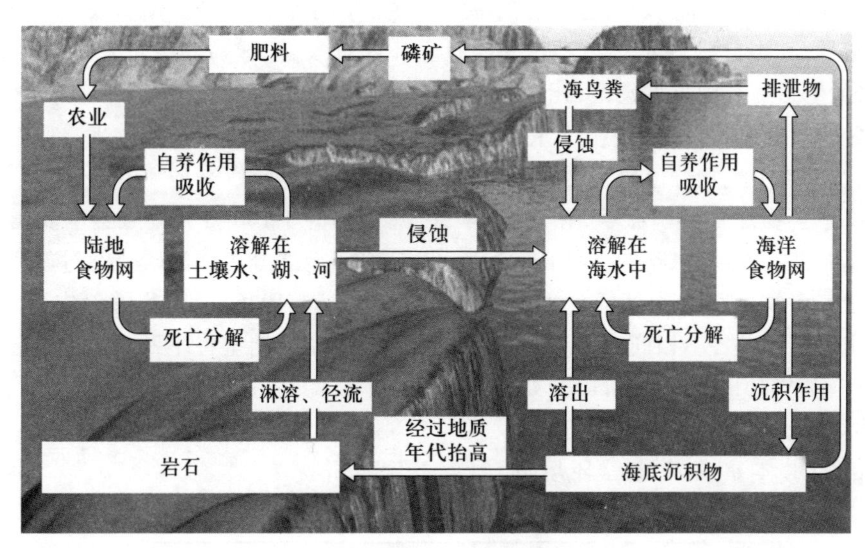

图 2.9 地球上的磷循环

态存在。磷循环(phosphorus cycle)的主要生物化学过程有植物的有机磷化物合成(synthesis)、磷酸化细菌对有机磷的分解(decomposition);主要的物理过程有土壤中磷的淋溶(leaching)和土壤侵蚀过程的运输(transport)、水体(湖泊、海洋)的沉积(sediment)。磷的储存库是地质时代形成的岩石和其他沉积物,这些岩石和其他沉积物渐渐地被侵蚀,虽然可以向生态系统中释放部分的磷酸盐,但是大部分被流向大海,其中的一部分沉积于浅层沉积物中,而另一部分沉积于深层沉积物中。

磷灰石构成了磷的巨大储存库,而含磷石灰岩的风化,又将大量磷酸盐转交给了陆地上的生态系统。与水循环同时发生的则是大量磷酸盐被淋洗并被带入海洋。在海洋中,它们使近海岸水中的磷含量增加,并供给浮游生物及其消费者的需要。而后,进入食物链的磷将随食物链上死亡的生物尸体沉入海洋深处,其中一部分将沉积在不深的泥沙中,而且还将被海洋生态系统重新取回利用。埋藏于深处沉积岩中的磷酸盐,其中有很大一部分将凝结成磷酸盐结核,保存在深水之中。一些磷酸盐还可能与 SiO_2 凝结在一起转变成硅藻的结皮沉积层,这些沉积层组成了巨大的磷酸盐矿床。通过海鸟和人类的捕捞活动可使一部分磷返回陆地,但这种返回量与每年从岩层中溶解出来的以及从肥料中淋洗出来的磷酸盐相比,其数量上要少得多。其余部分则将被埋存于深处的沉积物内。

考虑全球磷循环,如图 2.9 所示,首先要考虑磷库和它们在库中运动的可能形式。因为磷在自然界中有众多携带者。进入生态系统中的磷是从岩石的风化开始的，其经历的过程主要是陆地（植物-土壤/植物）-淡水系统-海洋。从根本上讲，陆地上的磷循环开始于母岩持续不断的风化作用，风化出来的磷以溶解态或固态形式通过河流的搬运进入海洋，途中一部分被生物群落截获而进入生物循环，另一部分也可被土壤吸附，又重新被固定。溶解到地下水中的磷，首先被植物吸收，有机体死亡后，内部的有机磷化合物分解而又重新回到土壤水及地下水中。

全球磷库的储量及其地球化学循环过程可通过图 2.10 简单表示出来（韩兴国等，1999）。该图由 Lerman等（1975）提出，后经过 Graham（1977）改进，主要是加入了大气磷库。在 2.7 图中，土壤库中磷储量以表层 60 cm 计算。生物库代表所有活着的陆地有机物中的磷储量，其中陆地森林生态系统是主要的贡献者，而水生生态系统则贡献甚微，死亡有机体和分解者系统含的磷也包括在该库中。值得注意的是，尽管水生生态系统中生物群落也很活跃，但河流与湖泊生态系统中生物库中的磷很少，相对于土壤库和陆地生物库而言，是可以忽略的，因而未包括在全球磷循环之中。海洋库可分为三部分，它们在磷的储量方式和交换途径上各不相同。

人类活动是影响磷循环的最大扰动因素，如施用大量的含磷肥料和农药，排放大量含磷去污剂以及其他途径等，造成诸如水体富营养化等环境问题。Lerman 等（1975）认为只有在特定的场合下，人为因素才会扰动磷的自然循环。以磷矿开采为例，若每年开采的磷都以化肥形式施入土壤，并且都能进入到陆地生物群落，那么陆地生物群落中的磷可增加 20%左右。这个量相对于陆地中磷的储存总量来说很小。并且由于进入到陆地生物群落中的磷在其进一步的循环之前首先要经过分解才能返回到陆地磷库，故其他磷库实际上并不会受到很大的影响。因此虽然每年施用磷肥会严重影响局部地区的淡水-陆地生态系统中的磷循环，而对全球的磷循环影响很小。但是如果开采磷矿的速度以每 10 年增加 1 倍来计算，相应地，从河流带入海洋中去的磷也会增加，那么磷矿开采就会对磷循环产生较大的影响。

农业是人类消费磷的最大产业，磷矿开采的磷主要用于农业生产。随着农业中化肥磷累计用量的不断增长，地球磷资源正发生着地理空间上的再分配。由于长期施用磷肥，一些农业发达国家的耕层土壤中的磷有相当一部分来自肥料磷的积累。如英国，自 1850 年以来的 130 余年中，投入农业中的磷总量约为 1 180 万 t，以致英国农田耕层土壤中有三分之一至二分之一的磷是通过施用磷肥而积累起来的（Cooke，1976）。因此随着农业生产的发展，农业系统中的磷储量将不断增长，地球的磷矿资源将会逐渐枯竭，农田土壤终将成为地球磷资源的主要储存库（沈善敏，1998）。

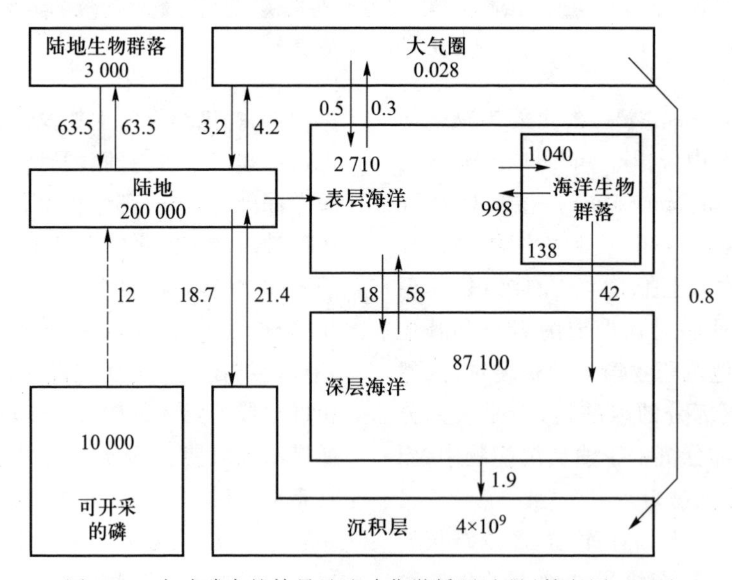

图 2.10　全球磷库的储量及地球化学循环过程（韩兴国，1999）

图中数字单位为 10^6t

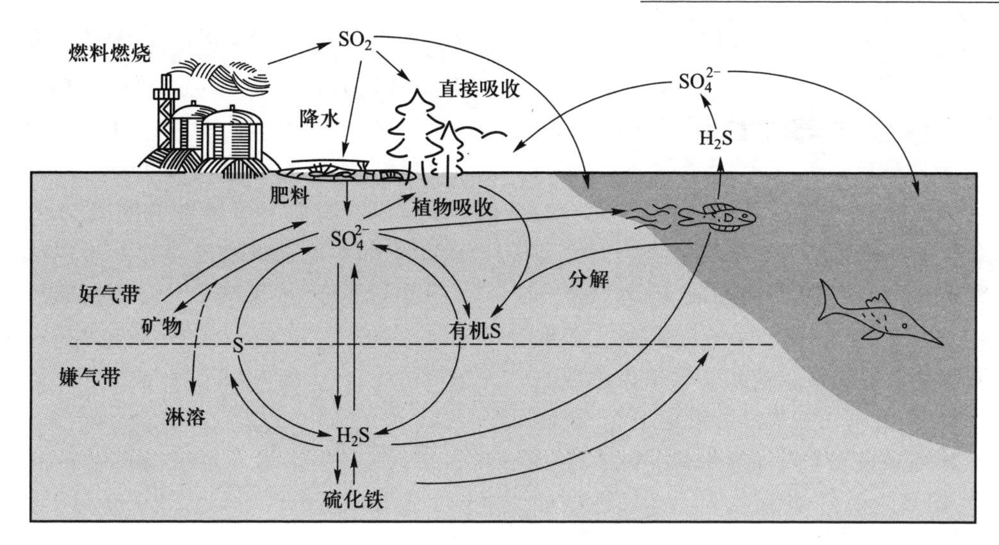

图 2.11 地球上的硫循环

磷在生态系统中是非常重要的特殊元素，它的循环往往影响了其他元素的生物地球化学循环。磷在不同库中运转速率的改变（尤其是深海同表层海水之间的磷转移）也会在较大程度上影响到其他元素的生物地球化学循环和气候变化。因此，各国科学家正不断投入更多的精力试图揭示磷循环与其他元素生物地球化学循环之间的联系。

（5）硫循环

硫循环（图 2.11）在各个库中以及库之间十分活跃，是说明地圈、水圈和大气圈之间的生物地球化学循环最好的例子，从全球规模的硫循环中可以了解到生物地球化学循环的许多特征：

- 土壤和沉积物中储存量大，大气中的储存量少；
- 在快速循环库中，各种各样的具有特殊功能的微生物如同接力队一样，有序地完成着化学氧化和还原作用；
- 由于微生物的作用，从深海中的沉积物中分解释放硫化氢（H_2S）气体；
- 整个循环过程体现了地球化学过程、气象学过程和生物学过程的共同作用；
- 在全球尺度上的循环调节依赖于大气圈、水圈和土壤圈的相互作用。

硫是蛋白质和氨基酸的基本成分，是植物生长不可缺少的元素，可是在生态系统中并不像氮和磷需求的那么多，很少会限制动植物的生长发育。自然界中的硫主要以单质硫、亚硫酸盐和硫酸盐三种形态存在。硫酸盐（SO_4^{2-}）如同硝酸盐和磷酸盐一样是可利用的一般形式，它可被独立营养者还原，合成蛋白质，以有机形式通过食物链移动，最后随着动物的排泄和动植物残体的腐烂分解释放，回到土壤或水体底部。通过燃烧矿石燃料、火山爆发、海面散发和分解过程，硫又以气体形式（初态为 H_2S）进入大气（图 2.11）。

硫的化学性质十分活跃，能与氢、卤素及几乎所有的金属反应，生成相应的卤化物和硫化物。自然界中的硫有固态、气态和液态以及存在于生物体中等几种形式。自然界中最大的硫库是岩石圈，而大气圈、水圈和生物圈是硫循环发生较为频繁的区域。生物圈的作用在于其所参与的硫从一种库到另一种库之间的化学反应。人类燃烧煤，导致该类生物化石中的硫氧化成气态的 SO_2，以及在海洋中由植物界参与的由还原作用生成的另一类气体——二甲硫（CH_3SCH_3），都是这种反应的明显例子。硫循环主要发生在大气圈和海洋或陆地岩石（含土壤）两大部分，即大气及下面的陆地和海洋。尽管流入大气圈的硫通量很大，而大气圈中的硫储量却不大，主要是由于大气中的大部分硫化合物是短寿的。而海洋中的 SO_4^{2-} 循环则相对缓慢得多，且最初循环是发生在海洋与陆地之间（韩兴国等，1999）。

人类活动对硫循环的影响很大。工业排放的二氧化硫（SO_2）会对生态系统的生物产生危害。二氧化硫一旦进入大气，会与水结合形成硫酸（H_2SO_4），从而造成空气污染，增加降雨的酸度，所形成的酸雨已经成为一个广为关注的公害之一。继欧洲和北美之后，东北亚地区伴随着经济的高速发展成为世界第三大酸雨区。亚洲地区降水酸性最强、面积最大的酸雨区都在我国，预计到 2020 年我国 SO_2 的排放量将继续增长，因而酸雨会有增强的趋势（王文兴，1994）。

2.2 生态系统物质与能量通量的基本概念

在生态系统的物质循环和能量交换等物质流和能量流的研究中，生态学家经常借用通量这个概念以表征不同的物质或能量库之间的交换速度和规模。但是不同库之间的交换量通常是以年为单位的交换总量来计算，没有确切的界面面积的概念，正确地理解应该是物质或能量的流量（flow），物质流的量纲为 $M \cdot T^{-1}$，能量流的量纲为 $J \cdot T^{-1}$，这与物理学的通量有根本性的区别。

在陆地生态系统的土壤-植物-大气系统的物质循环和能量交换过程中，许多物理量都是通过某个界面进行的。例如，土壤-根系界面、细胞-细胞界面、细胞-组织界面、叶片-空气界面、土壤-大气界面、植被-大气界面等等。这种物质循环和能量交换过程的定量描述都是以通量密度为基础的。但是，对于不同过程所考虑的界面对象不同，因此在进行某一尺度下的问题分析和讨论时，应特别注意各种过程在界面定义上的差异，考虑不同过程现象的尺度转换问题。

在环境、气象和生态学领域，通常情况下的通量研究主要是针对生态系统尺度的土壤-大气界面或植被-大气界面的地-气系统的物质流和能量流展开的，人们所关注并且可以直接测量的物理量通量主要有生态系统的能量输入和输出通量（土壤-大气界面或植被-大气界面的辐射通量，显热通量和潜热通量）、动量传输通量和气体（大量或痕量温室气体）交换通量等。

2.2.1 动量通量

动量（momentum）是物体的质量与速度的乘积。动量与力的关系符合牛顿第二定律，即，运动物体动量的变化与所加的外力呈正比，是沿着外力作用的方向发生的。依据这一定律，在没有新的外力作用于物体时，物体的动量不会发生变化，应遵循动量守恒（momentum conservation）原理。表示作用于流动中的流体的力主要是惯性力（inertia stress），惯性力为外力、压力和黏附力的总和，表示流体动量与惯性力（外力、压力和黏附力）间物理关系的方程称为运动方程（equation of motion），是流体动量变化的数学基础。

在大气边界层的下方，空气运动在黏附力的作用下，在地表和大气之间会形成一个速度梯度，产生切应力（tangential stress）。由这种切应力传输动量的过程称为动量传输（momentum transfer）。单位时间通过单位断面所传输的动量称为动量通量（momentum flux）。动量通量的计算可以应用空气动力学的基本理论，依据地表-大气间的风速廓线的特征曲线进行求解，在一般的微气象教科书中都有详细的论述。

2.2.2 辐射通量

生态系统的能量输入主要来自于太阳辐射。辐射（radiation）是物质放出电磁波或粒子现象的总称。气象学中也把地表和植被发出的电磁波通过介质输送的能量定义为辐射。单位时间内物质放出的能量称为辐射通量（radiation flux），而在一个平面上单位时间单位面积放出的能量称为辐射通量密度（radiation flux density）。在环境和生态学领域中，人们主要关心的是太阳辐射（solar radiation）和地球辐射（terrestrial radiation）。它们分别与表面温度为 5 780 K和 255 K 的黑体辐射的波谱相对应。太阳辐射的能量主要分布在0.3~4.0 μm，波长较短，故称之为短波辐射（shortwave radiation），地球辐射的能量主要分布在 4~100 μm范围内，波长较长，称为长波辐射（long wave radiation）或红外辐射（infrared radiation）。陆地生态系统的辐射收支通常是指在垂直方向上的能量输入与输出平衡。辐射平衡既可以用辐射能（$J\ m^{-2}$）计算，也可以用辐射通量密度（$W\ m^{-2}$）来计算。

生态系统的净辐射（net radiation）是驱动植被下垫面温度变化、显热和潜热交换的能量来源，从根本上来说，这些变化所需的能量都是由辐射平衡（radiation balance）的能量转化而来的。

2.2.3 显热和潜热通量

微观的分子运动，通过分子与分子的接触而传导热能的过程称为热传导（heat conduction）。这种情况下，在宏观意义上没有物质移动的发生。因为在温度高的部分其微观的分子动能密度大，热量从高温处向低温处传导。媒质内的热通量符合经验方程：

$$q = -k\frac{\mathrm{d}T}{\mathrm{d}x} \tag{2.5}$$

式中:k 为导热率(thermal conductivity),它因媒质的物质类型而不同。对某种物质给予 ΔQ 的能量,其温度升高 ΔT,则两者的比 $C=\Delta Q/\Delta T$ 称为热容量(thermal capacity)。分子间的热传导和从一个物体向另一物体间的热量输送统称为热传输(heat transport)。热传输以传导(conduction)、对流(convection)和辐射(radiation)等方式进行,以辐射方式进行的热传导称为辐射传输(radiation heat transfer)或热辐射(thermal radiation)。

在不发生物体和媒质的状态变化(相变)的条件下,通过热传导和对流(湍流)所运输的能量称为显热(sensible heat)。当两个温度不同的物体接触时,热量将会从温度高的一方向温度低的一方传输,其传输的热流量称为显热通量(sensible heat flux)。显热通量与温度差值成正比,这个比例系数被称为显热传输系数或显热交换系数(exchange coefficient of sensible heat)。

物质发生相变而吸收或放出的热能称为潜热(latent heat)。水蒸气通过大气等介质传输能量时,单位时间通过单位面积的潜热流量称为潜热通量(latent heat flux)。潜热通量与界面两侧的水蒸气的浓度差成正比,这个比例系数被称为潜热传输系数(exchange coefficient of latent heat)。

2.2.4 物质通量

在时间上和空间上不规则运动的流体运动形态称为湍流(turbulence 或 turbulent flow)。大气在不停地运动,湍流几乎是无时不在发生。处于湍流状态的流体中,其形态不停地变换、运动方向无规则旋转的气团称为涡(eddy)。大气中的涡易在风速梯度大的地方(地表附近,山谷、植物体或障碍物的附近)或产生对流的地方产生。涡的大小和旋转方向多种多样,大的涡在相互碰撞过程中会逐渐变小,直到最后消失。由于各种涡的起源不同,物质、热量和动量等物理量都可以通过湍流交换进行垂直方向的输送。这种物理量的传输称为湍流(涡)扩散(turbulent diffusion)。物质的扩散量与物质浓度梯度成比例,其比例系数称为湍流(涡)扩散系数(eddy diffusion coefficient)。大气中的扩散现象虽然在非常薄的层内以分子扩散(molecular diffusion)为主,如呈层状的地表面和叶面附近,但是在大多数情况下则是以湍流扩散为主的。特别是在地面附近,由于表面的机械或热力作用,湍流异常活跃,形成对流边界层(convective boundary layer),湍流脉动(turbulent fluctuation)盛行,易引起湍流混合(turbulent mixing)。

伴随着流体要素的运动和分子运动,物质、热量和动量等物理量的移动过程称为输送(transport/transfer)。当流体呈层流或静止状态时,输送现象是由分子运动引起的,称为分子输送(molecular transport),其输送量与物理量的梯度成正比。当流体为湍流运动时,输送现象是由流体要素自身的运动引起的,称为湍流输送(turbulence transfer)。同样,物质输送量也与物理量的梯度呈正比,其比例系数称为物质输送系数(mass transfer coefficient)或湍流交换系数(turbulence exchange coefficient),它通常比分子输送系数要大 2~3 个数量级。当气温、湿度、风速和气体浓度等在垂直方向不同时,由于垂直混合(vertical mixing)或对流(convection)作用在垂直方向上的热量、能量以及物质输送称为垂直输送(vertical transfer),而通过风等因素在水平方向造成的物质和能量的水平混合(horizontal mixing)作用进行的热量、能量以及物质输送称为平流输送(advection transfer)。

扩散(diffusion)是物质、热量和动量等物理量输送的主要机制之一。静止流体的扩散主要是浓度梯度驱动的分子扩散,而在运动激烈的流体中,主要是湍流扩散。物理量在扩散过程中,通过垂直于扩散方向平面的扩散量称为扩散通量(diffusion flux),它与扩散方向的物理量的浓度梯度成比例,其比例系数称为扩散系数(diffusion coefficient)。

湍流输送量(turbulent transport/transfer/flux)通常是用涡度相关法(eddy covariance method)来测算,但也有人用与分子扩散相似的方法,用与热量、动量和物质浓度的梯度成比例的形式来表示。其比例系数,对于动量而言称为涡黏性系数(eddy viscidity coefficient),对于热量和物质而言称为涡扩散系数(eddy diffusion coefficient)。在陆地生态系统的植被-大气或土壤-大气之间主要的扩散输送物质包括水蒸气、CO_2、O_2、CH_4 等气体。这些物质的通量密度是指单位时间通过单位土地面积的输送量。

2.2.5 H_2O 通量

H_2O 通量是生态系统水循环过程的重要特征参数。陆地-大气系统的水蒸气(H_2O)输送既是水循环的一个环节，又是潜热输送的载体，是能量平衡的重要影响因子。所谓蒸发是从液体水或固体水转变为气体水的相变现象的总称，与气化属于同义语。在农业气象学中通常是指地表面的蒸发。为了与土壤蒸发相区别，将来自植物体内（主要是叶片）的蒸发称为蒸腾（transpiration）。植被下垫面的蒸发可分为地面或水面的蒸发、植被冠层截留降水的蒸发和植物蒸腾三部分。将三者的总和称为蒸散（evapotranspiration）。通常使用的蒸发强度（evaporation intensity）或蒸发速率（evaporation rate）实际上就是水蒸气通量（water vapor flux），其时间上的积分值称为蒸发量（amount of evaporation）。当然，在以个体叶片或群落为研究对象时，相应的术语则分别使用蒸腾速率（transpiration rate）、蒸腾量（amount of transpiration）代替。

陆地与大气系统的 H_2O 通量与蒸发的类型相对应，亦可细分为地面或水面的蒸发通量、植被冠层截留降水的蒸发通量和植物的蒸腾通量。但是在实际的生态系统中，这种划分是很困难的，通常利用微气象法测定的水汽通量是各种通量的总和，可以依据下垫面的植被覆盖状况和各种假设条件具体定义为蒸发通量（evaporation flux）、蒸腾通量（transpiration flux）或蒸散通量（evapotranspiration flux）。

2.2.6　CO_2 通量

CO_2 通量是生态系统碳循环中最为重要的特征参数之一，决定陆地生态系统 CO_2 通量的生化过程是植物（含光合细菌）的光合作用（photosynthesis）和生物（动物、植物和微生物）的呼吸作用（respiration）。植物或光合细菌利用光能，将 CO_2 和 H_2O 合成为有机物，放出氧气的一系列生理生化过程是植物生长和物质生产的最基本过程。光合作用生产的有机化合物总称为光合作用产物（photosynthate）。光合作用速率的测定主要是利用测量单位时间、单位叶面积或单位土地面积的光合作用产物蓄积量的方法（重量法或半叶法），或者求算 CO_2 扩散的方法（同化箱法或空气动力学法）进行。这些方法测得的光合作用速率，实际上是从总光合作用速率（gross photosynthetic rate）中减去了植物的暗呼吸后的净剩余部分，称为表观光合作用速率或净光合作用速率（net photosynthetic rate）。总光合速率和净光合速率在时间上的积分值分别称为总光合（gross photosynthesis）和净光合（net photosynthesis）。

为维持生命、生长和运动提供必需的能量而分解有机物的过程称为氧化－还原反应过程（oxidation-reduction reaction process）。最为一般的氧化还原反应过程是生物吸收分子态的氧气，在氧化碳水化合物的同时，将其中的能量以三磷酸腺苷（adenosine triphosphate，ATP）的形式释放出来。这种以氧气为最终电子受体的呼吸，称为有氧呼吸或好氧呼吸（aerobic respiration）。有些微生物的氧化-还原反应最终电子受体不是氧气，而是其他的物质，这种呼吸称为无氧呼吸或厌氧呼吸（anaerobic respiration）。有氧呼吸的速度用单位时间的氧气吸收量或 CO_2 释放量来表示。在有光存在时，因为植物光合作用与呼吸作用同时存在，所以难以简单地利用气体收支方法测定植物呼吸速率。因此，通常的植物呼吸速率的测定是在黑暗的条件下完成的。这种方法所测定的呼吸速率是经过三羧酸循环（tricarboxylic cycle，TCA）的呼吸，称为暗呼吸（dark respiration）。对于 C_3 植物，除 TCA 循环外，还存在着在光照条件下进行 CO_2 释放的呼吸过程，这种呼吸称为光呼吸（photorespiration）或明呼吸（light respiration）。在 C_4 和 CAM 植物上，还没有发现这种光呼吸途径，这也正是 C_4 植物的光合能力明显高于 C_3 植物的主要原因。

暗呼吸所释放出的能量可能用于生物的不同生命过程。用于组织生长的呼吸被称为生长呼吸（growth respiration）或构成呼吸（constructive respiration），用于维持生命活动的呼吸称为维持呼吸（maintenance respiration）。植物的总呼吸速度记为 R，现存的干物质量为 W，光合产物中向植物组织的转换效率为 k，则有

$$R=[(1-k)/k](dW/dt)+rW \tag{2.6}$$

式中：第 1 项为生长呼吸，第 2 项为维持呼吸。

2.3　生态系统生产力与碳通量

生态系统生产力的概念随着时代的变迁和生态学科的发展在不断地进化，早期的总初级生产力（gross primary productivity，GPP）和净初级生产力（net primary productivity，NPP）的概念在反映生态系统与全球变化的关系方面具有较大的局限性。近年

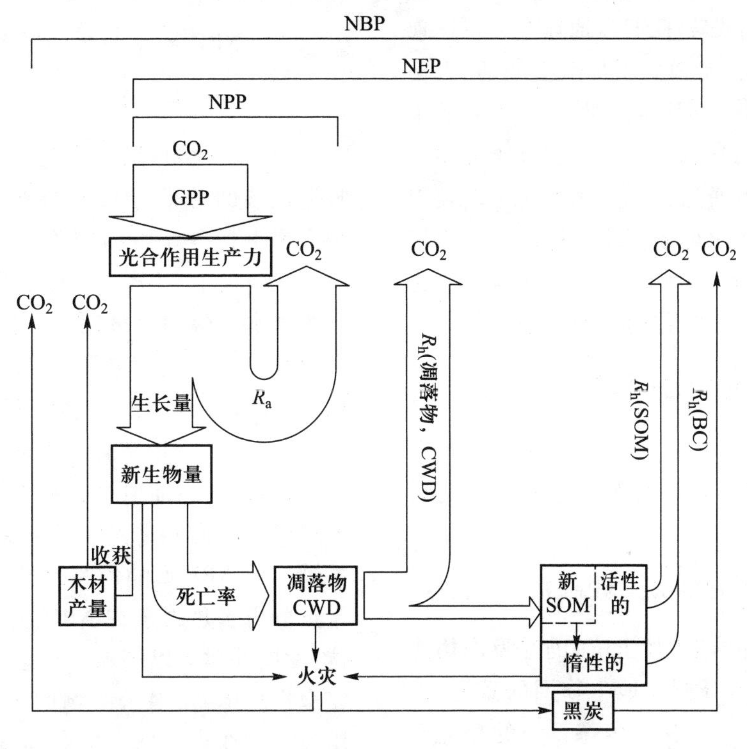

图 2.12 陆地生态系统碳循环以及 GPP、NPP、NEP 和 NBP 关系示意图(改自 Schulze *et al.*,2000)
实框表示相对稳定的有机碳库,虚框表示暂时性的有机碳库

来提出了净生态系统生产力(net ecosystem productivity,NEP)和净生物群系生产力(net biome productivity,NBP)等新概念。各种生产力通常用单位时间单位土地面积的生物积累量($kg \cdot m^{-2} \cdot s^{-1}$或 $kg \cdot m^{-2} \cdot a^{-1}$)或有机碳的积累量($kg \cdot m^{-2} \cdot s^{-1}$或$kg \cdot m^{-2} \cdot a^{-1}$,以碳质量计)表示。

这些概念的提出为应用生态学方法研究生态系统的碳通量、碳储量以及碳循环过程,评价生态系统在全球的碳平衡以及区域贡献和响应提供了基础。图 2.12 给出了陆地生态系统碳循环的主要碳源、有机库和流动过程之间的关系。并说明了生态系统生产力的形成过程以及 GPP、NPP、NEP 和 NBP 的相互关系。

2.3.1 总初级生产力(GPP)

GPP 是指单位时间内生物(主要是绿色植物)通过光合作用途径所固定的光合产物量或有机碳总量,又称为总第一性生产力或总生态系统生产力(gross ecosystem productivity,GEP)。陆地植被通过光合作用形成 GPP(光合产物总量)表示了 CO_2 和能量转化为有机碳和能量,进入碳循环过程的起始水平,是生态系统碳循环的基础。GPP 主要决定于植物光合作用的碳同化潜力、植物的叶面积、群落结构和光合有效辐射、温度和有效的土壤水分和养分状况等环境条件。

2.3.2 净初级生产力(NPP)

NPP 是指在植物光合作用所固定的光合产物或有机碳(GPP)中,扣除植物自身的呼吸消耗部分(R_a)之后,真正用于植物生长和生殖的光合产物量或有机碳量,也被称为净第一性生产力。

$$NPP = GPP - R_a \tag{2.7}$$

式中:R_a 为自养生物本身的呼吸作用所消耗的同化产物。GPP 中大约 1/2 的有机碳会通过植被的自身呼吸(自养呼吸,autotrophic respiration)释放到大气中,所剩余的 1/2 将形成生态系统的 NPP,即形成植被生长量(wholeplant growth)。NPP 反映了植物固定和转化光合产物的效率,描述了生态系统可供异养生物(人和动物)消费的有机物质和能量的水平,也是表示植物净固定 CO_2 能力的重要生态学指标。NPP 为从蚯蚓到人类的一切形式的动物提供了生物化学能量,NPP 事实上限定了人口和经济的发展规模,由此可见其在人类发展中的基础地位和作用。地球上所有陆生生态系统每年的净初级生产量的40%直接或间接地为人类所利用或破坏,假定地球上人口比现在增加2倍,而生产和消费模式不加改变的话,人类将消耗掉地球上全部的净初级生产量,人类本身的生存基础将会受到严重的削弱。CO_2 浓度增加可能会使植物的净初级生产力增加,但是,气候变化以及伴随而来的扰动规律的变化可能会使净初级生产力增加或减少。因此,测量和估算 NPP 一直是当前研究陆地生态系统及其对气候变化响应的热点问题。

2.3.3　净生态系统生产力(NEP)

NEP 一般是指净初级生产力中再减去异养生物(土壤)的呼吸作用所消耗的光合作用产物之后的部分,即

$$NEP = (GPP - R_a) - R_h = NPP - R_h \tag{2.8}$$

式中:R_h 为生态系统异养生物(土壤)的呼吸作用速率。NEP 的概念是为了分析陆地生物圈的碳源/汇功能提出的,表示大气 CO_2 进入生态系统的净光合产量,在大尺度上可以应用 NEP 来评价陆地生态系统究竟是大气 CO_2 的汇还是源。当 NEP>0 时,表明生态系统是大气 CO_2 的汇;当 NEP<0 时,则表明生态系统是大气 CO_2 的源;当 NEP=0 时,表明生态系统的 CO_2 排放与吸收达到平衡状态。植物生长形成的有机碳(NPP)的主要部分将形成 NEP,即植物的生物量(biomass),增加生态系统植被有机碳的储存。而另一部分则以凋落物(litterfall)的形式进入地表之后,或通过微生物分解返回大气或形成土壤有机质被蓄积在土壤中。所以,包括凋落物和土壤有机物分解转化的土壤呼吸作用强度是决定 NEP 的关键因子,通常是土壤温度和水分状况的函数。CO_2 浓度增加将会使大多数生态系统的 NEP 增加,使得碳在植被和土壤中的累积量增加,但 CO_2 浓度上升也会促使温度上升,导致土壤呼吸速率增加,使生态系统碳储量减少。因此,大气 CO_2 浓度变化和气候变化对 NEP 的影响最终取决于生态系统光合作用与呼吸作用平衡关系的变化,这种平衡关系的变化规律将成为全球气候变化条件下陆地碳源/汇关系转换研究的关键。

2.3.4　净生物群系生产力(NBP)

NBP 是指在 NEP 中减去各类自然和人为干扰(如火灾、病虫害、动物啃食、森林间伐以及农产品收获)等非生物呼吸消耗所剩的部分,即

$$\begin{aligned} NBP &= GPP - R_a - R_h - NP \\ &= NPP - R_h - NP = NEP - NP \end{aligned} \tag{2.9}$$

NP 是各类自然和人为干扰所引起的非生物呼吸消耗碳的总量。NBP 的概念进一步考虑了自然和人为干扰等非生物因素对生态系统碳平衡的影响。在数值上 NBP 与全球变化中的陆地碳源/汇的概念基本一致,其数值大小可直接反映人为活动的影响程度。人类有效的生态系统管理(控制火灾、病虫害防治、合理的森林经营和土壤管理)可以增加 NBP,减少陆地生态系统的碳排放量,增加对 CO_2 的净吸收,增强陆地生态系统的碳汇功能。因而,全球规模的碳循环过程管理需要综合研究全球变化对关键区域 NBP 影响的关键过程及其主导控制因子,重点分析水热因子在 NBP 区域分异中的作用与地位,发展并建立以陆地生态系统 NBP 为核心的生态安全指标体系,揭示植物的光合作用、NBP、呼吸作用对全球变化的响应机理与变化规律,建立以生态系统 NBP 为核心的生态系统过程模型,给出关键地区生态系统 NBP 及碳源/汇的时空格局及其发展趋势,探讨生态系统生态安全调控对策。

2.3.5　净生态系统碳交换量(NEE)

陆地和大气系统间的 CO_2 通量与生态系统的总初级生产力(GPP)、净初级生产力(NPP)、净生态系统生产力(NEP)和净生物群系生产力(NBP)概念是相对应的,在某些假定条件下所观测的陆地生态系统的 CO_2 通量与其中的某个概念是一致的。通常条件下,在通量观测塔的植被上部所观测到的 CO_2 通量(F_c)相当于生态系统的 NEP,当植被相当繁茂,土壤呼吸(凋落物与土壤有机碳分解)作用相对较小时,可以近似看作为生态系统的 NPP。

在不考虑人为因素和动物活动影响的自然陆地生态系统中,决定陆地与大气系统间 CO_2 交换的生理生态学过程主要是植物的光合作用、冠层空气中的碳储存(carbon stock)和生物的呼吸作用(respiration)。这样,陆地与大气系统间的净生态系统碳交换量(net ecosystem exchange, NEE)可用下列方程描述:

$$\begin{aligned} NEE &= F_c + F_{storage} \\ &= -P_g + (R_{leaf} + R_{wood} + R_{root}) + R_{microbe} \end{aligned} \tag{2.10}$$

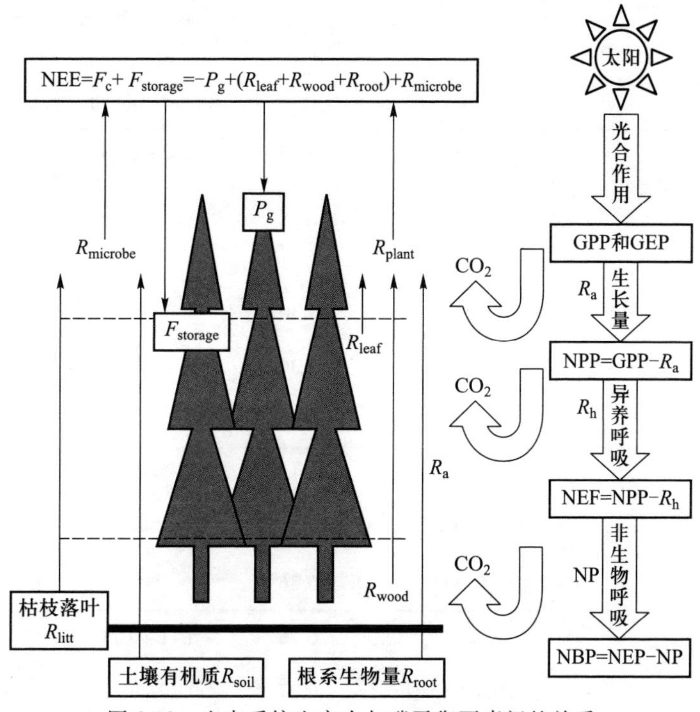

图 2.13 生态系统生产力与碳平衡要素间的关系

表 2.2 陆地生态系统碳通量组分概要(Randerson *et al.*,2002)

概念	缩写	全球通量	定义
总初级生产力	GPP	100~150 $Pg \cdot a^{-1}$(以碳质量计)	植物光合作用吸收
自养呼吸	R_a	GPP 的 1/2	植物为生长、维持或吸收离子通过呼吸作用损失
净初级生产力	NPP	GPP 的 1/2	GPP$-R_a$
异养呼吸(陆地)	R_h	NPP 的 82%~95%	异养生物群体(草食动物、微生物等)呼吸作用损失
生态系统呼吸	R_e	GPP 的 91%~97%	R_a+R_h
非 CO_2 损失		2.8~4.9 $Pg \cdot a^{-1}$(以碳质量计)	CO、CH_4、橡胶基质、溶解无机和有机碳、侵蚀等
非呼吸作用的 CO_2 损失(火)	NP	1.6~4.2 $Pg \cdot a^{-1}$	CO_2 的燃烧通量
净生态系统生产力	NEP	±2.0 $Pg \cdot a^{-1}$	生态系统内的总碳累积

如图 2.13 所示,F_c 为大气和生态系统界面的净 CO_2 通量,$F_{storage}$为群落内的碳储存通量,P_g 为光合作用碳固定的碳通量(GPP),R_{leaf}、R_{wood}、R_{root}分别为植物的叶片、茎(木材)和根系的呼吸通量,三者的总和为植物的自养呼吸 R_a,$R_{microbe}$为土壤微生物分解土壤有机质和凋落物的呼吸通量,可以进一步分解为土壤呼吸 R_{soil}和凋落物呼吸 R_{litt}两部分。

近年来,对上述概念的定义又有了一些新进展。由于区域尺度到全球尺度碳循环分析的迅猛发展,GPP、NPP、NEP 和 NBP 等概念在框架上存在一定的模糊性(表 2.2)。NEP 是 GPP 和生态系统呼吸作用之差的定义已经有 40 多年的历史(Woodwell & Whittaker,1968;Woodwell & Botkin,1970)。Randerson 等(2002)将 NEP 定义为生态系统的净碳积累,认为原来的 NEP 定义,忽略了溶解碳的泄漏和干扰导致的碳损失,例如河流对陆地碳的输运等。新的 NEP 概念包括一个生态系统内的所有碳通量:自养呼吸、异养呼吸、干扰导致的碳损失、溶解态和颗粒态碳的损失、挥发性有机化合物的释放、生态系统之间边界的传输(如方程(2.11)和方程(2.12)所示),不主张过

表 2.3 全球陆地生态系统非 CO_2 形态的以及非呼吸作用的碳损失(改自 Randerson *et al.*,2002)

来源		成分	通量 /($Pg·a^{-1}$,以碳质量计)	通量范围 /($Pg·a^{-1}$,以碳质量计)	参考文献
非 CO_2 形态碳损失	河流	溶解有机碳	0.40	0.20~0.90	Schlesinger 和 Melack(1981),Degens(1982),Meybeck(1982),Suchet 和 Probst(1995),Stallard(1998)
		溶解无机碳	0.30	—	
		颗粒有机碳	0.30	—	
	挥发性有机化合物	异戊二烯	0.50	—	Guenther 等(1995)
	VOCs	单萜	0.12	—	
		其他活性 VOCs	0.26	—	
		其他非活性 VOCs	0.26	—	Prather 等(1996)
	甲烷	自然源	0.16	0.11~0.21	
		人为活动的生物圈	0.27	0.20~0.35	
	一氧化碳	火	1.0	0.50~1.50	Bergamaschi 等(2000)
		有机质的光化学氧化作用	0.06	0.03~0.09	Schade 和 Crutzen(1999)
		有机质的热氧化作用	0.04	0.01~0.08	Schade 等(1999)
非呼吸作用的 CO_2 损失	火	…	3.0	1.6~4.2	Crutzen 和 Andreae(1990)
	非 CO_2 形态和非呼吸作用 CO_2 的总损失*	…	6.6	4.4~9.2	

* 通量总值占全球 NPP 60 $Pg·a^{-1}$ 的大约 11%(以碳质量计),是净陆地碳通量估计值的 6 倍(Pretice *et al.*,2001)。

分地强调生物学调控的驱动机制或程度的区分和评价,这是因为很难识别单独的生物或非生物过程碳通量的控制作用(Randerson *et al.*,2002)。例如,直接受生物学调控的通量包括 GPP 和生态系统呼吸作用(异养呼吸和自养呼吸),而与火灾和土壤侵蚀有关的通量也受到生物学和生态学过程的强烈影响。

$$\mathrm{NEP}=\frac{\mathrm{d}C}{\mathrm{d}t} \tag{2.11}$$

$$\mathrm{NEP}=F_{\mathrm{in}}+F_{\mathrm{out}}\approx F_{\mathrm{GPP}}+F_{R_e}+F_{\mathrm{fire}}+F_{\mathrm{leaching}}+F_{\mathrm{erosion}}+F_{\mathrm{hydrocarbons}}+F_{\mathrm{herbivore}}+F_{\mathrm{harvest}}+\cdots \tag{2.12}$$

随着对挥发性有机化合物(volatile organic compound,VOC)、甲烷、火和河流通量在生态系统 NEP 中作用的新认识,关于立地、区域和全球尺度陆地生态系统非 CO_2 和非呼吸作用的总碳损失也开始引起关注,估计其总量约占全球 NPP 损失的 10%(表 2.3)。

同时,Randerson 等(2002)还指出了随着时空尺度变化,NEP 的主要调控过程是不同的(图 2.14a),建议将 NBP 的定义修订为偶然发生的干扰期间的碳损失或积累,这相当于区域或全球尺度的 NEP,并提出了陆地生态系统不同时空尺度 NEP 的观测技术系统(图 2.14b)。

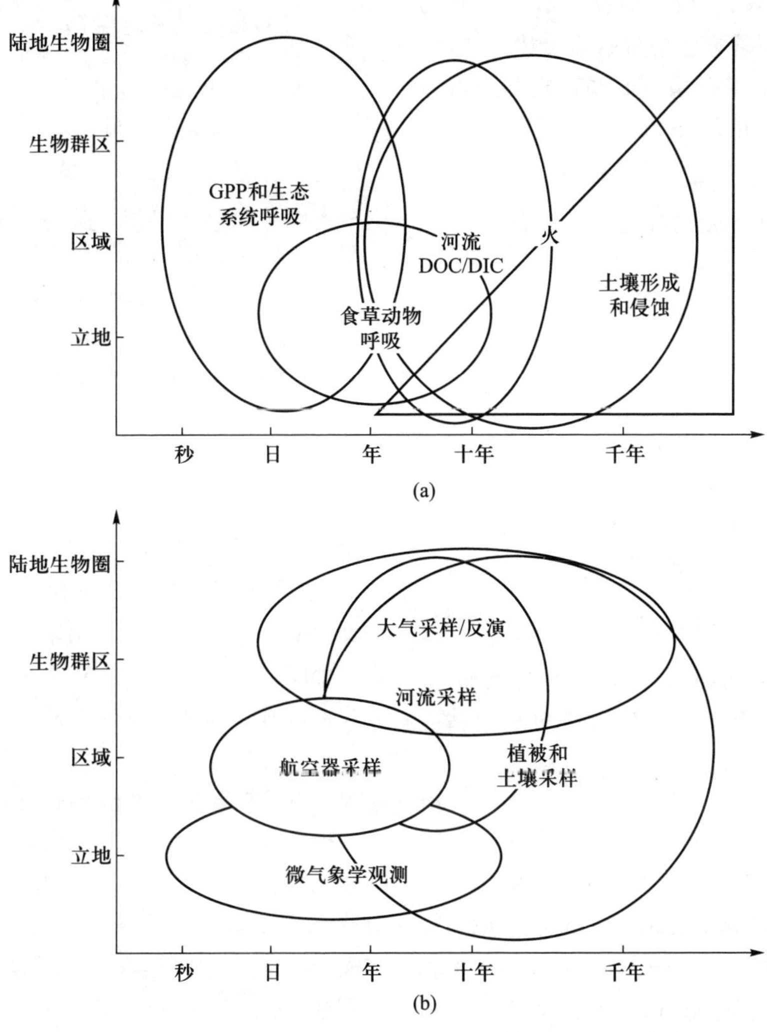

图 2.14　陆地生态系统不同时空尺度 NEP 的调控过程和观测技术系统：
(a) 调控过程；(b) 观测技术系统(改自 Randerson *et al.*,2002)

2.4　生态系统碳通量的生态学测定方法

2.4.1　基于生物量变化的估算法

生态系统净初级生产力(NPP)、净生态系统生产力(NEP)和净生物群系生产力(NBP)的概念与碳通量相似,可以直接反映生态系统或生物群落的陆地-大气间的净碳交换量。在一定假设条件下,NPP、NEP 和 NBP 都可以利用生态系统生物量变化动态监测数据进行估算。

从式(2.7)和式(2.13)可以看出,NPP 的测定主要有两种基本的方法:一种方法就是测定生物量(植物体干重)变化的方法,称为堆积法(summation method),这是一种较为广泛使用的方法;另一种方法就是着眼于光合量和呼吸量,构筑理论方面的数理模型然后进行计算的方法。

堆积法又称收获法(harvest method)或现存量法(standing crop method/biomass method)。宏观上 NPP 相当于生态系统植物生长量(growth),即单位时间生态系统生物量的增长量。可利用生态系统生物量的时间变化数据来推算。

$$\begin{aligned}\mathrm{NPP}(t) &\approx \alpha[B_s(t)-B_s(t-1)]+\alpha_L L(t)\\ &\approx \alpha_c[B_c(t-1)]+\alpha_r[B_r(t)-\\ &\quad B_r(t-1)]+\alpha_L L(t)\end{aligned} \tag{2.13}$$

式中:$B_s(t)$为 t 年度的植物生物量;$B_s(t-1)$为上年度的植物生物量。B_c 和 B_r 分别为植物的地上部冠层和地下部根系的生物量,$L(t)$为凋落物的形成量;

α 为植物生物量的含碳百分比，α_c、α_r 和 α_L 分别为地上、地下生物量和凋落物中的含碳百分比。

同样，进一步考虑生态系统的凋落物和土壤有机质等异养呼吸的碳排放量，可以得到生态系统的 NEP。

$$NEP(t)=NPP(t)-\alpha_L L(t)\pm \alpha_L[L_{sum}(t)-L_{sum}(t-1)]\pm \alpha_s[S(t)-S(t-1)] \tag{2.14}$$

式中：$NPP(t)-\alpha_L L(t)$ 为生态系统活有机体的碳固定通量；$\alpha_s[S(t)-S(t-1)]$ 为土壤有机质量变化引起的土壤呼吸通量；$\alpha_L[L_{sum}(t)-L_{sum}(t-1)]$ 为凋落物总量变化引起的异养呼吸量。

式(2.13)在估算 NPP 过程中没有考虑到食草动物的取食量，若考虑该项，可得下式

$$NPP=\Delta W+L+G \tag{2.15}$$

式中：ΔW 是从 t_1 到 t_2 间的现存量 W 的变化(W_2-W_1)，换言之表示生长量。L 和 G 为该期间的枯死及凋落量和食草动物取食量。

(1) 现存量变化(ΔW)

利用这种方法估算现存量的变化，必须按一定的时间间隔采集生态系统内所有植物的地上部和地下部样本，进行植物生物量统计，关于各种植物生物量调查的方法见于贵瑞(2003)在《全球变化与陆地生态系统碳循环和碳蓄积》中的论述。在森林生态系统中，生物量的调查通常是测定样方内的树木胸径和树高等参数，用相对生长法来推算植物的生物量变化。相对生长法是假设生物现存量与树木的胸径及树高等具有特定的函数关系，依据这种关系可以用数年间隔的伐木测定数据推算林地的碳素平衡状况。若是草原，使用分层割取法，可以直接测定 ΔW。此时，根的生长量可以挖出来调查，但误差较大。在需要准确求取的时候，有的使用根内生长袋法(root ingrowth bag method)和微根窗法(minirhizotron camera system)加以测定(Upchurch & Ritchie, 1984)。生物量变化的估算方法所面临的问题主要有：①难以全面地获得植物地上和地下生物量的变化资料；②各种植物类型、不同器官(组织)内的含碳百分比差异很大；③依据少数实验点的数据来推测整个生态系统的碳循环特征，其估算误差是难以把握的；④依据土壤有机碳蓄积量变化推算土壤动物和微生物呼吸量是很困难的。

(2) 枯死及凋落量(L)

推测枯死及凋落量(L)有以下 4 种方法(木村，1976)：①直接采集落叶的凋落物收集器法；②由枯死物的现存量推算的方法；③分层割取推算法；④以生育期间个体数的减少为基础(基数)的推算方法。这里只介绍最常用的凋落物收集器的推算方法。

所谓凋落物收集器法，就是使用凋落物收集器(litter trap)收集落下的植物体地上部分(叶、茎、花、种子、树皮等)，测定凋落物量的方法。现阶段，由于该方法可以简便而有效地测定，所以被广泛地采用。

凋落物收集器袋状网的面积一般为 0.5~1 m^2，将其张开形成一定面积的接收口。调整收集器的数量，使框面积的合计达到调查区面积的 1%以上。例如，想得到 95%置信度下相对误差在 10%以下的数据，必须设置 20 个以上凋落物收集器。有研究认为在郁闭的森林中，设置 6~7 个收集器就足够了。收集器放置在离地 1 m 左右的位置上，但要测定比它低的植物的凋落物，就要使用平型框的凋落物收集器，只要不直接放置在地面上即可。因收集器内的凋落物多少受脱落和分解的影响，回收间隔最好在一个月以内。根据研究目的不同，回收的凋落物按树种和各种器官分开，然后放进干燥箱里，在 60~80℃ 烘干 3 天左右时间，再称重。以凋落物收集器收集的凋落物的量和全部框的面积为基础计算调查区全部凋落物的量。

上述凋落物收集器法，主要适用于森林生态系统。草原因植物密度高，设置森林用的凋落物收集器比较困难。因此在地上部的生长还没有开始的早春，用网眼粗(1~3 cm)的防鸟网等固定在地面，茎、叶穿过网眼可以生长，此后伴随植物的生长，定期地回收凋落物。

凋落物有季节变化，需要全年测定。在森林生态系统中，用凋落物收集器法所测得的凋落物量并不等于枯死量。若只测定落叶，凋落物量等于枯死量，但树枝即使枯死数月到数年时间也不凋落。枯死的树枝凋落量在台风等风强的季节比较多，另外，强风也能使活着的枝叶落下，所以凋落物量的季节变化并不能准确表示枯死量的季节变化。因此要正确地推算凋落物量，仅仅测定一年是不够的，必须进行数年间的连续测定。

枯死及脱落量的测定方法，在碳循环研究中还有以下不够充分的方面：

- 关于枯木量的推算问题。枯死脱落量的评

价多数仅限于较容易测定的地上部分。并且凋落物收集器法和分层割取法得到的推测值只是测定对象枯死的叶子和小的枝杆，不包括大的树枝和树干。

- 有关地下部分的枯死脱落量。如上所述的地上部枯死脱落量可以说是狭义的枯死脱落量。地下部枯死脱落量的直接测定极其困难，有的假定地上部/地下部（T/R）之比与地上部枯死量/地下部枯死量之比相等来推测，但可能缺乏严密性。
- 根据水培和同位素的示踪实验，存在来自根的有机物质的浸出现象（exudation）和气化碳素（乙烯等）的释放现象。根的浸出和释放物在发芽后数周内有时占根量的 60%（Newman，1985）。

如上所述，枯死脱落量的推测，不仅是地上部的枯死量，还有地下部的枯死量，以及来自地下部的有机物释放量。在做出比较接近真实值的评价时，才有可能再评价碳循环研究中的生产力与土壤有机物分解之间的关系。

（3）动物取食量（G）

在耕地、沙漠和苔原、森林和草原，动物取食量（G）占 NPP 的比例估计分别为 1%、2%~3%、4%~7% 和 1%~15%。在植食性昆虫等异常发生时或在放牧家畜的草地上，该比值还要增加。因此，采用堆积法推测初级生产量（NPP）时，取食量应该作为重要的订正项目。但正确地推测极其困难，标准的调查方法还没有确定。现在通常使用下面 3 种取食量推测方法（木村，1976）：①由残留在植物体上动物啃食痕迹进行推测的方法；②由动物的粪便排出量进行推测的方法；③从动物种群的动态和代谢量的研究进行推测的方法。下面主要介绍前两种常用的方法。

由残留在植物体上动物啃食痕迹进行推测的方法通常运用在森林和草原生态系统中。先割取叶子求全叶面积，然后测定其中具有啃食痕迹叶片的食痕面积。食痕面积可以在描图纸或感光纸上拍照（描图），或用复印机复印及用面积仪等测定，或者也可以用扫描仪扫到计算机里，再用专门软件处理，读取图像，求其面积。这样就可以求出食痕面积/（全叶面积+食痕面积）之比，用这个比值和叶生物量资料就可以计算取食量。然而，由食痕面积求算方法推测的仅仅是叶子的取食量，却不能推测茎（若是树木则为枝和干）和根的取食量。另外由于叶子的基部被啃食而脱落了时，就不清楚是否全部叶子真的被取食，成为产生误差的原因。还有展叶期间叶子被啃食，其后随展叶生长过程食痕会被扩大，因此测定时导致过高估算。

由动物的粪便排出量进行推测的方法就是利用不消化率进行估算，可以在一定程度上弥补上述方法的缺点。这种方法主要采集昆虫的粪便，根据其量和饲育实验所得到的资料算出取食量。粪便的采集与凋落物的采集相同，可以用凋落物收集器法。饲育实验，是将昆虫放入铺上蜡纸的器皿中进行饲喂。昆虫和作为饵料的食草预先测定重量，之后放进器皿。预留其中的一部分用作测定干重用。摄食 1~2 天后，用天平称量昆虫体重、剩下饵料的重量、粪便的重量。由摄食量（I）、不良消化所排出的量（粪便量，NA）算出不消化率 NA/I。然后用凋落物收集器收集的粪便量和不消化率计算取食量。使用这种方法也可以推测叶以外的植物体的取食量。但仍然存在一些问题，如收集全部粪便量比较困难，土壤动物的取食量无法确定推测等。以上两种方法可以平行进行，对照检查两种推测值。

2.4.2 基于碳平衡方程的估算法

由方程（2.7）~方程（2.10）可知，只要我们能够逐项预定或估计出 NPP、NEP、NBP、NEE 和 F_c 等有关的碳通量参数，就可以评估生态系统的碳平衡状况。该种方法的关键是我们能否对方程（2.10）中的各项进行准确的测定或评估。目前，随着植物叶片的光合作用和呼吸作用、土壤微生物的呼吸通量、凋落物分解过程等测定技术的进步，许多项目的精确测定已经成为可能。

叶片光合作用和呼吸作用的测定方法主要有半叶法、碱吸收测定法、氧电极测定法、红外气体分析仪测定法（于贵瑞，2003）。

土壤呼吸的测定方法主要有：静态气室-碱吸收法、静态箱-气相色谱法、动态（静态）气室-红外 CO_2 分析仪法（于贵瑞，2003）。

对树干和根呼吸还没有很好的测定方法。现在的主要方法是利用与土壤呼吸测定相似的原理开发各种适合树干和根系的测定装置。树干呼吸测定方法是制作不同直径大小的树干呼吸气室与土壤呼吸测定系统相连，测定每单位面积树干在土壤呼吸气室的CO_2排放通量。根系呼吸测定方法包括直接和间接测定。直接测定法包括离体根法、PVC管气室法、同位素法等;间接测定包括排除根法,如切除根法、挖沟壕法、林隙分析法等。排除根法是测定生态系统根呼吸的常用方法,通过测定有根和无根土壤呼吸间的差异来间接估计根呼吸,可用于与原位测定结果比较。凋落物分解的测定一般是分类进行。对于枯叶和小枝的分解速率的测定,常用方法是尼龙网袋法;对于较大的枝条,则都用拴线法。分解速率通常用失重法来测定(通常采用网袋法,将预制凋落物样品布置于定位样地中,定期回收,测定凋落物的消失量)。

值得注意的是,上述大多数测定方法只能适合于单叶或单株等十分有限的样品或样地,其测定数据的时间和空间代表性存在很多问题,现在还没有很好的方法将测定数据反演到群落水平。

2.4.3 基于碳循环模型的估算法

近年来,随着计算机的发展,将植物的物质生产过程进行数学模式化,利用模型估算生产力成为研究热点。已提出的诸多模型中,有的是经验的,有的是理论的。

(1) 经验模型

作为初级生产量的经验模型,以Lieth(1975)的Miami模型和Uchijima和Seino(1987)的筑后模型最有名。以推算全球规模NPP为目的,Melillo等(1993)开发了一个经验模型。这个模型的特征是包含各种各样的环境资源,以式(2.16)表示:

$$NPP = NPP_{max} f(PAR) f(LAI) f(T) f(CO_2, H_2O) f(NA) \tag{2.16}$$

式中:PAR为光合有效辐射;LAI为叶面积指数;T为气温;CO_2和H_2O分别为大气的CO_2浓度和H_2O浓度;NA为将可能利用的营养矿质成分量指数化表示的数值。Melillo *et al.*将地球表面分解成56000多个单元,用式(2.16)推算全球NPP,结果为53.2 $Pg \cdot a^{-1}$(以碳质量计)。该值比Miami模型的推算值63 $Pg \cdot a^{-1}$(以碳质量计)要小10 $Pg \cdot a^{-1}$(以碳质量计)。

所谓经验模型,是利用少数有关项目的测定值与实际值以及按照尽可能接近实际值所确定的系数组合起来构成的。虽然在一定范围内,模拟较为准确,但其应用条件和范围具有局限性,无法揭示植物生产、物质循环及能量流动的过程和机理。随着人们对上述问题的深入了解,逐渐发展了理论模型。

(2) 机理模型

理论模型是基于群落生产的各个基础过程(光合作用、呼吸作用)及决定它们的主要环境因子之间的定量关系而建立的。Monsi和Saeki(1953)的群落光合模型是经典的理论模型之一。

在许多机理模型中需要将光强度的梯度分布进行模式化,因此必须测定各种各样高度的相对光量子通量密度,确定任意高度处的光量子通量密度。在森林生态系统中,因为不能使用分层割取法,只好采取用凋落物收集器推测叶量,或用冠层分析仪(Li-Cor公司的LAI-2000)推算叶面积指数(LAI)。可是,无论上述哪一种方法都不能推测叶量的垂直分布,都存在着推算值误差较大等问题。

若确定了群落内任意高度处的相对的光量子通量密度,将该值乘以群落外每隔数分钟间隔测定的光量子通量密度,就可以算出群落内任意高度处的实际光量子通量密度。这样一来,将求出的光量子通量密度代入式(2.16)就可以推算植物的光合生产量。但必须注意森林生态系统群落内部的光量子通量密度随时间和空间的变动非常大。到达森林群落内部某位置的光量子通量密度,利用上述方法与光源和林冠的枝叶分布的位置关系密切,因此往往与求出的曲线不一致。虽然由计算求出的光量子通量密度,作为日累计光量子通量密度与实测值大体上差不多,但各个时刻的值,即瞬时值一般增高。因此,用这个数值推算光合生产量,有的达到实际光合生产量的2~3倍。

初级生产量就是根据单位土地面积上的叶面积和茎、根的生物量集成算出来的。测定和模式化的目的,因构成生态系统植物种的不同而存在差异,这些生理生态学的测定程序和方法、材料的选择方法、模型的参数设定也不同,还需要各位研究者详细设计。另外,便携式光合测定装置等为了减小叶片边界层的阻力而加快流速,可能比自然环境下植物的光合速率和蒸腾速率要高。

最近,已构筑了全球尺度上推测生态系统碳循环的模型,进行世界总生产量的推测和对未来的预测。这样的模型可以描述大气-植被-土壤之间碳循环过程的全部子过程。通过生态系统碳循环模型对CO_2通量进行估算的关键是,基于对生态系统碳循环过程以及主要生态过程与相关环境变量间的统计规律的理解来构建生态系统碳循环过程模型。由式(2.10)可知,这种方法不仅要求准确获得植物群落的光合作用、呼吸作用和非同化器官的呼吸速度、凋落物的还原与分解、土壤中的有机物分解等众多生态学过程的特征参数,还要求准确地给出表述各个生理生态学过程的数学模型。可是目前在各种生理生态学过程的模型描述上,主要还是应用经验方程表述,其局限性很大,不仅模型参数的时间和空间代表性难以准确把握,而且一些生理生态学过程的尺度转换精度要求也难以保证,特别是,如果没有 CO_2 和水热通量等直接的和可靠的观测数据作为模型构建的依据和检验的标准,模型化工作也无法实现。关于生态系统碳循环模型的发展及其构建可参考于贵瑞(2003)和陈泮勤(2004)的相关著作。本书的第 12 章将针对碳循环与碳通量评估模型进行细致的讨论。

2.4.4 同化箱测定法

同化箱测定法是采用不同类型的同化箱罩住植被地面或土壤表面,通过测定箱内的 CO_2 和 CH_4 等气体浓度变化来计算植被-大气或土壤-大气间的气体交换通量(参见于贵瑞,2003;陈泮勤,2004)。其中静态气室-碱吸收法虽然已被普遍采用,并被沿用至今已有 80 余年,但其最大的缺陷是不能进行短时间内连续测定,而且测定结果与红外气体交换法的测定结果存在一定差异(Kucera & Kirkham, 1971;Coleman, 1973;Anderson, 1982)。静态箱-气相色谱法是目前国际国内广泛使用的比较经济可靠的测量方法(Schütz *et al.*, 1989;Wassmann *et al.*, 1994),其不足之处在于它的使用会明显地改变被测地表的物理状态,在采样时会因箱室的挤压和抽气时的负压引起偏差。动态(静态)气室-红外 CO_2 分析仪法被认为是目前最理想的一种方法,利用同化箱内下垫面处理的不同,可以获得不同含义的气体交换量。这种方法是生态系统碳通量直接测定的一种,其优点之一是设备的成本低,便于进行不同生态系统类型和不同生态系统管理方式间的碳通量的比较;其另一优点是可以用气体采样法进行室内的多种气体的精细分析,因此能够同时测定 CH_4 等痕量气体的通量。但是,该方法的缺点是不适宜于森林或高秆作物群体的测定,更为严重的缺点是被箱子罩住的植被的生活环境将发生重大变化,严重地改变了植被的水分、温度和气体交换环境,改变了植被-大气、土壤-大气间的能量、水分和气体交换特征和平衡,其测定结果很难反映实际情况。几种不同的同化箱测定法及其与温度梯度法和微气象学方法的比较如表 2.4 所示。

表 2.4 土壤气体通量测定方法的分类和特性(Monji *et al.*, 1996)

	同化箱法						温度梯度法	微气象学方法
	密闭型			开放型			基于 Fick 定律的计算方法	涡度相关法
	非通气密闭法			通气密闭法				
	静态箱法	碱吸收法	动态箱法	LI-1600	AOCC 法	OTC 法		
测定精度	?	×	◎	◎	◎	?	?	? /×
多点测定	◎	◎	×	?	×	? /×	?	-(大范围)
连续测定	×	? /×	?	×	◎	◎	×	◎
环境改变	小	大	中	小	极小	小	无	无
电源	不要	不要	AC/DC	DC	AC	AC/DC	不要	不要
可搬性	?	◎	?	◎	×	?	?	×
成本	低	低	高	高	高	高	低	很高
测定气体	CO_2、CH_4、N_2O	CO_2	CO_2 (CH_4)	CO_2	CO_2、CH_4、N_2O	CO_2 (CH_4)	CO_2、CH_4、N_2O	CO_2、CH_4、N_2O
生态系统 森林	可	可	可	可	可	可	可	可/不可
生态系统 草原	可	可	可	可	可	可[①]	可	不可
生态系统 湿地	可	可	可	可	可	可[①]	可[②]	不可

AOCC 法:自动开闭式同化箱法。OTC 法:开顶式同化箱法。上标①表示有的时期可以测;上标②表示有积雪时不可测。×,?/×,?,◎分别表示不同性质由差到优的 4 个级别。

2.5 生态系统水、碳与能量通量的微气象学测定法

2.5.1 H_2O 和 CO_2 通量微气象学方法概论

测定 H_2O/CO_2 通量的微气象学方法主要有空气动力学法(aerodynamics method)、热平衡法(heat balance method)和涡度相关法(eddy covariance method)等,目前国际上以涡度相关法为主流。在涡度相关法被广泛应用以前,测定群落-大气间能量和物质通量主要是利用基于能量和物质通量与它们垂直方向梯度成正比的空气动力学法和热平衡法。空气动力学法又称为梯度法(gradient),将湍流扩散系数用一个半经验的方程来定义大气对湍流浮力的影响,通过测定群落上部两个高度的 H_2O 和 CO_2 浓度梯度,依据相似性理论间接计算 H_2O/CO_2 通量,该方法比较适合于长期观测。热平衡法又称为热收支法(heat budget method),也是利用梯度的观测资料计算 H_2O/CO_2 通量的方法之一。该方法是假定显热的湍流扩散系数与其他物理量的湍流扩散系数相同,假定群落等系统的热量输入与输出是平衡的,但这里包含了很多不确定因素。实际的测定中经常有这样一些情况发生,即系统的热收支不能满足热量平衡的要求。也就是说,在森林等生态系统中,显热通量和潜热通量的和不能与净辐射量相平衡,即使进一步估计群落的热传导量和森林内的储热量也难以达到能量平衡。因此,如果这个问题不能解决,那么热收支法的应用是十分困难的。

基于上述假设的空气动力学法和热平衡法只不过是通过物理量的垂直梯度来间接推算 H_2O/CO_2 通量的方法。可是涡度相关法则不同,它是通过测定大气中湍流运动所产生的风速脉动和物理量脉动,求算能量和物质通量的直接测定法。从这个意义上来说,涡度相关法在通量求算过程中,几乎不存在任何假设。但是这种方法需要高精度,响应速度极快的湍流脉动测定装置。近年来,由于超声风速计和高性能的气体分析仪的开发和改进,才使它的应用成为可能,现阶段已经成为直接测定大气与群落 CO_2 交换通量的唯一方法,也是世界上 CO_2 和水热通量测定的标准方法(Baldocchi *et al.*,1996)。

2.5.2 涡度相关法的特点及其应用

涡度相关法是通过计算物理量的脉动与风速脉动的协方差(covariance)求算湍流输送量(湍流通量)的方法,也称为湍流脉动法(turbulent fluctuation method)。涡度相关法最早被 Swinbank(1951)应用于草地的显热和潜热通量测定,开创了涡度相关法的应用先例。此后,超声风速计/温度计(sonic anemometer/thermometer)的开发取得长足进步。1968年在美国堪萨斯州的农田进行的著名的近地大气边界层大规模观测中,超声风速计正式投入使用,在近地大气边界层构造和特性的解析方面发挥了重要作用(Kaimal *et al.*,1972;Wyngaard & Coté,1972)。

在利用涡度相关法测定各物理属性的垂直通量时,要求仪器必须捕捉影响通量的全部周期内的脉动,取样宽带通常覆盖 0.001~10 Hz 的范围。把涡度相关法用于测定大气-群落间的 CO_2 通量开始于20世纪80年代。Raupach(1978)开发出了第一台红外线水汽压分析仪,使水汽压变化的高速测定成为可能;Ohtaki 和 Matsui(1982)开发的红外线二氧化碳/水汽压分析仪,进一步使我们能够在高速地测定水汽压脉动的同时,测定 CO_2 浓度的脉动。当时开发的红外 CO_2/H_2O 气压计是将红外线光路暴露在外面的开路型(open-path),它能够快速地分析观测高度的二氧化碳和水汽压变化,被广泛地应用于各种农作物(Ohtaki,1980,1984,1985;Anderson & Verma,1985)和森林(Anderson *et al.*,1986)植被的 CO_2 和水汽压变化特征及其输送机理的研究。Fan 等(1990)开展了应用闭路型(closed-path)二氧化碳仪的涡度相关测定方法研究。由于闭路型的二氧化碳仪具有能够比较稳定地连续测定 CO_2 浓度、可用标准气体对分析仪进行零点校正等优点,被认为是一种有利于 CO_2 通量长期测定的方法。

目前,应用涡度相关法测定 CO_2 和水气通量时所采用的 CO_2 分析仪器主要有两种类型:一种是开路红外气体分析仪,这种仪器造成的气流失真小,并且在风速感应和标量波动间不会出现滞后现象。但是,由于它测定的是 CO_2 密度而不是混合比,所以在测定 CO_2 密度波动的同时需要测量温度和湿度波动以计算和评价 CO_2 混合比的脉动(Webb *et al.*,1980);此外,开路测定系统的传感器完全暴露于野外环境中,难以维护,不适合进行长期和全天候的观测。另一种是闭路红外线气体分析仪,通过管路抽

取气体导入闭路红外线分析仪内，再分析气样中的 CO_2 浓度。用闭路方法的一个优势是可将传感器置于室内，从而避免了极端温度和湿度等不利环境的干扰；同时，具有自动、定期引进标准气对分析仪进行校准的能力。可是在分析 CO_2 过程中，由于通过取样管取气，会引起 CO_2 浓度脉动的衰减导致测定误差。一般来说，这种误差小于 10%（Leuning & Moncrieff，1990），它是取气管直径、管长和流速的函数。表 2.5 综合比较了开路与闭路系统的特点。

表 2.5　开路和闭路红外气体分析仪的比较

开路	闭路
反应速度快	反应速度中等
不需要其他辅助设备	需管道、泵等，受缓冲器的影响
下雨的时候不能用	与天气条件无关
只能人工校准	可以自动校准，长期稳定

目前，生态系统 CO_2 通量的测定正在向长期化的方向发展。一般来说，为了正确评价某种生态系统 CO_2 的源/汇关系，至少要有 1 年以上的连续观测，考虑到气象条件的年变化，最少应该有 3 年以上的连续观测。涡度相关法是目前在群落上部直接测定大气与群落 CO_2 交换量的唯一方法，所观测的数据已经成为检验各种模型精度的最权威资料，也是检验各种通量观测或估算方法精度的标准方法，已经得到微气象学家和生态学家的广泛认可。

2.5.3　拓宽湍涡累积法

用涡度相关法能够测定的微量气体种类是有限的。人们研究用与涡度相关法相近的方法来评价微量气体的通量，其中的方法之一就是湍涡累积（eddy accumulation）法（Hicks & McMillen，1984）。

湍涡累积法是一种在涡度相关理论基础上发展起来的微气象学方法。在这种方法中，需要采用超声风速计等高速响应的测量仪器对垂直速度脉动进行测定；但就微量气体而言，只要得到其浓度的平均值就可以了，即将与垂直风速 w 成比例的流量输入与 w 符号（+/-）对应的两个分量中，分别测定各自的浓度差。利用该原理，如下式所示，即为与涡度相关法相同的值。

$$\overline{w^{+}s}+\overline{w^{-}s}=\overline{w^{+}s'}+\overline{w^{-}s'}+(\overline{w^{+}}+\overline{w^{-}})\bar{s}=\overline{w's'}+\overline{ws} \tag{2.17}$$

该方法在原理上无疑是直接评价湍流通量的方法，但受到流量测定技术上的限制。

将其简略化的方法是由 Businger 和 Oncley（1990）提出的条件采样法（conditional sampling），也称之为拓宽湍涡累积法（relaxed eddy accumulation，REA）。目前已实际应用于相当多的野外试验（Baker *et al.*，1992；Pattey *et al.*，1993；Hamotani *et al.*，1996）。

REA 法的基本原理是使用一个快响应的垂直速度感应器（一般是超声风速计）测量垂直速度脉动，通过电磁阀系统的开合，将上升气流与下降气流的气样以与垂直风速成比例的速率分别采集在两个取样袋中，然后再分别测出两个取样袋中的气体浓度。REA 法的问题在于经验参数必须由试验来确定，为此需要大量的研究成果的积累。同时，该经验参数随观测地点不同可能会有差异，并且也依赖于大气的稳定程度。

该方法的取样装置能够制成小型，而且与梯度法不同，只需要在一个高度上进行测定，所以可以把取样装置简单地安装在观测塔或气球等载体上进行观测（Monji *et al.*，1996；Hamotani *et al.*，1997）。REA 法测定装置的采样部分以外的仪器，市场上已有产品出售，但其采样部分还需要特制。由于 REA 法需要响应性能良好的取样泵，需要频繁地进行气体分析仪的零点校正，所以该方法在长期观测中还存在许多问题。在 REA 法中，也有必要进行与 WPL 修正一样的密度修正（Pattey *et al.*，1993），而且为了进行修正，必须预先测定出湿度脉动和水汽通量。

参考文献

陈灵芝，陈清朗，刘文华.1997.中国森林多样性及其地理分布.北京：科学出版社

陈灵芝，王祖望.1999.人类活动对生态系统多样性的影响.杭州：浙江科学技术出版社

陈灵芝.1993.中国的生物多样性——现状及其保护对策.北京：科学出版社

陈泮勤.2004.地球系统碳循环.北京：科学出版社

傅伯杰，刘国华，陈利顶，等.2001.中国生态区划方案.生态学报，21(1)：1～6

韩兴国，李凌浩，黄建辉.1999.生物地球化学概论.北京：高等教育出版社

黄昌勇.2000.土壤学.北京：中国农业出版社

蒋有绪.1991.中国海南岛尖峰岭热带林生态系统.北京:科学出版社

李博.2000.生态学.北京:高等教育出版社

陆渝蓉.1999.地球水环境学.南京:南京大学出版社

木村允.1976.陆上植物群落的生产量测定法,生态学研究法讲座8(日文).共立出版

沈善敏.1998.中国土壤肥力.北京:中国农业出版社

王文兴.1994.中国酸雨成因研究.中国环境科学,14(5):323~329

吴征镒.1980.中国植被.北京:科学出版社

晏维金,章申,王嘉慧.2001.长江流域氮的生物地球化学循环及其对输送无机氮的影响.地理学报,56(5):505~514

于贵瑞.2003.全球变化与陆地生态系统碳循环和碳蓄积.北京:气象出版社

Anderson D E, Verma S B, Clement R E *et al*.1986.Turbulence spectra of CO_2, water vapor, temperature and wind velocity over a deciduous forest.*Agricultural and Forest Meteorology*, 38:81~99

Anderson D E, Verma S B. 1985. Turbulence Spectra of CO_2, Water Vapor, Temperature and Wind Velocity Fluctuations over a Crop Surface.*Boundary-Layer Meteorology*, 33:1~14

Anderson J P E.1982.Soil respiration.In:Page A L, Miniller R, Kenny D R, eds.*Methods of soil analysis. Part 2: Chemical and microbiological properties*. Madison, Wisconsin: American Society of Agronomy, Soil Science Society of America, 485~500

Baker J M, Norman J M, Bland W L.1992.Field scale application of flux measurement by conditional sampling.*Agricultural and Forest Meteorology*, 62:31~52

Baldocchi D, Valentini R, Running S, *et al*. 1996. Strategies for measuring and modeling carbon dioxide and water vapour fluxes over terrestrial ecosystems. *Global Change Biology*, 2(3):159~168

Bergamaschi P, Hein R, Heimann M, *et al*.2000.Inverse modeling of the global CO cycle 1.Inversion of CO mixing ratios.*Journal of Geophysical Research Atmospheres*, 105:1 909~1 927

Businger J A, Oncley S P. 1990. Flux measurement with conditional sampling.*Journal of Atmosphere and Oceanic Technology*, 7:349~352

Chapin Ⅲ F S, Matson P A, Mooney H A.2002.*Prineiples of Terrestrial Ecosystem Ecology*. New York:Springer-Verlag:41

Coleman D C.1973.Soil carbon balance in a successional grassland.*Oikos*, 24:195~199

Cooke G W.1976.Long-term fertilize experiments in England:the significance of their results for agricultural science and for practical farming.*Annales Agronomiques*, 27:503~536

Crutzen P J, Andreae M O.1990.Biomass burning in the tropics: impacts on atmospheric chemistry and biogeochemical cycles. *Science*, 250:1669~1678

Degens E T. 1982. Transport of carbon and minerals in major world rivers. Part 1. Proceedings of a Workshop Arranged by the Scientific Committee on Problems of the Environment (SCOPE) and the United Nations Environment Programme (UNEP).Hamburg:Hamburg University

Fan S M Wofsy S C, Bakwin P S, *et al*. 1990. Atmosphere-biosphere exchange of CO_2 & O_2 in the central Amazon forest. *Journal of Geophysical Research*, 95:16851~16864

Galloway J N, Schlesinger W H, Levy I H, *et al*.1995.Nitrogen fixation: Anthrogenic enhancement-environmental response. *Global Biogeochemistry Cycles*, 9(2):235~252

Graham W F. 1977. Atmospheric pathways of the phosphorus cycle.Ph.D.Thesis, University of Rhode Island, R.J.

Getis A, Getis J, Fellmann J D.1996. *Introduction to Geography*, 5th editior. Boston:McGraw-Hill Higher Education

Guenther A, Hewitt C, Erickson D, *et al*.1995.A global model of natural volatile organic compound emissions.*Journal of Geophysical Research Atmospheres*, 100:8873~8892

Hamotani K Uchida Y, Monji N, *et al*.1996.A system of relaxed eddy accumulation method to evaluate CO_2 flux over plant canopies.*Journal of Agricultural Meteorology*, 52:135~139

Hamotani K, Yamamoto H, Monji N, *et al*.1997.Development of a mini-sonde system for measuring trace gas fluxes with the REA method.*Journal of Agricultural Meteorology*, 53:301~306

Hicks B B, McMillen R T.1984.A simulation of the eddy accumulation method for measuring pollutant fluxes.*Journal of Climate Applied Meteorology*, 23:637~643

IPCC. 2001. *Climate Change* 2001: *The Scientific Basic*. Cambridge:Cambridge University Press

IPCC. 2013. *Climate Change* 2013: *The Physical Science Basis*. Cambridge: Cambridge University Press

Jenkinson D S.2001.The impact of humans on the nitrogen cycle, with focus on temperate arable agriculture. *Plant and Soil*, 228:3~15

Jordan T E, Weller D E.1996.Human contributions to terrestrial nitrogen flux.*BioScience*, 46(9):655~664

Kaimal J C, Wyngaard J C, Izumi Y, *et al*.1972.Spectral Characteristics of Surface-Layer Turbulence.*Quarterly Journal of the Rogal Meteorology*, 98:563~589

Kucera C, Kirkham D.1971.Soil respiration studies in tall grass prairie in Missouri.*Ecology*, 52:912~915

Lerman A, Mackenzie F T, Garrels R M.1975.Modelling of geochemical cycles:Phosphorus as an example.*Geological Society of America Bulletin*, 142:205~218

Leuning R, Moncrieff J.1990.Eddy-covariance CO_2 flux measurements using open- and closed-path CO_2 analyzers:Correction for analyzer water vapour sensitivity and damping of fluctuations in air sampling tubes.*Boundary-Layer Meteorology*,53:63~76

Lieth H.1975.Primary productivity in ecosystems:comparative analysis of global patterns.In:van Dobben W H,LoweMcConnell R H, eds.*Unifying Concepts in Ecology*.The Hague:Dr W Junk B V Publishers:67~88

Melillo J M,McGuire A D,Kicklighter D W,*et al.* 1993.Global climate change and terrestrial net primary production.*Nature*, 363:234~340

Meybeck J M.1982.Carbon,nitrogen,and phosphorus transport in world rivers.*American Jouranl of Science*,282:401~450

Monji N, Hamotani K, Hirano T, *et al.* 1996. CO_2 and heat exchange of a mangrove forest in Thailand.*Journal of Agricultural Meteorology*,52:149~154

Monsi M,Saeki T.1953.Uber den lichtfaktor in den pflanzengesellshaften und seine bedeutung fur die stoffproduktion. *Japanese Journal of Botany*,14:22~52

Newman E I.1985.The rhizosphere:carbon sources and microbial populations.In:Fitter A H,Atkinson D,Read D J,*et al.*, eds. *Ecological Interactions in Soil*.Oxford:Blackwell:107~122

Ohtaki E,Matsui T.1982.Infrared device for simultaneous measurement of fluctuation of atmosphere CO_2 and water vapor. *Boundary-Layer Meteorology*,24:109~119

Ohtaki E. 1980. Turbulent transport of carbon dioxide over a paddy field.*Boundary-Layer Meteorology*,19:315~336

Ohtaki E.1984.Application of an infrared carbon dioxide and humidity instrument to studies of turbulent transport. *Boundary-Layer Meteorology*,29:85~107

Ohtaki E.1985.On the similarity in atmospheric fluctuations of carbon dioxide, water vapour and temperature over vegetated fields. *Boundary-Layer Meteorology*,32:25~37

Pattey E, Desjardins R L, Rochette P. 1993. Accuracy of the relaxed eddy-accumulation technique,evaluated using CO_2 flux measurements.*Boundary-Layer Meteorology*,66:341~355

Prather M,Derwent R,Ehhalt D,*et al.*1996.Radiative forcing of climate change Chapter 2.Climate Change 1995.The science of climate change.Contribution of Working Group 1 to the second Assessment Report of the Intergovernmental Panel on Climate Change.Cambridge:Cambridge University Press

Prentice I C,Farquhar G D,Fasham M J R, *et al.*2001.Chapter 3:The Carbon Cycle and Atmosphere CO_2.In:The Intergovernmental Panel on Climate Change(IPCC).Third Assessment Report.Cambridge:Cambridge University Press:183~237

Randerson J T, Chapin Ⅲ F S, Harden J W, *et al.* 2002. Net ecosystem production: A comprehensive measure of net carbon accumulation by ecosystem.*Ecological Application*, 12 (4):937~947

Raupach M R.1978.Infrared fluctuation hygrometry in the atmospheric surface layer.*Quarterly Journal of the Royal Meteorological Society*,104(440):309~322

Schade G W,Hofmann R M,Crutzen P J.1999.CO_2 emission from degrading plant matter.I.Measurements.*Tellus*,51B:889~908

Schade G.W, Crutzen P J.1999.CO_2 emissions from degrading plant matter.Ⅱ.Estimate of a global source strength.*Tellus*,51 B:909~918

Schlesinger W H,Melack J M.1981.Transport of organic carbon in the world's rivers.*Tellus*,33B:172~181

Schulze E D,Wirth C,Heimann M.2000.Managing forests after Kyoto.*Science*,289:2058~2059

Schütz H,Holzapfel-Pschorn A,Conrad R,*et al.* 1989.A 3-year continuous record on the influence of daytime,season,and fertilizer treatment on methane emission rates from an Italian rice paddy.*Journal of Geophysical Research*,94:16405~16416

Stallard R F. 1998. Terrestrial sedimentation and the carbon cycle:coupling weathering and erosion to carbon burial.*Global Biogeochemical Cycles*,12:231~257

Suchet P A,Probst J L.1995.A global model for present day atmospheric soil CO_2 consumption by chemical erosion of continental rocks(GEM-CO_2).*Tellus*,47B:273~280

Swinbank W C.1951.Measurement of vertical transfer of heat and water vapour by eddies in the lower atmosphere.*Journal of Meteorology*,8:135~145

Uchijima Z, Seino H. 1987. Maps of net primary productivity of natural vegetation on continents.*Bulletin of the National Institute of Agro-Environmental Science*,4:67~88

Upchurch D R,Ritchie J T.1984.Battery-operated video camera for root observations in minirhizotrons. *Agronomy Journal*,76:1015~1017

Vitousek P, Aber J D, Howarth R W, *et al.* 1997. Human alterations of the global nitrogen cycle: source and consequences.*Ecological Applications*,7(3):737

Wassmann R, Neue H U, Lantin R S, *et al.* 1994. Temporal patterns of methane emissions from rice fields treated by different modes of N application.*Journal of Geophysical Research*, 99:16457~16462

Webb E K, Pearman G L, Lenning R.1980.Correction of flux measurements for density effects due to heat and water vapor transfer.*Quarterly Journal of the Royal Meteorological Society*, 106:85~106

Woodwell G M,Botkin D B.1970.Metabolism of ecosystems by gas exchange techniques.In:Reiche D E ed. *Analysis of temperature forest ecosystems*.New York:Springer-Verlag:73~85

Woodwell G M,Whittaker R H.1968.Primary production in terrestrial ecosystems.*American Zoologist*,8:19~30

Wyngaard J C,Coté O R.1972.Cospectral Similarity in the Atmospheric Surface Layer.*Quarterly Journal of the Royal Meteorological Society*,98:590~603

第3章 地球大气圈的垂直构造与大气成分

大气圈、水圈、冰雪圈、陆地表面和生物圈是地球气候系统的五个物理组成部分，这五个圈层的相互作用所引起的多种气候过程形成了地球气候系统特征的物理学机制，决定着气候系统的状态变化。大气圈是气候系统中最活跃的、变化最大的组成部分，大气由多种气体混合组成的气体及浮悬其中的液态和固态杂质所组成。大气中除含有氮、氧、氢、二氧化碳、二氧化硫、一氧化碳、过氧化氢、甲烷等气体物质外，还含有大量的水汽、气溶胶以及其他的空气污染物质。水是存在于地球上的一种最普通、但又极其重要的物质，具有特殊的物理化学特性，是生态环境的基本要素，也是生态环境系统结构和功能的组成部分，对植物的遗传基因、生理化学过程、生长发育及其生存环境都产生着深刻的影响。地球的水分布在海洋、湖泊、江河、地下、地表、土壤和大气以及大陆冰原、高山冰川、海冰和地面雪盖之中，构成地球的水圈，在生物地球化学循环、气候系统形成和生态系统结构与功能维持中发挥着极其着重要的作用。

大气圈的垂直断面是非均一的，具有垂直分层现象。包围地球的大气向植物提供 CO_2，向所有生物提供 O_2。原始的大气主要含有大量 CO_2、NH_3 和 CH_4。现代的对流层大气主要成分中，氮气为78%，氧气为21%，二氧化碳约为0.035%，其他成分包括水蒸气、SO_2、NH_3 和 CH_4 等，这是长期以来地球环境变化与光合作用进化的结果。近一个世纪，由于人类活动的影响，明显地改变了大气化学组成，CO_2、N_2O 和 CH_4 等温室气体、大气污染物质浓度的明显增加以及臭氧层的破坏导致了全球气候变暖、紫外辐射和酸雨的增加等一系列全球环境问题的发生。

表示大气状态的物理量和物理现象统称为气象要素，如气温、气压、湿度、风向、风速、云量、降水量、能见度等。在气象观测时，云、能见度、天气现象等主要是靠目力和分析判断定性或半定量测定；温度、气压、湿度、风等是利用相应的仪表直接测定。

本章初版执笔者：于贵瑞，高鲁鹏，米娜；再版修订者：陈智，于贵瑞

3.1 地球的气候系统

大气圈、水圈和土壤圈共同构成了植物的生活空间,各圈层的相互作用所引起的多种气候过程决定着气候系统的状态变化。气候系统(climatic system)是20世纪60年代以后出现的一个新概念。气候系统是指那些能够决定气候形成及其变化的各种因子的统一体。由于气候的时间尺度和空间尺度不同,仅考虑上下边界层之间的大气层是不够的,必须考虑气候系统的各个组成部分。按照世界气象组织(WMO)的意见,如图3.1所示,完整的气候系统应包括5个物理组分:大气圈、水圈、冰雪圈、陆地表面和生物圈。

在气候系统中存在多种气候过程。例如辐射过程、云过程、陆面过程、海洋过程、冰雪圈过程、二氧化碳过程等,这些过程与状态变量的变化密切相关。就其演变的时间尺度而言,可以把地球周围的气体、液体和冰雪看成气候的内部系统,而把全部陆地和地球周围的宇宙空间看成外部系统(或称强迫系统)。就影响气候系统状态变化的因子而言,可分为内部因子和外部因子。前者是本身参与变化、具有反馈作用的那些因子,后者是指可以影响气候而它本身又不受气候影响的那些因子。太阳辐射、地球轨道参数的变化、大陆漂移、火山活动等均是外部因子。其中太阳辐射是影响气候形成和变化的最主要的外部因子。气候系统各成员之间的相互作用为内部因子,如温度-冰-反射率的反馈,水汽-辐射反馈,生物-地球反馈等。外部因子又必须通过系统内部的相互作用,才能对气候产生影响。

3.1.1 大气圈

包围地球的一层大气叫大气圈(atmosphere),它是气候系统的重要组成部分之一。大气圈是气候系统中最活跃的、变化最大的组成部分。通过铅直方向和水平方向的热量传输,大气圈对于外部施加影响的响应时间约为一个月,如果没有补充大气动能的过程,动能因摩擦作用而耗尽的时间大约也是一个月。大气由多种气体混合组成的气体及浮悬其中的液态和固态杂质所组成。

(1) 大气中的干空气

大气中,除水汽、液体和固体杂质外的整个混合气体被称为干洁空气,简称干空气(dry air)。干空气中的主要气体成分的含量参见表3.1。

干空气中,氮(N_2)、氧(O_2)和氩(Ar)三者合计占大气总体积的99.96%,其他气体含量甚微,其总含量不超过0.04%。在各种成分中,二氧化碳的含量因地而异,约为0.02%~0.04%。臭氧含量则随高度而有较大的变化,但因它们含量都很少,这种变化不会影响空气成分总体情况的变动。各主要气体的百分比从地面直到90 km的高度基本保持不变,这主要是由于空气的垂直混合运动造成的。

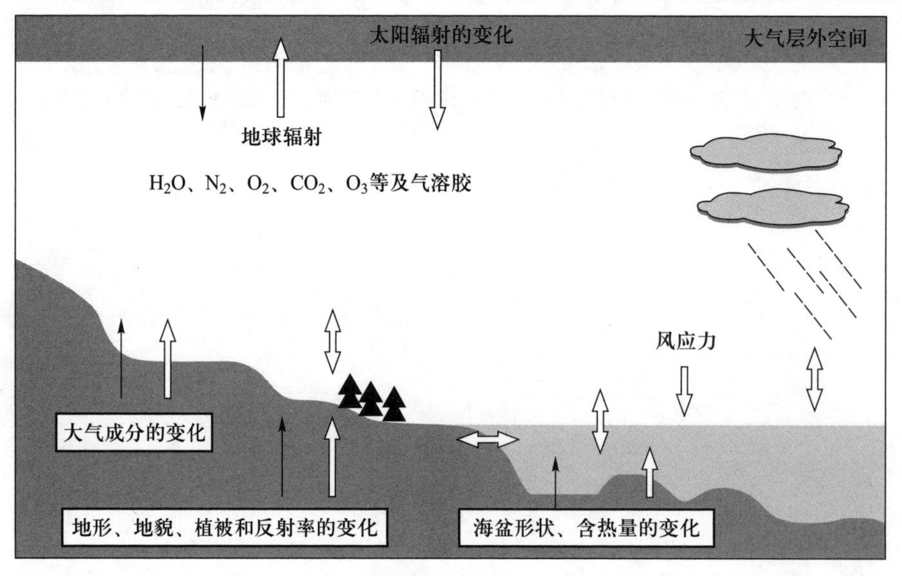

图3.1 气候系统示意图

图中实箭头表示气候变化的外部过程,空箭头表示气候变化的内部过程

表 3.1 大气的气体组成成分

气体成分	分子式	所占体积/%	气体成分	分子式	所占体积/%
氮	N_2	78.08	氦	He	0.0005
氧	O_2	20.95	氢	H_2	0.00005
氩	Ar	0.93	氧化亚氮	N_2O	0.00003
二氧化碳	CO_2	0.035	甲烷	CH_4	0.0002
氖	Ne	0.002	二氧化氮	NO_2	0.0000001
氪	Kr	0.0001	臭氧	O_3	0.000004

除表 3.1 中所列的气体外,干空气中还存在含量极少、变化很大的一些化合物,如二氧化硫、一氧化碳和过氧化氢等。在 90 km 以下可以把干洁空气当成分子量为 28.97 的"单一成分"来处理。标准状况下(气压 1 013.25 hPa,温度 0℃),干空气密度约为 1 293 $g \cdot m^{-3}$。在 90 km 以上,大气的主要成分仍然是氮和氧,但约从 80 km 开始,由于紫外线的照射,氧和氮已有不同程度的离解,在 100 km 以上,氧分子已几乎全部被离解为氧原子,到 250 km 以上,氮也基本上都被离解为氮原子。

在自然界的大气温度和压力条件下,干空气的所有成分都处于气态,而且都离液化的温度很远,因此可以近似地把干空气看成是理想气体。氮是大气中最多的气体,约占干空气质量的 75%,它是地球上生命体的基本成分。氮在自然条件下可通过豆科植物根瘤菌的作用,转化为易被植物吸收的化合物,固定到土壤中,成为植物的良好养料。氧是大气中次多的气体,约占干空气质量的 23%,它是地球生命系统所必需的。氧气还决定着有机物质的燃烧、腐败和分解过程。臭氧、二氧化碳、甲烷、氮氧化物(N_2O、NO_2)和硫化物(SO_2、H_2S)等在大气中的含量虽然很少,但对大气温度分布及人类生活却有较大的影响。

大气中的臭氧能大量吸收太阳紫外线,使臭氧层增暖,影响大气温度的垂直分布,从而对地球大气环流和气候形成起着重要的作用。同时它还形成一个"臭氧保护层",可大大降低到达地表的对生物有杀伤力的短波辐射(波长小于 0.3 μm)强度,从而保护着地表生物和人类免受紫外辐射的危害。大气中臭氧的含量与纬度和季节有关。在纬度分布上,低纬少,高纬多;高纬的季节变化明显,以春季最多,秋季最少。低纬的季节变化则不明显。大气中的臭氧含量还具有强烈的日变化,这种变化与天气有关。例如,当厚度较大的极地冷气团移来时,常使臭氧含量增加,而低纬暖气团移来时,则常使臭氧含量减少,因此臭氧含量的增减能在一定程度上反映高空(平流层和对流层上部)的大气状况和气团的活动。观测表明,近年来大气平流层中的臭氧有减少的迹象,尤以南极最为明显,形成臭氧空洞。据研究这与在制冷工业中人为排放的氟氯烃的破坏作用有关。

大气中的二氧化碳、甲烷、氧化亚氮等都是温室气体,它们对太阳辐射吸收甚少,但却能强烈吸收地表辐射,同时又向周围空气和地表放射长波辐射。因此它们都有使近地面空气和地面增温的效应(图 3.2)。观测证明,近数十年这些温室气体的含量有逐年增加的趋势,这与人类活动关系十分密切。

(2) 大气中的水汽

大气中的水汽来自江、河、湖、海及潮湿物体表面的水分蒸发和植物的蒸腾,并借助空气的垂直交换向上输送。空气中的水汽含量有明显的时空变化,一般情况是在夏季高于冬季。低纬暖水洋面和森林地区的低空水汽含量最大,按体积来说可占大气的 4%,而在高纬寒冷干燥的陆面上,其含量则极少,可低于 0.01%。从垂直方向而言,空气中的水汽含量随高度的增加而减少。观测证明,在 1.5~2 km高度上,空气中的水汽含量已减少为地表的一半,在 5 km 高度减少为地表的 1/10,再向上含量就更少。

大气中水汽含量虽不多,但它是天气变化中的一个重要角色。在大气温度变化的范围内,它可以凝结或凝华为水滴或冰晶,成云致雨,落雪降雹,成为陆地淡水的主要来源。水的相变和水循环不仅把大气圈、海洋、陆地和生物圈紧密地联系在一起,而且对大气运动的能量转换和变化,以及地面和大气温度都有重要的影响。

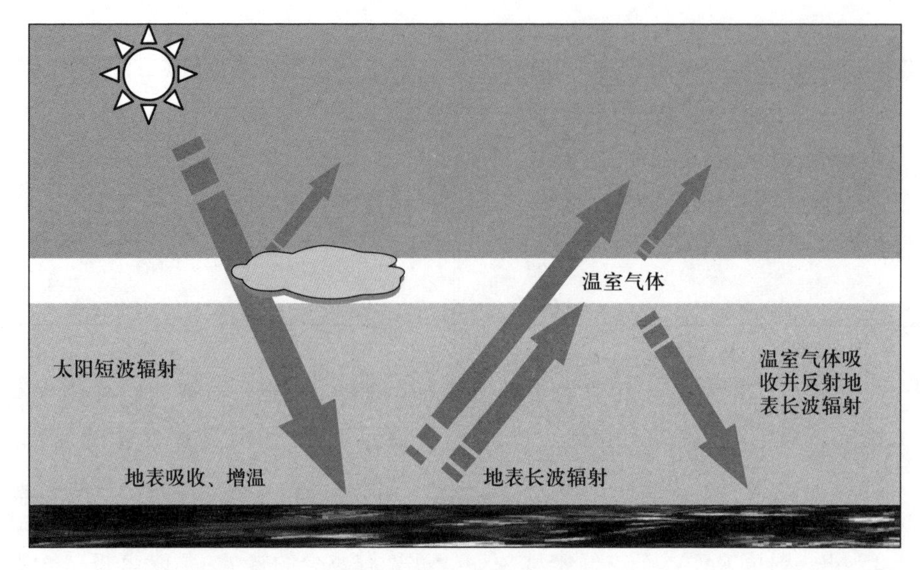

图 3.2 温室效应图示

(3) 大气中的气溶胶

大气中悬浮着多种固体微粒和液体微粒,统称大气气溶胶粒子(aerosol particle)。固体微粒有的来源于自然界的各种过程产生的物质,如火山爆发的烟尘,被风吹起的土壤微粒,海水飞溅扬入大气后蒸发留下的盐粒,细菌、微生物、植物的孢子花粉、流星燃烧所产生的细小微粒和宇宙尘埃等;有的是由于人类活动所产生的,如燃烧物质排放至空气中的大量烟尘等。气溶胶粒子多集中于大气的低层,这多种多样的固体杂质,有许多可以成为水汽凝结的核心,对云、雾的形成起重要作用。同时固体微粒能散射、反射和吸收一部分太阳辐射,也能减少地面长波辐射的外逸,对地面和空气温度有一定影响,并会使大气的能见度变差。液体微粒是悬浮于大气中的水滴和冰晶等水汽凝结物,它们常集聚在一起,以云、雾形式出现,不仅使能见度变差,还能减弱太阳辐射和地面辐射,对气候有很大的影响。

(4) 空气污染物质

工业、交通运输业的发展过程中排放的废气含有许多污染物质,这些污染物质有污染气体,也有固体和液体气溶胶粒子,是大气污染的主要物质来源。一氧化碳、二氧化硫、硫化氢、氨等都是污染气体。燃烧过程排放的烟尘、工业生产过程排放的粉尘等均为气溶胶污染物质。污染物质的含量虽微,但对人类和气候环境的危害都是不容忽视的。

3.1.2 生物圈

生物圈包括地球上在空气、海洋和陆地生活的所有动物、植物和微生物及其所依存的环境,也包括人类本身。其水平分布呈现连续性,垂直分布范围若以海平面为标准来划分,上下分别可达 10 km,包括大气圈底部、水圈大部和岩石圈表面,主要集中在平均海平面附近 100 m 左右,从海平面向上或者向下随着高度或深度的增大,生物的种类和数量依次减少。

现代生物圈中已经被描述和鉴定过的生物大约有 250 万种以上。其中动物约占 200 万种,植物约占 34 万种,微生物约占 3.47 万种。还有许多生物没有加以分类。过去往往把地球上的生物分成植物和动物两部分。除去这种简明的划分外,还有许多其他的异类,某些低等生物介于动物和植物之间。目前常将生物分为四大类,即原核微生物、原生生物、后生植物和后生动物。

尽管人类只是生物圈中几百万种生命形式中的一种,但由于其具备生物进化的独特性质,作为突发种群,人类在生物圈中逐步占据了主导地位。在 1830 年左右,世界人口第一次达到 10 亿,此后人口每增长 10 亿所需时间由 100 年缩短为 30 年、15 年、13 年,预计到 2050 年世界人口将达到 100 亿。人类一方面要开采资源,另一方面又要保护环境;一方面要守护自我,另一方面又要保护其他物种。人类的行动将决定物种的未来、物种的生存。

生物圈各个部分变化的时间尺度有显著差异，但它们对气候变化都很敏感，而且反过来又影响气候。生物对于大气和海洋的二氧化碳平衡、气溶胶粒子的产生，以及其他与气体成分和盐类有关的化学平衡等都有很重要的作用。植物自然变化的时间尺度为一个季节到数千年不等，而植物又反过来影响地面的粗糙度、反射率以及蒸发、蒸腾和地下水循环。由于动物需要得到适当的食物和栖息地，所以动物群体的变化也反映了气候的变化。人类活动既深受气候影响，又通过诸如农牧业、工业生产及城市建设等活动，不断地改变土地和水资源等的利用状况，从而改变地表的物理特性以及地表与大气之间的物质和能量交换，对气候产生影响。

3.1.3 岩石圈与土壤圈

岩石圈包括山脉、地表岩层、沉积物和土壤等。岩石圈变化的时间尺度甚长，其中山脉形成的时间尺度约为 $10^5 \sim 10^8$ 年，大陆漂移的时间尺度约为 $10^6 \sim 10^9$ 年，而陆块位置和高度变化的时间尺度则更长，在 10^9 年以上。它们的这些特征对地质时期的气候变化有巨大影响，但对近代的季节、年际、十年际乃至百年际的气候变化是可以忽略的。在上述近代气候变化的时间尺度内，除火山爆发外，对大气的作用主要还是发生在陆地表面。陆地表面具有不同的海拔高度和起伏形状，可分为山地、高原、平原、丘陵和盆地等类型。它们以不同的规模错综分布在各大洲之上，构成崎岖复杂的下垫面。在此下垫面上又因岩石、沉积物和土壤等性质的不同，其对气候的影响更是复杂多样。地壳是生物必需的各种化学元素的储藏库，地壳最普通的元素是与矿物质结合的氧，其次是硅，以下依次为铝、铁、钙、钠、锰、钾和磷，其他元素的浓度（质量比）在 0.1%以下。

在地质历史时期的植物最初进化阶段，它们所面临的只有水、空气和岩石，后来在微生物和动物的作用下逐渐形成了植物基质土壤或土壤圈。岩石圈为土壤形成提供了基础材料，在物理、化学和生物的共同作用下，通过机械风化作用和化学风化作用，以及植物遗体和土壤生物遗体的腐殖化等复杂过程，形成了土壤圈。机械风化作用包括暴露的岩石在水、风、冰和冰河运动等释放能量作用下的机械分化，以及斜面分裂的滑坡、泥石流等移动时的破碎、磨碎、冻融和干湿交替等；化学风化作用包括碳酸盐、长石、辉石、云母等的水解，铁和锰等的氧化，植物根系的穿透挤压与植物和微生物分泌物的化学作用等。

土壤圈是陆地表层系统的重要组成部分，不仅是大气圈、水圈、岩石圈和生物圈交汇的地带，而且是各圈层相互作用的产物，也是人类赖以生存的物质基础。土壤是多层和多相的复杂系统，既有固相的土壤，也含有气相的空气和液相的水溶液。土壤所具有的巨大空间，是生物圈、大气圈、水圈和岩石圈物质交换过程中的物质储藏库，也可以缓冲各种物理、化学过程的影响，通过机械过滤、吸附、生物分解等机制对污染或有毒物质起着过滤和净化的作用。土壤有机质的形成与分解，储藏与迁移是土壤的重要物理化学过程，对生态系统功能的维持具有重要作用。土壤碳库是陆地碳库的重要组成部分，包括土壤有机碳和土壤无机碳。土壤有机碳库分别是植被碳库和大气碳库的 2~3 倍，依靠当地的水汽、温度和土地管理的情况和条件，土壤既能释放 CO_2 到大气中，也能吸收大气中的 CO_2。土壤有机碳由一系列具有不同更新时间的有机组分构成，土壤粒级组成、矿物特征及土体结构等内在因素制约着土壤有机碳存量及状态，对于长时间尺度碳的更新具有重要意义。土壤是人类居住环境最直接的要素之一，它与气候条件和人类活动密切相关。因此，气候变化和大气 CO_2 浓度改变将影响土壤、植被的生产率，改变生态系统的生理功能、结构和生物地球化学循环，从而改变植被分布结构，影响土壤有机碳的输入过程。所以，土壤不仅是人类的主要生存和发展环境，而且是全球温室气体的一个主要源和汇，它是全球碳循环的重要组成部分，在全球碳平衡中起着主导作用，研究土壤碳循环机制及其对全球变化的响应，是预测大气 CO_2 含量及全球变化的重要基础。

土壤的胶体可以接受或放出电解质影响保水力，是陆地水体的重要组成部分。土壤的水分状况，对植物根系的吸水也很重要。土壤溶液的渗透势，土壤的毛细管力及土壤胶体的吸附力等，都会阻碍或影响水分进入植物体。植物的根系必须有超过土壤保水力的吸水能力才能从土壤获得水分。土壤保水力的大小与土壤的含水量有关，含水愈少保水力愈大。当土壤含水量降低到一定程度时，土壤对水的保持力已超过根的吸水能力，使植物根系无法利用，这种土壤水分成为植物的无效水分。这时植物不能从土壤补充蒸腾损失的水分，体内水分吸收与散失不平衡，就会发生水分缺乏，细胞失去膨压，叶子及幼茎下垂，或叶子卷起来等萎蔫现象，严重时会导致植物生理功能降低或死亡，使生态系统的结构和功能难以维持。

3.1.4 水圈与冰雪圈

水圈包括海洋、湖泊、江河、地下水等一切液态水，其中海洋在气候形成和变化中最重要。海洋是由世界大洋和邻近海域的海水所组成。其总面积为 3.6×10^8 km^2，约占地球表面的 71%，相当于陆地面积的 2.5 倍。海洋的分布在南北半球是不对称的，南半球海洋的面积远大于北半球。同时，北极是由大陆包围着的北冰洋，而南极则是广大海洋包围着的南极大陆。海洋被插入其中的大陆分隔成不同的区域，按其大小而言，依次有太平洋、大西洋、印度洋和北冰洋。海水由液态水和溶于水中的盐分及气体所组成。在每1 000 g海水中溶有 NaCl 23 g，$MgCl_2$ 和 Na_2S 分别为 5 g 和 4 g，此外还有其他微量盐分。海水中还溶有少量大气中的各种气体，其中以 O_2 和 CO_2 对海洋生物过程和气候过程最为重要。

海洋对太阳辐射的反射率比陆面小，其单位面积所吸收的太阳辐射比陆地多 25%～50%，全球海洋表层的年平均温度要比全球陆面温度约高 10℃。据估算，到达地表的太阳辐射能约有 80%为海洋表面所吸收。通过海水内部的运动，平均厚度约为 240 m 的海洋上层水温有季节变化，其质量为 8.7×10^{10} t，热容量为 36.45×10^{16} MJ·℃$^{-1}$；而陆面温度有季节变化的平均厚度只有 10 m，质量为3×10^{15} t，其热容量只有 2.38×10^{15} MJ·℃$^{-1}$。大气、海洋活动层和陆地活动层的质量比是 1∶10.4∶0.55，热容量比是 1∶68.5∶0.45。可见，无论从动力学还是热力学效应来看，海洋在气候系统中具有最大的惯性，是一个巨大的能量贮存库。如果仅考虑 100 m 深的表层海水，即占整个气候系统总热量的 95.6%，由此可见其在气候系统调节中的重要性。上层海洋或冰与大气的相互作用时间尺度为几个月到几年，而深层海洋的热力调整时间则为世纪尺度。

冰雪圈是水圈的重要组成部分，包括大陆冰原、高山冰川、海冰和地面雪盖等。目前全球陆地约有 10.6%被冰雪所覆盖。海冰的面积比陆冰的面积要大，但由于世界海洋面积广阔，海冰仅占海洋面积的 6.7%。陆地雪盖有季节性的变化，海冰有季节性或几十年际的变化，而大陆冰原和冰川的变化要缓慢得多，其体积和范围显示出重大变化的周期在几百年甚至几百万年。冰川和冰原的体积变化与海平面高度的变化有很大关系。由于冰雪对太阳辐射的反射率很大，因而在冰雪覆盖下，地表（包括海洋和陆地）与大气间的热量交换被阻止，因此冰雪对地表热量平衡也有很大影响。

总之，气候系统是非常复杂的，它的每一个组成部分都具有十分不同的物理性质，并通过各种各样的物理过程、化学过程甚至生物过程同其他部分联系起来，共同决定各地区的气候特征（李爱贞和刘厚凤，2001）。

3.2 大气圈的垂直构造

3.2.1 地球大气圈的垂直分层现象

地球环境中最敏感的部分是大气，即包围着地球的薄层空气所构成的大气圈（图 3.3）。大气层的厚度远远大于人类通常生活空间的高度。所以给人们一种云总是漂浮在我们上空的感觉。可是当我们乘坐飞机时就可以体验到，飞机在起飞后马上就会穿过云层，茫茫云海便会呈现在眼前。实际上，含有大气质量 3/4 的对流层高度大约只有 11 km，仅约为地球半径的 1/600。即使是将平流层包含在内，其厚度也不过 50 km 左右，相当于地球半径的约 1/100。

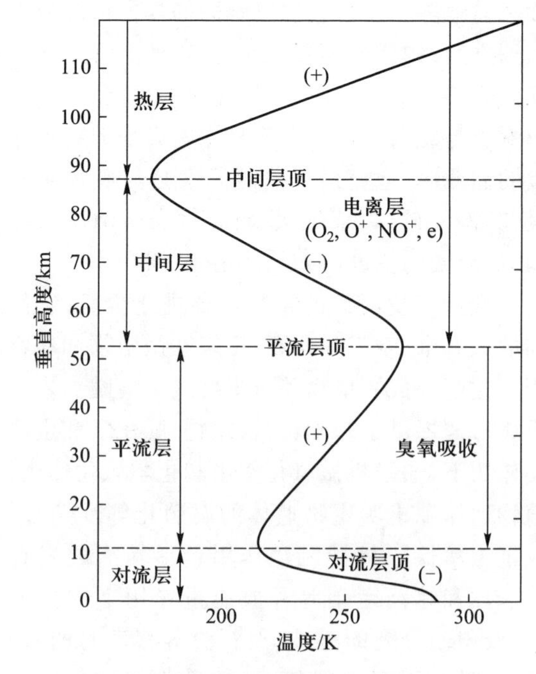

图 3.3 大气圈的垂直构造示意图以及气温和臭氧的垂直分布（气温为美国标准大气）

大气总质量约 5.3×10^{15} t,其中有 50%集中在离地 5.5 km 以下的层次内,而离地 36~1 000 km 的大气层只占大气总质量的 1%。观测证明,大气在垂直方向上的物理性质具有显著差异,大气圈的垂直断面是非均一的。大气层的分层现象主要是依据气温的分布特征来描述的。气温的垂直分布表现为地表面气温最高,随着高度的增加,气温依次表现出递减—递增—再次递减—再次递增四个阶段的变化特征。以此为据,通常将大气圈的垂直构造划分为近地表层(surface layer)即对流层(troposphere)、平流层(stratosphere)、中间层(mesosphere)和热层(thermosphere)(图 3.3),将 4 个层次间的交界高度(气温变化过程的 3 个转折高度)分别称为对流层顶(tropopause)、平流层顶(stratopause)和中间层顶(mesopause)。平流层和中间层的大气被统称为中层大气(middle atmosphere)。中层大气的气温升高,形成温暖层的现象是地球大气的特征之一。

1931 年,通过气球对高空大气层温度变化的探测发现,虽然在对流层内,随着垂直高度的增加,温度降低,但是在对流圈界面以上,气温却随着高度的增加而增加,形成大气层的第二个温暖层。大约在 50 km 高度处气温达到最大值,把气温达到最大值的高度称之为平流层顶,其下部为平流层,上部为中间层,在中间层内温度随着高度增加而降低。"平流"的意思是大气呈现层状分布,温度高的大气漂浮于上部,形成稳定的大气圈层。对流层到平流层顶的平流层高度范围约为 25~50 km,其气压约为海平面的 1/10。其实,平流层大气也不是静止的,同样具有各种各样的运动。在这一圈层中,因为臭氧层吸收太阳紫外线的作用,使温度随着高度增加而增加。在稀薄的大气中,强烈的紫外线可以促进臭氧的合成,同时臭氧也是强大的紫外线吸收体。现今到达地表的紫外线辐射强度已经降低到了地面生命体可以忍受的水平,这是在臭氧过滤层形成以后的事情。中层大气的温暖层以臭氧吸收 0.2~0.32 μm的紫外线为热源,以 CO_2 放射出 15 μm 的红外辐射达成了辐射平衡。

图 3.4 详细地描述了从地面开始到 700 km 高度的外气圈的地球大气层的气温、臭氧、电子密度和分子量的垂直变化特征,以及宇宙射线的传输、极光(aurora, 在地球的南极和北极附近发出美丽的淡色光的现象)、夜光云、大气光、流星等物理现象发生的空间位置。图中的纵坐标为距地面的高度以及相应的大气压和大气密度,其横坐标分别为气温、大气分子量、电子密度和臭氧分子数量。如图 3.4 所示,大气层的临界高度大约在 500 km 处,临界高度以上的空间为外大气圈。临界高度处的大气密度约为 10^{-12} kg·m^{-3},大气压约为 10^{-8} hPa,大气分子量为 17.49。电子主要分布在 70 km 以上的电离层(ionosphere),以约 300 km 的 F_2 层的电子密度最大,臭氧主要分布在 15~45 km 的平流层顶的臭氧层(ozone layer)中,最大分子数出现在 25 km 上下的高度。

3.2.2 对流层

大气层最下部的近地表层大气温暖层被称为近地表层或对流层,其厚度比其他各层都薄,由于大气对流程度在热带要比寒带强烈,故其顶部高度随纬度的增高而降低:热带约 16~17 km,温带 10~12 km,两极附近只有 8~9 km。同大气的总厚度比较起来,对流层是非常薄的,不及整个大气层厚度的 1%。对流层虽然较薄,但却集中了整个大气质量的 3/4 和几乎全部的水汽,主要大气现象都发生在这一层中,是对人类活动影响最大的一层,地面与大气间的物质交换主要是在对流层中进行的。对流层为大气圈的气象带(weather region),它的变化引起每天的天气变化。在近地表层中,气温达到最大值,随着高度增加,温度以气温递减率 6.5℃·km^{-1}的速率减小,约在 10 km(中纬度地区)至 18 km(亚热带赤道地区)范围的高度上,气温降到最低值,通常将这一高度称之为对流层顶(tropopause)。在对流层中,随着高度的增加,气压大约以 10~12 Pa·m^{-1}的速率减小,在 5.5 km 高度的气压已经降低到不足海平面气压的 1/2。对流层有以下三个主要特征。

(1) 气温随高度增加而降低

由于对流层主要是从地面得到热量,因此除个别情况外,气温随高度增加而降低。对流层中,气温随高度而降低的量值因所在地区、所在高度和季节等因素而异。平均而言,高度每增加 100 m,气温约下降0.65℃,这称为绝热递减率(adiabatic lapse rate of temperature, $\Gamma=-dT/dz$),也称气温垂直梯度(vertical temperature gradient)。

(2) 大气垂直对流运动

由于地表面的不均匀加热,产生垂直对流运动。对流运动的强度主要随纬度和季节的变化而不同。

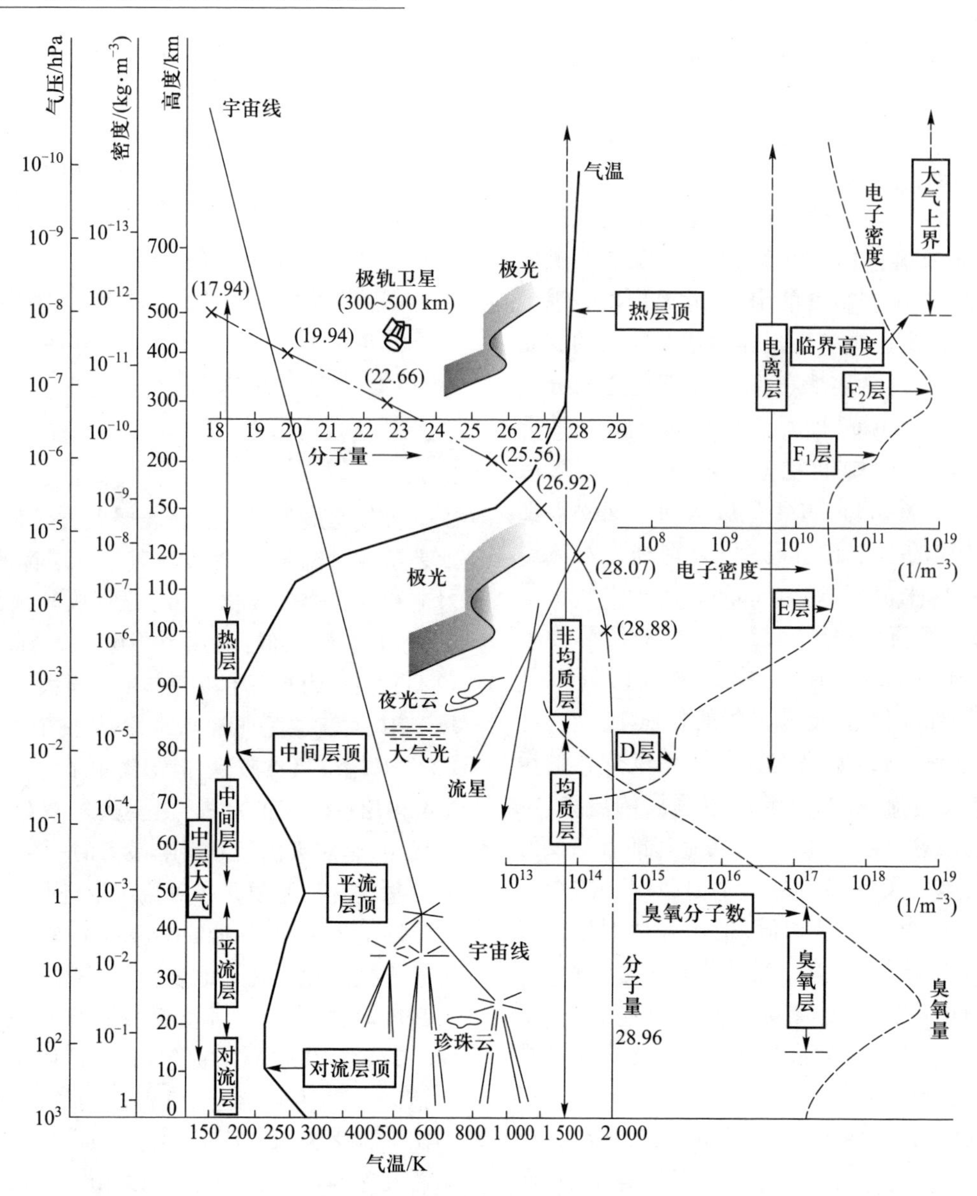

图 3.4 地球大气的垂直构造(安田延寿,1994)

一般情况是低纬较强,高纬较弱;夏季较强,冬季较弱。空气通过对流和湍流运动,高层与低层的空气进行交换,使地面的热量、水汽、杂质等易于向上输送,对成云致雨有重要的作用。

(3) 气象要素水平分布不均匀

由于对流层受地表的影响最大,而地表面有海陆分异、地形起伏等差异,所以在对流层中的温度和湿度等水平分布是不均匀的。在对流层内,按气流、气温和天气现象分布的特点,自下而上又可细分为近地边界层(surface boundary layer)、摩擦层(fraction layer)、对流中层(middle troposphere)、对流上层(upper troposphere)和对流层顶(tropopause)5个副层。

近地边界层:指0~2 m的气层。这一层的特点是气温变化受地表面的影响十分明显。因为紧贴地面,垂直方向上气流的交换很微弱,以至上下气温的差值非常之大,可达1~2℃。因为这层紧贴地表面,受地表冷热的直接影响,所以气温的日变化特别剧烈,昼夜可相差十几乃至几十度。气温随高度的变化也很急剧,白天随高度急剧下降,夜间和清晨随高度而增大,后者即是所谓逆温(temperature inversion)现象。此外,这一层的风速微弱,湿度较大。

摩擦层:摩擦层也称行星边界层(planetary boundary layer),其顶部为1~2 km高度。摩擦层中的气流受地面阻滞和摩擦的影响很大,故风速随高度的增大而增大;气温也在很大程度上受地面冷热的影响,因而出现比较明显的日变化。在这一层中,空气对流和湍流运动都比较盛行,加上水汽充足,尘埃等杂质的含量也多,因而低云、雾、霾等多在这一层内发生。行星边界层以上的大气,受地面摩擦的影响可忽略不计,因此也称为自由大气。

对流中层:中层的上界高度约为 6 km。此层受地面的影响要比其下两层小得多,该层处于对流层的中部,它的气流状况基本上可以表示整个对流层空气运动的趋势。此外,大气中的云和降水现象大多产生在这一层内,如降连绵雨、雪的中云和降阵雨的积状云的主体部分都出现在本层内。

对流上层:上层的范围从 6 km 高度伸展到对流层顶。这一层的气温经常在 0℃ 以下,这里的云都由冰晶或过冷却水滴组成。本层的风速较大,而水汽含量较少。

对流层顶:对流层顶是对流层和平流层之间的过渡层,其厚度约为 100~2 000 m 不等。此层温度随高度分布呈逆温型或等温型。因为此层是过渡层次,也具有平流层的一些特点,如对流微弱,温度随高度的递减很慢或几乎呈等温状态。对流层顶的这种温度分布对其下层空气的垂直运动有很强的阻挡作用,往往使浓厚的积雨云顶部被迫平展为砧状,使水汽、尘埃等聚集于其下,使这里的能见度变差。对流层顶的高度除与纬度有关外(低纬地区高,高纬地区低),还随季节、气团性质而变化,对流层顶高度一般是在冬季低于夏季,在高压气团高于低压气团。对流层顶的温度随纬度的变化和地面相反,即赤道上的对流层顶温度反而比两极上空的对流层顶的温度低,低纬地区约-83℃,高纬地区约-53℃。

对流层的温度递减率大于 0,以及气温随着高度而下降的原因是,包含温室气体的近地表层的辐射传输(radiative transfer)的结果。因为由辐射传输所决定的近地表层的温度递减率比干绝热递减率 Γ_d(dry adiabatic lapse rate)要大,所以在近地表层容易产生对流。对流将把热量向上方输送(显热输送,sensible heat transfer),使温度递减率的值与干绝热热递减率的值趋于相近。在地球上,更为重要的是由水蒸气的蒸发和凝结产生的热量输送(潜热输送,latent heat transfer),它使温度递减率变小。

地球大气的全球平均垂直方向的太阳辐射、红外辐射、显热输送量、潜热输送量的概算可用图 3.5 表示。图中的数值是以地球表面单位面积所接受的热量 342.5 $W \cdot m^{-2}$ 作为 100% 的比例。如图 3.5 所示,地表所吸收的太阳辐射量占地表接受总量的 51%,从地表放出的红外辐射量为 114%,从水蒸气等温室气体和云辐射到地面的红外辐射量为 92%,而地表的净辐射通量(net radiation flux)只不过占 29%(98.6 $W \cdot m^{-2}$)。太阳辐射和红外辐射所决定的辐射收支对于地表的热收支起着决定性的作用。可是,其中 24% 的能量用于地表面和海面的水汽蒸发,在大气中放出蒸发潜热,使大气加热。这种相变化和水蒸气的输送过程不仅仅影响降水现象,对于大气的大循环也具有重要作用。

3.2.3 平流层

自对流层顶到 55 km 左右的大气层为平流层(stratosphere)。在平流层内,随着高度的增高,气温最初保持不变或微有上升。大约到 30 km 以上,气温随高度增加而显著升高,在 55 km 高度上可达

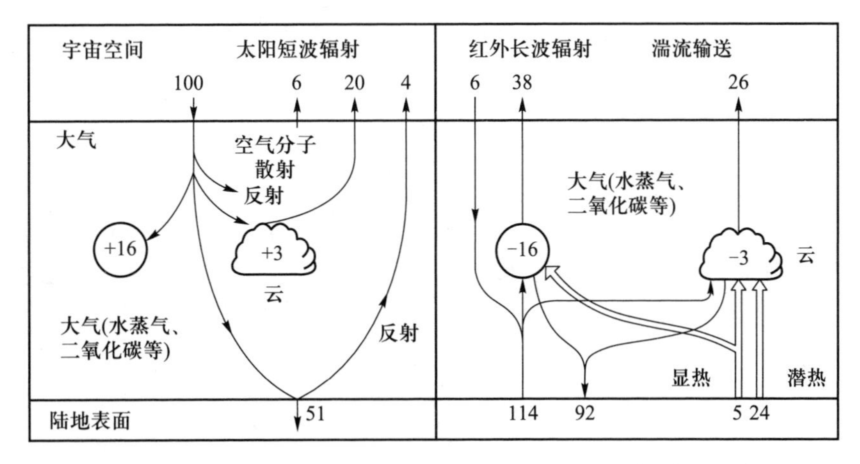

图 3.5 大气、地表面(海陆)的辐射量和湍流热输送量的平衡(安田延寿,1994)

图中表示大气和云的数字的符号“+”、“-”分别表示吸收和放出

-3℃。平流层这种气温分布特征是和它受地面影响很小,特别是与平流层内存在着大量臭氧,能够直接吸收太阳辐射有关。虽然 30 km 以上的臭氧含量已逐渐减少,但这里紫外线辐射很强烈,故温度随高度得以迅速增高,形成显著的暖层。平流层顶部距离地面约为 50~60 km,大气中的臭氧到这里逐渐消失,故也叫臭氧层顶(top of ozonosphere)。

平流层中水汽含量极少,大多数时间天空是晴朗的。有时对流层中发展旺盛的积雨云也可伸展到平流层下部。在高纬度地区 20 km 以上高度,有时在早、晚可观测到贝母云(又称珍珠云)。平流层中的微尘远较对流层中少,但是当火山猛烈爆发时,火山尘可到达平流层,影响能见度和气温。平流层内气流比较平稳,空气的垂直混合作用显著减弱。

对流层中的风速随高度的增加而增大,到对流层顶的上下达最大值。进入平流层后,随着高度的增加风速逐渐变小,到 22~25 km 处风速达最小值;此后,随着高度的增加,风速又继续增大。在中纬度地区,夏季平流层的风向在其风速达到最小值之前保持为西风,而自风速最小值的高度向上则变为东风,冬季的情况要复杂得多。

3.2.4 中间层

自平流层顶到 85 km 左右为中间层。该层的特点是气温随高度增加而迅速下降,并有相当强烈的大气垂直运动。在这一层顶部气温降到 -113~-83℃,其原因是这一层中几乎没有臭氧,而氮和氧等气体所能直接吸收的那些波长更短的太阳辐射又大部分被上层大气所吸收。

中间层内水汽含量极少,几乎没有云层出现,仅在高纬度地区的 75~90 km 高度,夏季夜晚有时能看到一种薄而带银白色的夜光云(noctilucent cloud),但其出现机会很少。这种夜光云,有人认为是由极细微的尘埃所组成。在中间层的 60~90 km 高度上,有一个只有白天才出现的电离层(ionosphere),也叫作 D 层。

中间层的气流在冬季盛行西风,风速随高度上升而减小;夏季则以东风为主,风速随高度的上升先是减小,而后迅速增加。

3.2.5 热层

热层又称热成层(热圈)或暖层(thermosphere),它是自中间层顶到 600 km 高度的大气层。在热成层中,气温随高度的增加而迅速增高,这是由于波长小于 0.175 μm 的太阳紫外辐射都被该层中的大气物质(主要是原子氧)所吸收的缘故。热成层中,氧原子吸收 0.091 μm 以下的远紫外线,引起光电离,这种能量的数量不大,合计只有到达地面可见光的百万分之一。热层中白天温度高,日较差可达数百摄氏度。因为地球的热层几乎没有放出红外辐射的 CO_2 等温室气体,所以热释放的物理学过程只有分子热传导。根据分子运动论,分子热传导率 λ_{mol} 与分子的平均自由行程(mean free path)l_{mol} 和分子的平均速度 v_0(当气温记作 T(K)时,与 $T^{1/2}$ 成比例)成正比,与气压无关,即 $\lambda_{mol} \propto l_{mol}\, v_0$,热量的垂直输送量可用 $-\lambda_{mol}(dT/dz)$ 来表示。由于分子运动的热量传导非常慢,dT/dz 的值变化大,因此形成了图 3.4 的地球热圈的温度分布。热成层的增温程度与太阳活动有关,当太阳活动加强时,温度随高度的增加增温较快,这时 500 km 处的气温可增至2 000 K,当太阳活动减弱时,温度随高度的增加,增温较慢,500 km 处的温度也只有 500 K。

热层没有明显的顶部。通常认为在垂直方向上,气温从向上增温转为等温时为其上限。在热层中空气处于高度电离状态,其电离的程度是不均匀的。其中最强的有两层,即 E 层(约位于 90~130 km)和 F 层(约位于 160~350 km)。F 层在白天还可分为 F_1 和 F_2 两层。据研究,高层大气(在 60 km 以上)由于受到强太阳辐射的作用,迫使气体原子电离,产生带电离子和自由电子,使高层大气中能够产生电流和磁场,并可反射无线电波,从这一特征来说,这种高层大气又可称为电离层。正是由于高层大气电离层的存在,人们才可以收听到很远地方的无线电台的广播。

电离层的强度白天强,夜间弱,有的层次,如 D 层和 F_1 层会在夜间消失;电离层各层次的电离程度从下往上逐渐增强,如 D 层最弱,F_2 层最强。

从 80 km 到热层顶以上的 1 000~1 200 km 的范围内常出现一种大气光学现象称为极光(aurora)。它是由太阳喷焰中发射的高能微粒与高层大气中的空气分子相撞,使之电离,并在地球磁场的作用下移向两极上空而形成的,所以极光常出现在高纬度上空。

3.2.6 散逸层

暖层顶以上的大气层统称散逸层(exosphere)。它是大气的外层,是大气圈和星际空间的过渡地带。

由于这里温度相对较高，空气粒子的运动速度很大，又由于这里远离地面，受地球的引力作用小，加之空气极为稀薄，分子间距离很大，相互碰撞的概率小，以致某些气体分子被撞击出去后，再难有机会被上层气体分子撞回来，故空气不断地向星际空间散逸。

3.3 地球大气成分及其进化

3.3.1 地球大气圈的成分

包围地球的大气向植物提供 CO_2，向所有生物提供 O_2。原始的大气主要含有大量 CO_2、NH_3 和 CH_4。现代的对流层大气主要成分中 N_2 约为 78%，O_2 约为 21%，CO_2 约为 0.035%。其他的成分包括水蒸气、二氧化硫、臭氧和甲烷等，如表 3.2 所示。

现在大气中约含有 $1\ 200\times10^{12}$ t 的氧气，其大部分是由独立营养型的生物形成，是通过超长期历史积累的结果。氧的消耗主要依靠海洋的藻类和陆地植物（主要是森林）得以补充。可是，从长期的大气氧平衡来看，陆地植物光合作用向大气中所放出的氧气，大体上与其所合成的有机物经过微生物分解所消耗的氧量持平。因此，可以认为动物呼吸和燃烧等消耗的氧主要是由藻类植物的活动所提供的（Larcher，1994）。水域的有机碎屑沉淀到水体底部，在那里的分解主要是无氧过程，不消耗氧气。大气中约 721×10^9 t 的碳以 CO_2 的形式存在，1860 年低层大气的平均 CO_2 体积分数为 290×10^{-6}（290 μL·L^{-1}），1960 年为 315×10^{-6}，自工业革命以来，其体积分数不断地升高，2011 年已经升高到了 391×10^{-6}（IPCC，2013）。

进入大气的物质通过大气环流很快地被长距离输送和扩散开来。即 2～3 周或几日内在各大陆和海洋间就可完成循环过程。最明显的例子是火山爆发和放射物质的泄漏。

3.3.2 行星和第一次原始大气

46 亿年前，在银河系的一隅，因为某种重力场变化的影响，星际云（质量比为氢 76%、氦 22%、其他更重的元素 2%）开始收缩，当收缩到某种程度时，集中起来的星际云因自身重力作用急速收缩，诞生了原始太阳。尽管原始太阳的亮度大约为现在的 1 000 倍左右，可是因为其温度低，没有达到可以自发核融合反应的程度。由于重力能使其温度逐渐升高，在原始太阳诞生的 1 000 万年到 1 亿年期间，开始了自发的核融合，把此期间称为 T Tauri 时期（T Tauri phase）。之后，形成了直到现在的主系列星的稳定状态（图 3.6）。T Tauri 时期是行星进化过程中的一个重要时期，这期间太阳风（solar wind）的阳离子和电子流为现在的 10^5 倍。

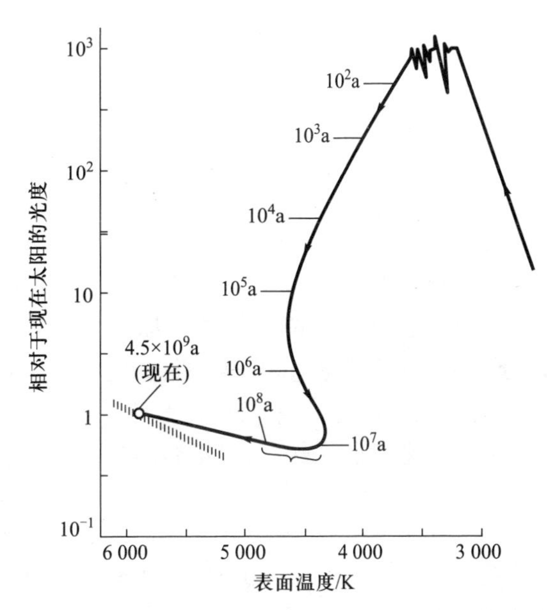

图 3.6 从太阳诞生到主系列星的进化过程
表示相对于现在太阳的光度以及表面温度的进化过程，
图中的年数为太阳诞生后的年数

太阳周围残存的星际云和固体粒子依然不断地撞击，逐渐成长为微行星。微行星的平均直径为 10^4 m，质量为 10^{15} kg。这些微行星因为被留在稠密的星际云之中，所以其运动速度慢，即使是相互撞击，也不至于被破坏，反而继续成长，最后诞生了原始行星。这大约发生在原始太阳诞生后的 1 000 万年以后。原始行星还存留了以高浓度的氢和氦为主的大气，因为继续不断地与微行星撞击获得能量，形成远比有效辐射温度高的高温大气，这样的原始大气被称为第一次原始大气。

原始大气温度用 T（K）表示，构成大气的分子、原子的粒子运动代表速率为 v_0，分子量或原子量为 n，则具有下列关系：

$$\frac{2}{3}k_{\text{Boltz}}T\leftrightarrow\frac{1}{2}nm_{\text{u}}v_0^2 \tag{3.1}$$

表 3.2 地球大气组分和其他行星的比较(安田延寿,1994,有改动) (单位:%)

大气成分	分子量	金星	地球	火星
二氧化碳(CO_2)	44.01	96.43	0.035	95.32
氮(N_2)	28.01	3.42	78.084	2.7
氩(Ar)	40	1.9×10^{-3}	0.934	1.6
水蒸气(H_2O)	18.02	0.14	0~4	3×10^{-2}
氧(O_2)	32	6.9×10^{-3}	20.946	0.13
一氧化碳(CO)	28.01	4×10^{-5}	1.2×10^{-5}	8×10^{-2}
氖(Ne)	20.18	4.3×10^{-4}	1.8×10^{-3}	2.5×10^{-4}
臭氧(O_3)	48	—	2×10^{-6}	3×10^{-6}
二氧化硫(SO_2)	64.06	1.9×10^{-3}	—	—

式中:$k_{Boltz}=1.380\ 658\times10^{-23}\ J\cdot K^{-1}$,称为玻尔兹曼常量(Boltzmann constant),$m_u=1.660\ 540\ 2\times10^{-27}$ kg为原子质量单位。第一次原始大气的主要成分为氢,原子量为1.007 94,并且因为气温高,氢原子的代表速度v_{0H}非常大。在地球型行星情况下,因为脱离速度小,原始大气很容易散失到宇宙空间去。进而,在太阳诞生的1 000万年到1亿年的T Tauri时期,比现在强100万倍的太阳风给予了构成大气的粒子大量的动能,粒子的运动速度变得非常大,距太阳越近的行星,其获得的能量越大,粒子的运动速度就越快。这样,接近太阳的地球型行星,脱离速度小,在非常短的时间内,就失去了第一次大气,这被称为脱弃假说(catastrophic hypothesis)。相反,距离太阳比较远的木星型行星,因粒子的脱离速度大,至今仍保留着第一次原始大气。

3.3.3 第二次原始大气的生成与进化

失去了第一次原始大气的地球型行星开始生成第二次原始大气。原始行星的火山活动昌盛,此外,在微行星的反复撞击、高温的时期,地面可能被岩浆覆盖(岩浆地球学说)。在这个时期,与现今的火山气体比较相似的气体从行星内部喷出到地面,当今地球的火山气体成分大致如表3.3所示。

尽管表3.3的数据比较少,而且较分散。但是可以看出一个基本的趋势,这其中包含着水和二氧化碳等温室气体,特别是水在红外辐射范围内吸收或放出紫外线,具有强的温室效应。微行星的撞击减少,在决定了行星温度的基础上,向着有效辐射温度方向冷却,使第一次原始大气和第二次原始大气相互交换。

表 3.3 地球火山气体的主要成分(Rubey,1951)

成分	分子量	分压比/%
H_2O	18.05	88.1±8.6
CO_2	44.010	5.9±4.9
N_2	28.013	2.0±1.8
S_2	64.132	1.5±1.9
F_2	37.997	1.5±1.6
H_2	2.016	0.6±0.3
Cl_2	70.905	0.3±0.2
Ar	39.948	<0.1

太阳能与地球和大气放出的红外辐射达到平衡时,依据热平衡计算的地球平均温度(辐射平均温度)应该为-19℃(地表与大气的平均温度与此相近),但是地表附近的实际温度为15℃,这是大气中所含的水蒸气(H_2O)、二氧化碳(CO_2)、臭氧(O_3)、甲烷(CH_4)和氧化亚氮(N_2O)等所引起的红外辐射(地球辐射)吸收现象导致的(图3.2)。这种温室效应为地球生物提供了适宜的生存环境。

为了使问题简化,这里仅考察第二次原始大气中的水蒸气变化过程。图3.7是关于第二次原始大气进化的假说,水蒸气从行星内部喷出后,由于温室效应的作用使大气的气温上升,饱和水汽压具有随着温度的变化呈指数函数增高的性质(图中虚线)。第二次原始大气开始产生时的行星温度、有效辐射温度是重要的，越接近太阳的行星，其温度越高。即使行星表面的水蒸气量相同，由于温室效应，越接近太阳的行星，其温度越高，饱和水汽压也越高。从行星内部连续不断放出水蒸气，加强了大气的温室效应。可是在第二次原始大气产生初期，因温度低，如果水汽压达到饱和水汽压状态，那么从内部放出水蒸气的多余部分就会产生凝结，使水蒸气量不再增加，水汽压也不增加。第二次原始大气的进化到此为止，可以看作为现在的火星状况（图 3.7）。

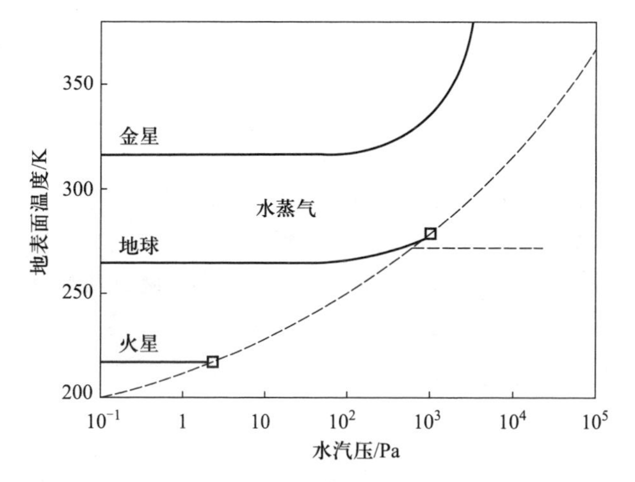

图 3.7　第二次原始大气进化与“暴走”温室效应（安田延寿，1994）

地球的第二次原始大气进化可以看作是金星和火星进化的中间过程，对于地球来说，水蒸气不至于引起温室效应的“暴走”，也不可能达到与冰的平衡，而是处于中间状态，即水蒸气与液体水达到平衡状态，使温室效应的进程被终止。

依据以上的大气进化假说，在火星的表面应该有固态水。从前的宇宙探测及 CO_2 量比较表明火星并不存在能够证明第二次原始大气进化论成立的固体水。一些研究认为，火星磁场大概在 30 多亿年前伴随火星内部的冷却凝固而逐渐被毁坏，使火星难以避免太阳风暴的全面袭击，大气中的水蒸气因此被分解为氢和氧，消失在茫茫宇宙。另外，火星只有地球一半大，引力仅相当于地球引力的 40%，维系大气的力量相对较弱，这对水的消失也有一定影响。近年来，欧美火星探测器纷纷飞入太空，其核心目的就是采集火星表面的土壤、大气和岩石样本，找出火星上存在水资源的证据。2001 年以来，“火星环球勘探者”探测器、“奥德赛”火星探测器发回的数据经过分析判断，在火星表面部分地区可能存在水。法国科学家根据发现的火星陨石也推断火星深层可能有水。美国在“勇气”号着陆位置附近没有找到火星曾有过水的证据，之后，2004 年 1 月 25 日登陆的“机遇号”继续“勇气”号的探测任务，“机遇”号火星车在其着陆位置附近发现火星曾经有水存在的初步证据，暗示这个红色星球上从前比现在更湿润，适合于生物的生存。欧洲航天局专家 2004 年 9 月指出，欧洲“火星快车”探测器拍摄的照片显示，在火星大气层中，一些区域的水蒸气和甲烷高度集中，这有可能是火星存在或曾经具有生命的重要信号。2013 年以来，“好奇号”火星探测器拍摄的岩石断面展现出了典型的距离河流入湖口不远处湖床沉积物的特点，通过采集到的数据揭示火星盖尔陨坑中心位置的夏普山极有可能是数百万年前大型河床的沉积物累积、风化形成的，这为证明火星上曾存在湖泊的假设给出了有力支持。2015 年 9 月 28 日，美国国家航空航天局（NASA）宣布，在火星表面发现了有液态水活动的“强有力”证据。一个由美国和法国研究员组成的团队在火星斜坡上发现了“奇特沟壑”（图 3.8）。通过数据分析得出沟壑中有含盐矿物质，而这类矿物质的生成离不开水。这些沟壑长约几百米，宽度小于 5 m，仅在温暖季节出现，随着寒冷季节到来而消失。发现的这些“奇特沟壑”很可能是高浓度咸水流经所产生的痕迹，这项最新发现意味着火星表面很可能有液态水活动，也意味着火星可能存在过生命，或存在着生命。

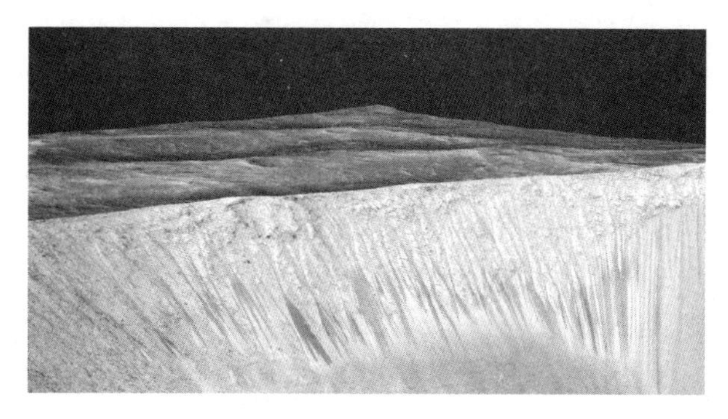

图 3.8　火星上发现的“奇特沟壑”
图片来源：https://www.nasa.gov/press-release/nasa-confirms-evidence-that-liquid-water-flows-on-today-s-mars

3.3.4 地球大气中氧的生成与进化

地球的氧元素在现在大气中的存量约为 1.2×10^{18} kg,最初的氧是由于在地球诞生不长时间内,由水蒸气通过紫外线的光离解而形成的。即

$$H_2O+h_{Planck}\nu(0.1\sim0.2\ \mu m)\rightarrow 2H+O \quad (3.2)$$

在高压时,由此所形成的氧原子的寿命非常短,马上就会发生下列的光化学反应:

$$O+O+M\rightarrow O_2+M \quad (3.3)$$

$$O_2+O+M\rightarrow O_3+M \quad (3.4)$$

$$O+O_3\rightarrow 2O_2 \quad (3.5)$$

$$O_2+h_{Planck}\nu(0.1\sim0.24\ \mu m)\rightarrow O+O \quad (3.6)$$

这里 M 表示酶促分子,O_3、O_2 为中性分子,氧原子和氧分子结合使化学能过剩,需要酶促分子吸收。从上式可知,当某种状态氧元素存在的条件下,由于水蒸气光离解对紫外线的需要,可以带来减少紫外线的自动控制效果,这称为 Urey 效果(Urey effect)。因为这种效果的存在,使大气中产生了一定数量的氧,氧元素总量还不到现在氧元素总量的 1/1 000,其压力相当于 20 Pa,比现在的 CO_2 分压还低。这种氧元素的生成发生在相当于今天的对流层和平流层的下层,在近地表层也存在臭氧,使地表氧化。现在的地球主要是由于光合作用而产生氧气,其产氧速率以 CO_2 的消费量来计算的话,约为 7.3×10^{13} kg·a^{-1},以此来计算,现在大气中的氧在不足两万年的时间内就可生成。可是,在由光合作用产生氧的最初时期,其产氧速率是非常缓慢的,大气中氧的进化经历了漫长的历史过程。

紫外线能使生物受到致命的伤害。在讨论紫外线对生物影响的时候,根据波长可以分为 UV-A (0.32~0.4 μm)、UV-B(0.28~0.32 μm)、UV-C(0.19~0.28 μm)和真空紫外线(0.01~0.19 μm),其中 UV-B、UV-C、真空紫外线对生物特别有害。地球上的生命起源于酸性的海洋被中和后的大约 38 亿年前,这被地质古生物学的研究所证实。光合作用则是在生命诞生以后大约 10 亿年(距今约 27 亿年)才开始的。

27 亿年前,在氧量 0.001 P.A.L.(present atmospheric level)的时期,光合作用不得不在 10 m 以下深度的弱光下进行,从那时开始经过了约 20 亿年,即在 6 亿年前,大气氧的量增加到了 0.01 P.A.L.水平,水中的有害紫外线在水深数厘米的范围内骤减,生物生活范围显著扩大,把这一氧量称为第一临界值。此后,地球上的生物开始爆发性地进化,氧气含量的增加速度也急速变大,大约在 4.2 亿年前,大气中的氧气达到 0.1 P.A.L.水平,开始形成臭氧层,从此诞生了植物,把这一含氧量称为第二临界值。

在距今 3.8 亿年前,森林开始出现,并出现了两栖类动物(图 3.9)。经过 2 亿年前的大陆漂移,约在 8 000 万年前就形成了现在的大陆分布格局。这期间陆地植物不断地出现,撒哈拉沙漠在距今 1 万年以前被草原和森林所覆盖。当时世界的森林面积约为 0.61×10^{14} m^2,占整个陆地面积 1.49×10^{14} m^2 的 41%。世界粮农组织(FAO)1980 年报告的森林面积为 $0.432\ 1\times10^{14}$ m^2,占陆地面积的百分比减少到 29%。

人类经过漫长的进化,约在 8 000 年以前,才开始农业生产,经过长期的原始农业,到传统农业,直到现今的现代农业,极大地提高了农作物的生物生产力。这无疑也是光合作用进化与地球环境变化的重要结果之一。

3.4 大气层臭氧的生成与分解

3.4.1 大气的臭氧与臭氧层

大气中的臭氧主要是由于在太阳短波辐射下,通过光化学作用,氧分子分解为氧原子后再和另外的氧分子结合而形成的。另外,有机物的氧化和雷雨闪电作用也能形成臭氧。

大气中的臭氧分布是随高度、纬度等的不同而变化的。在近地面层臭氧含量很少,从 10 km 高度开始逐渐增加,到 12~15 km 以上臭氧含量增加得特别显著,在 20~30 km 高度处达到最大值,再往上则逐渐减少,到 55 km 高度上就极少了。造成这一现象的原因是由于在大气的上层,太阳短波辐射强度很大,使得氧分子离解增多,因此氧原子和氧分子相遇的机会很少,即使臭氧在此处形成,由于它吸收一定波长的紫外线,又引起自身的分解,因此在大气上层臭氧的含量不多。在 20~30 km 高度这一层中,既有足够的氧分子,又有足够的氧原子,这就造成了臭氧形成的最适宜条件,故这一层又称臭氧层(ozone layer)。在低于这一层的空气中,太阳短波紫

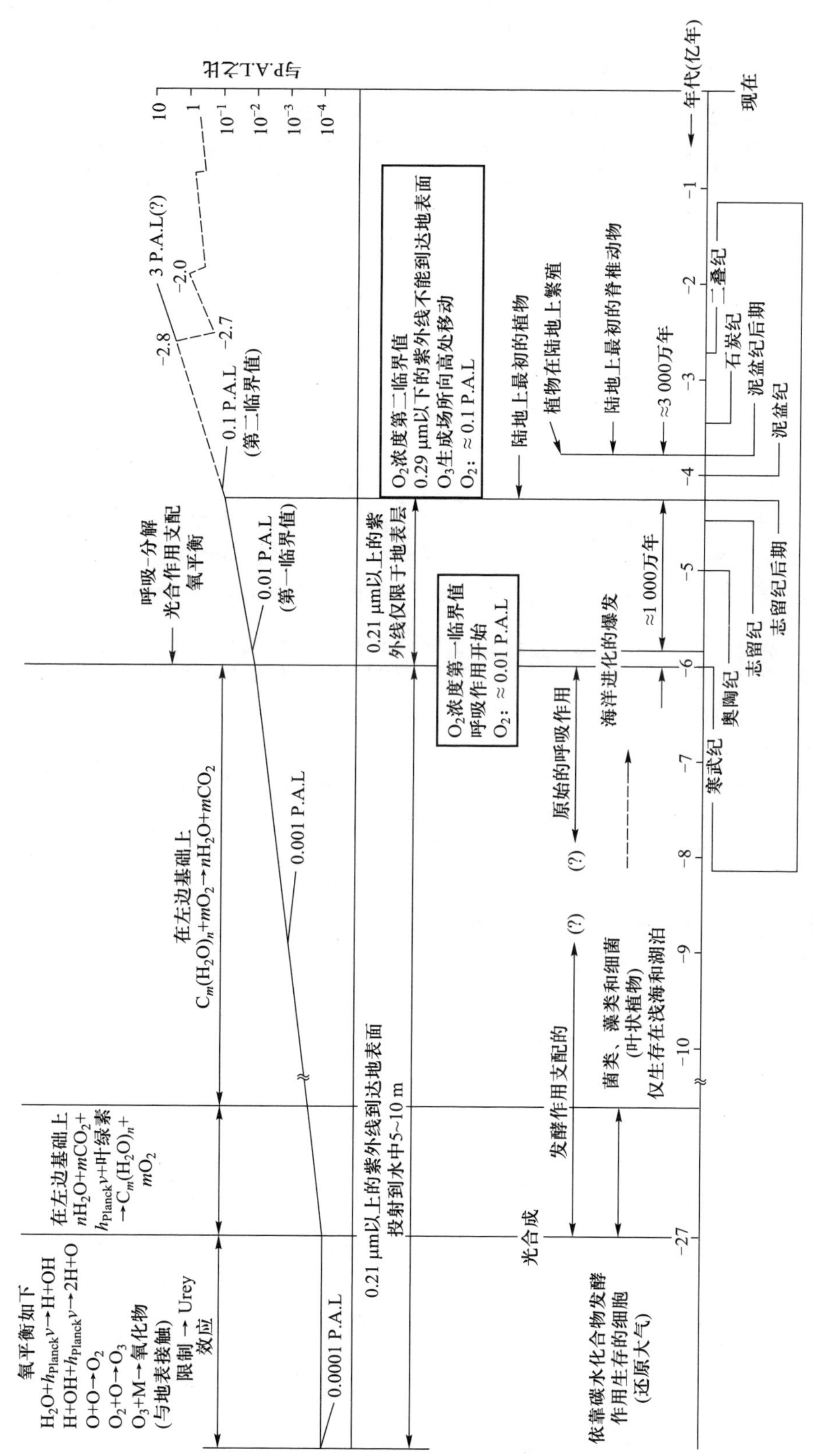

图 3.9 光合作用的进化与地球环境的变化(安田延寿,1994)

外线大大减少，氧分子的分解也就大为减弱，所以氧原子数量减少，以致臭氧减少。

臭氧由三个氧原子构成（O_3），它的垂直分布如图3.10所示，在20~30 km高度附近为最大值。原子状态的氧（O）的垂直分布特征是在90 km高度附近为最大值（图3.10），分子状态的氧（O_2）则是随着高度的变化而逐渐减少。由此可见，氧原子和臭氧的极大值高度是不同的。

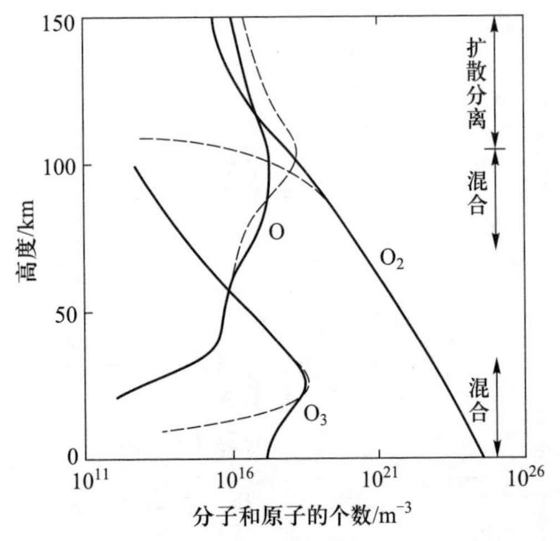

图3.10 地球大气原子状态的氧（O）、分子状态的氧（O_2）和臭氧（O_3）浓度的垂直分布（安田延寿，1994）

虚线表示假定光化学平衡所计算的理论分布，实际值和理论值的差异是由于扩散分离和混合引起的

氧分子光解离所分离的分子越在大气的下层越多，引起光解离的紫外线随着光解离的进行到达地面的量将逐渐减小，这个物理过程是Chapman（1930）揭示的。图3.11为氧分子数和紫外线辐射密度随高度变化的模式图。

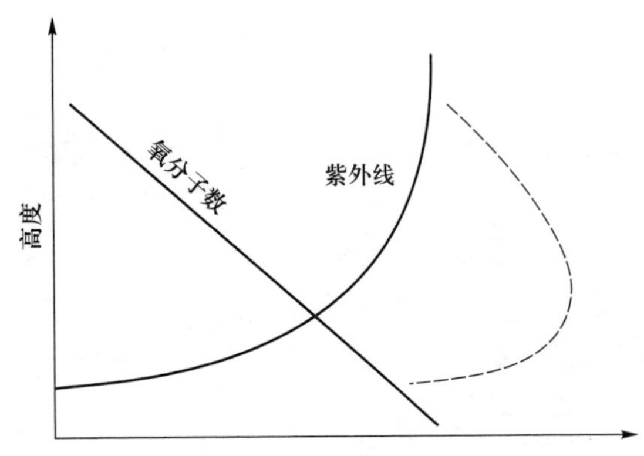

图3.11 Chapman剖面图的概念（安田延寿，1994）

横轴为氧分子数和紫外线的辐射量子密度，以对数坐标表示，虚线表示被分解的氧分子数

3.4.2 大气中臭氧生成与分解的化学过程

公式（3.4）和公式（3.6）是臭氧与氧原子生成的光化学过程。由公式（3.4）可知，大气中臭氧的生成量也是与O、O_2、M的粒子数的乘积成比例。O_2和M在大气下层粒子数较多，所以生成的臭氧粒子数最大值的高度比氧原子的最大粒子数的高度低，理论计算的最大值高度在25 km附近。在自然界中，只有臭氧的生成还不能维持长期的稳定状态，所以存在着下列的臭氧破坏机制：

$$O_3+h_{\text{Planck}}\nu(0.2\sim0.32\ \mu\text{m})\rightarrow O_2+O \tag{3.7}$$

$$O+O_3\rightarrow 2O_2 \tag{3.8}$$

在这种光化学作用中，紫外线被吸收，成为中层大气温暖层的热源，其能量数量与臭氧的粒子数与紫外线量的乘积成比例。从图3.11的Chapman剖面图也可以推算最大臭氧粒子数的高度，将在比最大氧原子粒子数更高的高度出现最大值。气温是由大气所吸收的热和放出的热所决定的，对于中层大气而言，热量放出是由于CO_2的红外辐射作用。根据O_3、H_2O、CO_2辐射传输的详细计算，气温的最大值也出现在50 km附近，与中层大气平均温度的分布是一致的。从O_3的形成过程可知，O_3在紫外线强的地方生成量比较大。因此，平均来看，低纬度地区为臭氧的发生区域，在夏至和冬至的时候，夏半球将成为强烈的臭氧生成区域，使气温的最大值区域移动，因此，在夏半球气温最大值上升，冬半球气温最大值下降。如图3.12所示的风也在中层大气中产生，称为“Brewer-Dobson circulation”，这个循环起到了把O_3向高纬度，进一步向对流层输送的作用。

3.4.3 环境污染对大气臭氧层的影响

自工业革命以来，由于大量排放多种大气污染物，明显地影响了大气臭氧形成与分解的化学过程，引起大气臭氧层的变化。大气中O_3破坏机制的另一种类型如下：

$$O_3+Z\rightarrow O_2+ZO \tag{3.9}$$

$$O+ZO\rightarrow O_2+Z \tag{3.10}$$

Z是与式（3.3）中的M具有相同功能的酶促分子，可以为OH、ON、Cl等，OH、NO、Cl等分别是由HO_x（氢化物）、NO_x（氮化物）、ClO_x（氯化物）等痕量气体的光解离所产生的。HO_x在平流层下部，NO_x在平流层上部是重要的，近年来由Cl所引起的臭氧

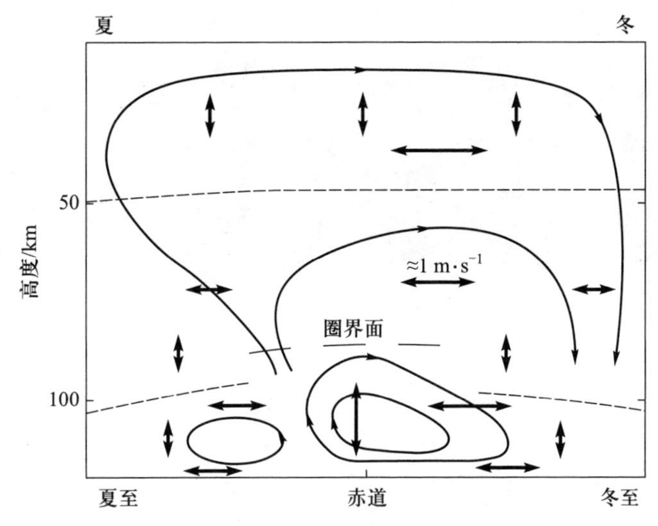

图 3.12 中层大气的风在中层大气与对流圈子午面的气团平均运动(安田延寿,1994)
粗箭头表示波动引起的扩散或混合的方向

层破坏受到人们的关注,认为臭氧的减少是 CCl_3F 和 CCl_2F_2 等气体被紫外线光解离形成的 Cl 所造成的。甲烷(CH_4)的 H 可以被 F、Cl 所取代,这种气体在化学性质上非常稳定,现在被人们广泛使用。它可以通过 Brewer-Bobson circulation 传送到对流层上部,在那里通过紫外线进行下列光解离:

$$CCl_3F(CCl_2F_2)+h_{\text{Planck}}\nu(0.1\sim0.24\ \mu m)$$
$$\rightarrow CCl_2F(CClF_2)+Cl \tag{3.11}$$

在这个化学方程式中产生的 Cl 可以看成与式(3.9)中 Z 的效果一样。可是,臭氧的减少在比较高的纬度发生,特别是在南极中心附近有很大的减少(被称作臭氧洞,ozone hole)(图 3.13,参见书末彩插)。

臭氧一般在夏季初期开始减少,至南极 9—12 月的极夜终止。其减少的光化学机理可能是与式(3.9)和式(3.10)类似。如果以这样的光化学过程使臭氧量大量减少的话,在环境污染发生之前的正常臭氧削减过程式(3.7)和(3.8)难以进行,将使对生物有害的紫外线(0.28~0.32 μm)到达地面,另外也可能引起平流层的中层大气和大气循环的变化。自 1985 年出现南极臭氧洞的公开报道之后,科学家们对南极大陆臭氧监测站获得的臭氧资料和相应的卫星观测资料进行了认真分析,结果表明,南极上空臭氧量的严重损耗始于 20 世纪 70 年代中后期,并逐渐加重。进入 20 世纪 90 年代之后,南极上空臭氧损耗仍然比较严重,臭氧洞出现的时间在提前,臭氧洞的面积在扩大。1993 年南极(South Pole)甚至出现了臭氧总量为 81 DU(Dobson Unit,多布森臭氧单位)的极端值。2000 年臭氧洞面积在短时间内达到了 2 830 万 km^2。

据美国国家航空航天局 Aura 卫星的臭氧监测仪(OMI)与索米国家极地轨道伙伴卫星(Suomi NPP satellite)的臭氧监测和探查仪器(OMPS)所获最新数据显示,南极臭氧洞仍保持最大状态,在 2015 年相对增大,于 10 月 2 日增大至本年单日最大面积(2 820 万 km^2),这一臭氧洞面积也成为 1979 年以来第四大水平。

3.5 大气中的 CO_2、CH_4 和 N_2O 的浓度变化

3.5.1 二氧化碳

碳是生命物质的三个首要元素之一,是有机质的共同成分,其无机化合物 CO_2 是碳循环中最关键的物质形态,地球上的碳主要分布在大气、海洋和生物圈中。在大气中,大部分碳以 CO_2 的形式存在;而在海洋中,则以二氧化碳(CO_2)、碳酸氢根(HCO_3^-)和碳酸根(CO_3^{2-})等形式溶解在海水中;生物圈中的碳则主要以有机物的形式被储存起来。地球上碳循环主要是指碳元素在大气、海洋、陆地三大碳库中的循环,通常可以将全球的碳库划分为生物、岩石土壤、陆地及海洋水体、大气四个相对独立的

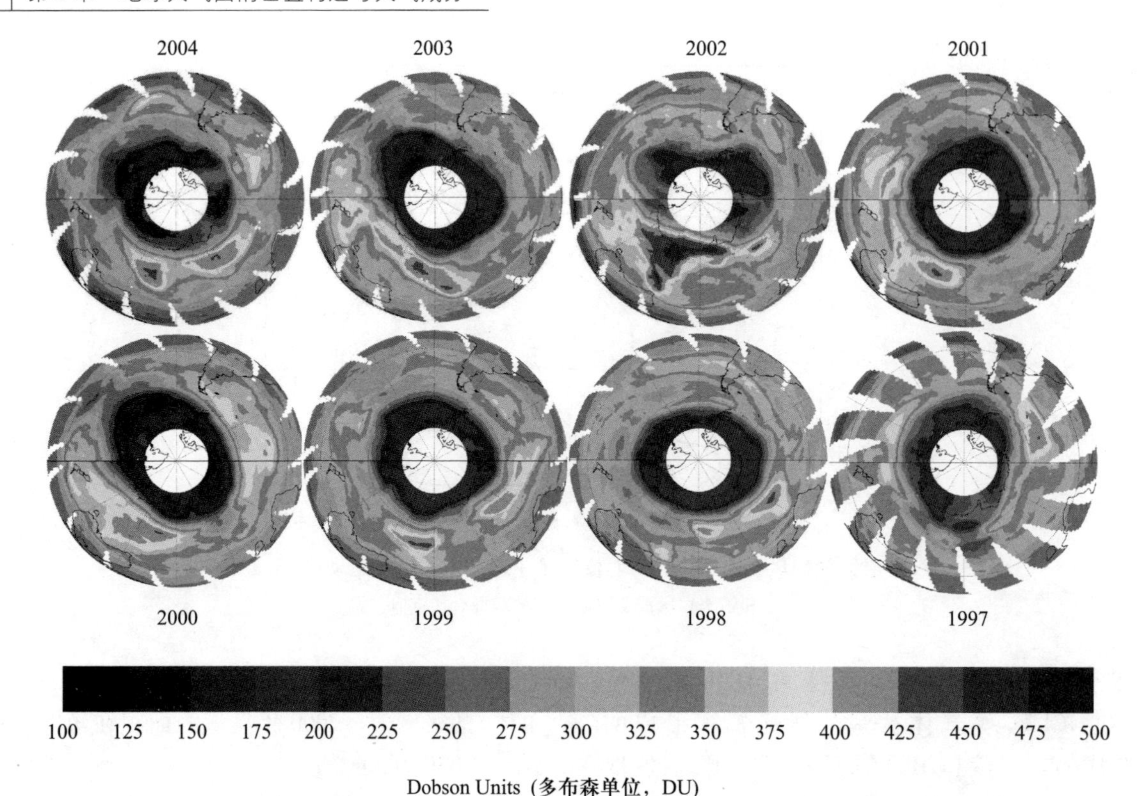

图3.13 南极1997年至2004年9月1日臭氧洞(ozone hole)的图示(见书末彩插)

资料来源:http://toms.gsfc.nasa.gov/ozone/ozone_v8.html,2005

分室。大气中参与碳循环的含碳气体主要是CO_2、CH_4和CO,以CO_2为主。陆地和海洋生物呼吸作用不断地向大气中排放CO_2,同时绿色植物光合作用又不断地吸收固定CO_2储存于陆地和海洋之中,形成两个相对独立的生物化学循环过程。大气碳库是海洋碳库和陆地碳库之间的纽带,由陆地上化石燃料燃烧和土地利用变化产生的CO_2被输送到大气中,海洋又从大气中吸收部分CO_2,从而形成了一个陆地—大气—海洋的碳循环途径。

原始的大气含有大量的CO_2,而现代对流层大气的CO_2浓度约为0.035%。地球第二次原始大气的水蒸气几乎都形成了海,那么CO_2到哪里去了呢?关于这一点,人类在破坏环境的同时,无意识地留下了重要的资料,在1860年开始到1960年的100年间,产业革命开始消耗大量的化石燃料,其量用CO_2的质量来换算大约为5 000亿t。在这期间,大气中CO_2的体积分数从290×10^{-6}增加到315×10^{-6},换算成CO_2的质量大约为2 000亿t,这就是说,大气当中增加的仅仅为1860年到1960年消耗CO_2总量的40%,其余的60%可以认为是溶解到海洋当中去了。海洋是地球上最大的碳库,碳主要以三种方式存在:溶解无机碳(包括溶解的CO_2和HCO_3^-、CO_3^{2-})、溶解有机碳(包括小的和大的有机分子)和特殊有机碳(包括活的有机体和死的动植物残体)。第二次大气的微量成分S、Cl的化合物溶解于海洋中,使初期的海洋变成酸性。酸性的海水是不能溶解CO_2的,在长期的历史过程中,降水将陆地上的Ca^{2+}、Mg^{2+}、Na^+、K^+等离子带入海中,使海洋的酸性逐渐被中和,海水逐渐变得能够溶解CO_2。现在的海洋不可能溶解大量的CO_2,因为CO_2成为HCO_3^-被溶入海中,需要通过几个化学过程才能变成$CaCO_3$,最后才会堆积形成石灰岩。早期的海洋不能使$CaCO_3$溶解到海水中,约在30几亿年前所产生的一种珊瑚丛的相近种的出现,才使其可以作为壳的形式被利用固定,在漫长的地球进化史中,形成石灰岩,现在地球上几乎所有的石灰岩都是经过这一过程所形成的。根据海洋地球化学的研究,海洋中约有3.7×10^4 Pg溶解的无机碳,1×10^3 Pg溶解的有机碳和30 Pg特殊有机碳(Post *et al.*, 1990)。海洋碳库通过物理过程、化学过程和生物过程来影响大气CO_2,进而影响陆地碳库。海洋从表面至洋底,海水所含的碳是不同的，深海海水所含的溶解无机碳大于表层海水，这通常是由于表层海水中的碳被光合作用转化为有机碳，从而导致无机碳含量的降低。在大气圈和海洋之间碳的净交换量在很大程度上取决于混合层内的碳酸盐化学、水中溶解碳的对流传输和 CO_2 通过海水表面和大气圈之间的交换等。

陆地生态系统是生物地球化学循环中重要的组成部分，能建立许多 CO_2、CH_4 和 N_2O 的源和汇，因而会影响全球对人为活动释放温室气体的响应。陆地生态系统的动态变化依赖于大量生物化学循环之间的相互作用，特别是碳循环、氮循环和水循环，所有这些将可能受到气候变化和人为活动（例如，土地利用/土地覆盖变化）的直接影响和调节。生态系统的光合作用是地球碳固定的基本过程，陆地生态系统的碳吸收固定潜力取决于生态系统的类型和环境状况。就是说取决于包括太阳辐射、空气和土壤的温度、湿度、有效土壤水分和营养元素等环境条件，取决于生态系统的植物物种组成、结构和年龄分布等。生态系统的呼吸作用是向大气排放碳的生物过程，主要包括活体植物碳库、凋落物（残落物）碳库和土壤有机碳库（腐殖质）的呼吸，以及动物和各种微生物的呼吸作用等。生态系统的呼吸强度是大量环境变量与生物相互作用的结果。所有呼吸作用过程都对温度很敏感，是温度作用下的生化反应过程，同时也受生物生存的水环境所制约。

20 世纪 30 年代末期，Callendar 发现了化石燃料的燃烧使大气 CO_2 浓度增加的现象（Callendar, 1938）。从 40 多年前开始观测大气中的 CO_2 浓度变化以来，为了确认和预测各种生态系统的 CO_2 源汇关系及其对气候变化的响应和反馈作用，世界范围内的科学家们从不同侧面做了大量的研究工作（Crutzen & Ramanathan, 2000）。自 1958 年国际地球观测年（IGY）以来，在美国夏威夷 Mauna Loa 观测站（20°N, 156°W）观测到的大气 CO_2 浓度变化如图 3.14 所示，这是世界上时间序列最长、最可靠的大气 CO_2 浓度变化的观测记录，为证明和揭示大气 CO_2 浓度变化趋势提供了重要科学数据。Mauna Loa 的观测结果表明，大气中的 CO_2 浓度在每年随季节变化的同时，长期以来不断增加，1958 年最初观测的 CO_2 体积分数为315×10^{-6}，在过去的 50 多年间 CO_2 体积分数已增加到了 400×10^{-6}。

近年来，世界各地的观测资料都证明了工业革命以来地球大气 CO_2 浓度增加的事实（于贵瑞，2003）。在距今 42 万年至工业革命前这一时间段内，大气中的 CO_2体积分数大致在 $180\times10^{-6}\sim280\times10^{-6}$波动。南极冰芯和粒雪中保存的大气地质记录表明，19 世纪中叶工业革命前的 1 万年内，大气 CO_2的体积分数基本保持在 280×10^{-6}左右，19 世纪后期大气 CO_2体积分数开始呈指数方式上升。

2013 年，IPCC 在第五次气候变化评估报告中指出，大气中 CO_2 体积分数已从 1750 年左右的 $(280\pm10)\times10^{-6}$ 上升到 2011 年的 391×10^{-6}（图 3.15）（IPCC, 2013）。这一 CO_2浓度值超过了 80 万年以来冰芯记载的最高浓度值。同时，20 世纪的大

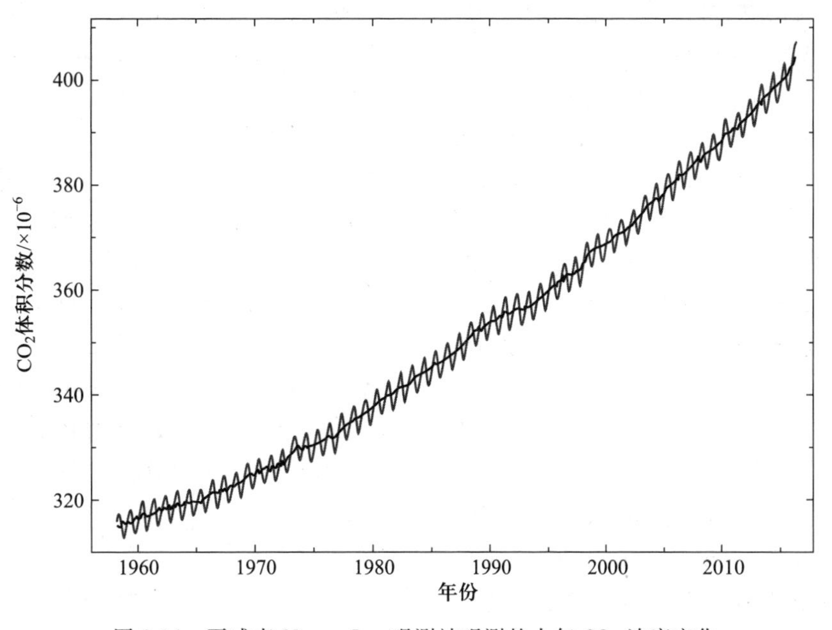

图 3.14　夏威夷 Mauna Loa 观测站观测的大气 CO_2 浓度变化

资料来源：http://co₂now.org/Current-CO₂/CO₂-Trend/

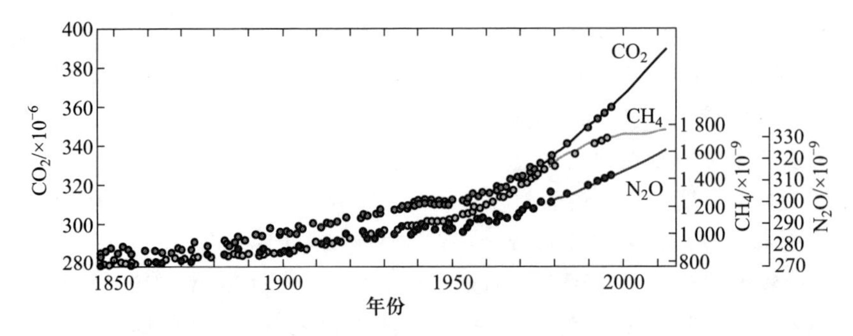

图 3.15 全球平均温室气体(CO_2、CH_4、N_2O)浓度的历史变化(IPCC,2014)

气 CO_2浓度的平均增长速率是过去 2.2 万年间未曾有过的(IPCC,2013)。根据 IPCC 气候变化情景预测,2030 年将会达到 600×10^{-6},到 21 世纪末,CO_2浓度将达到 421×10^{-6}~936×10^{-6}(IPCC,2013)。

3.5.2 甲烷

甲烷(CH_4)也是一种极为重要的温室气体。主要是由于沼泽、水田和土壤中的草木腐烂、食草动物胃肠内的微生物活动产生的。另外,在天然气和煤炭的开采、有机废弃物的燃烧过程中也会有 CH_4 放出。据估测,大气中的甲烷有 14% ~ 39% 来源于水田。

甲烷生成的主要化学过程为

$$CO_2+4H_2 \xrightarrow{\text{产 } CH_4 \text{ 菌}} CH_4+2H_2O \tag{3.12}$$

大气中的 CH_4 分解主要是通过与对流层和平流层中的羟基自由基(·OH)进行反应实现的,氧化过程会产生一系列的中间产物,包括 CO_2、H_2、CH_2O、CO、O_3 及 CH_3·和·CHO。

过去,大气中 CH_4 浓度一直很低,大约 300 年前,甲烷浓度才开始逐步上升,200 多年前,大气中 CH_4 的体积分数在 700×10^{-9}左右,而明显的大幅度增加则发生在近 20 年中,此间 CH_4 年平均增长率达到了 0.8%~1.0%。大气 CH_4 浓度变化监测始于 1978 年,当时的体积分数为 $1\ 510\times10^{-9}$。2011 年 CH_4 体积分数已经达到 $1\ 803\times10^{-9}$(图 3.15)(IPCC,2013)。

3.5.3 氧化亚氮

氧化亚氮(N_2O)作为温室效应强烈的温室气体,在大气中非常稳定,可保持 130~150 年不变。大气中 N_2O 浓度升高的主要原因是农田的氮肥使用量增加,土壤中铵盐的硝化和硝酸盐的脱氮,即硝化过程和反硝化过程。

硝化过程:

$$\begin{array}{c} \qquad\qquad\qquad NO \qquad\qquad\qquad\quad NO \\ \qquad\qquad\qquad \uparrow \qquad\qquad\qquad\qquad \uparrow \\ NH_4^+ \rightarrow NH_2OH \rightarrow [HNO] \cdots NO \cdots NO_2^- \rightarrow NO_3^- \\ \qquad\qquad\qquad\qquad \cdots [X] \cdots \qquad \downarrow \\ \qquad\qquad\qquad\qquad\qquad\qquad\quad N_2O \end{array} \tag{3.13}$$

反硝化过程:

$$NO_3^- \rightarrow NO_2^- \rightarrow NO \rightarrow N_2O \rightarrow N_2 \tag{3.14}$$

大气中 N_2O 的分解主要是在平流层中进行的光分解。

$$N_2O+h\nu \rightarrow N_2+O(^1D) \tag{3.15}$$

N_2O 还会与激发态的原子氧发生反应,生成氧气和氮气或 NO。

工业化前的大气 N_2O 体积分数数据比较分散,估计的范围在 260×10^{-9} ~ 285×10^{-9}。Fluckiger 等(1999)估计认为 1400—1750 年 N_2O 的体积分数相对稳定在$(270\pm5)\times10^{-9}$左右,从 1700 年开始大气中 N_2O 逐渐增加。工业化以来的大约 200 年间,大气 N_2O 浓度增加了大约 15%,从 18 世纪中叶到 20 世纪 90 年代,体积分数从 275×10^{-9}上升到 312×10^{-9}左右。1750—1950 年大气 N_2O 的增加速率较缓慢(Khalil & Pasmussen,1988),而最近 40 多年来则呈急剧上升趋势,20 世纪 80 年代晚期至 90 年代早期增长速率约为每年 0.8×10^{-9},到 2011 年,大气 N_2O 的体积分数已升高至 324×10^{-9},较工业革命前 N_2O 的体积分数增加了 20 % (IPCC, 2013) ,如图 3.15 所示。

N_2O 除本身为重要的温室气体外,还会引起平流层中 O_3 的减少,因此 N_2O 具有双重温室效应作用,其化学过程为

$$\begin{array}{l} N_2O+O \rightarrow 2NO \\ NO+O_3 \rightarrow NO_2+O_2 \end{array} \tag{3.16}$$

3.6 大气圈的气象要素

表示大气状态的物理量和物理现象，统称为气象要素(meteorological element)，如气温、气压、湿度、风向、风速、云量、降水量、能见度等。在气象观测时，按观测手段的不同，气象要素又可分为目测和器测两类。云、能见度、天气现象等主要是靠目力和分析判断定性或半定量测定的气象要素。温度、气压、湿度、风等是利用相应的仪表测定的有关气象要素的器测物理量。

3.6.1 空气温度

表示大气冷热程度的物理量为空气温度，简称气温(air temperature)。空气冷热的程度，实质上是空气分子平均动能的表现。当空气获得热量时，其分子运动的平均速度增大，平均动能增加，气温也就升高。反之当空气失去热量时，其分子运动平均速度减小，平均动能随之减少，气温也就降低。

气象上常用的温度单位是摄氏度(℃)和热力学温度(K)。摄氏(℃)温标是以气压为 1 013.3 hPa 时纯水的冰点为零度(0℃)，沸点为 100 度(100℃)，其间等分 100 等份中的 1 份即为 1℃。热力学温标，以 K 表示。热力学温标中 1 K 的间隔和摄氏度相同，其零度称为绝对零度，规定等于-273.15℃。因此水的冰点为 273.15 K，沸点为373.15 K。两种温标之间的换算关系为

$$T(\mathrm{K})=t(℃)+273.15\approx t(℃)+273 \quad (3.17)$$

大气中的温度一般以百叶箱中的干球温度为代表。

3.6.2 空气压力

空气压力(atmospheric pressure)指大气的压强，简称气压。即从观测点到大气上界单位面积上垂直空气柱的重量，即

$$p=\frac{Mg}{A} \quad (3.18)$$

式中：A 为面积；M 为 A 面积上的大气质量；g 为重力加速度。

气象学上气压的测量单位是百帕(hPa)。1 hPa等于 1 cm^2 面积上受到 10^{-2}N(牛顿)的压力时的压强，即

$$1\ \mathrm{hPa}=10^{-2}\ \mathrm{N\cdot cm^{-2}} \quad (3.19)$$

当选定纬度为 45°海平面的温度为 0℃ 作为标准时，海平面气压为 1 013.25 hPa，相当于 760 mm 的水银柱高度，定义此压强为 1 个标准大气压(standard atmospheric pressure)。

3.6.3 空气湿度

表示大气中水汽量多少的物理量称空气湿度或大气湿度(atmospheric humidity)。大气湿度常用下述物理量表示。

(1) 水汽压和饱和水汽压

大气压力是大气中各种气体压力的总和。水汽和其他气体一样，也有压力，大气中的水汽所产生的那部分压力称为水汽压(water vapor pressure，e)，它的单位和气压一样，也用 hPa 表示。

在温度一定情况下，单位体积空气中的水汽量有一定限度，如果水汽含量达到此限度，空气就呈饱和状态，这时的空气，称为饱和空气(saturated atmosphere)。饱和空气的水汽压(E)称为饱和水汽压(saturated vapor pressure)，也叫最大水汽压(maximum vapor pressure)。当空气的水汽压超过这个限度，水汽就要开始凝结。

(2) 绝对湿度

绝对湿度(absolute humidity，a)指单位空气中含有的水汽质量，即空气中的水汽密度，其单位为 $\mathrm{g\cdot m^{-3}}$。绝对湿度不能直接测得，需要通过其他量间接测得。若取 e 的单位为 hPa，绝对湿度的单位取 $\mathrm{g\cdot m^{-3}}$，则两者的关系为

$$a=217\,\frac{e}{T} \quad (3.20)$$

(3) 相对湿度

相对湿度(relative humidity，f)是空气中的实际水汽压与同温度下的饱和水汽压的比值(用%表示)，即

$$f=\frac{e}{E}\times 100\% \quad (3.21)$$

相对湿度接近 100% 时，表明当时空气接近于饱和。当水汽压不变时，气温升高，饱和水汽压增大，相对湿度会减小。

(4) 饱和差

在一定温度下,饱和水汽压与空气中实际水汽压之差称饱和差(saturation deficit,d)。即实际空气距离饱和状态的程度,饱和差的表达式为

$$d=E-e \tag{3.22}$$

(5) 比湿

在一团湿空气中,水汽的质量与该团空气总质量(水汽质量加上干空气质量)的比值,称比湿(specific humidity,q)。其单位是 $g \cdot g^{-1}$,即表示每 1 g 湿空气中含有多少克的水汽。也有用每千克质量湿空气中所含水汽质量的克数表示的,即 $g \cdot kg^{-1}$。

$$q=\frac{m_w}{m_d+m_w} \tag{3.23}$$

式中:m_w 为该团湿空气中水汽的质量;m_d 为该团空气中干空气的质量。据此公式和气体状态方程可以导出:

$$q=0.622\frac{e}{p} \tag{3.24}$$

式中:气压(p)和水汽压(e)单位相同,均为 hPa,q 的单位是 $g \cdot g^{-1}$。

对于某一团空气而言,只要其中水汽质量和干空气质量保持不变,不论发生膨胀或压缩,体积如何变化,其比湿都保持不变。

(6) 水汽混合比

在一团湿空气中,水汽质量与干空气质量的比值称水汽混合比(water vapor mixing ratio,γ),单位为 $g \cdot g^{-1}$,即

$$\gamma=\frac{m_w}{m_d} \tag{3.25}$$

据其定义和气体状态方程,可以导出

$$\gamma=0.622\frac{e}{p-0.622e} \tag{3.26}$$

(7) 露点

在空气中水汽含量不变,气压一定的条件下,使空气冷却达到饱和时的温度,称露点温度,简称露点(dew point,T_d),其单位与气温相同。在气压一定时,露点的高低只与空气中的水汽含量有关,水汽含量愈高,露点愈高,所以露点也是反映空气中水汽含量的物理量之一。在实际大气中,空气经常处于未饱和状态,露点温度常比气温低($T_d<T$),因此,根据其差值(温度露点差),可以大致判断出空气距离饱和状态的程度。

上述各种表示湿度的物理量中,水汽压、绝对湿度、比湿、水汽混合比、露点基本上表示的是空气中水汽含量的多寡;而相对湿度、饱和差则表示空气距离饱和状态的程度。

3.6.4 风速与风向

空气的水平运动称为风(wind)。风是表示气流运动的物理量,它不仅有数值的大小(风速),还具有方向(风向),因此风是矢量(vector)。式中,$\bar{u}$ 和 $\bar{v}$ 分别为 x 和 y 方向的风速,风速的单位常用 $m \cdot s^{-1}$、knot(海里每小时,又称"节")和 $km \cdot h^{-1}$ 表示,其换算关系如下:

$$1\ m \cdot s^{-1}=3.6\ km \cdot h^{-1};$$
$$1\ km \cdot h^{-1}=0.28\ m \cdot s^{-1}$$
$$1\ knot=0.5\ m \cdot s^{-1}=1.85\ km \cdot h^{-1}$$

风向(wind direction)是指风的来向。地面风向用 16 个方位表示,每个相邻方位的角度差为 22.5°,见图 3.16。高空风向用方位度数表示,即以 0°表示正北,90°表示正东,180°表示正南,270°表示正西。

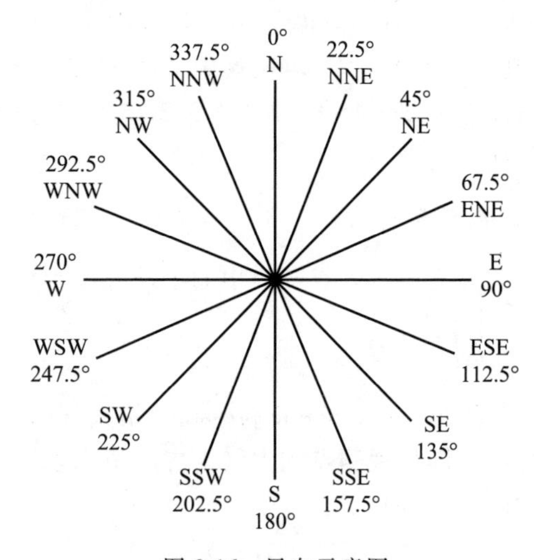

图 3.16　风向示意图

3.6.5 能见度、云与降水

能见度(visibility):指视力正常的人在当时的天气条件下,能够从天空背景中看到和辨别出目标物的最大水平距离,单位用 m 或 km 表示。

云量(cloud amount):云是悬浮在大气中的小水滴、冰晶微粒或二者混合物的可见聚合群体,底部不接触地面(如接触地面则为雾),且具有一定的厚度。云量是指云遮蔽天空视野的程度。将地平线以上全部天空划分为10份,为云所遮蔽的份数即为云量。例如,碧空无云时,云量为0,天空一半为云所覆盖时,则云量为5。

降水量(amount of precipitation):降水是指从天空降落到地面的液态或固态水,包括雨、雪、雨夹雪、霜和冰雹等。降水量指降水落至地面后(固态降水则需经融化后)未经蒸发、渗透、流失而在水平面上积聚的深度。降水量以毫米(mm)为单位。

雪深(depth of snow):是从积雪表面到地面的垂直深度,以厘米(cm)为单位。当雪深超过5 cm时,则需观测雪压。雪压是单位面积上的积雪质量,以 $g \cdot cm^{-2}$ 为单位。

参考文献

安田延寿.1994.基礎大気科学(日语).東京:朝倉書店

李爱贞,刘厚凤.2001.气象学与气候学基础.北京:气象出版社

于贵瑞. 2003. 全球变化与陆地生态系统碳循环和碳蓄积. 北京:气象出版社

Callendar G S. 1938. The artificial production of carbon dioxide and influence on temperature. *Quarterly Journal of the Royal Meteorological Society*, 64: 223~240

Crutzen P J, Ramanathan V. 2000.Pathways of Discovery: The Ascent of Atmospheric Science. *Science*, 290: 299~304

Fluckiger J, Dallenbach A, Blunier T, *et al*.1999. Variations in atmospheric N_2O concentration during the past 110000 years. *Science*, 285: 227~230

IPCC. 2013. *Climate Change* 2013: *The Physical Science Basis*. Cambridge, United Kingdom and New York, USA: Cambridge University Press

IPCC. 2014. *Climate Change* 2014: *Synthesis Report*. IPCC, Geneva, Switzerland

Khalil M A K, Pasmussen R A.1988. Nitrous oxide: trends and global mass balance over the last 3000 years. *Annuals of Glaciology*, 10:73~79

Larcher W. 1994. Ökophysiologie der Pflanzen: Leben, Leistung und Stre_bewältigung der Pflanzen in ihrer Umwelt. Verlag Eugen Ulmer, Stuttgart

Post W M, Peng T H, Emanuel W R, *et al*.1990. The global carbon cycle. *American Scientist*, 78: 310~326

Rubey W W. 1951. Geologic history of sea water: An attempt to state the problem. *Geological Society of America Bulletin*, 62: 1111~1148

第4章 大气圈的辐射传输与地表辐射平衡

地球大气圈中的一切物理过程都伴随着能量的转换，而辐射能，尤其是太阳辐射能是地球大气圈最重要的能量来源。地面和大气在获得太阳辐射能增温的同时，本身又直接向外放出长波辐射而冷却。辐射过程是形成气候和气象现象的主要驱动因子之一，气象学和气候学中几乎所有重要现象都与辐射能量的传递过程相联系。

地球热平衡当中收入的热量为太阳辐射能，这种来自太阳的辐射能量被称为太阳辐射。单位时间内通过单位面积的辐射能量称为辐射通量密度，而单位时间内大气圈上部与太阳光线垂直的单位面积上所接受的太阳辐射能量称为太阳常数（I_0=(1367±7) W·m^{-2}）。太阳辐射是包含了紫外线、可见光和红外线的电磁波的总和，物体的辐射强度遵循基尔霍夫定律（Kirchhoff's law），在大气层中的传输遵循比尔-布格-兰伯特法则（Beer-Bouguer-Lambert law），可以用施瓦西方程（Schwarzschild equation）和灰色大气的辐射传输方程描述。

太阳光又被称为太阳辐射，被大气或地面吸收转化成热量，决定了地球的气象环境。太阳辐射被植物光合作用吸收转化为生物可利用的化学能，形成了地球生命活动的能量源泉。大气圈外的太阳辐射能在波长 0.5 μm 附近形成高峰，与5 800 K的黑体辐射分布非常一致。在太阳辐射通过大气的过程中，由于氮（N_2）、氧（O_2）等空气分子的散射，浮游的微粒子、云和尘埃的反射和散射以及臭氧（O_3）、二氧化碳（CO_2）和水（H_2O）的吸收，其能量、光谱、前进的方向都会发生变化，结果是只有波长为 0.29~2.5 μm 的太阳辐射可以到达地面。太阳辐射与地面的自然物所放出的辐射（3~100 μm）相比波长较短，通常称为短波辐射。植物光合作用只能使用 0.38~0.76 μm 波长的辐射，这一波长的辐射称为光合有效辐射（PAR），与可见光的波长范围基本一致。

地表面向上和向下的总辐射之差称为净辐射，它是太阳辐射与反射辐射、大气向下的长波辐射与地表向上的长波辐射的平衡值，又称为辐射平衡，是地面所收取的净辐射能，是支配气象环境的热源，维持生态系统生命代谢与物质能量循环的主要能量。

本章初版执笔者：于贵瑞，何洪林；再版修订者：何洪林，于贵瑞

本章主要符号

符号	含义	符号	含义
a	吸收率	M_h	一定地形高度下的大气光学质量
A_{rad}	吸收率	NDVI	归一化植被指数
a_ν	吸收系数	ρ	大气透明系数
$B_{rad,\nu}(T)$	普朗克函数	p_h/p_0	大气压修正系数
c_{soil}	土壤或积雪比热	Q	物体所接受的辐射能量
d	透射率	Q_p	地面和大气间的湍流显热交换
D	平流输送量	Q_{PAR}	光合有效辐射
E	蒸发量或凝结量	r	反射率
E_{Tb}	黑体积分辐射能力	R_n	净辐射
F	辐射通量密度	S_d	散射辐射
F_{net}	净辐射通量密度	S_p	太阳直接辐射
F_{soil}	地表分子热传导的热输送量	S_t	总辐射
h	太阳高度	$S_{t(max)}$	日中总辐射的最大值
h_{Planck}	普朗克常量	S_{tg}	净太阳辐射量或净短波辐射通量密度
H_{soil}	地温降低的深度尺度	t_s	时间常数
I	辐射强度	ν	频率
I_0	太阳常数	x	光学距离
j_ν	发射系数	α	反射率
J_ν	辐射源函数	δ	太阳赤纬
K	消光系数	ε_{rad}	黑度
k_{Boltz}	玻耳兹曼常量	$\varepsilon_{rad,\nu}$	发射率
L	蒸发潜热	η	光合有效系数
L_0	地球与太阳的平均距离	θ	天顶角
L_d	向下的大气长波辐射	λ	波长
LE	地面与大气间的潜热传输量	ρ_{soil}	土壤或积雪密度
L_n	地表的长波辐射平衡或净辐射通量密度	σ	斯特藩-玻尔兹曼常数
L_u	地表向上的长波辐射	φ	方位角
m	大气光学质量	ω	太阳时角
M_0	海平面上的大气量	Γ_d	干绝热递减率
		Γ_s	标准气温递减率

4.1 辐射的基本概念与定义

大气中的热能传导主要有四种方式：第一种是分子热传导（heat conduction），它对于热圈的形成起着最重要的作用，但是对于大规模的气象现象而言，其作用不大；第二种是由于风引起的平流（advection）即显热传输（sensible heat transfer）；第三种是由水的蒸发、水蒸气的平流和水蒸气的凝结过程所形成的凝结热释放，即由水蒸气的相变和移流所引起的潜热输送（latent heat transfer）；第四种为辐射输送（radiation transfer），辐射输送与前三种热传导方式不同，可以在真空当中传输，不像显热和潜热那样依靠风，也不依赖于分子运动，而是直接的热传输。来自太阳的辐射能量与地球放出的辐射能量在地球总体平均上可以取得相对的平衡，这对于地球温度的确定具有重要作用，同时辐射传输对于大气中的温度分布和空气运动具有重大影响。

4.1.1 辐射的物理特性

（1）辐射的波粒二相性

辐射（radiation）也称为光子（photon），它既是一种电磁波，同时也是一种粒子，具有所谓的波粒二相性（wave-particle duality），在现代科学中已经使用光量子概念将辐射的波和粒子特性统一起来。辐射的波长 λ(m)与频率 ν(Hz)和波数(m^{-1})之间具有下列关系：

$$\lambda = \frac{c}{\nu} = \frac{1}{\text{波数}} \tag{4.1}$$

式中：c 为光速($c=2.997\ 924\ 58\times10^{8}\,m\cdot s^{-1}$)。

一个光量子的能量用 $h_{Planck}\nu$($h_{Planck}=6.6260755\times10^{-34}$ J·s,称为普朗克常量)来表示,它与电磁波的频率(ν)成正比,与波长(λ)成反比。

波长在 0.1 μm 以下的光量子,因为其所具有的能量较强,能够从原子中激发出电子,引起光电离(photoionization)现象;波长稍长的 0.32 μm 以下的光量子能够使两个以上原子构成的分子分离成原子状态,称为光解(photodecomposition);波长更长的光量子因为所具有的能量比较小,只能与水和二氧化碳那样的多原子的中性分子通过振动和旋转运动交换能量。另外,与振动运动相比较,旋转运动的状态变化所需要的能量比较小,因此像红外线那样的长波光量子,虽然不能改变分子的振动运动,但它也可能使物质分子发生旋转运动,H_2O 的旋转运动可以因 20 μm 以上的光量子的作用而变化。

(2) 辐射的光谱特征

辐射能是通过电磁波的方式传输的。电磁波的波长范围很广,从波长为 10^{-10} μm 的宇宙射线,到波长达几千米的无线电波(图 4.1)。肉眼看得见的只是 0.38~0.76 μm 的光,被称为可见光(visible light)。可见光由红、橙、黄、绿、青、蓝、紫等各种颜色的光所组成,其中红光波长最长,紫光波长最短。波长长于红色光波的有红外线和无线电波;波长短于紫色光波的有紫外线、X 射线,γ 射线等。这些射线虽然不能为肉眼所见,但是可以用仪器测量得到。波长在 0.1 mm 以上的长波辐射主要是广播和电视等通讯使用的电磁波,可分为微波(10^{-4}~1 m)、短

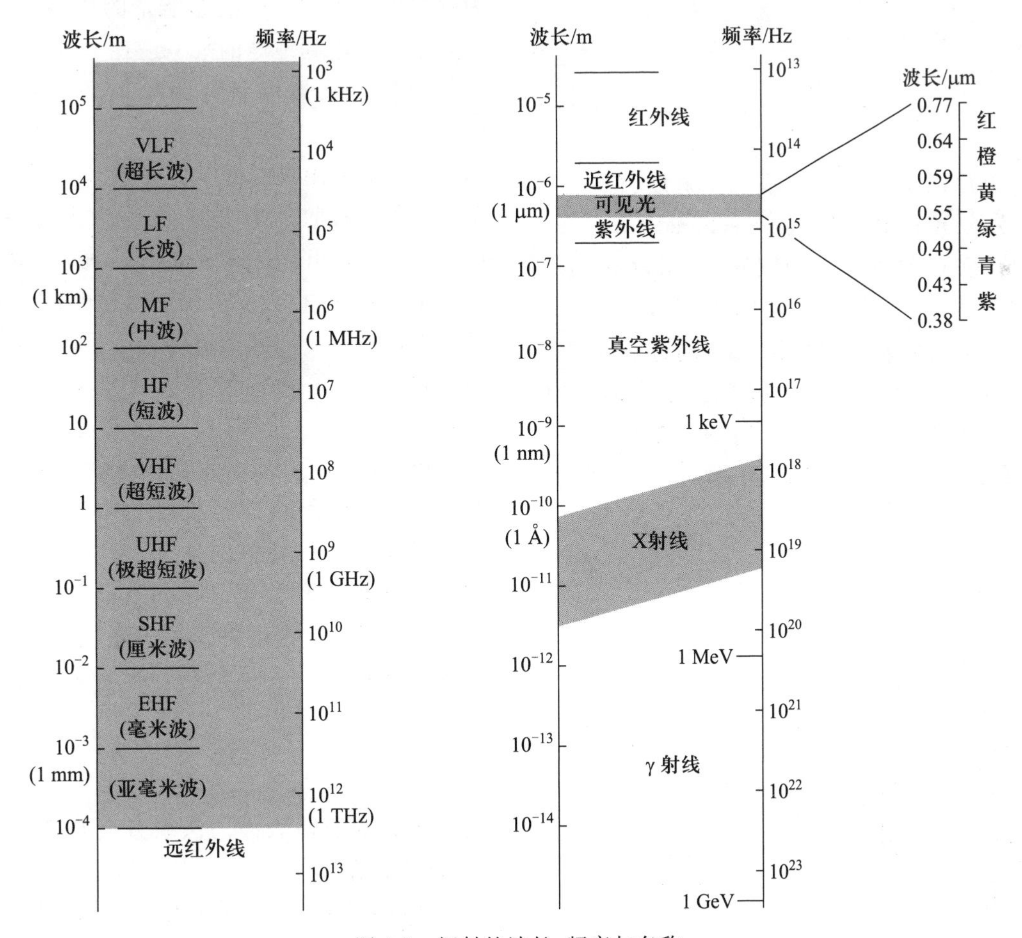

图 4.1 辐射的波长、频率与名称

波($1\sim10^2$ m)、中波($10^2\sim10^3$ m)和长波($>10^3$ m);波长在 0.1 mm 以下的电磁波依次被称为红外线($10^{-6}\sim10^{-4}$ m)、可见光(0.38~0.76 μm)、紫外线(0.28~0.38 μm)和远紫外线(0.19~0.28 μm),这些电磁波对于大气现象具有重要作用;X 射线和 γ 射线也是辐射的一种形式,其波长范围分别是 $10^{-3}\sim10$ nm,$<10^{-3}$ nm,X 射线可用于透视,γ 射线的透射能力比 X 射线更强,可用于金属探测和研究天体、认识宇宙。气象学中着重研究的是太阳、地球和大气的辐射,它们的波长范围大约为 0.15~120 μm,包含了紫外线、可见光和红外光各波段的电磁波。

(3) 辐射光谱曲线

为准确描述辐射能的性质,需要引入一个能确定辐射能在不同波长分布的函数,该函数称为辐射光谱函数(radiation spectrum function)。设某一物体的辐射出射度(radiation exitance)为 $F(\mathrm{W\cdot m^{-2}})$,在波长 λ 至 $\lambda+\mathrm{d}\lambda$ 间的辐射能为 $\mathrm{d}F$,则

$$F_\lambda=\frac{\mathrm{d}F}{\mathrm{d}\lambda} \tag{4.2}$$

式中:F_λ 是单位波长间隔内的辐射出射度,是波长的函数,称为分光辐射出射度(spectroradiation exitance),或单色辐射通量密度(monoradiation flux density),单位为 $\mathrm{W\cdot m^{-2}\cdot \mu m^{-1}}$。因 F_λ 是随波长而变的函数,所以又称为辐射能随波长的分布函数。它不仅取决于物体的性质,而且还取决于物体所处的状态。F_λ 随波长的变化可以用图 4.2 来表示。图中 F_λ 随 λ 的变化曲线称为辐射光谱曲线(radiation spectrum curve)。

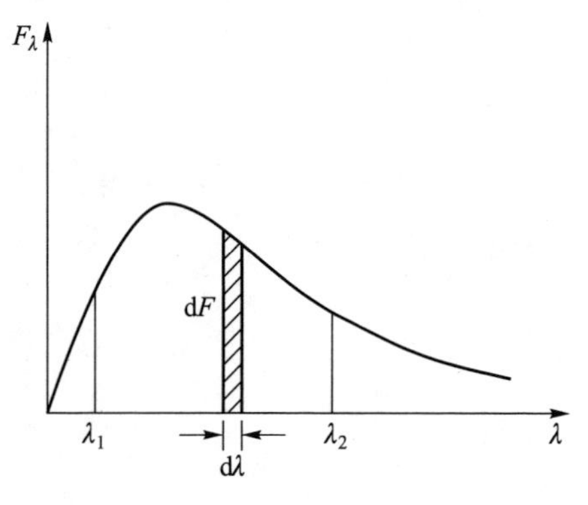

图 4.2 辐射光谱曲线

在波长 λ_1 和 λ_2 之间的辐射 $F_{\lambda_1\lambda_2}$ 可由辐射光谱曲线积分得到,即

$$F_{\lambda_1\lambda_2}=\int_{\lambda_1}^{\lambda_2}F_\lambda\mathrm{d}\lambda \tag{4.3}$$

在图 4.2 上 $F_{\lambda_1\lambda_2}$ 相当于 λ_1 到 λ_2 之间光谱曲线下的面积。若对所有波长积分,就得到总辐射能 F 为

$$F=\int_0^\infty F_\lambda\mathrm{d}\lambda \tag{4.4}$$

全波长的总辐射能在图 4.2 中为光谱曲线与横坐标所包围的面积,也称为积分辐射出射度。

4.1.2 辐射与辐射能

自然界中的一切物体都以电磁波的方式向四周发射能量,这种传播能量的方式称为辐射(radiation)。通过辐射传播的能量称为辐射能(radiation energy, Q),简称为辐射。通常以 J(焦耳)作为辐射能的单位。辐射是能量的传播方式之一,也是太阳能传输到地球的唯一途径。单位时间内通过单位面积的辐射能量称为辐射通量密度(radiant flux density, F),其瞬间值的单位是 $\mathrm{W\cdot m^{-2}}$ 或 $\mathrm{kW\cdot m^{-2}}$,辐射接收面可以垂直于射线或与之成某一角度。物体接收外来辐射,则称为入射辐射通量密度(incident radiant flux density);相反,物体自身表面发射的辐射,称为发射辐射通量密度(emissive radiant flux density),其数值的大小反映了物体发射能力的强弱,故称为辐射能力或发射能力(emission power)。

单位时间内,通过垂直于指定方向上的单位面积(对球面坐标系,即为单位立体角)的辐射能,称为辐射强度(I),其单位是 $\mathrm{W\cdot m^{-2}}$ 或是 $\mathrm{W\cdot sr^{-1}}$($\mathrm{W\cdot sr^{-1}}$ 读作瓦特每球面度,即 watt per steradian)。辐射强度与辐射通量密度有密切关系,在平行光辐射的特殊情况下,辐射强度与辐射通量密度的关系为

$$I=\frac{F}{\cos\theta} \tag{4.5}$$

式中:θ 为辐射体表面的法线方向与选定方向间的夹角(天顶角)。

如图 4.3 所示,频率 ν 和 $\nu+\mathrm{d}\nu$ 通过微小的平面 $\mathrm{d}S$,在 Q 方向的立体角 ω,在 $\mathrm{d}t$ 时间内所通过的能量 $\mathrm{d}Q_\nu$ 用式(4.6)表示:

$$\mathrm{d}Q_\nu = I_\nu \cos\theta \mathrm{d}S\mathrm{d}\omega\mathrm{d}\nu\mathrm{d}t \tag{4.6}$$

式中：I_ν 称为辐射亮度（radiation luminance，当辐射源为面源时）或者称作辐射强度（radiation intensity，当辐射源为点源时），单位是 $\mathrm{J\cdot m^{-2}\cdot sr^{-1}}$。通过微小面积 dS，从 dS 的一方，与半球方向相反的放射辐射总能量即为辐射通量密度（radiant flux density）。辐射通量密度 F_ν 可用式（4.7）表示：

$$F_\nu = \int_{半球} I_\nu \cos\theta \mathrm{d}\omega \tag{4.7}$$

微小的立体角写为

$$\mathrm{d}\omega = \sin\theta \mathrm{d}\theta \mathrm{d}\varphi \tag{4.8}$$

式中：φ、θ 分别为坐标系中的方位角和天顶角，因此

$$F_\nu = \int_0^{2\pi}\int_0^{\pi/2} I_\nu(\theta,\varphi)\cos\theta\sin\theta \mathrm{d}\theta \mathrm{d}\varphi \tag{4.9}$$

一般地，辐射亮度 $I_\nu(\theta,\varphi)$ 为方位角 φ 和天顶角 θ 的函数，当 I_ν 与 φ、θ 无关时，在等方向的情况下，对式（4.9）进行简单的积分得

$$F_\nu = \pi I_\nu \tag{4.10}$$

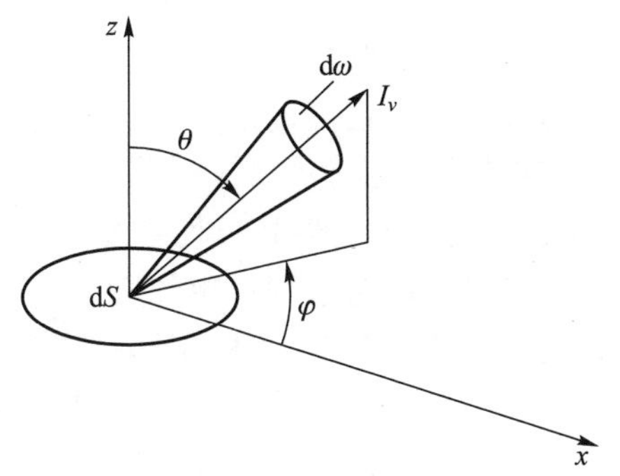

图 4.3　辐射亮度（强度）的定义

4.1.3　物体对辐射能的吸收、反射和透射

不论何种物体，在它向外发射辐射的同时，必然会接收到周围物体向它投射过来的辐射，但投射到物体上的辐射并不能全部被吸收，其中一部分被反射，一部分可能透过物体（图 4.4）。

设投射到物体上的总辐射能为 Q_0，被吸收的部分为 Q_a，被反射的部分为 Q_r，透射出去的部分为 Q_d，根据能量守恒原理，则有

$$Q_a + Q_r + Q_d = Q_0 \tag{4.11}$$

将上式等号两边除以 Q_0，得

$$\frac{Q_a}{Q_0}+\frac{Q_r}{Q_0}+\frac{Q_d}{Q_0}=1 \tag{4.12}$$

式中：左边第一项称为吸收率 a（absorptivity）；第二项称为反射率 r（reflectivity）；第三项称为透射率 d（transmissivity），则

$$a+r+d=1 \tag{4.13}$$

式中：a，r，d 是无量纲量，数值为 0～1，分别表示物体对辐射的吸收、反射和透射的能力。物体的吸收率、反射率和透射率大小随着辐射的波长和物体的性质而改变。例如，干洁空气对红外线是近似透明的，而水汽对其却能强烈地吸收；雪面对太阳辐射的反射率很大，但对地面和大气的辐射则几乎能全部吸收。

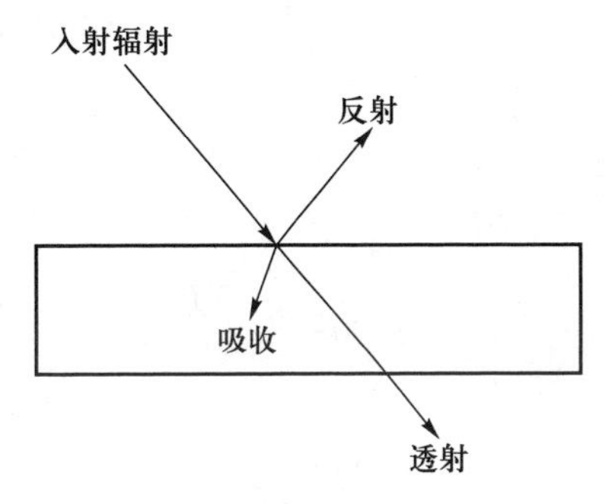

图 4.4　物体对辐射的吸收、反射和透射

如果吸收率不随波长变化，并等于 1，那么就意味着所有入射到物体上的辐射将全部被该物体吸收，这种物体称为黑体（black body）。在自然界中，不存在绝对黑体，但对某一辐射波段而言，有的物体可近似看作黑体。例如，对于大气的长波辐射而言，就可近似地将雪面看作黑体。

吸收率与辐射波长无关的非黑体称为“灰体”（grey body），即灰体的吸收率对各种波长都一样。在自然界中，也没有完全的灰体，但一些物体在某一有限的波长区域内具有与灰体相近的特性。例如，对于长波辐射来说，地面可以近似作为灰体。

4.1.4　物体的辐射源函数

对于某一物体而言，单位质量的物质在单位时间内向某一方向发射的辐射亮度（强度）称为发射系数（j_ν，emission coefficient）。此外，当辐射向这个方向入射的时候，其单位质量物质吸收的辐射亮度（强度）与射入的辐射亮度（强度）的比 a_ν 称为吸收系数（absorption coefficient）。

假设存在如图4.5所示的一个断面积为dS,长度为dl的圆柱,密度为ρ_{rad},沿圆柱方向,在dt时间内,频率为ν和$\nu+d\nu$的辐射被射入到立体角$d\omega$的辐射亮度(强度)为

$$j_\nu \rho_{rad} dl dS d\omega d\nu dt \tag{4.14}$$

另外,这个沿微小圆柱方向,辐射亮度(强度)为I_ν的辐射在dt时间内射入立体角$d\omega$时,其辐射亮度(强度)的增加量dI_ν为

$$dI_\nu = -a_\nu I_\nu \rho_{rad} dl dS d\omega d\nu dt \tag{4.15}$$

考虑两种现象放射辐射通过这个微小圆柱的时候,辐射亮度从I_ν变为$I_\nu+dI_\nu$,可得

$$\{(I_\nu+dI_\nu)-I_\nu\} dS d\omega d\nu dt = j_\nu \rho_{rad} dl dS d\omega d\nu dt - a_\nu I_\nu \rho_{rad} dl dS d\omega d\nu dt \tag{4.16}$$

因此

$$\frac{dI_\nu}{a_\nu \rho_{rad} dl} = -I_\nu + J_\nu \tag{4.17}$$

其中,

$$J_\nu = \frac{j_\nu}{a_\nu} \tag{4.18}$$

J_ν称为辐射源函数(source function of radiation)。

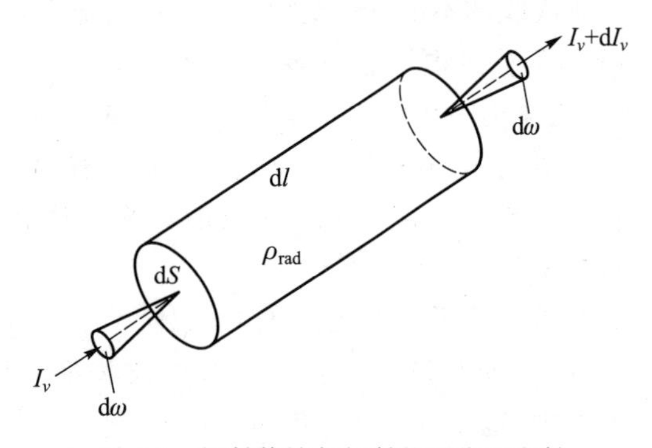

图4.5 辐射传输与辐射的吸收和发射

4.1.5 物体辐射的基本定律

(1) 基尔霍夫(Kirchhoff)定律

设有一真空恒温器(T),放出黑体辐射$I_{\lambda Tb}$。在其中用绝热线悬挂一个非黑体物体,它的温度与容器温度一样亦为T,它的辐射强度为$I_{\lambda T}$,吸收率为$k_{\lambda T}$。这样非黑体和器壁之间将要达到辐射平衡(图4.6)。

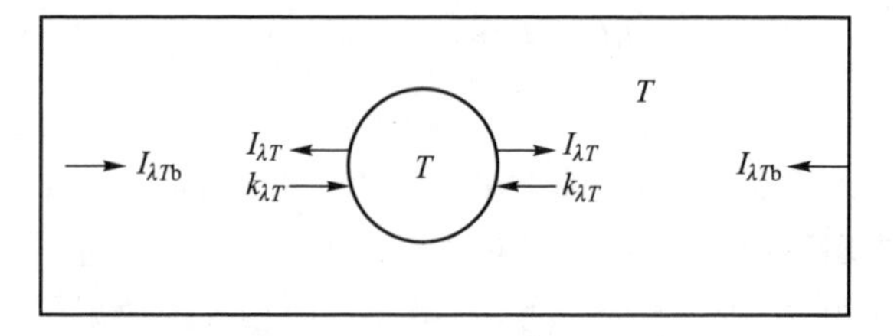

图4.6 基尔霍夫定律

器壁发射的辐射能、非黑体发射的辐射能和未被吸收的非黑体反射的辐射能三者达到平衡,则

$$I_{\lambda Tb} - (1-k_{\lambda T}) I_{\lambda Tb} - I_{\lambda T} = 0 \tag{4.19}$$

对式(4.19)除以$I_{\lambda Tb}$,得

$$\frac{I_{\lambda T}}{I_{\lambda Tb}} = k_{\lambda T} \tag{4.20}$$

由发射率的定义得

$$\varepsilon_{\lambda T} = \frac{I_{\lambda T}}{I_{\lambda Tb}} \tag{4.21}$$

所以

$$k_{\lambda T} = \varepsilon_{\lambda T} \tag{4.22}$$

式(4.22)是基尔霍夫定律的基本形式。该定律表明,在一定波长、一定温度条件下,一个物体的吸收率等于该物体同温度和同波长的发射率。即对不同物体,辐射能力强的物质其吸收能力也强,辐射能力弱的物质其吸收能力也弱。黑体吸收能力最强,因此它也是最好的发射体。k的下标λ表示在一定温度(T)条件下,不同波长的k_λ,ε_λ及I_λ的数值不同,即同一物体在温度T时,它发射某一波长的辐射。那么,在同一温度下也吸收这一波长的辐射。式(4.20)还可写成

$$\frac{I_{\lambda T}}{k_{\lambda T}} = I_{\lambda Tb} \tag{4.23}$$

这表明一个物体在某温度下对某波长的辐射强度与其吸收率之比值等于同温度、同波长时的黑体辐射强度。在相同温度条件下,这一定律适用各种波长的辐射体,因此基尔霍夫定律又可写成

$$\frac{I_T}{k_T} = I_{Tb} \tag{4.24}$$

上面的讨论表明,在辐射平衡条件下,某一物体在某波长λ的辐射强度和对该波长的吸收率之比值与物体的性质无关,对所有物体来讲,这一比值只

是某波长 λ 和温度 T 的函数。从式(4.23)得到

$$I_{\lambda T}=k_{\lambda T}I_{\lambda T\mathrm{b}} \tag{4.25}$$

式(4.25)表明,基尔霍夫定律把一般物体的辐射、吸收与黑体辐射联系起来,从而有可能通过对黑体辐射的研究来了解一般物体的辐射,这就极大地简化了一般的辐射问题研究的难度。

在局部的辐射吸收与放出呈平衡状态、辐射亮度分布为等方向的情况下,吸收系数和发射系数中所包含的散射效果可以相互抵消。由式(4.18)可知 $j_\nu/a_\nu=J_\nu$,它仅仅是温度的函数,可以写作为 $j_\nu/a_\nu=B_{\mathrm{rad},\nu}(T)$。$B_{\mathrm{rad},\nu}(T)$ 称为普朗克函数(Planck function),写作

$$B_{\mathrm{rad},\nu}(T)=\frac{2\,h_{\mathrm{Planck}}\nu^3}{c^2\left(\exp\left(\dfrac{h_{\mathrm{Planck}}\nu}{k_{\mathrm{Boltz}}T}\right)-1\right)} \tag{4.26}$$

式中:$h_{\mathrm{Planck}}=6.6260775\times10^{-34}$ J·s,称为普朗克常量(Planck constant);$k_{\mathrm{Boltz}}=1.380568\times10^{-23}$ J·K^{-1},称为玻尔兹曼常量;ν 为频率;c 为光速($c=2.99792458\times10^8$ m·s^{-1})。放出的辐射亮度和吸收的辐射亮度用 Planck 函数可以分别表示为

$$\propto j_\nu=\varepsilon_{\mathrm{rad},\nu}B_{\mathrm{rad},\nu}(T) \tag{4.27}$$

$$\propto a_\nu I_\nu=a_\nu B_{\mathrm{rad},\nu}(T) \tag{4.28}$$

这里 $\varepsilon_{\mathrm{rad},\nu}$ 称为发射率(emissivity 或 emission rate)。因为在辐射平衡等方向的情况下,两者相等。所以,有下式成立

$$\varepsilon_{\mathrm{rad},\nu}=a_\nu \tag{4.29}$$

当 $\varepsilon_{\mathrm{rad},\nu}$ 与频率无关时,即 $\varepsilon_{\mathrm{rad},\nu}=\varepsilon_{\mathrm{rad}}$ 的物体叫作灰体,$\varepsilon_{\mathrm{rad}}$ 被称为黑度(blackness)。将 $\varepsilon_{\mathrm{rad}}=1$ 的物体称为黑体,来自于黑体的辐射称为黑体辐射(black body radiation)。把 Planck 函数进行全频率积分,则得

$$B_{\mathrm{rad}}(T)=\int_0^\infty B_{\mathrm{rad},\nu}(T)\,\mathrm{d}\nu=\frac{2\pi^4 k_{\mathrm{Boltz}}{}^4}{15h_{\mathrm{Planck}}{}^3c^2}T^4 \tag{4.30}$$

由式(4.30)可得,从黑体表面放出的辐射通量密度 F 为

$$F=\pi B_{\mathrm{rad}}(T)=\sigma T^4 \tag{4.31}$$

这里 $\sigma=\dfrac{2\pi^5 k_{\mathrm{Boltz}}{}^4}{15\,h_{\mathrm{Planck}}{}^3c^2}=5.67051\times10^{-8}$ W·m^{-2}·K^{-4},称为斯特藩-玻尔兹曼常数(Stefan-Boltzmann constant)。

(2) 黑体辐射的基本定律

由实验得知,物体的发射能力是随温度和波长而改变的。图 4.7 是温度为 300 K、250 K 和 200 K 时黑体的发射能力随波长的变化。由图 4.7 可见以下两个基本特征:① 随着温度的升高,黑体对各波长的发射能力都相应地增强,因而物体发射的总能量(即曲线与横坐标之间包围的面积)也会显著增大;② 黑体单色辐射极大值所对应的波长是随温度的升高而逐渐向波长较短的方向移动的。这两点可用斯特藩-玻尔兹曼定律和维恩位移定律来表示。

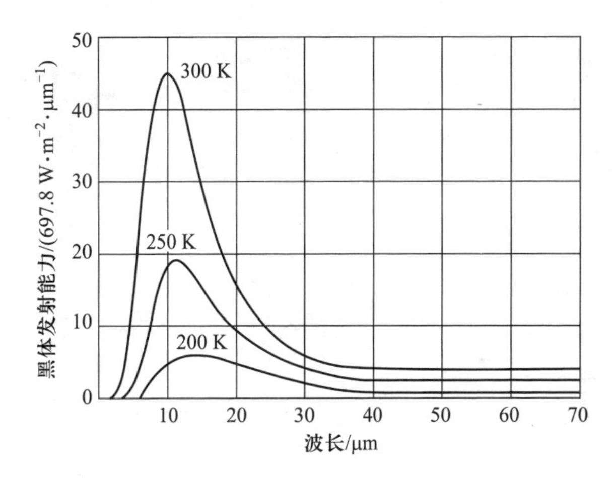

图 4.7 温度为 300 K、250 K 和 200 K 时黑体的发射能力随波长的变化

a. 斯特藩-玻尔兹曼定律

黑体的总发射能力(积分辐射能力)$E_{T\mathrm{b}}$ 与它本身的绝对温度的 4 次方成正比,即

$$E_{T\mathrm{b}}=\sigma T^4 \tag{4.32}$$

式(4.32)称为斯特藩-玻尔兹曼定律,变量定义参见式(4.31)。根据式(4.32)可以计算黑体在温度 T 时的辐射强度,也可以由黑体的辐射强度求得其表面温度。

b. 维恩(Wien)位移定律

黑体单色辐射强度极大值所对应的波长与其绝对温度成反比,即

$$\lambda_{\mathrm{m}}T=C \tag{4.33}$$

式(4.33)称为维恩位移定律。如果波长以 μm 为单位,则常数 C 为 2 896 μm·K。于是式(4.33)为

$$\lambda_m = 2\,896/T(\mu m) \tag{4.34}$$

式(4.34)表明,物体的温度愈高,其单色辐射极大值所对应的波长愈短;反之,物体的温度愈低,其辐射的波长则愈长。

4.2 太阳辐射和地球辐射

4.2.1 太阳辐射和地球辐射的特征

来自于太阳的辐射称为太阳辐射(solar radiation),其理论上的最大值可以用太阳常数(solar constant)度量。太阳常数是在日地平均距离条件下,大气上界垂直于太阳光线的单位面积、单位时间内获得的太阳辐射能量,常用 I_0 表示。1981 年世界气象组织推荐的太阳常数值为 1 367 W·m^{-2}。据研究,太阳常数也有周期性的变化,变化范围在 1%~2%,这可能与太阳黑子的活动周期有关。在太阳黑子最多的年份,紫外线部分某些波长的辐射强度可为太阳黑子最少年份的 20 倍。

太阳表面的温度还无法直接测量,但可以根据太阳辐射探测资料,由斯特藩-玻尔兹曼定律计算出太阳表面温度应为 5 780 K。图 4.8a 是对应于 5 780 K和 255 K 物体辐射的 Planck 函数,前者与太阳的温度相当,表示的是太阳辐射能量的波长分布,后者与地球的温度相当,表示的是地球向宇宙空间放出能量的波长分布。对应于 5 780 K 物体辐射的 Planck 函数在 $\lambda \approx 0.501$ μm 处具有最大值,而对应于 255 K 物体辐射其最大值则出现在大约 11.36 μm

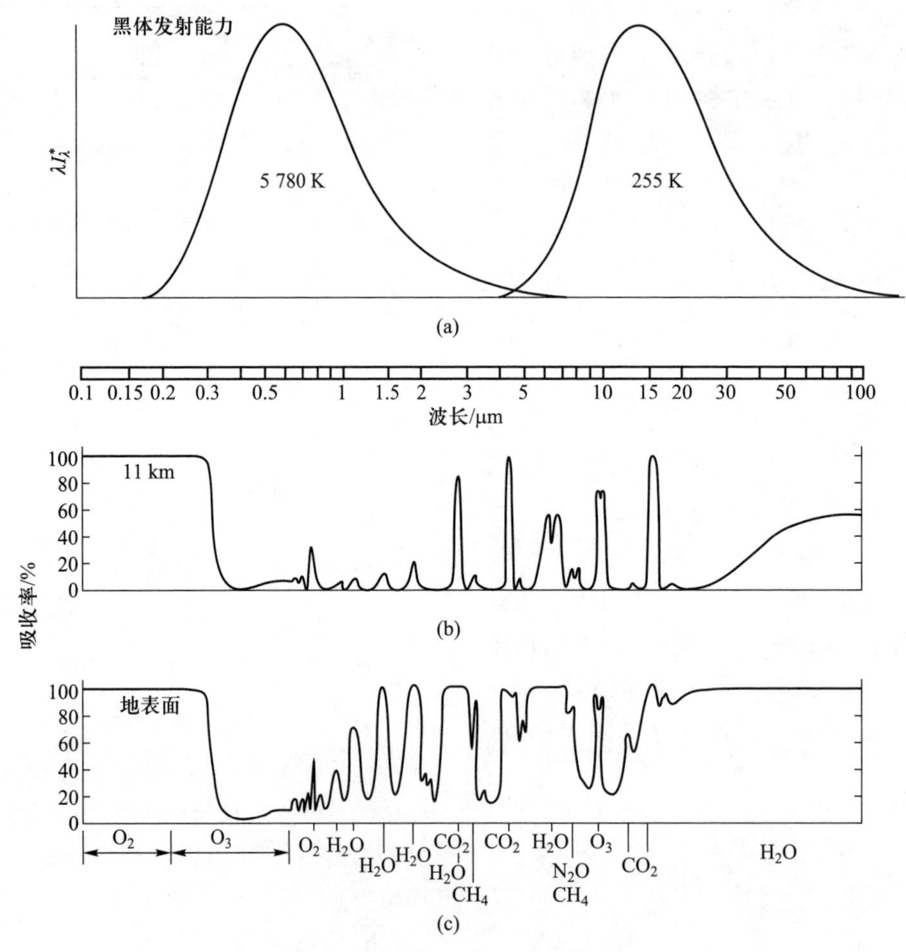

图 4.8 太阳辐射与地球辐射的波长分布与吸收率(Goody,1964)

图中横坐标取 lnλ。(a)纵坐标取 λI_λ^*,5 780 K 和 255 K 的黑体辐射曲线;(b) 11 km 以上的大气对太阳天顶角 59°时的太阳辐射和地球辐射吸收率;(c) 地表以上的大气对太阳天顶角 59°时的太阳辐射和地球辐射的吸收率。图中的 O_2、O_3、H_2O、CO_2 表示(b)、(c)中的峰值主要是由该种气体吸收造成的

处。5 780 K 物体的辐射能量分布，其波长在5 μm以上的占 0.4%，而 255 K 物体的辐射能量分布，其波长在 5 μm 以下的占 0.4%。由此可见，太阳辐射能量的波长分布与从地球向宇宙空间放出能量的波长分布几乎是截然分开的。

地表和海面（也包括大气）的辐射称为地球辐射（terrestrial radiation）。大气中的气体和云的辐射称为大气辐射（atmospheric radiation）。地球辐射和大气辐射的波长都比较长，统称为长波辐射（long wave radiation），相应地将太阳辐射称之为短波辐射（shortwave radiation）。

太阳辐射能是地球最重要的能量来源，一年中整个地球可以从太阳获得 5.44×10^{24} J 的辐射能量，地球和大气的其他能量来源同来自太阳的辐射能相比是极其微小的。例如，从地球内部传递到地面上的能量仅是来自太阳辐射能的万分之一。

太阳辐射可看作黑体辐射，有关黑体辐射的定律都可应用于太阳辐射。在全部的太阳辐射能之中，波长在 0.15~4 μm 的能量占 99%以上。可见光区（0.38~0.76 μm）的太阳辐射占太阳辐射总能量的 50%左右，红外光区（>0.76 μm）占太阳辐射总能量的 43%左右，紫外光区（<0.38 μm）的太阳辐射只占总能量的 7%。

图 4.8c 表示了地球大气吸收 5 780 K 和 255 K 黑体辐射的比率（吸收率，absorptivity，A_{rad}）及其吸收物质。太阳辐射中 0.32 μm 以下的紫外线几乎全部被大气吸收（$A_{rad}=1$），这是因为在臭氧层以上高度的 O_3 和 O_2 的吸收作用所导致的。另外，15 μm 以上的红外线也几乎全被大气吸收，其主要吸收者是 H_2O，CO_2 也起到一定的作用。总体来看，太阳辐射的吸收率比较小，特别是在能量最大的0.5 μm附近的吸收率比较小。而 255 K 的地球辐射在能量大的波长带除了 8~12 μm 以外的全部波长范围内，其吸收率都非常大。

通过太阳辐射和地球辐射特征的对比，可以发现两者具有两个明显的差异，其一是太阳辐射和地球辐射的波长范围不同，其二是大气对地球辐射的吸收率明显地高于太阳辐射，因此在两者的传输过程研究时中应该区别对待。

图 4.9 是利用人造卫星上的分光计测定得到的地球辐射的光谱特征，该辐射与前面所述的 255 K 的黑体（地球）辐射相对应。可是因为卫星观测难以覆盖地球整个地区，这里仅给出了 3 个局部地域在晴天条件下的典型辐射光谱。图 4.9a 是在撒哈拉沙漠上空测得的地球辐射，与图中的点线所表示的黑体辐射函数比较可见，在 8~12 μm 波长范围内的地球辐射，大约与 320 K 的黑体的辐射亮度（强度）相当。这说明，该波长范围的地球辐射很少被大气吸收，可以认为在天空所测得的辐射亮度（强度）就是真正的来自于地球表面的辐射，通常将该波长区域称为大气的“窗口区域”。另外，在 13~17 μm区域以及 8 μm 以前和 16 μm 区域以后有 CO_2 和水蒸气等物质的吸收带，所观测的辐射亮度（强度）与窗口区域相比，明显地降低，与其相对应的辐射温度也明显降低。这说明在这些波长范围内的地球表面辐射已经被大气大量吸收，会产生大气的温室效应。

比较图 4.9a、b 和 c 可见，地球的不同典型区域的地球辐射光谱有很大的差异，可以反映出地面温度差异。图 4.9b 为在地中海上空的观测数据，在“窗口区域”所反映的是海水温度，明显低于沙漠地表；图 4.9c 为在南极上空的观测结果，“窗口区域”表示的是冰原温度。可是在图 4.9c 中“窗口区域”的辐射亮度（强度）却低于其他的“吸收区域”的辐射亮度（强度），这是因为卫星观测反映的不是地表温度，而是大气中上层温度，所以上述现象可以说明在南极区域上中层的大气温度高于地表温度。

4.2.2 太阳辐射在大气上界的分布

太阳辐射在大气上界的时空变化与分布是由太阳与地球间的天文位置决定的，又称天文辐射（astronomical radiation）。除太阳本身的变化外，天文辐射能量主要取决于日地距离、太阳高度和白昼长度。

（1）日地距离

地球绕太阳公转的轨道为椭圆形，太阳位于两焦点之上（图 4.10）。因此日地距离时时都在变化，这种变化以一年为周期。地球上接收到的太阳辐射强度是与日地间距离的平方成反比的，在某一时刻，大气上界的太阳辐射强度 I 应为

$$I=\frac{a^2}{b^2}I_0 \tag{4.35}$$

式中：b 为该时刻的日地距离；a 为地球公转轨道的平均半径；I_0 为太阳常数（1 367 $\text{W}\cdot\text{m}^{-2}$）。假设取 $a=1$（1 个天文单位），b/a 用 ρ 表示，则

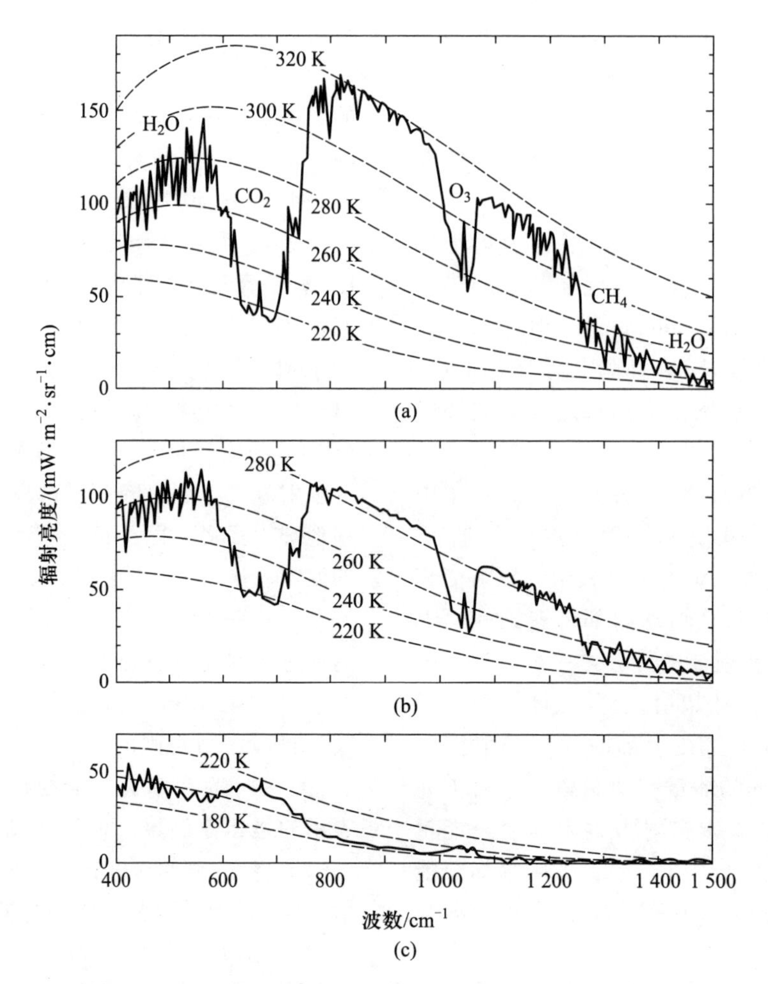

图 4.9 利用卫星观测到的地球辐射波长分布:(a) 撒哈拉沙漠的上空;(b) 地中海上空;(c) 南极上空
虚线表示响应温度条件下的黑体辐射亮度

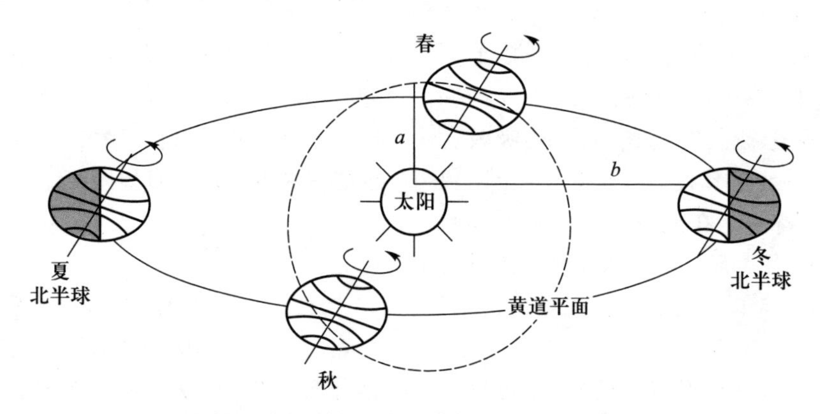

地球围绕太阳公转，引起季节变化和白昼长度变化

图 4.10 地球绕太阳运行的轨道

$$I=\frac{I_0}{\rho^2} \tag{4.36}$$

一年中地球在公转轨道上运行,就近代情况而言,在 1 月初经过近日点,7 月初经过远日点,按上式计算,便得到各月 1 日大气上界太阳辐射强度变化值(与太阳常数相差的百分数)如图 4.11 所示。由图 4.11 可见,大气上界的太阳辐射强度在一年中变动于-3.5%~+3.4%。如果没有其他因素的影响,北半球的冬季应当比南半球的冬季暖些,夏季则比南半球凉些。但因其他因素的作用,实际情况并非如此。

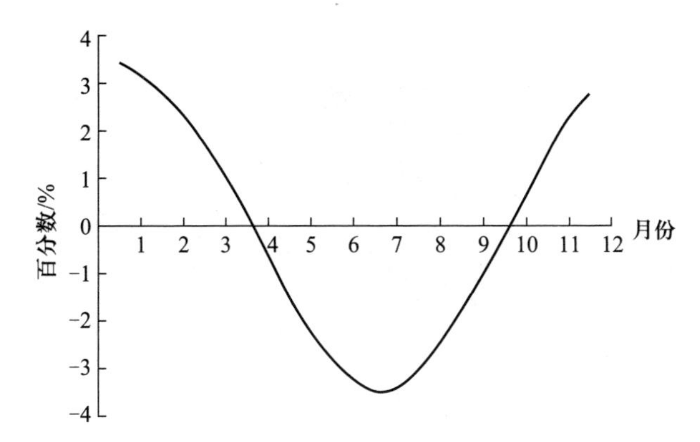

图 4.11　大气上界的太阳辐射强度在一年中的变化
纵坐标为太阳辐射强度与太阳常数相差的百分数

(2) 太阳高度

太阳高度是决定天文辐射能量的一个重要因素。任意时刻太阳高度的表达式为

$$\sin h=\sin\varphi\sin\delta+\cos\varphi\cos\delta\cos\omega \tag{4.37}$$

式(4.37)是计算太阳高度角的基本方程。如图 4.12 所示,图中 h 为太阳高度,φ 为所在地的纬度,δ 为太阳赤纬,赤纬在赤道以北为正,在赤道以南为负,一年内在北半球夏至日 δ 为 23°27′,冬至日为 −23°27′,春、秋分日 $\delta=0°$。ω 为时角,在一天中正午时 $\omega=0°$,距离正午每差 1 小时,时角相差 15°,午前为负值,午后为正值。

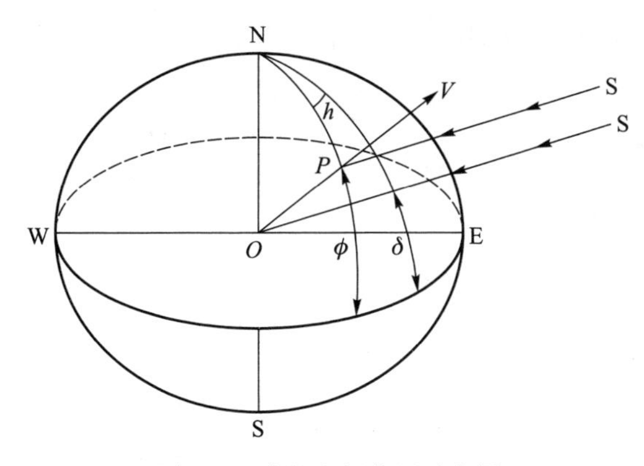

图 4.12　太阳空间位置示意图
h 为太阳高度,φ 为所在地的纬度,δ 为太阳赤纬

投射到单位面积的水平面上的太阳辐射 I' 与投射到垂直于太阳辐射的单位面积上的辐射 I 之间的关系可用朗伯定律来描述。如图 4.13 所示,设有一水平地段 AB,其面积为 S',太阳光线以 h 高度角倾斜地照射到其上面,在单位面积上单位时间所接收到的太阳辐射强度为 I'。引一垂直于太阳光的平面 AC,其面积为 S(图 4.13),在此垂直接受辐射面上的太阳辐射强度为 I,则到达水平面 AB 与垂直接受射面 AC 上的辐射量,将分别等于 $I'S'$ 和 IS,显然两者的辐射量是相等的,即

$$I'S'=IS \tag{4.38}$$

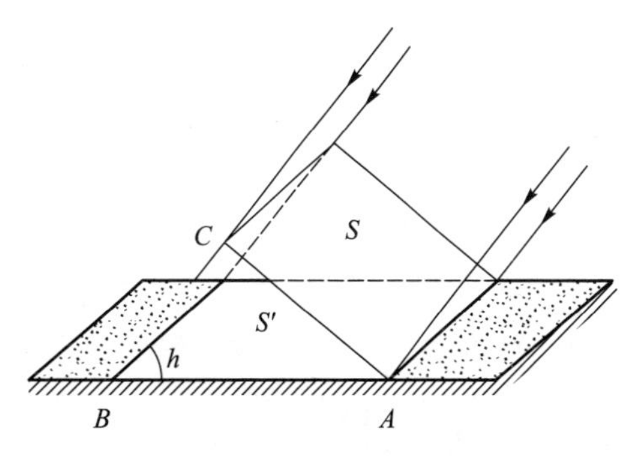

图 4.13　朗伯定律图示

由图 4.13 可以看出

$$\frac{S}{S'}=\frac{AC}{AB}=\sin h \tag{4.39}$$

则

$$I'=I\sin h \tag{4.40}$$

式(4.40)即为朗伯定律。即在太阳高度为 h 时,单位面积上所获得的太阳能为 $Q_s=I\sin h$。再考虑到日地距离的影响,那么每单位时间落到大气上界任意地点的单位水平面上的天文辐射能量为

$$\frac{\mathrm{d}Q_s}{\mathrm{d}t}=\frac{I_0}{\rho^2}\sin h \tag{4.41}$$

将式(4.37)代入式(4.41),则得

$$\frac{\mathrm{d}Q_s}{\mathrm{d}t}=\frac{I_0}{\rho^2}(\sin\varphi\sin\delta+\cos\varphi\cos\delta\cos\omega) \tag{4.42}$$

由式(4.42)可以求出地球上任一地点、在任一天的太阳辐射在大气上界的射入量(天文辐射)的日变化,以及一年中任一天任一时刻大气上界的天文辐射强度。

(3) 白昼长度

白昼长度指从日出到日没的时间间隔。如果以 $-\omega_0$ 为日出的时角,以 ω_0 为日没的时角,则有

$$\cos\omega_0=-\tan\varphi\tan\delta \tag{4.43}$$

因日出、日没的时角绝对值相等，所以 $2\omega_0$ 就是白昼长度，也就是天文辐射中的可照时间。它是随地理纬度和太阳赤纬而变化的。

要计算任一地点在一天内 1 m^2 水平面上天文辐射的总能量，可将式(4.42)对时间积分，得到

$$Q_s=\frac{T I_0}{\pi \rho^2}(\omega_0 \sin\varphi\sin\delta+\cos\varphi\cos\delta\sin\omega_0) \quad (4.44)$$

式中：T 为 1 日长度(24 h=1 440 min)；$T/\pi=458.4$；太阳赤纬 δ；日地相对距离 ρ 和时角 ω_0 都可由天文年历中查得。因此，根据式(4.44)可以计算出地球的某纬度在某日的天文辐射日总量 Q_s。

在式(4.44)中，δ 和 ρ 仅取决于一年中的季节，ω_0 则取决于纬度和季节，因此太阳辐射的理论分布值 Q_s 取决于纬度和季节的变化。不同纬度天文辐射的年变化如图4.14所示，全球天文辐射的时空变化如图 4.15 所示。

由图 4.14 和图 4.15 可以看出，全球的天文辐射具有以下 4 个特征：

① 天文辐射能量的分布完全是因纬度和季节而异的。全球获得太阳辐射能最多的地方是赤道，随着纬度增高，太阳辐射能逐渐减少，最小值出现在极点，仅及赤道的 40%。这种能量的不均匀分布，必然使地球表面各纬度带之间的气温产生差异，形成热带、温带、寒带等气候带。

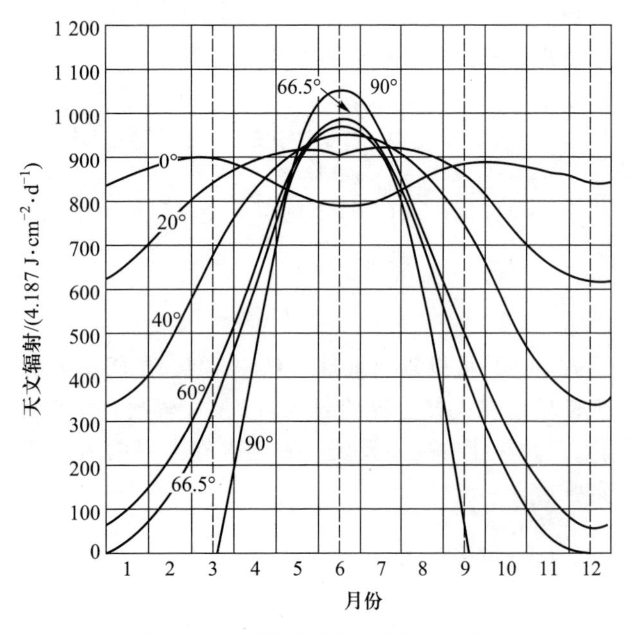

图 4.14　不同纬度的天文辐射变化

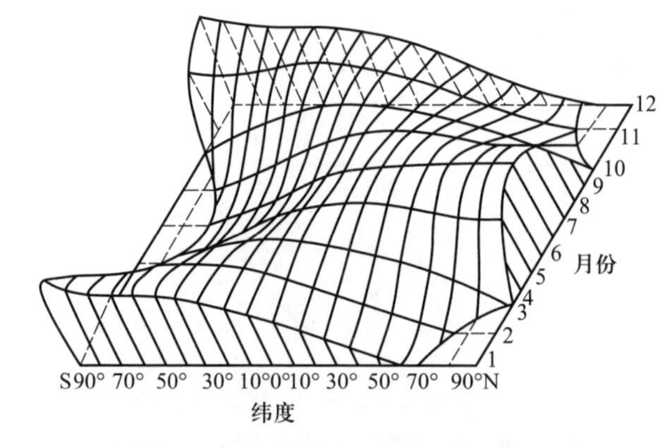

图 4.15　全球天文辐射时间与空间变化

② 夏半年获得天文辐射量的最大值在 20°~25°的纬度带上，由此向南、向北，两极逐渐减少，最小值在极地。这是因为在赤道附近太阳位于或近似位于天顶的时间比较短，而在回归线附近的时间比较长。同时，在此纬度带(回归线附近)，夏季白昼长度比赤道长。受太阳高度角和白昼长度的共同影响，使“热赤道”北移(北半球)。由于夏季白昼长度随纬度的增高而增长，所以天文辐射随纬度的增高而递减的程度减缓，甚至在夏季的一定时间里，到达极地的天文辐射量还大于赤道。

③ 冬半年北半球获得天文辐射最多的是赤道。随着纬度的增高，正午太阳高度角和白昼长度都迅速递减，天文辐射量也迅速减小，到极地为零。在极圈之内，极夜期间天文辐射为零。

④ 南北半球天文辐射总量是不对称的，南半球夏季各纬度带日辐射总量大于北半球夏季相应各纬度带的日辐射总量。相反，南半球冬季各纬度带的日辐射总量又小于北半球冬季相应各纬度带的日辐射总量。这是日地距离有差异的缘故。

4.2.3　太阳辐射在大气中的衰减

太阳辐射通过大气后到达地表。由于大气对太阳辐射有一定的吸收、散射和反射作用，使投射到大气上界的太阳辐射不能完全到达地面，所以在地球表面所获得的太阳辐射强度比太阳常数 1 367 $W\cdot m^{-2}$ 小得多。

图 4.16 表明，太阳辐射穿过大气时受到减弱的光谱变化情况。对比曲线 1 和曲线 5 可以看出，太阳辐射穿过大气后的光谱主要变化有：① 总辐射能明显地减弱；② 辐射能随波长的分布变得极不规则；③ 波长短的辐射能减弱得更为显著。

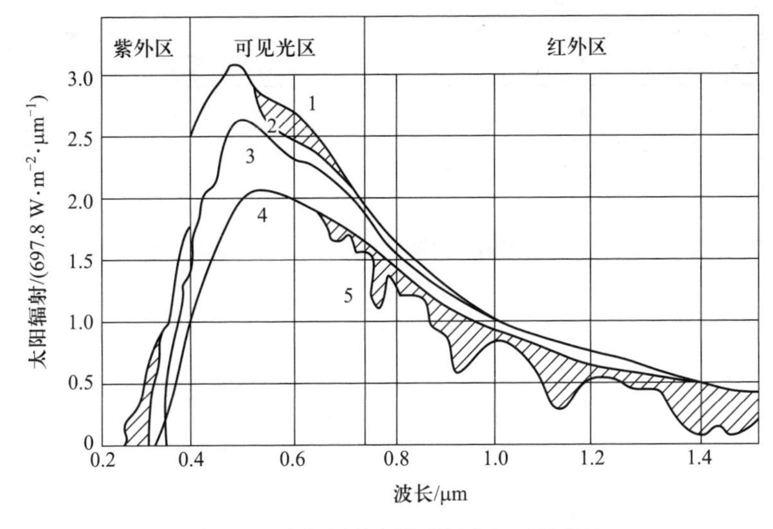

图 4.16 太阳辐射光谱穿过大气时的变化

1—大气上界太阳辐射光谱;2—臭氧层下的太阳辐射光谱;3—同时考虑到分子散射作用的光谱;4—进一步考虑到粗粒散射作用后的光谱;5—将水汽吸收作用也考虑在内的光谱,可近似地看成是地面所观测到的太阳辐射光谱

(1) 大气对太阳辐射的吸收

大气中吸收太阳辐射的成分主要有水汽、臭氧、液态水及固体杂质等。太阳辐射被大气吸收后变成了热能,因而使太阳辐射减弱。臭氧在大气中的含量很少,但对太阳辐射能量的吸收很强。在 0.2~0.3 μm 为一强吸收带,使得小于 0.29 μm 的辐射(紫外线)被臭氧吸收,不能到达地面。在 0.6 μm 附近又有一宽吸收带,吸收能力虽然不强,但因位于太阳辐射最强烈的辐射带里,所以吸收的太阳辐射量相当多。水汽在可见光区和红外区虽然都有不少吸收带,但吸收最强的是在红外区的 0.93~2.85 μm 的几个吸收带。液态水的吸收带比水汽更强,其吸收带的波长比水汽吸收带偏向长波方向。因为水汽和液态水对太阳辐射能吸收最强波段位于短波部分,因此大气中的水汽对太阳总辐射能的吸收量并不多,因大气的水汽吸收,太阳辐射大约可减弱 4%~15%。悬浮在大气中的尘埃等固体杂质,也能够吸收一部分太阳辐射,但其吸收量甚微。只有当大气中尘埃等杂质很多(如有沙尘暴、烟幕或浮尘)时,吸收才比较显著。

由于大气中的主要吸收物质(臭氧和水汽)对太阳辐射的吸收带都位于太阳辐射光谱两端能量较小的区域,因而对太阳辐射的减弱作用不是很大。也就是说,大气可直接吸收的太阳辐射并不多,特别是对于对流层大气来说,太阳辐射不是大气的主要直接热源。

(2) 大气对太阳辐射的散射

当太阳光通过密度或折射率不均匀分布的介质时,除在光的传播方向外,在其他方向也可见到光,这种现象称为光的散射(ray scattering)。在传播方向之外的光称为散射光(scattering light)。太阳辐射通过大气遇到空气分子、尘埃、云滴等质点时,都要发生散射。但散射并不像吸收那样把辐射转变为热能,而只是改变辐射的传播方向,使太阳辐射以质点为中心向四面八方传播。因而太阳辐射经过散射,一部分就不能传播到陆地表面。空气中的散射可以分为两种,即分子散射(molecular scattering)和粗粒散射(large-particle scattering)。

① 分子散射:分子散射是太阳辐射遇到直径比其波长小的空气分子时发生的散射,辐射的波长愈短,散射能力越强,对于光的分子来说,散射能力与波长的 4 次方成正比,这种散射是有选择性的,也叫瑞利散射(Rayleigh scattering)。因此,当太阳辐射通过大气时,由于空气分子散射的结果,波长较短的光被散射的更多。雨后晴天,天空呈现为青蓝色,就是因为太阳辐射中青蓝色波长较短,容易被大气散射的缘故。分子散射还有一个特点,质点散射对于其光学特性来说是对称的球形,如图 4.17a 所示,在光线射入的方向($\varphi=0°$)及相反的方向($\varphi=180°$)上的散射比垂直于射入光线方向上($\varphi=90°$及 $\varphi=270°$)的散射量大 1 倍。图 4.17a 中由极点到外围曲线的向径长度是假定的比例,表示此方向上所散射的总能量。

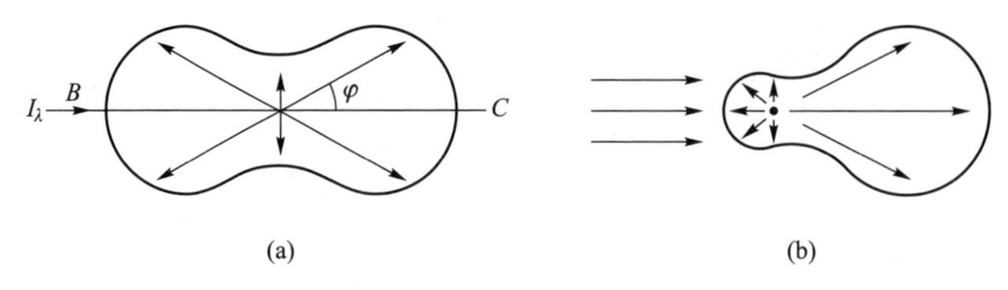

图 4.17 大气对太阳辐射的散射:(a) 分子散射;(b) 粗粒散射

② 粗粒散射:太阳辐射遇到悬浮在空气中的尘埃、烟尘、水滴等比光的波长尺度大的粗粒时,散射就失去了对称的形式,而沿射入光的前方伸长。图 4.17b 是粗粒(水滴)散射的一种常见形式。在此种粗粒散射下,在射入光方向上的散射能量,分别超过了在射入光线的相反方向及其垂直方向能量的 2.37 及 2.85 倍。散射质点愈大,这种偏对称的程度愈强。粗粒散射是没有选择性的,即辐射的各种波长都同样地被散射。这种散射称粗粒散射,也称漫散射(Mie scattering)。当空气中存在较多的尘埃或雾粒,一定范围的长短波都被同样地散射时,则使天空成灰白色。

(3) 大气的云层和尘埃对太阳辐射的反射

大气中云层和较大颗粒的尘埃能将太阳辐射中一部分能量反射到宇宙中去。其中云的反射作用最为显著,太阳辐射遇到云时被反射一部分或大部分。反射对各种波长没有选择性,所以反射光成白色。云的反射能力随云状和云的厚度而不同,高云反射率约 25%,中云为 50%,低云为 65%,稀薄的云层也可反射 10%~20%。随着云层增厚反射增强,厚云层反射可达 90%,一般情况下云的平均反射率为 50%~55%。

4.3 大气圈的辐射平衡

4.3.1 大气圈的辐射平衡概述

行星在热平衡当中摄入的热量主要是太阳辐射。行星的平均半径记为 r_p,那么辐射到行星的太阳辐射量与行星的大圆面积 πr_p^2 成正比。假设地球与太阳的平均距离为 L_0,即一个天文单位(L_0 = 1.49597870×10^{11} m),那么与太阳光线垂直的单位面积上所接受的太阳辐射能量 I_0 即定义为太阳常数 I_0 = 1 367 W·m^{-2},离太阳的距离越远,单位面积所接受的太阳辐射能量就越少,从简单的几何学角度来分析,在距离太阳为 L 处,与太阳光线垂直的单位面积所接受的太阳辐射能 Q 为

$$Q = I_0 (L_0/L)^2 \tag{4.45}$$

因此,行星所接受的太阳辐射能量为 $\pi r_p^2 I_0 (L_0/L)^2$,把对于太阳辐射的平均反射率(albedo)记为 A_1,那么行星所吸收的太阳辐射量可用下式表示:

$$Q_{IN} = (1-A_1)\pi r_p^2 I_0 (L_0/L)^2 \tag{4.46}$$

行星也同样以辐射的方式向外辐射热能,与太阳的温度 6 000 K 相比,行星的温度非常低,所以它的辐射能主要是红外线。根据热力学原理,假设物体的表面温度为 T_e 的话,单位面积所放出的能量为 $\varepsilon_{rad}\sigma T_e^4$,$\sigma$ = 5.670 51×10^{-8} W·m^{-2}·K^{-4},ε_{rad}称为辐射率,一般 $0 \leqslant \varepsilon_{rad} \leqslant 1$。对于红外线来说,玻璃、水面和起伏较大表面的 ε_{rad}接近 1,这里把它假定为 1。因为行星的表面积为 $4\pi r_p^2$,所以行星放出的能量为

$$Q_{OUT} = 4\pi r_p^2 \sigma T_e^4 \tag{4.47}$$

因为行星从太阳获得的辐射能 Q_{IN} 与行星所放出的辐射能 Q_{OUT} 相等,所以 T_e 可由下式给出:

$$T_e = \sqrt[4]{\frac{(1-A_1) I_0 L_0^2}{4\sigma}} \frac{1}{\sqrt{L}} \tag{4.48}$$

由此所决定的 T_e 称为行星的有效辐射温度(effective radiation temperature)。图 4.18 表示了各种行星有效辐射温度与实际观测到的地表温度的关系。

如式(4.48)所示,这个温度与离开太阳的距离的平方根($L^{1/2}$)成反比。实线是按所有行星的反射率等于火星的反射率 0.16 计算的有效辐射温度,实线的有效温度与各个行星的有效温度的差是由行星的反射率的差异所造成的。

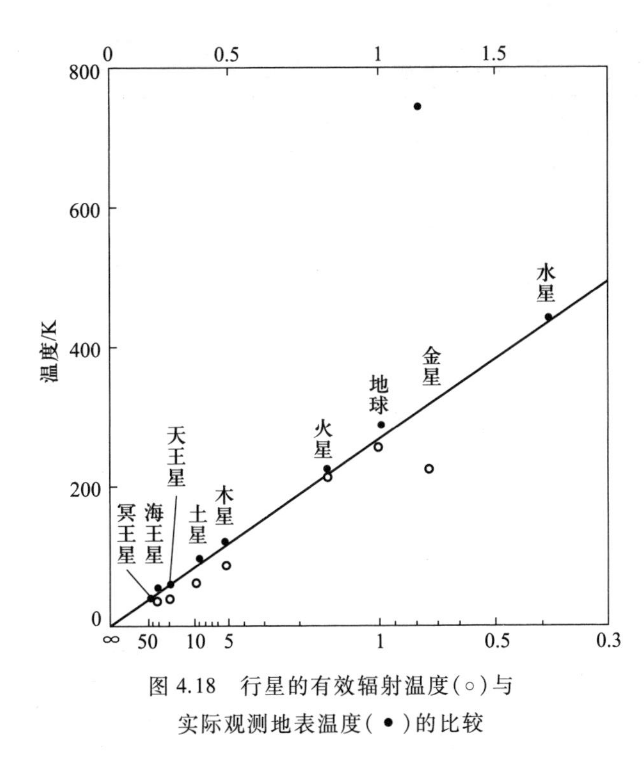

图 4.18 行星的有效辐射温度(○)与实际观测地表温度(●)的比较

图 4.18 中，木星型行星地表温度是从地球上所看到的云的温度，而地球型行星则是固体表面温度的平均值，实际的地表温度比由辐射平衡所决定的有效温度大约高 50 K。

对地球而言，实际表面温度高数十度(K)。在火星也略微高些，对几乎没有大气的水星而言，有效辐射温度与地表温度是一致的。有效辐射温度比地面温度高的主要原因是温室效应(green house effect)造成的。对于金星和火星而言，CO_2 的温室效应起到了很大的作用，而对于地球，水蒸气也具有重要的作用。

4.3.2 辐射平衡与时间常数

在决定有效辐射温度的时候并没有考虑伴随行星自转的日变化，仅仅是依据辐射平衡来计算的。不仅辐射平衡，一般的自然现象都会随着时间而变化，从某一种状态变化到另外一种状态需要的时间 t_s，通常称为时间常数(time constant)，也把 t_s 称为缓和时间(relaxation time)。时间常数的确定因各种现象的物理过程而不同，所以精确地计算是十分困难的。首先，我们假定行星大气的温度与有效辐射温度达到平衡，太阳辐射不被吸收，仅仅以红外辐射的方式向大气中释放热能，为了使问题简单化，这里也忽略行星固体部分所具有的热能，大气的厚度用等密度大气尺度的高度 H_h，大气的体积为 $4\pi r_p^2 H_h$，大气所具有的总能量可以由 $4\pi r_p^2 H_h \rho c_p T_e$ 来近似。散失的红外辐射能为 $4\pi r_p^2 \sigma T_e^4$，那么大气所具有的所有热能以红外辐射的方式散失的时间即为时间常数 t_s：

$$t_s = \frac{4\pi r_p^2 H_h \rho c_p T_e}{4\pi\ r_p^2 \sigma T_e^4} = \frac{H_h \rho c_p T_e}{\sigma T_e^4} \tag{4.49}$$

如果用式(4.48)来计算的话，时间常数为

$$t_s = \frac{H_h \rho c_p T_e}{I(1-A_1)} \tag{4.50}$$

根据表 4.1 的估算值，火星的时间常数小。由于辐射的昼半球变热，夜间也会急速变冷，火星的昼夜温差大约在 100 K，地球的平均日温度差异不过几度(K)。

对于温度变化的详细讨论，应该考虑对流的时间常数，另外对一般的物理过程的时间变化，仅仅用一个数字来表示是不严格的。根据时间常数，考虑几个物理过程的时间变化的时候，这些时间常数的微小差异并不重要，t_s 通常用 10^n 来表示(n 为整数)，而 n 的大小所表现的差异是重要的。

4.4 大气中辐射传输的基本法则

因为地球辐射在大气当中是不等方向的，所以不能满足基尔霍夫定律成立的条件，可是在平流层以下的局部大气层中能量的收支是因为空气中分子的撞击而进行的，温度均一，辐射场也可以近似为是等方向的，可以认为热力学的辐射平衡成立，称为局部热力学平衡(local thermal balanace)。辐射率和吸收率因频率变化而变化，并且也因 H_2O 和 CO_2 等物质的特征完全不同，所以辐射的传输问题十分复杂。这里为了简化起见，把大气层看作为发射系数和吸收系数不因频率而变化的灰色大气。那么，下列方程成立：

$$\frac{dI}{a\rho_{rad} dl} = -I + J \tag{4.51}$$

式中：I 为直达光；J 为辐射源函数。在上述两个假设条件下，以下两个辐射传输基本法则成立。

表 4.1 地球和其他行星特征的一些重要常数的比较

	水星	金星	地球	火星
大气质量/(10^4 kg·m^{-2})	—	100	1.02	0.001 6
大气热能/(10^9 J·m^{-2})	—	190	2.6	0.002 9
辐射能/(J·m^{-2}·s^{-1})	—	143	240	123
时间常数	—	42 a	130 d	2.7 d
星体质量/(10^{26} kg)	3.289	48.7	59.8	6.43
自转周期/d	58.65	243	0.997 3	1.026 0
公转周期/d	87.99	224.7	365.26	687
与太阳的平均距离/(10^6 km)	57.9	108.2	149.6	227.9
赤道半径/km	2 439	6 052	6 378	3 397
平均半径/km	2 439	6 052	6 371	3 391
表面气压/hPa	—	约 10^{15}	约 10^3	约 10
表面温度/K	—	720	280	180
自转倾角/(°)	0	177.3	23.44	25.19
扁率	0	0	0.003 35	0.005 2
体积(地球=1)	0.056	0.857	1	0.151
密度/(g·cm^{-3})	5.43	5.24	5.515	3.93
卫星数	0	0	1	2
最大卫星的半径(母行星=1)	—	—	0.272	0.029~0.041
赤道重力(地球=1)	0.38	0.91	1.0	0.38
离心速度/(km·s^{-1})	4.25	10.36	11.18	5.02
反射率	0.06	0.78	0.30	0.16
太阳常数比*	6.67	1.91	1	0.43
有效辐射温度/K	441	224	255	216
平均地表面温度/K	441	735	288	230
表面气压/(10^5Pa)	0	90	1	0.006
单位面积大气的质量/(10^4kg·m^{-2})	0	100	1.02	0.016
大气的平均分子量	—	43.4	28.961	43.5
比气体常数/(m^2·s^{-2}·K^{-1})	—	191	287	191
大气定压比热/(m^2·s^{-2}·K^{-1})	—	842	1 004	836
干绝热递减率/(K·km^{-1})	—	10.6	9.77	4.4
高度/km	—	15.8	8.45	11.8
极小气温/K	—	160~180	180~190	~120
极小气温的高度/km	—	90~100	80~90	~110
热圈温度/K	—	110~300	600~1 500	120~140

* 垂直于太阳的单位面积接受的辐射密度与地球的太阳常数(I_0 = 1 370W·m^{-2})的比值。

4.4.1 比尔-布格-兰伯特法则

在没有辐射放出的情况下(如在大气和水中),可以将太阳辐射看作只有直射光,可忽略散射光(可以看作没有太阳辐射的发射)。这时,式(4.51)的辐射源函数可以不考虑,那么,对式(4.51)积分,可由下式给出辐射强度随传输距离的变化为

$$I = I_0 \exp\left(-\int_0^l a\rho_{\text{rad}} \mathrm{d}l\right) \tag{4.52}$$

进一步定义光学距离(optical distance)x 为

$$x \equiv \int_0^l a\rho_{\text{rad}} \mathrm{d}l \tag{4.53}$$

那么,式(4.52)简化为

$$I = I_0 \exp(-x) \tag{4.54}$$

这就是比尔-布格-兰伯特法则(Beer-Bouguer-Lambert law)。这一法则表述的物理意义是,在没有辐射放出的情况下,太阳辐射量随着光学距离的增加呈指数衰减。利用这一法则,吸收率 A_{rad} 可以表示为

$$A_{\text{rad}} = 1 - \exp(-x) \tag{4.55}$$

4.4.2 施瓦西方程和灰色大气的辐射传输方程

在处理大气中的红外辐射传输的时候,公式(4.51)的辐射源函数 J 可以用式(4.26)的普朗克函数 B_{rad} 置换,则得到式(4.51)的转换形式为

$$\frac{\mathrm{d}I}{a\rho_{\text{rad}} \mathrm{d}l} = -I + B_{\text{rad}} \tag{4.56}$$

这称为施瓦西方程(Schwarzschild equation)。对于大气而言,因为垂直方向的辐射传输更为重要,从大气顶端所测得的距离 $z^{\downarrow}$,用光学距离 x 表示,即

$$\mathrm{d}x = a\rho_{\text{rad}} \mathrm{d}z^{\downarrow},\ \mathrm{d}z^{\downarrow} = \cos\theta \mathrm{d}l \tag{4.57}$$

虽然大气的顶端应从何处计算还存在疑问,但是现实中,大气对辐射的吸收、放出,有关物质的分布高度不应该是无限制的。对于 H_2O 而言,可以考虑为对流层的下部,CO_2 为中间层就足够了。可以根据这些物质的存在范围,来决定大气上端的位置。把式(4.57)代入(4.56)中,像定义辐射通量密度那样,乘上 $\cos\theta$,在半球上积分,即 $\cos\theta \mathrm{d}\omega = \cos\theta \sin\theta \mathrm{d}\theta \mathrm{d}\varphi$ 积分来评价。

首先对向下的辐射亮度(强度)积分可得

$$\int_{\varphi=0}^{2\pi}\int_{\theta=0}^{\pi/2} \frac{\mathrm{d}I^{\downarrow}}{a\rho_{\text{rad}} \mathrm{d}z^{\downarrow} \sin\theta \cos^2\theta \mathrm{d}\theta \mathrm{d}\varphi} = -F^{\downarrow} + \pi B_{\text{rad}} \tag{4.58}$$

再对左边进行积分的话,可以得到

$$-\frac{\mathrm{d}F^{\downarrow}}{\mathrm{d}x^*} = F^{\downarrow} - \pi B_{\text{rad}} \tag{4.59}$$

式中:x^* 本质上与式(4.53)的光学距离相同,但是,它是从大气顶端向下的距离,所以通常称为光学深度(optical depth)。从大气下端向上测定时,称为光学厚度(optical thickness)。另外,上标 * 表示公式(4.57)的 $\cos\theta$ 系数为 1.5。所以 x^* 可表示为

$$x^* \equiv 1.5 \int_0^{z^{\downarrow}} a\rho_{\text{rad}} \mathrm{d}z^{\downarrow} \tag{4.60}$$

向上的辐射通量密度也同样可以得到

$$\frac{\mathrm{d}F^{\uparrow}}{\mathrm{d}x^*} = F^{\uparrow} - \pi B_{\text{rad}} \tag{4.61}$$

4.4.3 辐射平衡解

辐射通量密度和大气层加热率的关系如图4.19所示,可以表示为

$$\rho c_p \frac{\mathrm{d}T}{\mathrm{d}t} = -\frac{\mathrm{d}}{\mathrm{d}z}(F^{\uparrow} - F^{\downarrow}) \tag{4.62}$$

式中:ρ 和 c_p 为空气密度和定压比热,在平衡状态下,$\mathrm{d}T/\mathrm{d}t = 0$,所以有

$$F^{\uparrow} - F^{\downarrow} \equiv F_{\text{net}} = \text{常量} \tag{4.63}$$

F_{net} 称为净辐射通量密度(net radiation flux density),通称为净辐射通量(net radiation flux)。

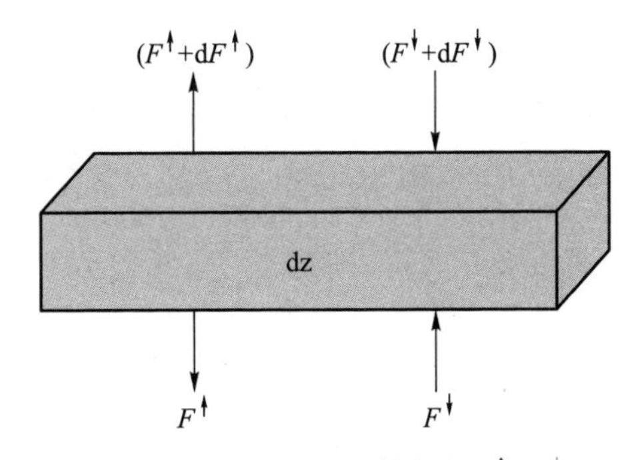

图 4.19 气层 dz 与辐射密度 $F^{\uparrow}$,$F^{\downarrow}$

另外，可以定义 F_{sum} 为

$$F_{sum} \equiv F^{\uparrow} + F^{\downarrow} \tag{4.64}$$

用 F_{net} 和 F_{sum}，可以将辐射传输方程(4.59)和方程(4.61)表示为

$$\frac{dF_{sum}}{dx^*} = F_{net} \tag{4.65}$$

$$\frac{dF_{net}}{dx^*} = F_{sum} - 2\pi B_{rad} \tag{4.66}$$

因为平衡状态下净辐射通量密度 F_{net} 为常量，由式(4.66)可得

$$F_{sum} = 2\pi B_{rad} \tag{4.67}$$

对式(4.65)积分，代入 $F_{sum}=2\pi B_{rad}$，得

$$B_{rad} = \frac{F_{net}}{2\pi}x^* + C(\text{积分常数}) \tag{4.68}$$

在大气上端 $x^*=0$，$F^{\downarrow}=0$，所以，$F_{net}=F_{sum}$，利用式(4.68)，积分常数 $C=F_{net}/(2\pi)$，可得

$$B_{rad} = \frac{F_{net}}{2\pi}(x^*+1) \tag{4.69}$$

对于任意 x^*，则有

$$F_{net} + F_{sum} = 2F^{\uparrow} \tag{4.70}$$

假定地表的温度为 T_g，在大气下端，$x^*=x_0^*$，那么 $F=\pi B_{rad}(T_g)$，用这一结果与式(4.67)和式(4.70)，设接近地表的大气温度为 T_0，那么，

$$B_{rad}(T_g) - B_{rad}(T_0) = \frac{F_{net}}{2\pi} \tag{4.71}$$

这一结果表示，大气的下端和地表面之间，黑体辐射函数的温度变化是不连续的。当 x^* 等于地表的光学深度 x_0^* 时，$B_{rad}(T_0)$ 就为式(4.68)的解。另外，当 $x^*=0$，即在大气上端 $F_{net}=F^{\uparrow}$，它等于入射太阳辐射量，对应于有效辐射温度的红外辐射量 $\pi B_{rad}(T_e)$ 相等(图4.20)，则可得到下列结果，

$$B_{rad}(T) = \frac{B_{rad}(T_e)}{2}(x^*+1) \tag{4.72}$$

$$B_{rad}(T_0) = \frac{B_{rad}(T_e)}{2}(x_0^*+1) \tag{4.73}$$

$$B_{rad}(T_g) = \frac{B_{rad}(T_e)}{2}(x_0^*+2) \tag{4.74}$$

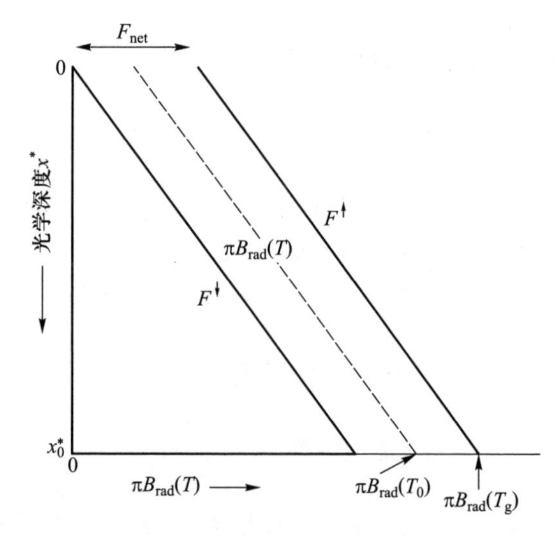

图4.20 辐射平衡条件下的气层辐射密度 $F^{\uparrow}$，$F^{\downarrow}$

现实的地球平均吸收 $I_0/4=342.5\ \mathrm{W\cdot m^{-2}}$ 的太阳辐射量，其中的114%是以红外辐射方式从地面辐射。另外，显热和潜热输送量的和为29%，如果假定加上红外辐射量达到辐射平衡的话，那么，从地表放出的红外辐射量为143%，即 $B_{rad}(T_g)=489.8\ \mathrm{W\cdot m^{-2}}$，如果用有效辐射温度 $T_e=255$ K，根据式(4.74)计算得到的地表面的光学深度 $x_0^*=2.086$。相反，假定 $x_0^*=2$，根据式(4.73)和(4.74)来计算 $B_{rad}(T_0)$ 和 $B_{rad}(T_g)$，则 $B_{rad}(T_0)=359.61\mathrm{W\cdot m^{-2}}$，$B_{rad}(T_g)=479.48\ \mathrm{W\cdot m^{-2}}$，进一步得到 $T_0=282.20$ K，$T_g=303.24$ K。T_0 作为地表面附近的温度比较容易理解，这是仅仅考虑了辐射平衡的解，T_0 只能意味着与 T_g 是不连续的大气下部的辐射平衡解的气温，在更为细致地分析决定地表附近温度的因素时，必须考虑积云对流和热对流等现象的影响。

4.5 辐射传输对大气温度的影响

4.5.1 大气层的辐射平衡温度与气温分布

厚度为 Δh_{rad}，密度为 ρ 的大气层将以发射率 ε_{rad} 来吸收或发射辐射(图4.21)。当这个气层的辐射平衡温度与气温仅仅相差 ΔT 时，在其恢复到原来的平衡状态时就有下列方程成立

$$\begin{aligned} c_p\rho\Delta h_{rad}\frac{d\Delta T}{dt} &= -2\{\varepsilon_{rad}\sigma(T+\Delta T)^4 - \varepsilon_{rad}\sigma T^4\} \\ &\approx -8\,\varepsilon_{rad}\sigma T^3\Delta T \end{aligned} \tag{4.75}$$

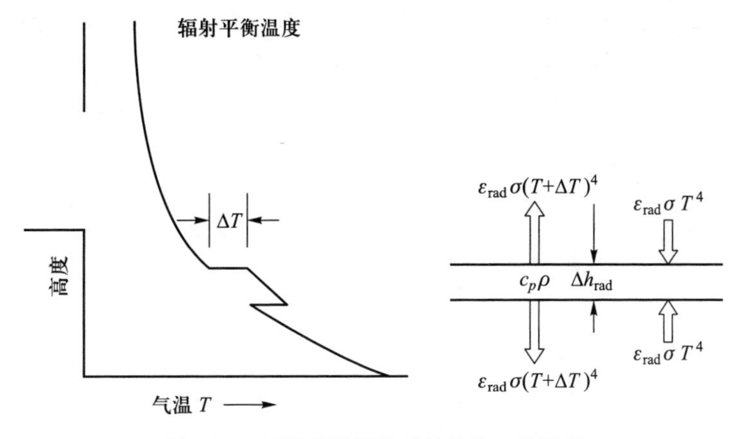

图 4.21 辐射平衡解的时间常数与热平衡

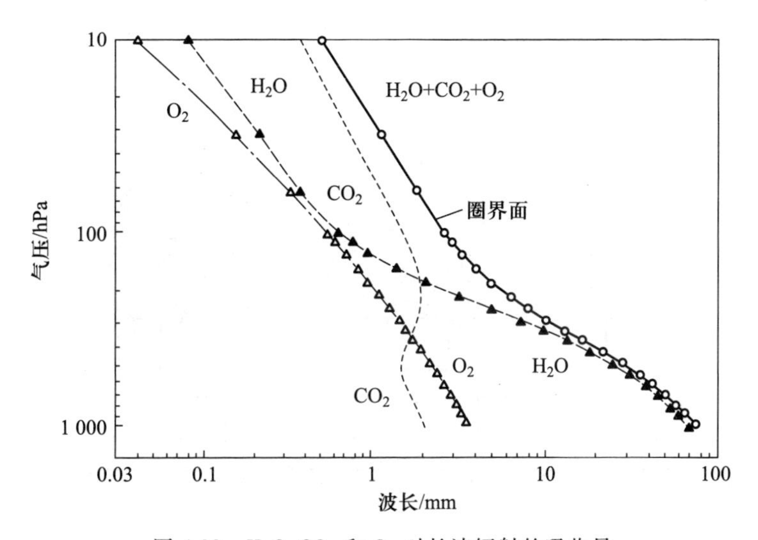

图 4.22 H_2O、CO_2 和 O_2 对长波辐射的吸收量

当 $C_t=c_p\rho\Delta h_{rad}/(8\varepsilon_{rad}\sigma T^3)$，$\Delta T=(\Delta T)_0\exp(-t/C_t)$ 时，时间常数 $t_s\approx 3C_t$。标准大气在高度 4 km 的密度$\rho=0.82\ \mathrm{kg\cdot m^{-3}}$，$\Delta h_{rad}$采用尺度高度 $\Delta h_{rad}\approx 8$ km，则 $z=4$ km 的辐射平衡温度 $T=227.66$ K，时间常数为 $t_s=42.7/\varepsilon_{rad}(\mathrm{d})=43(\mathrm{d})$。这个时间常数比表 4.1 中与有效辐射温度相关的辐射时间常数要小。

为了确定辐射平衡解的气温高度分布，必须知道光学深度 x^* 和高度的关系。对于辐射吸收和放出具有重大意义的气体是 H_2O 和 CO_2，在对流层 H_2O 的效果更大。图 4.22 是 H_2O 和 CO_2 的吸收量的计算例子。在对流层内，H_2O 起到主导性的作用，CO_2 直到中间层界面与 N_2 和 O_2 相同，其分压比几乎不因高度而变化。这里如果用尺度高度来表示高度分布的话，CO_2 的尺度高度可以认为大约为 8 km，与此相应，H_2O 随着温度的下降而凝结，所以随着高度的变化，水蒸气量急速减小。

如果用尺度高度来表示的话，H_2O 的尺度高度大约为 2 km。由此，可以用尺度高度 $h_{rad}=2$ km 来表示 ρ_{rad}的分布高度，即

$$x^*=x_0^*(-z/h_{rad}) \tag{4.76}$$

从给出 B_{rad}的公式(4.72)和光学深度 x^*，从公式(4.76)的关系来看，辐射平衡解时的温度随高度的分布为图 4.23。下层温度的递减率大，当 $x_0^*=2$ 时，与干绝热递减率 Γ_d 和标准气温递减率 Γ_s 相等的高度分别为2 804 m和 3 833 m，如果假设实际气温递减率比标准气温递减率 Γ_s 大时为不稳定情况，那么辐射平衡解的温度分布大约在到达对流圈的中部附近就开始不稳定了。图 4.24 为随着光学深度的变化辐射平衡解的气温递减率 Γ_{rad}与干绝热递减率、标准气温递减率相等时的高度变化。

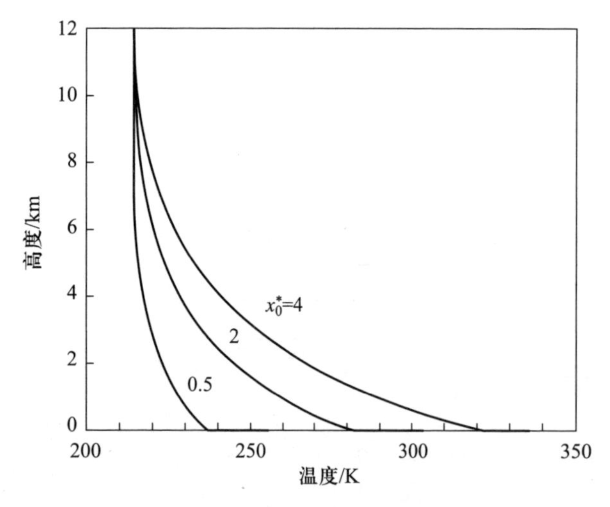

图 4.23　辐射平衡解时的气温垂直分布

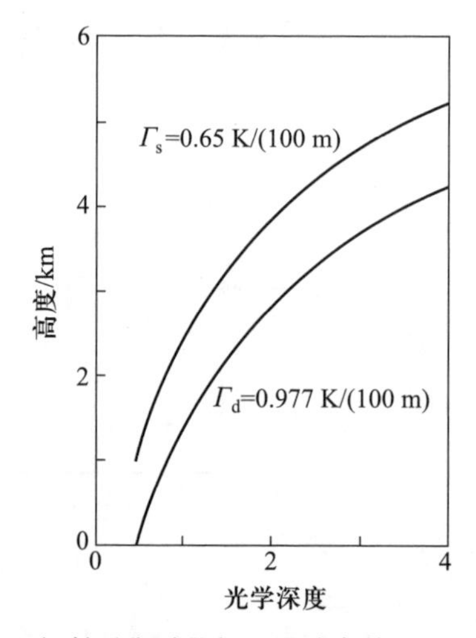

图 4.24　辐射平衡时的气温递减率等于干绝热递减率 Γ_d、标准气温递减率 Γ_s 时的高度变化

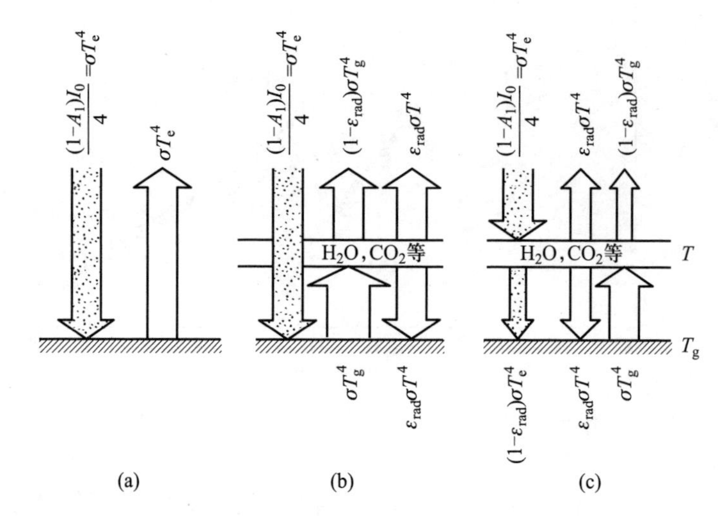

图 4.25　温室效应的单层模型和吸收与放出特性：(a) 无温室气体；(b) 有温室气体，且地表温度不等于有效辐射温度；(c) 有温室气体，且地表温度等于有效辐射温度

4.5.2　辐射吸收的温室效应

如果把太阳辐射和地球辐射分开求平衡解，地表温度可以由式(4.74)给出，对于 $x_0^*=2$ 的地表温度，$T_g=303.24$ K，如果大气中没有吸收长波辐射的物质，则 $x_0^*=0$，$T_g=255$ K，它与有效辐射温度相等。吸收长波辐射的物质越多，x_0^* 就越大，地面温度和辐射平衡解的气温也就升高，这种现象称为温室效应。

温室效应的热平衡可以简单地用图 4.25 描述，由图可见温室效应只是在图 4.25b 的情况下发生。图 4.25a 因为没有温室效应气体，所以不可能发生温室效应，这时 $T_g=T_e$。

太阳辐射与地球辐射的吸收与放出的性质相同时，可以用统一的光学深度 x_0^* 来表示。这时大气上端的($x_0^*=0$)，$F^{\downarrow}=(1-A_1)I_0/4=\sigma T_e^4$，当地表温度 T_g 等于有效辐射温度 T_e，即使有吸收辐射的温室效应气体，如果对于太阳辐射和长波辐射的吸收与放出性质相同，也不会产生温室效应(图 4.25c)。

最近，作为环境问题被广泛重视的温室效应气体是 CO_2。其实，在对流层表现出更强烈的温室效应的气体为 H_2O，地球大气的 CO_2 分压只不过0.3%左右，远远少于 H_2O。之所以 CO_2 得到广泛的重视是因为在地球的温度条件下 CO_2 不能凝结，地球大气本身不具备抑制人为排放 CO_2 所引起的大气 CO_2 分压升高的机制。而与此相反，H_2O 很容易凝结，所以可以通过降雨或降雪的形式从大气中自然去除，能够自我抑制大气中 H_2O 分压的升高。

4.5.3 辐射冷却效应

在前节讨论了在太阳辐射到达地面的前提下长波辐射的平衡解。夜间，即使没有太阳辐射，地球表面依然会不断放出长波辐射，使地表温度下降，这种现象称为辐射冷却(radiative cooling)。不仅是地表面，近地表面的气温也会下降，有时把它也包含在辐射冷却之中。大气圈中大气的垂直输送主要有四种类型，其中对于辐射冷却产生影响的是因风引起的干绝热过程。一般情况下，太阳辐射强时，$d\theta/dz>0$，与地面附近相比，上空的位温高。在这里如果因风的作用产生空气混合，则上空位温高的空气就会向地表附近输送，而下层位温低的空气将会被输运到上空，因此风的作用将会把上空的显热向下运输，具有削弱辐射冷却的效果。此外，因为云可以向下放出长波辐射，如果云量多也可以减弱辐射冷却；夜间由于大气中的辐射传输也会产生直接的冷却作用，在本节的讨论中我们仅考虑在晴天无风的情况下地表面的长波辐射所造成的热能丢失而引起的地表面冷却问题。

在傍晚，把没有太阳辐射的时候作为初始时刻，那此时的时间记为 $t=0$。在 $t=0$ 时，地表温度记为 T_{g0}，地中的温度 T 与深度 $z^{\downarrow}$ 无关，为一定值 $T=T_{g0}$。冷却开始的地表温度为 T_g，则向上的辐射通量密度 $F^{\uparrow}$ 为

$$F^{\uparrow}=\sigma T_g^4 \tag{4.77}$$

向下的辐射通量密度 $F^{\downarrow}$ 不随时间而变化，根据向下的辐射通量 $F^{\downarrow}$ 可以定义下列温度

$$T_{min}\equiv\sqrt[4]{\frac{F^{\downarrow}}{\sigma}} \tag{4.78}$$

从 T_{min} 的定义式来看，T_{min} 实际的物理学意义并不明确，在以后的讨论中，我们将说明它与辐射冷却的关系。

白昼，大气因吸收太阳辐射而使它的气温升高，净辐射通量密度 $F_{net}=F^{\uparrow}-F^{\downarrow}=\sigma T_{g0}^4-\sigma T_{min}^4$ 为正值，由于辐射冷却 T_g 随 t 而变小，F_{net} 也逐渐变小，在 $t=0$ 时的净辐射通量密度记作为 $F_{net,0}$，则

$$F_{net,0}=\sigma T_{g0}^4-\sigma T_{min}^4 \tag{4.79}$$

为了给出辐射冷却问题严密的数学分析，有必要给出土壤中热传导方程。这里，仅仅从一些初步的微积分知识来考虑其解，为此，需要一些假定。如图 4.26 所示，首先假设地温分布 T 可以用下式来表示

$$T-T_{g0}=(T_g-T_{g0})\exp(-z^{\downarrow}/H_{soil}) \tag{4.80}$$

$z^{\downarrow}$ 为从地表开始测得的深度，H_{soil} 表示地温降低的深度尺度。

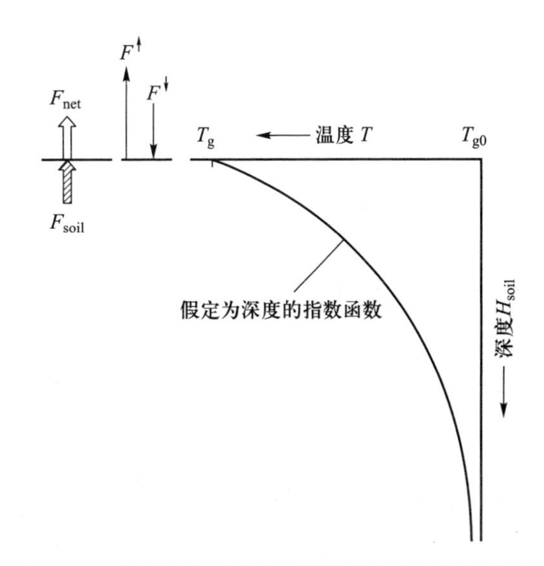

图 4.26 辐射冷却时的净辐射通量密度与地温分布

(1) 假定净辐射通量密度 F_{net} 不随时间变化

由于辐射冷却使地表温度下降，因此这个假设好像不可能成立。可是当实际的地表温度下降在数℃以内时，这一假设是可以比较好地成立的。基于这个假设，净辐射通量密度通常可以由 $F_{net,0}$ 给出，$F_{net,0}$ 应与从土壤中到地表的分子热传导所传输的热输送量 F_{soil} 相等。

$$F_{net}=F_{net,0}=F_{soil} \tag{4.81}$$

F_{soil} 是由地表附近的温度梯度所决定的。利用式(4.80)，可由式(4.82)给出

$$F_{soil}=\lambda_{soil}\left(\frac{dT}{dz^{\downarrow}}\right)_{z^{\downarrow}=0}\approx\frac{\lambda_{soil}(T_{g0}-T_g)}{H_{soil}} \tag{4.82}$$

因为假设净辐射通量密度不随时间变化，时间 t 期间从地表向大气放出的总热量 $tF_{net,0}$ 可以通过下式积分得到

$$\begin{aligned}tF_{net,0}=tF_{soil}&=c_{soil}\rho_{soil}\int_0^{\infty}(T_{g0}-T)\,dz^{\downarrow}\\&=c_{soil}\rho_{soil}H_{soil}(T_{g0}-T_g)\end{aligned} \tag{4.83}$$

式中：c_{soil}和ρ_{soil}表示土壤或积雪的比热和密度。根据式(4.82)和式(4.83)，可得

$$T_{g0}-T_g=F_{net,0}\sqrt{\frac{t}{c_{soil}\rho_{soil}\lambda_{soil}}} \tag{4.84}$$

$$H_{soil}=\sqrt{\frac{\lambda_{soil}}{c_{soil}\rho_{soil}}t} \tag{4.85}$$

由式(4.84)可知，辐射冷却所引起的地表面温度T_g的下降量与$t^{1/2}$成正比。随着时间的延长将无限制地下降，这是因为假设净辐射通量密度与时间无关系的结果。所以上述结论只能说仅在$T_{g0}-T_g$的数摄氏度范围内基本正确。实际上，如果$F_{net}=\sigma T_g^4-F^{\downarrow}=\sigma T_g^4-\sigma T_{min}^4=0$，辐射冷却将会停止。由辐射冷却所形成的最低温度为$T_g=T_{min}$，由式(4.78)，$T_{min}\equiv\sqrt[4]{F^{\downarrow}/\sigma}$可以称为最大可能的冷却温度。

另一个重要的是地温下降量与$(c_{soil}\rho_{soil}\lambda_{soil})^{1/2}$呈反比，它表示了当土壤的热容量乘以分子热传导率小的话就比较容易冷却，表4.2给出了主要表面物质的热容量、热传导率（近腾纯正，1987）的数值。由此可见，在有雪或者土壤干燥的时候容易冷却，湿润的土壤难于冷却。H_2O的热传导率虽然小，可是在H_2O与大气相同，容易引起蒸散的情况下，必须使用湍流的热传导率（$=c_{soil}\rho_{soil}\times$湍流扩散系数）来取代分子热传导率，所以实际上这个数值非常大，湖面的水温由于辐射冷却而下降的现象是几乎不存在的。

(2) 考虑净辐射通量密度减少的情况

在这种情况下，向上的辐射通量密度$F^{\uparrow}$可以用下式近似表示：

$$F^{\uparrow}=\sigma T_g^4=\sigma(T_{g0}+\Delta T)^4\approx\sigma T_{g0}^4\left(1+C_{rad}\frac{\Delta T}{T_{g0}}\right) \tag{4.86}$$

其中，$\Delta T\equiv T_g-T_{g0}$，

$$C_{rad}\equiv\frac{\sigma T_{g0}^4-F^{\uparrow}}{\sigma T_{g0}^4}\frac{T_{g0}}{T_{g0}-T_{min}} \tag{4.87}$$

如果利用通常的泰勒展开方法，则$C_{rad}=4$，式(4.87)定义$T_g=T_{min}$，即$\Delta T=T_{min}-T_{g0}$的时候，可以定义$F^{\uparrow}=F_{net}=0$，$T_{g0}=283.15\ \mathrm{K}$，$T_{min}=273.15\ \mathrm{K}$时，则$C_{rad}\approx3.973$。因为净辐射通量密度$F_{net}$与地中向地表传导的热输送量$F_{soil}$相等，可以得到

$$\begin{aligned}F_{net}&=\sigma T_{g0}^4\left(1+C_{rad}\frac{\Delta T}{T_{g0}}\right)-\sigma T_{min}^4\\&=F_{soil}=\lambda_{soil}\left(\frac{\mathrm{d}T}{\mathrm{d}z^{\downarrow}}\right)_{z^{\downarrow}=0}\\&=-\lambda_{soil}\frac{\Delta T}{H_{soil}}\end{aligned} \tag{4.88}$$

此外，在时间t期间内所损失的长波辐射通量密度总量为

表4.2 主要表面物质的热容量、热传导率（近腾纯正，1987）

陆面的类型	热容量 /($\times10^6\ \mathrm{J\cdot m^{-3}\cdot K^{-1}}$)	热传导率 /($\mathrm{W\cdot m^{-1}\cdot K^{-1}}$)	热容量与热传导率的积 /($\times10^6\ \mathrm{J^2\cdot m^{-4}\cdot s^{-1}\cdot K^{-2}}$)
干燥的砂地、黏土	1.3	0.3	0.39
湿润的砂地、黏土	3.0	2.0	6.0
轻的新雪	0.2	0.1	0.02
旧雪	0.8	0.4	0.32
冰(0 ℃)	1.93	2.24	4.32
静止的水(0 ℃)	4.18	0.57	2.38
静止的空气	0.0012	0.025	0.00003

$$\int_0^t F_{\text{net}}\mathrm{d}t=\int_0^t\left(F_{\text{net},0}+\frac{C_{\text{rad}}F_0^{\uparrow}}{T_{g0}}\Delta T\right)\mathrm{d}t \quad (4.89)$$

式中：$F_{\text{net},0}=\sigma T_{g0}^4-\sigma T_{\min}^4$，$F_0^{\uparrow}=\sigma T_{g0}^4$，是冷却开始 $t=0$ 的初始状态的净辐射通量密度和从地面发射的向上辐射通量密度，为一定值，与时间无关。把最大可能冷却量定义为 $(\Delta T)_{\max}=T_{g0}-T_{\min}$，从 $t=0$ 时刻到 t 时刻，从土壤中获取的热能可用下式积分计算

$$\begin{aligned}&c_{\text{soil}}\rho_{\text{soil}}\int_0^{\infty}(T_{g0}-T)\,\mathrm{d}z^{\downarrow}\\&=c_{\text{soil}}\rho_{\text{soil}}(T_{g0}-T_g)\int_0^{\infty}\exp\left(-\frac{z^{\downarrow}}{H_{\text{soil}}}\right)\mathrm{d}z^{\downarrow}\\&=-c_{\text{soil}}\rho_{\text{soil}}H_{\text{soil}}\Delta T\end{aligned} \quad (4.90)$$

因为式(4.89)与式(4.90)相等，对时间 t 微分可得

$$-c_{\text{soil}}\rho_{\text{soil}}\frac{\mathrm{d}H_{\text{soil}}\Delta T}{\mathrm{d}t}=F_{\text{net},0}+\frac{C_{\text{rad}}F_0^{\uparrow}}{T_{g0}}\Delta T \quad (4.91)$$

从式(4.88)和式(4.91)中消去 H_{soil}，可以得到关于 ΔT 的下列关系

$$\frac{\Delta T(\Delta T+2(\Delta T)_{\max})}{(\Delta T+(\Delta T)_{\max})^3}\mathrm{d}\Delta T=\frac{\left(\dfrac{C_{\text{rad}}F_0^{\uparrow}}{T_{g0}}\right)^2}{c_{\text{soil}}\rho_{\text{soil}}\lambda_{\text{soil}}}\mathrm{d}t \quad (4.92)$$

对两边进行积分，由 $t=0$ 时，$\Delta T=0$ 的条件，给出积分常数就得到下列结果

$$\frac{(\Delta T)_{\max}}{F_{\text{net},0}}\left\{\ln\left(\frac{\Delta T+(\Delta T)_{\max}}{(\Delta T)_{\max}}\right)+\frac{1}{2}\left[\frac{(\Delta T)_{\max}^2}{(\Delta T+(\Delta T)_{\max})^2}-1\right]\right\}^{\frac{1}{2}}=\sqrt{\frac{t}{c_{\text{soil}}\rho_{\text{soil}}\lambda_{\text{soil}}}} \quad (4.93)$$

给出冷却土壤深度尺度为 H_{soil}，由式(4.88)可以得到

$$\frac{H_{\text{soil}}}{\lambda_{\text{soil}}}=-\frac{\Delta T}{\dfrac{C_{\text{rad}}F_0^{\uparrow}}{T_{g0}}(\Delta T+(\Delta T)_{\max})} \quad (4.94)$$

用式(4.84)和式(4.93)可以给出由于辐射冷却的气温下降量(图 4.27)。无论哪一个解 $c_{\text{soil}}\rho_{\text{soil}}\lambda_{\text{soil}}$ 与 λ_{soil} 的作用是相同的。

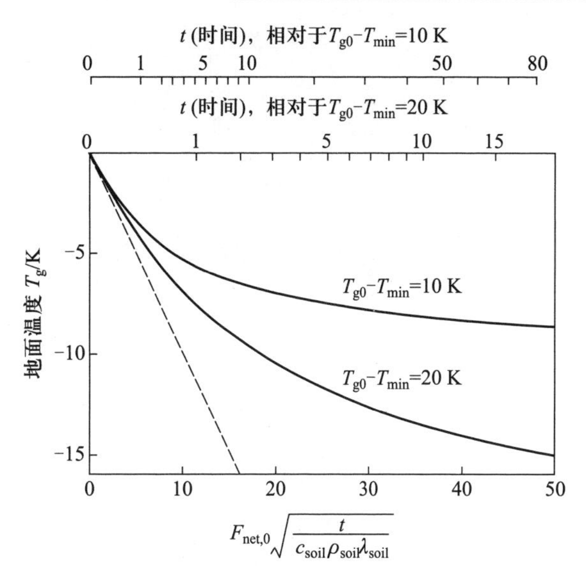

图 4.27 辐射冷却引起的地面温度变化

4.6 陆地表面的辐射平衡

4.6.1 地表的太阳辐射平衡

太阳辐射在大气或地面被吸收转化成热量，决定了地球的气象环境。太阳辐射被植物光合作用所吸收转化为生物可利用的化学能，形成了地球生命活动的能量源泉。植物吸收的太阳辐射不仅转化为光合作用的能量以及热量，还可以调节植物的生长和分化。图 4.28 为大气圈外和地面所接受的不同波长太阳辐射的能量分布，大气圈外的太阳辐射波长分布在 0.5 μm 附近形成高峰，与 5 800 K 的黑体辐射分布非常一致(图 4.8)。

在太阳辐射通过大气的过程中，由于氮(N_2)、氧(O_2)等空气分子的散射，浮游的微粒子、云和尘埃的反射和散射以及 O_3、CO_2 和 H_2O 的吸收作用，其辐射的量、光谱、前进的方向都发生了变化，其结果是只有波长 0.29~2.5 μm 的太阳辐射可以到达地面(参见图 4.8 和图 4.9)。

到达地面的太阳辐射由两部分所组成。其一是以平行光线的形式直接投射到地面上的辐射，称为太阳直接辐射(direct solar radiation，S_p)；其二是经过大气介质散射后，从天空的各个方向投射到地面的辐射，称为散射辐射(scattered radiation，S_d)；两者之和称为总辐射(global radiation or total solar radiation，S_t)。

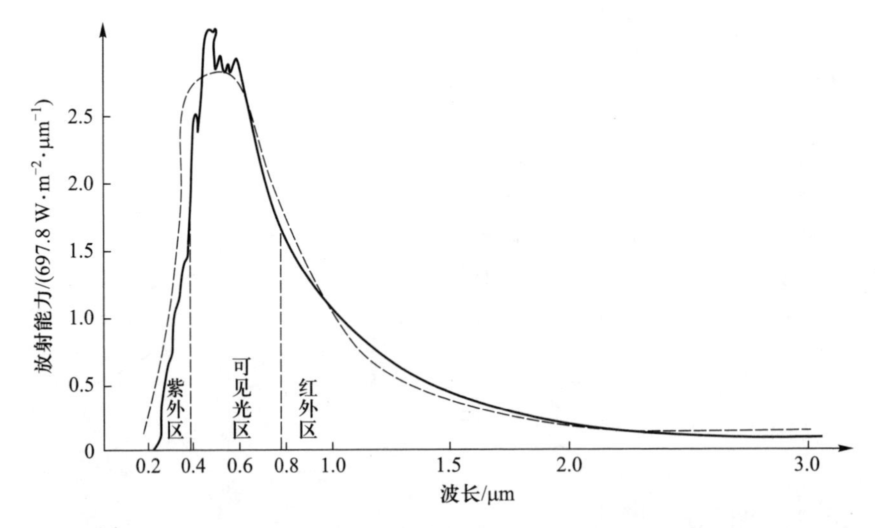

图 4.28 大气层外和地面所接受的不同波长太阳辐射的能量分布

虚线—大气;实线—地表面

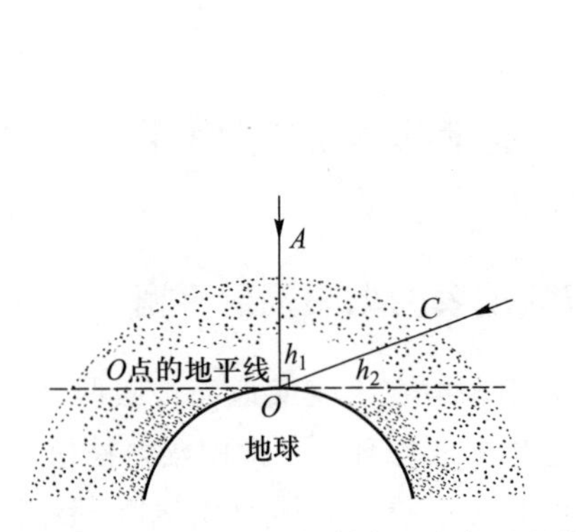

图 4.29 太阳高度角与太阳辐射穿过大气质量的关系

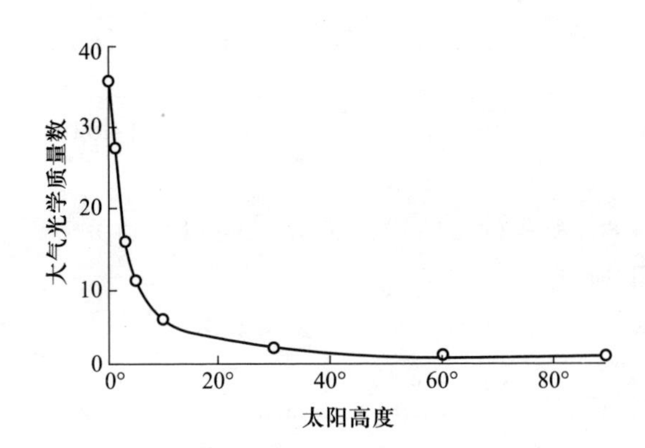

图 4.30 不同太阳高度时的大气光学质量数

(1) 直接辐射

太阳直接辐射的强弱和许多因子有关,其中最主要的有两个,即太阳高度角和大气透明度。太阳高度角不同时,地表面单位面积上所获得的太阳辐射也就不同。这有两方面的原因:其一是太阳高度角不同,等量的太阳辐射在地面上的散布面积不同。如图 4.29,太阳高度角越小,其在水平面上散布的面积越大,投射到水平面上的太阳辐射与太阳高度的正弦($\sin h$)成正比。其二是太阳高度角愈小,太阳辐射穿过的大气层愈厚,太阳辐射被减弱的量越多。当太阳高度角为 90°时,通过大气层的射程为 AO;当太阳高度角变小,光线沿 CO 方向斜射,通过大气的射程为 CO。显然,大气厚度 $CO>AO$,因此太阳辐射被减弱也多,到达地面的直接辐射就相应地减少。

在地面为标准气压(1013.25 hPa)时,太阳光垂直投射到地面所经的路程中,单位截面积的空气柱的质量,称为一个大气光学质量 m。不同的太阳高度,阳光穿过大气的光学质量也不同。不同太阳高度时的大气光学质量数如图 4.30 所示。从图中可以看出,大气光学质量数随太阳高度减小而增大,且当太阳高度较小时,大气光学质量数的变化较大。

大气透明度的特征用大气透明系数(ρ)表示,它是指透过一个大气光学质量的辐射强度与进入该大气的辐射强度之比。即当太阳位于天顶处,在大气上界太阳辐射通量为 I_0,而到达地面后为 S_p,它们的关系为

$$\frac{S_p}{I_0}=\rho \tag{4.95}$$

ρ 值表明辐射通过大气后的削弱程度。实际上,不同波长的削弱也不相同,ρ 仅表征对各种波长的平均削弱情况,例如 $\rho=0.8$,表示在大气的传输过程中平均削弱了 20%。

大气透明系数还取决于大气中所含水汽、水汽凝结物和尘粒杂质的多少。这些物质愈多,大气透明程度愈差,透明系数愈小,因而太阳辐射受到的减弱愈强,到达地面的太阳辐射也就相应地减少。太阳辐射透过大气层后的减弱与大气透明系数和通过大气质量之间的关系,可用布格(Bouguer)公式表示:

$$S_p = I_0 \rho^m \tag{4.96}$$

式中:S_p 为到达地面的太阳直接辐射;I_0 为太阳常数;ρ 为大气透明系数;m 为大气光学质量数。

从式(4.96)可以看出,如果大气透明系数一定,大气质量以等差级数增加,则透过大气层到达地面的太阳辐射,以等比级数减小。太阳高度角的大小取决于纬度、季节和一天中的时间。因此直接辐射有明显的日变化、年变化和随纬度的变化。

(2) 散射辐射

通过散射辐射作用到地面的太阳辐射强度称为散射辐射通量密度(scattered radiation flux density, S_d)。散射辐射的强弱也与太阳高度角(h)及大气透明系数(ρ)、光学质量(m)有关,可由式(4.97)表示:

$$S_d = 0.5 I_0 (1-\rho^m) \sin h \tag{4.97}$$

式(4.97)中各符号意义见式(4.96)。可以发现,当太阳高度角增大时,到达近地面层的直接辐射增强,散射辐射也就相应地增强;相反,太阳高度角减小时,散射辐射也弱。大气透明度低时,参与散射作用的质点增多,散射辐射增强;反之减弱。阴天和有云天的散射辐射还与下垫面的反射率有关,特别是在积雪条件下,太阳直接辐射被地面积雪大量反射到大气中,然后再经大气散射到地面,使散射辐射增强。同直接辐射类似,散射辐射的变化也主要取决于太阳高度角的变化,一日内正午最强,一年内夏季最强。

(3) 总辐射

水平面上总的太阳辐射称为总辐射,记作为 S_t,太阳高度角记作为 h,散射辐射记作为 S_d,与太阳方向垂直的直达辐射记作为 S_p,则下列关系成立

$$S_t = S_d + S_p \sin h \tag{4.98}$$

散射辐射 S_d 占总辐射 S_t 的比例,在云天和雨天时,几乎是 100%。但在晴天时,因太阳高度和大气中的气溶胶、水蒸气量的变化而变化,太阳高度越低,水蒸气量大,气溶胶越多,S_d 的比例就越高。

当给定了特定的纬度和经度时,那么某日某时刻的太阳高度(h)可由几何学方法求得。进而,如果已知大气辐射的透射率(p),可以由太阳常数 I_0 和 h 计算出无云时的地面直达辐射 S_p,即

$$S_p = I_0 p^{1/\sin h} \tag{4.99}$$

p 为太阳位于天顶时即太阳高度 90°的时 S_p 与 I_0 的比,它因大气中的气溶胶和水蒸气量而变化,也随着地理位置和季节而不同,冬季高,夏季低。根据 Gates(1980)的研究结果,在海拔较高的地区和清澈的大气条件下,p 值可能达到 0.8,在较混浊的情况下可以低至 0.4。Kretith 和 Kreider(1978)提出了一个在晴朗无云条件下的计算大气透明系数的经验方程为

$$p = 0.56(e^{-0.56M_h} + e^{-0.095M_h}) \tag{4.100}$$

式中:M_h 为一定地形高度下的大气光学质量,即

$$M_h = M_0 P_h / P_0 \tag{4.101}$$

M_0 为海平面上的大气光学质量,计算公式(Kreider & Kreith,1978)为

$$M_0 = [1\ 229 + (614\sin\alpha)^2]^{1/2} - 614\ \sin\alpha \tag{4.102}$$

P_h/P_0 为大气压修正系数,计算公式(List,1984)为

$$P_h/P_0 = [(288-0.0065h)/288]^{5.256} \tag{4.103}$$

式(4.100)充分考虑了地理位置、季节以及气溶胶和水蒸气量等因素,其拟合晴朗无云条件下的大气透明系数的误差范围在 3%之内。

在无云时的 S_t 的日变化可用下列正弦曲线来近似。

$$S_t(t) = S_{t(max)} \sin(\pi t/N) \tag{4.104}$$

式中:$S_t(t)$ 为从日出开始后的 t 时刻的 S_t,$S_{t(max)}$ 为日中 S_t 的最大值,N 为从日出到日落的时间。对上式进行积分,可求得日总辐射为$(2N/\pi)S_{t(max)}$。

通过上面的公式可以看出,总辐射的时空变化及其影响因子,可以归纳为以下 5 个方面的特征:

① 晴天和阴天总辐射的日变化规律:从图 4.31 可以看出,晴天时,日出以前地面上只有散射辐射,日出之后随着太阳高度的增加,直接辐射和散射辐射逐渐增加,总辐射增加。但直接辐射增加得较快,即散射辐射在总辐射中所占的成分逐渐减少;当太

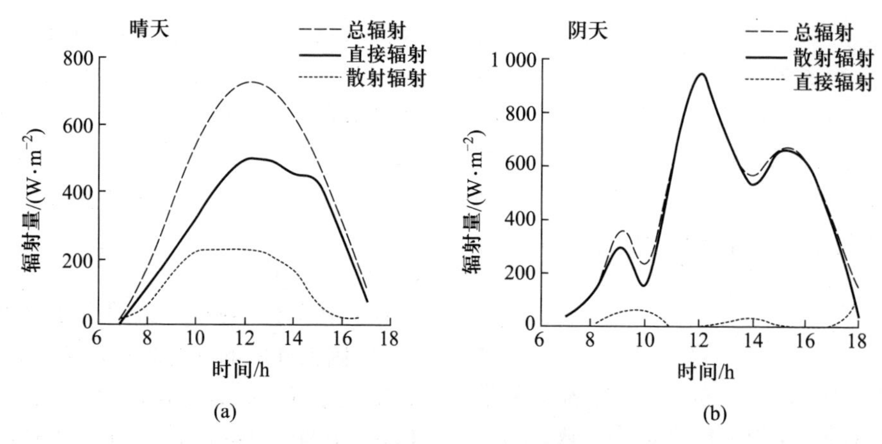

图 4.31　总辐射、直接辐射、散射辐射的日变化观测实例

资料来源：CERN 观测数据

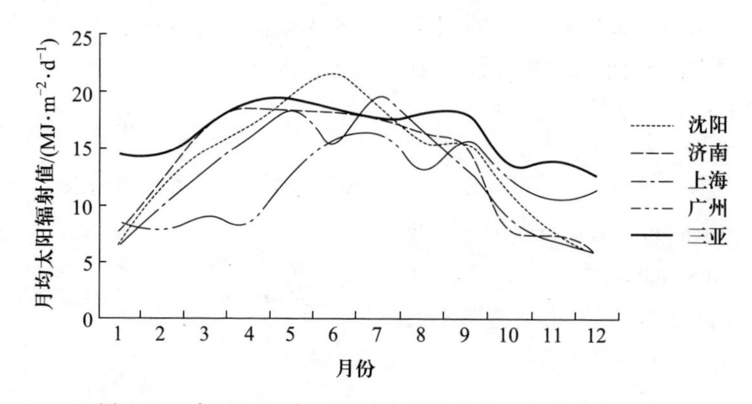

图 4.32　中国 2000 年不同站点的月均太阳辐射值年变化

资料来源：国家气象局

阳高度升到约等于 8°时，直接辐射与散射辐射相等；当太阳高度为 50°时，散射辐射仅相当总辐射的 10%～20%；中午时太阳直接辐射与散射辐射均达到最大值；中午以后两者又按相反的次序变化。阴天时，随着时间增加，直接辐射很小，总辐射与散射辐射大致相同，并随着云量变化而变化。

② 总辐射的变化和纬度变化特征：从图 4.32 可知，通常在一年中总辐射强度（指月平均值）在夏季最大，冬季最小。但受当地气候特征的影响，各地很不一致。海拔增高，大气对直接辐射的削弱减小，总辐射增加。总辐射随纬度的变化，由图 4.33 可见总辐射随纬度的分布一般是纬度愈低总辐射愈大；反之，愈小。

③ 总辐射与大气透明系数的关系：大气透明系数大，太阳辐射削弱变小，直接辐射增大，散射辐射变小。因总辐射主要取决于直接辐射，因此大气透明系数大时，总辐射大；反之，大气透明系数小时，总辐射小。

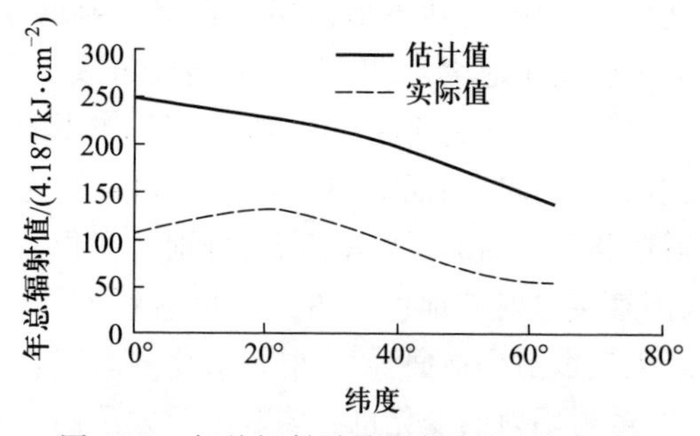

图 4.33　年总辐射随纬度的变化（北半球）

④ 云况对总辐射的影响：云况对总辐射的影响很大，通常有云天的总辐射减小。云量大，云层厚而低，则总辐射小。云的影响还会破坏总辐射的变化规律。例如，中午云量突然增多时，总辐射的最大值可能提前或推后，这是因为直接辐射是组成总辐射的主要部分，有云时直接辐射的减弱比散射辐射的增强要多的缘故。

⑤ 全球年总辐射的空间格局：全球年总辐射大致在 2 510～9 210 $MJ \cdot m^{-2} \cdot a^{-1}$，基本上呈带状分布

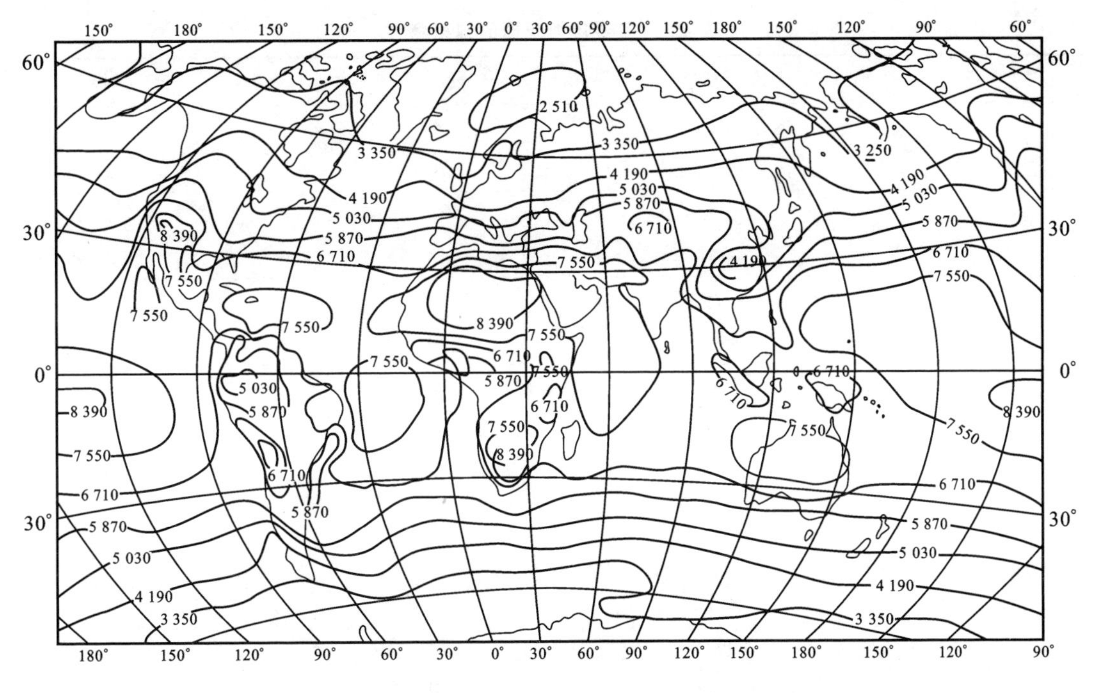

图 4.34 全球总辐射分布（单位为 $MJ \cdot m^{-2} \cdot a^{-1}$）

（图 4.34），只是在热带低纬度地区其地带性受到破坏。赤道地区，因为云雨较多，年总辐射量大为降低。南、北半球的副热带地区，特别是在大陆上的副热带沙漠地区，因为云量最少，总辐射最大，其最大值出现在非洲东北部，其数值高达 9 210 $MJ \cdot m^{-2} \cdot a^{-1}$。我国各地太阳辐射年总量大致在 3 350~8 370 $MJ \cdot m^{-2} \cdot a^{-1}$，最大值出现在青藏高原西南部，高达 8 370 $MJ \cdot m^{-2} \cdot a^{-1}$，最小值出现在四川盆地西南部和贵州北部，仅为 3 350~3 768 $MJ \cdot m^{-2} \cdot a^{-1}$。

（4）地面对太阳辐射的反射

投射到地面的太阳辐射，并非完全被地面所吸收，其中一部分会被地面所反射，剩下的部分被吸收转化成热量，地面对太阳辐射的反射量，称为反射辐射通量（reflected radiation flux）。反射辐射占总辐射的比例称为反射率（albedo or reflectivity，α），则地面吸收的总辐射量为 $(1-\alpha)S_t$。地表对太阳辐射的反射率约为 10%~30%，取决于地表面的性质和状态，森林在 5%~20%，农田在 10%~25%，雪地 45%~95%，有的雪面反射率可达 60%，洁白的雪面甚至可达 90%以上。另外，土壤的反射率因土壤类型和土壤水分状况而不同，其中深色土比浅色土反射能力小，粗糙土壤表面比平滑土反射能力小，反射率随着土壤的干燥程度而增大。表 4.3 列出了主要陆地表面的反射率的变化范围。

反射率还随着太阳高度角变化而变化，随着太阳高度角的增加而降低，当太阳高度角超过 60°时，平静水面的反射率为 2%，高度角为 30°时为 6%，10°时为 35%，5°时为 58%，2°时为 79.8%，1°时为 89.2%。水面上的反射率急剧上升。图 4.35 和图 4.36 是中国生态系统研究网络几个生态站的反射率的日变化和季节变化。

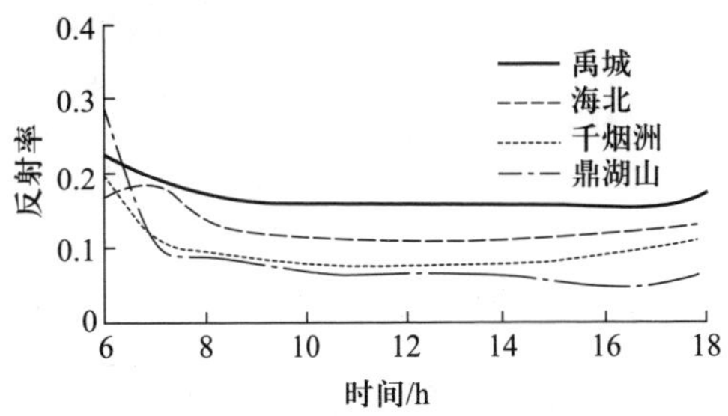

图 4.35 反射率的日变化（ChinaFLUX 观测数据）

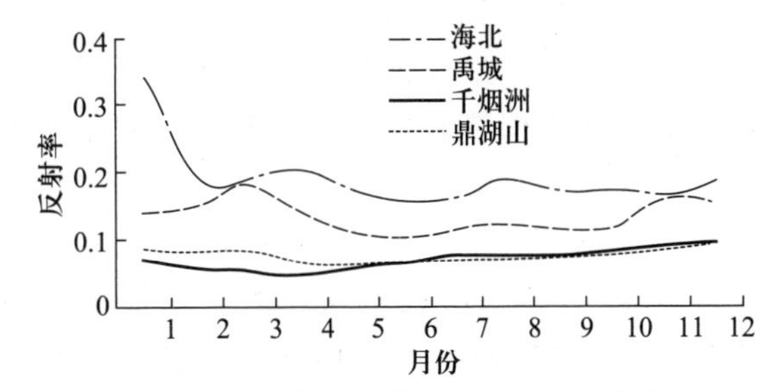

图 4.36 反射率随着地理位置和季节的变化（ChinaFLUX 观测数据）

表 4.3 主要陆地表面的辐射特性

陆面的类型	表面状态	反射率/%	发射率/%
水	太阳高的时候	3~10	92~97
	太阳低的时候	10~50	92~97
雪	旧雪	40~70	82~89
	新雪	45~95	90~99
冰	海冰	30~40	92~97
	河冰	20~40	—
土壤	干砂	35~45	84~90
	湿砂	20~30	91~95
	干黏土	20~35	95
	湿黏土	10~20	97
	砂土	29~35	
	黏土	20	
	浅色土	22~32	
	深色土	10~15	
	黑钙土(干)	14	
	黑钙土(湿)	8	
道路	水泥路	17~27	71~88
	黑色砂石路	5~10	88~95
草地	一般草地	16~26	90~95
	绿草地	26	
	干草地	29	
农田	草本作物	10~25	90~99
	果树	15~20	90~95
	小麦地	10~25	
森林	落叶林	10~20	97~98
	针叶林	5~15	97~99

(5) 陆地表面的太阳辐射平衡

太阳辐射在传输到达地球表面的过程中,由于云层的反射,空气及其中的尘埃、烟尘、盐粒等散射,以及地面的反射等作用,部分辐射能量将会被反射回宇宙空间,部分被大气的各种成分吸收,地面实际可以接受的净太阳辐射量或净短波辐射通量密度(net shortwave radiation flux, S_{tg})为

$$S_{tg}=(1-\alpha)S_t=(1-\alpha)(S_d+S_p\sin h) \tag{4.105}$$

以全球平均而言,进入地球的太阳辐射约有30%被散射和反射回宇宙,20%被大气和云层直接吸收,50%可到达地面被吸收。

4.6.2 地表接受的光合有效辐射

植物光合作用只能使用0.38~0.71 μm波长的辐射,这一波长的辐射称为光合有效辐射(photosynthetically active radiation, PAR),与可见光的波长范围基本一致。直接辐射中约有45%的能量为PAR波长范围的辐射,散射辐射中其比例更高,平均来看,PAR波长范围的辐射量约占总辐射的50%。

大量观测表明,太阳总辐射中PAR所占的比例η虽然不是常数,但具有相当的稳定性。所以人们提出了一种计算公式为

$$Q_{PAR}=\eta Q \tag{4.106}$$

式中:η 是 PAR 在太阳总辐射中所占的比例,又称光合有效辐射系数。测量表明,η 值的大小是天文因子和气象因子综合作用的结果。从天文因子来说,太阳高度角的变化改变了太阳光线的光学路径长度,引起空气分子、气溶胶粒子和水汽等散射和吸收物质量的变化,从而改变了太阳辐射中直接辐射和散射辐射的比例,其综合结果是太阳高度角增大,η 值略有减小。从气象因子来说,大气浑浊度的增高使 η 值有所下降,而水汽含量的增加,则增加红外辐射的吸收,使 η 值增大。对于云来说,其作用和水汽相似,所以 η 值是阴天高于晴天。

由于 η 的取值受各个方面的影响,因此,将 η 定为常数,必然存在系统误差。故人们常将 η 和常规的气象因子联系起来,得到 η 的经验公式,从而可以在未测量区域通过经验公式计算光合有效辐射值。周允华(1989)对水气压和 η 值的关系进行了详细的论述,认为两者之间存在密切的关系。何洪林(2004)分析 ChinaFLUX 8 个站的实际观测数据发现,水汽压和 η 的关系在各个站总体趋势是随着水气压的增大,η 值增大。但在南部的鼎湖山和西双版纳两个站不存在明显的规律,而且其离散度比较大,因此,单纯考虑水气压一个因子,来揭示 η 值的变化,比较困难,应该与其他因子相结合考虑。研究发现,大气透明系数(ρ)和 η 值的变化规律比较明显,可根据透射系数来计算 η 值。即

$$\eta=a+b\ln\rho \tag{4.107}$$

式中:ρ 为大气透明系数;a 和 b 为经验系数。利用式(4.107)模拟结果见图 4.37 和表 4.4。

太阳辐射既具有电磁波的性质也具有粒子性,与能量的数量相比较光合反应更强烈地依赖光量子数。因此,在研究植物光合作用的时候,通常把辐射用光量子数来表示更为合适。通常用阿伏伽德罗常数(6.02×10^{23}),把光量子数换算成摩尔 PAR 的光量子通量密度,用 PPFD 表示,其单位为 $\mu mol\cdot m^{-2}\cdot s^{-1}$,每个光量子的能量与波长成反比,波长越长其能量越小(式 4.16)。因此,即使辐射能相同,波长越长,光量子数越多,PPFD 越大。因此即使是相同的辐射通量密度,因光谱不同,其光合效率也不同。PAR 的辐射区域单位能量的光量子数基本为一定值,通常取 1 J≈4.6 μmol。

4.6.3 地表的长波辐射平衡

地表在接受来自太阳的短波直接辐射和散射辐射的同时,还将向大气中放出长波辐射,地表向大气的长波辐射的一部分将被水蒸气和 CO_2 等温室效应气体以及云类、气溶胶所吸收,其剩余部分进入大气圈外。大气对太阳短波辐射几乎是透明的,吸收很少,但对地面的长波辐射却能强烈吸收,使地表成为大气的直接热源。通过长波辐射,地面与大气之间,以及大气中气层与气层之间相互交换热量,并向宇宙空间散发热量。

地面和大气都按其本身的温度向外放出辐射能。由于它们是非黑体,可以用斯忒藩-玻耳兹曼定律(式(4.23))来描述。地表向上的长波辐射 L_u 称为水平面的辐射通量密度($W\cdot m^{-2}$)可以表示为

$$L_u=\varepsilon\sigma T_s^4 \tag{4.108}$$

式中:σ 为斯特藩-玻尔兹曼常数,T_s 为地表温度(K),ε 为发射率。

同样,大气也以大气辐射或者天空辐射(atmospheric radiation)的长波辐射方式向地面辐射能量,向下的大气长波辐射记为 L_d,可用下式表示

$$L_d=\sigma T_b^4 \tag{4.109}$$

T_b 为把大气看作为黑体时的表观温度,称作为天空温度(atmospheric temperature)或有效辐射温度(effective radiation temperature)。在无云状态下,T_b 与地表的气温 T_a 的差大致是一定的,约为 20 K,所以上式可以改写为

$$L_d\approx\sigma(T_a-20)^4 \tag{4.110}$$

由此可以根据地上的气温来推算大气辐射。在有云时,T_b 会升高,L_d 将增大。

地面长波辐射被云体和大气层吸收了绝大部分,只有一小部分透过大气层射入宇宙空间;云和大气层也向宇宙空间放出长波辐射,这两部分进入宇宙空间的长波辐射之和,是地球-大气系统进入宇宙空间的热辐射,称为地球的长波出射辐射(long wave emission radiation)。可以将对流层顶的向上净辐射近似地看作长波出射辐射。极地对流层顶的净向上辐射通量平均值为 139.5 $W\cdot m^{-2}$,副热带是 251.2 $W\cdot m^{-2}$。在夏季各纬度向上的辐射通量都是年中的最大值。

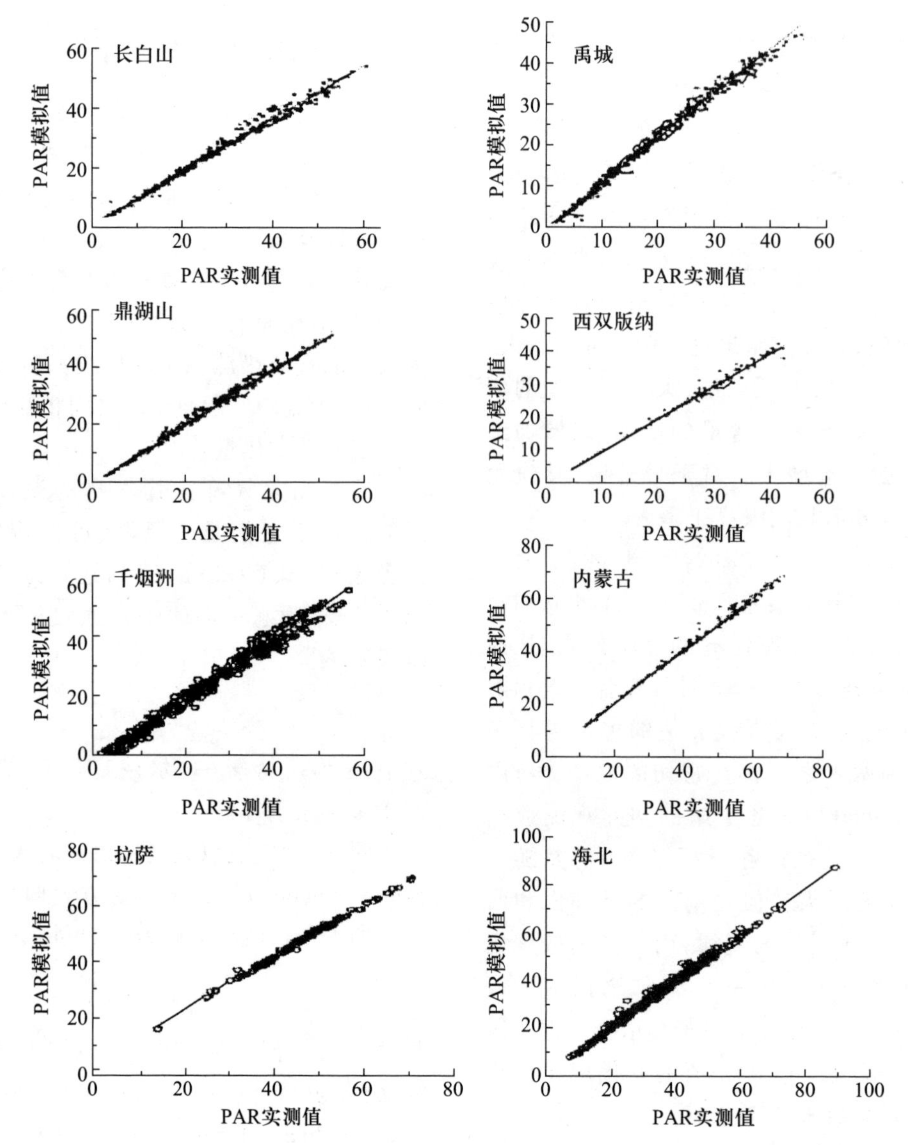

图 4.37 8 个野外通量观测站 PAR 的模拟值与实际测量值比较图(ChinaFlux 观测数据)

表 4.4 通量站的光合有效系数经验计算公式

站 名	a	b	R^2
鼎湖山	1.8389	−0.0905	0.61
千烟洲	1.7141	−0.2189	0.61
禹城	1.7149	−0.1	0.54
内蒙古	1.9474	−0.0996	0.65
长白山	1.7475	−0.1549	0.68
西双版纳	1.8318	−0.1378	0.67
拉萨	1.9886	−0.1226	0.68
海北	1.817	−0.0202	0.69

大气对长波辐射的吸收非常强烈,从图 4.8 可以看出,水汽、液态水、CO_2、O_3 等对地球辐射的吸收作用,其中起重要作用的成分有水汽、液态水、二氧化碳和臭氧等。它们对长波辐射的吸收也同样具有选择性。水汽对长波辐射的吸收最为显著,液态水对长波辐射的吸收与水汽相仿,只是作用更强一些。二氧化碳有两个吸收带,吸收中心分别位于 4.3 μm 和 14.7 μm。臭氧在 9~10 μm 有一个狭窄的强吸收带。

长波辐射在大气中的传输过程与太阳辐射的传输有很大不同,主要具有以下几个特征:① 太阳辐射中的直接辐射是作为定向的平行辐射进入大气的,而地面和大气辐射是漫射辐射。② 太阳辐射在大气中传播时,仅考虑大气对太阳辐射的削弱作用,而未考虑大气本身辐射的影响。这是因为大气的温度较低,所产生的短波辐射是极其微弱的。但当考虑长波辐射在大气中的传播时,不仅要考虑大气对长波辐射的吸收,而且还要考虑大气本身的长波辐射。③ 长波辐射在大气中传播时,可以不考虑散射作用。这是由于大气中气体分子和尘粒的尺度比长波辐射的波长要小得多,散射作用非常微弱。

大气辐射指向地面的部分被称为大气逆辐射(atmosphere inverse-radiation)。大气逆辐射使地面因发射辐射而损耗的能量得到一定的补偿,即为大气的保温效应或温室效应。据计算,如果没有大气,近地面的平均温度将为 −23℃,但实际上近地面的均温是 15℃,也就是说大气的存在使近地面的温度提高了 38℃。

地面发射的长波辐射(L_u)与地面吸收的大气逆辐射(L_d)之差,称为地面长波有效辐射(effective long wave radiation)或地表的长波辐射平衡 L_n,也称地表净辐射通量密度(net long wave radiation density),其平衡方程为

$$L_n = L_u - L_d = \varepsilon\sigma T_s^4 - \sigma T_b^4 \approx \varepsilon\sigma T_s^4 - \sigma(T_a - 20)^4 \tag{4.111}$$

通常情况下,地面温度高于大气温度,地面有效辐射为正值。这意味着通过长波辐射的发射和吸收,地表面经常会失去热量。只有在近地层有很强的逆温及空气湿度很大的情况下,有效辐射才可能为负值,这时地面才能通过长波辐射的交换而获得热量。

影响地面辐射和大气逆辐射的因子都会影响地面有效辐射,主要因子有地面温度、空气温度、空气湿度和云况等。一般情况下,具有以下变化特征:①在湿热的天气条件下,有效辐射比干冷时小;②有云覆盖时比晴朗天空条件下有效辐射小;③空气混浊度大时比空气干洁时有效辐射小;④在夜间风大时有效辐射小;⑤海拔高的地方有效辐射大;⑥有逆温时有效辐射小,甚至可出现负值。

此外,有效辐射还与地表面的性质有关,平滑地表面的有效辐射比粗糙地表面有效辐射小;有植物覆盖时的有效辐射比裸地的有效辐射小。

地面有效辐射具有明显的日变化和年变化。其日变化具有与温度日变化相似的特征。如图 4.38a 所示,在白天,由于低层大气中垂直温度梯度增大,所以有效辐射值也增大,中午 12:00—14:00 时达最大;而在夜间由于地面辐射冷却的缘故,有效辐射值也逐渐减小,在清晨达到最小。当天空有云(阴天)时,可以看到有效辐射的日变化呈现出不规律性。从图 4.38b 可以看到有效辐射的年变化也与气温的年变化相似,夏季最大,冬季最小。但由于水汽和云的影响使有效辐射的最大值不一定出现在夏季。我国秦岭、淮河以南地区有效辐射秋季最大,春季最小;华北、东北等地区有效辐射则春季最大,夏季最小,这是由于水汽和云况影响的结果。图 4.38 是中国陆地生态系统通量观测研究网络几个站的有效辐射的日变化与季节变化。

4.6.4 地表的辐射能量平衡

物体收入辐射能与支出辐射能的差值称为净辐射(net radiation)或辐射平衡(radiation balance)。即地表的辐射能量平衡为向上和向下的总辐射之差,可以表示为

$$R_n = (1-\alpha) S_t + L_n = (1-\alpha) S_t + (L_d - L_u) \tag{4.112}$$

式(4.112)表示了地表的辐射平衡,通常也称为辐射平衡方程(radiation balance equation)。由此,R_n 是地面所获取的净辐射能量,是支配气象环境的热源。在没有其他方式的热交换时,净辐射 R_n 决定了物体的升温或降温。净辐射 R_n 不为零时,表明物体的辐射能不平衡,会引起地表面的温度变化;净辐射 R_n 为零时,说明地表的辐射能达到了平衡状态,温度保持不变。

影响地面净辐射 R_n 的因子很多,除考虑到影响

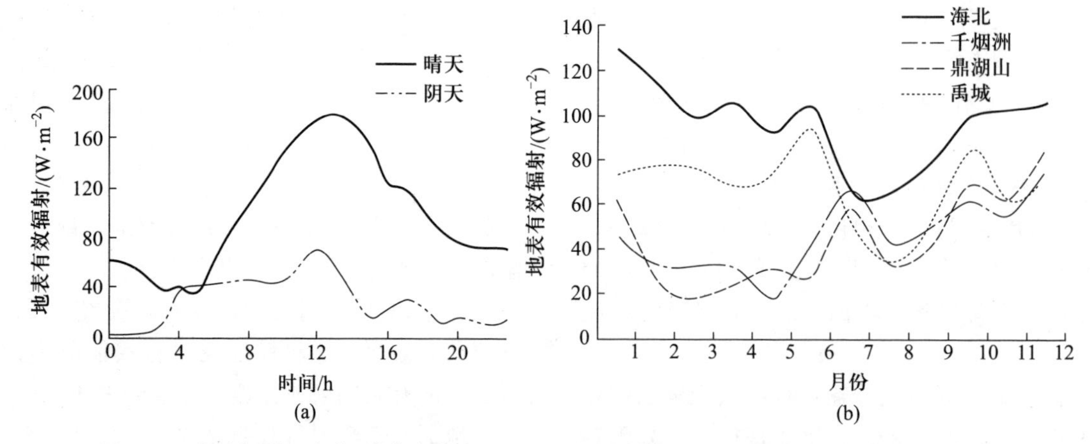

图 4.38 有效辐射日变化、季节变化(ChinaFLUX 观测数据):(a) 禹城站夏季阴天与晴天的地面有效辐射日变化;(b) 地面有效辐射的季节变化

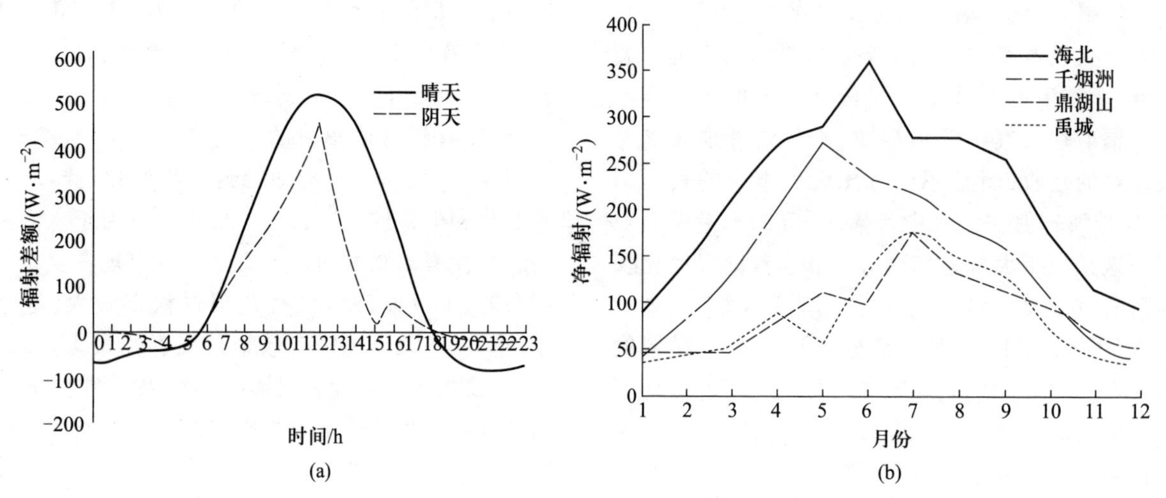

图 4.39 地表辐射平衡的日变化和季节变化(ChinaFLUX 观测数据):(a) 禹城站夏季净辐射日变化;(b) 地表净辐射季节变化

总辐射和有效辐射的因子外,还应考虑地面反射率的影响。反射率是由不同的地面性质决定的,所以不同的地理环境、不同的气候条件下,地面净辐射值有显著的差异。地面净辐射具有日变化和年变化(图 4.38)。一般夜间为负,白天为正,由负值转到正值的时刻一般在日出后 1 h 左右,由正值转到负值的时刻一般在日落前 1~1.5 h。在一年中,一般夏季净辐射为正,冬季为负,最大值出现在较暖的月份,最小值出现在较冷的月份。

图 4.38a 和图 4.39a 表示无云情况下,净辐射和地面有效辐射的日变化。其中地面有效辐射曲线对正午来说是不对称的,其绝对最大值发生在 12 时以后,这是由于地表最高温度出现在 13 时左右造成的,因而也导致净辐射曲线对正午的不对称。在夜间,$S_t=0$,则 $R_n=L_n$,无云状态下的 L_n 年内是基本一定的,约为 $-100\ \mathrm{W \cdot m^{-2}}$。就是说,在长波辐射领域地表通常是损失 $100\ \mathrm{W \cdot m^{-2}}$ 的能量,比较晴朗的夜晚的降温现象就是地表热量以辐射方式被夺走所造成,即所谓的辐射冷却(参见第 4.5.3 节),天空被云所覆盖时,天空温度和地表温度与地上空气温度接近,其结果使 $L_n \approx 0$,因此辐射平衡方程式在白天为 $R_n \approx (1-\alpha)\ S_t$,夜间为 $R_n \approx 0$。

净辐射的年振幅随地理纬度的增加而增大。对同一地理纬度来说,陆地辐射差额的年振幅大于海洋。全球各纬度绝大部分地区地面辐射差额的年平均值都是正值,只有在高纬度和某些高山终年积雪区才是负值。因此就整个地球表面平均来说,是辐射能的收入大于支出,也就是说地球表面通过辐射方式不断地获得能量。

4.7 植物群落对地表辐射平衡的影响

4.7.1 植物叶片的光反射率、透射率与吸收率

图 4.40 为一片叶子的反射率(reflectivity)、透射率(transmissivity)和吸收率(absorptivity)典型的波长分布。从图 4.40 可见,反射率和透射率波长分布几乎是平行的,绿色部分的 PAR 吸收率高,近红外线的波长吸收率低。在 PAR 区域内叶子吸收的辐射量约占叶子吸收总辐射量的 85%,在长波区域内叶子的吸收率几乎是百分之百。

叶子的这种辐射特征因波长而变化很大,同时也因叶子的水分状态和形态特征而异,一般情况下含水率低的叶子,表面被毛所覆盖的、蜡质层发达的光泽的叶片反射率高,厚的叶片要比薄的叶片吸收率高。说明可以利用叶片的反射光谱特性来诊断叶片的水分、养分状况,如叶片含水量、含氮量。如图 4.41 所示,叶片的含水率由 SWC1 = 2.948 逐渐降低到 SWC7 = 0.707 时,可以明显地发现叶片反射率逐渐的增大,从而可以根据反射光谱特征来判断叶片水分状况。反射光谱与叶片含氮量也存在密切的关系。早在 1972 年 Thomas 等就发现甜椒叶片含氮量与 550~675 nm 波长间叶片的反射率高度相关,实际含量与所预测的含氮量误差小于7 %(Thomas & Oerther ,1972),说明植物光谱分析有可能快速、简便、较精确、非破坏性地监测植物氮素营养。随后人们开始研究小麦氮素营养状况对冠层光谱特性的影响(Hinzman *et al* ,1986),并探讨了利用叶绿素计和冠层光谱来判断小麦氮素状况的可行性(Reeves *et al.*,1993 ; Filella *et al.*,1995)。

Fernandez 等(1994) 发现用红光(660 nm) 和绿光(545 nm) 两波段的线性组合可以预测小麦的含氮量。Stone 等(1996) 的研究表明,植株氮光谱指数 PNSI(plant nitrogen spectral index) 与小麦叶片氮吸收显著相关,不受生育时期的影响,用 PNSI 来指导施肥能显著改善氮素利用效率,减少因过度施肥对环境造成的污染。近年来,随着高光谱遥感的兴起,越来越多的学者利用微分光谱和红边特性等来预测作物的氮素状况(Munden *et al.*,1994 ; Broge & Mortensen ,2002)。图 4.42 是不同施 N 肥的情况下叶片的反射光谱图。从图 4.41 可以看出小麦冠层

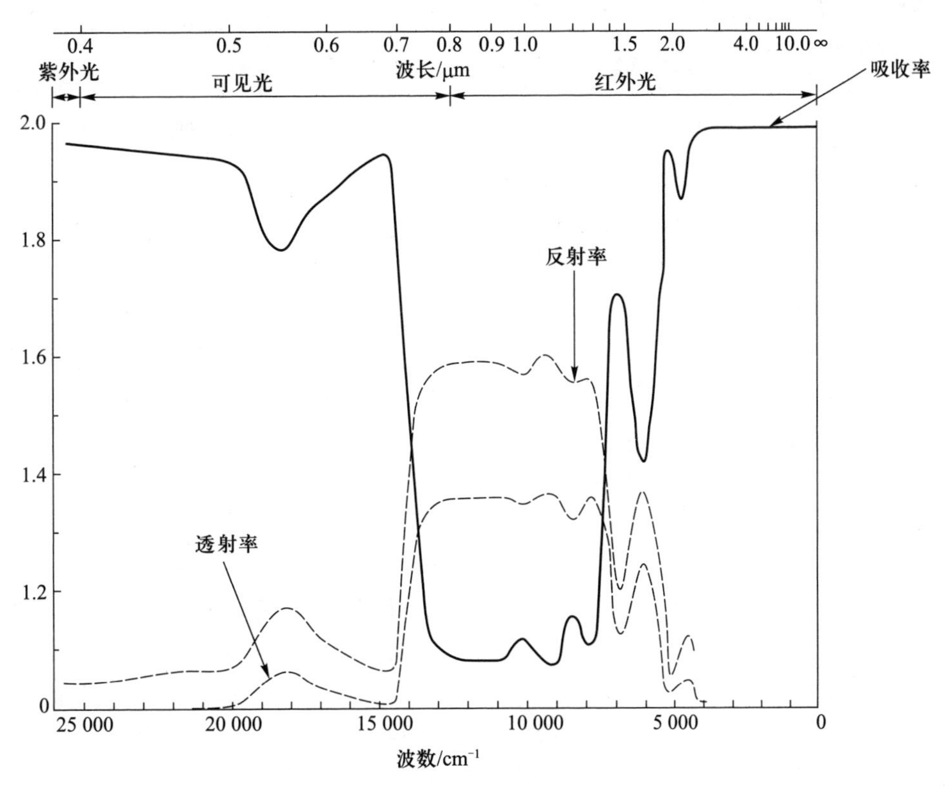

图 4.40 叶片反射率、透射率和吸收率典型的波长分布(Gates,1980)

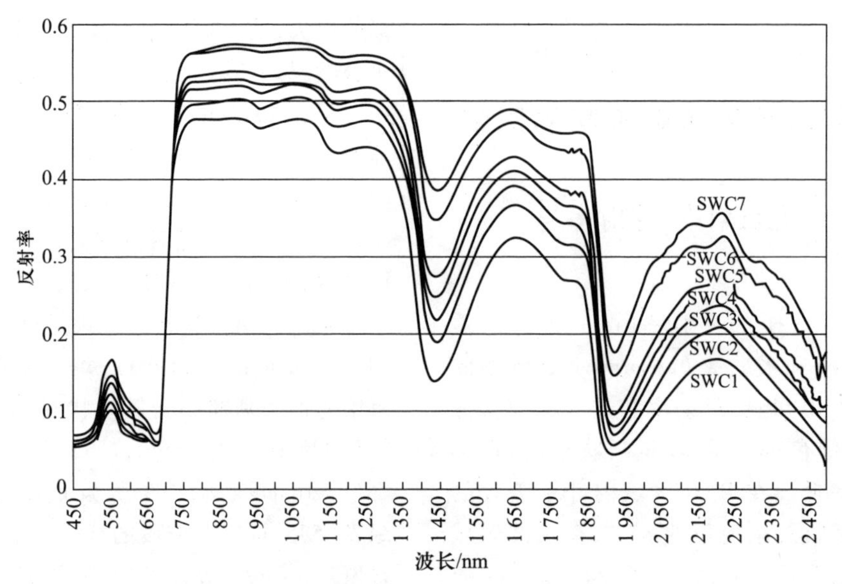

图 4.41 叶片反射率与叶片含水量的关系(Yu,2000)

SWC1,SWC2,…,SWC7 是干旱处理的等级

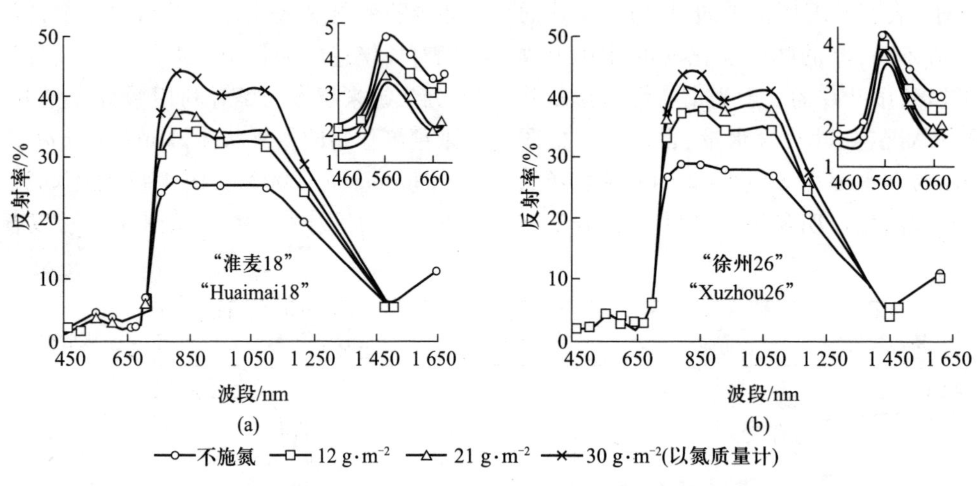

图 4.42 拔节期不同小麦品种冠层反射光谱对氮肥的响应模式(薛利红,2004)

反射光谱的基本特征。植物在可见光区的光谱特征受色素,主要是叶绿素(还有类胡萝卜素等)的控制,而叶绿素在可见光区有很强的吸光能力,主要吸收蓝光和红光。因此在 680 nm 附近的红光区域和 460 nm 的蓝光区有吸收谷。在位于蓝光和红光之间的 550 nm 左右有反射峰存在。在近红外区域由于受叶片结构的影响,使得 810~1 100 nm 波段出现一个较高的反射平台。随施氮水平的增加,小麦冠层反射率在可见光区(460~710 nm)有所降低。而在近红外波段明显升高。两个小麦品种表现一致,其他生育期测量的光谱变化趋势也大体一致。这主要是因为增加施氮量提高了叶片叶绿素含量、生物量和叶面积。叶绿素含量的增加使对可见光波段大部分辐射的吸收增强,反射系数降低。在近红外波段则没有叶片色素的吸收,所以,生物量和叶面积增加会增强散射返回的概率,反射率从而增加。

4.7.2 植物群落的光反射率、透射率与吸收率

植物群落的辐射环境是决定光合作用的因素,对于植物生长非常重要。从植物群落来考虑,其辐射特征与一片叶子的差异很大,太阳辐射到达植物群落的最顶部即冠层上部时,一部分被那里的叶片反射,一部分被吸收,一部分透过叶片,剩余的部分则从叶子和叶子之间进入冠层,因为

冠层是由很多叶片构成的多层结构，进入冠层内的太阳辐射经过多次的反射而衰减，这样叶层的多层反射和茎干的吸收结果使植物群落的反射率比单叶要低得多。

假定植物群落在水平方向是均一的，群落内垂直方向的辐射分布可以用简单的指数方程来近似

$$I=I_A\exp(-k\mathrm{LAI})\text{或}\ln(I/I_A)=-k\mathrm{LAI} \tag{4.113}$$

式中：I 为冠层内任意高度的向下的水平面辐射通量密度；I_A 为冠层顶部的辐射通量密度；k 为消光系数；LAI 为从冠层顶部到观测位置层的叶面积指数。消光系数因叶子的倾角等群落几何结构和太阳高度而变化。

图 4.43 为太阳辐射在小麦群落中辐射衰减的观测实验。从图中可见，冠层的外部和内部的辐射通量密度比 I/I_A 的对数随着 LAI 的增加直线下降，另外，叶子的吸收率与近红外线的波长领域相比，PAR 的领域高，因此，因波长领域辐射的衰减曲线

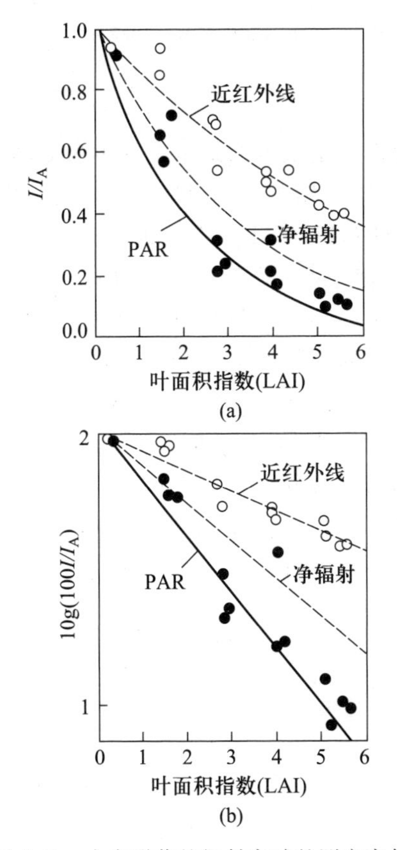

图 4.43 小麦群落的辐射衰减的测定实例（文字信贵，1997）

不同，PAR 的 k 值为近红外线的值的 2 倍以上，这导致了群落内部和外部辐射光谱的不同，群落内 PAR 的比例较低。

4.7.3 植被指数、叶面积指数与植被光合作用的关系

由图 4.40 可见，植被的光谱特征规律非常明显。在蓝色（0.47 μm）和红色（0.67 μm）波段，由于叶绿素和类胡萝卜素的反射，能量低；在绿色波段（0.55 μm）附近，由于叶绿素对绿光的反射，形成一个小的峰值；在近红外波段，形成高反射率，表现在反射曲线上从 0.7 μm 处反射率迅速增大，1.1 μm 附近有一峰值，形成植被的独有特征。植被指数是用一种简单而有效的形式来实现对植物状态信息的表达，用于定性和定量地评价植被覆盖、生长活力及生物量。通常是采用红光和近红外光谱观测通道组合来计算植被指数。

它的主要形式可以分为两类：

（1）比值类植被指数

$$\mathrm{RVI}=\frac{R_{ir}}{R_r},\mathrm{NDVI}=\frac{R_{ir}-R_r}{R_{ir}+R_r} \tag{4.114}$$

式中：R_{ir}、R_r 分别为近红外、红色波段的反射率因子测量值。RVI 为比值类植被指数，NDVI 为标准差植被指数，此外还有 SAVI（土壤可调植被指数）等。

（2）垂直距离型植被指数

$$\mathrm{PVI}=R_{ir}\cos\theta-R_r\sin\theta \tag{4.115}$$

式中：PVI 为垂直植被指数；θ 为土壤线与 R_r 坐标轴之间的夹角。实验表明，对每一种土壤而言，其红外波段与近红外波段的垂直反射率因子值近似满足线性关系，即为土壤线。此外，还有 GVI（greenness vegetation index）表征多维系统中的垂直植被指数。

叶面积指数（leaf area index，LAI）是指每单位地表面积的叶面面积比例。大量的地面实测数据表明，植被指数（GVI、NDVI、PVI、RVI）与 LAI 呈现密切的非线性关系，如图 4.44 表示。

从图 4.44 中可以看到，GVI、NDVI 与 LAI 经验关系的离散度最小，关系最稳定；植被指数与 LAI 的

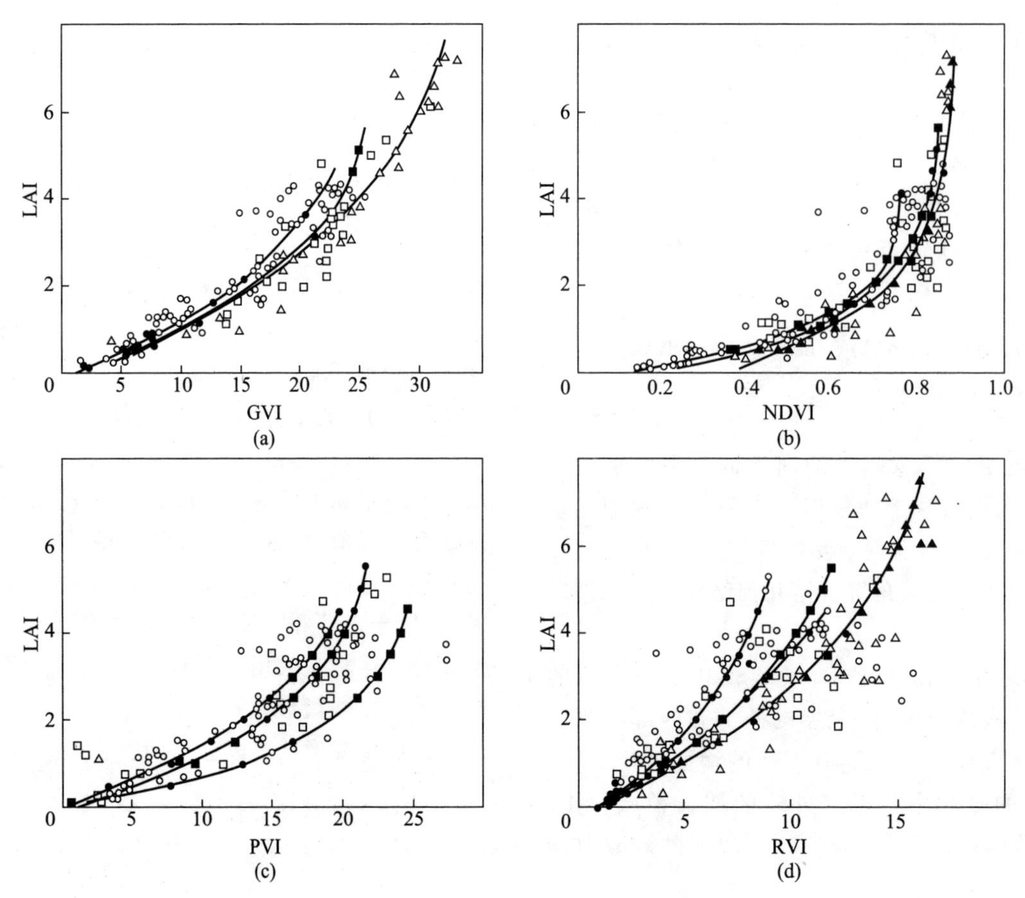

图 4.44 植被指数(GVI,NDVI,PVI,RVI)与 LAI 关系图(引自 Clevers J G P W ,1988)
不同的曲线代表不同数据集的数据

关系存在饱和现象,即随着绿色生物量的增加达到一定程度后,植被指数不再增加,而处于"饱和"状态。NDVI 的饱和值最低,大约在 LAI 达到 2~3,表明 NDVI 只在低植被覆盖度时对植被变化反应灵敏,而使 GVI 与 RVI 达饱和的 LAI 值可高达 6~8,PVI 居中,使 PVI 饱和的 LAI 值约为 4~5。

NDVI 与 LAI 的非线性关系,可用公式表达(张仁华,1996):

$$\mathrm{DNVI}=A[1-B\exp(-C\ \mathrm{LAI})] \quad (4.116)$$

式中:A、B、C 为经验参数。A、B 通常接近于 1。

光合作用是植被的最基本的生命活动。通常描述植被光合作用的三个物理参数为 APAR、p 和 $1/\gamma_c$。APAR(absorbed photosynthetic active radiation)是植被实际吸收的辐射通量密度;p 为光合作用的干物质产生率,通常用单位时间内通过单位面积的被植被消耗的 CO_2 量表示,单位为 $mg \cdot cm^{-2} \cdot s^{-1}$。$\gamma$ 为气孔阻力系数。研究表明,植被指数 RVI 与 APAR、冠层的平均干物质生产率(p_c)和气孔阻力系数(γ_c)有近线性关系(图 4.45~图 4.47)。图中,虚线、实线分别代表球面型和水平型,曲线旁的数值为辐射通量密度值。

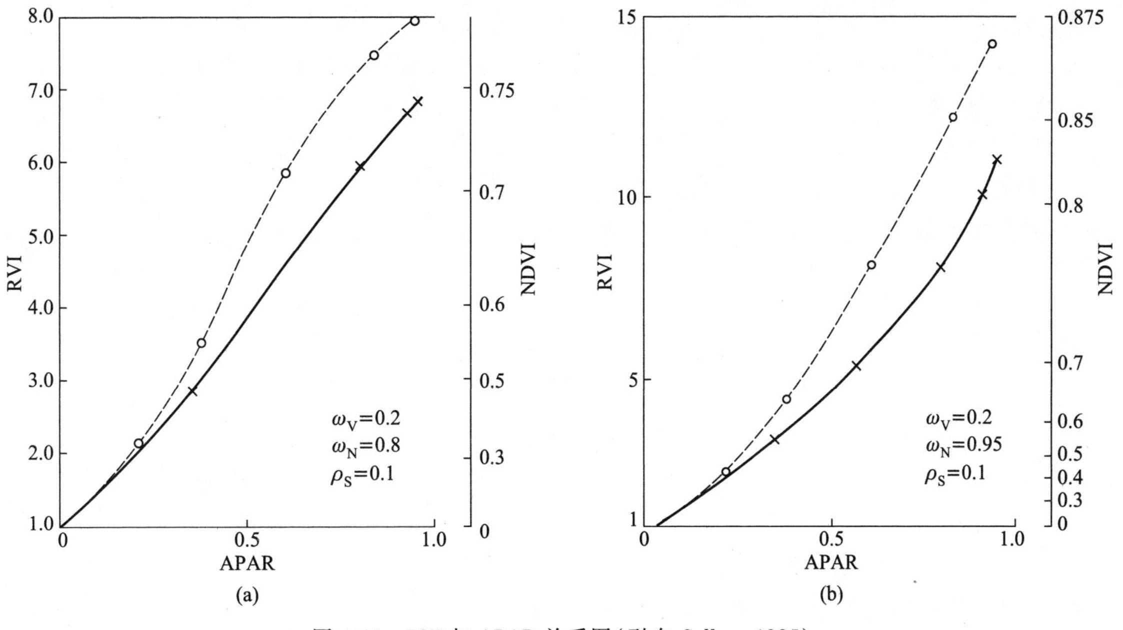

图 4.45 RVI 与 APAR 关系图(引自 Sellers,1985)

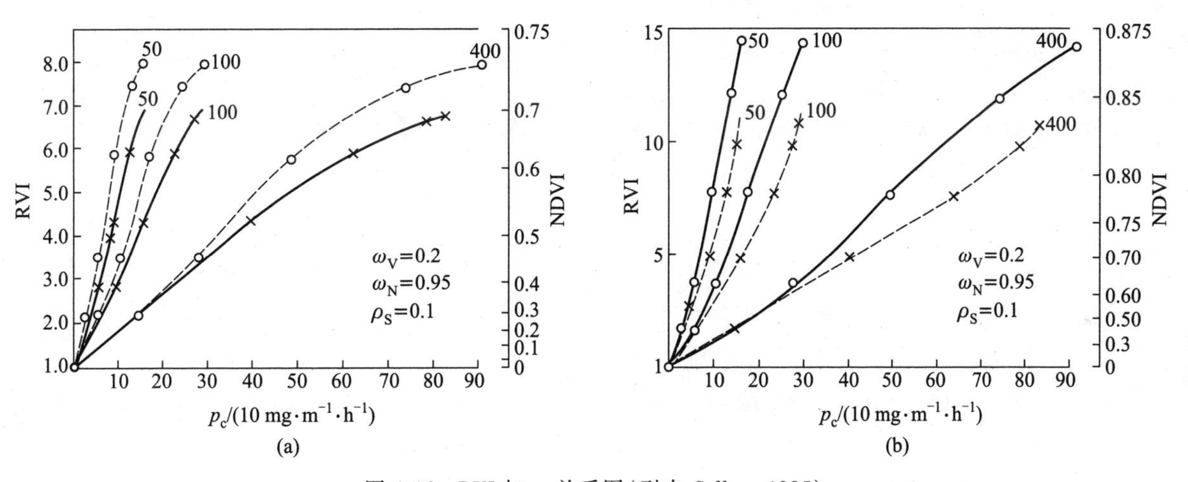

图 4.46 RVI 与 p_c 关系图(引自 Sellers,1985)

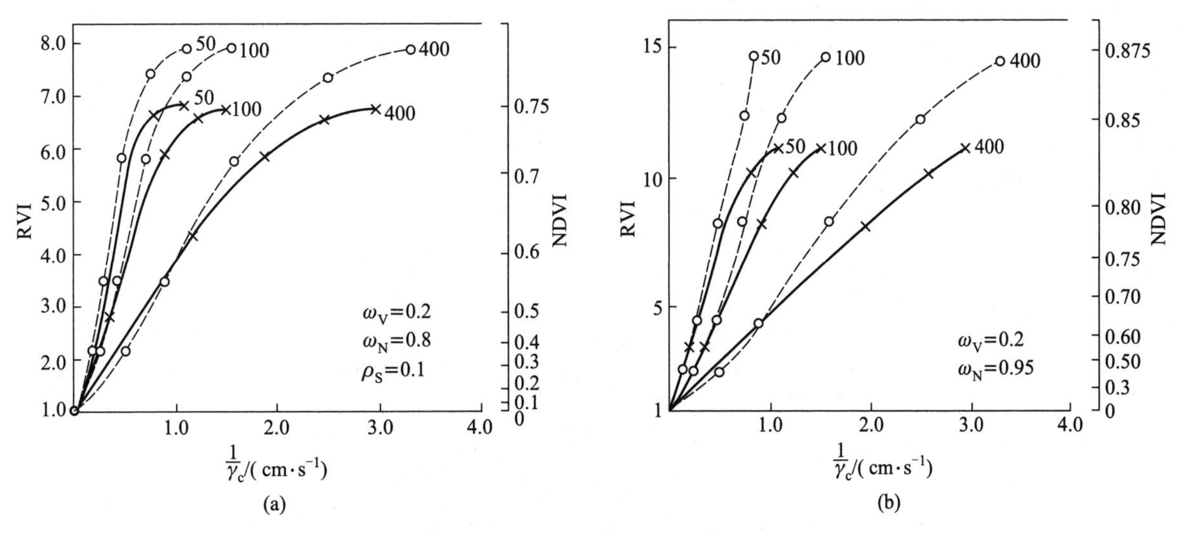

图 4.47 RVI 与 γ_c 关系图(引自 Sellers,1985)

4.8　全球的能量平衡

太阳辐射到达地球表层后，往往转化为各种形式的能量。如蒸发或凝结潜热、湍流显热等。这些能量也是气候形成的基本因素。

4.8.1　地面的热量平衡

当地面收入的短波辐射能大于其长波支出辐射，净辐射为正值时，一方面使地面升温，另一方面盈余的热量就以湍流或蒸发潜热的形式向空气输送热量，以调节大气温度，并向空气中提供水分。同时还有一部分热量在地表活动层内部交换，以改变下垫面（土壤、海水）温度的分布。当地面净辐射为负值时，则地表温度降低，所亏损的热量或者是由土壤（或海水）下层向上层输送，或者通过湍流及水汽凝结从空气获得热量，使空气降温。根据能量守恒定律，这些热量是可以转换的，但其收入与支出的量应该是平衡的，这就是地面能量平衡（surface energy balance）。地面能量平衡方程可写成下列形式：

$$R_n+LE+Q_P+A=0 \tag{4.117}$$

式中：R_n 为地面净辐射，LE 为地面与大气间的潜热传输量（L 为蒸发潜热，E 为蒸发量或凝结量），Q_P 为地面和大气间的湍流显热交换，A 为地表面与其下层间的热传输量（B）和平流输送量（D）之和。在式（4.117）中，规定地面得到热量时为正值，地面失去热量时各项为负值（图 4.48）。在形成地面能量平衡中，这四者是最主要的，其他如大气的湍流摩擦使地面得到的热量，植物光合作用消耗的能量以及与降水使温度不同的地面得到或损失的热量等，其数值都很小，一般可以忽略不计。

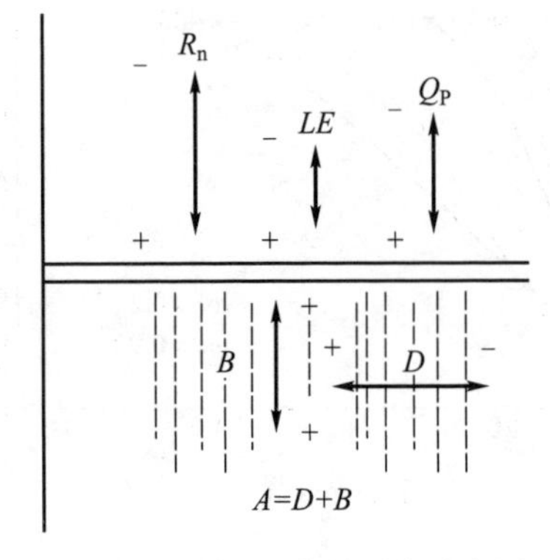

图 4.48　下垫面能量平衡示意图

对于陆地表面来说，由于土壤热传导而产生的水平输送异常缓慢，因而可忽略不计，而对于年平均而言，土壤与上界面的能量交换为零。因此，对于陆地表面的年平均热量平衡方程就可简化为

$$R_n+LE+Q_P=0 \tag{4.118}$$

但对水体，特别是大洋中必须考虑由于海流运动造成的能量输送。在组成地面能量平衡的四个分量中，由于净辐射有明显的昼夜变化和季节变化，因此其他分量也发生类似的周期变化，而这种变化又因纬度和海陆分布而不同。地面净辐射的地理分布格局已经较天文辐射复杂得多，而其他分量如地面蒸发失热的年总量分布及地气显热交换的分布，则更为复杂。

海洋和大陆表面热量平衡各分量的纬度年平均分布如图 4.49 和图 4.50 所示。

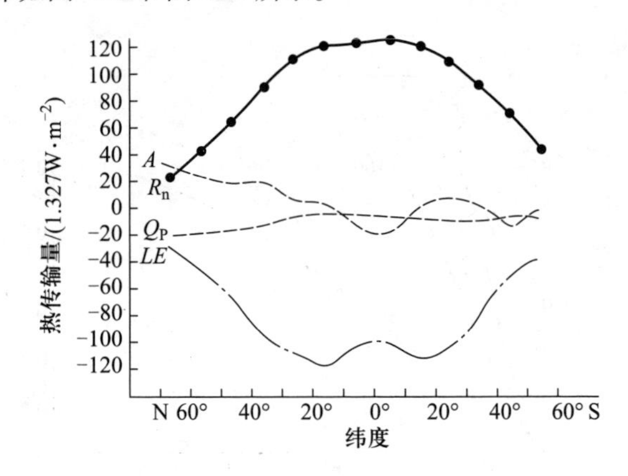

图 4.49　海洋表面的热量平衡

A 代表海洋内部的热交换

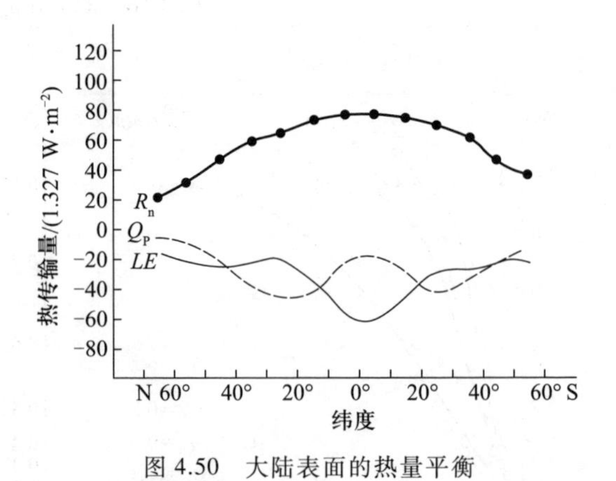

图 4.50　大陆表面的热量平衡

4.8.2　全球的热量平衡模式

将全球地气系统平均能量收支各分量之间的相

互关系用图形的方式表示出来,这种图称为全球能量平衡模式(global energy balance model),图 4.51 为全球尺度的地球表面能量平衡模式示意图。

从图 4.51 可以看出,如果将到达大气上界的太阳辐射($175\ 000\times10^{12}$ W·m^{-2})算作 100 个单位,进入大气圈后,大气和云共吸收 20 个单位,其中大气吸收 18 个单位(主要是水汽、臭氧、二氧化碳、尘埃等的吸收),云滴吸收 2 个单位。地气系统共反射 30 个单位(又称地球反射率),其中云层反射 20 个单位,大气散射返回宇宙空间 6 个单位,地面反射 4 个单位。地面吸收总辐射 50 个单位,其中吸收直接辐射 22 个单位,散射如反射辐射共 28 个单位(其中来自云层漫射 16,大气散射 12)。

地面因吸收总辐射而增温。根据全球年平均地面气温 T,其长波辐射能量相当于 115 个单位。地面长波辐射进入大气圈时为大气所吸收 109 个单位,只有 6 个单位透过"大气之窗"逸入宇宙空间。

大气和云吸收 20 个单位太阳辐射和 109 个单位地面长波辐射,其本身同时进行长波辐射。在大气和云的长波辐射中,95 个单位为射向地面的逆辐射,64 个单位(其中大气 38 个单位,云层 26 个单位)射向宇宙空间。因此通过辐射过程,大气总共吸收 129 个单位,而长波辐射支出 95+64=159 个单位。其中在亏损的 30 个单位的能量中,由地面向大气输入的潜热 23 个单位和湍流显热 7 个单位来补充,以维持大气的能量平衡。

整个地球下垫面的能量收支为±145 个单位,大气的能量收支为±159 个单位,从宇宙空间射入的太阳辐射 100 个单位,而地球的反射为 30 个单位,长波辐射射出 70 个单位,各部分的能量收支都是平衡的。这些估算的数值是很粗略的,它们仅仅可以提供一个地气系统中能量收支的梗概。在这种能量收支下形成并维持着现阶段的地球气候状态。

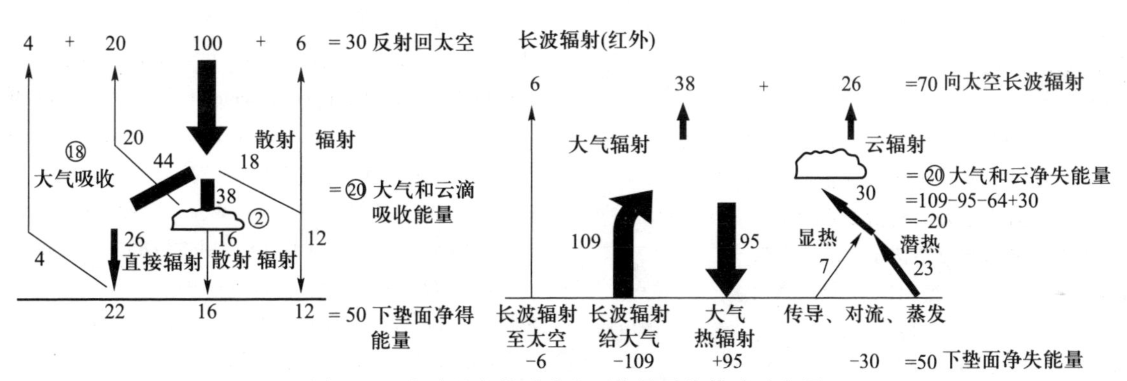

图 4.51 全球尺度的地球表面能量平衡模式示意图

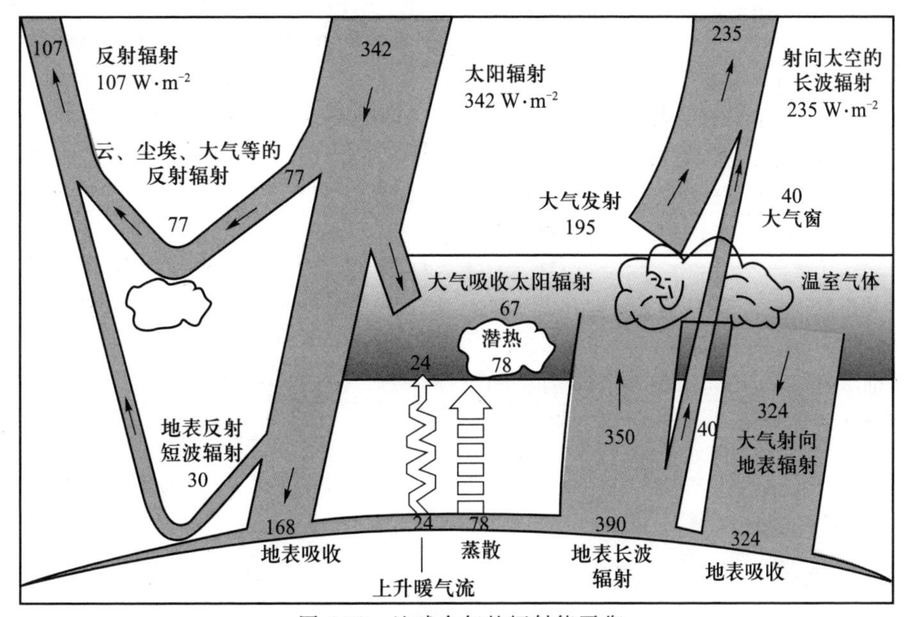

图 4.52 地球全年的辐射能平衡

地气系统全年的辐射能的大小我们可以从图4.52中得到一个初步的了解(Kiehl & Kevin,1997)。来自太阳的总辐射大小为342 $W\cdot m^{-2}$,进入大气圈后,大气吸收67 $W\cdot m^{-2}$,地气系统反射107 $W\cdot m^{-2}$,其中云、尘埃、大气等的反射辐射为77 $W\cdot m^{-2}$,地表短波反射为30 $W\cdot m^{-2}$,其余地面吸收168 $W\cdot m^{-2}$。地面射向天空的长波辐射为390 $W\cdot m^{-2}$,其中通过大气窗口逸出的为40 $W\cdot m^{-2}$,大气吸收为350 $W\cdot m^{-2}$。因此大气吸收了350+67=417 $W\cdot m^{-2}$辐射能,其本身同时进行长波辐射,其中235-40=195 $W\cdot m^{-2}$直接射向太空。由于温室效应大气射向地表的辐射为324 $W\cdot m^{-2}$,因此通过辐射过程,大气总共吸收417 $W\cdot m^{-2}$,而长波辐射发射324+195=519 $W\cdot m^{-2}$,共放热102 $W\cdot m^{-2}$,因地面向大气输入的潜热78 $W\cdot m^{-2}$和显热24 $W\cdot m^{-2}$,从而维持大气的能量平衡。

参考文献

安田延寿.1994.基礎大気科学(日文).東京:朝倉書店

段若溪.姜会飞.2002.农业气象学.北京:气象出版社

何洪林.2004.中国陆地太阳辐射要素空间化研究.中国科学院地理与科学资源研究所博士后出站报告

会田胜.1994.大気放射过程(日文).東京堂出版

近藤纯正.1987.身邊的気象科学(日文).東京:東京大学出版社,46~47

刘树华.2004.环境物理学.北京:化学工业出版社

文字信贵,平野高司.1997.気象環境学(農学、生态学).環善珠式會社(日文)

薛利红,曹卫星,罗卫红等.2004.小麦叶片氮素状况与光谱特性的相关性研究. 植物生态学报,28(2):172~177

张仁华.1996.实验遥感模型及地面基础.北京:科学出版社

赵英时.2003.遥感应用分析原理与方法.北京:科学出版社

周淑贞.1997.气象学与气候学(第3版),北京:高等教育出版社

左大康.1991.地球表层辐射研究.北京:科学出版社

Broge N H ,Mortensen J V. 2002. Deriving green crop area index and canopy chlorophyll density of winter wheat from spectral reflectance data. *Remote Sensing of Environment*,81: 45~57

Clevers J G P W. 1988. The derivation of a simplified reflectance model for the estimation of leaf area index. *Remote Sensing of Environment*,25:53~69

David M G. 1980. *Biophysical Ecology*. New York:Springer-Verlag

Filella I, Serrano L, Serra J, *et al*. 1995. Evaluating wheat nitrogen status with canopy reflectance indices and discriminant analysis. *Crop Science*,35:1400~1405

Fernandez S, Vidal D,Simon E,*et al*.1994. Radiometric characteristics of *Triticum aestivum* cv. Astral under water and N stress. *International Journal of Remote Sensing*, 15: 1867~1884

Goody R M.1964. *Atmospheric Radiation*.New York:Oxford University Press:436

Hinzman L D,Bauer M E ,Daughtry C S T . 1986. Effects of Nitrogen Fertilization on Growth and Reflectance Characteristics of Winter Wheat. *Remote Sensing of Environment*, 19:47~61

Kiehl J T, Trenberth K E, 1997. Earth's annual global mean energy budget. *Bulletin of the American Meteorological Society*, 78(2):197~208

Munden R,Curran P J,Catt J A. 1994. The relationship between red edge and chlorophyll concentration in the Broadbalk winter wheat experiment at Rothamsted. *International Journal of Remote Sensing*,15: 705~709

Reeves D W,Mask P L,Wood C W,*et al*.1993. Determination of wheat nitrogen status with a hand-held chlorophyll meter. *Journal of Plant Nutrition*, 16:781~796

Sellers P J. 1985. Canopy reflectance ,photosynthesis and transpiration. *International Journal of Remote Sensing*, 6: 1335~1372

Stone M L,Solie J B,Raun W R,*et al*.1996. Use of spectral radiance for correcting in-season fertilizer nitrogen deficiencies in winter wheat. *Transaction of the American Society of Agricultural Engineers*,39:1623~1631

Thomas J R, Oerther G F. 1972. Estimating nitrogen content of sweet pepper leaves by reflectance measurements. *Agronomy Journal*, 64:11~13

Yu G R, Miwa T, Nakayama K, *et al*. 2001. A proposal for universal formulas for estimating leaf waterstatus of herbaceous and woody plants based on spectral reflectance properties. *Plant and Soil*,227: 47~58

第5章 近地边界层特征与空气运动基本方程

大气边界层为地球大气层最底下的一个薄层，是大气与下垫面直接发生作用的气层，是天气现象和气候变化、气象灾害以及各种大气物理现象最为活跃的大气层，是人类生活、生产活动空间和生物圈的主要组成部分，是地圈与大气圈间物质和能量交换通道。大气边界层的日变化非常剧烈，日间的对流活动强烈，形成对流边界层，在对流强、大气混合度大时，边界层厚度可达几千米，大气层结不稳定；在夜间，由于地面长波辐射降低，气温下降形成逆温层，大气层结稳定，厚度一般为200~300 m。一般情况下，大气边界层厚度为1~1.5 km，高者可达几千米的范围。在无高大植被或建筑的下垫面，贴地层的高度在2 m左右，贴地层以上50~100 m的大气层为近地边界层，也被称为生态边界层。

近地边界层是大气与地面通过湍流运动的发生与物质交换过程而相互作用的层，这种相互作用具有非常小的空间尺度和时间尺度，其时间尺度为几小时或更短一些。在近地边界层中，主要气象要素（辐射、温度、湿度、风、其他气体浓度等）以及湍流对热量和物质量的输送都呈现出明显的以24小时为周期的日变化；湍流对气流运动性质、热量和物质量的输送起着支配性作用，是地表与大气的物质和能量交换的主要机制，决定着动量、热量和水汽以及其他物理属性的垂直方向输送量特征。近地边界层内的重要标量（温度、湿度、痕量气体等）都被湍流运动所混合，但有十分微小尺度的脉动；白天的对流边界层和夜间稳定层结的边界层风速、温度等要素的垂直分布显著不同。白天的对流边界层对流作用强，有利于湍流交换；而夜间对流作用较弱，有时会形成逆温层，不利于物质的扩散。近地面层的厚度随时间、地点而变化，白天高于晚上，地面粗糙地形条件下边界层的厚度较深。

空气状态常用密度(ρ)、体积(V)、压强(P)、温度(t或T)表示。研究它们之间的关系可以表述空气状态变化的基本规律。描述气体密度(ρ)、体积(V)、温度(T)、压强(P)之间关系的数学方程被称为状态方程，是分析大气状态变化的理论基础之一。流体运动和其他物体运动一样，要遵循质量守恒、动量守恒和能量守恒等基本物理学定律。大气在边界层的运动与光速相比是非常慢的，可应用经典物理学的伽利略或牛顿力学方程来描述。定量描述边界层状况，可以借助于气体动力学和热力学的流体力学方程，这些方程被称为近地边界层空气运动的基本方程。它们包括时间导数和空间导数，需要利用给定的初始条件和边界条件来求解。在边界层气象学中常用的基本方程有状态方程，质量、动量、水汽和热量守恒方程等，还可以增加污染物浓度或标量气体浓度之类的标量辅助方程。

本章初版执笔者：任传友，于贵瑞；再版修订者：任传友，孙晓敏

本章主要符号

符号	含义	符号	含义
A	形变率	T_V	虚温
c_p	湿空气定压比热	t 或 T	温度
c_{pd}	干空气定压比热	u、v、w	风速的三维分量
c_v	定容比热	V	体积
e	水汽压	γ	湿绝热递减率
E	相变所产生的单位时间、单位体积的水汽含量	γ_d	干绝热递减率
F	流体通量	ΔT	虚温和实际温度差
K_C	标量的分子扩散率	θ_V	湿空气的位温
K_q	水汽分子扩散率	θ	位温
K_r	分子热扩散率	μ'	湿空气的相对分子质量(简称"分子量")
L_p	潜热	μ_w	水汽分子量
m	气体质量	μ	气体的分子量
$\boldsymbol{P}$	应力张量	μ	动力学黏(滞)性系数或内摩擦系数
$P-e$	干空气压强	ρ	空气密度
P	大气压强,流体压力	ρ_d	干空气密度
q_T	总比湿	ρ_w	水汽密度
R^*	通用气体常数	S_{qT}	空气块与外界的水汽交换量
R	比气体常数	$\nabla\cdot\boldsymbol{V}$	空气的散度
R_d	干空气的比气体常数	$\boldsymbol{f}$	作用力
R_j	j方向上的辐射通量	$\boldsymbol{a}$	加速度
R_w	水汽的比气体常数	v	运动学黏性系数

5.1 大气边界层的概念及其特征

5.1.1 大气边界层的概念

大气边界层(atmospheric boundary layer, ABL)又称为行星边界层(planetary boundary layer, PBL),通常是指从地面到高度约为1~1.5 km的大气层。在这一层中大气直接受地球表面的影响,包括海洋、陆地、积雪和冰等地球表面,热量和水汽通过垂直方向的湍流过程不断地从地球表面输送到大气的上层,成为大气中相当重要的一部分能量和水汽的源。因此研究大气边界层中的物理过程对进一步研究自由大气的能量平衡和动力学过程是非常重要的。大气边界层通常可分为近地边界层(surface boundary layer)和埃克曼层(Ekman boundary layer)(图5.1)。

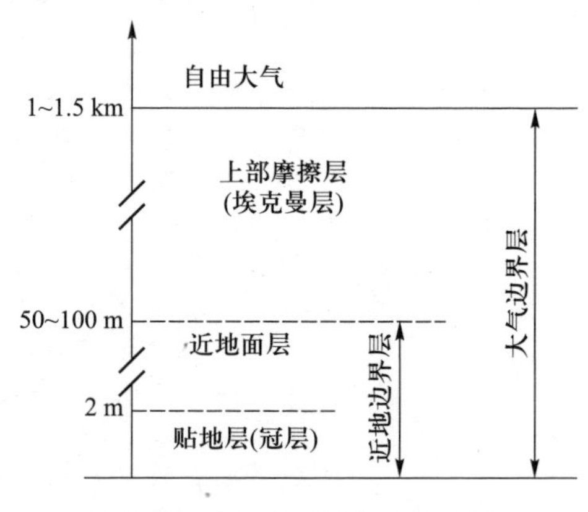

图5.1 大气边界层构造模式图

贴近地表面数十米的气层,受地面的影响非常明显,被称为近地层(surface layer, SL)或近地边界层。贴地层的上部约50~100 m的大气层,强烈地受陆地生态系统的各种生物、物理和化学过程的影响,也是边界层中最为活跃的部分。近地边界层的厚度不同,与近地面大气的温度层结(stratification)有关,通常在地面以上50~100 m。在这一层内,常常把气压梯度力(pressure gradient force)当作不变的驱动力,而地转偏向力(geostrophic force)可以不考虑,最重要的因素就是湍流摩擦应力(turbulent friction stress)。这一层中的大气运动呈明显的湍流性质,其特点是由湍流产生的应力不随高度而变化,由湍流引起的动量、热量和水汽的垂直输送通量近似为常数,所以又称它为常通量层(constant flux layer)。

埃克曼层又称上部摩擦层,近地面层以上的大气边界层部分称为上部摩擦层或外部边界层(outer boundary layer,OBL)。垂直范围从近地面层顶部到1~1.5 km 高度处。在这层中湍流黏性力(turbulent viscosity force)、气压梯度力和科里奥利力(Coriolis force,简称科氏力)三者都很重要。由于这三个力的作用,这层中的风随高度变化明显,在近地面风与等压线有一交角,并有从高压吹向低压的趋势(摩擦风),随着高度的增加,风速逐渐增大,风向逐渐变得与等压线平行。到埃克曼层顶时,大气受下垫面的影响变得很小,气压梯度力与科氏力接近平衡,实测风接近地转风。所以埃克曼层顶以上的大气称为自由大气(free atmosphere)(图 5.1)。

经典的边界层概念是指在流体与固体的交界处,存在一层很薄的弱黏性流体(viscous fluid),将这一薄层流体称为以固体表面为边界的边界层流体(boundary layer fluid)。边界层内的流体具有以下三个重要特征:① 边界层流体的厚度很薄,其垂直尺度与水平尺度相比要小得多;② 固体表面上的流体速度为零,边界层内部有较大的速度垂直切变(shear);③ 在对该层流体的运动规律进行动力学描述时必须考虑黏性力(viscosity force)的作用。

由于粗糙的固体表面对流体的机械摩擦作用以及该层内的速度切变很大,往往容易形成湍流(turbulent flow)。一般而言,边界层流体的运动可以是层流(laminar flow),也可以是湍流。

流经粗糙地球表面的空气是以地球表面为边界的边界层流体,形成了以地球表面为边界的大气流体边界层,简称为大气边界层(ABL)。地球的陆地表面既有广阔的平原,又有高山和城镇。当空气沿着地球表面流动时,无论其表面平滑也好,还是粗糙也好,气流总是会受地表面摩擦的影响,边界层内的空气流动主要以湍流运动方式为主。

地球大气按照电磁性质和温度垂直分布的分层现象,大致可以分为 5 个层次,即对流层、平流层、中间层、热层和电离层(又称散逸层)(详见第 3 章)。地球大气的密度和压力都随着高度的上升而下降,而大气温度并不随高度呈线性降低。地球表面由太阳辐射而加热,其温度以 1 d 为周期而变化着,当然与其接触的近地大气也同样受其影响,气温也表现出明显的日变化。大气的运动和温度所受到的表面影响程度越近地表层越大,粗略地估计,这种影响的高度大约可以达到离地面 1 000~2 000 m(一般在 1 000 m左右),该大气层即是通常所说的大气边界层。因为大气边界层在垂直方向上的尺度比在水平方向的尺度要小得多,所以在边界层内的主要作用力为地转偏向力或科里奥利力,因此大气边界层也被称为行星边界层(PBL)。

大气边界层为地球大气层最底部的一个薄层,是大气与下垫面直接发生作用的空气层,约有 5% 的大气动能被消耗于边界层中,是天气现象和气候变化、气象灾害以及各种大气物理现象最为活跃的大气层。大气边界层是人类生活和活动的主要场所,是生物圈的主要组成部分,也是地圈与大气圈间的物质和能量交换的通道。地球生物圈或是被大气边界层所包含,或依赖于大气边界层的物质与能量得以维持,所以大气边界层可以看作生物圈的物质与能量的循环系统,它为植物的光合作用和动物呼吸作用输送 CO_2 和 O_2,转移动植物的废弃物,并通过光化学作用、向自由大气输送以及向地球表面沉降等过程来净化大气。

5.1.2 大气边界层的构造特征

边界层结构主要指边界层垂直高度和时空变化特征。人们对大气边界层结构的认识目前已经比较一致。Stull(1988)的定义为:大气边界层是处在对流层最底部,直接受下垫面性质影响,各种物理属性对于下垫面性质响应的时间尺度≤1 h 的层次。关于大气边界层的上界高度在气象学上还没有明确的计算方法,只能进行一些粗略的估计。大气边界层的日变化非常剧烈:白天,大气对流活动强烈,边界层成为对流边界层(convective boundary layer, CBL),由于大气对流强、大气混合度大,使得边界层厚度可达几千米,大气层结不稳定;夜间,由于地面长波辐射强度降低,下层空气温度下降,会形成逆温层,大气层结稳定,边界层厚度一般为 200~300 m。一般情况下平坦地区的大气边界层厚度较薄,在 1 500 m 以下,在地形起伏较大的区域边界层厚度可以达到 2 500 m，有时高者可达几千米的范围。

对于大气边界层的结构特征分析，以及它与地球表面和上部的自由大气层之间的相互作用关系的认识和理解，主要依靠实验观测、数值模拟和实验室模拟等研究手段来完成。高压控制下的边界层厚度较薄，这是因为在高压区域的下沉气流和低空水平辐散造成的；相反，低压区的低空辐合抬升机制携带低层空气上升，使低压范围内的边界层厚度变厚。

大气边界层一个显著特征是它具有明显的日变化。在晴朗的白天，大气边界层厚度逐渐增加，在下午较晚的时候可能达到几百米至几千米的厚度，其主要原因是地面加热引起的强烈湍流所导致的激烈垂直混合。在陆地高压区的边界层结构比较规则，且日变化特征明显，在垂直方向上，边界层可以分为明显的混合层（mixed layer，ML）、残留层（residual layer，RL）和稳定边界层（stable boundary layer，SBL；也称夜间边界层，nocturnal boundary layer，NBL）三个层次，典型的边界层结构和日变化特征如图 5.2 所示。

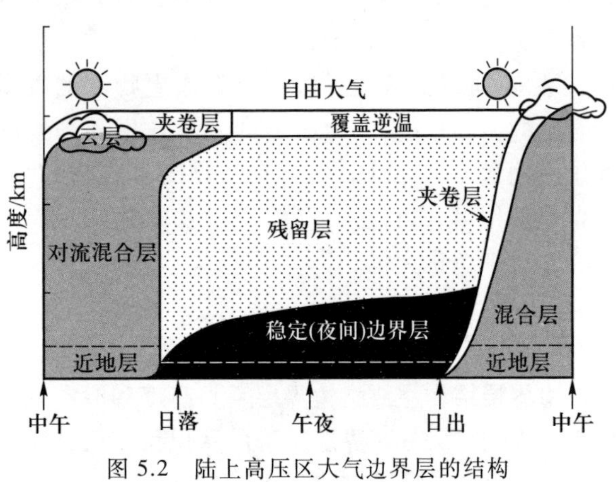

图 5.2　陆上高压区大气边界层的结构（张强和胡隐樵，2001）

混合层的基本特征是其中的湍流混合以对流（convection）为主。对流是由暖的下垫面的热量向上输送与（或）云底辐射冷却作用形成的，前者使地面暖空气上升，而后者使云顶冷空气下沉。两者可以同时出现，特别是当顶部有冷层积云的混合层移过暖地面时，便可同时出现上升或下沉气流。日落前大约半小时，地面加热停止，底层的湍流逐渐减弱，并趋于稳定，但是边界层上部仍然保持着湍流状态，称为残留层，残留层一般不直接接触下垫面。残留层是中性层结，这一层产生的湍流强度在各个方向上其强度几乎相等。随着夜间的向前推移，与地面接触的残留层底部就逐渐变为稳定边界层。稳定边界层不像混合层那样具有明显的上限，它是通过改变残留层底部而增加厚度的，其顶逐渐向残留层内延伸（即稳定边界层逐渐加厚），这与夜间下垫面的辐射冷却有关。虽然稳定边界层内的大气处于相对稳定的状态，但是还会有小而弱的零星湍流单体发生，这些湍流单体的上升气流仍然可导致超地转风，并形成低空急流（或夜间急流）。只要下垫面温度低于气温，稳定边界层也能在白天生成，这种情况常在暖空气平流过冷地面时发生，如暖锋过境或近海岸处。近地层是边界层的底部，这里湍流通量和应力的变化均比它们自身量级小 10%，因此，边界层的底部 10% 不管是混合层还是稳定边界层都称为近地层。

贴地层中的湍流通量和切应力变化较小。对于无高大植被或建筑的下垫面，贴地层的高度约为 2 m 左右，贴地层以上的 50～100 m 范围内为近地边界层。如果再细分，可以将贴近地表几厘米的一层，称为内摩擦层或内部边界层（inner boundary layer，IBL），其主要特点是物理量的传输以分子传输为主，以湍流传输为辅。

在森林或有高层建筑的区域，森林和建筑物所占有的空间对大气具有特殊的作用，称为森林冠层（forest canopy）或城市冠层（city canopy）。因地表面的地形，植被类型以及地面建筑物等多种因素的综合影响，冠层和近地边界层之间的界限区分是十分困难的，而且它们共同受陆地生态系统的生物、物理和化学过程的综合作用，各气层之间的相互作用关系十分复杂，对许多现象很难进行独立研究或认识。因此，在这里，我们将近地边界层以下的大气层统称为近地边界层（图 5.3）。近年来，也有人从生态系统特征角度，将生态系统纳入到大气运动的外部强迫之中（夏俊杰，2003），称为生态边界层（ecological boundary layer）。

5.1.3　近地边界层的动力学特征

外部边界层是指界于地面扰动气流与无摩擦的自由大气气流之间的过渡层。在这个边界层内的湍流摩擦应力与气压梯度力、地转偏向力等具有相同的量级。而在近地边界层，常常把气压的梯度力当作不变的动力，在不考虑地转偏向力的情况下，最重要的因素就是湍流的摩擦应力，摩擦应力不随高度

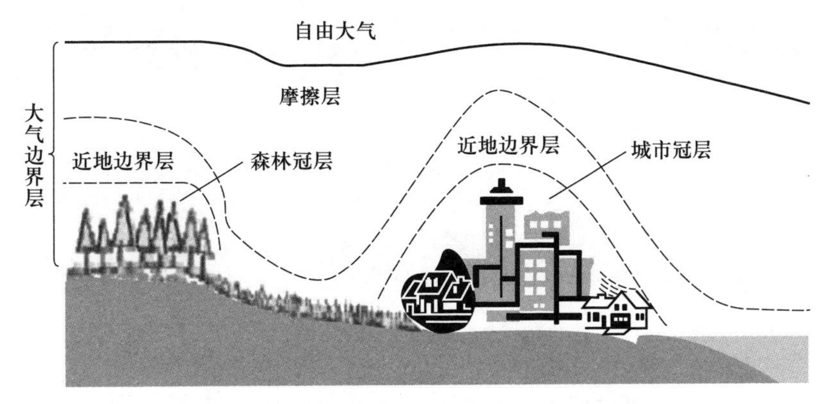

图 5.3 森林和城市的大气边界层构造模式图

而变化，但是湍流扩散系数（turbulent diffusion coefficient）则随高度增高而增大。近地边界层是大气与地面通过湍流运动的发生与过程而相互作用的层次，这种相互作用具有非常小的空间尺度和时间尺度，其时间尺度为几小时或更短一些。近地边界层有以下一些主要特征：

① 在近地边界层中的主要气象要素（辐射、温度、湿度、风、其他气体浓度等）以及湍流对热量和物质量的输送都呈现出明显的以 24 小时为周期的日变化。

② 近地边界层中的实际温度梯度$\partial T/\partial z$与位温梯度$\partial \theta/\partial z$可以认为是基本相同的，即$\partial \theta/\partial z=\partial T/\partial z$。特别是对于海拔较低的平原地区，可以认为气温 T 与位温 θ 大致相等，即 $T\approx\theta$。

③ 在近地边界层中，气压随高度的变化可以忽略不计，气象要素的垂直梯度，远远大于水平梯度，所以边界层内的物质和能量传输以垂直方向为主。

④ 近地边界层内的重要标量（如温度、湿度、痕量气体等）都被湍流运动所混合，使它们具有十分微小尺度的脉动。

⑤ 在近地边界层中，湍流对气流运动性质、热量和物质量的输送起着支配作用，在地表比较均匀、天气条件变化不大的情况下，动量、热量和水汽以及其他物理属性在垂直方向的湍流输送通量不随高度而改变，可以近似为常量，所以近地层又被称为常通量层。

⑥ 白天对流边界层和夜间稳定层结的边界层的风速、温度等要素的垂直分布显著不同。白天对流边界层大气对流作用强，有利于湍流交换；而夜间由于常常形成逆温层，大气对流作用较弱，不利于大气中物质的扩散。

⑦ 近地面层的厚度随时间、地点而变化，大体上白天高于夜间，粗糙地形条件下的边界层的厚度较深。

5.2 边界层空气的状态方程

边界层空气状态常用密度（ρ）、体积（V）、压强（P）、温度（T）表示。对一定质量的空气，其 ρ、V、T 之间存在函数关系。例如，当一小团空气从地面上升时，随着高度的增大，其受到的压力减小，随之发生体积膨胀而增大，因在膨胀的过程中做功，消耗了内能，使其气温降低。这说明在该过程中，一个量的变化同时会引起其余量的改变，亦即空气状态发生变化。如果 ρ、V 和 T 三个量都不变，则空气处于一定的状态中，研究各变量之间的关系，可以了解空气状态变化的基本规律。

5.2.1 理想气体的状态方程

描述气体密度（ρ）、体积（V）、温度（T）、压强（P）之间关系的方程，称为气体状态方程（gas state equation）。理想气体的状态方程可写为

$$PV=\frac{m}{\mu}R^{*}T \tag{5.1}$$

式中：m 为气体的质量；μ 为气体的分子量；R^{*} 为通用气体常数（universal gas constant），$R^{*}=8.31\ \mathrm{J\cdot mol^{-1}\cdot K^{-1}}$。

在气象学中，常用单位质量的空气块（气团）作为研究对象。为此，常将式（5.1）中的关系转变为压强、温度和密度三个变量间的关系，即为

$$P=\frac{m}{V}\frac{R^*}{\mu}T \tag{5.2}$$

式中：m/V 为密度 ρ，用 R 表示 R^*/μ，则得

$$P=\rho RT \tag{5.3}$$

式中：R 称为比气体常数（specific gas constant），是对质量为 1 g 的气体而言的，它的取值与气体的性质有关。例如，空气的比气体常数 $R=287\ \text{J}\cdot\text{kg}^{-1}\cdot\text{K}^{-1}$，水蒸气 $R=462\ \text{J}\cdot\text{kg}^{-1}\cdot\text{K}^{-1}$。

式（5.2）或式（5.3）称为克拉珀龙方程（Clapeyron equation）。对于一定质量的气体来说，根据克拉珀龙方程，$PV/T=$常数，其状态变化过程如图 5.4 所示。

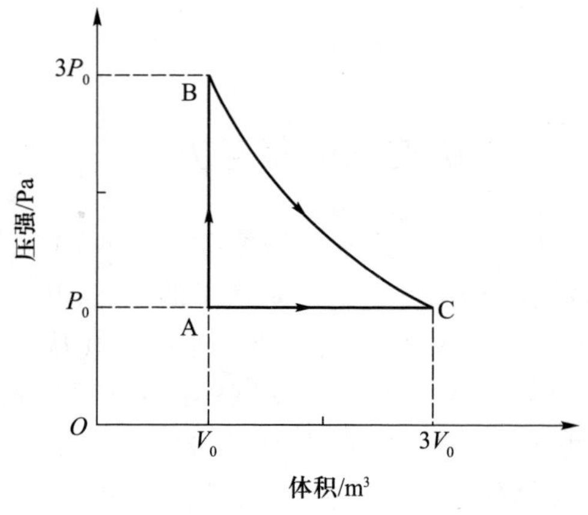

图 5.4　空气状态变化示意图

A→B 为等体积变化；A→C 为等压强变化；B→C 为等温变化

5.2.2　干空气的状态方程

虽然式（5.3）是理想气体的状态方程，但在一般情况下可应用于描述压强不是太大，温度远离绝对零度条件下的实际气体的空气状态。在通常的大气温度和压强条件下，干空气和未饱和的湿空气都十分接近于理想气体。如果把干空气视为分子量为 28.97 的单一成分的气体来处理，这样干空气的比气体常数 R_d（单位为 $\text{J}\cdot\text{g}^{-1}\cdot\text{K}^{-1}$）为

$$R_d=\frac{R^*}{\mu_d}=\frac{8.31}{28.97}=0.287 \tag{5.4}$$

则干空气的状态方程为

$$P=\rho R_d T \tag{5.5}$$

5.2.3　湿空气的状态方程

实际大气尤其是近地面层空气总是由含有大量水汽的湿空气所构成的。在常温常压下，湿空气仍然可以看成理想气体。湿空气状态参量之间的关系为

$$P=\rho R'T \tag{5.6}$$

式中：$R'=R^*/\mu'$，μ'是湿空气的分子量；ρ 是湿空气的密度。由于湿空气中的水汽含量是变化的，所以 μ'和 ρ 都是变量。

如果以 P 表示湿空气的总压强，e 表示其中的水汽压强（即水气压），则 $P-e$ 是干空气的压强。干空气的密度（ρ_d）和水汽的密度（ρ_w）分别是

$$\rho_d=\frac{P-e}{R_d T},\quad \rho_w=\frac{e}{R_w T} \tag{5.7}$$

式中：R_w 为水汽的比气体常数（单位为 $\text{J}\cdot\text{g}^{-1}\cdot\text{K}^{-1}$），即

$$R_w=\frac{R^*}{\mu_w}=\frac{8.31}{18}=0.461\ 5 \tag{5.8}$$

式中：μ_w 为水汽分子量，$\mu_w=18\ \text{g}\cdot\text{mol}^{-1}$。依据公式（5.4）和公式（5.8）可得

$$R_w=\frac{R^*}{\mu_w}=\frac{\mu_d}{\mu_w}\cdot\frac{R^*}{\mu_d}=1.608\ R_d \tag{5.9}$$

因为湿空气是干空气和水汽的混合物，故湿空气的密度 ρ 是干空气密度 ρ_d 与水汽密度 ρ_w 之和，即

$$\begin{aligned}\rho&=\rho_d+\rho_w=\frac{P-e}{R_d T}+\frac{e}{R_w T}\\&=\frac{1.608(P-e)+e}{1.608\ R_d T}=\frac{P}{R_d T}\left(1-0.378\ \frac{e}{P}\right)\end{aligned} \tag{5.10}$$

将式（5.10）右边的分子和分母同乘以（$1+0.378e/P$），并考虑到 e 比 P 小得多，因而$(0.378e/P)^2$很小，假设可以略去不计，则上式可写成

$$\rho=\frac{P}{R_d T\left(1+0.378\ \dfrac{e}{P}\right)} \tag{5.11}$$

$$P=\rho R_d T\left(1+0.378\ \frac{e}{P}\right) \tag{5.12}$$

式(5.12)为湿空气状态方程的常见形式,如果引进一个虚设的物理量——虚温(T_V),即

$$T_V = \left(1+0.378\frac{e}{P}\right)T \qquad (5.13)$$

由于$(1+0.378e/p)T$恒大于1,因此虚温总要比湿空气的实际温度高些。引入虚温后,湿空气的状态方程可写成

$$P=\rho R_d T_V \qquad (5.14)$$

式中:R_d是干空气的比气体常数,$R_d=287\ J\cdot K^{-1}\cdot kg^{-1}$。

比较湿空气和干空气的状态方程,两者在形式上是相似的,其区别仅在于把方程右边实际气温换成了虚温。虚温的意义是在同一压强下,干空气密度等于湿空气密度时,干空气应具有的温度。虚温和实际温度之差ΔT为

$$\Delta T=T_V-T=0.378\frac{e}{P}>0 \qquad (5.15)$$

由式(5.15)可见,空气中水汽压e愈大,这一差值就愈大。低层大气,尤其是在夏季,e值较高,这时必须使用湿空气状态方程;但在高空,因e值相对较小,因而ΔT很小,这时即使是使用干空气状态方程,也不致造成很大的误差。

5.3 边界层空气的运动方程

对于自然界的流体,在不失问题的本质,并且力求方便研究的前提条件下,可以引入连续介质假说(continuum hypothesis),把它描绘成理论模型。流体分子间的作用是引力还是斥力,取决于它们的平均间距(或平均自由程)d'是大于还是小于临界间距d_0($\equiv 10^{-8}$ cm)。而一般流体的d'约为10^{-8}~10^{-7} cm,略超过临界间距d_0或斥力范围,所以流体分子总是尽可能地紧挨着。同时,分子的平均间距d'比分子自身的平均直径又大得多,因此实际流体是由无数流体分子彼此间以比自身尺度大得多的空隙间隔而构成的,是一种由离散分子构成的真实流体。日常生产和生活中所指的流体运动,皆属于经典力学范畴的宏观运动,它并不要求涉及分子运动和分子的微观结构。因此,为了简化流体运动的数学分析,就可以不考虑流体的离散分子结构状态,而把流体当作连续介质来处理,也就是说把离散分子构成的实际流体,看作由无数流体质点没有空隙连续分布而构成的,这就是所谓的连续介质假说。

对于如何描述流体的运动,在流体力学中存在着两种着眼点不同的描述方法,它们分别是以流点为着眼点的拉格朗日(Lagrange)方法和以空间点为着眼点的欧拉(Euler)方法。下面以河道中测量流动的例子来给予说明。河道中的水流状况,可以以浮标跟踪方法来测量。例如,用一个适当大小的某种浮标作为流点示踪物(即近似替代流点),并由经纬仪测出它各时刻的位置,再计算它的位置随时间的变率,得出该浮标所示踪的那个流点的运动状况及其流速。倘若,将一浮标群撒播于某段河道,并且该浮标群中每一个浮标均具有标识且可以彼此区别,那么此浮标群就相当于河道中的流点系。同样,对于浮标群中的每一个浮标均可测出它的速度和运动状况,因而该河道中的流点系运动状况,或河道中流动状况就弄清楚了。这种类似质点力学中着眼于流点运动状况的流动描述方法,称作拉格朗日方法。

所谓欧拉方法,其着眼点不是在运动流点上,而是在空间任意固定点上来考察流动状况,这不同于经典质点系力学的研究方法。仍以河道流动为例,如果把测速仪置于河道中,并在某固定点上测定水流的流速,假如这样的测速仪布满整个河道,又假定它们不破坏河道中原先的流动状况,则可测出同一瞬间该河道中各固定点上的流速分布。经不同瞬间的测量可测出河道中不同瞬间的流速分布,于是河道中的流动状况及变化亦清楚了,这就是欧拉方法。关于拉格朗日和欧拉观点的详细介绍,可参阅余志豪等编著的《流体力学》一书(气象出版社,1994)。

大气运动基本方程组是将大气运动时所应遵循的物理定律,用方程形式表达出来,其目的是从这些方程中解出未知量。因此这里就有遵循哪些定律和用怎样的形式表达的问题。根据流体的连续介质假说,空气运动和其他物体运动一样,要遵循质量守恒(conservation of mass)、动量守恒(conservation of momentum)和能量守恒(conservation of energy)等基本物理定律。边界层的运动与光速相比是非常慢的,足可应用经典物理学(伽利略或牛顿力学)方程来描述。定量描述边界层状况,可以借助描述大气中气体动力学和热力学的流体力学方程来完成,这些方程被称为边界层空气运动基本方程(basic equations of motion),它们包括时间导数和空间导

数，需要依据初始条件和边界条件来求解。在边界层气象学中常用的空气运动基本方程有：质量守恒方程、动量守恒方程、能量守恒方程、状态方程、水汽和污染物浓度或标量气体浓度之类的标量辅助方程。大气运动方程(equation of motion)或动量守恒方程(momentum conservation equation)和反映大气能量关系的热流量方程(thermal flow equation)是研究大气运动常用的方程，与它们相配套的还有一个连续方程(the equation of continuity)，它描述了大气运动所遵守的质量守恒定律。连续方程又是把水平流场与垂直运动联系起来的方程。在这些方程中，前两个是力学的，第三个是热力学的方程。此外，为了从这些方程中解出未知量，还要补充其他方程，这就是状态方程、水汽及其他标量气体浓度之类的辅助性方程，如图5.5所示。

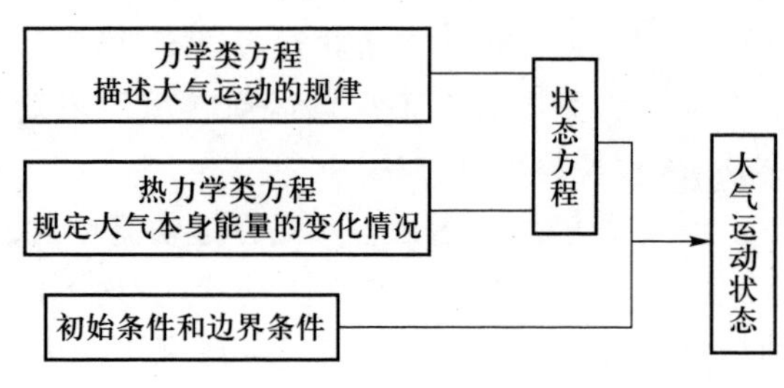

图5.5 各种方程之间的关系

5.3.1 连续方程(质量守恒方程)

空气运动的连续方程是说明空气运动及其质量分布的关系方程，它是按质量守恒定律建立起来的。在拉格朗日的方法中，某空气块在运动时，其体积和形状尽管可发生变化，但是它始终由同一些流点所构成，因而所含的质量守恒不变。如图5.6所示，如果设边长分别为$\delta x,\delta y,\delta z$的小六面体元空气块的体积为$\delta\tau=\delta x\delta y\delta z$，所含的质量为$\delta m=\rho\delta\tau$，式中的$\rho$是空气密度。空气块在运动过程中应遵循质量守恒法则(law of mass conservation)：

$$\frac{\mathrm{d}}{\mathrm{d}t}(\delta m)=0 \tag{5.16}$$

或者

$$\frac{\mathrm{d}}{\mathrm{d}t}(\rho\delta\tau)=0 \tag{5.17}$$

此式展开后，得

$$\frac{1}{\rho}\frac{\mathrm{d}\rho}{\mathrm{d}t}+\frac{1}{\delta\tau}\frac{\mathrm{d}}{\mathrm{d}t}(\delta\tau)=0 \tag{5.18}$$

而其中的$\frac{1}{\delta\tau}\frac{\mathrm{d}}{\mathrm{d}t}(\delta\tau)$= 体积膨胀速度 $=\nabla\cdot\boldsymbol{V}$，$\boldsymbol{V}$为流体的三维流速。于是式(5.18)可以改写为

$$\frac{\mathrm{d}\rho}{\mathrm{d}t}+\rho\ \nabla\cdot\boldsymbol{V}=0 \tag{5.19}$$

这就是拉格朗日型空气运动的连续方程，它表明流速分布($\mathrm{div}\boldsymbol{V}=\nabla\cdot\boldsymbol{V}$)必须与密度变化($\mathrm{d}\rho/\mathrm{d}t$)按方程(5.19)的条件相互约束，否则将会破坏流体的连续介质假设。

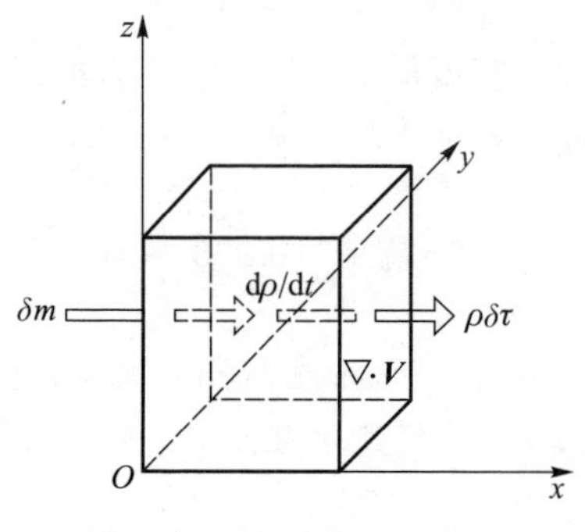

图5.6 质量守恒方程图示

假如，当空气运动时其体积膨胀速度或散度为零，即$\mathrm{div}\boldsymbol{V}=0$，依据方程(5.19)则必须有$\mathrm{d}\rho/\mathrm{d}t=0$。否则，当$\mathrm{d}\rho/\mathrm{d}t>0$时，则必须要求该流点在流动过程中发生体积收缩(图5.6)，这时因为其周围的流点仍保持$\mathrm{div}\boldsymbol{V}=0$，结果将会导致该流点跟周围空气的“断裂”，而在空气中出现“空隙”，这就破坏了连续介质的结构，故式(5.19)被称作连续方程，其实是质量守恒方程。

上面公式中提到的散度其实就是单位体积的流体通量。将矢量微商∇与速度矢$\boldsymbol{V}$的数性积即($\nabla\cdot\boldsymbol{V}$)定义为流体的散度(divergence)，即

$$散度\equiv\nabla\cdot\boldsymbol{V} \tag{5.20}$$

那么现在要问，这样运算所得的到底是一个什么样的物理量？为什么称它为散度？为了说明此问题，这里引入流体通量(fluid flux，F)的概念，将它定义为

$$F\equiv\iint_{\sigma}\boldsymbol{V}\cdot\mathrm{d}\boldsymbol{\sigma} \tag{5.21}$$

其中，σ为大气中某一封闭曲面，$\boldsymbol{V}\cdot\mathrm{d}\boldsymbol{\sigma}=\boldsymbol{V}\cdot\boldsymbol{n}\mathrm{d}\sigma$为

单位时间,经过 $\mathrm{d}\sigma$ 面元的流体通量(图 5.7),因此式(5.21)为单位时间内通过曲面 σ 的流体通量。根据奥-高公式,式(5.21)的右端可改写为

$$\iint_{\sigma} \boldsymbol{V} \cdot \mathrm{d}\boldsymbol{\sigma} = \iiint_{\tau} \nabla \cdot \boldsymbol{V} \mathrm{d}\tau \tag{5.22}$$

式中:τ为闭曲面所围的体积。当闭曲面向内无限缩小,即$\tau \to 0$ 时,则

$$\lim_{\tau \to 0}\left[\iiint_{\tau} \nabla \cdot \boldsymbol{V} \mathrm{d}\tau \Big/ \iiint_{\tau} \mathrm{d}\tau\right] = \nabla \cdot \boldsymbol{V} \tag{5.23}$$

考虑到式(5.20)和式(5.21),则有

$$\text{散度} = \lim_{\tau \to 0}\frac{F}{\tau} \tag{5.24}$$

式(5.24)说明流体散度其实就是单位体积的流体通量。当 σ 为几何面时,$\nabla \cdot \boldsymbol{V}>0$表示该点有外流的流体通量,犹如泉水的源头,称为源(source);反之,$\nabla \cdot \boldsymbol{V}<0$时称作汇(sink)。如 σ 为流点组成的物质面,外流通量即相当于闭曲面 σ 的向外膨胀,故$\nabla \cdot \boldsymbol{V}>0$表示该流点的体积膨胀;反之,$\nabla \cdot \boldsymbol{V}<0$为流点的体积收缩。至于散度 $\nabla \cdot \boldsymbol{V}$ 的符号也可记作 $\mathrm{div}\boldsymbol{V}\left(\mathrm{div}\boldsymbol{V}=\frac{\partial u}{\partial x}+\frac{\partial v}{\partial y}+\frac{\partial w}{\partial z}\right)$。

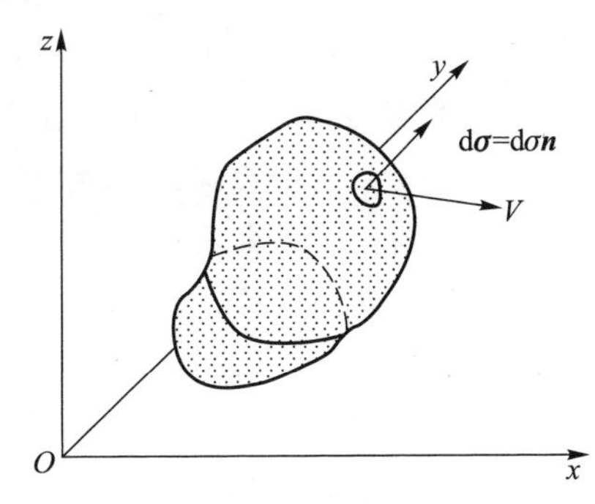

图 5.7 通过封闭曲面的通量

设流体的密度为 $\rho=1$,则通过面元 $\mathrm{d}\sigma$ 的流体通量 $F=\rho \mathrm{d}\sigma V_n=\mathrm{d}\sigma V\cos\theta=\boldsymbol{V}\cdot\boldsymbol{n}\mathrm{d}\sigma=\boldsymbol{V}\cdot\mathrm{d}\boldsymbol{\sigma}$,$\theta$ 为面元法向单位矢 $\boldsymbol{n}$ 与速度矢量 $\boldsymbol{V}$ 的夹角,V_n 为 $\boldsymbol{V}$ 在 $\boldsymbol{n}$ 方向上的投影

将式(5.19)中密度的个别变化进行展开,即

$$\frac{\mathrm{d}\rho}{\mathrm{d}t}=\frac{\partial\rho}{\partial t}+\boldsymbol{V}\cdot\nabla\rho \tag{5.25}$$

再代回式(5.19)合并以后,有

$$\frac{\partial\rho}{\partial t}+\nabla\cdot(\rho\boldsymbol{V})=0 \tag{5.26}$$

这就是欧拉型(Eulerian description)流体的连续方程。不同于式(5.19)所示的拉格朗日型连续方程。倘若将流体散度$\nabla\cdot\boldsymbol{V}$称作速度散度(velocity divergence),则式(5.26)左端第二项$\nabla\cdot(\rho\boldsymbol{V})$可称作流体的质量散度(mass divergence)。$\nabla\cdot\boldsymbol{V}$是通过单位体积的流体通量或流体体积通量,因而不难理解$\nabla\cdot(\rho\boldsymbol{V})$就是单位体积的流体质量通量。如果将式(5.26)改写成

$$\frac{\partial\rho}{\partial t}=-\nabla\cdot(\rho\boldsymbol{V}) \tag{5.27}$$

式(5.27)表明,$\nabla\cdot(\rho\boldsymbol{V})>0$ 时,必有$\partial\rho/\partial t<0$,或者说,当在空间某点流体质量有净外流时,该点密度必将减少。反之,流体质量有净流入时,该点密度必将增加。这充分说明流体流动以后,将会改变流体质量的分布,而且这种变化遵循式(5.26)或式(5.27)所示的关系。

规定$\nabla\cdot\boldsymbol{V}=0$的空气为无辐散流(incompressible flow),或者说是空气不可压缩。则由式(5.19)可知,对于不可压缩的空气(incompressible air),在其运动过程中密度将保持不变,即有

$$\frac{\mathrm{d}\rho}{\mathrm{d}t}=0 \quad \text{或} \quad \rho=\text{常数} \tag{5.28}$$

上式表明,不可压缩空气在其运动过程中密度将保持不变。

连续性方程(5.19)和方程(5.26)的两个等价形式可以写成

$$\frac{\mathrm{d}\rho}{\mathrm{d}t}+\rho\left(\frac{\partial u}{\partial x}+\frac{\partial v}{\partial y}+\frac{\partial w}{\partial z}\right)=0 \tag{5.29}$$

$$\frac{\partial\rho}{\partial t}+\frac{\partial(\rho u)}{\partial x}+\frac{\partial(\rho v)}{\partial y}+\frac{\partial(\rho w)}{\partial z}=0 \tag{5.30}$$

如果 U 和 L 是边界层典型速度和长度尺度的话,只要遇到下列条件:① $U \ll 100\ \mathrm{m\cdot s^{-1}}$;② $L \ll 12\ \mathrm{km}$;③ $L \ll C^2/g$;④ $L \ll C/f$,其中 C 为声速,f是可能出现的任何压力波的频率,就可以证明$(\mathrm{d}\rho/\mathrm{d}t)/\rho \ll (\partial u/\partial x+\partial v/\partial y+\partial w/\partial z)$。一般来说,所有中小尺度的湍流运动都能满足上述条件,所以式(5.29)可以简化为

$$\frac{\partial u}{\partial x}+\frac{\partial v}{\partial y}+\frac{\partial w}{\partial z}=0 \tag{5.31}$$

这就是不可压缩性流体的近似方程。根据公

式(5.19),不可压缩流体在运动过程中密度保持不变,但这是针对某一运动流点而言的,不同的流点其原有的密度仍然可以不同。例如,大气密度在平均情况下是随高度减少的,大范围的大气水平运动又是近于无辐散的(即$\nabla\cdot\boldsymbol{V}\approx 0$),即使不考虑温度、压力等所引起的大气密度变化,这也只能说明,大气在水平运动过程中密度保持不变,而不能改变大气密度随高度变化的基本状态。正是由于大气密度在垂直方向是变化的,才使得不同流点在垂直方向上的运动产生了垂直方向的物质输送。

5.3.2　动量守恒方程

任何物体的宏观运动,均应遵循牛顿第二定律或动量守恒定律,即

$$\boldsymbol{f}=m\boldsymbol{a} \tag{5.32}$$

式中:$\boldsymbol{f}$ 为施于质量为 m 物体上的作用力(force);$\boldsymbol{a}$ 为物体受力后产生的加速度(acceleration)。对于大气而言,同样也要遵循式(5.32)所示的牛顿第二运动定律,下面我们先来讨论作用于空气块上的力。

作用于大气质点的力,一般分为质量力(mass force)和表面力(surface force)。其中质量力又称为体力(body force),它是作用所有大气流体质点上的力,例如重力、万有引力和电磁力等。在大气动力学中,质量力通常就是重力。表面力是空气之间或者空气与其他物体之间的接触面上所受到的相互作用力(如大气内部的黏性应力(viscous stress)和压力(或称压强,pressure),空气与固体接触面上的摩擦力和压力等。对于质量力 $\boldsymbol{F}$,在流体力学当中,质量力是空间点和时间的函数,因而构成了一个矢量场(vector field)。而对于表面力,我们可定义单位面积上的表面力 $\boldsymbol{p}$ 为

$$\boldsymbol{p}=\lim_{\delta\sigma\to 0}\frac{\delta \boldsymbol{p}}{\delta\sigma} \tag{5.33a}$$

式中:$\delta\boldsymbol{p}$ 是作用于某个流体面积 $\delta\sigma$ 上的表面力,如大气压力和黏性应力等,$\boldsymbol{p}$ 又称作应力矢(stress vector)。

表面力和质量力有着本质的区别,它不但是空间点和时间的函数,并且在空间每一点上还随着受力面元的取向不同而变化。说的完整一些,应力矢 $\boldsymbol{p}$ 是两个矢量和一个标量 t 的函数。可以证明,这个应力矢 $\boldsymbol{p}$ 可表示成面元法向单位矢(normal unit vector)$\boldsymbol{n}$ 和某个张量(tensor)的数性积(dot metric),而这个张量是空间点的函数,也就是下面将要说明的应力张量场(stress tensor field)$\boldsymbol{P}(\boldsymbol{r},t)$,并且

$$\boldsymbol{p}(\boldsymbol{n},\boldsymbol{r},t)=\boldsymbol{n}\cdot\boldsymbol{P}(\boldsymbol{r},t)=(n_x\ n_y\ n_z)\begin{pmatrix} p_{xx} & p_{xy} & p_{xz}\\ p_{yx} & p_{yy} & p_{yz}\\ p_{zx} & p_{zy} & p_{zz}\end{pmatrix} \tag{5.33b}$$

其中各应力的分量 $p_{xx},p_{xy},p_{xz},\cdots$ 的下标含义为:第一个下标表示面元的外法向(并且规定外法向流体对另一部分流体的作用);第二个下标表示应力的投影方向。例如,p_{yx}表示 y 轴正方向流体对负方向流体的应力沿 x 轴的分量。这里略去其证明过程,有兴趣的读者可参考有关流体力学书籍。

应力张量矩阵中的三个对角线元素 p_{xx},p_{yy},p_{zz} 称作法应力(分量)(normal stress),其余六个元素称作切应力(分量)(shear stress)。可以证明,应力张量 $\boldsymbol{P}$ 是对称的。

据大量的实践和实验发现,大气中的应力与大气的运动状态(主要是形变率)之间有着非常密切的对应关系。为了得出它们之间的简便关系,首先分析一个如图 5.8 所示的流动实验,图中有两块无界的平行平板,在它们中间充满着不可压缩的黏性流体,让上板固定,下板以均速 U 作平行于上板的移动。实验开始前流体处于静止状态,当下板开始移动后,由于板的移动会使流体亦随之运动,经过一段时间后,流速沿板的法向呈如图 5.8 所示的定常线性分布状态。可是若要继续保持平板间的这种定常流动状态,则必须给下板施加一个与流速同向的推力,同时给上板以一个反向的固定力。这说明流体与板、流体与流体之间存在着摩擦,否则下板就不可能带动整个流体的运动。这里,对上下板所施加的力,都是用来平衡流体对板的黏性力。

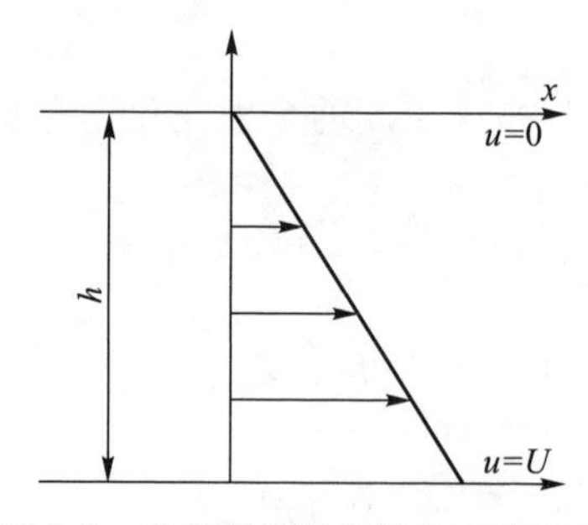

图 5.8　无界平行平板间的直线流动

牛顿总结了许多上述类似的实验,在黏性大气的直线运动中,提出了一个关于黏性应力的定律。按照牛顿黏性定律(Newton viscosity law),单位面积上的大气黏性应力,与沿运动法线方向单位长度的速度变化成正比,或者黏性应力与形变率成正比。假如气块在 XOY 平面内沿着 x 轴运动,那么牛顿黏性定律可表示成

$$\tau_{zx}=\mu\frac{\mathrm{d}u}{\mathrm{d}z} \tag{5.34}$$

τ_{zx}为由于气流速度在 z 方向上分布不均,而在 x 方向产生的黏性应力(或内摩擦力,inner friction force),其下标的含义与应力下标相同。其中,比例系数 μ 称为动力学黏(滞)性系数(dynamic viscocity coefficient)或内摩擦系数(inner friction coefficient)。

上述的牛顿黏性定律,可以推广到任意的黏性流体运动之中,并被称为广义牛顿黏性假设。广义牛顿黏性假设可以表示成

$$\boldsymbol{P}=2\mu\boldsymbol{A}-\left(p+\frac{2}{3}\mu\mathrm{div}\boldsymbol{V}\right)\boldsymbol{I} \tag{5.35}$$

式中:$\boldsymbol{P}$ 和 $\boldsymbol{A}$ 分别为张量和形变率,p 为流体压力,I 为单位矩阵。

$$\boldsymbol{A}=\begin{pmatrix}\dfrac{\partial u}{\partial x} & \dfrac{1}{2}\left(\dfrac{\partial v}{\partial x}+\dfrac{\partial u}{\partial y}\right) & \dfrac{1}{2}\left(\dfrac{\partial w}{\partial x}+\dfrac{\partial u}{\partial z}\right)\\ \dfrac{1}{2}\left(\dfrac{\partial u}{\partial y}+\dfrac{\partial v}{\partial x}\right) & \dfrac{\partial v}{\partial y} & \dfrac{1}{2}\left(\dfrac{\partial w}{\partial y}+\dfrac{\partial v}{\partial z}\right)\\ \dfrac{1}{2}\left(\dfrac{\partial u}{\partial z}+\dfrac{\partial w}{\partial x}\right) & \dfrac{1}{2}\left(\dfrac{\partial v}{\partial z}+\dfrac{\partial w}{\partial y}\right) & \dfrac{\partial w}{\partial z}\end{pmatrix}$$

$$\boldsymbol{I}=\begin{pmatrix}1&0&0\\0&1&0\\0&0&1\end{pmatrix}$$

气体的动力学黏性系数 μ 与温度 T 之间的关系为

$$\mu/\mu_0=(T/T_0)^{0.79} \tag{5.36}$$

亦即随着温度的增加,空气动力学黏性系数是增加的。μ_0 是温度为 T_0 时的空气动力学黏性系数。在实际应用时,经常将动力学黏性系数 μ 改写成动力学黏性系数(dynamic viscosity coefficient)υ,即

$$\upsilon=\mu/\rho \tag{5.37}$$

它就是动力学黏性系数 μ 与空气密度 ρ 之比。

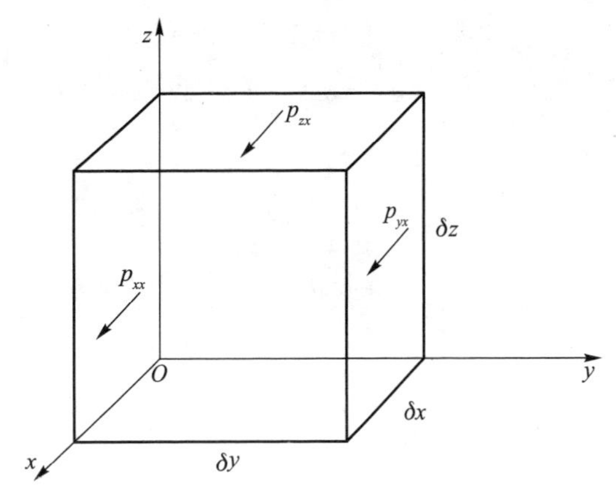

图 5.9 小六面体元所受的应力

在弄清楚作用于空气块上的各种作用力以后,即可依据动量守恒定律或牛顿第二定律,建立大气的运动方程。在运动气块中取一块如图 5.9 所示的小六面体体元,位于 M 点,设其边长分别为 δx,δy 和 δz,在小六面体元运动时,周围流体通过六个表面都有面力的作用。通过六个侧面作用于小体元沿 x 向的面力分别为

$$\begin{cases}\text{前后侧面}:\left(p_{xx}+\dfrac{\partial p_{xx}}{\partial x}\delta x\right)\delta y\delta z \text{ 和 } p_{-xx}\delta y\delta z\\ \text{左右侧面}:\left(p_{yx}+\dfrac{\partial p_{yx}}{\partial y}\delta y\right)\delta x\delta z \text{ 和 } p_{-yx}\delta x\delta z\\ \text{上下侧面}:\left(p_{zx}+\dfrac{\partial p_{zx}}{\partial z}\delta z\right)\delta x\delta y \text{ 和 } p_{-zx}\delta x\delta y\end{cases} \tag{5.38}$$

因此,周围流体通过侧面作用于小体元的 x 向的面力合力分别为

$$\text{小体元所受 } x \text{ 向面力合力}=\left(\frac{\partial p_{xx}}{\partial x}+\frac{\partial p_{yx}}{\partial y}+\frac{\partial p_{zx}}{\partial z}\right)\delta x\delta y\delta z \tag{5.39}$$

小六面体元在运动时,还受到质量力的作用,并且

$$\text{小体元所受 } x \text{ 向质量力}=F_x\rho\delta x\delta y\delta z \tag{5.40}$$

式中:F_x 为单位质量空气所受质量力 $\boldsymbol{F}$ 在 x 向的分量。假如小六面体元沿 x 方向的运动加速度为 $\mathrm{d}u/\mathrm{d}t$,则小体元在 x 方向受上述两种力的结果,其值应等于小体元质量 $\rho\delta x\delta y\delta z$ 与加速度的乘积,于是有

$$\frac{\mathrm{d}u}{\mathrm{d}t}\rho\delta x\delta y\delta z=F_x\rho\delta x\delta y\delta z+\left(\frac{\partial p_{xx}}{\partial x}+\frac{\partial p_{yx}}{\partial y}+\frac{\partial p_{zx}}{\partial z}\right)\delta x\delta y\delta z \tag{5.41}$$

$$\frac{\mathrm{d}u}{\mathrm{d}t}=F_x+\frac{1}{\rho}\left(\frac{\partial p_{xx}}{\partial x}+\frac{\partial p_{yx}}{\partial y}+\frac{\partial p_{zx}}{\partial z}\right) \tag{5.42}$$

这就是 M 点单位质量空气的 x 向运动方程。同理可得 y 和 z 方向的运动(分量)方程分别为

$$\frac{\mathrm{d}v}{\mathrm{d}t}=F_y+\frac{1}{\rho}\left(\frac{\partial p_{xy}}{\partial x}+\frac{\partial p_{yy}}{\partial y}+\frac{\partial p_{zy}}{\partial z}\right) \tag{5.43}$$

$$\frac{\mathrm{d}w}{\mathrm{d}t}=F_z+\frac{1}{\rho}\left(\frac{\partial p_{xz}}{\partial x}+\frac{\partial p_{yz}}{\partial y}+\frac{\partial p_{zz}}{\partial z}\right) \tag{5.44}$$

合并这三个分量方程,可得

$$\frac{\mathrm{d}\boldsymbol{V}}{\mathrm{d}t}=\boldsymbol{F}+\frac{1}{\rho}\left(\frac{\partial \boldsymbol{p}_x}{\partial x}+\frac{\partial \boldsymbol{p}_y}{\partial y}+\frac{\partial \boldsymbol{p}_z}{\partial z}\right) \tag{5.45}$$

或

$$\frac{\mathrm{d}\boldsymbol{V}}{\mathrm{d}t}=\boldsymbol{F}+\frac{1}{\rho}\nabla\cdot\boldsymbol{P} \tag{5.46}$$

其中

$$\nabla\cdot\boldsymbol{P}=\left(\frac{\partial}{\partial x}\ \frac{\partial}{\partial y}\ \frac{\partial}{\partial z}\right)\begin{pmatrix} p_{xx} & p_{xy} & p_{xz} \\ p_{yx} & p_{yy} & p_{yz} \\ p_{zx} & p_{zy} & p_{zz} \end{pmatrix} \tag{5.47}$$

这就是大气运动的矢量方程,它描述了某一点大气所遵循的运动规律,但由于方程中的每一个物理量都是空间坐标(x,y,z)的连续函数,因而也就刻画了整个大气的运动规律。

对于运动方程式(5.46),如果其中的应力张量 $\boldsymbol{P}$ 以式(5.35)代入,并且 μ 取作物质常量,则有

$$\frac{\mathrm{d}\boldsymbol{V}}{\mathrm{d}t}=\boldsymbol{F}-\frac{1}{\rho}\nabla p+\frac{1}{3}\frac{\mu}{\rho}\nabla(\nabla\cdot\boldsymbol{V})+\frac{\mu}{\rho}\nabla^2\boldsymbol{V} \tag{5.48}$$

这就是适合牛顿黏性假设的大气运动方程。由于此方程是由纳维(Navier, 1827)和斯托克斯(Stokes, 1845)两人先后独立推导得到的,故又称纳维-斯托克斯方程(Navier-Stokes equation)。

纳维-斯托克斯方程中,假定引起黏性的运动扩散输送纯系由分子过程所控制的。对于不可压缩流体,纳维-斯托克斯方程可以简化为

$$\frac{\mathrm{d}\boldsymbol{V}}{\mathrm{d}t}=\boldsymbol{F}-\frac{1}{\rho}\nabla p+\upsilon\nabla^2\boldsymbol{V} \tag{5.49}$$

式中:υ 为空气的运动学黏滞系数。

上式在正交直角坐标系中的分量形式为

$$\begin{cases} \dfrac{\partial u}{\partial t}+u\dfrac{\partial u}{\partial x}+v\dfrac{\partial u}{\partial y}+w\dfrac{\partial u}{\partial z}=F_x-\dfrac{1}{\rho}\dfrac{\partial p}{\partial x}+\upsilon\nabla^2 u \\ \dfrac{\partial v}{\partial t}+u\dfrac{\partial v}{\partial x}+v\dfrac{\partial v}{\partial y}+w\dfrac{\partial v}{\partial z}=F_y-\dfrac{1}{\rho}\dfrac{\partial p}{\partial y}+\upsilon\nabla^2 v \\ \dfrac{\partial w}{\partial t}+u\dfrac{\partial w}{\partial x}+v\dfrac{\partial w}{\partial y}+w\dfrac{\partial w}{\partial z}=F_z-\dfrac{1}{\rho}\dfrac{\partial p}{\partial z}+\upsilon\nabla^2 w \end{cases} \tag{5.50}$$

在理想大气中,由于 $\upsilon=0$,当不考虑大气的黏性时,大气运动方程式(5.49)可以简化为

$$\frac{\mathrm{d}\boldsymbol{V}}{\mathrm{d}t}=\boldsymbol{F}-\frac{1}{\rho}\nabla p \tag{5.51}$$

式(5.51)为理想大气运动方程(motion equation of ideal gas),又称作欧拉方程(Euler equation)。此方程对于不可压缩和可压缩理想大气均是适用的。欧拉方程(Euler equation)也就是牛顿第二定律,其左端是大气的加速度,右端是单位质量气体所受的作用力。

5.3.3　能量守恒方程

能量守恒定律是自然界的普遍定律。对一个孤立的气体块或系统而言,大气在运动过程中可以伴随着各种形式能量的相互转换,但是总能量是不变的,对非孤立系统而言,其总能量的变化,等于外力(包括质量力和系统外部的表面力)对系统所做的功和热量的流入的总和(图 5.10)。

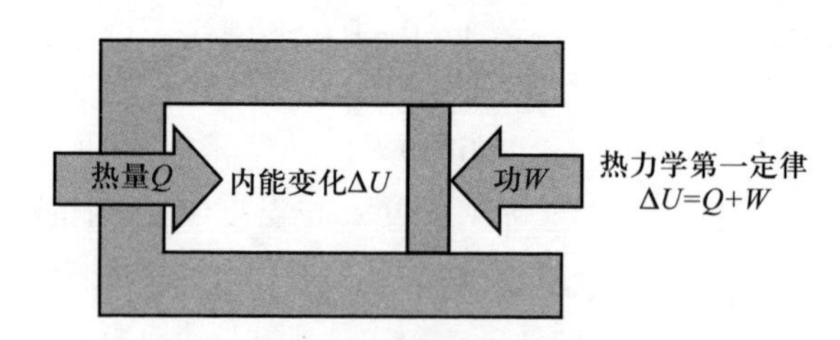

图 5.10　能量守恒方程图示

设流体为"完全气体",分子运动为无旋转的弹性球的自由碰撞,且略去分子间的作用力,则单位质量的内能就等于定容比热 c_v 与绝对温度的乘积。单位质量的动能为速度平方的 1/2。设单位质量所受的质量力为 $\boldsymbol{F}$,热流入量为 q,面元方向为 $\boldsymbol{n}$(外法向单位矢量)的应力矢量为 $\boldsymbol{p}_n$,考虑体积为τ,面积为 σ 的流体块或系统,其能量变化率用下述方程表示

$$\frac{\mathrm{d}}{\mathrm{d}t}\iiint_{\tau}\rho\left(c_v T+\frac{V^2}{2}\right)\delta\tau=\iiint_{\tau}\rho(\boldsymbol{F}\cdot\boldsymbol{V})\delta\tau+\iint_{\sigma}(\boldsymbol{p}_n\cdot\boldsymbol{V})\delta\sigma+\frac{\mathrm{d}}{\mathrm{d}t}\iiint_{\tau}\rho q\delta\tau \tag{5.52}$$

假定上式中所有能量(包括热量)单位均已转化为机械能单位,利用质量守恒定律,可将微分号移至积分号内,即

$$\frac{\mathrm{d}}{\mathrm{d}t}\iiint_{\tau}\rho\left(c_v T+\frac{V^2}{2}\right)\delta\tau=\iiint_{\tau}\frac{\mathrm{d}}{\mathrm{d}t}\left(c_v T+\frac{V^2}{2}\right)\rho\delta\tau \tag{5.53}$$

而

$$\iint_{\sigma}(\boldsymbol{p}_n\cdot\boldsymbol{V})\delta\sigma=\iint_{\sigma}(\boldsymbol{n}\cdot\boldsymbol{P}\cdot\boldsymbol{V})\delta\sigma=\iiint_{\tau}\mathrm{div}(\boldsymbol{P}\cdot\boldsymbol{V})\delta\tau \tag{5.54}$$

代入式(5.52)则有

$$\iiint_{\tau}\left[\frac{\mathrm{d}}{\mathrm{d}t}\left(c_v T+\frac{V^2}{2}\right)-\boldsymbol{F}\cdot\boldsymbol{V}-\frac{1}{\rho}\mathrm{div}(\boldsymbol{P}\cdot\boldsymbol{V})-\frac{\mathrm{d}q}{\mathrm{d}t}\right]\rho\delta\tau=0 \tag{5.55}$$

由于积分体积τ是任意选取的,故上式左端的被积函数恒为零,即

$$\frac{\mathrm{d}}{\mathrm{d}t}\left(c_v T+\frac{V^2}{2}\right)=\boldsymbol{F}\cdot\boldsymbol{V}+\frac{1}{\rho}\mathrm{div}(\boldsymbol{P}\cdot\boldsymbol{V})+\frac{\mathrm{d}q}{\mathrm{d}t} \tag{5.56}$$

将上式中的应力张量展开,可以得到

$$\frac{\mathrm{d}}{\mathrm{d}t}\left(c_v T+\frac{V^2}{2}\right)=\boldsymbol{F}\cdot\boldsymbol{V}+\frac{1}{\rho}\frac{\partial}{\partial x}(p_{xx}u+p_{xy}v+p_{xz}w)+\frac{1}{\rho}\frac{\partial}{\partial y}(p_{yx}u+p_{yy}v+p_{yz}w)+\frac{1}{\rho}\frac{\partial}{\partial z}(p_{zx}u+p_{zy}v+p_{zz}w)+\frac{\mathrm{d}q}{\mathrm{d}t} \tag{5.57}$$

上式是单位质量流体微团的能量方程,其左端为总能量(包括动能和内能)的变化率,右端第一项为质量力做功率,第二、三、四项为表面力做功率,第五项为热流入速率。这就是能量守恒定律在流体中的具体表达式。

如图 5.11 所示,如果忽略流体块的位能,则流体块的能量可分为由于分子运动所具有的动能和由于流体具有一定的温度所具有的内能两部分。下面分别讨论用于描述两者的动能方程和热流量方程。

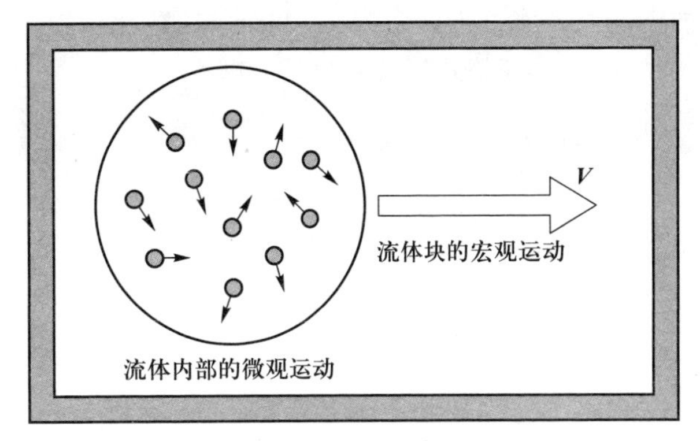

图 5.11 流体块运动分析图示

(1) 动能方程

将速度矢量 $\boldsymbol{V}$ 点乘运动方程(5.46)式,则有

$$\frac{\mathrm{d}}{\mathrm{d}t}\left(\frac{V^2}{2}\right)=\boldsymbol{F}\cdot\boldsymbol{V}+\frac{1}{\rho}(\nabla\cdot\boldsymbol{P})\cdot\boldsymbol{V} \tag{5.58}$$

利用复合微分关系,将上式右端第二项进行换算,则有

$$\frac{\mathrm{d}}{\mathrm{d}t}\left(\frac{V^2}{2}\right)=\boldsymbol{F}\cdot\boldsymbol{V}+\frac{1}{\rho}\nabla\cdot(\boldsymbol{P}\cdot\boldsymbol{V})-\frac{1}{\rho}(\boldsymbol{P}\cdot\nabla)\cdot\boldsymbol{V} \tag{5.59}$$

上式左端为单位质量流体微团的动能变化率,右端第一项为质量力做功率,第二项为周围介质对流体微团通过面应力的做功率,至于第三项则是前面所述的总能量变化的能量方程中所没有的。以广义的牛顿假设式(5.35)代入式(5.59)则有

$$\frac{\mathrm{d}}{\mathrm{d}t}\left(\frac{V^2}{2}\right)=\boldsymbol{F}\cdot\boldsymbol{V}+\frac{1}{\rho}\mathrm{div}(\boldsymbol{P}\cdot\boldsymbol{V})+\frac{p}{\rho}\mathrm{div}\boldsymbol{V}-E \tag{5.60}$$

右端第四项 E 展开式为

$$E=-\frac{2\mu}{3\rho}(\mathrm{div}\boldsymbol{V})^2+\frac{\mu}{\rho}\left[2\left(\frac{\partial u}{\partial x}\right)^2+2\left(\frac{\partial v}{\partial y}\right)^2+2\left(\frac{\partial w}{\partial z}\right)^2\right]+\left(\frac{\partial u}{\partial y}+\frac{\partial v}{\partial x}\right)^2+\left(\frac{\partial u}{\partial z}+\frac{\partial w}{\partial x}\right)^2+\left(\frac{\partial v}{\partial z}+\frac{\partial w}{\partial y}\right)^2 \tag{5.61}$$

通常,上式右端第一项远远小于后面各项,可以略去,故 E 恒为正值。

式(5.60)就是单位质量流体微团的动能方程。该式左端表示动能的变化率,右端第一、二项表示外

力(质量力和表面力)做功率,第三、四项为与动能和热能转换有关的能量变化部分,$p\text{div}\boldsymbol{V}$ 为微团内部压力膨胀做功所增加的动能(或微团压缩所减少的动能),E 恒为正值,它表示由于黏性摩擦所损耗的动能,显见摩擦作用总是使动能减少。

(2) 热流量方程

将式(5.56)减去式(5.60),即得

$$\frac{\mathrm{d}}{\mathrm{d}t}(c_v T)=-\frac{p}{\rho}\text{div}\boldsymbol{V}+E+\frac{\mathrm{d}q}{\mathrm{d}t} \tag{5.62}$$

或

$$\frac{\mathrm{d}q}{\mathrm{d}t}=\frac{\mathrm{d}}{\mathrm{d}t}(c_v T)+\frac{p}{\rho}\text{div}\boldsymbol{V}-E \tag{5.63}$$

从上式可见流体微团内能的变化,除由于热流量外,还与流体压缩(膨胀)做功及摩擦效应有关,比较式(5.60)和式(5.63),显见这两项作用与动能和内能的变化正好相反,流体膨胀做功动能增加而内能减少,流体压缩时正好相反,而摩擦生热的结果恒使动能减少,使内能增加。需要强调的是,流体的压缩作用是"可逆"的,就是说既可使内能转变为动能,也可使动能转变为内能;而黏性效应对机械能和热能的转换作用是"不可逆"的,只要有摩擦力存在,总是使机械能转化为热能。总之,可压缩性和黏性是机械能和热能转换的"桥梁",而且它们各自转换前后的能量数值是相等的。式(5.62)其实是热力学第一定律(first law of thermodynamics)在流体力学中的具体表达形式。

大气运动基本方程组包括三个运动方程(式(5.51))和一个连续方程(式(5.27))。如果大气为均匀不可压缩的流体(如为可压缩流体,则尚需引入热力学第一定律和状态方程,并加以一定的假设,才能使方程组闭合),且黏性系数 μ 为常数,则在 4 个方程中有 4 个未知数(u,v,w,p),方程组是闭合的。解此闭合方程组,并使之适合一定的初始条件和边界条件,就是解决流体力学问题的一般方法。但是,运动方程为非线性方程组,方程左端的平流加速项是非线性项,而关于求非线性微分方程解的问题,在数学上迄今还没有得到很好地解决。因此,只有在个别简单情况下,例如,不出现平流加速项时,才可能求流体运动的准确解。而在其他情况下,只能求得近似分析解和数值解,或进行数学模拟实验。

5.4 标量、热量与水汽的守恒方程

5.4.1 标量守恒方程

标量是指只有大小而没有方向的物理量,如 CO_2、污染物浓度等。设 C 是大气中示踪物一类的浓度标量(单位容积质量),示踪物质量守恒要求

$$\frac{\partial C}{\partial t}+\boldsymbol{V}\cdot\nabla C=K_C\nabla^2 C+S_C \tag{5.64}$$

式中:K_C 是 C 的分子扩散率;S_C 是不存在于方程中的像化学反应一类过程的体源项,如在研究陆地生态系统 CO_2 收支时,必须考虑由于植物的光合和呼吸以及土壤的呼吸所吸收和排放的 CO_2 量。式(5.64)左端第一、第二项分别为标量的储存项和平流项;右端第一、第二项分别为扩散项和体源项,在研究大气中的物质通量时,扩散项主要为湍流扩散,而分子的扩散可以忽略不计。

5.4.2 热量守恒方程

热量是能量的一种特殊形式,流体在运动过程中的热量传输也遵循能量守恒定律。热力学第一定律是描述焓守恒(conservation of enthalpy)的,它包括显热输送和潜热输送的贡献,换句话说,空气中的水汽不仅输送与温度有关的显热,还输送可能释放或吸收的任何相变过程中增加的潜热。为了简化描述焓守恒方程,微气象工作者往往利用水汽方程中含有的相变信息 E,这样 θ 方程就可以写成

$$\frac{\partial\theta}{\partial t}+\boldsymbol{V}\cdot\nabla\theta=-\frac{1}{\rho c_p}\left(\frac{\partial R_x}{\partial x}+\frac{\partial R_y}{\partial y}+\frac{\partial R_z}{\partial z}\right)+K_r\nabla^2\theta-\frac{L_\mathrm{p}E}{\rho c_p} \tag{5.65}$$

式中:左端第一项为热储存项、第二项为热平流项;右端第一项是与辐射散度有关的体源项、第二项为扩散项、第三项是与相变过程中潜热释放有关的体源项,K_r 为分子导温系数(热扩散率),R_j 是 j 方向上的辐射通量,L_p 是与水的相变有关的潜热。在 0 ℃时,潜热值 $L_\mathrm{v}=2.50\times10^6\ \mathrm{J\cdot kg^{-1}}$(气体-液体),$L_\mathrm{f}=3.34\times10^5\ \mathrm{J\cdot kg^{-1}}$(液体-固体),$L_\mathrm{s}=2.83\times10^8\ \mathrm{J\cdot kg^{-1}}$(气体-固体)。湿空气定压比热 c_p 与干空气的比热 $c_{pd}=1\ 004.67\ \mathrm{J\cdot kg^{-1}\cdot K^{-1}}$ 有关,用 $c_p=c_{pd}(1+0.84q)$ 表示,q 为比湿。

5.4.3 水汽守恒方程

空气块中比湿的变化率与空气块与外界的水汽交换量 S_{qT} 有关，令 q_T 为总比湿，即单位湿空气质量的含水(所有相态)量，并假设空气不可压缩，其守恒式可以写成

$$\frac{\partial q_T}{\partial t}+\boldsymbol{V}\cdot\nabla q_T=K_q\nabla^2 q+\frac{S_{qT}}{\rho} \tag{5.66}$$

式中：左端第一项为比湿的储存项、第二项为平流项；右端第一项为扩散项、第二项为由于空气与外界存在水汽交换而导致的比湿变化，即体源项。其中，K_q 为空气中水汽分子扩散率，S_{qT} 是方程不含有其余过程时的净水体源项(源/汇)，其单位是单位时间单位体积的总水体质量。

利用 $q_T=q+q_L$ 和 $S_{qT}=S_q+S_{qL}$ 把总湿度分成水汽 (q) 和非水汽 (q_L) 两部分，这样式(5.66)就可以写成一对耦合方程

$$\frac{\partial q}{\partial t}+\boldsymbol{V}\cdot\nabla q=K_q\nabla^2 q+\frac{S_q}{\rho}+\frac{E}{\rho} \tag{5.67}$$

和

$$\frac{\partial q_L}{\partial t}+\boldsymbol{V}\cdot\nabla q_L=K_q\nabla^2 q_L+\frac{S_{qL}}{\rho}-\frac{E}{\rho} \tag{5.68}$$

式中：E 代表液态或固态相变所产生的单位时间、单位体积的水汽含量。

5.5 空气动力学方程的简化、近似和尺度理论

一般认为，无论湍流内部结构怎样复杂，湍流还是遵循连续介质的一般动力学定律，即本章前面提到的动力学方程式。但是，要严格地提出动力学方程初始边界条件，求得这些方程的准确解，则是十分困难的或是不可能的。因为湍流是不稳定运动，即使初值、边界条件发生极小的误差，也会使湍流运动的解发生极大的畸变。这就需要根据湍流简化的途径进行研究。通常将湍流运动分为平均运动和脉动运动两部分，在一定的条件下，根据平均运动方程(雷诺方程)，假设当控制方程中某些项的值与其他几项相比非常小时，则可以略去，进行简化或近似。在这种情况下，方程就变得较为简单，可以讨论某些简单运动，否则会带来很多困难，或不可能求解。比较常用的一种简化叫作浅运动近似(shallow motion approximation)(Mahrt，1986)，如果下列条件成立的话，那么这种近似是有效的。

① 边界层中密度变化的垂直厚度比低层大气尺度厚度要浅得多。

② 在某一点上，质量的平流和辐散几乎是平衡的，使密度随时间的变化极慢或等于零。

③ 密度、湿度和气压的脉动大小比它们各自的平均值要小得多。

另一种比较严格的简化叫作浅对流近似(shallow convection approximation)，它除了应满足上述要求外，还要增加。

④ 平均温度递减率($\partial T/\partial z$)可以是负，零，乃至略有一点正，在静力稳定 $\partial T/\partial z$ 为正的情况下，$\partial T/\partial z \ll g/R$，其中 $g/R=0.034\ 5\ \mathrm{K\cdot m^{-1}}$。

⑤ 垂直扰动气压梯度项的大小必须与运动方程中的浮力项为同一量级或比其小。后面这一条件说明，垂直运动是受浮力限制的，浮力是“浅对流”项的起源。

5.5.1 状态方程

以状态方程(5.14)作为开始，并把变量分解成为平均和湍流部分，即 $\rho=\bar{\rho}+\rho'$，$T=\bar{T}+T'$，$p=\bar{p}+p'$，则有

$$\frac{\bar{p}}{R}+\frac{p'}{R}=(\bar{\rho}+\rho')(\bar{T}+T') \tag{5.69}$$

求雷诺平均时，剩下的有

$$\frac{\bar{p}}{R}=\bar{\rho}\bar{T}+\overline{\rho'T'} \tag{5.70}$$

最后一项通常比其他项要小得多，可以把它略去。因此，平均量的状态方程可以简化为

$$\frac{\bar{p}}{R}=\bar{\rho}\bar{T} \tag{5.71}$$

因为状态方程原来就是根据测量平均值的慢响应传感器的要求而得到的，所以这是一个合理的近似。但对其他的控制方程就不能做类似的假设。

由式(5.69)减式(5.71)得到

$$\frac{p'}{R}=\rho'\bar{T}+\bar{\rho}T'+\rho'T' \tag{5.72}$$

除以式(5.71)得到

$$\frac{p'}{\overline{p}}=\frac{\rho'}{\overline{\rho}}+\frac{T'}{\overline{T}}+\frac{\rho'T'}{\overline{\rho}\overline{T}} \tag{5.73}$$

利用上述条件③,能够证明最后一项比其他项都小,剩下的就是线性化扰动理想气体定律(linear fluctuation law of ideal gas):

$$\frac{p'}{\overline{p}}=\frac{\rho'}{\overline{\rho}}+\frac{T'}{\overline{T}} \tag{5.74}$$

静压脉动与空气质量从一个气柱到另一个气柱的变化有关。对于边界层中较大的湍涡和热泡来说,它们的静压脉动约为0.01 kPa,对于比较小的湍涡来说,其脉动值更小。而当风速为10 $m\cdot s^{-1}$时产生的最大动压脉动也大致为0.01 kPa。因此,对多数边界层来说,$p'/\overline{p}=0.01\ kPa/100\ kPa=10^{-4}$,这比$T'/\overline{T}=1\ K/300\ K=3.33\times10^{-3}$要小得多。对于这种情况,我们可以做出浅对流近似,略去气压项,得到

$$\frac{\rho'}{\overline{\rho}}=-\frac{T'}{\overline{T}} \tag{5.75}$$

利用与上式相同尺度的泊松关系式,得

$$\frac{\rho'}{\overline{\rho}}=-\frac{\theta'}{\overline{\theta}} \tag{5.76}$$

式(5.76)说明,在物理学上,高于平均温度的空气就是小于平均密度的空气。应用式(5.76),我们可以用易测的温度脉动取代不易测得的密度脉动。

5.5.2 连续方程(质量守恒方程)

为简单起见,我们来讨论不可压缩流体的连续方程。在笛卡儿坐标系中,以 $u=\overline{u}+u'$, $v=\overline{v}+v'$, $w=\overline{w}+w'$,代入式(5.31),有

$$\left(\frac{\partial\overline{u}}{\partial x}+\frac{\partial\overline{v}}{\partial y}+\frac{\partial\overline{w}}{\partial z}\right)+\left(\frac{\partial u'}{\partial x}+\frac{\partial v'}{\partial y}+\frac{\partial w'}{\partial z}\right)=0 \tag{5.77}$$

对上式求平均,则有

$$\frac{\partial\overline{u}}{\partial x}+\frac{\partial\overline{v}}{\partial y}+\frac{\partial\overline{w}}{\partial z}=0 \tag{5.78}$$

故有

$$\frac{\partial u'}{\partial x}+\frac{\partial v'}{\partial y}+\frac{\partial w'}{\partial z}=0 \tag{5.79}$$

上述方程表示,在不可压缩流体作湍流运动时,其平均速度、脉动速度的散度均各自为零,又可写成

$$\mathrm{div}\overline{\boldsymbol{V}}=0;\mathrm{div}\boldsymbol{V}'=0 \tag{5.80}$$

在第5.3节中所有守恒方程都有下列形式的平流项:

$$平流项=\boldsymbol{V}\cdot\nabla\xi$$

式中:ξ代表风速分量或温度一类的变量。如果把连续性方程(5.31)乘以ξ,得到$\xi\ \nabla\cdot\boldsymbol{V}=0$。因为此项等于零,所以把它加到平流项上不会产生变化,进行相加后得到

$$平流项=\boldsymbol{V}\cdot\nabla\xi+\xi\ \nabla\cdot\boldsymbol{V}=\nabla\cdot(\xi\boldsymbol{V}) \tag{5.81}$$

这就是平流项的通量形式。

5.5.3 平均运动方程——雷诺方程(动量守恒,牛顿第二定律)

现在来研究在湍流运动中,引起平均速度变化的作用力,即推导平均运动方程,并解释其中各项的物理意义。为简单起见,这里只讨论均匀不可压缩流体在没有质量力时的情况,这时的纳维-斯托克斯方程为

$$\begin{cases}\dfrac{\partial u}{\partial t}+u\dfrac{\partial u}{\partial x}+v\dfrac{\partial u}{\partial y}+w\dfrac{\partial u}{\partial z}=-\dfrac{1}{\rho}\dfrac{\partial p}{\partial x}+\boldsymbol{v}\ \nabla^2u\\[2ex]\dfrac{\partial v}{\partial t}+u\dfrac{\partial v}{\partial x}+v\dfrac{\partial v}{\partial y}+w\dfrac{\partial v}{\partial z}=-\dfrac{1}{\rho}\dfrac{\partial p}{\partial y}+\boldsymbol{v}\ \nabla^2v\\[2ex]\dfrac{\partial w}{\partial t}+u\dfrac{\partial w}{\partial x}+v\dfrac{\partial w}{\partial y}+w\dfrac{\partial w}{\partial z}=-\dfrac{1}{\rho}\dfrac{\partial p}{\partial z}+\boldsymbol{v}\ \nabla^2w\end{cases} \tag{5.82}$$

如果利用连续方程(式(5.26)),则方程组(5.82)中的第一个方程可改写为

$$\frac{\partial u}{\partial t}+\nabla\cdot(u\boldsymbol{V})=-\frac{1}{\rho}\frac{\partial p}{\partial x}+\boldsymbol{v}\ \nabla^2u \tag{5.83}$$

在这个等式两边进行平均运算,当ρ为常数,$\boldsymbol{v}$也近似为常数时,可以得到

$$\frac{\partial\overline{u}}{\partial t}+\nabla\cdot(\overline{u\boldsymbol{V}})=-\frac{1}{\rho}\frac{\partial\overline{p}}{\partial x}+\boldsymbol{v}\ \nabla^2\overline{u} \tag{5.84}$$

现将每个物理量用平均值加脉动值代入,则公式(5.84)可写成

$$\frac{\partial \bar{u}}{\partial t}+\nabla \cdot (\overline{u \boldsymbol{V}}) +\nabla \cdot (\overline{u' \boldsymbol{V}'}) = -\frac{1}{\rho}\frac{\partial \bar{p}}{\partial x}+\upsilon\ \nabla^2 \bar{u} \tag{5.85}$$

当注意到平均运动方程,上式又可写为

$$\frac{\partial \bar{u}}{\partial t}+\bar{\boldsymbol{V}}\cdot \nabla\ \bar{u} = -\frac{1}{\rho}\frac{\partial \bar{p}}{\partial x}+\upsilon\ \nabla^2 \bar{u}-\frac{\partial(\overline{u'u'})}{\partial x}-\frac{\partial(\overline{u'v'})}{\partial y}-\frac{\partial(\overline{u'w'})}{\partial z} \tag{5.86}$$

类似于式(5.85)的第一式的推导。最后得到方程组

$$\rho\left(\frac{\partial \bar{u}}{\partial t}+\bar{\boldsymbol{V}}\cdot \nabla\ \bar{u}\right) = \rho\left(\frac{\partial \bar{u}}{\partial t}+\bar{u}\ \frac{\partial \bar{u}}{\partial x}+\bar{v}\ \frac{\partial \bar{u}}{\partial y}+\bar{w}\ \frac{\partial \bar{u}}{\partial z}\right) = -\frac{\partial \bar{p}}{\partial x}+\mu\ \nabla^2 \bar{u}+\frac{\partial(-\rho\ \overline{u'u'})}{\partial x}+\frac{\partial(-\rho\ \overline{u'v'})}{\partial y}+\frac{\partial(-\rho\ \overline{u'w'})}{\partial z} \tag{5.87a}$$

$$\rho\left(\frac{\partial \bar{v}}{\partial t}+\bar{\boldsymbol{V}}\cdot \nabla\ \bar{v}\right) = \rho\left(\frac{\partial \bar{v}}{\partial t}+\bar{u}\ \frac{\partial \bar{v}}{\partial x}+\bar{v}\ \frac{\partial \bar{v}}{\partial y}+\bar{w}\ \frac{\partial \bar{v}}{\partial z}\right) = -\frac{\partial \bar{p}}{\partial y}+\mu\ \nabla^2 \bar{v}+\frac{\partial(-\rho\ \overline{v'u'})}{\partial x}+\frac{\partial(-\rho\ \overline{v'v'})}{\partial y}+\frac{\partial(-\rho\ \overline{v'w'})}{\partial z} \tag{5.87b}$$

$$\rho\left(\frac{\partial \bar{w}}{\partial t}+\bar{\boldsymbol{V}}\cdot \nabla\ \bar{w}\right) = \rho\left(\frac{\partial \bar{w}}{\partial t}+\bar{u}\ \frac{\partial \bar{w}}{\partial x}+\bar{v}\ \frac{\partial \bar{w}}{\partial y}+\bar{w}\ \frac{\partial \bar{w}}{\partial z}\right) = -\frac{\partial \bar{p}}{\partial z}+\mu\ \nabla^2 \bar{w}+\frac{\partial(-\rho\ \overline{w'u'})}{\partial x}+\frac{\partial(-\rho\ \overline{w'v'})}{\partial y}+\frac{\partial(-\rho\ \overline{w'w'})}{\partial z} \tag{5.87c}$$

可以发现方程组(5.87a,b,c)的右边,除了有平均运动的黏性力之外,还出现了由于湍流中存在脉动而产生的附加应力,被称为湍流应力(turbulence stress),它也是对称的二阶张量,它的表达式为

$$\boldsymbol{P}' = \begin{pmatrix} p'_{xx} & p'_{xy} & p'_{xz} \\ p'_{yx} & p'_{yy} & p'_{yz} \\ p'_{zx} & p'_{zy} & p'_{zz} \end{pmatrix} = \begin{pmatrix} -\rho\ \overline{u'^2} & -\rho\ \overline{u'v'} & -\rho\ \overline{u'w'} \\ -\rho\ \overline{v'u'} & -\rho\ \overline{v'^2} & -\rho\ \overline{v'w'} \\ -\rho\ \overline{w'u'} & -\rho\ \overline{w'v'} & -\rho\ \overline{w'^2} \end{pmatrix} \tag{5.88}$$

式(5.87a,b,c)就是平均流动所满足的运动方程。由于该方程首先是由雷诺导出的,故又称为雷诺方程(Reynolds equation)。式(5.88)表示的湍流应力也称为雷诺应力(Reynolds stress)。实质上,公式(5.87a,b,c)左端为平均运动速度的个别变化,右端第一项为平均压力梯度力;第二项为广义牛顿法则所确定的平均运动的黏性应力散度,其余项为湍流应力散度。

因此,在湍流平均运动中,其应力实际上由三部分组成,即正压力、分子黏性应力和湍流应力(雷诺应力),即

$$\bar{\sigma}_{ij} = -\bar{p}\boldsymbol{I}+2\mu\bar{\boldsymbol{e}}_{ij}-p'_{ij} \tag{5.89}$$

式中:$\bar{\boldsymbol{e}}_{ij}$为平均运动的形变率张量,即

$$\bar{\boldsymbol{e}}_{ij} = \frac{1}{2}\left(\frac{\partial \bar{u}_i}{\partial x_j}+\frac{\partial \bar{u}_j}{\partial x_i}\right) \tag{5.90}$$

在上述两式中:$i=x,y,z;j=x,y,z$。

连续方程(5.84)和方程(5.87a,b,c)4个方程中包含了10个未知函数,即$\bar{u},\bar{v},\bar{w},\bar{p}$和6个湍流应力分量,所以方程组并不闭合,必须将湍流应力与平均速度之间建立关系式。但是当增加新的未知量试图使方程中的未知量变成已知量时,却又会产生更多新的未知量。因此,对任一有限方程组来说,湍流的描述是不能闭合的,换句话说,湍流总体统计描述要求一个无限方程组。这个令人遗憾的结论就叫作湍流闭合问题(turbulence closure problem)。1924年,Keller和Friedmann首先考虑了这个问题,并涉及湍流的非线性特征,但是迄今这仍是经典物理学没有解释的一大难题。关于闭合问题的研究,可以沿半经验理论和统计理论两个途径展开,这将在第6章进行阐述。

参考文献

傅抱璞,翁笃鸣,虞静明等.1994.小气候学.北京:气象出版社

胡非.1995.湍流、间歇性与大气边界层.北京:科学出版社

李训强,王汉杰.2000.农林复合系统生态边界层特性的三维数值模拟.应用气象学报,11(1):71~79

夏俊杰,徐玉貌,倪允琪.2003.农林复合带一维非静力大气边界层模式及其模拟分析.南京气象学院学报,26(2):181~189

许绍祖.1991.大气物理学基础.北京:气象出版社

杨长新(译).1991.边界层气象学导论.北京:气象出版社

余志豪,苗曼倩,蒋全荣等.1994.流体力学.北京:气象出版社

张强,胡隐樵.2001.大气边界层物理学的研究进展和面临的科学问题.地球科学进展,16(4):526~532

张兆顺.2002.湍流.北京:国防工业出版社

周光坰,严宗毅,许世雄等.2000.流体力学(第2版).北京:高

等教育出版社
Mahrt L.1986.On the shallow motion approximations.*Journal of Atmosphere Sciences*,43:1036~1044
Stull R B.1988.*An Introduction to Boundary Layer Meteorology*. Dordrecht:Kluwer Academic Publishers

附录 矢量分析、张量简介

1. 矢量代数

这里只给出矢量代数中,数性(点乘)积和矢性(叉乘)积的两种乘法运算。

1.1 二重数性积

$$\boldsymbol{a}\cdot\boldsymbol{b}=ab\cos\theta \tag{A.1}$$

式中:a,b 分别为矢量 $\boldsymbol{a}$,$\boldsymbol{b}$ 的模;θ 为这两个矢量间的夹角(附图 5.1)。

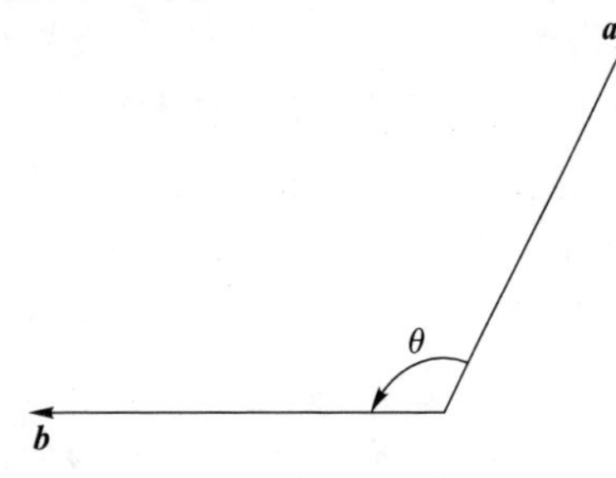

附图 5.1 两矢量的数性积

1.2 二重矢性积

$$\boldsymbol{a}\wedge\boldsymbol{b}=\boldsymbol{c} \tag{A.2}$$

式中:$c=ab\sin\theta$,矢量 $\boldsymbol{c}$ 的方向与矢量 $\boldsymbol{a}$ 与 $\boldsymbol{b}$ 所在的平面垂直,并且自 $\boldsymbol{a}$ 矢量到 $\boldsymbol{b}$ 矢量按右手螺旋规则确定它的方向,如附图 5.2 所示。

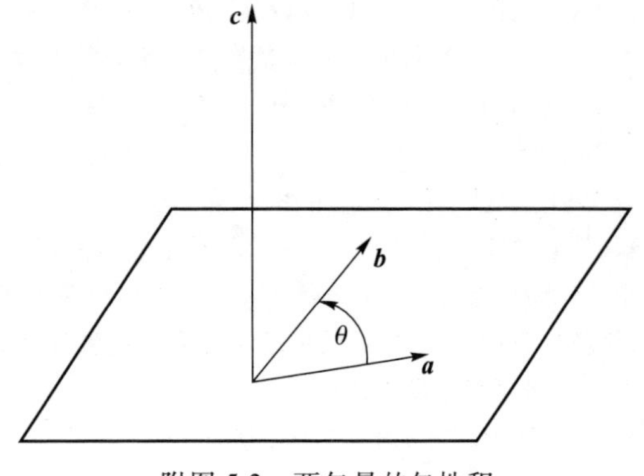

附图 5.2 两矢量的矢性积

1.3 三重数性和矢性积

$$\boldsymbol{a}\cdot(\boldsymbol{b}\wedge\boldsymbol{c})=\begin{vmatrix} a_x & a_y & a_z \\ b_x & b_y & b_z \\ c_x & c_y & c_z \end{vmatrix} \tag{A.3}$$

上列行列式中的每个元素,是左端三个矢量在直角坐标系中相应的三个分量。

1.4 三重矢性积

$$\boldsymbol{a}\wedge(\boldsymbol{b}\wedge\boldsymbol{c})=(\boldsymbol{a}\cdot\boldsymbol{c})\boldsymbol{b}-(\boldsymbol{a}\cdot\boldsymbol{b})\boldsymbol{c} \tag{A.4}$$

2. 矢量分析

假如,将任意一个时间空间矢量函数 $\boldsymbol{f}(x,y,z,t)$ 看成是由它的三个分量函数构成,即

$$\boldsymbol{f}(x,y,z,t)=f_x\boldsymbol{i}+f_y\boldsymbol{j}+f_z\boldsymbol{k} \tag{A.5}$$

式中:$(\boldsymbol{i},\boldsymbol{j},\boldsymbol{k})$ 为正交直角坐标系中三个单位矢量。那么,对矢量函数 $\boldsymbol{f}(x,y,z,t)$ 的微积分运算,实质上就是对三个分量函数 f_x,f_y,f_z 作相应的运算。

在流体力学中,经常出现的矢量微商和矢量积分算符,多半就是哈密顿算符

$$\nabla=\boldsymbol{i}\frac{\partial}{\partial x}+\boldsymbol{j}\frac{\partial}{\partial y}+\boldsymbol{k}\frac{\partial}{\partial z} \tag{A.6}$$

对标量函数 φ 和矢量函数 $\boldsymbol{f}$ 的运算。为此,着重介绍有关∇算符的一些运算。

2.1 定义

梯度 $$\mathrm{grad}\varphi=\nabla\varphi=\boldsymbol{i}\frac{\partial\varphi}{\partial x}+\boldsymbol{j}\frac{\partial\varphi}{\partial y}+\boldsymbol{k}\frac{\partial\varphi}{\partial z} \tag{A.7}$$

散度 $$\mathrm{div}\boldsymbol{f}=\nabla\cdot\boldsymbol{f}=\frac{\partial f_x}{\partial x}+\frac{\partial f_y}{\partial y}+\frac{\partial f_z}{\partial z} \tag{A.8}$$

涡度

$$\mathrm{curl}\boldsymbol{f}=\nabla\wedge\boldsymbol{f}=\boldsymbol{i}\left(\frac{\partial f_z}{\partial y}-\frac{\partial f_y}{\partial z}\right)+\boldsymbol{j}\left(\frac{\partial f_x}{\partial z}-\frac{\partial f_z}{\partial x}\right)+\boldsymbol{k}\left(\frac{\partial f_y}{\partial x}-\frac{\partial f_x}{\partial y}\right) \tag{A.9}$$

拉普拉斯算符

$$\nabla^2=\nabla\cdot\nabla=\frac{\partial^2}{\partial x^2}+\frac{\partial^2}{\partial y^2}+\frac{\partial^2}{\partial z^2} \tag{A.10}$$

平流微商算符

$$(\boldsymbol{f}\cdot\nabla)=\left(f_x\frac{\partial}{\partial x}+f_y\frac{\partial}{\partial y}+f_z\frac{\partial}{\partial z}\right) \tag{A.11}$$

2.2　∇与两个场的运算公式

$$\nabla(\varphi\phi)=(\nabla\varphi)\phi+\varphi\nabla(\phi) \tag{A.12}$$

$$\nabla\cdot(\varphi\boldsymbol{f})=(\nabla\varphi)\cdot\boldsymbol{f}+\varphi\nabla\cdot\boldsymbol{f} \tag{A.13}$$

$$\nabla\wedge(\varphi\boldsymbol{f})=\nabla\varphi\wedge\boldsymbol{f}+\varphi\nabla\wedge\boldsymbol{f} \tag{A.14}$$

$$\nabla(\boldsymbol{f}\cdot\boldsymbol{g})=\boldsymbol{f}\wedge(\nabla\wedge\boldsymbol{g})+(\boldsymbol{f}\cdot\nabla)\boldsymbol{g}+\boldsymbol{g}\wedge(\nabla\wedge\boldsymbol{f})+(\boldsymbol{g}\cdot\nabla)\boldsymbol{f} \tag{A.15}$$

$$\nabla\cdot(\boldsymbol{f}\wedge\boldsymbol{g})=(\nabla\wedge\boldsymbol{f})\cdot\boldsymbol{g}-\boldsymbol{f}\cdot(\nabla\wedge\boldsymbol{g}) \tag{A.16}$$

$$\nabla\wedge(\boldsymbol{f}\wedge\boldsymbol{g})=(\boldsymbol{g}\cdot\nabla)\boldsymbol{f}-(\nabla\cdot\boldsymbol{f})\boldsymbol{g}-(\boldsymbol{f}\cdot\nabla)\boldsymbol{g}+(\nabla\cdot\boldsymbol{g})\boldsymbol{f} \tag{A.17}$$

其中 φ 和 ϕ 是任意两个标量函数，$\boldsymbol{f}$ 和 $\boldsymbol{g}$ 是任意两个矢量函数。（证明略）

2.3　一个场被∇两次运算的结果

$$\nabla\wedge\nabla\varphi=0 \qquad \nabla\cdot\nabla\varphi=\nabla^2\varphi \tag{A.18}$$

$$\nabla\cdot\nabla\wedge\boldsymbol{f}=0 \tag{A.19}$$

$$\nabla\wedge(\nabla\wedge\boldsymbol{f})=\nabla(\nabla\cdot\boldsymbol{f})-\nabla^2\boldsymbol{f} \tag{A.20}$$

3. 张量

在流体力学中，经常出现和讨论流速分量的空间导数。假若将流速矢和哈密顿算符分别表示为

$$\boldsymbol{V}=u_1\boldsymbol{i}_1+u_2\boldsymbol{i}_2+u_3\boldsymbol{i}_3=\sum_{k=1}^{3}u_k\boldsymbol{i}_k \tag{A.21}$$

$$\nabla=\boldsymbol{i}_1\frac{\partial}{\partial x_1}+\boldsymbol{i}_2\frac{\partial}{\partial x_2}+\boldsymbol{i}_3\frac{\partial}{\partial x_3}=\sum_{l=1}^{3}\boldsymbol{i}_l\frac{\partial}{\partial x_l} \tag{A.22}$$

则流速分量的空间导数 $\partial u_k/\partial x_l\,(l,k=1,2,3)$ 总共有九个不同的量。如果将这九个量，按如下的次序排列成一个矩阵，即得

$$\left(\frac{\partial u_k}{\partial x_l}\right)=\begin{pmatrix}\dfrac{\partial u_1}{\partial x_1} & \dfrac{\partial u_2}{\partial x_1} & \dfrac{\partial u_3}{\partial x_1}\\ \dfrac{\partial u_1}{\partial x_2} & \dfrac{\partial u_2}{\partial x_2} & \dfrac{\partial u_3}{\partial x_2}\\ \dfrac{\partial u_1}{\partial x_3} & \dfrac{\partial u_2}{\partial x_3} & \dfrac{\partial u_3}{\partial x_3}\end{pmatrix} \tag{A.23}$$

显然，上列矩阵（即一组有序的量）确定了一个能够完全表征流速空间导数的量。这个量就是流数矢对空间坐标导数的张量，并记作

$$\left(\frac{\partial u_k}{\partial x_l}\right)=\nabla\boldsymbol{V} \tag{A.24}$$

由上式可知，流速空间导数的张量，也就是∇算符和流速矢 $\boldsymbol{V}$ 所组成的一个“并矢”。

在流体力学中，常见的张量还包括以下几种。

① 形变率张量 $\boldsymbol{A}$：

$$\boldsymbol{A}=\left(\frac{1}{2}\left(\frac{\partial u_k}{\partial x_l}+\frac{\partial u_l}{\partial x_k}\right)\right)=\begin{pmatrix}\dfrac{\partial u_1}{\partial x_1} & \dfrac{1}{2}\left(\dfrac{\partial u_2}{\partial x_1}+\dfrac{\partial u_1}{\partial x_2}\right) & \dfrac{1}{2}\left(\dfrac{\partial u_3}{\partial x_1}+\dfrac{\partial u_1}{\partial x_3}\right)\\ \dfrac{1}{2}\left(\dfrac{\partial u_1}{\partial x_2}+\dfrac{\partial u_2}{\partial x_1}\right) & \dfrac{\partial u_2}{\partial x_2} & \dfrac{1}{2}\left(\dfrac{\partial u_3}{\partial x_2}+\dfrac{\partial u_2}{\partial x_3}\right)\\ \dfrac{1}{2}\left(\dfrac{\partial u_1}{\partial x_3}+\dfrac{\partial u_3}{\partial x_1}\right) & \dfrac{1}{2}\left(\dfrac{\partial u_2}{\partial x_3}+\dfrac{\partial u_3}{\partial x_2}\right) & \dfrac{\partial u_3}{\partial x_3}\end{pmatrix} \tag{A.25}$$

② 应力张量 $\boldsymbol{P}$：

$$\boldsymbol{P}=(p_{lk})=\begin{pmatrix}p_{11} & p_{12} & p_{13}\\ p_{21} & p_{22} & p_{23}\\ p_{31} & p_{32} & p_{33}\end{pmatrix} \tag{A.26}$$

③ 张量微商：

$$\boldsymbol{V}\nabla=\left(u_l\frac{\partial}{\partial x_k}\right)=\begin{pmatrix}u_1\dfrac{\partial}{\partial x_1} & u_1\dfrac{\partial}{\partial x_2} & u_1\dfrac{\partial}{\partial x_3}\\ u_2\dfrac{\partial}{\partial x_1} & u_2\dfrac{\partial}{\partial x_2} & u_2\dfrac{\partial}{\partial x_3}\\ u_3\dfrac{\partial}{\partial x_1} & u_3\dfrac{\partial}{\partial x_2} & u_3\dfrac{\partial}{\partial x_3}\end{pmatrix} \tag{A.27}$$

由以上一些张量表示式可见，一个二阶张量需要有九个分量元素才能唯一确定。而确定一个矢量，只要三个分量就足够了。所以张量与矢量有些类似，但要比矢量复杂、抽象。任意一个矢量总可用“有向线段”的几何图形，把它直观地表现出来。对于张量就没有这样简单的对应关系或几何意义。

第 6 章

近地边界层湍流运动特征与扩散通量

在近地边界层内，因为地表面摩擦的强烈影响，风向和风速在短时间内呈不规则的变化，这种不规则的气流运动形式称为湍流。湍流是流体在特定条件下所表现出的一种特殊的运动方式，是在时间和空间上毫无规则的流体运动。湍流可理解为流体的速度、物理属性等在时间与空间上的脉动现象。湍流不仅是随机的三维风场，而且还包括由风场变化引起的随机标量（温度、水汽和 CO_2 浓度等）场。在陆地表层中，因地表摩擦、加热和空气浮力的作用而发生和发育着大大小小、上下左右运动、运动速度及方向都极不规则、大小不断改变的涡旋气团，被称为涡。涡的不规则运动就形成了湍流。在湍流的运动过程中，因上层和下层空气的混合作用，能够很好地在垂直方向上输送动量、热、水汽和 CO_2 等。这种湍流运动引起的物质和能量输送是地圈-生物圈-大气圈相互作用的基础，也是地圈-大气圈之间的能量和物质交换的主要方式。

湍流的研究工作是沿着半经验理论和统计理论两个途径展开的。定量研究湍流的基本思想是把所有的物理量场分解为平均量和脉动量。20 世纪中叶，苏联科学家 Monin 和 Obukhov（1954）建立了近地边界层湍流运动的相似理论。该理论认为大气湍流可以用三个重要的参数，即大气的浮力（g/T）、雷诺应力（τ）或摩擦风速（u_*）、显热通量（H）或摩擦温度（θ_*）来表示，如果能够将这三个量统一起来，湍流就可以用相同的形式表示。因为大气的浮力参数在通常的环境条件下没有太大的变化，所以该理论可以用运动通量和显热通量来描述。在相似理论被提出的当时，还没有相应的观测手段可以证明其合理性，其后随着超声风速计的发明以及数据采集和数据处理技术的发展，直到 20 世纪 60 年代，大量的野外观测工作才逐渐开展起来，使该理论得到了广泛的实验验证，证明了它的实用性。

湍流扩散是湍流运动的一个基本的特征现象，它与分子扩散存在着本质区别，湍流扩散过程最直接而明显地描述了湍流机制。湍流扩散方程实质上是湍流扩散过程中扩散物质质量守恒定律的一种形式。一般情况下，求扩散方程的解析解十分困难，对于均匀下垫面中小尺度的湍流扩散问题，可以应用 K 理论成功地进行描述。

自然条件下的湍流是不断生成与消散的，具有湍流谱。湍流动能是湍流强度的量度，它涉及整个边界层动量、热量和水汽的输送。湍流动能方程中的各项都是描述形成湍流物理过程的，这些项的相对比较决定着气流维持湍流或改变湍流的能力，从而指示出气流的稳定度。在微气象学中，理查孙数是描述湍流生成或消亡的一个重要变量。

在平坦均匀的地表条件下，近地边界层内中性条件下的风速廓线表现为随高度呈对数形式的分布，但当有植被存在时，由于植被冠层的影响，冠层内的风速廓线变得极为复杂，通过引入粗糙度和零平面位移，冠层内的平均风速可以通过适当形式的函数进行描述。

本章初版执笔者：任传友，于贵瑞；再版修订者：任传友，孙晓敏

本章主要符号

符号	含义
A	形变率
A_τ	湍流黏性系数
c_p	湿空气定压比热
c_{pd}	干空气定压比热
c_v	定容比热
d	零平面位移
e	水气压、湍流的动能
E	水汽通量
f_c	科氏参数
F_s	物理量 s 的通量
g	重力加速度
H	显热通量(感热通量)
κ	卡门常数
K	湍流交换系数
K_c	CO_2 等标量的湍流交换系数
K_C	标量的分子扩散率
K_h	热量的湍流交换系数
K_m	动量的湍流交换系数
K_w	水汽的湍流交换系数
K_q	空气中水汽分子扩散率
K_T	分子导温系数
l	混合长、混合距离
L	莫宁-奥布霍夫长度
P	压强
$\mathbf{P}$	应力张量
q	比湿
q_T	总比湿
R^*	普适气体常数
R	比气体常数
R_B	总体理查孙数
R_c	临界理查孙数
R_d	干空气的比气体常数
Re	雷诺数
Re_l	运动尺度为 l 的雷诺数
R_f	通量理查孙数
R_i	梯度理查孙数
R_{il}	运动尺度为 l 的理查孙数
R_T	湍流终止时的临界理查孙数
R_w	水汽的比气体常数
s	CO_2 等物质的浓度
T	气温
T_v	虚温
u	三维风速的 x 轴分量
v	三维风速的 y 轴分量
w	三维风速的 z 轴分量
U	特征风速
u_*	摩擦风速
V	体积
z_0	空气动力学粗糙度(粗糙度)
γ	气温的实际递减率
γ_d	干绝热递减率
ε	湍能耗散率(串级输送率)
ζ	表示大气稳定性的无因次参数
θ_*	摩擦温度
θ	位温
θ_V	湿空气的位温
λE	潜热通量
μ	动力学黏滞系数
ρ	空气密度
ρ_d	干空气密度
ρ_w	水汽密度
τ	雷诺应力、特征周期、动量通量
υ	运动学黏滞系数
φ	纬度
ω	地球自转角速度
$\mathbf{V}$	三维风速($\mathbf{V}=u\mathbf{i}+v\mathbf{j}+w\mathbf{k}$)

6.1　边界层的湍流现象及其作用

6.1.1　湍流现象

陆地的动物和植物主要生活在大气最底部有限空间的近地边界层(surface boundary layer)中。在近地边界层内,因为地表面摩擦的强烈影响,例如,水田所发生的水稻稻波那样,风向和风速在短时间内呈不规则的变化,这种不规则的气流流动形式称为湍流(turbulent flow)。湍流是流体在特定条件下所表现出的一种特殊的运动现象,是在时间和空间上毫无规则的流体运动形式。湍流可理解为流体的速度、物理属性等在时间与空间上的脉动现象。湍流不仅是随机的三维风场,而且还包括由风场变化引起的随机标量(温度、水汽、CO_2 浓度等)场。在湍流中,因地表摩擦、加热和空气浮力的作用而发生和发育着大大小小、上下左右运动、运动速度及方向都极不规则、大小不断改变的气团被称为涡(eddy)。

湍流是1883年雷诺(Reynolds)在实验室中发现的，但人们最初对湍流的认识还仅仅处于感性认识阶段。后来，普朗特和卡门等人创立的混合长理论为湍流研究做出了卓越的贡献。混合长理论奠定了早期湍流理论的基础，自此以后，人们才对湍流运动有了较为理性的理解，也使得看起来杂乱无序的湍流运动可以近似地用一些数学方程来进行描述和解析。研究湍流的主要目的是获得地圈与大气圈的热量、水汽和动量通量以及其他大气成分通量的交换信息，并以此研究各种下垫面小气候、地球生态系统变化的原因和趋势。

6.1.2 湍流的作用

湍流是边界层大气运动的最主要形式。它对大气的混合，对热量、水汽、动量等的输送都起很大的作用。在气象观测中，由于湍流的影响，气象要素随时间的变化表现出明显的阵性或脉动(涨落)特征。图6.1给出了东西向水平风速 u、南北向水平风速 v、垂直风速 w、CO_2 密度、H_2O 密度和气温 T 随时间脉动的变化曲线。6个气象要素随时间的脉动变化有时十分剧烈，而有时又比较缓和，好像是杂乱无章，毫无规律可循。可是，当我们细致地观察时，可以发现它们具有以数十秒为周期的波动规律。另外，风速的垂直成分的波动与气温、湿度的波动很相像，而 CO_2 浓度的波动与其正好相反。这表明了各种气象要素脉动间的相关性，其中隐含着湍流运动中的动量、热量、水汽和 CO_2 交换现象之间的内在联系。风向和空气比湿也具有类似的脉动特征。这种脉动性的变化，白天比夜间更明显、更剧烈。

在人类日常活动的大气边界层中，湍流扮演着极其重要的角色。湍流在运动过程中，因上层和下层空气的混合作用，能够很好地在垂直方向上输送动量、热、水蒸气和 CO_2 等。这种湍流运动引起的物质和能量输送是地圈-生物圈-大气圈相互作用的基础，也是地圈-大气圈之间的能量和物质交换的主要方式。也正因为如此，才使得地球表面的物理特征可以影响到地球大气的运动状态，造就了现在地球大气所特有的复杂的环流模式。湍流活动对于生物圈的植物生长和生命维持具有非常重要的意义，这是因为湍流具有热和物质输送作用，可防止白天的地温和生物体温(植物的叶温等)的过度升高，可使植物光合所需的 CO_2 得到源源不断地补充，也可使动物呼吸排放的 CO_2 等废弃物得以及时地输出，所需要的氧气等得以及时补给。

6.1.3 湍流的发生、发展和维持

层流和湍流是空气流动的两个基本形式。在流体力学中，常以雷诺数 Re(Reynolds number)的大小来判断是层流还是湍流。对于运动长度尺度为 d，运动速度为 v 的流体，其雷诺数表示为

$$Re = dv/\upsilon \tag{6.1}$$

式中：υ 表示运动学黏滞系数(kinematic viscosity coefficient)。在中性层结下，当大气的 $Re=6\ 000$ 时，一般就会出现湍流。在大气中，假定 $\upsilon \approx 1.5\times 10^{-5}\ m^2\cdot s^{-1}$，若取 $d=1\ m$，$v=1\ m\cdot s^{-1}$，则 Re 超过60 000；对于近地层大气，若 $d=2\ m$，假定 $v\geq 0.075\ m\cdot s^{-1}$，在气温为20 ℃的情况下，$Re\geq 10\ 000$。所以现实中的大气雷诺数通常远大于临界值($Re$(2 000，6 000)，在这之间处于不稳定的过渡状态，可以是层流也可以是湍流)，所以湍流运动是常见的现象。从烟囱里冒出的烟总是上下翻滚，很快地向四周扩散，与空气混合，这就是大气中湍流运动的明证。不同温度下干空气的动力学黏滞系数和运动学黏滞系数如表6.1所示。

表6.1 不同温度下干空气的黏滞系数

温度/℃	$\mu/(N\cdot s\cdot m^{-2})$	$\upsilon/(m^2\cdot s^{-1})$
0	1.71×10^{-5}	1.32×10^{-5}
20	1.81×10^{-5}	1.50×10^{-5}
40	1.90×10^{-5}	1.69×10^{-5}

在非中性层结大气中，为使大气中的湍流能够持续发展下去，必须满足湍流动能与湍流运动克服黏滞摩擦力和浮力做功所消耗的能量相平衡或有所超过的条件。假定在层流中，在尺度为 l 的某一区域由某种原因引起的速度脉动为 v'。由此可认为，产生脉动所需要的时间量级是由脉动的特征周期 $\tau=l/v'$ 来决定的。如果大气层结是中性的，那么相应的单位质量脉动动能应为 v'^2。于是，当产生上述速度脉动 v' 时，单位时间内从初始基本运动转成湍流(脉动)的能量的量级应等于

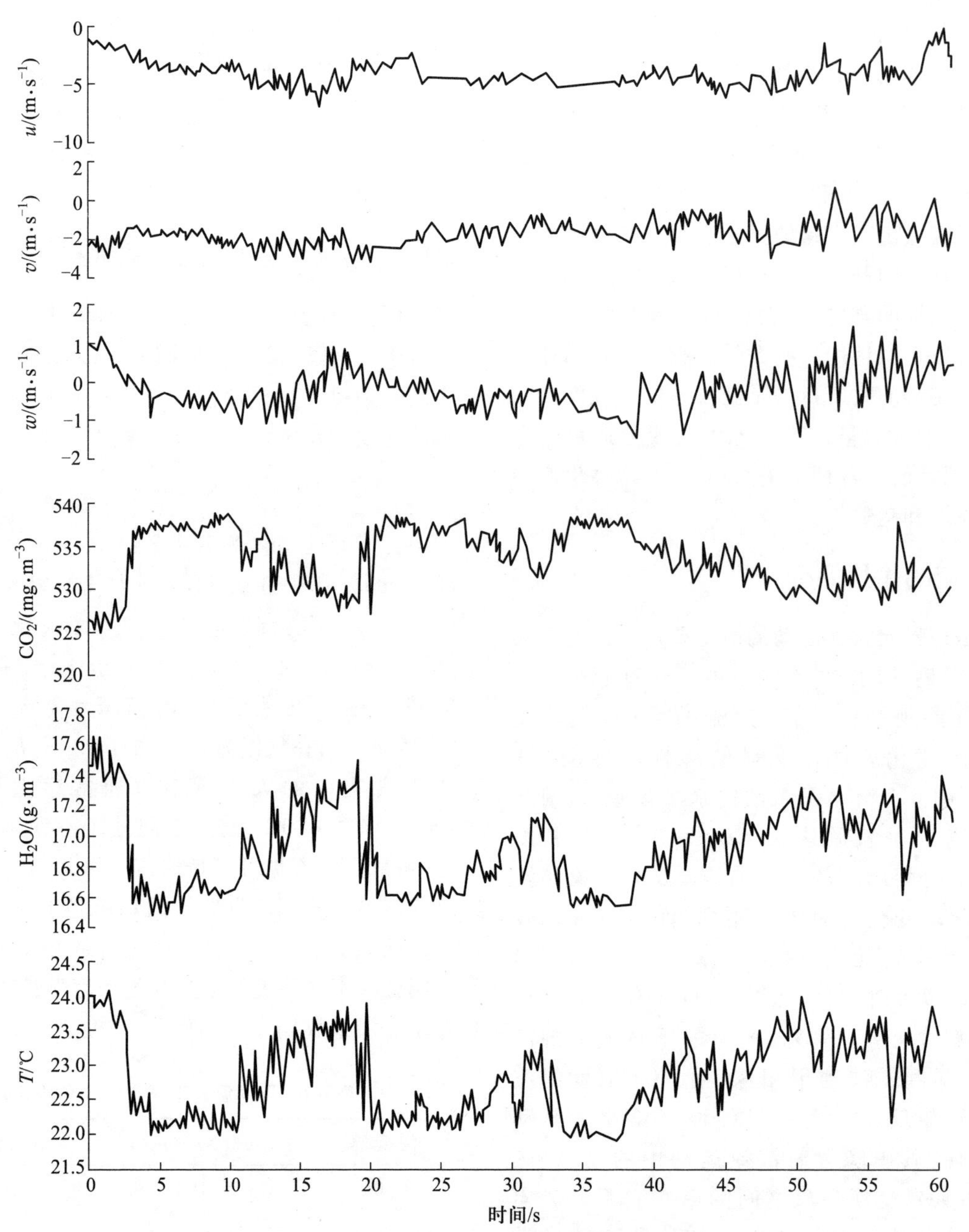

图 6.1 长白山阔叶红松林上空所测定的东西向水平风速 u、南北向水平风速 v、垂直风速 w、CO_2 密度、H_2O 密度和气温 T 随时间的变化曲线

测定时间为 2002 年 8 月 25 日 12 时 00 分至 12 时 01 分

$$\frac{v'^2}{\tau}=\frac{v'^3}{l} \tag{6.2}$$

同时,上述脉动的局地速度梯度的量级应为 v'/l。因此,单位质量流体在单位时间内由分子黏性耗散转变为热能的量级应为

$$\upsilon\frac{v'^2}{l^2} \tag{6.3}$$

另一方面,在层结大气中,湍流状态受到浮力的影响。浮力(buoyancy)是指单位容积内阿基米德力(支持的力)减去物体的重力。在不稳定的层结大气中,湍涡因浮力做功而增加湍流动能,相反,在稳定大气中,因克服浮力做功而减少动能。湍涡克服浮力所做的功表示为

$$-\frac{g}{\bar{\theta}}\theta'v' \tag{6.4}$$

式中:g 为重力加速度(acceleration of gravity);$\bar{\theta}$ 为

参考位温(potential temperature at reference height);θ'为湍涡的位温与周围介质位温的差值(即位温脉动值)。因此,在层结大气中为使湍流产生和维持下去,必须满足

$$\frac{v'^3}{l}>v\frac{v'^2}{l^2}-\frac{g}{\bar{\theta}}\theta'v' \tag{6.5}$$

由此,得到层结大气湍流产生和维持条件的判据是

$$R_{il}+Re_l^{-1}<1 \tag{6.6}$$

式中:

$$R_{il}=-\frac{gl\theta'}{\bar{\theta}v'^2} \tag{6.7}$$

$$Re_l=\frac{lv'}{v} \tag{6.8}$$

R_{il}表示运动尺度为 l 的理查孙数(Richardson number);Re_l 代表运动尺度为 l 的雷诺数。

式(6.6)的物理意义是,在层结大气中,对于尺度为 l 的运动流体,当理查孙数小于某个临界值以及雷诺数大于某个临界值时,湍流就能产生和维持下去。湍流是否出现与流体速度有关,还与流体的黏性及运动尺度有关。

通过多次试验,雷诺找出了由层流转变成湍流的条件为 $Re>2\ 000$。数值 2 000 又称为临界雷诺数,临界值并非是固定不变的,它与外部扰动有关,但试验证明,临界值有一个下界值,约为 2 000,当 $Re<2\ 000$ 时,流体运动为平流。

湍流与分子的不规则运动有类似之处,但其尺度要大得多,它对热量、水汽、CO_2、污染物等的输送作用比分子扩散作用大好几个量级。因此,在考虑大气扩散作用时,主要是考虑湍流扩散而略去分子扩散作用。

大气湍流对人类生产和生活有着重要的影响。在近地面层,由于湍流运动使得地面与大气之间的热量、水汽、CO_2、动量等得以迅速地上下交换(输送),对气候的形成及植物生长起重要的作用,同时,湍流使污染物得以迅速扩散,而且还能干扰电波的传播。高层的湍流(又叫晴空湍流)会影响飞机的飞行等等。

在过去的近一百年里,许多人从理论和实验方面,用了大量精力试图探索湍流是如何形成的,至今这仍然还是个有待解决,且具有现实性的研究课题。在以上的讨论中已经指出湍流运动是极不规则、极不稳定的且每一点的速度随空间和时间随机地变化着,因此,要给湍流运动一个严格的科学定义不太容易。这里不妨引用一些著名科学家的观点,1937 年,泰勒(Taylor)和卡门(Van Karman)认为"湍流是流体流经固体表面,或同一流体相互流动的时候,经常发生的一种不规则运动"。这个定义指出了流体发生的条件和主要的运动特征——不规则。但是究竟怎样的不规则运动才是湍流运动呢? 1959 年,兴兹(J. O. Hinze)作了补充,指出"湍流是这样一种不规则运动,其流场的各种特征量是时间和空间的随机变量,因此其统计平均值是有规律性的"。对于这类随机现象,人们对每点的真实速度暂不感兴趣,而把注意力更集中在平均运动上。平均运动和真实的湍流之间的关系,大致类同于层流运动和作为它的内部结构和真实的湍流之间的关系。因此可以把湍流流场中任一点的瞬时物理量看作是平均值和脉动值之和,然后应用统计平均的方法研究其平均运动的变化规律。

关于湍流发生后的运动规律的研究,目前存在着两种理论研究途径:

① 半经验理论,在导出描写湍流运动宏观规律的时均方程后,依靠半经验理论和相似理论来闭合方程组。虽然这种方法本身还很粗糙,但能够解决一些实际问题,所以为许多应用科学家和工程技术人员经常使用。

② 统计理论,从湍流运动的基本特征——随机性出发,以数理统计学的方法来研究湍流内部的结构,许多基础理论科学家就致力于这方面的研究,但只是在理想的简单的情况下得出一些结果,距离实际应用的要求还差得很远。

总之,湍流是一种复杂而又常见的重要流动状态,人们对湍流的不规则性和复杂性的规律的认识还很少,对它的研究还很不成熟,但湍流又是大气、海洋以及工程技术领域经常遇到的自然流动现象,需要努力地去认识和探索。

6.2 湍流物理量的定量描述

6.2.1 湍流描述的基本思想

定量描述湍流的基本思想是把所有的物理量场分解成为平均量和脉动量。现以假设观测到的 x 方向的瞬时风速 u 的时间变化为例,当取某时段的风速的平

均值为 $\bar{u}$,则某一瞬间的瞬时值 u 与平均值之差即是脉动值 u',其关系为 $u=\bar{u}+u'$,如图 6.2 所示。

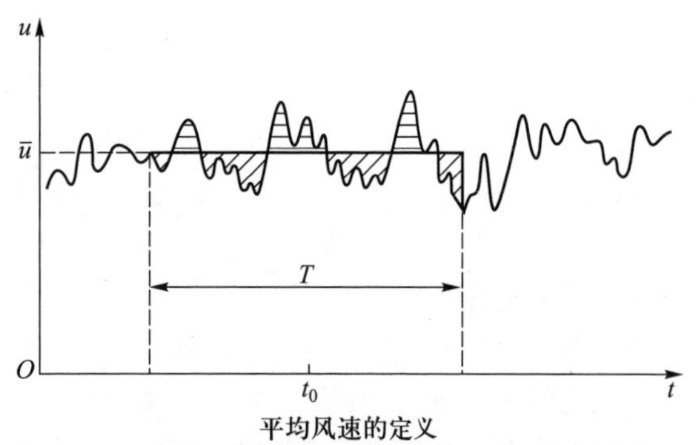

图 6.2　瞬时风速 u 的时间变化示意图

同样,我们可以将湍流的各有关物理量分解为

$$\begin{gathered} u=\bar{u}+u',v=\bar{v}+v',w=\bar{w}+w' \\ \theta=\bar{\theta}+\theta',T=\bar{T}+T',\rho=\bar{\rho}+\rho' \\ q=\bar{q}+q',s=\bar{s}+s' \end{gathered} \tag{6.9}$$

式中:u、v、w 表示风在的三个方向上的瞬时风速分量。u 习惯上代表向后方向(x 轴方向)的平均风速,v 指水平方向(y 轴方向)的平均风速,w 代表垂直于水平面方向(z 轴方向)的平均风速。θ 为位温,T 为气温,ρ 为空气密度,q 为比湿,s 为 CO_2 等其他物质的浓度。u'、v'、w'、θ'、T'、ρ'、q'、s'为叠加在平均值上的脉动(或涨落)。显然它可正可负,极不规则。通常脉动量较平均量小得多。这样,一个实际的物理量可以分解为比较有规则的平均值和极不规则的脉动值两部分,这是研究湍流运动的基本方法,称为雷诺分解方法(method of Reynolds decomposition)。

对于湍流运动中的任何瞬时物理量 A,都可以分解成为平均量 $\bar{A}$ 和脉动量 A'两部分,即 $A=\bar{A}+A'$,若以某一瞬时 t_0 为中心,以 T 为时间间隔求 A 的时间平均,有

$$\bar{A}=\bar{A}(x,y,z,t)=\frac{1}{T}\int_{t_0-\frac{T}{2}}^{t_0+\frac{T}{2}}A(x,y,z,t)\,\mathrm{d}t \tag{6.10}$$

式中:T 称为时间平均周期。T 的大小选择要适当,它取决于所考虑的特定问题。选择 T 的一般原则是,既要比瞬时脉动的周期大很多,但又要小于湍流特征变化的时间尺度,这样才能保证既不把不规则的起伏平滑掉,又要显示出湍流的运动特征。图6.3 的近地层大气的风速谱清楚地表明,近地层脉动动能的贡献主要集中在两个明显区分的频段上,一个是天气的大尺度脉动部分,其中心位于 $f_1=0.01$ 周·h^{-1}附近,另一个是小尺度湍流脉动部分,其中心约为 $f_2=80$ 周·h^{-1}。在天气尺度和湍流尺度之间,存在着一个频率约为 0.1 周·h^{-1}左右的次低频贡献区,代表着大气动能的日变化频率部分。因此,对于测定由于湍流运动而产生的物理量的输送,其所测定时间段既要包括湍流运动的大部分频率,又要尽量避开天气尺度因素对通量的影响,同时还要使其测定的结果能够体现出其日变化特征,测定周期应取为 5~60 min。

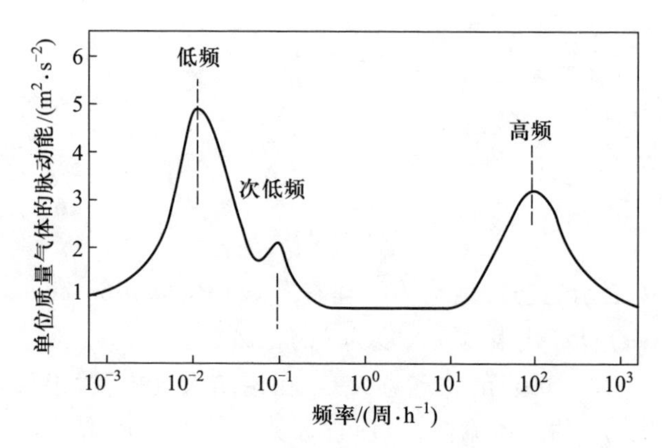

图 6.3　近地层大气的风速谱

如果时间平均周期 T 取得不是很大,以致可以认为 A 在这段时间内是不变的,设 B 为另一瞬时物理量,则有

$$\begin{gathered} \bar{\bar{A}}=\bar{A};\overline{A'}=\bar{A}-\bar{\bar{A}}=0 \\ \overline{\bar{A}B}=\bar{A}\ \bar{B};\overline{A'\bar{B}}=\overline{A'}\bar{B};\overline{AB}=\bar{A}\ \bar{B}+\overline{A'B'} \\ \overline{\frac{\partial A}{\partial x_i}}=\frac{\partial \bar{A}}{\partial x_i};\overline{\frac{\partial A}{\partial t}}=\frac{\partial \bar{A}}{\partial t} \end{gathered} \tag{6.11}$$

式(6.11)称为湍流计算的雷诺平均规则或雷诺规则(rule of Reynolds)。

实际上,在湍流运动中物理量 A 不仅在时间上,而且在空间上的变化都是非常剧烈和不规则的。因此,也可用类似于对时间求平均的方法来处理空间平均。在研究植被层气流时,往往还需要对运动方程组求空间平均。

6.2.2　湍流谱

在湍流统计理论中,谱函数占有非常重要的位置。一般认为,湍流是由尺度大小不同的湍涡组成。空间某点观测的脉动速度是由大小不同的湍涡贡献

的。小湍涡贡献的是高频脉动,大湍涡贡献的是低频脉动,而实际出现的脉动速度可以看作是不同频率(或不同波长)的谐波的叠加。因此,可以对湍流的脉动动能按照不同的脉动频率(或波长)进行分析。研究各种尺度的湍涡间的能量分布,就可以了解湍流运动的细微结构。这种按照频率(或波长)来讨论能量分布特征,就被称为谱或频谱分析。下面仅就谱的计算给出了一些简要的定义和相关公式,如想详细了解这方面的内容,可参考有关统计学谱分析和信号处理方面的书籍以及本书第 8.6 节的内容。

(1) 相关函数

相关函数是描述随机过程的重要统计特征量,与描述静态统计特征的平均值和方差相比,相关函数可以描述随机过程的动态统计特征,并且能够表征随机过程的内部结构。

设 ζ,ξ 为两个随时间变化的随机过程,则自相关函数为

$$R(\tau_m)=\overline{\zeta(t_1+\tau_m)\zeta(t_1)} \tag{6.12a}$$

式中:$\zeta(t_1+\tau_m)$,$\zeta(t_1)$ 为自 $t_1+\tau_m$,t_1 时刻开始的随机过程;τ_m 为时间后延。式(6.12a)为连续随机过程自相关函数的计算式。但是在实际应用中,无论观测仪器多么精良,响应频率多么快,连续的随机过程也是不可能得到的,而只能得到一些离散观测值。因此,式(6.12a)离散形式的表达式就显得更为重要。假设$x(t)$,$y(t)$,$t=1,2,\cdots,N$ 为随机过程 ζ,ξ 的两个等时间间距的观测值中心化后的时间序列,观测时间间隔为 Δt,不失一般情况,令 $\Delta t=1$,时间后延$\tau_m=m\Delta t=m$,则式(6.12a)的离散化形式可以表述为

$$R(m)=\frac{1}{N-m}\sum_{i=1}^{N-m}x_{i+m}x_i \tag{6.12b}$$

在离散化形式中,习惯将自相关函数只写成时间间隔个数 m 的函数形式,并称 m 为后延。当 $m=0$ 时,自相关函数就是时间序列的方差。在下面的表述中,将连续式和离散式分别给出,其中符号的意义与上式相同。

方差

$$R(0)=\overline{\zeta(t_1)\zeta(t_1)} \tag{6.13a}$$

$$R(0)=\frac{1}{N}\sum_{i=1}^{N}x_i^2 \tag{6.13b}$$

协(互)相关函数

$$R_{\zeta\xi}(\tau_m)=\overline{\zeta(t_1+\tau_m)\xi(t_1)} \tag{6.14a}$$

$$R_{xy}(m)=\frac{1}{N-m}\sum_{i=1}^{N-m}x_{i+m}y_i \tag{6.14b}$$

协方差

$$R_{\zeta\xi}(0)=\overline{\zeta(t_1)\xi(t_1)} \tag{6.15a}$$

$$R_{xy}(0)=\frac{1}{N}\sum_{i=1}^{N}x_iy_i \tag{6.15b}$$

式(6.12)和式(6.14)中:τ_m 为时间间隔;$\zeta(t_1+\tau_m)$,$\zeta(t_1)$分别为自 $t_1+\tau_m$ 和 t_1 时刻开始的随机过程。x_i,y_i 为 $x(t)$,$y(t)$在第 i 个时刻的取值。统计特征不随时间而变化的湍流称为平稳湍流或定常湍流。一般认为,如果湍流满足下面的条件即可称为平稳湍流:① 平均值不随时间变化,② 相关函数只是时间间隔τ_m(或 m)的函数,而与起始位置无关。

(2) 湍流谱

在统计学上,时间序列可以看作由无数个频率从 0 到无穷大的正弦波相互叠加而成的,如果随机过程满足狄利克雷(Dirichlet)条件,则自相关函数和谱密度互为傅里叶变换。泰勒(Taylor,1935)证明,对于各向同性的湍流,即定常湍流(steady turbulence),可以将其视为一个平稳的随机过程,则相关函数与湍流谱之间互为傅里叶变换。

设 ζ 为一随机的湍流过程,则相关函数与谱密度的变换关系为

$$R(0)=\int_0^{\infty}S(n)\,\mathrm{d}n \tag{6.16a}$$

$$R(0)=\sum_{f=0}^{\infty}S(f) \tag{6.16b}$$

其中式(6.16a,b)在数学上的意义就是,平稳过程的方差等于其谱展开式中所有谐和分量振幅的方差之和;其物理意义是,对于定常湍流,其总动能等于组成定常湍流的所有频率波动的能量之和。

$$S(n)=2\int_0^{\infty}R(\tau_m)\cos 2\pi n\tau_m\mathrm{d}\tau_m \tag{6.17a}$$

$$S(f)=2\sum_{m=0}^{\infty}R(m)\cos 2\pi mf \tag{6.17b}$$

$$R(\tau_m)=2\int_0^{\infty}S(n)\cos 2\pi n\tau_m\mathrm{d}n \tag{6.18a}$$

$$R(m)=2\sum_{f=0}^{\infty}S(f)\cos 2\pi mf \tag{6.18b}$$

式中：$R(0)$是方差，如$\overline{w'^2}$，$\overline{\theta'^2}$等；$S(n)$，$S(f)$是频率为 n 和 f 时的谱密度；$S(n)\mathrm{d}n$ 表示区间 $n \sim n+\mathrm{d}n$ 频率的湍流涨落成分对方差的贡献。

设 ζ 和 ξ 为两个随机的湍流过程，则协（互）相关函数与协（互）谱的变换关系为

$$R_{\zeta\xi}(0) = \int_0^\infty Co_{\zeta\xi}(n)\,\mathrm{d}n \tag{6.19a}$$

$$R_{xy}(0) = \sum_{f=0}^{\infty} Co_{xy}(f) \tag{6.19b}$$

$$Co_{\zeta\xi}(n) = 2\int_0^\infty R_{\zeta\xi}(\tau_m)\cos 2\pi n\,\tau_m \mathrm{d}\,\tau_m \tag{6.20a}$$

$$Co_{xy}(f) = 2\sum_{m=0}^{\infty} R_{xy}(m)\cos 2\pi mf \tag{6.20b}$$

$$R_{\zeta\xi}(\tau_m) = 2\int_0^\infty Co_{\zeta\xi}(n)\cos 2\pi n\,\tau_m \mathrm{d}n \tag{6.21a}$$

$$R_{xy}(m) = 2\sum_{f=0}^{\infty} Co_{xy}(f)\cos 2\pi mf \tag{6.21b}$$

式中：$R_{\zeta\xi}(0)$是协方差，例如，$\overline{w'\theta'}$等。$Co_{\zeta\xi}(n)\mathrm{d}n$ 表示区间 $n \sim n+\mathrm{d}n$ 频率的湍流成分对协方差（通量）的贡献。需要说明的是，在实际计算中，m 的最大值不可能取到无穷大，一般取到时间序列长度 N 的 1/10～1/3就可以了。

从湍流能谱的观点来看，可以将一系列湍涡分为下列几个空间区域（图 6.4）：

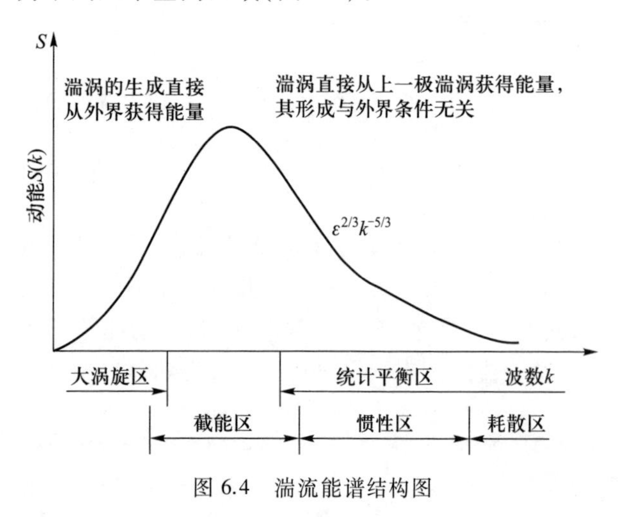

图 6.4　湍流能谱结构图

① 大涡旋区：它具有与平均流场引起显著变化的尺度相当，并且也与受外边界强烈影响的尺度相当的最大涡旋，可以直接从外界的平均流场中接受动能。

② 截能区：是湍流能量储存的主要部分，既可从外界的平均流场中获得能量，又可通过惯性输送作用将其能量传给较小的湍涡。

③ 统计平衡区：湍涡的生成直接从截能区接受能量，大的湍涡将能量传递给小的湍涡，又通过分子黏性将动能耗散为热能。在这个区域内，湍涡的生成与外界的条件无关，即与生成大涡旋区的外界条件无关。从整体上来说，该区的能量在各级湍涡之间的能量输送和黏性达到平衡，即单位质量流体微团在单位时间内，由较大湍涡向较小湍涡之间的能量输送，称串级输送率或湍能耗散率（turbulent energy dissipation rate），以符号ε表示，它等于由于分子黏性引起的湍能耗散为热能的能量耗散率。这一区又可分为惯性输送起主要作用的惯性区和黏性耗散起主要作用的耗散区。

总之，大涡旋区和截能区是较大尺度的湍涡区，受外界条件的影响明显，常常是各向异性的；平衡区是较小尺度的湍涡区，不受外界条件的直接影响，常常具备各向同性性质。科尔莫哥洛夫（Kolmogorov）证明，对于定常湍流，在惯性区动能的大小 $S(k)$与$\varepsilon^{2/3}k^{-5/3}$成正比，即湍流动能是随着波数（或频率）以 −5/3次幂递减的，这就是著名的−5/3 定律。在通量观测中，也常用这一定律检验涡度相关仪器的响应频率是否能够满足观测要求，即某一物理量（如风速、温度、CO_2 浓度等的脉动）的湍流谱在平衡区与频率的关系是否符合−5/3定律。但是在实际应用中，经常把频率f与湍流谱$S(f)$的乘积$fS(f)$作为纵坐标，此时$fS(f)$在平衡区应随着频率f以−2/3 次幂递减。

6.2.3　湍流输送与涡度相关

流体运动能够输送物理量，产生交换或输送通量。湍流也含有运动，因而也能输送物理量。对于边界层风场和温度场的形成，湍流输送通量起着重要的作用，当某层大气的上部与下部的动量传输不同时，就会引起大气层内的风速增加或减小。同样，当某层大气的上与下的显热输送量不同时，就会导致层内的温度变化。这就是说控制大气层内的风速和温度的物理量是大气层输送量的高度差，这被称为通量辐散（flux divergence）。换句话说就是当水平方向一样时，如果没有通量发散，则该层空气的风速和温度不会发生变化，层内的水蒸气和微量气体也同样如此。

某物理量 s(单位体积中的质量即用密度表示)的通量 F_s 定义为

$$F_s=\overline{ws} \tag{6.22}$$

根据雷诺平均规则,式(6.22)的通量可以改写为

$$F_s=\bar{w}\ \bar{s}+\overline{w's'} \tag{6.23}$$

假设空气为非压缩性质的气体,则可以认为 $\bar{w}=0$,作为涡度相关测定的净通量可以表示为

$$F_s=\overline{w's'} \tag{6.24}$$

这里,当 s 分别代表 ρu,$\rho c_p\theta$,ρq,$\rho\lambda q$ 和 c 时,上式可转化为不同物理量的通量:

动量通量(momentum flux)

$$\tau=-\rho\ \overline{u'w'}=\rho u_*^2 \tag{6.25}$$

显热通量(sensible flux)

$$H=\rho c_p\ \overline{\theta'w'} \tag{6.26}$$

水汽通量(water vapor flux)

$$E=\rho\ \overline{q'w'} \tag{6.27}$$

潜热通量(latent heat flux)

$$\lambda E=\rho\lambda\ \overline{q'w'} \tag{6.28}$$

CO_2 通量(CO_2 flux)

$$F_c=\overline{c'w'} \tag{6.29}$$

式中:u_* 为摩擦风速。

如果湍流是完全随机的话,那么,某一瞬间的 $+w's'$ 可能抵消以后某一瞬间的 $-w's'$,产生的平均湍流通量接近于零。但是,正如图 6.5 所示,在有些地方的特定条件下,那里的平均湍流通量可能与零大不相同。这里我们分析夏季森林的 CO_2 通量交换的两种不同情况。在夜间,由于不存在光合作用或存在极其微弱的光合作用,因植物呼吸作用造成冠层内的 CO_2 浓度要高于大气的 CO_2 浓度(图6.5a),当上层小湍涡向下运动时,由于 $w'<0$(假定大气是准静力平衡的,即 $\bar{w}=0$),$s'<0$,上层 CO_2 浓度小于下层 CO_2 浓度,通量 $w's'>0$;当下层空气小湍涡向上运动时,$w'>0$,$s'>0$,通量 $w's'>0$;因此,在这种条件下,小湍涡的混合过程使平均的 CO_2 通量 $\overline{w's'}$ 是正的。而在晴朗的日间,由于植物的光合作用消耗了大量的 CO_2,致使冠层内的 CO_2 浓度低于大气的 CO_2 浓度(图 6.5b),当上层小湍涡向下运动时,由于 $w'<0$,即 $s'>0$,故通量 $w's'<0$;当下层空气小湍涡向上运动时,$w'>0$,$s'<0$,通量 $w's'<0$;因此,在小湍涡的混合过程中,平均的 CO_2 通量 $\overline{w's'}$ 是负的。

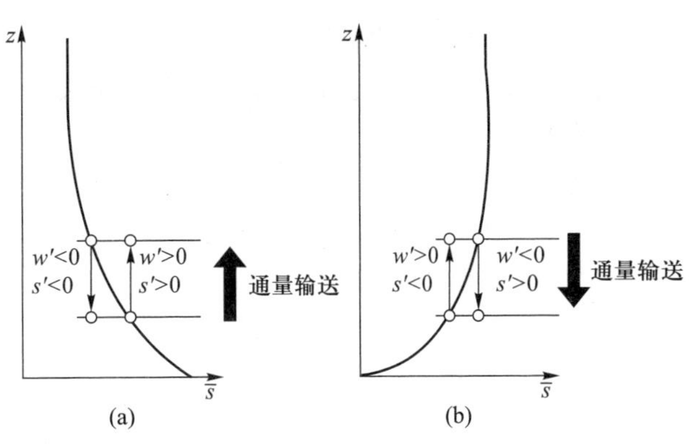

图 6.5 森林冠层湍流交换与湍流通量:(a) 夜间;(b) 白天

上面所分析的是垂直方向的通量。在水平方向,由于边界层大气中大部分情况下是 $\bar{w}\approx 0$。因此,与垂直湍流通量相比,水平方向的平流通量可以忽略不计。但在复杂地形、静力稳定以及某些强风情况下,沿坡度方向和水平方向也能产生很大的通量,甚至与垂直方向产生的通量相当,这时沿坡度所产生的泄流和水平平流就不能忽略。

6.3 边界层湍流研究的理论基础

发生在边界层内的空气运动多为湍流运动,边界层理论研究的核心也是对湍流运动方程组的求解过程。但描述湍流运动的方程组并不是闭合的,我们现有的基本物理知识对一些边界层情况还不足以获得以基本原理为基础的规律描述。然而,边界层观测结果经常出现一些稳定的可重复的特征,这说明,我们对有关变量的变化能够提炼出一些经验关系式。20 世纪中叶,苏联科学家 Monin 和 Obukhov 在前人研究的基础上提出了湍流运动的相似理论(similarity theory),该理论认为大气湍流可以用三个重要的参数,即大气的浮力(g/T)、雷诺应力(τ)或摩擦速度(u_*)、显热通量(H)或摩擦温度(θ_*)来表示,如果能够将三个量统一起来,则湍流就可以用相同的形式表示。因为大气的浮力参数在通常的环境条件下没有太大的变化,所以该理论可以用运动量和显热通量来描述。在相似理论被提出的当时,还没有相应的观测手段来测试验证其理论的合理性,其后随着超声风速计的发明以及数据

采集和数据处理技术的进步,直到 20 世纪 60 年代观测工作才逐渐展开,使该理论逐步得到了广泛的实验验证,证明了它的实用性。相似理论的最大优点就是为组织和组合变量提供了一种方法,而且也对如何设计试验方案以获得更多信息提供了指导。

流体力学中的相似通常可以分为几何相似、运动相似和动力相似。探讨几何相似、运动相似和动力相似等方面的内容,甚至可包括其他物理或化学变化过程,就构成了相似理论的研究体系。概括起来,相似理论主要内容包括相似判据的存在性,由物理量方程转变为相似判据关系式的可能性以及相似的充分和必要条件三个基本定理。

相似理论是零阶闭合的,一旦相似关系被确定,不做任何湍流闭合假设就可以用来判断平均风、温度、湿度和其他变量平衡值作为高度的函数。

6.3.1　π 定理与莫宁-奥布霍夫相似理论

π 定理(π theory)和莫宁-奥布霍夫相似理论(Monin-Obukhov similarity theory)是边界层湍流研究的理论基础,它主要用来分析边界层中的外部参数对湍流扩散过程的影响。π 定理指出:当一个现象可由包含 n 个物理量的物理方程来表示时,如果这些物理量由 m 个独立的基本因次或尺度($m<n$)构成,则可得到($n-m$)个无因次参数(dimensionless parameter);同时,该现象可用这($n-m$)个无因次参数的函数形式来表示。应用 π 定理得到无因次参数的具体步骤可简述如下。

设某一物理现象由 n 个物理量 $a_1,a_2,\cdots,a_n$ 决定,写成具有一般函数的物理方程为

$$f(a_1,a_2,\cdots,a_n)=0 \tag{6.30}$$

将此方程写成指数方程的形式,并令其等于无因次数 π,即得到所谓 π 式

$$\pi=(a_1^{\beta_1},a_2^{\beta_2},\cdots,a_n^{\beta_n}) \tag{6.31}$$

式中:$\beta_1,\beta_2,\cdots,\beta_n$ 是待定的无因次常数。

另一方面,从这 n 个物理量中选择 m 个基本因次,设为 $b_1,b_2,\cdots,b_m$,在物理学中常以质量 m,长度 L 和时间 t 作为基本因次。写出各个物理量的因次表达式为

$$\begin{bmatrix} a_1 \\ a_2 \\ \vdots \\ a_n \end{bmatrix}=\begin{bmatrix} b_1^{x_1} & b_2^{y_1} & \cdots & b_m^{z_1} \\ b_1^{x_2} & b_2^{y_2} & \cdots & b_m^{z_2} \\ \vdots & \vdots & & \vdots \\ b_1^{x_n} & b_2^{y_n} & \cdots & b_m^{z_n} \end{bmatrix} \tag{6.32}$$

把上述关系式代入 π 式(6.31)得

$$\begin{aligned}[\pi]=&[b_1^{\beta_1 x_1}][b_2^{\beta_1 y_1}\cdots b_m^{\beta_1 z_1}][b_1^{\beta_2 x_2}]\cdot \\ &[b_2^{\beta_2 y_2}\cdots b_m^{\beta_2 z_2}]\cdots[b_1^{\beta_n x_n}][b_2^{\beta_n y_n}\cdots b_m^{\beta_n z_n}]\end{aligned} \tag{6.33}$$

根据方程两边因次的一致性(因次和谐原理或因次齐次性原理),对基本因次 b_i 有

$$\begin{aligned} &\beta_1 x_1+\beta_2 x_2+\cdots+\beta_n x_n=0 \\ &\beta_1 y_1+\beta_2 y_2+\cdots+\beta_n y_n=0 \\ &\cdots\cdots\cdots\cdots \\ &\beta_1 z_1+\beta_2 z_2+\cdots+\beta_n z_n=0 \end{aligned} \tag{6.34}$$

此方程组用来决定 $\beta_1,\beta_2,\cdots,\beta_n$,因为未知数有 n 个,而方程只有 m 个,所以是不定方程组。如果令其中任意($n-m$)个 β_i 有($n-m$)组不同的数值,则由方程组可得($n-m$)个独立的 π_i,这时该物理现象可由($n-m$)个无因次参数 π 的函数形式来表示,即

$$F(\pi_1,\pi_2,\cdots,\pi_{n-m})=0 \tag{6.35}$$

这正是最终需要寻求的结果。以下以近地层"湍流输送"这一物理现象为例,用 π 定理讨论其中重要的无因次参数的表达形式。一般认为,在中性层结条件下,近地层风速随高度分布可表达为

$$\frac{\partial \bar{u}}{\partial z}=\frac{u_*}{\kappa z} \tag{6.36}$$

这时的可变参数仅有 z 以及外部参数 u_*。但对于一般非中性层结条件,浮力的影响往往不能忽略。因此包含重力和浮力影响的"近地层湍流输送"的物理现象一般还包括下列的外部参数:湍流热通量系数 $H/(\rho c_p)$,其中 H 为显热通量;湍流水汽通量系数 E/ρ(E 为水汽通量)和浮力系数 g/θ_0,θ_0 为平均温度的特征值,g 为重力加速度。连同参数 u_* 共有 4 个外部参数。换言之,近地层的湍流输送问题由这四个外部参数唯一确定。以下的问题是如何利用 π 定理对各个参数的影响作进一步的讨论。

由上述四个外部参数可以构成下面 4 个尺度,即长度尺度 L,速度尺度 V_*,温度尺度 θ_* 和湿度尺度 q_*,它们分别为

$$\begin{aligned} &L=-\frac{u_*^3}{\kappa\left(\dfrac{g}{\theta_0}\right)\left(\dfrac{H}{c_p\rho}\right)}, \quad V_*=\frac{u_*}{\kappa} \\ &\theta_*=-\frac{1}{\kappa u_*}\frac{H}{c_p\rho}, \quad q_*=\frac{1}{\kappa u_*}\frac{E}{\rho} \end{aligned} \tag{6.37}$$

其中,常数因子 κ 是为了运算方便而添加的;L 通常称为莫宁-奥布霍夫长度,它是湍流问题研究中的一个特征长度尺度。由其表达式可见,它主要受层结稳定度的影响。对于稳定层结,$\partial\theta/\partial z>0$,湍流热通量向下,$H<0$,所以 $L>0$;在不稳定层结条件下,$\partial\theta/\partial z<0$,湍流热通量向上,$H>0$,有 $L<0$;中性层结条件下,$\partial\theta/\partial z=0$,$H\to0$,$L\to\infty$。当热通量以脉动量$\overline{w'\theta'}$的形式表达时,莫宁-奥布霍夫长度有以下的形式:

$$L=\frac{\theta_0 u_*^3}{\kappa g\,\overline{w'\theta'}} \tag{6.38}$$

在现有条件下,物理量一共是 5 个,即 4 个外部参数加微分自变量 z,而基本因子是 L、V_*、θ_* 和 q_*,因此依据 π 定理有

$$\pi=z^{\beta_1}u_*^{\beta_2}\left(\frac{H}{c_p\rho}\right)^{\beta_3}\left(\frac{E}{\rho}\right)^{\beta_4}\left(\frac{g}{\theta_0}\right)^{\beta_5} \tag{6.39}$$

式中:$\beta_1,\beta_2,\cdots,\beta_5$ 为无因次常数,根据基本因次的定义,写出各个物理量的基本因次表达式为

$$[z]=[L],[u_*]=[V_*],[H/c_p\rho]=[V_*\theta_*],$$
$$[E/\rho]=[V_*q_*],[g/\theta_0]=[V_*^2/L\theta_*] \tag{6.40}$$

这里用$[A]$表示 A 的因次。把它们代入 π 式中,并列出 π 的因次表达式为

$$[\pi]=[L]^{\beta_1}[V_*]^{\beta_2}[V_*\theta_*]^{\beta_3}[V_*q_*]^{\beta_4}[V_*^2/L\theta_*]^{\beta_5} \tag{6.41}$$

根据因次和谐原理得

$$\begin{aligned}\beta_1-\beta_5&=0\\ \beta_2+\beta_3+\beta_4+2\beta_5&=0\\ \beta_3-\beta_5&=0\\ \beta_4&=0\end{aligned} \tag{6.42}$$

给定其中一个未知数(例如,令 $\beta_1=1$),就可得到一组解

$$\beta_1=1,\beta_2=-3,\beta_3=1,\beta_4=0,\beta_5=1 \tag{6.43}$$

将这一组解代入 π 式就可得到

$$\pi=zu_*^{-3}\frac{H}{\rho c_p}\frac{g}{\theta_0} \tag{6.44}$$

用 L、θ_*、u_* 代替 $H/\rho c_p$、g/θ_0,得 $\pi=z/L$。可以验证,对于某一固定参数给不同的值,如令 $\beta_1=2$,则得出的 π 式是一样的。如此,近地层中各种物理量的垂直梯度均可用无因次量 z/L 的函数形式表示,如

$$\frac{\kappa z}{u_*}\frac{\partial\bar{u}}{\partial z}=\Phi_m\left(\frac{z}{L}\right) \tag{6.45}$$

$$\frac{\kappa z}{\theta_*}\frac{\partial\bar{\theta}}{\partial z}=\Phi_h\left(\frac{z}{L}\right) \tag{6.46}$$

$$\frac{\kappa z}{q_*}\frac{\partial\bar{q}}{\partial z}=\Phi_w\left(\frac{z}{L}\right) \tag{6.47}$$

在上述各式中,κ 为常数。上述各式说明,在引进含有莫宁-奥布霍夫长度的无因次参数 z/L 后,近地层中各种湍流输送过程转化为十分一致的形式,所不同的是各种函数的表达式可能不同。显然,在上述函数表达式已知时,湍流输送问题就解决了。但遗憾的是,迄今为止,尚无人从理论上推得 Φ 函数的表达式,而一般都是根据实验观测值用统计学方法确定。一般认为,在中性条件下 $\Phi_m(z/L)=\Phi_h(z/L)=\Phi_w(z/L)=1$,这是最简单的情形。但边界层呈现完全中性的情形很少,在强风或阴天时,边界层近似中性层结(Stull,1988)。非中性层结条件下,Φ 函数的表达式比较复杂,不同作者得出的结果也不尽相同,这主要是由于实验条件、时间、地点不同所造成的。Businger 等(1971)应用美国空军剑桥研究室在堪萨斯州的观测资料作了比较全面的讨论,得出的结果被边界层研究工作者们广泛引用。在层结稳定的条件下,即 $z/L>0$ 时,Φ 函数最合适的表达式为

$$\Phi_m=1+4.7(z/L) \tag{6.48}$$

$$\Phi_h=\Phi_w=0.74+4.7(z/L) \tag{6.49}$$

而在不稳定条件下,即 $z/L<0$ 时,则有

$$\Phi_m=[1-15(z/L)]^{-0.25} \tag{6.50}$$

$$\Phi_h=\Phi_w=0.74[1-9(z/L)]^{-0.5} \tag{6.51}$$

式中:Φ_m,Φ_h,Φ_w 分别表示与动量、热量和水汽通量相应的稳定度函数。$\Phi_h=\Phi_w$ 的假设在边界层中常被采用。与水汽一样,大气环境研究中各种污染物质的稳定度函数也取用与 Φ_h 相同的数值(王汉杰和王信理,1999)。

对式(6.45)和式(6.46)积分可给出下列风速和温度廓线的显式表达式,令 $\zeta=z/L$,当 $\zeta<0$ 时,有

$$\begin{aligned}\frac{\bar{u}}{u_*}&=\frac{1}{\kappa}\left(\ln\frac{z}{z_0}-\psi_1\right)\\ \frac{\bar{\theta}-\theta_0}{\theta_*}&=\frac{0.74}{\kappa}\left(\ln\frac{z}{z_0}-\psi_2\right)\end{aligned} \tag{6.52}$$

式中：

$$\psi_1=2\ln[(1+x)/2]+\ln[(1+x^2)/2]-2\arctan(x+\pi/2) \tag{6.53}$$

$$x=(1-15\zeta)^{0.25}=\Phi_m^{-1} \tag{6.54}$$

$$\psi_2=\ln[(1+y)/2] \tag{6.55}$$

$$y=(1-9\zeta)^{0.5}=0.74\Phi_h^{-1} \tag{6.56}$$

当 $\zeta>0$ 时，有

$$\begin{aligned}\frac{\bar{u}}{u_*}&=\frac{1}{\kappa}\left(\ln\frac{z}{z_0}+4.7\zeta\right)\\ \frac{\bar{\theta}-\theta_0}{\theta_*}&=\frac{0.74}{\kappa}\ln\frac{z}{z_0}+4.7\zeta\end{aligned} \tag{6.57}$$

式中：θ_0 是在 $z=0$ 处的位温，但不一定是实际地表温度。这些方程示出，非绝热廓线取决于两个高度尺度，即下垫面粗糙度 z_0 和莫宁-奥布霍夫长度 L。在大多数情况下，$z>z_0$，仅考虑梯度时，如式(6.48)~式(6.51)，无法体现 z_0 的作用，但在积分形式中，z_0 的作用不能忽略。当风速或温度的廓线已知时，式(6.52)和式(6.57)可用来计算通量值。用最小二乘法把平均风速或温度的平滑廓线与式(6.52)或式(6.57)拟合，即可得到 u_*，θ_* 和 z_0，然后可得到 L。从 $H=-\rho c_p u_* \theta_*$ 可以得到显热通量，从 $\tau=\rho u_*^2$ 可得到动量通量。

6.3.2　湍流的半经验理论

湍流半经验理论以一些假设和试验结果为依据，在湍流应力和平均速度之间建立关系式，使方程组闭合。其中用得最多的是一阶闭合。一阶闭合又称为 K 理论或混合长理论。认为湍流应力是由脉动引起的，它类似于分子微观运动引起黏性应力的情况，因此自然会联想到仿照建立分子黏性力和速度梯度之间关系的方法来研究湍流中雷诺应力和平均速度之间的关系。

(1) 普朗特湍流动量输送理论

在湍流理论中，至今还没有找到可用于描述湍流应力和平均速度分布间相互关系的可解方程组。最早由包辛涅斯克模仿分子黏性系数的提出，引进了“涡动黏性系数”(或称湍流黏性系数，turbulent viscous coefficient)，将湍流应力和平均速度联系起来，写成

$$p'_{xz}=A_\tau\frac{\partial\bar{u}}{\partial z}\text{或 }p'_{xz}=\rho K\frac{\partial\bar{u}}{\partial z} \tag{6.58}$$

A_τ 称作湍流黏性(或摩擦)系数。K 与 υ 很相似称为湍流交换系数，对于被交换的特性不同，K 又有不同称呼。但 A_τ(或 K)的值与 μ(或 υ)不同，它不是介质的特征量，而是随着平均速度和几何尺度而改变。

此外，同一种流体分子黏性系数的数值是相对稳定的，但湍流黏性系数的数值很不稳定，随时间、空间而有很大的变化，甚至发生几个量级的改变。

引进涡动黏性系数 A_τ 或 K 以后，方程组包含的未知量就会大大减少，现在的问题是必须详细探讨 A_τ 和 K 的变化规律。

普朗特假定湍涡在湍流交换中所携带的物理属性具有：① 保守性：物理属性在湍涡没有与周围空气混合之前的移动过程中，不增加也不减少；② 守恒性：两层空气进行混合时，其中一层失去的物理属性量等于另一层获得的物理属性量，即总量不变；③ 被动性：湍涡所携带的物理属性的大小及其分布与湍涡的运动无关，或无重大影响。

尽管实际大气中物理属性并不严格具备以上 3 个属性，但在讨论湍流扩散的基本概念时，它仍有一定的实际意义。这种湍流运动的结果引起不同物质从高浓度区向低浓度区输送，最终导致非均匀分布的均匀化。根据这一假定，普朗特在湍流运动中引入了混合长 l，即湍涡在两次碰撞之间的平均最大运动距离。根据混合长理论，

$$K=l^2\frac{\partial u}{\partial z} \tag{6.59}$$

混合长是能够表示任何高度上湍流混合的局部强度的一个唯一的长度，与所在流场中的地点无关。l 可能是地点、平均速度等的函数，与离地的高度成正比，则 K 在近地层也与高度成正比。这就是普朗特混合长(Prandtl mixing length)的假说。

在式(6.58)和式(6.59)中，动量、热量和水汽量通量均用二阶脉动相关量表示。那么如何确定这些二阶脉动相关量呢？在黏性流体中，黏性应力是由分子的动量输送引起的，而在湍流运动中，湍流摩擦应力则是由于涡旋的动量输送引起的，这些涡旋是由许多分子所组成的。输送动量的涡旋和分子之间虽然有很大的差异，但其物理过程却有某些相似之处。普朗特(L.Prandtl)混合长理论正是在这种湍流交换和分子交换之间具有某些相似性的基础上发展

起来的，是一种“间断混合”模式，其基本假设是：① 在充满湍流场的某一空间内，有许多离散的空气质点——涡旋不断地从基本流场中分离出来。它们从很不相同的距离上汇集到某一指定的观测点。具有不同物理属性的涡旋在这一点上的连续置换引起了这个点上相应量的脉动变化。② 在涡旋产生的位置上，它的物理属性等于周围介质中相应量的平均值。③ 涡旋的运动在整个路程上是准静力平衡的($P=\bar{P}$)，它与周围介质没有混合。在路程的终点，这些涡旋突然完全混合，物理属性在混合时总量不变。

这种运动的结果引起不同物质从高浓度区向低浓度区输送，最终导致非均匀分布属性的变化。根据上述混合长模式可以导出各种属性湍流通量的公式。这里仅讨论物理属性的平均值在水平方向分布均匀，只存在平均值的垂直梯度的情况。

设涡旋从 $z-l$ 处移到 z 处，并同周围的空气发生混合，在 z 处引起物理属性 σ 的脉动。根据假设条件①和②，有

$$\sigma'=\bar{\sigma}(z-l)-\bar{\sigma}(z) \tag{6.60}$$

将 $\bar{\sigma}(z-l)$ 在 z 处作泰勒级数展开，可得

$$\sigma'=-l\frac{\partial\bar{\sigma}}{\partial z}+\frac{1}{2}l^2\frac{\partial^2\bar{\sigma}}{\partial z^2}+\cdots \tag{6.61}$$

式中：l 表示混合长，对于向上运动的涡旋，$l>0$，对于向下运动的涡旋，$l<0$。当 l 很小时，可略去含 l 的高次项，得到

$$\sigma'\approx-l\frac{\partial\bar{\sigma}}{\partial z} \tag{6.62}$$

这样湍流应力公式可以写成

$$p'_{xz}=-\rho\overline{u'w'}=\rho\overline{|w'|l\frac{\partial\bar{u}}{\partial z}} \tag{6.63}$$

若令

$$A_\tau=\rho\overline{|w'|l}\qquad 或\ K=\overline{|w'|l} \tag{6.64}$$

则得到与式(6.58)相同的公式

$$p'_{xz}=A_\tau\frac{\partial\bar{u}}{\partial z}=\rho K\frac{\partial\bar{u}}{\partial z} \tag{6.65}$$

为了将脉动速度和平均速度联系起来，普朗特进一步假定 u' 和 w' 为同量级，即

$$u'\sim w'\sim l'\frac{\partial\bar{u}}{\partial z} \tag{6.66}$$

这个假设的合理性可以从流体的连续性来解释。为了正确表示切应力的符号，一般用混合长表示的湍流应力公式写成

$$p'_{xz}=\rho l^2\left|\frac{\partial\bar{u}}{\partial z}\right|\frac{\partial\bar{u}}{\partial z} \tag{6.67}$$

式中：$l^2=c\overline{l'^2}$。如果把 l 看成与速度无关，则式(6.67)表明，在速度改变时，由湍流混合引起的湍流应力与速度梯度的平方成正比。这个结论与实际一致。但要使用式(6.67)，还要确定 l（它没有一个普遍适用的形式）。此外，普朗特的表达式(6.67)的主要缺点在于，湍流应力只来自局部速度梯度 $\partial\bar{u}/\partial z$。实际上附近的甚至较远的流动也会影响 p'_{xz} 的大小。

(2) 卡门湍流相似理论

卡门理论和普朗特理论的主要区别在于前者采用了欧拉观点和量纲分析来研究湍流场，而后者则用的是拉格朗日观点。卡门理论给予混合长 l 以完全不同的定义，但卡门理论给出的混合长 l 与平均速度之间的关系，其结果与普朗特理论相当接近。从理论上看，卡门理论可能更完善些。

湍流场可以看作是平均流场和空间点领域的脉动场的叠加。卡门假设：① 除了贴近固体壁的流体质点以外，脉动场的结构与分子黏性无关；② 各空间点邻域内，脉动场的结构是相似的，它们只以特征尺度和特征速度来区别。且假定特征尺度 l 和特征速度 U 只与平均速度的一阶（空间）导数和二阶导数有关。

现在只讨论平行平面直线运动的情况。根据量纲分析，有

$$l\sim\frac{\partial\bar{u}/\partial z}{\partial^2\bar{u}/\partial z^2} \tag{6.68}$$

考虑到特征长度 l 是正值，而平均速度的导数可正可负，故取其绝对值，并引入比例系数 κ，则上式就成为

$$l=\kappa\frac{|\partial\bar{u}/\partial z|}{|\partial^2\bar{u}/\partial z^2|} \tag{6.69}$$

式中：κ 为无量纲常数，称卡门常数。特征速度 U 有

下列关系

$$U \sim \frac{(\partial \bar{u}/\partial z)^2}{(\partial^2 \bar{u}/\partial z^2)} \sim l\frac{\partial \bar{u}}{\partial z} \tag{6.70}$$

因为

$$|u'| \sim |w'| \sim U \tag{6.71}$$

故有

$$|p'_{xz}| = |-\rho\, \overline{w'u'}| = \rho l^2\left(\frac{\partial \bar{u}}{\partial z}\right)^2 \tag{6.72}$$

考虑到雷诺应力与速度梯度符号相同,则有

$$p'_{xz} = \rho l^2 \left|\frac{\partial \bar{u}}{\partial z}\right| \frac{\partial \bar{u}}{\partial z} \tag{6.73}$$

比较式(6.67)与式(6.73)可见,两者完全相同,故卡门从湍流相似理论出发导出了与普朗特混合长理论完全一致的结果,但卡门进一步给出了作为湍流特征长度 l(即混合长)与平均速度场之间的关系式(6.69),以式(6.69)代入式(6.72),则有

$$|p'_{xz}| = \rho\kappa^2 \frac{(\partial \bar{u}/\partial z)^4}{(\partial^2 \bar{u}/\partial z^2)^2} \tag{6.74}$$

卡门理论的结果表明,只要了解平均速度的空间分布(一阶和二阶导数),就可以完全确定雷诺应力,这是比普朗特理论优越之处。但卡门理论的基础也并不是十分坚固的,关于脉动场的相似性并无足够的依据,空间点邻域的范围,也无确切的规定。

综上所述,半经验理论的一个共同特点是脉动速度完全取决于平均速度的空间导数。在复杂的湍流流动中,雷诺应力不仅取决于局部的速度梯度,而且与整体的湍流特性有关。尽管如此,在一定条件下利用半经验理论往往能够得到与实际符合而满意的结果,所以它在工程技术、近地面的大气层和近海面的洋流平均速度的垂直分布等方面得到了广泛的应用。

6.3.3 基于 K 理论的扩散通量

湍流扩散是湍流运动的一个基本的特征现象。著名的雷诺实验最初的目的是观察染色流体在湍流中的扩散过程,结果同时发现了湍流发生和衰减的判据。湍流扩散过程最直接而明显地描述了湍流机制,而且湍流扩散在核武器、防化、大气和水域的污染等实际问题中具有广泛的应用价值。

湍流扩散与分子的扩散存在着根本差别,分子扩散的基本元是单个离散的分子,通过逐次碰撞来实现的;而湍流扩散基本元是通过大大小小的流体微团的连续输送来实现的。不仅比分子扩散强烈得多,也复杂得多。一般气体分子扩散的量级为 $1\ \text{cm}^2\cdot\text{s}^{-1}$,而湍流扩散系数的量级为 $10^3 \sim 10^8$,甚至可达 $10^{11}\ \text{cm}^2\cdot\text{s}^{-1}$。

设单位体积的流体微团含某种特性量 $s(x,y,z,t)$,如大气中的 CO_2 等,考虑到特性量守恒原理,类似于推导连续方程的方法,就可得到 $s(x,y,z,t)$ 应满足下列方程

$$\frac{\partial s}{\partial t} = -\nabla\cdot(s\boldsymbol{V}) \tag{6.75}$$

式中:$\boldsymbol{V}$ 为流点的速度矢量。将式(6.75)各变量化成平均值与脉动值之和,再对式(6.75)求平均,则有

$$\frac{\partial \bar{s}}{\partial t} + \nabla\cdot(\bar{s}\,\overline{\boldsymbol{V}}) = -\nabla\cdot(\overline{s'\boldsymbol{V}'}) \tag{6.76}$$

式(6.76)左端第二项可化为

$$\nabla\cdot(\bar{s}\,\overline{\boldsymbol{V}}) = \bar{s}\,\nabla\cdot\overline{\boldsymbol{V}} + \overline{\boldsymbol{V}}\cdot\nabla\,\bar{s} \tag{6.77}$$

当流体为不可压缩时,式(6.77)右端第一项为零,则式(6.76)化为

$$\frac{\mathrm{d}\bar{s}}{\mathrm{d}t} = -\nabla\cdot(\overline{s'\boldsymbol{V}'}) \tag{6.78}$$

式(6.78)右端可改写成三项,即

$$-\nabla\cdot(\overline{s'\boldsymbol{V}'}) = \frac{\partial}{\partial x}(-\overline{s'u'}) + \frac{\partial}{\partial y}(-\overline{s'v'}) + \frac{\partial}{\partial z}(-\overline{s'w'}) \tag{6.79}$$

湍流扩散方程实质上是湍流扩散过程中扩散物质质量守恒定律的一种形式。关于求解方程(6.78)的方法,目前普遍采用的途径是半经验理论,也有人采用泰勒的湍流统计理论和其他一些方法(如高阶闭合等)。这里只介绍最基本、最常用的 K 理论。

经典普朗特混合长理论在形式上是将湍流运动与分子运动类比,将速度场的脉动量与平均量联系起来,形成一阶闭合,该方法亦称 K 理论。K 理论用于湍流扩散,它成功地描述了大气中平坦均匀下垫面中小尺度长时间湍流扩散的平均状况。

依据 K 理论,湍流输送项可以表示为

$$-\overline{s'u'} = K_x\frac{\partial \bar{s}}{\partial x};\quad -\overline{s'v'} = K_y\frac{\partial \bar{s}}{\partial y};\quad -\overline{s'w'} = K_z\frac{\partial \bar{s}}{\partial z} \tag{6.80}$$

于是,式(6.78)可写成

$$\frac{\mathrm{d}\bar{s}}{\mathrm{d}t}=\frac{\partial}{\partial x}\left(K_x\frac{\partial\bar{s}}{\partial x}\right)+\frac{\partial}{\partial y}\left(K_y\frac{\partial\bar{s}}{\partial y}\right)+\frac{\partial}{\partial z}\left(K_z\frac{\partial\bar{s}}{\partial z}\right) \tag{6.81}$$

式(6.81)是普遍形式的湍流扩散方程,K_x、K_y、K_z 分别表示各坐标方向的湍流扩散系数或湍流交换系数。如要求得浓度 $\bar{s}$ 的时空分布规律,就需要求解上述方程,并使之适合一定的定解条件。

一般情况下,求扩散方程的解析解十分困难,因为扩散系数 K_x、K_y、K_z 是时空函数,并且其具体函数形式也比较复杂,在某些实际问题中,还没有弄清这些函数的内部机制。只有在最简单的情况下才能求解析解,这就是"菲克(Fick)扩散"问题,即假设湍流扩散系数为定常,并进一步假定:① $K_x=K_y=K_z$;② 平均速度不变;③ 坐标系随流体匀速移动,即个别变化就是局地变化。这样,式(6.81)可简写为

$$\frac{\mathrm{d}\bar{s}}{\mathrm{d}t}=K_s\ \nabla^2\bar{s} \tag{6.82}$$

在边界层中,科学工作者更关心的是垂直方向的物质、能量等通量。根据式(6.62)和式(6.64)可将动量、热量和水汽的湍流系数分别写作

$$K_m=l_u l_u\left|\frac{\partial\bar{u}}{\partial z}\right| \tag{6.83}$$

$$K_h=l_\theta l_u\left|\frac{\partial\bar{u}}{\partial z}\right| \tag{6.84}$$

$$K_w=l_q l_u\left|\frac{\partial\bar{u}}{\partial z}\right| \tag{6.85}$$

式中:l_u、l_θ 和 l_q 分别表示涡旋对于动量、热量和水汽输送的混合长。速度梯度加绝对值符号是为了保证湍流系数 K_s 恒为正值。K_s 的量纲是$\mathrm{L}^2\cdot\mathrm{T}^{-1}$。

将式(6.83)~(6.85)代入式(6.58),得到铅直方向的各种物理量通量:

动量通量

$$\tau=-\rho\ \overline{w'u'}=\rho K_m\frac{\partial\bar{u}}{\partial z} \tag{6.86}$$

显热通量

$$H=\rho c_p\ \overline{w'\theta'}=-\rho c_p K_h\frac{\partial\bar{\theta}}{\partial z} \tag{6.87}$$

水汽通量

$$E=\rho\ \overline{w'q'}=-\rho K_w\frac{\partial\bar{q}}{\partial z} \tag{6.88}$$

潜热通量

$$\lambda E=\rho\lambda\ \overline{w'q'}=-\rho\lambda K_w\frac{\partial\bar{q}}{\partial z} \tag{6.89}$$

CO_2 通量

$$F_c=\rho\ \overline{w'c'}=-\rho K_c\frac{\partial\bar{c}}{\partial z} \tag{6.90}$$

式中:ρ 为空气密度;c_p 是空气的定压比热;λ 是单位质量水汽的汽化潜热。式中横线表示对时间求平均。式(6.86)~式(6.90)中各种物理量的湍流交换系数是不同的,特别是在非中性条件下。但由于其计算上的困难,在精度要求不太高的计算中,通常假设各交换系数相等。通过直接测定风速和各种标量脉动的时间演变序列,计算它们之间的协方差,就可得到各种湍流通量(参见图 6.5)。

以上就是二阶脉动相关量与平均量的关系,显然它们是以混合长理论为基础发展起来的。尽管混合长理论有一定的缺陷,如对于小尺度的污染物扩散过程,在风的输送非常小时,K 理论的计算结果与观测事实不符;在对流边界层中出现反梯度或梯度趋于零时,K 理论的梯度廓线关系失效等,但是用该理论还是能够处理不少实际的湍流运动问题的。

6.4 湍流动能和稳定度

湍流动能(turbulent kinetic energy)是湍流强度的量度,是微气象学中最重要的变量之一。湍流动能涉及整个边界层动量、热量和水汽的输送,所以湍流动能有时也被用作湍流扩散近似的起点。湍流动能方程中的各项都是用来描述形成湍流物理过程的。有关这些方程的相对比较决定着气流维持湍流或改变湍流的能力,从而指示出气流的稳定度。

6.4.1 湍流动能收支方程

在边界层中,对于不可压缩流体,大气运动方程可以表示成式(6.91)的形式:

$$
\begin{cases}
\dfrac{\partial u}{\partial t}+u\dfrac{\partial u}{\partial x}+v\dfrac{\partial u}{\partial y}+w\dfrac{\partial u}{\partial z}=F_x-\dfrac{1}{\rho}\dfrac{\partial p}{\partial x}+\upsilon\nabla^2 u \\
\dfrac{\partial v}{\partial t}+u\dfrac{\partial v}{\partial x}+v\dfrac{\partial v}{\partial y}+w\dfrac{\partial v}{\partial z}=F_y-\dfrac{1}{\rho}\dfrac{\partial p}{\partial y}+\upsilon\nabla^2 v \\
\dfrac{\partial w}{\partial t}+u\dfrac{\partial w}{\partial x}+v\dfrac{\partial w}{\partial y}+w\dfrac{\partial w}{\partial z}=F_z-\dfrac{1}{\rho}\dfrac{\partial p}{\partial z}+\upsilon\nabla^2 w
\end{cases}
\tag{6.91}
$$

在大气中，流体微团所受到的力主要有重力、气压梯度力、湍流黏性应力（内摩擦力）、地转偏向力和摩擦力（外摩擦力）等。在近地边界层中，外摩擦力可以忽略不计。所以，在近地边界层中，大气运动方程可以写成

$$
\begin{cases}
\dfrac{\partial u}{\partial t}+u\dfrac{\partial u}{\partial x}+v\dfrac{\partial u}{\partial y}+w\dfrac{\partial u}{\partial z}=-f_c v-\dfrac{1}{\rho}\dfrac{\partial p}{\partial x}+\upsilon\nabla^2 u \\
\dfrac{\partial v}{\partial t}+u\dfrac{\partial v}{\partial x}+v\dfrac{\partial v}{\partial y}+w\dfrac{\partial v}{\partial z}=f_c u-\dfrac{1}{\rho}\dfrac{\partial p}{\partial y}+\upsilon\nabla^2 v \\
\dfrac{\partial w}{\partial t}+u\dfrac{\partial w}{\partial x}+v\dfrac{\partial w}{\partial y}+w\dfrac{\partial w}{\partial z}=-g-\dfrac{1}{\rho}\dfrac{\partial p}{\partial z}+\upsilon\nabla^2 w
\end{cases}
\tag{6.92}
$$

式中：g 为重力加速度；f_c 为科氏参数，$f_c=2\omega\sin\varphi=1.45\times10^{-4}\sin\varphi$（$\varphi$ 为纬度，$\omega=2\pi/(24\ \mathrm{h})=7.27\times10^{-5}\ \mathrm{s}^{-1}$是地球自转角速度）。

式(6.92)经常用作湍流动能收支推导的起点。如果我们把黏性系数看作常数，在式(6.92)中的第三个方程左右两端同时乘以 ρ，再应用雷诺分解方法，则可以得到

$$
(\bar{\rho}+\rho')\frac{\mathrm{d}(\bar{w}+w')}{\mathrm{d}t}=-(\bar{\rho}+\rho')g-\frac{\partial(\bar{p}+p')}{\partial z}+(\bar{\rho}+\rho')\upsilon\nabla^2(\bar{w}-+w') \tag{6.93}
$$

除以 $\bar{\rho}$，重新整理后得到

$$
\left(1+\frac{\rho'}{\bar{\rho}}\right)\frac{\mathrm{d}(\bar{w}+w')}{\mathrm{d}t}
=-\frac{\rho'}{\bar{\rho}}g-\frac{1}{\bar{\rho}}\frac{\partial p'}{\partial z}+\left(1+\frac{\rho'}{\bar{\rho}}\right)\upsilon\nabla^2(\bar{w}+w')-\frac{1}{\bar{\rho}}\left(\frac{\partial\bar{p}}{\partial z}+\bar{\rho}g\right) \tag{6.94}
$$

假设平均状态处于流体静力平衡（$\partial\bar{p}/\partial z=-\bar{\rho}g$），那么式(6.94)中方括号项等于零。在边界层中，$\rho'/\bar{\rho}$ 近似等于 3.33×10^{-3}，所以式(6.94)中的$(1+\rho'/\bar{\rho})\approx1$。但是，式(6.94)等号右边的第一项不能略去，因为乘积 $\rho' g/\bar{\rho}$ 与方程中其他项差别不大。储存项中略去密度变化，但在浮力项中保留它的过程就叫作包辛涅斯克近似。因此可以得到

$$
\frac{\mathrm{d}(\bar{w}+w')}{\mathrm{d}t}=-\frac{\rho'}{\bar{\rho}}g-\frac{1}{\bar{\rho}}\frac{\partial p'}{\partial z}+\upsilon\nabla^2(\bar{w}+w') \tag{6.95}
$$

比较原方程(6.94)和经过尺度处理后的方程(6.95)可以看出，含有 ρ 和 g 的一些项的差别。这样，不进行完全推导，而运用包辛涅斯克近似的简便算法包括3个主要步骤：① 给定原始控制方程；② 每个 ρ 处换成 $\bar{\rho}$；③ 每个 g 处换成 $\left[g-\dfrac{\theta'}{\bar{\theta}}g\right]$。

取包辛涅斯克近似，则式(6.92)可以写成

$$
\begin{cases}
\dfrac{\partial u}{\partial t}+u\dfrac{\partial u}{\partial x}+v\dfrac{\partial u}{\partial y}+w\dfrac{\partial u}{\partial z}=-f_c v-\dfrac{1}{\bar{\rho}}\dfrac{\partial p}{\partial x}+\upsilon\nabla^2 u \\
\dfrac{\partial v}{\partial t}+u\dfrac{\partial v}{\partial x}+v\dfrac{\partial v}{\partial y}+w\dfrac{\partial v}{\partial z}=f_c u-\dfrac{1}{\bar{\rho}}\dfrac{\partial p}{\partial y}+\upsilon\nabla^2 v \\
\dfrac{\partial w}{\partial t}+u\dfrac{\partial w}{\partial x}+v\dfrac{\partial w}{\partial y}+w\dfrac{\partial w}{\partial z}=-\left(g-\dfrac{\theta'}{\bar{\theta}}g\right)-\dfrac{1}{\bar{\rho}}\dfrac{\partial p}{\partial z}+\upsilon\nabla^2 w
\end{cases}
\tag{6.96}
$$

应用雷诺分解方法，从运动方程中减去它们的平均值的公式，得到湍流的脉动方程为

$$
\begin{cases}
\dfrac{\partial u'}{\partial t}+\bar{\boldsymbol{V}}\cdot\nabla u'+\boldsymbol{V}'\cdot\nabla\bar{u}+\boldsymbol{V}'\cdot\nabla u'=-f_c v'-\dfrac{1}{\bar{\rho}}\dfrac{\partial p'}{\partial x}+ \\
\upsilon\nabla^2 u'+\dfrac{\partial(\overline{u'u'})}{\partial x}+\dfrac{\partial(\overline{u'v'})}{\partial y}+\dfrac{\partial(\overline{u'w'})}{\partial z} \\
\dfrac{\partial v'}{\partial t}+\bar{\boldsymbol{V}}\cdot\nabla v'+\boldsymbol{V}'\cdot\nabla\bar{v}+\boldsymbol{V}'\cdot\nabla v'=f_c u'-\dfrac{1}{\bar{\rho}}\dfrac{\partial p'}{\partial y}+ \\
\upsilon\nabla^2 v'+\dfrac{\partial(\overline{v'u'})}{\partial x}+\dfrac{\partial(\overline{v'v'})}{\partial y}+\dfrac{\partial(\overline{v'w'})}{\partial z} \\
\dfrac{\partial w'}{\partial t}+\bar{\boldsymbol{V}}\cdot\nabla w'+\boldsymbol{V}'\cdot\nabla\bar{w}+\boldsymbol{V}'\cdot\nabla w'=\dfrac{\theta'}{\bar{\theta}}g-\dfrac{1}{\bar{\rho}}\dfrac{\partial p'}{\partial z}+ \\
\upsilon\nabla^2 w'+\dfrac{\partial(\overline{w'u'})}{\partial x}+\dfrac{\partial(\overline{w'v'})}{\partial y}+\dfrac{\partial(\overline{w'w'})}{\partial z}
\end{cases}
\tag{6.97}
$$

将式(6.97)的三个方程左右两端分别同时乘以 $2u'$、$2v'$、$2w'$，可得

$$
\left\{
\begin{aligned}
&\frac{\partial u'^2}{\partial t}+\overline{\boldsymbol{V}}\cdot\nabla u'^2+2u'\boldsymbol{V}'\cdot\nabla\bar{u}+\boldsymbol{V}'\cdot\nabla u'^2\\
&=-2u'f_c v'-2\left(\frac{u'}{\bar{\rho}}\right)\frac{\partial p'}{\partial x}+2\upsilon u'\nabla^2 u'+\\
&\quad 2u'\left(\frac{\partial(\overline{u'u'})}{\partial x}+\frac{\partial(\overline{u'v'})}{\partial y}+\frac{\partial(\overline{u'w'})}{\partial z}\right)\\
&\frac{\partial v'^2}{\partial t}+\overline{\boldsymbol{V}}\cdot\nabla v'^2+2v'\boldsymbol{V}'\cdot\nabla\bar{v}+\boldsymbol{V}'\cdot\nabla v'^2\\
&=2v'f_c u'-2\left(\frac{v'}{\bar{\rho}}\right)\frac{\partial p'}{\partial y}+2\upsilon v'\nabla^2 v'+\\
&\quad 2v'\left(\frac{\partial(\overline{v'u'})}{\partial x}+\frac{\partial(\overline{v'v'})}{\partial y}+\frac{\partial(\overline{v'w'})}{\partial z}\right)\\
&\frac{\partial w'^2}{\partial t}+\overline{\boldsymbol{V}}\cdot\nabla w'^2+2w'\boldsymbol{V}'\cdot\nabla\bar{w}+\boldsymbol{V}'\cdot\nabla w'^2\\
&=2w'\frac{\theta'}{\bar{\theta}}g-2\left(\frac{w'}{\bar{\rho}}\right)\frac{\partial p'}{\partial z}+2\upsilon w'\nabla^2 w'+\\
&\quad 2w'\left(\frac{\partial(\overline{w'u'})}{\partial x}+\frac{\partial(\overline{w'v'})}{\partial y}+\frac{\partial(\overline{w'w'})}{\partial z}\right)
\end{aligned}
\right.
\tag{6.98}
$$

应用雷诺平均规则求式(6.98)的平均:

$$
\left\{
\begin{aligned}
&\frac{\partial\overline{u'^2}}{\partial t}+\overline{\overline{\boldsymbol{V}}\cdot\nabla u'^2}+\overline{2u'\boldsymbol{V}'\cdot\nabla\bar{u}}+\overline{\boldsymbol{V}'\cdot\nabla u'^2}\\
&=\overline{-2u'f_c v'}-2\overline{\left(\frac{u'}{\bar{\rho}}\right)\frac{\partial p'}{\partial x}}+\overline{2\upsilon u'\nabla^2 u'}+\\
&\quad \overline{2u'\left(\frac{\partial(\overline{u'u'})}{\partial x}+\frac{\partial(\overline{u'v'})}{\partial y}+\frac{\partial(\overline{u'w'})}{\partial z}\right)}\\
&\frac{\partial\overline{v'^2}}{\partial t}+\overline{\overline{\boldsymbol{V}}\cdot\nabla v'^2}+\overline{2v'\boldsymbol{V}'\cdot\nabla\bar{v}}+\overline{\boldsymbol{V}'\cdot\nabla v'^2}\\
&=\overline{2v'f_c u'}-2\overline{\left(\frac{v'}{\bar{\rho}}\right)\frac{\partial p'}{\partial y}}+\overline{2\upsilon v'\nabla^2 v'}+\\
&\quad \overline{2v'\left(\frac{\partial(\overline{v'u'})}{\partial x}+\frac{\partial(\overline{v'v'})}{\partial y}+\frac{\partial(\overline{v'w'})}{\partial z}\right)}\\
&\frac{\partial\overline{w'^2}}{\partial t}+\overline{\overline{\boldsymbol{V}}\cdot\nabla w'^2}+\overline{2w'\boldsymbol{V}'\cdot\nabla\bar{w}}+\overline{\boldsymbol{V}'\cdot\nabla w'^2}\\
&=\overline{2w'\frac{\theta'}{\bar{\theta}}g}-2\overline{\left(\frac{w'}{\bar{\rho}}\right)\frac{\partial p'}{\partial z}}+\overline{2\upsilon w'\nabla^2 w'}+\\
&\quad \overline{2w'\left(\frac{\partial(\overline{w'u'})}{\partial x}+\frac{\partial(\overline{w'v'})}{\partial y}+\frac{\partial(\overline{w'w'})}{\partial z}\right)}
\end{aligned}
\right.
\tag{6.99}
$$

因为$\overline{u'}=\overline{v'}=\overline{w'}=0$,所以式(6.99)中最后一项等于零。如果把湍流连续方程(5.79)乘以$\boldsymbol{V}'^2$,求雷诺平均,得到$\overline{u_i'^2\ \nabla\cdot\boldsymbol{V}'}=0$,($i=1,2,3,u_1=u,u_2=v,u_3=w$),将其加到上述方程上,使等号前的最后一项写成通量形式,得到

$$
\left\{
\begin{aligned}
&\frac{\partial\overline{u'^2}}{\partial t}+\overline{\overline{\boldsymbol{V}}\cdot\nabla u'^2}+\overline{2u'\boldsymbol{V}'\cdot\nabla\bar{u}}+\overline{\nabla\cdot(u'^2\boldsymbol{V}')}\\
&=\overline{-2u'f_c v'}-2\overline{\left(\frac{u'}{\bar{\rho}}\right)\frac{\partial p'}{\partial x}}+\overline{2\upsilon u'\nabla^2 u'}\\
&\frac{\partial\overline{v'^2}}{\partial t}+\overline{\overline{\boldsymbol{V}}\cdot\nabla v'^2}+\overline{2v'\boldsymbol{V}'\cdot\nabla\bar{v}}+\overline{\nabla\cdot(v'^2\boldsymbol{V}')}\\
&=\overline{2v'f_c u'}-2\overline{\left(\frac{v'}{\bar{\rho}}\right)\frac{\partial p'}{\partial y}}+\overline{2\upsilon v'\nabla^2 v'}\\
&\frac{\partial\overline{w'^2}}{\partial t}+\overline{\overline{\boldsymbol{V}}\cdot\nabla w'^2}+\overline{2w'\boldsymbol{V}'\cdot\nabla\bar{w}}+\overline{\nabla\cdot(w'^2\boldsymbol{V}')}\\
&=\overline{2w'\frac{\theta'}{\bar{\theta}}g}-2\overline{\left(\frac{w'}{\bar{\rho}}\right)\frac{\partial p'}{\partial z}}+\overline{2\upsilon w'\nabla^2 w'}
\end{aligned}
\right.
\tag{6.100}
$$

式(6.100)为风速方差预报方程的一般形式,在将其用于边界层时,可以采用下面的近似方法。

(1)耗散项

$$
\overline{2\upsilon u_i'\ \nabla^2 u_i'}=\upsilon\ \nabla^2(\overline{u_i'^2})-\overline{2\upsilon(\nabla u_i')^2}\approx-\overline{2\upsilon(\nabla u_i')^2}
$$

$$
(i=1,2,3;u_1=u,u_2=v,u_3=w)\tag{6.101}
$$

定义耗散率ε为

$$
\varepsilon=\upsilon\overline{(\nabla u_i')^2}\tag{6.102}
$$

很显然,因为这一项是平方值,所以它总是正的。故耗散项总是引起方差减少,也就是说它总是一个损失项。对于单位质量流体来说,方差的一半即为其动能,因此,此项总是使湍流的动能减少,并不可逆转地转化为热量。

(2)气压扰动

$$
\begin{aligned}
-2\overline{\left(\frac{u_i'}{\bar{\rho}}\right)\frac{\partial p'}{\partial x_i}}&=-\left(\frac{2}{\bar{\rho}}\right)\frac{\partial(\overline{u_i'p'})}{\partial x_i}+2\overline{\left(\frac{p'}{\bar{\rho}}\right)\left(\frac{\partial u_i'}{\partial x_i}\right)}\\
&\approx-\left(\frac{2}{\bar{\rho}}\right)\frac{\partial(\overline{u_i'p'})}{\partial x_i}
\end{aligned}
$$

$(i=1,2,3;u_1=u,u_2=v,u_3=w,x_1=x,x_2=y,x_3=z)$

(6.103)

(3) 科氏项

对速度方差来说,科氏项恒等于零。从物理角度来将,这意味着科氏项不能产生湍流动能。科氏项只能把能量从一个水平方向上再分配到另一个水平方向上。

根据上述的简化,将式(6.100)的三个方程求和再除以 2,得

$$\frac{\partial \bar{e}}{\partial t}+\bar{\boldsymbol{V}}\cdot\nabla\ \bar{e}$$

$$=\frac{g}{\bar{\theta}}(\overline{\theta' w'})-(\overline{u'\boldsymbol{V}'\cdot\nabla\ \bar{u}}+\overline{v'\boldsymbol{V}'\cdot\nabla\ \bar{v}}+\overline{w'\boldsymbol{V}'\cdot\nabla\ \bar{w}})-$$

$$\nabla\cdot(e\boldsymbol{V}')-\frac{1}{\bar{\rho}}V'\cdot\nabla\ p'-\varepsilon \tag{6.104}$$

$$e=\frac{1}{2}(u'^2+v'^2+w'^2) \tag{6.105}$$

式中:e 为湍流的动能。式(6.104)即为湍流动能的收支方程。

在式(6.104)的湍流动能收支方程中,左端第一项表示湍流动能的储存项;左端第二项表示湍流动能的平流项;右端第一项是浮力产生或消耗项,这一项要看热通量$(\overline{\theta' \boldsymbol{V}'})$是正还是负才能确定是产生项还是消耗项;右端第二项是机械或切变的产生或损失项;右端第三项表示动能的湍流输送;右端第四项是描述湍流动能被气压扰动再分配的气压相关项,它往往与空气中的震荡(浮力波或重力波)有关;右端第五项为湍流动能的黏滞耗散,即湍流动能转化为热。

如果选择与平均风一致的坐标系,并假设在水平均匀,可以忽略下沉的条件下,那么式(6.104)的特殊形式可以写成

$$\frac{\partial \bar{e}}{\partial t}=\frac{g}{\bar{\theta}}(\overline{\theta' w'})-\overline{u'w'}\frac{\partial u}{\partial z}-\frac{\partial(\overline{w'e})}{\partial z}-\frac{1}{\bar{\rho}}\frac{\partial(\overline{w'\rho'})}{\partial z}-\varepsilon \tag{6.106}$$

6.4.2　稳定度的概念

如大气处于稳定状态,不稳定气流会将其变为湍流,稳定气流会维持其稳定状态;如大气为不稳定状态,稳定气流会将其变为片流,不稳定气流会维持其不稳定状态。有许多因子能使片流变成湍流,而另有许多因子往往导致气流稳定。如果所有不稳定因子的净效应超过稳定因子的净效应,那么将会产生湍流。在许多情况下,这些因子可以被理解为湍流动能收支方程中的项。为了使问题简化,研究工作者用一个不稳定因子和一个稳定因子相配合,把这两个因子写成无量纲之比。这些比的例子有雷诺数、理查孙数、罗斯贝数、弗芬德数和瑞利数,而其他一些稳定度参数,如静力稳定度就不是用无量纲形式来表示的。

静力稳定度是浮力对流的一个量度。“静力”这个词指的是“没有运动”,因此它不取决于风。当密度较小的空气(暖的或湿的)位于密度较大的空气下面时,大气就处于静力不稳定状态。作为对这个不稳定的反映,气流产生了热泡之类的对流环流,致使密度小的空气可以上升到不稳定层顶部,从而使流体稳定。热泡也需要某些触发机制才能得以产生。在实际边界层中,存在着许多触发机制(小山、建筑物、树木等,或对平均气流的其他扰动),以致只要有静力不稳定,就能保证对流发生。

“动力”这个词是对运动而言的。因此,动力稳定度部分地取决于风。即使空气是静力稳定的,动力上风切变也能产生湍流。Thorpe 和 Woods 将密度大的流体置于密度小的流体下面,并在两层之间具有一定的速度切变,对稳定层结和大气切变进行了模拟实验。结果发现,在这个静力稳定的流体中,同样发生了湍流。当取消速度切变时,流体又逐渐地归于平静。

对于静力和动力这两种不稳定,以及其他许多这方面的不稳定来说,值得注意的是,在某种意义上,流体起着破坏不稳定状态的作用,湍流就是一种力图破坏不稳定状态机制的流体流动。在静力不稳定情况下,对流使更多的密度低的流体向上移动,从而能使系统稳定下来。对动力不稳定而言,湍流会使风切变减弱,从而也能使系统稳定下来。

综上所述,湍流起着消灭自身的作用,不稳定系统稳定之后,湍流就趋于消失。由于边界层中有长期湍流观测结果,推测必定有外力使边界层长期不稳定是合乎逻辑的。在静力不稳定情况下,太阳对地面的加热作用就是这种外力。在动力不稳定的情况下,天气尺度系统所产生的气压梯度,形成风以克服湍流的耗散作用。通过湍流动能方程中切变产生项和浮力耗散项有关量值的比较,我们有希望估计

出气流在什么时候可能变成动力不稳定。下面描述的理查孙数正是一种可以用来判断气流是否为动力稳定的指标。

6.4.3 理查孙数

(1) 通量理查孙数(flux Richardson number)

在静力稳定环境中,湍流垂直运动起着反抗重力的恢复力的作用,这样,浮力就有助于抑制湍流的发展,而风切变则有助于产生机械湍流。在这种情况下,湍流动能收支方程中浮力产生项是负的;而机械产生项则是正的。虽然湍流动能收支方程中的其他项也很重要,但是通过方程(6.104)中右端第一项与第二项之比,可以在物理上做出简化而又有效的近似,这被称为通量理查孙数 R_f,可以用下式表示:

$$R_f=\frac{\left(\frac{g}{\bar{\theta}}\right)(\overline{w'\theta'})}{\overline{u'\boldsymbol{V}'\cdot\nabla\bar{u}}+\overline{v'\boldsymbol{V}'\cdot\nabla\bar{v}}+\overline{w'\boldsymbol{V}'\cdot\nabla\bar{w}}} \tag{6.107}$$

式(6.107)中的负号因习惯而被忽略了。理查孙数是无量纲数,分母由9项组成。如果假设水平均匀,并略去下沉,那么方程(6.107)可以简化为通量理查孙数更通用的形式

$$R_f=\frac{\frac{g}{\theta_0}\overline{w'\theta'}}{\overline{u'w'}\frac{\partial\bar{u}}{\partial z}+\overline{v'w'}\frac{\partial\bar{v}}{\partial z}} \tag{6.108}$$

对于静力不稳定气流来说,R_f 通常是负(分母通常是负)。对于中性气流来说,R_f 等于零;对于静力稳定气流来说,R_f 是正。

理查孙提出,$R_f=1$ 是个临界值,因为机械产生率平衡了湍流动能的浮力耗散。对 $R_f<1$ 的任何值,静力稳定度其强度不足以阻止湍流的机械产生。对 R_f 为负值来说,分子项甚至也有助于产生湍流。根据 R_f 的数值判定空气流动形式的标准为当 $R_f<1$ 时,气流是湍流(动力不稳定);当 $R_f>1$ 时,气流变成片流(动力稳定)。根据定义,认为静力不稳定气流总是动力不稳定的。

(2) 梯度理查孙数(gradient Richardson number)

在利用 R_f 时产生了一个特殊的问题,也就是说要是没有湍流,我们也能算出 R_f 值,因为这个值含有包括像$\overline{w'\theta'}$那样的湍流相关因子。换句话说,我们可以用 R_f 来确定湍流是否能变成片流,但无法确定片流是否能变成湍流。

利用第6.3节的论证,根据K理论,假设湍流相关值$\overline{w'\theta'}$与递减率$\partial\bar{\theta}/\partial z$成正比,$\overline{u'w'}$与递减率$\partial\bar{u}/\partial z$成正比,$\overline{v'w'}$与递减率$\partial\bar{v}/\partial z$成正比,并将其代入式(6.108)中,得到一个叫作梯度理查孙数的新比值为

$$R_i=\frac{\frac{g}{\theta_0}\frac{\partial\bar{\theta}}{\partial z}}{\left(\frac{\partial\bar{u}}{\partial z}\right)^2+\left(\frac{\partial\bar{v}}{\partial z}\right)^2} \tag{6.109}$$

当研究者谈到"理查孙数"而不具体指哪一个理查孙数时,他们通常是指梯度理查孙数。决定湍流大小的理查孙数可以理解为是由位温和风速的梯度决定的,如果位温和风速近似地符合对数法则,R_i 大致与高度 z 成正比。

理论和实验室研究指出,当 R_i 小于临界理查孙数 R_c 时,片流不稳定导致湍流开始,另一个理查孙数 R_T 是指示湍流终止时的临界理查孙数。对动力稳定判据可作如下说明:

- 当 $R_i<R_c$ 时,片流变成湍流;
- 当 $R_i>R_T$ 时,湍流变成片流。

尽管目前对 R_c 和 R_T 的精确值还存在争议,但 $R_c=0.21\sim0.25$,$R_T=1.0$ 已被广泛采用。因为 $R_T>R_c$,于是,就出现了滞后的问题。

(3) 总体理查孙数(total Richardson number)

根据风切变和温度梯度局部测量结果,理论研究得到的 $R_c\approx0.25$。气象学家很难知道真实的局地梯度,但利用在一系列不连续高度间隔进行观测的结果,便能近似表征其梯度值。如果我们分别用$\Delta\bar{\theta}/\Delta z$去近似$\partial\bar{\theta}/\partial z$,$\Delta\bar{u}/\Delta z$去近似$\partial\bar{u}/\partial z$,$\Delta\bar{v}/\Delta z$去近似$\partial\bar{v}/\partial z$,那么就能确定一个叫作总体理查孙数 R_B 的新比值:

$$R_B=\frac{g\Delta\bar{\theta}\Delta z}{\theta_0[(\Delta\bar{u})^2+(\Delta\bar{v})^2]} \tag{6.110}$$

气象学中经常使用的正是这个理查孙数形式,因为无线电探空资料和数值天气预报就可以提供空间不连续点的风和温度测算结果。值得注意的是,理查孙数本身并不能说明湍流强度,只能表示湍流的有或无。

R_i	−2　−1　0	1　2	
静力	不稳定	稳定	
动力	不稳定	任一(依赖历史状况)	稳定
气流	湍流	任一(依赖历史状况)	片流

(a)

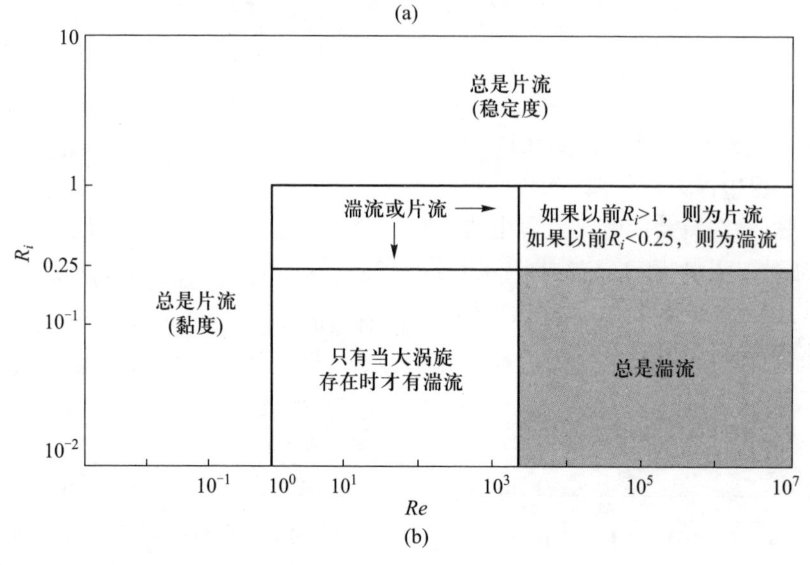

(b)

图 6.6　稳定度参数关系

6.4.4　综合稳定度表

静力和动力稳定度如图 6.6a 所示，两者是纠缠在一起的概念。负的理查孙数总是表示静力和动力不稳定气流，这种气流肯定是湍流；正理查孙数总是表示静力稳定的，但在 $0<R_i<1$ 的小范围内，正理查孙数是动力不稳定的，而且有可能是湍流，这取决于气流的历史变化。换句话说，当在 $R_i=0.25$ 左右时，非湍流气流将会变成湍流；当 $R_i<1$ 时，现有湍流将保持湍流状态。

黏滞性和稳定度在抑制湍流方面的作用，如图 6.6b 所示，两者也是纠缠的概念。雷诺数定义为惯性力与黏滞力之比，而未提及浮力。理查孙数为浮力与惯性或机械力之比。大气中的雷诺数往往太大，以致它与图 6.6b 最右侧相对应。这样，我们在大气中基本上可以忽略黏滞力对稳定度的影响，而把注意力集中在静力和动力稳定度上。

6.5　植被冠层对近地边界层湍流的影响

植被冠层内各种要素的变化规律有很大的不同，所以，由于植被的影响，上面所讨论的各种近地层空气动力学特征，会发生一定的变化，在实际应用过程中应对上述问题的分析进行一些必要的修正与调整。

6.5.1　风速垂直分布的对数法则

近地边界层的风速廓线是相似理论的一个重要应用。由于其很容易在地面观测，所以人们对它已进行了广泛的研究。如图 6.7 所示，通常的边界层风速廓线随高度大致呈对数函数形式变化。靠近地面，摩擦曳力使风速为零，气压梯度则使风速随高度增大。

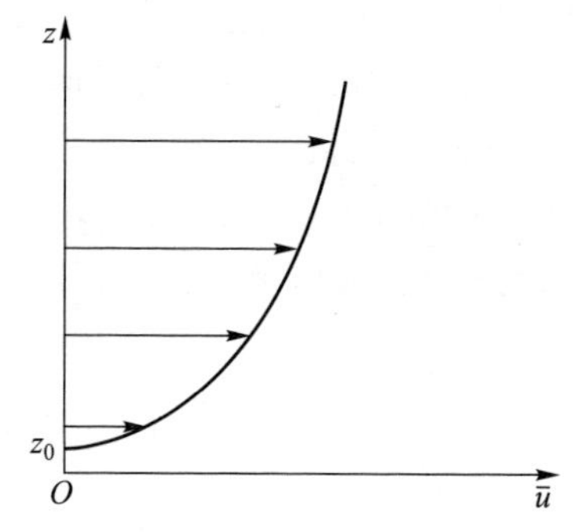

图 6.7　中性条件下近地边界层风速随高度变化的典型对数关系

当在半对数坐标系上作图时，诸如在静力中性条件下风速廓线对数关系就表现为一条直线；而在非中性条件下，风速廓线会略偏离对数关系；在稳定边界层中，风速廓线在半对数曲线上表现为凹面向下，而在不稳定边界层中，则表现为凹面向上（图 6.8）。

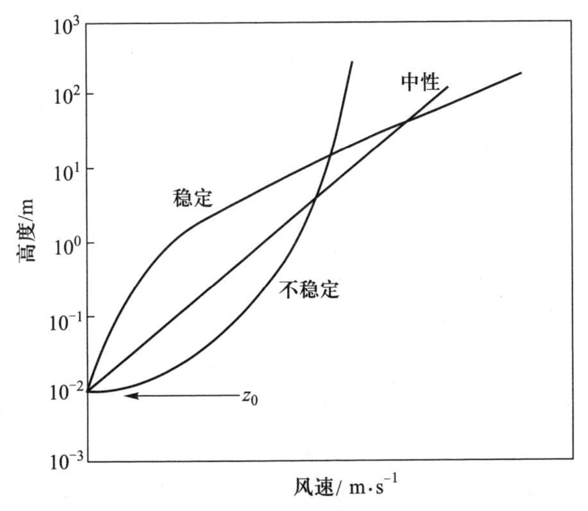

图 6.8 不同静力稳定度条件下近地边界层中典型的风速廓线

图中的纵坐标（高度）为对数坐标，z_0 为空气动力学粗糙度

根据 π 理论和混合长理论可以推导出，中性条件下的近地边界层风速廓线随高度呈对数变化。为了简便，气象工作者往往选择与平均风一致的坐标系，这就得到了在文献中最常见的对数廓线形式：

$$\bar{u}=\frac{u_*}{\kappa}\ln\frac{z}{z_0} \qquad (6.111)$$

式中：z 为距下垫面的高度；κ 为卡门常数；u_* 为摩擦风速；z_0 是表示地面粗糙程度的一个参数，称为空气动力学粗糙度。

6.5.2 空气动力学粗糙度

空气动力学粗糙度 z_0 定义为地面以上风速为零的高度，通常是根据不同高度上的风速测量结果用图解法得到的。从理论上讲，与固体边界相接触的流体运动速度只有在固体边界上，即 $z=0$ 时，才有 $u=0$，但实际上，由于地面起伏不平或有诸多障碍物，使得风速在离开地面一定距离处才为零，这一高度即定义为空气动力学粗糙高度 z_0，简称空气动力学粗糙度（aerodynamic roughness）或粗糙度。尽管空气动力学粗糙度并不等于地面上各个粗糙元的高度，但是这些粗糙元和 z_0 之间却存在着一一对应的关系。换句话说，对特定的地表而言，z_0 一旦被确定，就不会再随风速、稳定度或应力而发生变化。当然，如果地面粗糙元发生大的变化，如大规模的森林砍伐（或群众性造林活动），城市扩建、搬迁等，都会使 z_0 发生较大变化。

不同植被相对应的粗糙度 z_0 在文献中多有报道。一般而言，高大粗糙元对应的 z_0 数值较大；低矮粗糙元对应的 z_0 数值较小。但 z_0 不仅与粗糙元的平均高度有关，还与单位面积上粗糙元的数量有关，若粗糙元的平均垂直范围为 h_c，单个粗糙元出现在风中的平均轮廓或垂直面积为 s_v，粗糙元占据的平均地域面积为 S_1，则粗糙度可以近似为

$$z_0=0.5h_c(s_v/S_1) \qquad (6.112)$$

该式的适用范围是各粗糙元分布均匀，其形状和大小又很相似的下垫面条件。

对于各粗糙元分布不均匀的植被群落，如稀树草原，农林混作等群落，可以利用以下的公式计算综合粗糙度：

$$z_0=\frac{0.25}{S_t}\sum_{i=1}^{n}h_is_i=\frac{0.25}{L_t}\sum_{i=1}^{n}h_i\omega_i \qquad (6.113)$$

式中：s_i 代表元 i 占有的实际垂直面积；h_i 代表元 i 的高度；S_t 代表 n 个元占有的总面积。式(6.113)的后一个等式表示一种新的综合计算粗糙度的方法。其中 L_t 为所求 n 个粗糙元占有的总长度，ω_i 和 h_i 分别为每一个粗糙元纵向宽度和垂直高度。式(6.113)的缺点是明显的，因为它只能用于静态研究，当植物的高度（或粗糙元长度）不断发生变化时，该式不能提供一个相对确定的数值。另外，系数 0.25 只是一个经验常数，气象学意义也不够明确。

对于一般的植被群落，在计算要求不是很严格的情况下，可以认为 $z_0=0.13\ h$（农田，草地等）或 $z_0=0.075\ h$（森林等），h 为冠层高度。对于各种无植被地表，以下公式常用来计算粗糙度：

$$z_0=\frac{a_cu_*^2}{g} \qquad (6.114)$$

式中：g 为重力加速度；u_* 为摩擦风速。式(6.114)在用于海洋时 $a_c=0.016$，自然雪面、永冻冰面和沙漠等无植被地区的 a_c 的取值范围为 0.1~0.15。

6.5.3 植被冠层对风速分布的影响

冠层特别是森林对风的影响是明显的。林中高大的树干和茂密的枝叶使气流运动受阻减弱，导致林内风向、风速的改变，与此同时，也大大地削弱了林内的湍流交换。在林冠上方却因森林的阻挡作用，使等风速线压缩，风速加大，并扩展到森林上方几百米的高度。当风由森林上方吹向林外旷地时，由于森林的障碍作用，可使背风区域的风速减弱，其影响范围可达到树高的 30 倍左右。

在林冠顶部以上，风速廓线是随高度呈对数增大的。如图 6.9 所示，把廓线向下方延长至风速为 0 处的 z 被定义为 z_0，但实际上风速在 z_0 处并不能等于 0。另外，在森林和作物群落，如果单纯地把从地面开始的高度作为 z 的话，对数法并不成立。这是因为当各个粗糙元之间组合很紧密时，这些粗糙元顶部的作用就好似一个发生了位移的地面。这种情况常发生于茂密的森林区和建筑物密集的城市里。这种情况下，把高度为 d 的面作为一个假定的地面，用 $z-d$ 取代 z，那么对于森林等植物群落而言有下式成立：

$$\overline{u}=\frac{u_*}{\kappa}\ln\left(\frac{z-d}{z_0}\right) \tag{6.115}$$

在研究群落上空的风速与温度、湿度和 CO_2 的垂直分布，经常利用 $z-d$ 取代 z 来描述其风速廓线特征，利用 $(z-d)/L$ 取代 z/L 来描述它们的普遍函数。

由式(6.115)可以看出，不是在 $z=z_0$ 处，而是在 $z=z_0+d$ 处 $u=0$。这说明密集粗糙元的存在使速度为零的平面被抬升，因此，d 称为零平面位移(zero-plane displacement)，对于农田或草地，一般取作物高度的 63%；对于森林，一般取群落高度 70%～80%。

图 6.10 给出了不同下垫面状况的地表粗糙度。表 6.2 列出了与各种常见林分相对应的粗糙度 z_0 和零平面位移 d 的数值。表中数值表明，对于不同的森林，z_0 和 d 都是变化的。实验指出，影响 z_0 和 d 的因子还有树冠以上的风速(表 6.2 中最后一栏)和大气稳定度。生长茂盛的阔叶树林 z_0 和 d 主要受冠层以上风速的影响。随着风速的增大，d/h_c 值减少到 0.5 左右，而 z_0/h_c 增加到 0.25。一般而言，随着风速增大，d 在减少，而 z_0 在增大。这种现象可以定性地解释为：由于树冠顶部风速增大，使得零平面位移下降，粗糙度增高。z_0 增高，说明风速为零的高度增加，d 下降，说明零平面向上移动的距离减少。应该指出，表 6.2 给出的数据是来自冠层(森林或农作物冠层)微气象学的研究结果，它们表示在一个很小的范围内(如在一片林分内)地面粗糙元对风速廓线的影响程度。多数森林微气象学的研究结果都证实，一般森林的 z_0 为 0.8～1.2 m(Wang & Klaassen，1995)。

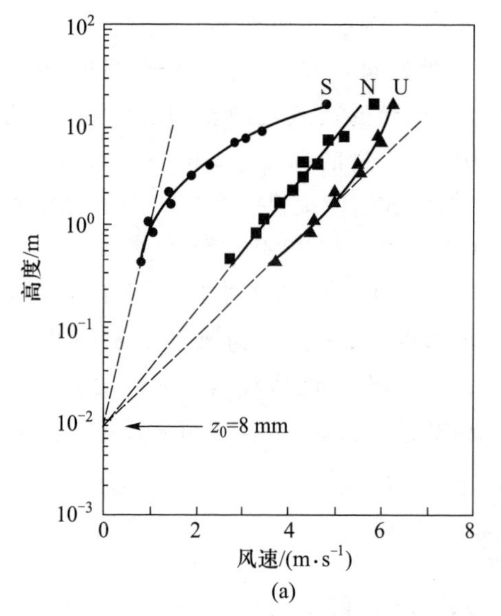

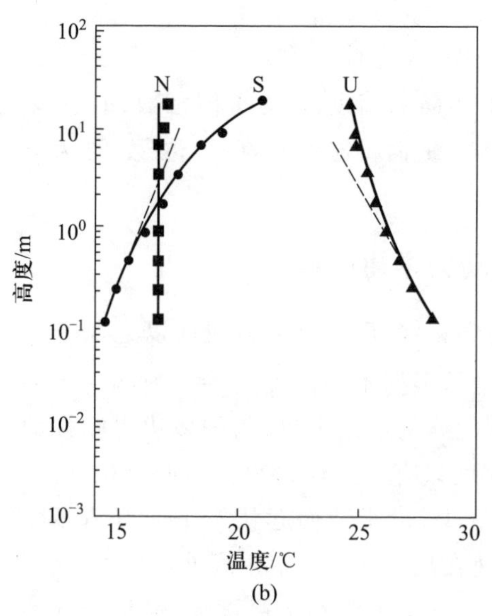

图 6.9　近地边界层的风速与位温的对数分布的观测实例

符号 U、N、S 表示大气稳定度，U 为不稳定，N 为中立，S 为稳定

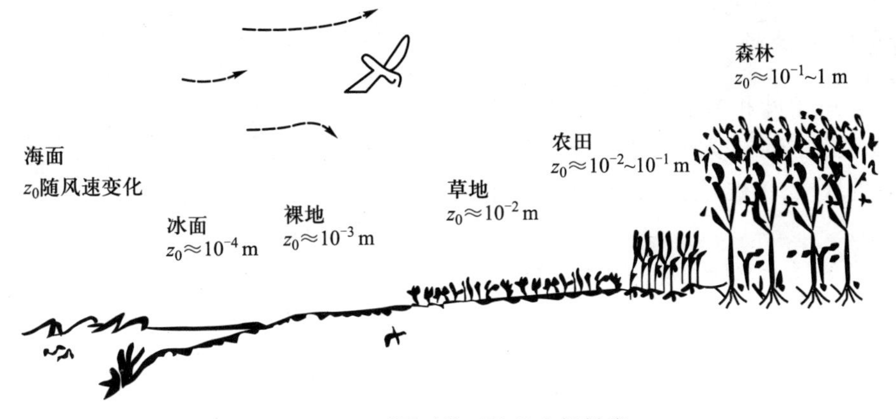

图 6.10 不同下垫面的地表粗糙度

表 6.2 常见针叶林的粗糙度和零平面位移（王汉杰和王信理，1999）

树种	平均树高(h_c)/m	z_0/m	d/m	测量时树冠上部的风速 u_{hc}/(m·s^{-1})
日本落叶松(*Larix leptolepis*)	10.4	1.1	6.3	1.7~5.8
脂松(*Pinus resinosa*)	11.8	0.8	9.6	1.8~5.7
小干松(*Pinus contorta*)	10.0	0.5	7.6	<2.0
美国五针松、白松(*Pinus resinosa/strobus*)	22.0	0.7	19.8	>1.0
火炬松(*Pinus taeda*)	14.0	0.3	12.9	—
花旗松(*Pseudotsuga menzisii*)	28.0	3.9	21.0	—
樟子松(*Pinus sylvestris*)	15.5	0.9	11.8	0.3~1.8
日本赤松(*Pinus densiflora*)	4.5	0.5	3.0	1.0~4.0
北美云杉(*Picea sitchensis*)	11.5	0.3	9.7	0.8~4.7
挪威云杉(*Picea abies*)	27.2	3.0~7.1	19.6	0.5~2.5

研究发现，z_0 不仅是决定近地层风速分布的重要参数，在研究植被冠层内风速分布时，也具有十分重要的意义。在研究植物群落对边界层湍流的影响的工作中，除 z_0 和 d 之外，还需要认真考虑的参数有地面作物的有效高度 H；比面积 s，$s=A/N$（A 是总面积，N 是该面积内粗糙元的数量）；从迎风面看到的作物群落的断面积 S；单位叶面积的阻抗系数 C_{leaf}；叶子的动量吸收系数 γ_{leaf}，$\gamma_{\text{leaf}}=(aC_{\text{leaf}}/4L_H^2)^{1/3}$，其中 L_H 是有效高度 H 上的混合长（又称混合距离）；粗糙度 z_0 可根据粗糙元的高度和其占据的面积由式(6.113)计算；d 为零平面位移。当植物群落很茂密时，各动力学外部参数之间的关系可表达为

$$u_* = \kappa(H-d)\gamma_{\text{leaf}}u \quad (z \leqslant H) \tag{6.116}$$

假定 $z=H$ 时，u_* 为摩擦风速，其变化是连续的。则可根据群落内的风速分布，获得有关 z_0，$(H-d)$ 以及 γ_{leaf}的下列公式：

$$\ln z_0 = \ln(H-d) - \frac{1}{\gamma_{\text{leaf}}(H-d)} \tag{6.117}$$

零平面位移 d 和群落有效高度之间有如下关系：

$$\frac{d}{H} = 1 - \frac{A}{\gamma_{\text{leaf}}H} \tag{6.118}$$

即

$$d = H - \frac{A}{\gamma_{\text{leaf}}} \tag{6.119}$$

当植被群落很稀疏时，$L=L_H$ 的假定不能成立，H 和 z_0 的关系可表达为

$$\frac{H}{z_0} = e^2 = 7.39 \tag{6.120}$$

判断群落是否稀疏可用下式：

$$\frac{S\,N}{A} = S/s < 1/4 \tag{6.121}$$

6.5.4 植被冠层内的风速分布

在植被冠层内，由于叶和树干等对风具有阻力作用，因此，它与近地边界层、摩擦层和自由大气层不同，具有其特殊的性质，植被冠层内的风速分布不能用对数法则来描述。

一般地，群落内的风速廓线可用下列的指数函数近似表达：

$$\bar{u}=\bar{u}_h\exp\left[a\left(\frac{z}{h}-1\right)\right] \tag{6.122}$$

式中：$\bar{u}$ 为高度 z 处的平均风速，$\bar{u}_h$ 为群落高度 h 处的平均风速；a 为因群落而异的常数，对于森林取 2~5。

为了表示叶的阻力，定义了叶面积密度（leaf area density，ρ_{leaf}），它是指存在于森林或草地的单位空间内对风速具有阻力作用的叶面积的总和。大多数的研究者只计算叶的单面，也有的研究者将叶的两面都计算在内。忽视科氏力的条件下，森林冠层内的运动方程可以写为

$$\frac{\mathrm{d}}{\mathrm{d}z}\left(K\frac{\mathrm{d}u}{\mathrm{d}z}\right)=C_{\text{leaf}}\rho_{\text{leaf}}u^2 \tag{6.123}$$

式（6.123）的左边与雷诺项相当，右边是树木的叶和干引起的摩擦力。关于空气中的阻力物质引起的摩擦力，进行过许多研究工作，已经知道它与风速的 2 次方成正比。式中与 ρ_{leaf} 成正比的关系表现为摩擦力与摩擦面的面积成正比，ρ_{leaf} 与高度无关。C_{leaf} 为无量纲的阻力系数，实验报道其取值范围为 0.05~1.0，也与高度无关。关于扩散系数 K，可以假定为与近地边界层扩散系数方程类似的形式。

$$K=l^2\frac{\mathrm{d}u}{\mathrm{d}z} \tag{6.124}$$

l 为森林冠层内的混合距离，可取不因高度而变化的常数。满足式（6.123）和式（6.124）的风速分布可用以下的指数函数表示：

$$\bar{u}=\bar{u}_{\text{leaf}}\exp[-\gamma_{\text{leaf}}(h_{\text{leaf}}-z)] \tag{6.125}$$

式中：$\bar{u}_{\text{leaf}}$ 为森林高度 h_{leaf} 处的平均风速。将式（6.125）代入式（6.123）和式（6.124）可知，γ_{leaf} 是一个与高度无关的数值，可用下面的公式求得：

$$\gamma_{\text{leaf}}=\left(\frac{C_{\text{leaf}}\rho_{\text{leaf}}}{2l^2}\right)^{1/3} \tag{6.126}$$

在近地边界层，因为可以有效地将混合距离表现为因风速分布而变化的函数，对于森林冠层也同样有效，得到：

$$l=\frac{\kappa}{\gamma_{\text{leaf}}} \tag{6.127}$$

由式（6.126）和式（6.127）得：

$$\gamma_{\text{leaf}}=\frac{C_{\text{leaf}}\rho_{\text{leaf}}}{2\kappa^2}\approx 0.3\rho_{\text{leaf}} \tag{6.128}$$

$$l=\frac{2\kappa^3}{C_{\text{leaf}}\rho_{\text{leaf}}}\approx\frac{1.3}{\rho_{\text{leaf}}} \tag{6.129}$$

这里假定 $C_{\text{leaf}}=0.1$。

图 6.11 为森林冠层内风速分布的观测实例，图 6.12 为同时观测的风速的垂直成分的湍流强度 $(\overline{v_z'^2})^{1/2}$ 的垂直分布。这两个图为 Yashida（1994）在日本的岩手大学实习林场观测的结果，该林场的松树像杉木似的长的笔直，树间距几乎是等间隔的，树高为 25 m，风速分布是用与 26.3 m 处的风速的比表示的。垂直风速的湍流脉动是在 25.7、23.0、18.8、15.0、9.25 和 4.25 m 这 6 个高度上同时测定的，图 6.12 表示了相对于 18.8 m 处的 $(\overline{v_z'^2})^{1/2}$ 的垂直分布。

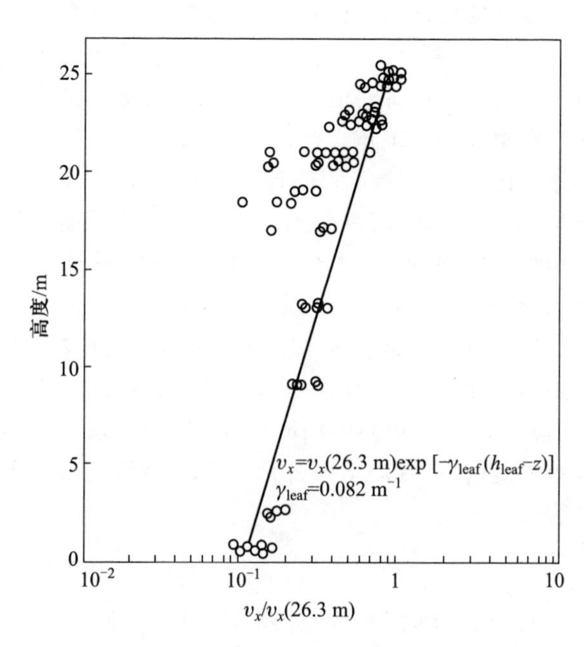

图 6.11　森林冠层内的风速的垂直分布（安田，1994）

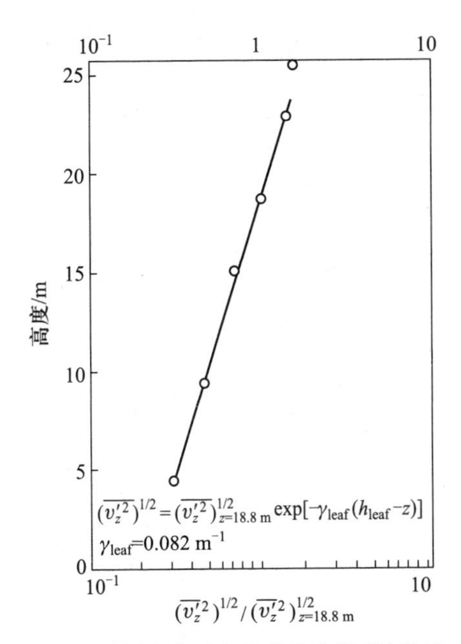

图 6.12 森林冠层内的垂直风的湍流强度（安田，1994）

上述两个图的横坐标都是取对数坐标，说明风速和湍流强度都可以用高度的指数函数表示。这说明，即使以$(\overline{v_z'^2})^{1/2}$为特征风速，以 l（取为常数）为混合距离，风速分布也表现为指数函数，证明了风速和湍流强度的垂直分布关系是合理的。利用观测数据得到的 γ_{leaf}为 0.082 m^{-1}，由式（6.127）和式（6.128）推算的混合距离为 5 m，叶面积密度 ρ_{leaf}为 0.26 m^{-1}。

6.5.5 植被冠层对温度、湿度和 CO_2 浓度垂直分布的影响

在裸露的下垫面条件下，温度随高度的分布主要取决于大气稳定情况。在日间，由于强烈的湍流作用，上下层之间的空气混合得较充分，低层大气的气温随高度的变化很小。夜间，由于地表强烈的辐射降温，可能会出现逆温的情况。对于比湿和 CO_2 来讲，由于地表面是水汽和 CO_2 的重要来源，所以比湿和 CO_2 浓度一般是随高度增加而减小的。

但当有植被存在时，冠层内的气象要素分布状况会与裸地的表现不同，这主要与冠层对太阳辐射以及湍流交换过程的重大影响有关，还与植被自身对水汽、CO_2 的源汇形成有关。图 6.13 为晴天典型群落内的风速、气温、比湿和 CO_2 的廓线分布。

当有植被存在时，特别是随着植被高度和密度的增加，气温随高度变化不明显的情况就会发生变化。在白天，由于太阳辐射从进入植被上表面开始，就受到植被的削弱作用，致使到达地表面的辐射量大为减少，在高而密的植被下可能更小。此时地面温度不可能升得很高，气温在植被中的垂直分布将发生变化，出现最高温度的部位将上升到某一高度上；而在夜间，冠层内的温度一般情况下也要高于冠层上大气的温度，这主要是因为夜间地面在植被的保护下，有效辐射小，上层冷空气又不易下沉的缘故。

对于湿度状况，由于土壤和植被是水汽的重要的源，所以冠层内的相对湿度、比湿要比空旷地区的大，这主要与生长期植物的蒸腾作用和周围环境的气象背景有关。在森林内比湿是由地面向上递减的，在接近地面附近递减的速度越快，在白天，由于冠层的蒸腾作用，在接近冠层附近，递减的速度逐渐变得平缓，而在夜间，比湿递减的速度在冠层附近仍然很大。

植被冠层和大气在日夜间作为 CO_2 源汇的交替作用，形成了植被中 CO_2 浓度垂直分布的特殊性。图6.13所反映出的森林中 CO_2 浓度的变化是一种理想化了的情况，它反映出土壤为 CO_2 永久源以及森林和大气的源汇交替作用特点。夜间，由于植被的呼吸作用释放 CO_2，所以，在森林中由地面向上 CO_2 浓度是不断递减的，垂直分布曲线呈递减性，但在冠层稍有弯曲，在冠层 CO_2 最低点也是呼吸作用最强的高度；日间（正午）则因树木光合作用吸收 CO_2，使得 CO_2 浓度曲线产生弯曲现象，也就是说 CO_2 浓度的最低点出现在冠层的某一高度内，由此向上和向下CO_2浓度都有明显增大。这反映了日

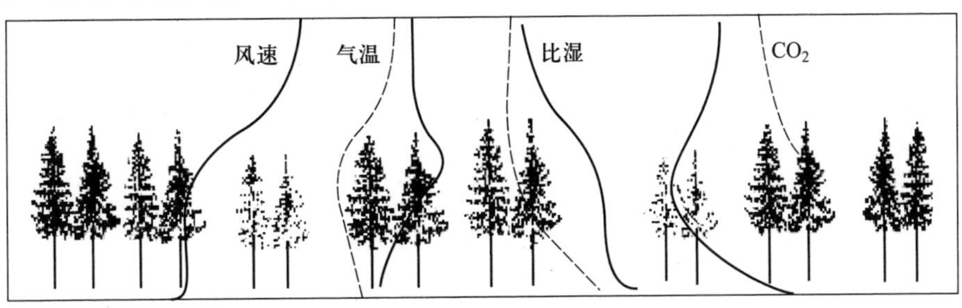

图 6.13 晴天群落内典型的气象要素垂直廓线

实线表示正午，虚线表示夜间

间大气层和土壤都是 CO_2 源的作用。冠层中 CO_2 浓度最低的部位,也就是 CO_2 汇的位置,与光合作用最强的位置是相对应的。图 6.13 正午和夜间 CO_2 浓度廓线所包含的范围就反映了各高度 CO_2 浓度的日变幅。可以看出,CO_2 浓度日变幅最大的部位也是在冠层内,通常就是叶片最密集的部位。

参考文献

安田延寿.1994. 基礎大気科学. 東京:朝倉書店: 117~165

刘烽,毕雪岩.2000.一阶湍封闭的某些改进.青岛海洋大学学报,30(3):376~382

王汉杰,王信理.1999.生态边界层原理与方法.北京:气象出版社

Businger J A, Wyngaard J C, Izumi Y, *et al.* 1971. Flux-profile relationships in the atmospheric surface layer. *Journal of Atmospheric Sciences*, 28: 181~189

Monin A S, Obukov A M.1954.Basic laws of turbulent mixing in the atmosphere near the ground. *Trude Geofizicheskogo Instituta. Akademiya Nauk SSSR*, 24(151):163~187

Sharan M, Yadav A K. 1998. Simulation of diffusion experiments under light wind, stable conditions by a variable K-Theory model. *Atmospheric Environment*, 32(20):3481~3492

Stull R B.1988. *An Introduction to Boundary Layer Meteorology*. Dordrecht, The Netherland: Kluwer Academic Publishers

Taylor G I.1938.The spectrum of turbulence. *Proceedings of the Royal Society of London*, 164(A):476~490

Wang H, Klaassen W.1995. The surface layer above a landscape with a rectangular windbreak pattern. *Agricultural and Forest Meteorology*, 72:195~211

第 7 章
基于空气动力学和热平衡的通量观测

近地层大气存在着湍流运动，动量、能量（显热和潜热）、水汽、CO_2 以及其他气体成分和微粒等通过近地层的湍流运动实现在土壤－植被－大气中的传输。从这个意义上来说，湍流输送是补充大气底层动量的重要机制，也是引起大气底层热量、水汽、烟云和有害气体等垂直与水平扩散的重要原因。因此，如何观测和计算湍流输送量的大小就成为通量观测研究必须面对的问题。

湍流运动是低层大气运动的最主要方式，在湍流条件下，物理量的湍流扩散比分子扩散要高 3~7 个数量级，因此，在近地层的湍流通量计算中，分子扩散可以忽略不计。评价湍流引起的动量、热量、水汽量和其他各种物质输送量的方法很多，在涡度相关技术得到普及之前，主要是应用基于空气动力学原理的梯度法（VG）和整体法（bulk method）；基于陆面热量平衡的波文比法（BREB）与彭曼法（Penman method）和基于涡度相关理论发展起来的拓宽湍涡累积法（REA）等。

基于 K 理论而建立起来的莫宁－奥布霍夫相似理论是梯度法和整体法的理论基础，在边界层的通量计算中得到了广泛的应用。近年来，随着涡度相关测定技术的完善和通量直接测定的实践，也证明了该理论在湍流通量计算中的实用性。但是该方法也存在着一定的局限性，如各种物理量的湍流交换系数的不等价性和计算的困难，不同大气层结条件下的普适函数的适用性，差分算法的精度等问题。

波文比法是基于能量平衡原理而发展起来的，该方法物理意义明确，计算简便，在计算精度要求不太高的通量观测中被广泛采用。但此方法除了存在各种物理量湍流交换系数实际的不等价性问题外，还会因存在净辐射和土壤热通量的观测误差而造成计算结果的系统性误差。彭曼法主要用于计算下垫面的蒸散，彭曼方程是假定蒸发面为饱和状态而推导出来的，该方法综合考虑了水分蒸发所需的热量条件和水汽输送所需的动力条件，具有非常严谨的物理学基础，因此得到国内外学者的广泛采用。可是，普通的植被蒸发面经常处于非饱和状态，因此估算来自植被表面的实际蒸散时还必须考虑水汽扩散的表面阻力等因素。

拓宽湍涡累积法是在涡度相关理论基础上发展起来的一种微气象学方法，是一种直接评价湍流通量的方法。与涡度相关法不同的是，该方法对痕量气体的观测只要得到其浓度的平均值就可以了，因此并不需要能够对痕量气体浓度变化做出快速响应的传感器。但该方法还存在输入与垂直风速成比例的流量等技术性困难，因此还不能说其是一种成熟的方法。

虽然上面提到的几种通量计算方法还存在这样或那样的问题，但其测定精度还是能够满足水汽和能量通量测定要求的，因此，依然是目前研究近地层物质和能量循环的重要观测方法，更是涡度相关技术的必要辅助方法。另外，近年来很多研究者正在致力于结合涡度相关法与其他方法开发新的观测技术和仪器。

本章初版执笔者：张雷明，于贵瑞，任传友；再版修订者：任传友，孙晓敏

本章主要符号

符号	含义
Φ_m、Φ_h、Φ_w、Φ_c	稳定度参数 z/L(以 ζ 表示)的普适函数
ψ_m、ψ_h	稳定度 ζ 的函数
q^+、q^-	向上和向下气流的平均比湿
T^+、T^-	向上和向下气流的平均温度
c^+、c^-	向上和向下气流的气体浓度平均值
$\bar{u}_2$	2 m 高度的平均风速
B	波文比
w_0	垂直气流临界速度
S_{down}	从天空到达地面的短波辐射
$e^*(T_s)$	地表饱和水汽压
δ	地面的比辐射率,又称灰体系数
α'	地面对长波辐射的反射率
α	地面对太阳短波辐射的反射率
S_{up}	地面反射的短波辐射
z_m	动量的粗糙度
c_m	动量整体传输系数,又称动量曳力系数
σ_w	风速垂直分量的标准差
γ	干湿球常数
$e^*(T_z)$	高度 z 处的饱和水汽压
P_Q	光合作用消耗的能量
l	混合长
R_n	净辐射通量
κ	卡门常数
u_*	摩擦风速(速度尺度)
z_e	水汽的粗糙度
c_e	水汽的整体传输系数,又称潜热道尔顿数
ε	水汽分子与干空气分子的质量比
λ	水汽化潜热
σ	斯特藩-玻尔兹曼常数
λ_*	土壤的导热率
G	土壤热通量
θ'	温度的湍流脉动
z_h	显热的粗糙度
c_h	显热整体传输系数,又称显热斯坦顿数
L_{up}	向上的长波辐射
L_{down}	向下的长波辐射(大气逆辐射)
c_{m10N}	中性条件下 10 m 高度的 c_m
c_{h10N}	中性条件下 10 m 高度的 c_h
c_{e10N}	中性条件下 10 m 高度的 c_e
b	REA 法的经验参数
c	CO_2 浓度
c_p	空气的定压比热
γ_d	干绝热递减率
d	零平面位移
e	水汽压
E	水汽通量
E_A	空气干燥度
F_c	CO_2 通量
g	重力加速度
H	显热通量
K	湍流交换系数
K_c	CO_2 湍流系数
K_h	显热湍流系数
K_m	动量湍流系数
K_w	水汽湍流系数
L	莫宁-奥布霍夫长度
m	层结订正参数
P	大气压
q^*	湿度尺度
q	比湿
q'	比湿的脉动
R_i	梯度理查孙数
S	地表到植被冠层的热储存量
T_0	两个高度温度的平均值
u	三维风速的水平分量
u'	水平方向的脉动风速
w	三维风速的垂直分量
z	观测高度
z_0	下垫面粗糙度
z_1、z_2	测定高度
Δ	饱和水汽压曲线在温度 T 处的斜率
θ_*	温度尺度
θ	位温
λE	潜热通量
ρ	空气密度
ρK	湍流交换系数
τ	动量通量
τ_{xz}	湍流摩擦应力
θ_0	边界层平均位温

7.1 湍流运动的物质和热量输送

7.1.1 物质和热量输送过程

在植物群落附近由于风速梯度而形成各种大小的涡旋气团,气团的不规则运动就形成湍流。在湍流运动过程中,对热量、水和 CO_2 等物质进行输送。在近地层,湍流引起的空气运动通过混合输送动量、热、水汽和 CO_2 等物质,即通过湍流把具有某种性质的(特定的风速和温、湿度)的空气从一个地方运送到另一个地方,与那里的空气进行混合;同时,把具有不同性质的空气从另一个地方运送到这里,与这里的空气混合实现物质的传输。湍流具有使空气混合,性质均一的作用,通过这种混合把动量、热量、物质等从高值区向低值区输送,这一现象就称为湍流扩散(turbulent diffusion)。在单位时间通过单位面积的垂直方向输送的动量、热和物质的量称为通量(flux)或者通量密度(flux density)。

对于 CO_2 的输送而言,如图 7.1 所示。因白天植物进行的光合作用吸收同化 CO_2,因而冠层及其内部 CO_2 浓度低,冠层上部 CO_2 浓度高,于是当起源于上部的高浓度的湍涡与起源于下部的低浓度的湍涡进行交换时,湍流向下输送 CO_2,此时的 CO_2 的湍流通量一般记为负值,表示植物吸收 CO_2。夜间由于植物和土壤的呼吸作用使冠层内 CO_2 浓度升高,湍流向上输送 CO_2,通量记为正值,表示生态系统向大气释放 CO_2。

对于水汽的输送而言(图 7.2),在无雨的情况下,白天植被蒸腾和土壤蒸发释放出大量的水汽,因而冠层及其内部湿度较大,于是当起源于上部的低比湿湍涡与起源于下部的高比湿湍涡进行交换时,则湍流向上输送水汽,水汽的湍流通量为正值;在夜间,水汽主要来源于土壤的蒸发,冠层及其内部仍为湿度的高值区,故此时的水汽通量也为正值。但由于夜间温度较白天低,如果冠层及其内部的水汽达到饱和,就会发生水汽凝结的现象,所以也常有水汽通量为负值的情况发生,但这种情况在干燥地区不是很常见,即使出现其数值也很小,而在水分比较充足,特别是雨后的森林其数值会很大。

如图 7.3 所示,白天下垫面受热升温,冠层及其内部温度高于冠层上部的温度,空气受热膨胀上升,而上部的冷的湍涡向下运动,实现显热的湍流交换,因此白天的显热通量为正值。在夜间,下垫面强烈辐射降温,特别是在冠层的某个高度上,温度达到极小值,此处甚至会出现逆温。在这种情况下,冠层及其内部温度为低值区,其上的气温为高值区,上下湍涡交换的结果表现为显热通量为负值,热量由高层大气向下垫面输送。夜间如没有逆温出现,则在冠层附近温度梯度也将大大地削弱,正的显热通量也不会很大。因此,夜间的显热通量无论出现正负,其绝对值都要比白天的通量小一个量级左右。

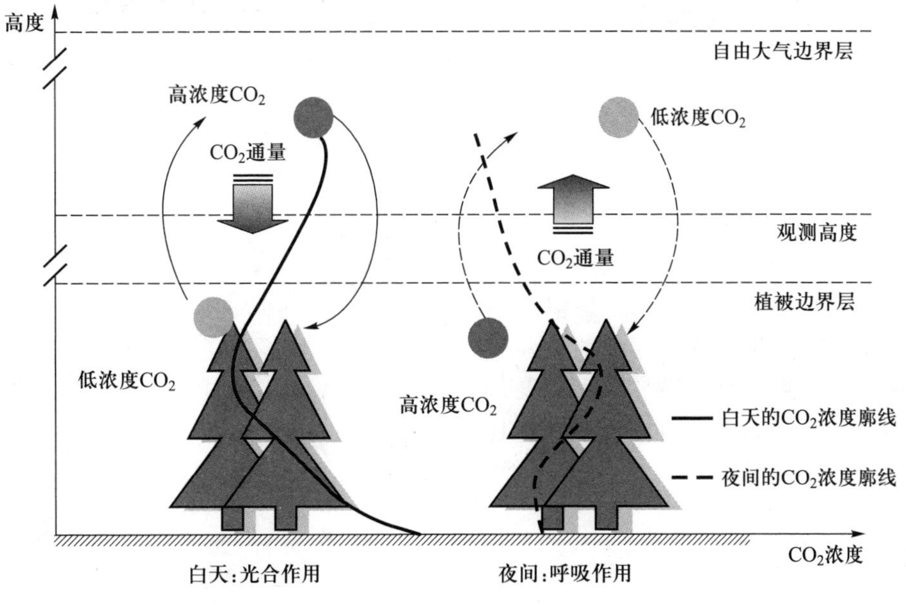

图 7.1 植物群落白天与夜间 CO_2 湍流交换示意图

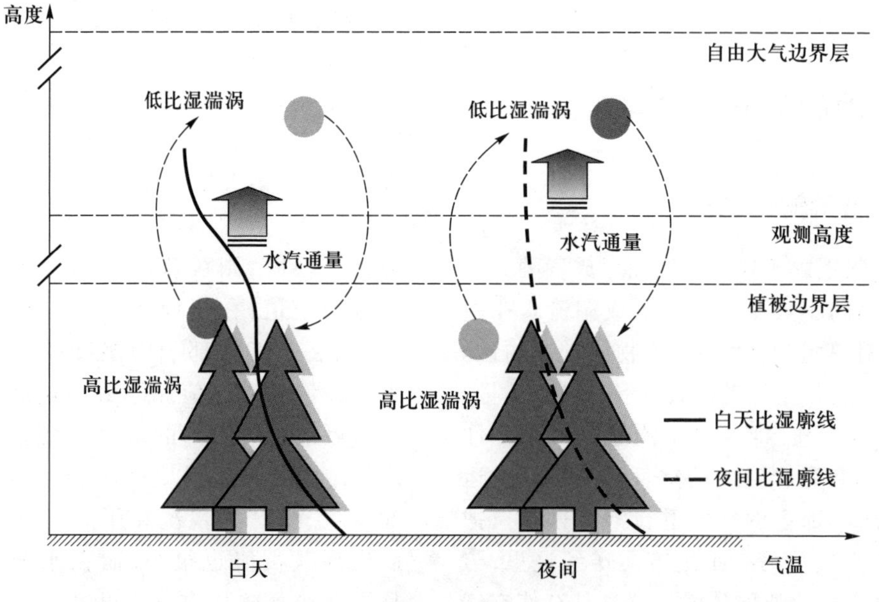

图 7.2　森林群落水汽湍流交换示意图

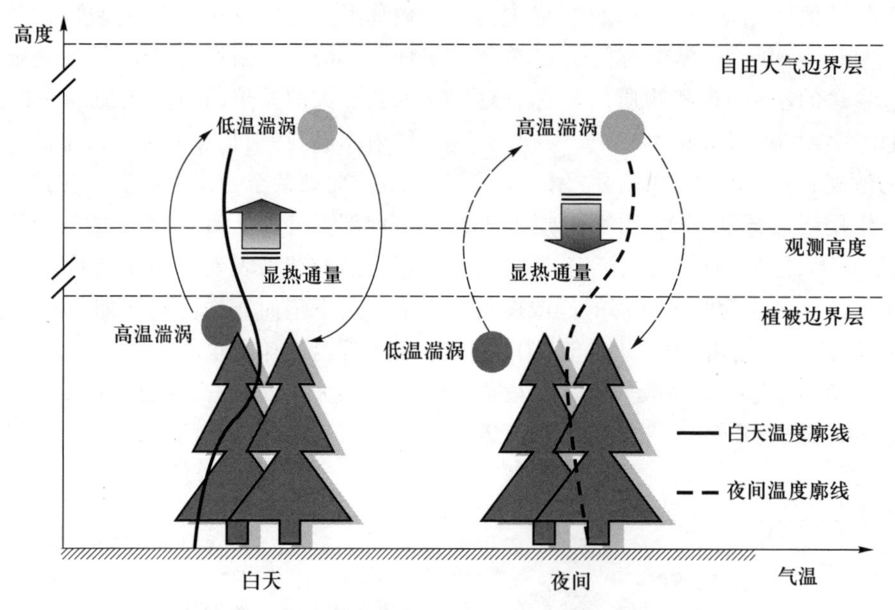

图 7.3　森林群落显热湍流交换示意图

当夜间存在明显的逆温层时，则显热通量的方向向下

以上分析的三个物理量都是在有覆被下的一般情形。对于无植被覆盖或仅有低矮植被覆盖，环境条件发生变化以及其他物理量的湍流输送过程来说，通量湍流输送的结果是向上还是向下，量级是多少，还要放在特定的环境下具体分析。

7.1.2　物质和热量输送通量

如第 6 章的式(6.25)～式(6.27)所示，湍流运动输送的动量通量可以用雷诺应力(Reynolds stress)τ 来表示，即水平风速的脉动成分(u')，空气密度(ρ)与垂直风速的脉动成分(w')三者乘积的时间平均值$\overline{\rho u'w'}$。因为 ρ 基本为定值，所以动量通量也可以写为 $\rho\ \overline{u'w'}$。同样，温度的湍流脉动成分记为 θ'，比湿的脉动成分记为 q'，那么湍流运动输送的显热和水蒸气通量分别为 $\rho c_p\ \overline{w'\theta'}$，$\rho\ \overline{w'q'}$，其中，$c_p$ 为空气的定压比热。

此外，湍流的输送现象与由分子运动的扩散

(分子扩散)相同,可以用扩散系数(diffusion coefficient)和物理量的平均梯度表示(见第6章式(6.86)~式(6.90))。在平行稳定的层流(laminar flow)条件下,物质输送主要是分子运动起作用。但是在气流运动为湍流条件下,湍流扩散系数 K 比分子运动扩散系数大 $10^3 \sim 10^7$ 倍,所以在湍流输送过程中,分子扩散的作用可以忽略不计。关于热的输送方式有辐射(radiation)、传导(conduction)和对流(convection)三种,其中传导是由分子运动引起的,在湍流运动中可以不考虑。

设 $r=\Delta z/K_w$,式(6.88)变形为

$$E=\rho \frac{\Delta \bar{q}}{r} \tag{7.1}$$

该方程与欧姆定律相似,E、$\Delta \bar{q}$、r 分别相当于电流、电压与电阻。所以 r 称为扩散阻力(diffusive resistance)。对动量、显热和 CO_2 的通量也可用同样的方程表示。

湍流运动与分子运动很相似,具有随机性,可类比由牛顿黏性定律确定的分子黏性力$\left(\tau=\mu \frac{\partial u}{\partial z}\right)$,写出湍流摩擦应力公式为

$$\tau_{xz}=\rho K_m \frac{\partial u}{\partial z} \tag{7.2}$$

根据牛顿第二定律,上式中的 τ_{xz} 也就是垂直方向的动量通量密度,因此 K_m 可称为动量的湍流交换系数,它反映了动量的输送强度。于是我们可以给出湍流交换系数(又称涡动扩散率)的一般定义:特定流体介质中任意点处某属性的交换系数(扩散率)K,即为该点处通过介质的属性通量密度与该属性的浓度梯度(与通量密度同方向)的比值。对于量纲为 Q 的任一属性,其交换系数的量纲为

$$\dim K=\left(\frac{\mathrm{Q}}{\mathrm{L}^2\mathrm{T}}\right)\Big/\left(\frac{\mathrm{Q}/\mathrm{L}^3}{\mathrm{L}}\right)=\mathrm{L}^2\mathrm{T}^{-1} \tag{7.3}$$

式中:L 为长度的量纲;T 为时间的量纲,因而该式表明 K 的量纲为"单位时间的面积"。在空气中,当分子运动唯一存在时,K 大约只有 $10\sim20\ \mathrm{mm^2\cdot s^{-1}}$;但在植物群体以上的湍流边界层气流中,$K$ 可以达到 $1\ \mathrm{m^2\cdot s^{-1}}$左右。

在涡度相关技术普及应用之前,根据物质与能量的湍流输送过程,人们主要是应用基于空气动力学原理的梯度法(gradient method)与整体法(bulk method),基于陆面热量平衡的波文比(Bowen ratio-energy balance,BREB)法与彭曼法(Penman method)等开展植被与大气之间物质与能量交换通量的观测与研究。

7.2 梯度法的原理及其应用

7.2.1 梯度法的基本原理

空气动力学方法是指通过描述近地层气流的动力学特性,来解释各种能量和物质输送物理过程的微气象学方法。它的基本假设是:在近地层中能量或物质的输送与其物理属性的梯度成正比,其比例系数(即湍流交换系数,K)受大气层结条件、气流垂直切变等影响湍流的外因参数的制约。由于这种方法是通过气象要素的垂直分布来计算各种湍流通量,因此又叫作通量-廓线方法或通量-梯度方法,简称为垂直梯度法(vertical gradient method,VG)或者梯度法。梯度法是利用两个高度或两个以上高度测定的风速、气温、湿度和其他气体物质浓度的差求算物理量的湍流输送量。因此用梯度法测定通量时,至少需要在两个高度设置风速计和温、湿度计,并设置对象气体的浓度分析仪(或吸入口)。因为两高度的风速、气温和物质的浓度差一般很小,所以要求观测仪器的精度很高,风速、气温和水汽压的误差要求分别在 $0.1\ \mathrm{m\cdot s^{-1}}$、$0.1\ ℃$ 和 0.1 mbar 以内。

为论述方便起见,将第6章中边界层的动量、热、H_2O 和 CO_2 一般的扩散方程(6.86)~方程(6.90)再次列出如下:

动量通量

$$\tau=-\rho\ \overline{w'u'}=\rho K_m \frac{\partial \bar{u}}{\partial z} \tag{7.4}$$

显热通量

$$H=\rho c_p\ \overline{w'\theta'}=-\rho c_p K_h \frac{\partial \bar{\theta}}{\partial z} \tag{7.5}$$

水汽通量

$$E=\rho\ \overline{w'q'}=-\rho K_w \frac{\partial \bar{q}}{\partial z} \tag{7.6}$$

潜热通量

$$\lambda E=\rho\lambda\ \overline{w'q'}=-\rho\lambda K_w \frac{\partial \bar{q}}{\partial z} \tag{7.7}$$

CO_2 通量

$$F_c=\rho\,\overline{w'c'}=-\rho K_c\frac{\partial\bar{c}}{\partial z} \tag{7.8}$$

式中：τ、H、E、λE 和 F_c 分别是动量、显热、水汽、潜热和 CO_2 通量；c_p 为定压比热（1 012.0 $J\cdot kg^{-1}\cdot K^{-1}$）；$\lambda$ 是水汽化潜热（$J\cdot kg^{-1}$）；u 是三维风速的水平分量；θ 是位温；q 是比湿；c 是 CO_2 浓度；K_m、K_h、K_w 和 K_c 分别是对应于动量、显热、水汽和 CO_2 的湍流系数。

假定湍流扩散过程为菲克（Fick）扩散过程，在中性条件下，可以认为各种湍流交换系数相等，即

$$K_m=K_h=K_w=K_c=K \tag{7.9}$$

K 有几种含义：若是速度，则代表动量湍流系数（或运动学湍流黏滞系数）；若是温度，则代表显热湍流系数（或湍流导温系数）；若是比湿，则代表水汽湍流系数；若指任何被动混合物，则代表该被动混合物的湍流扩散系数。K 的量纲是 $[K]=L^2\cdot T^{-1}$。

根据混合长理论，以及 $u_*=\sqrt{\tau/\rho}=(-\overline{u'w'})^{1/2}$，则有

$$K=lu_* \tag{7.10}$$

$$u_*=l\frac{\partial\bar{u}}{\partial z}=\kappa z\frac{\partial\bar{u}}{\partial z} \tag{7.11}$$

式中：l 是混合长；u_* 是摩擦风速（速度尺度）；κ 为卡门常数，一般在 0.35~0.43，通常取 0.4。许多研究者建立了不同形式的近地层混合长模式。如 Von Karman 的混合长公式为

$$l=\kappa\frac{|\partial\bar{u}/\partial z|}{|\partial^2\bar{u}/\partial z^2|} \tag{7.12}$$

M.И.布德柯在考虑层结订正时的混合长公式为

$$l=m\kappa z \tag{7.13}$$

式中：m 为层结订正参数。布德柯假定 $m=(1-R_i)^{1/2}$，因此在中性层结条件下（$R_i=0$），$m=1$。奥布霍夫（Obukhov）提出 $m=(1-\alpha_T R_i)^{1/4}$，这里 $\alpha_T=K_h/K_m$，R_i 为梯度理查孙数。

在中性层结条件下，近地层风速与温度廓线分布均符合对数法则，假定地表面光滑，即粗糙度为零，根据第6章式（6.111）可以得到近地层风速廓线分布为

$$\bar{u}=\frac{u_*}{\kappa}\ln\frac{z}{z_0} \tag{7.14}$$

如果在两个高度 z_1 和 z_2 上有风速测量值，代入上式可以得到

$$\bar{u}_1=\frac{u_*}{\kappa}\ln\frac{z_1}{z_0},\quad \bar{u}_2=\frac{u_*}{\kappa}\ln\frac{z_2}{z_0} \tag{7.15}$$

$$u_*=\kappa\frac{(\bar{u}_2-\bar{u}_1)}{\ln(z_2/z_1)} \tag{7.16}$$

将其代入式（7.10）中，则

$$K=l\kappa\frac{(\bar{u}_2-\bar{u}_1)}{\ln(z_2/z_1)} \tag{7.17}$$

再将式（7.13）代入式（7.17）可得（中性条件下 $m=1$），

$$K=\kappa^2\frac{(\bar{u}_2-\bar{u}_1)}{\ln(z_2/z_1)}z \tag{7.18}$$

式（7.18）表明，在中性层结下湍流交换系数 K 的大小与风速切变成正比，同时还随离地面高度 z 的增加而线性增大。这是因为上下层之间风速切变越大，垂直方向的动量交换就越多，湍流就越易于发展，K 就越大；同时离地面越高，地面影响越小，因而也越有利于湍流运动的发展，K 也越大。

将式（7.18）分别代入式（7.4）~式（7.8），分别积分得到

动量通量

$$\tau=\rho\kappa^2\frac{(\bar{u}_2-\bar{u}_1)^2}{[\ln(z_2/z_1)]^2} \tag{7.19}$$

显热通量

$$H=-\rho c_p\kappa^2\frac{(\bar{u}_2-\bar{u}_1)(\bar{\theta}_2-\bar{\theta}_1)}{[\ln(z_2/z_1)]^2} \tag{7.20}$$

水汽通量

$$E=-\rho\kappa^2\frac{(\bar{u}_2-\bar{u}_1)(\bar{q}_2-\bar{q}_1)}{[\ln(z_2/z_1)]^2} \tag{7.21}$$

潜热通量

$$\lambda E=-\rho\lambda\kappa^2\frac{(\bar{u}_2-\bar{u}_1)(\bar{q}_2-\bar{q}_1)}{[\ln(z_2/z_1)]^2} \tag{7.22}$$

CO_2 通量

$$F_c=-\rho\kappa^2\frac{(\bar{u}_2-\bar{u}_1)(\bar{c}_2-\bar{c}_1)}{[\ln(z_2/z_1)]^2} \tag{7.23}$$

其中，(u_1,θ_1,q_1,c_1)、(u_2,θ_2,q_2,c_2) 分别为高度 z_1 和 z_2 上的风速、位温、比湿和 CO_2 浓度的观测值。由于位温的准确观测较难，且在边界层中气温与位温的差异不很大，所以在梯度法中一般可用气温 (T) 代替位温。

以上的分析没有考虑下垫面粗糙度的影响，这对于裸地或者低矮植被（如草地）是可以的，但对于森林等下垫面复杂的植被，风速、能量与物质的垂直廓线可能会偏离对数形式（图 7.4）。因此，就需要对上述的关系进行修正。由第 6 章式（6.111）或式（6.115）可引出下垫面粗糙度 z_0 和零平面位移 d 的概念。所得到近地层的风廓线方程为

$$\bar{u}=\frac{u_*}{\kappa}\ln\frac{z-d}{z_0} \tag{7.24}$$

$$\bar{u}_1=\frac{u_*}{\kappa}\ln\frac{z_1-d}{z_0},\ \bar{u}_2=\frac{u_*}{\kappa}\ln\frac{z_2-d}{z_0} \tag{7.25}$$

式中：d 是零平面位移高度（displacement height）。一般等于植被高度的 70%～80%。从式（7.25）中消去 z_0，得

$$u_*=\frac{\kappa(\bar{u}_2-\bar{u}_1)}{\ln[(z_2-d)/(z_1-d)]} \tag{7.26}$$

在大气近于中性条件下，假设 $K_m\approx K_h\approx K_w\approx K_c$。将式（7.26）与式（7.10）代入式（7.4）～式（7.8），可得

动量通量

$$\tau=\rho\kappa^2\frac{(\bar{u}_2-\bar{u}_1)^2}{\{\ln[(z_2-d)/(z_1-d)]\}^2} \tag{7.27}$$

显热通量

$$H=\rho c_p\kappa^2\frac{(\bar{u}_2-\bar{u}_1)(\bar{\theta}_1-\bar{\theta}_2)}{\{\ln[(z_2-d)/(z_1-d)]\}^2} \tag{7.28}$$

水汽通量

$$E=\rho\kappa^2\frac{(\bar{u}_2-\bar{u}_1)(\bar{q}_1-\bar{q}_2)}{\{\ln[(z_2-d)/(z_1-d)]\}^2} \tag{7.29}$$

潜热通量

$$\lambda E=\rho\lambda\kappa^2\frac{(\bar{u}_2-\bar{u}_1)(\bar{q}_1-\bar{q}_2)}{\{\ln[(z_2-d)/(z_1-d)]\}^2} \tag{7.30}$$

CO_2 通量

$$F_c=\rho\kappa^2\frac{(\bar{u}_2-\bar{u}_1)(\bar{c}_1-\bar{c}_2)}{\{\ln[(z_2-d)/(z_1-d)]\}^2} \tag{7.31}$$

式中：$\bar{\theta}_1$ 和 $\bar{\theta}_2$、$\bar{q}_1$ 和 $\bar{q}_2$、$\bar{c}_1$ 和 $\bar{c}_2$ 分别是高度 z_1 和 z_2 处的位温、比湿和 CO_2 浓度的平均值。利用式（7.27）～式（7.31），在测定两个高度的风速、气温、比湿和 CO_2 的平均值后，就可以计算垂直方向的动量、显热、水汽、潜热和 CO_2 通量。这种通量测定的方法就称为垂直梯度法或空气动力学法（aerodynamic method）。以上的方程是适用于大气层结为中性的条件下，当大气为非中性层结时，可以利用大气稳定度对湍流交换（扩散）系数进行修正，之后再进行动量、显热、水汽、潜热和 CO_2 通量的计算。关于非中性情景下的通量计算，许多气象学家提出了各自的计算方法，如拉赫伊曼法和康斯坦丁诺夫法等（傅抱璞等，1994），本节不一一介绍。

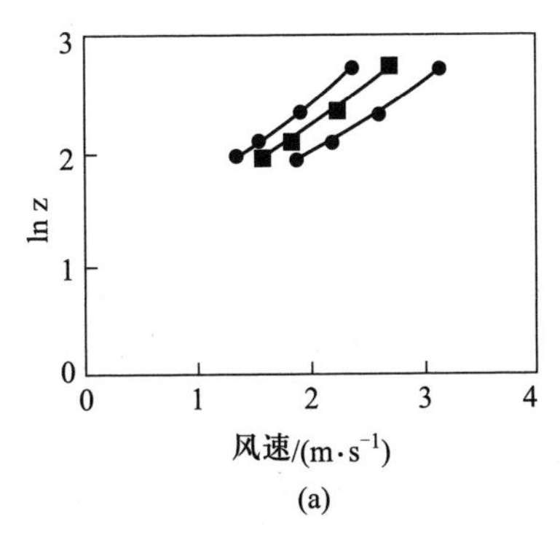

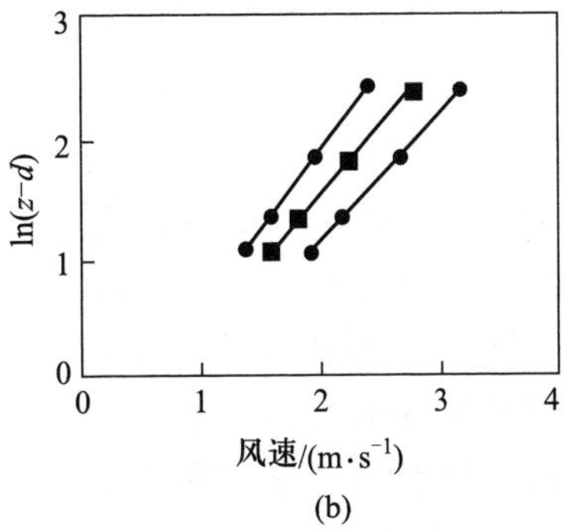

图 7.4 Mangrove 森林对数形式的风速廓线（冠层高度为 7 m）：(a) 表明没有考虑下垫面粗糙度的影响时，曲线偏离了直线形式；(b) 当考虑下垫面影响后表现为直线形式（文字信贵，2003）

根据以上的相似关系，至今已经在各种各样的植物群落上进行了大量的观测研究工作。图 7.5 为热带季雨林 CO_2 通量的观测结果，雨季的 CO_2 通量随辐射的变化而增大，但在旱季却表现出相反的变化。同时 CO_2 通量与辐射的关系还受到了风速的影响，在雨季，这种关系随风速的增大而增强，但在旱季由于受到土壤水分的制约，在强风条件下会增加水分的蒸发，引起植被气孔导度的降低，因此 CO_2 通量反而下降。

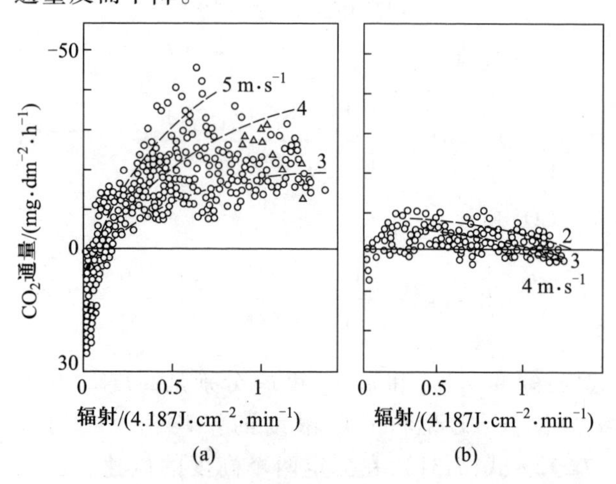

图 7.5 在热带常绿林用梯度法所测 CO_2 通量与太阳辐射的关系（以 CO_2 质量计）：(a) 旱季；(b) 雨季（文字信贵，2003）

图中不同的线代表不同风速下得到的通量-辐射响应曲线

7.2.2 莫宁-奥布霍夫相似理论在梯度法中的应用

在大气湍流领域，20 世纪中期有两个重大进展。一个是在 20 世纪 40 年代由苏联学者莫宁和奥布霍夫（Monin & Obukhov, 1954）提出的惯性子区（inertial subrange）和相似理论，另一个是由 Kaimal 和 Businger（1963）及 Mitsuta（1966）发明的在湍流测定中不可或缺的超声风速计。惯性子区是指在风速的功率谱（power spectrum）中，在靠近高频的谱段内，能量既不生成也不减少，功率谱以波数的 -5/3 次方的方式减少的谱段。莫宁-奥布霍夫相似理论就是在大气边界层中，动量通量、显热通量以及物质通量的传输，基本上可以用同样的形式表示。随着超声风速计的发明，以前难证明的理论被观测数据所验证，特别是证明了莫宁-奥布霍夫相似理论在广阔范围内应用的可能性。

在相似理论的应用中，根据物理量的垂直梯度和通量的关系，只要计算出物理量的梯度就可以计算出通量，这一点具有很大的实用性。依据该理论，风速、位温、比湿和 CO_2 的垂直梯度可以表示为

$$\frac{\partial \bar{u}}{\partial z}=\frac{u_*}{\kappa z}\Phi_m(\zeta) \tag{7.32a}$$

$$\frac{\partial \bar{\theta}}{\partial z}=\frac{\theta_*}{\kappa z}\Phi_h(\zeta) \tag{7.32b}$$

$$\frac{\partial \bar{q}}{\partial z}=\frac{q_*}{\kappa z}\Phi_w(\zeta) \tag{7.32c}$$

$$\frac{\partial \bar{c}}{\partial z}=\frac{c_*}{\kappa z}\Phi_c(\zeta) \tag{7.32d}$$

或者

$$\Phi_m(\zeta)=\frac{\kappa z}{u_*}\frac{\partial \bar{u}}{\partial z} \tag{7.33a}$$

$$\Phi_h(\zeta)=\frac{\kappa z}{\theta_*}\frac{\partial \bar{\theta}}{\partial z} \tag{7.33b}$$

$$\Phi_w(\zeta)=\frac{\kappa z}{q_*}\frac{\partial \bar{q}}{\partial z} \tag{7.33c}$$

$$\Phi_c(\zeta)=\frac{\kappa z}{c_*}\frac{\partial \bar{c}}{\partial z} \tag{7.33d}$$

其中，$u_*=(-\overline{u'w'})^{1/2}$，$\theta_*=-\overline{w'\theta'}/u_*$，$q_*=-\overline{w'q'}/u_*$，$c_*=-\overline{w'c'}/u_*$，$u$，$\theta$，$q$ 和 c 分别是风速、位温、比湿和 CO_2 浓度。由于在近地层中的位温 θ 和气温 T 近于相等，所以 $\partial\bar{\theta}/\partial z\approx\partial\bar{T}/\partial z$；$u_*$、$\theta_*(\approx T_*)$、$q_*$ 和 c_* 分别是摩擦速度、温度尺度、湿度尺度和物质浓度尺度。u 和 w 为三维风速的水平和垂直分量，θ、q 和 c 分别是位温、比湿和 CO_2 浓度。Φ_m、Φ_h、Φ_w 和 Φ_c 是稳定度参数 z/L（以 ζ 表示）的普适函数；L 是莫宁-奥布霍夫长度，具有长度量纲，可视作湍流混合的垂直尺度。

决定近地层湍流交换的外因参数包括显热通量参数 $H/\rho c_p$，湍流摩擦应力 $\tau/\rho=u_*^2$，浮力系数 g/θ_0 与水汽通量参数 E/ρ（θ_0 为边界层平均位温）。根据因次理论从这些参数中可以得到长度尺度 L，温度尺度 θ_* 和湿度尺度 q_* 分别为

$$L=-\frac{u_*^3}{\kappa\frac{g}{\theta_0}\cdot\frac{H}{\rho c_p}}=\frac{u_*^2}{\kappa^2\frac{g}{\theta_0}\theta_*} \tag{7.34a}$$

$$\theta_*=-\frac{1}{\kappa u_*}\cdot\frac{H}{\rho c_p} \tag{7.34b}$$

$$q_*=-\frac{1}{\kappa u_*}\cdot\frac{E}{\rho} \tag{7.34c}$$

由 $u_*=(-\overline{u'w'})^{1/2}$，$\theta_*=-\overline{w'\theta'}/u_*$，$q_*=$

$-\overline{w'q'}/u_*$，$c_*=-\overline{w'c'}/u_*$ 和式(7.32)，式(7.34a)以及动量的湍流通量计算公式(7.4)，可得

$$K_m=\frac{\kappa u_* z}{\Phi_m(\zeta)} \tag{7.35a}$$

相似地，对于热量、水汽与 CO_2 浓度分别有

$$K_h=\frac{\kappa u_* z}{\Phi_h(\zeta)} \tag{7.35b}$$

$$K_w=\frac{\kappa u_* z}{\Phi_w(\zeta)} \tag{7.35c}$$

$$K_c=\frac{\kappa u_* z}{\Phi_c(\zeta)} \tag{7.35d}$$

将式(7.33)和式(7.35)代入湍流通量公式(7.4)～公式(7.8)，可得

$$\tau=\frac{\rho u_* \kappa z}{\Phi_m(\zeta)}\frac{\partial\bar{u}}{\partial z} \tag{7.36a}$$

$$H=-\frac{\rho c_p u_* \kappa z}{\Phi_h(\zeta)}\frac{\partial\bar{\theta}}{\partial z} \tag{7.36b}$$

$$E=-\frac{\rho u_* \kappa z}{\Phi_w(\zeta)}\frac{\partial\bar{q}}{\partial z} \tag{7.36c}$$

$$\lambda E=-\frac{\rho\lambda u_* \kappa z}{\Phi_w(\zeta)}\frac{\partial\bar{q}}{\partial z} \tag{7.36d}$$

$$E_c=-\frac{\rho u_* \kappa z}{\Phi_c(\zeta)}\frac{\partial\bar{c}}{\partial z} \tag{7.36e}$$

相似理论不能给出普适函数 $\Phi(\zeta)$ 的形式，其形式通常需要根据近地层湍流通量和气象要素梯度的测量资料来确定。莫宁和奥布霍夫将 $\Phi(\zeta)$ 用麦克劳林级数展开，并利用风速梯度观测资料来确定级数中的有关参数，得到 $\Phi(\zeta)$ 的形式为

$$\Phi\left(\frac{z}{L}\right)\approx 1+\beta\frac{z}{L} \tag{7.37}$$

将上式代入式(7.32a)与式(7.32b)有

$$\frac{\partial\bar{u}}{\partial z}=\frac{u_*}{\kappa z}\left(1+\beta\frac{z}{L}\right) \tag{7.38a}$$

$$\frac{\partial\bar{\theta}}{\partial z}=\frac{\theta_*}{z}\left(1+\beta\frac{z}{L}\right) \tag{7.38b}$$

将式(7.38)由粗糙度 z_0 积分至高度 z，可以得到近地层风速和温度的廓线方程为

$$\bar{u}=\frac{u_*}{\kappa}\left(\ln\frac{z}{z_0}+\beta\frac{z-z_0}{L}\right) \tag{7.39a}$$

$$\bar{\theta}=\theta_0+\theta_*\left(\ln\frac{z}{z_0}+\beta\frac{z-z_0}{L}\right) \tag{7.39b}$$

这类廓线方程称为线性–对数廓线方程(图7.6)。由图7.6可见，在稳定层结条件下($R_i>0$)，风速随高度增大的速率要比中性($R_i=0$)的要快，比不稳定层结($R_i<0$)更快。温度廓线与风速廓线相似。与对数廓线方程(式(7.14)和式(7.24))相比，线性–对数廓线方程多了个订正项，莫宁和奥布霍夫给出的 β 的平均值为0.62。

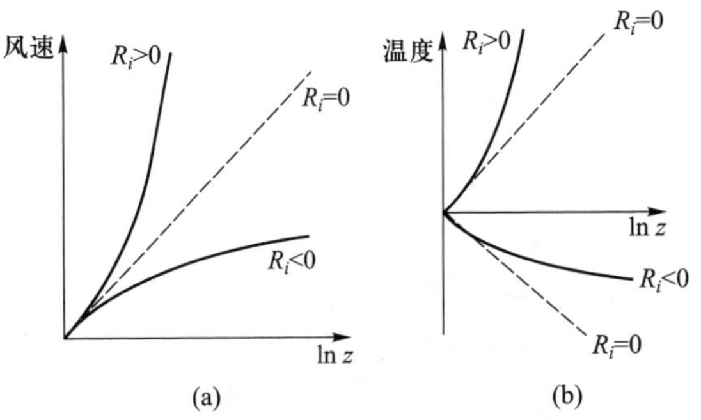

图7.6 近地层中的风速与温度廓线(傅抱璞等，1994)

许多学者以莫宁–奥布霍夫理论为基础，开展了近地层湍流结构与湍流通量以及气象要素梯度的观测实验研究，提出了很多彼此有差异的 $\Phi(\zeta)$ 形式，而这些差异可能是由于不同仪器实验误差造成的。在这些普适函数中，Businger-Dyer 方程得到了广泛的应用(图7.7)。

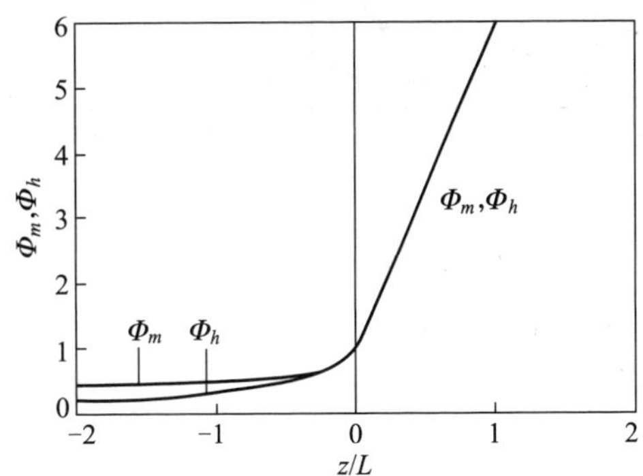

图7.7 由 Businger-Dyer 廓线得到的 Φ_m 和 Φ_h 与稳定度 ζ 的关系(文字信贵，2003)

$$\Phi_m(\zeta)=(1-15\zeta)^{-1/4},\ \Phi_h=\Phi_w=\Phi_c=\Phi_m^2,\ \zeta\leqslant 0 \tag{7.40a}$$

$$\Phi_m(\zeta)=1+5\zeta,\qquad \Phi_h=\Phi_w=\Phi_c=\Phi_m,\ \zeta>0 \tag{7.40b}$$

但是，如图7.8所表示的那样，在森林上该普适函数与 Businger-Dyer 廓线有很大的差异，而且也很

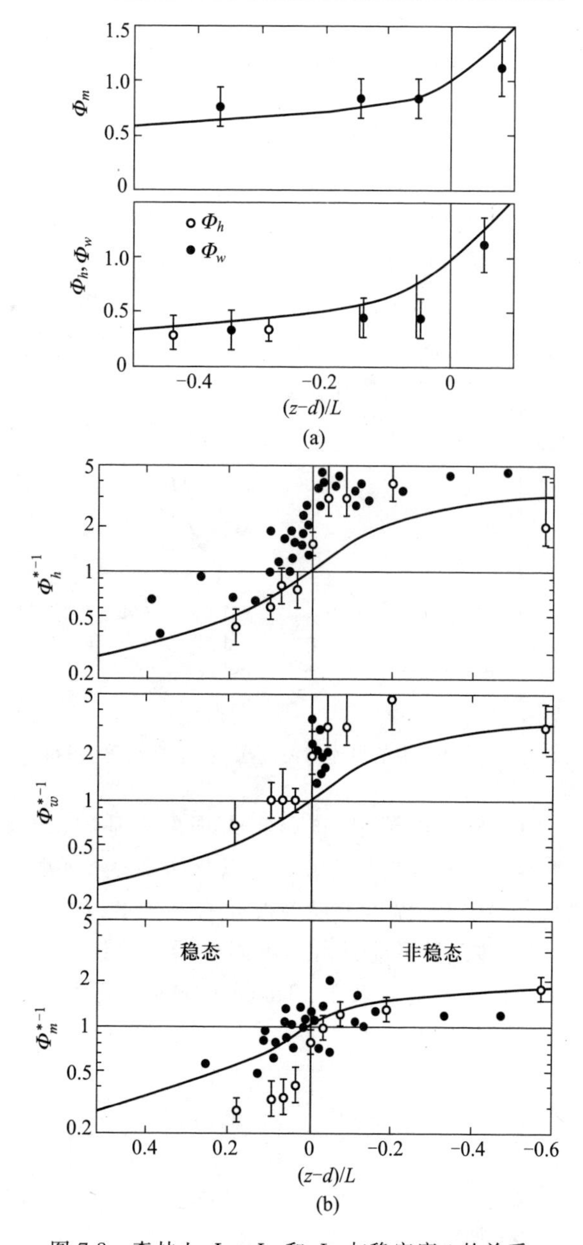

图 7.8 森林上 Φ_m、Φ_h 和 Φ_w 与稳定度 ζ 的关系：(a) Kaimal 和 Finnigan (1994)；(b) Denmead 和 Bradley (1985)实线为 Businger-Dyer 方程形式

散乱。通常认为，对于森林群落，即使热量和物质的梯度较小，输送量也会很大。这是因为在群落上部存在由于树冠起伏而造成的涡旋控制区域所引起的，这一气层也被称为粗糙亚层(roughness sublayer)。在该区域内，湍流在不同的 z 或 $z-d$(d 为零平面位移)高度尺度上进行混合，其相似理论不能成立，如风速与温度的垂直廓线无法用对数函数描述。因此，在应用梯度法测定上下层的动量、热量与物质浓度差时，如果下层的测定点距离群落过近，则无法获得准确的测定值。通常认为，应该把群落高度的 3 倍处作为测定高度(例如，Kaimal & Finnigan, 1994)，以使其超出粗糙亚层，但是测定高度的提高会发生梯度过小和下垫面面积不足等问题。另一方面，相似理论在强对流条件下，即在比较有限的 R_i 范围内(通常 $-0.05<R_i<0$)比较符合实际，但在不稳定层结或者逆温下，气象要素的廓线方程就会偏离对数形式，导致计算结果的较大误差。

7.2.3 梯度法的通量计算

利用梯度法计算物质通量，需要观测两个高度的风速、气温、湿度、水汽浓度和 CO_2 浓度等物理量在一定时间内(通常是 10~30 min)的平均量。下文分别介绍两种利用普适函数估算物质通量的方法。

(1) 第一种方法

① 计算理查孙数 R_i：

$$R_i=\frac{g\left(\dfrac{T_2-T_1}{z_2-z_1}+\gamma_d\right)}{T_0\left(\dfrac{u_2-u_1}{z_2-z_1}\right)^2} \tag{7.41}$$

式中：g 为重力加速度($9.8\ \mathrm{m\cdot s^{-2}}$)；$\gamma_d$ 为干绝热递减率($0.009\ 76\ ℃\cdot\mathrm{m^{-1}}$)；$T_1$ 和 T_2 为两个高度的温度；T_0 为 T_1 和 T_2 的平均值。

② 确定初始大气稳定度 ζ_0 和无量纲梯度普适函数 $\Phi(\zeta)$。根据大气稳定度 ζ 和理查孙数 R_i 的如下关系确定初始大气稳定度 ζ_0：

$$\begin{cases}\zeta_0=R_i & R_i<0\\ \zeta_0=R_i/(1-5R_i) & 0\leqslant R_i\leqslant 0.1\\ \zeta_0=0.2 & R_i>0.1\end{cases} \tag{7.42}$$

之后利用 Businger-Dyer 经验方程(式(7.40))，由 ζ_0 计算普适函数 $\Phi(\zeta)$。

③ 计算速度尺度 u_* 和温度尺度 θ_*。对式(7.33 a)和式(7.33 b)进行积分，并引入 d，计算 u_* 和 θ_*(可以近似认为 $T_*\approx\theta_*$)，得

$$u_*=\frac{\kappa(u_2-u_1)}{\Phi_m(\zeta)\ln[(z_2-d)/(z_1-d)]} \tag{7.43a}$$

$$T_*=\frac{\kappa(T_2-T_1)}{\Phi_h(\zeta)\ln[(z_2-d)/(z_1-d)]} \tag{7.43b}$$

式中：零平面位移 d 可以利用观测数据估算。没有观测数据时可用 0.7 倍的植被高度代替。将计算得

到的 u_* 与 θ_*（或 T_*）代入式(7.34a)可计算出莫宁-奥布霍夫长度 L,则可得到大气稳定度 $\zeta(z/L)$。如果计算得到的 ζ 与式(7.42)得到的 ζ_0 的绝对差较大,令 $\zeta=\zeta_0$,重新由式(7.40)计算普适函数 $\Phi(\zeta)$,进行式(7.43a)和式(7.43b)的计算,直到两者收敛为止。

④ 将反复计算得出的摩擦速度 u_* 和普适函数 $\Phi(\zeta)$ 代入式(7.36)计算物质通量。

(2) 第二种方法

① 对式(7.32a)和(7.32b)进行积分,可得到风速廓线方程为

$$\frac{\bar{u}}{u_*}=\frac{1}{\kappa}\left[\ln\frac{z}{z_0}-\psi_m(\zeta)\right] \tag{7.44a}$$

$$\frac{\bar{\theta}}{\theta_*}=\left[\ln\frac{z}{z_0}-\psi_h(\zeta)\right] \tag{7.44b}$$

式中:ψ_m、ψ_h 是与 $\Phi(\zeta)$ 不同的稳定度 ζ 的函数,ψ_m 和 ψ_h 的普适函数可按下式计算:

$$\begin{cases}\psi_m=\ln\left[\left(\dfrac{1+x^2}{2}\right)\left(\dfrac{1+x}{2}\right)^2\right]-2\arctan x+\dfrac{\pi}{2} & \zeta<0\\ \psi_h=2\ln\left(\dfrac{1+x^2}{2}\right) & \zeta<0\\ \psi_m=\psi_h=-5\zeta & \zeta\geqslant 0\end{cases} \tag{7.45}$$

其中,

$$x=(1-16\zeta)^{1/4} \tag{7.46}$$

因此,如图 7.9 所示,利用 $\ln z-\psi_m$ 与 u、$\ln z-\psi_h$ 与 θ 的关系,由式(7.44)求出 u_* 和 θ_*,由式(7.34a)计算 L 以及进而由式(7.40)求出普适函数 $\Phi(\zeta)$ 以及动量通量和显热通量。同样的方法也能求出 CO_2 等物质的通量。但这种方法首先要确定粗糙度(z_0),一般是利用近地层相似性公式反推。在中性条件下,z_0 可以按式(7.24)~式(7.26)计算,也可以采用任意两个高度的风速资料确定。

$$\ln z_0=\frac{u_2}{u_1}\ln z_1\bigg/\left(\frac{u_2}{u_1}-1\right) \tag{7.47}$$

② 如果大气层结是中性的,则 $\partial T/\partial z\to 0$,$L\to-\infty$,普适函数 $\psi(\zeta)\to 1$,气象因素的垂直廓线为对数形式,则 $\psi_m=\psi_h=0$。根据式(7.44)可得到初始的 u_* 和 θ_*,由式(7.34a)得出 L。由 $\zeta=z/L$ 计算初始的 $\zeta(\zeta_0)$。将 ζ_0 代入式(7.40)计算新的 $\Phi(\zeta)$,以求算通量;同时将 ζ_0 代入式(7.45)与式(7.46)计算 ψ_m 和 ψ_h,并进一步由式(7.44)得出新的 u_* 和 θ_*。将新的 u_*、θ_* 与求算的显热通量代入式(7.34a)计算新的 L 以及 ζ,如果两次计算得到的 u_*,ψ_m,ζ,$\Phi(\zeta)$ 与通量之间的绝对差较大,则重新进行上述计算,直到收敛为止。当逐渐收敛到一定水平,则由 ζ 根据式(7.40)计算出普适函数 $\Phi(\zeta)$,利用式(7.36)计算物质通量。

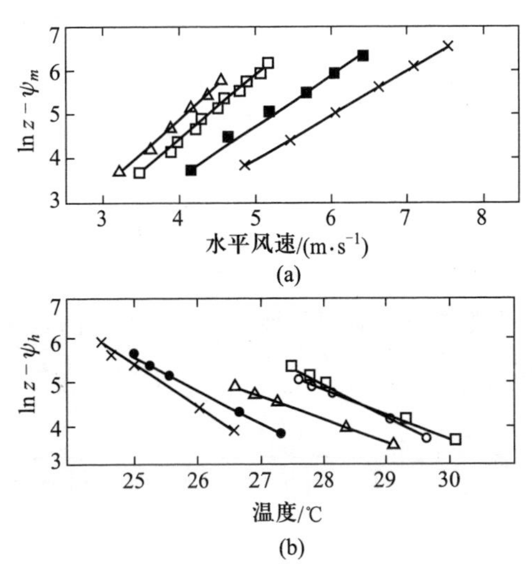

图 7.9 风速(a)和气温(b)的廓线形式(Paulson,1970)
利用这种关系可以计算 u_*、θ_*,进而求出普适函数 $\psi(\zeta)$ 以及动量通量和显热通量

7.2.4 梯度法的局限性及其改良

如本节开始所述,无量纲的普适函数 Φ_m、Φ_h、Φ_w 和 Φ_c 即使在地形平坦的森林,也未被确立其实际形式。为了弥补这一缺陷,提出了将易测定的 $\overline{w'\theta'}$ 用涡度相关法测定,由 $\overline{w'\theta'}$ 和 $\Delta\bar{\theta}/\Delta z$ 逐层反求扩散系数,再把它应用于其他标量的方法(Monji *et al.*,2002)。

根据 K 理论,在近地层内,垂直方向的与温度有关的湍流输送项可以表示为

$$\overline{w'\theta'}=-K_h\frac{\partial\bar{\theta}}{\partial z} \tag{7.48}$$

其中,$\overline{w'\theta'}$ 是通过涡度相关法直接测定的通量。用该方法自然也可以求得各个时间的 F_c 和 λE。但如果位温梯度 $\partial\theta/\partial z$ 过小时,测定值会发散而不能正确评价。另外,$\overline{w'\theta'}$ 在遇到强雨,以及热电耦老化而

断裂等情况时，时常都不能进行正常测定。因此又提出了一个只用梯度求算 K_h 值的一般化方法。将式(7.33a)变换可以得到

$$u_* = \frac{\kappa z}{\Phi_m(\zeta)} \frac{\partial \bar{u}}{\partial z} \tag{7.49}$$

将式(7.49)代入式(7.35b)，湍流系数 K_h 可以表示为

$$K_h = \frac{\kappa^2 z^2}{\Phi_m \Phi_h} \frac{\partial \bar{u}}{\partial z} \tag{7.50}$$

CO_2 与水汽同为痕量气体，两者的湍流控制机制是相同的，所以在边界层研究中，$K_c = K_h$ 的关系被普遍采用，则有

$$\overline{w'c'} = -K_h \frac{\partial \bar{c}}{\partial z} = -\frac{(\kappa z)^2}{\Phi_m \Phi_h} \frac{\partial \bar{u}}{\partial z} \frac{\partial \bar{c}}{\partial z} \tag{7.51}$$

对式(7.51)应用 z_1 和 z_2 两个高度的数据进行差分，得

$$\overline{w'c'} = \kappa^2 \frac{(\bar{c}_1 - \bar{c}_2)(\bar{u}_2 - \bar{u}_1)}{\Phi_m \Phi_h \{\ln[(z_2 - d)/(z_1 - d)]\}^2} \tag{7.52}$$

所以，CO_2 通量可从下式求解，

$$\begin{aligned} F_c &= \rho \overline{w'c'} = -\rho \frac{(\kappa z)^2}{\Phi_m \Phi_h} \frac{\partial \bar{u}}{\partial z} \frac{\partial \bar{c}}{\partial z} \\ &= -\rho \kappa^2 \frac{(\bar{c}_1 - \bar{c}_2)(\bar{u}_2 - \bar{u}_1)}{\Phi_m \Phi_h \{\ln[(z_2 - d)/(z_1 - d)]\}^2} \end{aligned} \tag{7.53}$$

关于普适函数 Φ_m、Φ_h，至今已作了大量的研究。在平坦的裸地和低矮的植物上，应用最广泛的是 Businger-Dyer 关系式。但是在森林上通量和梯度的关系不能以同样的形式来表示，而且即使在平坦的森林也没有确立其确定性的法则。在这里，将 Φ_m、Φ_h 作为理查孙数 R_i 的函数而求解。假设 $\Phi_h = \Phi_w = \Phi_c$，则 $\Phi_m \Phi_h$ 和 R_i 的关系就成为 Businger-Dyer 的形式。进而确定系数 a、b 和 c 即可得到 Φ_m 与 Φ_h：

$$\begin{cases} \Phi_m \Phi_h = a(1 - bR_i)^{-3/4} & R_i < 0 \\ \Phi_m \Phi_h = a(1 - cR_i)^{-2} & R_i \geq 0 \end{cases} \tag{7.54}$$

Monji 等 (2002) 在泰国的热带雨林上求出的 $\Phi_m \Phi_h$ 和 R_i 的关系如图 7.10 所示。图中显示，在 $R_i = 0$时 Φ_m、Φ_h 不是 1 而是 0.5。因此有必要根据具体的森林对象分别求解普适函数。再者，在群落内部，各种关系更为复杂，同时这种关系与群落的高度和冠层的凹凸也有关系，因为很少有理想的均一的群落，测定高度如果不足，则相似理论是不能成立的，经常会发生通量与梯度相悖逆的情况，在这种情况下就不能使用梯度法来求算通量。但观测高度的增大会对下垫面风浪区(fetch)的大小提出更大的要求。另外，梯度法自然要用廓线与通量的关系，在用此法计算通量时，卡门常数(κ)是作为一个不变的量来进行处理的，而其大小对于计算的通量有很大的影响。如前所述，κ 的变化范围是 0.35～0.43，通常取 0.4(傅抱璞等，1994)。因此如何确定适当的卡门常数是长时间以来一直没有解决的重大问题。

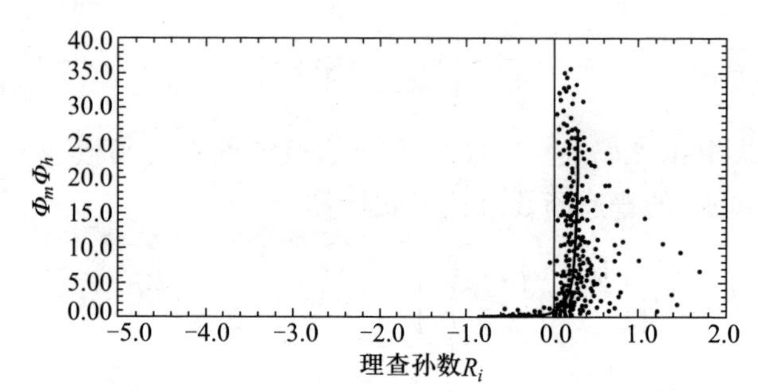

图 7.10　$\Phi_m\Phi_h$ 和 R_i 的关系(Monji *et al.*, 2002)

图中显示，在中性条件下($R_i = 0$)，$\Phi_m\Phi_h$ 不是 1 而是 0.5

总体而言，与涡度相关技术相比，梯度法物理概念简明，理论成熟，且使用方便，只需要不同高度的常规气象要素的观测资料，就可以进行长期的热量、水汽、CO_2 以及其他痕量气体的通量计算与研究，因此在仪器的测定精度、观测成本与仪器操作等方面的要求较低，成为近地面层湍流通量观测中常用的技术。但梯度法也存在几方面的问题，首先，如何在非理想大气层结条件下计算通量。例如有研究表明，当风速与不同高度水汽压差小于 2.0 $m \cdot s^{-1}$ 与 0.5 hPa 时，利用梯度法所观测的显热与潜热通量的相对误差迅速增大(刘树华等，1999)。其次，梯度法需要在不同高度上进行廓线梯度观测，这使其适用范围受到限制，比如在水面上的观测。第三，普适函数的适用性以及其他参数的确定，如 κ 的大小与普适函数 $\Phi(\zeta)$ 的形式，也会影响计算结果的精确度(Aloysius & Gordon，1978)。最后，在通量计算中采用积分形式和迭代方法的计算过程不够简便。

7.2.5 梯度法通量观测仪器的设置、检验及结果修正

利用空气动力学测定植物群落与大气间的能量(显热和潜热)、物质(CO_2 与 H_2O)通量时,需要测定至少两个高度的风速、气温、湿度及物质浓度等要素。一般情况下,株高在 1 m 左右的农田,需要 4 m 的观测高度,而对于冠层较高的森林,往往需要较高的观测塔用于安装仪器设备,同时在观测站点的上风方向需要有大约观测高度几十倍长的均匀一致的下垫面,才能满足观测的需要。

由于两个高度的气象要素的差异较小,要求有高精度的仪器用于观测。在观测过程中不仅需要仪器的检验与校正,更需要在观测的期间内将两组仪器在同一观测高度上进行平行比较,以减少仪器之间的系统误差。

在梯度法中,风速的测定一般采用风杯风速计。利用这种风速计测定风速梯度时有两方面的问题(图 7.11):其一,在夜间等情况下,风速变弱,由于风速在启动风速以下时风杯风速计停止不转动的情况多有发生。即使不完全停止,也会时动时静(因为不能一直观测,所以这种判定比较困难),不能很好地进行通量的评价分析。其二,风杯风速计对于风速变化的响应加速迅速,但减速却很迟缓,所以在混合较强的气流中用风杯风速计测定风速会高估10%以上,这在通量计算中是不能忽略的。因此最好在实际的测定中要预先与超声风速计等进行比较订正。

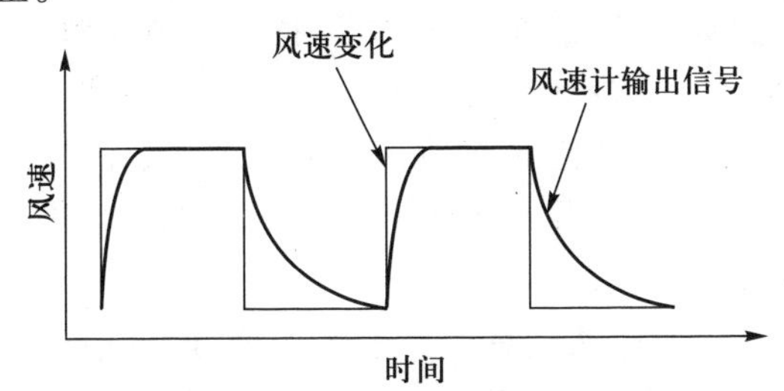

图 7.11 风速计对风速变化响应滞后效应图(文字信贵,2003)

细线表示实际风速的变化,粗线表示风杯风速计所测定的风速。两者的差异表示风速计对风速变化响应的滞后效应。另外,风速计对于风速变化的响应加速迅速,但减速却很迟缓

此外,在一定时间内计算平均风速时,有标量平均($\bar{u}_s$)与矢量平均($\bar{u}_v$)两种不同的计算方法:

$$\bar{u}_s = \frac{1}{T}\int_0^T (u_x^2 + u_y^2)^{1/2}\mathrm{d}t \tag{7.55}$$

$$\bar{u}_v = \left[\left(\frac{1}{T}\int_0^T u_x\mathrm{d}t\right)^2 + \left(\frac{1}{T}\int_0^T u_y\mathrm{d}t\right)^2\right]^{1/2} \tag{7.56}$$

当风速较大时,两种计算的差异不大,而在低风速条件下(如 $u<5\ \mathrm{m\cdot s^{-1}}$),$\bar{u}_s$ 比 $\bar{u}_v$ 高 10%以上,因此,在观测之前应确定适宜的平均计算方法。

对于温、湿度的观测,在温度的测定中,可采用白金丝、热电偶与热敏电阻等进行观测,仪器的测定精度应达到0.01 ℃。应选择直径较小的仪器,因为对于直径大于 0.1 mm 的仪器,当通风风速小于 1 $\mathrm{m\cdot s^{-1}}$ 时,仪器自身发热会对测定有很大影响,而直径小于 10 μm 的仪器,这种影响很小。和风速观测相似,在观测中需要进行仪器之间的平行对比。同时观测中应避免日光直射与自身发热引起的误差。在长期的湿度观测中,一般采用电容性仪器,但需要经常性的标定,干湿球湿度计一般只能应用于短期与冬季没有冻结时的观测。水汽的测定往往采用红外线仪器与 CO_2 同时进行观测。

作为梯度测定时的问题,在气象要素的廓线测定中,一方面梯度在低矮植物和裸地的上方大,但在森林等群落的上方却非常小,另一方面存在着仪器之间的误差,即使在测定之初做过严格的校定,但随着测定时间的推移也会产生仪器误差。因此,仪器的误差对梯度法的通量观测有重要影响。作为解决仪器误差的方法,有人开发了让一个测量仪器上下移动、自动地上下交换以提高精度的方法。但这种系统复杂,不适于进行长期的观测,同时这种方法需要经常校正观测的高度。而且,对于微量气体浓度的测定,用两个以上不同的气体分析仪进行分析是不适当的。因此可以采用管子将气体导入同一气体分析仪内,以电磁阀等按一定时间间隔切换进行测定。但这种方法要注意由于管路长度与弯曲度引起的压力与浓度的变化。

7.3 整体法的原理及其应用

7.3.1 整体法测定原理

基于空气动力学原理的梯度法是利用两个或两个以上高度的观测数据求算通量的方法,而将两个

高度中的一个高度确定为地面的通量计算方法称为整体法(bulk method),也称为整体空气动力学法(bulk aerodynamic method)。因为地面的风速可以假定为零,所以仅测定一个高度的风速即可。相似的,两个高度的温度差与湿度差可以看作为测定高度处的温度和湿度与地面相应观测值的差。

将两个高度中的一个高度确定为地面时,动量通量 τ,显热通量 H 和水汽通量 E(潜热通量 λE)可用从地面到观测高度 z 的积分形式表示如下:

$$\tau = \rho \frac{u_z}{\int_0^z \frac{1}{K_m} \mathrm{d}z} \tag{7.57a}$$

$$H = \rho c_p \frac{\theta_s - \theta_z}{\int_0^z \frac{1}{K_h} \mathrm{d}z} \tag{7.57b}$$

$$E = \rho \frac{q_s - q_z}{\int_0^z \frac{1}{K_e} \mathrm{d}z} \tag{7.57c}$$

式中:下标 s 和 z 分别表示在地表面和高度。引入参数 c_m、c_h 和 c_e,得

$$c_m = \frac{1}{u_z \int_0^z \frac{1}{K_m} \mathrm{d}z} \tag{7.58a}$$

$$c_h = \frac{1}{u_z \int_0^z \frac{1}{K_h} \mathrm{d}z} \tag{7.58b}$$

$$c_e = \frac{1}{u_z \int_0^z \frac{1}{K_e} \mathrm{d}z} \tag{7.58c}$$

式中:c_m、c_h 和 c_e 分别是动量、显热和水汽的湍流传输系数(turbulent transfer coefficient),并且 c_m、c_h、c_e 又分别被称为动量曳力系数(drag coefficient)、显热 Stanton 数(Standon number)、潜热 Dalton 数(Dalton number)。将式(7.58)代入式(7.57)可以得到

$$\tau = -\rho \overline{u'w'} = \rho u_*^2 = \rho c_m u_z^2 \tag{7.59a}$$

$$H = -\rho c_p \overline{w'\theta'} = -\rho c_p u_* \theta_* = \rho c_p c_h (\theta_s - \theta_z) u_z \tag{7.59b}$$

$$E = -\rho \overline{w'q'} = -\rho u_* q_* = \rho c_e (q_s - q_z) u_z \tag{7.59c}$$

式中:u_z 表示在高度 z 处的风速。c_m、c_h 和 c_e 可按下式计算(Heikinheimo *et al*, 1999, Mahrt & Vickers, 2003):

$$c_m = \frac{\kappa^2}{\left[\ln \frac{z}{z_m} - \psi_m(\zeta)\right]^2} \tag{7.60a}$$

$$c_h = \frac{\kappa^2}{\left[\ln \frac{z}{z_h} - \psi_m(\zeta)\right]\left[\ln \frac{z}{z_h} - \psi_h(\zeta)\right]} \tag{7.60b}$$

$$c_e = \frac{\kappa^2}{\left[\ln \frac{z}{z_e} - \psi_m(\zeta)\right]\left[\ln \frac{z}{z_e} - \psi_w(\zeta)\right]} \tag{7.60c}$$

式中:z_m、z_h 和 z_e 分别是动量、温度和水汽的粗糙度。ψ_m、ψ_h 和 ψ_w 参照式(7.45)和式(7.46)确定。

7.3.2 整体法测定通量的方法及注意事项

作为梯度法的一种简化的基于相似理论的通量估算方法,整体法具有与梯度法明显不同的特点。首先,由于整体法只需要在一个高度观测气象要素就可以推算地表-大气之间的通量交换,因此观测仪器的数量可以大大减少,系统操作简单,并减少了不同仪器之间的测定误差。其次,由于地表与近地层气象要素的差异明显,因此地面与测定高度之间的物质与热量的梯度要比梯度法两个高度之间的梯度高 1 个数量级,这就可以降低对观测仪器精度的要求,相应地降低观测的成本。再者,当观测地面为水体或者雪面时,其水汽压为饱和水汽压,可以直接利用温度的测定值推算。因此,这种方法在海面与湖面等水体-大气之间的通量研究中得到了广泛的应用。但这种方法在计算通量时也是基于相似理论,这种关系在中性条件下的水面、裸地或者低矮植被上是成立的,然而复杂地形,特别是高大植被,如森林时,其合理性受到质疑。最后,与梯度法不同的是,由于整体法隐含将地面作为一个测定高度的假设,因此无法消除下垫面粗糙度的影响,所以这种方法在粗糙下垫面上的应用很少。

利用整体法估算能量通量,在测定大气风速、温度与湿度等气象要素时,还需要对地表(水面)相应的气象因素进行细致观测,所需要的观测仪器与梯度法基本相似。在计算通量时,与梯度法不同的是,需要事先确定风(动量)、气温(显热)和水汽的粗糙度 z_m、z_h 和 z_e。在中性条件下,风速、温度与湿度的线性-对数廓线形式如图 7.12 所示,各廓线与纵轴的交点即是对应的粗糙度。因此可以根据线性-对数廓线方程计算 z_m、z_h 和 z_e。ψ_m、ψ_h 和 ψ_w 参照式(7.45)和式(7.46)确定。将计算得到的粗糙度与稳

定度函数代入式(7.60)即可得到 c_m、c_h 和 c_e，并进一步由式(7.59)计算动量、显热与潜热通量。

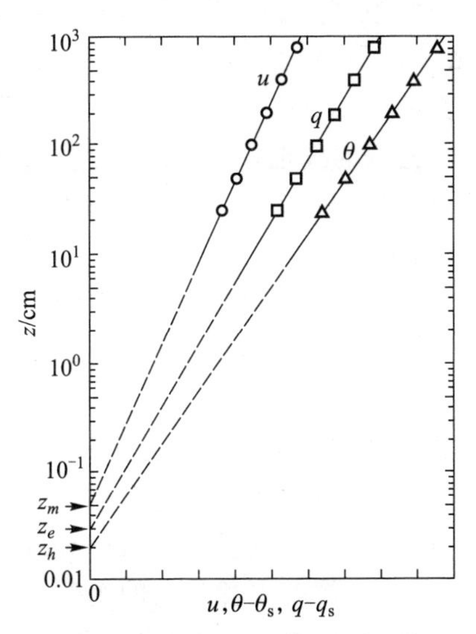

图 7.12 中性条件下风速、温度与湿度的线性-对数廓线分布(竹内清秀和近藤纯正,1995)
图中纵轴是高度的对数值，各廓线的延长线与纵轴的交叉点即是 z_m，z_h 和 z_e

另外，还可以通过直接计算 c_m、c_h 和 c_e 来计算通量(Heikinheimo *et al.*, 1999)，

$$c_x = \frac{c_{mN}^{1/2} c_{xN}^{1/2}}{[1-(c_{mN}^{1/2}/\kappa)\psi_m(\zeta)][1-(c_{xN}^{1/2}/\kappa)\psi_x(\zeta)]} \quad (7.61)$$

其中，$c_x = c_m$，c_h 或者 c_e，N 表示中性条件下的 c_m、c_h 和 c_e，其大小需要由实验进行确定。Brutsaert(1982)列出了用涡度相关或者梯度法得到的 c_{m10N}、c_{h10N} 和 c_{e10N} 的变化范围分别是 $1.5\times10^{-3} \sim 1.9\times10^{-3}$、$1.3\times10^{-3} \sim 1.7\times10^{-3}$ 和 $1.5\times10^{-3} \sim 1.7\times10^{-3}$，其中 N 表示中性层结条件，10 表示测定高度为10 m。

在水体表面上的研究表明，$c_m \geqslant c_h \approx c_e$，并且 c_m 随风速线性增大。Wu(1980)的研究表明，$c_{m10N} = 0.8\times10^{-3} + 0.65\times10^{-4} u_{10}$，$N$ 表示中性层结，u_{10} 表示 10 m高处的风速。Bergström 和 Semdman(1995)得出 $c_{m10N} = 0.33\times10^{-3} + 0.109\times10^{-3} u_{10}$。多数研究表明 c_e 比较稳定，可以看作常数或者在中性条件下与风速有很弱的关系。对于开阔的海面，$c_{e10N} = 0.63 c_{m10N} + 0.32$(Launiainen, 1983)。近来，Smith 等(1996)的研究表明，在较宽的风速变化范围内，$c_e \approx c_h \approx 1.1\times10^{-3}$。相对于开阔水体，由能量与水分平衡方法得到的湖面的 c_e 变化范围是 $1.35\times10^{-3} \sim 1.9\times10^{-3}$(Virta, 1981; Strub & Powell, 1987; Stauffer, 1991)。

7.4 热量平衡法的原理及其应用

7.4.1 热量平衡方程

设地表面吸收的净辐射通量为 R_n，显热通量为 H，从地表面传导到土壤深处的热通量为 G，蒸发量为 E，根据能量守恒定律，当考虑植被冠层的能量储存和光合作用能量消耗时，陆地生态系统近地层能量的平衡方程为

$$R_n = H + \lambda E + G + S + P_Q \quad (7.62)$$

式中：S 为地表到植被冠层的热储存量；P_Q 为光合作用消耗的能量；λ 为单位质量水的汽化热。该方程也称为热量平衡方程，无论时间尺度的长短和空间尺度的大小都成立。对于作物、草场和裸地而言，S 和 P_Q 这两项的数值通常很小，一般可以忽略，因此能量平衡方程可以改写为

$$R_n = H + \lambda E + G \quad (7.63)$$

但在有些特殊情况下，冠层的热储存和植物光合作用耗能也必须考虑。例如，夏天的作物光合作用所消耗的能量可以达到太阳辐射的5%，约 10 $\mathrm{W\cdot m^{-2}}$；森林等冠层生物量较大的群落，冠层储存的能量也较多，不能忽略；再如水面降雪时，雪的融化使水面损失能量，以 10 mm 的降雨量计算约为40 $\mathrm{W\cdot m^{-2}}$，因此，雪的融化耗能也是不能忽略的。

净辐射 R_n 为短波辐射与长波辐射的总收支平衡，即

$$R_n = S_{down} - S_{up} + L_{down} - L_{up} \quad (7.64)$$

式中：S_{down} 是从天空到达地面的短波辐射；S_{up} 是地面反射的短波辐射；L_{down} 是向下的长波辐射(大气逆辐射)，L_{up} 是向上的长波辐射。式(7.64)还可按如下表示，

$$\begin{aligned} R_n &= (S_{down} + L_{down}) - (\alpha S_{down} + \alpha' L_{down} + \delta\sigma T_0^4) \\ &= (1-\alpha) S_{down} + (1-\alpha') L_{down} - \delta\sigma T_0^4 \end{aligned} \quad (7.65)$$

式中：α 为地面对太阳短波辐射的反射率；α' 为地面对长波辐射的反射率；δ 为地面的比辐射率，又称灰体系数；σ 为斯特藩-玻尔兹曼常数(5.667×10^{-8} $\mathrm{W\cdot m^{-2}\cdot K^{-4}}$)；$T_0$ 为地面温度(K)。

关于土壤热通量的计算，如土壤的导热率为

λ_*，土壤温度为 T，则土层 z 处的热通量为

$$G=-\lambda_*\left(\frac{\partial T}{\partial z}\right) \tag{7.66}$$

z 与 $z+\Delta z$ 之间的热通量的差为 $\Delta G=G_{z+\Delta z}-G_z$。而 ΔG 与 Δz 内的热量 $c\rho T$ 在单位时间 Δt 内的减少量 $-\Delta(c\rho T)\frac{\Delta z}{\Delta t}$相等，

$$\frac{\partial G}{\partial z}=-\frac{\partial}{\partial t}(c\rho T)\,\mathrm{d}z \tag{7.67}$$

式中：c 和 ρ 分别为土壤的比热和密度。

对式(7.67)积分可以得到

$$G_0-G_D=\int_0^D\frac{\partial(c\rho T)}{\partial t}\mathrm{d}z \tag{7.68}$$

式中：D 表示$\partial T/\partial z=0$ 的土壤深度。G_0 是使地温升高的能量，称为土壤的储热量。由式(7.68)，当 $G_D=0$时，有

$$G_0=\int_0^D\frac{\partial(c\rho T)}{\partial t}\mathrm{d}z \tag{7.69}$$

因此，通过测定土壤中的 c 和 ρ 的分布，以及温度 T 的变化，可以估算 G_0。

由式(7.63)、式(7.5)和式(7.7)以及相似理论可得

$$R_\mathrm{n}=H+\lambda E+G=-\rho c_p K_h\frac{\partial\bar{T}}{\partial z}-\rho\lambda K_w\frac{\partial\bar{q}}{\partial z}+G \tag{7.70}$$

如以差分代替微分，并令 $K_h=K_w=K$，可由上式解出湍流扩散系数 K 为

$$K=-\frac{(R_\mathrm{n}-G)\Delta z}{\rho c_p\Delta T+\rho\lambda\Delta q} \tag{7.71}$$

或直接求出显热和潜热通量项，

$$H=-\rho c_p K_h\frac{\partial\bar{T}}{\partial z}=\frac{R_\mathrm{n}-G}{1+\frac{\lambda}{c_p}\cdot\frac{\Delta q}{\Delta T}} \tag{7.72}$$

$$\lambda E=-\rho\lambda K_w\frac{\partial\bar{q}}{\partial z}=\frac{R_\mathrm{n}-G}{1+\frac{c_p}{\lambda}\cdot\frac{\Delta T}{\Delta q}} \tag{7.73}$$

式中：$\Delta z=z_2-z_1$，$\Delta T=T_2-T_1$，$\Delta q=q_2-q_1$。同时也可以将湿度(q)转换为水汽压(e)来计算潜热。

上述利用热量平衡原理推算热量通量的方法即称热量平衡法，又可称作热收支法。应用该方法时，必须要有净辐射和土壤热通量的实际观测值或计算值，以及两个高度上的温度和湿度的观测资料。观测仪器的精度与梯度法相同，同时在热量平衡站点的规范中规定，当满足 $R_\mathrm{n}-G>69.78\ \mathrm{W\cdot m^{-2}}$，$\Delta T+1.56\Delta e>0.5$ ℃和 $\Delta e+0.64\Delta T>1.0$ hPa 时，才可以利用上面的公式。另外，在高海拔地区的观测还应进行空气密度的校正。

在实际的应用中，热量平衡法有以下几方面的限制：① 当下垫面不均匀，以及存在平流等影响时热量平衡方程不能达到平衡，即热量不闭合，特别是对于高大植被这种情况很常见，导致热量平衡法无法应用。② 式(7.70)表明，热量平衡法也是一种简化的梯度法，因此，仅仅适合于通量正比于梯度的大气层结条件，在群落内部往往不适用。③土壤热通量在裸地可以由热通量板等仪器进行准确的观测，但在复杂群落内，单点或者几点的观测难以代表群落的总体情况，引起通量估算的较大误差。同时，测定净辐射等的仪器的观测误差也会影响能量平衡。④ 将式(7.62)进行简化时，可能会由于一些热量项的忽略导致较大的误差，如群落中的热储量不仅包括群落内空气的热储量，还应包括植物体的热储量，而后者的准确测定相当困难。此外，当 $\lambda\Delta q/c_p\Delta T=-1$ 时，该方法会存在很大误差。

7.4.2　波文比法(BREB)

基于热量平衡方程与相似理论，根据波文比(Bowen ratio)的定义，提出的波文比-热量平衡法，简称波文比法(Bowen ration-energy balance method，BREB)。

$$B=\frac{H}{\lambda E} \tag{7.74}$$

B 称为波文比。由式(7.5)和式(7.7)以及相似理论得

$$B=\frac{H}{\lambda E}=\frac{c_p}{\lambda}\cdot\frac{\Delta T}{\Delta q} \tag{7.75}$$

当以水汽压(e)表示时，

$$B=\gamma\frac{\Delta T}{\Delta e}=\gamma\frac{\bar{T}_\mathrm{s}-\bar{T}_z}{\bar{e}_\mathrm{s}-\bar{e}_z} \tag{7.76}$$

式中：γ 是干湿球常数(psychrometric constant)。由式(7.77)计算：

$$\gamma=\frac{c_p P}{\varepsilon\lambda} \tag{7.77}$$

式中：P 为大气压；ε 为水汽分子与干空气分子的质量比，当比湿 q 的量纲分别取 $\mathrm{g\cdot g^{-1}}$和 $\mathrm{g\cdot kg^{-1}}$时，ε 分

别等于 0.622 和 622。将 B 代入式(7.72)和式(7.73),可得

$$\lambda E=\frac{R_n-G}{1+B} \tag{7.78}$$

$$H=B\lambda E=\frac{B(R_n-G)}{1+B} \tag{7.79}$$

虽然波文比法的计算比较简单,但利用这种方法确定热通量时存在以下三方面的缺点:① 与热量平衡法相似,净辐射 R_n 和土壤热通量 G 的观测误差将造成计算结果的系统性偏差。因此采用同一仪器在不同高度进行切换就可以消除由于观测仪器引起的系统性误差(图 7.13)。② 波文比法也是假设近地面层热量和水汽的湍流交换系数相等,即 $K_h=K_w$,但这一假设仅在中性层结时才近似成立,而在非中性层结时并不成立,尤其是在稳定层结情况下,$K_h/K_w>1$,随着层结稳定度的增大,$K_h \geqslant K_w$。此时若仍使用该假设条件,会造成波文比法计算的潜热通量值偏低。③ 由有限差分形式取代偏微分形式可引起误差。波文比法采用有限差分形式计算不同高度上的温、湿度差值显然没有梯度法中采用积分形式的计算结果精确。为尽量减小误差,在用此法进行高大植被如森林的观测时,要求仪器设置的层数最好在两层以上。

图 7.13 中国科学院地理科学与资源研究所开发的换位式波文比观测仪(专利号:ZL 98205740.7)

7.4.3 彭曼法

由于彭曼(Penman)公式全面考虑了空气动力学阻抗和植物冠层阻抗对蒸散的综合影响,具有良好的物理学基础和较好的适用性,因此在通量的研究中得到了广泛采用。在湿润的地表面,彭曼法是一种简单的计算蒸发通量的方法,这种计算蒸发通量的方法称为彭曼法。该方法不仅简单,而且对于理解蒸发量对于温度的依赖性十分有益。

如果自然表面经常接近湿润状态,则可以假定地面湿度(q_s)为地面温度(T_s)下的水汽饱和状态($q*(T_s)$),即 $q_s=q*(T_s)$。彭曼公式就利用了这样的假设。

利用平均风速与水汽廓线将式(7.76)进行差分可以得到

$$B=\gamma\frac{\Delta T}{\Delta e}=\gamma\frac{\bar{T}_s-\bar{T}_z}{\bar{e}_s-\overline{e(T_z)}} \tag{7.80}$$

式中:e_s 是地表面的水汽压,地表面为湿润状态,因此,e_s 等于地表面温度下的饱和水汽压,即 $e_s=e^*(T_s)$。$e(T_z)$是高度 z 处温度为 T_z 时的水汽压。γ 是干湿球常数,其计算如式(7.77),在标准大气压条件下($P=101.3$ kPa),$\gamma=0.67$ mbar·K^{-1}。在彭曼法中的一个重要的假设是饱和水汽压对温度曲线的斜率(Δ)可以用下式表示:

$$\Delta=\frac{e^*(T_s)-e^*(T_z)}{\bar{T}_s-\bar{T}_z} \tag{7.81}$$

式中:$\Delta=\mathrm{d}e^*/\mathrm{d}T$ 为饱和水汽压曲线在 T 处的斜率;$e^*(T_s)$与 $e^*(T_z)$分别表示地表与高度 z 处的饱和水汽压。将式(7.81)带入到式(7.80),可得

$$\begin{aligned} B&=\frac{\gamma}{\Delta}\frac{e^*(T_s)-e^*(T_z)}{\bar{e}_s-\overline{e(T_z)}} \\ &=\frac{\gamma}{\Delta}\left[\frac{e^*(T_s)-\overline{e(T_z)}+\overline{e(T_z)}-e^*(T_z)}{\bar{e}_s-\overline{e(T_z)}}\right] \\ &=\frac{\gamma}{\Delta}\left[1-\frac{e^*(T_z)-\overline{e(T_z)}}{\bar{e}_s-\overline{e(T_z)}}\right] \end{aligned} \tag{7.82}$$

对于式(7.63)而言,当考虑较长时间内(如数日)的各分量的变化时,G 的变化相对不重要,因此可以忽略,或者利用净辐射与土壤热通量的差值(下文仍以 R_n 表示),则式(7.63)可以简化为

$$R_n = H + \lambda E \tag{7.83}$$

相应地，

$$H = B\frac{R_n}{1+B} \tag{7.84a}$$

$$\lambda E = \frac{R_n}{1+B} \tag{7.84b}$$

将式(7.82)带入到式(7.84b)，可得

$$R_n = \left(1+\frac{\gamma}{\Delta}\right)\lambda E - \left[\frac{\gamma}{\Delta}\frac{e^*(T_z)-\overline{e(T_z)}}{\overline{e_s}-\overline{e(T_z)}}\right]\lambda E \tag{7.85}$$

式(7.85)右侧第二项引入潜热的风速函数 $\lambda E = f_e(\overline{u_z})[\overline{e_s}-\overline{e(T_z)}]$ 与空气干燥度的风速函数 $E_A = f_e(\overline{u_z})[e^*(T_z)-\overline{e(T_z)}]$，代入式(7.85)得

$$\lambda E = \frac{\Delta}{\Delta+\gamma}R_n + \frac{\gamma}{\Delta+\gamma}E_A \tag{7.86}$$

将计算出的潜热代入到式(7.83)即可计算出显热通量。在利用式(7.86)计算潜热通量时，如何确定准确的 γ、Δ 和空气干燥度(E_A)对通量的计算相当重要。图 7.14 表示了 γ/Δ 与 $\Delta/(\gamma+\Delta)$ 在标准大气压下随温度的变化。由此可见，γ/Δ 随着温度的变化表现出了明显的变化趋势，其大小应根据实际的温度进行确定。

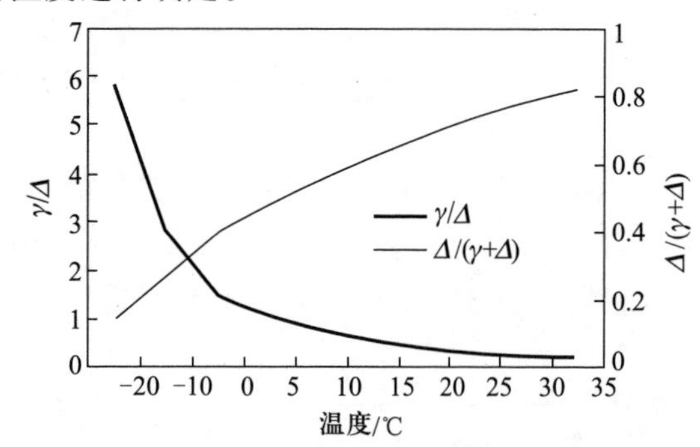

图 7.14　γ/Δ 与 $\Delta/(\Delta+\gamma)$ 和温度之间的关系
(朱岗崑，2000)

空气干燥度(E_A)的计算首先需要确定其函数中的$f_e(\overline{u_z})$，但当前尚无统一的意见，Penman 方程采用下列经验式以估算 $f_e(\overline{u_z})$，

$$f_e(\overline{u_z}) = 0.26(1+0.54\,\overline{u_2}) \tag{7.87}$$

式中：$\overline{u_2}$是 2 m 高度的平均风速。该方程对小至中等粗糙度的下垫面可以进行很好的估算。但对于进行灌溉的作物，系数 0.54 需要调整到 0.86。因此 $f_e(\overline{u_z})$ 的具体形式需要根据具体情况确定。得到 λE 之后可根据式(7.83)利用测定的 R_n 计算显热通量。

以上是在假定蒸发面为饱和状态而推导出的彭曼方程，被广泛地应用于估算湿润地表/水面潜在蒸散量。因为该方法可以利用常规气象台、站的观测资料计算陆地的潜在蒸散，被广泛应用于区域尺度的潜在蒸腾蒸发评价。同时，式(7.86)右侧第一项又被称作平衡蒸发量，表示湿润地表面蒸发量的下限；第二项称衡量大气平衡偏离程度的偏差项，这种偏差来自大尺度或者区域性平流效应。

上述根据彭曼方程计算蒸发量的方法其优点在于通过假定地面达到水汽饱和，只需要在一个高度观测风速、温度与湿度，而不用在多个高度进行同时观测，就可以推算湿润表面的潜在蒸发量。在具体观测中需要注意以下三方面：① 由于这种方法同样根据热量平衡进行计算，因此在观测中需要对净辐射、土壤热通量等因素进行精确的观测。② 这种方法将下垫面看作了整体，没有区分地表与植被对水汽通量与显热通量的各自贡献，因此只是一种单涌源模型。③ 普通的蒸发面经常是处于非饱和状态，估算来自植被表面的实际蒸散时必须考虑水汽扩散的表面阻力等因素，这些阻力与大气稳定度、风速廓线形式、观测高度与地表粗糙度等有关。此外，与热量平衡法类似，上述彭曼方程中热量和水汽的湍流交换系数相等的假设仅在中性层结时才近似成立，而在非中性层结时并不成立。复杂下垫面条件下彭曼法的应用及其改进的具体内容请参见本书第 12 章的相关内容。

7.5　拓宽湍涡累积法的原理及其应用

7.5.1　拓宽湍涡累积法的原理

湍涡累积法(eddy accumulation)是一种在涡度相关理论基础上发展起来的微气象学方法(Hicks & McMillen，1984)，但这种方法与涡度相关技术存在明显的差异。利用这种方法进行通量的观测与计算时，虽然需要用超声风速计等快速响应的测量仪器测定垂直风速脉动，但就微量气体(如 CO_2 与 H_2O)而言，只要能够测定空气中其浓度的平均值就可以，

因此对观测仪器的精度要求不高。湍涡累积法的工作原理,是以与垂直风速(w)成比例的速度将上升和下降气流输入到与 w^+ 和 w^- 相对应的样品储存装置中,然后分别测定各自的浓度差。利用该原理,可采用下式计算湍流通量:

$$\overline{w^+s}+\overline{w^-s}=\overline{w^+s'}+\overline{w^-s'}+(\overline{w^+}+\overline{w^-})\overline{s}$$
$$=\overline{w's'}+\overline{ws} \tag{7.88}$$

式中:w^+ 和 w^- 分别为上升和下降气流的垂直风速;s 和 s' 分别为微量气体(如 CO_2 或 H_2O)的浓度和浓度脉动。该方法在原理上无疑是直接评价湍流通量的方法,但在技术上如何使外界气体的输入流量与垂直风速成比例,还存在一定的困难,仅能求算较大数值之间的微小差值。因此在目前条件下此方法还不能说是一种实用的方法。

由 Businger 和 Oncley (1990)提出的拓宽湍涡累积法(relaxed eddy accumulation,REA),是上述方法的简略化方法也称为条件取样法(conditional sampling)。目前已被实际应用于相当多的野外试验中(Baker *et al.*,1992; Pattey *et al.*,1993; Hamotani *et al.*,1996)。

REA 法的基本原理是使用一个快速响应的垂直速度感应器(一般是超声风速计)测量垂直速度脉动,通过电磁阀系统的开合,将上升气流与下降气流的气样以与垂直风速成比例的速率,分别采集在两个取样袋中,然后再分别测出两个取样袋中的气体密度。其通量公式为

$$F_c=b\sigma_w(c^+-c^-) \tag{7.89}$$

式中:σ_w 是风速垂直分量的标准差;c^+、c^- 分别为气流向上和向下时的气体浓度平均值;c^+-c^- 是待测气体上升气流与下降气流的平均浓度之差($mg\cdot m^{-3}$)。上升气流与下降气流是由垂直气流临界速度 w_0($m\cdot s^{-1}$)所决定的,其值被设定于 0 和 σ_w 之间。当垂直风速 $w>+w_0$ 时为上升气流,其浓度为 c^+,当垂直风速 $w<-w_0$ 时为下降气流,其浓度为 c^-。当 $-w_0<w<+w_0$ 时,这部分气样直接排出而不进行测定,目的是增大气样之间的差别。

REA 法的问题在于经验参数 b 必须由试验来确定,为此需要大量研究成果的积累。该方法的取样装置能够制成小型,而且与梯度法不同的是,该方法只需要在一个高度上进行测定,所以可以把取样装置简单地安装在观测塔和气球上面进行观测(Hamotani *et al.*,1997)。

7.5.2 拓宽湍涡累积法测定通量的传感器和采样器

REA 法测定装置的主要部分由采样部分、气体分析部分、超声风速计所构成。采样部分以外的仪器,市场上已有产品出售,但其采样部分还需要特制。REA 法虽然需要响应性能良好的取样泵,但是当使用应答性能差的取样泵时,可以采用通过电磁阀的切换方式进行取样(图 7.15)。在这种情况下,如果通过改变延迟时间,而改变取样泵的流量,滞后时间也会改变,因此有必要对滞后时间进行再调整。由于在实际的测定过程中,需要频繁地进行气体分析仪的零点校正,故要实现长期观测还存在许多问题。所以在具有响应性能良好的泵的情况下,只有系统 2(参见图 7.11)能够适应长期观测需要。在取样装置 1 中(图 7.15),从观测点进入的气样由取样泵(隔板用聚四氟乙烯)取入,送到两通电磁阀中。于是,随着 w 信号的符号(+/-)的切换,分别被送到各自的空气罐中。空气罐中的空气再被送到气体分析仪,测定两种空气的气体密度差。但是因为样品空气通过泵到达电磁阀要花一定时间,而电磁阀切换的信号来自于超声风速计的快速测定,所以加在电磁阀上的信号也要有相应的时间滞后,以便上升与下降气流进入对应的空气罐。

在取样装置 2 中(图 7.16),使用电磁泵和特制的驱动电路构成取样泵。在取样泵中使用市场上出售的 AC100V 电磁泵,该泵若以 12~15 V、5~10 Hz 的矩形波驱动,则驱动频率比额定低,故发热量大,需要给电磁泵散热。将气样用电磁泵取入到取样包中,然后空气连续地送入气体分析仪。在每个取样期间,两组取样包反复进行样品空气的收集、分析、排放而进行测定。例如取样期间为 30 min,“0 UP”和“0 DOWN”的两个取样包开始从取样泵收集空气。同时,已经收集到“30 UP”和“30 DOWN”的取样包的空气,通过两通电磁阀交替将两个取样包中的气样由气体分析仪前面的泵导入气体分析仪,以分别测定“30 UP”和“30 DOWN” 取样包中的气样密度。气体分析仪前面的泵的流量设定比取样泵的流量更大,以便“30 UP”和“30 DOWN”的取样包的空气在 30 min 内完全排放。在下一个 30 min,“0 UP”和“0 DOWN”两个取样包开始密度测定,“30 UP”和“30 DOWN”取样包进行采样,如此反复。REA 法的系统装置比较小,同时,与梯度法相比,只需要在一个高度上进行观测

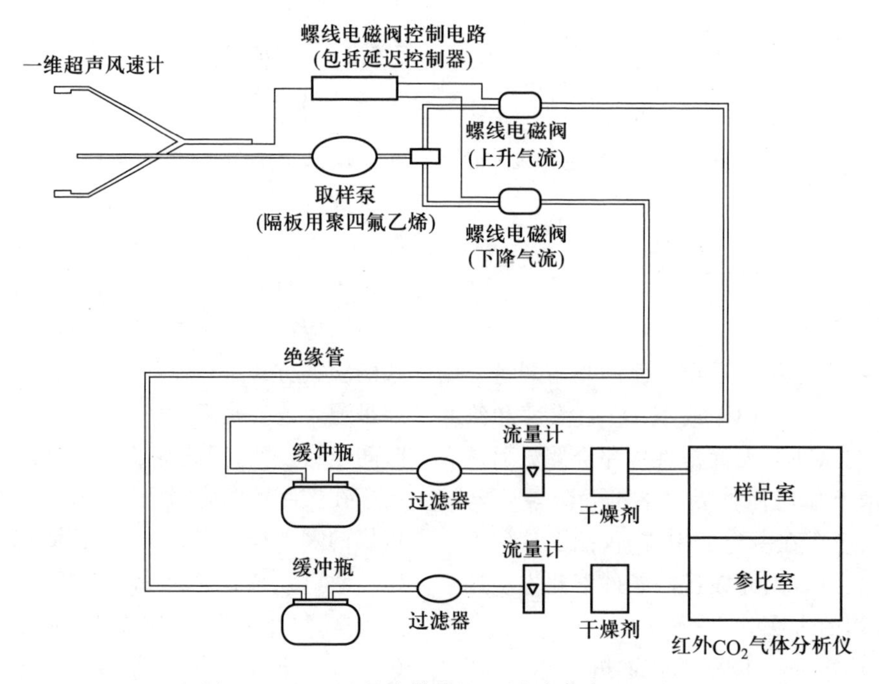

图 7.15　REA 法的取样装置 1（文字信贵，2002）

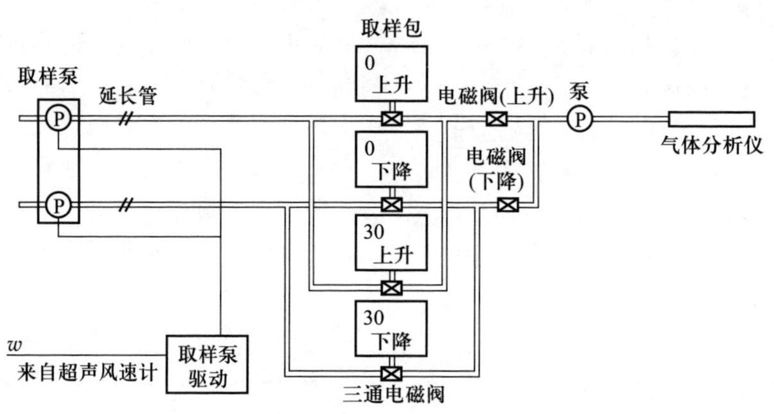

图 7.16　REA 法的取样装置 2（文字信贵，2002）

即可测定物质通量，因此，该装置可以被安装在系留气球之上进行通量的观测研究。

7.5.3　实验常数的确定

REA 法中，式(7.89)的系数 b 必须由实验求得。根据研究的目的与精度要求，该系数可以确定为定值或者随观测条件的变化而变化，地点不同可能会有差异。Businger 和 Oncley(1990)及 Andreas 等(1998)研究了 b 对大气的稳定度的依赖关系(图 7.17)，可以看出，参数 b 在不同的大气稳定度条件下有所不同。

由于 b 值在不同的观测条件下存在着一定程度的变化，因此在具体的研究中不能把 b 当作定值处理，有必要根据具体条件进行确定以提高精度。b 值常常通过 REA 与涡度相关之间的对比进行确定。根据式(7.90)，其中 T^+ 和 T^- 分别为上升气流和下降气流的温度，在理想情况下，当 b 取定值时，两者应该是直线关系。图 7.18 表明，由 REA 与涡度相关测定的显热通量表现出很好的直线关系，尽管两种方法测定的 CO_2 通量存在一定偏差，但仍表现出明显的直线关系(图 7.19)。文字信贵(2003)认为这是由于涡度相关观测系统的仪器响应不足所引起的。另外，即使是在 REA 法中，也有必要进行与 WPL 修正一样的密度修正(Pattey *et al.*，1992)。为了进行修正，在预先测定出水汽通量的同时，测定出湿度脉动 q' 随 w 的符号变化，进而计算 q^+-q^-(文字信贵，2003)。

$$\rho\,\overline{w'T'}=b\sigma_w(T^+-T^-) \tag{7.90a}$$

$$\rho\,\overline{w'c'}=b\sigma_w(c^+-c^-) \tag{7.90b}$$

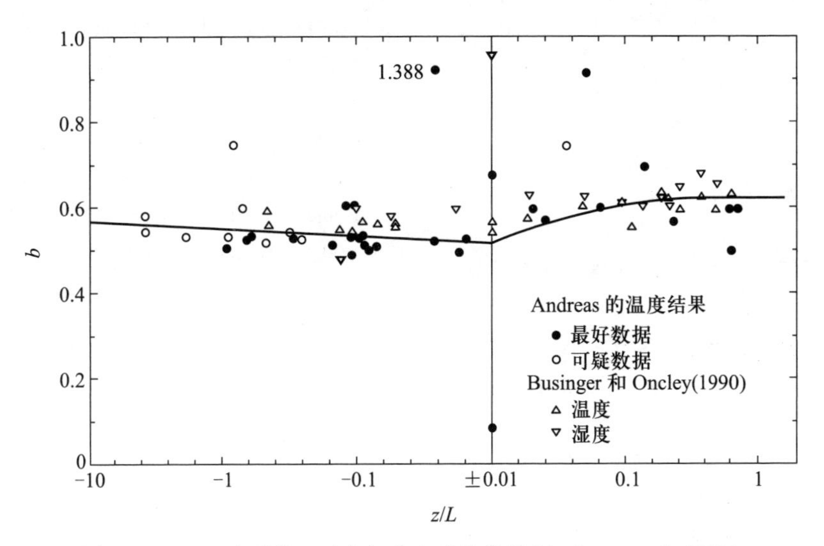

图 7.17 REA 法系数 b 对大气稳定度的依赖(Andreas *et al.*,1998)

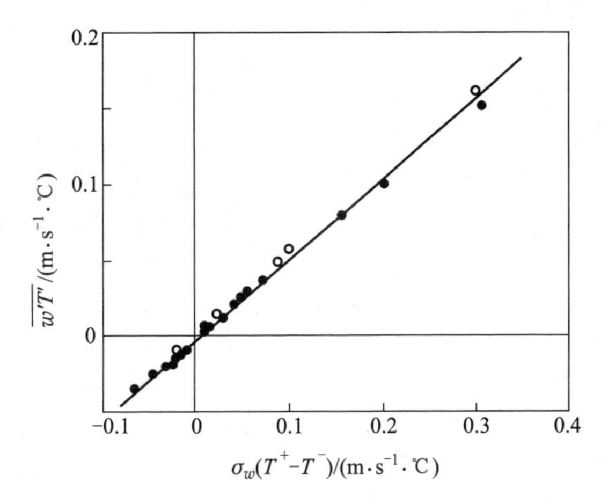

图 7.18 REA 测定的 $\sigma_w(T^+-T^-)$ 与涡度相关测定的 $\overline{w'T'}$ 的关系(Hamotani *et al.*,1996)

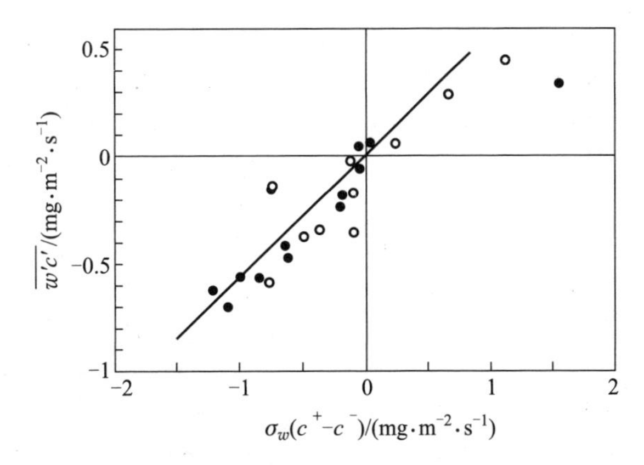

图 7.19 REA 测定的 $\sigma_w(c^+-c^-)$ 与开路涡度相关测定的 $\overline{w'c'}$ 的关系(Hamotani *et al.*,1996)

参考文献

傅抱璞,翁笃鸣,虞静明等.1994. 小气候学. 北京:气象出版社:83~137

刘树华,黄子琛,刘利超等.1999.空气动力学方法在计算湍流通量计算中的误差分析. 气象,21(3):3~6

文字信贵.2002. 森林における温室効果ガスフラックス観測手法に関する提言. 国立環境研究所,地球環境研究センター,1~93

文字信贵.2003. 植物と微気象、群落大気の乱れとフラックス. 大阪:大阪公立大学共同出版会

于贵瑞.2001. 不同冠层类型的陆地植被蒸散模型研究进展. 资源科学,23(6):72~84

朱岗崑.2000. 自然蒸发的理论及应用. 北京:气象出版社:143

竹内清秀,近腾纯正.1995.大気科学講座 1:地面に近く大気. 東京:東京大学出版会:1~266

Aloysius K L, Gordon A M. 1978. On the relative errors in methods of flux calculations. *Journal of Applied Meteorology*, 17:1704~1711

Andreas E L, Hill R J.Gosz J R, *et al.*1998. Stability dependence of the eddy-accumulation coefficients for momentum and scalars. *Boundary-Layer Meteorology*, 86:409~420

Baker J M, Norman J M, Bland W L.1992. Field-scale application of flux measurement by conditional sampling. *Agricultural and Forestry Meteorology*, 62:31~52

Bergström H, Smedman A S.1995. Stable stratified flow in a marine atmospheric surface layer. *Boundary-Layer Meteorology*, 72:239~265

Brutsaert W.1982. *Evaporation into the Atmosphere. Theory, History, and Application.* Dordrecht:Reidel Publication: 299

Businger J A, Oncley S P.1990. Flux measurement with conditional sampling. *Journal of Atmospheric and Oceanic Technology*, 7:349~352

Denmead O T, Bradley E F.1985. Flux-gradient relationships in a forest canopy. *The forest-atmosphere interaction.* In: Hutchison and Hicks eds. Dordrecht: Reidel Publishing Company: 421~442

Hamotani K, Uchida Y, Monji N, *et al.* 1996. A system of the relaxed eddy accumulation method to evaluate CO_2 flux over plant canopy. *Journal of Agricultural Meteorology*, 52:135-139

Hamotani K, Yamamoto H, Monji N, *et al.*1997. Development of a mini-sonde system for measuring trace gas fluxes with the REA method. *Journal of Agricultural Meteorology*, 53:301~306

Heikinheimo M, Kangas M, Tourule T, *et al.*1999.Momentum and heat flukes over lakes Tämnaren and Råksjö determined by the bulk-aerodynamic and eddy-correlation methods. *Agricultural and Forest Ueteorology*, 98~99:521~534

Hicks B B, McMillen R T. 1984. A simulation of the eddy accumulation method for measuring pollutant fluxes. *Journal of Climate and Applied Meteorology*, 23:637~643

Kaimal J C, Businger J A.1963. A continuous wave sonic anemometer-thermometer. *Journal of Applied Meteorology*, 2:156~164

Kaimal J C, Finingan J J. 1994. *Atmospheric Boundary Layer Flows.* Oxford:Oxford University Press

Launiainen J. 1983. Parameterisation of the water vapor flux over a water surface by the bulk aerodynamic method. *Annales Geographysicae*, 1:481~492.

Mahrt L, Vickers D. 2003. Bulk formulation of the surface heat flux.*Boundary-Layer Meteorology*, 110:357~379

Mitsuta Y.1966. Sonic anemometer-thermometer for general use. *Journal of Meteorological Society of Japan*, 44:12~24

Monin A S, Obukhov A M.1954. Basic laws of turbulent mixing in the ground layer of the atmosphere. Trude Geofizicheskogo Instituta Akademiya NauksssR, 24 (151):163~187

Monji N, Hamotani K, Tosa R, *et al.* 2002. CO_2 and water vapor flux evaluation by modified gradient methods over a mangrove forest. *Journal of Agricultural Meteorology*, 58:63~69

Pattey E, Desjardins R L, Boundreau, F, *et al.* 1992. Impact of density fluctuations on flux measurements of trace gases: implications for the relaxed eddy accumulation technique. *Boundary-Layer Meteorology*, 59:195~203

Pattey E, Desjardins R L, Rochette P.1993. Accuracy of the relaxed eddy-accumulation technique, evaluating CO_2 flux measurements. *Boundary-Layer Meteorology*, 66:341~355

Paulson C A.1970. The mathematical representation of wind speed and temperature profiles in the unstable atmospheric surface conditions. *Journal of Applied Meteorology*, 9:857~861

Smith S D, Fairwall C W, Geernaert G L, *et al.* 1996. Air-sea fluxs, 25 years of progress. *Boundary-Layer Meteorology*, 78:247~290

Stauffer R E.1991. Testing lake energy budget models under varing atmospheric stability conditions. *Journal of Hydrology*, 128:115~135

Strub P T, Powell T M.1987. Exchange coefficients for latent heat and sensible heat flux over lakes: dependence upon atmospheric stability. *Boundary-Layer Meteorology*, 40 (4):349~361

Virta J. 1981. Estimating the effect of atmospheric stability on lake evaporation with the water budget method. *Geophysica*, 17:123~131

Wu J.1980. Wind stress coefficients over sea surface in near-neutral conditions, a revisit. *Journal of Physical Oceanography*, 10:727~740

第 8 章 涡度相关技术的原理及通量观测

陆地生态系统 CO_2 和水热以及其他温室气体通量的长期观测研究一直是国际全球变化研究关注的热点领域。大气湍流研究领域的莫林-奥布霍夫相似理论和经典雷诺定义的确立以及近年来超声风速计和高频气体分析仪的发明，使植物和大气之间温室气体交换的观测研究取得了划时代的进步，为观测和评价地表和大气之间的能量与物质通量提供了理论基础和技术支持。

涡度相关技术是对大气与森林、草地或农田等生态系统间的温室气体和水热通量进行非破坏性测定的一种微气象观测技术。作为涡度相关技术理论基础的雷诺平均和分解最早是由雷诺(Osborne Reynolds)在 1895 年提出的，后来随着流体力学和微气象学理论的长期发展，以及微气象仪器、计算机和数据采集器等技术的进步，涡度相关技术逐渐成熟。20 世纪 70 年代前后涡度相关技术已经开始应用于不同类型生态系统通量的观测，到 20 世纪 90 年代逐渐趋于成熟并开始被广泛应用于 CO_2 和水热通量的长期观测。目前，涡度相关技术作为唯一能直接测定大气与群落间 CO_2 和水热通量的标准方法，已得到微气象学家和生态学家的广泛认可，成为国际通量观测研究网络(FLUXNET)的主要技术手段。近年来，随着测定技术的快速发展，CH_4、N_2O 等温室气体通量的在线连续观测也日益增多。基于通量技术的观测数据被广泛用于模型的参数化和验证工作。

涡度相关技术要求仪器安装在通量不随高度发生变化的常通量层内，而常通量层假设要求稳态大气、下垫面与仪器之间没有任何源或汇、足够长的风浪区和水平均匀的下垫面等基本条件。在这种条件下可以通过物质守恒定律得到通量计算的基本方程。例如，在地势平坦、植被均匀的下垫面，湍流交换充分条件下，涡度相关系统观测的 CO_2 垂直湍流通量，可以近似地认为等于生态系统碳代谢过程的 CO_2 收支(净生态系统碳交换量(NEE)，相当于净生态系统生产力(NEP))。但是，在复杂地形条件下，生态系统实际物质代谢过程的温室气体收支可能与仪器所观测的湍流涡度通量并不一致。以 CO_2 为例，这主要是由于忽略了涡度相关系统观测高度以下的 CO_2 储存、垂直平流和水平平流等气流运动造成的通量估算偏差，有必要对其进行评估和校正。通量的推导求算过程具有坚实的理论基础，但是在实际观测和数据处理过程中依然存在数据采集、数据质量控制、数据插补和计算结果的校正等众多技术性问题。

涡度相关技术是通过计算物理量的脉动与垂直风速脉动的协方差求算湍流输送量(湍流通量)的方法，观测的项目主要包括风速脉动、物质标量浓度脉动、湿度和气温脉动等，其观测需要高精度、响应速度极快的湍流脉动测定装置。各通量观测站的观测项目因研究目的和实际的植被状况而不同，所以常规的通量观测需要在保证获取湍流通量观测数据的前提条件下，建立各种辅助观测系统，主要包括常规气象观测系统、土壤观测系统和植物观测系统。同时，通量观测与卫星遥感、稳定同位素以及冠层生理生态、流域水文等方面的观测内容相结合正在成为通量观测研究的重要内容。

本章初版执笔者：温学发，孙晓敏，于贵瑞，宋霞，米娜，刘新安；再版修订者：张雷明，朱先进，朱治林，陈智

本章主要符号

c	CO_2 质量混合比	H	热量通量
C	声速	NBP	净生物群系生产力
c_p	定压比热	NEE	净生态系统碳交换量
D	CO_2 在空气中的分子扩散率	NEP	净生态系统生产力
d	超声风速计路径长	NPP	净初级生产力
E	水汽通量	p	大气压
e	水汽压	q'	比湿脉动
f	采样频率	T_v	虚温
F_0	土壤和叶表层的分子扩散通量	u_*	摩擦风速
F_c	CO_2 的垂直湍流通量	z_r	仪器测量高度
F_{Cadh}	水平平流通量	θ'	温度脉动
F_{Cadtot}	总平流通量	ρ_d	干空气密度
F_{Cadv}	垂直平流通量	ρ_a	空气密度
F_{Cadvh}	平流/泄流通量	ρ_c	CO_2 气体密度
F_{Cst}	储存通量	ρ_v	水汽密度
F_{Ctb}	湍流通量	τ	湍流输送的动量通量
F_z	测定高度 z 处的湍流通量	上划线(¯)	物理量平均
GPP	总初级生产力	撇号(′)	物理量偏离平均值的脉动

8.1　涡度相关通量观测的基本原理

8.1.1　涡度相关技术的发展过程

地表湍流是近地层大气运动的一个重要物理特征,湍流输送是地面和大气间进行热量、动量和水汽交换的主要方式,它控制了输送给大气的热量和大尺度运动的动能耗散,影响大气的水分收支。利用微气象学原理测定植被与大气间的热量、动量、水汽和 CO_2 交换通量的主要方法有:空气动力学法(aerodynamics)、热平衡法(heat balance)和涡度相关法(eddy covariance)。在涡度相关法被广泛应用以前,主要是利用基于能量和物质通量与它们的垂直方向梯度成正比的空气动力学法测定群落与大气间能量和物质交换,目前国际上以涡度相关技术为主要的通量观测手段。

涡度相关技术(eddy covariance technique)是通过测定和计算物理量(如温度、CO_2 和 H_2O 等)的脉动与垂直风速脉动的协方差(covariance)求算湍流输通量的方法,其在观测和求算通量的过程中几乎没有假设,具有坚实地理论基础,适用范围广,被认为是现今唯一能直接测量生物圈与大气间能量与物质交换通量的标准方法,在局部尺度的生物圈与大气间的痕量气体通量的测定中得到广泛的认可和应用(Baldocchi *et al.*, 1988; Baldocchi *et al.*, 1996; Aubinet *et al.*, 2000; Baldocchi *et al.*, 2001)。湍流特征的观测技术和数据质量直接影响着湍流通量计算的准确度,而涡度相关技术需要高精度、响应速度极快的湍流脉动测定装置。近年来,随着测量技术和计算技术的不断进步,涡度相关技术在实际应用中也取得了长足的发展和进步。涡度相关技术是在流体力学和微气象学理论发展以及气象观测仪器、数据采集和计算机存储、数据分析和自动传输等技术进步的基础上,经过长期的发展而逐渐成熟的(Baldocchi *et al.*, 2003)。

最早在 1895 年,雷诺(Osborne Reynolds)就建立了涡度相关技术的理论基础,也就是雷诺分解(Reynolds decomposition)(Reynolds, 1895)。然而,当时由于缺乏相关的观测仪器而制约了涡度相关技术的发展和应用,直到 1926 年 Scrase 才开始利用简单的仪器和数据采集器进行动量通量的研究，也就是雷诺应力研究（Scrase, 1930）。第二次世界大战后，快速响应的热线风速计和温度测定仪的研制成功以及数字计算技术的进步，促进了涡度相关技术的发展（Swinbank, 1951）。在地势平坦的低矮植被上首次开展了涡度相关通量观测，其研究重点集中在大气边界层结构、动量和热量传输上，还没有涉及 CO_2 通量，且只能在晴朗多风的天气进行观测（Swinbank, 1951; Kaimal & Wyngaard, 1990）。这些早期的研究为后来 CO_2 通量测定的理论和技术发展奠定了实验基础。20 世纪 50 年代末到 60 年代初，日本、英国和美国的科学家在地形条件理想的农田开展了一些 CO_2 通量观测研究（Inoue, 1958; Lemon, 1960; Monteith & Szeicz, 1960）。然而，这些 CO_2 通量的测定主要依靠通量廓线法（将通量作为湍流扩散系数 K 和垂直 CO_2 浓度梯度 dc/dz 的乘积的间接技术途径，详见第 7 章），而不是直接利用涡度相关技术，这主要是由于当时仍然缺乏快速响应的风速计和 CO_2 分析仪。

直到 20 世纪 60 年代末和 70 年代初，人们才开始在苔原、草地、湿地（Coyne & Kelly, 1975; Ripley & Redman, 1976; Houghton & Woodwell, 1980）和森林（Baumgartner, 1969; Denmead, 1969; Javis *et al.*, 1976）等不同生态系统开展 CO_2 通量的观测和研究，但当时对通量廓线技术理论在高大森林植被上的应用还存在一些疑问（Raupach, 1979）。首先，高大森林植被上方 CO_2 湍流混合较快，CO_2 浓度梯度很小，以至于所使用的 CO_2 观测仪器很难测定出这种梯度；其次，由于湍流传输过程会因粗糙亚层的出现而加强（Raupach, 1979; Simpson *et al.*, 1998），造成在高大森林植被上方用莫宁-奥布霍夫相似理论来评价湍流扩散系数 K 时通常无效（Lenshow, 1995）。由此可见，在森林生态系统进行 CO_2 通量的观测需要更新的技术进步才能实现。

20 世纪 70 年代初，人们才真正开始用涡度相关技术测定植被与大气间的 CO_2 交换通量（Desjardins, 1974; Desjardins & Lemon, 1974），这些研究是利用螺旋桨风速计和改进的闭路红外气体分析仪在玉米田间进行的，使用的仪器具有相对较慢的时间常数（0.5 s）。Garratt（1975）认为这些早期的 CO_2 通量测定存在较大的误差（大约在 40%左右），主要原因是所使用的仪器响应速度太慢无法捕捉通量的高频成分造成高频损失。

20 世纪 70 年代末至 80 年代初，商用的超声风速计和快速响应的开路红外气体分析仪的研发取得重大进展，大大促进了涡度相关技术的发展（Bingham *et al.*, 1978; Jones *et al.*, 1978; Brach *et al.*, 1981; Otaki & Matsui, 1982）。固态铅硒探测头开路 CO_2 传感器的研制是涡度相关的关键技术变革，因为这种传感器可以捕捉 10 Hz 的 CO_2 浓度脉动，并且开路式的设计能够使空气动力学干扰达到最小。开路式 CO_2 传感器首先在农田 CO_2 湍流通量测定中得到应用，如大豆（Anderson *et al.*, 1984）、高粱（Anderson & Verma, 1986）、水稻（Otaki, 1984）和玉米（Desjardins, 1985）。同时，开路涡度相关技术（open-path eddy covariance, OPEC）也被应用到温带落叶林（Wesely *et al.*, 1983; Verma *et al.*, 1986）、温带草原草地（Verma *et al.*, 1989; Kim & Verma, 1990）、热带森林（Fan *et al.*, 1990）和地中海橡胶林（Valentini *et al.*, 1991）等各种类型的生态系统通量观测研究之中。

但是在 1990 年以前，传感器性能和数据采集系统的局限性一直限制着涡度相关技术在野外观测中的应用。当时只能在生长季进行短期的测定，来分析生态系统 CO_2 通量的短期变化特征及其生物和环境控制机制等问题（Anderson *et al.*, 1884; Verma *et al.*, 1986）。观测性能稳定、时间常数较短的商用红外分光计的出现，帮助人们实现了用涡度相关技术测定从日尺度、月尺度到年尺度的生态系统 CO_2 与 H_2O 通量。Wofsy 等（1993）首次利用涡度相关技术测定了马萨诸塞州中部落叶林年尺度的生态系统 CO_2 通量。从 1993 年开始，基于涡度相关技术的 CO_2 和水汽交换通量的测定在北美洲（Black *et al.*, 1996; Goulden *et al.*, 1996a, b; Greco & Baldocchi, 1996）、日本（Yamamoto *et al.*, 1999）和欧洲（Valentini *et al.*, 1996）得到了一定程度的应用。到 1997 年，通量观测研究的区域性网络开始形成，欧洲通量网（CarboEurope）（Aubinet *et al.*, 2000; Valentini *et al.*, 2000）、美国通量网（AmeriFlux）（Running *et al.*, 1999; Law *et al.*, 2002）相继建立，成为国际通量观测研究网络（FLUXNET）的基础。1995 年，在意大利 La Thuile 召开的"陆地生态系统 CO_2/H_2O 通量长期观测策略研讨会"上首次提出了"FLUXNET"的概念（Baldocchi *et al.*, 1996），此后在亚洲、地中海区域、非洲、南美洲以及一些疆土比较大的国家，如加拿大、中国和巴西等也都相继建立了区域性或国家层次的通量观测研究网络。

涡度相关技术是对大气与森林、草地或农田生态系统之间进行非破坏性的 CO_2、H_2O 和热量通量测定的一种微气象技术（Baldocchi *et al.*，1988；Baldocchi，2003），近年来，涡度相关已经被广泛地应用于陆地生态系统 CO_2 吸收与排放的测定中（Grace *et al.*，1995；Black *et al.*，1996；Goulden *et al.*，1996b；Berbigier *et al.*，2001）。与此同时，随着痕量气体分析仪技术的快速发展和进步，CH_4 和 N_2O 等痕量温室气体通量的快速、原位测定也得到了越来越多的应用（Kroon *et al.*，2010；Meijide *et al.*，2011；Nicolini *et al.*，2013；Peltola *et al.*，2013；Peltola *et al.*，2015；Zenone *et al.*，2016），并成为国际通量观测研究网络（FLUXNET）通量观测研究的重要发展内容之一（Baldocchi，2014）。

目前，作为测定大气与群落 CO_2 交换通量最直接的方法，涡度相关法已经得到微气象学和生态学家们的广泛接受和认可，其观测数据已经被广泛用于各种模型及遥感观测的检验和验证之中。截至 2015 年 10 月为止，已有 517 个在 FLUXNET 注册的通量站应用涡度相关技术测定植被与大气间的 CO_2 和水热通量。由此可以看出，基于涡度相关技术的植被-大气之间 CO_2 交换通量已经形成了全球尺度的网络化观测，其理论基础和技术体系已经相对成熟。相较而言，虽然近年来随着痕量气体高频测定技术的快速进展，其他温室气体（如 CH_4 和 N_2O）通量的观测研究也日益增多，但其理论基础和技术体系基本上从 CO_2 通量观测技术上发展而来。因此，本章将主要以 CO_2 通量为主，介绍涡度相关技术通量观测的基本原理与技术体系。

8.1.2 生态系统 CO_2 通量的概念

决定植被-大气 CO_2 通量的生理生态学过程是植物（含光合细菌）光合作用（photosynthesis）的 CO_2 固定和生物（动物、植物和微生物）呼吸作用（respiration）的 CO_2 排放。植被-大气之间温室气体（如 CO_2、H_2O、CH_4 和 N_2O）和能量交换在生态系统碳源汇评估和全球变化研究中受到了广泛重视。湍流是边界层大气运动的最主要形式，是流体在特定条件下所表现出的一种在时间和空间上毫无规则的特殊的运动形式。湍流可理解为流体的速度、物理属性等在时间与空间上的脉动现象。湍流不仅与随机的三维风场有关，而且还与由风场变化引起的随机标量（温度、水汽、CO_2 等）场有关。在湍流的运动过程中，因上层和下层空气的混合作用，能够很好地在垂直方向上输送动量、热、水汽和 CO_2 等。这种湍流运动引起的物质和能量输送是地圈-生物圈-大气圈相互作用的基础，也是地圈-大气圈之间能量和物质交换的主要方式。

决定陆地生态系统-大气 CO_2 通量的生理生态学过程是植物（含光合细菌）光合作用的 CO_2 固定和生物（动物、植物和微生物）呼吸作用的 CO_2 排放。与此同时，由于大气边界层内各种涡的起源不同，其内部的 CO_2 浓度也不同（参见图 7.1）。一般情况下，在植被生长季节，白天因植被吸收固定 CO_2，其冠层内的 CO_2 浓度低，而冠层上部的 CO_2 浓度高，因此在起源于上部的高浓度 CO_2 的涡与起源于下部的低浓度 CO_2 的涡进行交换时向下传输 CO_2；相反，在夜间因植被和土壤呼吸作用会使植被冠层内的 CO_2 浓度升高，湍流交换结果使 CO_2 向上输送。

当仅考虑物质和能量在垂直方向上的湍流输送时，CO_2 通量可以定义为在单位时间内湍流运动作用通过单位截面积输送的 CO_2 量。CO_2 的垂直湍流通量（F_c）可以简化表示为

$$F_c=\overline{w\rho_d c}=\overline{\rho_d w'c'}+\overline{\rho_d}\,\overline{w}\,\overline{c} \tag{8.1}$$

式中：ρ_d 为干空气密度（$g \cdot m^{-3}$ 或 $\mu mol \cdot mol^{-1}$）；c 为 CO_2 质量混合比；w 是三维风速的垂直分量（$m \cdot s^{-1}$）；上划线（$^-$）表示时间平均，撇号（$'$）表示瞬时值与平均值的偏差。对于平坦均一的下垫面，可以认为 $\overline{w}\approx 0$。在这种情况下，式（8.1）中的右边的第二项可以被忽略，所以 CO_2 通量可以简化用 w 和 c 的协方差（$\overline{\rho_d w'c'}$）来表示。其中 w' 为垂直风速脉动，c' 为大气的 CO_2 质量混合比的脉动。

但是在实际的观测过程中，通常的 CO_2 分析仪直接测定的是 CO_2 在空气中的密度（ρ_c）（$g \cdot m^{-3}$ 或 $\mu mol \cdot mol^{-1}$），而 CO_2 密度可以用 $\rho_c=\rho_d c$ 计算得到。则 CO_2 的垂直湍流通量（F_c）可以通过下式计算，

$$F_c=\overline{w\rho_c}=\overline{w'\rho_c'}+\overline{w}\,\overline{\rho_c}\approx\overline{w'\rho_c'} \tag{8.2}$$

式（8.2）在实际通量计算中得到了广泛的应用。在应用式（8.2）时，需要注意的是，如果观测系统测定的是 CO_2 密度而非 CO_2 的质量混合比（mixing ratio）时，需要考虑空气中水热条件变化的影响。这是由于水热通量的传输对 CO_2 密度的影响，会导致对通量传输没有实际作用的干空气的垂直运动，因

此实际计算中必须考虑并校正水热传输对 CO_2 通量的影响,即 WPL 校正(Webb *et al.*, 1980)。在后面的讨论中如果没有特别指出,所有通量方程都是利用 CO_2 密度推导得到的,因此必须考虑 WPL 校正问题。关于 WPL 校正将在第 8.4.6 节和第 8.6.2 节中详细讨论。

如果取某一时段的平均通量,则式(8.2)可表示为

$$F_c = \overline{w'\rho'_c} = \frac{1}{T}\int_1^T w'\rho'_c \mathrm{d}t \approx \frac{1}{N}\sum_{i=1}^{N} w'_i\rho'_{ci} \quad (8.3)$$

T 为取样平均周期,通常取 30~60 min,N/T 为取样频率,通常取 10 Hz,则 30~60 min 可获得 18 000~36 000组数据。

对于通量密度的概念,我们可形象地描述为在单位时间(如 1 s)内由下向上(或由上向下)通过单位截面积(1 m×1 m)的空气柱中(体积为 1 m×1 m×w'm)所含有的 CO_2 质量(图 8.1)。

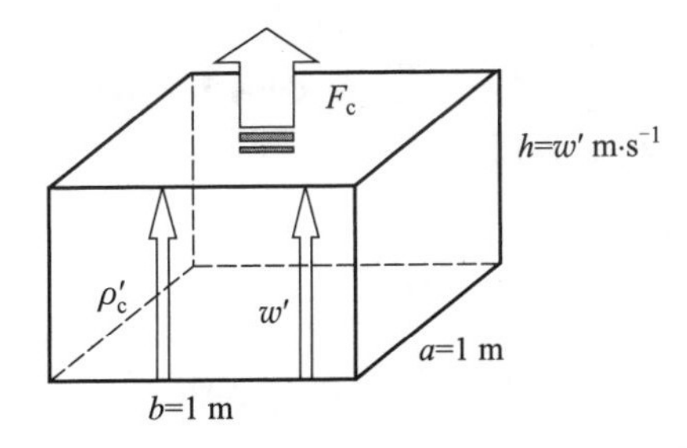

图 8.1 单位时间通过垂直方向单位截面的 CO_2 的湍流通量示意图

设该立方体的底面积为 $a\times b = 1\ m^2$,垂直风速 $h = w'\mathrm{m\cdot s^{-1}}$,则其体积 $a\times b\times w'$ 表示一 s 内垂直风输送的气体总体积 V,设该箱内的 CO_2 密度为ρ_c($\mathrm{mg\cdot m^{-3}}$),则该箱内的总 CO_2 量为(单位为 $\mathrm{mg\cdot m^{-2}\cdot s^{-1}}$)

$$\rho_c \times a\times b\times w' = F_c$$

在瞬间尺度上,CO_2 通量的常用单位为 $\mathrm{g\cdot m^{-2}\cdot s^{-1}}$(以 CO_2 质量计)或 $\mathrm{mg\cdot m^{-2}\cdot s^{-1}}$(以 C 质量计);$\mathrm{mol\cdot m^{-2}\cdot s^{-1}}$(以 CO_2 物质的量计)或 $\mathrm{\mu mol\cdot m^{-2}\cdot s^{-1}}$(以 CO_2 物质的量计)。

在日尺度上,CO_2 通量的常用单位为 $\mathrm{g\cdot m^{-2}\cdot d^{-1}}$ 或

$\mathrm{g\cdot hm^{-2}\cdot d^{-1}}$(以 CO_2 质量计)。

在年尺度上,CO_2 通量的常用单位为 $\mathrm{g\cdot m^{-2}\cdot a^{-1}}$ 或 $\mathrm{kg\cdot hm^{-2}\cdot a^{-1}}$或 $\mathrm{t\cdot hm^{-2}\cdot a^{-1}}$(以 CO_2 质量计)。其中,

$$1\ \mathrm{g\cdot m^{-2}\cdot s^{-1}}(\text{以 } CO_2 \text{ 质量计}) = \frac{12}{44}\mathrm{g\cdot m^{-2}\cdot s^{-1}}(\text{以 C 质量计})$$

$$1\ \mathrm{g\cdot m^{-2}\cdot s^{-1}}(\text{以 } CO_2 \text{ 质量计}) = \frac{1}{44}\mathrm{mol\cdot m^{-2}\cdot s^{-1}}(\text{以 } CO_2 \text{ 物质的量计})$$

$$1\ \mathrm{g\cdot m^{-2}\cdot d^{-1}}(\text{以 } CO_2 \text{ 质量计}) = 1.0\times10^4\ \mathrm{g\cdot hm^{-2}\cdot d^{-1}}(\text{以 } CO_2 \text{ 质量计})$$

$$1\ \mathrm{g\cdot m^{-2}\cdot a^{-1}}(\text{以 } CO_2 \text{ 质量计}) = 10\ \mathrm{kg\cdot hm^{-2}\cdot a^{-1}}(\text{以 } CO_2 \text{ 质量计})$$

$$1\ \mathrm{kg\cdot hm^{-2}\cdot a^{-1}}(\text{以 } CO_2 \text{ 质量计}) = 1.0\times10^{-3}\ \mathrm{t\cdot hm^{-2}a^{-1}}(\text{以 } CO_2 \text{ 质量计})$$

式中:12 为 C 的近似原子量,44 为 CO_2 的近似原子量。

类似地,我们可以得到湍流输送的动量(τ)、显热(H)和水汽(E)在垂直方向的湍流通量密度表达式

$$\tau = -\rho_a\overline{w'u'} \quad (8.4)$$

$$H = \rho_a c_p \overline{w'\theta'} \quad (8.5)$$

$$E = \rho_a \overline{w'q'} \quad (8.6)$$

式中:c_p 为定压比热;θ'为温度脉动;u'为水平方向速度脉动;q'为比湿脉动。因此,只要我们能够观测得到各物理属性的湍流脉动量,即可计算出该物理属性的垂直输送通量密度。通常情况下把通量密度简称为通量(flux)。显热通量的单位是 $\mathrm{W\cdot m^{-2}}$,物质通量的单位是 $\mathrm{mg\cdot m^{-2}\cdot s^{-1}}$,动量通量实质是指雷诺应力(Reynolds stress),其单位是 $\mathrm{N\cdot m^{-2}}$。

利用微气象法测定的陆地与大气系统间的 CO_2 通量(F_c)与生态系统的总初级生产力(gross primary productivity, GPP)、净初级生产力(net primary productivity, NPP)、净生态系统生产力(net ecosystem productivity, NEP)和净生物群系生产力(net biome productivity, NBP)概念是相对应的,在某些条件下生态系统 CO_2 通量与其中的某个概念是一致的。通常认为,相当于 NEP 或 NBP。在不考虑人为因素和动物活动影响的自然陆地生态系统中,决定生态系统与大气系统间 CO_2 交换的生理生态学过程主要是植物的光合作用和生物的呼吸作用。

8.1.3　通量观测的基本假设

一般情况下，涡度相关技术要求观测仪器安装在 CO_2 通量不随高度发生变化的边界层，即所谓的常通量层（constant flux layer）内，在这种条件下可以通过 CO_2 的标量物质守恒方程（Moncrieff *et al.*，1996）得到

$$\frac{\partial\overline{\rho_c}}{\partial t}+\frac{\partial\overline{u_i\rho_c}}{\partial x_i}-D\frac{\partial^2\overline{\rho_c}}{\partial x_i^2}=\overline{S}(x_i,t) \tag{8.7}$$

式中：ρ_c 是 CO_2 密度（$\rho_c=\rho_d c$，其中 ρ_d 是干空气密度，c 是 CO_2 质量混合比）；x_i 为笛卡儿坐标系 x，y 和 z 轴，u_i 为相应的 u，v，w 风速；D 是 CO_2 在空气中的分子扩散率；$\overline{S}(x_i,\ t)$ 是标量物质守恒方程控制体积（control volume）（图 8.2）内的 CO_2 源/汇强度。上划线（$^-$）表示时间平均。方程左边的第一项是单位体积内 CO_2 密度变化的平均速率，而第二、三项是引起控制体积边缘发生净平流（net advection）和分子扩散的辐散通量（flux divergence）项。

常通量层通常要求满足以下三个条件（Moncrieff *et al.*，1996）：① 稳态（$\partial\overline{\rho_c}/\partial t=0$）；② 测定下垫面与仪器之间没有任何源或汇（$\overline{S}=0$）；③ 足够长的风浪区和水平均质的下垫面（$\partial\overline{u_i\rho_c}/\partial x_i=0$，$D\partial^2\overline{\rho_c}/\partial x_i^2=0$，$i=1,2$，分别表示 u 和 ν 方向）。在满足以上 3 个假设条件情况下，由方程（8.7）可得

$$\frac{\partial\overline{w\rho_c}}{\partial z}-D\frac{\partial^2\overline{\rho_c}}{\partial z^2}=0 \tag{8.8}$$

式中：w 是垂直风速，z 是垂直坐标。由于近地层分子黏性力的作用，湍流受到抑制，但在测定高度 z 处湍流输送量一般要比分子扩散大几个数量级（Businger，1986）。于是，对方程（8.8）积分，并运用雷诺分解（Reynolds decomposition）（$w=w'+\overline{w}$，$\rho_c=\rho_c'+\overline{\rho_c}$）可以得出

$$F_0=-D\left(\frac{\partial\overline{\rho_c}}{\partial z}\right)_0=(\overline{w'\rho_c'})_z=F_z \tag{8.9}$$

式中：F_0 是土壤和叶表层的分子扩散通量（molecular diffusion flux），F_z 是测定高度 z 处的湍流涡度通量（turbulent flux）。因此我们可以得到 CO_2 的垂直湍流通量方程为式（8.2）。当常通量层的三个基本假设条件不能完全满足时，必须利用各种方法对观测值进行修正。例如，利用坐标轴系统的旋转使 $\overline{w}$ 为 0，从而可以消除平均垂直通量的影响；水汽和热量对 CO_2 密度脉动的影响需要进行 WPL 校正（Webb *et al.*，1980）

8.1.4　物质守恒方程及影响 CO_2 通量的各种效应

（1）物质守恒方程

定量化描述和理解大气中 CO_2 的时间和空间变异特征，需要获得陆地与大气间 CO_2 通量的信息，但碳的源汇分布、强度，对环境扰动的响应等问题仍未解决（Heimann *et al.*，1986；Fan *et al.*，1998；Baldcchi *et al.*，2000）。为此，需要对植被与大气间的净生态系统 CO_2 交换量进行可靠性评价，

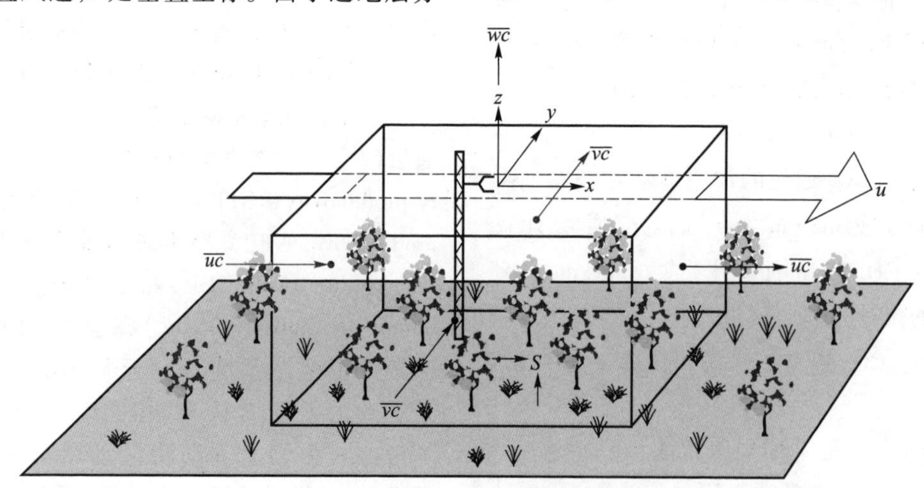

图 8.2　植被表层的笛卡儿坐标系控制体积的示意图（Leuning，2004）
图中 u，v，w 代表三维风速，而 c 代表 CO_2 质量混合比

这需要从大气圈与生物圈间物质交换的理论基础的标量物质守恒方程出发(Lee, 1998; Baldcchi *et al.*, 2000;Paw *et al.*, 2000; Lee & Hu, 2002),现在所有标量通量的测定方法都是从大气中的标量物质守恒方程(式(8.7))出发而确定的。通常将 CO_2 的标量物质守恒方程写作式(8.7)(Mocrieff *et al.*, 1996; Lee, 1998; Baldcchi *et al.*, 2000;Paw *et al.*, 2000)。为简化分析,将方程(8.7)简化为二维形式(忽略分子扩散),可以得到

$$\frac{\partial\overline{\rho_c}}{\partial t}+\frac{\partial\overline{u\rho_c}}{\partial x}+\frac{\partial\overline{w\rho_c}}{\partial z}=\overline{S}(x,z,t) \tag{8.10}$$

对方程(8.10)进行雷诺分解和平均,可以得到,

$$\frac{\partial\overline{\rho_c}}{\partial t}+\bar{u}\frac{\partial\overline{\rho_c}}{\partial x}+\overline{\rho_c}\frac{\partial\bar{u}}{\partial x}+\bar{w}\frac{\partial\overline{\rho_c}}{\partial z}+\overline{\rho_c}\frac{\partial\bar{w}}{\partial z}+\frac{\partial\overline{u'\rho_c'}}{\partial x}+\frac{\partial\overline{w'\rho_c'}}{\partial z}=\overline{S}(x,z,t) \tag{8.11}$$

方程(8.10)和方程(8.11)是二维标量物质守恒方程的基本表达形式,二维形式可以容易地扩展成三维形式,并且不会对讨论的结果有本质的影响(Finnigan, 1999)。在常通量层假设成立的简单的情况下,假设某标量物质守恒方程控制体积内处于稳态以及水平同质(没有水平梯度)条件下(Moncrieff *et al.*,1996;Baldocchi *et al.*, 2000),可以得到

$$\frac{\partial\overline{w'\rho_c'}}{\partial z}=\overline{S}(z,t) \tag{8.12}$$

如图 8.3 所示,假设冠层高度(h)与仪器测量高度(z_r)间的 CO_2 源汇项 $\overline{S}(z,t)$ 为 0,那么就可以得到经典的常通量层关系。如果通量值随高度不发生变化,则式(8.13)成立,可以满足涡度相关技术的基本假设(Moncrieff *et al.*,1996):

$$\frac{\partial\overline{w'\rho_c'}}{\partial z}=0 \tag{8.13}$$

相似地,当假设冠层高度(h)与仪器测量高度(z_r)间的 CO_2 源汇项 $S(z,t)$ 为 0 时,从地面到测定高度 z_r 对方程(8.12)进行积分,可以得到

$$\text{NEE}=\overline{w'\rho_c'}(0)+\int_0^h\overline{S}(z)\,dz=\overline{w'\rho_c'}(z_r) \tag{8.14}$$

NEE 是生态系统与大气间的净 CO_2 交换量,$\overline{w'\rho_c'}(0)$ 代表土壤表面 CO_2 通量,其数值代表土壤微生物和根系呼吸作用的 CO_2 排放强度;$\int_0^h\overline{S}(z)\,dz$ 代表地面到冠层高度 h 的 CO_2 的生物学反应的 CO_2 源或汇强度,也就是植物地上部分光合作用和呼吸作用的代数和。但在湍流交换充分条件下,一般认为冠层至观测高度之间不存在任何的 CO_2 源汇项。

方程(8.14)表明,以冠层高度 h 为分界线,进出土壤和植被的净生态系统 CO_2 通量 $\overline{w'\rho_c'}(z_r)$ 等于垂直风速和 CO_2 密度脉动的协方差(湍流通量密度)。标量物质守恒方程是从大气动力学的角度推导的,因此,正的通量密度代表 CO_2 向上输送进入大气,负的通量密度则代表 CO_2 向下输送进入到生态系统中。

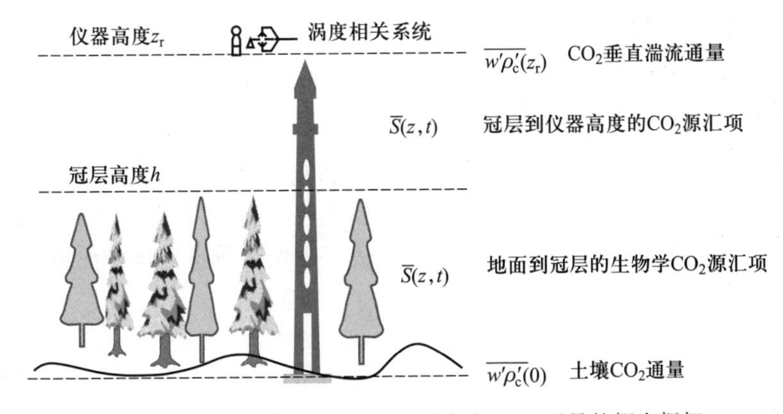

图 8.3 涡度相关技术测定植被-大气间 CO_2 通量的概念框架

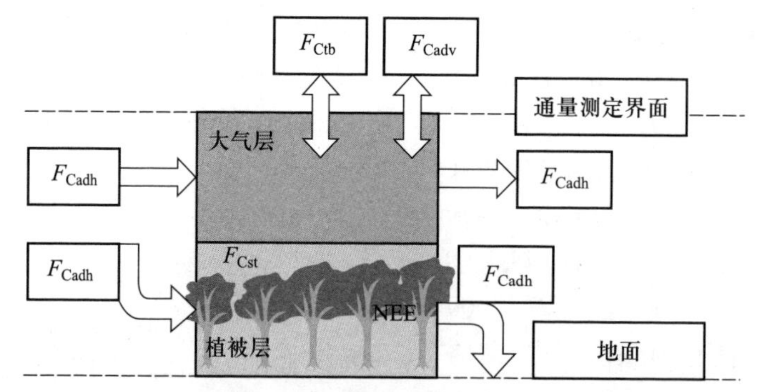

图 8.4 植被-大气间净生态系统 CO_2 交换量 NEE 与湍流涡度通量 F_{Ctb}、储存通量 F_{Cst}、垂直平流项 F_{Cadv} 和水平平流通量 F_{Cadh} 的关系示意图

在地势平坦,植被类型空间分布均匀的植被下垫面,涡度相关系统所观测的湍流涡度通量可以近似地认为等于生态系统碳代谢过程的 CO_2 收支平衡,相当于生态系统的 NEP(=-NEE)。可是,当在复杂地形条件下进行碳通量观测时,因为生态系统实际碳代谢过程的 CO_2 收支平衡可能与在观测仪器高度界面所观测的涡度通量不一致,所以有必要对相应的成分进行评估和校正。这些成分主要包括植被冠层的储存效应、垂直平流效应和水平平流效应等(参见图 8.2 和图 8.4)。

(2) *植被冠层的储存效应*

当大气热力分层达到稳定,或湍流的垂直混合作用较弱时,从土壤和植物呼吸的 CO_2 可能不能通过湍流作用被全部输送达到测定仪器的高度(z_r),部分的 CO_2 会被储存在植被冠层和观测高度以下的大气之中,使植被冠层和观测高度以下大气的 CO_2 升高。在这种情况下观测高度以下的储存项不为 0,违背了通量观测时稳态条件的假设($\partial\overline{\rho_c}/\partial t=0$),因此需要对涡度相关的测定结果做必要的修正,即必须在涡度相关通量的基础上,增加观测高度以下空气的储存项来平衡进/出土壤和植被的 CO_2 通量,才能评价土壤和植物与大气间真实的 CO_2 交换通量,在这种情况下生态系统与大气间的 CO_2 净交换量为,

$$\mathrm{NEE}=\overline{w'\rho_c'}(z_r)+\int_0^{z_r}\frac{\partial\overline{\rho_c}}{\partial t}\mathrm{d}z \tag{8.15}$$

一般来说,对于低矮作物储存项很小,但对于较高的森林则很大。对于 CO_2 来说,在太阳升起和落山时,其储存项会达到最大,因为此时经常处于光合作用和呼吸作用以及夜间稳定边界层和白天对流混合层的过渡期(Goulden *et al.*, 1996b)。因此,式(8.15)是目前 FLUXNET 估算净生态系统 CO_2 交换量的基本方程(Wofsy *et al.*, 1993; Black *et al.*, 1996; Greco & Baldocchi, 1996; Aubinet *et al.*, 2000)。

(3) *垂直平流效应*

在复杂的山地地形条件下,当风吹过小山时会引起气流的辐合或辐散运动,这将导致与式(8.7)中平流运动$\overline{\rho_c}(\partial\overline{u_i}/\partial x_i)$有关的分项不为 0(Kaimal & Finnigan, 1994),即产生平流效应(水平或垂直平流)。为探讨 CO_2 通量测定的平流效应问题,Lee(1998)重新推导了 CO_2 标量物质守恒方程,得出了非理想条件下利用单塔的实验仪器评价净生态系统 CO_2 通量的方程,他利用连续性方程($\partial\bar{u}/\partial x+\partial\bar{w}/\partial z=0$),根据 $\bar{w}$ 垂直梯度来评价 $\bar{u}$ 的水平梯度,

$$\frac{\partial\bar{u}}{\partial x}=-\frac{\partial\bar{w}}{\partial z}\approx\frac{\bar{w}_r}{z_r} \tag{8.16}$$

式中:$\bar{w}_r$ 为仪器高度 z_r 处的平均垂直风速。但值得注意的是这个垂直风速不应与超声风速计输出的原始垂直风速相混淆。仪器高度的平均垂直风速 $\bar{w}_r$ 为其他两个垂直速度的差值,即

$$\overline{w_r}=\bar{w}-\hat{w} \tag{8.17}$$

以 $\bar{w}$ 表示的垂直速度为超声风速计 30 min 垂直风速的平均值。另一个垂直风速 $\hat{w}$ 是风向(因此也是地形的)和仪器定位以及对塔和超声风速计有影响的偏差函数(Lee, 1998; Baldocchi *et al.*, 2000)。

标准化偏差风速 $\hat{w}$ 是风向的准正弦函数。这种垂直平流效应是由于上坡气流垂直速度通常是正的，而下坡气流通常是负的所造成的，当气流与斜坡平行时为 0(Rannik, 1998)。

在平坦的地形条件下，非零的$\overline{w}_r$产生于对流、天气尺度的下沉气流或热力学效应引起的局地环流，复杂地形条件下泄流也会导致$\overline{w}_r$不为 0(Lee, 1998; Baldocchi *et al.*, 2000)。为此，Lee(1998)提出了以下假设：

$$\frac{\partial \overline{u'\rho_c'}}{\partial x}=0 \tag{8.18a}$$

$$\bar{u}\frac{\partial \overline{\rho_c}}{\partial x}=0 \tag{8.18b}$$

根据以上假设，水平方向的平流和辐散影响可以忽略，由此获得生物圈与大气圈之间净生态系统 CO_2 交换的方程(Lee, 1998)。即净生态系统 CO_2 交换量等于仪器高度测定的湍流涡度通量、测定高度下通量储存项和一个参数化的垂直平流项之和。

$$\begin{aligned}\text{NEE} &= \overline{w'\rho_c'}(z_r) + \int_0^h \frac{\partial \overline{\rho_c}}{\partial t}\text{d}z + \int_0^{z_r}\bar{w}\frac{\partial \overline{\rho_c}}{\partial z}\text{d}z \\ &= \overline{w'\rho_c'}(z_r) + \frac{\partial \overline{\rho_c}}{\partial t}\Big|_0^z + \overline{w}_r(\overline{\rho_c} - \langle\rho_c\rangle)\end{aligned} \tag{8.19}$$

式中：$\overline{w_r}=\bar{w}(z_r)$ 和 $\langle\rho_c\rangle = \frac{1}{z_r}\int_0^{z_r}\overline{\rho_c}(z)\,\text{d}z$。

当气流流过非水平均值下垫面时，主要有 4 种机制促使 CO_2 平流通量的产生(Raupach & Finnigan, 1997; Baldocchi *et al.*, 2000)：① 辐射、土壤湿度、土壤性质、叶面积以及植被物种组成的空间异质性会导致 CO_2 源/汇强度形成水平梯度；② 近地表层粗糙度的变化改变了表层应力、摩擦风速(u_*)和湍流交换系数；③ 平均风场的变化会造成湍流应力的空间变化，从而引起 CO_2 湍流通量的改变；④ 沿二维流场气流的辐合和辐散所导致的 CO_2 平均浓度场的变化。

在冠层上方大气处于稳定层结条件下，由以上机制导致的湍流通量辐散的变化会由平流通量的辐散来平衡(Bink,1996; Baldocchi *et al.*, 2000)。

$$\left[\bar{u}\frac{\partial\overline{\rho_c}}{\partial x}+\bar{w}\frac{\partial\overline{\rho_c}}{\partial z}\right] = -\left[\frac{\partial\overline{w'\rho_c'}}{\partial z}+\frac{\partial\overline{u'\rho_c'}}{\partial x}\right] \tag{8.20}$$

Lee(1998)假设湍流涡度通量辐散的水平部分相对于垂直部分是可以忽略的，即方程(8.20)中 $\partial\overline{w'\rho_c'}/\partial z \gg \partial\overline{u'\rho_c'}/\partial x$。在没有特定环境的气流和浓度场测定数据或模型的条件下，这种假设的合理性是无法验证的。但如果方程(8.18a)成立，量纲分析表明这个假设在大多数情况下可以成立(Raupach *et al.*, 1992; Finnigan, 1999; Yi *et al.*, 2000)。同时，Lee(1998)还假设水平平流项 $\bar{u}\partial\overline{\rho_c}/\partial x$ 相对于垂直平流项$\bar{w}\partial\overline{\rho_c}/\partial z$ 是可以忽略的(8.19b)，但有研究表明通常这个假设条件并不能成立(Rao *et al.*, 1974; Kaimal & Finnigan, 1994; Bink, 1996; Raupach & Finnigan, 1997; Sun *et al.*, 1997; Baldocchi *et al.*, 2000)。

(4) 水平平流效应

在不同高度上进行涡度相关通量测定，可以粗略估计湍流通量的平流效应(Baldocchi *et al.*, 2000; Yi *et al.*, 2000)。从标量物质守恒方程出发，当考虑储存效应、垂直和水平平流效应时，净生态系统 CO_2 交换量为

$$\text{NEE} = \overline{w'\rho_c'}(z_r) + \frac{\partial\overline{\rho_c}}{\partial t}\Big|_0^{z_r} + \bar{u}\frac{\partial\overline{\rho_c}}{\partial x}\Big|_0^{z_r} + \int_0^{z_r}\bar{w}\frac{\partial\overline{\rho_c}}{\partial z}\text{d}z \tag{8.21}$$

即

$$\text{NEE}=F_{\text{Ctb}}+F_{\text{Cst}}+F_{\text{Cadh}}+F_{\text{Cadv}} \tag{8.22}$$

如图 8.4 所示，这里方程(8.21)和方程(8.22)右边第一项为 CO_2 湍流涡度通量，第二项为 CO_2 通量储存项，第三项为水平平流项，第四项为垂直平流项，一般可将第三项和第四项的和称为总 CO_2 平流项。根据方程(8.21)和(8.22)，冠层上方不同高度(z_1、z_2)的净生态系统 CO_2 交换量的差值为

$$\begin{aligned}\Delta\text{NEE} &= \Delta F_{\text{Ctb}} + \Delta F_{\text{Cst}} + \Delta(F_{\text{Cadh}} + F_{\text{Cadv}}) \\ &= \int_{z_1}^{z_2}\bar{S}(x,z,t)\,\text{d}z\end{aligned} \tag{8.23}$$

因为冠层上方并没有任何 CO_2 的源/汇，这里令 $\Delta\text{NEE}=0$，于是可以得到

$$\begin{aligned}\Delta(F_{\text{Cadh}} + F_{\text{Cadv}}) &= -\Delta(F_{\text{Ctb}} + F_{\text{Cst}}) \\ &= -\int_{z_1}^{z_2}\left\{\bar{u}\frac{\partial\overline{\rho_c}}{\partial x} + \bar{w}\frac{\partial\overline{\rho_c}}{\partial z}\right\}\text{d}z\end{aligned} \tag{8.24}$$

由此可见，$\Delta(F_{\text{Ctb}}+F_{\text{Cst}})$存在的根本原因是由于

平流通量影响而导致的源/汇的空间异质性（Yi *et al.*, 2000）。湍流通量贡献区的不同导致湍流涡度通量测定项的差异，而 CO_2 的空间梯度则会促使平流的发生，进而造成与一维理想情况下观测的 CO_2 通量储存项的差异（Baldocchi *et al.*, 1988; Yi *et al.*, 2000）。

冠层上方不同高度间的水平平流可以利用下式估计：

$$\Delta F_{\mathrm{Cadh}} = \Delta F_{\mathrm{Cadtot}} - \Delta F_{\mathrm{Cadv}} \tag{8.25}$$

研究表明，白天垂直平流对总平流没有显著贡献，水平平流可以表示总平流项，而夜间水平平流和垂直平流具有相似的量级，说明当没有对流作用或对流作用不强时，水平平流和垂直平流对 CO_2 输送的作用是相当的（Finnigan, 1999; Yi *et al.*, 2000）。

Yi 等（2000）为估计 z_1 高度的总平流项 F_{Cadtot} 的量级，提出了以下的假设：

$$\bar{u}\frac{\partial\overline{\rho_{\mathrm{c}}}}{\partial x}+\bar{w}\frac{\partial\overline{\rho_{\mathrm{c}}}}{\partial z}=\alpha=\text{常数} \tag{8.26}$$

虽然 α 可能不是常数，但只要 α 是连续的就可以指定 α 为 $(z_1+z_2)/2$ 高度的值，其中 z_2 表示另一测定高度。同时，假设 α 与总平流通量的变化存在以下关系：

$$\alpha=\frac{\Delta F_{\mathrm{Cadtot}}}{\Delta z}=-\frac{\Delta(F_{\mathrm{Ctb}}+F_{\mathrm{Cst}})}{\Delta z} \tag{8.27}$$

这里，$\Delta z=z_2-z_1$。于是 z_1 高度处总平流项可以估计为

$$F_{\mathrm{Cadtot}} = \int_0^{z_1}\left\{\bar{u}\frac{\partial\overline{\rho_{\mathrm{c}}}}{\partial x}+\bar{w}\frac{\partial\overline{\rho_{\mathrm{c}}}}{\partial z}\right\}\mathrm{d}z = z_1\alpha \tag{8.28}$$

当然，这个近似是非常不准确的，只能用于总平流通量（F_{Cadtot}）量级的估算（Yi *et al.*, 2000），以及用于水平平流通量（F_{Cadh}）量级的估算。

综上所述，植被-大气间净生态系统 CO_2 交换通量的估算应主要包括：湍流涡度通量 F_{Ctb}、储存通量 F_{Cst}、垂直平流项 F_{Cadv} 和水平平流通量 F_{Cadh} 四个成分。各分量间的关系如式（8.23）和图 8.4 所示。如果被观测生态系统的 CO_2 源/汇是同质的，并且地形平坦，那么可以认为净生态系统 CO_2 交换量为湍流涡度通量 F_{Ctb} 和储存通量 F_{Cst} 之和。但不是所有通量观测站以及所有的观测期间都能满足这些条件，尤其是在有局地风场影响的观测站，在夜间大气稳定以及垂直湍流输送和大气混合作用较弱的夜晚，考虑 CO_2 的水平和垂直平流等效应的校正是非常重要的。

湍流涡度通量 F_{Ctb} 是植被-大气间净生态系统 CO_2 交换量的最主要成分，其数值可能为负，也可能为正，负值表示因植物的光合过程等碳固定作用导致的大气 CO_2 向生态系统输送。相反，正值表示因生态系统呼吸等作用使生态系统向大气排放 CO_2。储存通量 F_{Cst} 对于高大的森林，特别是热带地域的森林的观测是不可忽视的。其变化可以通过观测高度以下的大气 CO_2 浓度变化来计算。当大气中 CO_2 浓度增加时，表明该层大气中储存的 CO_2 量在增加，这主要在夜晚发生；当大气层 CO_2 浓度减少时，表明该层大气中储存的 CO_2 量在减少，这主要在白天发生。关于储存通量 F_{Cst} 的 CO_2 源和汇严格来说是很复杂的，可是一般地假设白天负的 F_{Cst} 是由光合作用引起的，而夜间正的 F_{Cst} 是由生态系统呼吸引起的，所以可以简化地将 F_{Cst} 合并到生态系统的碳代谢之中。

垂直平流效应 F_{Cadv} 主要是由局地风或者大尺度的气流运动引起的垂直方向上的非湍流涡度通量成分。当前的涡度相关技术尚无法对此开展精确观测，一般可以根据 Lee（1998）的方法（式（8.19）~式（8.23））进行量化。但 Finnigan（1999）指出，水平平流与垂直平流效应的量级相当并且符号相反，因此仅仅单独考虑垂直平流效应是值得商榷的。

地形复杂和下垫面异质的条件下，会频繁地发生物质和能量的平流和泄流（Kaimal & Finnigan, 1994; Raupach & Finnigan, 1997）；气流流过不同粗糙度或不同源/汇强度表面的下垫面时，平流效应将非常明显（Baldocchi *et al.*, 2000）。因此，森林和农田、植被和湖泊、沙漠和灌溉农田过渡带的物质和能量的平流效应很显著（Rao *et al.*, 1974; Bink, 1996; Sun *et al.*, 1997）。Mordukhovish 和 Tsvang（1966）的研究表明，斜坡地形能导致水平异质和通量的辐散。理论上平流是大尺度的大气水平运动引起的，而泄流是局地风或因空气成分的重量差异引起的，但实际上很难将两者分离，一般统称为平流/泄流效应。

平流/泄流效应的生态学意义的解释十分复杂，它既可能导致对植被-大气间净生态系统 CO_2 交换量 NEE 的低估，也可能导致对 NEE 的高估，必须因观测塔的具体位置给予合理的评价。对于设在地势较高的观测塔，在夜间对流比较弱时，通常会因 CO_2

沿斜坡泄流而造成大气传输的通量低估，最后导致生态系统净生产力的估算偏高；对于在地势较低沟谷中的观测塔，其问题更加复杂。如果外部的大气平流/泄流通过观测界面进入生态系统，会导致湍流涡度通量 F_{Ctb} 的减小（光合作用的过高估计），如果外部的大气平流/泄流不通过观测界面，而在观测界面下部直接进入生态系统，则会在生态系统中暂时储存，最终会输出生态系统，造成累计的通量 F_{Ctb} 的增大（呼吸作用的过高估计），如碳湖（Carbon lake）效应（Yao *et al.*，2012）。

当发生强烈的平流效应时，通常导致通量观测的常通量层假设失效（Rao *et al.*，1974；Bink，1996；Raupach & Finnigan，1997），其测定的湍流涡度通量不能用来揭示光合作用、土壤和根系呼吸等生物活动引起的 CO_2 固定或释放。目前，平流效应是导致植被与大气间的净生态系统 CO_2 交换量估算不确定性的一个主要原因，特别是在复杂地形条件下，如果没有二和三维模型的帮助，几乎不可能准确地量化其效应（Massman & Lee，2002）。Yi 等（2000）的方法（式（8.28））也只能粗略地估计水平平流以及总平流项的量级，但尚不能得到准确的平流/泄流通量。

8.2 通量观测系统及其仪器配置

8.2.1 观测系统及其基本要求

一个通量观测站的观测项目的设立，因研究目的和实际的植被状况的不同而不同，但是一般的通量观测需要在保证获取湍流涡度通量观测数据的前提条件下，设定解释通量结果和分析过程机理所需的各种辅助观测系统。表 8.1 是日本的标准通量观测站的观测系统配置与观测项目情况，主要包括大气观测系统、土壤观测系统和植物观测系统三个部分。此外，近年来许多通量站都在通量观测的基础上增加了与卫星遥感相结合的地面观测、土壤-植物-大气系统的氢、氧和碳的稳定同位素观测、冠层生态学以及流域水文学等方面的观测内容，以扩大通量观测数据的应用领域（图 8.5）。大气观测系统是通量观测的核心，主要包括湍流变化与通量观测系统、平均量和气象要素垂直梯度、辐射量与能量平衡、降水与水平衡等观测项目，其观测设备必须达到以下基本要求：

① 灵敏度高：通量观测仪器通常使用的三维超声风速计和红外 CO_2/H_2O 分析仪必须具有足够高的频率响应能力，才能够测定方程（8.3）中垂直风速和 CO_2 密度的所有湍流脉动的高频成分，同时垂直风速和 CO_2 密度的乘积必须以合适的时间长度作为平均周期基础，以便能获得其协谱范围内的低频成分。

② 稳定性好：通量观测仪器的稳定性应能够满足长期连续观测的要求。由于开路涡度相关系统在雨中不能工作，因而仪器应具备防风雨的功能，使观测工作不受天气影响，而天气条件对闭路涡度相关系统的影响比较小。

③ 空间结构配置：大尺度的空气运动对物质和能量传输的贡献随测定高度的增加而增加。因此仪器灵敏度越差，所需安装的高度就越高，但高度增大则有可能超出近地边界层顶部，即惯性亚层范围，应予以充分的注意。同时也应考虑三维超声风速计和红外 CO_2/H_2O 分析仪的空间配置，应尽可能降低传感器的空间分离所造成的误差。

④ 数据采集和存储：要保证拥有高效稳定的数据采集系统，而且因为长期连续的测定，其数据量是十分庞大的，需要高性能大容量的数据储存空间。

⑤ 电力供应：由于大多数通量观测站位于偏僻的山区，能否保证连续稳定的供电成为保障涡度相关系统连续运行的关键。

8.2.2 大气要素观测系统

在以观测塔为中心进行长期的通量观测时，应注意与通量有关的大气因子的测定，主要包括各种通量测定时的湍流观测、各种平均量及其垂直分布的观测、辐射量和降水量的观测等。

（1）湍流变化与通量观测

生态系统的动量、显热和潜热以及包含 CO_2 在内的温室气体等通量都是利用湍流变化的测定数据采用涡度相关法求算得到的，但是在通量的计算过程中，经常需要对有关数据进行必要的数据校正。因此，尽管现有的通量观测系统都可以利用其内置的计算程序，直接给出各种通量的计算结果，但是为了满足数据校正等方面的需要，还是有必要保存其原始的瞬时数据，以及一些内置计算程序计算的中间结果。

表 8.1 日本标准通量观测站的测定项目

测定对象		测定项目	测定方法与标准仪器	注意事项
大气	湍流过程	动量通量	涡度相关法(三维超声风速计)	坐标转换
		显热通量	涡度相关法(三维超声风速温度计)	侧风湿度校正(超声)
		水汽通量	涡度相关法(三维超声风速计、红外气体分析仪)	
		CO_2 通量	涡度相关法(三维超声风速计、红外气体分析仪)	
		脉动的大小	三维超声风速计、红外气体分析仪	密度变动校正
	平均梯度	风向风速分布	风向计、三杯风速计、二维超声风速计	相互校正
		气温分布	通风温度计	
		湿度分布	通风湿度计(电容型,干湿表)	
		CO_2 浓度分布	红外气体分析仪(多高度切换)	
	辐射	太阳辐射(上、下)	辐射收支表(四种辐射分量型等)或者辐射表、净辐射表	防护罩温度等校正
	降水		雨量、积雪量	
	气压		气压计	
土壤	土壤呼吸		箱式法、扩散法等	连续测定
	土壤水分		TDR	
	温度	土壤温度分布	测温电阻线、热电偶	多个深度
植物	热流量	地表温度	辐射温度计、热流板、温度分布	
	形态	叶面积指数	冠层分析仪、全天摄影	
		叶面积密度	冠层分析仪、全天摄影	
		枝、干的生物量	取样和统计分析	
	CO_2 交换	光合量/呼吸量(单叶、枝、干)	光合蒸腾测定装置、红外气体分析仪(同化箱)	
		气孔阻力	光合蒸腾测定装置	
	温度	叶面/树木温度	辐射温度计、热电偶	
	蒸腾		茎干流量传感器、热脉冲法、光合蒸腾测定装置	
	辐射	光合有效辐射	光合有效辐射表	
		光合量子通量密度	光量子传感器、全天摄影	
	其他	枯死量、脱落量	凋落物收集器等	
		展叶、落叶	全天摄影、冠层分析仪	

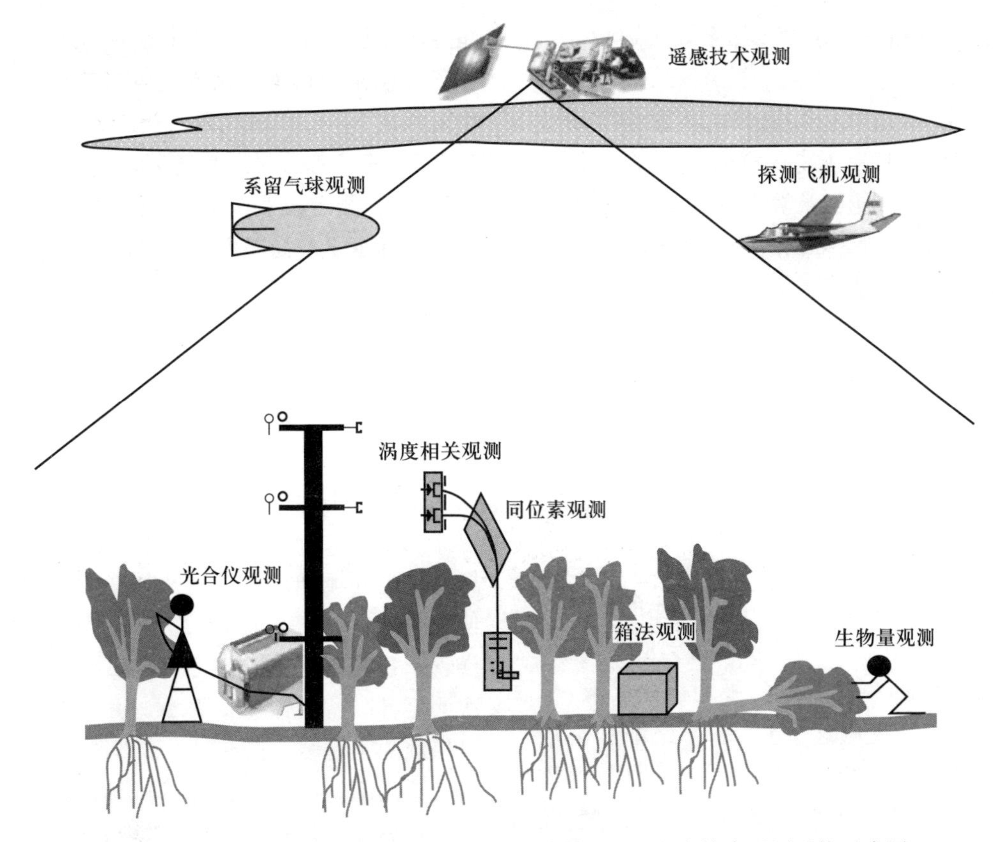

图 8.5 一般通量观测站的通量与生态系统碳循环过程研究综合观测系统示意图

动量通量（雷诺应力，$-\rho_a\ \overline{u'w'}$）：使用三维超声风速计求算得到，式中 u' 和 w' 分别是主风向风速分量和垂直分量的脉动值，ρ_a 是空气的密度。有时候要考虑对由于风速计探头引起的气流变形的影响加以校正。因为在通量计算时需要进行坐标转换，对风速计的设置角度进行校正，所以在观测过程中需要事先测定和分析各方向风速的平均值、脉动的方差，各方向风速间的协方差。

显热通量（$c_p\rho_a\ \overline{w'\theta'}$）：利用三维超声风速计的垂直风速分量和温度脉动值的测定来求算。式中 θ' 是温度的脉动值，c_p 是空气定压比热。当温度脉动的测定使用超声温度计时，需要对侧风效应和湿度进行校正；在使用细线热电偶时，需要考虑温度计的响应时间和太阳辐射的影响。

潜热通量（$\lambda c_p\rho_a\ \overline{w'q'}$）：利用超声风速计的垂直风速分量和比湿的脉动值的测定来求算。式中 λ 是蒸发潜热，q' 是比湿的脉动值。湿度脉动值的测定，主要是采用开路（open-path）式或闭路（closed-path）式红外气体分析仪测定。但使用开路分析仪时，在求潜热通量的同时，必须考虑对密度变化的校正；当使用闭路分析仪时，必须考虑脉动衰减作用的影响；当使用电容型湿度计时，需要对温度计响应时间进行校正。

CO_2 通量（$\rho_a\ \overline{w'\rho_c'}$）：利用三维超声风速计的垂直风速分量和 CO_2 密度脉动值的测定来求算。CO_2 密度脉动值的测定，通常采用开路或闭路型红外气体分析仪观测。当使用开路分析仪时，可以用涡度相关法同时测定显热通量和潜热通量，并且需要进行密度变化的校正；当使用闭路分析仪时，一般没有必要进行密度变化校正，但需要考虑气体管路对脉动衰减的影响与校正。其他温室气体（如 CH_4 和 N_2O）的测定与此类似，但由于这些温室气体过于痕量，往往采用基于闭路方法的激光分析技术进行测定。

其他的协方差：在坐标转换计算时，需要求出 $\overline{u'\rho_c'}$、$\overline{u'q}$、$\overline{u'\theta'}$ 等的协方差项，所以在数据输出时应保留这些项目。

脉动大小的测定：由于仪器倾斜或地形倾斜引起的相对于平均风向的偏离必须进行坐标转换，s_u、s_v、s_w 是坐标转换必要的物理量，所以对于各种湍流脉动的标准差应做计算。温度、比湿、CO_2 密度的标准差也最好用于脉动大小的检验。例如，这些标量与垂直风速分量的相关关系可以用来评价通量计算是否正确。

湍流谱测定：湍流的原始资料需要原封不动地保存，数据量将会不断地膨胀，有时再计算也很困难，因此希望在测定时能够计算并储存基本统计量。尽管计算所有数据的功率谱和协谱（同相谱）是很困难的，但用谱分析方法往往可以发现噪声和不良数据，所以需要定期进行谱分析检验。

湍流稳定度：在测定通量的同时，事前需要求出莫宁－奥布霍夫长度（L）或稳定度参数为 $z/L=-gkz\overline{w'\theta'}/(Tu_*^3)$。式中 z 为测定高度（或者由测定高度减去零平面位移），g 为重力加速度，T 为测定层的平均温度，$u_*=(-\overline{u'w'})^{1/2}$ 为摩擦速度。

湍流统计量的平均值：除了下节所述的垂直梯度平均量的观测外，由湍流测定仪器得到的平均值，或者需要事先求出的高度附近的平均值主要有：平均风向风速、平均垂直风速分量、平均比湿和平均 CO_2 密度等。因为在进行坐标转换时需要计算气流的倾斜度。另外，在计算稳定度时需要平均温度，在进行密度变化校正时需要平均比湿和 CO_2 平均密度。

（2）平均量和垂直梯度观测

垂直梯度数据除了计算群落内的热储量、CO_2 储量时需要外，也可以用于因降雨等原因导致的涡度相关法无法观测的期间内，利用梯度法对缺测通量进行插补。森林的垂直梯度观测的顶层高度，最好在树高的 2 倍以上，而低矮群落可以设定在群落上部的垂直梯度变化明显变小的高度。在群落上部至少要设定 2 个观测高度，并且在森林群落内部其观测层次应加密布设，至少应在接近群落顶部、叶片繁茂层和近地面层设 3 个观测高度。梯度测定时要求在各层次观测仪器的测量范围内，精度和分辨率应尽可能接近，特别是温度、湿度、CO_2 密度等需要分辨各层间的微小差异，因此需要定期地对仪器的系统误差进行校正。

风向和风速分布：群落内风速一般偏小，最好用二维超声风速计观测。一般情况下，可以使用在弱风时也能起动的三杯风速计。但在弱风时三杯风速计的测定精度不高，需要使用超声风速计进行对比校正。另外，在湍流过强的时候，三杯风速计可能会过快地旋转使测定值偏高。至于风向，在没有条件采用超声风速计测定风向和风速的垂直分布时，至少应该用三杯风速计和风向仪测定风速的垂直风速分布和群落顶的风向。但是，群落内如果不使用超声风速计，风速和风向的测定是比较困难的，可是使用超声风速计时，测定的平均风速和平均风向究竟做矢量平均还是标量平均尚需根据研究目的来决定，最好尽可能两种方法都做。

空气温度分布：测定平均温度的垂直分布，可使用通风温度计。传感器可用测温电阻或热电偶。通风速度必须设定在 3 m·s^{-1} 以上，要求各高度间的相对精度至少达到 0.01 ℃左右，防辐射筒的设置要保证太阳辐射不会对传感器产生影响。

空气湿度分布：测定平均湿度的垂直分布，可根据测定的环境和测定频率选择使用不同的仪器。在使用闭路式的红外气体分析仪测定比湿时，需要用采样管从各测定高度把空气引下来，用电磁阀等切换顺次测定各高度的空气样品，最好用同一台分析仪测定以保证测定精度。但有时尽管管路长度一样，可是由于其管内阻力的不同，测定的数值也有差异，所以需要对各高度的采样管路进行统一的校正。另外，需要防止雨滴进入到采样管内，防止温度变化引起的水汽凝结（使用露点温度计时，也需要注意同样的问题）。使用通风干湿表时，要及时更换湿球纱布和加水，保持纱布的清洁和湿润。一般湿球温度表缺乏互换性，需要在同一高度进行校正。另外，在湿球可能冻结的地方不能使用该温度表，可用电容型湿度计测定相对湿度，此时需要使用防护幕以防止尘埃或浮游粒子黏附在感应部位，传感器需要放进通风筒内。

CO_2 密度分布：主要是使用闭路式红外气体分析仪测定平均 CO_2 密度的垂直分布。用采样管从各测定高度把空气引下来，用电磁阀等切换顺次测定，最好用同一台分析仪测定，要用标准的管路定期地对各层的管路进行校正，以减少因管内阻力不同引起的测定误差。取气口要做成雨滴和尘埃难于入内的形状。红外气体分析仪往往能同时测定 CO_2 和水汽，但如果重点是放在 CO_2 测定时，需要经常使用除湿器除湿，以防止水汽的影响和结露。

（3）辐射量平衡观测

辐射量的观测要分别测定来自上方的短波辐射（太阳辐射）、群落或下垫面对短波辐射的反射、来自大气的长波辐射（红外辐射）和来自植被或下垫面的长波辐射四部分。现在常用的是四位一体的辐射计。

测定红外辐射时，需要同时测定防护罩的温度以便进行校正。辐射的测定在观测塔顶部进行，辐射计不能有遮挡。除了辐射计外，其他的仪器可以稍微偏离观测塔设置。辐射计的防护罩结露和凝霜可能会引起观测误差，因此必要时需要从侧面加温和强制通风。若同时测定四种辐射成分困难时，也可以只测定总辐射和净辐射。

光合有效辐射（photosynthetic active radiation）和光量子通量（photosynthetic photon flux density，PPFD）密度对分析生态系统光合作用特征十分重要，在可能的条件下应尽可能对其进行观测，也有的观测系统还安置了 PAR 吸收分量（f（PAR））的测定系统，以确定生态系统的光合有效辐射吸收量。另外，等量的直射辐射和散射辐射对植物光合作用的贡献不同，有条件时也建议分别测定直射辐射和散射辐射。

群落中辐射衰减的测定可为群落结构分析以及分层模型的构建提供数据，因此大多观测站都需要对群落内的辐射分布进行观测，至少应该在林冠下部的林床高度测定透过冠层的辐射量。

（4）降水量与水量平衡

降水量的观测，特别是在不被植被建筑物遮挡的场所进行自动观测是必不可少的。一般使用翻斗式雨量计。但是这种雨量计对降雪截获率差，容易低估降水量。在有降雪的地方，应设置自动积雪计。在强降水时，超声风速计和开路式的红外气体分析仪不能正常工作，所以降水观测数据也可用于辅助判断通量系统观测数据的有效性。林内的降水量，根据研究目的可以测定林内降水、树干茎流等项目。在利用通量观测数据分析生态系统的水平衡时，最好同步开展树干内蒸腾流的测定，利用树干热量平衡法测定茎干内的水流量，或利用热脉冲测定树干内的水流速同时开展地下水、地表径流的定位观测以及收集获取相关的水文数据。

8.2.3 土壤要素观测系统

（1）土壤呼吸

土壤呼吸量测定大体可以分为在土壤表面直接测定土壤 CO_2 释放量的箱式法和在土壤中求取 CO_2 移动速度的扩散法两种途径。箱式法中也有各种各样的方法，可以分为封闭箱法（也称静态箱法）和通风箱法（也称动态箱法）两种。封闭箱法是通过测量罩在土壤面的箱内气体 CO_2 浓度的时间变化，求出来自土壤的 CO_2 释放量。为了实现连续观测，最近已经开发了能够自动开闭的观测箱系统。与此不同，通风箱法则是将外面的空气输送到观测箱里，通过测定空气的入口和出口的浓度差，以及气流速度来求算土壤呼吸量，这种观测系统在某种程度上可以比较方便地实现连续观测。扩散法是利用土壤空气中的 CO_2 浓度的垂直梯度和气体扩散系数求算土壤呼吸速度的一种方法。浓度梯度需要将土壤空气吸进埋在土壤中的小型气体分析仪进行连续观测，扩散系数需要事先在室内对研究对象土壤进行测定。

此外，也可以使用微气象等方法来测定土壤呼吸，但为了取得近地表处的真实值，需要考虑如何排除下层植被生命活动的影响。无论采用何种方法，都需要连续地测定通量站点的土壤呼吸量。同时，需要在群落内应进行数个点的测定，才能作为一定空间的代表值，还需要同时测定影响土壤呼吸量的地温和土壤水分等环境参数或变量。

（2）土壤水分

土壤水分对植物光合作用活性和土壤呼吸量都有很大影响，因此应进行土壤水分的测定。土壤含水率一般用 TDR（time domain reflectometry）测定，土壤水势可用多孔陶管与压力传感器组合的张力计（tensio meter）测定。但是无论哪种情况，都希望能够实现自动连续的测定。

（3）土壤温度和土壤热通量

土壤温度影响土壤呼吸量，也影响植物的生理活性。同时，土壤热通量也是能量平衡的重要组分，因此需要连续测定。测定土壤温度可使用测温电阻、热电偶、热敏温度计等。其测定位置应尽可能从地表面处开始到无日变化深度的土层，要在数个空间点的多个深度上埋设观测仪器。

8.2.4 植物要素观测系统

（1）群落的结构与物候观测

群落结构主要包括植被的垂直结构、叶面积指数（LAI）和群落的叶面积密度（LAD）的垂直分布等，可以使用植物冠层分析仪定期测定，解析其冠层结构的动态变化。但是测定森林的叶面积指数（LAI）和群落的叶面积密度(LAD)是十分困难的,尽管现有各种类型的植物冠层分析仪器可以测定LAI,但是要想获得真实的LAI还需要付出各种努力。利用冠层顶部与冠层下部辐射比的时间变化来指示LAI的动态过程是一种有效的方法,如果能够通过冠层内的光分布与LAI分布关系的研究,较精确地确定出群落冠层的光衰减系数,将为LAI的动态测定提供简单而有效的方法。

植物的物候包括植物的展叶、落叶时期和状态等,对于农田生态系统需要记录的物候期更多,这些对数据分析来说是十分重要的信息,近来越来越多的观测站利用数码录像的观测系统自动记录植被变化状况(Richardson *et al.*,2007,2010)。

(2) 碳交换量的生理生态测定

植物光合量:光合速率(或呼吸速率)一般以单位叶面积或单位生物量、单位时间的 CO_2 吸收量(或释放量)来表示(例如 $\mu mol \cdot m^{-2} \cdot s^{-1}$(以 CO_2 物质的量计))。关于单片叶或多片叶单位面积的 CO_2 吸收量或释放量,可使用同化箱气体交换测定系统测定。该系统由红外气体分析仪、流量计、温湿度计、记录仪及同化箱等组成。现在的光合测定系统以便携式仪器(例如美国Li-COR公司、英国ADC公司等的产品)为主流,这些仪器由于采用了LED人工光源,可以控制照射到叶片上的光强度(光合作用有效波长范围400~700 nm的光量子通量密度(photosynthetic photon flux density,PPFD);或光合有效辐射(photosynthetically active radiation,PAR)),还可以控制叶室温度和 CO_2 浓度。利用这些附属设备可以方便地测定光-光合作用曲线,温度-光合作用曲线和 CO_2-光合作用曲线,去掉附属设备可以用于自然环境下光合作用及其日变化的测定。

植物体呼吸速度:根、茎等植物体的呼吸速度的测定,不能原封不动地使用上述的便携式光合测定系统进行。需要自行制作一个可利用该系统的同化箱,或者制作一个包含前面所述的气体分析仪在内和自制同化箱组成的系统。呼吸测定与光合作用测定的不同在于,呼吸作用的测定几乎可以不考虑光照和湿度的影响,因此系统的结构比较简单。系统的原理虽然与测定光合作用的仪器一样,但同化箱的形状宜采用圆筒形设计。准备好适合测试材料大小的圆筒,两端用橡皮栓堵上,气体通过配管流进和流出。通过配管时,可以事先安置测定根、茎温度的热电偶。圆筒的温度可以使用水槽控制,装满水使圆筒充分地浸在里面,调节其水温。为了使圆筒与橡皮栓或橡皮栓与配管之间的缝隙填满,可以用油腻子或石蜡密封。

枯死和凋落物量:群落内地上部的枯死和凋落量的测定,可以使用凋落物收集器法,即用袋状的网直接收集落下的叶片和茎秆等凋落物。

有机质分解:有机质分解量可根据用一定孔径的筛网收集的枯死体的重量变化来求得,如有特殊需要,可以考虑设计专门的有机质分解实验。

(3) 群落生物量和生产力

生物学方法的生物量和生产力的测定是评价通量观测数据可靠性的重要依据,也是通量观测研究的重要内容。草本植物和作物可以采用收割法取样进行生物量和生产力的测定,而森林的测定则比较困难,主要目前是利用第2章中所述的测定胸径和树高的间接方法。现有的胸径自动测定仪器已有了较大的改进,为提高森林生长量的测定精度和时间分辨率提供了技术手段。生态系统生产力可以根据生物量的时间动态变化来计算,具体方法见第2章。

(4) 其他测定

在有条件的情况下,测定叶温和树干温度及其空间分布,对研究树干吸收及群落热储量和光合量之间的关系是非常必要的。树冠的温度因观测场所不同有很大的差异,一般常用自记式温度计来研究其分布,也可使用辐射温度计扫描的方法进行观测。

8.2.5 观测场的选择与器材设置

(1) 观测场的选择

几乎所有的通量观测都是从确定观测对象(生态系统)开始的,然后是寻找合适的森林、草地或农田观测场所。观测场所选择是一个重要问题,它关系到所获得数据的价值。观测工作一旦开始,再移动观测点就需要花费很大的物力和财力,也会浪费观测研究的时间,因此观测点的选择确定必须慎重。

通量观测的理想场所是地形平坦、植被均质分布的下垫面。虽然倾斜坡地和起伏较大的复杂地形上的通量观测也是非常重要的研究课题,但应尽可能寻找符合理想条件的观测场所。在站点选择时,可以利用待选观测点(或地域)以往的气象资料调查分析盛行风的季节变化。设置观测塔的场所选择的一个基本要求是在生物活动的活跃时期，在观测塔上风侧应具有尽可能长的风浪区(fetch)。在风向状况不明时，可以选择尽可能大的平坦植被或下垫面斑块，在其中央附近设立观测塔。同时还要考虑道路和商用电源利用的便利条件，过于远离可以驶入汽车的道路，不但在设备安装、维护和检修方面都花费大量劳力，也给长期的观测与维护工作带来诸多不便，难以保证观测数据的质量。

(2) 观测高度的确定

观测高度要根据冠层的高度和风浪区的大小来决定。传感器离开冠层高度越高，影响到观测结果的上风侧的地表面积就会越大，因此需要更长的风浪区。为了提高通量观测的空间代表性，在能够满足风浪区要求的前提下，应尽可能地提高观测高度。同时避免在冠层附近观测，这一点对森林生态系统的观测特别重要。原因是森林粗糙度大，与草地相比对通量影响的面积狭长，如果不能确定适宜观测高度，所观测的结果可能仅仅是测点附近的特异通量值。

在决定观测高度的上限时，过去一般多采用风浪区与观测高度(离冠层平均高度的距离)的比值作为指标。一般希望这个比值在3%以下。最近，通量贡献区(footprint)分析方法得到了应用，据此已经可以大致地评价通量观测结果的空间代表性。所谓通量贡献区是表示上风向的地表面对观测通量结果贡献的权重系数，可用无限大的上风吹走距离积分表示，则其最大值为1。因此设定相应参数，事前计算通量贡献区(计算方法见第9章)，就可以作为决定观测高度时的重要参考。

(3) 观测塔的设计

草地和水田的观测多使用高度为2~3 m的简易的三脚架式的杆，而森林需要建立10~50 m的观测塔。观测塔大致区分为三角结构和以脚手架构成的矩形结构，分别有拉线式和自立式，其中拉线式的比较经济。三角型观测塔，一般使用耐腐蚀的镀锌钢材，利用塔本身的结构材料做梯子，人工作业在塔的外侧或内侧上下移动，而脚手架型观测塔则使用设置在内侧的阶梯或梯子作为人工作业通道。

为了减少塔对通量观测的影响，最好选择断面积小，风容易穿过(密闭度小)的结构。然而为了满足观测设备安装和维护、校正等作业的需要，要在靠近观测高度处设置工作平台。若考虑器材搬运和安全性，则内侧有阶梯的观测塔更为便利。另外，建设塔时必须充分注意不能破坏周围的植被，防止产生空隙林窗，也应注意林下的状态，为了保护土壤和林下植物，最好设置专用栈道。

(4) 观测设备和附属设备的设置

在一个通量观测塔上往往需要安装许多观测仪器，必须注意各种仪器间可能产生的相互影响，以最小限度地减小对通量传感器的影响，同时也要考虑不同系统间观测数据相互校正和利用等对观测高度的要求，在减少相互影响的前提下，尽可能将梯度观测与通量观测高度相匹配。

为了便于野外观测工作的开展，在通量塔附近，需要搭建放置数据记录器、数据采集设备、维护工具和校正用的储气瓶等物品的小工作间或工作箱，但搭建时必须注意不能扰乱和破坏观测环境。如设置在观测塔的附近，观测工作间的屋顶可能影响净辐射、反射率或能量通量。另外，工作间作为部分分析仪器的运行场所时，要将温度和湿度调节在仪器能够正常工作的范围内。可以利用隔绝辐射和通风换气以防止高温影响，利用绝热设备以防止低温影响。在进行换气时，换气口上应安装防虫网，若电力供给充裕也可以考虑利用冷却器(cooler)和加热器(heater)。在气温日较差大，收藏箱内的相对湿度增高的情况下，需要采取防止结露的措施(如利用除湿剂或抽湿机等)。

在安装仪器时就必须考虑防止雷击的问题。虽然不可能完全防止落雷，但可以将落雷产生的危害控制到最小。因为雷具有容易落在比周围高的尖端物体上的特性，因此观测塔很容易受到雷击。雷的危害有直击雷和诱导雷两种。直击雷就是雷直接落在观测塔等物体上，产生10~100 kA的电流。直击雷产生的危害甚大，成为火灾的原因之一。而诱导雷是伴随直击雷流动的大电流产生非常强的电磁场在附近信号线和电源线发生瞬间的高压电流的现象。由于脉冲电流使电气仪器受到绝缘被破坏，功能停止、劣化等危害。为了避免或减轻雷击的危害，最有效的手段就是安装避雷针。在塔的顶端安装避雷针，使用电阻小的地线接地。另外，安装避雷器(arrester)也有效果，将伴随落雷产生的大电流经地线向大地放电。再者，为了使接地电阻变小，地线的安装需要考虑如何使其与土壤的接触面积变大等办法。

通量塔的供电要尽可能地采用稳定的商用电源

(AC)。随着观测技术的进步和研究工作的发展,观测系统中电器的数量会不断地增加,因此对电容量的设计应留有充分的余地。在森林内配线,最好将电源线放进保护管内埋设在地下,或者铺设在地上,以避免倒木或落枝损伤和切断。为防止停电和电压不稳,应准备好备用电源、储蓄电和稳压设备。

在偏远地方无商用电源时,可考虑使用专用发电机和太阳能电池。在利用发电机时,为了避免排气中的高浓度 CO_2 对通量观测的影响,应该慎重地考虑风向和地形,在离塔足够远的地方安装发电机。最好要准备备用发电机和蓄电池,以便在检查维护作业和发生故障时应急使用。若利用太阳能系统,必须有发电用的太阳能电池和充电用的蓄电池。在白天晴朗的时间段里发电,其发电量超过观测系统的耗电量,将剩余的电量用于充电。充电的电量,用于夜间和白天发电量少的时间段的消耗。为了防止过分充电和过分放电引起蓄电池性能的劣化,应使用充电控制器。另外,在高寒地域或多雨地区经常会因为太阳能发电不足影响观测,对此应给予充分的注意。

8.3　湍流变化与涡度通量的测定及其关键设备

湍流变化与涡度通量的测定是生态系统通量观测与研究的核心,其相关的仪器为通量观测研究的关键设备。湍流变化与涡度通量观测的项目主要包括风速脉动,CO_2、水汽、湿度和气温脉动等。这些项目的观测必须依据湍流变化分析和涡度通量计算的要求,确定适宜的采样频率、测量精度和分辨率,因此不仅要有高精度的观测设备,还要有能够保障设备运行和维护的必要条件。

8.3.1　风速脉动测定

(1) 风速脉动测定的要求

用于涡度相关法的风速计要求具有能以 10 Hz 以上的高频率测定出风速的三维成分(u,v,w)的性能。其中特别重要的垂直风速(w)与水平风速(u,v)相比小得多,因此要求仪器有较高的分辨率,同时在野外能够连续观测、具有较高的耐候性和长期的稳定性。目前可以满足这些条件、值得信赖的仪器只有三维超声风速计。三维超声风速计是利用超声波在空气中的传播速度随风速而变化的原理,测定发生器和接收器之间超声波的到达时间来计算风速。具体地说,就是在发生器和接收器相对方向内置一对声响元件(发送接收器),交互地发送和接收声音脉冲信号。

(2) 超声风速计的工作原理

超声风速计的原理如图 8.6 所示。一般的超声风速计都是利用声音发生器所发出的声音沿着固定的路径传播时,声音到达接收器的时间随着风速而变化的基本原理,即声波在空气中传播的速度等于静风时速度与传播方向的风速分量的和。当声波从两侧的发生器短时间地交替切换声音传播方向时,一对相隔一定距离的声波发生器、在相反的方向上发送声波,各发生器所发出的声波分别被处于相等距离上的接收器接收,利用两个接收器所接收到的声波信号的时间差,即可求出不同方向的瞬时风速。超声风速计是通过风对声脉冲在路径已知,方向相反的输送时间内所受的影响来完成其频响测量的,影响频响的唯一因素是空间路径距离。如果在三个互相垂直的方向上同时测量,即可得到风在三个不同方向上的分量(u、v、w)及瞬时总风速。

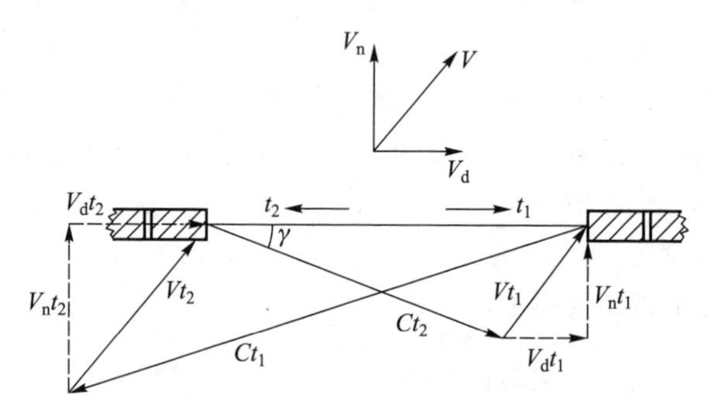

图 8.6　超声风速计原理示意图(Kaimal & Finnigan,1994)

超声风速计分脉冲型和连续波型两种,前者是通过测量输送时间差计算沿声程的速度分量,后者测量相位差,两者均直接涉及速度。如图 8.6 所示,声音从两侧的发送器短时间地频繁交替切换声音传播方向。如果设声音从发生器 2 向发生器 1 传播的时间为 t_1,其反方向的声音传播时间为 t_2,则 t_1、t_2 可以写成

$$t_1=\frac{d}{(C\cos\gamma-V_d)};t_2=\frac{d}{(C\cos\gamma+V_d)} \tag{8.29}$$

式中：d 为路径长；V_d 为沿路径的风速分量；$\gamma=\arcsin(V_n/C)$；V_n 为与路径垂直方向的风速成分；C 为声速。如果 C 和 d 已知，则 V_d 就变为相对简单的时间间隔（t_2-t_1）的测量，可以通过求 t_1、t_2 的差得到，目前常用的超声风速计的电路中已经可以自动进行这种计算。V_d 的求解方法之一如式（8.30）所示，可以通过求 t_1 和 t_2 的差得到。

$$t_2-t_1=\frac{2d}{C^2}V_d\approx\frac{2d}{403T(1+0.32e/p)}V_d\approx\frac{d}{201.5\ T_v}V_d \tag{8.30}$$

这里假定 $V_n^2\ll C^2$。另外，T_v 称为虚温，可表示为

$$T_v=T(1+0.32e/p) \tag{8.31}$$

式中：e 为水气压，p 为大气压。因此，如果温度变化，则检定值也随着变化。为了消除侧风和声速的影响，可以取 t_1、t_2 的倒数，即得

$$\frac{1}{t_2}-\frac{1}{t_1}=\frac{2}{d}V_d \tag{8.32}$$

$$V_d=\frac{d}{2}\left(\frac{1}{t_2}-\frac{1}{t_1}\right) \tag{8.33}$$

这样求出来的 V_d 是跨度的平均值，比跨度更小的涡流就会被平滑掉（line averaging）。超声风速计的响应依赖间距，间距越短响应性能越高，相反由于测定部（探头）引起风的涡流（flow distortion）增大，通量观测一般使用的是间距 0.1～0.2 m 的探头。

（3）*超声风速计的主要类型*

超声风速计由于灵敏度高，记录、存储数据都方便，是脉动测定的重要仪器。目前用得较多的是三维超声风速计，它可不间断地测定风向和风速的变化。但是，现在使用的三维超声风速计还不能直接测定最为重要的垂直风速成分，需要从三个成分的坐标变换求解，所以在仪器安装时要作严格的水平调整，通量计算时需进行坐标轴变换。超声风速计能得到特定的风向成分，对于涡度相关法来说具有很大的优点，而且在精度和时间响应方面也具有优良的特性。可是，声波发生器大小也会妨碍气流的流动，虽然不可能配置对应任何风向都没有影响的声波发生器，但为了尽可能减少发生器的影响，工程师们采用了各种各样的方法，开发了不同类型的超声风速计（表 8.2 和图 8.7）。

表 8.2 FLUXNET 中目前常用的超声风速计

分类	传感器
基本设备	Kaijo-Denki typ-A CSAT-3、CSAT3A NUWprobe (NCAR) Solent HS
常用设备	Kaijo-Denki typ-B Solent windmaster, R2, R3 METEK USA1 Young 8100 WindMaster,WindMaster pro

商用的三维超声风速计一般由具有三对发生-接收器的探测器与数据转换器构成。最近，探测器与数据转换器成为一体的小型超声风速计也普及起来。另外，也有内装 A/D（模拟/数字，analog/digital）转换器，输入其他探头的模拟信号（例如湿度脉动）可以与风速的信号同时以数字形式输出的仪器。超声风速计的探头形状取决于发生-接收器的三维配置和支撑材料的位置，依仪器种类而异（图 8.7）。目前在 FLUXNET 中应用的超声风速仪如表 8.2 所示。其中 CSAT-3 和 GILL 系列的超声风速仪应用最为广泛。

8.3.2 CO_2 和水汽浓度与脉动测定

CO_2 和水汽浓度的测定，可以使用根据红外线吸收原理制成的红外 CO_2/H_2O 分析仪。市场上有几个型号的产品，其原理是利用 CO_2 和水汽在红外线域对特定波段（CO_2：4.3 μm，水汽：2.6 μm）的辐射吸收来测定 CO_2 和水汽密度（或浓度）。具体来说是利用测定光源和受光部之间的辐射吸收率来计算所测气体的密度。这类仪器根据分析光路的配置方式大致可以分成开路式和闭路式两种。

（1）*开路（open-path）分析仪*

开路式的红外分析仪如同超声风速计一样，其测定光路被暴露在空气中，用 10 Hz 以上的频率测定空气中 CO_2/H_2O 的密度脉动，也被称为 CO_2/H_2O 气体分析仪，在其原理上符合涡度相关法的技术要求。代表性的产品有美国的 Li-COR 公司的 LI-7500（光路 0.12 m）/LI-7500A（光路 0.125 m），美国 Campbell Scientific 公司的 EC150（光路 0.15 m）Data Design 公司的 OP-2（光路 0.20 m）和日本アドバネット公司的 E009B（光路 0.20 m）以及最近美国 LI-COR 公司推出的 LI-7500RS 和 Campbell Scientific 公司推出的 EC155。

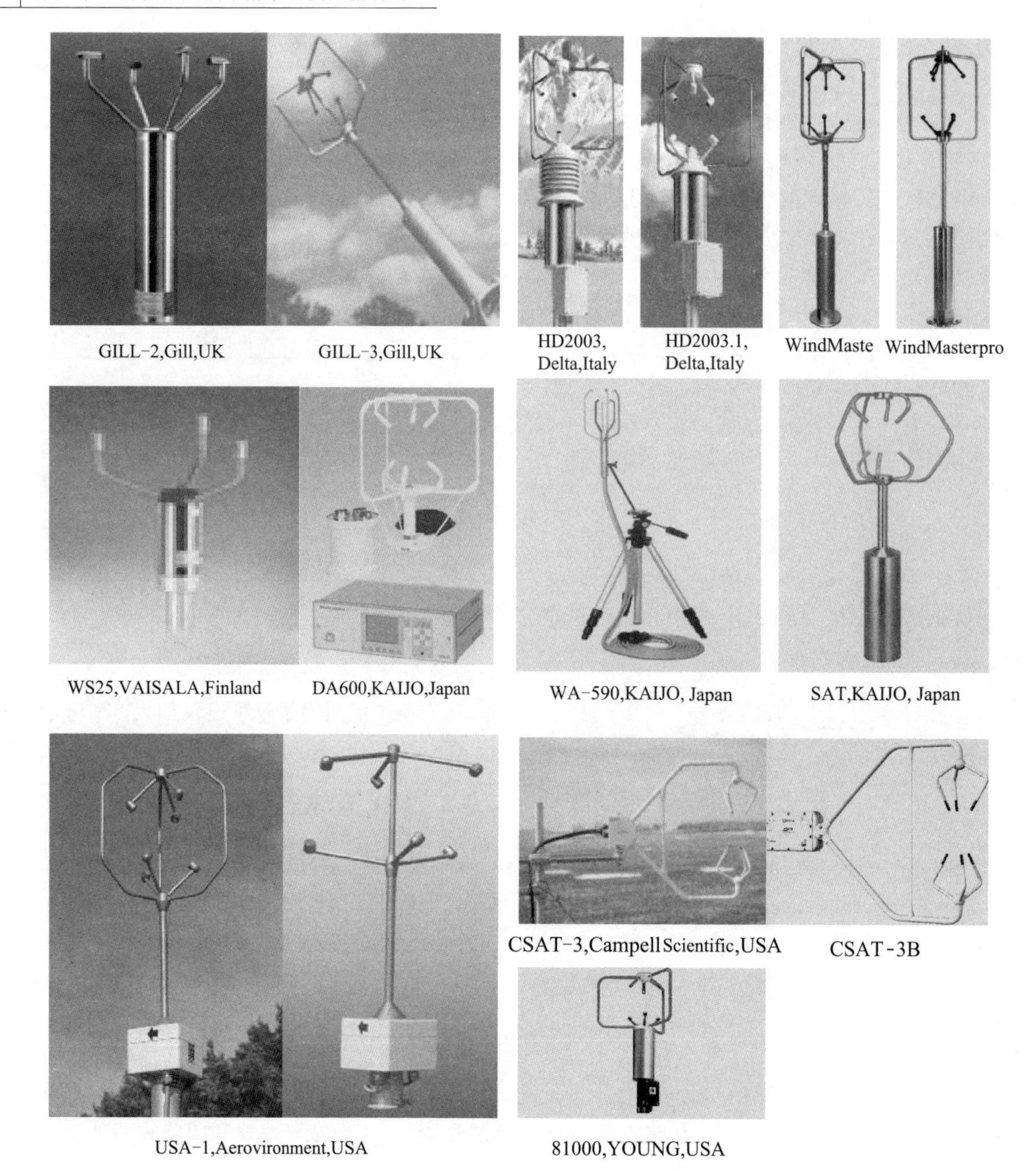

图 8.7　当前主要商用超声风速计类型

开路系统直接测定湍流脉动的基本原理是利用红外线光源将光束照射到 CO_2/H_2O 的测定光路上，在另一方利用检测器的镜头能聚集红外线。检测器是利用分光、透射、反射 CO_2/H_2O 的吸收带波长的干涉滤光器，测定出 CO_2/H_2O 脉动(图8.8 和图 8.9)。

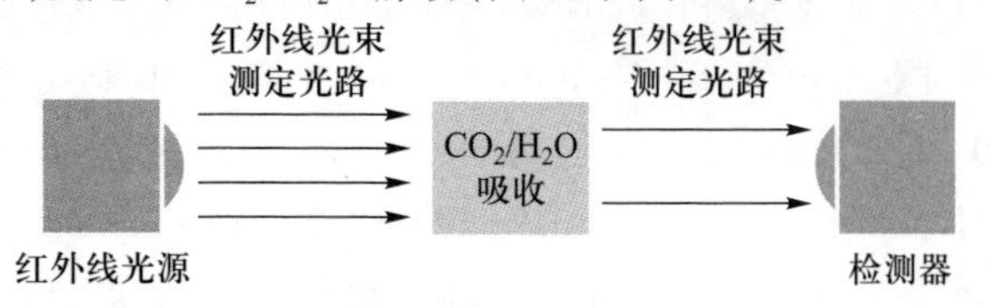

图 8.8　开路系统 CO_2/H_2O 分析仪测定原理示意图

以目前常用的 LI-7500/LI-7500A 红外 CO_2/H_2O 分析仪为例(LI-7500A 是 LI-7500 的升级版，两者测定方法和原理相同)，作为高频响应、高精度的 CO_2/H_2O 开路系统分析仪，LI-7500/LI-7500A 可在复杂组成的气体中分析 CO_2/H_2O 的绝对密度。LI-7500/LI-7500A 探测器由红外线光源、检测器、4 种波段的滤光片组合起来的截光器、透镜、窗口等部分组成。滤光片的中心波长是 CO_2 和水汽的吸收波长(4.26 μm 和 2.59 μm)以及不吸收的参照波(2.40 μm 和 3.95 μm)。由高速(以 9 000 rpm 速度)旋转截光

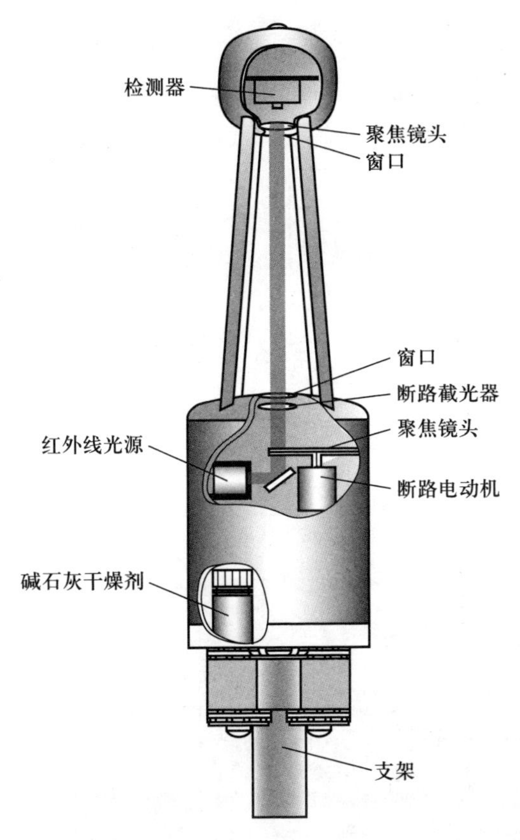

图 8.9 LI-7500 传感器内部结构(引自 LI-7500 使用手册)

器的滤光片顺次横切通路,由检测器顺次地测定出透过滤光片的辐射强度。以吸收波长与参照波长透过辐射强度之比为作为透过率。用 1 减去这个比值就可以算出吸收率。将所得的吸收率代入关系式(校正曲线),再经过大气校正就可以得到 CO_2 和水汽密度(mg·m^{-3} 或 mmol·m^{-3})。此外,其他公司的分析仪,如美国 Campbell Scientific 公司的 EC150 和 IGARSON、OP-2 和 E009B 也是采用类似的测定方式。

相对于LI-7500而言,LI-7500A 在提升测定频率和测定精度的同时,进一步提高了与其他高频传感器(如测定频率达到 20 Hz 的超声风速仪)的兼容性,增加了数据的输出方式(网络传输和 USB 端口)。同时,LI-7500A 允许用户根据空气温度的高低(大于或小于 5℃)设置断路电动机仓的温度(5℃ 或 30℃),以减少冬季气温较低情况下,由于电动机工作而产生的热量对通量测定的影响(Burba, 2013)。LI-7500RS 则更进一步完善了分析仪红外光源发生和检测部件工作温度的设定,增加了分析仪在气温出现较大波动时的稳定性;优化测定光路降低对外来干扰的敏感性,提高分析仪在较差环境(如灰尘)中的测定准确性;采用无刷电机,在提高工作效率和降低能耗的同时,通过减少热量耗散进一步降低了对通量测定的影响。近期,更新版本的 LI-7500RS 已经开始投入使用,更新版本的 LI-7500DS 也已推出。

(2) 闭路(closed-path)分析仪

使用开路分析仪进行通量测定时,由于其传感器被长期放置在野外,会造成仪器的故障或精度的下降。同时,由于其测定光路暴露在空气中,易受到诸如降水、凝露、灰尘和异物等方面的干扰。因此在涡度相关法中,也有采用闭路分析仪进行测定。闭路式分析仪是将空气抽入分析仪的内部进行测定,使用分散型的红外分析仪(NDIR)作为分析仪的本体。分析仪本体以外需要有气泵和取样管。尽管因管内脉动衰减等原因与开路方式相比其时间响应略差,但是因为其稳定性好,也被广泛应用于通量观测之中。市场上有各种各样的分析仪,但被用于涡度相关测定中具有代表性的机型为LI-COR公司的LI-6262型(图 8.10)及继其后推出的 LI-7000 型(图 8.11)。

在 LI-6262 分析仪的内部有样品室(sample cell)和参比室(reference cell)。在样品室测定对象的空气以一定的速度流入,在参比室将利用药品(苏打石灰,过氯酸镁)去掉 CO_2 和水汽的空气封入,或利用不含 CO_2 和水汽的 N_2(或者 N_2+O_2)以一定的流量通气。从光源射出的红外线由高速回转的快门交互进入两个室,透过室的红外线分成两个方向,透过中心波长为 2.6 μm 和 4.3 μm 波段的滤波器后,分别被检测器测出其辐射强度。由样品室与参比室透过辐射强度之比,分别算出 CO_2 和水汽在其吸收波长的透过率,将透过率代入关系式(校正曲线)再经过室内的气压和温度校正就可以得到 CO_2(mg·m^{-3})和水汽密度(mmol·m^{-3})。

LI-7000 CO_2/H_2O 分析仪是差分型红外分析仪,能够同时测定 CO_2 和 H_2O 浓度。该仪器在 LI-6262 基础上做了许多改进,灵敏度明显提高,对信号可进行数值化滤波、处理及输出。测定光路可以在野外条件下移动与清理,还可以在不太清洁的环境中使用,不需要生产厂家的校准,可利用 REM 模式进行差分测定。分析仪有 2 个气室,其中的一个为参比室,通入已知浓度的气体进行校准,另一个为样品室,通入被测定气体。滤光片分别允许 4.26 μm(CO_2吸收波段)与 2.59 μm(H_2O 吸收波段)的光通过,两者的相互干扰几乎为 0。

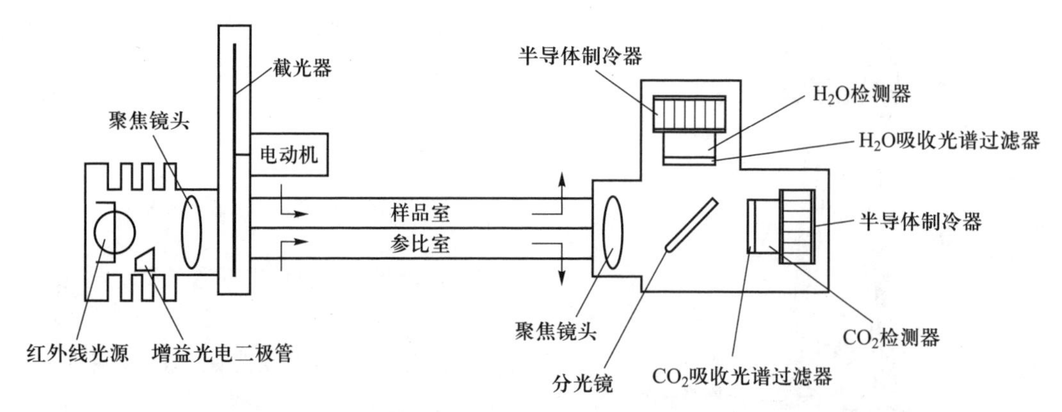

图 8.10 LI-6262 的内部构造(引自 LI-6262 使用手册)

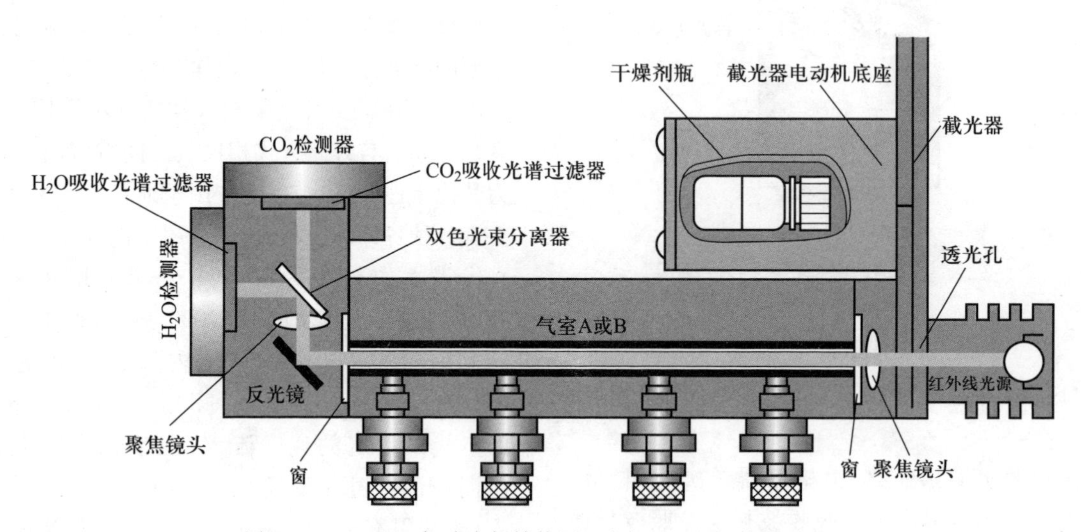

图 8.11 LI-7000 气路内部结构图(引自 LI-7000 使用手册)

虽然上述传统的闭路系统在观测稳定性和精度方面相对具有开路系统有一定优势,但不可回避的是这类系统需要通过较长的管路(通常10 m以上)将待测气体抽入分析仪,在这过程中往往会造成信号的衰减(参见第 8.6.3 节)。与此同时,随着分析仪技术的优化改进以及开路分析仪的成熟,目前已经出现了小型化的闭路分析系统,如美国 Campbell Scientific 公司的 EC155(图 8.12a),还有将开路系统测定光路封闭改造形成的 LI7200 等新型闭路系统。分析仪整体放置在超声风速仪边,通过一个很短的管路(约 0.5 m)将气体抽入到仪器内部,其抽气管路大大缩短,接近于开路系统的原位测定,特别适合在潮湿多雨的地区观测(图 8.12b)。

8.3.3 CH_4浓度与脉动测定

目前,CO_2 和水汽浓度脉动仪器性能已经比较成熟稳定,其他痕量气体 (如 CH_4、N_2O 和 O_3 等)脉动仪近几年也在不断地研发和改进中。美国 LI-COR 公司 2010 年研发出了全球第一款开路式甲烷测定设备:LI-7700 甲烷分析仪(图 8.13)。该仪器是基于甲烷吸收谱带的单一吸收线,采用单模式近红外可调激光光源对 CH_4 进行测量,可以在常温条件下工作,而不需要低温冷却系统。通过高频条件下编码和检测信号,极大地提高了信噪比,噪声水平大幅降低。该分析仪质量轻、功耗低,其高频脉动能满足涡度相关测定的要求。LI-7700 仪器采用开路式设计,所以系统无气泵和管路通道,测量结果更加精准,是目前用于涡度协方差方法原位测量 CH_4 通量的常用仪器之一。

最近,美国的 Los Gatos research 公司、Campbell Scientific 公司和 Picarro 公司也先后成功研制了一些可用于涡度相关通量测量的闭路型 CH_4 分析仪。Peltola 等(2013)同时比较了上述 4 家公司生产的甲烷分析仪,分别是LI-COR公司的LI-7700、

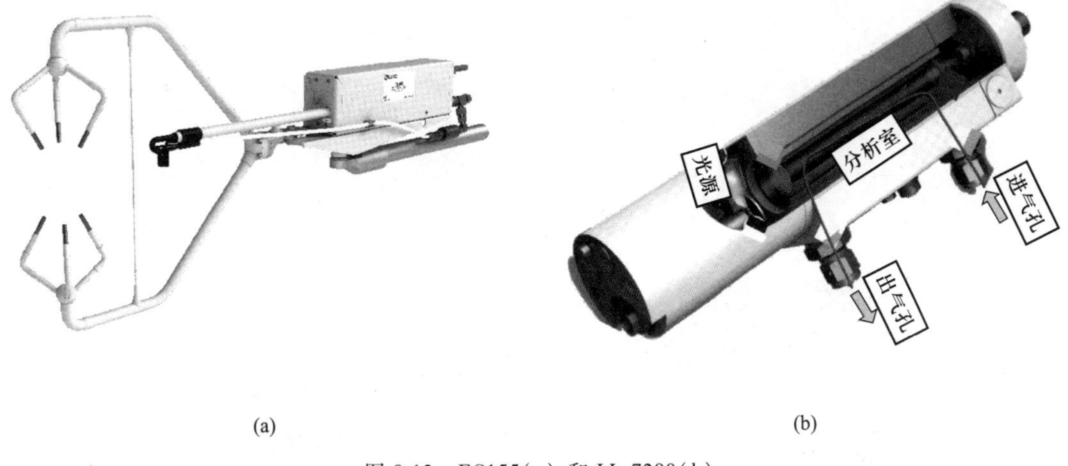

图 8.12　EC155(a) 和 LI-7200(b)

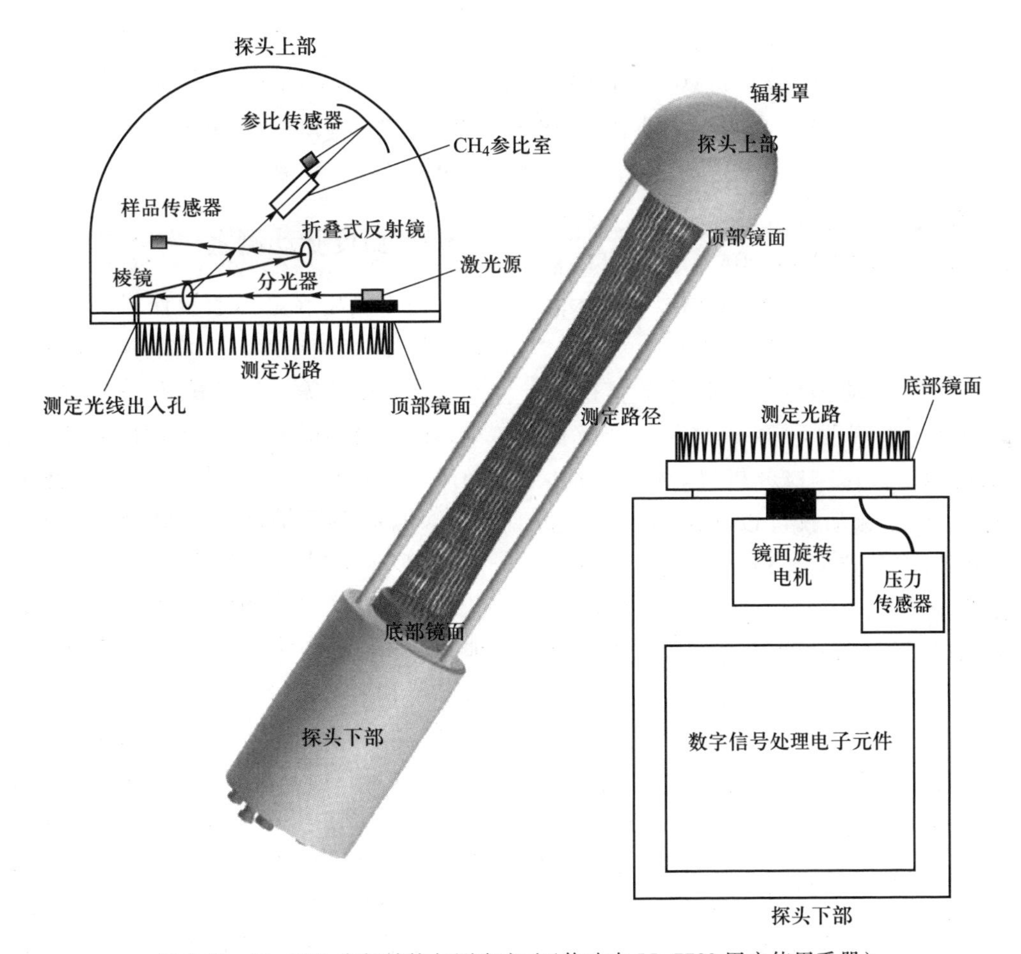

图 8.13　LI-7700 内部结构与测定方法(修改自 LI-7700 用户使用手册)

Campbell Scientific 公司的 TGA 100A、Los Gatos research 公司的 RMT-200 和 Picarro 公司的 G1301-f (图 8.14)。对比结果表明,如果在不具备充足电力的情况下,只能使用低功率的 LI-7700,但是如果在电力充足的情况下,其他类型的分析仪均可满足需要。

8.3.4　其他痕量气体浓度与脉动测定

除了 CH_4 外,Los Gatos research 公司还研制出了快速响应的氧化亚氮(N_2O)和一氧化碳(CO)等分析仪,这些仪器可以满足涡度相关测量要求。有

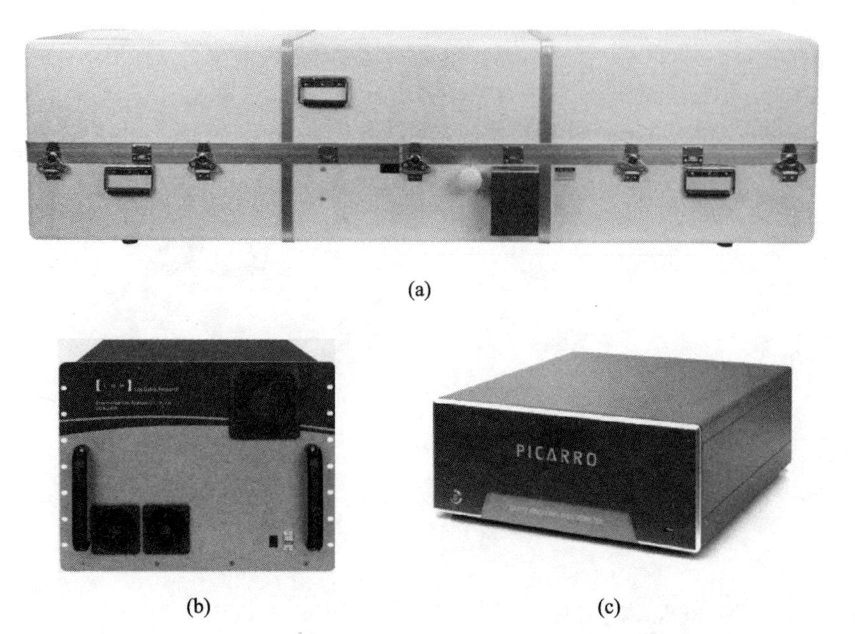

图 8.14 基于激光分析技术的 CH_4 快速响应分析仪:(a) Campbell Scientific 公司的 TGA-100A;(b) Los Gatos research 公司的 GGA-24EP;(c) Picarro 公司的 G1301-f

关仪器的详细情况可查询 LGR 仪器公司的网站。Campbell 公司最近研制的 TGA200A 产品也可以根据需要高频测量空气的 N_2O、CH_4 和 CO_2 等气体浓度及其同位素。

关于臭氧浓度脉动测量,目前主要有德国 Enviscope 公司和澳大利亚 Ecotech 公司生产及商业化的 O_3 浓度脉动快速响应分析仪。德国 Enviscope 公司的 O_3 浓度脉动仪可以实现对 O_3 浓度变化的快速测量,该类仪器与以上其他气体分析仪的测量原理有所不同。它是利用大气中的 O_3 和某些物质(如乙烯基或者芳香物等)发生化学反应时会产生蓝光,再通过光电放大器将光信号转换成电信号。

目前,O_3 浓度脉动仪的发展还不是很完善,其主要问题有:① 由于仪器在野外测量时需要消耗 O_3 敏感物,其灵敏度会随着测量时间的延长而下降。同时,仪器灵敏度还会受到大气环境条件(如空气湿度)的影响,导致仪器的稳定性也比较差。该类仪器目前只能用于测量臭氧的相对脉动,计算 O_3 通量时需要有标准的慢速响应仪器对其进行实时标定。② 由于需要经常更换 O_3 敏感材料(一般 3~7 天必须换 1 次),所以还不能实现长期无人维护的自动观测。目前,该类仪器主要用于有人工维护的短期科学研究(Zahn *et al.*,2012, Zhu *et al.*, 2015)。

8.3.5 温度脉动测定

为了测定在显热通量计算中所需要的气温脉动,通常采用细铂丝、热电耦、热敏电阻(thermistor)和超声温度计等。为了获得良好的响应性能,以减小太阳辐射的影响,前三个使用非常细的材料制作而成。铂电阻线直径为 12.5 μm,热电耦直径为 20~50 μm,但其暴露在空气中容易老化,遇到大风、大雨和大雪时也容易断裂。

声波在大气中的传播速度也与温度有关,如果能够排除风的影响,那么超声风速计就可以测出瞬时温度,进而求出平均值及其脉动值。超声温度计具有测量通量所需的频率响应,温度感应和 w 的声程方向相同,所以,它的空间平均特性和 w 一致。然而,温度测量受湿度和垂直于声程的风速分量灵敏度的影响,当温度脉动大的时候,这些误差在白天对流条件下可忽略,但在中性和稳定条件时,它们则非常重要,侧向风带来的误差好比通过中性层结时,在传输时间估算中引进了一个偏差,使观测到的传输进一步偏向稳定区。因此使用超声风速计的超声温度计测定温度较为理想。

从式(8.29)可以推导出下式:

$$\frac{1}{t_2}+\frac{1}{t_1}=\frac{2}{d}(C^2-V_n^2)^{1/2} \tag{8.34}$$

因为声速(C)为

$$C^2 = 403\ T\left(1+0.32\ \frac{e}{p}\right) = 403\ T_v \quad (8.35)$$

所以有

$$T(1+0.32e/p) = \frac{d^2}{1612}\left(\frac{1}{t_2}+\frac{1}{t_1}\right)^2 + \frac{1}{403}V_n^2 \quad (8.36)$$

式(8.36)中含有湿度因子,与式(8.35)一样虚温 $T_v = T(1+0.32e/p)$。因此,超声温度计既受侧风的影响也受湿度的影响(Kaimal & Gaynor,1991),必须事先对这种影响给予估算。

8.3.6 湿度脉动测定

湿度脉动的测定主要有两种不同类型的仪器:其一是与空气直接接触类型的仪器(如干湿球温度计、容量型湿度计等);其二是利用红外线或紫外线吸收类型的仪器。一般来说,因为前者的频率响应能力不足,多数情况下需要对高频成分进行修正。例如,在利用细线热电偶干湿计时,由于湿球的响应特性差,所以基于感应部位的热交换关系,常用通过信号微分改善响应的方法。但是因为在高频一侧如果加入噪音(noise)等,会造成过度修正,此外,由于干球和湿球的响应存在差异,因此在前期处理阶段有必要进行校准。容量型湿度计(visara 型)作为相对湿度的测定设备,在响应上也存在问题,同时一旦有污染物和浮尘等黏附,湿度计就不能显示正确的数值,因此在测定平均值时通常被放在防护幕内。但在湍流测定时,因为不能使用防护幕,必须进行频繁的保养。

利用红外线和紫外线吸收的湿度脉动测量仪器主要有红外湿度仪(利用水汽对红外辐射吸收的原理)、紫外湿度仪(利用水汽对紫外辐射吸收的原理)和微波折射仪(利用微波折射与温度的相互关系)三种不同的类型。红外湿度仪是通过两个相邻波长的红外传输的差别测量湿度的,一个波长位于水汽高吸收区,另一个位于水汽吸收可以忽略的区域,传输路径长度典型值为 0.2~1.0 m,光束通常用一个机械的斩波器作调制,以获得探测信号的高增益放大。在可利用的红外湿度仪中有开路型(open-path)和闭路型(closed-path)两种类型。作为开路型的分析仪,早期被应用的主要有 Ohtaki 和 Matsui (1982)开发的碳素气体-水汽脉动仪(Advanet 制造)、伊藤和小泽(1988)开发的设备(Kaijo 制造)、CSIRO 的 Hyson 和 Hicks(1975)开发的设备等几种类型。近年来,以美国 LI-COR 公司 LI-7500 系列产品为代表性的开路型分析设备得到广泛应用,并且在技术上也逐渐成熟,突破了以往开路型分析仪在长周期观测过程中的稳定性问题。闭路类型的红外湿度分析仪主要有 LI-6262 和 LI-7000 等具有优良性能和稳定性的测量仪器。

紫外湿度仪是利用水汽对紫外线的吸收特性制作的,是一种利用细线热电偶制作的干湿球温度计。然而,用干湿球温度计测定湍流脉动时,因湿球被暴露,容易脏污,还需要及时补给水分,清理和维护工作量大,不适合用于长期的通量观测。利用紫外线的湿度仪,其光源有利用氢放电管的(Lyman-α 湿度计)和利用氪球(氪湿度计)的两种类型。紫外线与红外线相比,因水汽吸收大,故间距可以做得短些(2~3 cm),但 Lyman-α 湿度计存在光源寿命短和稳定性差等问题,氪湿度计虽然对这些问题进行了改进,但在求水汽密度时需要气温和相对湿度的平均值。

8.3.7 通量测定的开路与闭路系统

(1) 系统的结构与性能特点

作为大气湍流特征与 CO_2 和水热通量的直接测定系统,因所使用的红外气体分析仪类型的不同,其观测系统被划分为开路涡度相关系统(open-path eddy covariance system, OPEC)和闭路涡度相关系统(closed-path eddy covariance system, CPEC)两种类型,图 8.15 为两种系统的简单示意图。

开路涡度相关系统(OPEC)主要由开路式的 CO_2/H_2O 分析仪(如 LI-7500/LI-7500A,LI-COR 公司, Lincoln NE)、三维超声风速计与数据采集系统构成,以测定高频率响应为主要优势,结构简单,便于安装和调试,不需要观测人员过多的现场维护和标定。但是在观测过程中容易受降雨、昆虫等外界环境的干扰,对于经常降雨或者显热通量比较大的观测站点的长期连续观测会面临许多问题。此外,开路式气体分析仪不能实现 CO_2 浓度测定过程中的自动校正,所以不适宜进行精度较高的 CO_2 浓度观测。

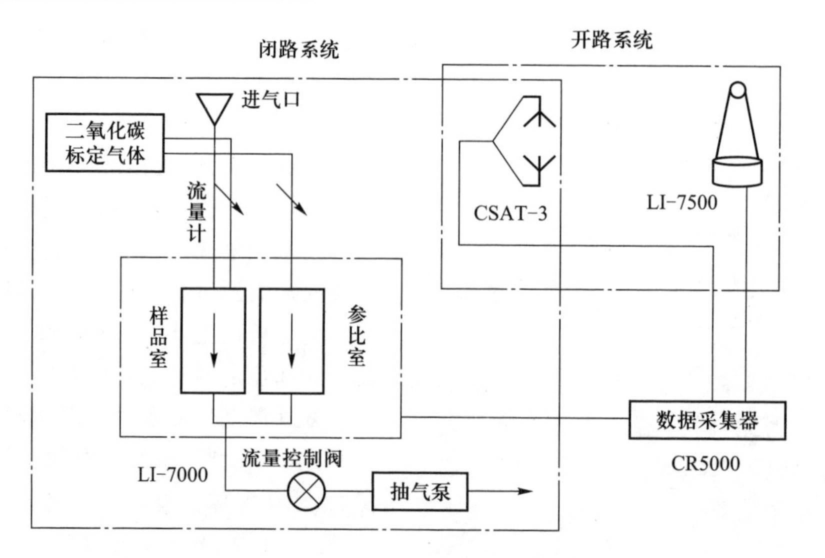

图 8.15　ChinaFLUX 的开路与闭路系统通量观测流程示意图

闭路涡度相关系统(CPEC)由闭路型 CO_2/H_2O 分析仪(如美国 LI-COR 公司的 LI-6262 和 LI-7000,以及美国 Campbell Scientific 公司的 EC155)、三维超声风速计与数据采集系统所组成。此外还需要配置空气取样自动控制系统、大功率抽气泵和 CO_2 浓度自动校正系统等辅助设备,系统结构相对复杂,需要专业性的技术人员经常开展现场维护和校正。当采用较长气路的用 CPEC 系统进行观测时,气体样品必须通过抽气管道才能进入到样品室内,这样就会发生 CO_2/H_2O 分析仪测定气体浓度与超声风速计测定风速在时间上的滞后,以及因管道质地、设置、清洁维护等因素的影响可能造成高频损失。这些是闭路涡度相关系统测定结果不确定性的重要来源,需要通过与开路涡度相关系统(OPEC)的平行观测比较、功率谱和协谱分析等技术来确定正确的校正参数和评价系统性能对通量计算的影响。

闭路系统可以将分析仪放置在可以调控温度的地方,所以受天气的影响较小,并且其内部测定时环境变化不明显,因此性能相对比较稳定。另外,因为闭路系统中设置了 CO_2 浓度自动校正系统,可以在某种精度水平下连续测定大气的 CO_2 浓度的绝对值。但是,该系统对 CO_2 浓度测定精度要比常用的大气 CO_2 背景浓度变化测定系统相差一个量级以上,所以其测定值的精度仅可以满足用于计算群落内 CO_2 储存量变化的要求。

(2) 系统的设置

闭路系统的结构比开路系统复杂得多,所以其系统的设置与调试也很复杂。开路系统用于涡度相关通量测定,一般认为具有充分的高频响应特性,不需要担心高频成分的损失。但在系统设置时,如果 CO_2 传感器探头部分与超声风速计探测器之间的距离过长,则风速脉动与气体密度脉动之间的相关性在高频域内会变差,所以应在注意两种探头不相互妨碍空气流动的范围内,使两种探头间的距离尽可能地缩短。

闭路系统的超声风速计设置与开路系统相同,空气取气口要固定在超声风速计的探测器近旁,既要足够近,又不能对超声风速计产生影响。在利用 LI-6262 或 LI-700 等闭路型分析仪时,分析仪和泵、气体切换装置要一起安装在观测塔旁边的收藏箱或工作间中。因为闭路系统必须使用取样管将空气、CO_2 和水汽吸入分析室内测定,其测定时间与风速测定的时间序列相比存在滞后性,所以需要对所取得的数据进行时间滞后性分析和校正。另外,空气通过取样管时,其高频部分会产生一定衰减,需要对取得的数据进行谱分析和校正。

闭路系统的空气取气口与超声风速计探测器之间的距离设置也应尽可能地短些。另外,闭路系统的测定仪器本身的响应速度一般比开路系统要低,而且还受使用取样管引导空气的影响,其高频成分会产生一些损失。这里,仪器(如 LI-6262)自身响应速度的影响虽然取决于流量,但一般可以达到0.5~1 Hz更高的高频域,因此除了特别需要高频域的场合外,通常的观测一般没有多大的问题。由于取样管引起的衰减是闭路系统最大的问题，而且高频的衰减量依取样管的长度、半径、流量等而变化，所以系统取样管应尽量短（尽可能在数米以内），而流到分析仪的空气流量应尽可能大些。

在森林和茎秆高大的群落上使用闭路系统的CO_2/H_2O分析仪时，有时将分析仪安装在观测塔的中间和林床上。前者取样管可控制在数米的程度，后者需要比群落高度稍长的取样管。长度在数米以下的取样管，其滞后时间约为1~2 s，35 m的取样管约为4~6 s。在取样管中的空气流动，湍流状态比层流状态更能抑制高频振荡成分的衰减，为了提高雷诺数，多以6~10 $L \cdot min^{-1}$的大流量使空气流动。在使用特别长的取样管时，要以20~50 $L \cdot min^{-1}$的流量从塔上把空气抽到分析仪前，将其中的一部分分流到分析仪中。

抽气泵有时被放在分析仪的上流侧（前端），有时也放在分析仪的下流侧（后端）。取样管长，需要大流量时，功率大的抽气泵经常被放在分析仪的上流侧。而取样管短时，有时为了抑制抽气泵产生的压力脉动，则将抽气泵放在分析仪的下流侧。但是不管那种情形，分析仪室腔内的压力都会与大气压不同，因此在计算通量时要进行气压校正。取样管在使用过程中，为了防止取样管和分析仪被弄脏，应安装过滤器，并经常更换。另外，为防止结露，要在放置取样管和分析仪的箱子或小屋中安装加热器，以保持其环境温度比外面大气温度微高，效果很好。

近年来，体积小巧且不需要长距离取样管的闭路型分析仪得到了越来越多的应用，如美国LI-COR公司的LI-7200、美国Campbell Scientific公司的EC155等型号的分析仪，在很大程度上不仅减少了野外的维护与校正工作量，而且有效降低了管路衰减等方面对测定结果的影响。

(3) 开路和闭路系统的原位校正

对于分析仪输出水汽的校正，开路与闭路系统采用同样的方法，即在通量测定的高度上安装可以稳定地测定湿度绝对值的传感器，在低频域进行数据比较。

开路与闭路系统的CO_2输出校正方法不同。开路系统的CO_2浓度校正程序是，首先将浓度不同的标准气体顺次地流向气室（缸），加盖密闭的探头部，再检查其输出值与标准气体的浓度差异，这种方法不能进行自动校正。在通量的测定高度上采用别的方法测定CO_2浓度的平均值时，可以利用与水汽的校正一样的方法，对开路系统分析仪的CO_2浓度输出值进行校正。闭路系统的CO_2浓度校正，则使用定时器和电磁阀自动进行，可以设计成让各种规格的标准气体在分析仪里定期地流动，以校正系统的测定结果。由于自动校正的时间间隔还没有统一的规范，有的每小时校正1次，有的每日校正2~3次，也有几周校正1次。

另外，当同时测定CO_2和水汽时需要注意的是，有时分析仪产生的相互感度比较大。所谓相互感度是指CO_2输出对水汽的感度和水汽的输出对CO_2的感度，前者对通量测定影响较大（详细情况请参考 Leuning & King, 1992; Leuning & Judd, 1996）。

(4) 开路和闭路系统对比校验

在开始长期定位观测之初，将开路系统与闭路系统并列安装在同一高度，开展两个系统的对比校验，比较两者的观测结果是很有意义的工作。第一，对于闭路系统来说，可以检查系统的高频响应特性，以估算高频域的通量损失量。第二，对于开路系统来说，通过将低频域水汽和CO_2浓度脉动值与闭路系统的比较，可以确认输出信号的绝对值和时间的稳定性。第三，根据以前的研究，在天气状况好、CO_2/水汽通量大的条件下，开路系统与闭路系统所测得的通量结果大约一致，但应该如何去掉降水中发生的异常值，降水中和降水之后的数据可信程度如何，需要通过两个系统进行对比观测研究。

在通量观测研究中，将开路和闭路系统组合起来进行联合观测在全球多个站点得到应用。中国陆地生态系统通量观测研究网络（ChinaFLUX）的千烟洲和长白山观测站便采用了这种方法（图8.16）。这种方法是开路和闭路系统共用一台超声风速计，不仅可以降低成本，而且保证了两套系统观测高度、部位和观测时间的同步性，为两者的对比和数据相互验证提供了更为一致的客观条件。

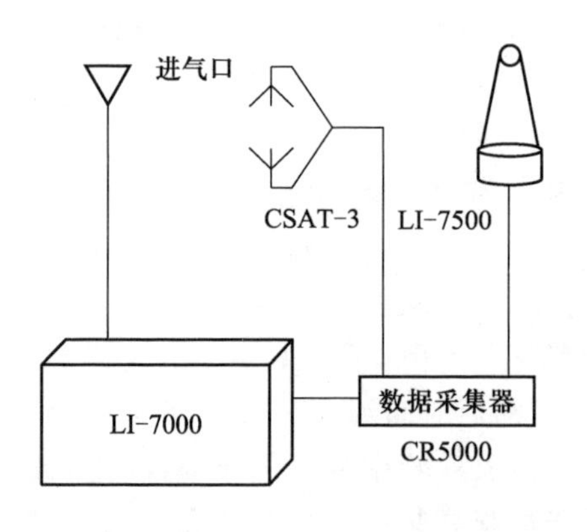

图 8.16 ChinaFLUX 的开路和闭路组合观测系统示意图

8.4 通量数据的采集、计算与校正

8.4.1 数据采集装置与方法

在利用涡度相关法进行连续观测时，为了连续地记录和保存测定仪器输出的信号，需要数据采集装置。数据采集装置，一般来说有使用电脑的方法、使用商用的数据记录器(data-logger)的方法或者采用两者并用的方法。究竟哪种方法适合，需要依各自的观测现场状况而定。所谓的现场状况是指可利用电源的种类(交流、直流)和容量、数据回收的频率和方法、数据所需要的记忆容量、是否利用电话网线和 LAN 等的通信功能等。另外，作为用于确定数据采集装置的规格所需的信息，需要了解测定仪器的信号输出是模拟输出还是数字输出，采样频率和数据的分辨率，输出信号的范围(幅度)等。此外，为了稳定连续地进行数据采集，对停电对策、噪声对策、故障发生的应急方法等都应事先给予充分的考虑。

(1) 数据采集装置的种类

最近许多观测仪器上都备有模拟输出和数字输出两种选择，可以将单一信号或两种信号送到数据采集装置中。采集测定仪器的数字信号输出时，将普通的测定仪器与电脑的 RS232 串行输出通道连接，将数字输出数据转送到计算机加以记录即可。如果只使用一台超声风速计测定就可以使用这种方法，当使用多个测定仪器时，需要保证使多个输出信号能同时输出。最近商用的超声风速计和红外分析仪，都具有将自身输出信号与其他测量仪器的输出信号一起以数字信号方式输出的功能。采集仪器数字输出方法的优点是，即使信号电缆线再长，其信号也比噪声强。

在采集模拟输出信号时，被广泛用于涡度相关法连续测定通量的仪器主要包括超声风速计和红外气体分析仪等。从这类仪器输出的多数是模拟电压(电流)信号，输入到 A/D 转换器后，将所有信号同时变换成数字信号，再加以记录。这种方法大体可以分成如下 3 种，即：① 使用电脑内置型或外置型的 A/D 转换器的方法；② 使用商用的高速数据记录器的方法；③ 并用电脑与数据记录器的方法。

(2) 采样频率

采样频率的确定取决于采集高频率脉动的类型。一般要采集到频率为 f 的信息，需要 $2f$ 的采样频率。测定的高度越低，需要采样的频率就越大(高频)。由此可见，测定高度高的森林比测定高度低的草地需更低的采样频率。实际上，测定高度超过 20 m 时，一般用的采样频率为 5~10 Hz，高度在 2~5 m时，采样频率为 10~20 Hz。利用比较高的采样频率,可以防止高频部分的缺失,但被采集的数据量会增多。在长期无人观测时,为了控制被采集的数据量,希望尽可能降低采样频率。在这种情况下,可以采用测定最初以比较高的采样频率进行预备观测,根据风速和稳定度,确定波谱变化范围后,再适当降低采样频率的策略。

(3) 观测的分辨率

将模拟信号转换成数字信号时,需要事先考虑取得的所有信号的测定精度和测定范围,研究 A/D 转换器需要的分辨率。例如,假设利用超声风速计测定气温时,要想把±50 ℃的温度范围用±1 V 的电压范围测定,再使用 12 bit 的 A/D 转换器时,则 2 V/211 =0.00948 V,即 0.474 ℃为温度的分辨率(将 1 bit 用于符号)。但是实际的分辨率会被转换器自身的温度变化和噪声所影响,以选择比说明书上标准的分辨率降低1~2 bit为妥。一般来说多数情况下需要 12 bit 以上的分辨率,而且尽可能使用 16 bit 的分辨率。

(4) 数据采集与储存容量

在进行长期观测时,需要考虑采样频率、频道数、数据采集的频率等问题,需要事先掌握数据采集装置的记忆容量。最近各种各样大容量的记忆媒体如可移动硬盘、光盘、Jaz 盘、PC 卡、存储卡、磁带等的价格都大幅度降低,因此可以针对实际情况选择合适的数据采集方式。另外,在距离较远的长期无人观测的地方,将湍流脉动的原始数据全部保存下来是不可能的,有的可在现场计算一定时间间隔的湍流统计量加以保存。在这种情况下,最要紧的是要分析开始观测时或集中观测时的原始数据,随时确认数据的采集方法是否适当。在可以利用电话线路的地方,可将高频率的原始数据保存在现场的储存媒体的同时,用电话线路将湍流统计量和各种气象数据的平均统计值转送到研究室。这种方法可以使用电脑和数据记录器(如 Campbell Scientific 公司的 CR10X 和 CR23X 等)设备,能比较早地发现现场测定仪器的故障。

(5) 停电对策

在远距离观测时,经常会发生停电。特别是将商用电源用于数据采集器时,必须注意由于停电引起的数据的连续记录中止或数据丢失。要用蓄电池驱动数据采集器,或安装无停电电源,应付短时间的停电。为了防备长时间的停电,需要设法保证停电后数据采集装置能自动地保存数据,恢复供电后能自动地开始数据采集。

(6) 噪声对策

涡度相关法与一般的气象观测相比,虽能以高的采样频率记录数据,实际上往往会被现场的各种各样的噪声所困扰。噪声的发生源是测量仪器本身、连接测量仪器与数据采集装置的电缆部分、A/D 转换器部分等,发生源还有交流电源、发电机、泵的震动等。测量仪器自身的噪声,有时因仪器周围温度环境或水滴等附着物的影响而发生。在电缆部位发生的噪声,将模拟电压信号用长的电缆线传送时经常发生。发生在 A/D 转换器部位的噪声,有时受 A/D 转换器周围的温度环境等的影响。

为了减少噪声发生源以减少噪声,降低噪声水平最为有效。作为抑制噪声的手段,可以采取使各种装置的使用环境保持良好(必要时采取通风、冷却和保温等措施),采取好的地线,将可能成为噪声源的装置(发电机、AC 电源电缆等)尽量远离测器和信号线等对策。使用较长的电缆传送数据时,使用电流比电压、数字信号比模拟信号受噪声的影响小。不仅如此,在高频噪声发生时,如果在 A/D 转换器前面装入低通滤波器,状况也可以得到改善。低通滤波器的频率(强制地使高于该频率的高频率一侧的波衰减)通常多设定为10~20 Hz。低通滤波器可利用各种型号的商品,熟悉电子线路的人还可以使用电阻和电容器自己制作。但是无论哪种场合,观测前都需要研究信号的谱,以确认能否达到预期的目的。

8.4.2 数据处理、结果计算和校正的一般流程

观测数据的处理、结果计算和校正是通量观测的关键过程,欧洲通量网(CarboEurope)的数据采集、处理和储存以及结果计算和校正的一般流程如图 8.17 所示。

中国陆地生态系统通量观测研究网络(ChinaFLUX)基于涡度相关技术计算 CO_2 通量的数据采集处理通量计算以及校正的基本流程如图 8.18 所示。这一过程主要包括数据采集,数据储存、坐标轴转换、通量校正、数据插补以及日和年尺度的通量计算等步骤,在每个步骤中都需要开展细致的研究,确定合理的方法。

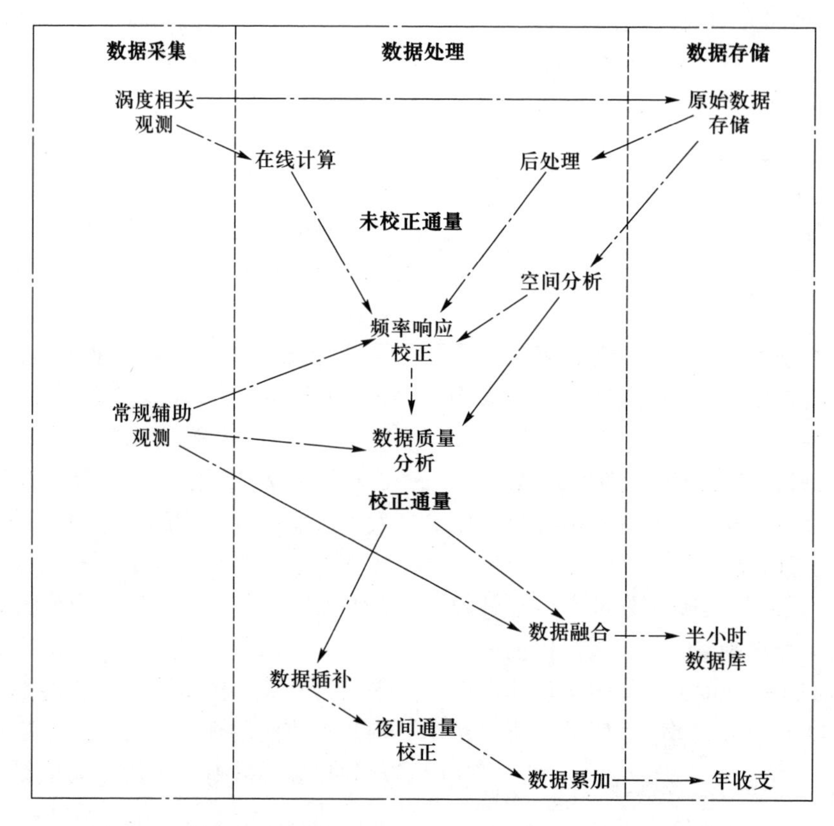

图 8.17 欧洲通量网络(CarboEurope)数据采集、处理和储存的框架

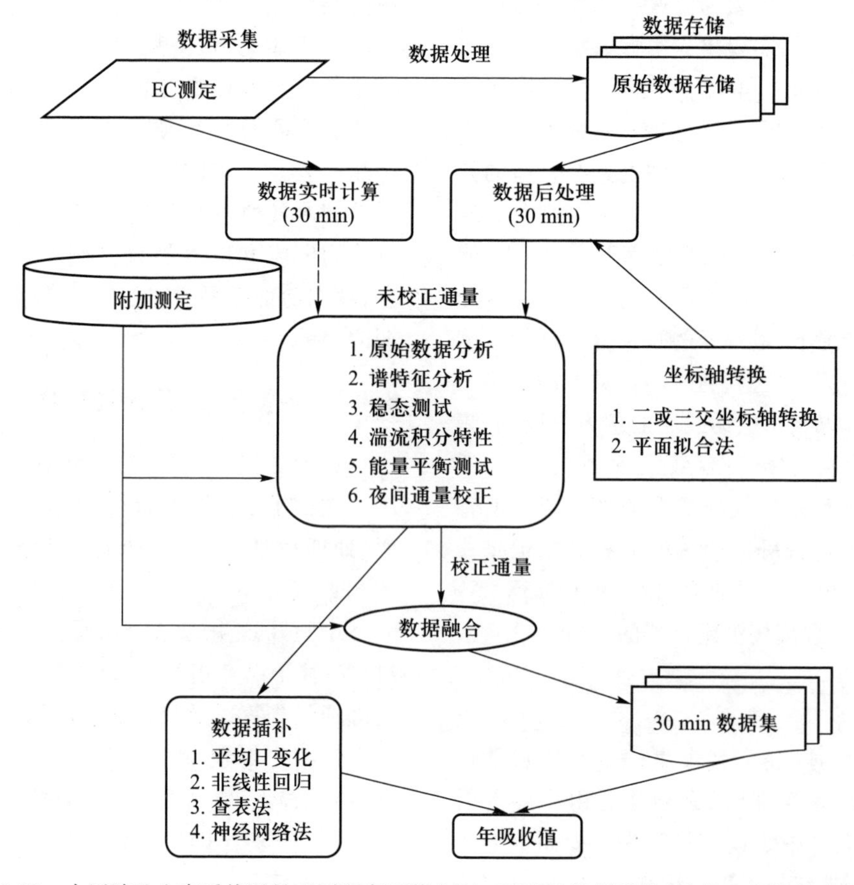

图 8.18 中国陆地生态系统通量观测研究网络(ChinaFLUX)数据采集、处理和存储的流程图

8.4.3 通量计算要求的采样频率与平均长度

在利用式(8.15)计算植被-大气间 CO_2 通量时,对于给定的某一段时间间隔 T,CO_2 的湍流通量等于垂直风速 w 的脉动和 CO_2 混合比 c 的脉动之间的协方差在 T 时间段内的积分。

$$F_c = \frac{1}{T}\rho_d \int_0^T (w_i'(t)c_i'(t))\,dt \tag{8.37}$$

在实际应用中,由于观测数据受观测技术和采样频率的制约,获取的只能是离散数据,所以上式可以表达为

$$F_c = \frac{1}{N}\rho_d \sum_{i=1}^{N} (w_i'(t)c_i'(t)) \tag{8.38}$$

这里,N 是样本数,等于采样频率(f)和平均周期(T)的乘积,即 $N=T\times f$。

基于涡度相关技术测定植被-大气间 CO_2/H_2O 通量,需要考虑生态学和微气象学的相关原则来确定适宜的数据平均周期,其目标是:① 可以分辨 CO_2/H_2O 通量日变化特征;② 可以分辨短周期的零星事件的影响;③ 可以捕捉大部分的低频通量成分。Kaimal 和 Finnigan(1994)提出了以下估算平均周期的简单方法:

$$T=\frac{2\sigma_\alpha^2\,\tau_\alpha}{\bar{\alpha}^2\,\varepsilon^2} \tag{8.39}$$

式中:σ_α 为所研究时间序列 α 的总体方差;τ_α 为积分时间尺度;ε为容许误差($\varepsilon=\sigma_{\bar{\alpha}}/\bar{\alpha}$)。对于水平风速的典型日间条件($\sigma_u=1\ \mathrm{m\cdot s^{-1}}$,$\tau_u=10\ \mathrm{s}$,$\bar{u}=5\ \mathrm{m\cdot s^{-1}}$)而言,并且指定 $\sigma_{\bar{u}}=0.1\ \mathrm{m\cdot s^{-1}}$(也就是$\varepsilon=0.02$),则可以计算得到合理的平均周期大约为 $t=2\,000\ \mathrm{s}\approx 30\ \mathrm{min}$。因此对于 CO_2/H_2O 通量计算来说,取 30 min 的平均周期是个合理策略(Finnigan *et al.*,2003)。然而,目前我们并没有理解对通量有影响的所有低频成分的来源,因此需要评价低频成分对通量观测结果的影响。

理论上应该基于协谱分析来确定适宜的平均周期(Berger *et al.*, 2001)。为了准确估计通量值,涡度相关技术要求大气湍流是稳态的并且能够捕捉所有携带通量成分的湍流涡。假定大气处于稳态,Ogive函数可以用来确定捕捉所有携带通量成分的湍流涡的必要条件。Ogive 函数是协谱在给定平均周期(T)和时间分辨率(ΔT)的频率范围内的从高频到低频的累积积分形式。可分辨的最低频率(f_{low})为$(2T)^{-1}$和最高频率(f_{high})为$(2\Delta T)^{-1}$(尼奎斯特频率)。因此 Ogive 函数可以定义为

$$\mathrm{Og}_{wc}(f)=\int_{f_{\mathrm{high}}}^{f_{\mathrm{low}}} Co_{wc}(f)\,df \tag{8.40}$$

方程(8.40)中的 Co_{wc}表示垂直风速(w)和大气 CO_2 浓度(c)的协谱。所有频率相对应的 Ogive 函数值等于相应时间系列的协方差。Ogive 函数向最高频率和最低频率方向具有渐近形式,表明所有携带通量的尺度都被限制在取样周期内。Ogive 函数在某一低频频率可以收敛为常数,这个频率就可以转换为平均周期,如图8.18所示。

图 8.19a 为千烟洲通量站白天不同时刻动力学显热通量的 Ogive 函数,图中每条线代表地方时6:00到 18:00 的每隔 120 min 的连续采样。很明显渐进线的界限频率值在一天的不同时间是发生变异的,但是一天内的变异幅度比较小。图 8.19b 为禹城、千烟洲和长白山站动力学显热通量 Ogive 函数的标准化 Ogive 函数值形式。可以看出,对于千烟洲站来说平均周期 30 min 是适宜的,但今后也有必要采取稍长的平均周期,只是平均周期变长将失去一些关于日变化特征的信息。因此,在长期 CO_2 通量研究中,平均周期 30 min 是适宜的,但同时也需要量化平均周期 60 min 和 120 min 对千烟洲人工林和长白山原始林碳平衡特征的影响。

8.4.4 数据趋势去除运算

在通量计算过程中,需要考虑将原始数据信号拆分为平均值和脉动项。这种数据处理途径有以下两方面必要性:① 需要利用数据平均项定义适当的坐标轴框架;② 需要利用平均项和脉动项进行数据质量控制。数据质量控制的基本理论是从湍流理论出发的。目前,将原始信号拆分为平均项和脉动项主要有三种运算途径:① 时间平均;② 线性趋势去除;③ 滑动平均运算。

(1) 时间平均

我们可以假设具有有效的无限时间序列 $w(t)$ 和 $s(t)$,可以分为时间长度为T的连续时间序列,并进行平均运算,如图 8.20a 所示。因此,时间长度为T的连续时间序列的平均值可以定义为

$$\overline{w(t)}=\bar{w}=\frac{1}{T}\int_0^T w(t)\,dt \tag{8.41}$$

进一步可以去除时间周期 T 连续时间序列的平均值项来定义湍流脉动项,即

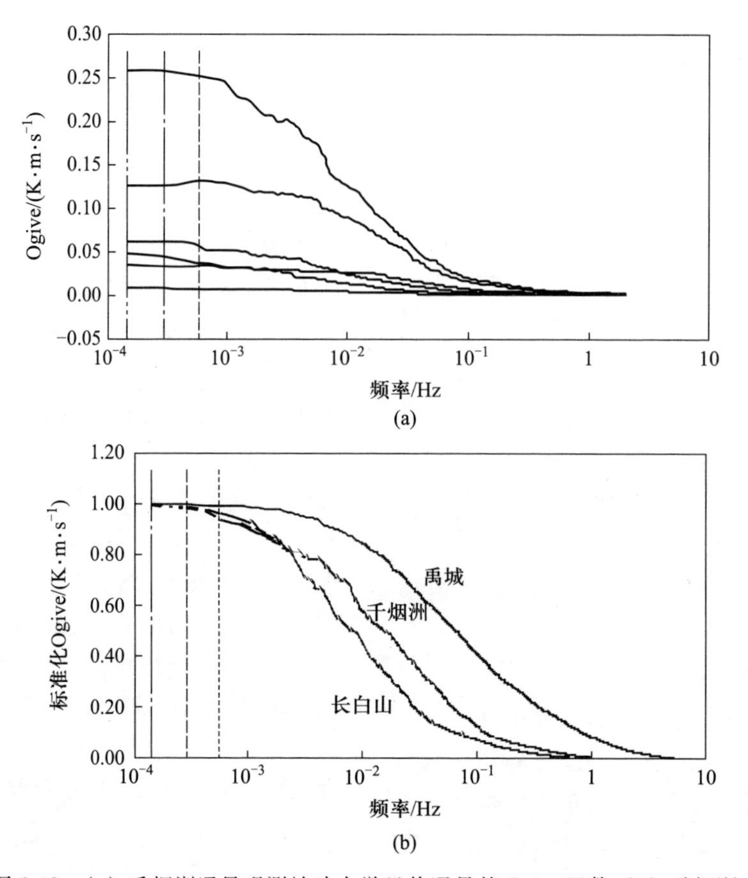

图 8.19　(a) 千烟洲通量观测站动力学显热通量的 Ogive 函数;(b) 千烟洲、禹城和长白山站动力学显热通量 Ogive 函数的标准化 Ogive 函数值形式

垂直虚线从右到左分别为 30、60 和 120 min 平均周期, 图中每条线代表地方时6:00到 18:00 的每 120 min 平均周期的 Ogive 函数累积积分形式

$$w'(t)=w(t)-\bar{w} \tag{8.42}$$

时间周期 T 内的协方差或湍流通量可以定义为

$$\overline{w's'}=\overline{(w(t)-\bar{w})(s(t)-\bar{s})} \tag{8.43}$$

因为 $\bar{w}$ 和 $\bar{s}$ 为常数,因此,

$$\overline{ws}=\bar{w}\bar{s}+\overline{w's'} \tag{8.44}$$

所以时间平均运算符合雷诺平均和分解的基本理论。

(2) 线性趋势去除

与在时间周期 T 的连续时间序列信号中减去平均值项不同,对于线性趋势的去除,需要首先获得线性回归曲线,然后从时间周期 T 的连续时间序列信号中减去线性回归曲线值,如图 8.20b 所示。对于时间序列 $w(t)$ 的时间周期 T 的连续时间序列信号内的最佳线性回归曲线可以表示为

$$W(t)=W_{\mathrm{I}}+W_{\mathrm{S}}t \tag{8.45}$$

这里 W_{I} 为截距,W_{S} 为斜率,现在可以定义

$$w'(t)=w(t)-W(t) \tag{8.46}$$

$$s'(t)=s(t)-S(t) \tag{8.47}$$

这里 $W(t)$ 和 $S(t)$ 分别代表时间系列 $w(t)$ 和 $s(t)$ 的最佳线性拟合。时间周期 T 的湍流通量或协方差

$$\overline{w's'(t)}=\overline{(w(t)-\overline{W(t)})(s(t)-\overline{S(t)})} \tag{8.48}$$

因为 $W(t)$ 和 $S(t)$ 不是常数,因此,

$$\overline{ws}=\overline{WS}+\overline{Ws'}+\overline{w'S}+\overline{w's'} \tag{8.49}$$

也就是说线性趋势去除不符合雷诺平均和分解法则。线性趋势去除对所有频率的通量成分特别是低频通量成分影响较大。

(3) 滑动平均运算

滑动平均运算可以看作为滤波运算的组成部分,如图 8.20c 所示。滤波可以看作时间系列 $w(t)$ 和 $s(t)$ 在函数窗为 $G(t)$ 条件下在时间尺度范围的卷积积分。如果在频率尺度下,滤波则等于未滤波信号乘以傅里叶变换窗。时间平均和线性去趋都不

是真正的滤波操作，因为时间平均和线性去趋是在时间和频率尺度范围进行减法运算而不是卷积积分运算。用 $\tilde{w}(t)$ 表示信号的滑动平均运算的低通滤波部分，则有

$$\tilde{w}(t)=\int_{-T}^{T}G(t'-t)w(t')\mathrm{d}t' \tag{8.50}$$

这里，$w(t)=\tilde{w}(t)+w'(t)$ 和 $s(t)=\tilde{s}(t)+s'(t)$，因此，

$$\overline{w's'}=\overline{(w(t)-\tilde{w}(t))(s(t)-\tilde{s}(t))} \tag{8.51}$$

与线性去趋运算一样，滑动平均运算同样不符合雷诺平均和分解理论：

$$\overline{ws}=\overline{\tilde{w}\tilde{s}}+\overline{\tilde{w}s'}+\overline{w'\tilde{s}}+\overline{w's'} \tag{8.52}$$

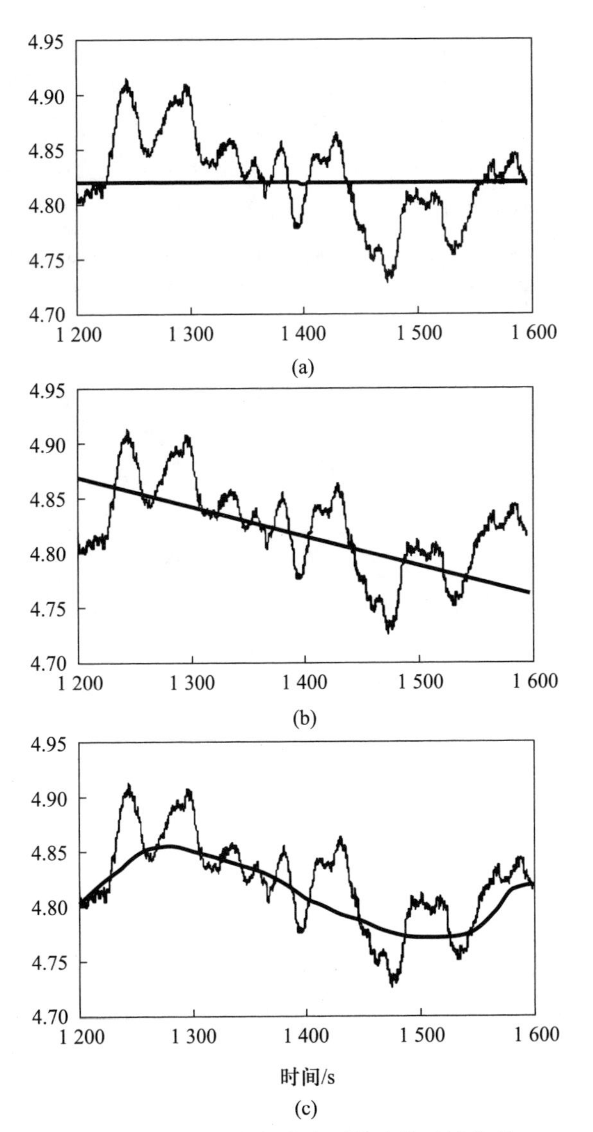

图 8.20 对于时间长度为 T 的连续时间序列三种不同趋势去除运算规则的示意图(a) 时间平均；(b) 线性趋势去除；(c) 滑动平均 y 轴为任意尺度

(4) 三种方法各自的优势与局限性

时间平均运算的主要优势在于它的简单与熟悉性，而且时间平均运算符合雷诺平均法则。因此，如果已经记录平均值，就很容易构建总协方差。而线性趋势去除和滑动平均运算不同，线性趋势去除很直观，仅仅需要对当前时间间隔的数据进行趋势去除运算。虽然在实践中式(8.49)的 $\overline{Ws'}+\overline{w'S}$ 的数值非常小，但线性趋势去除运算不符合雷诺平均法则。在大多数情况滑动平均运算需要储存原始时间序列，因此计算不太简便。

时间平均、线性去趋以及滑动平均运算在频率尺度下对于通量计算具有不同的影响。图 8.21 比较了三种平均运算操作的转移函数。这里转移函数为量化平均运算操作对运算结果影响的数学表达形式。从图 8.21 可以看出，线性去趋和滑动平均运算比时间平均运算对数据运算结果影响更大。

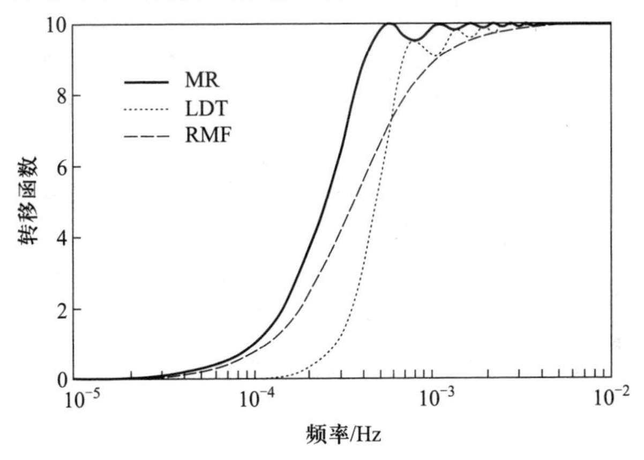

图 8.21 三种不同运算法则的转移函数(Rannik & Vesala, 1999)
MR 为时间平均去除，LDT 为线性趋势去除，RMF 为滑动平均

8.4.5 坐标轴旋转

(1) 坐标轴旋转的必要性

在植被-大气间的气体交换的微气象研究中，对通量观测数据进行生态学意义的解释之前，对数据进行坐标轴旋转(coordinate rotation)是十分必要的环节。最普遍的旋转程序是以测定平均风来定义每个观测期内(如 30 min)的直角矢量为基础，叫作自然风坐标系(natural wind system)，然后对所有观测的通量进行坐标轴旋转。坐标轴旋转的目的是使超声风速计平行于地形表面，这种方法首先由 Tanner

和 Turtell(1969)提出(具体见 McMillen,1988;Kaimal & Finnigan,1994)。自然风系统主要在近地层气流为一维的情况下应用,也就是说速度和标量浓度梯度仅仅存在于垂直方向,因而,不存在标量水平平流,也不存在气流的辐散,也没有风向切变导致的侧风向的动量通量。从 20 世纪 60 年代到 90 年代大多数实验是在理想的站点、理想的天气条件下进行的,因此这种方法能够满足观测所需求的条件。但是现在微气象学研究的范围已经大大扩展,包括了非理想的通量观测站点和年周期的连续观测,这种坐标轴旋转方法的有效性就受到质疑。近年来更多的坐标轴旋转方案(Lee, 1998;Paw *et al.*, 2000;Wilczak *et al.*, 2001)都在尝试克服自然风坐标系的一些缺点。

文献中通常把剔除仪器倾斜误差和侧风影响湍流通量矢量成分作为坐标轴旋转的主要目的。Kaimal 和 Haugen(1969)的研究表明动量通量对倾斜误差特别敏感,而标量通量不是特别敏感,但是能导致年累积值的系统偏差。众所周知,倾斜校正通量不一定代表真正的界面交换,因为界面物质守恒的非湍流过程平流成分即使在理想站点也是不能忽略的。为加深我们对这些问题的理解,采用适当的坐标轴旋转方案就显得非常重要。用超声风速计观测风速时,面临着怎样安装风速计、怎样确定安装角度等问题。即使在水平均一的地形上利用水平仪进行严格的设置调试,也会因为安装器具和观测塔等方面的影响,使平均气流不能水平,这种情况很早以前就已经发现,并进行了相关修正方法的研究。Kaimal 和 Haugen(1969)的研究表明,对于动量通量而言,测量仪器的倾斜度有必要保持在 0.1°以内。实际上,就热量、水蒸气、CO_2 等标量的通量而言,在水平均一的地形上,误差会更小,实际上可以忽略的情况也很多。近年来,在倾斜角度较大的复杂地形的森林中,用涡度相关法进行通量测定在不断增加,在山地森林或地表面凹凸程度较大的林地进行测定时,必须考虑如何选择坐标系的问题。

(2) 二次和三次坐标轴旋转

通量计算时需要将超声风速计的笛卡儿坐标系转换为自然风(natural wind)或流线型(streamline)坐标系(Tanner & Turtell, 1969; Kaimal & Finnigan, 1994; Wilczak *et al.*, 2001)。Tanner 和 Turtell (1969)最早提出了倾斜校正的基本坐标变换途径,包括两次坐标轴旋转(double coordinate rotation, DR)和三次坐标轴旋转(triple coordinate rotation, TR)。通常使坐标系 x 轴与平均水平风方向平行,从而使平均侧风速度和平均垂直风速度为 0(所谓的二次坐标轴旋转),并且使相应的平均侧风应力也为 0(三次坐标轴旋)。

坐标轴变换的基本过程如图 8.22 所示。两次坐标轴旋转和三次坐标轴旋转具体的旋转过程可以通过矩阵运算来实现。第一次旋转,以 z 轴为中心轴进行旋转使平均侧风等于 0,实际应用中定义此旋转角为 yaw 角 γ。第二次旋转,以 y 轴为中心轴进行旋转使平均垂直风等于 0,实际应用中定义此旋转角为 pitch 角 α。最后以 x 轴为中心轴进行旋转使侧风 $\overline{w'v'}$ 为 0,实际应用中定义此旋转角为 roll 角 β。

对于第一次旋转,以 z 轴为中心轴进行旋转使平均侧风等于 0,此旋转角为 yaw 角 γ。

$$u_{1,j} = \sum_j \boldsymbol{A}_{01} \cdot u_{0,j} \tag{8.53}$$

$u_{0,j}$代表旋转前湍流协方差。第一次旋转可以用矩阵 $\boldsymbol{A}_{01}$ 表示,即

$$\boldsymbol{A}_{01} = \begin{pmatrix} \cos\gamma & \sin\gamma & 0 \\ -\sin\gamma & \cos\gamma & 0 \\ 0 & 0 & 1 \end{pmatrix} \tag{8.54}$$

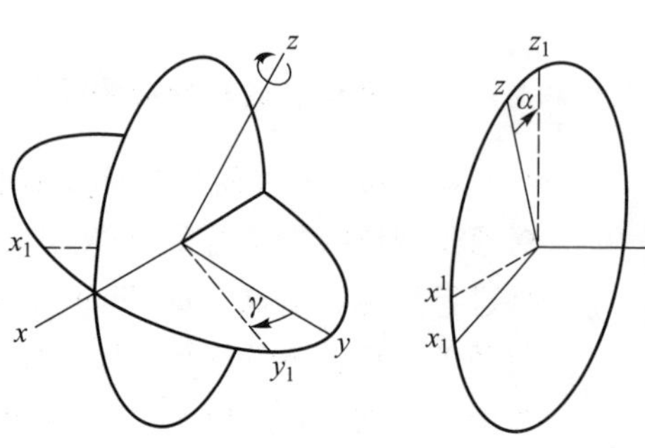

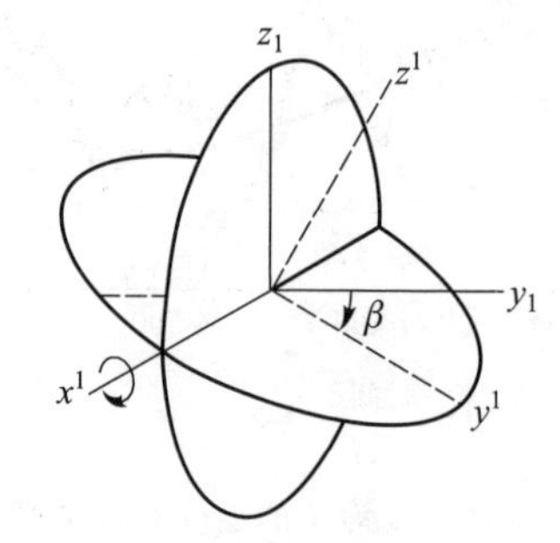

图 8.22　坐标轴旋转倾斜角 α,β 和 γ 的定义(改自 Wilczak *et al.*, 2001)

原始坐标轴为 x,y,z.旋转后坐标轴为 x^1,y^1,z^1,中间过程坐标轴为 x_1,y_1 和 z_1

这里旋转角 γ 以及它的余弦和正弦分别为(下标 0 代表未旋转风速分量)

$$\gamma=\arctan\left(\frac{\bar{v}_0}{\bar{u}_0}\right),\cos\gamma=\frac{\bar{u}_0}{\sqrt{\bar{u}_0^2+\bar{v}_0^2}},$$

$$\sin\gamma=\frac{\bar{v}_0}{\sqrt{\bar{u}_0^2+\bar{v}_0^2}} \tag{8.55}$$

第二次旋转,以 y 轴为中心轴进行旋转使平均垂直风等于 0,此旋转角为 pitch 角 α

$$u_{2,i}=\sum_j \boldsymbol{A}_{12}\cdot u_{1,j} \tag{8.56}$$

$$\boldsymbol{A}_{12}=\begin{pmatrix}\cos\alpha & 0 & \sin\alpha\\ 0 & 1 & 0\\ -\sin\alpha & 0 & \cos\alpha\end{pmatrix} \tag{8.57}$$

其中旋转角为

$$\alpha=\arctan\left(\frac{\bar{w}_1}{\bar{u}_1}\right) \tag{8.58}$$

根据未旋转三维风速成分,可以得到

$$\alpha=\arctan\left(\frac{\bar{w}_0}{\sqrt{\bar{u}_0^2+\bar{v}_0^2}}\right),\cos\alpha=\frac{\sqrt{\bar{u}_0^2+\bar{v}_0^2}}{\sqrt{\bar{u}_0^2+\bar{v}_0^2+\bar{w}_0^2}},$$

$$\sin\alpha=\frac{\bar{w}_0}{\sqrt{\bar{u}_0^2+\bar{v}_0^2+\bar{w}_0^2}} \tag{8.59}$$

二次坐标轴旋转(DR)矩阵可以通过第一次旋转和第二次旋转的单个旋转矩阵获得,即

$$\boldsymbol{A}_{02}=\boldsymbol{A}_{12}\cdot\boldsymbol{A}_{01} \tag{8.60}$$

因此,我们可以获得二次旋转的矩阵为

$$\boldsymbol{A}_{02}=\begin{pmatrix}\dfrac{\bar{u}_0}{\sqrt{\bar{u}_0^2+\bar{v}_0^2+\bar{w}_0^2}} & \dfrac{\bar{v}_0}{\sqrt{\bar{u}_0^2+\bar{v}_0^2+\bar{w}_0^2}} & \dfrac{\bar{w}_0}{\sqrt{\bar{u}_0^2+\bar{v}_0^2+\bar{w}_0^2}}\\ -\dfrac{\bar{v}_0}{\sqrt{\bar{u}_0^2+\bar{v}_0^2}} & \dfrac{\bar{u}_0}{\sqrt{\bar{u}_0^2+\bar{v}_0^2}} & 0\\ \dfrac{-\bar{u}_0\bar{w}_0}{\sqrt{\bar{u}_0^2+\bar{v}_0^2+\bar{w}_0^2}\sqrt{\bar{u}_0^2+\bar{v}_0^2}} & \dfrac{-\bar{v}_0\bar{w}_0}{\sqrt{\bar{u}_0^2+\bar{v}_0^2+\bar{w}_0^2}\sqrt{\bar{u}_0^2+\bar{v}_0^2}} & \dfrac{\sqrt{\bar{u}_0^2+\bar{v}_0^2}}{\sqrt{\bar{u}_0^2+\bar{v}_0^2+\bar{w}_0^2}}\end{pmatrix} \tag{8.61}$$

第三次坐标轴旋转以 x 轴为中心轴进行旋转使侧风 $\overline{w'v'}$ 为 0,此旋转角为 roll 角 β。

$$\boldsymbol{A}_{23}=\begin{pmatrix}1 & 0 & 0\\ 0 & \cos\beta & \sin\beta\\ 0 & -\sin\beta & \cos\beta\end{pmatrix} \tag{8.62}$$

Kaimal 和 Finnigan(1994)表明满足这个条件的旋转角为 $\beta=\dfrac{1}{2}\arctan(2Y)$,

其中,
$$Y=\frac{\bar{v}_2\bar{w}_2}{\bar{v}_2^2-\bar{w}_2^2}=\frac{\bar{v}_2'\bar{w}_2'}{\bar{v}_2'^2-\bar{w}_2'^2} \tag{8.63}$$

因此,正弦和余弦函数分别为

$$\cos\beta=\left(\frac{1+(1+4Y^2)^{-1/2}}{2}\right)^{1/2},$$

$$\sin\beta=\left(\frac{1-(1+4Y^2)^{-1/2}}{2}\right)^{1/2} \tag{8.64}$$

因此,我们可以获得第三次旋转矩阵 A_{23} 为

$$A_{23}=\begin{pmatrix}1 & 0 & 0\\ 0 & \left(\dfrac{1+(1+4Y^2)^{-1/2}}{2}\right)^{1/2} & \left(\dfrac{1-(1+4Y^2)^{-1/2}}{2}\right)^{1/2}\\ 0 & \left(\dfrac{1-(1+4Y^2)^{-1/2}}{2}\right)^{1/2} & \left(\dfrac{1+(1+4Y^2)^{-1/2}}{2}\right)^{1/2}\end{pmatrix} \tag{8.65}$$

需要说明的是,由于对第三次旋转的必要性和旋转结果的准确性存在很大质疑,目前该方法已不推荐使用。

(3) 平面拟合坐标系

二次或三次坐标系旋转在斜坡地形下的通量计算中得到了广泛应用(Tanner & Turtell, 1969; Kaimal & Finnigan, 1994; Wilczak *et al.*, 2001)。在平坦地形和缺乏中尺度环流(mesoscale circulation)的条件下,平均垂直速度等于 0 并且与风向无关,可以进行二次或三次坐标系旋转(Baldocchi *et al.*, 2000a)。但在复杂地形或中尺度环流存在的条件下,进行二次或三次坐标系旋转的效果就值得怀疑,而且由于存在空气动力学方面的原因,也不应该最小化 $\overline{w'v'}$(Weber *et al.*, 1999; Wilczak *et al.*, 2001; Aubinet *et al.*, 2012)。然而,二次或三次坐标轴旋转在长期通量研究中的主要不足是因为在通量平均期间内实际的平均垂直风速可能不为 0。对于每半小时的通量数据,假设平均垂直风速为 0,并消除通量平均气流成分,则可能会产生显著的偏差或单个通量和长期通量平衡中的系统低估。Paw 等(2000)和 Wilczak 等(2001)提出了可以用来估计平均垂直风速的平面拟合(planar fit, PF)法。

平面拟合法的基本思想是:根据一段时间的观

测资料，通过数学和统计方法找到（拟合）一个新平面，在该平面上，平均垂直风速可以表达为经向和纬向水平风速的函数，并且新的垂直风速平均值为零，最后真正计算出的通量和 3 个方向上的协方差为一个固定的函数关系。图 8.23 给出了一个在坡地上进行坐标旋转和拟合平面的示意图。OXY 是水平面，OZ 与 XOY 平面垂直，箭头指示风向。$O_1X_1Y_1$ 平面是通过拟合得到的一个平面（一般情况下平行于坡地表面平均状况，但对于复杂下垫面，这个平面就很难满足各种情况），O_1Z_1 与 $X_1O_1Y_1$ 平面垂直，O_1X_1 方向是在新坐标系统中的水平风向。

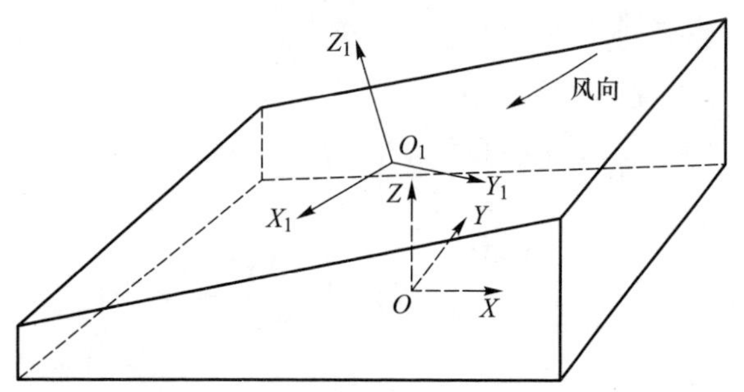

图 8.23　坐标旋转和平面拟合示意图

现假定超声风速计严格地垂直安装在一个均匀的坡地上，由于气流在近地层受到地形的影响而沿着地表面运动，产生变形，这样仪器本身就可能观测到一个比较大的垂直气流。如果忽略仪器的零点偏差和随机误差，平均垂直风速 $\bar{w}$ 可以表示为水平风速（$\bar{u}$，$\bar{v}$）的线性关系函数，即

$$\bar{w}=b_0+b_1\bar{u}+b_2\bar{v} \tag{8.66}$$

式中：b_0，b_1 和 b_2 是回归系数。为了求出公式（8.66）中的系数，必须使得下列函数 S 的值达到最小

$$S=\sum_{i=1}^{n}(\bar{w}_i-b_0-b_1\bar{u}_i-b_2\bar{v}_i)^2 \tag{8.67}$$

这里，$\bar{u}_i$，$\bar{v}_i$ 和 $\bar{w}_i$ 是用三维超声风速计测定的某个时间段（如 30 min）的 3 个方向的平均风速。现分别对 3 个系数（b_0，b_1 和 b_2）求微分，并且令其为零，那么

$$\begin{gathered} nb_0+(\sum\bar{u}_i)b_1+(\sum\bar{v}_i)b_2=\sum\bar{w}_i \\ (\sum\bar{u}_i)b_0+(\sum\bar{u}_i^2)b_1+(\sum\bar{u}_i\bar{v}_i)b_2=\sum\bar{u}_i\bar{w}_i \\ (\sum\bar{v}_i)b_0+(\sum\bar{u}_i\bar{v}_i)b_1+(\sum\bar{v}_i^2)b_2=\sum\bar{v}_i\bar{w}_i \end{gathered} \tag{8.68}$$

这里 n 是样本数。根据一定时间的资料（一般用 5~10 天的资料即可，基本要求是其中含有各种风向的风速），通过解线性方程组就可以求出 3 个回归系数（b_0，b_1 和 b_2）。一旦 b_0，b_1 和 b_2 被确定，用 PF 校正后的通量值可以用下列公式计算：

$$F_{\mathrm{PF}}=\overline{w'_{\mathrm{p}}s'}=P_{31}\overline{u'_{\mathrm{m}}s'}+P_{32}\overline{v'_{\mathrm{m}}s'}+P_{33}\overline{w'_{\mathrm{m}}s'} \tag{8.69}$$

这里，w_{p} 是在新平面上的垂直速度，P_{31}，P_{32} 和 P_{33} 可以用下列各项公式计算：

$$\begin{aligned} P_{31}&=-b_1/\sqrt{b_1^2+b_2^2+1} \\ P_{32}&=-b_2/\sqrt{b_1^2+b_2^2+1} \\ P_{33}&=1/\sqrt{b_1^2+b_2^2+1} \end{aligned} \tag{8.70}$$

平面拟合法事实上定义了单点或单塔通量测定的首选坐标系，但是其不能用于单个通量的实时计算，必须在有多组通量数据的平均周期时才能使用。研究表明其可以减少雨天通量数据的取样误差，但仍需要在复杂地形下对其进行测试，评价它对长期 CO_2 通量和碳平衡研究的影响（Wilczak *et al.*，2001）。

（4）不同坐标旋转结果比较

图 8.24 显示了 ChinaFLUX 的内蒙古草原、禹城农田、长白山和千烟洲森林 4 个观测站的 CO_2 通量在经过二次旋转（DR）和三次旋转（TR）后的结果比较。总体上看，经过 DR 方法修正的通量比 TR 更小，尤其在内蒙古草原的坡地表面更明显，两者之间的斜率在草原站比其他站点要小（0.922），数据也很离散（R^2＝0.623 6），表明一致性不好。在相对平坦的禹城农田站，两种旋转方法校正的结果之间没有大的差别。与草地和农田相比，在两个森林站两种方法的差别是介于中间的，不过总体上看，两者之间没有明显的差别（朱治林等，2005）。

图 8.25 显示的是能量通量（$H+\lambda E$）在经过三次旋转（TR）和平面拟合（PF）方法校正后的结果比较。与上面的结果相比，经过 TR 方法和 PF 方法校正后的通量在坡地草地上也非常一致，相关系数 R^2 和斜率都非常接近于 1，它表明 PF 方法应用于该观测点是适合的。由于禹城农田站下垫面很平坦，结合前面的比较我们发现，其任何方法的校正量都非常小。在长白山点，用 PF 方法校正后的通量和用 TR 方法校正后的通量之间没有总体上的差别（斜率接近于 1），但两者之间的离散度比草原和农田的离散度略大（相关系数 R^2＝0.965），总的来说是可以应用的。在千烟洲站点中，用两个方法校正的通量结果存在较大的差别，主要原因是该站点的下垫面条件复杂。

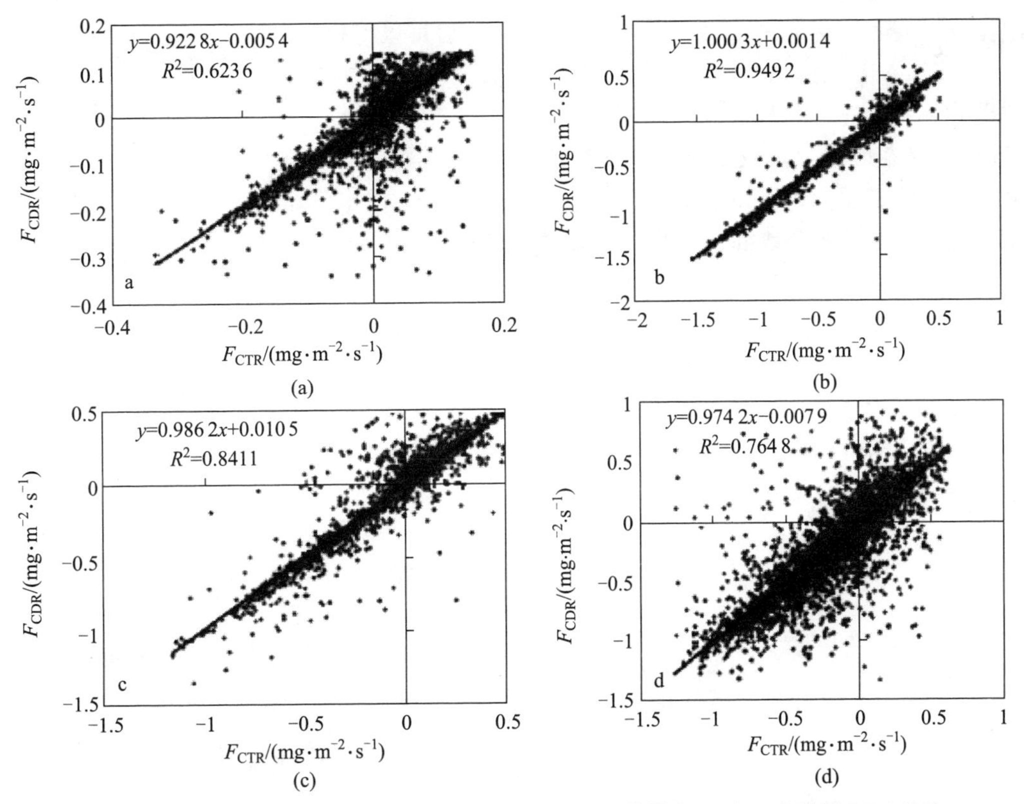

图 8.24　ChinaFLUX 的 4 个站点 CO_2 通量在经过二次旋转(DR)和三次旋转(TR)后的结果比较:(a) 内蒙古草原站;(b) 禹城农田站;(c) 长白山森林站;(d) 千烟洲森林站

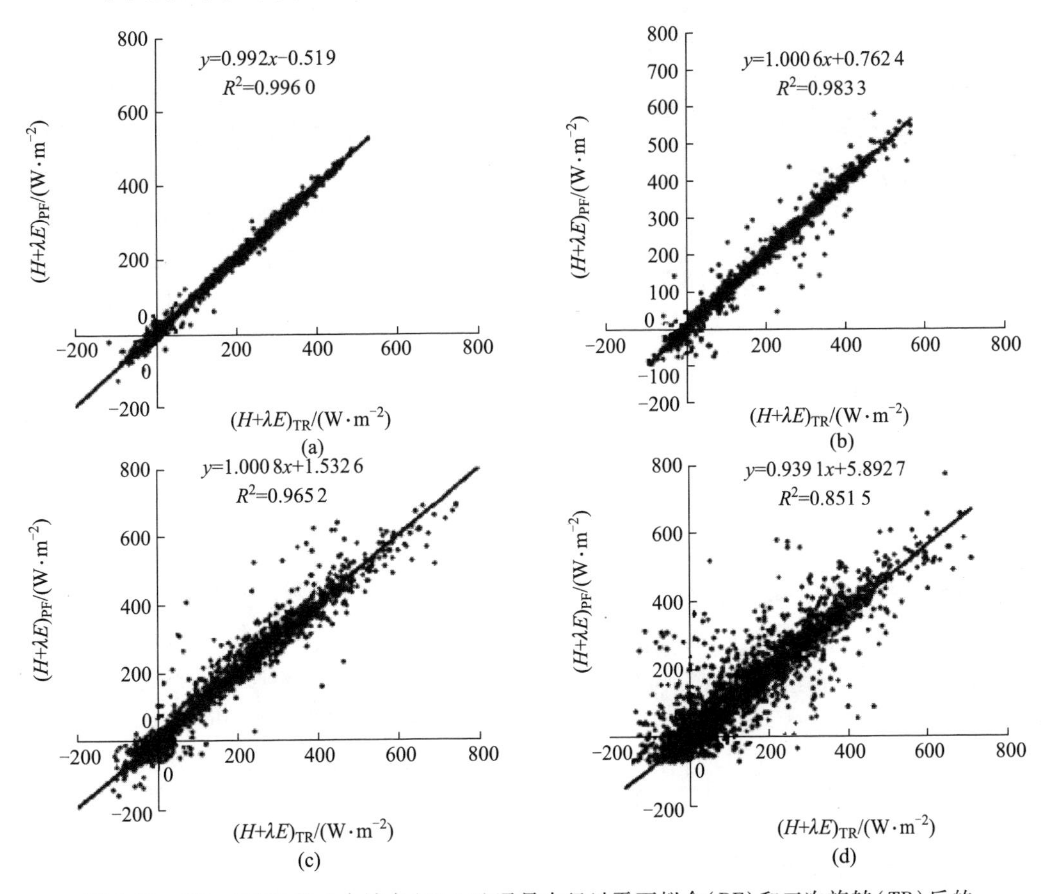

图 8.25　ChinaFLUX 的 4 个站点$(H+\lambda E)$通量在经过平面拟合(PF)和三次旋转(TR)后的结果比较:(a) 内蒙古草原站;(b) 禹城农田站;(c) 长白山森林站;(d) 千烟洲森林

8.4.6 WPL 校正

当用涡度相关技术观测 CO_2 等微量气体成分的湍流通量时，需要考虑因热量或水汽通量的输送而引起的微量气体的密度变化。如果测量某气体成分相对于干空气混合比的脉动或混合比的平均梯度变化时，则不需要任何校正。然而，如果测量的是某成分相对于湿空气的质量混合比，则需要对显热和水汽通量的影响进行校正。如果直接在大气原位置测量某组分的密度脉动或平均梯度，就需要分别对热量和水汽通量的影响进行 WPL 校正（WPL correction）（Webb *et al.*, 1980; Leuning, 2004）。

在用式（8.2）计算通量时，平均垂直通量为零的控制条件可以表达为

$$\overline{w\rho_d}=0 \tag{8.71}$$

式（8.71）左边又可写作$\bar{w}\,\bar{\rho}_d+\overline{w'\rho_d'}$，从而得出平均垂直风速为

$$\bar{w}=-\frac{\overline{w'\rho_d'}}{\bar{\rho}_d} \tag{8.72}$$

根据干空气密度（ρ_d）与水汽密度（ρ_v）和温度（T）之间的关系（参见 Webb 等（1980）的式（9a））：

$$\rho_d'=-\mu\rho_v'-\bar{\rho}_d(1+\mu\sigma)\left\{\frac{T'}{\bar{T}}-\frac{T'^2-\overline{T}^2}{\bar{T}^2}+\cdots\right\}\left\{1+\frac{\overline{T'^2}}{\bar{T}^2}-\cdots\right\}^{-1} \tag{8.73}$$

将方程（8.73）乘以 w' 后替换$\overline{w'\rho_d'}$，方程（8.72）变为

$$\bar{w}=\mu\frac{\overline{w'\rho_v'}}{\bar{\rho}_d}+(1+\mu\sigma)\left\{\frac{\overline{w'T'}}{\bar{T}}-\frac{\overline{w'T'^2}}{\bar{T}^2}+\frac{\overline{w'T'^3}}{\bar{T}^3}-\cdots\right\}\cdot\left\{1+\frac{\overline{T'^2}}{\bar{T}^2}-\frac{\overline{T'^3}}{\bar{T}^3}+\cdots\right\}^{-1} \tag{8.74}$$

这里 $\mu=M_d/M_v$ 为干空气与水汽分子量的比值，$\sigma=\bar{\rho}_v/\bar{\rho}_d$ 为水汽密度与干空气密度的比值。实际上（$T'/\bar{T}$）在数量上往往小于 10^{-2}，因此我们通常都忽略（$T'/\bar{T}$）^{2} 级数项。因此方程（8.74）可近似为

$$\bar{w}=\mu\frac{\overline{w'\rho_v'}}{\bar{\rho}_d}+(1+\mu\sigma)\frac{\overline{w'T'}}{\bar{T}} \tag{8.75}$$

涡度相关法计算 CO_2 通量的方程式是式（8.2）：$F_c=\overline{w\rho_c}=\overline{w'\rho_c'}+\bar{w}\,\bar{\rho}_c$，用方程（8.75）替换方程（8.2）中的 $\bar{w}$ 后可以得到

$$F_c=\overline{w'\rho_c'}+\mu\frac{\bar{\rho}_c}{\bar{\rho}_d}\overline{w'\rho_v'}+(1+\mu\sigma)\frac{\bar{\rho}_c}{\bar{T}}\overline{w'T'} \tag{8.76}$$

类似地，对水汽通量有

$$E=(1+\mu\sigma)\left\{\overline{w'\rho_v'}+\frac{\bar{\rho}_v}{\bar{T}}\overline{w'T'}\right\} \tag{8.77}$$

这样就以协方差的形式给出了 CO_2 和水汽通量表达式，并校正了显热和潜热通量对 CO_2 和水汽通量的影响。

如果希望得到更加精确的 CO_2 通量，我们还应该考虑其他物理量（如气压等）的脉动对通量的影响。对用开路系统测量 CO_2 通量观测而言，完整密度校正项应该包含 5 项物理量（即温度、水汽、气压、CO_2 密度和高阶协方差）脉动对通量的影响（Lee & Massmam, 2011）。

8.4.7 频率响应校正

在涡度相关的通量计算中，湍流通量观测在低频端受平均周期和/或高通滤波的影响，而在高频端又会受仪器响应特性的影响（Aubinet *et al.*, 2000），所以通量观测需要对这些影响进行校正。对于通量的高通滤波效应来说，标量湍流通量是有限平均时间内垂直风速脉动和标量浓度乘积的平均，脉动值主要通过上述的时间平均、线性趋势去除或滑动平均运算获得。不同平均运算处理的转换函数通常会降低低频（协方差）的变异性。低通滤波效应主要来源于通量观测系统不能分辨小尺度的湍流脉动，因此导致测定的湍流通量偏低。通常导致高频脉动削弱的仪器效应包括超声风速计与红外气体分析仪（IRGA）传感器响应能力方面的不匹配、标量传感器路径平均以及传感器的分离（Moore, 1986）等，对于闭路系统来说还包括取样管内浓度高频脉动衰减作用（Leuning & Judd, 1996）。

为了校正以上各种原因导致的高频通量损失，通常的校正方法是对实际测量的通量数据乘以一个所谓的校正因素（correction factor, CF）。CF 可用理论方法或/和实验方法来计算。

（1）CF 的理论确定方法

该方法最早是由 Moore（1986）提出的，后来又经过许多科学家的不断完善。其计算公式可表达为

$$CF = \frac{\int_0^{\infty} C_{ws}(f)\,\mathrm{d}f}{\int_0^{\infty} TF_{\mathrm{HF}}(f)\,TF_{\mathrm{LF}}(f)\,C_{ws}(f)\,\mathrm{d}f} \tag{8.78}$$

式中：C_{ws}为 CO_2 和垂直风速的协方差，f 为频率，TF_{LF}和 TF_{HF}分别为低频和高频转换函数，转换函数为上述各种效应的数学表达式的乘积形式。根据 Moncrieff 等（1997）研究，$TF_{\mathrm{HF}}(f)$ 是一系列与高频损失相关的转换函数的卷积，即

$$TF_{\mathrm{HF}}(f) = T_{\mathrm{r}}(f)\,T_{\mathrm{d(irga)}}(f)\,T_{\mathrm{dsonic}}(f)\cdot T_{\mathrm{m}}(f)\,T_{\mathrm{w}}(f_{\mathrm{p}})\,T_{\mathrm{S}}(f_{\mathrm{S}})\,T_{\mathrm{t}}(f) \tag{8.79}$$

式中，$T_{\mathrm{r}}(f)$是数字递归滑动平均，$T_{\mathrm{d}}(f)$是仪器的动态频率响应（超声风速计，气体分析仪），$T_{\mathrm{m}}(f)$是仪器响应的不匹配，$T_{\mathrm{w}}(f_{\mathrm{p}})$是标量的路径平均值，$T_{\mathrm{s}}(f_{\mathrm{s}})$是传感器分离损失，$T_{\mathrm{t}}(f)$是闭路系统气体浓度的高频衰减。每个转换函数的具体表达式可参考 Moncrieff 等（1997）。

理论方法确定 CF 的优点是可以完全只依赖于系统的基本状况，而不必考虑实际情况，可以实现实时在线校正。为了更好地利用该方法，科学家修订或改进了理论模型和各种响应函数表达式。理论方法的缺点是理论谱密度函数可能不能真实地反映实际谱密度衰减。同时，所有的损失过程未必都能用理论函数来准确表达。为此，一些科学家提出了校正因子（CF）的实验确定方法。

（2）CF 的实验确定方法

该方法的基本思想是：通量高频损失频率可以被认为是一个低通滤波器的效果。如果未衰减的通量（例如，通过超声温度 T_{s} 和垂直风速 w 计算的显热通量）通过预设的数字滤波衰减，其衰减损失的比例可以通过计算衰减后的涡度相关通量与未衰减的涡度相关通量之比来获得。基于莫宁-奥布霍夫相似理论，我们可以假定所有标量的协方差在大气边界层具有相似的校正系数和高频损耗。那么，气体通量的校正因子可以用以下方法来估算：

$$CF = \frac{(\overline{w's'})}{(\overline{w's'})_{\mathrm{m}}} = \frac{(\overline{w'T_{\mathrm{S}}'})}{(\overline{w'T_{\mathrm{S}}'})_{\mathrm{lp}}} \tag{8.80}$$

式中：下标 lp 代表低通过滤器（low-pass filter），通常可以表示为无限脉冲响应滤波器（infinite impulse response filter）。此方法的关键是要比较某种测定量的功率谱和协谱与衰减后超声温度的功率谱和协谱，找到合适的低通过滤器参数。在实际应用中，CF 还可以简化为与风速的线性关系，详细的计算方法可以参考 Ibrom 等（2007）。

8.5 通量数据质量的分析与评价

目前，涡度相关技术已经广泛应用于陆地生态系统 CO_2 吸收与排放的测定中（Black *et al.*, 1996; Goulden *et al.*, 1996; Baerbigier *et al.*, 2001）。但在实际观测中，需要对通量观测值代表的植被-大气间净生态系统 CO_2 交换量的可靠性进行评价。在对涡度相关技术野外测定数据进行精确性评价时，应考虑到涡度相关技术测定中的可能误差与观测系统仪器响应能力的制约和测定误差有关，也与常通量层假设所要求的大气条件的满足程度有关（Baldocchi & Meyers, 1998; Baldocchi *et al.*, 2000; Massman & Lee, 2002）。如何解释现实的涡度相关技术的测定结果，使其能够代表大气与植被间的物质交换信息，对当代微气象学家来说是个巨大的挑战（Foken & Wichura, 1996; Baldocchi *et al.*, 2000）。为了能够进行通量站点间的比较和全球尺度的综合分析，必须进行通量数据的质量分析与控制（QA/QC）。然而，对近地边界层测定的通量数据进行质量评价非常困难，因为至今还没有标准的方法可以用来校正某个特定的通量测定。因此，目前非常有必要制定切实可行的标准来判断涡度相关通量是否代表生物圈-大气圈间物质交换的真实信息（Foken & Wichura, 1996; Vickers & Mahrt, 1997; Mahrt, 1998; Aubinet *et al.*, 2000; Massman & Lee, 2002; Baldocchi *et al.*, 2003）。

8.5.1 原始数据分析

为保证涡度相关数据的质量，推荐的湍流统计测试主要包括异常值、绝对值限制、高阶动量测试和非连续性测试（Vickers & Mahrt, 1997; Aubinet *et al.*, 2000）。异常值通常由随机电信号异常或超声传感器障碍（如降雨）引起。在实际通量计算中，异常值和超出临界值的数据需要剔除，否则会导致通量数据异常。在实际计算中也需要剔除超出原始数据偏峰和峭斜度的标准范围的数据（Blanken *et al.*, 1998; Jacobs *et al.*, 2001）。时间序列平均值和方差的非连

续性(局地平均尺度的相干结构)可以通过 Haar 转换来检验(Mahrt, 1991)。如果数据为非连续性数据,则需要剔除相应的数据。原始数据的质量控制可以参照 Vickers 和 Mahrt (1997) 的方法进行。

8.5.2　大气湍流谱分析

(1) 谱分析的基本理论

目前在很多学科领域,谱是一种非常重要的研究工具,主要是因为很多现象的变化与频率有一定的联系,而且通过分析他们的频率分布可以得到这些现象的内在机理解释。谱分析主要应用于时间序列的研究,研究的主要手段是将复杂的数据序列分解为几个特定波长的三角函数(正弦函数或余弦函数),然后分析其内在规律。湍流谱分析包括功率谱分析和协谱分析,仅对单列时间序列数据的功率分布特征的分析即为功率谱分析,而对两列时间序列数据的相互关系的谱分析为协谱分析,它是功率谱分析的扩展和延伸,目的是揭示两列数据在不同频率范围内谱的相关性。将某一过程由时间表达方式转换为谱表达方式,最经典的转换方法是傅里叶转换。

① 傅里叶转换(Fourier transform):用 ω 代表角频率($-\pi<\omega<\pi$),T 代表周期,那么 $T=2\pi/\omega$,假定 z 为任意整数,$x(t)=x(t+zT)$,ϕ 表示相(波移动数),那么时间序列 $x(t)$ 的傅里叶转换为

$$x(\omega)=\frac{1}{2\pi}\sum_{t=-\infty}^{\infty}\mathrm{e}^{-it\omega}x(t) \tag{8.81}$$

通过式(8.85)也可以得到

$$x(t)=\int_{-\pi}^{\pi}\mathrm{e}^{it\omega}x(\omega)\,\mathrm{d}\omega \tag{8.82}$$

② 自相关函数和自协方差函数。对于一个无穷时间序列 $\{x_t, t=\cdots,-1,0,1,\cdots\}$,其平均函数 $\mu(t)=E(x_t)$,自协方差函数 $\gamma(t+h,t)=Co(x_{t+h},x_t)$,假定时间序列 x_t 为稳态序列,那么平均函数 $\mu(t)$ 与 t 无关,而协方差函数 $\gamma(t+h,t)$ 也只与 h(h 为任意整数)有关,因此时间序列 $\{x_t, t=\cdots,-1,0,1\cdots\}$ 的特征与 $\{x_{t+h}, t+h=\cdots,-1,0,1,\cdots\}$ 的特征相似。

时间序列 x_t 稳定,其自协方差函数(ACVF)则定义为

$$\gamma(h)\equiv\gamma(h,0)=\gamma(t+h,t) \tag{8.83}$$

其滞后时间 h 的自相关函数(ACF)为

$$\rho(h)\equiv\gamma(h)/\gamma(0)=Corr(x_{t+h},x_t) \tag{8.84}$$

其中,自相关函数(ACF)为真正的相关函数,对任意整数 h 有 $-1\leqslant\rho(h)\leqslant1$,$\rho(0)=1$,而对于自协方差函数(ACVF)则具有以下性质:$\gamma(0)\geqslant0$,对任意整数 h 有 $|\gamma(h)|\leqslant\gamma(0)$,$\gamma(h)=\gamma(-h)$。

③ 功率谱(power spectrum):从上节可知,稳态时间序列 $\{x_t\}$ 的自协方差函数定义为 $\gamma_x(h)=E(x_t x_{t-h})$,而时间序列 $\{x_t\}$ 的功率谱(power spectrum)定义为其自协方差函数 $\gamma_x(h)$ 的傅里叶转换函数

$$S_x(\omega)=\frac{1}{2\pi}\sum_{h=-\infty}^{\infty}\mathrm{e}^{-ih\omega}\gamma_x(h) \tag{8.85}$$

设 $z=\mathrm{e}^{-i\omega}$,根据自协方差发生函数 $g_x(z)=\sum_{h=-\infty}^{\infty}\gamma_x(h)z^h$,那么功率谱等于自协方差发生函数除以 2π。式(8.85)中设 $\omega=0$,则转化为 $\sum_{h=-\infty}^{\infty}\gamma_x(h)=2\pi S_x(0)$,说明当 $\omega=0$ 时自身协方差函数的总和等于功率谱乘以 2π。结合欧拉恒等式 $e^{i\phi}=\cos\phi+i\sin\phi$,则式(8.85)可转化为

$$S_x(\omega)=\frac{1}{2\pi}\left[\gamma_x(0)+2\sum_{h=1}^{\infty}\gamma_x(h)\cos(h\omega)\right] \tag{8.86}$$

既然 $\cos(\omega)=\cos(-\omega)$、$\gamma_x(h)=\gamma_x(-h)$,那么功率谱是偶函数。而且余弦函数的周期为 2π,那么我们可以只计算 $\omega\in[0,\pi]$ 范围内的谱。如果自协方差函数 $\gamma_x(h)$ 为已知,那么根据式(8.86)即可得到功率谱,当然也可以通过傅里叶变换用功率谱反推自协方差函数 $\gamma_x(h)$。

$$\gamma_x(h)=\int_{-\pi}^{\pi}\mathrm{e}^{i\omega h}S_x(\omega)\,\mathrm{d}\omega \tag{8.87}$$

如果 $h=0$,那么时间序列 $\{x_t\}$ 的方差为 $\gamma_x(0)=\int_{-\pi}^{\pi}S_x(\omega)\,\mathrm{d}\omega$,既然时间序列 $\{x_t\}$ 的方法是功率谱在频率 $-\pi<\omega<\pi$ 范围内的总和,可以把功率谱函数 $S_x(\omega)$ 理解为变异在不同频率范围内的分布,因此我们可以通过功率谱发现不同频率湍涡对通量贡献的重要性。

通过 $S_x(\omega)$ 除以 $\gamma_x(0)$ 使功率谱函数标准化,可以得到自相关函数 $\rho_x(h)$ 的傅里叶转换

$$\rho_x(h)=\int_{-\pi}^{\pi}e^{i\omega h}f_x(\omega)\mathrm{d}\omega \tag{8.88}$$

同样使 $h=0$，式(8.88)则变为 $1=\int_{-\pi}^{\pi}f_x(\omega)\mathrm{d}\omega$。其中 $f_x(\omega)$ 为正，且积分为1，就像概率分布密度，所以 $f_x(\omega)$ 又被称为功率谱密度(power spectrum density)。

④ 协谱(cospectrum)：功率谱是一个自协方差发生函数，我们可以用功率谱来计算一个稳态过程的自协方差。除了计算单个时间序列的自协方差，谱函数也能够捕捉到两列时间序列之间的协方差，此时称该谱函数为协谱(cospectrum)。

对于单一时间序列 $\{x_t\}$ 的谱函数是自协方差的傅里叶转换 $\gamma_x(h)=E(x_t x_{t-h})$。同理，两列时间序列 $\{x_t\}$ 和 $\{y_t\}$，协谱是两列时间序列协方差函数的傅里叶转换，即

$$S_{xy}(\omega)=\sum_{h=-\infty}^{\infty}e^{-ih\omega}E(x_t y_{t-h}) \tag{8.89}$$

协谱不是偶函数，即

$$S_{xy}(\omega)\neq S_{yx}(\omega)=\sum_{h=-\infty}^{\infty}e^{-ih\omega}E(y_t x_{t-h}) \tag{8.90}$$

如果 x_t 和 y_s 对所有的 t 和 s 都不相关，那么对于所有的 h 来说 $E(x_t y_{t-h})=0$，因此 $S_{xy}(\omega)=S_{yx}(\omega)=0$。

(2) 大气湍流谱特征分析

湍流谱特征分析可以确定涡度相关系统对高频湍流信号的响应能力。利用Welch方法可以计算变量 x，如垂直风速 w、CO_2 浓度、H_2O 浓度以及超声风速计测定的空气温度等物理量的功率谱 $S_x(f)$ 和协谱 $Co_{wx}(f)$。功率谱和协谱的基本特征如图8.26所示。功率谱和协谱分析的两个突出的特征就是谱峰和斜率。确定不同变量功率谱和协谱在惯性子区的斜率对于检验涡度相关系统仪器响应能力具有重要的意义。这是因为在近地边界层内小尺度湍流是各向同性的，在惯性子区内能量既不产生也不消耗，而是遵循-2/3定律向更小的尺度传递(Kaimal & Finnigan, 1994)。如果功率谱和协谱都乘以频率 f，则可以使谱函数曲线下的面积在半对数坐标条件下正确地代表总方差或协方差。$S_x(f)$ 和 $Co_{wx}(f)$ 也都分别可以用 x 的方差以及 w 与 x 的协方差进行标准化处理。对于湍流通量来说，协谱密度与协方差密切相关(Stull, 1988; Kaimal & Finnigan, 1994)，协谱分析可以确定不同频率的垂直风速 w 和变量 x 的协方差，也就是对湍流通量的总体贡献。在对数坐标条件下，协谱在惯性子区应该符合-4/3定律。但是线性趋势、高频噪声和仪器的响应不足等原因都会引起功率谱的变形，影响观测数据质量(图8.27)。

图8.28为ChinaFLUX的长白山森林生态系统用开路和闭路涡度相关系统测得的大气 CO_2 浓度和三维风速等变量的功率谱特征。从中可以看出，典型晴天条件下超声风速计CSAT-3测定三维风速的功率谱在惯性子区基本符合-2/3定律，用红外 CO_2/H_2O 气体分析仪(开路系统用LI-7500，闭路系统用LI-7000)测定的 CO_2 气体的功率谱在惯性子区也基本符合-2/3定律，说明两种涡度相关系统的三维超声风速计和红外 CO_2/H_2O 气体分析仪对高频信号的响应能力能够满足实际观测的要求。

在没有进行标准化的情况下，功率谱和协谱应该分别符合-2/3和-5/3定律。如果湍流谱的峰值不明显，则可能是数据统计的平均时间不够长，或者是数据存在着某种长期的趋势。如果闭路系统的 CO_2 和水汽的功率谱的下降趋势大于-2/3斜率，则说明传感器的线性平均及取样管道等已经对信号产生了衰减作用；当高频部分有所增加，则说明观测系统存在着高频噪音或混淆现象。

8.5.3 湍流的稳态测试

要使涡度相关的测定等于下垫面的通量，仪器必须安装在近地边界层的常通量层内(Moncrieff *et al.*, 1996)。涡度相关技术的常通量层假设客观要求大气湍流处于稳态(定常)和具有均质性。稳态意味着大气湍流统计特征不随时间发生变化，缺乏稳态是湍流测定中最为严重的问题。均质性意味着大气湍流统计特征不随空间发生变化，通常因粗糙度和障碍物的减少以及测定高度的降低而增加，而异质性通常表现为大气湍流的非稳态(Foken & Wichura, 1996)。稳态测试已经在涡度相关技术测定湍流通量数据的质量控制与评价中得到广泛的应用(Foken & Wichura, 1996; Vickers & Mahrt, 1997; Mahrt, 1998)。

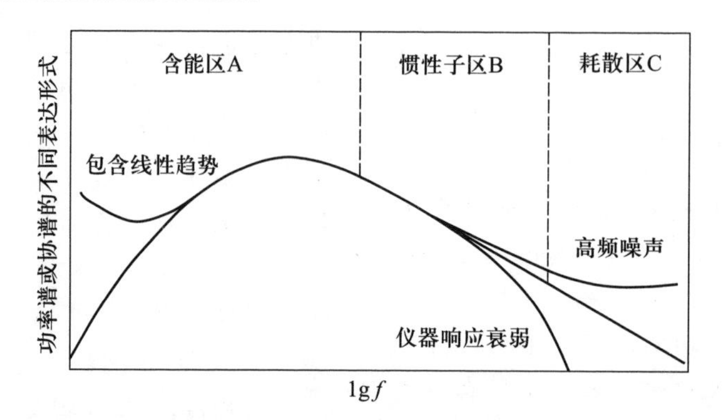

图 8.26　功率谱和协谱的基本特征及其各种因子导致的变形

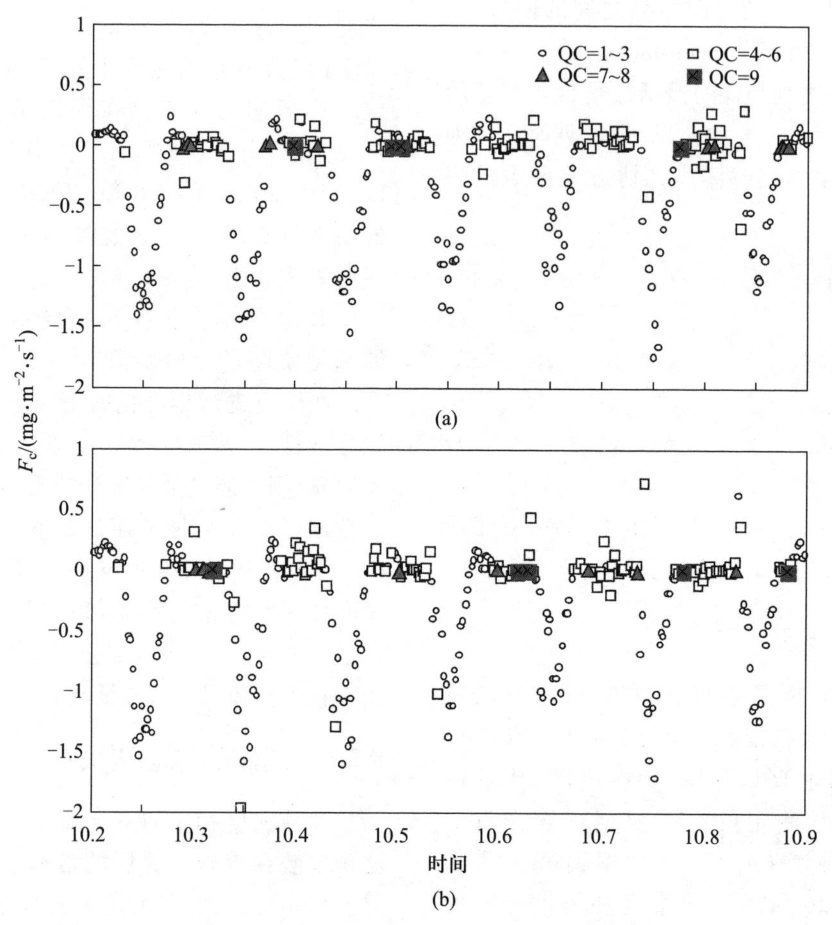

图 8.27　稳态测试不同数据质量级别的 CO_2 湍流通量数据的日变化过程

（以 CO_2 质量计）：(a) 2 倍冠层高度；(b) 3 倍冠层高度

数据来源于 2004 年 10 月 2—9 日千烟洲人工针叶林通量观测数据

（1）稳态测试原理

俄国科学家自 19 世纪 70 年代开始使用稳态测试方法。对数据长度为 N(这里选取 30 min 的 10 Hz 原始湍流数据则 N=18 000)的原始湍流信号时间系列 i 和 j(这里 i 和 j 分别为垂直风速和 CO_2 或 H_2O 密度)进行稳态测试,首先将原始数据分割为 N/M=4～8 个短时间间隔系列的数据(这里选取N/M=6,即5 min的 10 Hz 原始数据则 M=3 000)。第 l 个短时间间隔湍流信号 i 和 j 的协方差可以利用方程(8.91)表示：

$$\overline{x'_{il}x'_{jl}} = \frac{1}{M-1}\left[\sum_{k=1}^{M} x_{ikl}x_{jkl} - \frac{1}{M}\left(\sum_{k=1}^{M} x_{ikl}\right)\cdot\left(\sum_{k=1}^{M} x_{jkl}\right)\right] \tag{8.91}$$

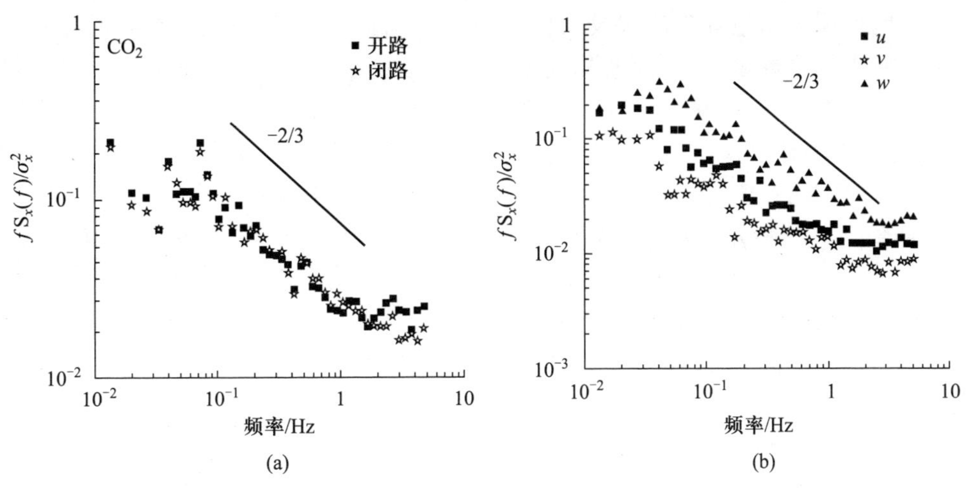

图 8.28 长白山森林生态系统的开路与闭路两种涡度相关系统观测的 CO_2 气体浓度和三维风速(u,v,w)的功率谱:(a) CO_2 气体浓度;(b) 三维风速(u,v,w)(宋霞等,2004)

图中实线为-2/3 斜率

为进行稳态测试,需要计算 N/M 个(这里 $N/M=6$)短时间间隔湍流信号 i 和 j 的协方差的算术平均值,可以用方程(8.92)表示:

$$\overline{x_i'x_j'} = \frac{1}{N/M}\left[\sum_{l=1}^{N/M}\overline{x_{il}'x_{jl}'}\right] \tag{8.92}$$

对于全周期时间系列原始湍流信号 i 和 j 的协方差可以表示为

$$\overline{x_i'x_j'} = \frac{1}{N-1}\left[\sum_{l=1}^{N/M}\sum_{k=1}^{M}x_{ikl}x_{jkl} - \frac{1}{N}\left(\sum_{l=1}^{N/M}\sum_{k=1}^{M}x_{ikl}\right)\cdot\left(\sum_{l=1}^{N/M}\sum_{k=1}^{M}x_{jkl}\right)\right] \tag{8.93}$$

稳态测试比值 Δ_{ST}(%)可定义为上述两个方程(8.92 和 9.93)所确定的协方差之间的差值,可用方程(8.94)表示,

$$\Delta_{ST} = \frac{\overline{|(x'y')_5-(x'y')_{30}|}}{\overline{(x'y')_{30}}}\times 100\% \tag{8.94}$$

如果方程(8.94)的稳态测试比值小于 30%,则可以认为 CO_2 湍流通量观测处于稳态条件(Foken & Wichura, 1996; Mahrt *et al.*, 1998; Aubinet *et al.*, 2000)。稳态测试可以作为涡度相关技术湍流通量测定数据质量分析与控制的标准。稳态测试数据质量的分级标准可以参照第二届涡度相关技术湍流通量数据 QA/QC 学术研讨会上 Thomas Foken 提出的分级标准。利用数字 1~9 作为标志位代表不同级别数据质量的数据。1 代表质量好的数据,2~8 代表不同级别质量的数据,9 代表需要剔除的数据(Foken & Wichura, 1996)。

(2) 稳态与非稳态测试的实例

湍流通量测定成分随时间、天气条件或测定点相对于气象事件的变化都会对大气湍流的稳态造成影响(Foken & Wichura, 1996; Mahrt *et al.*, 1998; Aubinet *et al.*, 2000)。为探讨不同稳态的大气湍流传输过程对湍流通量观测的影响,温学发(2005)对千烟洲通量站 2 倍和 3 倍冠层高度开路涡度相关系统的湍流通量观测数据进行了稳态测试分析。图 8.26a 和 b 分别为 2 倍和 3 倍冠层高度 OPEC 系统 CO_2 湍流通量观测时间系列稳态测试的结果。

图 8.26 中稳态测试结果被划分为 4 类:1~3 代表质量好数据,4~6 代表质量较好数据,7~8 代表质量差数据,9 则代表需要剔除的数据。可以看出,质量差的数据主要集中在夜间。在夜间大气稳定层结条件下,几乎所有涡度相关技术应用上的限制都会发生,其中有一些来自观测仪器本身的限制,另一些则是来自气象条件的限制(Massman & Lee, 2002)。大量关于仪器、软件和模型方面的比较研究表明,涡度相关技术在测定夜间 CO_2 湍流通量中的系统低估问题主要与 CO_2 湍流通量的解释以及大气条件和地形条件有关,而不是由仪器制约和测定误差造成的(Baldocchi & Meyers, 1998; Baldocchi *et al.*, 2000; Massman & Lee, 2002)。

8.5.4 大气湍流统计特性分析

湍流通量-方差相似度是检验土壤发展程度的

方法之一。莫宁-奥布霍夫相似理论的假设认为，在近地边界层内各种大气参数和统计特征可以利用速度尺度 u_* 或温度尺度 T_* 归一化为大气稳定度 $(z_r-d)/L$ 的普适函数来表征。这里 z_r 是湍流通量测定高度，d 是零平面位移，L 是莫宁-奥布霍夫长度。湍流积分统计特性也就是方差相似性关系，可以作为涡度相关数据质量检验的可靠标准（Kaimal & Finnigan，1994；Foken & Wichura，1996），特别是垂直风速和温度方差的相似性关系得到了广泛的应用，并获得了许多经验性拟合方程（表 8.3）。在不稳定大气条件下，被广泛应用和接受的垂直风速以及温度的方差相似性关系分别为（Kaimal & Finnigan，1994；Blanken *et al.*，1998）：

$$\frac{\sigma_{u,w}}{u_*}=c_1\left(\frac{z_r-d}{L}\right)^{c_2} \tag{8.95}$$

$$\frac{\sigma_T}{T_*}=c_2\left(\frac{z_r-d}{L}\right)^{c_2} \tag{8.96}$$

式中：a_1, b_1, a_2, b_2 是经验系数；σ_w 是垂直风速的方差；σ_T 是温度的方差。

表 8.3 湍流统计特性参数（Foken *et al.*，2012）

参数	$(z_r-d)/L$	c_1	c_2
σ_w/u_*	$0>(z_r-d)/L>-0.032$	1.3	0
	$-0.032>(z_r-d)/L$	2.0	1/8
σ_u/u_*	$0>(z_r-d)/L>-0.032$	2.7	0
	$-0.032>(z_r-d)/L$	4.15	1/8
σ_T/T_*	$0>(z_r-d)/L>-0.032$	1.4	−1/4
	$-0.02>(z_r-d)/L>-0.062$	0.5	−1/2
	$-0.062>(z_r-d)/L>-1$	1.0	−1/4
	$-1>(z_r-d)/L$	1.0	−1/3

湍流方差相似性关系分析可以检验湍流是否能够很好地发展与形成，是否符合湍流运动的相似性理论，从而可以获得有关观测站点的气象特性和仪器配置的影响等信息。如果湍流方差相似性关系的观测值与模拟值相差不超过 30%，可以认为数据质量是令人满意的。通过这个湍流方差相似性关系分析可以发现非均质地形条件下的一些典型效应：① 如果由于障碍物或仪器自身导致附加的机械湍流，则湍流方差相似性关系的观测值会显著地高于模型的预测值；② 在近地边界层温度和湿度异质的条件下，湍流方差相似性关系的观测值会显著地高于模型预测值，但是在近地边界层粗糙度异质的条件下则并不存在这种效应。Aubinet 等（2001）利用公式（8.93）和公式（8.94）进行了数据质量评价，如图 8.29 可见，比利时 Viesalm 通量站温度标准偏差 σ_T/T_* 和垂直风速标准偏差 σ_w/u_* 与方程（8.95）和（8.96）的预测值一致性较好。

8.5.5 湍流通量数据的总体评价

稳态测试和大气湍流统计特性是通量观测数据质量评估的重要方法，也成为通量数据质量的常用分级标准。在第二届涡度相关技术湍流通量数据 QA/QC 学术研讨会上，Thomas Foken 提出了分级标准（表 8.4）。利用数字 1~9 作为标志位代表不同级别数据质量的数据。1 代表质量好的数据，2~8 代表不同级别质量的数据，9 代表需要剔除的数据（Foken & Wichura，1996）。在后续实际的应用中，受实际观测数据不确定的影响，数据质量的划分级别有所减少，一般划分为 0、1 和 2 三级（Foken *et al.*，2010）。

8.5.6 能量平衡闭合评价

根据热力学第一定律，无论通量观测站存在怎样的生态和生物气候学上的差异，生态系统内的能量都应该是守恒的。因此对不同通量站点的能量闭合程度分析成为检验数据质量的有效手段。理论上湍流的显热（H）和潜热（λE）通量的总和应该与有效能（净辐射（R_n）减去土壤热通量（G）以及所观测的生态系统包括空气、温度和生物量的储存热通量（S））是相等的，即

$$R_n-G-S=H+\lambda E \tag{8.97}$$

如果湍流的显热和潜热通量的总和与有效能平衡，可以认为通量观测的数据质量是令人满意的。然而，在许多通量研究站点，包括一些草地和森林观测站，普遍存在着能量的不闭合现象（Wilson *et al.*，2002）。能量不闭合现象是森林冠层上方湍流通量观测中普遍存在的问题，其不闭合程度通常为 10%~30%（Aubinet *et al.*，2000；Wilson *et al.*，2002）。引起能量不闭合的原因很多，涡度相关观测误差仅仅是其中之一

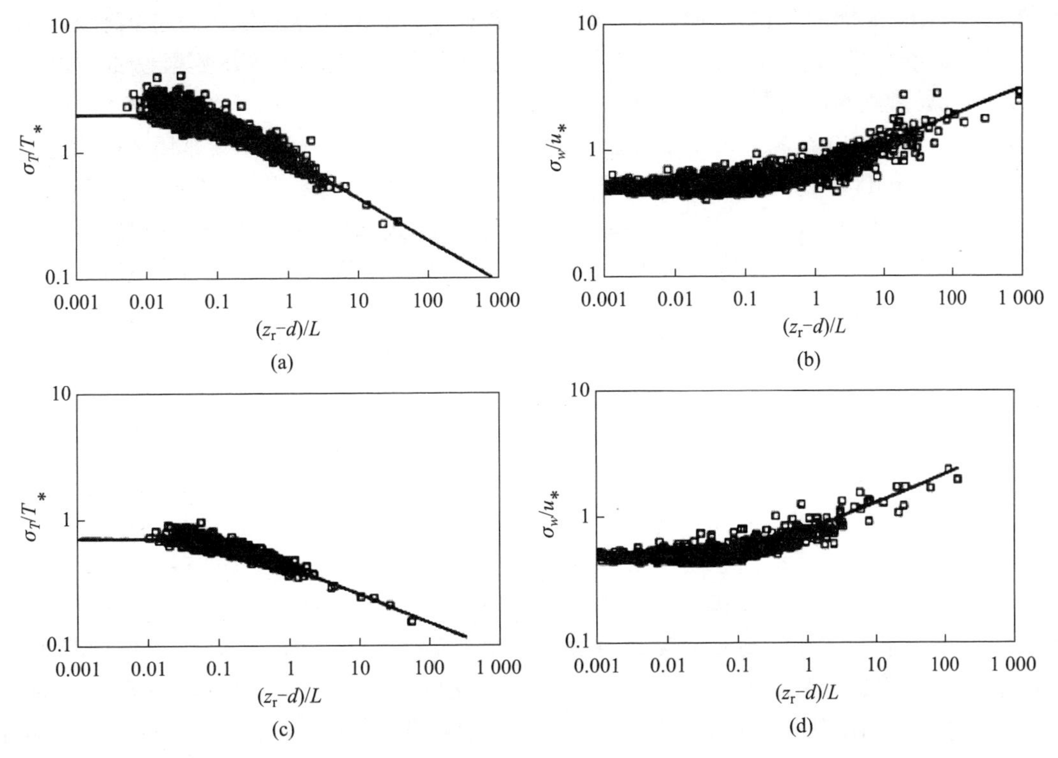

图 8.29　比利时 Viesalm 落叶针叶混交林通量观测站测定的温度标准化偏差 σ_T/T_* 和垂直风速标准偏差 σ_w/u_* 与大气稳定度 $(z_r-d)/L$ 的关系：(a)和(b)代表落叶山毛榉林亚区；(c)和(d)代表针叶云杉林亚区

表 8.4　数据质量测试参数定义的划分标准

稳态测试		方差相似性测试		超声风速计测定的水平风向	
比值	标志位	比值	标志位	风向角	标志位
0~15%	1	0~15%	1	±(0~30)°	1
16%~30%	2	16%~30%	2	±(31~60)°	2
31%~50%	3	31%~50%	3	±(60~100)°	3
51%~75%	4	51%~75%	4	±(101~150)°	4
76%~100%	5	76%~100%	5	±(101~150)°	5
101%~250%	6	101%~250%	6	±(151~170)°	6
251%~500%	7	251%~500%	7	±(151~170)°	7
501%~1 000%	8	501%~1 000%	8	±(151~170)°	8
>1 000%	9	>1 000%	9	>±171°	9

(Aubinet *et al.*, 2000; Wilson *et al.*, 2002)。现阶段，国际上对通量观测过程中出现的能量不闭合现象给出了很多解释，下面的各种因素都有可能引起能量不闭合现象：① 取样误差；② 仪器系统误差；③ 高频和低频通量成分的损失；④ 能量平衡方程中相关能量项的忽略；⑤ 平流/泄流效应等，在第 9 章中将对此作详细讨论。这些引起能量不闭合的因素有的与涡度相关测定系统有关，有的则与测定系统无直接关系。因此，能量平衡闭合的测试仅仅可以作为数据质量评价的参考标准之一，而不能作为涡度相关测定数据质量评价的绝对标准，并用于通量数据校正(Aubinet *et al.*, 2000)。

8.6　闭路系统通量观测与数据处理

8.6.1　开路和闭路系统观测和数据处理过程的差异

目前的涡度相关技术主要是应用两种不同的观测系统开展实际的通量观测，即开路涡度相关系统和闭路涡度相关系统。在国际通量观测研究网络(FLUXNET)中两种观测系统占有同等重要的地位，在美洲通量网(AmeriFlux)的大部分观测站都是两种观测系统并行存在,亚洲通量网(AsiaFlux)和欧洲通量网(CarboEurope)以闭路涡度相关系统为主,中国陆地生态系统通量观测研究网络(ChinaFLUX)和韩国通量网(Ko-Flux)以开路涡度相关系统为主,其中 ChinaFLUX 和 AsiaFlux 在几个观测站点使用两种观测系统开展并行观测。

目前两种观测系统都还在逐步完善过程中,各自也都存在一定的优势或缺陷,主要表现在对观测环境的适应性、设备维护和观测结果等方面的差异。一般认为开路涡度相关系统以高频率响应为主要优势,但是此系统的传感器容易受外界环境(比如降雨)的影响,而闭路涡度关系统恰好弥补了开路式系统在实际应用中所存在的缺陷,该系统相对比较稳定,不容易受到外界环境的干扰,适用于长期稳定的通量观测。但是闭路系统的抽气管对 CO_2 浓度高频脉动具有衰减作用容易导致高频通量成分损失,因此用闭路涡度相关系统在观测过程中可能存在通量的低估现象。在用两种观测系统进行通量观测时,由于系统本身的差异可能导致通量观测结果的不同,因此对两种观测系统的观测进行比较分析是非常必要的。

涡度相关技术在通量观测方面已经得到科学家们的认可,成为通量观测的标准方法,其观测结果相对于其他方法更为准确,可信度比较高。但是目前利用涡度相关技术进行通量观测存在的最大难点是数据处理和校正问题。在数据处理过程中的许多问题依然存在着很多争议,而有些问题虽然已有解决方案,但是还没有统一的处理标准。

图 8.17 和 8.18 为评价生态系统与大气间的长期 CO_2 交换通量的基本流程,就短期的通量观测和计算而言,其关键过程包括数据采集、数据校正和结果检验等。在涡度相关技术的数据采集中首先要确定适宜的采样频率,确定去除噪音污染的方法,最后才能正确地统计一段时间内的平均通量。目前,涡度相关观测的采样频率一般为 10 Hz,平均周期一般为 30 min。开路和闭路两种观测系统初始所得到的都是 10 Hz 的原始数据,但在观测过程中可能会因为仪器故障、恶劣的天气条件、复杂地形条件等问题而造成数据异常、缺失,因此准确地估测生态系统长期碳交换必须对数据进行一定的处理和校正。

闭路系统通量观测数据的处理和校正过程主要包括以下几方面:① 异常数据的剔除和筛选。根据诊断文件剔除闭路系统进行标定时的观测数据,然后进行数据筛选,通常在数据偏离 4 倍方差时视为异常数据而予以剔除。② 计算闭路系统的延迟时间。延迟时间的确定主要是用来消除超声风速计和闭路系统红外分析仪测定时间的不同步。③ 计算协方差和通量。④ 进行坐标轴旋转。⑤ 对通量进行水热校正(WPL 校正)。⑥ 对闭路系统的管道衰减进行校正。

图 8.30 为 ChinaFLUX 的两种观测系统的数据校正处理流程的比较,由于采样系统的不同,造成两系统在数据处理过程中也存在一定的差异。其主要差异包括:闭路系统的延迟时间校正,开路和闭路系统的 WPL 校正差异和闭路系统管路衰减校正。由闭路系统红外气体分析仪观测的 CO_2/H_2O 浓度的时间滞后于超声风速计观测的三维风速时间,而要用涡度相关技术准确地观测并计算通量,必须使所有观测项目的时间保持同步,因此,在分析闭路系统的观测数据时必须进行延迟时间校正。闭路系统的抽气管道对气样的温度脉动有一定的衰减效应,因而两种系统的 WPL 校正方式也有所差异,主要是对温度脉动的校正不同。闭路系统的这种衰减效应往往会造成闭路系统的通量低估现象,因此应该对闭路系统的通量低估状况进行评价。

在 8.4.5 节中已经对坐标轴旋转作了详细阐述,而这种数据处理过程对开路和闭路两种涡度相关系统并不存在任何差异,本节不再赘述。

8.6.2 闭路系统的 WPL 校正

图 8.31 给出了水热条件下湍流运动的图示,由图可以看出大气在发生湍流运动时,由于水热条件的变化而引起气体体积的变化,从而导致单位体积内痕量气体的绝对浓度也会发生相应的变化。因此,在观测痕量气体绝对浓度时,必须对水热效应所引起的绝对浓度变化进行校正,从而才能够正确地计算痕量气体通量。如图 8.31 所示,含有水汽的空气在湍流运动中其体积会发生改变,从而引起气体质量浓度的变化。因此,用涡度相关技术观测 CO_2 通量时,如果是观测气体的绝对浓度,即单位体积内的物质的量($mol \cdot m^{-3}$);如果是相对浓度,即摩尔或体积混合比浓度($mol \cdot mol^{-1}$),必须进行水热校正,去除因水热变化引起空气中 CO_2 浓度和 CO_2 通量的变化,这就是所谓的 WPL 校正。

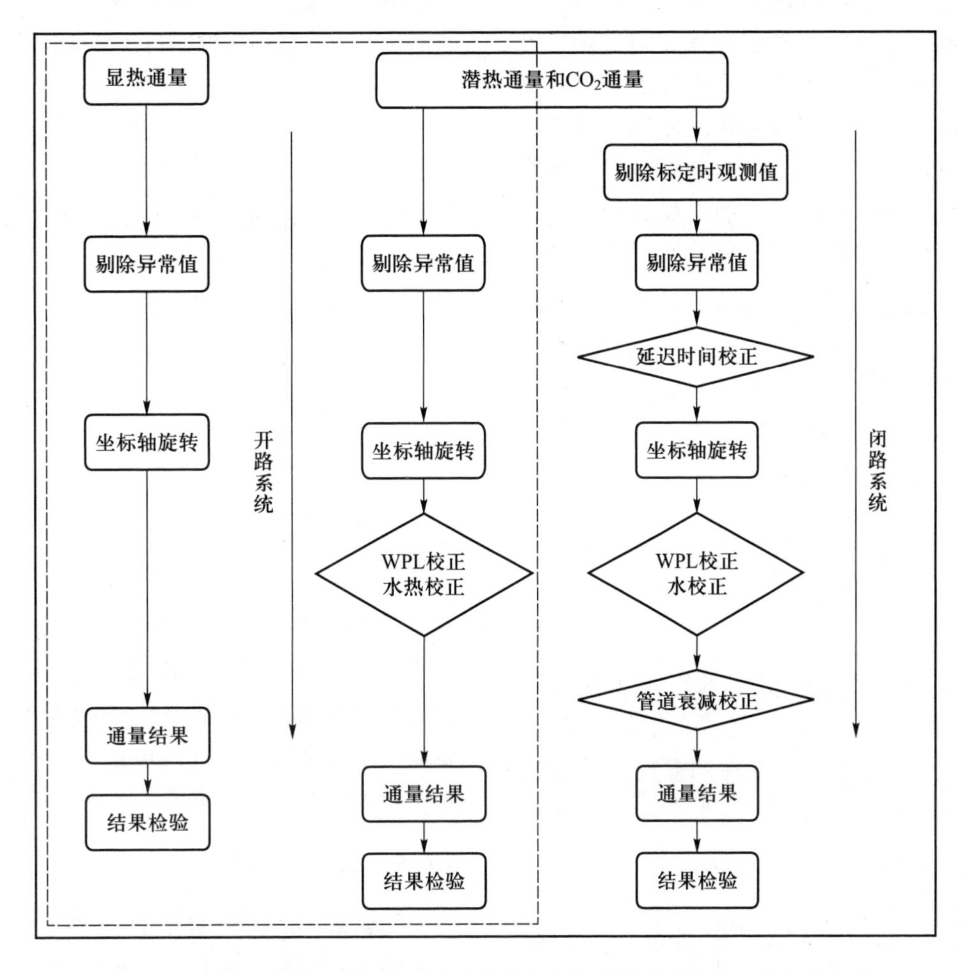

图 8.30 开路和闭路涡度相关系统在通量观测数据处理流程方面的差异比较

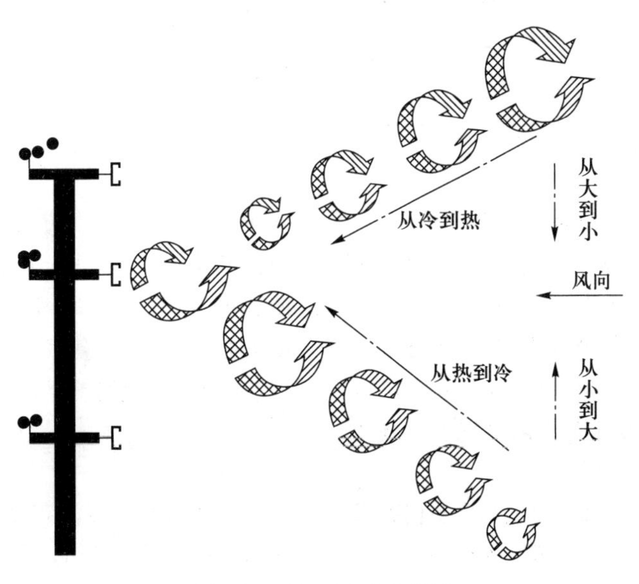

图 8.31 湍流运动示意图

在第 8.4.6 节中已经概述了 WPL 校正的基本原理，式(8.76)和(8.77)两个校正方程分别适用于开路系统的 CO_2/H_2O 通量校正。可是由于开路和闭路系统的采样系统不同，其水热校正方程也有所差异。当观测系统为闭路时，由于抽气管道对气样存在衰减作用，所以分析仪内气样的温度脉动基本会衰减为零，即在红外气体分析仪内热通量信号为零($\overline{w'T'}=0$)，因此也就没有必要对水汽通量和显热通量进行校正。此时我们可以用理想气体定律来校正气体在分析仪内外的温度、压力差异。当利用闭路和开路气体分析仪分别观测 CO_2 和水汽浓度脉动时，CO_2 通量的校正方程则为

$$F_c=\frac{\bar{p}T_I}{p_I\bar{T}}\frac{\overline{w'V'}}{a}+\left(\frac{m_a}{m_v}\frac{\bar{\rho}_c}{\rho_d}-\frac{\beta}{a}\right)\left[\overline{w'\rho_v'}+\left(\frac{\bar{\rho}_v}{\bar{T}}\right)\overline{w'T'}\right] \tag{8.98}$$

式中：下标 I 表示气体分析仪内部条件；V 为水汽压。方程(8.98)右边第一项是对压力变化的校正，而第二项则是分别对水汽的存在和温度变化的校正。当用闭路观测系统同时观测水汽和 CO_2 浓度时，$\overline{w'T'}=0$，则方程(8.98)可简化为

$$F_c=\frac{\bar{p}T_I}{p_I\bar{T}}\frac{\overline{w'V'}}{a}+\left(\frac{m_a}{m_v}\frac{\bar{\rho}_c}{\rho_d}-\frac{\beta}{a}\right)[w'\rho_{vI}'] \tag{8.99}$$

在对闭路系统测定的水汽通量进行校正时，同样可以忽略温度脉动所造成的影响，此时水汽通量的计算公式为

$$F_v=\frac{\bar{p}T_I}{p_I\bar{T}}\left(1+\frac{m_a}{m_v}\frac{\bar{\rho}_c}{\bar{\rho}}\right)\overline{w'\rho_{vI}'} \tag{8.100}$$

但是，Leuning(2004)认为，闭路系统的抽气管道不可能使气体的温度脉动完全衰减为零，尤其当频率大于或等于 $1/(2\pi t_{av})$(t_{av} 为平均周期)时，温度脉动不会完全衰减为零，从而残余的温度与风速协方差可能导致通量估测的偏差，因此 Leuning 建议应当把观测的痕量气体浓度实时地转化为与干空气的混合比浓度。

开路系统因存在温度脉动而与闭路涡度相关系统不同，因此不能单纯地通过浓度的转换来达到 WPL 校正的目的。当用开路系统观测通量时，由于温度脉动的存在必须对显热通量进行校正，在显热通量的计算公式(8.5)中，温度一般用三维超声风速计观测的虚温，其计算公式为 $T_s=T(1+0.32x_v)$，显热通量的温度脉动的校正可用下式计算：

$$\overline{w'T'}=\overline{w'\left[\frac{T_s}{(1+0.32x_v)}\right]'} \tag{8.101}$$

由于温度和水汽通常使用不同的仪器观测，造成算法可能有所不同，需要分别校正水热变化对 CO_2 及 H_2O 通量的影响。潜热通量的校正公式为

$$E=(1+x_v)\left[\overline{w'c_v'}+\frac{c_v}{T}\frac{H}{\rho c_p}\right] \tag{8.102}$$

CO_2 通量的 WPL 校正应该为

$$F_c=\overline{w'\rho_c'}+\rho_c\left[\frac{E}{\rho}+\frac{H}{\rho c_p T}\right] \tag{8.103}$$

以上分别介绍了开路和闭路涡度相关系统的 WPL 校正过程。总体来讲 CO_2 通量经 WPL 校正后的数值要小于校正前的值，潜热通量的 WPL 校正主要取决于波文比和空气湿度的大小，校正后的值只稍有增加但意义非常重要。

8.6.3　频率衰减校正

闭路系统的抽气管道起到了一种“低通滤波”的作用，使高频通量成分衰减，造成通量低估现象(图 8.32)。这种衰减作用主要是由于流体流速和扩散运动在管内的变化造成的，Taylor 针对层流气体进行了相应的研究，他假设气体的一维扩散方程为

$$\frac{\partial C}{\partial t}=D\frac{\partial^2 C}{\partial x^2} \tag{8.104}$$

式中：D 为流体垂直方向的扩散系数，相对于流体流速方向 U 的坐标系统来说，流体浓度 C 的变化是径向长度的函数。Lenschow 和 Raupach(1991)认为浓度 C 的脉动扩散衰减问题应该是波数的函数，则方程(8.104)可改写为

$$C(x,t)=C_0\exp(ikx-a_1t) \tag{8.105}$$

式中：$k=2\pi f/U$ 为波数；f 为频率；a_1 为衰减系数；C_0 为浓度变化量。将式(8.105)代入式(8.104)，则可得到 $a_1=Dk^2$。

当用转换方程进行频率衰减较正时，要求描述浓度脉动的变化，可以用下式来表示：

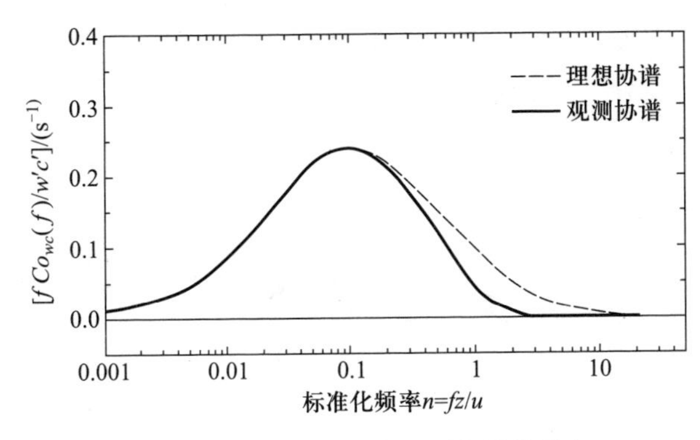

图 8.32　涡度相关系统观测结果协谱在高频段通量丢失现象

$$G_t^2(f)=\left(\frac{C_{\text{out}}}{C_{\text{in}}}\right)^2 \tag{8.106}$$

式中：C_{in}，C_{out}分别为气体在抽气管入口和出口处的浓度。Lenschow 和 Raupach(1991)认为 C_{in}和 C_{out}可以分别通过两个方程来确定，即

$$C(x,0)=C_0\exp(ikx),$$

$$C(x,t_1)=C_0\exp\left(ikx-Dk^2\frac{X}{U}\right) \tag{8.107}$$

式中：X/U 为气体从入口到出口所用的时间。Taylor(1953)的研究表明，$D\approx a^2U^2/(48D_c)$，对于层流体来说，a 为管道半径，D_c 为 CO_2 气体在空气中的扩散系数，因此转移函数即为

$$G_t^2(f)=(C_{\text{out}}/C_{\text{in}})^2=\exp\left[(-\pi^2a^2f^2)\frac{X}{6D_cU}\right] \tag{8.108}$$

式(8.108)可以用来计算 CO_2 通量的实际损失量，抽气管道所引起的通量损失量与总的通量比例为

$$\frac{\Delta F}{F}=1-\frac{\int_0^\infty G_{wc}(f)S_{wc}(f)\,\mathrm{d}f}{\int_0^\infty S_{wc}(f)\,\mathrm{d}f} \tag{8.109}$$

式中：$S_{wc}(f)$为 w 和 ρ_c 在频率段 f 的协谱；$G_{wc}(f)$为描述传感器频率响应与数据采样和处理方法的转移函数。

8.6.4　延迟时间校正

闭路系统的红外分析仪并不是直接放在大气中观测气体浓度，而是通过抽气管道将气体抽入分析仪中进行分析，结果使得三维超声风速计测得的垂直风速和红外气体分析仪测得的 CO_2 浓度(或 H_2O 浓度)不可能保持同步，某一瞬间的 CO_2 气体(或 H_2O)的观测时间要晚于垂直风速的观测时间，CO_2 气体(或 H_2O)与垂直风速之间的时间间隔即为闭路系统延迟时间。

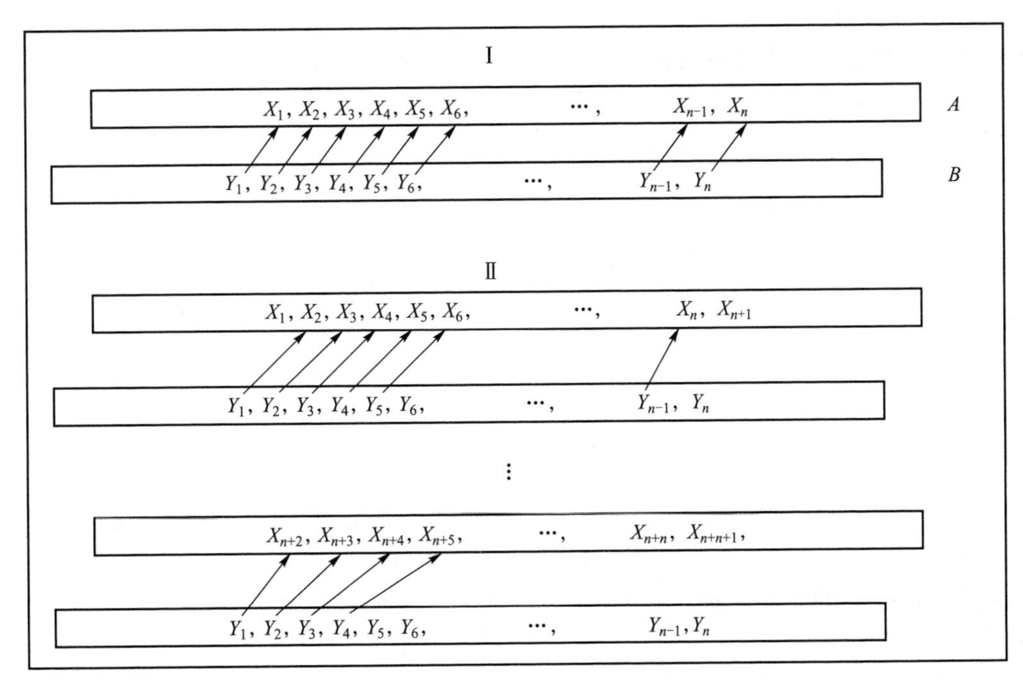

图 8.33　延迟时间计算示意图

A，B 分别为两列时间序列，两列数据依次进行协方差计算，最后找出协方差最大值的时间即为延迟时间

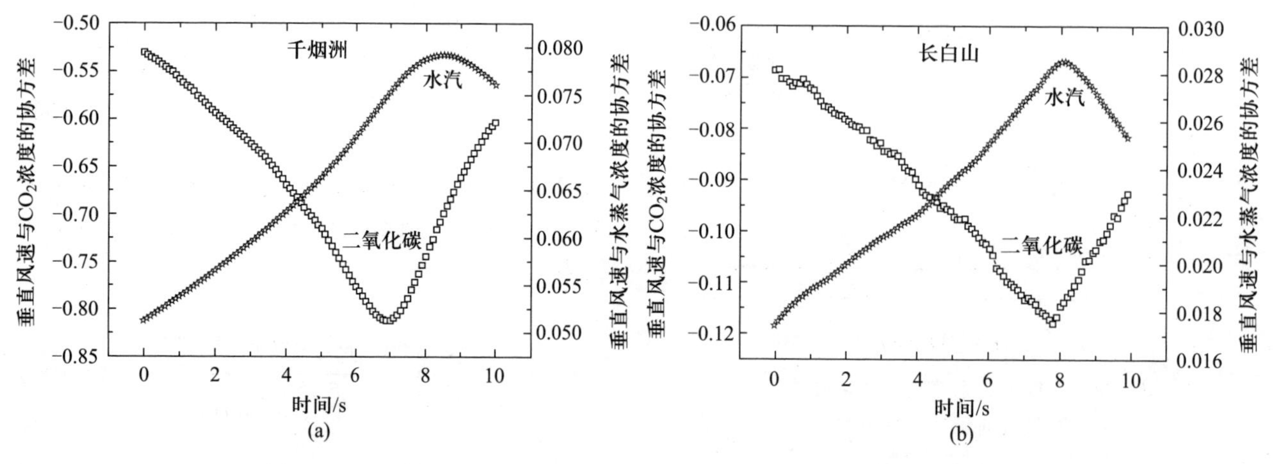

图 8.34 最大协方差决定延迟时间:(a) 千烟洲观测站;(b) 长白山观测站

延迟时间一般由 CO_2 或 H_2O 和垂直风速的最大协方差出现的时间来决定,另外,延迟时间也可以通过开路和闭路分析仪观测的同种气体之间的协方差来计算。如图 8.33 所示,假定两列稳态时间序列分别为 $x(t_i)$ 和 $y(t_i)$,采样时间分别为 $t_i=i\Delta t, i=0,\cdots,N-1$,时间序列 $y(t_i)$ 的采样时间滞后于 $x(t_i)$,即 $y(t+\delta)=x(t)$,那么,滞后时间 δ 可以通过两个时间序列之间的最大协方差计算得到,即

$$\hat{\delta}=\max\left|Co_{xy}\right| \tag{8.110}$$

通常在湍流运动剧烈时,所计算的延迟时间比较可靠,图 8.34 为千烟洲和长白山两个观测站采用 14:00—15:00的观测数据来计算延迟时间的实例。如图所示,千烟洲观测站 CO_2 和 H_2O 浓度的延迟时间分别为 7.0 s 和 8.5 s,长白山观测站的 CO_2 和 H_2O 浓度的延迟时间分别为 7.9 s 和 8.3 s。两个站的水汽延迟时间都大于 CO_2 的延迟时间,主要是因为相对于 CO_2 气体水汽更容易与管道内壁之间发生相互黏滞作用。延迟时间的长短主要受气流速度、管道长度、管道内径等因素的影响。

参考文献

朱治林,孙晓敏,袁国富等.2004. 非平坦下垫面涡度相关通量的校正方法及其在 ChinaFLUX 中的应用. 中国科学 D辑, 34(增刊Ⅱ): 37~45

温学发.2005. 中亚热带红壤丘陵人工林生态系统 CO_2 通量观测及其季节动态特征. 博士研究生学位论文:44~48

宋霞,于贵瑞,刘允芬等.2004. 开路与闭路涡度相关系统通量观测比较研究. 中国科学 D 辑, 34(增刊Ⅱ): 67~76

Anderson D E, Verma S B. 1986. Carbon dioxide, water vapor and sensible heat exchanges of a grain sorghum canopy. *Boundary-Layer Meteorology*, 34: 317~331

Anderson D E, Verma S B. Rosenberg N J. 1984. Eddy correlation measurement of an open-canopies ponderosa pine ecosystem. *Agricultural and Forest Meteorology*, 95: 115~168

Aubinet M, Grelle A, Ibrom A, *et al.* 2000. Estimates of the annual net carbon and water exchange of European forests: the EUROFLUX methodology. *Advances in Ecological Research*, 30: 113~174

Aubinet M, Chermanne B, Vandenhaute M, *et al.* 2001. Long term carbon dioxide exchange above a mixed forest in the Belgian Ardennes. *Agricultural and Forest Meteorology*, 108: 293~315

Baldocchi D, Falge E, Gu L, *et al.* 2001. FLUXNET: A new tool to study the temporal and spatial variability of ecosystem-scale carbon dioxide, water vapor, and energy flux densities. *Bulletin of the American Meteorological Society*, 82 (11): 2415~2434

Baldocchi D, Finnigan J, Wilson K, *et al.* 2000. On measuring net ecosystem carbon exchange over tall vegetation on complex terrain. *Boundary-Layer Meteorology*, 96: 257~291

Baldocchi D, Meyers T P. 1998. On using eco-physiological, micrometeorological and biogeochemical theory to evaluate carbon dioxide, water vapor and gaseous deposition fluxes over vegetation. *Agricultural and Forest Meteorology*, 90: 1~26

Baldocchi D, Valentini R, Running S, *et al.* 1996. Strategies for measuring and modeling carbon dioxide and water vapour fluxes over terrestrial ecosystems. *Global Change Biology*, 2: 159~168

Baldocchi D. 2003. Assessing the eddy covariance technique for evaluating carbon dioxide exchange rates of ecosystems:

past, present and future. *Global Change Biology*, 9:479 ~ 492

Baldocchi D, Hicks B B, Meyers T P. 1988. Measuring biosphere-atmosphere exchanges of biologically related gases with micrometeorological methods. *Ecology*, 69:1331 ~ 1340

Baumgartner A. 1969. Meteorological approach to the exchange of CO_2 between atmosphere and vegetation, particularly forest stands. *Photosynthetica*, 3:127 ~ 149

Berbigier P, Bonnefond J M, Mellmann P. 2001. CO_2 and water vapour fluxes for 2 years above Euroflux forest site. *Agricultural and Forest Meteorology*, 108:183 ~ 197

Berger B W, Davis K J, Yi C, *et al.* 2001, Long-term carbon dioxide fluxes from a very tall tower in a northern forest: flux measurement methodology. *Journal of Atmospheric and Oceanic Technology*, 18:529 ~ 542

Bingham G E, Gillrspie C H, McQuaid J H. 1978. Development of a miniature rapid response CO_2 sensor. Lawrence Livermore National Laboratory Report UCRL-52440

Bink N J. 1996. The Structure of the Atmospheric Surface Layer Subject to Local Advection. Ph.D. Thesis. Agricultural University, Wageningen, The Netherlands

Black T A, Hartog G, Neumann H H, *et al.* 1996. Annual cycles of water vapour and carbon dioxide fluxes in and above a boreal aspen forest. *Global Change Biology*, 2:219 ~ 229

Blanken P D, Black T A, Neumann H H, *et al.* 1998. Turbulence flux measurements above and below the overstory of a boreal aspen forest. *Boundary-Layer Meteorology*, 89: 109 ~ 140

Brach E J, Desjardins R L, St Amour G T. 1981. Open-path CO_2 analyser. *Journal of Physics and Earth Science Instrumentation*, 14:1415 ~ 1419

Businger J A. 1986. Evaluation of the accuracy with which dry deposition can be measured with current micrometeorological technique. *Journal of Climate and Applied Meteorology*, 25: 1100 ~ 1124

Coyne P L, Kell J J . 1975. CO_2 exchange over Alaskan arctic tundra: meteorological assessment by an aero dynamic method. *Journal of Applied Ecology*, 12:21 ~ 37

Denmead O T. 1969. Comparative micrometeorology of a wheat field and a forest of Pinus radiata. *Agricultural Meteorology*, 6:357 ~ 371

Desjardins R L. 1974. A technique to measure CO_2 exchange under field conditions. *International Journal of Biometeorology*, 18:76 ~ 83

Desjardins R L. 1985. Carbon dioxide budget of maize. *Agricultural and Forest Meteorology*, 36:29 ~ 41

Desjardins, R L, Lemon E R. 1974. Limitations of an eddy covariance technique for the determination of the carbon dioxide and sensible heat fluxes. *Boundary-Layer Meteorology*, 5: 475 ~ 488

Fan S M, Wofsy S C, Bakwin P S, *et al.* 1990. Atmosphere-biosphere exchange of CO_2 and O_3 in the central Amazon forest. *Journal of Geophysical Research*, 95:16851 ~ 16864

Fans S M, Gloor M, Mahlman J, *et al.* 1998. A large terrestrial carbon sink in north america Implied by Atmospheric and oceanic CO_2 data and models. *Science*, 282:442 ~ 446

Finnigan J. 1999. A comment on the paper (1998): "On micrometeorological observations of surface-air exchange over tall vegetation". *Boundary-Layer Meteorology*, 97:55 ~ 64

Foken T, Wichura B. 1996. Tools for quality assessment of surface-based flux measurements. *Agricultural and Forest Meteorology*, 78:83 ~ 105

Garratt J R. 1975. Limitations of the eddy correlation technique for determination of turbulent fluxes near the surface. *Boundary-Layer Meteorology*, 8:255 ~ 259

Goulden M L, Munger J M, Fan S M, *et al.* 1996a. Measurement of carbon sequestration by long-term eddy covariance: methods and a critical evaluation of accuracy. *Global Change Biology*, 2:169 ~ 182

Goulden M L, Munger J W, Fan S M, *et al.* 1996b. Exchange of carbon dioxide by a deciduous forest: response to interannual climate variability. *Science*, 271:1576 ~ 1578

Grace J, Lloyd J, Mclntyre J, *et al.* 1995. Carbon dioxide uptake by an undisturbed tropical rain in southwest Amazonia, 1992—1993. *Science*, 270:778 ~ 780

Greco S, Baldocchi D. 1996. Seasonal variations of CO_2 and water vapour exchange rates over a temperate deciduous forest. *Global Change Biology*, 2:183 ~ 198

Heimann M, Keeling C D, Fung I. 1986. Simulating the atmospheric carbon dioxide distribution with a three dimensional tracer model. In: Trabalka J R, Reichle D E, eds. *The Changing Carbon Cycle: A Global Analysis*. New York: Springer-Verlag: 16 ~ 49

Houghton R A, Woodwell G. 1980. The fax pond eco system study: exchange of CO_2 between a salt marsh and the atmosphere. *Ecology*, 61:1434 ~ 1445

Hyson R, Hicks B B. 1975. A single-beam infrared hygrometer for evaporation measurement. *Journal of Applied Meteorology*, 14:301 ~ 307

Inoue I. 1958. An aerodynamic measurement of photo synthesis over a paddy field. In: Proceeding of the 7th Japan National Congress of Applied Mechanics, 211 ~ 214

Jacobs A F G, Wiel B J H, Holtslag A A M. 2001. Daily course of skewness and kurtosis within and above a crop canopy. *Agricultural and Forest Meteorology*, 110:71 ~ 84

Javis P G, James G B, Landsberg J J. 1976. Coniferous forest.

In: Monteith J J, eds. *Vegetation and the Atmosphere*, Vol.2 London: Academic Press: 171 ~ 240

Jones E P, Zwick H, Ward T V. 1978. A fast response atmospheric CO_2 sensor for eddy correlation flux measurement. *Atmospheric Environment*, 12:845 ~ 851

Kaimal J C, Finnigan J. 1994. Atmospheric boundary layer flows: their structure and measurement. Oxford: Oxford University Press:266

Kaimal J C, Gaynor J E. 1991. Another look at sonic thermometry. *Boundary-Layer Meteorology*, 56:401 ~ 410

Kaimal J C, Haugen D A. 1969. Some errors in the measurement of Reynolds stress. *Journal of Applied Meteorology*, 8: 460 ~ 461

Kaimal J C, Wyngarrd J C. 1990. The Kansas and Minnesota experiment. *Boundary-Layer Meteorology*, 52:135 ~ 149

Kim J, Verma S B. 1990. Carbon dioxide exchange in a temperate grassland ecosystem. *Boundary-Layer Meteorology*, 52:135 ~ 149

Law B E, Falge E, Gu L, *et al*. 2002. Environmental controls over carbon dioxide and water vapor exchange of terrestrial vegetation. *Agricultural and Forest Meteorology*, 113:97 ~ 120

Lee X, Hu X Z. 2002. Forest-air fluxes of carbon, water and energy over non-flat terrain. *Boundary-Layer Meteorology*, 103: 277 ~ 301

Lee X. 1998. On micrometeorological observation of surface-air exchange over tall vegetation. *Agricultural and Forest Meteorology*, 91: 39 ~ 49

Lemon E R. 1960. Photosynthesis under field conditions. II. An aerodynamic method for determining the turbulent carbon dioxide exchange between the atmosphere and a corn field. *Agronomy Journal*, 52:697 ~ 703

Lenschow D H. 1995. Micrometeorological technique for measuring biosphere-atmosphere trace gas exchange. In: Matson P A, Harriss R C, eds. *Biogenic Trace Gases: Measuring Emissions from Soil and Water*. London: Blackwell:126 ~ 163

Leuning R. 2004. Measurements of trace gas fluxes in the atmosphere using eddy covariance: WPL corrections revisited. In: Lee X, Massman W, Law B, eds. *Handbook of Micrometeorology: A guide for surface flux measurement and analysis*. Dordrecht:Kluwer Academic Publisher:119 ~ 132

Leuning R, Judd M. 1996. The relative merits of open- and closed-path analyzers for measurement of eddy fluxes. *Global Change Biology*, 2:241 ~ 253

Leuning R, King K M. 1992. Comparison of eddy-co variance measurement of CO_2 fluxes by open- and close-path analyzer. *Boundary-Layer Meteorology*, 59:297 ~ 311

Mahrt L. 1998. Flux sampling errors for aircraft and towers. *Journal of Atmospheric and Oceanic Technology*, 15:416 ~ 429

Mahrt L. 1991. Eddy asymmetry in the sheared heated boundary layer. *Journal of Atmospheric Science*, 4:153 ~ 157

Massman J C, Lee X. 2002. Eddy covariance correction and uncertainties in long-term studies of carbon and energy exchange. *Agricultural and Forest Meteorology*, 113:121 ~ 144

McMillen R T. 1988. An eddy correlation technique with extended applicability to non-simple terrain. *Boundary-Layer Meteorology*, 43:231 ~ 245

Moncrieff J B, Malhi Y, Leuning R. 1996. The propagation of errors in long-term measurement of land-atmosphere fluxes of carbon and water. *Global Change Biology*, 2: 231 ~ 240

Monteith J L, Szeicz G. 1960. The CO_2 flux over a field of sugar beets. *Quarterly Journal of the Royal Meteorological Society*, 86:205 ~ 214

Moore C J. 1986. Frequency response corrections for eddy correlation systems. *Boundary-Layer Meteorology*, 37:17 ~ 35

Mordukhovich M I, Tsvang L R. 1966. Direct measurement of turbulent flows at two heights in the atmospheric ground layer. *Izvestia, Atmospheric and Oceanic Physics*, 2: 786 ~ 803

Otaki E. 1984. Application of an infrared carbon dioxide and humidity instrument to studies of turbulent transport. *Boundary-Layer Meteorology*, 29:85 ~ 107

Otaki E, Matsui T. 1982. Infrared device for simul taneous measurement of fluctuation of atmosphere CO_2 and water vapor. *Boundary-Layer Meteorology*, 24:109 ~ 119

Paw U K T, Baldocchi D D, Meyers T P, *et al*. 2000. Correction of eddy-covariance measurements incorpo rating both Advective effects and density fluxes. *Boundary-Layer Meteorology*, 97:487 ~ 511

Peltola O, Mammarella I, Haapanala S, *et al*. 2013. Field intercomparison of four methane gas analyzers suitable for eddy covariance flux measurements. *Biogeosciences*, 10:3749 ~ 3765

Rannik U. 1998. On the surface layer similarity at a complex forest site.*Journal of geophysial research*, 103: 8685 ~ 8697

Rannik U, Vesala T. 1999. Autoregressive filtering versus linear detrending in estimation of fluxes by the eddy covariance method. *Boundary-Layer Meteorology*, 91:259 ~ 280

Rao K S, Wyngaard J C, Cote O R. 1974. Local advection of momentum, heat, and moisture in micrometeorology. *Boundary-Layer Meteorology*, 7:331 ~ 348

Raupach M R, Finnigan J J. 1997. The influence of topography on meteorological variables and surface-atmosphere interactions. *Journal of Hydrology*, 190: 182 ~ 213

Raupach M R, Weng W S, Carruthers D J, *et al*. 1992. Temperature and humidity fields and fluxes over hills. *Quarterly Journal of the Royal Meteorology Society*, 118: 191 ~ 225

Raupach M R. 1979. Anomalies in flux-gradient relationships over forests. *Boundary-Layer Meteorology*, 16:467 ~ 486

Reynolds O. 1895. On the dynamical theory of incompressible viscous fluids and the determination of criterion. *Philosophical Transactions of Royal Society of London*, A174:935~982

Ripley E A, Redman R E. 1976. Grasslands. In: Monteith J L, eds. *Vegetation and the Atmosphere*. Vol.2. London: Academic Press: 349~398

Running S W, Baldocchi D D, Turner D P, *et al*. 1999. A global terrestrial monitoring network integrating tower fluxes, flask sampling, ecosystem modeling and EOS satellite data. *Remote sensing of Environment*, 70:108~127

Scarse F J. 1930. Some characteristics of eddy motion in the atmosphere. Geophysical Memoirs, #52, London: Meteorological Office, 56

Simpson I J, Thurtell G W, Neumann H H, *et al*.1998. The validity of similarity theory in the roughness sublayer above forests. *Boundary-Later Meteorology*, 87:69~99

Stull R B. 1988. An introduction to boundary layer meteorology. Dordrecht: Kluwer Academic Press:373~427

Sun J, Lenschow D H, Mahrt L, *et al*. 1997. Lake-induced atmospheric circulations during BOREAS. *Journal of Geophysical Research*, 102: 29155~29166

Swinbank W C. 1951. Measurement of vertical transfer of heat and water vapour by eddies in the lower atmosphere. *Journal of Meteorology*, 8:135~145

Tanner C B, Thurtell G W. 1969. Anemoclinometer measurement of Reynolds stress and heat transport in the atmospheric surface layer. Department of Soil Science, University of Wisconsin, Madison W I, Research and Development Technique Report ECOM-66-G22-F to the US Army Electronics Command, 82

Valentini R, De Angells P, Matteucci G, *et al*. 1996. Seasonal net carbon dioxide exchange of a beech forest with the atmosphere. *Global Change Biology*, 2: 199~207

Valentini R, Matteucci G, Dolman A J, *et al*. 2000. Respiration as the main determinant of carbon balance in European forests. *Nature*, 404:861~865

Valtentini R, Mugnozza G E S, DeAngelis D L, *et al*. 1991. An experimental test of the eddy correlation technique over a Mediterranean macchia canopy. *Plant, Cell and Environment*, 14: 987~994

Verma S B, Baldocchi D D, Anderson D E, *et al*. 1986. Eddy fluxes of CO_2, water vapour, and sensible heat over a deciduous forest. *Boundary-Layer Meteorology*, 36: 71~91

Verma S B, Kim J, Clement R J. 1989. Carbon dioxide, water vapour, and sensible heat fluxes over a tall grass prairie. *Boundary-Layer Meteorology*, 46:53~67

Vickers D, Mahrt L. 1997. Quality control and flux sampling problems for tower and aircraft data. *Journal of Atmospheric and Oceanic Technology*, 14:512~526

Webb E K, Pearman G I, Leuning R. 1980. Correction of flux measurements for density effects due to heat and water vapour transfer. *Quarterly Journal of the Royal Meteorological Society*, 106: 85~100

Weber R O. 1999. Remarks on the definition and estimation of friction velocity. *Boundary-Layer Meteorology*, 93: 107~209

Wesely M L, Cook D R, Hart R L. 1983. Fluxes of gases and particles above a deciduous forest in wintertime. *Boundary-Layer Meteorology*, 27:225~237.

Wilczak J M, Oncley S P, Stage S A. 2001. Sonic anemometer tilt correction algorithms. *Boundary-Layer Meteorology*, 99: 127~150

Wilson K, Goldstein A, Falge E, *et al*.2002. Energy balance closure at FLUXNET sites. *Agricultural and Forest Meteorology*, 113:223~243

Wofsy S C, Goulden M L, Munger J W, *et al*. 1993. Net exchange of CO_2 in a mid-latitude forest. *Science*, 260:1314~1317

Yamamoto S, Murayama S, Saigusa N, *et al*.1999. Seasonal and interannual variation of CO_2 fluxes between a temperate forest and the atmosphere in Japan. *Tellus*, 51B:402~413

Yi C, Davis K J, Bakwin P S, *et al*. 2000. Influence of advection on measurement of the net ecosystem-atmosphere exchange of CO_2 from a very tall tower. *Journal of Geophysical Research*, 105:9991~9999

第9章 涡度相关通量观测中的若干理论和技术问题

涡度相关技术作为直接测定植被-大气之间 CO_2、H_2O 和能量通量的标准方法在全球碳循环和水循环中得到了广泛应用。但涡度相关测定技术本身还存在着许多理论和技术上的问题没有得到很好地解决。在观测系统的建立过程中，人们会努力去寻找符合通量观测假设条件的观测场所和代表性植被类型。但是，为了考虑观测站点的生态系统类型和区域代表性，有时不得不将观测系统设置在地形相对复杂、植被不均匀的现实条件下，由此所带来的观测难度和不确定性是通量观测必须应对的理论和技术难题。

通量观测的平均周期、坐标系选择和变换以及低频大气传输对通量影响的评价等问题都是通量观测研究的重要内容。平均周期过长，会造成非定常性或趋势对通量计算影响增加，而平均周期过短，不仅会显著削弱低频通量成分的贡献，导致对净生态系统碳交换量（NEE）的低估，而且也会引起湍流信号噪声的增加。一般而言，涡度相关的主要设备可以满足白天强对流条件下的观测要求，但是在大气稳定、对流较弱的夜晚，经常会引发平流/泄流效应，以及受观测仪器的限制，引起通量的低估。在通量观测中，因系统故障或外界干扰的影响，经常会造成数据的缺失，为了建立不同时间尺度上完整的时间序列数据集，就必须采用有效的数据插补方法。目前，常用的方法有平均昼夜变化法、半经验法和人工神经网络等。另外，在野外测定产生各种误差是在所难免的，其误差可能来自观测系统，也可能来自数据处理的各个环节，这种误差既有随机性误差，也有系统性误差。

根据热力学第一定律和涡度相关技术的基本假设，观测数据的能量平衡闭合程度可以作为评价涡度相关数据可靠性的方法之一，但是现在大多数观测站的能量平衡不能够闭合。这种能量平衡的不闭合现象可能与观测系统的采样误差、仪器的系统偏差、高频与低频湍流通量损失、平流的影响以及其他能量吸收项的忽略等有关。

Footprint 分析是定量评价通量贡献区（footprint）的一种有效途径，可以将涡度相关所观测的通量贡献区进行空间定量化，来评价观测数据的空间代表性。尽管目前已经有 footprint 解析模型、拉格朗日（Lagrangian）模型和基于大涡模拟的 footprint 模型等 footprint 分析方法，但是这些方法算法复杂、实用性较差，对植被冠层结构、地表异质性、森林边际和林窗以及地形地貌等影响因素的分析还不全面。涡度相关通量测定的优势在于其可以直接连续测定不同时间尺度的碳通量变化，用来分析碳通量变化过程及其环境控制机理。但涡度相关观测亦是一种小尺度的观测方法，其测定结果只能代表特定生态系统在特定环境中的特征，在将其观测结果向区域或全球尺度外推时还面临着诸多困难。因此，在利用站点或观测网络的观测数据评价区域或全球尺度的碳收支和水平衡时，必须将其与过程模型、遥感观测相结合，利用尺度转换的理论与方法才能实现。

本章初版执笔者：于贵瑞，温学发，伏玉玲，张雷明，李正泉，米娜；再版修订者：张雷明，朱先进，陈智，朱治林

本章主要符号

符号	含义
d	零平面位移
E_a	活化能
E_0	生态系统呼吸方程的参数
E_p	样本 p 的误差
E_r	随机误差
$f(S_w)$	生态系统呼吸的水分响应函数
$f(T_a)$	生态系统呼吸的温度响应函数
F	物理量的垂直通量
f	采样频率
F_e	冠层通量
$F_{GPP,opt}$	最佳光照下的 GPP
$F_{GPP,sat}$	饱和光强下的 GPP
F_{RE}	生态系统呼吸
$F_{RE,night}$	夜间生态系统呼吸
$F_{RE,T_{ref}}$	参考温度 T_{ref} 下的生态系统呼吸
$F_{RE,day}$	日间生态系统呼吸
F_T	总通量
F_z	高度 z 处的湍流通量
G	土壤热通量
h	冠层高度
H	显热通量
L	莫宁-奥布霍夫长度
λE	潜热通量
MAE	平均绝对误差
NEE	净生态系统碳交换量
p_r	半小时通量值的随机误差
Q_{PPFD}	光量子通量密度
R	气体常数
R_n	净辐射
S	冠层热储量
S_w	土壤相对含水量
T	平均周期
T_0	温度试验常数
T_*	温度尺度
T_K	空气或土壤温度
T_{ref}	参考温度
u_*	摩擦风速
X	上风向距离
z	通量测定高度
z_0	下风向的粗糙度长度
α	冠层黏滞系数
ε	容许误差
ρ_d	干空气密度
σ_t	时间序列 a 的总体方差
τ	积分时间尺度
δ	能量平衡相对残差
α'	生态系统量子效率

9.1 复杂条件下净生态系统碳交换量的评价

9.1.1 涡度相关技术测定的优点及存在的问题

涡度相关技术作为测定植被-大气之间 CO_2、H_2O 和能量通量的标准方法在全球碳、水循环中得到了广泛的应用。人们希望能够通过长期、连续的通量观测以获得对生态系统的碳、水循环的基本过程及其环境反馈机制更深入的理解，准确评价生态系统的碳源/汇强度，水分平衡和能量平衡状况，理解生态系统与大气间的物质和能量交换特征以及两者间的相互作用关系。在生态系统碳循环研究中，人们特别关注的是生态系统与大气的 CO_2 净交换（NEE=-NEP）的变化特征及其控制机制。涡度相关技术作为生态系统 NEE 的直接观测方法，具有以下三方面的优势：

（1）时间格局的长期动态观测

涡度相关技术可以通过对特定生态系统的长期定位连续观测，利用时间维可积分原理，来累计估算从小时到日、月、年、年际甚至更长时间尺度的总初级生产力（GPP）、生态系统呼吸（RE）、净生态系统生产力（NEP）以及水汽和能量通量，揭示生态系统各种通量的动态变化特征与环境控制机理。

（2）空间格局的大区域联网观测

涡度相关技术可以利用分布在不同地带的不同类型生态系统的联网观测，分析陆地生态系统的碳收支和水平衡的空间格局，并通过空间尺度扩展的基本方法，来评估从生态系统到景观、区域甚至到全球尺度的生态系统与大气间的 CO_2、H_2O 和能量的交换量，为认识陆地生态系统与大气的相互作用提供直接的观测实证。

(3) 通量与过程和环境变化的综合观测

涡度相关观测系统对典型生态系统植被与大气间的 CO_2、H_2O 和能量通量的观测，可以很方便地与生态系统的生态学过程和环境要素变化配合，从而进行综合性的精细测定，以此来分析和解释生态系统各种通量形成过程的生物的、物理的和化学的控制机制，揭示生态系统各种通量的日、季节和年际变化特征及其与生物和环境因素变化的关系。

NEE 在不同时间尺度（如日、季节、年和年际）上有完全不同的变化特征，所以为了解释不同时间尺度的通量控制机制，准确估计区域的陆地生态系统碳吸收，必须进行通量的长期和连续观测。自从 1990 年开始应用涡度相关技术进行生态系统通量的全年连续测定以来，截至 2015 年 10 月国际通量观测研究网络（FLUXNET）已注册了 5174 个涡度相关通量观测站点，其中已有 10 多个观测站点进行了 10 年以上的连续测定，还形成了各种区域性（CarboEurope、AmeriFlux、AsiaFlux、ChinaFLUX 等）以及全球性（FLUXNET）通量观测研究网络。但是涡度相关技术的测定，仍然是一种站点尺度的观测方法，其结果本身只能代表特定生态系统在特定环境中的碳循环特征，在将其观测结果向区域尺度外推时还面临着各种各样的挑战。

与此同时，涡度相关测定技术本身也还存在一些理论和技术性的问题还没有得到很好解决。例如，现在的涡度相关技术测定所得到的生态系统能量收支还存在着不闭合的问题，利用涡度相关技术测定的显热和潜热的总输出量经常比常规测定的净辐射能量输入量少 10% ~ 30%（Wilson *et al.*, 2002），这意味着这种方法测定的 CO_2 和 H_2O 通量可能还存在着一定的误差；在夜间大气稳定、对流交换弱或逆温层存在时，大气层会阻止地表 CO_2 向上的扩散，导致 CO_2 在植被层内的储存，或者向植被冠层外泄漏（drainage），这可能使在植被冠层-大气界面测定的 CO_2 通量观测值低于真实的夜间呼吸作用的 CO_2 释放量，导致对净生态系统碳吸收量的过高估计；在复杂地形和大气不稳定条件下，其观测条件不能完全满足涡度相关通量观测的基本假设，测定的生态系统碳吸收量与其他方法估计的结果可能相差 80% ~ 200%（Wilson *et al.*, 2002）。由此可见，虽然近 10 年来国际上已经对全球不同类型的生态系统开展了大量的观测研究工作，并积累了大量的有效观测数据，但是其观测结果仍然存在着很大的不确定性，在利用站点的观测数据评价全球/区域尺度碳收支时，其空间的和生态系统类型的代表性还远远不能满足实际的需要。

FLUXNET 已经有上百个研究小组在利用涡度相关技术测定陆地生态系统中各种植被与大气间的 CO_2、H_2O 和能量通量。尽管搭建观测系统时，人们都努力去寻找符合通量观测假设的植被下垫面，但是因为考虑现实的植被地理分布，生态系统类型和区域代表性，许多情况下不得不将观测系统设置在高大森林、非平坦地形、斑块状冠层等非理想或更现实条件下的植被下垫面之上。因此，面对实际观测条件可能导致通量测定的不确定（在不进行任何修正条件下，涡度相关观测系统所获得的观测结果），人们必须应对来自观测理论和技术等方面的各种挑战。

9.1.2 复杂条件下净生态系统交换量评价的不确定性

利用涡度相关技术的通量观测数据来累计计算不同时间和空间尺度的生态系统 NEE，基本流程如图9.1所示，但是在该流程的每一个环节上都还存在着一些理论与技术问题需要解决。

长期以来，尽管对通量观测和数据处理方面的许多技术性问题都开展了大量的研究工作，但是在实际的数据处理过程中，如果不能很好地处理图9.1中的每个技术细节，都有可能低估或高估生态系统 NEE。具体来讲，我们在利用通量观测数据评价日、季节、年和年际间的 NEE 变化特征，解释生态系统碳循环和 NEE 的过程机理，建立生态系统过程模型时，应该充分地考虑在以下 6 个方面可能产生的观测数据的不确定性，这些问题也正是通量观测研究中需要不断完善的理论和技术难点。

(1) 观测仪器对观测结果的影响

通量观测技术要求的相关设备应具有时间响应快、观测精度高的特点同时，还应尽可能广泛地适应不同频率湍流的测定，希望尽可能地不漏测任何频

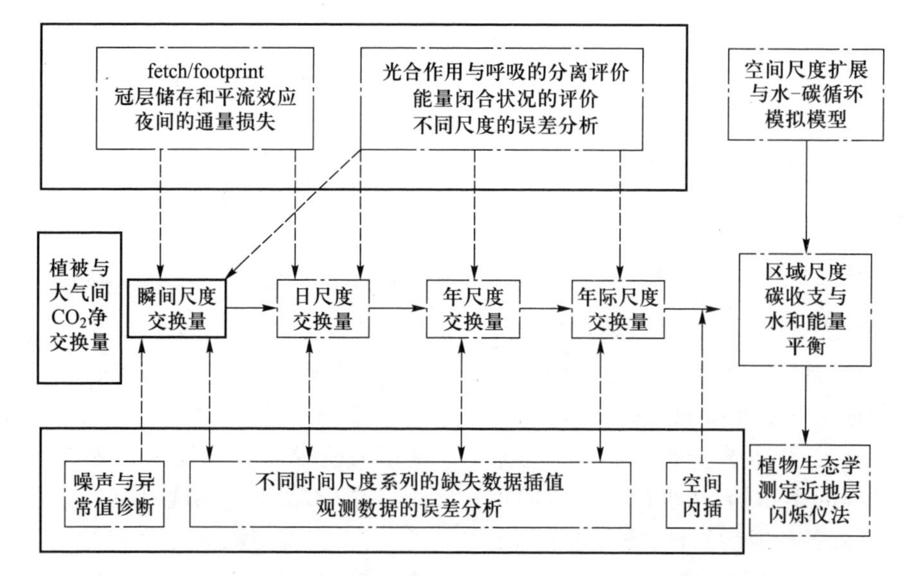

图 9.1 不同时空尺度 NEE 统计过程及其所面临的技术问题

率的湍流通量。尽管现在的通量观测的关键观测设备(三维超声风速计和红外 CO_2/H_2O 气体分析仪)都可以达到观测的基本要求，但是由于观测系统的仪器原理、系统设计和设备安装等方面各种限制，其测定系统也会产生不同程度的系统误差，同时来自系统运行环境方面的各种干扰也是不可避免的。在实际的观测实践中，应该重视对观测系统性能的综合评价，尤其是在长期观测的开始阶段，对设备的功率谱特征、时间响应特征，对不同频率湍流观测的能力，综合观测系统中的各分量观测结果的同步性，以及系统误差需要进行准确的评估。实际上，现有的涡度相关技术仅仅能够获得大气运动功率谱中的大部分区域，其时间尺度在 1 s 到 1 h 之间，而低频运动是否会对生态系统能量和碳平衡产生较大的影响，如何确定适宜的通量观测的平均周期和采样频率等问题还没有确切的结论。

(2) 复杂气象条件对观测结果的影响

即使在比较理想的下垫面条件下，涡度相关通量观测也要求气象条件应满足湍流运动的常通量层假设。可是边界层大气的湍流运动通常不能满足这种假设所要求的理想条件，特别是在夜间，大气边界层一般都比较稳定，摩擦风速低，垂直的湍流交换弱，有时还会产生逆温层。在这种条件下，大气层会阻止 CO_2 向上扩散，导致 CO_2 在植被层内的储存，或者向植被冠层外的泄漏，使植被冠层上部的通量观测值低于真实的夜间呼吸作用的 CO_2 释放量，导致对日累积的净生态系统碳吸收量的过高估计，成为涡度相关技术测定结果不确定性的主要来源之一。

(3) 复杂地形与地面条件对观测结果的影响

涡度相关观测系统要求下垫面平坦、均质并有足够大的面积。但实际上，许多观测站都建在高大森林、植被斑块状镶嵌、地形复杂(起伏不平、坡度大，如沟谷或山脊)等非理想或现实条件下的植被下垫面之上。在这种条件下，利用植被上部的通量观测数据来解释生态系统的 CO_2 收支和水热平衡会面临许多不确定的因素。例如，观测数据所代表的真实的植被通量贡献区域范围(fetch/footprint 的区域范围)的差异；CO_2 在植被层内的储存或者来自植被冠层外部以及向植被冠层外的平流/泄漏效应等对通量观测结果的影响，山地气候和局地空气内循环对通量观测值的影响等问题，都会给观测通量的生态学意义的理解带来极大不确定性。

(4) 数据插补对通量累积值的影响

在通量观测实践中，由于观测系统自身的运行故障，雨天、特殊大气条件以及各种来源的噪声污染等原因，不可避免地产生通量观测有效数据的缺失，要想获得连续完整的时间系列数据，就不得不依靠各种各样的数据插补方法。可是，因对异常数据的判断标准以及所采用的缺失数据插补方法的不同,会引起通量累积值的较大差异,给生态系统不同时间尺度的 NEE 评价带来不确定性。

(5) 观测结果外推的困难

迄今世界上历时最长的通量观测站的连续观测已有 30 多年的历史,并且其观测结果已经表明,年际间的通量值因环境条件的变化而具有很大的波动性。一些研究表明,生态系统的碳吸收在不同时间尺度上的变化取决于不同的环境因素和过程,其日变化与太阳辐射的波动相吻合(Barford *et al.*, 2001;Berbigier *et al.*, 2001);季节和年度变化与温度和土壤水分条件直接相关,也受植物物候和凋落物周转变化的影响(Law *et al.*, 2002; Baldocchi, 2003);年际变化则主要与植被群落结构、组成和演替历史有关(Barford *et al.*, 2001; Law *et al.*, 2002; Chen *et al.*, 2004)。生态系统与大气的净交换量随气候条件的波动和生物生命周期更替(如从快速生长、成熟到衰亡)的年际变率高达 300% 以上(Anthoni *et al.*, 1999; Baldocchi, 2003)。另外,研究还发现生态系统碳循环对环境变化的短期反应取决于生态生理过程的直接作用,而长期反应则取决于间接、相互或反馈作用(Norby & Luo, 2004)。此外,生态系统对环境变化还具有明显的自适应机制。因此,利用短期、间断性或者有限年度的测定结果是无法准确揭示生态系统通量的长期变化特征的,预测未来长期的变化趋势的难度则更大。

(6) 网络观测数据区域扩展的困难

目前,通量观测设备相对而言还是比较昂贵的,并且需要大量的人力投入,由于人力和经济成本方面的限制,全球的通量观测站点的分布还十分稀少,其累计的数据在时间长度、区域和生态系统类型代表性方面还存在着严重的不足,因此要想利用现有的观测网络各站点的实际观测数据来真实地评价区域甚至全球的通量状况至少在现阶段还是不可能的。尽管可以通过空间尺度扩展的各种方法,对重要区域甚至全球的通量状况进行初步的评价,但是其评价结果的不确定性是巨大的,还有许多问题需要解决。

9.2 观测系统的误差与不确定性来源

9.2.1 误差类型、成因与特征

(1) 误差的成因与类型

如第 9.1.2 节所述,通量观测技术虽然逐渐趋于成熟,但是在实际的观测中,对生态系统 NEE 的评价还是存在着极大的不确定性。在野外测定时,影响数据质量的各种因素如图 9.2 和表 9.1 所示(Businger, 1986),说明在涡度相关观测中误差来源不仅与仪器有关,也与常通量层假设所需要条件的满足程度有关。误差可划分为随机误差(random error)和系统误差(systematic error)两大类。系统误差可以分为完全系统误差(fully systematic error)和选择性系统误差(selective systematic error),随机误差也可以分为完全随机误差(fully random error)和选择性随机误差(selective random error),但不会影响它们的本质属性。

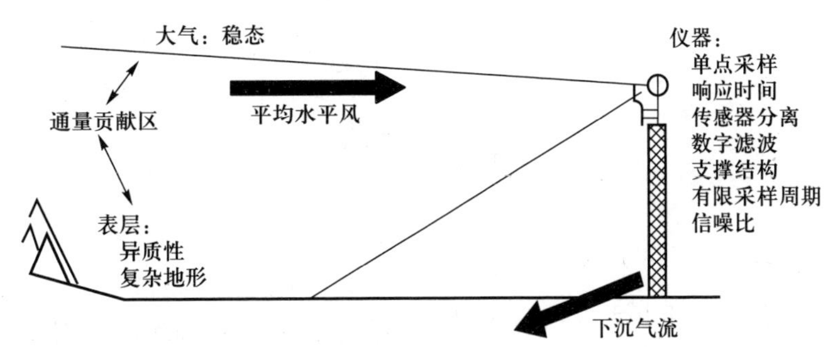

图 9.2 评价涡度相关系统通量测定数据有效性时需考虑的主要过程及项目(Businger, 1986)

表 9.1　涡度相关系统中随机和系统误差的事例

随机误差	系统误差
湍流的单点取样	校正误差造成的读数系统偏高或偏低
通量贡献区的变化和下垫面异质性	利用不正确的光谱形式计算转移函数
不适当的取样间隔长度	传感器下方下沉气流造成夜间通量读数过低
信号的随机噪声	水汽和热通量同时发生造成校正的不正确
传感器响应频率的不足	传感器响应频率不足或气流失真
风浪区面积的不足和非稳态	仪器测定高度不足

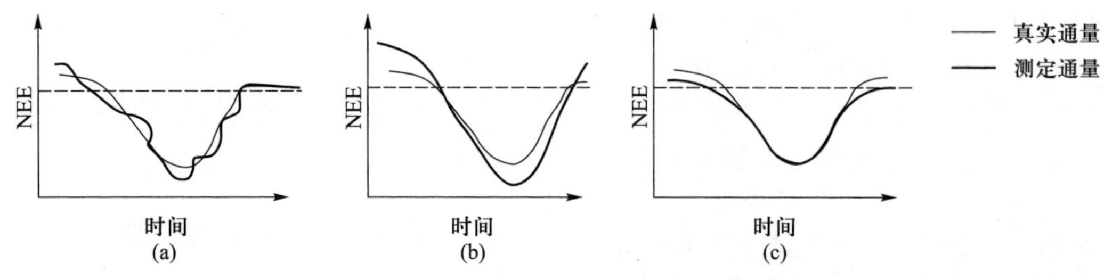

图 9.3　主要误差类型:(a) 随机误差,如单点取样的随机特性,通量覆盖区的变化;(b) 完全系统误差,如协谱高频和/或低频成分的丢失变化;(c) 选择性系统误差,如夜间通量的低估

随机误差、完全系统误差和选择性系统误差对测量值的影响如图 9.3 所示。不同情况下测量通量和实际通量的差异反映了不同的误差类型,在实际的观测实践中可能是以某种误差为主导,更多的情况是多种类型误差的混合作用。

(2) 随机误差的特征

当评价长期涡度相关测定结果的精度时,必须考虑湍流单点取样的随机特性和变化的通量贡献区的随机误差(Moncrieff *et al.*, 1996)。当观测误差仅为随机误差时,在估计平均值和方差时,误差会随着数据量依照 $1/\sqrt{N}$ 递减。对于日循环,将每半小时的通量值的随机误差定义为 p_r,则某一日循环平均通量的随机误差为

$$E_r(1) = p_r\sqrt{\frac{\sum_{i=1}^{N}(F_i)^2}{N}} \tag{9.1}$$

式中:N 是一天内观测值的数目(样本量),F_i 是一个日周期内第 i 次的测量值。对于几天数据构成的数据集,随机误差会进一步减少。这样,$E_r(N_d) = E_r(1)/\sqrt{N_d}$,这里 N_d 是观测的天数。

(3) 系统误差的特征

在实际的观测实践中,除上述的随机误差外,还必须考虑以下三种类型的系统误差:① 完全系统误差,如校正误差。② 选择性系统误差,如传感器下方夜间空气泄流。③ 取样误差,如由于仪器故障和极端天气条件造成的数据缺失(Goulden *et al.*, 1996;Moncrieff *et al.*, 1996)。系统误差与随机误差不同,它不受数据量多少的影响。因为系统误差是以线性的方式永久偏移或增加的数据误差,这些误差很难被发现。系统误差即 $E_s(N_d)$ 与数据的整体系统误差完全一样,且与数据量(样本量)的大小无关。就选择性系统误差而言,方程(9.2)只能作用于昼夜循环内的相关部分。

如果假设每半小时观测值的系统误差为 p_s,则某一天的平均昼夜循环系统误差是单个系统误差的总和。

$$E_s(N) = p_s\sum_{N} F_i \tag{9.2}$$

完全系统误差指作用于整个昼夜测定过程而造成的测量值与真值的系统偏离,如高频和/或低频同相谱成分的缺失、系统校正等造成的误差。而选择性系统误差指仅仅作用于昼夜中的部分测定过程而

造成的测量值与真值的系统偏离，例如由于夜间空气泄流和不同的湍流谱等造成的夜间通量的低估等现象。

(4) 系统误差的评价

在大气处于非稳定状态，下垫面水平均匀条件下，根据标量守恒方程，将标量 s 在给定高度 z 上积分，可整理为

$$F_z - F_0 = -\int_0^z \frac{\partial \bar{s}}{\partial t} \mathrm{d}z \tag{9.3}$$

式中：F_z 与 F_0 分别是高度 z 和上风向地表通量。右边的表达式表示地面与测定高度 z 之间空气层中 s 的储存。Baldocchi 等(1988)的研究表明这些误差在白天通常较小，但在黄昏、夜间和黎明也就是当湍流混合度很低时，这些误差会很显著。在稳态但异质的条件下，高度 z 处的通量测定中，由平流造成的误差可由下式给出：

$$F_z - F_0 = -\int_0^z \frac{\partial \bar{u}\,\bar{s}}{\partial x} \mathrm{d}z \approx \int_0^z \bar{u} \frac{\partial \bar{s}}{\partial x} \mathrm{d}z \tag{9.4}$$

其中，u 是水平风速。利用一阶近似闭合，随着上风向和下风向表面通量(F_0 和 F_1)的变化，误差 F_z-F_0 可估计为

$$\frac{F_z-F_0}{F_1-F_0} = 10\ \frac{z}{X}\ \frac{\ln(z/z_0)}{\ln(z_1/10z_0)} \tag{9.5}$$

这里 X 是从表面变化算起的上风向距离，z_0 是下风向的粗糙度长度，假设内边界层的厚度为 $h \approx 0.1X$(Kaimal & Finnigan, 1994)，风速廓线是对数的，也就是中性稳态条件。从式(9.5)很容易看出，在通量测定中，F_z-F_0 与 F_1-F_0 成比例。此误差随着 z/X 的减小而降低，并且如果 $z/X<0.01$，则误差也就小于 F_1-F_0 的 5%(Kaimal & Finnigan, 1994)。Schmid 和 Oke(1990)及 Schuepp 等(1990)对通量贡献区作了图解，Mulhearn(1977)详细阐述了通量测定对平流条件的灵敏度。

通量测定要求垂直风速和标量浓度脉动应该在空间上的同一点测得。但是将两种传感器设置在同一空间位点，在物理上通常是不可行的。因为风速与标量的相关系数 r_{ws} 随着仪器的分离度增加而降低，从而经常会导致对通量值的低估。同时由于超声风速计与 CO_2/H_2O 气体分析仪的平均光路和仪器响应频率的限制，也会使所测的通量值减少。如果光谱转移函数对于任何特定的仪器都可以定义，包括硬件和数据处理软件(Moore, 1986; Moncrieff *et al.*, 1996)，则测定的通量值的校正是可以估计的。但这样的校正表达式也具有和它们自身有关的不确定性，因为它们通常是基于部分经验性的公式或相似性理论，其本身也是由大气和地表属性来决定的，而这些属性也很难确定。因此，即使在理想站点涡度相关传感器测定结果相互比较看起来是相等的时候，随机误差也仍然存在，一般对测定的整个精度有一个百分之几的较低的限制(Moncrieff *et al.*, 1992)。

大多数气象学家都确信自然环境(大气和地表)的可变性以及仪器误差的限制，能够使单个湍流通量测量值的精确性降低 10% ~ 20%(Wesely & Hart, 1985)。在斜坡上，如果坐标系统不进行旋转以确保湍流通量是以垂直当地的气流来计量，那么超声风速计将会记录一个明显的平均垂直风速(Dyer *et al.*, 1982)。通常认为如果对坐标轴进行坐标旋转，则在大约 15%斜坡上进行可靠的测定是可能的。Dyer 等(1982)指出，对于标量和矢量其倾斜误差是不同的，矢量通量约有每度 14%的倾斜误差，标量则仅有每度 3%的倾斜误差。

当评估地表边界层通量的点测量值的代表性时，往往难以区分由于自然表面复杂性所造成的不确定性和由于没有独立性测量检验而造成的不确定性。对于显热与潜热之和，有可能通过将涡度相关法测量值与净辐射的独立测量值进行比较以求一个日循环或几天循环的能量平衡。令人满意的能量平衡闭合程度能提高整个系统的总体测量结果的置信度(Lloyd *et al.*, 1984)。

9.2.2 通量测定中不确定性的主要来源

(1) 仪器的物理限制导致的通量损失

所有涡度相关系统由于仪器自身存在的各种局限性，导致在过高和过低频率处都会造成真实湍流信号的衰减(Moore, 1986)。信息的损失产生于仪器的物理尺寸、分离距离、内在的时间响应以及与趋势去除有关的任何信号处理上的限制(Moore, 1986; Horst, 1997; Massman, 2000; Massman, 2001; Rannik, 2001)。目前已经有许多评价和校正这种信息损失的原始湍流涡度通量的途径，主要有

Goulden等(1997)提出的低通滤波法(low-pass filtering method)和Massman(2000, 2001)提出的解析法(analytical method),但在实际的应用中都存在着一定的不足之处(Massman & Lee, 2002)。仪器必须具有足够高的频率响应以测定垂直风速和标量浓度的所有湍流脉动,同时垂直风速脉动和标量浓度脉动的乘积必须以合适的平均周期长度为基础,以便能获得其波谱范围内的低频成分。关于测定系统中三个主要部分(超声风速计、气体分析仪和软件)的误差分析和校正方法已有大量的报道(Shuttleworth, 1988; Businger & Delany, 1990; Kaimal & Gayor, 1991; de Bruin *et al.*, 1993; Leuning & Judd, 1996)。

(2) 坐标系选择和数据处理引起的误差

通量测定中最常用的坐标系是直角坐标系,也称自然坐标系(Kaimal & Finnigan, 1994; Finnigan, 2004)或流线型坐标系(Wilczak *et al.*, 2001)。通量计算时进行超声风速计坐标系的旋转,使坐标系 X 轴与平均风方向平行,于是平均侧风和平均垂直风为0,并且使交叉气流胁迫项$\overline{w'v'}$达到最小化。在平坦地形和不存在中尺度循环(mesoscale circulation)的条件下,由于平均垂直速度等于0,并且与风向无关,所以进行坐标系旋转是可行的(Baldocchi *et al.*, 2000a)。但在复杂地形或中尺度循环存在的条件下,进行坐标系旋转值得怀疑(Baldocchi *et al.*, 2000a)。此外也存在动力学和信号诊断的原因不应该最小化$\overline{w'v'}$(Weber, 1999; Wilczak *et al.*, 2001)。直角坐标系主要应用于斜坡地形下的通量计算(Wilczak *et al.*, 2001)。但是,在长期的观测中并不能保证所有的通量平均周期内其平均垂直风速都等于0。然而在每个平均周期内计算通量数据时,是假设平均垂直风速为0,消除了通量平均垂直气流成分的影响,因此可能会导致显著的偏差或单个通量和长期通量平衡中的一个系统性的低估(Lee, 1998)。

Paw等(2000)和Wilczak等(2001)论述了可以用来估计平均垂直风速的平面拟合(planar fit)法。但是这种方法不能用于单个平均周期内通量的实时计算,必须在多组平均周期内才能使用。研究表明该方法可以减少雨天通量数据的取样误差(Wilczak *et al.*, 2001),但仍需要在复杂地形下对其进行测试,评价它对长期 CO_2 通量和碳平衡的影响。

数据处理涉及评价所测定通量低频部分可能的损失。例如,选择通量平均时期太短将削弱通量低频的成分,导致高通滤波器的过度滤波。这些低频成分的损失已经在能量平衡闭合中有所表现,森林白天 CO_2 通量低估10%~40%(Massman & Lee, 2002)。在长期通量数据累计时,缺失数据的内插也会造成一定的误差(Falge *et al.*, 2001a, b)。

(3) 二维和三维效应误差

许多微气象研究的主要目标是量化大气与下垫面间 CO_2 的净交换量,这主要通过对垂直湍流涡度通量的近似测定而获得(对仪器高度以下的标量储存进行校正),因而其忽略了 CO_2 标量守恒方程中的其他各项(见第8章)。在气流和标量场几乎水平均匀的条件下,这个近似是可行而且基本合理的。然而,空气运动通常是二维和三维的。在二维和三维效应的影响下,垂直涡度通量可能系统地偏离真实的净生态系统交换通量。这主要有以下几方面的原因(Massman & Lee, 2002):① 研究中没有考虑 CO_2 的标量守恒方程各项的复杂性;② 假设近地边界层大气条件为中性的大气层结;③ 没有考虑能够引起垂直通量测定偏差的中尺度运动(mesoscale motion);④ 假设观测的下垫面地形是水平均质的。

在地形复杂的观测站点,二维和三维气流的问题是最难处理的,至少有四个地形学效应与近地表层的通量观测有关(Massman & Lee, 2002):① 地形能造成夜间重力气流或泄流的产生;② 地形障碍能通过非流线形效应影响外界气流,风场变化造成的湍流强度变化可以导致标量通量的空间变异,引起通量的水平输送(Finnigan, 1999);③ 风浪区表面源强度不是均匀一致的;④ 由于水平空间尺度和三维空间性质上的差异,使地形障碍产生的重力波超出了传统微气象学的范围,在中等强风条件下这种运动类型在分层空气中比较常见(Smith, 1979)。

(4) 夜间碳通量评价的误差

在夜间大气层结稳定的条件下,几乎所有涡度相关技术的限制都会发生,一些是仪器本身的,另一些是气象的。仪器限制根本上是由于涡度相关设备是针对白天对流条件设计的，此时的湍流运动以低频运动占主导地位。但是在夜间或稳定大气条件下，湍流运动移向高频，传感器的分离，路径长度平均和采样管削弱作用等原因都会造成仪器响应的不足。大量的关于仪器、软件和模型方面的比较研究表明，夜间 CO_2 释放量测定的问题主要与地形以及大气条件有关，而仪器的制约和测定造成的误差较小（Baldocchi & Meyers, 1998; Baldocchi *et al.*, 2000a; Massman & Lee, 2002）。关于夜间的通量估计偏低的原因及其校正方法将在第 9.4 节中作详细的讨论。

（5）通量数据插补与拆分引起的误差

通量观测数据的大部分误差要归因于涡度通量监测时间序列里的缺失值。观测数据序列里的缺失度越高，由数据插补带来的不确定性越大，年碳通量评估的误差也越高（Richardson & Hollinger, 2007）。缺失值插补引起的不确定性直接与缺失的时间和长度密切相关。对于长时间序列的缺失数据以及生态系统关键变化时期的缺失数据的插补，通常会造成更大的系统误差（Falge *et al.*, 2001a）。例如，可以相对合理地插补冬季休眠季里 3 周的缺失数据，然而插补春季转青期 1 周的缺失数据却会产生 $\pm 30\ g\ C \cdot m^{-2} \cdot a^{-1}$ 的误差（Richardson & Hollinger, 2007）。不同的插补方法也对插补结果有一定影响（Moffat *et al.*, 2007; Falge *et al.*, 2001a）。不同的插补方法（如线性回归模型、查表法、边际分布取样法、人工神经网络法等）导致年 NEE 的差异约为 $\pm 25\ g\ C \cdot m^{-2} \cdot a^{-1}$（Moffat *et al.*, 2007），引起 H 和 λE 的变异约为 $140\ MJ \cdot m^{-2} \cdot a^{-1}$ 和 $205\ MJ \cdot m^{-2} \cdot a^{-1}$（Falge *et al.*, 2001b）。

要解析 NEE 的过程调控因子与机制，需要将 NEE 进行拆分从而认识 NEE 的两个直接决定组分（总初级生产力 GPP 和生态系统呼吸 RE）的变异规律与过程机理。在夜间，对于 NEE 的拆分相对简单，即 RE = NEE。然而在白天，对于 NEE 的拆分则依赖于模型的应用。此拆分过程将不可避免地引入新的不确定性（Hagen *et al.*, 2006; Richardson *et al.*, 2006）。目前，NEE 的拆分方法主要有：① 基于夜间呼吸与温度的关系推测白天的呼吸速率；② 建立光合响应曲线的估算白天呼吸速率。两种方法对年尺度生产力估算的影响在 10% 以内（Desai *et al.*, 2008; Lasslop *et al.*, 2010）。

9.3 平均周期、坐标系统与低频湍流传输对通量的影响

9.3.1 通量观测的平均周期与坐标系统

通量观测的平均周期、坐标系的选择和变换以及低频大气传输对通量影响的评价等是通量观测系统和数据处理过程可靠性评价的重要内容，是数据质量控制过程中必须考虑的技术问题（于贵瑞等，2004）。研究表明，通量的平均周期过长，显然会造成非定常性或趋势对通量计算影响增加，而平均周期过短，不仅会明显削弱低频通量成分的贡献，导致对 NEE 的低估，而且也会引起湍流信号噪声的增多（Finnigan *et al.*, 2003）。在数据处理过程中，最常用的坐标系统是自然坐标系统（Kaimal & Finnigan, 1994），或称为流线坐标系统（Wilczak *et al.*, 2001）。这种坐标系统是通过坐标轴旋转，使每个通量平均期间内的垂直风速等于零。但这种方法不仅会导致通量计算中的严重偏差或系统性低估（Lee, 1998），而且会明显削弱湍流中的低频贡献（Finnigan *et al.*, 2003）。近年来，Wilczak 等（2001）和 Paw 等（2000）提出了一种新的坐标旋转方法——平面拟合法（planar fit, PF）。该方法强调在多个平均时间或长时间内使垂直平均风速等于零，而在每一个平均时间内的垂直平均风速则不必为零。虽然这种方法比二次和三次坐标旋转更具合理性，但其对长期的 CO_2 通量和碳收支的影响还需要分析评价，特别是在复杂地形条件下（文字信贵，2003）。目前在通量数据处理过程中，较多的是应用自然坐标系统，以减少水平与垂直平流的影响从而符合涡度相关技术的基本假设（Black *et al.*, 1996; Goulden *et al.*, 1997; Anthoni *et al.*, 1999; Law *et al.*, 1999; Griffis *et al.*, 2003; Finnigan, 2004）。

在利用涡度相关技术进行通量的观测研究中，根据观测站点具体的环境特点选择适宜的平均周期和坐标轴旋转方法十分重要，这对复杂地形条件下的通量观测尤为重要（于贵瑞等，2004）。孙晓敏等（2004）通过对 ChinaFLUX 的禹城农田和长白山森林两个观测站的 10 Hz 原始涡度相关数据的分析，提出了确定

涡度相关测定中平均周期范围的归一化比值方法，分析了下垫面属性对平均周期确定的影响。吴家兵等(2004)研究表明，在长白山森林生态系统，平面拟合坐标变换要优于流线坐标变换，后者会导致通量的低估，低估量与仪器或下垫面倾斜度有关。朱治林等(2004)分析了二次和三次坐标轴旋转以及平面拟合等三种不同坐标轴旋转方法对 China FLUX 的禹城农田、内蒙古草原、长白山和千烟洲森林生态系统通量计算结果的影响。研究表明，三种旋转方法均可实现对 NEE 的合理校正，其效果主要取决于观测站点的坡度、坡向、风速和风向等因素。

9.3.2　低频湍流传输对通量的影响

理论上涡度相关技术可以直接测定不同频率的湍流运动在植被与大气间的物质和能量的传输通量，但是实际上由于设备响应时间和通量观测频率设计等方面的限制，现实的涡度相关技术系统仅仅能够获得大气湍流运动可能谱中的大部分重要区域，一般来说其时间尺度在 1 s 到 1 h 之间，所采取的通量平均时间通常确定为 15~30 min。但近来的一些研究表明，湍流运动平均周期大于 15~30 min 的低频成分也对输送通量具有显著影响(Mahrt, 1998; Sakai *et al.*, 2001; Finnigan *et al.*, 2003)。Malhi 等(2004)也指出，增加通量计算的平均周期，以获得低频成分的大气湍流对输送通量的贡献，至少可以有利于解决一些通量观测站的能量不闭合问题。因此，低频湍流运动会对生态系统的能量交换和碳平衡产生多大的影响，这是一个重要的理论问题，目前已经引起了学术界的关注(Mahrt, 1998; Sakai *et al.*, 2001; Finnigan *et al.*, 2003)。

为了证明不同尺度的大气传输过程对地表层通量的贡献，Malhi 等(2004)对两个不同类型的通量站(Jaru 和 Griffin)的观测数据进行了小波分析，图 9.4 和图 9.5 分别展示了两个通量站白天和夜间的小波分析结果。图 9.4 和图 9.5 中的 x 轴均为空间尺度，通过平均风速和 Taylor's 假设来估计。此外，近似地将时间也标志在 x 轴上，它表示不同时间和空间尺度的过程。对比 Jaru 站和 Griffin 站白天的小波分析结果(图 9.4)可以很明显地看出，低频对通量的贡献在 Jaru 站比 Griffin 站更重要。对于 Jaru 通量观测站，当大气运动的空间尺度大于 1 km 时，低频运动的影响会发生通量符号的转变，通常这些低频过程包括大尺度对流(deep convection)、大尺度旋涡(large roll vortices)和地形或表层异质性引起的局地环流(local circulation)，这表明低频运动不仅仅与近地表层的运动有关(Malhi *et al.*, 2004)。此时，在 Jaru 通量观测站，时间尺度大于 30 min，甚至大于1 h的低频成分对通量具有重要作用。而在大气稳定(夜间)条件下，Jaru 站的通量观测没有明显的通量运输的时间尺度或空间尺度效应(图 9.5)。可见边界层或中尺度气流(mesoscale flows)明显主导了夜间湍流通量。相反，在 Griffin 通量观测站由于夜间风速较大，因此湍流谱表现出与白天较好的一致性。

图 9.6 为澳大利亚 Tumbarumba 通量站观测 9 天的显热、潜热和 CO_2 通量协谱的数学平均(Finnigan *et al.*, 2003)。由于缺少足够的周期进行平均计算，因此协谱的形式不光滑，然而可以很明显地看出，与其他时间尺度相比，15 min 周期的协谱缺失了很大一部分的总协方差，这表明低频成分占有很重要的地位。

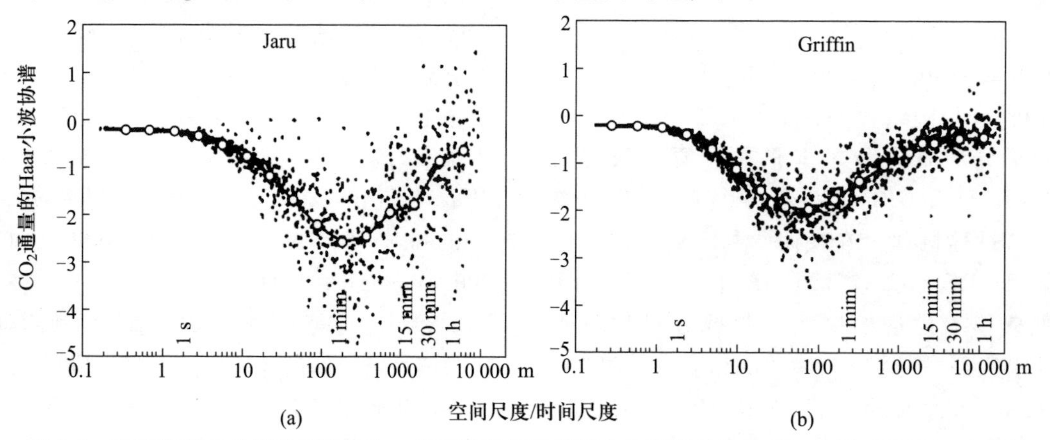

图 9.4　巴西热带雨林通量观测站 Jaru 和苏格兰海洋气候中纬度通量站 Griffin 白天(9:00—16:00) CO_2 通量的 Haar 小波协谱(Malhi *et al.*, 2004)

图中横坐标为湍流运动的空间长度和时间尺度，纵坐标为 CO_2 通量的 Haar 小波协谱；实线代表平均值

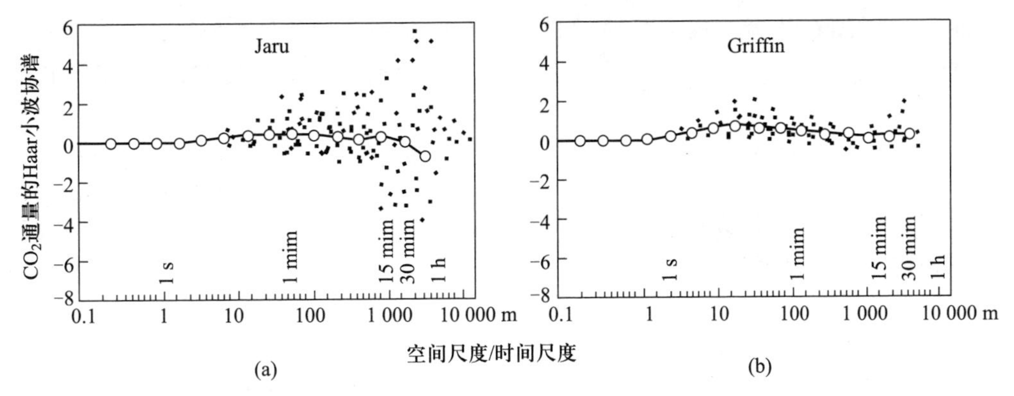

图 9.5 巴西热带雨林通量观测站 Jaru 和苏格兰海洋气候中纬度通量站 Griffin 夜间（21:00—4:00）CO_2 通量的 Haar 小波协谱

图中横坐标为湍流运动的空间长度和时间尺度，纵坐标为 CO_2 通量的 Haar 小波协谱；实线代表平均值

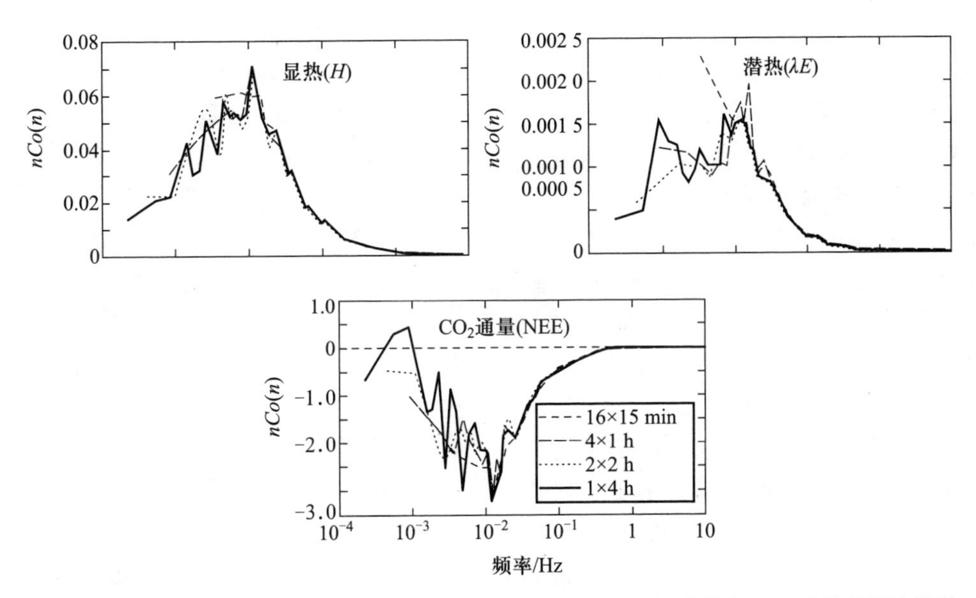

图 9.6 澳大利亚 Tumbarumba 通量站 9 天 08:00—12:00 的显热、潜热和 CO_2 通量的平均协谱

每个图中 4 条曲线相对应的平均时间分别为 15 min、1 h、2 h 和 4 h，所有数据没有应用高频校正

9.3.3 通量计算的平均周期对低频传输通量贡献的影响

目前，大部分长期实验研究的主要目的都是监测植被-大气间的年 CO_2 交换量，以增加我们对陆地生态系统碳循环的理解。然而，许多通量研究站点包括草地和森林等的能量不闭合现象已经被广泛报道（Wilson *et al.*, 2002）。能量不闭合现象是森林冠层上方湍流通量观测中普遍存在的问题，其不闭合程度通常在 10%～30%左右（Aubinet *et al.*, 2000; Wilson *et al.*, 2002）。目前，大量研究集中在如何重新评价影响长期的涡度相关通量观测中不同来源的误差（Moncrieff *et al.*, 1996; Lee, 1998; Massman & Lee, 2002）。影响长期通量观测的误差既包括仪器造成的误差，也包括来源于湍流场的假设引起的偏差，其主要体现在数据处理的技术方面。许多关于仪器的问题及其校正已有广泛的研究（Moncrieff *et al.*, 1996; Massman & Lee, 2002）。Sakai 等（2001）和 Finnigan 等（2003）就数据处理方面的误差来源问题集中讨论了低频贡献和如何确定适当的通量计算的平均周期。

对于具有某种属性的物理量 s，它的垂直通量 F 可以表示为

$$F=\rho_d \overline{w's'} \tag{9.6}$$

式中：ρ_d 是干空气密度；w 是垂直风速；s 是物理量的质量混合比。对于给定的某一段时间间隔 T，F

等于 s 和 w 之间的协方差在 T 时间段内的时间积分，即

$$F=\rho_{\mathrm{d}}\frac{1}{T}\int_{0}^{T}(w'_{i}(t)s'_{i}(t))\mathrm{d}t \tag{9.7}$$

在实际应用中，由于观测数据受观测技术和采样频率的制约，获取的只能是离散数据，所以(9.7)式可以表达为

$$F=\rho_{\mathrm{d}}\frac{1}{N}\sum_{i=1}^{N}(w'_{i}(t)s'_{i}(t)) \tag{9.8}$$

式中：N 是样本数，等于采样频率(f)和平均周期(T)的乘积，即 $N=T\times f$。

在实际应用中，f 和 T 通常采用的取值范围分别是 5～20 Hz 和 10～40 min。理论上，采样频率越高，平均周期越长，其结果越靠近真值。然而，采样频率越高，越需要更快速响应的感应器、更大容量的数据存储器、更高的研究成本和高新技术的支撑。对平均周期而言，一方面，如果平均周期太长，则地表通量所包含的一些细节的变化过程可能会被遗漏或掩盖；另一方面，由于长平均周期的平均值中包含有长时间的非定常性或趋势，而这种趋势对通量的计算将会产生影响，平均周期越长，这种影响就越大。因此在确定平均周期时，一方面要求平均周期应足够的短，以保证有稳定的时间系列不受任何趋势的影响；同时又要求平均周期应足够长，以包含湍流谱中最慢的涨落，这也是目前国际相关研究领域所关注的科学问题。

在估算不同平均周期对通量可能的影响时，可以采用"分时段平均"(block time average)和"全时段平均"(ensemble block time average)两种统计平均的方法(Finnigan *et al.*, 2003)。最简单的和最广泛地被使用的平均方法是"分时段平均"，其基本公式为

$$\overline{s(t)}=\frac{1}{T}\int_{0}^{T}(s(t))\mathrm{d}t \tag{9.9}$$

式中，物理量 s 在时间间隔 T 内的平均计算应服从雷诺平均规则(Reynolds rules of averaging)，即

$$s(t)=\bar{s}+s'(t) \tag{9.10}$$

相似地，

$$w(t)=\bar{w}+w'(t) \tag{9.11}$$

$$\overline{w(t)s(t)}=\bar{w}\,\bar{s}+\overline{w's'} \tag{9.12}$$

在计算中，应注意两个物理量的乘积平均包含有趋势项，即缓变的低频通量问题。

"全时段平均"是由若干个平均长度为 T 的数据形成的更长时间的算术平均值。我们将使用符号"〈〉"指示全时段平均。对于式(9.9)～式(9.12)，N 个 T 时段平均值的全时段平均为

$$\langle\bar{s}\rangle=\frac{1}{N}\sum_{n=1}^{N}\bar{s}_{n} \tag{9.13}$$

$$s(t)=\langle\bar{s}\rangle+\bar{s}'_{n}+s'(t) \tag{9.14}$$

$$\langle\overline{w(t)s(t)}\rangle=\langle\overline{ws}\rangle=\langle\bar{w}\rangle\langle\bar{s}\rangle+\langle\overline{w'}\;\overline{s'}\rangle+\langle\overline{w's'}\rangle \tag{9.15}$$

这里，方程(9.10)左边表示的是 N 个 T 时段的协方差的算术平均，而$\langle\overline{w'}\;\overline{s'}\rangle+\langle\overline{w's'}\rangle$在数值上等于用 $N\times T$ 时段的所有值一起计算得到的一个平均的协方差。

方程(9.12)与方程(9.15)描述了两种平均方法之间的关系，它表明，如果垂直速度在某一时段的平均值不等于零时，一个较长时段直接计算的涡度相关值(如 30 min)不等于 N(例如，$N=6$)个较短时段(例如，$T=5$ min)的涡度相关值的算术平均值。

为了检验不同平均周期对通量计算结果的影响，孙晓敏等(2004)选用了 1，2，5，10，15，20，30，60，120，180，240 和 720 min 共 12 个平均周期，分析了不同平均周期对 ChinaFLUX 的禹城和长白山站通量结果的影响。分析中将目前国际上惯用的 30 min 平均周期作为"比对标准"，通过不同平均周期与"标准平均周期"的通量对比，来评价不同平均周期对通量计算结果的影响(图 9.7)。结果表明：

① 由于在某一特定时段内的垂直速度不等于零，或者在一定时段内存在垂直风速和物理量总体的趋势变化(低频趋势)，因此取不同平均周期将会得到不同的涡度相关通量值，特别是在地形地势复杂的地表进行的通量观测结果更是如此。

② 综合实际野外观测过程中各方面条件的制约，在禹城平坦农田生态系统开展长期的通量测研究，平均周期取 30 min 比较合适，但如果要研究一些更细微的变化，10 min 的平均周期可以获得更多的信息，但不宜作为通量绝对量方面的研究；在长白山森林生态系统开展长期的观测研究，平均周期取 30～60 min 比较合适。太长的平均周期(例如超过 120 min)对上述地区的通量计算是不适当的，当平均周期大于 120 min 时，通量的计算结果变得不稳定(最大相对误差为±20%以上)。

③ 通过对农田和森林不同类型下垫面观测数

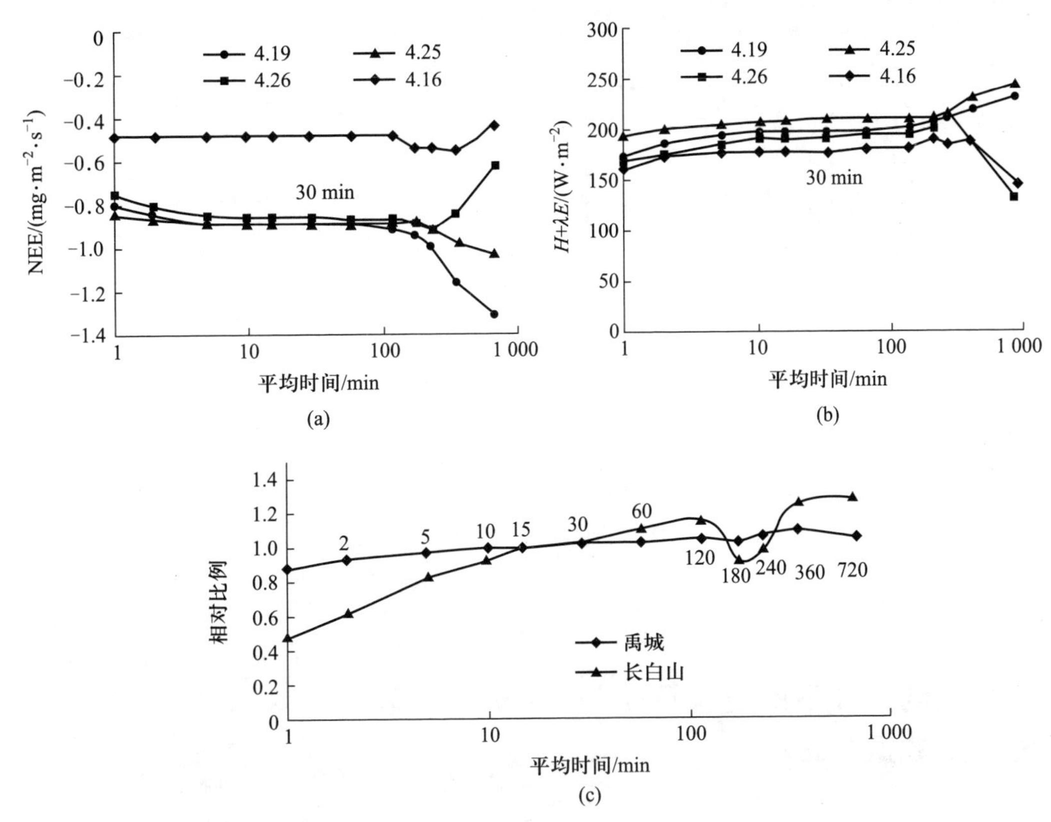

图 9.7 通量随平均周期长度的变化(以 CO_2 质量计):(a) 禹城农田生态系统通量观测站 4 个白天平均的 CO_2 通量(NEE) 随平均周期的变化;(b) 禹城农田生态系统通量观测站 4 个白天平均的显热 (H) 与潜热 (λE) 之和随平均周期的变化;(c) 禹城农田生态系统和长白山森林生态系统在小麦生长旺季 (5 月) 和森林生长旺季 (8 月) 以不同平均周期计算的显热与潜热通量之和与以标准平均周期 (30 min) 的计算结果的归一化相对比例(孙晓敏等,2004)

据的对比分析,表明增加平均周期时,高大的森林下垫面比相对矮小的作物下垫面有通量值增加的倾向。与 Finnigan 等(2003)利用一些森林观测数据分析得出的结论“平均周期应该比现在通常采用的时间(如 30 min)长一些,如 2~4 h”有基本相同的结论,说明下垫面的不同属性对涡度相关技术中平均周期的确定有重要的影响,是一个必须加强研究的问题。

图 9.8 为巴西的 Manaus 热带雨林通量站长期能量平衡与通量计算平均周期的关系。由于能量平衡是以湍流能量(显热+潜热)与有效能量(净辐射等)的比值表示,因此,比例越高表示涡度相关观测的能量通量越大。如图 9.6 所示,由长平均周期计算的热量通量与短周期值相比,表现出随着平均周期的增加所得到的通量值明显增加的趋势,这种趋势一直延续到 3~4 h。而当平均周期增大到 8 h 时,湍流通量又开始下降。这一现象表明,4~8 h 平均周期的大气湍流运动携带了与较短周期相反符号的通量成分(Malhi *et al.*, 2004)。同时,Malhi 等(2004)的研究结果还表明,当平均周期从 15 min 增加到 4 h 时,可以使观测系统的能量平衡(闭合)从 0.7 增加到近似等于 1 的程度,而继续增加平均周期则对能量平衡闭合状况影响不大。这一结果表明,在某些通量站点所产生的能量平衡不闭合问题可能与忽视了低频传输的通量贡献有关。从巴西 Manaus 通量站 CO_2 通量的长平均周期值与短平均周期值的关系可以看出,在该实验站的通量计算中,也许需要采用足够长的平均周期,来获得低频的湍流旋涡所携带的通量,其适宜的平均周期至少为几十分钟,也许要采用一小时或更长的平均周期才能获得令人满意的结果。但是该研究还只是一个案例,对于其他的观测站点,其低频通量的贡献并不能完全解释所有的能量不闭合问题,仍然需要从不同方面进行研究与探讨。

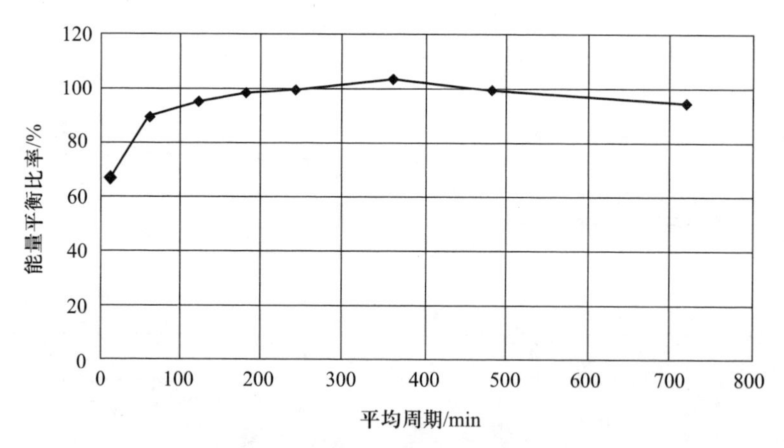

图 9.8 巴西 Manaus 热带雨林通量站长期能量平衡度与通量计算平均周期的关系
横坐标表示通量计算的平均周期长度（min），纵坐标表示能量平衡度（%），
以湍流能量（显热+潜热）与有效能量（净辐射等）的比值表示

9.4 非理想观测条件下的通量评价与夜间通量数据校正

9.4.1 非理想条件下的通量评价

在大气对流强烈，非稳定层结、植被均一和下垫面平坦的条件下，涡度相关技术可以准确地测定生态系统植被-大气间的 CO_2 交换量。而在下垫面景观复杂和大气处于稳定层结等非理想条件下，通量的计算需要考虑冠层内的大气储存、通量辐散和平流等因素对 NEE 的影响（Baldocchi, 2003）。但至今关于造成 NEE“失真”的具体原因以及规范的数据校正方法，在通量界仍没有达成一致的意见（Lee, 1998; Massman & Lee, 2002; Baldocchi, 2003）。现实的大多数通量观测站点都会不同程度地同时受到复杂地形和非理想气象条件这两方面的制约，从而导致涡度相关测定结果不确定性的增加，因此，对复杂地形条件测定的 NEE 的校正方法的研究倍受关注（于贵瑞等，2004）。

（1）引起通量观测结果不确定的主要原因

在非理想观测条件下，通量观测结果的不确定性主要是来自大通量贡献区、重力波、平流和空气动力学等方面的影响。

① 大通量贡献区：当大气层结逐渐变得稳定时，涡度相关测定覆盖区域迅速扩展（Leclerc & Thurtell, 1990; Schmid, 1994），并且可能超出调查植被类型的范围。因为目前通量覆盖区的模型都是基于近中性条件下的涡扩散理论建立的，所以无法对通量覆盖区模型进行直接的校正。

② 重力波效应：夜间冠层内重力波切变的产生是一个普遍的大气运动类型（Fitzjarrald & Moore, 1990; Lee & Barr, 1998）。严格地讲，在重力波活动期间的稳态条件并不令人满意，没有积分时间尺度可以定义。数值模拟表明重力波的运动出现将导致常通量层不存在（Hu *et al.*, 2002）。

③ 平流效应：在大气稳定层结的条件下，植被内部雷诺应力的垂直梯度很小，因此，与斜压力（Wyngaad & Kosovic, 1994）、天气系统或斜坡重力（Mahrt, 1982）有关的水平气压梯度相对较大。由于缺乏强烈的湍流混合，所以在近地面标量可能存在较大的垂直梯度。在这些条件下，冠层和表层内空气运动是二维和三维的，因而在夜间发生泄流或平流（垂直和水平）的可能性比白天大一个数量级以上（Sun *et al.*, 1998）。昼夜的不对称对年净生态系统 CO_2 吸收的估计造成较大的偏差（Lee, 1998）。

④ 空气动力学效应：在长期通量观测站点的一个普遍现象就是当湍流水平下降到 0（通过摩擦速度确定）时，湍流 CO_2 通量接近 0（Goulden *et al.*, 1996），这是以空气动力学原理为基础的。例如，K 理论和莫宁-奥布霍夫相似理论表明湍流标量通量与 u_* 和 $\partial c/\partial z$ 是成正比的。但 Wofsy 等（1993）和

Goulden 等(1996)指出 CO_2 生物学源强度不是空气运动的函数,表明储存通量的校正不完全依靠 u_*。并且,大量研究表明,储存校正不能使通量达到强风条件下观测通量的同一水平。同时能量平衡闭合的情况通常在较低的 u_* 条件下是很差的,一般随着 u_* 的上升而改善(Black *et al.*, 1996; Aubinet *et al.*, 2000)。

此外,也有研究指出,测定高度、压力脉动、频率响应修正等也是导致观测结果不确定性的重要因素(宋霞等, 2004;吴家兵等,2004;Zhang *et al.*,2011)。温学发等(2004)的研究表明,大尺度运动对物质和能量传输的贡献随测定高度的增加而增加,千烟洲观测站的涡度相关系统对高频信号的响应能力(10 Hz)可以满足观测要求。两个高度的垂直风速和温度归一化的方差都是大气稳定度的普适函数,并确定了该生态系统夜间适宜的 u_* 界限值为 0.2 ~ 0.3 $m \cdot s^{-1}$。当 u_* 大于界限值时,千烟洲人工林能量平衡闭合程度可以达到 72% ~ 81%。张军辉等(2004)则通过对长白山针阔混交林冬季 NEE 特征的分析指出,强风速条件下的压力脉动及平流过程是冬季负的净 CO_2 通量形成的主要原因,并提出了一种强风条件下 u_* 的修正方法,对合理解决冬季出现的碳吸收问题进行了尝试。吴家兵等(2004)定量分析了频率响应修订和平流损失修订对 NEE 的影响。在白天和夜间,NEE 频率响应局限的修订量分别为 3.0% 和 9.0%,且修订结果与林内大气层结稳定性密切相关,在平坦下垫面条件下,夜间垂直平流损失对 NEE 的影响可达到 18%左右。

(2) 非理想条件下 NEE 观测质量的评价方法

评价非理想条件下 NEE 观测质量的方法主要采用两种方式:①将涡度相关测定的结果与替代观测方法进行比较(如空气动力学方法、能量平衡法和箱式法等);②利用多个涡度相关系统的平行对比观测。Yamamoto 等(1999)通过涡度相关与能量平衡法的比较分析指出:由于复杂地形的影响,涡度相关测定的 NEE 可能偏低 40%,其原因是因为对夜间呼吸量的过低评价造成的。Saigusa 等(2002)分析指出,由于能量不闭合所引起的通量误差可达到 24% ~ 35%。Kominami 等(2003)在同一小流域内设置了两套涡度相关观测系统和一套箱式法观测系统,对生态系统的 CO_2 通量进行的平行观测表明,尽管两套涡度相关在白天的测定结果比较相似,但在夜晚位于山谷中的涡度相关观测系统的观测结果比山脊上的涡度相关系统的观测结果偏高 36%,涡度相关的观测值比箱式法的观测值低 60%。利用强湍流交换条件下(u_* = 0.25 $m \cdot s^{-1}$)限制确定的夜间 NEE 与土壤表层(2 cm)温度的关系所估算的通量值仍然比箱式法的测定值低 32%,他们认为水平平流是造成这种偏差的主要原因,而冠层储存的影响相对较小(Massman & Lee, 2002)。

如何评价和校正非理想条件下由涡度相关系统测定的 NEE 是通量观测研究中急需解决,但仍然没有很好解决的技术问题。温学发等(2004)利用谱分析、方差相似性关系和能量平衡分析三种途径对丘陵地形条件的千烟洲人工林 23 m 和 39 m 两个高度的通量观测数据的质量进行了分析。研究表明,尽管千烟洲观测站的地形相对比较复杂,但是不同测定高度的三维风速、CO_2、H_2O 和温度的功率谱在惯性子区内基本符合 -2/3 定律(图 9.9),而 CO_2、H_2O 和温度与垂直风速的协谱也基本符合 -4/3 定律(图 9.10)。由此可见,谱分析表明涡度相关仪器性能的制约并不是湍流通量测定的限制性因素,但是气象学上的限制,也就是非湍流过程的增加(如冷泄流等),对通量测定的限制会影响复杂地形条件下的湍流通量测定结果。涡度相关技术是通过测定垂直风速和 CO_2 密度脉动而直接获得植被-大气间 CO_2 通量,只能捕捉大气湍流运动的信号,而不能捕捉到非湍流运动的信号。低湍流,如在夜间条件下,储存和平流效应可能会造成 CO_2 通量的系统性低估。即使考虑了 CO_2 通量储存的校正,这种非湍流过程通常也可能造成 4% ~ 36% 的选择性系统性误差(Aubinet *et al.*,2000)。

9.4.2 夜间通量观测存在的主要问题

白天强对流条件下可以基本满足利用涡度相关设备开展通量测定的要求,在利用观测数据计算通量并解释其生态学意义时,也基本认为观测数据是在基本满足强对流观测条件下的观测结果。可是在大气层结稳定、弱对流的天气条件下,尤其是在夜晚,不仅平流/泄流效应会经常发生;同时湍流运动也会移向高频运动,以小涡运动占优势,这时由于传感器的分离,路径长度平均和取样管路的削弱作用等因素都会造成仪器响应的不足,产生观测仪器方面的限制。这些影响在夜间表现得最为突出,导致

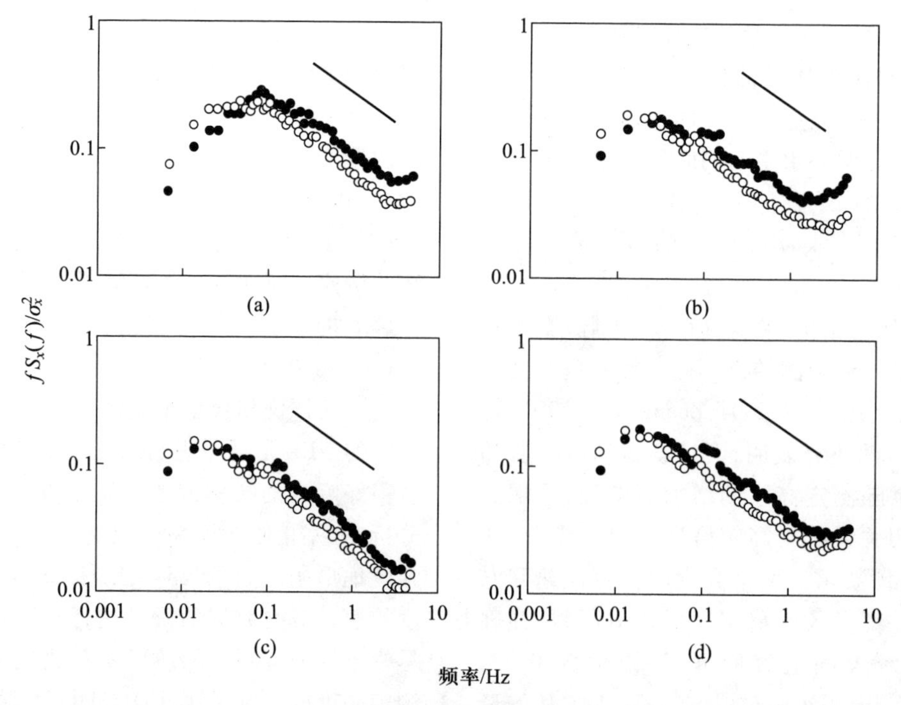

图 9.9 千烟洲人工针叶林不同测定高度的功率谱:(a) 垂直风速;(b) CO_2;(c) H_2O;(d) 温度

横坐标为频率,纵坐标为功率谱,实心圆和空心圆分别表示 23 m 和 39 m 的计算结果,图中实线斜率为-2/3

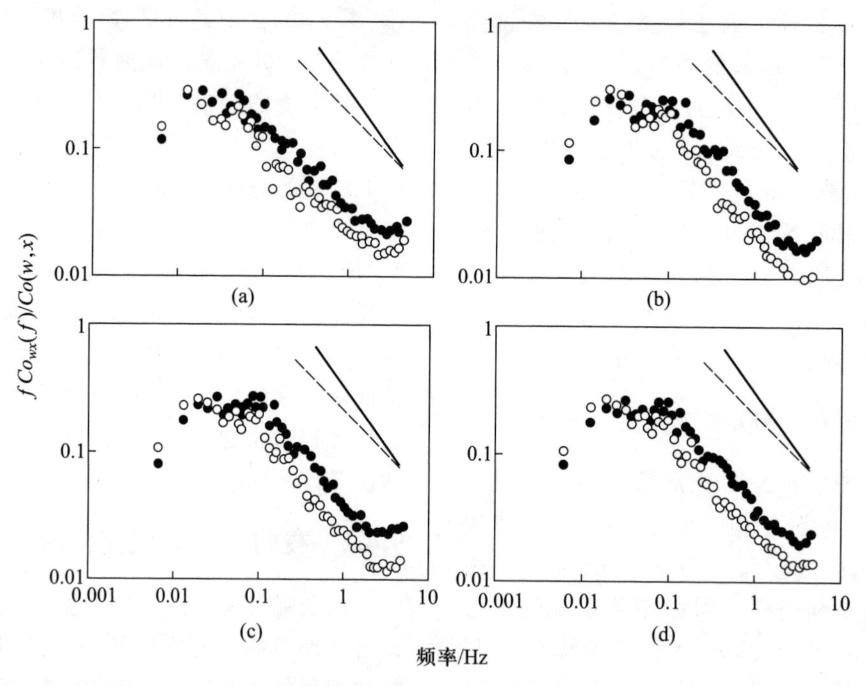

图 9.10 千烟洲人工针叶林不同测定高度的协谱:(a) 垂直风速;(b) CO_2;(c) H_2O;(d) 温度

横坐标为频率,纵坐标为协谱,实心圆和空心圆分别表示 23 m 和 39 m 的计算结果,图中实线斜率为-4/3,而虚线斜率为-1

通量观测系统对夜间通量的偏低估计,利用不同方法的测定结果也证明了这一点(Goulden *et al*. 1996; Yamamoto *et al*., 1999; Kominami *et al*., 2003; Hutyra *et al*. 2008; Kutsch *et al*. 2008)。

在大气层结稳定的夜间,由于涡度相关技术不能测定非湍流过程的地表通量,而这种非湍流过程对 CO_2 交换的影响更为显著。如图 9.11 所示,储存通量有可能超过涡度相关系统测定的涡度通量。即

使考虑了 CO_2 的储存效应，涡度相关测定也可能低估净生态系统 CO_2 交换量(Aubinet *et al.*, 2000)。在夜间作为湍流混合强度标准的临界 u_* 与 CO_2 释放量间所存在着的明显的相关关系也证明了这一问题(Aubinet *et al.*, 2000)。但事实上，夜间 CO_2 的释放主要来源于生态系统呼吸(土壤微生物、根、叶和茎秆呼吸的总和)，其主要受温度条件所控制。如果排除了温度与摩擦风速间的相关性，夜间 CO_2 释放量应该与摩擦风速无关。因此，u_* 与 CO_2 释放量间所存在着的明显的相关关系实质上反映了空气动力学效应的影响。

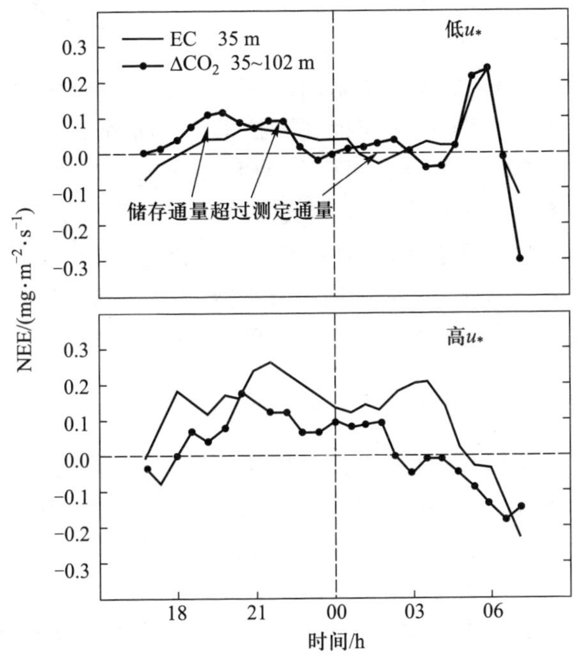

图 9.11 瑞典中部 Norunda 生态系统涡度相关系统夜间 CO_2 测定通量和储存通量在大气层结稳定(低 u_*)和非稳定(高 u_*)条件下的变化(以 CO_2 质量计)

图中 EC 35 m 表示在 35 m 处观测的 CO_2 通量(NEE)，ΔCO_2 35~102 m 表示 35~102 m 的 CO_2 储存量

9.4.3 夜间通量观测值的校正方法

(1) 夜间通量观测值校正的一般方法

夜间 CO_2 释放量的低估会造成长期的碳收支平衡估算中较大的选择性系统误差(指仅作用于湍流测定的部分昼夜过程而造成的测量值与真值的系统偏离，如夜间空气泄流等造成的夜间通量低估等现象)，特别是基于短期通量测定结果来估算长期的碳收支平衡时更应该引起注意(Moncrieff *et al.*, 1996; Baldocchi, 2003)，因而需要对夜间通量低估进行校正。

受研究技术的限制，目前还无法对夜间涡度相关观测的各影响因子进行量化分析，因此对夜间通量的校正主要通过以下几种途径：

① 利用箱式法的观测结果校正涡度相关数据。这是一种最直接的办法，可是其关键问题是如何确认箱式法测定结果的时间与空间代表性，其测定的时间尺度和空间分布的样本数量是否能够满足评价生态系统总呼吸量的需要。现在对土壤呼吸的测定方法比较成熟，其中的自动箱群观测系统的样本量和观测频率能够满足生态系统土壤呼吸量计算的需要，但是关于植被(如树干和叶片)呼吸的测定还存在很多问题。

② 通过强湍流交换条件的限制，筛选符合假设条件的观测数据来建立夜间通量与环境因素的经验模型，如生态系统呼吸与温度和土壤水分之间的函数关系，以此来重新估算稳定层结条件下的夜间生态系统 CO_2 通量(Baldocchi, 2003)。u_* 是经常被用于评价湍流强度的重要指标，可是 u_* 临界值大小的选择对年尺度的 NEE 有很大影响(Aubinet *et al.*, 2000)。遗憾的是迄今为止如何确定合理的 u_* 临界值还没有形成统一的意见。此外，水平风速也可以反映湍流交换的强弱(Yamamoto *et al.*, 1999)，但是也同样存在与 u_* 相似的临界值确定问题。Saigusa 等(2002)和 Hirano 等(2003)的研究还表明，大气的湍流强度对 NEE 与温度之间的关系有很明显的影响，当湍流交换强、大气的上下层空气混合度较好时，夜间的生态系统 CO_2 通量和气温之间存在着显著的指数关系，利用这种关系估算得到的夜间 CO_2 通量会明显地高于直接观测的结果；而当湍流交换较弱时，夜间通量和气温之间关系较弱，或者没有明显的相关关系。

③ 利用能量闭合度来校正 NEE(Twine *et al.*, 2000)。Yamamoto 等(1999)和 Saigusa 等(2002)也利用这一方法校正了测定的 NEE。但是这种方法依赖于对有效能量通量(显热通量+潜热通量)、净辐射和土壤热通量的准确测定。涡度相关观测通常反映的是在较大空间范围内的平均状况，而净辐射和土壤热通量仅仅是在观测塔附近小范围内的测定结果，不仅无法准确评价大范围内的空间变异性，而且在空间上与涡度相关观测区域可能会明显地不匹配(Schmid, 1994)。因此，利用能量闭合度校正

NEE的方法的正确性与适用性并未得到学术界的普遍认可(Baldocchi,2003)。

(2) 摩擦风速临界值的确定方法

在解决夜间通量低估问题的大量研究工作中最常用的方法是采用剔除 u_* 临界值(通常 0.15~0.3 $m \cdot s^{-1}$)以下的夜间观测数据,以保证涡度相关的测定是处于强湍流条件下的观测结果,并利用高 u_* 条件下的观测数据与温度和土壤水分的函数关系来模拟夜间的生态系统 CO_2 释放量(Aubinet *et al.*, 2001;Baldocchi, 2003;Lee *et al.*,2008;Aubinet *et al.*, 2012)。这种处理方法只对夜间的观测数据有效,而一般不用于对白天的观测数据进行校正。因为如果白天湍流通量被低估,那么其可能与低湍流混合强度有关,也可能与较低的有效能有关(Blanken *et al.*, 1998)。在夜间,还没有发现任何湍流通量的低估与有效能有关的证据(Blanken *et al.*, 1998)。

关于 u_* 临界值的确定目前可以分为两类:一是采用经验方法,通常是直接利用 CO_2 通量与 u_* 间的关系(如 Aubinet *et al.*, 2000; Pilegaard *et al.*, 2001)来确定。如图 9.12 所示,一般情况下 CO_2 通量随着 u_* 的升高而升高,但是当超过 u_* 临界值之后便会趋于稳定。

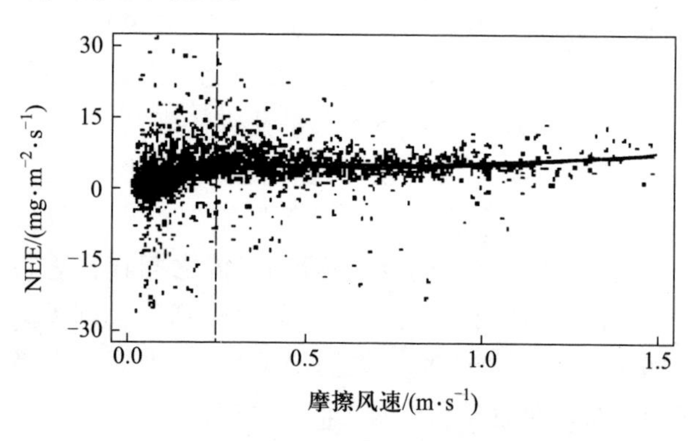

图 9.12 夜间 CO_2 通量(NEE)与摩擦风速(u_*)的函数关系(以 CO_2 质量计)

实线代表数据拟合的光滑函数,而垂直虚线代表摩擦风速界限值

二是针对目测方法可能对摩擦风速临界值的准确确定带来误差,Reichestein 等(2005)提出了一种基于数值计算的新方法来估算摩擦风速的临界值(图9.13)。可以看出,该方法考虑了摩擦风速的季节变化、温度效应等因素的影响。目前,该方法已经被欧洲通量网和 FLUXNET 采纳并用于通量数据的标准化处理。但需要指出的是,该方法的基本理念也是建立在夜间通量随摩擦风速的增大而呈现出先升高后稳定的基本假设;同时,该方法的应用对夜间数据的有效性要求较高,当夜间有效数据量不足时可能会产生较大偏差。此外,Barr 等(2014)提出了基于数据点变化的摩擦风速临界值的确定方法,并利用美洲通量网 38 个站点开展了对比分析。

需要指出的是,夜间 NEE 随摩擦风速的变化可能会表现出不同的形式。Gu 等(2005)的综合研究表明,夜间 NEE 和摩擦风速可能会呈现"升高-稳定"、"升高-稳定-再升高"、"无相关性"和"指数升高"等不同形式(图 9.14),特别是对于后三种形式而言,一般的摩擦风速临界值的确定方法可能无法适用。由此,Gu 等(2005)提出了"Moving Point Test"(MPT)的摩擦风速临界值的数值计算方法(图 9.15)。MPT 方法与前述方法的主要差别在于,不仅建立了适用于不同夜间 NEE 和摩擦风速关系的临界值估算方法,而且提出了摩擦风速临界值上限和下限的概念,以更好地校正夜间通量数据。但这种方法的缺点也较为明显,即需要多次的迭代计算,并且对夜间有效观测数据量要求较高。

(3) 摩擦风速临界值的替代指标

莫宁-奥布霍夫相似理论认为,在近地边界层内各种大气参数和统计特征可以利用速度尺度 u_* 或温度尺度 T_* 归一化的大气稳定度 $(z-d)/L$ 的普适函数来描述,这里 z 是湍流通量测定高度,d 是零平面位移,L 是莫宁-奥布霍夫长度。湍流积分统计特性也就是方差相似性关系,可以作为涡度相关数据质量检验的可靠标准(Kaimal & Finnigan, 1994; Foken & Wichura, 1996; Acevedo *et al.*, 2009; Aubinet *et al.*, 2000,2012)。

利用湍流方差相似性关系测试,可以检验湍流是否能够很好地发展与形成,是否符合湍流运动的相似性理论,从而可以获得有关观测站点特性和仪器配置影响的信息。如果湍流方差相似性关系的观测值与模拟值相差不超过 20%~30%,可以认为数据质量是令人满意的。通过这个湍流方差相似性关系测试,可以发现非均质地形条件下的一些典型效应。第一,如果是由于障碍物或仪器自身而导致附加的机械湍流,则湍流方差相似性关系的观测值会显著高于模型的预测值。第二,在近地边界层温度和湿度异质的地形条件下,湍流方差相似性关系的观测值会显著地高于模型

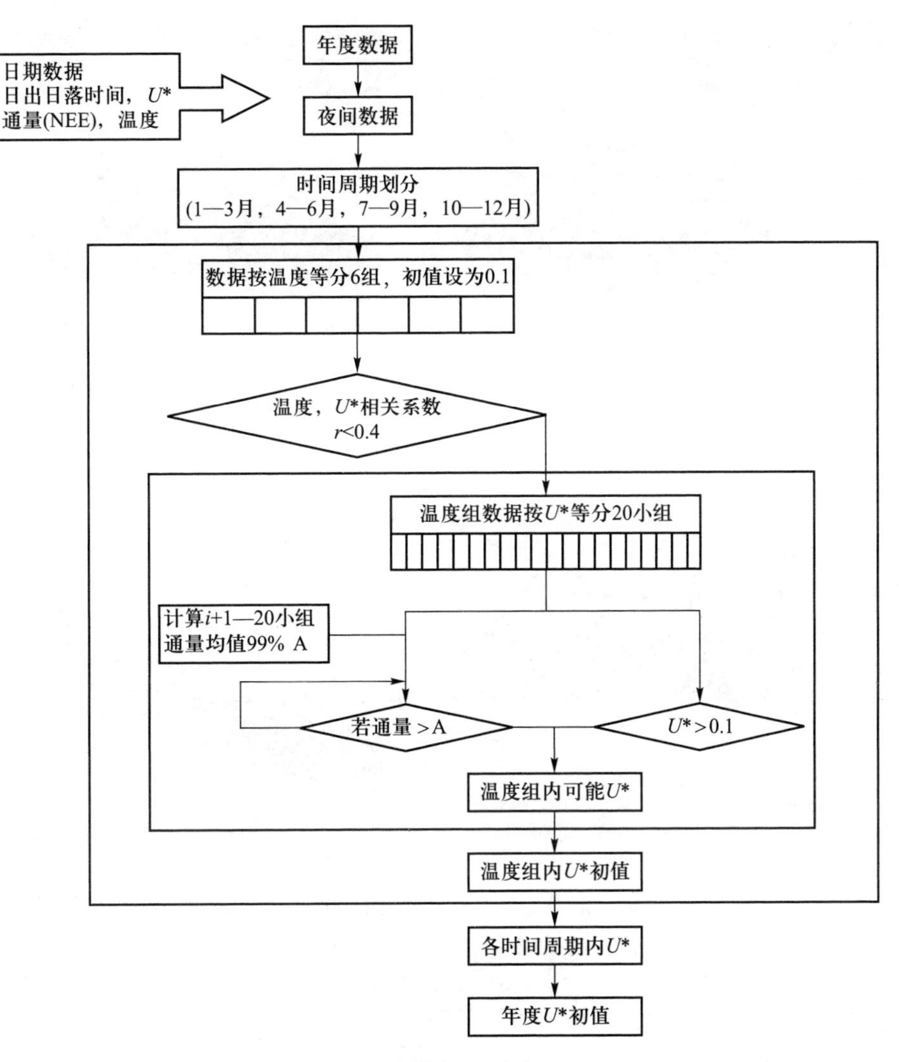

图 9.13　摩擦风速临界值的计算流程（改自 Reichestein *et al.*,2005）

预测值，但是在近地边界层粗糙度异质的条件下则并不存在这种效应。

温学发等（2004）根据莫宁-奥布霍夫相似理论，利用千烟洲人工林 23 m 和 39 m 两个高度的通量观测数据，建立 σ_w/u_* 与大气稳定度之间的函数关系，如图 9.16 所示。这里是选取了夜间大气稳定度 $-2 \leqslant (z-d)/L \leqslant 1$ 间的湍流通量数据的分析结果。对于两个高度的 CO_2 通量测定来说，当以 σ_w/u_* 观测值与模型预测值之差小于 20% 时为条件，可以确定夜间 u_* 的界限值为 $0.2 \sim 0.3\ m \cdot s^{-1}$。但是这也表明了利用 u_* 剔除夜间涡度通量的缺点，即 u_* 与测定高度有关。而 σ_w/u_* 测定值与莫宁-奥布霍夫相似理论预测值间的差异与测定高度无关，所以其可以作为数据筛选更为客观的标准（Blanken *et al.*, 1998）。Acevedo 等（2009）则直接使用 σ_w 替代摩擦风速，并通过在亚马孙地区 3 个站点的对比表明，σ_w 效果要优于摩擦风速，其临界值更易于确定。Wohlfaht 等（2005）结合箱式法测定，指出使用摩擦风速方式筛选后导致对涡度相关通量观测数据的高估，而考虑大气稳定度后，则可以获得更为可靠的通量数据。

（4）其他通量的处理

如果在低 u_* 条件下，CO_2 通量发生了选择性系统低估，那么符合同样假设和理论的其他湍流能量（如显热和潜热通量）和气体通量也应该同样被低估。与此同时，不同气体和能量通量的夜间偏差也存在一定差异，如夜间潜热通量本身较小，相应的偏差也比较小，而显热的偏差相对较高，并且可能是夜间能量不闭合的主要来源。对于气体通量而言，还要考虑惰性或活性与否，在夜间湍流交换较弱的情况下，对两者的影响将存在明显差

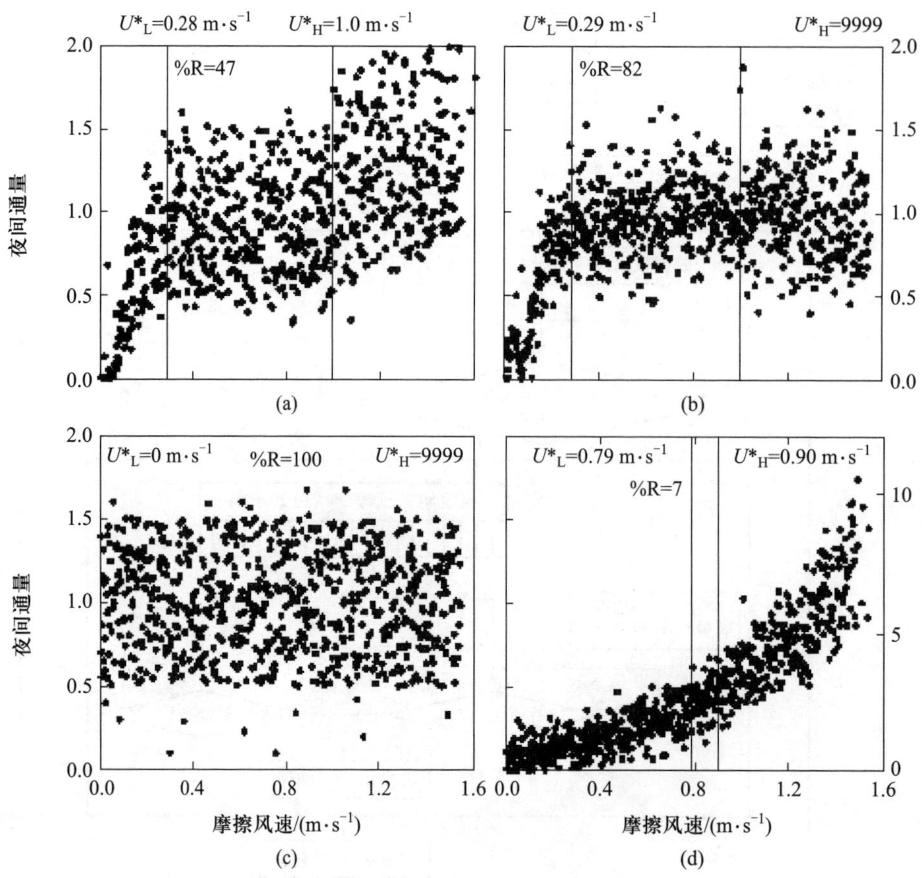

图 9.14 夜间 NEE 随摩擦风速变化的不同形式(Gu *et al.*,2005)

图中的线条表示摩擦风速临界值,其中 U_L^* 和 U_H^* 分别代表摩擦风速的下限和上限

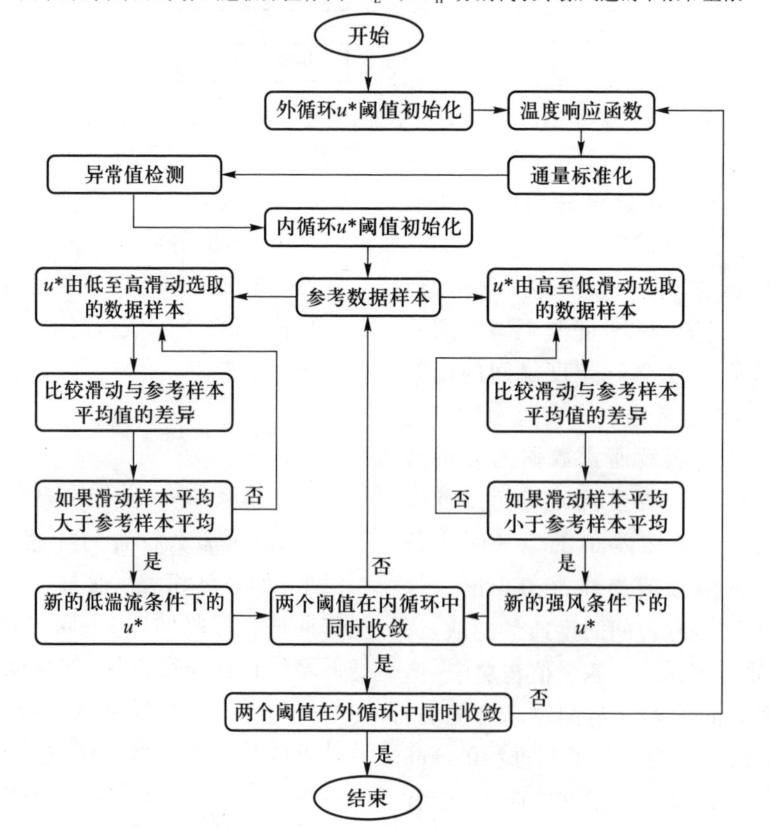

图 9.15 MPT 方法的摩擦风速临界值的数值计算流程(改自 Gu *et al.*,2005)

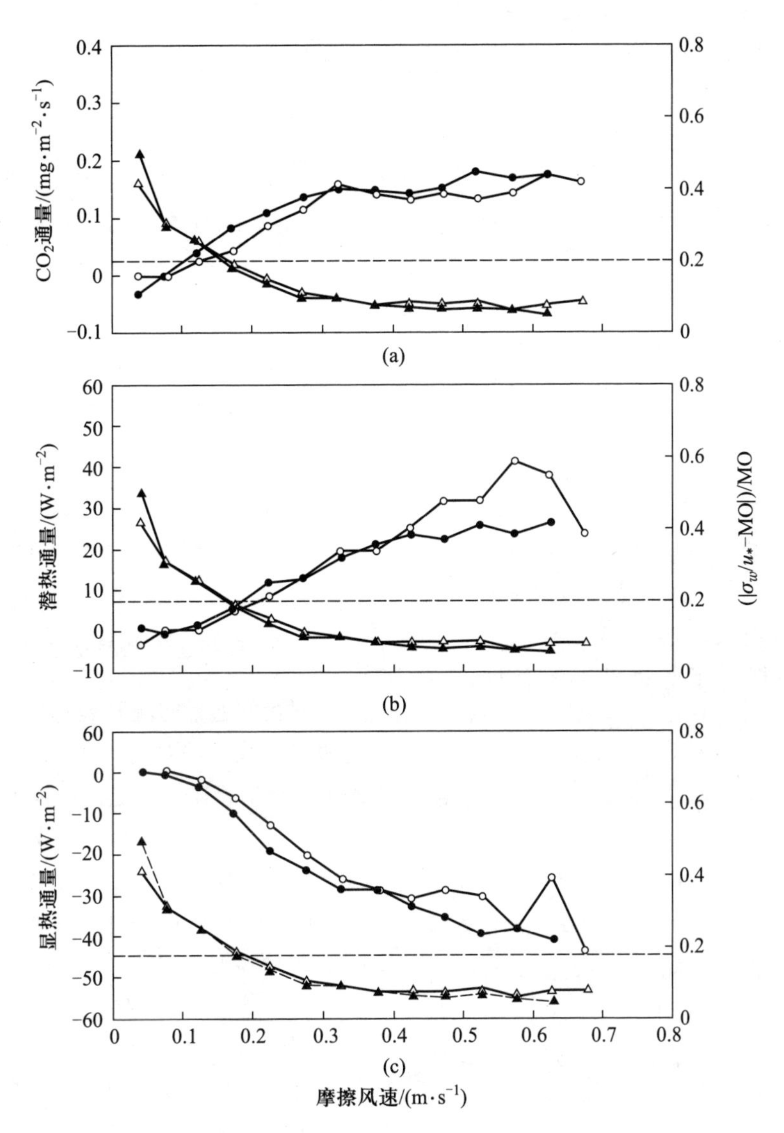

图 9.16 CO_2 通量 NEE,潜热通量 λE 和显热通量 H 以及湍流均质性指标($|\sigma_w/u_*-MO|$)/MO 与夜间摩擦风速 u_* 的关系

MO 代表莫宁-奥布霍夫相似理论预测的 σ_w/u_*,因此,湍流均质性指标表示了不同湍流交换强度下 σ_w/u_* 观测值与模型预测值的偏离程度。实心圆和空心圆分别代表 NEE,λE 和 H,实心三角和空心三角代表($|\sigma_w/u_*-MO|$)/MO;实心圆和实心三角代表 23 m 测定结果,空心圆和空心三角代表 39 m 测定结果。水平虚线表示 σ_w/u_* 观测值与模型预测值之差等于 20%。可以看出,随 u_* 的增大,观测值与模型预测值之差减少,当 u_* 为 0.2~0.3 $m\cdot s^{-1}$ 时达到稳定

异(Aubinet *et al.*,2001)。如图9.16b和 9.16c 的结果表明,当 u_* 低于 u_* 临界值时,显热和潜热通量也同样会被系统地低估。因此,在涡度相关技术应用中,需要剔除非湍流过程占主导地位的低 u_* 条件的湍流通量数据。谱分析表明涡度相关仪器性能的制约并不是湍流通量测定的限制性因素,但是气象学上的限制,也就是非湍流过程的增加(如冷泄流等),对通量测定的限制会影响复杂地形条件下的湍流通量测定结果。涡度相关技术是通过测定垂直风速和 CO_2 密度脉动而直接获得植被-大气间 CO_2 通量,只能捕捉大气湍流运动的信号,而不能捕捉到非湍流运动的信号。低湍流,如在夜间条件下,储存和平流效应可能会造成 CO_2 通量的系统性低估。即使考虑了 CO_2 通量储存的校正,这种非湍流过程通常也可能造成 4%~36% 的选择性系统性误差(Aubinet *et al.*, 2000)。

(5) 利用能量闭合度校正通量观测值的问题

能量平衡的不闭合意味着涡度相关的通量测定有可能会低估真正的通量。因此利用能量的闭合度

来校正 CO_2 通量也许是一种可能的途径。这是因为如果假设涡度通量的低估产生于同样的基本过程,那么我们可以认为由于通量间的相似性,而其他通量如能量通量也会被低估。但是研究证明,将基于守恒原理的能量平衡的闭合程度用于检验或校正 CO_2 通量,在实践中是不可行的。关于潜热和显热通量的低估量与 CO_2 通量可能的低估量之间的关系,可以通过以下几种独立的方法对比研究来确定(Twine *et al.*, 2000):① 直接利用涡度相关技术测定;② 条件取样技术直接测定;③ 结合波文比能量平衡法与 CO_2 浓度梯度(BREB/CO_2)的比较;④ 结合叶片到冠层尺度扩展与土壤表层测定的间接估算结果的比较。图 9.17 清楚地表明了测定的涡度相关 CO_2 通量和潜热与显热通量的相似性,也就是说,当能量平衡不闭合时,显热和潜热之和的低估与 CO_2 通量低估量相似。

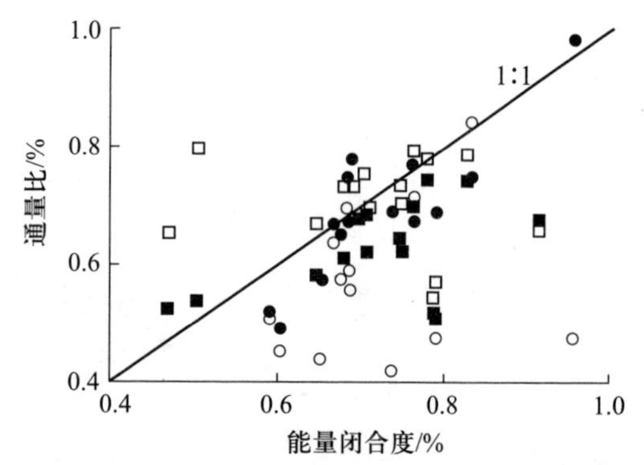

图 9.17 基于 30 min 测定值的四种通量比率与能量闭合比率的关系(Twine *et al.*,2000)

□ 条件取样测定与叶片到冠层尺度扩展 CO_2 通量测定比率;■ 条件取样测定与 EBBR 结合 CO_2 浓度梯度测定 CO_2 通量比率;○ 涡度相关测定与叶片到冠层尺度扩展 CO_2 通量测定比率;● 涡度相关测定与 BREB 结合 CO_2 浓度梯度测定 CO_2 通量比率

Griffs 等(2003)探讨了能量平衡闭合校正方法对生态系统呼吸(R)、总生态系统生产力(P)和净生态系统生产力(NEP)的影响。如表 9.1 所示,利用能量平衡闭合校正方法对年累积值的影响较大,因此在实际应用中应慎重。因为正如前面有关能量平衡研究的描述,并不是所有影响能量平衡的因素都是由于涡度相关技术所造成的,同时一些影响能量平衡闭合的因素并不一定影响潜热和显热通量。目前 FLUXNET 内并不建议采用能量平衡校正的方法,但是,如表 9.2 所示,同时报道能量平衡校正与不校正结果也是比较可行的途径。

(6) 夜间通量观测值校正的其他途径

对夜间通量问题开展其他途径的研究,如利用夜间边界层收支法对夜间通量进行估计,并与涡度相关观测计算值相比较等也具有非常重要的意义。计算夜间边界层(NBL)内 CO_2 收支或许是夜间低摩擦风速条件下估算 CO_2 通量的一种替代方法(Pattey *et al.*, 2002)。Pattey 等(2002)分别利用LI-6262和 CIRAS 两种红外 CO_2/H_2O 气体分析仪测定了夜间边界层 CO_2 浓度的廓线,利用两种浓度廓线计算所得的通量结果非常相似,而且利用夜间边界层(NBL)收支法测定的静风条件下 CO_2 通量与涡度相关技术在高风速条件下的测定结果具有很好的可比性(表 9.3)。

表 9.2 生态系统呼吸,总生态系统生产力和净生态系统生产力的年累积值*(Griffs *et al.*,2003)

站点	时间	生态系统呼吸(R)/($g·m^{-2}·a^{-1}$,以 CO_2 质量计)		生态系统生产力(P)/($g·m^{-2}·a^{-1}$,以 CO_2 质量计)		净生态系统生产力(NEP)/($g·m^{-2}·a^{-1}$,以 CO_2 质量计)		
		EBC	N-EBC	EBC	N-EBC	RAW	EBC	N-EBC
SOA	全年	1 193	1 081	1 315	1 188	187	122	107
	夜晚	444	391					
	白天	749	690					
SOBS	全年	897	800	932	830	142	35	30
	夜晚	311	277					
	白天	586	523					
SOJP	全年	578	491	656	557	104	78	66
	夜晚	196	166					
	白天	382	325					

* SOA (Boreal southern old aspen forest):北方的南部成熟白杨林;SOBS:(Boreal southern old black spruce):北方的南部成熟黑杉林;SOJP:(Boreal southern old Jack pine):北方的南部成熟 Jack 松林。EBC:将通量数据进行能量平衡校正;N-EBC:通量数据没有进行能量平衡校正;RAW:通量数据没有进行能量平衡校正,同时没有校正低 u_* 条件下的夜间通量数据。P=NEE+R。

表 9.3 北寒温带森林 1996 年利用夜间边界层收支法和涡度相关技术测定 CO_2 通量的比较

儒略日	垂直风速方差 /(σ_w, $m\cdot s^{-1}$)	空气温度 /(T_a, ℃)	NEE /($mg\cdot m^{-2}\cdot s^{-1}$,以 CO_2 质量计)	夜间边界层收支法*测定的通量 /($mg\cdot m^{-2}\cdot s^{-1}$,以 CO_2 质量计)	
				LI-6262	CIRAS
193	0.28	19.4	0.07		
194	0.25	17.3	0.04		
195	0.14	16.0	0.02		
196	0.16	14.8	0.09		
197	0.06	16.8	0.01		
198	0.21	17.8	0.09	0.17	
199	0.73	15.8	0.19		
200	0.79	16.5	0.18		
201	0.18	15.1	0.04	0.12	0.11
202	0.19	13.7	0.10		
203	0.53	12.7	0.14	0.10	0.10
204	0.54	14.6	0.18		
205	0.09	15.2	0.02		0.11

* 夜间边界层收支法分别利用 LI-6262 和 CIRAS 两种红外 CO_2/H_2O 气体分析仪进行测定。

9.5 缺失数据的插补

9.5.1 缺失数据插补的必要性

基于涡度相关技术的水、碳及能量通量的长期连续观测为生态学家们研究和理解陆地植被-大气界面的物质和能量交换过程及其生理生态控制过程与机理提供了丰富的数据基础和试验平台,然而面临日益增加的对生态系统水、碳和能量通量观测数据的需求,全球通量观测网络也面临着严峻的挑战,这就是如何向全球变化的政策决策者与对区域尺度转换、植被-土壤-大气传输模型、生物地球化学循环等感兴趣的研究者提供可靠的通量数据,这些用户通常需要各种生态系统从日到月或年的不同时间尺度上的净生态系统交换量。

基于涡度相关技术的观测数据通常按半小时的步长采集一天 24 小时,一年 365 天的通量数据,但往往因系统故障或外界干扰,年平均数据量(average data coverage)只有 65%(Falge *et al.*, 2001a, b),因此需要建立一套完整的数据插补技术来形成完整的数据集。数据插补技术的统一有利于获取可靠的数据集,也有利于站点间的数据比较。目前通量观测技术(如开路或闭路红外气体分析仪和三维超声风速计)和数据处理方法已比较统一,但一直未形成一种通用的缺失数据插补方案。有人曾用昼夜变化法(用前后 15 天该时刻的观测平均值)来计算森林生态系统 NEE 的年或季节总量(Jarvis *et al.*, 1997),也有人用光响应函数来插补缺失数据(Falge *et al.*, 2001a)。Aubinet 等(2000)与 Falge 等(2001a)介绍了几种不同的数据插补方法。目前,在通量界中较常用的三种数据插补方法有“平均昼夜变化”(mean diurnal variation, MDV)、半经验法(semi-empirical method)、人工神经网络(artificial neural network, ANN)。原则上这些方法只能再生成平均通量密度或气象值,而无法得出任何有统计意义的可靠的均值偏差。

9.5.2 平均昼夜变化法

非线性是很普遍的生物学特征,最典型的例子就是生态系统的饱和光响应曲线和呼吸的温度响应曲线。“平均昼夜变化”(mean diurnal variation, MDV)通过一种简单的方式来反映因昼夜更替或时间变化引起的生态系统响应,而不依赖于通量和环境变量间的某种已知的函数关系;从另一方面来说,通常在数据中观测到的通量和环境变量间的函数关系无法用MDV方法得到;此外,在极端晴天或阴天条件下用MDV方法进行数据插补容易产生估算偏差。

用MDV方法插补缺失数据时,缺失值用邻近几天的相同时段的观测平均值来替换。不同平均昼夜模式的主要区别在于取平均值的时间间隔长短(即窗口大小,通常4~15天)。一般来说,4天的平均窗口太小,谱分析结果也显示不适合采用4天的平均窗口(Baldocchi *et al.*, 2000b),通常建议使用7~14天的窗口。对碳通量而言,也不宜采用更大的窗口,因为碳通量对环境变量的非线性响应关系在平均过程中会引入误差。除了平均窗口大小的选择外,MDV在应用中有两种不同的算法:即“独立”窗口和“滑动”窗口。

在“独立”窗口中,对特定窗口内任一时间点的缺失数据,就用该窗口内在该时刻的所有有效观测数据的平均值来代替。具体算法如下:

$$\overline{X}_{h,i}=\overline{X_{h,k=n(i-1)+1,\cdots,ni}} \tag{9.16}$$

式中:h(1, …, 48)是一天中每半小时的索引,i(1,…,integer(d/n)+1)是平均窗口的索引,n是窗口大小,d是一年的天数,k为一中间变量。上划线表示排除缺失数据后对该下划线子集进行平均。因d/n通常都取整数,最后一个子集通常较小。

而在“滑动”窗口中,用缺失数据段周围指定大小窗口内的观测值建立“平均昼夜变化”来填补该窗口内的缺失数据。如果研究者只想得到NEE的月或年总量,这种方法相当于将多天每半小时的观测值加和后再分别求平均值。具体算法如下:

$$\overline{X}_{h,i}=\overline{X_{h,k=i,\cdots,i+n-1}} \tag{9.17}$$

各变量与式(9.16)中的一样,只是窗口的索引i取值为1,2,…,$d-n+1$,且所有数据子集大小相等,具体算法请参阅Falge等(2001a)。

9.5.3 半经验法

通常将查表法(look-up table)和非线性回归法(nonlinear regression)划分为半经验法。查表法是选择合适的环境驱动变量(一般包含温度、辐射等)并将其排序,缺失值用相似环境条件下已有观测值的平均值代替。查表法允许通量对环境变量的响应关系有变化,如光响应曲线可在线性和直角双曲线间变化。非线性回归法则是通过建立适当的非线性数学方程,保留了通量和环境变量(如温度和光合有效辐射)间的响应关系,因此,缺失值可利用环境因子由所建立的非线性回归函数得到。NEE的缺失值可选择用不同的响应函数来插补,如饱和光响应曲线、饱和光合强度的温度响应的最优曲线和夜间通量的指数函数等。

(1) *查表法*

每个站都可创建一个NEE索引表,在该表中总结了该站点各种环境条件下的NEE,从而根据缺失数据时段的气象条件可在该表中查找相似环境下的NEE来替代缺失数据,这种方法称为查表法。NEE索引表通常是基于6个双月或4个季节时段建立,表现出某个站点变化的环境条件。季节划分要依据该站的气候特点进行,比如温带森林生态系统的四季可划分为4月1日—5月31日、6月1日—9月30日、10月1日—11月31日和12月1日—3月31日。在NEE索引表中,光强以100 $\mu mol\cdot m^{-2}\cdot s^{-1}$的间隔从0渐增至2 200 $\mu mol\cdot m^{-2}\cdot s^{-1}$,温度以2 ℃为间隔,范围应包括该站的可能最低和最高温(如-30~40 ℃),因此所建立的索引表为6(或4)个季节段×23级光强×35级温度。这种方法在生成平均值的同时还能产生每一类别下的标准差。查表法中,缺失数据用线性内插法生成,每一类别中光强的最大分类间距为300 $\mu mol\cdot m^{-2}\cdot s^{-1}$,最大温度间距为6 ℃(Falge *et al.*, 2001a)。

虽然人们总是尽力想让某种数据插补方法能统一应用于各种观测站,但使用光强数据的半经验法的经验证明对条件特殊的站还是需要单独考虑。许多研究表明(例如,Goulden *et al.*, 1996; Valentini *et al.*, 1996; Clark *et al.*, 1999; Granier *et al.*, 2000),某一季节周期内或给定温度间隔内的光响应曲线明显表现出高度离散性,数据的高度离散受其他因素的影响,如白昼时间、叶片和树干的季节性或观测站的风浪区/通量贡献区的不均匀性等;此外,云量也会影响NEE的光响应曲线(Baldocchi, 1997b)。因此,为了减少个别站数据的离散度,必要时应考虑其他的因子,如明显的干旱情况。

(2) 非线性回归法

非线性回归法(nonlinear regression)是用一定时间内的有效的观测数据建立每个站的净生态系统碳交换量(NEE)和相关环境因子的回归关系,再用得出的回归函数和缺失时段的环境因子估算缺失的NEE。通常将日间和夜间的数据分开处理,而进行回归分析的时段划分也无明确限定,可从几天到几个月不等,亦可按查表法中的6个双月或4个季节时段来划分。

① 呼吸方程(respiration equation):人们已经普遍认识到温度和水分对生态系统呼吸的决定性作用(Lloyd & Taylor, 1994; Xu & Qi, 2001; Reichstein *et al.*, 2002),并发现土壤呼吸或生态系统呼吸在一定范围内随温度升高呈指数增长。对于夜间缺失的通量数据的插补,目前已有较多的生态系统呼吸的温度响应函数,如Lloyd和Taylor, Arrhenius及Van't Hoff等呼吸方程(Lloyd & Taylor, 1994; Fang & Monicrieff, 2001)。关于呼吸作用的相关模式将在第12章中详细讨论。在通量插补中常用的非线性回归呼吸方程有以下三种类型:

a. Lloyd & Taylor方程

$$F_{\mathrm{RE,night}}=F_{\mathrm{RE},T_{\mathrm{ref}}}\exp\left[E_0\left(\frac{1}{T_{\mathrm{ref}}-T_0}-\frac{1}{T_{\mathrm{K}}-T_0}\right)\right] \tag{9.18}$$

式中:$F_{\mathrm{RE,night}}$是夜间生态系统呼吸,等于夜间的NEE;E_0是常量,实际应用中常设为309 K;T_{ref}是参考温度(K),一般为298.16 K;$F_{\mathrm{RE},T\mathrm{ref}}$是$T_{\mathrm{ref}}$下的生态系统呼吸;$T_0$是生态系统呼吸为零时的温度(K);$T_{\mathrm{K}}$为空气或土壤温度(K)。参数$T_0$和$F_{\mathrm{RE},T_{\mathrm{ref}}}$都可用观测数据回归拟合得到。Lloyd和Taylor(1994)曾给出$E_0=308.56$ K和$T_0=227.13$ K的参数值,并认为此模型可无偏差地模拟多种生态系统的土壤呼吸。

b. Arrhenius呼吸方程

$$F_{\mathrm{RE,night}}=F_{\mathrm{RE},T_{\mathrm{ref}}}\exp\left[\frac{E_{\mathrm{a}}}{R}\left(\frac{1}{T_{\mathrm{ref}}}-\frac{1}{T_{\mathrm{K}}}\right)\right] \tag{9.19}$$

式中:$F_{\mathrm{RE,night}}$,$F_{\mathrm{RE},T_{\mathrm{ref}}}$,$T_{\mathrm{ref}}$和$T_{\mathrm{K}}$的意义同上;$E_{\mathrm{a}}$是活化能($\mathrm{J\cdot mol^{-1}}$);$F_{\mathrm{RE},T_{\mathrm{ref}}}$和$E_{\mathrm{a}}$均是拟合参数;$R$为气体常数($8.134\ \mathrm{J\cdot K^{-1}\cdot mol^{-1}}$)。

c. Van't Hoff呼吸方程

$$F_{\mathrm{RE,night}}=A\exp(BT_{\mathrm{K}}) \tag{9.20}$$

式中:A与B是参数;T_{K}为空气或土壤温度(K)。若将$B=\ln(Q_{10})/10$代入,此方程则可改写成Q_{10}的关系式(温度单位为℃),详情请参见Lloyd和Taylor(1994)。

对任何划分出的时段(6个双月或4个季节时段),方程中的参数都能通过回归方法拟合得到,同时能得出生态系统的夜间呼吸量。生态系统呼吸包括叶片、树干和土壤呼吸,目前需要有其他独立的观测才能将这些呼吸组分分离,这也是生态系统呼吸研究中受到普遍关注的问题。这些呼吸组分对生态系统呼吸的贡献因环境因子(如空气/土壤温度、树干温度、土壤水势等)随时间的变化而变化(Law *et al.*, 1999)。

同时考虑温度和水分状况对生态系统呼吸的影响时,也有几种不同的呼吸模型(参见第12章)。其中连乘模型(multiplicative model)是将温度和水分对生态系统呼吸的影响以连乘的方式进行综合的方法(Reichstein *et al.*, 2002):

$$F_{\mathrm{RE}}=F_{\mathrm{RE},T\mathrm{ref}}f(T_{\mathrm{a}})f(S_{\mathrm{w}}) \tag{9.21}$$

其中,
$$f(T_{\mathrm{a}})=\exp\left[309\left(\frac{1}{T_{\mathrm{ref}}-T_0}-\frac{1}{T_{\mathrm{K}}-T_0}\right)\right] \tag{9.22}$$

$$f(S_{\mathrm{w}})=\exp(aS_{\mathrm{w}}^2+bS_{\mathrm{w}}+c) \tag{9.23}$$

$f(T_{\mathrm{a}})$是Lloyd & Taylor生态系统呼吸的温度响应函数(式(9.22));$f(S_{\mathrm{w}})$是一个描述水分对呼吸影响的二次函数(式(9.23))。方程中,T_{ref}是参考温度(K);$F_{\mathrm{RE},T\mathrm{ref}}$是在$T_{\mathrm{ref}}$和最佳水分状况下的生态系统呼吸,$T_0$是生态系统呼吸为零时的温度(K);$T_{\mathrm{K}}$为空气或土壤温度(K),$S_{\mathrm{w}}$是土壤相对含水量($\mathrm{m^3\cdot m^{-3}}$)。

② 光响应方程:插补日间通量数据也已有较多成型的光响应函数,包括线性函数、抛物线函数和双曲函数等(参见第12章)。在通量插补中常用的回归方程有

a. Smish光响应曲线(Smith, 1938)

$$\mathrm{NEE}=\frac{\alpha' Q_{\mathrm{PPFD}}F_{\mathrm{GPP,opt}}}{\sqrt{(F_{\mathrm{GPP,opt}})^2+(\alpha' Q_{\mathrm{PPFD}})^2}}-F_{\mathrm{RE,day}} \tag{9.24}$$

b. Michaelis-Menten 方程(Michaelis & Menten, 1913)

$$\mathrm{NEE}=\frac{\alpha' Q_{\mathrm{PPFD}} F_{\mathrm{GPP,sat}}}{F_{\mathrm{GPP,sat}}+\alpha' Q_{\mathrm{PPFD}}}-F_{\mathrm{RE,day}} \tag{9.25}$$

此方程中的 $F_{\mathrm{GPP,sat}}$ 是 $Q_{\mathrm{PPFD}}\to\infty$ 时趋势值,在实际应用中没有任何实际的意义。该方程经常也被称为直角双曲线。实际应用中可用当 Q_{PPFD} 为 2 000 $\mu\mathrm{mol\cdot m^{-2}\cdot s^{-1}}$ 时 $F_{\mathrm{GPP,opt}}$ 的值,方程就改写成

$$\mathrm{NEE}=\frac{\alpha' Q_{\mathrm{PPFD}}}{\left(1-\left(\dfrac{Q_{\mathrm{PPFD}}}{2000}\right)+\left(\dfrac{\alpha' Q_{\mathrm{PPFD}}}{F_{\mathrm{GPP,opt}}}\right)\right)}-F_{\mathrm{RE,day}} \tag{9.26}$$

c. Misterlich 方程(Falge *et al.*, 2001a)

$$\mathrm{NEE}=F_{\mathrm{GPP,opt}}(1-\exp(\alpha' Q_{\mathrm{PPFD}}/F_{\mathrm{GPP,opt}}))-F_{\mathrm{RE,day}} \tag{9.27}$$

式(9.24)~式(9.27)中:Q_{PPFD} 是表现光强的光量子通量密度($\mu\mathrm{mol\cdot m^{-2}\cdot s^{-1}}$);$\alpha'$ 是生态系统量子效率(μmol CO_2/μmol quanta);$F_{\mathrm{GPP,opt}}$ 是最佳光照条件下的总初级生产力;$F_{\mathrm{GPP,sat}}$ 是饱和光强下的总初级生产力;$F_{\mathrm{RE,day}}$ 是日间的生态系统呼吸(单位都是 $\mu\mathrm{mol\cdot m^{-2}\cdot s^{-1}}$,以 CO_2 物质的量计)。

在以上方程中,根据对温度的考虑与否,可用三种途径进行拟合:拟合时用给定时段内的所有实际观测的温度值;按 4 ℃的间距将温度分组;利用可反映光和温度响应的综合参数进行拟合。因非线性回归是一种迭代运算过程,程序对有些参数在估算前要求赋初始值。但只要数据能明显无疑地反映预设的函数,计算结果应该与初始值无关。进行回归分析时不同的季节划分会导致数据插补结果的不同。在某些情况下考虑其他气象因子(如饱和水汽压差或干旱)及人类活动(如牧场的割草和农田收获等)的影响有助于提高数据插补的质量。

(3) 边际分布采样法

在查表法和平均日变化法的基础上,Reichstein 等(2005)提出了边际分布采样法(marginal distribution sampling, MDS)。该方法综合了查表法和平均日变化法,首先,基于查表法在一定的时间窗口内(缺失数据前后 14~28 天)优先利用气温、辐射和饱和水汽压差三个环境要素约束插补后的数据,即三个要素的变异范围为2.5 ℃、50 W · $\mathrm{m^{-2}}$和0.5 kPa;其次,如果只有辐射数据,则插补的时间窗口缩小到前后 14 天;第三,如果环境要素数据缺失,则采用前后有效数据和平均日变化法插补缺失数据;最后,如果还有缺失数据,则进一步扩大时间窗口,并重复以上步骤直至全部缺失数据插补(图 9.18)。

相对于平均日变化而言,MDS 方法通过环境要素的约束,从而减少了插补中的偏差,同时,MDS 通过自动延长插补窗口和平均日变化方法的结合,可有效避免查表法可能出现的缺失数据未能全部插补的问题;相比于非线性回归方法,MDS 并不需要提前假设环境响应方程和预设初始值。基于上述特点,MDS 被欧洲通量网和 FLUXNET 采纳并用于数据的标准化处理。

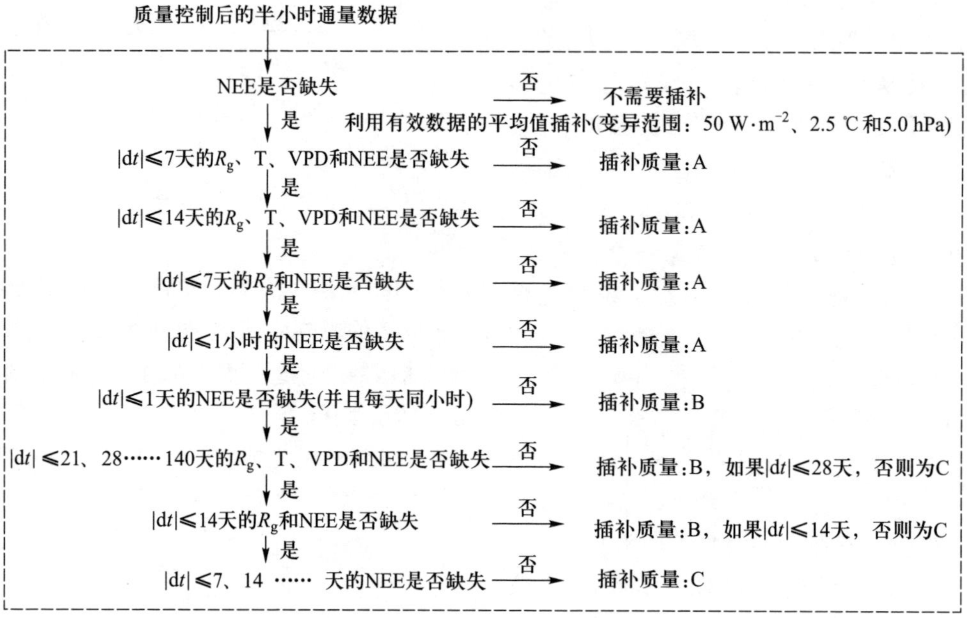

质量控制后的半小时通量数据
NEE是否缺失 —否→ 不需要插补
是 利用有效数据的平均值插补(变异范围:50 W·$\mathrm{m^{-2}}$、2.5 ℃和5.0 hPa)
$|dt|\leqslant$7天的R_g、T、VPD和NEE是否缺失 —否→ 插补质量:A
是
$|dt|\leqslant$14天的R_g、T、VPD和NEE是否缺失 —否→ 插补质量:A
是
$|dt|\leqslant$7天的R_g和NEE是否缺失 —否→ 插补质量:A
是
$|dt|\leqslant$1小时的NEE是否缺失 —否→ 插补质量:A
是
$|dt|\leqslant$1天的NEE是否缺失(并且每天同小时) —否→ 插补质量:B
是
$|dt|\leqslant$21、28……140天的R_g、T、VPD和NEE是否缺失 —否→ 插补质量:B,如果$|dt|\leqslant$28天,否则为C
是
$|dt|\leqslant$14天的R_g和NEE是否缺失 —否→ 插补质量:B,如果$|dt|\leqslant$14天,否则为C
是
$|dt|\leqslant$7、14 …… 天的NEE是否缺失 —否→ 插补质量:C

图 9.18 边际分布采样法的基本流程(改自 Reichstein *et al.*, 2005)

9.5.4 人工神经网络法

(1) 人工神经网络的基本概念和原理

人工神经网络(artificial neural network, ANN)从20世纪80年代迅速兴起,到目前为止还没有统一的定义。它是以计算机网络系统模拟人脑或生物神经的网络结构和激励行为的并行非线性计算系统。其主要特征有多维性、神经元之间的广泛连接性、自适应性和自组织性、不可逆性和学习联想能力强等。神经网络的信息处理由神经元之间的相互作用来实现,知识与信息的存储表现为网络元件互相连接分布式的物理联系,网络的学习和识别取决于神经元连接权重的动态演化过程。人工神经网络通过样本的"学习和培训",可记忆客观事物在空间、时间方面比较复杂的关系和特点,适合于解决各类预测、分类、评估匹配、识别等问题。所以,人工神经网络在经济分析、市场预测、金融趋势、化工最优过程、航空航天器的飞行控制、医学、环境保护等领域都有广泛的应用前景。

如图9.19所示,一个多层人工神经网络由输入层(input layer)、输出层(output layer)和连接两者的隐含层(hidden layer)组成,其中隐含层还可以由多层组成。输入层用来表示问题求解所需的特征集合,能够接受和处理用户输入的原始样本;隐含层可以存在多层拓扑结构,有些隐含结点可以是问题层次关系的确切描述,而对较多抽象问题而言,隐含结点只是推理和学习过程中的辅助结点;输出层是在网络结构和神经元状态所驱动下的满意解。网络上的每个结点相当于一个神经元(node或unit),具有一定的记忆或存储功能,每一个结点都与其他层的结点通过交流通道(connection)相连并行工作来处理接收到的信息。在求解一个问题时首先向人工神经网络输入层的某些结点输入信息,各结点处理后向其他结点输出,其他结点接受并处理后再输出,直到整个神经网工作完毕,输出最后结果。

目前,使用最多的人工神经网络为误差反传、信息前馈神经网络(feed-forward back-propagation neural network, BP网络),BP网络在监督训练程序下能够模拟各变量间的复杂关系。

大多数的ANN都有一定的训练规则(training rule),BP网络的信息传递过程为从输入层到输出层的单向传递过程。在对网络的训练过程中,调节神经元间联系强度的准则是使网络计算输出的因变量与已知训练样本的因变量之差最小。训练的过程就是不断将此误差反传给网络,调整输出层与隐含层、隐含层与输入层间的权重大小。

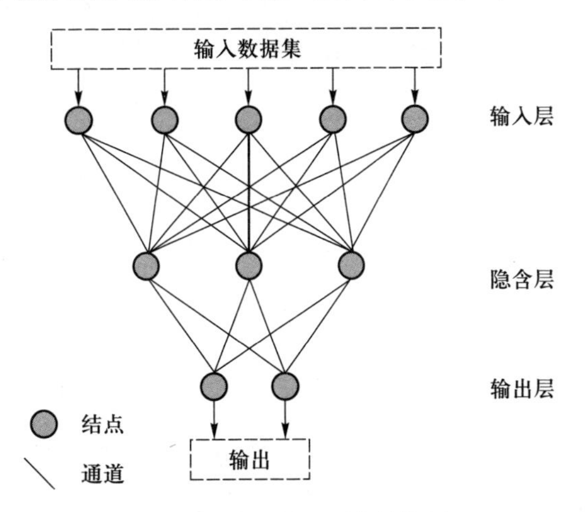

图9.19 人工神经网络结构图

(2) BP网络的算法

BP网络每个结点获得信息后,每个输入变量都被乘以分配给该结点的权重值(weight),并用一函数修正该神经元的权重值,使得误差评价函数最优。如图9.20所示,假定有n个输入变量$x_1, x_2, \cdots, x_n$,其权重分别为$w_1, w_2, \cdots, w_n$,则加权和为

$$a = x_1 w_1 + x_1 w_1 + \cdots + x_n w_n = \sum_{i=1}^{n} x_i w_i \tag{9.28}$$

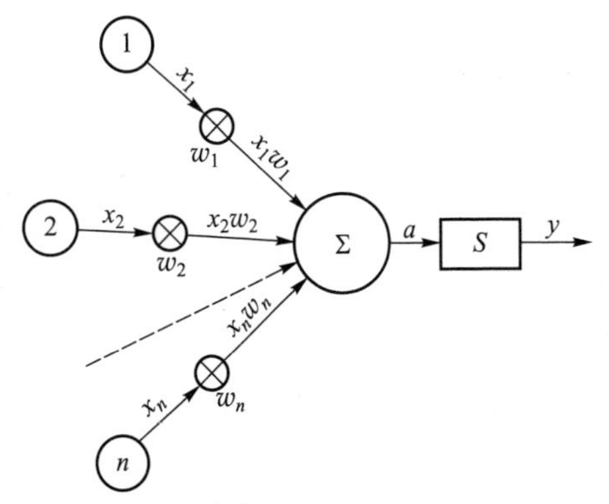

图9.20 人工神经网络黑箱运算示意图

然后,将a用一转换函数S经某种数学函数变换为输出值y。

网络中最常用的是线性函数和Sigmoid函数,

如图 9.21 所示。若用 Sigmoid 函数做隐含层和输出层每个结点的转换函数,则输出值 y 为

$$y=\frac{1}{1+e^{-a/\rho}} \tag{9.29}$$

式中:a 为输入到该结点所有变量的加权和;系数 ρ 为阈值(决定 Sigmoid 函数的形状,随着 ρ 值增加曲线越平滑),将其也作为调整权重值,使得期望输出值与实际输出值间的偏差最小。

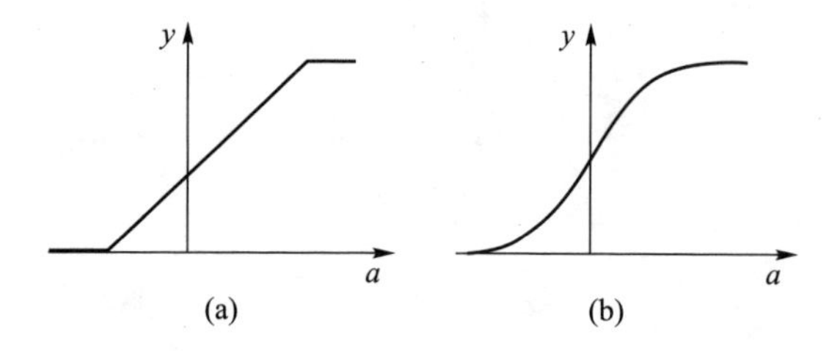

图 9.21 不同的转换函数:(a) 线性函数;(b) Sigmoid 函数

误差反传播算法为:对每一组样本 p,其误差 E_p 被定义为真实值 F_p 和 ANN 目标输出值 y 间的误差平方的一半,即

$$E_p=\frac{1}{2}(F_p-y)^2 \tag{9.30}$$

其中,y 是各权重系数的函数。系统总误差就为各数据子集(样本)误差的简单和:

$$E=\sum_p E_p \tag{9.31}$$

(3) BP 网络的训练

人工神经网络的训练需要一次性提供一组训练样本,每个样本都包括输入值和输出值,输入层结点接收到各个独立变量的输入值后,经输入层和中间若干层的人工神经元处理后,网络最终由输出层结点产生一组输出值。在训练的初始阶段,各结点的权重值是随机赋予的,人工神经网络输出值可能与样本的实际结果有很大差异,此差值将作为网络系统调整各结点的权重值的依据,最终目的是通过这种误差反传播的方法减少此差值。人工神经网络对样本的学习过程,即逐步确定网络中的神经元间的权重系数的过程。通过这些样本的学习,网络逐渐被训练成具有预测的能力,即当输入一个新变量,网络就能给出一个预测值,这种过程被称为人工神经网络的归纳能力(generalization)。因此,ANN 在训练时也不宜学习太多的样本,以免其失去对新样本的归纳能力。

ANN 的数据训练集通常分为三组:训练集(training set,用于神经网络的训练过程确定权重系数)、检验集(test set,在网络训练过程中用于计算误差以免训练过度(overtraining))和验证集(validation set,用来评价网络的工作性能,在网络训练过程中不使用)。一旦确定了各个数据集,训练集的数据就被输入人工神经网络系统中,同时就可得到系统的输出值与真实值间的误差,同时也可以调整各结点的权重系数。参数"epoch"需要在网络训练开始前就确定,它表示网络训练过程结束,并表示在使用检验集前需要进行的训练次数。当生成的误差水平可以接受,或训练一定次数后网络的运算性能达到无法进一步改善时,即可停止对网络的训练。

人工神经网络的误差可用计算各种误差项来评估,主要有:

Pearson 相关系数:

$$r=\frac{\sum(y-\bar{y})(t-\bar{t})}{\sqrt{\sum_p(y-\bar{y})^2\sum_p(t-\bar{t})^2}} \tag{9.32}$$

均方根误差(RMSE):

$$\mathrm{RMSE}=\sqrt{\frac{\sum_p(y-t)^2}{p}} \tag{9.33}$$

平均绝对误差(MAE):

$$\mathrm{MAE}=\frac{1}{p}\sum_p|y-t| \tag{9.34}$$

式中:p 为样本量;y 为预测值;t 是实测值;上划线"-"表示平均。

(4) 人工神经网络在通量数据插补中的应用

用 ANN 处理通量数据前,需要对数据进行一定的预处理,比如校正夜间大气稳定层结时偏低的观测通量(如非线性回归法等)。经过初步选择确定要使用的 ANN 结构(如选择隐含层数、转换函数等)后,需要对网络进行训练。可以根据已有的数据资料来确定网络的输入变量,如气温、相对湿度、光合有效辐射、土壤温度、土壤水分、植被类型、叶面积指数(LAI)、日期或月和时间等(图 9.22)。

人工神经网络中的输入数据通常都经过标准化处理转换为[0, 1]的数。因不同变量的值域差异很

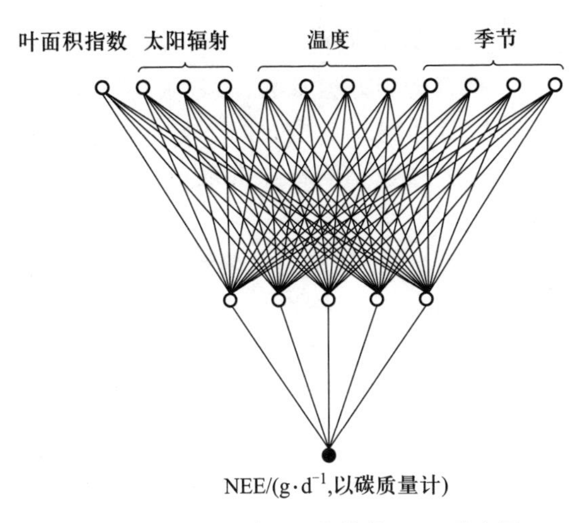

图 9.22 用人工神经网络估算 NEE 示意图

大,比如气温(℃)和压强(Pa)在数值上差几个数量级,但这种差别并不能反映它们作为输入变量的重要性。模糊集可用来减少变量间量级差异的影响,所有的变量都可用模糊数学的方法转换为 0~1 的值,比如季节和日时间的模糊划分可转换成如下的模糊集:

- 冬季:10 月到次年 4 月,1 月取最大值;
- 春季:1 月到 7 月,4 月取最大值;
- 夏季:4 月到 10 月,7 月取最大值;
- 秋季:7 月到次年 1 月,10 月取最大值。

这样,5 月属于冬季和秋季的概率即为 0,属于春季和夏季的概率分别为 66.7% 和 33.3%。同样,时间上也能进行这样的模糊转换(图 9.23):

- 上午:3:00—15:00,9:00 值最大;
- 下午:9:00—21:00,15:00 值最大;
- 傍晚:15:00—3:00,21:00 值最大;
- 夜晚:21:00—9:00,3:00 值最大。

人工神经网络的结果输出是用同样的反演程序来恢复其生态学上的单位和数量级(Papale & Valentini, 2003)。

9.5.5 数据插补策略对年累积通量的影响

随着年总 NEE 的站点比较研究的逐渐增多,需要评价不同插补方法所得出的结果的可比性及其对计算年总 NEE 的影响。Falge 等(2001a)的研究结果表明,使用 MDV 法插补夜间数据适合用 7 天的窗口,而日间适合用 14 天的窗口;查表法最适宜用空气温度(白天)和土壤温度(夜间);同时半经验法(“查表法”和“非线性回归法”)中各个环境变量的分组越详细,运算结果越好。此外,关于非线性回归插补方程参数的统计和残差分析显示,插补白天的数据时将观测数据按温度分组后再用 Michaelis-Menten 方程进行回归模拟效果最好。因数据本身的变异性较大,Lloyd 和 Taylor, Arrhenius 和 Van't Hoff 方程在插补夜间缺失数据中没有明显的区别。

在只考虑温度和光照的条件下,Falge 等(2001a)将 MDV 和半经验法用于插补森林、草地、农田等不同生态系统的缺失数据。结果显示,做了 u_* 校正的数据用非线性回归插补得到的年总 NEE 比用 MDV 方法插补得到的要大,而“查表法”得到的年总 NEE 与“非线性回归”法相似。在各种方法的数据预处理过程中,是否进行 u_* 校正对计算结果影响很大,u_* 校正通常使年总 NEE 更偏正(C 吸收减少)。总体来说,选择不同的插补方法会产生不同的结果,并且运算性能最稳定(即在数据缺失比例较大的情况下计算值也与观测值相近)、误差最小并不是选用插补方法的依据。半经验法因其保留了 NEE 与气象变量(如 Q_{PPFD},温度等)间的基本生态学响应关系,仍然是研究人员目前较为认同的通量数据插补方法。在缺少气象数据的情况下,可以用平均昼夜变化(MDV)、人工神经网络(ANN)等插补方法。

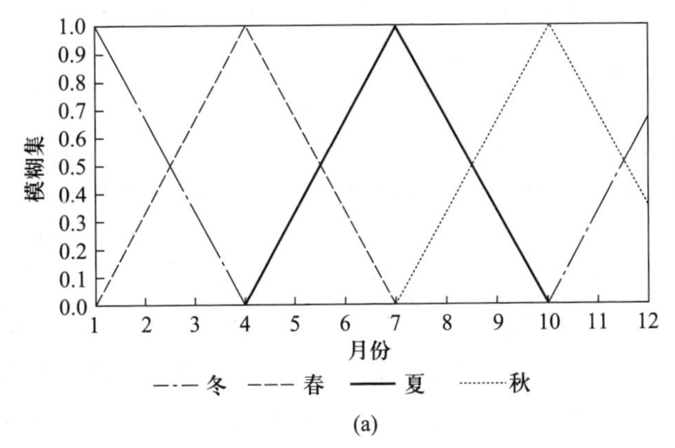

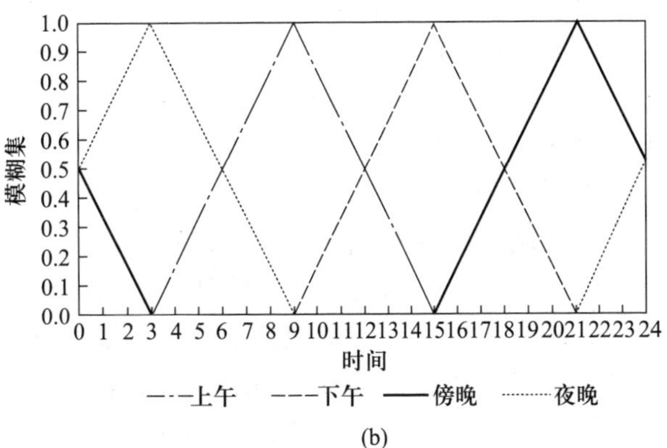

图 9.23 月份和时间的模糊转换(改自 Papale and Valentini, 2003)

9.6 CO_2 通量数据的拆分

9.6.1 CO_2 通量数据拆分的原因

在植物生理过程上,生态系统光合碳吸收(或称系统初级生产力,GEP)和生态系统呼吸碳排放(或称生态系统呼吸,R_{eco})决定了净生态系统碳交换量(NEE)或者净生态系统生产力(NEP)的大小和变化(通常认为 NEP = -NEE),然而从实际观测角度而言,基于涡度相关技术的 CO_2 通量观测只能提供的 NEE 信息,还无法实现对 GEP 和 R_{eco}的直接观测(Baldocchi *et al.*,2001;Rechestein *et al.*,2005)。在分析和理解 NEP 的变化及其生物与环境响应时,往往需要分析 GEP 和 R_{eco}对其贡献。同时,大多数的过程模型和遥感模型也需要 GEP 和 R_{eco}资料对其模拟结果与产品进行有效验证。这些因素在客观上对 CO_2 通量的拆分提出了明确需求(Running *et al.*,1999;Losslop *et al.*,2010;Forkel *et al.*,2016)。

目前,CO_2 通量数据拆分常用的方法根据 R_{eco}的估算途径可以分为两类:一类是基于夜间观测数据的通量拆分,另一类是基于白天观测数据的通量拆分;在完成 R_{eco}后再进一步求算 GEP(Rechestein *et al.*,2005),即 GEP = NEP + R_{eco}。此外,还有一些利用过程模型的模拟来实现拆分,因其使用较少,并且由于其往往采用与模型相似的方式,难以用于模型结果验证,因此,在此不进行相关介绍。

9.6.2 基于夜间观测数据的 CO_2 通量拆分途径

基于夜间观测数据的通量拆分途径的基本原则是,直接利用夜间通量观测数据,将其作为夜间的 R_{eco},利用第 9.5.3 节非线性回归法中的呼吸方程形式,建立 R_{eco}与温度(土壤温度或空气温度)以及土壤水分含量的经验方程,然后利用经验方程计算全天 R_{eco},最后得到 GEP。

在该途径中需要考虑的问题包括两个方面:一是选择适当的方程形式,特别是方程中变量的选择,如水分变量的考虑与否、土壤温度或空气温度的选择、一次或二次方程等,需要根据站点的具体情况而定。二是确定方程形式后,按照方程参数的估算方法,并且根据参数拟合时采用的时间窗口大小分为全时段和分时段两种,前者是利用较长的时间窗口(如全年)拟合得到方程参数,后者则将全年数据划分为不同的时间窗口(如按季节或指定长度)分别拟合得到方程参数(Rechestein *et al.*,2005;Desai *et al.*,2008)。需要指出的是,前者简单易行,但没有充分考虑方程参数,特别是呼吸敏感性(Q_{10}或活化能)的时间变化,而后者考虑了呼吸敏感性的时间变化。但对夜间观测数据的质量(特别是指定窗口下的有效数据量)的要求较高,在数据量不足或质量较差时,难以获取有效的方程参数。

Rechestein 等(2005)基于分时段方式提出了一种新的 R_{eco}估算方法,该方法一方面考虑了呼吸敏感性的时间变化,同时针对参数的拟合过程做了有效优化,其基本途径是:① 将全年夜间数据按 15 天窗口分组,时间窗口每次移动 5 天,即相邻两个窗口有 10 天的重叠;② 拟合方程参数之前,先检查时间窗口内的有效数据量(>6 天)和温度跨度(>5 ℃);如果不能满足,则移动到下一个窗口;③ 所有有效时间窗口的参数拟合后,选择生态系统呼吸温度敏感性(E_o)的相对标准差最小的 3 个拟合参数取平均数($E_{o,short}$),或者以相对标准差做权重计算 $E_{o,short}$;④ $E_{o,short}$确定之后,将全年夜间有效数据按 4 天的时间窗口分组,拟合得到每个时段的参考温度下的生态系统呼吸(Rref),没有拟合的时段利用线性内插的方法插补;⑤ $E_{o,short}$和 R_{ref}确定之后,即可估算生态系统呼吸。目前,该方法已经被应用于欧洲通量网和全球通量网的数据综合处理与产品加工之中。

9.6.3 基于白天观测数据的 CO_2 通量拆分途径

利用涡度相关技术开展 CO_2 通量观测时,其夜间数据的质量一直受到关注(参见第 9.4.3 节)。在 CO_2 通量数据拆分过程中,虽然基于夜间观测数据的通量拆分途径便于操作,但夜间观测数据的质量可能会影响 CO_2 通量数据的准确拆分(Losslop *et al.*,2010)。基于这点考虑,利用白天观测数据的通量拆分途径也得到了应用(Losslop *et al.*,2010;Gilmanov *et al.*,2013)。

该方法的基本原则是先利用白天通量观测数据实现 R_{eco}的估算,具体方法可分为两种:一种是利用第 9.5.3 节非线性回归法中的光响应方程形式(式(9.24)~式(9.27)),采用分时段的方式,建立指定时间窗口(如7天)下白天通量观测数据与光强(或辐射)的经验方程,拟合得到每个时间窗口的日间生态系统呼吸($F_{RE,day}$)以及计算该窗口下的温度和土壤水分含量,然后利用第9.5.3节非线性回归法中的呼吸方程形式,建立$F_{RE,day}$与温度(土壤温度或空气温度)以及土壤水分含量的经验方程,然后计算全天R_{eco},最后得到*GEP*。

另一种是将第9.5.3节非线性回归法中的光响应方程形式(式(9.24)~式(9.27))中的$F_{RE,day}$修改为温度的指数函数(式(9.35)),采用分时段的方式,建立指定时间窗口(如7天)下白天通量观测数据与光强(或辐射)的经验方程,拟合得到方程参数,然后计算全天R_{eco},最后得到*GEP*。

$$\mathrm{NEE}=\frac{\alpha' Q_{\mathrm{PPFD}}F_{\mathrm{GPP,sat}}}{\alpha' Q_{\mathrm{PPFD}}+F_{\mathrm{GPP,sat}}}+F_{\mathrm{RE,Tref}}\exp\left[Eo\left(\frac{1}{T_{\mathrm{ref}}-T_0}-\frac{1}{T_K-T_0}\right)\right] \tag{9.35}$$

在利用白天通量观测数据实现数据拆分是,一个需要考虑的因素是环境要素,特别是水分条件的影响,由于采用了分时段拟合,在很大程度上减少了水分对呼吸的影响,但即使是在一天之中,植被的光合作用过程也会受到水分条件的制约。因此,Losslop等(2010)和Gilmanov等(2013)均考虑在光响应方程中引入饱和水汽压差(VPD)来修正拟合效果,如式(9.36)所示:

$$F_{\mathrm{GPP,sat}}=\begin{cases}F_{\mathrm{GPP,ref}}\exp(-k(\mathrm{VPD}-\mathrm{VPD}_0)) & \mathrm{VPD}>\mathrm{VPD}_0\\ F_{\mathrm{GPP,sat}}=F_{\mathrm{GPP,ref}} & \mathrm{VPD}>\mathrm{VPD}_0\end{cases} \tag{9.36}$$

式中:$F_{GPP,ref}$和k均为参数,VPD_0设定为1.0 kPa(Losslop *et al.*,2010)。

9.6.4 CO_2通量拆分的有关问题

不同的拆分方法和途径会对拆分的结果产生一定的影响,在年总量上,Lasslop等(2010)利用8个站点的研究表明,采用白天观测数据的CO_2通量拆分引起的GEP平均绝对偏差为47 g C·m^{-2}·a^{-1}。Fagle等(2002)利用FLUXNET多个站点对白天途径和夜间途径两种方式的综合分析表明,两者基本一致,白天途径略高于夜间途径6%。Desai等(2008)利用10个站点的CO_2通量观测数据对比分析了23种不同拆分方法,结果显示,方法差异对于GEP和R_{eco}估算的影响小于10%,同时,缺失数据从30 min增加到12天,R_{eco}变化8%(5%~15%),GPP变化6%(4%~10%),这也表明观测数据质量(数据完整程度)对拆分效果存在明显影响。

在日变化尺度上,由于夜间途径与温度等具有显著日变化特征的环境要素密切相关,因此其日变化过程明显,而白天途径是分时段按指定窗口拟合,因而其获取的R_{eco}日变化不明显,因此,生态系统呼吸日变化的估算结果是不同方法之间差异的重要来源。与此同时,通过与BETHY模型模拟结果的比较,不同拆分方法的效果均随之时间尺度的累积而显著改善,*GEP*的改善效果更为明显。

对于拆分效果的验证,可以采用与其他观测技术的比较,如箱式法(特别是草地和农田等低矮植被)和生物量调查法(Luyssaert *et al.*,2009)。近年来,随着稳定性同位素技术的日益成熟,该方法已经被应用于CO_2来源的信号检测与解释。Wehr等(2016)利用稳定性碳同位素技术实现了美国Harvard森林CO_2通量的拆分,结果显示,白天的生态系统呼吸由于叶片呼吸的光抑制而低于夜间呼吸,因此白天和夜间R_{eco}的估算不应采用相同的方法估算,同时,现在常用的方式明显高估了生长季节前半段的GPP和RE。

此外,由于NEP是GEP和R_{eco}的差值,并且其大小远低于后两者,而且拆分过程也是先估算R_{eco},然后将R_{eco}与NEP求和得到*GEP*。因此,有研究认为目前的拆分结果可能存在自相关效应,并不能很好地估算GEP和R_{eco}(Vickers *et al.*,2009)。但Losslop等(2010)和Baldocchi等(2015)分别通过拆分途径比较和统计分析指出,*GEP*和R_{eco}存在显著的正相关关系,而且相关性高于两者的自相关性。

9.7 观测系统的能量平衡闭合程度评价

9.7.1 能量平衡闭合程度在数据质量评价中的作用

涡度相关技术被广泛地应用在陆地生态系统和大气之间CO_2、H_2O等物质循环和能量传输的研究中,随着涡度相关通量观测站点的不断增多,使得生物圈和大气圈之间的物质和能量交换研究得以迅速发展。与此同时,如何评价涡度相关观测数据的可信度和质量则成为通量界共同关注的重要问题。评价通量观测的数据质量的方法很多,例如原始数据分析、稳态测试、谱分析、大气湍流统计特性和能量平衡闭合等,其中的能量平衡闭合程度的评价是数据质量评价的重要参照方法之一。

所谓的能量平衡闭合是指利用涡度相关仪器直接观测的潜热和显热通量之和与净辐射通量、土壤热通量、冠层热储量等之和之间的平衡。根据热力学第一定律,能量既不会产生,也不会消失,能量只能从一种形式转化为另一种形式。理论上在运用涡度相关和辐射平衡观测系统所获得的生态系统各能量分量的平衡方程可表示为

$$\lambda E+H=R_n-G-S-Q \tag{9.37}$$

式中,λE 为潜热通量,H 为显热通量,两者之和可以简称为湍流能量(turbulent energy);R_n 为净辐射,G 为土壤热通量,S 为冠层热储量,Q 为附加能量源汇的总和(因 Q 项值很小常常被忽略),$R_n-G-S-Q$ 可以简称为有效能(available energy)。当湍流能量与有效能量相同时,称为能量平衡闭合,否则称为能量平衡不闭合。

常见几种评价能量平衡闭合状况的方法有一般最小二乘法(ordinary least squares,OLS)线性回归,简化主轴法(reduced major axis,RMA)线性回归,能量平衡比率和能量平衡相对残差 δ 频率等(李正泉等,2004)。

① OLS 和 RMA 是两种不同的线性回归方法,两者不同之处在于它们的回归基本假设条件不同。OLS 回归基本假设条件是使 E_{OLS}最小,而 RMA 回归基本假设条件是使 E_{RMA}最小。

$$E_{OLS}=\sum[(x_i-X_i)^2+(y_i-Y_i)^2] \tag{9.38}$$

$$E_{RMA}=\sum(x_i-X_i)(y_i-Y_i) \tag{9.39}$$

公式(9.38)和公式(9.39)中 x_i, y_i 为数据点的横纵坐标值,X_i, Y_i 为回归直线上离数据点最近的横纵坐标值。OLS 回归的先决假设条件是自变量不存在随机误差(Meek & Prueger, 1998),然而,R_n, G 和 S 在实际测量中存在着随机采样误差。我们可以通过 RMA 回归方法消去采样中随机误差的影响进一步分析观测站能量平衡闭合状况。

在理想的能量平衡状况下,有效能量(R_n-G-S)和湍流能量($\lambda E+H$)的 OLS 和 RMA 的回归直线都应该是斜率为 1,并通过原点。但由于有效能量和湍流能量之间的线性关系的截距通常不能通过原点,因此在分析过程中,可以分别分析比较单纯统计上的线性回归斜率 S_1 和强制通过原点线性回归的斜率 S_2 之间的差异,结合这两种不同的斜率评价能量平衡闭合状况有时也是十分必要的。

② 能量平衡比率(energy balance ratio,EBR)也可用来评价能量平衡闭合程度。所谓的能量平衡比率是指在一定的观测期间内,由涡度相关仪器直接观测的湍流能量($\lambda E+H$)与有效能量(R_n-G-S)的比值,即

$$\mathrm{EBR}=\frac{\sum(\lambda E+H)}{\sum(R_n-G-S)} \tag{9.40}$$

③ 能量平衡相对残差 δ 频率分布图是另一种用于评价能量平衡闭合程度的方法。能量平衡相对残差是指一定的观测期间内有效能量和湍流能量两者之差与有效能量的比值。

$$\delta=\frac{(R_n-G-S)-(\lambda E+H)}{(R_n-G-S)} \tag{9.41}$$

若 $\delta>0$ 时,表明涡度相关系统观测的湍流能量项小于常规辐射平衡观测系统观测的有效能量项,若 $\delta<0$,情况则相反。

能量平衡闭合程度作为评价涡度相关数据可靠性的方法已经被广泛接受(Verma *et al.*, 1986; Mahrt, 1998),FLUXNET 许多站点都把能量平衡闭合状况分析作为一种标准的程序用于通量数据的质量评价(Schmid *et al.*, 2000; Wilson *et al.*, 2000)。在生态系统中,CO_2、H_2O 和能量的源汇分布方式虽然各不相同,但是在利用涡度相关技术测定它们的通量,但是仅可以作为参考标准,而不能用于数据校正时,其基本假设是这些物质循环和能量传输的机制是一致的,它们的通量计算都是建立在相似理论基础之上。根据热力学第一定律和涡度相关观测的基本假设,理论上能量平衡闭合程度可以作为观测系统性能和数据质量评价的一个有效途径;同时对于研究水、碳和能量耦合过程的站点来

说，能量平衡闭合的评价更是一项不可缺少的内容。

9.7.2 能量平衡不闭合状况的变化特征

（1）能量平衡闭合的日变化趋势

能量平衡闭合的日变化特征为：白天与夜间的能量平衡闭合程度之间存在着很大的差别，白天能量平衡闭合程度明显地高于夜间能量平衡闭合程度；从早晨到下午能量平衡闭合程度一直在不断增大，在下午能量平衡闭合达到一天中最高的程度。因为在早晨和傍晚日出日落这段时间内 R_n-G-S 值接近于零，能量平衡闭合状况变化也最为剧烈（图9.24）。

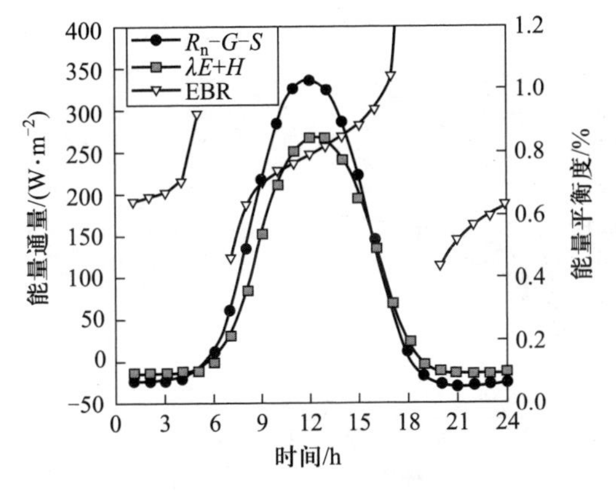

图 9.24 能量平衡比率 EBR 日变化与 R_n-G-S 和 $\lambda E+H$ 日变化（Wilson *et al*, 2002）

（2）能量平衡闭合的季节变化趋势

能量平衡闭合的季节变化趋势为：从冬季到夏季能量平衡闭合程度不断提高，冬季的能量平衡闭合最差，夏季的能量平衡闭合程度较高（图9.25）。值得注意的一点是在冬季虽然森林站和草地农田站的能量平衡闭合程度一般比较差，但是造成能量平衡闭合程度偏低的原因却不同，森林站点在冬季的 $\lambda E+H$ 在很大程度上都小于 R_n-G-S，这说明在冬季湍流能量值可能会被低估，然而草地和农田站点在冬季 $\lambda E+H$ 在很大程度上都大于 R_n-G-S，显然在此阶段湍流能量值的测量高于有效能量的估算（李正泉等，2004）。

（3）能量平衡比率（EBR）数值特征

通常情况是能量平衡比率小于1（参见图9.24），说明在通常情况下由涡度相关仪器直接观测的湍流能量（$\lambda E+H$）小于有效能量（R_n-G-S）。如果假设能量 R_n、G 和 S 的测定是准确的，这意味着，涡度相关仪器直接观测的湍流通量（$\lambda E+H$）有被低估的趋势。

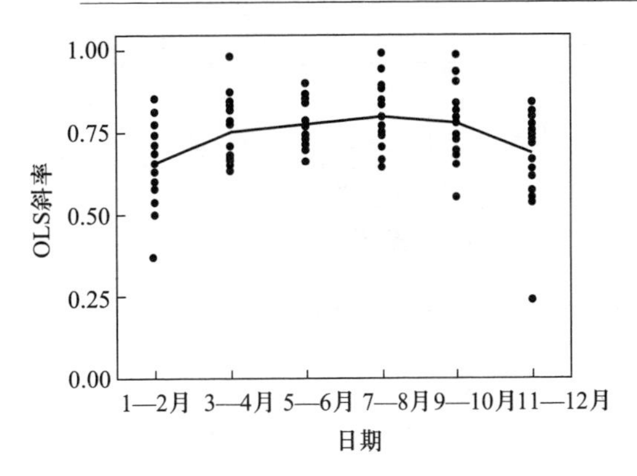

图 9.25 19个站点年 OLS 斜率的季节变化

图中每点表示一个站点两个月的 OLS 斜率，实线表示 19 个站点的年值。OLS 斜率是湍流能量与有效能量的线性回归斜率

（4）湍流混合对能量闭合状况的影响

影响能量平衡闭合程度的因素很多，对于能量平衡不能闭合这一普遍存在的现象，到目前为止仍没能够给予充分的解释。李正泉等（2004）的研究结果表明，摩擦风速对能量平衡闭合的影响很大。从图9.26中可以看出，在白天 OLS 斜率随摩擦风速升高而增大的趋势很弱，而在夜间虽然 OLS 斜率较小，但是斜率随摩擦风速的变化比较明显。在摩擦风速低于 0.5 m·s^{-1} 时 OLS 回归斜率随摩擦风速的升高而增加得很快，可是在摩擦风速高于 0.5 m·s^{-1} 时，OLS 回归斜率随摩擦风速增加得比较缓慢，逐渐趋向缓和。

图9.27显示了等3个森林站的 OLS 回归斜率在摩擦风速低于 0.5 m·s^{-1} 这一段区间内，随着摩擦风速的增大而迅速增大，当摩擦风速大于 0.5 m·s^{-1} 时，其 OLS 回归斜率的增加趋势较弱。长白山温带森林站在摩擦风速大于 1 m·s^{-1} 时，OLS 回归斜率几乎不再增加。海北高寒草甸与内蒙古温带草原两个草地站和禹城农田站的 OLS 回归斜率在摩擦风速低于 0.5 m·s^{-1} 区间内，随着摩擦风速的增大也是呈迅速增大的趋势，并且除了内蒙古站外，它们的 OLS 回归斜率在摩擦风速高于 0.5 m·s^{-1} 时增大的趋势也有所缓和。

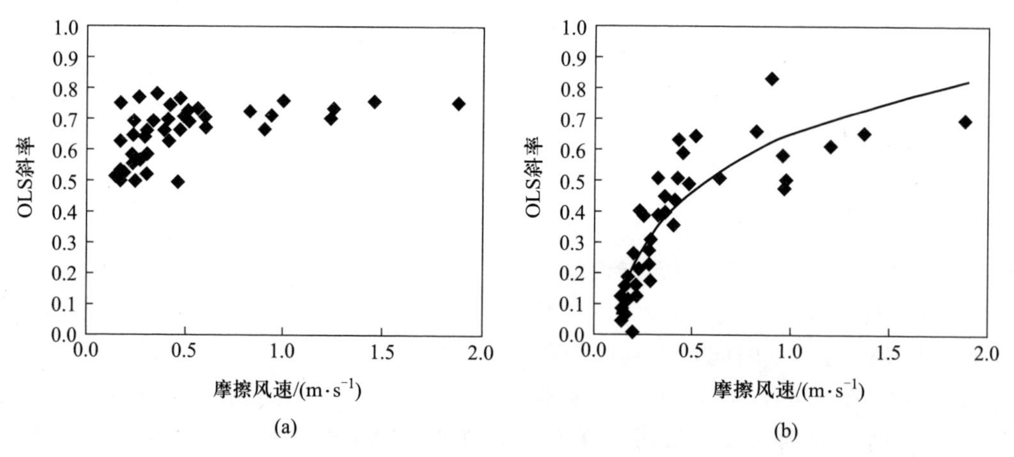

图 9.26 OLS 斜率与摩擦风速关系:(a) 白天;(b) 夜间(李正泉等,2004)
数据来源:ChinaFLUX 的 8 个通量观测站;图中每点是将观测数据等数据量分段之后计算得到;
长白山温带森林、鼎湖山亚热带常绿阔叶林和千烟洲亚热带人工针叶林

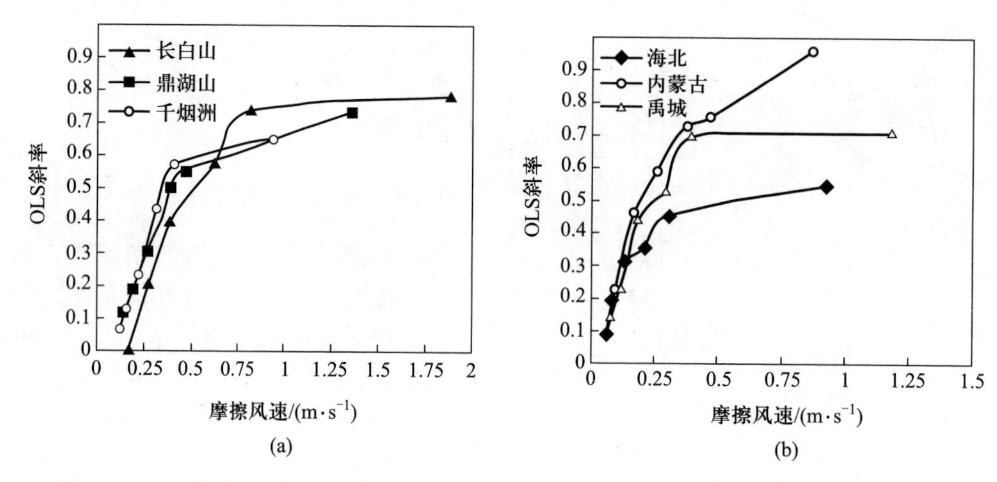

图 9.27 OLS 斜率与摩擦风速关系:(a) 夜间森林站;(b) 农田与草地站(李正泉等,2004)

9.7.3 能量平衡不闭合的主要原因

在欧洲、美洲、亚洲和中国通量观测研究网络的许多观测站点,能量平衡不能完全闭合的现象普遍存在。根据前人的研究,能量平衡不闭合的主要原因可以归结为以下几点:

(1) 通量观测中的采样误差

涡度相关仪器的通量贡献区(footprint)面积与 R_n、G 和 S 测定仪器的测量面积不相同会带来湍流能量与有效能量之间的误差。净辐射表测量的面积是一个以净辐射表为中心,以一定半径(与安装高度有关)为圆的下表面面积,这个测量面积一般不随时间、风速和风向而变化。而涡度相关仪器所测量的面积大致成椭圆形,它随着风速和风向的转变而改变,并且椭圆长轴偏向盛行风方向。从理论上说,净辐射表与涡度相关仪器测定的下垫面面积不可能完全相符,但若是下垫面存在着很大的异质性(开阔冠层或多层次冠层),那么这种测量面积的不匹配会给能量平衡闭合带来更大的误差(Baldocchi, 2000a)。土壤热通量(G)的测量面积与净辐射表和湍流能量的测量面积存在着更大的差异,通常相差几个数量级。高植被(森林)站点冠层热储量的计算也存在着此类问题。

(2) 测量仪器可能产生的系统偏差

测量仪器的不准确标定和数据处理的不规范会影响能量平衡的闭合程度,对仪器的交叉标定和确保数据采集器的正常运行可能会减少能量平衡闭合研究的不确定性(Aubinet *et al.*, 2000; Baldocchi *et al.*, 2001)。仪器测量可能产生的系统偏差主要是由于不能及时准确地进行仪器标定引起的。一些研究报道了不同型号的净辐射表和同一净辐射表在不同的标定方法下净辐射表的测量精度存在着很大的差异（Kustas *et al.*, 1998; Culf *et al.*, 2004; Halldin, 2004）。对于土壤热通量的测定来说，在特定条件下，当土壤热通量板的热传导特性与其周围土壤热传导特性不一致时，土壤热通量的测定也不可避免会带来一定的偏差（Mayocchi, 1995; Verhoef *et al.*, 1996）。当然，仪器偏差也可能发生在涡度相关装置方面，因为 λE、H 是通过超声风速计所测的风速和温度以及 IRGA 所测的水汽计算出的，在仪器的安装方面可能会遮蔽超声风速计，从而在特定的风向上降低了数据质量和能量平衡的闭合度。

（3）其他能量吸收项的忽略

在能量平衡闭合分析中一种假设是能量在系统中被分成五个测量组分（$\lambda E, H, R_n, G, S$），即使这 5 个能量项都能被精确地测量，能量仍会存在不能完全闭合的现象，这是因为在能量平衡系统中可能还存在着另一些能量吸收项。比如土壤热通量板上层土壤的热储量，冠层热储量（S）中的植被热储量，植物光合耗能以及在融化、冻结、升华等某些特定气象过程中伴随的能量转化。

（4）高频与低频湍流通量损失

涡度相关技术通常定义的平均通量是指在一定的响应时间内通过指定的采样频率对某种强度范围内的湍流进行测定，这样湍流通量就会由于低通滤波（高频损失）的作用和高通滤波（低频损失）的作用被过低测定（Moore, 1986; Aubinet *et al.*, 2000）。另一方面，超声风速计和 IRGA 装置的空间分离也会充当低通滤波的角色，造成高频损失。理论分析和实际经验提醒我们应该考虑低频和高频通量的损失，然而现在还没有一种标准的方法对频率的响应进行校正，现有的不同校正方法得到的结果也会不尽相同。

（5）平流的影响

在涡度相关技术通量观测中，认为垂直平流可以通过坐标旋转使得垂直风速为零而被忽略（Paw *et al.*, 2000）。然而垂直风速和垂直平流不为零的现象确实存在。这两种水汽流动使得忽视垂直平流的假设变得不成立，一方面是由于地表面的水平异质性而形成的大尺度的局地环流和水汽的垂直移动，另一方面是即使在较为平坦的下垫面，当大气层结具有很强的稳定性时也会在近地面引起夜间泄流和平流现象的发生（Sun *et al.*, 1998）。很多研究表明地形会影响能量平衡的闭合程度，Stannard 等（1994）认为，在地形有较大起伏的地区能量平衡很难闭合。在夜间，尤其是当摩擦风速很小（湍流强度很弱），并伴随着热量和水汽向低洼地方流动时，能量平衡闭合程度会很差（Blanken *et al.*, 1998; Lee, 1998, 2002; Aubinet *et al.*, 2000）。

最近的研究表明，之前认为辐射、土壤热通量和湍流通量测定的贡献区大小不同以及存储项的考虑与否对能量平衡的贡献不大，但存储项考虑不但会有重要影响，而且水平辐散和低频运动是能量不闭合的重要原因（Foken *et al.*, 2011）。此外，Stoy 等（2013）结合 MODIS 植被指数产品和海拔数据，分析了 FLUXNET 的 173 个站点的能量平衡及其与景观异质性的关系，研究显示，平均能量平衡为 0.84 ± 0.20，其中常绿阔叶林和萨瓦那生态系统的能量平衡度最高，而农田、落叶阔叶林、混交林和湿地的平衡度较差。能量平衡度与降水、初级生产力、植被功能型、植被指数、海拔等紧密相关。在植物功能型单一和 EVI 均匀的下垫面，能量闭合度分别达到 0.9 和趋近于 1.0。因此，在能量平衡中，景观异质性和地形变化也需要给予充分考虑（Stoy *et al.*, 2013）。

上述各种影响能量平衡闭合的可能因素可以总结为表 9.4，表中虽然未涵盖所有可能造成能量不闭合的原因，但是列举了造成能量平衡不闭合的主要因素，同时也指出了各种造成能量平衡不闭合的误差项是否会影响到 CO_2 通量的测量结果（Wilson *et al.*, 2002）。

表 9.4 可能影响能量不闭合的原因*

不闭合的原因	举例	$\lambda E+H$	R_n-G-S	EBR	CO_2 通量
采样误差	观测面积不等				否
仪器偏差	净辐射表的偏差				CSAT-3 和 IRGA
能量吸收项忽略	热通量板上层热储存		+	—	否
高频低频损失	传感器的分离/大涡	—		—	是
平流	局地环流				是

* 同时列出了是否会低估或高估湍流能量($\lambda E+H$)、有效能量(R_n-G-S)、能量平衡比率(EBR)。最后一列表明是否对 CO_2 通量造成影响。CSAT-3:三维超声风速计,IRGA:红外 CO_2/H_2O 气体分析仪。

9.8 通量贡献区与净生态系统 CO_2 交换量评价

9.8.1 通量贡献区与净生态系统 CO_2 交换量

植被-大气间湍流通量测定的目的是获得能够反映下垫面对 CO_2、H_2O 和能量交换通量的影响的信息,观测塔所观测的通量数据表示的是通量贡献区内的平均状况。对于面积足够大、下垫面均一的生态系统而言,来自各方向的通量是相同的,因此通过冠层上方湍流通量的测定,可以很方便地推算出净生态系统交换量,其涡度相关的通量观测值可以反映生态系统平均的真实的 NEE。可是由于生态景观的破碎化以及地形因子的影响,一般的生态系统多为斑块型的镶嵌结构,对于这种植被下垫面,如何准确、客观地分析与解释观测数据的空间代表性是通量观测研究中还没有解决好的重要问题。因此深入地了解通量观测塔的代表性和观测塔周围的空间变异性,定量评价通量贡献区的大小和空间分布、CO_2 通量的来源,是评价通量观测数据的区域代表性、尺度转换与过程机理研究的基础。

通量贡献区会随着大气条件与通量观测高度的变化而改变。当大气逐渐变得稳定时,通量贡献区将会迅速扩展(Schmid, 1994),并且可能超出所调查植被类型的空间范围。然而,现有的通量贡献区评价模型都是基于近中性条件下的涡度扩散理论建立的,难以对稳定层结情况下的状况给予客观的评价。当测定高度改变之后,通量贡献区的范围也将随之改变(Schmid, 1994)。Hamotani 等(1997)采用 REA 方法,借助滞空气球,在稻田近地层(2 m)和上方(20 m)处分别观测了 CO_2 和 CH_4 通量。研究表明,由于 footprint 的不同,两个观测高度之间的物质通量存在着较大的差异,当测定高度为 2 m 时,100 m 的 footprint 的贡献只有 60%。因此,对于复杂地形的森林生态系统而言,确定适宜的仪器安装高度,以满足通量观测所需要的通量贡献区相当困难。在实际的观测中,还很难简单的判定观测高度和通量贡献区之间的关系(Schmid, 1994)。

9.8.2 通量贡献区概念及其评价模型

通量贡献区(footprint)是指涡度相关系统在观测中可能"观察"到的下垫面的空间范围(Schmid, 1994)。通量贡献区分析技术是定量评价风浪区(fetch)的一种有效途径,可以将涡度相关技术可能的观测空间进行定量化,评价观测数据的空间代表性。通量贡献区概念为定量评价通量观测数据的空间代表提供了有效的研究工具。通量贡献区首先由 Schuepp 等(1990)和 Leclerc 和 Thurtell(1990)提出。在此之前,Pasquill(1972)也曾提出过"effective fetch"的类似概念。

特定时刻的通量贡献区如图 9.28 所示,图中左侧是一个观测高度(sensor at height, z_m)为 z_m 的通量观测塔,x 轴的正方向与水平风向相反,表示对观测点有贡献的下垫面点源在水平风向上到观测点的距离。与 x 轴垂直的 y 轴表示对观测点有通量贡献的下垫面点源在侧风方向上的距离。图中环形曲线表示对观测点有贡献的下垫面点源的通量贡献权重,一般称 footprint 函数(footprint function)或者源权重函数(source weight function),单位是 $1/m^2$,沿着 x 轴方向呈现先增加后减小的规律,环形曲线在 xy 平面上的投影(图中阴影部分)就是通量贡献区。值得注意的是,这是特定时刻通量贡献区的示意图,所以风向单一,但为了保证通量观测在所有时刻的代表性,各个上风方向都应有足够大的均一下垫面。

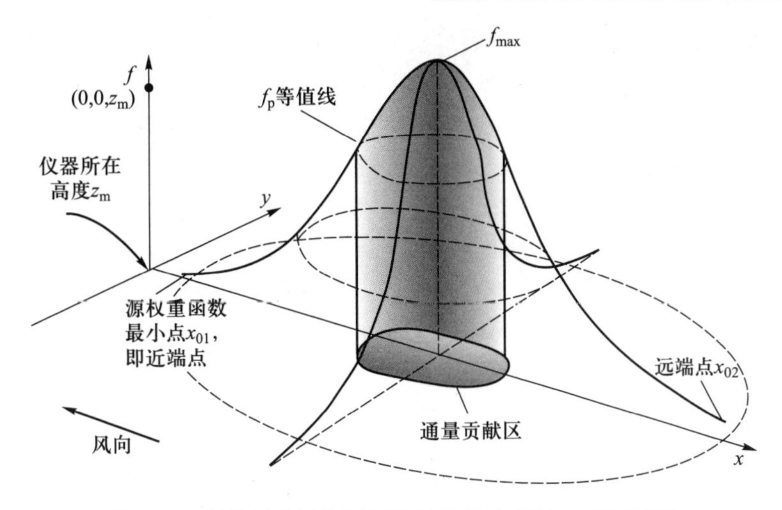

图 9.28 通量贡献区与源权重函数的关系(Schmid,1997)

此外,研究者大多关注对观测值影响最大的区域及其大小,所以根据研究要求需要计算累积贡献水平(如 95%)的通量贡献区。观测点观测到的通量是通量贡献区内各个点源释放的通量大小与通量贡献权重的乘积在贡献区内的积分。此外,通量贡献区与源区及风浪区的概念存在差异,源区是指对观测点有贡献的下垫面区域,风浪区是指研究区域沿上风方向的距离(张慧等, 2012)。Soegaard 等(2003)利用多套涡度相关系统,对景观尺度农田生态系统的通量特征进行了分析,研究表明其实际观测的 CO_2 通量与利用 footprint 模型计算得到的通量相当吻合。

自从 footprint 的概念被提出之后,在设计通量观测实验、确定斑块景观下的观测地点和适宜的观测高度等方面发挥了重要作用,例如,以物理学机制为基础的标准,不是经验标准来评价对观测有影响的区域;取代了在分析 fetch 的大小时所利用的 fetch 与高度之间的简单 100∶1 标准等。随着通量观测的发展,很多的观测站点都具有不均匀下垫面的特征,因此对 footprint 的研究日益受到关注。目前,估算通量贡献区的模型很多,包括 footprint 解析模型(analytical model)、Lagrangian 模型(Lagrangian stochastic simulation)、基于大涡模拟的 footprint 模型(LES-based simulation)和总体平均闭合 footprint 模型(ensemble-averaged closure model)。其中,以 footprint 解析模型的研究开展较早,应用比较广泛,例如,Schuepp 等(1990)所提出的模型,得到了广泛的应用,并且与涡度相关软件相结合。利用辅助的真实的风速廓线与稳定条件的信息,Horst 和 Weil(1994)进一步扩展了这一模型的应用。随后,Schmid(1997)将该模型发展到二维模型,由于可以提供适当尺度下斑块下垫面观测的其他信息,所以该模型得到了大量应用。但 Footprint 解析模型在复杂地形与气流情况下的应用受到了极大的限制,特别是对冠层内部 footprint 的计算。Lagrangian 模型比较通用,可以很好地解释扩散的物理过程。但 Lagrangian Footprint 模型对计算能力要求很高,且需要预先设定风场来建立正确的流结构和风速统计(Vesala *et al.*,2008),因此在实验设计与数据解释中的应用较少。基于大涡模拟的 footprint 模型可分析气流特征,并具有分析复杂气流条件下通量贡献区特征的能力,但其同样受到了计算能力的限制。总体平均闭合 footprint 模型是平衡模型复杂度与计算能力需求的折中方法。该模型可以对气流不均一性、异质性森林和复杂地形等更现实条件下的通量贡献区进行模拟(Schmid, 2002; Sogachev *et al.*, 2002; Sogachev & Lloyd,2003)。但是,目前对现有各种模型的模拟结果还缺乏有效的观测数据验证,而且往往是模拟算法过于复杂,对植被冠层结构、水平异质性、森林边际和林窗以及地形地貌等影响因素的分析还不够全面,需要进一步地完善(Schmid,2002)。

9.8.3 观测高度、空气动力学粗糙度与大气稳定度对通量贡献区的影响

在涡度相关通量观测中,通量贡献区函数会受到测定高度、表面粗糙度和大气稳定度等因素的影响,与

此相应地通量的贡献区域及其空间的分布也随之变化。

（1）观测高度

通量贡献区随着观测高度的增加而增大。当通量测定高度从几米增大到几十米甚至几百米时，则通量的贡献区也相应地从几百平方米增大到几平方公里。Schmid(1997)利用涡度相关技术，分析了不同高度下的通量贡献区分布（图9.29）。通量观测点位于紫花苜蓿田块内100 m的下风向处，其上风向分布有其他作物，地表粗糙度为10^{-2} m，测定时的莫宁-奥布霍夫长度等于10^{-2} m。研究表明，通量贡献区随着观测高度的变化而变化。虽然两种高度下的通量贡献区均可以满足观测的需要，但作者指出，当大气稳定度增大时，现有的通量贡献区将无法满足观测的需要。Lee(2003)的研究也表明，在相同的大气条件下，随着观测高度的增大，通量贡献区的范围和峰值出现的距离均会增大（图9.30）。

（2）空气动力学特性

通量贡献区随着空气动力学粗糙度的增加而减小，但通量贡献区函数的最大值随着空气动力学粗糙度的增加而增大。不同的植被冠层结构可以显著地改变冠层内的空气动力学特性，后者引起了观测通量的通量贡献区的空间分布特征。Baldocchi(1997a)与Rannik等(2000, 2003)利用Lagrangian模型量化了冠层湍流对footprint函数的影响。研究表明，在高大植被条件下，footprint的模拟效果取决于冠层湍流与冠层内源/汇的层次(source/sink level)。图9.31a表明，当通量的观测高度不变时，随着冠层高度从10 m增大到30 m，下垫面表面粗糙度逐渐增大，虽然冠层下(2 m)通量的footprint出现最大值的位置变化不大(大约3 m)，但footprint的范围会明显增大，从10 m增大到100 m。图9.31b显示，随着冠层黏滞系数(a)的增大，footprint的范围与达到峰值的位置明显的随之增大。空气动力学粗糙度对通量贡献区及通量贡献区函数的影响也会因观测高度的不同而存在差异。当观测高度较低时，空气动力学粗糙度的变化主要影响通量贡献区函数的最大值；但当观测高度较高时，空气动力学粗糙度的变化主要影响通量贡献区的大小。

（3）大气稳定度

当大气稳定时，湍流的交换作用较弱，因此footprint的范围较大；反之，通量贡献区的范围较小。图9.30表明，随着湍流垂直输送和水平输送的增大，footprint出现最大值的位置和范围均表现出逐渐减小的趋势。通量贡献区的区域和出现峰值的距离按不稳定层结 < 中性 < 稳定层结顺序发生变化（参见图9.30）。

9.8.4 冠层上部与下部通量贡献区的评价

受冠层结构的影响，冠层上部与下部的湍流交换过程会发生明显的变化。因此，冠层的上部与下部的通量覆盖区也同样表现出不同的特点。如图9.32

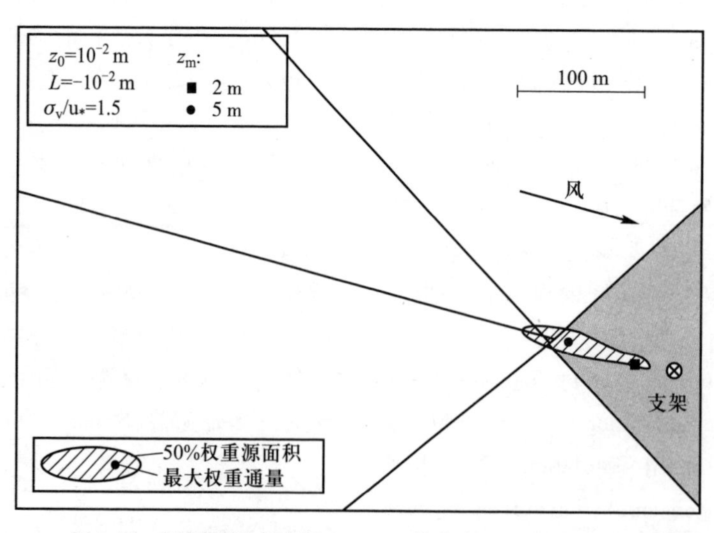

图9.29 不同观测高度下footprint的分布(Schmid, 1997)

图中不同的区域表示不同的作物类型，通量观测点位于紫花苜蓿田块内100 m下风向处。大小椭圆分别表示观测高度不同时的footprint分布，其中椭圆内的黑色部分表示最大权重通量贡献分布区域，阴影部分表示权重是50%时的通量贡献分布区域

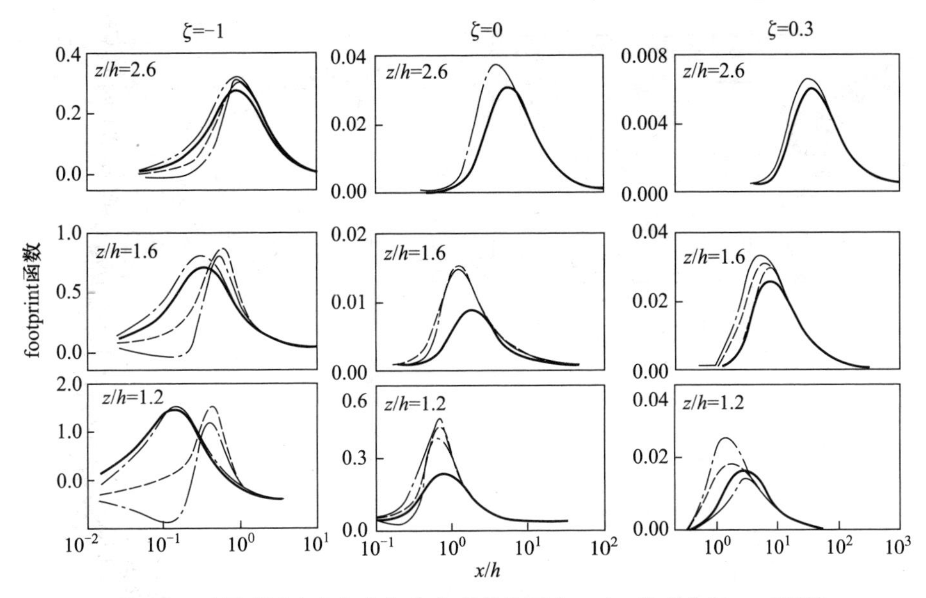

图 9.30 不同观测高度与大气稳定度条件下 footprint 的变化(Lee, 2003)

纵坐标是 footprint 函数。x 表示距观测点的距离，h 表示冠层高度。z 是观测高度。ζ 是大气稳定度。$z/h=2.6$ 与 $z/h=1.6$ 表示观测高度在粗糙亚层内，$z/h=1.2$ 则在惯性亚层内。图中，——线表示 $F_e/F_T=0.8$，—··— 线表示 $F_e/F_T=1.2$，—· 线表示 $F_e/F_T=0.2$，—线是模型结果，F_e 和 F_T 分别是冠层通量与总通量，两者之差表示地表通量

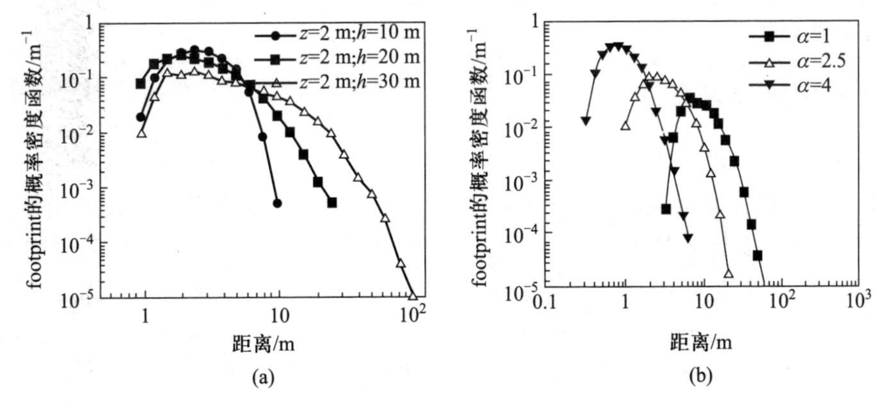

图 9.31 冠层高度与冠层黏滞系数对 footprint 的概率密度函数的影响：(a) 冠层高度；(b) 冠层黏滞系数(Baldocchi, 1997a)

z、h 和 α 分别表示观测高度、冠层高度和冠层黏滞系数

和图 9.33 所示，与冠层上部相比，冠层下部通量的通量贡献区明显较小，对于近地面层的测定(1 m 和 2 m)而言，两者的通量贡献区差别不大，而且均比 1∶100的观测高度与 fetch 的比值偏大。而当观测高度达到冠层高度的 2 倍时，其通量贡献区的变化范围是 100~3 000 m，远远高于冠层下部的测定。同时，冠层下部的通量贡献区函数最大值明显大于冠层上部的值。

9.8.5 通量贡献区评价的研究重点

尽管关于 footprint 的研究已经取得了很大的进展，但仍需要在以下方面加强研究，以适应通量观测与研究的需要(Schmid, 1997; Lee, et al., 2008; Aubinet *et al.*, 2012)。

(1) Footprint 模型的验证

Footprint 模型的验证数据可以在测定通量时，由同时测定的浓度空间分布实验提供，但这些研究仅可以在均匀的低冠层植被上开展，对森林等高大植被来说还没有这方面的验证数据。

(2) 适用于高大冠层的 footprint 模型的建立

对森林等高大冠层植被开展的通量观测越来越多，但与其相适应的、易于使用的 footprint 模型却相当缺乏。建立适用于高冠层的 footprint 模型，需要

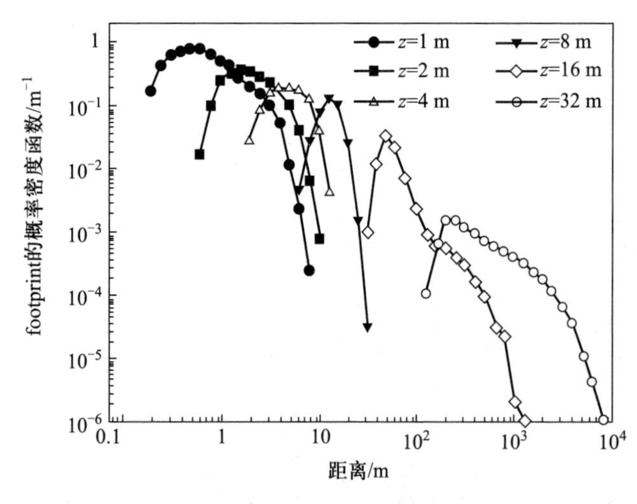

图 9.32 北部 Jack 松林不同观测高度 footprint 概率密度函数的水平分布(Baldocchi, 1997a)

冠层高度为 14 m,z 为观测高度

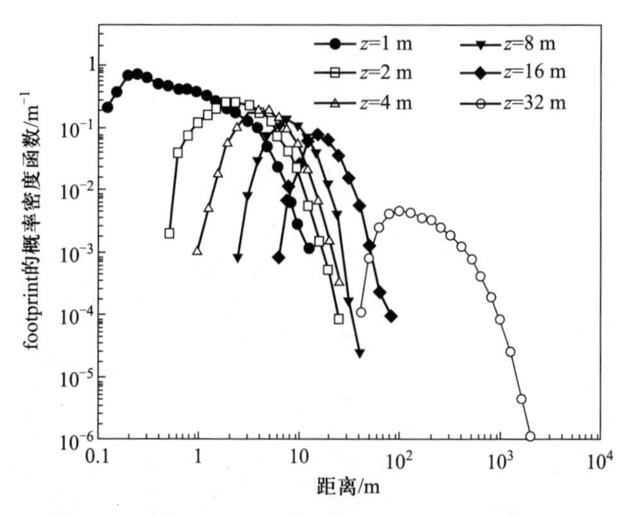

图 9.33 温带落叶林不同观测高度 footprint 概率密度函数的水平分布(Baldocchi, 1997a)

冠层高度为 25 m,z 为观测高度

对森林冠层内的湍流结构有更深入的了解。这方面的难点包括实验的困难、流场的空间不均匀性、冠层的重叠与冠层湍流的非稳态性等。

(3) 流场中的水平不均匀性分析

大多数的 footprint 模型以水平均质性假设为基础,但这明显与多数情况下的真实条件不一致。因此,需要确定在下垫面属性变化等情况下的分析方法,分析 footprint 模型的误差与应用技术。尽管后馈拉格朗日模型(backward Lagrangian model)与基于大涡模拟的 footprint 模型(based footprint model, LES)可以进行流场中水平不均匀性的分析,但是需要在实际应用中加以验证。前馈拉格朗日模型(forward Lagrangian model)虽然也可以用于这方面的分析,但需要大量的计算资源。复杂地形条件下流场的不均匀性很难进行数字上的概括,这正是 footprint 模型研究工作所面临的最为重要的挑战。

(4) 边缘或缝隙效应分析

利用涡度相关技术开展通量观测的许多站点位于两个不同类型植被下垫面的交界处以及森林边缘(edge),同时,在许多植被冠层中,缝隙(gap)是常见的,但这些因素对通量贡献区的影响还不清楚。虽然基于大涡模拟的 footprint 模型可以进行这方面的分析,但验证数据的缺少是一个主要的限制。后馈 Lagrangian 模型在这方面的应用还需要进一步考虑与评价。

(5) 地形因素对通量贡献区的影响的评价

对复杂观测条件下的气流与物质扩散进行数字模拟研究,可以评价地形与冠层异质性对通量观测与生态系统交换量估算的影响。为此应开发研究复杂气流的工具并应用到实际观测条件。在这方面,适宜复杂度的总体平均的闭合模型具有潜在的应用价值,但在当前的通量贡献区研究中被忽视了。近年来,FLUXNET 的观测站点得到了很快的发展,其中有很多观测站是建立在地形比较复杂的地段,因此,地形因素对通量贡献区的影响问题的研究将会得到更多的关注。

(6) 通量贡献区之外的区域对测定通量的贡献

研究表明,除了局地通量贡献区内的不均匀性之外,非局地的、来自于超出通量贡献区几百米之外的大尺度外力,例如层流等,对通量也同样有重要的贡献(Leclerc *et al.*, 2003a, b),但多数情况下层流无法测定。总的通量贡献区应该是观测点周围下垫面与大气的湍流交换和层流部分之和,但后者在当前的 footprint 中通常被假设为很小并可以忽略。因此,footprint 的概念应该发展为"总通量贡献区"(total footprint),以描述两种通量贡献区概念之间的差异:一种概念是当前的 footprint 定义,即仅仅是观测塔附近的表面-大气交换通量,另一种是仪器"看到"的所有的通量,即一定区域内表面-大气交换通量与层流部分之和。在高大冠层植被上进行通量测定时,当通量来源区的空间距离较大,并超出通量贡献区时,对与地表有关的地面不均匀性、植被变化和管理措施等的影响应该予以考虑和合理的量化(Leclerc *et al.*, 2003b)。

9.9 通量观测在估算区域碳平衡中的应用

9.9.1 站点通量观测数据在估算区域碳平衡中的作用

涡度相关法是通过计算垂直风速脉动和待测物理量脉动的协方差来获得湍流通量的,可以直接测定植物群落和大气间的碳以及水热等净通量。在当前的技术条件下,可以获得不同时间尺度(小时、日、季节、年)的生态系统通量特征。同时,该方法可以测定相当范围的陆地生态系统,在空间尺度上可以观测 100~2 000 m的区域。涡度相关法观测的冠层上 CO_2 通量对于模拟大空间尺度的陆地生态系统碳平衡的不同组分是十分有用的工具,其主要的优势表现为:① 冠层上的 CO_2 通量包含了冠层或生态系统尺度的所有生物个体的光合作用和呼吸作用通量;② 微气象学的通量观测结果综合了更大尺度上的 CO_2 通量特征,在地面的通量观测覆盖的区域大约在 100~2 000 m 左右,而利用飞机观测其覆盖区域可达 10~100 km,这个尺度与全球模型的输入与输出的像元尺度相一致;③ 长期的自动观测能够实现对 CO_2 通量在时间上的积分(time-integrated measurement),其时间尺度可以为天、周、月和年,这一尺度也与全球模型的时间尺度一致。

生态系统的尺度具有多维性特点,即空间尺度、时间尺度和功能尺度。但是生态系统的某些关键参数和过程在某一尺度上可能是十分重要的,然而在另一尺度上往往并不重要或是不可预见的,在尺度的外推过程中往往会导致某些特征信息的丢失(Turner, 1990),也可能导致某些特征信息被不适宜地放大。对于陆地生态系统碳循环研究来说,目前人们在小尺度水平上对陆地生态系统碳循环过程有了比较深入的了解,但是将微观研究成果上推到不同类型的生态系统时,就会面临巨大的挑战和许多难题。如何有效地将通量站点的资料,与遥感资料和生态模型有机地结合,依据单台站的通量观测结果,探讨时空尺度转换理论和方法,评价区域乃至全球尺度的生态系统碳平衡,预测生态系统碳的源汇功能的变化,是一个非常重要而复杂的科学和技术问题。

一般说来,将定位观测站的观测结果向大、中区域尺度扩展主要有两个基本的途径(于贵瑞等, 2004):① 将不断增加观测塔的空间分布密度与精细的土地利用/土地覆被分类相结合,通过网络式站点观测值的直接空间内插,或者类比方式的核算来估算区域甚至是全球尺度的陆地碳和水的收支。② 基于各站点所获得的知识和模型的参数化方案,构建区域尺度的陆地碳循环模型,在空间化了的植被和环境要素空间数据库支持下,进行尺度的扩展和区域上碳和水通量的评价。

上述的第一种途径不仅需要大规模的人力和物力投入,而且由于生态系统空间格局的复杂性和多样性,理论上是不可能获得地球上所有生态系统类型的实际观测资料,所以要想实现对较大区域的科学评价几乎是不可能的,同时即使在某些程度上可以实现,该种方法所获得的结果也无法用于对未来气候变化情景下的预测。因此,现阶段普遍认为可行的途径是第二种途径,即通过生态系统碳循环过程机理的分析和模拟技术,实现从观测站点向区域尺度的扩展,也只有这一途径才有可能实现对未来气候变化情景下的预测(于贵瑞等,2004)。

因此,陆地生态系统碳循环模型的构建,模型的参数化方法以及模型与遥感技术的应用成为通量观测研究中不可或缺的重要内容和手段(Waring & Running, 1998; Running *et al.*, 1999),其主要技术途径包括站点通量观测与过程模型模拟的结合以及站点通量观测与遥感观测的结合这两种有效的方法。

9.9.2 站点通量观测与过程模型模拟的结合

(1) 站点通量观测在过程模型模拟中的作用

由于陆地生态系统碳循环涉及地球多层圈间的复杂过程和许多非线性关系,作用与反馈同在。因此仅仅依靠重复的野外观测、简单的相关分析,是远远不能解决对陆地生态系统碳循环过程机制的认识问题,也不可能实现对区域或全球尺度碳收支的精确评价。为了描述陆地生态系统碳循环过程、获得陆地碳汇/源强度与空间分布、模拟气候变化和人类活动对碳循环过程的影响,基于生态系统过程的机理模型模拟必将成为人们采用的最重要手段之一。迄今为止,国际上已经发展了大量的基于生态系统过程的模型或生物地球化学过程的模型。其代表性的模型主要有基于植被-气候关系的陆地碳交换模型、生物物理模型、生物地理模型、生物地球化学模型等(详见第12章)。这类基于生态系统过程与机制的模型可以用于分析生物对环境的响应机制,便于对过去和未来的气候变化条件下生态系统碳循环过程进行预测。生态系统 CO_2 通量观测是建立生态系统 GPP 和 NEP 模型的知识和数据来源,可以为模型的建立提供假设与验证、机理与关系的认识、模型参数化和模型模拟或预测结果检验的数据支撑。现在大多数生态系统 GPP 和 NEP 过程机理模型也都是基于观测站点的观测数据和过程研究建立起来的,对小尺度的生态系统具有很强的模拟功能,在精细的空间尺度参数化方案与空间化的植被和环境数据的 GIS 系统的支撑下,能够模拟生态系统水、碳循环的时间和空间格局变化,也便于与 GCMs 实现有效的对接。

(2) *模型参数化与检验的主要方法*

利用观测站的实测资料,对生态系统 GPP 和 NEP 过程机理模型进行参数化,主要有三种不同的方法:

① 全域校准法:通过调整某个参数,以便使模型能重现同一变量的观测值。

② 整合法:在模型的构建过程中,首先将某个复杂的生态系统过程模型利用初步的参数系统和观测数据进行模拟运算,通过实测值与模型预测结果的不断对比,最后确定适宜的模型参数系统。

③ 局部校准法:利用观测数据的综合分析直接确定模型中的关键参数,即模型中的一些参数的值是直接由冠层尺度的观测结果获得的。

大尺度模型一般是在不同的尺度规模上进行检验的,例如,区域范围内年 NPP 可与基于生物量增值的 NPP 相比较。但是这种检验方法还存在以下几个问题:

①"点观测值"对那些具有较高的 NPP 的地块可能有偏差而不具代表性;

② 模型的像元(最小也是几公里)和采样时的地块尺度(通常是几米)之间有很大的差异;

③ 只能在年际或季节偏差上进行对比,一些短期的误差可能相互抵消(trade-off);

④ 生态系统 NPP 通常仅是依据地上部 NPP 观测值估算出来的。

CO_2 通量的观测结果可用于生态系统模型的各种检验,CO_2 通量观测给区域或全球模型中使用的各类变量提供了数据支持,如果观测站的覆盖范围足够大,将会对区域或全球模型的开发和改进提供更为有效的帮助和有力的检验数据。

(3) *多尺度、多过程的相互作用与跨尺度机理模拟*

有限的试验和观测总是在特定尺度上进行的,仅仅依靠有限的实验和观测是不可能认识和预测不同尺度生态系统的主控因素或过程间的相互作用的(Rastertter *et al.*, 2003; Norby & Luo, 2004)。多尺度试验和观测为认识这些相互作用提供了数据支撑,但这种认识需要在不同尺度的数据之间建立联系,进行跨尺度、多过程相互作用的机理分析、综合和科学提炼。在生态系统碳循环研究中应用的跨尺度分析方法主要有"自下而上"(bottom-up)方法、"自上而下"(top-down)方法(Tood & Schneider, 1995)和跨尺度机理模拟分析方法。

"自下而上"方法一般直接把小尺度样点观测结果或生理生态机理直接外推到大尺度上。有限的样点观测一方面不足以反映生态系统的时空变化,另一方面很难揭示掩盖于微观变异之中的宏观过程的控制机制。例如,植物个体和种群微观试验得到的 CO_2"施肥"效应大大高于生态系统水平试验观测结果(Norby & Luo, 2004);在同一地点应用微观通量测定和宏观生态清查方法得到的生态系统碳吸收相差一倍以上(Baldocchi, 2003)等。

"自上而下"的方法一般是应用统计分析的方法在大尺度格局、状态变化与控制因素之间建立相关关系,但不能为这种关系提供机理解释,而且有限的大尺度定量数据和统计分析误差经常会导致不正确或非普适性的相关关系(Tood & Schneider, 1995)。例如,许多遥感观测研究发现过去20年陆地生态系统生产力与降雨量变化相关性很低(Potter *et al.*, 1993; Goward & Prince, 1995; Lucht *et al.*, 2002),但过程机理研究显示降雨量增加可能是北半球陆地碳汇增加的主要原因(Nemani *et al.*, 2002)。

跨尺度机理模拟分析必须建立在跨尺度综合集成分析的基础上,其核心是必须正确地认识和表达不同尺度过程之间的机理联系和定量关系(曹明奎等,2004)。例如,植物气孔传导和光合作用反应与植物碳氮分配和形态结构变化的相互关系;植物碳氮摄取相对速率如何导致植物和土壤碳氮比、有机质分解和土壤-植物系统碳氮循环的变化;植物种类之间相对生长速率和竞争优势的变化如何导致植被结构、组成和分布的变化等。这些跨尺度相互作用往往被掩盖于特定尺度过程和因素的作用之中,难于应用统计分析的方法辨识和定量表达。基于生理生态过程的机理模拟(mechanistical or process modeling)是定量分析和表达跨尺度相互作用的最有效方法(Rastertter *et al.*, 2003)。

生态系统机理模拟是过去 10 年碳循环研究中发展最快的领域之一。各种类型的生态机理模型不断出现(不包括生物地理经验模型),它们基本上可分为生物地球化学模型和动态全球植被模型(dynamic global vegetation model, DGVM)两大类,被应用于研究陆地生态系统生产力、碳循环通量和贮量对环境变化和人类活动的响应。尽管现有的模型模拟研究促进了对陆地生态系统碳循环时空变化的认识,但是所估算的陆地碳汇变化的可靠性和可信度都很低。特别是已有的模型大多数是在 20 世纪 90 年代中期以前构建的,由于当时缺乏大尺度、长期生态试验和观测数据,所以偏重于对小尺度(如叶片、植株和样点)生理生态过程及其对环境变化短期反应的模拟,而且也没有经过充分验证与检验,现在急需建立基于多尺度碳循环过程相互作用关系的新一代生态系统机理模型(曹明奎等,2004)。

9.9.3 站点通量观测与遥感观测的结合

(1) 遥感反演在陆地碳通量评价中的应用

大尺度生态系统格局和过程的定量、动态观测数据的缺乏一直是限制碳循环研究进展的主要障碍。近 10 年来,遥感技术以及数据处理能力的迅速发展和基于遥感观测的生理生态理论研究的进展才使之成为可能(Tucker *et al.*, 1985; Field *et al.*, 1995; Schimel, 1995)。目前,遥感是进行生态系统变化的大尺度、连续和定量观测的唯一可行手段,但它不能直接测定碳通量和储量的变化,需要对遥感观测数据进行一系列处理、转换和反演才能估计陆地生态系统碳汇的变化。研究结果显示,遥感数据与关键的陆地表面生物物理参数,例如,叶面积指数(leaf area index, LAI)和光合有效辐射吸收分量(fraction of absorbed photosynthetically active radiation, FPAR)之间存在很好的函数关系(Asrar *et al.*, 1989, 1992; Goward & Huemmrich, 1992; Sellers *et al.*, 1992)。在陆地生态系统的遥感测量方法及遥感数据驱动的生态系统模型中,LAI、FPAR 与 NPP 被广泛地采用,在区域和全球尺度的碳循环模型中,从遥感数据得到的这些参数经常被用作模型的初始化、驱动变量与模型验证(Reich *et al.*, 1999)。根据遥感原理和数据特性,遥感方法在陆地碳循环以及碳通量研究中,具有以下三个方面的应用:

① 通过遥感反演获取碳循环模型所需要的地面物理参数或驱动变量,如地面反照率、叶面积指数、土壤湿度等(Potter *et al.*, 1993; Ruimy *et al.*, 1994; Field *et al.*, 1995, 1998; Franklin *et al.*, 1997; Running & Coughlan, 1988; Chen *et al.*, 1999);

② 通过遥感反演获取土地覆盖或植被现状以及动态信息,如土地利用/土地覆盖现状与动态变化、植被结构变化等,进而推测碳库与碳通量的变化(Soegaard *et al.*, 2000),特别是通过潜在植被碳库与实际碳库之间的对比,研究人类活动和气候变化对碳循环的影响;

③ 采用简单的回归模型,直接利用植被指数(NDVI)或高波谱分辨率遥感数据来获取陆地生态系统植被碳库、凋落物碳库、植被与大气 CO_2 交换量、植被蒸腾量等信息(Nagler *et al.*, 2000)。

(2) 生态系统碳通量的遥感反演模型

生态系统碳通量的遥感反演模型是以遥感资料(NDVI、FPAR、APAR、Tsurface 等)为驱动变量,以 GIS 的植被或空间化的环境数据库为支撑的通量评价模型,一般来说所需要的模型参数较少,仅需植被指数和一些常规气象数据就可以完成模型模拟,操作比较简单。生态系统碳循环主要的遥感模型有基于气候学的卫星遥感模型和基于物候学的遥感模型等。可以直接用于生态系统碳通量评价的代表性的遥感模型有 CASA(Carnegie Ames Stanford approach), Glo-pem, FOREST-BGC, SiB2(revised simple biosphere model)和 VPM(vegetation photosynthesis model)等(详见第 12 章)。

(3) 通量-遥感的多尺度联合观测及其数据-模型的融合

在过去10年中,以涡度相关测定、定量遥感和大型环境控制试验为代表的新技术手段发展迅速,并应用于从样点到区域的多尺度试验和观测之中,形成了区域和全球性的研究网络,为认识和定量估计陆地生态系统碳吸收积累了大量数据。

涡度相关通量测定的优势在于可以直接测定从小时到年际的生态系统碳通量的连续变化,认识碳循环生理生态过程机理及其与环境条件的关系。尽管现在已形成了多个地区性和全球性的观测网络,但涡度相关的测定仍然是一种小尺度观测方法,其观测结果本身只代表特定生态系统在特定环境中的碳通量特征,且不能直接外推到区域尺度。另一方面,遥感技术及其数据处理能力的发展使开展大尺度和高分辨率生态系统变化的长期定量观测成为可能(Wilson *et al.*, 2002)。地球资源卫星和气象卫星已进行了近30年的全球连续观测,新卫星系统如美国宇航局的地球观测系统将在未来15年提供精确度和分辨率更高的生态系统变化观测数据。遥感数据被应用于确定高分辨率(500 m到1km)的全球土地覆盖及其时间变化(Field *et al.*, 1995; Schimel, 1995; Wilson *et al.*, 2002)。遥感是目前进行大尺度、连续定量观测的可行手段,但它不能直接测定生态系统碳通量和储量的变化。它在生态系统碳循环研究中的优势在于观测环境条件(如气候、辐射和土壤水分),植被分布格局与活动(如植被分布、组成、叶面积和有效辐射吸收)和土地利用(森林砍伐、恢复、种植与农田弃耕)等动态变化,为估计生态系统碳通量和碳储量变化提供了大尺度、高分辨率的观测数据(曹明奎等,2004)。由于受各种因素(如大气质量、云量和卫星轨道)的干扰,遥感观测有一定的误差,需要地面观测数据的验证和校正。因此,如何建立通量-遥感的多尺度联合观测体系,有效地将有限的通量站点的资料与大尺度的遥感资料以及生态模型有机地结合,把观测站点通量观测结果尺度扩展到区域和全球是个非常重要而复杂的科学技术问题。

近年来,基于多尺度观测的数据-模型融合方法开始在碳循环研究中得以发展和应用(Chapin, 1991; Field *et al.*, 1992; Rastertter & Shaver, 1992; Cox *et al.*, 2000)。数据-模型融合首先是应用多尺度观测数据通过"前推"(forward)和"反演"(inverse)相结合的方法确定模型结构和参数值(Chapin, 1991; Field *et al.*, 1992)。"前推"是建立生态模型的传统方法,即应用单一尺度观测数据和理论推演事先确定的模型结构和参数;而"反演"是应用数学优化方法从多尺度观测结果来反推模型结构和参数(Iwasa & Roughgarden, 1984; Rastertter & Shaver, 1992)。数据-模型融合的第二步是对建立的模型在不同尺度上进行验证,应用多种观测结果检验模型的可靠性。最后,数据-模型融合需要应用动态观测数据(包括环境和生态系统状态变量)对模型模拟进行连续驱动、检验和引导,以实现预测和预报生态系统的碳循环的动态变化的目标。

利用观测数据优化生态模型过程参数,完善模型结构,提高模型模拟精度,数据-模型融合方法为降低生态系统碳水收支模拟和预测的不确定性提供了一种有效途径。模型数据融合通过模型和数据的有机整合,充分利用获取的观测数据,运用数学方法优化模型参数,使模拟结果与观测值达到最佳匹配,以更准确地认识、模拟和预测生态系统变化(Raupach *et al.*,2005;Williams *et al.*,2009)。由于大多生态模型都包含难以准确估计的关键参数,因此,目前生态系统模型数据融合研究主要集中在模型的参数估计方面,利用观测数据优化模型关键参数。例如,利用碳通量观测数据优化碳循环过程参数(Braswell *et al.*,2005;Sacks *et al.*,2006;Sacks *et al.*,2007),使用生物计量数据获取碳库周转参数(Luo *et al.*,2003;Xu *et al.*,2006),结合碳通量和生物计量数据优化碳循环模型关键参数(Williams *et al.*,2005;Zhang *et al.*,2009;Carvalhais *et al.*,2010;Richardson *et al.*,2010;Zhang *et al.*,2010),以及利用碳水通量观测数据耦合碳水循环机理过程,进行参数反演进而探讨碳水通量及其关系(Wang *et al.*, 2001;Santaren *et al.*,2007;Moore *et al.*,2008;任小丽等,2012)。

参考文献

曹明奎,于贵瑞,刘纪远等.2004.陆地生态系统碳循环的多尺度试验观测和跨尺度机理模拟.中国科学D辑,34(增刊Ⅱ):1~14

李正泉,于贵瑞,温学发等.2004.中国通量观测网络

(ChinaFLUX)能量平衡闭合状况的评价.中国科学D辑,34(增刊Ⅱ):46~56

任小丽,何洪林,刘敏等.2012.基于模型数据融合的千烟洲亚热带人工林碳水通量模拟. 生态学报, 32 :7313~7326

宋霞,刘允芬,徐小锋等.2004.红壤丘陵区人工林冬春时段碳、水、热通量的观测与分析.资源科学,26: 96~104

孙晓敏,朱治林,许金萍等.2004.涡度相关测定中平均周期参数的确定及其影响分析.中国科学 D 辑, 34(增刊Ⅱ):30~36

温学发,于贵瑞,孙晓敏等.2004.复杂地形条件下森林植被湍流通量测定的分析.中国科学D辑,34(增刊Ⅱ):57~66

文字信贵. 2003.植物と微気象、群落大気の乱れとフラックス、大阪:大阪公立大学共同出版会

吴家兵,关德新,孙晓敏等.2004.长白山阔叶红松林 CO_2 交换的涡动通量修订.中国科学D辑,34(增刊Ⅱ):95~102

于贵瑞,张雷明,孙晓敏等.2004.亚洲区域陆地生态系统碳通量观测研究进展.中国科学D辑,34(增刊Ⅱ):15~29

张慧,申双和,温学发等.2012.陆地生态系统碳水通量贡献区评价综述.生态学报,32:7622~7633

张军辉,韩士杰,孙晓敏等.2004.冬季强风条件下森林冠层/大气界面开路涡动相关 CO_2 净交换通量的 UU^* 修正.中国科学D辑,34(增刊Ⅱ):77~83

朱治林,孙晓敏,袁国富等.2004.非平坦下垫面涡度相关通量的校正方法及其在 ChinaFLUX 中的应用.中国科学 D 辑,增刊Ⅱ:37~45

Acevedo OC, Moraes OLL, Degrazia GA, *et al.* 2009. Is friction velocity the most appropriate scale for correcting nocturnal carbon dioxide fluxes? *Agricultural and Forest Meteorology*, 149: 1~10

Anthoni P M, Law B E, Unsworth M H. 1999. Carbon and water vapor exchange of an open-canopied ponderosa pine ecosystem. *Agricultural and Forest Meteorology*, 95: 151~168

Asrar G, Myneni R B, Choudhury B J. 1992. Spatial heterogeneity in vegetation canopies and remote sensing of absorbed photosynthetically active radiation: A modeling study. *Remote Sensing of Environment*, 41: 85~103

Asrar G, Myneni R B, Li Y, *et al.* 1989. Measuring and modeling spectral characteristics of a tallgrass prairie. *Remote Sensing of Environment*, 27: 143~155

Aubinet M, Chermanne B, Vandenhaute M, *et al.* 2001. Long term carbon dioxide exchange above a mixed forest in the Belgian Ardennes. *Agricultural and Forest Meteorology*, 108: 293~315

Aubinet M, Grelle A, Ibrom A, *et al.* 2000 Estimates of the annual net carbon and water exchange of forests: the Euroflux methodology. *Advance in Ecological Research*, 30: 113~174

Aubinet M, Vesala T, Papale D, *et al.* 2012. Eddy Covariance: A Practical Guide to Measurement and Data Analysis Series. New York: Springer

Baldocchi D D, Meyers T P. 1998. On using eco-physiological, micrometeorological and biogeochemical theory to evaluate carbon dioxide, water vapor and gaseous deposition fluxes over vegetation. *Agricultural and Forest Meteorology*, 90: 1~26

Baldocchi D, Falge E, Gu L, *et al.* 2001. Fluxnet: a new tool to study the temporal and spatial variability of ecosystem-scale carbon dioxide, water vapor, and energy flux densities. *Bulletin of the American Meteorological Society*, 82: 2415~2434

Baldocchi D. 2003. Assessing the eddy covariance technique for evaluating carbon dioxide exchange rates of ecosystems: past, present and future. *Global Change Biology*, 9: 479~492

Baldocchi D D. 1997a. Flux footprint within and over forest canopies. *Boundary-Layer Meteorology*, 85: 273~292

Baldocchi D D. 1997b. Measuring and modeling carbon dioxide and water vapor exchange over a temperate broad-leaved forest during the 1995 summer drought. *Plant, Cell and Environment*, 20: 1108~1122

Baldocchi D, Finnigan J, Wilson K, *et al.* 2000a. On measuring net ecosystem carbon exchange over tall vegetation on complex ter-rain. *Boundary-Layer Meteorology*, 96: 257~291

Baldocchi D D, Falge E, Wilson K. 2000b. A spectral analysis of biosphere-atmosphere trace gas flux densities and meteorological variables across hour to year time scales. *Agricultural and Forest Meteorology*, 107: 1~27

Baldocchi D D, Hicks B B, Meyers T P. 1988. Measuring biosphere-atmosphere exchanges of biologically related gases with micrometeorological methods. *Ecology*, 69: 1331~1340

Barford C C, Wofsy S C, Goulden M L, *et al.* 2001. Factors controlling long- and short-term sequestration of atmospheric CO_2 in a mid-latitude forest. *Science*, 294: 1688~1691

Berbigier P, Bonnefond J M, Mellmann P. 2001. CO_2 and water vapour fluxes for 2 years above Euroflux forest site. *Agricultural and Forest Meteorology*, 108: 183~197

Black T A, Hartog G, Neumann H H, *et al.* 1996. Annual cycles of water vapour and carbon dioxide fluxes in and above a boreal aspen forest. *Global Change Biology*, 2: 219~229

Blanken P D, Black T A, Neumann H H, *et al.* 1998. Turbulence flux measurements above and below the overstory of a boreal aspen forest. *Boundary-Layer Meteorology*, 89: 109~140

Braswell B H, Sacks W J, Linder E, *et al.* 2005. Estimating diurnal to annual ecosystem parameters by synthesis of a carbon flux model with eddy covariance net ecosystem exchange observations. *Global Change Biology*, 11: 335~355

Businger J A. 1986. Evaluation of the accuracy with which dry deposition can be measured with current micrometeorological technique. *Journal of Climate and Applied Meteorology*, 25: 1100~1124

Businger J A, Delany A C. 1990. Chemical sensor resolution required for measuring surface fluxes by three common micrometeorological techniques. *Journal of Atmospheric Chemistry*, 10: 399~410

Carvalhais N, Reichstein M, Ciais P, *et al.* 2010. Identification of vegetation and soil carbon pools out of equilibrium in a process model via eddy covariance and biometric constraints. *Global Change Biology*, 16: 2813~2829

Chapin F S. 1991. Integrated responses of plants to stress. *Bioscience*, 41: 29~36

Chen J Q, Paw U K T, Ustin S L, *et al.* 2004. Net ecosystem exchanges of carbon, water, and energy in young and old-growth Douglas-Fir forests. *Ecosystems*, 7: 534~544

Chen J M, Liu J, Cihlar J, *et al.* 1999. Daily canopy photosynthesis model through temporal and patial scaling for remote sensing applications. *Ecological Modeling*, 124: 99~119

Clark K L, Gholz H L, Moncrieff J B, *et al.* 1999. Environmental controls over net exchanges of carbon dioxide from contrasting Florida ecosystems. *Ecological Application*, 9: 936~948

Cox P M, Betts R A, Jones C D, *et al.* 2000. Accele-ration of global warming due to carbon cycle feedbacks in a coupled climate model. *Nature*, 408: 184~187

Culf A D, FolkenT, Gash J H C.2004. The energy balance closure problem. In: Kabat P, Claussen M, Dirmeyer P A, *et al.* eds. *Vegetation, Water, Humans and the Climate*. Berlin: Springer-Verlag: 159~166

Desai A R, Richardson A D, Moffat A M, *et al.* 2008. Cross-site evaluation of eddy covariance GPP and RE decomposition techniques. *Agricultural and Forest Meteorology*, 148: 821~838

de Bruin HAR, Kohsiek W, van der Hurk B J J M. 1993. A verification of some methods to determine the fluxes of momentum, sensible heat and water vapour using standard deviation and structure parameter of meteo-rological quantities. *Boundary-Layer Meteorology*, 63: 231~257

Dragoni D, Schmid H P, Grimmond C S B, *et al.* 2007. Uncertainty of annual net ecosystem productivity estimated using eddy covariance flux measurements. *Journal of Geophysical Research-Atmospheres*, 112: D17102

Dyer A J, Garratt J R, Francey R J, *et al.* 1982. An international turbulence comparison experiment (ITEC 1976). *Boundary-Layer Meteorology*, 24: 181~209

Eugster W, McFadden J P, Chapin E S. 1997. A comparative approach to regional variation in surface fluxes using mobile eddy correlation towers. *Bound Layer Meteorology*, 85: 293~307

Falge E, Baldocchi D, Olson R, *et al.* 2001a. Gap filling strategies for defensible annual sums of net ecosystem exchange. *Agricultural and Forest Meteorology*, 107: 43~69

Falge E, Baldocchi D, Olson R, *et al.* 2001b. Gap filling strategies for long term energy flux data sets. *Agricultural and Forest Meteorology*, 107: 71~77

Fang C, Moncrieff J B. 2001. The dependence of soil CO_2 efflux on temperature. *Soil Biology & Biochemistry*, 155~165

Field C B, Chapin III F S, Matson P A, *et al.* 1992. Responses of terrestrial ecosystems to the changing atmosphere—A resource-based approach. *Annual Review of Ecology and Systematics*, 23: 201~235

Field C B, Randerson J T, Malmstrom C M. 1995. Global net primary production: combining ecology and remote sensing. *Remote Sensing of Environment*, 51: 74~88

Field C B, Behrenfeld M J, Randerson J T, *et al.* 1998. Primary production of the biosphere: integrating terrestrial and oceanic components. *Science*, 281: 237~240

Finnigan J, 1999. A comment on the paper (1998): "On micrometeorological observations of surface-air exchange over tall vegetation". *Boundary-Layer Meteorology*, 97: 55~64

Finnigan J J, Clement R, Malhi Y, *et al.*. 2003. A re-evaluation of long-term flux measurement techniques Part I: averaging and coordinate rotation. *Boundary-Layer Meteorology*, 107: 1~48

Finnigan J J. 2004. A re-evaluation of long-term flux measurement techniques Part II: coordinate systems. *Boundary-Layer Meteorology*, 113: 1~41

Fitzjarrald D R, Morre K E. 1990. Mechanisms of nocturnal exchange between the rain forest and the atmosphere. *Journal of Geophysical Research*, 95: 16938~16850

Foken T, Wichura B. 1996. Tools for quality assessment of surface-based flux measurements. *Agricultural and Forest Meteorology*, 78: 83~105

Franklin S E, Lavigne M B, Deuling M J, *et al.* 1997. Estimation of forest leaf area index using remote sensing and GIS data for modelling net primary production. *International Journal of Remote Sensing*, 18 (16): 3459~3471

Goulden M L, Daube B C, Fan S M, *et al.* 1997. Physiological response of a black spruce forest to weather. *Journal of Geophysical Research*, 102: 28987~28996

Goulden M L, Munger J M, Fan S M, *et al.* 1996. Measurement of carbon sequestration by long-term eddy covariance: methods and a critical evaluation of accuracy. *Global Change Biology*, 2: 169~182

Goward S N, Prince S D. 1995. Transient effects of climate on vegetation dynamics: satellite observations. *Journal of Biogeography*, 22: 549~564

Goward S N, Huemmrich K F. 1992. Vegetation canopy PAR absorptance and the normalized difference vege-tation index: An assessment using the SAIL model. *Remote Sensing of Environ-*

ment, 39: 119 ~ 140

Granier A, Ceschia E, Damesin C, *et al.* 2000. The carbon balance of a young beech forest. *Functional Ecology*, 14: 312 ~ 325

Griffis T J, Black T A, Morgenstern K, *et al.* 2003. Ecophysiological controls on the carbon balances of three southern boreal forests. *Agricultural and Forest Meteorology*, 117: 53 ~ 71

Haenel H D, Grünhage L. 1999. Footprint analysis: a closed analytical solution based on height-deperdent profiles of wind speed and eddy viscosity. *Boundary-Layer Meteorology*, 93: 395 ~ 409

Hagen S C, Braswell B H, Linder E, *et al.* 2006. Statistical uncertainty of eddy flux-based estimates of gross ecosystem carbon exchange at Howland Forest, Maine. *Journal of Geophysical Research-Atmospheres*, 111: D08S03

Halldin S. 2004. Radiation measurements in integrated terrestrial experiments. In: Kabat P, Claussen M, Dirmeyer PA, *et al.* *Vegetation, Water, Humans and the Climate*. Berlin: Springer-Verlag: 167 ~ 171

Hamotani K, Yamamoto H, Monji N, *et al.* 1997. Develo-pment of a mini-sonde system for measuring trace gas fluxes with the REA method. *Journal of Agricultural Meteorology (Japan)*, 53: 301 ~ 306

Hirano T, Hiratai R, Fujinuma Y, *et al.* 2003. CO_2 and water vapor exchange of a larch forest in northern Japan. *Tellus*, 55B: 244 ~ 257

Horst T W. 1997. A simple formula for attenuation of eddy fluxes measured with first-order-response scalar sensors. *Boundary-Layer Meteorology*, 82: 219 ~ 233

Horst T W, Weil J C. 1994. How far is enough? The fetch requirements for micrometeorological measurement of surface fluxes. *Journal of Atmospheric and Oceanic Technology*, 11: 1018 ~ 1025

Hu X, Lee X, Steven D E, *et al.* 2002. A numerical study of noctural wavelike motion in forest. *Boundary-Layer Meteorology*, 102: 199 ~ 223

Iwasa Y, Roughgarden J. 1984. Shoot/root balance of plants: optimal growth of a system with many vegetative organs. *Theoretical Population Biology*, 25: 78 ~ 105

Jarvis P G, Massheder J, Hale D, *et al.* 1997. Seasonal variation of carbon dioxide, water vapor and energy exchanges of a boreal black spruce forest. *Journal of Geophysical Research*, 102: 28953 ~ 28967

Kaimal J C, Gaynor J E. 1991. Another Look at Sonic Thermometry. *Boundary-Layer Meteorology*, 56: 401 ~ 410

Kaimal J C, Finnigan J. 1994. Atmospheric boundary layer flows: their structure and measurement. New York: Oxford University Press

Kominami Y, Miyama T, Tamai K, *et al.* 2003. Characte-ristics of CO_2 flux over a forest on complex topography. *Tellus*, 55B: 313 ~ 321

Kormann R, Meixner F X. 2001. An analytic footprint model for neutral stratification. *Boundary-Layer Meteordogy*, 99: 207 ~ 224

Kustas W P, Prueger J H, Hipps L E, *et al.* 1998. Inconsistencies in net radiation estimates from use of several models of instruments in a desert environment. *Agricultural and Forest Meteorology*, 90: 257 ~ 263

Lasslop G, Reichstein M, Papale D, *et al.* 2010. Separation of net ecosystem exchange into assimilation and respiration using a light response curve approach: critical issues and global evaluation. *Global Change Biology*, 16: 187 ~ 208

Law B E, Falge E, Gu L, *et al.* 2002. Environmental controls over carbon dioxide and water vapor exchange of terrestrial vegetation. *Agricultural and Forest Meteorology*, 113: 97 ~ 120

Law B E, Ryan M G, Anthoni P M. 1999. Seasonal and annual respiration of a ponderosa pine ecosystem. *Global Change Biology*, 5: 169 ~ 182

Leclerc M Y, Thertell G W. 1990. Footprint prediction of scalar using a Markovian analysis. *Boundary-Layer Meteorology*, 52: 247 ~ 258

Leclerc M Y, Meskhidze N, Finn D. 2003a. Footprint predictions comparison with a tracer flux experiment over a homogeneous canopy of intermediate roughness. *Agricultural and Forest Meteorology*, 117: 17 ~ 34

Leclerc M Y, Shen S H, Lamb B. 1997. Observation and large-eddy Simulation modeling of footprints in the lower convective boundary layer. *Journal of Geophysial Research*, 102: 9323 ~ 9324

Leclerc M Y, Karipot A, Prabha T, *et al.* 2003b. Impact of non-local advection on flux footprint over a tall forest canopy: A tracer flux experiment. *Agricultural and Forest Meteorology*, 115: 17 ~ 34

Lee X. 1998. On micrometeorological observations of surface-air exchange over tall vegetation. *Agricultural and Forest Meteorology*, 91: 39 ~ 49

Lee X. 2002. Forest-air fluxes of carbon, water and energy over non-flat terrain. *Boundary-Layer Meteorology*, 103: 277 ~ 301

Lee X. 2003. Fetch and footprint of turbulent fluxes over vegetative stands with elevated sources. *Boundary-Layer Meteorology*, 107: 561 ~ 579

Lee X, Barr A G. 1998. Climatology of gravity waves in a forest. *Quarterly Journal of the Royal Meteorological Society*, 124: 1403 ~ 1419

Lee, X, Massman W, Law B. 2008. Handbook of Micrometeorology: A Guide for Surface Flux Measurement and Analysis. Springer-Verlag

Leuning R, Judd M J. 1996. The relative merits of open- and closed-path analyzers for measurement of eddy fluxes. *Global Change Biology*, 2: 241 ~ 253

Lloyd C R, Shuttleworth W J, Gash J H C, *et al.* 1984. A microprocessor system for eddy correction. *Agricultural and Forest Meteorology*, 33:67~80

Lloyd J, Taylor J A. 1994. On the temperature depen-dence of soil respiration. *Functional Ecology*, 8:315~323

Lucht W, Prentice I C, Myneni R B. 2002. Climatic control of the high latitude vegetation greening trend and Pinatubo effect. *Science*, 296:1687~1689

Luo Y Q, White L W, Canadell J G, *et al.* 2003. Sustainability of terrestrial carbon sequestration: A case study in Duke Forest with inversion approach. *Global Biogeochemical Cycles*, 17: 1021, doi: 10.1029/2002GB001923

Mahrt L. 1998. Flux sampling errors for aircraft and towers. *Journal of Atmospheric and Oceanic Technology*, 15: 416~429

Mahrt L. 1982. Momentum balance of gravity flow. *Journal of the Atmospheric Sciences*, 39:2701~2711

Malhi Y, McNaughton K, Randow C V. 2004. Low frequency atmosphere transport and surface flux measurements. In: Lee X, Massman W, Law B, eds. *Handbook of Micrometeorology: A guide for surface flux measurement and analysis*. Dordrecht: Kluwer Academic Publisher: 101~118

Massman W J, Lee X. 2002. Eddy covariance flux corrections and uncertainties in long term studies of carbon and energy exchanges. *Agricultural and Forest Meteorology*, 113: 121~144

Massman W J. 2000. A simple method for estimating frequency response correction for eddy covariance systems. *Agricultural and Forest Meteorology*, 104:185~198

Massman W J. 2001. Reply to comment by Rannik on "A simple method for estimating frequency response correction for eddy covariance systems". *Agricultural and Forest Meteorology*, 107: 247~251

Mayocchi C L, Bristow K L. 1995. Soil surface heat flux: some general questions and comments on measurements. *Agricultural and Forest Meteorology*, 75: 43~50

Meek D W, Prueger J H. 1998. Solution for three regression problems commonly found in meteorological data analysis. In: Proceedings of the 23 rd conference on agricultural forest meteorology. American Meteorological society, Albuquerque, NM, November 2-6, 141~145

Michaelis L, Menten M L. 1913. Die Kinetik der Invertinwirkung. *Biochem. Z.* 49:333~369

Moffat A M, Papale D, Reichstein M, *et al.* 2007. Comprehensive comparison of gap-filling techniques for eddy covariance net carbon fluxes. *Agricultural and Forest Meteorology*, 147:209~232

Moncrieff J B, Verma S B, Cook D R. 1992. Inter-comparison of eddy correction sensors during FIFE 1989. *Journal of Geophysical Research*, 97:18725~18730

Moncrieff J B, Malhi Y, Leuning R. 1996. The propagation of errors in long-term measurement of land-atmosphere fluxes of carbon and water. *Global Change Biology*, 2:231~240

Moore C J. 1986. Frequency reponse correction for eddy correction systems. *Boundary-Layer Meteorology*, 37:17~30

Moore D J P, Hu J, Sacks W J, *et al.* 2008. Estimating transpiration and the sensitivity of carbon uptake to water availability in a subalpine forest using a simple ecosystem process model informed by measured net CO_2 and H_2O fluxes. *Agricultural and Forest Meteorology*, 148: 1467~1477

Mulhearn P J. 1977. Relation between surface flues and mean profiles of velocity, temperature and concentration downwind of a change in surface roughness. *Quarterly Journal of the Royal Meteorological Society*, 103:785~802

Nagler P L, Daughtry C S T, Goward S N. 2000. Plant litter and soil reflectance. *Remote Sensing of Environment*, 71:207~215

Nemani R, White M, Running S. 2002. Recent trends in hydrologic balance have enhanced the terrestrial carbon sink in the United States. *Geophysical Research Letters*, 29: 2002GL014867

Norby R J, Luo Y. 2004. Evaluating ecosystem responses to rising atmospheric CO_2 and global warming in a multi-factor world. *New Phytologist*, 162: 281~395

Oren R, Hseih C I, Stoy P, *et al.* 2006. Estimating the uncertainty in annual net ecosystem carbon exchange: spatial variation in turbulent fluxes and sampling errors in eddy-covariance measurements. *Global Change Biology*, 12:883~896

Papale D, Valentini R. 2003. A new assessment of European forests carbon exchanges by eddy fluxes and artificial neural network spatialization. *Global Change Biology*, 9:525~535

Pasquill F. 1972. Some aspects of boundary layer description-presidential address. *Quarterly Journal of the Royal Meteorological Society*, 98:469~494

Pattey E, Strachan I B, Desjardins R L, *et al.* 2002. Measuring nighttime CO_2 flux over terrestrial ecosystem using eddy covariance and noctural boundary layer methods. *Agricultural and Forest Meteorology*, 113:145~158

Paw U K T, Baldocchi D D, Meyers T P, *et al.* 2000. Correction of eddy-covariance measurements incorporating both advective effects and density fluxes. *Boundary-Layer Meteorology*, 97: 487~511

Pilegaard K, Hummelshoj P, Jensen N O, *et al.* 2001. Two years of continuous CO_2 eddy-flux measurement over a Danish beech forest. *Agricultural and Forest Meteorology*, 107:29~41

Potter C S, Randerson J T, Field C B, *et al.* 1993. Terrestrial ecosystem production: a process model based on global satellite and surface data. *Global Biogeochemical Cycles*, 7:811~842

Rannik Ü. 2001. A comment on the paper by Massman W J "A simple method for estimating frequency response corrections for eddy covariance systems". *Agricultural and Forest Meteorology*, 107:241～245

Rannik Ü, Aubinet M, Kurbanmuradov O, *et al.* 2000. Footprint analysis for the measurements over a hetero-geneous forest. *Boundary-Layer Meteorology*, 97:137～166

Rannik Ü, Markkanen T, Raittila J, *et al.* 2003. Turbulence statistics inside and over forest: Influence on footprint prediction. *Boundary-Layer Meteorology*, 109 (2):163～189

Rastetter E B, Aber J D, Peters D P C, *et al.* 2003. Using mechanistic models to scale ecological processes across space and time. *BioScience*, 53:68～76

Rastetter E B, Shaver G R. 1992. A model of multiple-element limitation for acclimating vegetation. *Ecology*, 73: 1157～1174.

Raupach M R, Rayner P J, Barrett D J, *et al.* 2005. Model-data synthesis in terrestrial carbon observation: Methods, data requirements and data uncertainty specifications. *Global Change Biology*, 11: 378～397

Reich P B, Turner D, Bolstad P. 1999. An approach to spatially-distributed modeling of net primary production (NPP) at the landscape scale and its application in validation of EOS NPP products. *Remote Sensing of Environment*, 70:69～81

Reichstein M, Tenhunen J D, Roupsard O, *et al.* 2002. Ecosystem respiration in two Mediterranean evergreen Holm Oak forests: drought effects and decomposition dynamics. *Functional Ecology*, 16:27～39

Richardson A D, Hollinger D Y. 2007. A method to estimate the additional uncertainty in gap-filled NEE resulting from long gaps in the CO_2 flux record. *Agricultural and Forest Meteorology*, 147:199～208

Richardson A D, Hollinger D Y, Burba G G, *et al.* 2006b. A multi-site analysis of random error in tower-based measurements of carbon and energy fluxes. *Agricultural and Forest Meteorology*, 136:1～18

Richardson A D, Williams M, Hollinger D Y, *et al.* 2010. Estimating parameters of a forest ecosystem C model with measurements of stocks and fluxes as joint constraints. *Oecologia*, 164: 25～40

Ruimy A, Saugier B, Dedieu G. 1994. Methodology for the estimation of terrestrial net primary production from remotely sensed data. *Journal of Geophysical Research*, 99:5263～5283

Running S W, Baldocchi D D, Turner D P, *et al.* 1999. A global terrestrial monitoring network integrating tower fluxes, flask sampling, ecosystem modeling and EOS satellite data. *Remote Sensing of Environment*, 70:108～127

Running SW, Coughlan J C. 1988. A general model of forest ecosystem process for regional applications. 1: hydrologic balance canopy gas exchange and primary production processes. *Ecological Modelling*, 42:125～154

Sacks W J, Schimel D S, Monson R K, *et al.* 2006. Model-data synthesis of diurnal and seasonal CO_2 fluxes at Niwot Ridge, Colorado. *Global Change Biology*, 12: 240～259

Sacks W J, Schimel D S, Monson R K. 2007. Coupling between carbon cycling and climate in a high-elevation, subalpine forest: A model-data fusion analysis. *Oecologia*, 151: 54～68

Saigusa N, Yamamotoa S, Murayama S, *et al.* 2002. Gross primary production and net ecosystem exchange of a cool-temperate deciduous forest estimated by the eddy covariance method. *Agricultural and Forest Meteorology*, 112:203～215

Sakai R K, Fitzjarrald D R, Moore K E. 2001. Importance of low-frequency contributions to eddy fluxes observed over rough surfaces. *Journal of Applied Meteorology*, 40:2178～2192.

Santaren D, Peylin P, Viovy N, *et al.* 2007. Optimizing a process-based ecosystem model with eddy-covariance flux measurements: A pine forest in Southern France. *Global Biogeochemical Cycles*, 21: GB2013, doi: 10. 1029 /2006GB002834

Schimel D S. 1995. Terrestrial biogeochemical cycle: global estimates with remote sensing. *Remote Sensing of Environment*, 51: 49～56

Schmid H P, Oke T R. 1990. A model to estimate the source contributing to turbulent exchange in the surface layer on patchy terrain. *Quarterly Journal of the Royal Meteorological Society*, 116:965～988

Schmid H P, Grimmond C S B, Cropley F, *et al.* 2000. Measurements of CO_2 and energy fluxes over a mixed hardwood forest in the mid-western United States. *Agricultural and Forest Meteorology*, 103:357～374

Schmid H P. 1997. Experimental design for flux measurements: matching scales of observations and fluxes. *Agricultural and Forest Meteorology*, 87:179～200

Schmid H P. 2002. Footprint modeling for vegetation atmosphere exchange studies: A review and perspective. *Agricultural and Forest Meteorology*, 113:159～183

Schmid H P. 1994. Source areas for scalars and scalar fluxes. *Boundary-Layer Meteorology*, 67:293～318

Schuepp P H, Leclerc M Y, MacPherson J I, *et al.* 1990. Footprint prediction of scalar fluxes from analytical solutions of the diffusion equation. *Boundary-Layer Meteorology*, 50:355～373

Sellers P J. Berry J A, Collatz G J, *et al.* 1992. Canopy reflectance, photosynthesis and transpiration. III. A reanalysis using improved leaf models and a new canopy integration scheme. *Remote Sensing of Environment*, 42:187～216

Shuttleworth W J. 1988. Correction for the effect of background concentration change and sensor drift in real-time correlation systems. *Boundary-Layer Meteorology*, 42:167～180

Smith R B. 1979. The influence of mountain on the atmosphere. *Advances in Geophysics*, 21: 87~230

Smith E. 1938. Limiting factors in photosynthesis: light and carbon dioxide. *General Physiology*, 22: 21~35

Soegaard H, Nordstroem C, Friborg T, *et al.* 2000. Trace gas exchange in a high-arctic valley. 3: Integrating and scaling CO_2 fluxes from canopy to landscape using flux data, footprint modeling, and remote sensing. *Global Biogeochemical Cycles*, 14 (3): 725~744

Soegaard H, Jensen N O, Boegh E, *et al.* 2003. Carbon dioxide exchange over agricultural landscape using eddy correlation and footprint modeling. *Agricultural and Forest Meteorology*, 114: 153~173

Sogachev A, Lloyd J J. 2003. Using a one-and-a-half order closure model of the atmospheric boundary layer for surface flux footprint estimation. *Boundary-Layer Meteorology*, 112: 467~502

Sogachev A, Menzhulin G, Heimann M, *et al.* 2002. A simple three dimensional canopy planetary boundary layer simulation model for scalar concentrations and fluxes. *Tellus*, 54B: 748~819

Stannard D I, Blanford J H, Kustas W P, *et al.* 1994. Interpretation of surface flux measurements in heterogeneous terrain during the Monsoon experiment. *Water Resource Research*, 30 (5): 1227~1239

Sun J, Desjardins R, Mahrt L, *et al.* 1998. Transport of carbon dioxide, water vapour, and ozone by turbulence and local circulations. *Journal of Geophysical Research*, 103: 25873~25885

Tood T L, Schneider S H. 1995. Ecology and climate: research strategies and implications. *Science*, 269: 334~340

Tucker C J, Townshend J R G, Goff T E. 1984. Continental land cover classification using meteorological satellite data. *Science*, 227: 369~375

Turner M G. 1990. Spatial and temporal analysis of landscape patterns. *Landscape Ecology*, 4: 21~30

Twine T E, Kustas W P, Norman J M, *et al.* 2000. Correcting eddy-covariance flux underestimates over a grass land. *Agricultural and Forest Meteorology*, 103: 279~300

Valentini R, de Angelis P, Matteucci G, *et al.* 1996. Seasonal net carbon dioxide exchange of a beech forest with the atmosphere. *Global Change Biology*, 2: 199~208

Verhoef A, van den Hurk B J J M, Jacobs A F G, *et al.* 1996. Thermal properties for vineyard (EFEDA-I) and savanna (HAPEX-Sahel) sites. *Agricultural and Forest Meteorology*, 78: 1~18

Verma A B, Baldocchi D D, Anderson D E, *et al.* 1986. Eddy fluxes of CO_2, water vapor, and sensible heat over a deciduous forest. *Boundary-Layer Meteorology*, 36: 71~91

Vesala T, Rannik Ü, Leclerc M. 2004. Flux and concen-tration footprints. Agriculture and Forest Meteorology, 127: 111~116

Wang Y P, Leuning R, Cleugh H A, *et al.* 2001. Parameter estimation in surface exchange models using nonlinear inversion: how many parameters can we estimate and which measurements are most useful? *Global Change Biology*, 7: 495~510

Waring R H, Running S W. 1998. *Forest Ecosystems: Analysis at Multiple Scales*, 2nd. San Diego: Academic Press

Weber R O. 1999. Remarks on the definition and estimation of friction velocity. *Boundary-Layer Meteorology*, 93: 107~209

Wesely M L, Hart R L. 1985. Variability of short term eddy correction estimate of mass exchange. In: Hutchison B A, Hicks B B, eds. *The Forest-Atmosphere Interaction*. Dordrecht: The Netherlands: 591~612

Wilczak J M, Oncley S P, Stage S A. 2001. Sonic anemometer tilt correction algorithms. *Boundary-Layer Meteorology*, 99: 127~150

Williams M, Richardson A D, Reichstein M, *et al.* 2009. Improving land surface models with FLUXNET data. *Biogeosciences*, 6: 1341~1359

Williams M, Schwarz P A, Law B E, *et al.* 2005. An improved analysis of forest carbon dynamics using data assimilation. *Global Change Biology*, 11: 89~105

Wilson J D, Swaters G E. 1991. The Source area influencing a measurement in the planetary boundary-layer: the "footprint" and the "distribution" of contact distance. *Boundary-Layer Meteorology*, 55: 25~46

Wilson K B, Hanson P J, Baldocchi D D. 2000. Factors controlling evaporation and energy balance partitioning beneath a deciduous forest over an annual cycle. *Agricultural and Forest Meteorology*, 102: 83~103

Wilson K, Goldstein A, Falge E, *et al.* 2002. Energy balance closure at FLUXNET sites. *Agricultural and Forest Meteorology*, 113: 223~243

Wofsy S C, Goulden M L, Munger J W, *et al.* 1993. Net exchange of CO_2 in a mid-latitude forest. *Science*, 260: 1314~1317

Wyngaard J, Kosovic B. 1994. Similarity of structure-fuction parameters in the stratified boundary-layer. *Boundary-Layer Meteorology*, 71: 277~296

Xu M, Qi Y. 2001. Spatial and seasonal variations of Q_{10} determined by soil respiration measurement at a Sierra Nevadan forest. *Global Biogeochemical Cycles*, 15: 687~696

Xu T, White L, Hui D F, *et al.* 2006. Probabilistic inversion of a terrestrial ecosystem model: analysis of uncertainty in parameter estimation and model prediction. *Global Biogeochemical Cycles*, 20: GB2007, doi: 10.1029/2005GB002468

Yamamoto S, Murayama S, Saigusa N, *et al.* 1999. Seasonal and inter-annual variation of CO_2 flux between a temperate forest and the atmosphere in Japan. *Tellus*, 51B: 402~413

Zhang J, Lee X, Song G, *et al*. 2011. Pressure correction to the long-term measurement of carbon dioxide flux. *Agricultural and Forest Meteorology*, 151: 70~77

Zhang L, Luo Y, Yu G. 2010. Estimated carbon residence times in three forest ecosystems of eastern China: Applications of probabilistic inversion. *Journal of Geophysical Research*, 115: G01010, doi: 10.1029 /2009JG001004

Zhang L, Yu G R, He H L, *et al*. 2009. Carbon cycle modeling of a broad-leaved korean pine forest in Changbai Mountain of China using the model-data fusion approach. *Chinese Journal of Plant Ecology*, 33: 1044~1055

第10章 稳定同位素技术在通量观测中的应用

稳定同位素技术因其具有示踪、整合和指示等特点而被广泛应用于生态学研究的诸多领域。因为在很多生物地球化学循环过程中存在独特的稳定同位素分馏效应，近年来稳定同位素技术被大量用于陆地生态系统碳和水循环机理方面的研究。虽然涡度相关(EC)技术在陆地生态系统与大气界面的通量观测中得到了广泛的使用，也取得了很大进展，但涡度相关方法还存在着诸如无法区分生态系统NEE组分中的光合和呼吸通量以及蒸散组分中的植物蒸腾和土壤蒸发通量等缺点。因此，近年来许多研究人员开始利用稳定同位素与涡度相关技术相结合的方法来综合研究生态系统碳和水通量特征及其形成机制。

植物在光合作用过程中，因同位素扩散效应和光合酶系统对不同碳同位素的分馏作用的差异，导致了植物光合作用合成的碳水化合物中的^{13}C贫化，同时也使其叶片周围空气CO_2中的^{13}C得到富集，最后导致植物体内的$\delta^{13}C$值明显比空气中CO_2的$\delta^{13}C$贫化。植物光合作用生成的碳水化合物在其代谢和转化过程中会发生不同程度的同位素分馏效应，因此在植物体内不同组织和物质成分间的稳定同位素组成也有不同程度的差异。C_4植物吸收CO_2的效率很高，且与C_3植物在叶片结构和光合酶系统等方面有很大差异，结果导致在光合作用过程中同位素的分馏过程和分馏程度也有很大差别，所以C_4植物体内的^{13}C同位素含量较C_3植物更高。

在陆生生态系统与大气的水汽交换过程中，轻同位素比重同位素蒸发得快，结果导致蒸发源水中$^{2}H(D)$和^{18}O的含量比空气水汽中的富集。并且当植物蒸腾作用达到稳定平衡状态时，通过植物蒸腾作用释放到空气水汽中的稳定同位素组成与其根系所吸收水的同位素组成相同。但是，土壤蒸发水汽中的稳定同位素组成会较蒸发源中的稳定同位素组成严重地贫化。基于稳定同位素在生态系统蒸散过程中的这一变化规律，可以将涡度相关观测的蒸散通量区分成植物蒸腾通量和土壤蒸发通量。利用稳定同位素技术，可以更准确地区分生态系统的水碳通量的来源和组分，从而更深入地评价不同生态过程在生态系统水碳交换中的贡献及其对环境变化的响应。

目前，在通量观测中常用的同位素采样和测定方法主要有气瓶采样-稳定同位素质谱仪法和稳定同位素红外光谱仪法等。这些方法都具有各自独特的优势和相应的缺陷。在实际的野外取样中，样品采集和测定及数据分析过程中必须充分注意其方法和操作技术的规范性。

迄今，关于生态系统地上部分植物^{13}C的分馏过程的理论研究已经有了长足发展，但是缺乏对土壤碳循环过程中^{13}C的分馏效应的认识。研究不同土壤有机碳库的$\delta^{13}C$特征以及对土壤呼吸CO_2通量的贡献、不同土层土壤有机碳$\delta^{13}C$值的垂直变化，以及地表和更深土层土壤有机碳$\delta^{13}C$值之间的差异等问题也具有重要的理论和实践意义，其研究结果可用于评估土壤碳的周转周期及其在土壤中的迁移规律，并可用于评价土壤碳周转平衡态时土壤稳定碳库和非稳定碳库的特征。

本章初版执笔者：李庆康，高鲁鹏，王绍强，于贵瑞；再版修订者：温学发，魏杰

本章主要符号

符号	含义	符号	含义
a	CO_2 的扩散过程中同位素分馏系数	R_a	空气 CO_2 的 $^{18}O/^{16}O$ 比值
a^k	动力学分馏系数	R_A	进入叶片内部的 CO_2 的 $^{18}O/^{16}O$ 比值
a^*	蒸发过程中的平衡分馏系数	R_L	液体水中的同位素(D 或 ^{18}O)比值
$\hat{a}$	CO_2 从空气扩散至叶片叶绿体的平均分馏系数	R_T	蒸腾水汽中的同位素(D 或 ^{18}O)比值
b_3	Rubisco 羧化反应过程的同位素分馏系数	R_V	蒸发水汽中的同位素(D 或 ^{18}O)比值
b_4	PEP 酶羧化反应过程的同位素分馏系数	R_s	土壤表层蒸发部位水分的同位素比值
W_a	空气背景值的水汽浓度	Z	观测高度
δ_b	空气背景值的水汽同位素组成	$\delta^{13}C_a$	大气碳同位素组成
C_c	叶绿体内 CO_2 的浓度	$\delta^{13}C_l$	叶片碳同位素组成
C_a	空气中 CO_2 的浓度	δC_{up}	上行通量的同位素组成
C_{ebl}	生态系统边界层处的水汽浓度	δC_{dn}	下行通量的同位素组成
δ_{ebl}	生态系统边界层处的水汽同位素组成	Δ_c	光合作用期间碳同位素的判别值
C_i	胞间 CO_2 浓度	δ_{ET}	土壤蒸发通量的同位素组成
C_a	空气 CO_2 浓度	δ_w	垂直风速的标准偏差
D	轻同位素的扩散系数	ρ	空气密度
D'	重同位素的扩散系数	$\delta^{13}C_{litter}$	凋落物的 $\delta^{13}C$ 值
f	CO_2 从微管束鞘细胞内泄漏的比率	$\delta^{13}C_{SOC}$	土壤有机碳的 $\delta^{13}C$ 值
g	轻同位素的导度	$\delta^{13}C_{canopy}$	冠层 CO_2 的 $\delta^{13}C$ 值
g'	重同位素的导度		
h	空气湿度		

10.1 同位素技术的基本概况

10.1.1 同位素的基本概念

(1) 同位素的类型

质子数相同而中子数不同的原子被称为某元素的同位素(isotope),同位素一般可以用元素符号的左上角标以核子数(中子数和质子数的总和)来表示。同位素一般可以分为两大类,即放射性同位素(radioactive isotope)和稳定同位素(stable isotope)。放射性同位素一般能够自发地放出粒子并衰变成为另一种同位素,各元素同位素性质不同,其衰变时间长短不一。稳定同位素是指无可测放射性的同位素,有的是放射性同位素衰变后形成的,有的则是自然形成的。在已知的同位素中,只有 21 种元素有一种稳定同位素,同一元素的稳定同位素常以一种或少数几种形式为主。

(2) 同位素的自然丰度

一般常用同位素相对自然丰度来表示其浓度,是指一种同位素占该元素所有同位素的比值(物质的量),各种同位素的自然丰度差异很大,常用百分数表示。地球上同位素的自然丰度会受到宇宙化学中的核合成和放射性同位素衰变的影响而发生一些变化,目前大气中的各种同位素含量基本上已经达到了稳定的动态平衡状态。当元素的质子数小于 20 时,通常是较轻的同位素的相对丰度高于较重的同位素的相对丰度,但 He、Li、B 和 Ar 除外。当质子数大于 28 时,元素的各同位素相对丰度值比较均匀。目前在生态学研究中常用的稳定同位素包括 C、O、H 和 N 等,这些同位素的自然分布如表 10.1 所示。

(3) 同位素的相对含量

同位素的相对含量常用 R 值表示,即某一元素的重同位素丰度与其轻同位素丰度的比值。但是,R 值极难测定,且由于重同位素含量通常很低,因而

表 10.1 生态学研究中常用的稳定同位素及其相对丰度

元 素	轻同位素/%	重同位素/%
氢(H)	^{1}H 99.984	^{2}H 0.016
氦(He)	^{3}He 0.000 137	^{4}He 99.999 863
锂(Li)	^{6}Li 7.5	^{7}Li 92.5
硼(B)	^{10}B 19.9	^{11}B 80.1
碳(C)	^{12}C 98.89	^{13}C 1.11
氮(N)	^{14}N 99.64	^{15}N 0.36
氧(O)	^{16}O 99.64	^{18}O 0.02
硫(S)	^{32}S 95.02	^{34}S 4.21
氯(Cl)	^{35}Cl 75.77	^{37}Cl 24.23

一般 R 值都很小。所以通常使用样品的 R 值与标准物质的 R 值相比较的相对含量 δ(‰)来表示,其关系式为

$$\delta_{样品}=\left(\frac{R_{样品}}{R_{标准}}-1\right)\times 1\ 000 \qquad (10.1)$$

不同元素采用不同的标准物质,因而不同元素同位素的 δ 值范围有很大差异,如果 δ 值为正值表示该样品的某一同位素含量较标准物质的含量为高;如果 δ 值为负值则表示其含量较标准物质的含量低。

(4) 同位素效应

因同位素质量差异所引起的物理化学性质上的差异被称为同位素效应(isotope effect)。同位素效应虽然不会引起分子性质的变化,但会造成分子在扩散速率、化学反应速度以及拉曼和红外光谱的位移等方面的差异。表 10.2 列出了 $H_2{}^{16}O$、$D_2{}^{16}O$ 和 $H_2{}^{18}O$ 的一些物理和化学性质的差异。同位素间的物理化学性质差异可以通过量子力学效应(quantum mechanical effect)进行解释。根据量子理论,分子能量 E 可用电子能加上组成分子的原子的平动能、转动能和振动能之和表示:

$$E=E_{电子}+E_{平动}+E_{转动}+E_{振动} \qquad (10.2)$$

其中,只有原子的振动能量与同位素效应密切相关。以双原子分子为例,其振动能可表示为

$$E_{振动}=\left(n+\frac{1}{2}\right)h\nu \qquad (10.3)$$

式中:n 表示振动量子数;h 表示普朗克常量(Planck constant);ν 表示分子固有振动频率。当 $n=0$ 时,分子振动的能量级最低,该能量称为零点能(zero point energy,ZPE)。决定零点能的分子固有振动频率与 $(1/m)^{1/2}$ 成正比,m 是原子的质量,因而同一元素较重同位素固有振动频率较低,决定其零点能也较低,所以由重同位素形成的键能要大于轻同位素间的键能,因此破坏重同位素键所需要的能量也大于轻同位素,即由轻同位素形成的分子比重同位素分子更容易被破坏。

(5) 同位素分馏作用

同位素分馏(isotope fractionation)是指在同一系统内发生的物理和化学过程中,某一元素的同位素以不同的比值被分配到两种物质或两种物相(固态、液态和气态)中的现象,是同位素效应的一种表现。同位素分馏效应可以分为热力学平衡分馏(thermodynamic equilibrium fractionation)、动力学非平衡分馏(kinetic disequilibrium fractionation)和非质量相关分馏(mass independent fractionation)(郑永飞和陈江峰,2000)。

表 10.2 $H_2{}^{16}O$、$D_2{}^{16}O$ 和 $H_2{}^{18}O$ 的物理和化学性质的差异(Hoefs,2002)

性 质	$H_2{}^{16}O$	$D_2{}^{16}O$	$H_2{}^{18}O$
密度(20 ℃,单位 $g\cdot cm^{-3}$)	0.997	1.1051	1.1106
最大密度时的温度(℃)	3.98	11.24	4.30
熔点(760 Torr,单位℃)	0.00	3.81	0.28
沸点(760 Torr,单位℃)	100.00	101.42	100.14
蒸气压熔点(100 ℃,单位 Torr)	760.00	721.60	
黏度(20 ℃,单位 cP)	1.002	1.247	1.056

同位素分馏可以包括许多机理不同的物理、化学过程，但这些过程最终都达到了同位素分布的平衡状态。当体系处于同位素平衡状态时，同位素在两种物质或两种物相间的分馏称为同位素平衡分馏。而在非平衡状态时，同位素在物相之间的分配，随着时间和反应进程而不断变化，这就是动力学非平衡分馏。一般来说，同位素的质量差越大，同位素分馏效应也越大，这被称为质量相关分馏法则。但也存在不服从质量相关分馏法则的同位素分馏现象，即为非质量相关分馏。实验室研究表明，在放电或激光作用下可以发生非质量相关分馏现象。

同位素分馏效应可以用同位素分馏系数 α 来表示，α 定义为反应物与产物之间的同位素含量的比值

$$\alpha=\frac{R_r}{R_p} \tag{10.4}$$

还可以用同位素判别（isotopic discrimination）Δ 来表示，Δ 定义为两种物质之间同位素相对含量 δ(‰)的差。

$$\Delta=\delta_A-\delta_B \tag{10.5}$$

用 Δ 来表示生物的同位素分馏效应，比用同位素相对含量 δ 值能更直接地反映反应物与产物之间的同位素组成变化的幅度，能直观反映生物过程中同位素分馏的结果，而与所用的标准物质无关，也不受底物的同位素组成的影响。δ 值、分馏系数 α 和同位素判别值 Δ 之间存在以下的关系：

$$\delta_A-\delta_B=\Delta_{A-B}\approx 10^3\ln\alpha_{A-B} \tag{10.6}$$

由表 10.3 可以看出以上几个数值的关系，尤其是当 δ 值之差小于 10 时，这种近似关系更为明显。

表 10.3 同位素 δ 值、分馏系数 α 和同位素判别 Δ 之间的关系（Hoefs，2002）

δ_A	δ_B	Δ_{A-B}	α_{A-B}	$10^3\ln\alpha_{A-B}$
1.00	0	1	1.001	0.9995
10.00	0	10	1.01	9.95
10.00	5.00	4.98	1.00498	4.96
20.00	0	20	1.02	19.80
20.00	15.00	4.93	1.00493	4.91
30.00	20.00	9.80	1.00980	9.76
30.00	10.00	19.80	1.01980	19.61

图 10.1 反映了土壤-植物-大气系统中水、碳交换过程中的 C、H、O 同位素分馏作用，不同系统中的各元素的同位素 δ 值存在差异，并且在同一系统中，不同物相间也存在着差异。大气中的 ^{13}C 在通过植物进入土壤的过程中，经过一系列的分馏作用，导致了生态系统中有机碳的 ^{13}C 的贫化。

10.1.2 同位素技术的应用

同位素效应会影响分子的扩散速率、化学反应速度以及拉曼和红外光谱的位移等，所以在同一系统内发生的物理和化学变化中，某一元素的轻重同位素会以不同的比值分配到两种物质或两相中。在植物光合、呼吸等生理活动过程中，对各种同位素的分馏效应不同，从而导致植物体同位素组成与其生境中的背景值产生一定差异，从而可以利用同位素在植物和环境中的时空分布规律来研究植物生理活动状态及其对环境变化的响应。稳定碳同位素技术因其具有示踪、整合和指示等特点，而被广泛应用于生态学研究的诸多领域（于贵瑞等，2005；林兴兴等，2013）。近年来稳定同位素方面的研究已经从叶片尺度拓展到了植被冠层、生态系统甚至全球尺度（Flanagan *et al.*，1996；Lloyd & Kruijt，1996；Buchmann *et al.*，1997，1998；Griffiths，1998；Dawson *et al.*，2002；Diefendorf *et al.*，2010；Werner *et al.*，2012；Griffis，2013）。在生态系统的碳平衡研究中，利用碳和氧的稳定同位素技术（stable isotope technique）取得了很多重要发现和研究结果，如全球植被碳库强度的空间分布以及陆地和海洋生态系统的固碳能力（Francey *et al.*，1995；Ciais *et al.*，1997），C_3 和 C_4 植物对区域尺度碳循环的影响（Lloyd & Kruijt，1996），生物圈的总生产力估算（Luz *et al.*，1999）等研究领域。随着涡度相关（eddy covariance，EC）技术在陆地生态系统与大气界面通量观测中的应用和发展，全球陆地生态系统碳平衡研究取得了重大进展。近年来一些研究者为了克服涡度相关技术对净生态系统碳交换量（NEE）中的不同组分无法进行直接观测的缺点，开始将稳定同位素技术与涡度相关技术观测结合起来，用以区分生态系统水和碳通量的来源和组分（Bowling *et al.*，2001，2003；Ogee *et al.*，2003；Pataki *et al.*，2003a；Knohl & Buchmann，2005；Zobitz *et al.*，2008；Fassbinder *et al.*，2012）。

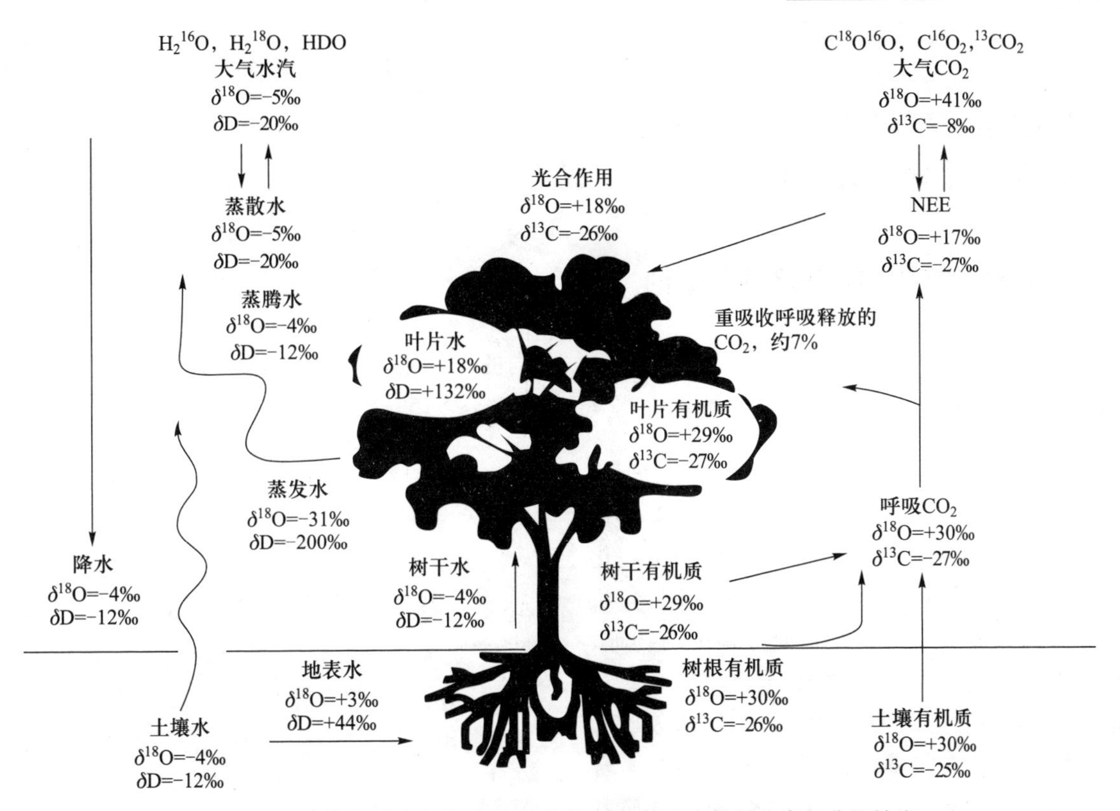

图 10.1 植物在碳水交换过程中对碳、氧和氢稳定性同位素的分馏效应

(参考 Yakir & Sternberg,2000; Dawson *et al.*,2002)

目前，由于稳定同位素技术在生态学研究中的独特作用和不可替代性及其可能的广泛应用前景，一些较有影响的国际研究计划都开始加强有关稳定同位素方面的观测与研究工作，如全球变化与生态系统研究计划(GCTE)在北美建立了稳定同位素观测网络(biosphere-atmosphere stable isotope network，BASIN，http://basinisotopes.org)。2002 年，在欧盟科学基金会(European Science Foundation)的资助下，在欧洲启动了另一项有关生物圈-大气气体交换稳定同位素特征的研究计划(stable isotopes in biospheric-atmospheric exchange，SIBAE；http://www.esf.org)。由国际原子能机构(IAEA)和世界气象组织(WMO)合作的全球降水同位素网络(the Global Network of Isotopes in Precipitation，GNIP)始于 1958 年，是持续时间最长的全球同位素监测网络。1989 年，美国国家海洋和大气管理局、地球系统研究实验室、大气监测与诊断实验室和碳循环研究团队启动了 NOAA-CMDL-CCGG-INSTAAR2 同位素研究网络，研究站点从最初的 6 个逐步扩展到 55 个。目前，国内的相关研究工作主要涉及水分来源、碳源汇和动态、稳定同位素的含量、分布特征及其与环境因子的关系等(Wen *et al.*, 2008, 2010, 2012；Liu *et al.*, 2011；Liu *et al.*, 2014；Ying *et al.*, 2014；Liu *et al.*, 2015；Zhang *et al.*, 2015；严昌荣等, 1998；苏波等, 2000；陈世苹等, 2002；王国安等, 2003)。

在生态系统碳水交换的研究中，通常可以通过 EC-气瓶法、EC-松弛涡度积聚(REA)法等采样后用同位素质谱(IRMS)仪测定。近年来，随着稳定同位素红外光谱(IRIS)技术的发展，可以直接原位连续测定稳定同位素特征，并利用生态系统的碳和水交换通量、CO_2 和水汽浓度，以及同位素特征的同步测定数据，来区分生态系统的碳水通量的不同来源和组分，分离评价生态系统 NEE 中的光合(P)和呼吸(R)通量以及水汽通量中的植物蒸腾(T)和土壤蒸发(E)通量。

10.2 生态系统碳和水交换过程中的稳定同位素分馏效应

10.2.1 光合和呼吸作用过程碳同位素的分馏效应

（1）光合作用过程中碳同位素的分馏效应

稳定碳同位素在自然界主要有两种类型，即^{12}C和^{13}C，其中绝大部分是^{12}C（98.9%），而^{13}C仅占1.1%（表10.1）。这两种同位素在自然界的不同化合物之间和每种化合物内部的分布极为不均匀，所以这种分布方式能够揭示碳在转变过程中的物理、化学和生物代谢过程的一些特征信息。

植物在光合作用过程中，因同位素扩散效应和光合酶系统对同位素的分馏作用，导致了植物光合过程合成的碳水化合物中^{13}C的贫化，同时也使其叶片周围空气CO_2的^{13}C得到富集，最后导致了植物体内的$\delta^{13}C$值明显比空气CO_2的$\delta^{13}C$贫化。

图10.2a表示了在C_3植物光合作用过程中各主要环节的碳同位素分馏效应，CO_2经过气孔的扩散和叶绿体内的同化过程，使$\delta^{13}C$值从-8‰降到了-20‰～-35‰。广泛使用的C_3植物分馏模型（Farquhar *et al.*，1982）主要受到细胞内和环境CO_2摩尔分数的比值相关，也包括其他一些参数。随着模型的发展还包含了对蒸发影响三元修正项（Farquhar & Cernusak，2012）。通常在实际使用中，C_3植物光合作用过程中的碳同位素效应仅考虑气孔扩散和羧化分馏，即

$$\delta^{13}C=a\left(1-\frac{C_i}{C_a}\right)+b_3\frac{C_i}{C_a}=a+(b_3-a)\frac{C_i}{C_a} \quad (10.7)$$

式中：a为CO_2的扩散过程中同位素分馏系数（约为4.4‰）；b_3为Rubisco羧化反应过程的同位素分馏系数（约为27‰）；C_i/C_a为胞间CO_2和空气中CO_2浓度比值。C_3植物体内的^{13}C同位素含量，一般介于-20‰～-35‰。

C_4植物因在叶片结构，光合酶系统等方面与C_3植物有很大差异，所以在光合作用过程中的同位素分馏过程也与C_3植物差别很大，一般可用式(10.8)表示该过程的同位素分馏效应的大小，即

$$\delta^{13}C=a\left(1-\frac{C_i}{C_a}\right)+(b_4+b_3f)\frac{C_i}{C_a}=a+(b_4+b_3f-a)\frac{C_i}{C_a} \quad (10.8)$$

b_4表示PEP酶羧化反应过程的同位素分馏系数（约为-5.7‰），f表示CO_2从微管束鞘细胞内泄漏的比率，通常在0.20～0.37，式中的其他参数与C_3植物相同。因为C_4植物吸收的CO_2效率很高，所以其体内的^{13}C同位素含量较C_3植物更高一些，一般为-7‰～-15‰（图10.2b）。

光合作用过程的碳同位素判别（discrimination，Δ_c）定义为

$$\Delta_c=\delta^{13}C_a-\delta^{13}C_l \quad (10.9)$$

Δ_c是光合作用气体交换过程的碳同位素的判别，$\delta^{13}C_a$是大气碳同位素组成，$\delta^{13}C_l$是叶片碳同位素组成。在当前的大气CO_2浓度水平下，$\delta^{13}C_a$大约为-8‰，由于C_3与C_4植物光合途径的差异，其叶片的碳同位素比差异较大，C_3植物碳同位素比为-20‰～-35‰，C_4植物为-7‰～-15‰。由式(10.9)可以粗略地推算，C_3植物的碳同位素判别为12‰～27‰，C_4植物为-1‰～7‰。在光合作用过程中，对稳定性同位素的生物分馏作用的大小主要受养分状况和环境条件（如水分状况等）等因素的影响（Ehleringer *et al.*，1993；Diefendorf *et al.*，2010）。因此，通过测定植物体内的$\delta^{13}C$值不仅可以推断过去的植物生理活动状况和所处环境的历史变化，还可以用来推测过去植被覆盖的变化和土地利用方式的改变（Dawson *et al.*，2002；Ehleringer *et al.*，2002）。

稳定同位素技术为植物的水分研究特别是植物长期水分利用效率（WUE）的研究提供了一个新的方法和途径，克服了常规方法只能进行短时间和瞬时植物水分利用效率研究的缺点（严昌荣等，2001）。近年来，稳定碳同位素技术已在一些农作物水分利用效率的研究上得到广泛的应用，如花生（*Arachis hypogaea*）、小麦（*Triticum aestivum*）、棉花（*Gossypium* spp.）等（Farquhar & Richards，1984；Hubick & Farquhar，1987，1989；Wright *et al.*，1988；Ehleringer，1991）。

在光合作用过程中，植物对较轻的^{12}C的利用比对较重的碳同位素^{13}C的利用要多。在不同植物中^{13}C与^{12}C的比例不同，这是植物对两种碳同位素判别值不同导致的。同位素判别值可通过下面的公式计算：

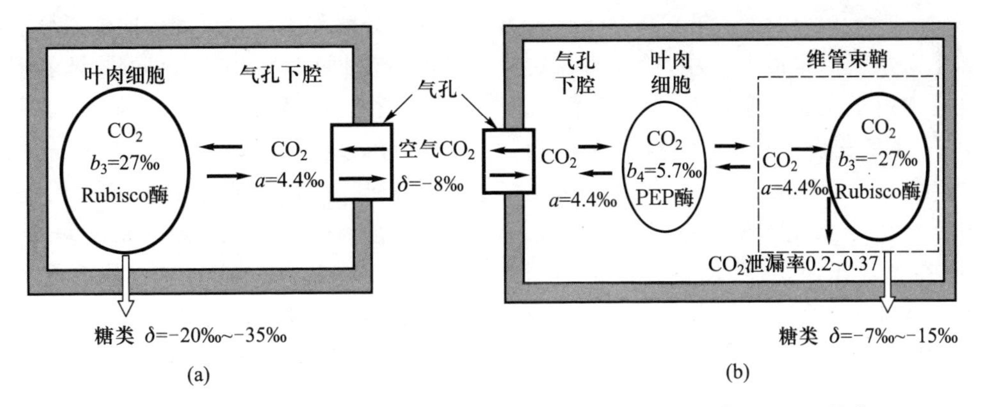

图 10.2 光合作用过程中主要碳同位素分馏效应：(a) C_3 植物；(b) C_4 植物

$$\Delta=(\delta^{13}C_a-\delta^{13}C_p)/(1+\delta^{13}C_p) \quad (10.10)$$

$\delta^{13}C_P$ 和 $\delta^{13}C_a$ 分别为植物组织及大气 CO_2 的碳同位素组成。

$\delta^{13}C$ 分析是评估植物叶片中细胞间平均 CO_2 浓度的有效方法。根据 Farquhar 等(1982)，植物的 $\delta^{13}C$ 值可表示为

$$\delta^{13}C_p=\delta^{13}C_a-a-(b-a)\times C_i/C_a \quad (10.11)$$

式中：a 和 b 分别为 CO_2 扩散和羧化过程中的同位素分馏系数，而 C_i 和 C_a 分别为细胞间和大气的 CO_2 浓度。由式(10.11)可明显看出，植物的 $\delta^{13}C$ 值与 C_i 和 C_a 有密切的联系。植物组织的 $\delta^{13}C$ 值不仅反映了大气 CO_2 的碳同位素比值，也反映了 C_i/C_a 值。C_i/C_a 值是一个重要的植物生理生态特征值，它不仅与叶光合羧化酶有关，也与叶片的气孔开闭调节有关，因而 C_i/C_a 值大小也与环境因子有关。更重要的是，植物水分利用效率也与 C_i 和 C_a 有密切的联系，这可从下式中看出：

$$P_n=g_{sw}\times(C_a-C_i)/1.6 \quad (10.12)$$

$$T_r=g_{sw}\times VPD \quad (10.13)$$

$$WUE=P_n/T_r=(C_a-C_i)/1.6VPD \quad (10.14)$$

式中：P_n 和 T_r 分别为光合速率和蒸腾速率；g_{sw} 为气孔导度；VPD 为叶片内外的水汽压差。这样，$\delta^{13}C$ 值可间接地揭示出植物长时期的水分利用效率，即

$$WUE=C_a\frac{b-\delta^{13}C_a+\delta^{13}C_p}{(b-a)1.6VPD} \quad (10.15a)$$

同时，由于不同植物夜间呼吸所消耗的白天的碳水化合物有一定的比率 ϕ(0.3~0.5)(McCree, 1986)，所以植物长期的水分利用效率实际应为

$$WUE=C_a\frac{(1-\varphi)b-\Delta}{(b-a)1.6VPD} \quad (10.15b)$$

利用碳同位素技术研究 WUE 可以不必测量植物耗水量和生物量，而获得的 WUE 可能比田间测定更加准确。但是因为有多个环境因子和植物因子会影响植物的 WUE 和 Δ，所以不同条件下的测定结果也会有很大的差异。如 Turner (1993) 和 Matus 等(1996)研究发现，所测定的 WUE 与 Δ 之间并未表现出很好的相关性，而 Johnson 等(1999)对不同品种的 Δ 与 WUE 的关系研究发现，Δ 高的品种并未使其产量和 WUE 得到增加。

(2) 呼吸作用过程中同位素的分馏效应

与光合作用不同，生物呼吸过程中稳定同位素的分馏效应一般很低，生物呼吸过程所释放 CO_2 的 $\delta^{13}C$ 值与参加反应的碳水化合物等底物的同位素特征非常接近(Lin & Ehleringer, 1997)。光合作用合成的碳水化合物在植物体内通过多种生物化学过程，可以转化成其他各种生化物质，并可以通过特定的运输途径和物质代谢过程，使这些物质重新分配和转移到各个组织和器官中。在这些生物过程中会发生不同程度的同位素分馏，所以在植物体内不同组织和物质成分间的稳定同位素组成也有不同程度的差异。例如，在木质素和类脂中的 ^{13}C 含量较植物整体值偏低(Farquhar *et al.*, 1989)。植物光合作用过程中的同位素的生物分馏效应也不是恒定不变的，会因养分和水分状况的改善而发生变化，结果也会导致植物体内的同位素含量发生变化(Ehleringer *et al.*, 1993)。因而，可以通过测定植物 $\delta^{13}C$ 变化来研究过去一段时间内植物生理活动状况和所处环境的变化(Dawson *et al.*, 2002; Ehleringer *et al.*,

2002）。

在植物和生态系统水平的研究中，叶片有机物的碳同位素组成常用于光合判别的参考。然而，近年来越来越多的研究发现，植物不同组织有机物的^{13}C信号会发生变化，例如叶片的^{13}C信号常常比根系贫化1‰，比树干贫化2‰（Bowling *et al.*, 2008）。这表明在光合作用之后，还存在一定的同位素分馏机制。目前有许多关于后光合判别的假说（Werner *et al.*,2011）用于解释植物、土壤和生态系统水平呼吸同位素信号的变化，主要包括以下三种类型：

① 底物驱动的变化：主要呼吸底物（糖类、可溶性有机物）碳同位素信号的短期变化，或者具有不同碳同位素组成的底物间的切换驱动的植物呼吸同位素组成的变化。

② 同位素分馏驱动的变化：不同代谢途径下呼吸同位素分馏的改变决定了植物呼吸同位素组成的变化。

③ 通量比驱动的变化：具有特定同位素信号的不同通量组分对整体（例如土壤呼吸或者生态系统呼吸）的贡献比例的时间变化决定了整体呼吸同位素组成的变化。

这三种机制并不是相互排斥的，实际的分馏效应可能是这几种机制的共同作用。由于温度效应和不同代谢途径碳分配的改变导致的呼吸同位素分馏的时间变化是解释生态系统呼吸同位素组成昼夜变化的合理机制。而具有独特且变化的同位素信号的各个通量组分及其通量的比例进一步加剧了植物、土壤和生态系统水平呼吸同位素信号的复杂性。

(3) 土壤有机碳的同位素特征和分馏效应

土壤有机质中的碳主要来源于植物凋落物，但是各种含碳有机组分的分解速度不同，一般轻同位素含量高的组分更易于分解，使重同位素发生富集，结果导致土壤有机质中的同位素组成与其植物体有机质中的同位素组成产生一定的差异，即土壤有机质更容易富集^{13}C。同样，土壤中不同有机质组分的周转速率有很大差异，结果也会导致土壤有机质的^{13}C含量随土壤深度的增加而增大（Desjardins *et al.*, 1994），其中以C_3植物生态系统的土壤有机碳$\delta^{13}C$值和土壤CO_2的$\delta^{13}C$值的富集作用最为明显（De Camargo *et al.*, 1999），但这种趋势与土壤的物理化学性状无关（Del Galdo *et al.*, 2003），这可能与凋落物分解和腐殖化过程的同位素分馏作用相关联（Ehleringer *et al.*, 2000）。同时，随着土层深度的增加，土壤有机质颗粒大小在降低，土壤中的有机质则处于分解过程的不同阶段（Melillo *et al.*, 1982）。当土壤有机质的物理结构尺寸减小时，土壤$\delta^{13}C$值一般会增加（Desjardins, 1991; Feigl *et al.*, 1995）。土壤有机质腐殖化过程中$\delta^{13}C$值的增加也可能归因于^{13}C贫化的有机化合物的快速分解作用，或者老的^{13}C富集中土壤有机碳的混合作用（Nadelhoffer *et al.*, 1988）。

放射性碳测年技术发现，更深土层的土壤有机碳含有较多老的和稳定的有机化合物，而地表的土壤有机碳基本是较年轻和非稳定的化合物（Balesdent & Guillet, 1982）。因此这也会导致不同土层有机碳$\delta^{13}C$值的垂直变化，以及地表和更深层土壤有机碳$\delta^{13}C$值之间的差异。这种特征可用于估计土壤碳的周转周期以及迁移规律，也可用于区分处于碳周转平衡态时土壤稳定碳库和非稳定碳库（Balesdent & Mariotti , 1996; Bernoux *et al.*, 1998）。

土壤有机碳^{13}C富集的生物、物理和化学机制是过去20多年科学界争论的主题之一。^{13}C的富集可能与微生物和植物成分的贡献有关，而与分解过程中土壤有机质降解或微生物的分馏作用无关。阐明这个机制对于应用$\delta^{13}C$定量化分析土壤有机碳的周转过程是非常关键的。当前关于土壤有机碳^{13}C富集机制的认识存在4个假设，即大气变化的影响（Suess效应）、凋落物分解过程中微生物分馏作用、微生物对凋落物和土壤有机质不同组分的分解作用以及土壤中有机碳的混合作用。

自从工业革命开始以来，由于大量^{13}C贫化的化石燃料燃烧，大气CO_2的$\delta^{13}C$值在不断地降低，另外陆地表层凋落物和土壤碳的积累时间较短，所以$\delta^{13}C$值比以前的更低。而较深层的土壤有机碳较老，并且在大多数情况下，深层土层来源于大气CO_2的有机碳的$\delta^{13}C$值趋向正值，所以更深层土壤与表层凋落物的$\delta^{13}C$值相比应该更为富集。然而，大气CO_2的$\delta^{13}C$值在1744年到1993年之间降低了大约1.3‰（Trolier *et al.*, 1996），比观测到的土壤剖面不同土层$\delta^{13}C$值的3‰的差异更小（Ehleringer *et al.*, 2000）。这个差异使得土壤呼吸释放的CO_2对大气$\delta^{13}C$值的变化有多少贡献还存在较大争议，如果认为是大气变化的影响造成了不同土层土壤有机碳$\delta^{13}C$值之间的差异，就会导致土壤碳周转速度的错误计算。

假如微生物在凋落物和土壤有机质分解作用的新陈代谢反应中，首先使用更轻的碳源，那么残留于土壤有机碳的 $\delta^{13}C$ 值应该逐渐趋向正值。而区分微生物分馏因素和土壤混合的影响非常困难(Balesdent & Mariotti , 1996)。有研究发现，旱地土壤微生物生物量的 $\delta^{13}C$ 值能够反映相应土壤有机碳 $\delta^{13}C$ 值总的变化趋势，这可能是控制土壤有机碳的 $\delta^{13}C$ 值的主要影响因素(朴河春等，2003)。所以，土壤有机碳 $\delta^{13}C$ 值随着时间和土壤深度的变化及其 ^{13}C 的富集作用可能是微生物分解作用和大气变化影响的共同结果。

在区域和全球尺度上，土壤呼吸作用是生物圈到大气的 CO_2 通量的一个重要部分，土壤呼吸释放的 CO_2 通量是评价土壤有机碳周转速度的一个重要指标，同时它的季节性变化也会导致大气 CO_2 浓度和相应大气对流层 CO_2 的稳定同位素组成($\delta^{13}C_{trop}$)的季节性波动(Trolier *et al.*, 1996)。土壤呼吸 CO_2 的同位素组成能够影响区域或全球尺度的生物圈-大气圈之间的 CO_2 通量的同位素组成，因而土壤呼吸 CO_2 的 $\delta^{13}C$ 值可用于估计生物圈 CO_2 通量的大小，并可根据生态系统输入和土壤呼吸 CO_2 的 $\delta^{13}C$ 值的变化来估计陆地碳汇的范围和大小。

土壤呼吸包括根系呼吸作用、土壤有机质的氧化作用(土壤异养呼吸和自养呼吸)和凋落物的分解作用，如何区分土壤呼吸中 CO_2 的不同组分是当前技术和方法的一个难点。由于土壤一般比植物体内更富含 ^{13}C，所以土壤的异养呼吸和植物的自养呼吸所释放的 CO_2 的 ^{13}C 含量有一定的差别。因而，也可以通过测定植物体和土壤有机质的 ^{13}C 含量，或直接测定各自呼吸释放的 CO_2 的稳定性同位素特征，结合红外气体分析仪(IRGA)-箱式法的通量观测，对生态系统呼吸中的植物自养呼吸和土壤异养呼吸进行区分(Flanagan *et al.*, 1996; Buchmann *et al.*, 1997; Ehleringer *et al.*, 2000)。在大部分区域和全球碳平衡模型中都假设生态系统地上和地下释放 CO_2 的 $\delta^{13}C$ 值是不同的(Ciais *et al.*, 1995)。在 30~100 年前大气 CO_2 的 $\delta^{13}C$ 值大概为-6.5‰，而目前大气 CO_2 的 $\delta^{13}C$ 平均值大概为-8‰(Ehleringer *et al.*, 2000)，这是由于人类活动大量释放和植被从大气中固定 ^{13}C 贫化的 CO_2 的双重影响的结果，而且，$\delta^{13}C$ 值的不平衡可用于解释北半球中高纬度地区碳汇中每年约 0.5 Pg 的变化(Fung *et al.*, 1997)，因此生态系统地上和地下(植被、凋落物和土壤) CO_2 通量的 $\delta^{13}C$ 值之间的差异可作为分析碳收支不平衡的因子，用以探讨陆地碳源/汇的时空格局变化。

土壤碳成分间周转速度的不同可能会导致土壤呼吸 CO_2 和土壤有机碳的 $\delta^{13}C$ 值之间的差异，所以这两者的 $\delta^{13}C$ 值之间的差异可用来更好地区分来自于生态系统地下碳通量的组成部分。同时，由于 $^{12}CO_2$ 与 $^{13}CO_2$ 的扩散系数存在差别，使得土壤空气 CO_2 的 $\delta^{13}C$ 要比土壤有机碳的 $\delta^{13}C$ 偏高 4.4‰(Cerling, 1984)，加上土壤颗粒分组中 $\delta^{13}C$ 值的变化速率代表着土壤有机碳氧化分解的不同阶段，因而 $\delta^{13}C$ 可以用来探讨土壤有机碳的分解速率和确定土壤呼吸 CO_2 的季节和年际变化，定量化描述自养呼吸作用，探讨目前和历史植被及气候控制的季节和年际贡献。

(4) 生态系统的碳同位素特征及变化

碳同位素早已被用于研究生态系统生物过程中的动力学效应和生物圈碳循环过程特征，而且从 1990 年以来国际网络观测的 $\delta^{13}C_{trop}$ 也被输入大气环流模型中，被用于计算全球的碳收支，并用于分析大气碳源/汇的位置和数量，但由于生物圈的碳同位素组成有着非常高的时空变异性，目前利用同位素实测值还无法非常精确地确定陆地碳源/汇强度的时空分布(Ciais *et al.*, 1995; Buchmann & Kaplan, 2001)。同时，陆地碳通量季节性的变化，会导致大气 CO_2 浓度和相应的 $\delta^{13}C_{trop}$ 也发生季节性的波动，因而研究 $\delta^{13}C_{trop}$ 的变化规律，要求深入分析陆地生态系统不同碳库组分和碳通量的 $\delta^{13}C$ 值(Trolier *et al.*, 1996)。

生态系统 $\delta^{13}C$ 值除了有助于认识生物分馏机理和植物碳同位素分馏的内在与外在因素，植被叶片的稳定同位素组成($\delta^{13}C_{leaf}$)还能够反映冠层 CO_2 稳定同位素组成($\delta^{13}C_{canopy}$)以及气孔对 CO_2 固定和扩散过程中分馏的综合影响(Farquhar *et al.*, 1989)。由于土壤有机质在较长的残留时间里都携带着同位素信号，所以凋落物和土壤有机碳的 $\delta^{13}C$ 值($\delta^{13}C_{litter}$和 $\delta^{13}C_{SOC}$)，不但可以反映近期大气对流层 CO_2 浓度的状况，而且也可以反映化石燃料大量燃烧之前的 $\delta^{13}C_{trop}$ 值(Enting *et al.*, 1995)。同样，

土壤呼吸释放的 CO_2 的 $\delta^{13}C$ 值($\delta^{13}C_{Rs}$)也可以成为"生态系统长期变化的记忆器",但土壤有机碳的周转速度可以决定 $\delta^{13}C$ 值的变化。在生态系统尺度上,有两个参数可以描述不同时空尺度生态系统的 $^{13}CO_2$ 通量特征:生态系统呼吸的 $\delta^{13}C$ ($\delta^{13}C_{ER}$)和生态系统同位素的判别 Δ_e(Buchmann *et al.*, 1998; Flanagan & Ehleringer, 1998)。$\delta^{13}C_{ER}$ 和 Δ_e 描述了生态系统 CO_2 通量的 ^{13}C 特征,并综合了生态系统与对流层 CO_2 交换的 ^{13}C 特征,可以定量化描述生态系统尺度上的生物圈碳的同位素特征(Buchmann *et al.*, 1998b; Flanagan & Ehleringer, 1998)。由于凋落物的混合与土壤有机碳周转速度较慢,$\delta^{13}C_{ER}$ 和 Δ_e 值也可以反映土地利用历史(Buchmann & Ehleringer, 1998)。因此,植被、凋落物和土壤不同组分的 $\delta^{13}C$ 值、$\delta^{13}C_{ER}$ 和 Δ_e(陆地生态系统和大气 CO_2 交换的 ^{13}C 特征)成为定量化表述大气碳汇或源的一种重要参数。

生态系统呼吸的同位素特征与其底物特征密切相关,植物叶片通过光合作用合成的碳水化合物的一部分被快速地输运到植物根部用于自养呼吸,同时其中的另一部分会通过根际分泌物提供给土壤中的微生物,作为生态系统异养呼吸的碳源。因此,生态系统呼吸的同位素特征与植被主要功能叶(阳叶)的碳同位素特征关系更为密切,而与非功能性叶片(阴叶)的碳同位素特征相关性不强(图 10.3)。

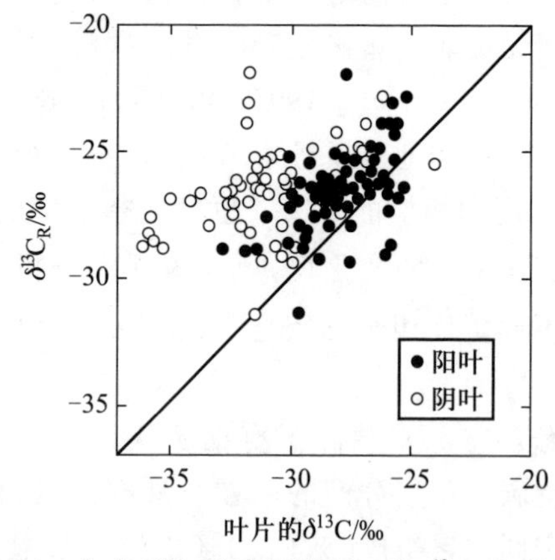

图 10.3 生态系统呼吸释放 CO_2 的 $\delta^{13}C_R$ 与植物阴叶的同位素组成($\delta^{13}C$)以及阳叶的同位素组成($\delta^{13}C$)之间的相关性(Pataki *et al.*,2003)

事实上,在干旱等环境胁迫条件下,植物在呼吸过程中的同位素分馏效应会略有升高(Duranceau *et al.*, 1999; Ghashghaie *et al.*, 2003)。而生态系统呼吸所释放 CO_2 的 $\delta^{13}C$ 值是生态系统各个组成部分呼吸作用的共同结果,与生态系统新合成的各种含碳有机质的同位素组成密切相关。

生态系统呼吸通量的主要成分是来自于土壤呼吸,主要是由土壤的异养呼吸和植物根系的自养呼吸所组成的,因为这两个过程所利用的碳源的重同位素含量有一定差异,所以土壤的异养呼吸和植物根系的自养呼吸所释放出的 CO_2 的 ^{13}C 含量也有一定的差别。利用这一现象,通过测定植物体和土壤有机质的 ^{13}C 含量,或直接测定呼吸过程所释放的 CO_2 的稳定性同位素特征,再结合 IRGA-箱式法观测的生态系统呼吸通量,可以进一步区分和评价植物自养呼吸和土壤的异养呼吸对生态系统呼吸通量的贡献 (Flanagan *et al.*, 1996; Buchmann *et al.*, 1997;Ehleringer *et al.*, 2000)。

土壤有机质是综合反映长时间尺度生态系统初级生产力过程特征的碳库,即使具有相似土壤有机质同位素组成的生态系统,其生态系统呼吸的同位素特征也有很大的变异性。如图 10.4 所示,通常土壤呼吸的同位素组成,较整个生态系统呼吸更容易富集 ^{13}C, 因此,土壤有机质的同位素特征,有时并不能很好地代表整个生态系统呼吸的同位素特征。

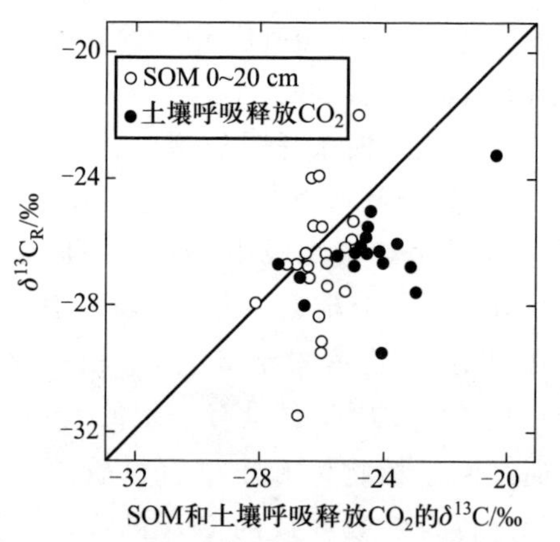

图 10.4 生态系统呼吸的同位素特征 $\delta^{13}C_R$ 与 0~20 cm 土层的土壤有机质(SOM)$\delta^{13}C$ 以及土壤呼吸释放 CO_2(soil CO_2 flux)的 $\delta^{13}C$ 之间的相关关系(Pataki *et al.*, 2003)

10.2.2 生态系统光合和呼吸过程对氧同位素的分馏效应

植物体内的 O 主要有三个来源,即 CO_2, H_2O 和 O_2,但是 O_2 来源的 O 在光合作用过程中很容易被重新释放到大气中,所以来源于 O_2 的 O 对陆生植物体内 O 的贡献不大。图 10.5 所示,与植物光合

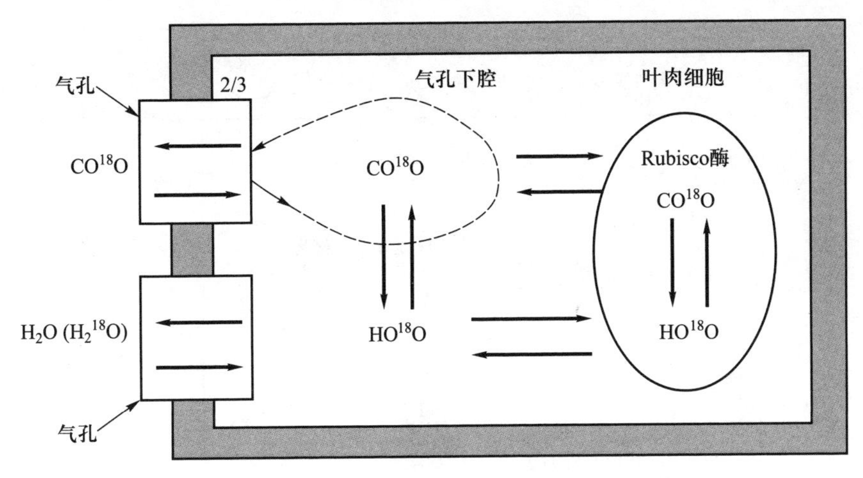

图 10.5 植物光合作用过程对氧同位素的分馏效应

作用对^{13}C的分馏作用类似，植物在光合作用过程中对空气CO_2中的^{18}O也有相似的生物分馏作用。在光合作用过程中进入叶片内部的CO_2的大部分(2/3)不能被碳固定下来，而又被重新释放回空气，但在此过程中，CO_2中的氧同位素会与叶片内水中^{18}O发生溶解平衡反应，发生同位素交换。由于叶片中的水因蒸腾作用而强烈富集^{18}O，结果导致了在植物光合作用过程中释放的CO_2会富集^{18}O。

在植物光合作用过程中，对^{18}O分馏效应可用下式表示：

$$\Delta^{18}O=\frac{R_a}{R_A}-1=\hat{a}+\frac{C_c(\delta_c-\delta_a)}{C_a-C_c} \qquad (10.16)$$

式中：R_a为空气中CO_2的$^{18}O/^{16}O$比值；R_A为进入叶片内部的CO_2的$^{18}O/^{16}O$比值。C_c和C_a分别为叶绿体内和空气中的CO_2浓度，δ_c和δ_a分别为叶绿体内和空气中的$^{18}O/^{16}O$。$\hat{a}$为CO_2从空气中扩散至叶片叶绿体的光合作用部位的平均分馏系数，根据CO_2的扩散效应，一般介于7.4‰～8.8‰。由于δ_c和δ_a的变化很大，所以$\Delta^{18}O$的值一般在20‰～30‰变化。

虽然在植物的水分吸收和传输过程中没有同位素分馏，但是地下水通常与降雨中的^{18}O含量会有很大差异，并且土壤表层水与深层水也有很大差异，因此蒸散作用能够使表层水更加富集^{18}O(Farquhar & Lloyd, 1993; Yakir & Sternberg, 2000)。植物体内的水分来源(降水和地下水)将决定其体内水的同位素组成，这意味着利用植物^{18}O含量的分析数据，有可能提取出植物利用地表水和地下水状况的有关信息。

同样，土壤呼吸产生的CO_2在从土壤释放到大气的过程中也会与土壤水分产生同位素交换反应，但是土壤水分中^{18}O的含量比叶片中的含量低很多；而且由于释放CO_2的速度较快，因而发生同位素交换反应的程度一般较低，所以土壤呼吸过程所释放的CO_2中$\delta^{18}O$含量也比空气中的要低(Flanagan *et al.*, 1997)。

10.2.3 生态系统蒸散过程对氢、氧同位素的分馏效应

蒸散(*ET*)是植物蒸腾(*T*)和土壤蒸发(*E*)的总和，是生态学、水文学和气象学共同关注的土壤-植被-大气系统重要的水汽交换过程。由于水中重同位素组分(HDO和$H_2{}^{18}O$)饱和水汽压低于轻同位素组分($H_2{}^{16}O$)，液态水发生相变转化为气态水的过程中HDO和$H_2{}^{18}O$更倾向于留在液态水中(Farris & Strain, 1978)。因此液态水中的HDO和$H_2{}^{18}O$含量比气态中的高，这种效应被称为平衡分馏效应(equilibrium effect)，可用平衡分馏系数a^*来表示：

$$a^*=\frac{R_L}{R_V} \qquad (10.17)$$

式中：R_L，R_V分别为液态和气态中的轻和重同位素比值。平衡分馏系数a^*通常根据表层液态水温度T_s(K)进行计算(Majoube, 1971)。另外，在蒸发过程中$H_2{}^{16}O$比HDO和$H_2{}^{18}O$扩散得更快，这种效应称为动力学分馏效应(kinetc effect)，可用动力学分馏系数a^k表示：

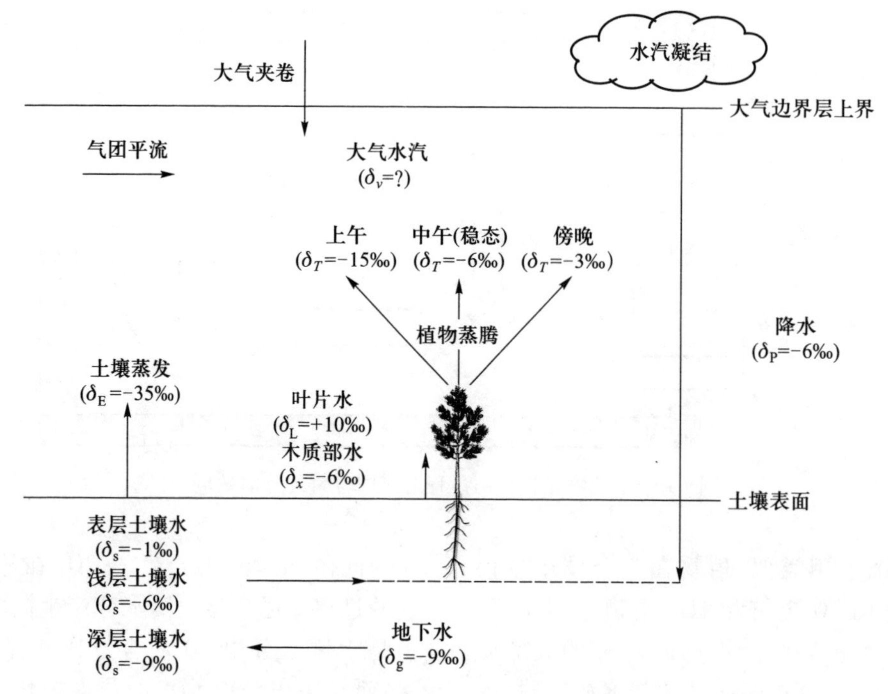

图 10.6 土壤-植物-大气系统中水 $\delta^{18}O$ 的分馏过程及其主要影响因素
(改自 Yakir & Sternberg,2000;Lee *et al.*,2006;Lai *et al.*,2006)

$$a^{k}=\frac{D}{D'}=\frac{g}{g'} \tag{10.18}$$

式中:D 和 D' 分别为轻和重同位素分子的扩散系数;g 和 g'分别是轻和重同位素的导度。过去 HDO 和 $H_2{}^{18}O$ 的动力分馏系数 a_k 一般采用 Merlivat(1978)报道的 H_2O: $H_2{}^{18}O$ 和 H_2O : HDO 的分子扩散比率 1.0281 和 1.0251。后来 Cappa 等(2003)将这两个比例的估计值分别修正为 1.0319 和 1.0164。

如图 10.6 所示,在植物蒸腾过程中,一般认为植物体对土壤水吸收时以及水分在根部与茎秆之内运输而到达未栓化的嫩枝或叶片之前,它的 δD 和 $\delta^{18}O$ (δ_x)并不发生分馏,仍保持着土壤水 δ_s 的特征(Dawson & Ehleringer,1991)。因此,可以利用 δ_x 确定植物的水分来源(Wang & Yakir,2000;Yepez & Williams,2003;Yang *et al.*,2015)。但有研究表明,一些盐生和旱生植物的吸水过程会引起 HDO 的分馏(Lin & Sternberg,1993)。在水分从植物叶片扩散到大气的过程中,$H_2{}^{16}O$ 较 HDO 和 $H_2{}^{18}O$ 更容易通过气孔,因此相对于植物所利用的水源 δ_x 来说,叶片水 HDO 和 $H_2{}^{18}O$ 会发生富集(Dongmann *et al.*,1974;Flanagan *et al.*,1991)。植物蒸腾水汽同位素组成 δ_T 可以用 Craig-Gordon 模型来描述(Craig & Gordon,1965;Dongmann *et al.*,1974;Flanagan *et al.*,1991;Farquhar & Cernusak,2005;Hu *et al.*,2014;Wen *et al.*,2015):

$$\delta_T=\frac{\delta_{L,e}/\alpha^*-h\delta_v-\varepsilon_{eq}-(1-h)\varepsilon_k}{(1-h)+(1-h)\varepsilon_k/1000} \tag{10.19}$$

式中:$\delta_{L,e}$为气孔内蒸发点 δD 和 $\delta^{18}O$;δ_v 为地表空气水汽 δD 和 $\delta^{18}O$;$\varepsilon_{eq}=1000(1-1/\alpha^*)$,为平衡分馏效应,$\alpha^*$ 和相对湿度 h 都需要参照叶片温度计算;$\varepsilon_k=1000(\alpha_{k-1})$,为水分子通过气孔扩散到大气过程中的动力分馏效应。Lee 等(2009)首次将 ε_k 扩展到了生态系统尺度上,指出水汽由冠层传输到冠层上方某一高度过程中空气动力学阻力也对 ε_k 产生影响,导致冠层尺度 ε_k 小于叶片尺度 ε_k。

土壤水分在蒸发过程中所释放的水汽同位素组成的变化与植物叶片的蒸腾作用的同位素分馏过程类似,也可以用 Craig-Gordon 模型(Craig & Gordon,1965)计算:

$$\delta_E=\frac{\dfrac{\delta_e}{\alpha^*}-h\delta_v-\varepsilon_{eq}-(1-h)\varepsilon_k}{(1-h)+\dfrac{(1-h)\varepsilon_k}{1000}} \tag{10.20}$$

式中:δ_E 是土壤蒸发前缘液态水 δD 和 $\delta^{18}O$,ε_k 此时为与水分子通过土壤空隙的扩散过程相关的动力分馏效应，h 为参考土壤蒸发前缘温度的空气相对湿度。

10.3 生态系统碳水通量中不同组分的区分

10.3.1 稳定同位素通量的组成和来源

假设生态系统的碳水总通量(F_N)由具有不同同位素特征的两个部分(通量 F_1 和通量 F_2)(如生态系统光合和呼吸作用、植物蒸腾和土壤蒸发等)组成，即

$$F_N = F_1 + F_2 \quad (10.21)$$

假设这些组分各自的同位素组成分别为 D_N，d_1 和 d_2，则根据质量守恒定律，可以得到同位素通量为

$$F_N D_N = F_1 d_1 + F_2 d_2 \quad (10.22)$$

由式(10.21)和式(10.22)可得

$$F_1 = \frac{D_N - d_2}{d_1 - d_2} F_N \quad (10.23a)$$

$$F_2 = -\frac{D_N - d_1}{d_1 - d_2} F_N \quad (10.23b)$$

假设 $f_1 = \frac{D_N - d_2}{d_1 - d_2}$；$f_2 = -\frac{D_N - d_1}{d_1 - d_2}$；$f_1 + f_2 = 1$，简化上式后则可以得到

$$F_1 = f_1 F_N \quad (10.24a)$$

$$F_2 = f_2 F_N \quad (10.24b)$$

依据上述方程，只要能够确定 F_N、D_N、d_1 和 d_2，就可以确定总通量中的两个不同来源组分的大小。例如，可通过涡度相关(EC)法来测定 NEE，再通过空气取样测定 NEE 的同位素组成，就可计算获得同位素通量，在此基础上，测定分析光合和呼吸通量的同位素特征，就可以区分 NEE 中光合和呼吸作用对 CO_2 通量贡献的大小。同样的原理，在利用 EC 方法测定生态系统的水汽通量后，再测定空气水、植物体内和土壤水分的同位素特征，就可以分别计算植物蒸腾和土壤蒸发的同位素通量，进而定量区分生态系统的水汽通量中的植物蒸腾和土壤蒸发通量。利用这一原理还可以对生态系统碳通量中的 C_3 和 C_4 来源进行区分，也可以对土壤有机质中不同来源有机碳的数量进行区分和确定。

通过同步测定的空气中 CO_2 浓度和同位素组成的变化，可以建立 Keeling 图来确定生态系统呼吸的同位素特征（Keeling，1958，1961）。假设生态系统内空气中 CO_2 浓度(C_E)是在特定背景值(C_b)的基础上，受特定来源的影响而变化(如呼吸作用 C_R)，则 CO_2 浓度的变化可表示为

$$C_E = C_a + C_s \quad (10.25)$$

式中：C_E、C_a 和 C_s 分别为生态系统、大气和引起浓度变化的源库气体浓度。各自的同位素特征分别为 δ_E、δ_a 和 δ_s，则根据物质守恒法则，可得

$$\delta_E C_E = \delta_a C_a + \delta_s C_s \quad (10.26)$$

结合上述两个方程，可得

$$\delta_E = (\delta_a - \delta_s)\frac{C_a}{C_E} + \delta_s \quad (10.27)$$

该方程是一个关于同位素组成变化和气体浓度变化之间的线性方程，斜率为 $C_a(\delta_a - \delta_s)$，截距则为引起变化的库或源的同位素特征(δ_s)。因此，通过 Keeling plot 技术能够间接确定某一添加源组分的同位素特性。C_a 和 δC_a 为大气 CO_2 浓度和 ^{13}C 组成背景值，可以通过测定冠层上方空气中 CO_2 或用全球大气观测网络的数据替代。例如，假定一段时间内空气中 CO_2 浓度的变化主要因生态系统的呼吸 C_R 所引起的，通过测定 CO_2 浓度和对应的 $^{13}C/^{12}C$ 比率的变化，从而利用 Keeling 图所确定的线性方程的截距(δ_s)，那么即为生态系统呼吸的同位素组成($\delta^{13}C_R$)。如图 10.7 所示，其中 CO_2 的同位素组成在一天中的变化 $\delta^{13}C_a$ 与其浓度的倒数($1/C$)一般呈线性关系，通过建立曲线图(Keeling plot)，直线在 y 轴的截距为 $\delta^{13}C_s$，即为生态系统呼吸的同位素特征。由于截距点与观测值的距离较远，所以微小的测定误差就可能引起较大的生态系统呼吸特征值估算误差，因此在采样时，应增加浓度跨度大的样品。

近年来，随着稳定同位素红外光谱(IRIS)技术的发展，实现了稳定同位素的原位连续观测，$\delta^{13}C_R$ 还可以通过基于莫宁-奥布霍夫相似理论 Flux ratio 方法进行计算，这提供了一个更直接的方法，利用 $^{13}CO_2$ 和 $^{12}CO_2$ 的通量比值的线性拟合斜率获得 $\delta^{13}C_R$。并且在粗糙亚层上方水平流动是均匀的且分散体被认为是远场或随机的情况下能够获得较好

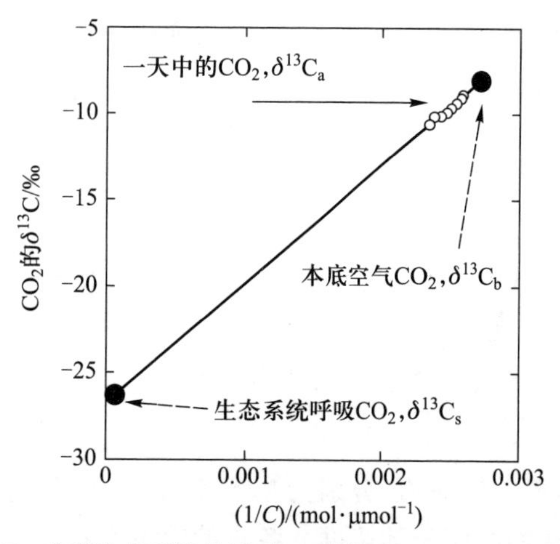

图 10.7 典型生态系统的 Keeling 图(Pataki & Bowling, 2003)
纵坐标为一天中大气中 CO_2 的同位素组成 $\delta^{13}C_a$,横坐标为大气 CO_2 浓度的倒数($1/C$);y 轴的截距为生态系统呼吸的同位素特征$\delta^{13}C_s$,$\delta^{13}C_b$为本底空气的同位素特征

的结果(Griffis *et al.*,2004;Griffis *et al.*,2005b)。

$$\frac{F_N^{13}}{F_N^{12}}=\frac{-K_c\,\bar{\rho}/M_a\,\mathrm{d}^{13}\overline{CO_2}/\mathrm{d}z}{-K_c\,\bar{\rho}/M_a\,\mathrm{d}^{12}\overline{CO_2}/\mathrm{d}z} \tag{10.28}$$

式中:F_N^{13} 和 F_N^{12} 是$^{13}CO_2$ 和$^{12}CO_2$ 的通量,K_c 是 CO_2 的涡度扩散系数(eddy diffusivity),$\bar{\rho}$是干空气的平均密度,M_a 是干空气的摩尔质量,$\mathrm{d}^{13}CO_2/\mathrm{d}z$ 和 $\mathrm{d}^{12}\overline{CO_2}/\mathrm{d}z$是$^{13}CO_2$ 和$^{12}CO_2$ 在同一时间冠层上方两个高度的时间平均混合比梯度。在稳定同位素通量的测量应用中有两个关键假设:① 假设$^{13}CO_2$ 和$^{12}CO_2$涡度扩散系数相同;② $^{13}CO_2$ 和$^{12}CO_2$ 的源汇分布是一致的。假设测量时在粗糙亚层上方进行,由于强烈的混合作用$^{13}CO_2$ 和$^{12}CO_2$ 较小的源汇分布差异(例如,土壤和植物通量同位素信号的差异)对通量梯度测量的影响很小(Griffis *et al.*,2004;Griffis *et al.*,2005a;Griffis *et al.*,2005b)。因此,上述通量比方程可以简化为

$$\frac{F_N^{13}}{F_N^{12}}=\frac{\mathrm{d}^{13}\overline{CO_2}}{\mathrm{d}^{12}\overline{CO_2}} \tag{10.29}$$

通量比利用线性回归的方法进行线性拟合,回归方程的斜率代表 F_N 的同位素比值。在没有光合作用的情况下(夜间或者非生长季),回归方程的斜率代表 F_R 的同位素比值。将其转换为 δ 的形式可以表示为

$$\delta^{13}C_R=\left(\frac{\mathrm{d}^{13}CO_2/\mathrm{d}^{12}CO_2}{R_{VPDB}}-1\right)\times1000 \tag{10.30}$$

生态系统光合过程中的同位素分馏效应的大小可以根据下式进一步确定(Flanagan *et al.*, 1996;Buchmann *et al.*, 1998):

$$\Delta_e=\frac{\delta_{trop}-\delta C_R}{1+\delta C_R} \tag{10.31}$$

式中:δ_{trop}为对流层的 CO_2 碳同位素特征,可以通过直接观测或用全球大气本底观测的值替代。

10.3.2 生态系统光合和呼吸通量组分的区分

目前,涡度相关技术在各种陆地生态系统碳交换的观测中得到了广泛应用,使全球陆地生态系统碳平衡研究取得了很大进展。但是,因为涡度相关法无法直接确定和区分生态系统物质交换的不同组分,使其观测数据对生态过程机理的解释、过程机理模型的构建与验证等方面的应用受到了很大的限制。为了克服 EC 方法的不足,目前很多研究者开始尝试将稳定同位素技术和 EC 观测技术结合,建立两者耦合的综合观测系统,来定量化地区分 EC 观测的生态系统 NEE 中的光合吸收通量和呼吸释放通量,定量化地区分生态系统的潜热通量中的蒸腾通量和蒸发通量,并取得了一些重要进展(Bowling *et al.*, 2001, 2003;Ogee & Peylin, 2003;Pataki & Bowling, 2003 a, b, 2004;Zobitz *et al.*, 2008;Fassbinder *et al.*, 2012)。Yakir 和 Wang(1996)首次在以色列用通量梯度(flux-gradient method)和涡度相关观测,结合^{13}C、^{18}O 测定对几种农田生态系统的 NEE 中的光合(F_{GPP})和呼吸(F_{RE})通量进行了成功的区分,发现在表层土壤干旱时,生态系统的土壤呼吸下降比率要比光合作用下降的幅度大很多。Still(2003)也用类似方法,对北美的高草草原 NEE 中的 C_3 和 C_4 植物的贡献进行了成功的区分。Miranda(1997)通过测定空气 CO_2 中^{13}C,并结合 EC 的观测,发现 C_4 植物在巴西稀树大草原的碳通量中的贡献约为 40%。Bowling 等(2001)首次利用气瓶取样技术测定了空气中 CO_2 浓度和其^{13}C含量的同步变化特征,结合 EC 观测得到了^{13}C的通量,对美国得克萨斯州的森林生态系统的 NEE 中光合和呼吸组分进行了区分,发现用夜间温度回归方法所得到的森林生态系统呼吸通量明显偏低(Bowling *et al.*,2001)。

净生态系统碳交换量(NEE)主要包括,光合吸

收(F_{GPP})和呼吸释放作用(F_{RE})两个部分,通过涡度相关法测定的 CO_2 通量为两者的净差值。因此,NEE 一般可表示为

$$NEE = F_{GPP} + F_{RE} = \overline{\rho w' C'} \tag{10.32}$$

如果空气 CO_2 中的 ^{13}C 含量为 $\delta^{13}C_a$,光合和呼吸通量的同位素组成分别为 $\delta^{13}C_p$ 和 $\delta^{13}C_R$,则根据质量守恒原理,就可以得到碳同位素通量为

$$\begin{aligned} \text{Isoflux}(^{13}C) &= \delta^{13}C_p F_p + \delta^{13}C_R F_R = \delta^{13}C_a NEE \\ &= \delta^{13}C_a \overline{\rho w' C'} = \overline{\rho w' [(\delta^{13}C_a) C_a]'} \end{aligned} \tag{10.33}$$

通过同步测定一段时间(几小时)内的空气中 CO_2 浓度和 $\delta^{13}C$ 数据,可以建立两者的线性回归方程(Bowling *et al.*,2001):

$$\delta^{13}C_a = mC_a + b \tag{10.34}$$

式中:m,b 分别为线性回归方程的两个系数。结合 EC 观测的 CO_2 浓度,就可以得到 ^{13}C 连续的通量(Bowling *et al.*, 2001,2003a),即

$$\text{Isoflux}(^{13}C) = \overline{\rho w' [(mC_a + b) C_a]'} \tag{10.35}$$

为了区分 NEE 中的光合和呼吸通量,需要对各自的同位素特征进行测定,事实上生态系统呼吸包括地上植被和地下根系的自养呼吸和土壤微生物的异养呼吸,而且生态系统具有很大的空间异质性和复杂性,目前还不能直接准确测定。对于生态系统呼吸过程中同位素含量的变化,只能通过测定生态系统中 CO_2 浓度及其同位素含量的变化,利用 Keeling 图技术或者 flux ratio 方法分析间接获得。根据前面介绍的原理,利用下式来计算生态系统呼吸通量的同位素特征:

$$\delta^{13}C_a = \delta^{13}C_R + \frac{C_b(\delta^{13}C_b - \delta^{13}C_R)}{C_a} \tag{10.36}$$

由方程(10.36)所得到的截距($\delta^{13}C_R$)就是生态系统呼吸通量的 ^{13}C 比率,$\delta^{13}C_R$ 为地上植被和土壤呼吸的整体混合的结果(Keeling, 1958, 1961; Yakir & Sternberg, 2000)。类似地可以对生态系统呼吸过程中释放的 CO_2 的 $\delta^{18}O_R$ 进行分析计算。

总冠层光合判别(Δ_{canopy})描述了总的同位素分馏过程,包括:① CO_2 在叶片边界层运输的分馏;② 扩散到气孔的分馏;③ 溶解分馏;④ 叶肉细胞扩散到叶绿体的分馏;⑤ 光合作用的分馏。叶片尺度的分馏模型(Farquhar & Sharkey,1982)被用于冠层判别的计算:

$$\Delta_{canopy} = \bar{a} + (b_R - \bar{a})\frac{c_c}{c_a} \tag{10.37}$$

$$\bar{a} = \frac{g_s g_m a_b + g_a g_m a + [a_s(T) + a_1] g_s g_a}{g_s g_m + g_a g_m + g_s g_a} \tag{10.38}$$

式中:b_R 是 $^{13}CO_2$ 的光合酶化反应分馏(27.5‰),(Farquhar & Sharkey, 1982);a_b 是层流边界层的扩散分馏(2.9‰);a 是叶片表面到气孔腔室的分子扩散分馏(4.4‰);$a_s(T)$ 是 CO_2 的溶解分馏(25℃时为 1.1‰);a_1 是细胞内扩散(0.7‰)。

净光合通量(F_A)与叶绿体内 CO_2 混合比(c_c)有关,根据 Fick 定律:

$$F_A = \bar{g}(c_c - \bar{c_a}) \tag{10.39}$$

式中:总导度($\bar{g}$)由空气动力学导度(g_a)、植物表面导度(g_s)和叶肉导度(g_m)组成,所有导度的单位为 $mol \cdot m^{-2} \cdot s^{-1}$。

$$\frac{1}{\bar{g}} = \frac{1}{g_a} + \frac{1}{g_s} + \frac{1}{g_m} \tag{10.40}$$

空气动力学导度(g_a)依赖于风速和其他参数,是湍流阻力($1/g_t$)和边界层阻力($1/g_b$)的和(Ogee & Peylin,2003;Knohl & Buchmann,2005)。

$$\frac{1}{g_a} = \frac{1}{g_t} + \frac{1}{g_b} \tag{10.41}$$

式中:湍流导度(g_t)利用冠层上方同一高度的摩擦风速(U^*)和平均风速(U_r)计算($g_t = U^{*2}/U_r$),边界层导度(g_b)的估算利用了斯坦顿数的倒数($B \approx 1/7.5$),CO_2 的施密特数(Sc 为 1.02),湍流普朗特数(Pr 为 0.72)。

根据上述方程,可以实现同位素通量的拆分,对光合通量(F_A)、呼吸通量(F_R)、Δ_{canopy} 等进行计算,进而能够确定并评价光合和呼吸通量对 NEE 的贡献。

图 10.8 为利用 ^{13}C 技术对涡度相关观测中的光合和呼吸组分进行分离评价的研究实例之一(Bowling *et al.*,2001)。在图中显示了利用涡度相

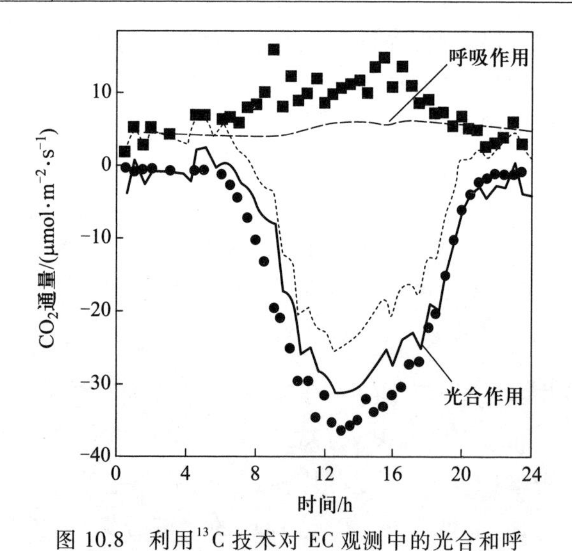

图 10.8 利用^{13}C 技术对 EC 观测中的光合和呼吸组分进行分离(Bowling *et al.*, 2001)

——为 EC 直接观测的结果;- - - -与——分别为利用夜间呼吸与温度的回归关系间接推算的生态系统呼吸作用通量和光合作用通量;■和●分别为利用稳定同位素技术所确定的生态系统呼吸通量和光合作用通量

关测定 NEE、利用夜间呼吸与温度的回归关系间接推算生态系统呼吸通量和光合作用通量的日变化,以及结合稳定同位素技术观测所确定的生态系统呼吸通量和光合作用通量的日变化。通过比较可以发现,通过常规方法所获得的生态系统呼吸和光合作用通量明显低于用稳定同位素方法获得的结果。

10.3.3 生态系统植物蒸腾和土壤蒸发组分的区分

如前所述,土壤蒸发水汽 δ_E 较土壤水 δ_s 严重贫化,而植物蒸腾水汽 δ_T 则与土壤水 δ_s(或茎秆水 δ_x)相近。土壤蒸发 δ_E 和植物蒸腾 δ_T 的显著差异为利用稳定同位素技术区分土壤蒸发和植物蒸腾对生态系统蒸散的贡献提供了可能(Yakir & Sternberg,2000;Lai *et al.*,2006)。根据前述的水汽轻、重同位素通量质量守恒方程,可确定植物蒸腾通量(F_T)和土壤蒸发通量(F_E)

$$F_T=\frac{\delta_{ET}-\delta_E}{\delta_T-\delta_E}F_{ET} \tag{10.42}$$

$$F_E=\frac{\delta_T-\delta_{ET}}{\delta_T-\delta_E}F_{ET} \tag{10.43}$$

式中:F_{ET}可采用涡度相关技术、通量廓线技术和波文比-能量平衡技术等手段获得(Ferretti *et al.*,2003)。因此区分植物蒸腾和土壤蒸发的关键便是确定 δ_{ET}、δ_T 和 δ_E。

由于生态系统蒸散 δ_{ET}难以直接测定,过去一般采用 Keeling 图方法间接估计(Wang & Yakir,2000;Williams *et al.*,2004)。如图 10.9 所示,该方法利用大气水汽 δD 或 δ^{18}O(δ_v)以及水汽混合比(w)数据,作 δ_v 和 $1/w$ 的散点图,所得回归直线的截距即为生态系统蒸散通量 δ_{ET}

$$\delta_v=(\delta_b-\delta_{ET})w_b\left(\frac{1}{w}\right)+\delta_{ET} \tag{10.44}$$

式中:w_b 和 δ_b 分别为背景大气的水汽混合比及其水汽 δ^{18}O 或 δD。

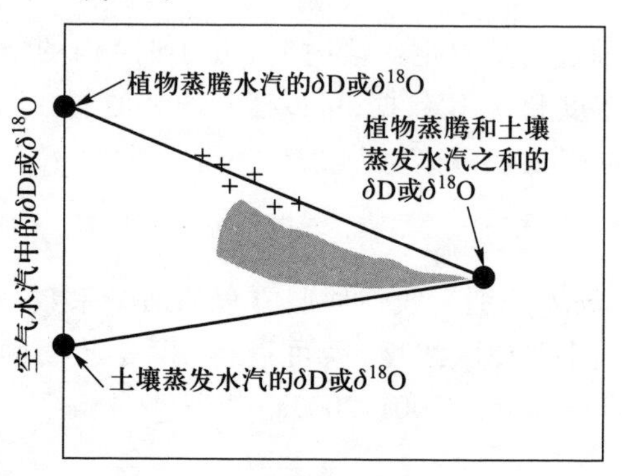

图 10.9 利用空气水汽中^{18}O 和 D 含量与水汽浓度值倒数($1/w$)的线性关系确定的生态系统水汽通量 δ_{ET}(Yepez *et al.*, 2003)

利用 Keeling 图方法确定 δ_{ET}时有几个前提假设(Lee *et al.*,2007;Hu *et al.*,2014;Sutanto *et al.*,2014;Wen *et al.*,2015):① 生态系统蒸散 δ_{ET}、背景大气水汽混合比 w_b 及其同位素组成 δ_b 在采样观测期间(通常为 30~60 min)保持恒定;② 生态系统边界层内水汽混合比 w 和水汽 δ_v 的变异只由蒸散(ET)引起;③ 水汽只通过湍流混合过程从植物冠层散失,如不发生水汽凝结等。然而,各种环境因素如降水、灌溉、气团运动等都可以改变生态系统边界层内的水汽 δ^{18}O 和 δD(Ehleringer *et al.*,2000)。Lee 等(2006)研究指出,在几个小时到几天的时间尺度上,大气水汽 δ_v 变异由处在不同降水阶段的气团平流运动引起,与蒸散关系很小,截距参数 δ_{ET}取决于观测时间在天气循环中所处的阶段。即使在大气水汽 δ_v 的变异仅由蒸散引起的理想条件下,生态系统蒸散 δ_{ET}也不是一个常数。因此,利用单一观测高度水汽 δ_v 和水汽混合比的时间系列数据通过

Keeling 图方法得出的截距是一个比较模糊的信号。

目前，植物蒸腾通量 δ_T 的获取主要有以下几种途径。在同位素稳定平衡状态（ISS）下，δ_T 可以直接通过测量植物茎秆水 δ_x 代替（Moreira *et al.*，1997；Williams *et al.*，2004）。然而，在野外条件下稳态假设通常是不能得到满足的，利用稳态假设获得的 δ_T 与真实值有一定的偏差（Welp *et al.*，2008；Wen *et al.*，2015）。目前，已有许多研究证明植物蒸腾水汽 δ_T 的非稳态行为，例如同位素稳定平衡状态要求 δ_T 等于 δ_x，但叶水 $\delta_{L,e}$ 富集通常滞后于根据气象条件计算出的稳态值，因此上午 δ_T 会低于 δ_x 而下午则会逐渐高于 δ_x（Yakir & Sternberg，2000；Welp *et al.*，2008；Wen *et al.*，2015）。在非平衡状态下，δ_T 可以通过 Craig－Gordon 模型（Craig and Gordon，1965）、Dongmann 模型（Dongmann *et al.*，1974）和 Farquhar－Cernusak 模型（Farquhar and Cernusak，2005）计算。最近，Hu 等（2014）和 Wen 等（2016）基于同位素质量守恒方法来直接计算获取了 δ_T。此外，已有研究借助植物叶室对 δ_T 进行直接测量（Wang *et al.*，2010；Dubbert *et al.*，2014）。

通常情况下，土壤蒸发 δ_T 都是基于 Craig－Gordon 模型计算（Yepez & Williams，2003；Williams *et al.*，2004；Hu *et al.*，2014；Wen *et al.*，2016）。所需的输入变量包括土壤蒸发前缘液态水 δD 和 δ^{18}O（δ_e）、地表大气水汽 δD 和δ^{18}O（δ_v）、相对湿度以及平衡和动力学分馏系数。该模型的模拟结果对于大气水汽 δ_v 和土壤水蒸发前缘的选择十分敏感（Sutanto *et al.*，2014）。因此，采用合理的采样和统计分析方法对于 δ_E 的准确估算十分重要。此外，δ_E 也可以借助箱式法来直接测量（Dubbert *et al.*，2013）。

目前，虽然已有大量研究利用 δ^{18}O 和 δD 技术实现了生态系统植物蒸腾和土壤蒸发的区分（Wang & Yakir，2000；Yakir& Sternberg，2000；Yepez & Williams，2003；Williams *et al.*，2004；Xu *et al.*，2008；Hu *et al.*，2014；Wen *et al.*，2016），但 δ^{18}O 和 δD 技术在应用于区分土壤蒸发和植物蒸腾时仍存在一些未解决的难题。如：对植物蒸腾 δ^{18}O 和 δD（δ_T）的估计大多基于稳态假设，但稳态假设只有在中午才近似有效（Welp *et al.*，2008；Wen *et al.*，2016）；生态系统蒸散 δ^{18}O 和 δD（δ_{ET}）可以通过通量廓线技术直接计算或 Keeling 图方法间接估算，但传统的大气水汽冷阱/质谱仪技术使得大气水汽 δ^{18}O 和 δD（δ_v）的观测局限于离散观测（Angert *et al.*，2008）或短期集中试验（Lai *et al.*，2006）。近年来，气态水和液态水 δ^{18}O 和 δD 观测技术和仪器的进步为土壤蒸发和植物蒸腾过程的精确拆分研究提供了新的契机（Lee *et al.*，2005；Crosson，2008；Wen *et al.*，2008，2012；Hu *et al.*，2014；Huang *et al.*，2014；Wen *et al.*，2016）。例如，大气水汽 δ^{18}O 和 δD 高时间分辨率的原位连续观测成为可能，这将提高叶片内蒸发点 δ^{18}O 和 δD（$\delta_{L,e}$）的预测精度，从而可能避免稳态假设，实现利用 $\delta_{L,e}$直接计算植物蒸腾 δ_T（Welp *et al.*，2008）；与通量－廓线技术结合时，可以直接测定并获得连续的 δ_{ET}数据（Lee *et al.*，2007；Welp *et al.*，2008；Huang *et al.*，2014）。此外，液态水 δ^{18}O 和 δD 观测技术的进步使得对土壤和植物样品的大量测定成为可能，这又为 ET 的精细拆分提供了基础。

10.4 生态系统同位素通量的观测技术与方法

10.4.1 同位素质谱（IRMS）技术

由于利用 IRMS 技术在野外对空气中的同位素比率进行直接测定还存在很多困难，所以目前仍然以气瓶取样技术为主。如图 10.10 所示，一般的空气采样程序为：用气泵将植被不同高度的空气抽下来，流经干燥剂去除水分，收集进入取样瓶，之后导入红外气体分析仪（IRGA），待 CO_2 稳定后，将玻璃气瓶两端密封后及时运回实验室用同位素质谱仪测定分析同位素组成。如果观测仅仅需要分析 CO_2 中的碳同位素，则用干燥剂干燥后取样即可（图 10.10上部的各步骤）。但是，如果观测工作需要同时分析水汽中的 D 和 ^{18}O 同位素，则在采样时，如图 10.10 的下部的虚线框内所示，必须使用冷阱，并用玻璃瓶收集水分样品，同时应将红外气体分析仪置于冷阱之前的采样管路系统之中。

对于植被高度较低的生态系统，一种简化的测定方法是结合气象要素的梯度观测进行。即利用在植被冠层上方两个高度处的 CO_2 浓度和 CO_2 的 ^{13}C 同位素组成的测定结果，用下式可以直接计算生态

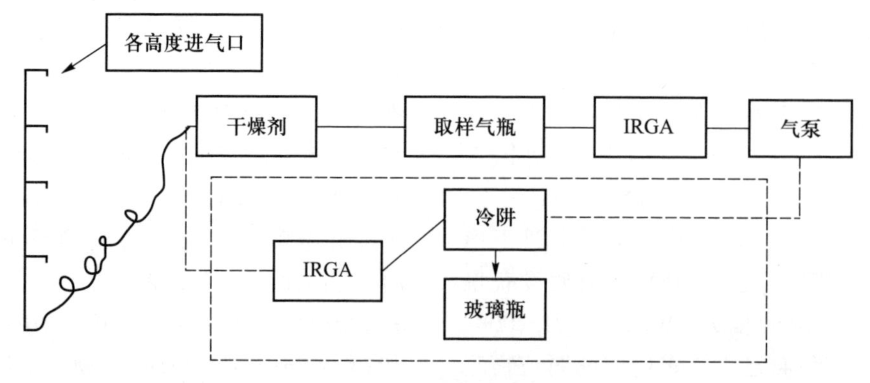

图 10.10　CO_2 和水汽气体取样装置示意图

上部分是仅测定 CO_2 中的碳同位素时的采样系统,下部的虚线框部分为水分取样装置结构系统

系统的 CO_2 通量和同位素通量,此法一般称为通量梯度观测法(flux-gradient method)。水汽通量和水汽同位素通量也可以用类似的公式计算。

$$F_C=\rho K\frac{C_1-C_2}{Z_1-Z_2} \tag{10.45}$$

$$\delta_C F_C=\rho K\frac{(\delta^{13}C_1)C_1-(\delta^{13}C_2)C_2}{Z_1-Z_2} \tag{10.46}$$

式中:ρ 为空气密度; Z_1 和 Z_2 分别为两个不同测定高度;C_1 和 C_2 分别为两个不同高度处的 CO_2 浓度;$\delta^{13}C_1$ 和 $\delta^{13}C_2$ 分别为两个不同高度处的 CO_2 的 ^{13}C 同位素组成。

对于植被较高的生态系统,具有涡度相关观测条件下,主要是采用涡度相关(EC)系统来观测空气中 CO_2 浓度和通量,再结合多层次的气瓶采样测定的同位素含量,用下式计算碳同位素(或其他同位素)通量,这种方法称为 EC-气瓶采样-质谱仪法(EC-flask method):

$$F_C\delta^{13}C=\overline{\rho w'[(mC+b)C]'} \tag{10.47}$$

另外,对于植被较高且郁闭度大的森林生态系统而言,在计算同位素通量时,也必须考虑冠层内的气体储存项的影响。

10.4.2　同位素红外光谱(IRIS)技术

近年来,同位素红外光谱(IRIS)技术的发展能够实现野外环境条件下 $\delta^{13}C$ 的原位连续观测(表 10.4)。通过适当的标定,能够达到和 IRMS 类似的测量精度(Kerstel & Gianfrani, 2008; Berryman *et al.*, 2011; Werner *et al.*, 2012)。目前,IRIS 技术主要包括调制式半导体激光吸收光谱(Lead-salt tunable diode laser absorption spectrometer, TDLAS, Campbell Scientific Inc.)、波长扫描光腔衰荡光谱(Wavelength - scanned cavity ring down spectroscopy, WS-CRDS, Picarro Inc.)、离轴综合腔输出光谱(Off - axis cavity output spectroscopy, OA-ICOS, Los Gatos Research)、量子级联激光吸收光谱(Quantum cascade laser absorption spectrometer, QCLAS, Aerodyne research)和差频激光光谱(Difference frequency generation laser spectroscopy, DFG, Thermo Scientific)等(Griffis, 2013; Wen *et al.*, 2013)。

(1) 调制式半导体激光吸收光谱技术

CO_2 中 ^{13}C 和 ^{12}C 的红外吸收光谱在特定的波段有微小的差异,可以用调制式半导体激光吸收光谱仪(TDLAS)在野外进行直接测定。以前此类方法主要用于原位测定 NO_x 等痕量气体,目前已经商品化的仪器主要是美国 Campbell Scientific 公司的 TGA100 等系列产品。TDLAS 的测定精度要略低于质谱仪,但是,其响应时间可以达到 100 ms,比常规测定方法的速度要快很多,并可以实现连续的在线测定。TGA100 仪器的主体是一个调制式半导体激光发生器和探测器,激光发生器须在恒定的低温条件下工作(图 10.11),通常使用液氮获得低温来提高灵敏度,从而提高仪器的精度和准确性。激光在经过分光器后分别到达样品室和参比室的探测器。为了提高分辨率和灵敏度,一般样品室的长度较长(约 1.5 m)。通过同时测定标准气体的浓度及其同位素含量的方法,确定样气的浓度及其同位素含量。

表 10.4 CO_2 和水汽同位素红外光谱技术性能综述(Griffis,2013)

设备型号	同位素类型	测量频率/Hz	稳定性	精 度
TDLAS(TGA100A/200 Campbell Scientific)	$^{13}C-CO_2$, $^{12}C-CO_2$, $^{18}O-CO_2$, $^{18}O-H_2O$, $^{1}H-H_2O$, $^{2}H-H_2O$	20	1~3 h	$\delta^{13}C-CO_2$: 0.07(30 min); $\delta^{18}O-CO_2$: 0.07(30 min); $\delta^{18}O-H_2O$: 0.07(30 min); $\delta^{2}H-H_2O$: 1.1(60 min)
WS-CRDS(L1115-i Picarro)	$^{18}O-H_2O$, $^{1}H-H_2O$, $^{2}H-H_2O$,	0.2	<200 s	$\delta^{18}O-H_2O$: 0.04(60 min); $\delta^{2}H-H_2O$: 0.4(60 min)
WS-CRDS(G1101-i 和 G1101-i+ Picarro)	$^{13}C-CO_2$, $^{12}C-CO_2$	0.3~0.5	<2000 s	$\delta^{13}C-CO_2$: 0.25(10 min); $\delta^{13}C-CO_2$: 0.08(30 min)
OA-ICOS(DLT-100Los Gatos Research)	$^{18}O-H_2O$ $^{1}H-H_2O$ $^{2}H-H_2O$	1	<200 s	$\delta^{18}O-H_2O$: 0.2(60 min); $\delta^{2}H-H_2O$: 0.4(60 min)
OA-ICOS(CCIA DLT-100Los Gatos Research)	$^{13}C-CO_2$ $^{12}C-CO_2$	1	<200 s	$\delta^{13}C-CO_2$: 0.05(1 min)
QCLAS (Aerodyne research)	$^{13}C-CO_2$, $^{12}C-CO_2$, $^{18}O-CO_2$	10	<100 s	$\delta^{13}C-CO_2$: 0.1(30 min); $\delta^{18}O-CO_2$: 0.62(10 Hz)
FTIR (Trace gas analyzer Ecotech Pty Ltd.)	$^{13}C-CO_2$, $^{12}C-CO_2$, $^{18}O-H_2O$, $^{1}H-H_2O$, $^{2}H-H_2O$	1	>1 h	$\delta^{13}C-CO_2$: 0.03(10 min); $\delta^{18}O-H_2O$: 0.2(30 min); $\delta^{2}H-H_2O$: 0.5(10 min,20 ppm)、 3(10 min,3 ppm)

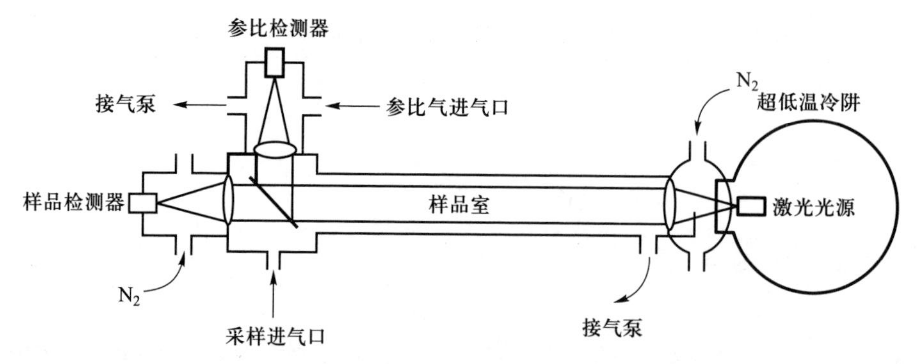

图 10.11 TDLAS 探测器(TGA100)结构示意图(Bowling *et al.*, 2003)

TDLAS观测系统在开始测定时,首先要进行全波段扫描(图 10.12a),以确定对于测定目标气体合适的吸收波谱段。如图 10.12 所示,对于 CO_2 中的 ^{13}C比率测定而言,应选择能够同时探测到的^{13}C 和 ^{12}C相邻的吸收波谱范围 2 308~2 310 cm^{-1},进一步在 2 308.1~2 308.3 cm^{-1}的狭小范围内再选择出^{13}C和^{12}C 有明显区别的吸收波长。此外,由于^{12}C 含量较高,需要选择对^{13}C 吸收更大的吸收光谱段来进行测定,只有这样才能减少观测系统在信号放大中的不同步所造成的一系列技术问题(图 10.12)。

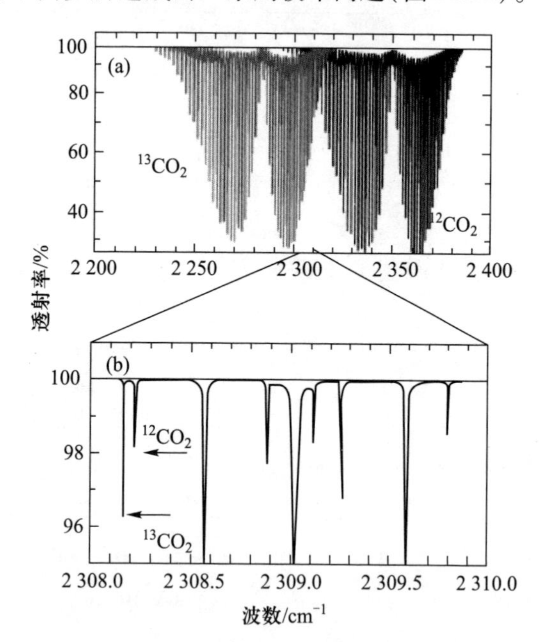

图 10.12 TDLAS 探测器用于测定^{13}C 和^{12}C 的光谱:(a) CO_2 中^{13}C 和^{12}C 在不同红外光谱段的吸收值;(b) TGA100 观测系统通过选择性地利用^{13}C 和^{12}C 在特定相邻区域的红外吸收光谱来测定各自的同位素含量,并同时完成空气中 CO_2 浓度的测定

TDLAS 系统通过对样品气和参比气的同时测定,并保持样品室内稳定的压力环境,从而能够分别测定^{13}C 和^{12}C 的含量和 CO_2 的总浓度。通过选择其他合适的特定波谱,还可以对其他的稳定同位素含量进行测定(如^{16}O 和^{18}O 等)。利用 TDLAS 测定的气体浓度及其同位素比率,与涡度相关观测结合起来,则可以计算同位素通量,同时可以利用第 10.3 节中所介绍的理论和方法,对 NEE 中光合和呼吸组分进行区分。但是,对利用 TDLAS 方法测定的结果必须做一系列的分压校正等,才能与质谱仪测定的结果取得一致,例如,因为空气中的 CO_2 除了 $^{12}C^{16}O^{16}O$ 和$^{13}C^{16}O^{16}O$ 的组合形式以外,还有 $^{12}C^{18}O^{18}O$ 和$^{13}C^{18}O^{16}O$等组合形式的其他成分,这些成分对测定结果会有一定的影响(Bowling *et al.*, 2003b)。

目前,TDLAS 可以在野外同时对多种微量气体(如 NO_x)的浓度及其同位素含量(目前见到的主要有^{13}C,^{8}O 和D 的测定结果)进行快速测定,与此同时,由于 TDLAS 可以快速地在线完成目标气体浓度和同位素组成的同步测定,所以克服常规方法中因在气体采样储存等过程中可能发生的污染等问题,从而能够减小测定结果的不确定性。TDLAS 系统是第一套可以直接用于存位同位素测定的系统。

(2) 波长扫描光腔衰荡光谱技术

波长扫描光腔衰荡光谱技术是近年来发展起来的一种全新的激光吸收光谱技术,通过快速关闭激光光源,测量其在腔室内的衰荡时间,避免了光强波动对测量结果的影响。其腔室内的光脉冲信号通过三个高反射率的镜面获得了长达 15~20 km 的反射路径,大大提高了检测的灵敏度。高精度的波长监视器的分辨率能够达到 0.0003 cm^{-1},显著降低了干扰气体对分析仪测量目标气体光谱吸收的影响。

基于 CRDS 技术的 Picarro 同位素分析仪主要

包括 CO_2 同位素分析仪、CH_4同位素分析仪、H_2O 同位素分析仪和 N_2O 同位素分析仪，可以测量环境气体中 CO_2、CH_4的 $\delta^{13}C$，H_2O 的 δD 和 $\delta^{18}O$，以及 N_2O 中的 $\delta^{18}O$、$\delta^{15}N$、$\delta^{15}N_{\alpha}$和 $\delta^{15}N_{\beta}$。

（3）离轴综合腔输出光谱同位素分析仪

离轴综合腔输出光谱技术通过使用离轴的、非共振对齐的激光束相对于光强的离轴轨迹来防止腔室内的干扰，这种激光束对齐或轨迹并不唯一且易于实现，从而更易于生产且功能更加强大。OA-ICOS 能够实现数千米光学路径长度的直接测量。此外，OA-ICOS 能够连续扫描激光波长并记录完全分辨吸收光谱。这能够实现复杂和污染样品的准确测量，避免交叉敏感性。

目前，LGR 同位素分析仪主要有 CO_2 同位素分析仪（CO_2，$\delta^{13}C$）、CH_4同位素分析仪（CH_4，$\delta^{13}C$）、H_2O 同位素分析仪（H_2O，δD，$\delta^{18}O$，$\delta^{17}O$）和 N_2O 同位素分析仪（N_2O，$\delta^{15}N_{\alpha}$，$\delta^{15}N_{\beta}$，$\delta^{18}O$，$\delta^{17}O$）。

10.4.3 通量测定过程中应注意的问题

IRMS 技术通量测定过程中，应注意以下问题：

（1）野外取样

因为稳定同位素的自然丰度极低（10^{-9}级），而且在不同物质之间的含量差异也很大，样品也极易受到污染。因此，在取样过程中用到的所有仪器设备都必须具有很高的化学惰性，不能与目标物质发生化学反应，也不能释放含碳的烃类物质或水汽。例如，取样气管尽量使用聚四氟乙烯等材料，采样泵应使用无油的隔膜泵，样品应使用色谱级的玻璃材质的瓶子或特制的气袋（如 Tedlar 袋）储存。

在采集 CO_2 等气体时，要尽量除去水分，因为 CO_2 会在水中溶解。空气中水汽的收集和土壤、植物中水分的抽提应尽可能完全，尽量使用高效率的低温冷阱和真空系统。用于分析 ^{13}C 含量的植物和土壤等样品，在采集后应及时烘干，然后密封保存。用于分析水中 ^{18}O 含量的植物和土壤等样品，在采集后应及时进行冷冻处理，然后在低温条件下保存。所有的样品在送回实验室后都应及时处理和分析。

（2）样品分析

所有样品在实验室经过严格的后期处理（如固体样品研磨到合适的大小，水样必须过滤除杂质等）后即可分析，但是为减少样品间的测定误差，对于同一批次的样品应尽量放在一起，在相同的实验条件下进行分析。所有样品在测定过程中必须严格执行仪器的操作规程。

（3）数据分析

通量数据必须经过各种质量控制处理，剔除异常值后才能用于同位素通量计算，因为异常值对于数据分析和计算结果的影响都很大。在用 Keeling 图分析数据时，在符合其理论假设的前提下，应尽量选取 CO_2 浓度变化范围较大的、在较短时间段内的测定数据进行分析，一些关键性过程参数应选用适合本地的方程或过程模型来确定。

参考文献

陈世苹，白永飞，韩兴国. 2002. 稳定性碳同位素技术在生态学研究中的应用. 植物生态学报，26（5）：549～560

林光辉.2013.稳定同位素生态学.北京：高等教育出版社

朴河春，朱建明，余登利等. 2003. 贵州山区土壤微生物生物量的碳同位素组成与有机碳同位素效应. 第四纪研究，23（5）：546～556

苏波，韩兴国，李凌浩等. 2000. 中国东北样带草原区植物$\delta^{13}C$值及水分利用效率对环境梯度的响应. 植物生态学报，24（6）：648～655

王国安，韩家懋，刘东生. 2003. 中国黄土区 C_3 植物稳定性同位素组成的研究. 中国科学（D），33：251～255

严昌荣，韩兴国，陈灵芝等. 1998. 暖温带落叶阔叶林主要植物叶片中 $\delta^{13}C$ 值的种间差异及时空变化. 植物生态学报，40（9）：853～859

严昌荣，韩兴国，陈灵芝. 2001. 六种木本植物水分利用效率和其小生境关系研究.生态学报，21（11）：1952～1956

于贵瑞，王绍强，陈泮勤等. 2005. 碳同位素技术在土壤碳循环研究中的应用. 地球科学进展，20（5）：568～578

郑永飞，陈江峰. 2000. 稳定同位素地球化学. 北京：科学出版社

Angert A, LEE J, Yakir D. 2008. Seasonal variations in the isotopic composition of near－surface water vapour in the eastern Mediterranean. *Tellus B*, 60 (4), 674-684

Balesdent J, Guillet B. 1982. Les datations par le ^{14}C des matieres organiques des soils. *Soil Science*, 2: 93～112

Balesdent J, Mariotti A. 1996. Measurement of soil organic matter turnover using ^{13}C natural abundance. In: Boutton T W, Yamasaki S-I, eds. *Mass Spectro metry of Soils*. New York:

Marael Dekker. Inc.:83~111

Bernoux M, Cerri C C, Neill C, *et al.* 1998. The use of stable carbon isotopes for estimating soil organic matter turnover rates. *Geoderma*, 82: 43~58

Berryman E M, Marshall J D, Rahn T, *et al.* 2011. Adaptation of continuous-flow cavity ring-down spectroscopy for batch analysis of $\delta^{13}C$ of CO_2 and comparison with isotope ratio mass spectrometry. *Rapid Communications in Mass Spectrometry*, 25 (16):2355~2360

Bowling D R, Tans P P, Mouson R K.2001. Partitioning net ecosystem carbon exchange with isotopic fluxes of CO_2. *Global Change Biology*, 7: 127~145

Bowling D R, McDowell N G, Welker B J, *et al.* 2003. Oxygen isotope content of CO_2 in nocturnal ecosystem respiration: 1. observations in forests along a precipi-tation transect in Oregon, USA. *Global and Biogeochemical Cycles*, 17 (4): 1120~1129

Bowling D R, Pataki D E, Ehleringer J R. 2003. Critical evaluation of micrometeorological methods of measuring ecosystem-atmosphere isotopic exchange of CO_2. *Agricultural and Forest Meteorology*, 116: 159~179

Bowling D R, Pataki D E, Randerson J T. 2008. Carbon isotopes in terrestrial ecosystem pools and CO_2 fluxes. *New Phytologist*, 178:24~40

Buchmann N, Guehl J M, Barigah T S, *et al.* 1997. Interseasonal comparison of CO_2 concentrations, isotopic composition, and carbon dynamics in an Amazonian rainforest (French Guiana). *Oecologia*, 110: 120~131

Buchmann N, Brooks J R, Ehleringer J R. 2002. Predicting daytime carbon isotope ratios of atmospheric CO_2 within forest canopies. *Functional Ecology*, 16: 49~57

Buchmann N, Brooks J R, Flanagan L B, *et al.* 1998. Carbon isotope discrim ination of terrestrial ecosystems. In: Griffiths H, ed. *Stable Isotope, Integration of Biological, Ecological and Geochemical Processes.* Oxford: BIOS Scientific Publishers Ltd:203~222

Buchmann N, Ehleringer J R. 1998. CO_2 concentration profiles and carbon and oxygen isotopes in C_3 and C_4 crop canopies. *Agricultural and Forest Meteorology*, 89: 45~58

Buchmann N, Kaplan J O. 2001. Carbon isotope discri mination of terrestrial ecosystems—How well do observed and modeled results match? In: Schulze E, Heimann M, Harrison S, eds. *Global Biogeochemical Cycles in the Climate System.* California: Academic Press: 253~266

Cappa C, Hendricks M, DePaolo D, Cohen R.2003. Isotopic fractionation of water during evaporation. *Journal of Geophysical Research*, 108 (D16):doi:10.1029/2003JD003597

Ciais P, Denning A S, Trars P P, *et al.* 1997. A three dimensional synthesis study of the $\delta^{18}O$ in atmospheric CO_2. Part I: surface fluxes. *Journal of Geophysics Research*, 102: 5857~5872

Ciais P, Tans P P, Trolier M, *et al.* 1995. A large northern hemisphere terrestrial CO_2 sink indicated by the $^{13}C/^{12}C$ ratio of atmospheric CO_2. *Science*, 269: 1098~1102

Cerling T E. 1984. The stable isotope composition of modern soil carbonate and its relationship to climate. *Earth and Planetary Science Letters*, 71: 229~240

Craig, H., Gordon, L.1965. Deuterium and oxygen 18 variations in the ocean and the marine atmosphere. In: Tongiorgi E, ed. *Stable Isotopes in Oceanographic Studies and Paleotemperatures.* Laboratory of Geology and Nuclear Science, Pisa, Italy, 9–130

Craig H, Gordon L I. 1965. Deuterium and Oxygen—18 variations in the ocean and marine atmosphere. In: Tongiori E ed. *Proceedings of the Conference on Stable Iosoptes in Oceanographic Studies and Plaeotempe-ratures.* Pisa: Laboratory of Geology and Nuclear Sciences:9~130

Crosson E R.2008. WS-CRDS: Precision trace gas analysis and simplified stable isotope measurements. *American Laboratory*, 40:37~41

Dawson T E, Ehleringer J. 1991. Streamside trees that do not use stream water. *Nature*, 350:335~337

Dawson T E, Mambelli S, Plamboeck A H, *et al.* 2002. Stable isotopes in plant ecology. *Annual Review of Ecology and Systematics*, 33: 507~579

De Camargo P B, Trumbore S, Martinelli L, *et al.* 1999. Soil carbon dynamics in regrowing forest of eastern Amazonia. *Global Change Biology*, 5: 693~702

Del Galdo I, Six J, Peressotti A, *et al.* 2003. Assessing the impact of land-use change on soil C sequestration in agricultural soils by means of organic matter fractionation and stable C isotopes. *Global Change Biology*, 9: 1204~1213

Desjardins T, Andreux F, Volkoff B, *et al.* 1994. Organic carbon and ^{13}C contents in soils and soil size-fractions, and their changes due to deforestation and pasture installation in eastern Amazonia. *Geoderma*, 61: 103~118

Desjardins T. 1991. Variation de la distribution de la matiere organique (Carbone total et ^{13}C) dans les sols ferrallitiques du Bresil. Modifications consecutives a la deforestation et a la mise en culture en Amazonie orientale. Doctoral Thesis, University of Nancy I, Nancy

Diefendorf A F, Mueller K E, Wing S L, *et al.* 2010. Global patterns in leaf C-13 discrimination and implications for studies of past and future climate. *Proceedings of the National Academy of Sciences of the United States of America*, 107(13): 5738~5743

Dongmann G, Nürnberg H, Förstel H, *et al.* 1974. On the

enrichment of $H_2{}^{18}O$ in the leaves of transpiring plants. *Radiation and Environmental Biophysics*, 11 (1): 41~52

Dubbert M, Cuntz M, Piayda A, *et al*. 2013. Partitioning evapotranspiration—Testing the Craig and Gordon model with field measurements of oxygen isotope ratios of evaporative fluxes. *Journal of Hydrology*, 496: 142~153

Dubbert M, Cuntz M, Piayda A, *et al*. 2014. Oxygen isotope signatures of transpired water vapor: the role of isotopic non-steady-state transpiration under natural conditions. *New Phytologist*, 203 (4): 1242~1252

Duranceeau M, Ghashghaie J, Badeck F, *et al*. 1999. $\delta^{13}C$ of CO_2 respired in the dark in relation to $\delta^{13}C$ of leaf carbohydrates in *Phaseolus vulgaris* L. under progressive drought. *Plant, Cell & Environment*, 22: 515~523

Ehleringer J R, Bowling D R, Flanagan L B, *et al*. 2002. Stable isotopes and carbon cycle processes in forests and grasslands. *Plant Biology*, 4: 181~189

Ehleringer J R, Buchmann N, Flanagan L B. 2000. Carbon isotope ratios in belowground carbon cycle process. *Ecological Application*, 10: 412~422

Ehleringer J R, Cerling T E. 2002. The earth system: biological and ecological dimensions of global environmental change. In: Mooney H A, Canadell J G, eds. *Encyclopedia of Global Environmental Change*. Chichester: John Wiley & Sons Ltd

Ehleringer J R Hall A E H, Farquhar G D, *et al*. 1993. Stable isotopes and plant carbon-water relations. San Diego: Academic Press

Ehleringer J R. 1991. Carbon isotope discrimination and transpiration efficiency. *Crop Science*, 31(6): 1611~1615

Enting I G, Trudinger C M, Francy R J. 1995. A synthesis inversion of the concentration and $\delta^{13}C$ of atmospheric CO_2. *Tellus*, 47B: 35~52

Farquhar, G., Cernusak, L. 2005. On the isotopic composition of leaf water in the non-steady state. *Functional Plant Biology*, 32 (4), 293~303

Farquhar G D, Sharkey T D. 1982. Stomatal conductance and photosynthesis. *Annual Review of Plant Physiology*, 33: 317~345

Farquhar G D, Richards R A. 1984. Isotopic composition of plant carbon correlates with water use efficiency of wheat genotypes. *Australian Journal of Plant Physiology*, 11: 539~552

Farquhar G D, Lloyd J. 1993. Vegetation effects on the isotope composition of oxygen in atmopheric CO_2. *Nature*, 363: 439~443

Farquhar G D, Ehleringer J R, Hubick K Y. 1989. Carbon isotope discrimination and photosynthesis. *Annual Review of Plant Physiology and Plant Molecular Biology*, 40: 503~537

Farris, F., Strain, B. 1978. The effects of water-stress on leaf H2180 enrichment. *Radiation and Environmental Biophysics*, 15 (2), 167-202.

Fassbinder J, Griffis T J, Baker J M. 2012. Interannual, seasonal, and diel variability in the carbon isotope composition of respiration in a C-3/C-4 agricultural ecosystem. *Agricultural and Forest Meteorology*, 153: 144~153.

Feigl B J, Melillo J, Cerri C C. 1995. Changes in the origin and quality of soil organic matter after pasture introduction in Rondonia (Brazil). *Plant and Soil*, 175: 21~29

Ferretti D F, Pendall E, Morgan J A, *et al*. 2003. Partitioning evapotranspiration fluxes from a Colorado grassland using stable isotopes: Seasonal variations and ecosystem implications of elevated atmospheric CO_2. *Plant and Soil*, 254 (2), 291~303

Flanagan L B, Brooks J R, Varney G T, *et al*. 1997. Discrimination against $C^{18}O^{16}O$ during photosynthesis and the oxygen isotope ratio of respired CO_2 within boreal ecosystems. *Global Biogeochemical Cycles*, 11: 83~89

Flanagan L B, Brooks J R, Varney G T, *et al*. 1996. Carbon isotope discrimination during photosynthesis and the isotope ratio of respired CO_2 in boreal forest eco-systems. *Global Biogeochemical Cycles*, 10(4): 629~640

Flanagan L B, Ehleringer J R. 1998. Ecosystem-atmosphere CO_2 exchange: Interpreting signals of change using stable isotope ratios. *Trends Ecology and Evolution*, 13: 10~14

Flanagan L, Comstock J, Ehleringer J. 1991. Comparison of modeled and observed environmental influences on the stable oxygen and hydrogen isotope composition of leaf water in *Phaseolus vulgaris* L. *Plant Physiology*, 96 (2): 588~596

Francey R J, Tans P P, Allison C E, *et al*. 1995. Changes in the oceanic and terrestrial carbon uptake since 1982. *Nature*, 373: 326~330

Fung I, Field C B, Berry J A, *et al*. 1997. Carbon 13 exchanges between the atmosphere and the biosphere. *Global Biogeochemical Cycles*, 39: 80~88

Gat J R. 1996. Oxygen and hydrogen isotopes in the hydrological cycle. *Annual Review of Earth and Planet Sciences*, 24: 255~262

Ghashghaie J, Badeck F W, Lanigan G, *et al*. 2003. Carbon isotope fractionation during dark respiration and photorespiration in C_3 plants. *Photochemistry Reviews*, 2: 145~161

Griffiths H. 1998. *Stable Isotopes: Integration of Bio-logical, Ecological and Geochemical Processes*. Oxford: BIOS Scientific Publishers Limited

Griffis T J, Baker J M, Sargent S, *et al*. 2004. Measuring field-scale isotopic CO_2 fluxes using tunable diode laser absorption spectroscopy and micrometeorological techniques. *Agricultural and Forest Meteorology*, 124: 15~29

Griffis T J, Baker J M, Zhang J. 2005. Seasonal dynamics of isotopic CO_2 exchange in a C3/C4 managed ecosystem. *Agricultural and Forest Meteorology*, 132: 1~19

Griffis, T.J.2013.Tracing the flow of carbon dioxide and water vapor between the biosphere and atmosphere: A review of optical isotope techniques and their application. *Agricultural and Forest Meteorology*, 174: 85~109

HarwoodK G, Gillon J S, Roberts, *et al.* 1999. Determinants of isotopic coupling of CO_2 and water vapor within a Quercus petraea foret canopy. *Oecologia*, 119:109~119

Helliker, B.R., Griffiths, H.2007.Toward a plant-based proxy for the isotope ratio of atmospheric water vapor.*Global Change Biology*, 13 (4):723~733

Hoefs J. 2002. 稳定同位素地球化学. 刘季花,石学法,卜文瑞译. 北京:海洋出版社

Horita J, Wesolowski D.1994.Liquid-vapor fractionation of oxygen and hydrogen isotopes of water from the freezing to the critical temperature. *Geochimica Et Cosmochimica Acta*, 58 (16):3425~3437

Hu Z M, Wen X F, Sun X M, *et al.* 2014. Partitioning of evapotranspiration through oxygen isotopic measurements of water pools and fluxes in a temperate grassland. *Journal of Geophysical Research*, 119(3):358~371

Huang L J, Wen X F. 2014. Temporal variations of atmospheric water vapor δD and $\delta^{18}O$ above an arid artificial oasis cropland in the Heihe River Basin.*Journal of Geophysical Research*, 119 (19):11456~11476

Hubick K, Farquhar G. 1987. Carbon isotope discrimination: selecting for water use efficiency. *Australian Cotton Grower*, 8 (3): 66~68

Hubick K, Farquhar G. 1989. Carbon isotope discrimination and the ratio of carbon gained to water lost in barley cultivars. *Plant, Cell and Environment*, 12: 795~804

Johnson D A, Gilmanov T A. 1999. Carbon dioxide fluxes on control and burned sites on sagebrush-steppe. In: Eldridge D, Freudenberger D, eds. *Proceedings of the International Rangeland Congress.* VI International Rangeland Congress, Queensland, Australia, 746~747

Keeling C D. 1958. The concentration and isotopic abundances of atmospheric carbon dioxide in rural areas. *Geochimica et Cosmochimica Acta*, 13: 322~334

Keeling C D. 1961. The concentration and isotopic abundances of carbon dioxide in rural and marine air. *Geochimica et Cosmochimica Acta*, 24: 277~298

Kerstel E, Gianfrani L. 2008. Advances in laser-based isotope ratio measurements: Selected applications.*Applied Physics B*, 92(3):439~449

Knohl, A., Buchmann, N.2005.Partitioning the net CO_2 flux of a deciduous forest into respiration and assimilation using stable carbon isotopes. *Global Biogeochemical Cycles*, 19: doi: 10.1029/2004GB002301

Lai C T, Ehleringer J R, Bond B J, *et al.* 2006. Contributions of evaporation, isotopic non-steady state transpiration and atmospheric mixing on the $\delta^{18}O$ of water vapour in Pacific Northwest coniferous forests.*Plant, Cell & Environment*, 29(1):77~94

Lee X H, Griffis T J, Baker J M, *et al.* 2009. Canopy-scale kinetic fractionation of atmospheric carbon dioxide and water vapor isotopes.*Global Biogeochemical Cycles*, 23 (1): GB1002, doi: 10.1029/2008GB003331

Lee X H, Kim K, Smith R. 2007. Temporal variations of the $^{18}O/^{16}O$ signal of the whole-canopy transpiration in a temperate forest. *Global Biogeochemical Cycles*, 21 (3): GB3013, doi: 10.1029/2006GB002871

Lee X H, Sargent S, Smith R, *et al.* 2005. In situ measurement of the water vapor $^{18}O/^{16}O$ isotope ratio for atmospheric and ecological applications.*Journal of Atmospheric & Oceanic Technology*, 22(5):555~565

Lee X H, Smith R, Williams J. 2006. Water vapour $^{18}O/^{16}O$ isotope ratio in surface air in New England, USA. *Tellus B*, 58 (4):293~304

Lin G, Ehleringer J R. 1997. Carbon isotopic fractionation does not occur during dark respiration in C_3 and C_4 plants. *Plant Physiology*, 114: 391~394

Lin G H, Sternberg L D S L. 1993. Effects of Salinity Fluctuation on Photosynthetic Gas Exchange and Plant Growth of The Red Mangrove (Rhizophora mangle L.). *Journal of Experimental Botany*, 44:9~16

Liu J R, Song X F, Yuan G F, *et al.*2014.Stable isotopic compositions of precipitation in China.*Tellus B, Chemical and Physical Meteorology*, 66: 17

Liu S B, Chen Y N, Chen Y P, *et al.*2015.Use of H-2 and O-18 stable isotopes to investigate water sources for different ages of *Populus euphratica* along the lower Heihe River.*Ecological Research*, 30: 581~587.

Liu Y H, Xu Z, Duffy R, *et al.* 2011. Analyzing relationships among water uptake patterns, rootlet biomass distribution and soil water content profile in a subalpine shrubland using water isotopes.*European Journal of Soil Biology*, 47: 380~386.

Lloyd J, Franley R J, Mollicone D, *et al.*2001. Vertical profiles, boundary layer budgets and regional flux estimates for CO_2 and its $^{13}C/^{12}C$ ratio and for water vapor above a forest/bog mosaic in central Siberia. *Global Biogeochemical Cycles*, 15: 268~284

Lloyd J, Kruijt B.1996. Vegetation effects on the isotopic composition of atmospheric CO_2 at local and regional scales: theoretical aspects and a comparison between rain forest in Amazonia and a boreal forest in Siberia. *Australian Journal of Plant Physiology*, 23: 371~399

Luz B, Barkean E . 1999. Triple-isotope composition of atmospheric oxygen as a tracer of biosphere productivity. *Nature*, 400: 547~550

Majoube M J. 1971. Fractionating of $\delta^{18}O$ between ice and water vapor. *Journal of Chemical Physics*, 68(4): 625~636

Matus A, Slinkard A E, Van Kassel. 1996. Carbon isotope discrimination and indirect selection for transpiration efficiency at flowering in lentil (*Lens culinaris* Medikus), spring wheat (*Triticum aestivum* L.), durum wheat (*Triticum turgidum* L.) and canola (*Brassica napus* L.). *Euphytica*, 87: 141~151

McCree K J. 1986. Whole plant carbon balance during osmotic adjustment to drought and salinity stress. *Australian Journal of Plant Physiology*, 13: 33~44

Melillo J M, Aber J D, Muratore J F. 1982. Nitrogen and lignin control of hardwood leaf litter decomposition dynamics. *Ecology*, 63: 621~626

Merlivat L. 1978. Molecular diffusivities of $H_2^{16}O$, $HD^{16}O$ and $H_2^{18}O$ in gases. *Journal of Chemical Physics*, 69(6): 2864~2871

Miranda . 1997. Fluxes of carbon, water and energy over Brazilian cerrado: An analysis using eddy covariance and stable isotopes. *Plant, Cell & Environment*, 20: 315~329

Moreira M Z, Stenberg Lda S L, Martinelli L A, *et al.* 1997. Contribution of transpiration to forest ambient vapor based on isotopic measurements. *Global Change Biology*, 3: 439~450

Nadelhoffer K J, Fry B. 1988. Controls on natural nitrogen-15 and carbon-13 abundances in forests soil organic matter. *Soil Science Society of America Journal*, 52: 1633~1640

Ogee J, Peylin P. 2003. Partitioning net ecosystem carbon exchange into net assimilation and respiration using $^{13}CO_2$ measurements: A cost-effective sampling strategy. *Global Biogeochemical Cycles*, 17: 1070

Pataki D E, Bowling D R. 2003. Seasonal cycle of carbon dioxide and its isotopic composition in an urban atmosphere: anthropogenic and biogenic effects. *Journal of Geophysical Research*, 108(D23): 4735

Pataki D E, Ehleringer J R. 2003. The application and interpretation of Keeling plots in terrestrial carbon cycle research. *Global Biogeochemical Cycles*, 17(1): 1022

Still C J. 2003. The contribution of C_3 and C_4 plants to the carbon cycle of a tallgrass prairie: an isotopic approach. *Oecologia*, 136: 347~359

Sutanto S J, Wenninger J, Coenders-Gerrits A M J, *et al.* 2012. Partitioning of evaporation into transpiration, soil evaporation and interception: A comparison between isotope measurements and a HYDRUS-1D model. *Hydrology & Earth System Sciences*, 16(8): 2605~2616

Trolier M, White J W C, Tans P P, *et al.* 1996. Monitoring the isotopic composition of atmospheric CO_2: Measurements from the NOAA Global Air Sampling Network. *Journal of Geophysical Research*, 101: 25 897~25916

Turner N C. 1993. Water use efficiency of crop plants: potential for improvement. In: Buxton D R, Sholes R, Forsberg R A, *et al*, eds. *International Crop Science*. WI, Madison: 75~82

Wang L X, Caylor K K, Villegas J C, *et al.* 2010. Partitioning evapotranspiration across gradients of woody plant cover: Assessment of a stable isotope technique. *Geophysical Research Letters*, 37(9): 232~256

Wang X F, Yakir D. 2000. Using stable isotopes of water in evpotranspiration studies. *Hydrological Processes*, 14: 1407~1421

Welp L R, Lee X H, Kim K, *et al.* 2008. $\delta^{18}O$ of water vapor, evapotranspiration and the sites of leaf water evaporation in a soybean canopy. *Plant , Cell & Environment*, 31(9): 1214~1228

Wen X F, Lee X H, Sun X M, *et al.* 2012. Dew water isotopic ratios and their relationships to ecosystem water pools and fluxes in a cropland and a grassland in China. *Oecologia*, 168(2): 549~561

Wen X F, Lee X H, Sun X M, *et al.* 2012. Intercomparison of four commercial analyzers for water vapor isotope measurement. *Journal of Atmosphere & Oceanic Technology*, 29(2): 235~247

Wen X F, Meng Y, Zhang X Y, *et al.* 2013. Evaluating calibration strategies for isotope ratio infrared spectroscopy for atmospheric $^{13}CO_2/^{12}CO_2$ measurement. *Atmospheric Measurement Techniques*, 6: 1491~1501

Wen X F, Sun X M, Zhang S C, *et al.* 2008. Continuous measurement of water vapor D/H and $^{18}O/^{16}O$ isotope ratios in the atmosphere. *Journal of Hydrology*, 349(3-4): 489~500

Wen X F, Zhang S C, Sun X M *et al.* 2010. Water vapor and precipitation isotope ratios in Beijing, China. *Journal of Geophysical Research-Atmospheres*, doi: 10.1029/2009JD012535

Wen X F, Yang B, Sun X M, *et al.* 2016. Evapotranspiration partitioning through in-situ oxygen isotope measurements in an oasis cropland. *Agricultral & Forest Meteorology*, 230-231: 89~96

Werner C, Gessler A. 2011. Diel variations in the carbon isotope composition of respired CO_2 and associated carbon sources: A review of dynamics and mechanisms. *Biogeosciences*, 8: 2437~2459

Werner C, Schnyder H, Cuntz M. *et al.* 2012. Progress and challenges in using stable isotopes to trace plant carbon and water relations across scales. *Biogeosciences*, 9: 3083~3111.

Williams D G, Cable W, Hultine K, *et al.* 2004. Evapotranspiration components determined by stable isotope, sap flow and eddy covariance techniques. *Agricultral & Forest Meteorology*, 125(3-4): 241~258

Wright G C, Hubick K T, Farquhar G D. 1988. Discrimination in carbon isotope of leaves correlated with water use efficiency of field-grown peanut cultivars. *Australian Journal of Plant*

Physiology, 15: 815~825

Xu Z, Yang H B, Liu F D, *et al*. 2008. Partitioning evapotranspiration flux components in a subalpine shrubland based on stable isotopic measurements. *Botanical Studies*, 49(4): 351~361

Yakir D, Sternberg L D S L. 2000. The use of stable isotopes to study ecosystem gas exchange. *Oecologia*, 123: 297~311

Yakir D, Wang X F. 1996. Fluxes of CO_2 and water between terrestrial vegetation and the atmophere estimated from isotope measurement. *Nature*, 380: 515~517

Yang B, Wen X F, Sun X M. 2015. Seasonal variations in depth of water uptake for a subtropical coniferous plantation subjected to drought in an East Asian monsoon region. *Agricultural & Forest Meteorology*, 201: 218~228

Yepez E A, Williams D G. 2003. Partitioning overstory and understory evpotranspiration in a semiarid savanna woodland from the isotopic composition. *Agriculture & Forest Meteorology*, 119: 53~68

Ying F, Bin W Z, Sabirhazi G, *et al*. 2014. Study of the relationship between compositions of shrub plant of stable-carbon-isotope and environmental factors in Xinjiang representatives of Chenopodiaceae. *Contemporary Problems of Ecology*, 7: 301~307

Zhang K R, Dang H S, Zhang Q F, *et al*. 2015. Soil carbon dynamics following land-use change varied with temperature and precipitation gradients: evidence from stable isotopes. *Global Change Biology*, 21: 2762~2772

Zobitz J M, Burns S P, Reichstein M, *et al*. 2008. Partitioning net ecosystem carbon exchange and the carbon isotopic disequilibrium in a subalpine forest. *Global Change Biology*, 14: 1785~1800

第11章 陆地生态系统不同界面碳氮水交换通量观测方法

陆地生态系统碳氮水交换发生在生态系统的不同界面，包括大气-植被冠层界面、大气-土壤界面、根系-土壤界面和生态系统水-陆界面等；此外，还包括植物内部不同器官间的碳氮水交换等。精细地测定这些不同界面的碳氮水通量，是深入揭示生态系统结构、功能与过程的重要基础。本章重点介绍生态系统植被-大气界面的大气氮沉降通量观测技术、土壤-大气界面的温室气体通量观测技术、根系-土壤界面养分通量观测技术和生态系统水-陆界面通量观测技术。

大气氮沉降主要可分为干沉降和湿沉降。干沉降是指在未发生降水时，大气中含氮物质受重力和颗粒物吸附等途径沉降到地面的过程；湿沉降是指发生降水事件时(雨、雪和雾等)，高空水滴或冰晶吸附大气含氮化合物降落到地面的过程。目前，国内外湿沉降的观测网络已经基本形成，所采用方法也是较为成熟的降水采集法和离子交换树脂法；而干沉降观测网络建设才刚刚起步，其中较常用的观测方法有降尘缸收集法和模型推算法。

土壤 CO_2、CH_4和 N_2O 是植物-土壤-微生物相互作用的产物，且受到外界环境因子多种途径的调控。传统的土壤 CO_2、CH_4和 N_2O 通量观测方法是基于静态箱-气相色谱法，对三个因子同时进行测定(单一要素测定方法未被收录到本章)。近年来，科学家一直致力于“箱式法-红外仪连续测定技术”，研发全自动多通道土壤 CO_2、CH_4和 N_2O 通量的协同观测系统，具有很大的应用前景。此外，动态箱-激光连续测定法也在部分生态系统成功应用，值得期待。

根系-土壤界面水分和养分通量观测技术、树干茎流与养分观测技术、壤中流通量与养分观测技术和小流域径流通量与养分观测技术的研发取得了快速的进步，逐步成为陆地生态系统不同界面碳氮水交换通量观测体系中的重要组成部分，不仅在推动精细的生态过程研究中发挥了重要作用，而且会逐步与本书前面章节所介绍的涡度相关观测技术相互配合，共同构建生态系统碳氮水通量的立体观测体系。

本章执笔者：何念鹏，方华军，高扬，于贵瑞

本章主要符号

符号	含义	符号	含义
A	气体交换表面积或箱底面积	R_c	表面阻力
c'	目标气体质量混合比的脉动量	r_c	初始时刻浓度变化速率
C_a	气体及气溶胶粒子中的氮素平均浓度	R	理想气体常数
C_{inlet}	进气口 CO_2气体浓度	T_0	标准状况的绝对气温
C_{outlet}	出气口 CO_2气体浓度	$T_{chamber}$	箱内气体温度
d	零平面位移	t	采样时间
F_c	大气氮素干沉降通量	T	箱内气温
F	温室气体排放通量	u_*	摩擦速度
K	量纲换算系数	U_{inlet}	进气口气流速率
L	吸收光程	U_{outlet}	出气口气流速率
m_0	空白样品中含氮物质的含量	V_0	标准状况下的目标气体摩尔体积
M_a	干空气分子量	$V_{chamber}$	气体交换箱的体积
M_c	目标气体分子量	V_d	干沉降速率
M	目标气体摩尔质量	V_{gas}	气体有效交换体积
m	样品浸提液氮含量	V	气室体积
N	吸收气体浓度	w'	垂直风速脉动
P_0	标准状况的绝对气压	ρ_a,ρ_d	干空气密度
P	箱内大气压	ρ	箱内温度下的空气密度
Q	采样速率	$\sigma(\nu)$	分子吸收截面
R_a	表面空气动力学阻力	Ψ_{h1}	普适方程
R_b	类层流阻力或边界层阻力	Ψ_{h2}	普适方程

11.1　大气-陆地界面大气氮沉降观测技术

11.1.1　大气含氮气体与主要反应途径

自然界大气含氮物质主要分为非活性氮和活性氮两大类。氮气(N_2)是大气非活性氮的唯一存在形式,氮气分子由三个化学键连接两个氮原子,高化学键能导致 N_2化学性质非常稳定。活性氮又被称为反应性氮(reactive nitrogen),它是生物圈和大气圈中具有生物、光化学或辐射活性的含氮化合物,主要包括氮氧化物(N_2O、NO 和 NO_2)、氨(NH_3)和硝酸盐(HNO_3)。其中,N_2O 是一种无色气体,主要来源于土壤微生物活动;NO 有自然和人为两种来源,如闪电过程和化石燃料燃烧;NO_2主要源于大气 NO 的氧化过程,少量 NO_2来源于燃烧过程。大气 NO 和 NO_2 被统称为 NO_x。大气中的其他氮氧化物(NO_3和 N_2O_5)在大气中浓度很小,因此也较少受到关注。HNO_3是大气 NO_2的氧化产物,而大气中的 NH_3主要源自土壤挥发、畜禽养殖、化肥施用和生物量燃烧等(Hertel *et al.*, 2012)。此外,有机氮也是大气含氮化合物的重要组分,其主要来源包括:① 直接向大气中挥发的有机氮,如生物质燃烧、工农业活动和畜牧业生产等;② 由大气中性质活跃的氮氧化物与碳氢化合物发生化学反应产生的有机氮(Zhang *et al.*, 2008)。

11.1.2　大气氮沉降观测与网络构建

大气氮沉降(atmospheric nitrogen deposition)是指大气活性氮化合物通过沉降或直接被植物吸收而重返陆地生态系统和水域生态系统的过程,可粗略分为干沉降和湿沉降两种途径。干沉降(dry deposition)是指在未发生降水时,大气中含氮物质经重力沉降、颗粒物吸附、植物气孔直接吸收等途径由大气沉降到地面的过程。湿沉降(wet deposition)是指发生降水事件时(雨、雪和雾等),高空水滴或冰晶吸附大气含氮化合物降落到地面的过程。目前,大部分氮沉降观测集中在无机氮,涉及有机氮沉降的观测相对较少,主要是因为有机氮性质不稳定,分析测试难度非常大(Zhang *et al.*, 2008; Zhang *et al.*, 2012; Zhu *et al.*, 2015)。然而,近年来研究表明,有机氮沉降约为大气氮沉降的 20%~30%,未来应给予高度重视(Neff *et al.*, 2002;Zhu *et al.*, 2015)。

1853 年,英国洛桑试验站就开展了雨水氮含量的收集与测定,开创了大气氮沉降观测的先河(Goulding *et al.*, 1998);随后,欧洲和北美科学家在部分地区零星地开展了大气氮沉降监测工作。20 世纪 70 年代末,在一批重大科研项目推动下,大气氮沉降监测网络开始出现,例如,联合国欧洲经济委员会启动了"欧洲监测与评价规划"(EMEP, 1977)(Fagerli & Aas, 2008)和随后美国开展的"国家酸雨评估规划"(NAPAP)等。其中,美国国家大气沉降计划(NADP)和清洁空气状况与趋势网(CASTNET),覆盖了全美国 200 个站点的大气湿沉降和 60 个站点的大气干沉降监测(沈健林等, 2008)。欧洲大气氮沉降跨国研究计划(Nitrogen Saturation Experiments,NITREX) 分别在 7 个国家的 8 个试验点进行; EXMAN 项目(Experimental Manipulation of Forest Ecosystems in Europe)在 4 个国家的 6 个试验站开展了大气氮沉降观测(Wright & Rasmussen, 1998)。日本组织的"东亚酸沉降网"(EANET, 2001)包括了 13 个国家的 51 个监测站点。

中国的大气氮沉降观测起步较晚,且主要集中于大气湿沉降观测。1992 年,中国成立了国家酸沉降监测网,但大多数观测站点均设置在城市或近郊,先期侧重于降水 pH 值和电导率测定,随后逐步增加了含氮污染物(主要 NO_x)。近年来,随着空气污染和酸雨的不断加强,大气氮沉降在非城市地区(即农村和郊区)以及典型森林、草地和湿地生态系统的监测工作也得到加强(李欠欠和汤利, 2010;谢迎新等, 2010)。中国科学院生态系统研究网络(CERN)联合其他相关台站,于 2013 年组建了覆盖中国主要典型生态系统的大气氮沉降观测网络(Zhu *et al.*, 2015)。此外,科研人员还在站点(Huang *et al.*, 2013)、流域(Chen *et al.*, 2011)、样带(Sheng *et al.*, 2013)、区域(Pan *et al.*, 2012)等多个尺度对不同区域的大气氮沉降开展了大量观测工作。

11.1.3 大气湿沉降观测技术

大气湿(氮)沉降的观测指标主要以 NH_4^+ 和 NO_3^- 为主,部分研究涉及可溶性有机氮。目前,较为常用的观测方法有降水采集法和离子交换树脂法(表 11.1)。

(1) 降水采集法

降水采集法是指定期或连续收集降水并测定降水氮沉降的方法。收集方法可分为人工收集和降水自动收集。人工收集过程中,通常采用不锈钢器具或聚乙烯塑料桶进行样品采集(上口直径 40 cm,高 20 cm),采集雪水用聚乙烯塑料容器(上口直径 60 cm 以上)。如果连续长期收集雨水,需要加防霉剂,防止样品采集过程中出现不同形态氮间的转化;或者需要对雨水样品进行快速收集并冷藏。人工降

表 11.1 大气湿(氮)沉降通量观测方法汇总与优缺点比较

通量观测方法		适用范围	误差分析	优点	缺点	实验成本
降水采集法	人工收集法	无限制	降水量测定可能偏低,使沉降量偏低	直接收集样品,布点灵活	人为采样频繁,耗时费力	费用低
	降水降尘自动收集	需有电力供给,不适用于偏远野外	较准确	可采集雨水和雪水,实现全年采样	需稳定电源,仪器对降水事件响应灵敏度和稳定性要求高	购买及维护费用较高
离子交换树脂法		适用于穿透雨野外观测	不能完全测定有机氮,偏低	无须考虑降水次数和降水量,样品存储要求低	受温度限制,树脂使用寿命仍需考虑	树脂、PVC 管等、费用较高

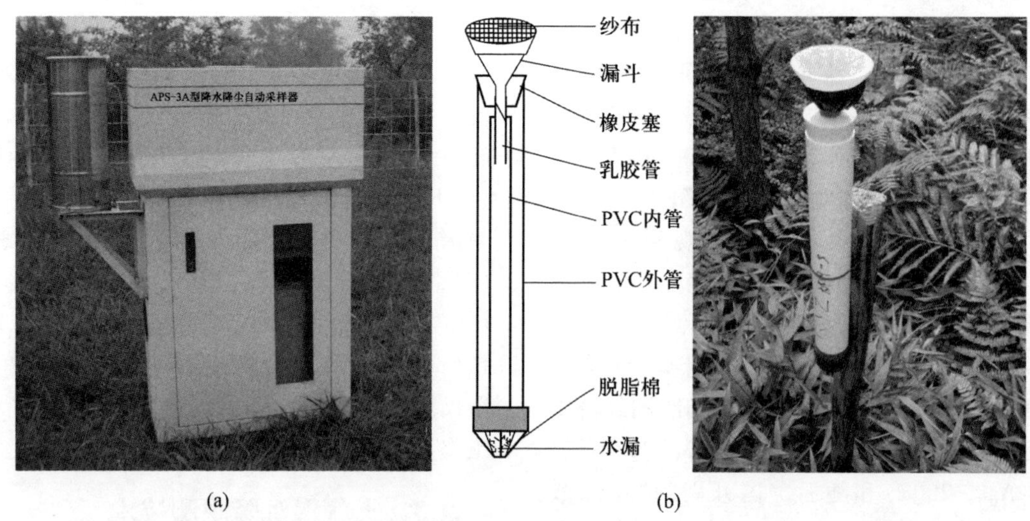

图 11.1　降水采集法和阴阳离子交换树脂法的野外装置:(a) 降水降尘自动收集仪 (b) 离子树脂法收集装置

水采集法优点是费用低、样点布置较为灵活;然而,它对观测人员要求较高,且人为采样频率高时也耗时费力,因此比较适合具有较强技术支撑能力的野外生态站(盛文萍等, 2010)。

自动收集是近年来发展的一种智能、自动的降水样品收集方法。简单来说,当有降水事件发生时,降水降尘自动收集仪在雨感器的控制下,该仪器会自动收集雨水并关闭降尘收集部分,一般在降水完成 10 min 后自动关闭雨水收集器,并打开降尘收集器。一般该仪器的灵敏度为 0.02～0.2 $mm \cdot h^{-1}$,湿沉降收集桶直径为 300 mm,降尘收集桶直径为 150 mm(图 11.1a)。降水降尘自动收集仪可采集降水和降雪样品,用于室内分析无机氮和总氮沉降等;该方法也是目前大气氮沉降观测研究中最常用的方法之一(Holland *et al.*, 2005; Chen & Mulder, 2007)。降水降尘收集仪可以使用微电脑来操作,运行较为可靠,且可自动记录降水量,甚至有些新型号仪器还配有冷藏设备,可保证降水样品在采样时间内不发生变质。然而,降水降尘自动收集仪需要稳定的电力供给,因而难以在偏远地点观测使用;另外,仪器对降水事件响应的稳定性,一定程度上也会导致观测结果的不确定性。

(2) 离子交换树脂法

离子交换树脂法的基本原理是利用离子交换树脂中的交换官能团,在水溶液中能离解出某些阳离子(如 H^+或 Na^+)或阴离子(如 OH^-或 Cl^-),同时吸附溶液中原来存在的其他阳离子或阴离子。首先通过离子交换将降水中的 NH_4^+和 NO_3^-及 NO_2^-固定在树脂中带异性电荷的官能团上,再通过解析后测定降水氮沉降。

采样器构造:上部为一个漏斗或者下有筛网的不锈钢盒,且通常用纱网裹住以防止落叶和昆虫的进入,漏斗下部接着一短的乳胶管插入装有离子交换树脂的 PVC 内管(图 11.1b)。通常采用两根 PVC 管相套使用,PVC 管下部开孔并放置脱脂棉来防止雨水将树脂冲刷流失。降水经漏斗流入离子交换树脂柱,完成离子交换后又沉降到地面。采样装置一般置于地面 1 m 以上,以防止溅起泥土及凋落物残骸干扰氮素沉降通量的测定结果。树脂柱中的阴阳离子交换树脂按照多于既定交换容量的数量置于野外进行特定时间段的采样,采样结束后离子树脂用 KCl 溶液浸提,测定浸提液中含氮物质浓度,结合采样装置的面积计算大气氮沉降通量(盛文萍等, 2010;Sheng *et al.*, 2013)。

离子交换树脂法无须考虑降水次数和降水量,但对样品的存储条件的要求较低,目前该方法在湿沉降和森林穿透雨氮沉降观测中广泛应用(Klopatek *et al.*, 2006; Sheng *et al.*, 2013)。该方法用于测定无机氮沉降时对样品保存条件要求低,便于消除各站点间人为采样误差;同时,离子交换树脂法还可以捕获云雾沉降,因而在暖湿地区的森林生态系统中的测定结果往往比传统方法更加真实。然而,离子交换树脂法对工作温度要求较高,并涉及吸附和解析过程潜在的影响,从而影响测试结果的精度。此外,该方法受树脂老化(或使用寿命)的影响很大,长时间暴露会使离子交换树脂中的高分子官能团分解释放 NH_4^+,从而导致 NH_4^+的测定结果偏高(Fenn & Poth, 2004)。

11.1.4 大气干沉降观测技术

目前,大气氮素干沉降的通量观测方法尚不成熟,较常用的观测方法有降尘缸湿法收集和间接计算法等。间接计算法主要利用气态综合采样器,采用主动吸收(用泵提供动力)或是采用被动吸收方法来测量出大气中含氮物质的浓度,并使用模型估算出不同含氮物质的沉降速率,含氮物质浓度与其沉降速率的乘积就是氮沉降通量(樊建凌等,2007)。

(1) 降尘缸湿法收集

降尘缸湿法收集已纳入国家大气环境监测规范,主要用有机玻璃集尘缸(内径 15~20 cm)湿法收集大气干沉降样品,同时用另一相同型号集尘缸湿法收集降尘,以测定同期降尘量,降尘量的采样测定按照重量法进行(详见 GB/T 15265—94)。集尘缸通常放置于相对地面高度 1.2 m 以上的地方,且周边无大树、高大建筑物的影响。缸内需保持 5 cm 液面高度的蒸馏水,遇降水时封盖,雨停揭盖继续收集降尘。夏季向缸内加入 2 $mol \cdot L^{-1}$的硫酸铜溶液 1 mL,以抑制细菌和藻类生长,采用该方法时要经常注意缸内的积水情况,必要时更换干净的集尘缸;在冬季时,可以加入适量的乙二醇水溶液作为防冻剂。采样时,首先将缸内水样经 0.45 μm 有机微孔滤膜过滤,并记录水样体积后冷冻以备分析含氮化合物浓度。

降尘缸湿法收集操作简便且费用低廉,因此是当前大气干沉降观测的常用方法之一(陈能汪等,2006)。然而,该方法也具有以下几方面的不足:① 降尘缸内加水或样品运送不便;② 暴雨季节雨量过大,水容易从降尘缸中外溢;③ 夏天蒸发量大时有蒸干的问题,冬季存在防冻问题等。目前,在野外操作过程中,往往采用降水降尘自动收集仪来替代该方法(图 11.1a),实现湿沉降和干沉降收集过程的自动切换。

(2) 模型推算法

模型推算法是一种替代性方法,主要用于计算大型监测网的大气干沉降通量(Hicks *et al.*, 1986; Hicks *et al.*, 1987)。该方法中大气沉降通量为沉降物质浓度与沉降速率的乘积;其中,大气浓度采用专用仪器来测定,而沉降速率则通过测定气象参数和下垫面参数后采用模型来计算(王体健和李宗恺, 1994; 毛节泰和胡新章, 1996; 张艳等, 2004)。该方法计算干沉降通量相对简便,因而被广泛用于干沉降通量监测和大气模型中干沉降通量的计算。例如,美国 CASTNet 和加拿大 CAPMoN 就是采用推算法来监测大气干沉降通量。在国内,樊建凌等(2007,2009)在江西测定了不同下垫面大气干沉降推算参数,被其他科研人员广泛引用。

模型推算法计算的大气干沉降通量的公式如下:

$$F_c = V_d \times C_a \tag{11.1}$$

式中:F_c为大气氮素干沉降通量; C_a为气体及气溶胶粒子中的氮素平均浓度;V_d为干沉降速率。

特定物质的大气浓度可以通过大气综合采样器采样后测定得出。气态物质采样器可分为主动采样和被动采样模式。主动采样是通过稳定流量的泵抽入空气,采样器内有专门吸收含氮物质的捕集装置,从而将其固定下来;被动采样则是依靠环境空气中待测含氮物质分子的自然扩散以及气体湍流等作用来采集样品。采样器采集的样品主要为大气中的活性氮组分,通过大气采样器采集大气中的 NO_2、气态 HNO_3和 NH_3,颗粒物采样器则是用于采集含氮颗粒物。大气活性氮浓度的计算主要依据采样时间、采样器固有的采样速率及样品内的含量,再计算获得每个采样周期内大气中主要活性氮干沉降的平均浓度,计算公式如下:

$$C_a = (m - m_0)/Qt \tag{11.2}$$

式中:C_a为气体及气溶胶粒子中的氮素平均浓度;m 为样品浸提液中含氮物质的含量;m_0为空白样品中含氮物质的含量;Q 为采样速率;t 为采样时间。

V_d可通过气象参数和地面特征来计算获得,在已经被广泛应用的模型中,计算干沉降速率的公式类似电路中的欧姆定律(Hicks *et al.*, 1987;

Wesely, 1989; Walmsley & Wesely, 1996)，也被称为大叶阻力模型。该模型用三个主要的阻力系数来代表干沉降中的物理、化学和生物学过程，V_d为三种阻力之和的倒数，公式为

$$V_d = (R_a + R_b + R_c)^{-1} \tag{11.3}$$

式中：R_a为表面空气动力学阻力，所有物质都有相同的赋值；R_b代表类层流阻力或是边界层阻力，它是物质为与地表面接触而穿透空气薄层所需克服的阻力，它随着物质的扩散率变化而变化；R_c代表表面阻力。R_a和R_b可通过气象和地面参数的计算得出，而R_c难以用参数直接计算，一般通过间接法得出。通常，在无法直接采用阻力模型来计算沉降速率值时，也可以直接引用相似下垫面的V_d。

采用模型推算法不需要特别灵敏的传感器，干沉降通量的测定过程也相对简单，适合于长期监测网络；同时，将氮沉降通量社会经济数据、下垫面植被状况等信息相结合，可实现对区域干沉降通量的估算。张伟等(2011)在乌鲁木齐市区的氮素干沉降输入性分析中实地监测各形态氮的浓度，沉降速率则引用前人的数据。崔键(2011)对红壤农田区大气氮沉降通量的研究中通过采样器采集分析各形态氮素的浓度，又通过大叶阻力相似模型得出各种形态氮素的沉降速率。

11.2 土壤-大气界面 CO_2/CH_4/N_2O 交换通量箱式法观测方法

11.2.1 土壤 CO_2、CH_4和 N_2O 产生与消耗过程及耦合关系

(1) 土壤 CO_2、CH_4和 N_2O 产生与消耗过程

土壤释放CO_2的过程也被称为土壤呼吸，严格意义上讲是指未扰动土壤中产生CO_2的所有代谢作用，包括三个生物学过程(即土壤微生物呼吸、根系呼吸和土壤动物呼吸)和一个非生物学过程(即含碳矿物质的化学氧化作用)。土壤呼吸可分为自养型呼吸(根呼吸和根际微生物呼吸)和异养型呼吸(微生物和动物呼吸)，自养型呼吸消耗的底物直接来源于植物光合作用产物向地下分配的部分，而异养型呼吸则利用土壤中的有机或无机碳。土壤微生物活动是土壤呼吸作用的主要来源，土壤有机质含量、pH、温度、水分以及有效养分含量都能影响土壤呼吸作用强度(骆亦其和周旭辉, 2005; 程淑兰和方华军, 2007)。

土壤 CH_4 主要由甲烷产生菌(如古菌 Archea)在厌氧条件下通过甲烷化过程产生。植物的光合产物通过凋落物的形式进入土壤，植物残体碎屑在微生物作用下水解成氨基酸、多糖和长链脂肪酸，进一步发酵成分子量更小的醇、脂和有机盐类，最后甲烷产生菌将醋酸盐和甲酸盐还原成CH_4。在好氧条件下，甲烷氧化菌利用土壤中的氧气将甲烷氧化成CO_2，硫酸盐还原细菌在厌氧条件下也会将长链脂肪酸等含碳基质氧化成CO_2，同时SO_4^{2-}被还原成H_2S(程淑兰等, 2012)。土壤CH_4吸收是土壤中CH_4产生与消耗过程的综合反映，受底物有效性、温度、水分、土壤pH、养分以及植被类型等环境因子的联合控制(程淑兰等, 2012)。

土壤N_2O主要来源于硝化、反硝化和硝化细菌反硝化过程，受土壤温度、水分、有效碳氮含量、C：N、pH以及土壤微生物群落组成的影响(方华军等, 2015)。首先，有机氮在微生物作用下矿化为NH_4^+，NH_3在氨单加氧酶(AMO)催化作用下生成羟氨(NH_2OH)，而羟氨在羟胺氧化还原酶(HAO)作用下生成NO_2^-过程中会产生中间产物N_2O。其次，土壤NO_3^--N在硝酸盐还原酶(Nar)作用下生成NO_2^-，后者在亚硝酸还原酶(Nir)作用下生成NO，接着NO在一氧化氮还原酶(Nor)作用下生成N_2O；在土壤含水量高的条件下，N_2O会在氧化亚氮还原酶(Nos)作用下生成最终产物N_2返回大气中。此外，硝化细菌也可进行反硝化过程产生N_2O，每个氮素转化过程涉及的功能基因转化酶与反硝化过程相同(方华军等, 2015)。

(2) 土壤 CO_2、CH_4和 N_2O 通量之间的耦合作用

土壤CO_2、CH_4和N_2O的产生与消耗过程之间存在复杂的交互作用，并受外界环境因子的影响。三者之间的耦合作用以土壤微生物功能群为媒介，通过一系列的氧化还原反应完成电子传递、能量流动和物质转化，在不同生态系统、不同外界驱动力下

表现出形式各异的耦合关系(图 11.2)。土壤 CO_2、CH_4和 N_2O 通量的耦合关系常以它们之间的回归曲线的斜率来表征:协同关系(斜率大于零)、消长关系(斜率小于零)或随机关系(斜率等于零)(方华军等, 2014)。耦合关系不同于一般的相关关系,前者需要满足一定的条件,如存在交互作用的媒介(如甲烷氧化菌 vs 氨氧化菌)、相同的底物(如有效碳氮)、相似的驱动过程(氧化还原反应、电子得失)等。通过对全球土壤 CO_2、CH_4和 N_2O 通量数据的整合分析发现,土壤 CO_2与 N_2O 通量之间呈现正的协同关系,而 CO_2与 CH_4的关系没有一致的研究结论(Xu *et al.*, 2014)。土壤 CH_4和 N_2O 通量在存在显著的消长关系。其潜在的机理为:① 土壤 CH_4和 N_2O 产生的主要控制因子均为水分,即土壤通气性控制着两种气体在土壤剖面扩散,氧化还原反应控制着土壤 CH_4的产生与氧化以及土壤硝化和反硝化作用。② 从微生物生理和生态学角度上来看,土壤 N_2O 是在氨氧化菌、硝化细菌和反硝化细菌作用下产生,CH_4吸收是在甲烷氧化菌驱动下完成的生物化学过程;由于 CH_4和 NH_3分子量相近,土壤甲烷氧化菌和氨氧化菌均能同时氧化 CH_4和 NH_3,竞争利用相同的底物如 O_2、CH_4和 NH_3;③ 甲烷氧化菌和氨氧化菌都具有非常复杂的胞质内膜,在氧化 CH_4和 NH_3的过程中会竞争利用功能相似的单氧酶,尤其是甲烷单氧酶(MMO)(方华军等, 2014)。

11.2.2 土壤-大气界面 CO_2、CH_4和 N_2O 交换通量观测方法进展

长期以来,传统的土壤 CO_2、CH_4和 N_2O 通量相关研究都是基于静态箱-气相色谱法,依赖于野外土壤 CO_2、CH_4和 N_2O 气袋或气瓶采样和室内气相色谱分析技术,通常包括样品收集和样品分析两个步骤,而这两个步骤都是非常耗时费力的,所以很难获取长期连续的数据资源,很难使数据在揭示生态系统变化规律时具有较强的代表性。传统的静态箱-气相色谱法不能进行长时间的连续测定,缓慢的测量时间也会导致静态箱中温室气体浓度过度累积,从而可能导致温室气体通量的严重低估,同时也无法充分考虑到箱内 CO_2、CH_4和 N_2O 扩散梯度对土壤 CO_2、CH_4和 N_2O 通量的影响。更重要的是,不能完全满足土壤 CO_2、CH_4和 N_2O 通量的长期和连续观测的客观需要,阻碍了陆地生态系统对全球变化的响应与适应等方面的科学研究工作。

土壤 CO_2、CH_4和 N_2O 气体排放的测定系统,根据测定要素的组成,主要可以分成单要素测定系统和多要素测定系统(图 11.3)。根据开发者的所属单位,可以分成研究者自制设备与商品化设备两大类。静态箱-气相色谱技术经历了单要素人工色谱

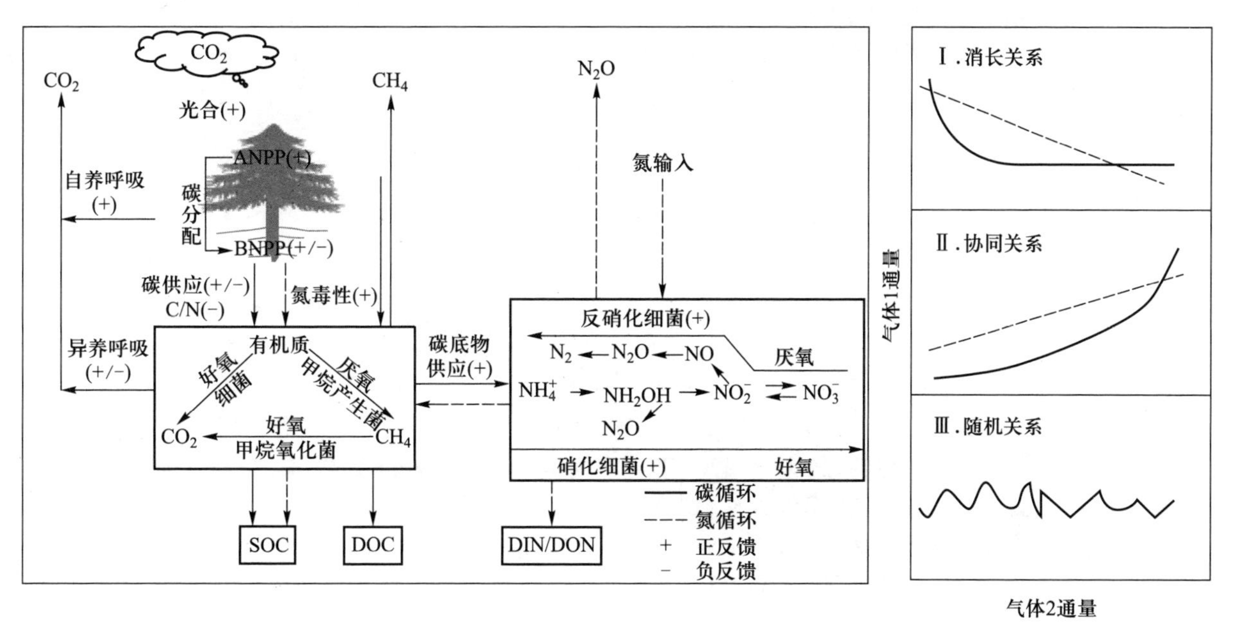

图 11.2 土壤 CO_2、CH_4、N_2O 气体通量产生与消耗过程及其主要耦合关系类型

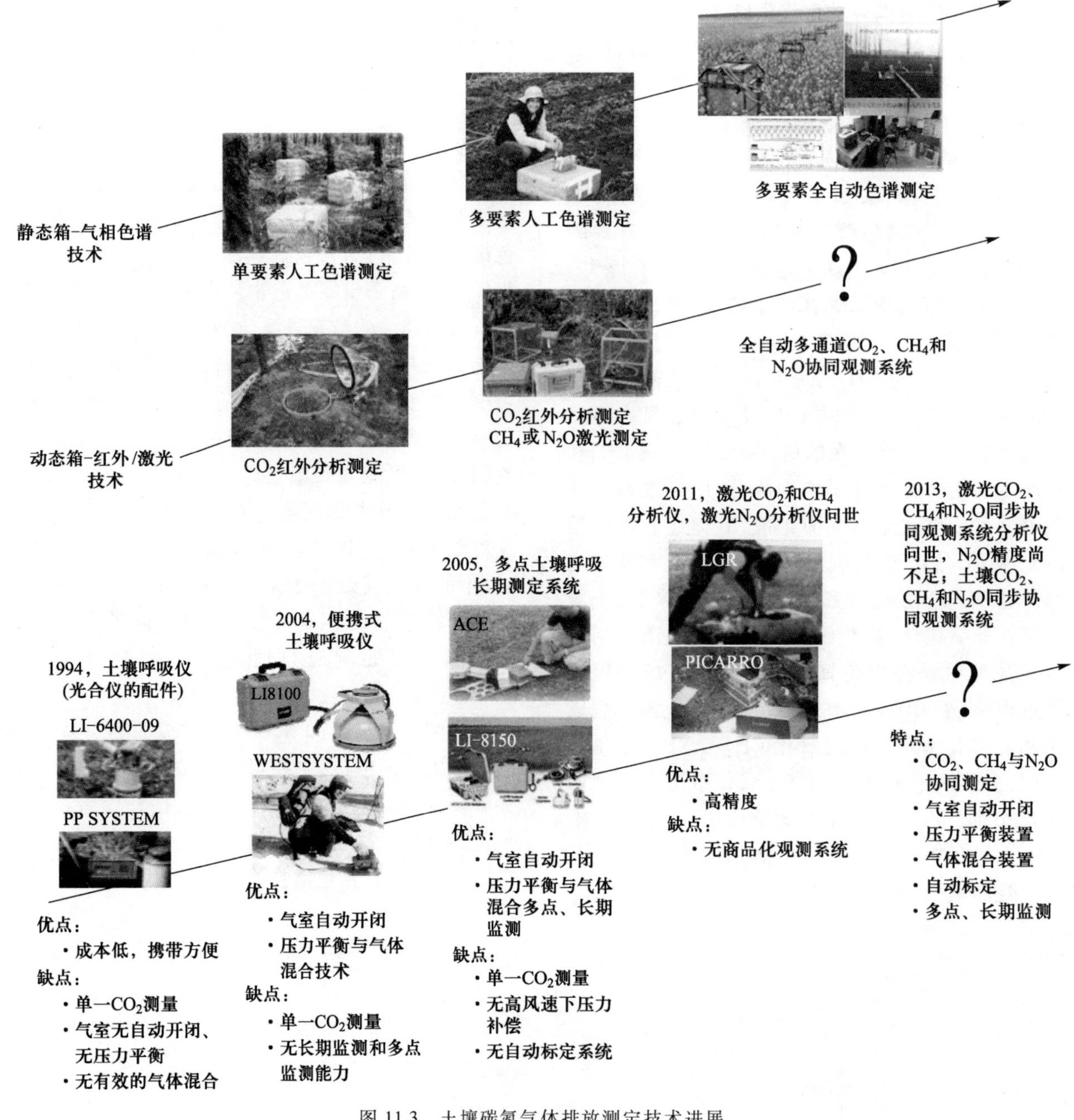

图 11.3 土壤碳氮气体排放测定技术进展

间断测定，多要素人工色谱间断测定，多要素全自动色谱测定三个阶段。动态箱-红外/激光技术经历了 CO_2红外分析测定，CO_2红外分析测定 CH_4或 N_2O 激光测定，全自动多通道 CO_2、CH_4和 N_2O 协同观测三个发展阶段。1994 年，土壤呼吸仪 LI-6400-09（光合仪的配件），其优点是成本低，携带方便；缺点是单一 CO_2测量，气室无自动开闭、无压力平衡，无有效的气体混合。2004 年，便携式土壤呼吸仪 LI-8100，其优点是气室自动开闭，压力平衡与气体混合技术；缺点是单一 CO_2测量，无长期监测和多点监测能力。2005 年，多点土壤呼吸长期测定系统 LI-8150 问世，其优点为气室自动开闭，压力平衡与气体混合多点、能够长期监测；缺点是单一 CO_2测量，无高风速下压力补偿，无自动标定系统。2011 年，激光 CO_2和 CH_4分析仪、激光 N_2O 分析仪问世，其优点为精度高；缺点是无商品化观测系统。2013 年，激光 CO_2、CH_4和 N_2O 同步协同观测系统分析仪问世，N_2O 精度尚不足.未来土壤 CO_2、CH_4和 N_2O 同步协同观测系统应该具有以下特点：CO_2、CH_4与N_2O 协同测定，气室自动开闭，具有压力平衡和气体混合装置，能够自动标定和多点、长期监测。

到目前为止，国内外还没有商业化的“全自动多通道土壤 CO_2、CH_4 和 N_2O 通量协同观测装置”。客观需要开展陆地生态系统与全球变化研究领域所急需的土壤 CO_2、CH_4 和 N_2O 通量协同观测装置的研制工作。研制“全自动多通道土壤 CO_2、CH_4 和 N_2O 通量协同观测装置”可以实现数据自动观测和采集，可减轻野外工作强度、增加时空代表范围、提高数据质量。同步观测技术也使得碳氮耦合的研究成为可能，从而引导土壤温室气体通量的研究向更加深入的方向发展。

11.2.3　静态箱-气相色谱法原理与方法

(1) 测定原理

色谱法由俄国植物学家 Tsweett 创立，是一种有效的分离技术。工作原理是利用样品中各组分在气相和固定相间的分配系数不同，当汽化后的样品被载气带入色谱柱中运行时，组分就在其中的两相间进行反复多次分配，由于固定相对各组分的吸附能力不同，各组分在色谱柱中的运行速度就不同，经过一定的柱长后，便彼此分离，按顺序离开色谱柱进入检测器，产生的离子流信号经放大后，在记录器上描绘出各组分的色谱峰。

气相色谱仪一般由以下五部分组成：① 气源系统：包括载气、气体净化、气体流速控制和测量，其他气体（如氢气、空气）；② 进样系统：包括进样器、汽化室（将液体样品瞬间汽化为蒸气）；③ 分离系统：包括色谱柱和柱箱（温度控制装置）；④ 检测系统：包括检测器及控温装置；⑤ 记录系统：包括放大器、记录仪或数据处理装置、工作站（图 11.4）。

(2) 野外采样与测定

① 观测对象的选择。总体原则是需要充分考虑不同尺度上空间的代表性。在国家尺度上，需要充分考虑排放源和关键驱动因素。排放源主要包括人为源和自然源类型，如森林、草地、农田、湿地、废弃物堆积地等；关键驱动因素主要考虑气候要素，按气候梯度选择典型气候区。在区域/流域尺度上，排放源应该具有区域典型性，应该涵盖所代表区域的主要类型，区域典型的生态系统通常取决于当地的水、热条件。对于区域内的每个典型类型，选择代表性管理方式/干预强度，用于特征调查或干预效应的定量评估研究。在生态系统和样地尺度上，对特定类型/管理方式/干预水平的通量观测也要有代表性。观测点重复数和位置取决于空间异质性，异质性小（相对于箱底面积）的样地需 ≥4 个空间重复，而异质性大的样地需 ≥6 个空间重复。根据面积权重选择不同异质单元的重复数和采样位置，重复数和采样位置随异质单元的变化而变动。为了防止和减少观测操作扰动对观测对象代表性的影响，应该避免踩踏/搅动/损伤观测对象（土壤/水+植物）。

② 静态采样箱构造与野外布设。静态箱的形状和体积等参数直接影响到土壤碳氮气体通量的测定。静态箱通常由顶箱+中段箱+底座组成，对于不

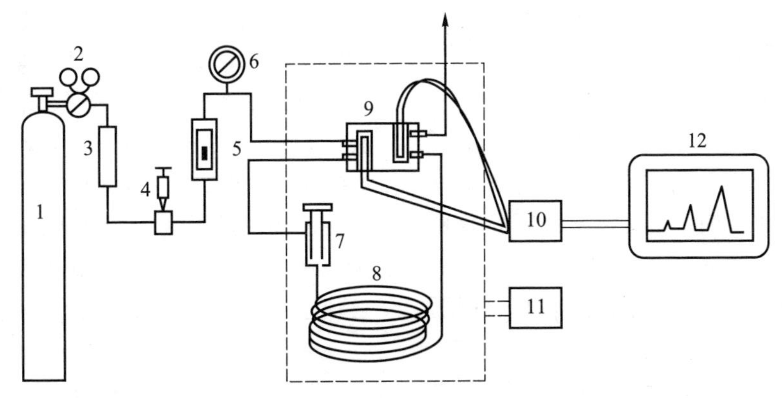

图 11.4　气相色谱工作站构成

1—载气钢瓶；2—减压阀；3—净化干燥管；4—针形阀；5—流量计；6—压力表；7—进样口与汽化室；8—分离柱；9—检测器；10—放大器；11—温度控制器；12—记录仪（工作站）

同生态系统而言,箱体尺度和形状会有所不同。静态箱材质常为不锈钢、有机玻璃或其他材料,箱底面积≥0.2 m^2,箱高要高于植被冠层顶或地面 15 cm。另外,静态箱需加入一个气压平衡管,其长度和直径取决于当地风速和采样箱气室容积,具体计算公式如下:

$$D=(2.84u+2.17)-(2.37u+1.37)\exp[-(0.0035u+0.054)V] \quad (11.4)$$

$$L=(4.73u+3.62)-(3.95u+2.28)\exp[-(-0.0011u^2+0.009u+0.049)V] \quad (11.5)$$

在田间布设采样箱,底座入土深度因地而异:旱地约为 5~10 cm,四壁不开孔;水田约为 20 cm,10 cm 以下开孔;湿地水面下 20cm,入土需开孔。同时,应采取减轻或避免观测操作扰动观测对象而影响测定结果代表性的措施,如构建防扰动栈桥,在植物行间安插隔离栏,固定踩踏路径/位置,定期(如每 2~4 周 1 次)互换采样点等。

③ 人工静态箱法的气体采样分析。为了保证观测结果对不同时间尺度实际排放的代表性,静态箱法的观测频率和气体采样时间有一定的要求。相同处理的年度重复数原则上要大于等于 3 ,长期连续观测要持续约 10 年或更长,短期年度重复观测一般要持续大于等于 3 年,观测结果方可粗略地反映气候年际变化引起的差异。观测频率一般要求每周 1~2 次,特殊事件(如降水、施肥)需加密观测,每 1~2天 1 次。凡有可能引起土壤水分、氧气含量、有效氮素养分含量发生较大幅度改变的激发事件发生,都需要加密观测,加密观测期间,注意观察通量是否恢复到激发事件发生之前的水平。观测时间以当地时间 08:00—10:00 为宜,一次通量观测的持续时间取决于通量检测限,两者成反比关系,对于中、高通量为 30 min 左右(50 cm 箱高:CH_4>100 μg C·m^{-2}·h^{-1}; N_2O>20 μg N·m^{-2}·h^{-1}),对于低通量而言,观测时间为 60~80 min。一次通量观测的浓度检测次数应该大于等于 5 针管,因为灵敏度和数据有效率正比于浓度检测次数。

气体样品采集量和分析时间因采样工具不同而异,聚氯乙烯注射器存储样品 60 mL,采样后≤12 h 分析完毕,最长不得超过 24 h(现场分析);10 mL 真空瓶储存样品 20~40 mL,可 1 个月左右分析完毕;500 mL气袋储存样品 200 mL(通常不建议使用气袋),样品可在 1 周内分析完毕。

④ 气体通量计算方法。土壤-大气界面 CO_2、CH_4和 N_2O 气体通量的一般计算公式如下:

$$F=k\cdot V/A\cdot M/V_0\cdot T_0/T\cdot P/P_0\cdot r_c \quad (11.6)$$

式中:F 为排放通量(μg C 或 N·m^{-2}·h^{-1});k 为量纲换算系数;V 为气室体积;A 为箱底面积;M 为目标气体摩尔质量;V_0为标准状况下的目的气体摩尔体积; T_0、P_0分别为标准状况的绝对气温和气压; T、P 分别为箱内气温和气压; r_c为罩箱期间的平均或初始时刻浓度变化速率。

小时通量计算方法规范采用线性、非线性算法相结合,使观测结果对罩箱前排放状况的描述具有代表性。具体算法简述如下:

a. 指数方程拟合算法:

$$C=k_1/k_2+(C_0-k_1/k_2)\cdot\exp(-k_2\cdot t) \quad (11.7)$$

$$r_c=dC/dt\,|_{t=0}=k_1-k_2\cdot C_0 \quad (11.8)$$

b. 一元二次多项式拟合算法:

$$C=\alpha\cdot t^2+\beta\cdot t+\chi \quad (11.9)$$

$$r_c=dC/dt\,|_{t=0}=\beta \quad (11.10)$$

c. 线性算法:

$$C=a\cdot t+b \quad (11.11)$$

$$r_c=dC/dt=a \quad (11.12)$$

采用线性和非线性算法计算气体通量遵循一定判别条件,当同时满足以下 4 个条件时采用非线性算法:5 次浓度观测值均有效;R_{nl}> 0.87(非线性显著相关,即 P<0.05);$R_{nl}-R_l$> 0.001(R_{nl}和 R_l分别为非线性和线性相关系数);$r_{nl}>r_l$(r_{nl}和 r_l分别为非线性回归曲线的初始斜率和线性回归直线的斜率)。当同时满足以下两个条件时,宜采用线性算法:不符合非线性算法条件;线性显著相关(P<0.05):n=5,R_l> 0.87;n=4,R_l> 0.94;n=3,R_l> 0.996。当线性、非线性条件均得不到满足时为无效观测,此时可"非法回收"的无效通量,即线性通量与就近测定通量值可比,则直接保留;不可"非法回收"的无效通量则舍弃。

日、季、年排放量是基于小时通量上推进行估计。首先要对无效观测舍弃数据进行插补,确保估算不同处理排放量的数据分布相同。通常用正负检测限区间内的随机数插补,或用就近有效观测数据的平均值插补。观测日的排放量用 1 次小时通量的观测值直接外推(×24 h)来估计,非观测时段的通量值用就近前后共两次观测通量的平均值直接插补，或用经验公式插补。季节/年排放量采用直接逐日累加的方法来估计，公式如下：

$$E=k\cdot\sum_{i=2}^{n+1}\left[X_{i-1}+(t_i-t_{i-1}-1)\cdot(X_{i-1}+X_i)/2\right]\Big|_{X_{n+1}=0} \tag{11.13}$$

式中：E 为表日通量（$g\ C\cdot m^{-2}\cdot d^{-1}$ 或 $mg\ N\ m^{-2}\cdot d^{-1}$）或季/年通量（$kg\cdot hm^{-2}\cdot a^{-1}$ 或 $kg\cdot hm^{-2}\cdot$季$^{-1}$）；k 为单位换算系数；n 为每日的有效小时通量观测次数或每季/每年拥有有效日通量观测值的天数；X_i 为第 i 次观测的小时通量值（$mg\ C\cdot m^{-2}\cdot h^{-1}$ 或 $\mu g\ N\cdot m^{-2}\cdot h^{-1}$）或第 i 天源于观测值的日通量值（$C\cdot m^{-2}\cdot h^{-1}$ 或 $mg\ N\cdot m^{-2}\cdot h^{-1}$）；$t_i$ 为对于 X_i 的时间或日期。

⑤ 辅助指标观测。辅助指标可增强通量数据的可解释性，提升通量观测数据在模型研究中的价值。用相应学科的标准方法，观测如下辅助指标：

观测地点地理位置：地点名称，经纬度，海拔。

各土壤发生层的基本性质：土层厚度，容重，总孔隙度，砾石、砂粒、粉粒、黏粒含量（包括国际制和美国/FAO 制），pH（水），总氮、土壤有机碳，饱和导水率（一次性观测）。

气象条件：小时/日降雨量，小时平均、日最高、日最低、日平均气温，5 cm、10 cm 土壤温度，5 cm、10 cm 土壤含水量，地表水深，[小时平均光合有效辐射/总辐射，日平均气压，小时平均风速，小时平均风向，10 cm 土壤氧化还原电位，10 cm 土壤 O_2 含量，20 cm 土壤温度，20 cm 土壤含水量……]。

土壤碳氮含量动态：0~10 cm 土壤的铵态氮、硝态氮、DOC、[微生物碳氮含量、土壤或水或沉积物中的气体含量]。前三者必测，有条件的站点应尽量每月测定后两者 1~2 次。

生物指标：地上部分生物量及其碳氮含量动态，籽粒（或收获果实）、秸秆（或植物废弃物）的产量及其碳氮含量。动态测一个生长季。

管理指标：对碳、氮和水的管理，包括向观测对象输入的不同类型碳氮量、灌水量和大气沉降氮量等。

11.2.4 静（动）态箱-红外仪连续测定原理与方法

静（动）态箱-红外仪方法采用不同类型的箱体将土壤、植被或植被的一部分密封，通过测定单位时间箱体内气体浓度的变化来计算研究对象的气体交换量。箱式系统成本低廉、构建简单、技术难度不大、便于操作实施。开路箱式系统由于与外界一直进行气体交换，会保持恒定的供气速率，一般被认为是动态箱式系统。红外气体分析仪（infra-red gas analyzer，IRGA）是 20 世纪 50 年代发展起来的气体浓度测定技术，该仪器对气体的测定灵敏度高，可精确到 0.1 $\mu mol\cdot mL^{-1}$ 左右，且 IRGA 反应速度快，可快速测出气体浓度的瞬间变化，利用该技术构建的红外气体分析仪法被认为是目前较理想的测定气体浓度的方法（袁凤辉等，2009）。

箱式气体交换观测系统一般由四部分组成：气体交换箱、气体分析仪、空气管道系统和数据采集器。如果气体交换箱内外环境条件的差异较大，需添置空气调节系统以调控箱内环境条件。气体交换箱可使测定对象独立于外界环境，以方便对其进行气体交换的测定；气体分析仪用于测定气体交换箱内气体浓度；空气管道系统用于连接气体分析仪和气体交换箱，由进气管、出气管、气泵和流量计等组成；数据采集器用于对气体浓度、气体交换速率、环境因子和气泵流量等数据的记录、存储。根据气体交换箱内与外界有无气体流通，箱式系统分为闭路、半闭路和开路箱式系统。

闭路箱式气体交换测定系统中，气体浓度在一定时段内被连续测定，并随着测定对象气体交换的进程而变化。气体交换速率的计算公式如下：

$$F=\rho\cdot\frac{\Delta G}{\Delta t}\cdot\frac{V_{gas}}{A} \tag{11.14}$$

$$\rho=\frac{P}{R\cdot T_{chamber}} \tag{11.15}$$

$$V_{gas}=V_{chamber}-V \tag{11.16}$$

式中：F 为单位时间单位面积的气体交换速率（$\mu mol\cdot m^{-2}\cdot s^{-1}$）；$\rho$ 为箱内温度下的空气密度（$mol\cdot m^{-3}$）；$\Delta G/\Delta t$ 为观测时间（Δt, s）内箱内某气体（如 CO_2）浓度（ΔG, $\mu mol\cdot mol^{-1}$）的变化速率（$\mu mol\cdot mol^{-1}\cdot s^{-1}$）；$V_{gas}$ 为气体有效交换体积（m^3）；A 为测定对象的气体交换表面积（m^2）；P 为箱内大气压（kPa）；R 为理想气体常数，其值为 $8.314\times10^{-3}\cdot m^3\cdot kPa\cdot mol^{-1}\cdot K^{-1}$；$T_{chamber}$ 为箱内气体温度（K）；$V_{chamber}$ 为气体交换箱的体积（m^3）；V 为测定对象在气体交换箱中所占体积（m^3），如果测定对象所占体积远小于气体交换箱体积，则 V 可忽略。

半闭路箱式气体交换测定系统能使气体交换箱内维持稳定的气体浓度,可对土壤温室气体的气体交换进行观测。该系统添加了空气调节系统,通过气体分析仪和环境因子探头测定的温度等各指标值进行控制,阻止箱内 CO_2浓度的持续升高,最终使气体交换箱内外的自然环境接近,并近似达到稳定。半闭路箱式气体交换系统对箱体密闭性的要求很严格,任何漏气都会对气体交换通量的测定精度产生很大影响。CO_2交换速率(F_{CO_2}, μmol $CO_2 \cdot m^{-2} \cdot s^{-1}$)计算公式如下:

$$F=\rho \cdot \frac{V_{\text{control}} \cdot (C_{\text{control}}-C_{\text{chamber}})}{\Delta t} \cdot \frac{1}{A} \quad (11.17)$$

式中:V_{control}为时间 Δt(s)内空气调节系统处理 CO_2的体积(m^3);C_{control}为空气调节系统供给 CO_2的气体浓度(μmol $CO_2 \cdot mol^{-1}$);C_{chamber}为进入空气调节系统前气体交换箱内 CO_2的气体浓度(μmol $CO_2 \cdot mol^{-1}$);A 为测定对象的气体交换表面积(m^2)。

开路箱式气体交换测定系统是通过测定进出气体交换箱的气体浓度差来计算气体交换速率的。在该系统中,有一个恒定流速的气流经过气体交换箱,需对进出气体交换箱的气体浓度同时进行测定。由于该系统是利用空气流持续经过气体交换箱进行运转,因此在测定过程中,气体交换箱内会保持轻微加压状态,这种正压力会导致箱内气体外漏,但是如果进出气体交换箱的气流量被准确测定,则轻微漏气对于气体交换速率的观测影响很小。CO_2交换速率的计算公式如下:

$$F_{CO_2}=\rho \cdot \frac{U_{\text{inlet}} \cdot C_{\text{inlet}}-U_{\text{outlet}} \cdot C_{\text{outlet}}}{A} \quad (11.18)$$

式中:U_{inlet}、U_{outlet}分别为进气口和出气口的气流速率($m \cdot s^{-1}$);C_{inlet}、C_{outlet}分别为进气口和出气口的 CO_2气体浓度(μmol $CO_2 \cdot mol^{-1}$)。

11.2.5　动态箱-激光法连续测定原理与方法

可调谐半导体激光吸收光谱作为一种高灵敏度、高分辨率、高速响应的光谱技术,利用半导体激光器的波长扫描特性,获取被测气体的特征吸收光谱范围内的吸收光谱,通过二次谐波或直接吸收两种方式来进行定量分析,广泛应用于土壤通量监测。目前,根据技术的发展可分为闭路和开路两种形式,闭路一般采取怀特池多次反射来增加光程,提高探测灵敏度;开路直接通过增加光程获取较高的探测极限(田勇志等, 2012)。

(1) 测定原理

a. 测量气体浓度

非对称多原子分子气体在红外有特征吸收峰。对于单一频率辐射光,无气体吸收时的光强 I_0穿过目标气体,受到该气体分子对红外辐射选择性吸收后,透射后光强满足比尔-朗伯定律,可表示为

$$I(\text{v})=I_0(\text{v})\exp[-\sigma(\text{v})NL] \quad (11.19)$$

式中:L 为吸收光程;N 为吸收气体浓度;$\sigma(\nu)$为分子吸收截面。

非分散红外光谱是利用气体的直接吸收,可以得出透过后的光强与气体浓度成正比。这里定义吸收系数为 α,对于 CO_2可以用下面等式表示:

$$\alpha_i=1-\frac{I_i}{I_{io}}-X_{ij}\left(1-\frac{I_j}{I_{jo}}\right) \quad (11.20)$$

式中:下标 i 和 j 分别表示 CO_2、CH_4和 N_2O 中任何两种气体;I_{io}、I_{jo}分别为无气体 i,j 吸收时的光强;I_i,I_j 分别为有气体 i,j 吸收时的光强;X_{ij}表示相互干扰系数,同时测量两组数据,组成方程组,可以分别解出各自的吸收系数,吸收系数里包含浓度信息,得到吸收系数,就可以获取各自浓度。

对于可调谐半导体激光吸收光谱技术,在近红外气体的吸收系数很小,满足 $-\sigma NL \leqslant 0.05$,则式(11.19)可以表述为

$$I_\lambda=I_0(\lambda)[1-\sigma NL] \quad (11.21)$$

一般在大气压下,吸收可以用 Lorentz 系数表述,并展开傅里叶级数得到二次谐波系数的关系式:

$$I_{2f} \propto I_0\sigma_0 NL \quad (11.22)$$

可见二次谐波信号的幅度与浓度、光程成正比。如果已知参考池中的标准目标气体浓度,根据式(11.22)的特性,应用最小二乘法进行拟合:

$$c_d=\frac{c_s L_2}{L_1}(\alpha-1) \quad (11.23)$$

式中:c_d为大气中目标气体浓度;c_s为标定池中标准目标气体浓度;α 为拟合系数;L_1和 L_2分别为开放光路长度和校准池长度。应用两层的开放光程 TDLAS 系统后,测量出两层的目标气体浓度。

b. 测量气体通量

对于非分散红外光谱系统，在获取目标气体浓度后计算垂直风速脉动和该气体浓度脉动值的协方差，即可获取该气体的湍流通量。该气体垂直湍流通量 F_c 为

$$F_c=\overline{\rho_d w'c'} \tag{11.24}$$

式中：ρ_d为干空气密度；w'为超声风速计测量的垂直风速脉动；c'为测量的目标气体质量混合比的脉动量。

对于开放光程的 TDLAS 系统，应用两套测量两个不同高度 z_2和 z_1的气体浓度 c_2和 c_1，那么气体通量 F_c 为

$$F_c=-K\frac{M_c}{M_a}\rho_a\frac{d_c}{d_z}=\frac{-u_*k\left(\frac{M_c}{M_a}\right)\rho_a(c_2-c_1)}{\ln((z_2-d)/(z_1-d))-\Psi_{h2}+\Psi_{h1}} \tag{11.25}$$

式中：M_a和 M_c分别为干空气分子量和目标气体的分子量；u_*为摩擦速度；ρ_a为干空气密度；d 为零平面位移；d_c/d_z 表示气体浓度随高度的变化率；Ψ_{h2}和 Ψ_{h1}为普适方程。摩擦速度和普适方程由超声风速计获取。

（2）系统组成

以“全自动多通道土壤 CO_2、CH_4 和 N_2O 通量协同观测仪”为例，该装置采用闭路循环非稳态的动态密闭气室法，将全自动多通道土壤通量室、CO_2/CH_4分析仪和 N_2O 分析仪连成闭合型气路，使空气在闭合气路内循环，同时检测其中 CO_2、CH_4和 N_2O 的浓度随时间的变化以确定其通量。该装置由分析系统、采样系统、控制系统和标定系统四部分组成。

a. 分析系统

气体分析仪的泄漏会影响整个系统测量准确性。多个分析仪的并联方式，也会对分析仪本身以及对整个系统产生压力脉动。对于 CO_2、CH_4和 N_2O 通量的协同观测，首先要检测分析仪的气密性。对于闭路循环非稳态的测量方法，泄漏是产生系统误差的重要因素，分析仪自身的泄漏应在 2000 $\mu mol\cdot mol^{-1}$条件下不大于 0.2 $\mu mol\cdot mol^{-1}\cdot min^{-1}$，此指标应作为鉴定分析仪是否适合闭路循环通量测量的重要标准。基于此标准，可以在系统内注入高浓度的 CO_2（2000 ppm），检查 CO_2的泄漏情况，以确定系统的密封性。同样，对于整个系统的泄漏也可以采用相似的方法。使用两台激光分析仪并联，会因压力控制的不同而引起压力脉动，导致分析仪压力控制不稳定，并对通量室内的压力造成影响，进而对通量造成干扰。采用将分析仪并联连接土壤呼吸室，通过检查分析仪光腔压力分别在连接和不连接呼吸室情况下的压力变化，判断是否存在压力脉动（图 11.5）。如果存在，将采用通过高精度压差传感器得到的并联两进气口的压力差，反馈调整比例阀及流量控制器，进而解决压力脉动问题。

b. 采样系统

采样系统包括安装在土壤表面的土壤通量室和

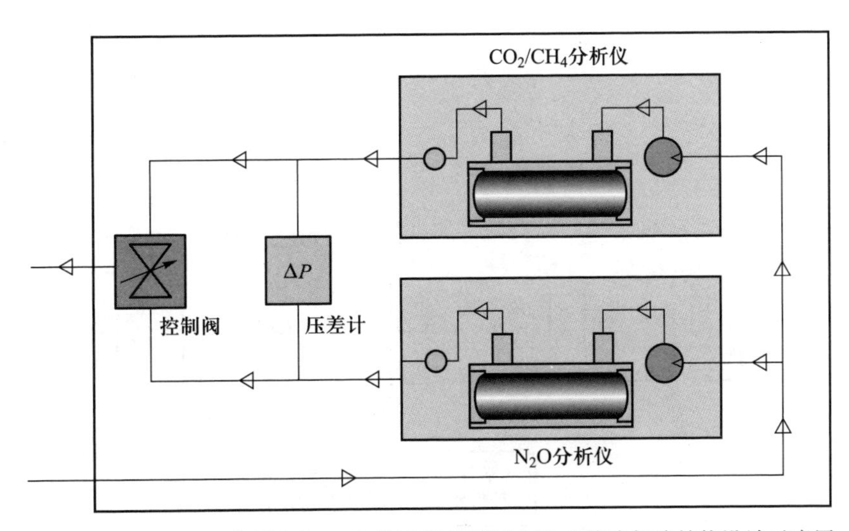

图 11.5 CO_2和 CH_4分析仪与 N_2O 分析仪并联压力脉动消除气路结构设计示意图

气路系统。土壤通量室关键在于开启方式,要具有完善的压力平衡口,以扰动更少的混合方式为佳。关于通量室的开启方式,一般采用的是气动开启方式。相对于电动方式,气动方式的力量更大,即使有外力阻碍也不会损坏,但是不像电动方式易于控制。因此,运动系统构建往往采用气缸、独立真空泵和限位开关来进行精细的动作控制,开启装置安装在通量室之外,以避免对通量的测量造成影响。另外,采用干燥气体密闭循环,来保护气缸和隔膜泵,并在这个密闭循环气路上增加干燥剂保持整个气路的干燥,延长气动系统的使用寿命(图 11.6)。在已有的平衡装置基础上增加一个防风罩,以避免较高风速带来的较大影响。平衡装置安装在通量室的顶部,防风罩依托通量室连接臂安装,既实现压力平衡功能,又增加通量室的美观程度(图 11.6)。

c. 控制系统

控制系统是整个仪器的重点,包括对采样系统的控制、分析系统数据采集、数据计算及存储(图 11.7)。控制系统涉及基于最新单片机系统的电路设计与编程,气路的简化集成。首先,针对土壤 CO_2、CH_4和 N_2O 的协同观测和计算,数据量较大,需要快速运算,且需要远程的数据交换和控制,采用最新型的中央处理器——基于第二代 ARM Cortex-M3 内核的微控制器。Cortex-M3 是高性能、低功耗的 32 位微处理器,其操作频率高达 120 MHz。带独立的本地指令和数据总线以及用于外设的低性能的第三条总线,使得代码执行速度高达 1.25 MIPS/MHz。AD 采集器具有 12 位的分辨率,转换速度高达 400 kHz。采样功能可以采集模拟信号与数字信号进行分析处理,可以接多种传感器进行分析。存储单元支持 SRAM、ROM、Flash、SDRAM 和 SD 卡大容量存储。控制单元允许任意控制不少于 32 路 12V/24V 受控电源输出,允许任意控制不少于 8 路通量室的测量。数据传输单元采用有线方式与计算

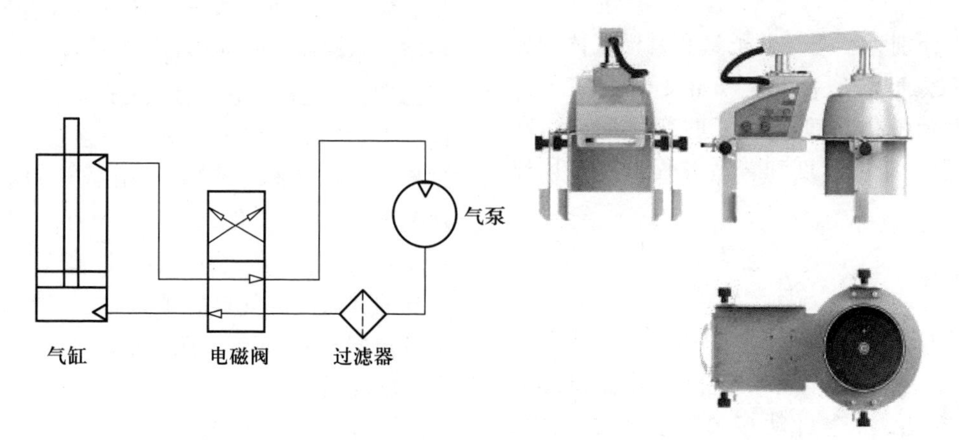

图 11.6 气缸驱动控制气路结构设计和土壤通量室的外观示意图

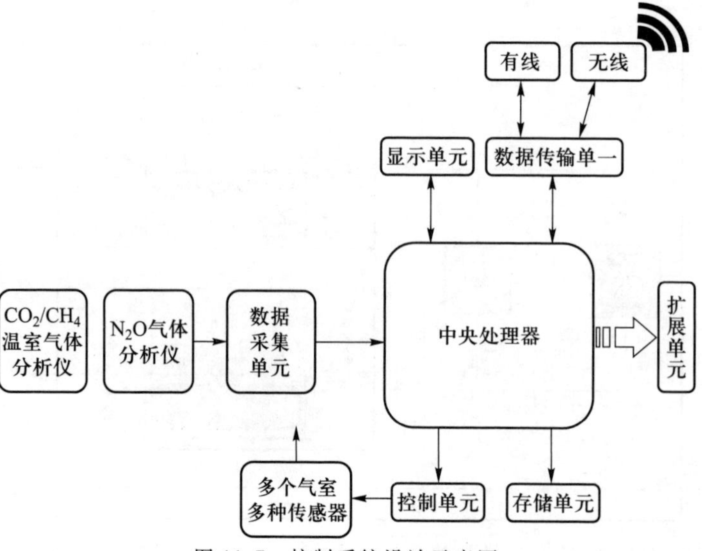

图 11.7 控制系统设计示意图

机之间进行数据交互通信。其次,采用高度集成的阀板,避免大量管路连接带来的泄漏风险,加快响应速度,节省控制系统中宝贵的空间。

d. 标定系统

标定系统包含混合气体钢瓶(CO_2、CH_4和N_2O混合气体)、减压阀、三通连接器、高精度注射泵、毛细管和土壤排放模拟装置。模拟装置采用不同粒径的石英砂模拟土壤,以达到从不同孔道排放出地表的效果。在标定时,首先打开气瓶减压阀,向注射泵注入一定体积的混合标气,设定注射泵的注入速度,向模拟装置中匀速地注入标准气体,使得模拟装置能够模拟土壤气体的排放。将采样系统置于模拟装置上测量其通量排放速率,与实际设定的排放速率比较就能验证系统的准确度和精度。

11.3 根系-土壤界面养分和水分通量观测技术

11.3.1 根际碳、氮、水循环原理

根系吸收 N 依赖 C 的投入,最终影响陆地生态系统的生产力。由于土壤中存在多种形态的 N,而且其组成复杂、具有高度的空间异质性,植物长期生长于以某一形态 N 源为主的土壤中会形成不同的适应机制(Macek *et al.*, 2012)。因此,植物在 N 分布不同的土壤中对 N 的吸收、偏好和调控等都存在较大的差别(Xia *et al.*, 2010),在 N 缺乏时,植物向根系投入 C 的比例增加,根系密度相对较大,以便获取更多的 N(吴楚等, 2004),与构建粗根相比,同样质量 C 用于构建细根可以提高 N 吸收效率,因此植物投入更多的 C 用于构建细根以增加 N 的吸收能力。根系 N 的获取在很大程度上还取决于根系在土壤中的分布,根系分布深度对截获 N 的能力,尤其是对易淋失的 NO_3^- 的吸收具有重要作用(Gastal & Lemaire, 2002)。

根-土界面是土壤养分和水分进入植物体内的主要通道或屏障(朱永官, 2003),同时,根-土界面的养分循环与水分循环过程又是互相作用互相制约的。养分胁迫也是导致植物导水率降低的重要因素之一。研究表明,施氮肥、磷肥和硫均会提高植物导水率,而养分亏缺会降低植物导水率(Kinoshita & Masuda, 2011)。当植物遭受养分亏缺后供给其矿质营养时,植物的蒸腾速率、光合速率、气孔导度和根系导水率将会发生明显变化;当植物生长受氮、磷、硫等营养胁迫时,植物会以不同方式进行营养物传递、代谢和利用,但最终对气孔导度和根系导水率的影响是相似的。植物根系的养分吸收过程需要消耗一定数量的有机碳和提供养分选择吸收的驱动力,并且在植物的养分吸收和输送等生理过程必须以水分溶液的渗透、扩散、溶质流动和长距离运输等生物物理和化学过程为介导,营养物质利用和转化更需要一系列生物化学代谢过程来参与完成。

氮是植物体内蛋白质、核酸和酶类等生命活性物质的组成成分,是根系从土壤中吸收最多的矿质元素之一。根系不仅是氮素吸收的汇,同时也是氮素溢泌的源(Foyer *et al.*, 1998)。NO_3^-的溢泌是具有被动性、底物饱和性和选择性的蛋白质调节过程(Taylor & Bloom, 1998),主要由根细胞原生质膜上的阴离子通道完成(Köhler & Raschke, 2000)。当植株 N 供给不足时,其韧皮部中某种氨基酸浓度下降,把茎中 N 缺乏的信号传递到根部,从而促进根系对 N 的吸收(Touraine *et al.*, 1994)。根系冠层对土壤氮的利用和调控方式主要分为硝酸盐的代谢还原、氨的同化和生物固氮这三种方式。土壤中有机氮化合物大部分为不溶性,不被植物所利用,NH_4^+可以直接被植物吸收并同化,NO_3^-以及极少的 NO_2^-可以被植物吸收转化为 NH_4^+进一步被同化(Botrel & Kaiser, 1997; Carillo *et al.*, 2005)。NO_3^-中的 N 为高度氧化态,而细胞组分中的 N 均呈高度还原态,根系对 NO_3^-的还原反应方程式为

$$NO_3^- + NAD(P)H + H^+ + 2e^- \longrightarrow NO_2^- + NAD(P)^+ + H_2O$$

该过程由硝酸还原酶(nitrate reductase,限速酶)催化,还原反应所需的电子由 NADH 提供。土壤中的 NO_3^-水平是根系还原 NO_3^-的主要诱导因子,而光照是硝酸还原酶达到最高水平所必需的,硝酸还原过程的抑制因子是谷氨酰胺(Botrel & Kaiser, 1997; Fontaine *et al.*, 2012)。NO_3^-被硝酸还原酶还原为 NO_2^-后,迅速从细胞质中被运至质体中,在质体中进一步被还原。NO_2^-的还原反应方程式为

$$NO_2^- + 6\ Fdred + 8\ H^+ \longrightarrow NH_4^+ + 6\ Fdox + 2\ H_2O$$

反应的催化酶为亚硝酸还原酶,位于叶绿体或根中的前质体,其辅基由一铁硫原子簇(4Fe—4S)

及一个西罗血红素(sirohaem)组成,NO_2^-即在此部位被还原为NH_4^+(Campbell, 1999; di Martino *et al.*, 2003; Kaiser *et al.*, 2004)。NO_2^-还原所需的电子来自还原态的铁氧化蛋白(Fdred)(di Martino *et al.*, 2003; Kaiser *et al.*, 2004)。由NO_2^-到NH_4^+的中间产物及其变化机制尚不甚清楚。

根系对NH_4^+的同化过程为氨⟶谷氨酰胺⟶谷氨酸⟶其他氨基酸。谷氨酰胺合成酶(GS)途径:

$$NH_3+谷氨酸+ATP^- \longrightarrow 谷氨酰胺+ADP+Pi$$

GS位于根中质体、叶片的细胞质和叶绿体中,GS对NH_4^+的亲和力为10~39 uM,可将各种来源的NH_4^+迅速同化,防止细胞内NH_4^+的累积。

谷氨酸合酶(GOGAT)的途径:

$$谷氨酰胺+\alpha-酮戊二酸+NADH^+ \longrightarrow 2-谷氨酸+NAD^+$$

谷氨酸脱氢酶(GDH)途径:

$$NH_3+\alpha-酮戊二酸+NAD(P)H+H^+ \longrightarrow 谷氨酸+H_2O+NAD(P)^+$$

GDH对NH_4^+的亲和力达100 mM。另外,通过转氨酶催化,谷氨酸与草酰乙酸转变为天冬氨酸和α-酮戊二酸,该反应即转氨作用或氨基交换作用,转氨反应中的草酰乙酸由PEP羧化而来(Lehmann & Ratajczak, 2008; Miyashita & Good, 2008; Lehmann *et al.*, 2010)。

生物固氮是地球上固氮过程中最重要的组成部分,指由根系和固氮微生物共同作用将大气中的游离氮(N_2)转化为含氮化合物(NH_3或NH_4^+)的过程(Ohyama *et al.*, 2008; Bertics *et al.*, 2012)。固氮酶催化下N_2还原成NH_3的反应为

$$N_2+8e^-+8\ H^++16ATP \longrightarrow 2NH_3+H_2+16ADP+16Pi$$

11.3.2 根系-土壤溶液的养分循环过程

根系-土壤溶液通常可定义为含有溶质和溶解性气体的土壤间隙水,土壤溶液比喻成土体的血液循环,目前已用于研究土壤发生过程,土壤酸中和能力,原位土壤固-液相的相互作用,土壤养分的时空分布、移动性和有效性(宋静等, 2000)。植物根细胞在土壤中吸取水分取决于根细胞的水势和土壤溶液的水势高低,只要土壤溶液的水势高于根细胞的水势,根细胞就能从土壤这个复杂溶液中吸取水分;相反,如果土壤中施入过多的化肥,则会使得土壤溶液的水势低于根细胞的水势。这时植物根细胞就不能从土壤中吸取水分,反而会使根细胞的水分向外流出,从而造成对植物的不利影响(龙华, 1998)。植物吸收水分和养分的基本机制在于根系的作用,根系对水分和养分的吸收与利用降低了近根区土壤水分及养分浓度,形成了根际周围养分相对贫乏的区域(Bowman *et al.*,1998; Cambui *et al.*, 2011),这就产生了近根区和远根区土壤水分和养分浓度差异。水势高的远根区土壤水分便会向近根区迁移,溶解在土壤溶液中的养分,也会随着溶剂的迁移而迁移,从而使养分的浓度梯度缩小,这就是质流。因此,根系的吸收作用与土壤水分状况均会影响养分在土壤中的迁移与分布(Cambui *et al.*, 2011)。

植物根系对土壤溶液系统养分离子交换方式主要包括根与土壤溶液的离子交换及接触交换。根呼吸产生的CO_2溶于水后形成的CO_3^{2-}、H^+和HCO_3^-等离子与土壤溶液中的NO_3^-、NO_2^-和NH_4^+等养分离子以及土壤胶粒上的矿物离子如K^+和Cl^-等发生交换,最后土壤溶液中的离子或土壤胶粒上的离子被转移到根表面;当根系和土壤胶粒接触时,根系表面的离子直接与土壤胶粒表面的离子交换,这就是接触交换。植物根系在完成与土壤溶液的养分离子交换后通过主动运输和被动运输实现对土壤溶液系统的调控。根系对土壤养分溶液中NO_3^-、NO_2^-和NH_4^+等养分离子的被动运输主要通过简单扩散或易化扩散的方式,这两种方式不需要代谢直接提供能量可以实现物质顺着电化学势梯度的跨膜转运。

植物根系可以通过离子通道对土壤溶液系统的NO_3^-、NO_2^-和NH_4^+等养分离子进行选择性调控(Begg *et al.*, 1994)。离子通道是细胞质膜上由内在蛋白质构成的圆形孔道,横跨膜的两侧,可由化学方式及电化学方式激活,控制离子顺着电化学势梯度,被动地和单方向地跨质膜运输。根系通过离子通道调控土壤溶液养分离子具有如下特点:由于通过通道蛋白转运,所以通道孔的大小及孔内表面电荷使得通过通道的离子具有选择性;具有高速跨膜转运离子能力,离子通过离子通道扩散的速率为10^6~10^8个·s^{-1};离子通道是被动运输;离子带电情况与其水合规模是其通过通道转移时通透性的限定因素;离子通道是门控的,该现象受跨膜电势梯度和外界理化信号的刺激并对其做出反应(Bradford, 1976)。

根系可通过载体蛋白对土壤溶液养分离子进行选择性运输和调控,这些载体蛋白包括载体、传递体、透过酶和运输酶。载体运输具有以下特点:属于膜内在蛋白,具有与溶质的结合位点;有选择地与膜一侧的分子或离子结合,形成载体-物质复合物;通过载体的构象的变化,透过质膜,把分子或离子释放到膜的另一侧;离子经载体进行的转运速率低于经通道进行的转运(约为 $10^4 \sim 10^5$ 个 $\cdot s^{-1}$)(Palmgren, 2001; Zhu *et al.*, 2009,2012)。

此外,土壤溶液离子的离子泵运输也是根系调控土壤溶液系统养分离子平衡的一种重要方式(Johansson *et al.*, 1993; Yan *et al.*, 2002)。根系的离子泵调控主要是通过内在蛋白、膜上 ATP 酶,催化 ATP 水解释放能量,驱动离子转运,因此具有泵的性质,其主要反应原理如下:

$$ATP+H_2O \longrightarrow ADP+Pi+32$$

由于依赖 ATP 酶的转运会导致膜两侧电势差的形成,而相应的养分离子可利用 ATP 酶水解 ATP 时释放的能量直接进行主动转运,转运这些离子的 ATP 酶相应地被称为相应的泵,其中的质子(H^+)泵最为重要(Palmgren & Harper, 1999)。质子(H^+)是通过 ATP 酶进行主动转运最主要的离子,质子泵除完成主动转运质子(H^+)的功能外,还伴随着对其他离子的主动转运。质子泵运输的动力原理为:

H^+-ATP 酶利用 ATP 水解释放的能量将 H^+ 从膜的一侧运至另一侧,结果形成跨膜的电势梯度(ΔE)及化学势梯度(ΔpH),此两者合称为质子电化学势梯度($\Delta\mu\ H^+$),而 $\Delta\mu\ H^+ = F\Delta E - 2.3RT\Delta pH$,其中 $\Delta\mu\ H^+$ 也被称为质子动力。

质子泵主要分为:① 质膜质子泵:即质膜 H^+-ATP 酶,分子量约为 200 kD,水解 ATP 活性位点在质膜细胞质一侧,最适 pH 为 6.5,底物为 Mg^{2+}-ATP(Arango *et al.*, 2003)。② 液泡膜质子泵:液泡膜质子泵由液泡膜 H^+-ATP 酶及液泡膜焦磷酸酶组成,其中液泡膜 H^+-ATP 酶有以下特点:分子量400 kD,水解 ATP 的活性位点在液泡膜的细胞质一侧。③ 线粒体膜与叶绿体膜上的 H^+-ATP 酶:分子量约为 450 kD,H^+/ATP 计量约为 3,酶活性受叠氮化钠(NaN_3)的抑制(Palmgren, 2001)。

影响植物根系-土壤溶液系统的离子平衡与交换过程的主要因素(Edwards *et al.*, 2004):① 土壤温度:土壤温度过高或过低,都会使根系吸收矿物质的速率下降;② 土壤通气状况:根部吸收矿物质与呼吸作用密切有关,土壤通气性好,增强呼吸作用和 ATP 的供应,促进根系对矿物质的吸收;③ 土壤溶液的浓度:土壤溶液的浓度在一定范围内增大时,根部吸收离子的量也随之增加;④ 土壤溶液的 pH:直接影响根系的生长(大多数植物的根系在微酸性(pH 为 5.5~6.5)的环境中生长良好);影响土壤微生物的活动而间接影响根系对矿物质的吸收;影响土壤中矿物质的可利用性。⑤ 土壤水分含量:土壤中水分的多少影响土壤的通气状况、土壤温度、土壤 pH 等,从而影响到根系对矿物质的吸收。⑥ 土壤颗粒对离子的吸附:土壤颗粒表面一般都带有负电荷,易吸附阳离子。⑦ 土壤微生物:菌根的形成可增强根系对矿物质和水的吸收。⑧ 土壤中离子间的相互作用:溶液中某一离子的存在会影响另一离子的吸收。

11.3.3 土壤溶液采集方法与观测技术

土壤和地下水污染已成为全球普遍面临的环境问题,土壤溶液已成为土壤、植物营养、生态环境等学科的重要研究内容。土壤溶液可应用于生态环境监测、土壤养分的时空分布、移动性和有效性、化学物质在土体中迁移、元素淋失的农学和环境意义、重金属元素的移动性、生物有效性等方面的研究。目前,对于土壤溶液的采样主要分为离心法、提取法、置换柱法、压滤法、测渗法、负压法、扩散法、毛细管法等。其中,前四个属于破坏性采样,后四个属于非破坏性采样,每种采样方法都有其优越性和局限性。一般说来,破坏性采样需要将土壤样品从原位取出(有时还需进行风干和再湿润),土壤溶液的化学组成和平衡易发生变化,且无法进行长期定位研究。

离心法的优点是:① 土壤样品的时空界限明确,离心所得的土壤溶液与特定的土壤层次一一对应。② 与测渗计不同,离心法不会改变土壤的水分特征。对于含水率较低的土壤,仅用高速离心可能无法得到足量的土壤溶液,这时可向土样中加入有机溶剂(如 CCl_4)再离心,这种方法不会改变土壤溶液平衡;不受稀释效应、吸附解吸效应的影响,而且不受土壤水分含量的限制,可有效地采集被土壤紧密吸持的水分。另外,需要确认加入的试剂不会影响待测离子的化学平衡。置换柱法是采用淋洗液淋洗装于土柱中的新鲜土样,再测定洗脱液中的离子浓度，该方法易受沿侧壁下渗的优势流的影响。此外，淋洗液可能通过与某些离子反应而改变土壤溶液的离子组成。压滤法是以气压代替淋洗液使土壤溶液排出土体。该方法采集的土壤溶液浓度依次大于张力测渗计（Tension Lysimeter）和无压测渗计（Lawrence & David, 1996）。BÊttcher 等（1997）采用一种新型的高压压滤装置（最大压力可达 1100 kg cm^{-2}），可从含水量大于 15%的土壤中采集足量的土壤间隙水。该方法的采样精度可达厘米级，但缺点是压滤和清洗过程费时，每个样品约需 1 h（BÊttcher *et al.*, 1997）。提取法是将土壤样品按一定比例与水或稀的盐溶液混合振荡，通过过滤、离心或透析将水土分离后测定溶液中的离子浓度，它适于研究土壤平衡过程（如离子交换、溶解沉淀等）。

由于能够进行连续采样，非破坏性采样方法适于进行土壤长期定位研究，例如，测定植物生长期间土壤溶液的动态变化等。无压测渗计通常是利用一个塑料制成的圆柱体，钻孔的底板上覆有尼龙网，底板下的漏斗通过管道与采样瓶相连。将采集的完整土芯按层放入圆柱中，再小心地将土柱放回土壤原来的位置。无压测渗计收集在重力作用下（往往通过大孔隙）沿土体向下运动的土壤水分（即重力水），可用来估算溶质通量（Giesler *et al.*, 1996），适于进行生态系统输入输出平衡的研究（Marques *et al.*, 1996）。安装无压测渗计时往往需要挖坑、开槽，加上表面积较大，因此安装时对土壤的扰动也较大。常导致测渗计内部土壤的含水率增加，滞留时间延长。这些异常变化会影响溶质组成。例如，导致碱基离子在测渗计中积累、过高估计硝酸盐的淋溶损失等（Giesler *et al.*, 1996）。此外，无压测渗计还易受侧壁优势流的影响，因此不适用于淋溶研究。

基于负压原理的吸杯法是美国环境保护署规定的表征危险废物点的标准方法，并得到广泛应用（Brandi-Dohrn *et al.*, 1996）。吸杯法的采样系统通常由三部分组成：多孔材料制成的吸杯、采样瓶和抽气容器。最常见的是多孔陶瓷吸杯，此外也有人造刚玉、烧结玻璃、尼龙、聚氯乙烯、聚偏二氟乙烯和聚四氟乙烯、不锈钢等材料制成的。吸杯的采样系统有不同的类型，但其工作原理基本相同。采样时对系统施加一定的负压（通常-50 kPa），当吸杯内的毛管压力小于土壤毛管压力时，土壤中的水分就被吸入吸杯，直到两者相等为止（Grossmann & Udluft, 1991）。有些材料（如烧结玻璃和聚四氟乙烯）制成的吸杯由于起泡点压力低而不适用于非饱和土壤。与无压测渗计不同的是，吸杯既可采集重力水也可采集部分毛管水。由于重力水和毛管水在土壤中的滞留时间不同，其化学组成也不相同。通常认为，这是吸杯和无压测渗计采集的土壤溶液浓度不同的一个重要原因（Marques *et al.*, 1996）。

总的来说，吸杯型采样器易受吸附效应、溶出效应、过滤效应和排气效应的影响（Litaor, 1988; Grossmann & Udluft, 1991）。因此，使用时应采取有效措施加以避免。例如，为降低陶瓷吸附效应的影响，一般建议在采集前一年安装采样器以让采样器的表面和周围的土壤达到平衡。此外，还可采用比表面小、电荷密度低的材料（如各种塑料）来取代陶瓷和人造刚玉。大量研究发现，用吸杯采集土壤溶液（尤其在非饱和带）还存在很多问题：① 无论恒负压还是递减负压都会使吸杯附近土壤水的流场发生变形。因此，采集的样品不能完全代表田间实际的运移过程。② 吸杯型采样器的取样半径变幅较宽（10~100 cm），大小取决于土壤毛管压力、吸杯的直径、施加的负压、土壤孔径分布、安装深度以及潜水面的埋深等（Grossmann & Udluft, 1991; Hart & Lowery, 1997）。由于采样器的取样范围不能准确测定，因而无法计算溶质通量。③ 某些吸杯（如陶瓷和尼龙吸杯）死体积所占比例较高，不能快速响应土壤溶液浓度的变化。④ 当土壤水势低于-40 kPa时，吸杯无法采集土壤溶液。⑤ 采样器优先从大孔隙中采样而带来误差。⑥ 当采样时间较长时，采样系统中的微生物过程也可能会导致样品（如 H^+、氨、硝酸盐和有机质）发生变化。

近年来，随着一些微型土壤溶液采样器的出现和微量分析技术的应用，使得一些对采样精度要求较高的研究（如根系分泌物、土壤优势流、土壤溶质运移等）得以深入开展。毛细管电泳是一种较新的微量分析技术。它的检测限和线性范围可与离子色谱相媲美，但样品消耗量更低（每次进样量仅需 5~10 nL）、分离速度更快、效率更高。除无机和有机离子以外，毛细管电泳（CE）还能分析缩氨酸、碳水化合物等大分子有机物。Wiltshire 等（1995）采用外径仅为 1 mm 的微型抽气式采样器采集微量的土壤溶液，用毛细管电泳进行分析得到高精度的原位土壤离子浓度分布图。

根际土壤溶液采样器是利用负压原理的微型土

壤溶液采样器。它主要由多孔聚酯管、PVC 管和螺旋形外凸式连接器组成(吴龙华和骆永明, 1999)。该装置的优点是:管径小,抽气部分的长度可变,最大限度减少安装时对土壤的扰动;体积小(<0.1 mL),吸附解吸效应小,能快速响应土壤溶液浓度的变化;测定的时空分辨率高,特别适用于动态研究溶质运移过程、根系分泌物、有机质矿化及其他能引起土壤溶液化学短期变化的土壤过程。在传统设计的基础上增加了不锈钢头和管道系统以保护膜免受机械损伤,同时增加了自身强度,利于垂向安装。由于微型土壤溶液采样器孔径小(0.1 μm),因而对大的可溶性有机物(DOM)颗粒以及金属络合物存在过滤效应(Spangenberg *et al.*, 1997)。

Ugo 等(1999)在研究土壤 NO_3^- 的示踪穿透曲线时采用了一种即时连续采样、分析系统。该系统主要由小型不锈钢管采样器、聚乙烯管、流动池、UV 检测器、蠕动泵、万用表及计算机组成。在蠕动泵的驱动下,进入不锈钢管采样器的土壤溶液沿聚乙烯管流入流动池,再由 UV 检测器测定溶液吸光度,并将信号通过万用表传输到计算机中进行同步分析。与传统方法相比,该系统得到的 NO_3^-示踪曲线精度大大提高。通过对溶质运移参数的比较发现,小型不锈钢管采样器即使在采样速率较大的情况下也没有影响水柱中的溶质运移。该系统的不足之处在于:当土壤水分饱和度小于 80%时,小型不锈钢管采样器采样较为困难(Chendorain & Ghodrati, 1999)。

当土壤水势低于-40 kPa 时,吸杯无法采集土壤溶液。Moutonnet 等(1993)设计了一种利用被动扩散原理收集土壤溶液的 Tensionic 陶瓷杯采样器。该采样器的陶瓷杯内盛有已脱气的去离子水,经过约 6~10 d 平衡期,土壤溶液与陶瓷杯内的溶液达到平衡(Moutonnet *et al.*, 1993)。该种采样器的优点是:① 土壤水势为-60 kPa 时仍能采集到土壤溶液。② 可同时测定采样点的土壤水势。③ 即使陶瓷吸附某些离子,平衡时陶瓷杯中的离子组成也与土壤溶液相同。④ 只要对毛细管施加负压,Tensionic 装置也可利用负压原理采集土壤溶液(Moutonnet & Fardeau, 1997)。

Ugo 等(1999)在研究沼泽地不同形态的 S、Zn、Cd、Cu 和 Pb 浓度的垂直分布时采用了一种可原位分层次采样的间隙水采样器。该采样装置由 8 个彼此独立的长方形小室连接而成,每个小室的前后壁都覆有 0.45 μm 微孔滤膜和尼龙网,侧壁与硅树脂管相通可用注射器采集间隙水,并证明该采样器所得结果与经典的压滤法所得结果有很好的相关性(Ugo *et al.*, 1999)。Brandi-Dohrn 等(1996)发明了一种利用毛细现象采集土壤溶液的玻璃纤维芯采样器,该采样器采样效率可达 66%~80%,而无压测渗计仅为 45%~58%。与土壤相比,玻璃纤维芯本身对溶质运移时间和弥散的影响可忽略不计(Knutson & Selker, 1996)。该采样器的缺点是:安装对土壤的扰动在第一年非常明显,并可能高估地下水排放量。

随着新技术、新材料的应用,新型土壤溶液采样技术不断涌现。例如,能同时测定土壤张力和采集土壤溶液的复合型探头(Baumgartner *et al.*, 1994)。此外,时域反射仪的应用已使野外土壤水分和溶质分布的快速、连续、多点自动化监测成为可能(Wraith & Das, 1998)。迄今为止,没有一种普遍适用的采样方法。用不同方法采集的土壤溶液由于采样装置、采样原理、采样点的水文地质条件等因素不同而无法比较(Marques *et al.*, 1996)。由于不同方法所得的土壤溶液组成不同,可能会得出不同的结论,因此,采样方法的选择就尤为重要。选择采样方法时,应当综合考虑研究目的、精度要求、研究对象的特征(如土壤水文地质状况、土壤变异性)、经济等因素。由于土壤是一个非均质体系,其物理、化学性质都存在时空变异,这一点无论采用何种采样方法都必须加以考虑。实验设计时需用地统计方法确定土壤的变异程度、确定采样点的数量及分布,并用统计方法对数据进行合理的评估。

吸压式土壤溶液取样器(图 11.8)用于田间原位提取土壤不同层次溶液,广泛用于农业生产和科研。对环境污染监测、地下水利用等领域,均具有重要意义。传统的负压渗透法原理是在不同土壤层面提取并收集土壤溶液供研究者进行分析。传统的土壤溶液采样设备主要以多孔陶瓷采样器为主,但是这些仪器采集的样品容易被陶瓷采样器本身污染,且采样器维护烦琐。PRENART 土壤溶液取样器采用独特制造工艺,将聚四氟乙烯和石英粉或不锈钢粉按特殊比例混合制成,该采样器可与土壤毛细管紧密吸附而不会污染土壤溶液,而且质地坚硬,省去了维护的麻烦,并继承了陶瓷采样器多孔和导水率大的优点,适合不同土壤深度和不同土壤类型的土壤溶液取样使用。

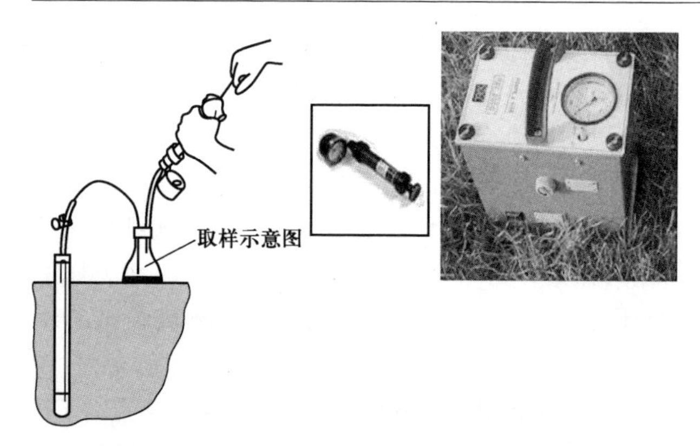

图 11.8　吸压式与负压式抽取土壤溶液方法

11.3.4　树干液流观测技术

植物生长所需养分和水分大部分由根系吸收，吸收的水分和无机养分通过皮层进入木质部运输到地上部的叶片，最后经气孔散失到大气中。植物地上部可以通过叶片从空气和水中摄取碳、氮、氧。这样植物液流通过地上的植被冠层和地下的根系冠层形成了在植被-大气和根系-土壤界面上调控碳-氮-水耦合循环的整体。植物为了自身的新陈代谢须从土壤中获取水分和养分，并通过根系吸水和冠层蒸腾失水之间的动态变化来维持自身水分平衡。SPAC 系统中的水分传输可通过一系列液相和气相阻抗来描述，植物通过对气相阻抗的气孔调节，在蒸腾失水和从土壤到叶片的有效供水之间保持平衡。因此植物气孔行为控制的光合-蒸腾作用生物物理过程对碳-氮-水循环有着重要的关联作用。气孔对水分利用的调节，分为长期和短期。长期调节是指在几天或更长的时间内，植物通过改变叶片光合能力、叶面积和光合产物在根系间的分配，而对水分利用的调节。短期调节是指在一天或更短的时间内，通过叶片运动、气孔导度变化等的调节。气孔调节最优化理论指出，植物在漫长的进化过程中尽可能地实现对水分利用的最优化。

植物气孔在调节植物水分关系中所起作用就像压力调节器，通过减小气孔开度方式来控制从而限制植物水势的变化。通常，植物通过被动和主动的方式调控气孔开度大小。在干燥空气中，保卫细胞内的水分蒸发过快，而根系吸水难以补充其水分的消耗时，保卫细胞就会关闭。当整个叶片缺水时，保卫细胞可以通过其代谢过程减少细胞内的溶质来提高细胞水势，水分离开保卫细胞而促使气孔关闭。受长时间的环境胁迫影响，为了维持植物赖以生存的水分和养分环境，维持一定的根生长，以保证持续的水分供应，通过减少叶片的生长和关闭部分气孔来减少植物体内水分的快速消耗达到自我调节的目的。

植物叶片中，一半以上的氮分布在光合机构中，因此，光合作用受到氮有效性的强烈影响。在叶片水平上，植物叶片的光合能力和暗呼吸与叶氮含量相关。因此，植物的碳、氮代谢是密切联系、不可分割的一个整体，而叶片尺度上的碳-水耦合作用是更大尺度上碳-水耦合的基础。气孔对光合-蒸腾过程的共同调控作用和气孔调节最优化机制是陆地生态系统碳-水耦合机制的生物物理学基础。

（1）树干液流的观测原理与方法

林木叶片蒸腾耗水占整个树木耗水量的 90%以上，树干边材液流量的 99.8%用于叶片蒸腾耗水，因此，可用木质部边材液流量直接反映树木的耗水性。热技术正是基于这样的理论基础，在树木自然生长状态下，测量树干木质部上升液流流动速率及流量，从而间接确定树冠蒸腾耗水环境条件、树种、树冠结构及根系特性的影响，方法简单，可定量测定整株树木的蒸腾耗水量；测量可在野外进行，同株树不同方位、不同高度、不同深度也可重复测定，而且不干扰树木的正常生长发育。

树干液流检测技术包括热脉冲、热扩散和热平衡等，是根据热电转换和能量平衡来测定树干边材液流密度，通过被测部位的边材横断面积求得单木的液流通量，结合林分群体的边材分布模型，可以进一步求得林分的蒸腾耗水量。如果与大气和土壤因子同时观测，便可实现多种环境因子与树木边材液流速率的同步监测，从而掌握土壤-树木-大气连续体水分传输的动态变化规律，并揭示树木边材液流运移的规律、动力与影响因子（刘奉觉等，1997；孙慧珍等，2004）。

热脉冲液流检测仪是基于热量守恒而设计的测定边材液流的第一代仪器，利用补偿原理和脉冲滞后效应，在树干木质部边材位置安装热脉冲发生器，定时发出热脉冲以间歇加热树液，在热源上方（或上方和下方）一定距离处安装热敏探测器，测量热脉冲到达时间，由此计算边材液流速率。该测定系统由德国植物生理学家 Huber 设计，后经 Marshall 等逐渐完善，形成了较为完备的树木边材液流检测理论与技术（Edwards & Becker，1996）。但在使用该方法进行实际测量时，操作误差会对测量精度产生较大影响，而且操作困难，使用不便。利用这种方法对部分树种的边材液流及蒸腾耗水特性进行研究，已取得了较好的效果（刘奉觉等，1997；夏桂敏等，2006；Olbrich，1991；Steven *et al.*，1998），但在低树干液流时，热脉冲技术不准确（Lassoie *et al.*，1977；Swanson & Whitfeld，1981；）。

热扩散法是利用热扩散边材液流探针测定树干边材液流速率的方法，又称热扩散探针法，是Granier在热脉冲法的基础上进行改进的一种测定树干木质部边材液流的新方法。其原理是利用插入树干边材中的内置有热电偶的一对探针检测热耗散，同时通过检测热电偶之间的温差，计算液流携带的热量，建立温差与液流速率的关系，运用树干液流密度与最大温差和瞬时温差的标定方程来确定液流速率（Granier *et al.*，1994）。与热脉冲方法相比，热扩散探针法最大的优点是线测量，即测量结果为沿探针长度上的平均值；而热脉冲法是点测量，即测量的是某一个点的值；同时，热扩散探针（TDP）也实现了连续放热和连续或任意时间间隔液流速率的自动化监测（王华田和马履一，2002）。该法系统误差小、操作简便、液流量计算方便、费用较低；基于以上优点，热扩散法逐渐被广泛应用于树木耗水的研究中，国内外许多研究者利用该法对不同生境下不同树种的树干液流在水分传输格局、影响因素及尺度扩展等方面进行了系统研究。

组织热平衡法的测定原理也是热平衡法，这种仪器的探头为包裹式，是用一个加热套裹在植物茎或枝条表面连续加热，茎表面的温度通过几对安装在周围的温度传感器来感应，由输出的温差来计算液流速率。该法经常用来测定直径较小的植物或器官如小枝、苗木、灌木、草本和农作物的液流速率（刘德林和刘贤赵，2006；Steinberg *et al.*，1989）。其中，又有茎部热平衡法（Wiltshire *et al.*，1995）和树干热平衡法（Kucera *et al.*，1977）之分。热脉冲法、热扩散探针法、组织热平衡法在原理上都属于热平衡法，都是树干边材液流检测的间接测定方法，它们将植物生理学与物理学结合，降低了蒸腾量测定的系统误差，受外界环境因子影响较小，更准确地反映了树干边材液流和林木的蒸腾耗水量，开辟了树木蒸腾耗水研究的新思路。但不同方法对测定对象有一定要求，如组织热平衡法常用于草本或直径较小的树木或小枝液流测定，热脉冲法和热扩散探针法则不适用于草本植物的蒸腾作用研究，且热脉冲法在树干液流密度较小时误差较大。

（2）树干不同方位液流变异

树干不同方位液流速率的差异也普遍存在。不同方位树干液流变异一般解释为边材厚度在树干不同方位的分布（Cermák *et al.*，2004），树干不同高度的测量（Kostner *et al.*，1998），树干不同方位的受光（Granier，1987），或土壤结构的异质性影响（Nadezhdina *et al.*，2007），它可能影响根系在土壤的分布。但也有大量研究表明，树干液流在不同方位差异不大（Cohen & Naor，2002；Nadezhdina *et al.*，2007）。对于直径较大个体而言，为了精确估计整树液流，适当增加不同方位的测量点是必要的（Cermák *et al.*，2004）。

（3）单木树干液流上推林分蒸腾

通常根据样木液流和所选择的生物学参数或者称为尺度转换因子之间的关系（一般为回归关系）来估计林分蒸腾，这些参数通常可以在代表林分范围的样木上直接测量。目前普遍采用的参数包括直径、边材面积、树干基面积、物种、冠层位置、光照叶面积和边材密度等，而这些参数的应用要根据林分特征进行选择。样木的选择需要根据树种、年龄、健康状况、林分特征和所应用的生物学参数来确定，样树的大小范围应该包括试验林分的实际范围。当树体的大小差异较大，尤其是有很小的个体时（如苗木和较大的树木），具有代表性的样树大小的选择可能产生问题，这种情况下可以用分位数统计法选择样木（Cermák *et al.*，2004）。在均一的林分中（例如大小变化有限的老龄林中）可以采用简单比例法（根据样树和林分的某一个生物学参数的比例来扩大生理数据）。如果可能的话避免利用简单比例法，利用与其相似的在森林调查中普遍采用的径阶方法估计结果更准确（Cermák *et al.*，2004 ）。运用液流技术已经可以对树木液流在树干径向、树干不同方位的空间变异性以及个体之间的变异性进行准确的测定，因此估算林分蒸腾方面的技术方法得以广泛应用，且发展的相当成熟，被广泛运用到与林分尺度上相关的研究中（Lu *et al.*，2004），它为研究植被响应环境变化的机理提供了便利。

树干液流量计算：

$$C=\frac{1}{M}\sum_{i=1}^{n}\frac{C_n}{K_n}M_n \tag{11.26}$$

式中:C 为树干液流量(mm); M 为单位面积上的树木株数(株·m^{-2}); C_n 为每一径级的树干液流量(mm);K_n 为每一径阶的树冠平均投影面积(m^2);n 为各径阶数(阶);M_n 为每一径阶树木的株数(株)。

11.4　生态系统水-陆界面通量观测技术

11.4.1　水-陆界面 C、N、H_2O 输移过程及原理

陆地生态系统 C、N、H_2O 循环之间具有相互依赖、互相耦合的关系,生态系统间的物质和能量交换是驱动陆地生态系统 C、N、H_2O 交换和碳源/汇功能变化的关键过程(于贵瑞等, 2013;Gao *et al.*, 2013;)(图 11.9)。陆地生态系统在水-土界面对 C、N 的吸收、迁移转化是以水为介质,通过根冠结构和根系吸收功能改变和调控土壤 C、N 形态与过程,进而影响 C、N 生物地球化学循环(Gao *et al.*, 2014)。水文过程通过激发 C、N 在剖面、坡地以及流域间的物理和化学过程交换,一定程度上控制着陆地与水生生态系统的 C、N 生物地球化学循环。

坡地径流和溶质输出是水-陆界面养分输移的一个重要过程,也是水土流失与其养分流失过程的耦合机制之一。水-陆界面的土壤水文和溶质迁移过程是当前土壤学和环境学研究的热点问题。陆地生态系统在降雨和径流冲刷作用下,水-陆界面的养分主要通过地表径流和壤中流两种途径进入水体,从而引起陆地生态系统土壤养分流失和水体污染。水陆界面在降雨作用下的水文过程包括地表径流、壤中流和地下径流,主要受降水、气温、地形、地质、土壤、植被和人类活动等影响(李金中等, 1999; 吴发启等, 2003; 徐佩等, 2006; 汪涛等, 2008; 何晓玲, 2013)。地表径流的形成是坡面供水与下渗的矛盾产物,反映了下垫面、土壤、气候和其他一些综合水文特征。壤中流是水分在土壤内的运动,包括土壤水分的垂直下渗和水平侧流。地下径流指渗入地下成为地下水,并以泉水或渗透水的形式泄入河道的那部分降水,国际上一般将壤中流与地下径流统称为基流。因此,对水-陆界面 C、N、H_2O 输移过程的观测主要从小区尺度壤中流溶质运移推广到流域尺度径流和溶质迁移监测。

11.4.2　土壤壤中流监测技术

壤中流是指水分在土壤内的运动,包括水分在土壤内的垂直下渗和水平侧流。对任何一场降雨,至少有一部分甚至全部水分将沿着土壤内的孔隙入渗到土壤内部形成土壤水,土壤水在土壤内的流动形成壤中流。壤中流的正常作用,首先是在流域面上建立土壤水分的分布。其次是壤中流的侧向流直接形成流域的洪水过程和枯季流量。它与地表径流、地下径流一起构成流域的径流过程,在某些情况下,壤中流甚至可以形成洪水的洪峰。再次是壤中流通过改变土壤内的水分含量,从而影响到地表径流和地下径流的形成与变化。土壤内的水分是植物赖以生存的主要条件,同时也是工程建设中应该考虑的重要因素之一。此外,壤中流作为水分在土壤中再分配与水分循环的一个重要环节,对整个流域径流产生及洪水预报、流域水文循环的计算都具有相当重要。

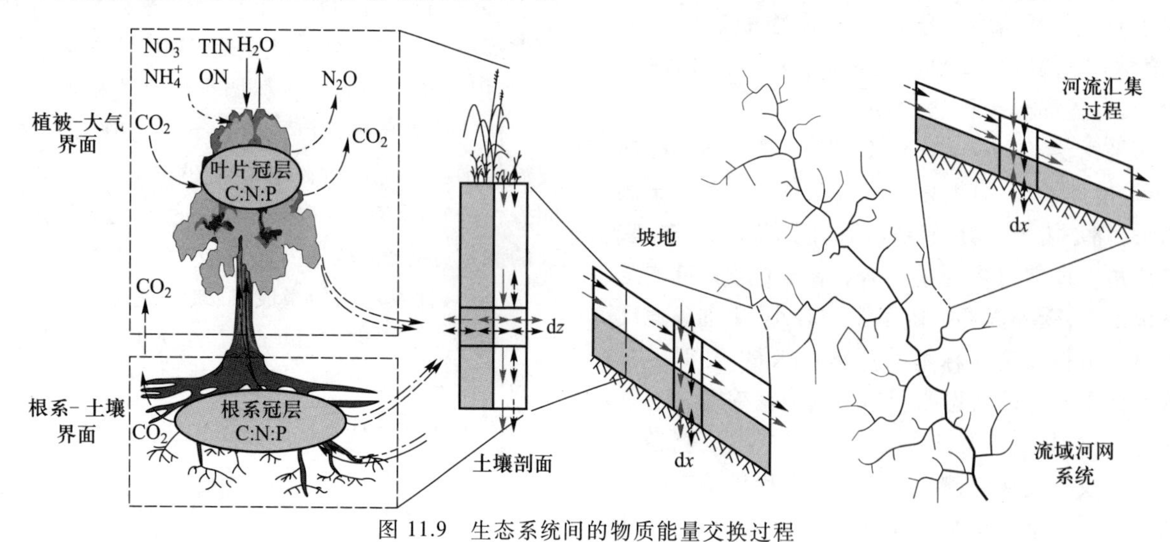

图 11.9　生态系统间的物质能量交换过程

根据产流特征,可将壤中流分为渗流和优先流(管流、指流、漏斗流,其中管流又称为大孔隙流)(张洪江等, 2005)。张洪江等(2005)认为,管流水分通量远大于渗流的水分通量,它对提高壤中流流量和水分通量具有促进作用; 且在不同降雨过程中,管流对壤中流的作用也存在差异,即降雨量越多,降雨强度越大,管流的特性表现越明显,对壤中流的贡献也越大。壤中流是坡地径流的重要组成部分,对流域径流产生、养分流失等都有重要的影响。流域范围内的壤中流受地形、土层厚度、土地利用等多种因素的影响,国内外学者对壤中流的产生机制(Hewlett & Hibberta, 1965)、优先路径(张洪江等, 2004; Uchida *et al.*, 2005)、临界性和非线性(Tromp-van Meerveld & Mcdonnell, 2006)以及壤中流的影响因子(Kienzler & Naef, 2008)进行了广泛的研究。

目前,关于土壤壤中流的观测方法主要是利用人工模拟小区或者原位小区的方法,通过小区下方均开挖断面,坡脚修建地表径流集流槽收集地表径流和泥沙,坡断面沿岩土界面修筑沟槽收集壤中流(每隔 1 m 安装 1 根壤中流引流水管,共 5 根引流水管),同时在坡断面最底端收集表层岩溶带侧渗水。在小区的坡上、坡下两个位置安装土壤水分传感器和土壤水势传感器,用于监测土壤剖面含水量和水势动态变化,每个位置监测 2 个土层深度土壤含水量和土壤水势(表层 0~20 cm、岩石土壤界面处),同时分上、中、下坡位安装水位计监测坡面水位动态变化。利用翻斗式自记流量计,用于模拟降雨和自然降雨过程中的地表径流、壤中流、表层岩溶带侧渗的监测(Gao *et al.*, 2014)。对于野外大尺度坡地的壤中流观测,主要通过对观测坡地的两侧插入事先做好的带尼龙网的铁架(高 0.6~1 m),两端固定于隔水墙上,让壤中流滤过尼龙网流到槽内,在槽底中部埋设置导水铁管用以引水到收集池中,此即为 20~60 cm 土层(非耕作层)壤中流收集设施。再在铁架网内侧除去 0~20 cm 的土,又做成 0.2 m 宽的槽,沿该槽底面水平插入预先做好的“L”型铁板,然后,沿该槽内边放上事先做好的带尼龙网的铁架(高 0.2 m),同样固定于两侧隔水墙上,用导水管收集 0~20 cm 土层(耕作层)壤中流。最后于两槽上边盖上铁皮以引出表面径流到地面径流收集系统,铁皮于小区左右两端隔水墙接口处用水泥封好,以准确测量表面径流和壤中流(图 11.10)。

原位小区定量控制实验方法是先在研究区域内选取一块面积不大又有代表性的典型径流小区,在径流小区内同步监测降雨径流的水量和水质。采用这种方法,工作量不多,花费较少,因而在我国得到广泛应用。但是,工作中典型小区较难确定,仅以小

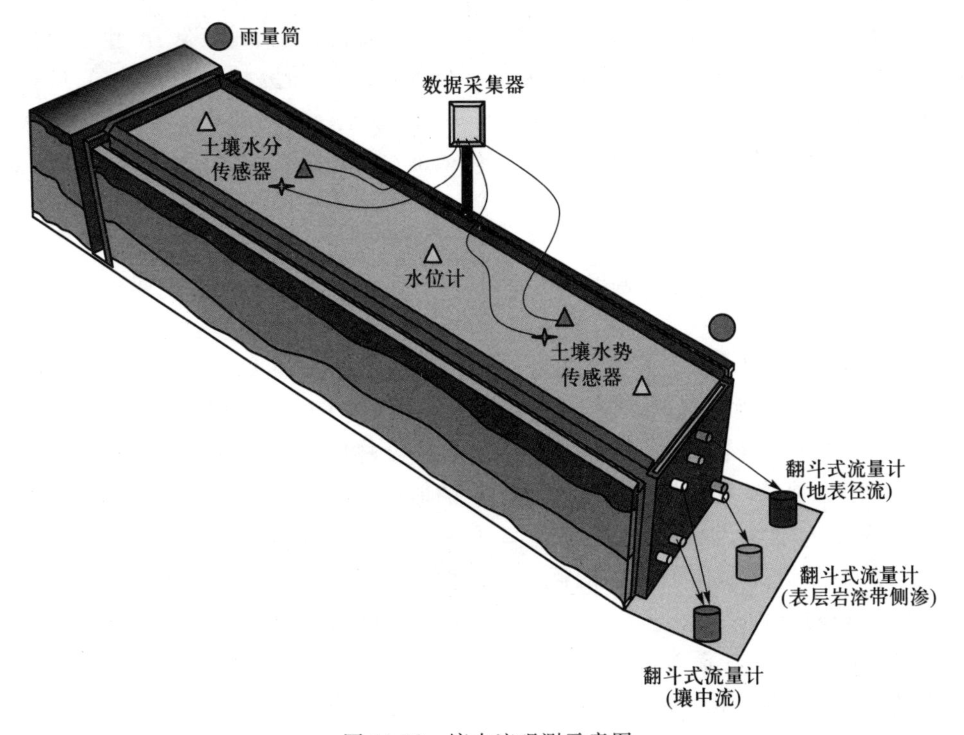

图 11.10 壤中流观测示意图

区研究代替大区域,显然会带来极大的不确定性。

11.4.3　小流域观测原理与技术

关于小流域的监测近年开展工作较多,流域的监测尺度从 0.5～100 km^2不等,不同监测尺度估算的流域物质迁移及输出有较大差异,大者可达 1 个数量级差异。由于不同的监测尺度涉及不同的流域产汇流过程以及伴随的渗滤、吸附等机制,虽然这些研究因区域不同,缺乏可比性,但不能否认这些差异与监测尺度有关。

目前,国外已经开展了大量的流域暴雨事件实测研究,并设立小流域连续监测站点,估算暴雨溶质的平均浓度的区域代表性实测参数。由于农业小流域氮素输出过程与流域下垫面状况、降雨过程和人为活动等因素密切相关,具有较大的滞后性、模糊性、潜伏性、随机性和时间差异性(李燕和李恒鹏,2008),对农业小流域输出过程的监测一直以来都是生态水文学研究和流域环境监测的难点(Kovács *et al.*, 2012)。一些研究者在选取氮素监测采样频率的时候比较随意,而且常常没有统计学依据(Strobl & Robillard,2008)。而另一些研究者试图找到一个合适的监测采样频率来建立一个能广泛适用的水质监测程序,但由于研究条件不同,往往得到不同的结果。如 Kronvang 和 Bruhn(1996)对丹麦两个小流域的研究发现,每 2 周 1 次的采样频率对于总氮、总磷、颗粒态磷和可溶性磷的监测来说比较合适。而 Coynel 等(2004)的研究指出,在 20%的误差范围内,对于大的流域来说,悬浮颗粒物的监测频率最少需要每 3 天 1 次;对于小流域来说,采样频率最少为每 7 小时 1 次。要解决这一问题,通常的办法就是提高采样频率,采样频率越高,流域营养元素输出的动态过程反映越清晰,但工作量也会剧增;如果采样次数太少,监测过程就不能正确反映水体中元素的输出过程,达不到准确获取元素输出过程信息的目的(Brauer *et al.*, 2009)。因而选择一个合适的采样频率至关重要,即选取最小的采样频率获取最具代表性的资料,来全面、真实、客观地反映流域氮素输出过程。同时,对于农业小流域氮素过程的监测还必须考虑当地的实际情况和监测成本的问题(Valiela & Whitfield,1989)。

在农业小流域,由于降雨-径流过程和农事管理活动影响会使得径流过程曲线和元素浓度剧烈波动,造成河道中氮素浓度和化学组成具有较高的变异性,这给制定流域营养元素输出监测频率带来困难。对流域不同形态氮素采样频率的计算结果表明,变异系数越大,在允许的误差范围内需要监测的频率越高。NH_4^+-N 和颗粒态氮(PN)的变异系数较大,高达 39.82%和 43.7%,按照平均值误差的 20%控制,它们在 10 d 内的采样频率要分别达到 18 次和 20 次才能满足要求,采样频率显著高于 NO_3^--N、溶解态氮(DN)和总氮(TN),分别为 10 次、8 次和 7 次(变异系数分别为 27.47%、23.52%和 21.03%)。NH_4^+-N 的化学不稳定性可能是导致其浓度变异系数偏高的主要原因,而 PN 则受河道径流及河床状况影响剧烈(冯小香等, 2006)。在实际工作中,可以根据具体的监测项目选择合适的采样频率。对于监测项目的变异系数较大的情况,如果考虑工作量和经济成本等问题,也可以根据具体情况适当放宽误差精度。不过,当变异系数接近或等于 1 的时候,说明该物质含量分布随时间变化不均匀,此时其分布属于泊松分布,再用上述方法计算采样频率就不合适了,这也是该方法的局限性之一。当然,在实际工作中,这种情况发生的可能性比较小,该统计方法对于环境水质监测,特别是农业非点源污染水质监测采样频率的制定是比较可靠的。

11.4.4　大流域观测原理与技术

大流域尺度的 C、N、H_2O 观测通过对集水区和嵌套流域降水量、径流量、产沙量、地下水等野外系统观测,分析研究植被分布格局、造林和采伐、土地利用、水土保持措施等因素对径流过程的影响,确定地下水动态变化因素,为揭示流域尺度内生态系统对集水区和径流的调蓄作用及理解流域的水文过程机理和累积效应提供科学依据。

大流域的观测内容主要包括:降雨量、水位、流量、径流总量、径流模数、径流深度、径流系数、泥沙量、水量、水温等。集水区的设置条件要求包括以下 4 个方面:① 设置的集水区植被、土壤、气候、立地因素及环境等自然条件应具有代表性。② 集水区的地形外貌和基岩要能完整地闭合,分水线明显,地表分水线和地下分水线一致。集水区的出水口收容性要尽量狭窄。③ 集水区域的基地不透水,不宜选取地质断层带上、岩层破碎或有溶洞的地方。④ 集水区面积大小视其集水区内各项因子的可控性,面积不宜太小或太大,不失去其代表性,一般为数公顷至数平方公里。

设置配对集水区时，要求选择的两个集水区地理位置相邻，面积、形态、地质地貌、气候、土壤和植被等自然条件相似，并且两个集水区的面积大小要基本接近。设置嵌套式流域时，要充分根据自然界地形地貌的不同层次结构，也就是选择大流域包含小流域，小流域内包含更小的集水区。从而满足研究水文过程尺度转换的需要。

参考文献

陈能汪，洪华生，肖健等. 2006. 九龙江流域大气氮干沉降. 生态学报，26(8)：2602～2607

程淑兰，方华军. 2007. 氮输入对森林土壤有机碳截存与损耗过程的影响. 水土保持学报，21(4)：112～117

程淑兰，方华军，于贵瑞等. 2012. 森林土壤甲烷吸收的主控因子及其对增氮的响应研究进展. 生态学报，32(15)：4914～4923

崔键. 2011. 典型红壤农田区大气氮沉降通量研究. 博士研究生学位论文. 南京师范大学

樊建凌，胡正义，王体健等. 2009. 阔叶林地大气氮化物干沉降速率动态变化研究. 中国环境科学，29(6)：574～577

樊建凌，胡正义，庄舜尧等. 2007. 林地大气氮沉降的观测研究. 中国环境科学，27(1)：7～9

方华军，程淑兰，于贵瑞等. 2014. 大气氮沉降对森林土壤甲烷吸收和氧化亚氮排放的影响及其微生物学机制. 生态学报，34(17)：4799～4806

方华军，程淑兰，于贵瑞等. 2015. 森林土壤氧化亚氮排放对大气氮沉降增加的非线性响应研究进展. 土壤学报，52(2)：262～271

冯小香，张小峰，崔占峰.2006. 垂向二维非恒定流及悬浮物分布模型研究. 水科学进展，17(4)：518～524

何晓玲，郑子成，李廷轩 2013. 不同耕作方式对紫色土侵蚀及磷素流失的影响.中国农业科学，46(12)：2492～2500

李金中，裴铁璠，牛丽华等. 1999. 森林流域坡地壤中流模型与模拟研究. 林业科学，35(4)：2～8

李欠欠，汤利. 2010. 大气氮沉降的研究进展. 云南农业大学学报(自然科学版)，25(6)：889～894

李燕，李恒鹏. 2008. 太湖上游流域下垫面因素对面源污染物输出强度的影响. 环境科学，29(5)：1321～1324

刘德林，刘贤赵. 2006. GREENSPAN 茎流法对玉米蒸腾规律的研究. 水土保持研究，13(2)：134～137

刘奉觉，郑世锴，巨关升等. 1997. 树木蒸腾耗水测算技术的比较研究. 林业科学，33(2)：117～126

龙华. 1998. 植物的水势. 生物学通报，33(3)：18～19

骆亦其，周旭辉. 2005. 土壤呼吸与环境. 北京：高等教育出版社

毛节泰，胡新章. 1996. 我国南昌地区若干污染物干沉降速度的测量. 气象科技，2(1)：36～41

沈健林，刘学军，张福锁. 2008. 北京近郊农田大气 NH_3 与 NO_2 干沉降研究. 土壤学报，45(1)：165～169

盛文萍，于贵瑞，方华军等. 2010. 大气氮沉降通量观测方法. 生态学杂志，29(8)：1671～1678

宋静，骆永明，赵其国. 2000. 土壤溶液采样技术进展. 土壤，32(2)：102～106

孙慧珍，周晓峰，康绍忠. 2004. 应用热技术研究树干液流进展. 应用生态学报，15(6)：1074～1078

田勇志，刘建国，张玉钧等. 2012. 可调谐半导体激光吸收光谱监测农田气体通量特性研究. 光谱学与光谱分析，32(4)：1072～1076

汪涛，朱波，罗专溪等. 2008. 紫色土坡耕地径流特征实验研究. 水土保持学报，22(6)：30～34

王华田，马履一. 2002. 利用热扩式边材液流探针（TDP）测定树木整株蒸腾耗水量的研究.植物生态学报，24(6)：661～667

王体健，李宗恺. 1994. 一种污染物的区域干沉积速度分布的计算方法. 南京大学学报：自然科学版，30(4)：745～752

吴楚，王政权，范志强等. 2004. 氮胁迫对水曲柳幼苗养分吸收、利用和生物量分配的影响. 应用生态学报，15(11)：2034～2038

吴发启，赵西宁，余雕. 2003. 坡耕地土壤水分入渗影响因素分析. 水土保持通报，23(1)：16～22

吴龙华，骆永明. 1999. 根际土壤溶液取样器介绍一种新型原位土壤溶液采集装置. 土壤，31(1)：54～56

夏桂敏，康绍忠，李王成等. 2006. 甘肃石羊河流域干旱荒漠区柠条树干液流的日季变化. 生态学报，26(4)：1186～1193

谢迎新，张淑利，冯伟等. 2010. 大气氮素沉降研究进展. 中国生态农业学报，18(4)：897～904

徐佩，王玉宽，傅斌等. 2006. 紫色土坡耕地壤中产流特征及分析. 水土保持通报，26(6)：14～18

于贵瑞，高扬，王秋凤等. 2013. 陆地生态系统碳-氮-水循环的关键耦合过程及其生物调控机制探讨. 中国生态农业学报，21(1)：1～13

袁凤辉，关德新，吴家兵等. 2009. 箱式气体交换观测系统及其在植物生态系统气体交换研究中的应用. 应用生态学报，20(6)：1495～1504

张洪江，程金花，史玉虎等. 2004. 三峡库区花岗岩林地坡面优先流对降雨的响应.北京林业大学学报，26(5)：6～91

张洪江，何凡，史玉虎等. 2005. 长江三峡花岗岩坡面管流在壤中流中的作用. 中国水土保持科学，3(1)：38～42

张伟，刘学军，胡玉昆等. 2011. 乌鲁木齐市区大气氮素干沉降的输入性分析. 干旱区研究，28(4)：710～716

张艳，王体健，胡正义等. 2004. 典型大气污染物在不同下垫面上干沉积速率的动态变化及空间分布. 气候与环境研究，9(4)：591～604

朱永官. 2003. 土壤-植物系统中的微界面过程及其生态环境效应. 环境科学学报，23(2)：205～210

Arango M, Gevaudant F, Oufattole M, *et al*. 2003. The plasma membrane proton pump atpase: the significance of gene subfamilies. *Planta*, 216: 355～365

Baumgartner N, Parkin G W, Elrick D E. 1994. Soil water content and potential measured by hollow time domain refletometry probe. *Soil Science Society of America Journal*, 58: 315～318

Begg C B M, Kirk G J D, Mackenzie A F, *et al*. 1994. Root-induced iron oxidation and pH changes in the lowland rice rhizosphere. *New Phytologist*, 128: 469～477

Bertics V J, Sohm J A, Magnabosco C, *et al*. 2012. Denitrification and Nitrogen Fixation Dynamics in the Area Surrounding an Individual Ghost Shrimp (*Neotrypaea californiensis*) Burrow System. *Applied and Environmental Microbiology*, 78: 3864～3872

BÊttcher G, Brumsack H J, Heinrichs H, *et al*. 1997. A new high-pressure squeezing technique for pore fluid extraction from terrestrial soils. *Water, Air and Soil Pollution*, 94: 289～296

Bonkowski, M.2004.Protozoa and plant growth: the microbial loop in soil revisited.*New Phytologist*, 162(3), 617-631

Botrel A, Kaiser W M. 1997. Nitrate reductase activation state in barley roots in relation to the energy and carbohydrate status. *Planta*, 201: 496～501

Bowman D C, Devitt D A, Engelke M C, *et al*. 1998. Root architecture affects nitrate leaching from bentgrass turf. *Crop Science*, 38: 1633～1639

Bradford M M. 1976. A rapid and sensitive method for the quantitation of microgram quantities of protein utilizing the principle of protein-dye binding. *Analytical Biochemistry*, 72: 248～254

Brandi-Dohrn F M, Dick R P, Hess M, *et al*. 1996. Field evaluation of passive capillary samplers. *Soil Science Society of America Journal*, 60: 1705～1713

Brauer N, O'Geen A T, Dahlgren R A. 2009. Temporal variability in water quality of agricultural tailwaters: Implications for water quality monitoring. *Agriculture Water Management*, 96: 1001～1009

Cambui C A, Svennerstam H, Gruffman L, *et al*. 2011. Patterns of plant biomass partitioning depend on nitrogen source. *PLoS ONE*, 6(4): e19211～e19211

Campbell W H. 1999. Nitrate reductase structure, function and regulation: Bridging the gap between biochemistry and physiology. *Annual Review of Plant Physiology and Plant Molecular Biology*, 50: 277～303

Carillo P, Mastrolonardo G, Nacca F, *et al*. 2005. Nitrate reductase in durum wheat seedlings as affected by nitrate nutrition and salinity. *Functional Plant Biology*, 32: 209～219

Cermák J, Kucera J, Nadezhdina N. 2004. Sap flow measurements with some thermodynamic methods, flow integration within trees and scaling up from sample trees to entire forest stands. *Trees*, 18: 529～546

Chen N, Hong H, Huang Q, *et al*. 2011. Atmospheric nitrogen deposition and its long-term dynamics in a southeast China coastal area. *Journal of Environmental Management*, 92: 1663～1667

Chen X Y, Mulder J. 2007. Indicators for nitrogen status and leaching in subtropical forest ecosystems, South China. *Biogeochemistry*, 82: 165～180

Chendorain M, Ghodrati M. 1999. Real time continuous sampling and analysis of solutes in soil columns. *Soil Science Society of America Journal*, 3: 464～471

Cohen S, Naor A. 2002. The effect of three rootstocks on water use, canopy conductance and hydraulic parameters of apple trees and predicting canopy from hydraulic conductance. *Plant, Cell & Environment*, 25: 17～28

Coynel A, Schfer J, Hurtrez J E, *et al*. 2004. Sampling frequency and accuracy of SPM flux estimates in two contrasted drainage basins. *Science of the Total Environment*, 330: 233～247

Di Martino C, Delfine S, Pizzuto R, *et al*. 2003. Free amino acids and glycine betaine in leaf osmoregulation of spinach responding to increasing salt stress. *New Phytologist*, 158: 455～463

Edwards E J, Benham D G, Marland L A, *et al*. 2004. Root production is determined by radiation flux in a temperate grassland community. *Global Change Biology*, 10: 209～227

Edwards W R N, Becker P. 1996. A unified nomenclature for sap flow measurements. *Tree Physiology*, 17: 65～67

Fagerli H, Aas W. 2008. Trends of nitrogen in air and precipitation: Model results and observations at EMEP sites in Europe, 1980～2003. *Environmental Pollution*, 154: 448～461

Fenn M E, Poth M A. 2004. Monitoring nitrogen deposition in throughfall using ion exchange resin columns: A field test in the San Bernardino Mountains. *Journal of Environmental Quality*, 33: 2007～2014

Fontaine J X, Tercé-Laforgue T, Armengaud P, *et al*. 2012. Characterization of a NADH-dependent glutamate dehydrogenase mutant of arabidopsis demonstrates the key role of this enzyme in root carbon and nitrogen metabolism. *Plant Cell*, 24: 4044～4065

Foyer C H, Valadier M H, Migge A, *et al*. 1998. Drought-induced effects on nitrate reductase activity and mRNA and on the coordination of nitrogen and carbon metabolism in maize leaves. *Plant Physiology*, 117: 283~292

Gao Y, He N P, Yu G R, *et al.* 2014. Long-term effects of different land use types on C, N, and P stoichiometry and storage in subtropical ecosystems: A case study in China. *Ecological Engineering*, 67: 171~181

Gao Y, Yu G R, He N P. 2013. Equilibration of the terrestrial water, nitrogen, and carbon cycles: Advocating a health threshold for carbon storage. *Ecological Engineering*, 57: 366~374

Gastal F, Lemaire G. 2002. N uptake and distribution in crops: An agronomical and ecophysiological perspective. *Journal of Experimental Botany*,53: 789~799

Giesler R, Lundstrom U S, Grip H. 1996. Comparison of soil solution chemistry assessment using zero-tension lysimeters or centrifugation. *European Journal of Soil Science*,47: 395~405

Goulding K, Bailey N, Bradbury N,*et al.* 1998. Nitrogen deposition and its contribution to nitrogen cycling and associated soil processes. *New Phytologist*, 139: 49~58

Granier A. 1987. Evaluation of transpiration in a douglas-fir stand by means of sap flow measurements. *Tree Physiology*, 3: 309~320

Granier A, Anfodillo T, Sabatti M,*et al.* 1994. Axial and radial water flow in the trunks of oak trees: A quantitative and qualitative analysis. *Tree Physiology*, 14: 1383~1396

Grossmann J, Udluft P. 1991. The extraction of soil-water by the suction-cup method: A review. *Journal of Soil Science*, 42: 83~93

Hart G L, Lowery B. 1997. Axial-radial influence of porous cup soil solution samplers in a sandy soil. *Soil Science Society of America Journal*,61: 1765~1773

Hertel O, Skjøth C A, Reis S,*et al.* 2012. Governing processes for reactive nitrogen compounds in the atmosphere in relation to ecosystem, climatic and human health impacts. *Biogeosciences Discussions*, 9: 9349~9423

Hewlett J D, Hibberta R. 1965. *Foresthydrology*.New York: Pergamon: 275~291

Hicks B, Baldocchi D, Meyers T, *et al.* 1987. A preliminary multiple resistance routine for deriving dry deposition velocities from measured quantities. *Water, Air, and Soil Pollution*, 36: 311~330

Hicks B B, Wesely M L, Coulter R L,*et al.* 1986. An Experimental Study of Sulfur and Nox Fluxes over Grassland. *Boundary-Layer Meteorology*, 34: 103~121

Holland E A, Braswell B H, Sulzman J,*et al.* 2005. Nitrogen deposition onto the United States and western Europe: Synthesis of observations and models. *Ecological Applications*, 15: 38~57

Huang Y L, Lu X X, Chen K. 2013. Wet atmospheric deposition of nitrogen: 20 years measurement in Shenzhen City, China. *Environmental Monitoring and Assessment*,185: 113~122

Johansson F, Sommarin M, Larsson C. 1993. Fusicoccin activates the plasma membrane H^+-ATPase by a mechanism involving the C-terminal inhibitory domain. *Plant and Cell*, 5: 321~327

Kaiser W M, Weiner H, Kandlbinder A,*et al.* 2004. Modulation of nitrate reductase: some new insights, an unusual case and a potentially important side reaction. *Journal of Experimental Botany*, 53: 875~882

Kienzler P M, Naef F. 2008. Temporal variability of subsurface storm flow formation. *Hydrological Earth System Science*, 12: 257~2651

Kinoshita T, Masuda M. 2011. Differential nutrient uptake and its transport in tomato plants on different fertilizer regimens. *Hortscience*, 46: 1170~1175

Klopatek J M, Barry M J, Johnson D W. 2006. Potential canopy interception of nitrogen in the Pacific Northwest, USA. *Forest Ecology and Management*,234: 344~354

Knutson J H, Selker J S. 1996. Fiberglass wick sampler effects on measurements of solute transport in the vadose zone. *Soil Science Society American Journal*, 60: 420~424

Köhler B, Raschke K. 2000. The Delivery of Salts to the Xylem. Three Types of Anion Conductance in the Plasmalemma of the Xylem Parenchyma of Roots of Barley. *Plant Physiology*,122: 243~254

Kostner B, Granier A, Cermak J. 1998. Sap flow measurements in forest stands: methods and uncertainties. *Annales des Sciences Forestieres*,55: 13~27

Kovács J, Korponai J, Székely K I,*et al.* 2012. Introducing sampling frequency estimation using variograms in water research with the example of nutrient loads in the Kis-Balaton Water Protection System (W Hungary). *Ecological Engineering*, 42: 237~243

Kronvang B, Bruhn A J. 1996. Choice of sampling strategy and estimation method for calculating nitrogen and phosphorus transport in small low land streams. *Hydrolysis Process*, 10: 1483~1501

Kucera J, Cermak J, Penka M. 1977. Improved thermal method of continual recording the transpiration flow rate dynamics. *Biologia Plantarum*,19: 413~420

Lassoie J P, David R M, Leo J F. 1977. Transpiration studies in Douglas firusing the heat pulse technique. *Forestry Science*, 23: 377~390

Lawrence G B, David M B. 1996. Chemical evaluation of soil-solution in acid forest soils.*Soil Science*,161: 298~313

Lehmann T, Ratajczak L.2008. The pivotal role of glutamate dehydrogenase (GDH) in the mobilization of N and C from storage material to asparagine in germinating seeds of yellow lupine. *Journal of plant physiology*, 165: 149~158

Lehmann T, Skrok A, Dabert M. 2010. Stress-induced changes in glutamate dehydrogenase activity imply its role in adaptation to C and N metabolism in lupine embryos. *Physiological Plantarum*, 133: 736~743

Litaor M I. 1988. Review of soil solution samples. *Water Resources Research*, 24: 727~733

Lu P, Urban L, Zhao P. 2004. Granier's thermal dissipation probe (TDP) method for measuring sap flow in trees: Theory and practice. *Acta Botanica Sinica*, 46: 631~646

Macek P, Klimes L, Adamec L, *et al.* 2012. Plant nutrient content does not simply increase with elevation under the extreme environmental conditions of Ladakh, NW Himalaya. *Arctic Antarctic and Alpine Research*, 44: 62~66

Marques R, Ranger J, Gelhaye D, *et al.* 1996. Comparison of chemical composition of soil solutions collected by zero-tension plate lysimeters with those from ceramic-cup lysimeters in a forest soil. *Journal of Soil Science*, 47: 407~417

Xu M J, Cheng S L, Fang H J, *et al.* 2014. Low-level nitrogen addition promotes net methane uptake in a boreal forest across the Great Xing'an Mountain region, China. *Forest Science*, 60: 973~981

Miyashita Y, Good A G. 2008. NAD(H)-dependent glutamate dehydrogenase is essential for the survival of Arabidopsis thaliana during dark-induced carbon starvation. *Journal of Experimental Botany*, 59: 667~680

Moutonnet P, Fardeau J C. 1997. Inorganic nitrogen in soil solution collected with tensionic samplers. *Soil Science Society of America Journal*, 61: 822~825

Moutonnet P, Pagenel J F, Fardeau J C. 1993. Simultaneous field measurement of nitrate-nitrogen and matrica pressure-head. *Soil Science Society of America Journal*, 57: 1458~1462

Nadezhdina N, Nadezhdin V, Ferreira M I, *et al.* 2007. Variability with xylem depth in sap flow in trunks and branches of mature olive trees. *Tree Physiology*, 27: 105~113

Neff J C, Holland E A, Dentener F J, *et al.* 2002. The origin, composition and rates of organic nitrogen deposition: A missing piece of the nitrogen cycle? *Biogeochemistry*, 57: 99~136

Ohyama T, Ohtake N, Sueyoshi K. 2008. Nitrogen fixation and metabolism in soybean plants. In: Couto G N, eds. *Nitrogen Fixation Progress* NewYork: Nova Science Publishers: 15~109

Olbrich B W. 1991. The verification of the heat pulse velocity technique for estimating sap flow in Eucalyptus grandis. *Canadian Journal of Forest Research*, 21: 836~841

Palmgren M G. 2001. Plant plasma membrane H^+-ATPase: Powerhouses for nutrient uptake. *Annual Review of Plant Physiology and Molecular Biology*, 52: 817~845

Palmgren M, Harper J. 1999. Pumping with plant P-type ATPases. *Journal of experimental Botany*, 50: 883~893

Pan Y P, Wang Y S, Tang G Q, *et al.* 2012. Wet and dry deposition of atmospheric nitrogen at ten sites in Northern China. *Atmospheric Chemistry and Physics*, 12: 6515~6535

Sheng W P, Yu G R, Jiang C M, *et al.* 2013. Monitoring nitrogen deposition in typical forest ecosystems along a large transect in China. *Environmental Monitoring and Assessment*, 185: 833~844

Spangenberg A, Cecchini G, Lamersdorf N. 1997. Analyzing the performance of a micro soil solution sampling device in a laboratory examination and a field experiment. *Plant and Soil*, 196: 59~70

Steinberg S, Van Bavel C H M, Mcfarland M J. 1989. A gauge to measure mass flow rate of sap in stems and trunks of woody plants. *Journal of the American Society for Horticultural Science*, 114: 466~472

Steven J K, Peter J T, Greg M D. 1998. A comparison of heat pulse and deuterium tracing techniques for estimating sap flow in Eucalyptus grandis trees. *Tree Physiology*, 18: 698~705

Swanson R H, Whitfield D W A. 1981. A numerical and experimental analysis of implanted-probe heat pulse theory. *Experimental Botany*, 32: 221~239

Taylor A R, Bloom A J. 1998. Ammonium, nitrate, and proton fluxes along the maize root. *Plant, Cell & Environment*, 21: 1255~1263

Touraine B, Clarkson D T, Muller B. 1994. Regulation of nitrate uptake at the whole plant level. In: Eds Roy J, Garnier E, eds. *A Whole Plant Perspective on Carbon-Nitrogen Interactions.* Hague, The Netherlands: SPB Academic Publishing

Tromp-van Meerveld H J, Mcdonnell J J. 2006. Threshold relations in subsurface stormflow: 1.1A 147-storm analysis of the Panola hillslope. *Water Resources Research*, 42: 1~111

Uchida T, Tromp-van Vanmeerveld H J, *et al.* 2005. The role of lateralpipe flow in hillslope run off response: An intercomparison of nonlinear hillslope response. *Journal of Hydrology*, 311: 117~1331

Ugo P, Bertolin A, Moretto L M. 1999. Monitoring sulphur species and metal ions in salt-marsh pore-waters by using an insitu sampler. *International Journal of Environmental Analytical Chemistry*, 73: 129~143

Valiela D, Whitfield P H. 1989. Monitoring strategies to determine compliance with water quality objectives. *Journal of the American Water Resources Association*, 25: 63~69

Walmsley J L, Wesely M L. 1996. Modification of coded parametrizations of surface resistances to gaseous dry deposition.

Atmospheric Environment, 30: 1181~1188

Wesely M. 1989. Parameterization of surface resistances to gaseous dry deposition in regional-scale numerical models. *Atmospheric Environment*, 23: 1293~1304

Wiltshire J, Wright C J, Colls J, *et al.* 1995. Effects of heat balance stem flow gauges and associated silicone compound on ash trees. *Agricultural and Forest Meteorology*, 73: 135~142

Wraith J M, Das B S. 1998. Monitoring soil water and ionic solute distributions using time-domain reflectometry. *Soil and Tillage Research*, 47: 145~150

Wright R F, Rasmussen L. 1998. Introduction to the NITREX and EXMAN projects. *Forest Ecology and Management*, 101: 1~7

Xia M X, Guo DL, Pregitzer K S. 2010. Ephemeral root modules in Fraxinus mandshurica. *New Phytologist*, 188: 1065~1074

Yan F, Zhu Y Y, Müller C, *et al.* 2002 Adaptation of H^+ pumping and plasma membrane H^+ ATPase activity in proteoid roots of white lupin under phosphate deficiency. *Plant Physiology*, 129, 50~63

Zhang Y, Song L, Liu X J, *et al.* 2012. Atmospheric organic nitrogen deposition in China. *Atmospheric Environment*, 46: 195~204

Zhang Y, Zheng L, Liu X, *et al.* 2008. Evidence for organic N deposition and its anthropogenic sources in China. *Atmospheric Environment*, 42: 1035~1041

Zhu J, He N, Wang Q, *et al.* 2015. The composition, spatial patterns, and influencing factors of atmospheric wet nitrogen deposition in Chinese terrestrial ecosystems. *Science of the Total Environment*, 511: 777~785

Zhu Y Y, Di T J, Xu G H, *et al.* 2009. Adaptation of plasma membrane H+~ATPase of rice rootsto low pH as related to ammonium nutritionpce. *Plant, Cell & Environment*, 32: 1428~1440

Zhu Y Y, Zeng H Q, Shen Q R. 2012. Interplay among NH_4^+ uptake, rhizosphere pH and plasma membrane H^+-ATPase determine the release of BNIs in sorghum roots—possible mechanisms and underlying hypothesis. *Plant and Soil*, 358: 131~141

第12章 陆地生态系统碳循环与碳通量评价模型

在自然界中,陆地和大气是碳在生物地球化学循环中的重要碳库。生态系统与大气之间的 CO_2 净交换速率取决于光合作用、呼吸作用和土壤微生物分解之间的平衡,这些过程受温度、降水、土壤质地和养分供应的强烈影响,与全球气候和环境变化密切相关。陆地生态系统的土壤是 CO_2、CH_4 和 N_2O 等温室气体的源/汇,土壤微生物、植物根系以及土壤动物的生命活动是导致温室气体排放的生物化学过程,与土壤温度和湿度环境密切相关。

植被光合作用的环境响应与过程机理模型的研究工作已经取得了许多重要进展,特别是基于植物生物化学机理的光合作用模型已经相当成熟。人们提出了大量关于植物光合作用对光照、温度、水分和 CO_2 等环境要素变化的响应方程,也提出了大量关于土壤呼吸对土壤温度和水分条件的响应方程,这为定量评价生态系统光合作用和呼吸作用对环境变化的响应特征提供了有效途径。

由于现阶段人类还无法在地区及全球等大尺度上直接和全面地观测生态系统碳循环过程。因此,模型估算已成为一种重要而被广为接受的研究方法,即通过模型的模拟外推将一些实验点上所得到的生态学假设演绎到地区乃至全球的范围,估算和评价陆地生态系统碳循环的时空格局和变化趋势。尽管这种方法因时间和空间尺度的转换以及过程机理描述等方面的原因而产生较大的不确定性,但仍然是目前唯一可行的方法。

近年来,随着对陆地生态系统结构、功能和生态过程认识的不断深入以及遥感、地理信息系统和计算机技术的发展,陆地生态系统碳循环模型研究发展很快,一大批不同类型、不同时间和空间尺度的模型不断涌现并得到改进,已成为陆地生态系统碳循环研究的重要方向和极具发展前景的不可替代的手段。

本章在综合评述陆地生态系统碳循环/碳交换量的评价模型概况的基础上,简要综述了生态系统与气候系统相互作用模型的发展历程,介绍了我国在生态系统碳循环/碳通量模型研究方面的主要进展。此外,还从不同尺度出发,对基于气孔行为的光合-蒸腾耦合模型(SMPTSB 模型)、土壤-植物-大气系统的通量模型(如FOREST-BGC 模型)、景观尺度的过程模型(如 EPPML 模型)的主要过程模拟进行了详细介绍。同时,还对以 CEVSA 模型、INTEC 模型为代表的区域尺度生态系统碳交换过程模型,以及以 CASA 模型为代表的区域尺度碳通量评价的过程-遥感模型进行了较为详细的介绍。

本章初版执笔者:王秋凤,张雷明,于贵瑞,王绍强,李正泉;再版修订者:任小丽,张黎,王秋凤

本章主要符号

符号	含义
A	叶片光量子吸收系数
A_c	光合速率
AET	年实际蒸散量
A_{no}	最上层叶片的光合速率
B	光合作用的光响应曲线上光补偿点的斜率
B_s	Van't Hoff 呼吸模型参数
C_0	一个衡量弱光下净光合速率的指标
C_a	环境中 CO_2 浓度
C_i	胞间 CO_2 浓度
E	活化能
E_r	表层土壤的活化能
E_o	土壤呼吸拟合参数
E_{od}	深层土壤呼吸拟合参数
$f(C_i)$	光合作用对胞间 CO_2 浓度的响应函数
$f(T_a)$	P_{max}的气温或叶温倍数因子函数
$f(T_f)$	光合作用对叶温的响应函数
$f(\Psi)$	光合作用对叶水势的响应函数
FPAR	绿色植被吸收的光合有效辐射
FRP	细根(<2 mm)产量
g_{ic}	内部导度
g_s	气孔导度
g_c	冠层导度
g_m	叶肉导度
GPP	总初级生产力
h	相对湿度
I	光合有效辐射通量密度(PPFD)
I_0	冠层上部光合有效辐射
IPAR	截获的光合有效辐射
J	潜在电子传递速率
J_C	受 Rubisco 的羧化速率限制的光合速率
J_E	受光限制的光合速率
J_{max}	光饱和时的电子传递速率
J_S	受光合产物运输限制的光合速率
K	消光系数
K_c	CO_2 的 Michealis-Menten 系数
$\bar{k}$	冠层对光合有效辐射的消光系数
K_m	Michealis-Menten 常数,其值为使光合速率达到最大值(P_{max})一半时的光合有效辐射通量密度
K_o	O_2 的 Michealis-Menten 系数
L	总叶面积指数
MAT	年平均温度
MB	微生物生物量
N	冠层绿色部分
NDVI	归一化植被指数
O_i	胞间氧气浓度
P	降水量
PAR	光合有效辐射
P_i	气孔内 CO_2 分压
P_{max}	最大光合速率
P_n	净光合速率
$P_n(T_L)$	叶温为 T_L 时的净光合速率
$P_{n,opt}$	$T_{L,opt}$时的净光合速率
Q_{10}	呼吸速率对温度变化的敏感性系数
Q_p	光合有效量子通量
r_a	空气动力学阻力
r_{bw}	边界层阻力
R_{ref}	参考温度下的土壤呼吸速率
$R_{ref,10}$	参考温度为 10 ℃时的土壤呼吸速率
$R_{10,d}$	深层土壤在 10 ℃时的呼吸速率
$R_{10,s}$	表层土壤在 10 ℃时的呼吸速率
R_d	暗呼吸速率
R_{eco}	总生态系统呼吸
R_g	生长呼吸
R_h	异养呼吸
R_m	维持呼吸
SOM	土壤有机质含量(%)
SWC	土壤水分含量
t	时间
T	温度
T_o	温度拟合参数
T_a	气温
T_b	生物学温度
T_k	用热力学温度表示的叶温
T_L	叶温
T_l	用摄氏温度表示的叶温
$T_{L,opt}$	光合作用的最适叶温
T_{max}	光合作用的最高温度
T_{min}	光合作用的最低温度
T_{opt}	光合作用的最适温度
T_r	蒸腾速率
T_{ref}	参考温度
T_s	土壤表面温度

T_{soil}	地表或土壤的温度	α	表观量子效率
$T_{soil,min}$	土壤呼吸开始时的土壤温度	α_0	20 ℃时的表观量子效率
$T_{\varepsilon 1}$	低温对植物生长速率的影响	α_1	表观量子效率对温度的依赖程度
$T_{\varepsilon 2}$	温度偏离最佳生长温度时生长速率的降低，为非对称钟形曲线	Γ	CO_2 补偿点
		Γ_*	无暗呼吸时的 CO_2 补偿点
V	植被覆盖度	ε	光能利用效率
V_{cmax}	没有 RuBP 再生限制的最大羧化速率	ε^*	最大可能光能利用效率
V_m	Rubisco 的最大羧化速率	θ	非直角双曲线的曲率
W	土壤含水量(%)	Θ	土壤含水量($m^3 \cdot m^{-3}$)
W_c	受 Rubisco 活性限制的羧化速率	Π	冠层 PAR 利用参数
W_j	受 RuBP 再生限制的羧化速率	Ψ_L	叶片水势
W_ε	水分胁迫的影响		

12.1 陆地生态系统碳循环与碳通量

12.1.1 碳循环过程概述

陆地植被通过光合作用固定大气中的 CO_2，其中一部分以植物呼吸的形式又返回到大气中，剩下的有机物质以凋落物等形式进入土壤又以土壤呼吸的形式释放到大气中。在自然状态下，陆地生物圈与大气之间的碳循环保持着平衡状态。但是，工业革命以来强烈的人类活动影响，使大气与陆地生物圈之间固有的碳平衡被打破，导致大气中 CO_2 浓度持续升高。地球上的海洋、陆地和大气是碳在生物地球化学循环中的三个主要碳库。在深海中储存的碳约为 4×10^4 Pg；大气中约为 720~765 Pg；陆地生态系统中约为 2 200 Pg，其中约 600 Pg 被保存在植物中，1 200 Pg 在土壤中。每年通过化石燃料燃烧释放到大气中的 CO_2 约为 5.4~6.3 Pg(以 C 质量计，IPCC，2001)，生态系统和大气间的年交换量约为 120 Pg。陆地碳循环对大气 CO_2 浓度上升有重要的影响，研究陆地生态系统碳循环过程是预测未来大气 CO_2 和其他温室气体含量、认识大气圈与生物圈的相互作用等科学问题的关键，也是认识地球生态系统的水循环、养分循环和生物多样性变化的基础(于贵瑞，2003)。

IPCC (Intergovenmental Panel on Climate Change) (2001)指出，碳循环过程中包括多个快速和缓慢的子过程(图 12.1)，这些子过程主要包括：植被/土壤-大气碳交换过程、植被-土壤碳交换过程、海洋-大气碳交换过程、表层水-深层水碳交换过程、成岩过程及干扰造成的碳交换过程(如矿物燃料燃烧、森林火灾)等。其中，植物的光合作用和呼吸作用不仅是植被-大气间碳交换过程的基础，而且在全球碳循环中发挥着十分重要的作用。在自然条件下，陆地生态系统的植被/土壤-大气间以及海洋-大气间的碳交换过程是决定大气 CO_2 浓度变化和气候变化的根本因素，但是对于现在的地球而言，各种人为干扰(如矿物燃料燃烧、工业生产)以及森林火灾等造成的陆地-大气间的碳交换也已经对气候变化产生了重大影响。

12.1.2 植被-大气间的碳交换过程

土壤-植被-大气连续体的能量与物质(水和碳)通量动力学模型是分析陆地生态系统的碳循环和水循环过程机制及预测循环通量的基础。全球植被和土壤共储存 2 200 Pg 有机碳，是大气中碳储量的 3 倍(曹明奎和李克让，2000；李克让，2002)。植物光合作用每年约固定 55 Pg 的 CO_2，土壤微生物也分解释放大致相当的 CO_2 到大气中(曹明奎和李克让，2000)。生态系统与大气之间净 CO_2 交换速率决定于光合作用、呼吸作用和土壤微生物分解之间的平衡，这些过程受温度、降水、土壤质地和养分供应的强烈影响，与全球气候和环境变化密切相关。

如图 12.2 所示，植被-大气间碳交换的主要过程包括：大气边界层内的气体传输、植物-大气界面的气体扩散、植物光合作用碳固定、植物自养呼吸的碳排放、土壤微生物和动物异养呼吸的碳排放等。

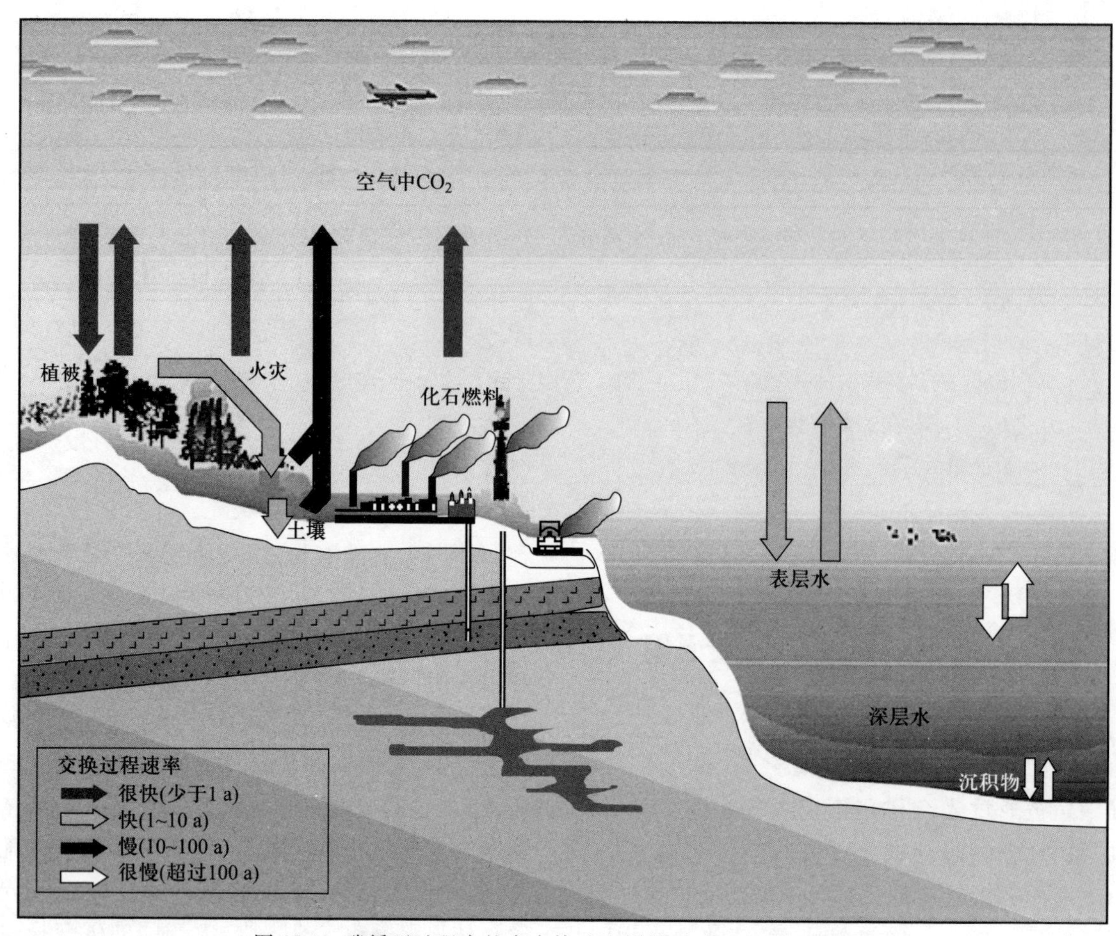

图 12.1 碳循环过程中的多个快速和缓慢子过程(IPCC,2001)

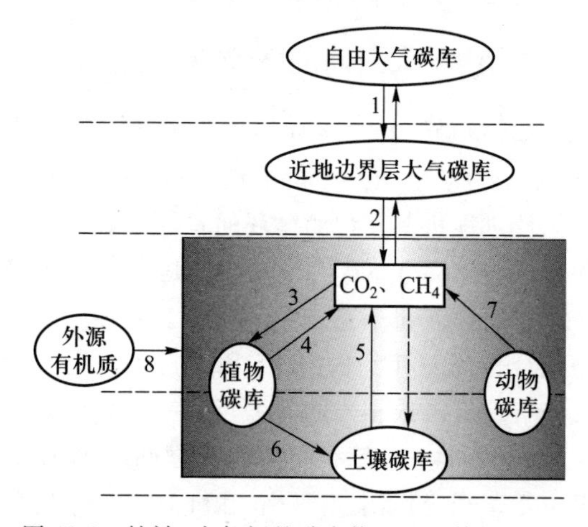

图 12.2 植被-大气间的碳交换过程及其相互关系
1—边界层大气与自由大气的碳交换；2—植物与边界层大气的气体交换；3—植物光合作用碳固定；4—植物自养呼吸的碳排放；5—土壤微生物和动物异养呼吸的碳排放；6—植物凋落物的腐殖质化；7—动物碳库的碳排放；8—外来有机碳的输入

生态系统的碳通量(flux)是植被-大气间的CO_2交换通量密度(flux density)的简称，是一种物理学的术语，它是指单位时间内通过单位面积某特定界面的CO_2量的大小。在某种意义上，植被的概念与陆地生态系统相似，它包含了植物、土壤和生态系统的环境。所以，通常所说的植被-大气间的CO_2交换通量密度与生态系统和大气间的CO_2交换通量密度是大致相同的概念。

近年来的研究表明，生态系统通过生物物理过程和生物地球化学循环对气候产生作用。生物物理过程是受植被形态特征(如冠层高度、结构和叶面积)和生理活动(如蒸腾作用)所影响的辐射、热量、水和动量交换过程。植被类型和覆盖率影响地面反射率、粗糙度、蒸腾和蒸发。不同植被类型在空间上的相间分布可增强大气水平和垂直变化梯度，影响风速、降雨和雷暴发生频率。植物-土壤系统控制地面蒸腾和蒸发，影响区域水文循环。

植物还可通过叶片气孔的开启闭合对蒸腾作用进行生理调节。通常条件下，气孔阻力是空气动力学阻力的10倍，若受到高温和缺水等环境胁迫，其差别将进一步扩大(曹明奎和李克让，2000)。气孔阻力因植被类型和环境条件而异。一般针叶林气孔阻力最大，农作物最低，阔叶林和野生草本植物居中。气孔阻力在无水分胁迫和植物生长最适温度下达最低点，随温度偏离最适点及植物水势和 CO_2 浓度的提高而增加。生态系统碳储量及其与大气 CO_2 交换速率的微小变化就能导致大气 CO_2 浓度的明显波动。北半球大气 CO_2 浓度的季节变化显示了陆地生态系统对碳循环的控制作用。

人类活动，如土地利用、农业生产和工业废物排放等可使生态系统与气候系统同时发生变化，从而导致人类、生态和气候之间的复杂相互作用。尽管人们早就意识到生态系统对气候的重要作用，但直到20世纪70年代后期才开始对生态系统变化的气候效应进行深入研究。气象学家过去一直认为生态系统的结构和功能变化只能改变局部的微气象条件，而对全球和区域尺度上的气候变化则影响甚微。但是近10年来，大气环流模型、全球生态系统模型和卫星遥感观测证实了生态系统可在各种尺度上对气候产生作用，是影响气候变化的重要因素（方精云，2000）。

12.1.3 土壤-大气间的碳交换通量

陆地生态系统的土壤是 CO_2、CH_4 和 N_2O 等温室气体的源与库。土壤中的有机碳是植物光合作用产物通过植物凋落，或通过植食性动物和微生物的转移，河流的异地搬运堆积等作用积累的。如图12.3所示，土壤-大气间的碳交换过程与植被-大气间的碳交换过程基本相同，主要包括：大气边界层内的气体传输、土壤-大气界面的气体扩散、土壤微生物和动物异养呼吸的碳排放、植物凋落物的凋落与分解、异地有机物的河流搬运与堆积、土壤腐殖质的形成与分解、植食性动物和微生物的转移等。

土壤的 CO_2 排放主要是通过土壤微生物、植物根系以及土壤动物的呼吸作用分解有机质而产生的。土壤的 CO_2 通量是指单位时间内通过单位面积土壤界面向大气中释放 CO_2 的量，在裸地或植被稀疏的草地生态系统，土壤的碳排放是其通量的主要成分，其碳通量大致与生态系统的碳通量相当。

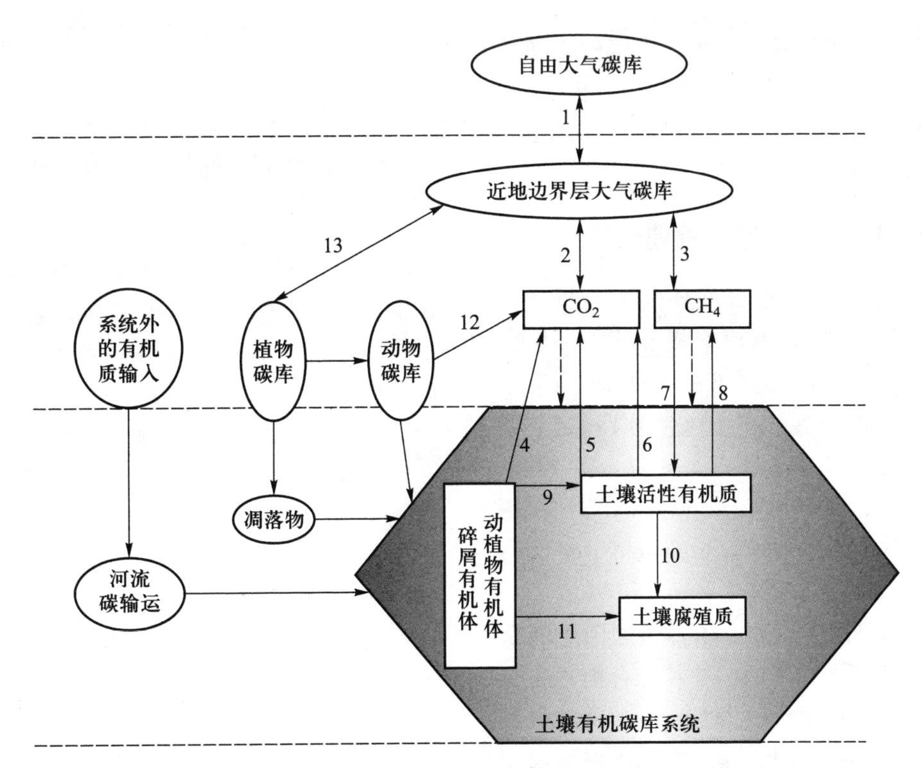

图12.3 土壤-大气间碳交换的主要生物、物理和化学过程及其相互关系

1—边界层大气与自由大气的 CO_2 和 CH_4 交换；2,3—土壤与边界层大气的气体交换；4,5—植物根系、动物和土壤微生物呼吸的 CO_2 排放；6—CO_2 的化学氧化过程；7,8—微生物代谢的 CH_4 固定与排放；9—动植物残体土壤有机质的微生物分解；10—有机质的腐殖质化；11—腐殖质的矿化与降解；12—动物碳库的碳排放；13—植物的光合作用碳固定与自养呼吸的碳排放。图中两个虚线箭头分别表示可能存在的 CO_2 和 CH_4 沉降的土壤物理吸附过程

有机物质的厌氧分解是大气中甲烷的主要来源,但旱地土壤中的甲烷氧化细菌能消耗一部分甲烷。自然湿地、稻田、反刍动物和垃圾分解每年释放甲烷 280 Tg ($1\ Tg=10^{12}\ g$),占大气甲烷总来源的 60%。在湿地和稻田中,甲烷的产生和再氧化受温度、酸碱度、氧化还原电位和淹水深度的影响,并与植物生长密切相关。植物生长一方面是有机物质的来源,另一方面植物的通气组织是土壤中甲烷进入大气以及大气中氧气进入土壤的主要通道。因此,在某种程度上控制着甲烷产生、氧化及向大气的传输速率。反刍动物将其所摄取食物能的 3%~8%转化为甲烷,转化率随饲料质量和动物生产效率的提高而降低。因此,粗放经营的家畜生产系统比集约生产系统释放更多的甲烷。

12.2　植被光合作用的环境响应与过程机理模型

植物光合作用是支撑和推动生态系统的原初动力,是陆地生态系统碳通量研究中的一个重要过程。对光合作用过程机理及环境响应的研究是陆地生态系统碳通量评价模型的基础。

12.2.1　光合作用的生物化学机理模型

20 世纪 70 年代以来,随着红外气体分析技术的发展,叶片水平的 CO_2 和水汽交换及其与环境因子的响应的直接测量方法得到了极大进步,推动了光合作用机理模型的发展。在 10 多年内就建立了许多光合作用机理模型(Tenhunen *et al.*, 1980; Thornley & Johnson, 1990),以 Farquhar 的光合作用生物化学模型(Farquhar, 1980; Farquhar & von Caemmerer, 1982)影响最为深远。

Farquhar 模型是以羧化和电子传递这两个光合作用的基本过程为基础建立的。叶片光合能力主要取决于光合羧化酶的羧化活性,即 1,5-二磷酸核酮糖羧化/氧化酶(Rubisco)的活性。羧化速率取决于酶的含量以及其他任何由基质浓度产生的限制因子,如由气孔关闭导致的低 CO_2 浓度等。

光合作用对胞间 CO_2 浓度的反应包括:在低浓度 CO_2 时,O_2/CO_2 比例增加,Rubisco 活性降低,光合速率受 Rubisco 含量与活性的限制;在高 CO_2 浓度和低光强下,光合速率受 1,5-二磷酸核酮糖(RuBP)再生的限制,RuBP 的再生依赖于电子传递系统和光合磷酸化;从 Rubisco 限制到 RuBP 再生限制的过渡阶段,光合作用受电子传递能力和 Rubisco 羧化能力共同影响。Farquhar(1980)提出 C_3 植物叶片光合作用生物化学模型之后,Farquhar 和 von Caemmerer(1982)又对其进行了改进。Farquhar 模型的主要控制方程为(Farquhar & von Caemmerer, 1982; McMurtrie *et al.*, 1992):

$$A=(1-\Gamma_*/C_i)\min(W_c,W_j)-R_d \tag{12.1}$$

式中:A 为叶片光量子吸收系数;Γ_* 为无暗呼吸时的 CO_2 补偿点;C_i 为胞间 CO_2 浓度;R_d 为暗呼吸速率;W_c、W_j 分别为受 Rubisco 限制和 RuBP 再生限制的羧化速率,分别由下列方程给出:

$$W_c=\frac{V_{cmax}C_i}{C_i+K_c(1+O_i/K_o)} \tag{12.2}$$

$$W_j=\frac{JC_i}{4.5C_i+10.5\Gamma_*} \tag{12.3}$$

式中:V_{cmax}为没有 RuBP 再生限制的最大羧化速率;K_c 和 K_o 分别为 Rubisco 羧化和氧化的 Michealis-Menten 常数;O_i 为胞间氧气浓度;J 为潜在电子传递速率,取决于吸收的光合有效辐射(Farquhar & Wang, 1984)。

$$\theta J^2-(\alpha I+J_{max})J+\alpha IJ_{max}=0 \tag{12.4}$$

式中:J_{max}为光饱和时的电子传递速率;α 为表观量子效率;θ 为非直角双曲线的曲率;I 为光合有效辐射通量密度(PPFD)。

后来,很多研究者在此基础上又增加了受光合产物运输限制的因子,形成了多个类似的光合作用模型(Collatz *et al.*, 1991; Jacobs *et al.*, 1996; Harley & Sharkey, 1991; Sharkey, 1985; Sellers *et al.*, 1992a,b)。其中以 Collatz 等(1991)提出的模型影响较大,其光合速率方程为

$$V_c=\min(J_E,J_C,J_S) \tag{12.5}$$

$$J_E=\alpha Q_p\frac{P_i-\Gamma}{P_i+2\Gamma} \tag{12.6}$$

$$J_C=\frac{V_m(P_i-\Gamma)}{P_i+K_c(1+[O_2]/K_o)} \tag{12.7}$$

$$J_S=V_m/2 \tag{12.8}$$

式中:J_E、J_C、J_S 分别为受光、Rubisco 的羧化速率和

光合产物运输限制的光合速率；α 为表观量子效率，Q_p 为光合有效量子通量，V_m 为 Rubisco 的最大羧化速率，P_i、Γ 分别为气孔内 CO_2 分压和 CO_2 补偿点，K_c 和 K_o 分别为 Rubisco 羧化和氧化的 Michealis-Menten 常数。

12.2.2 光合作用的光响应

光合作用对光强（辐射强度）的响应特性如图 12.4 所示。在无光照或光照极弱条件下，净光合速率为负值，当辐射强度达到光补偿点（light compensation point）时，光合速率与呼吸速率相等，净光合速率为零。在光补偿点以上，随光强增加，净光合速率呈线性增加，其斜率即为表观量子效率 α（apparent quantum efficiency）。当光强增加到一定程度后，由于 RuBP 或 CO_2 浓度的限制，净光合速率随光强增强不再呈线性增加，其增加的速率逐渐降低，直到光饱和，光合速率达到最大值（P_{max}）。

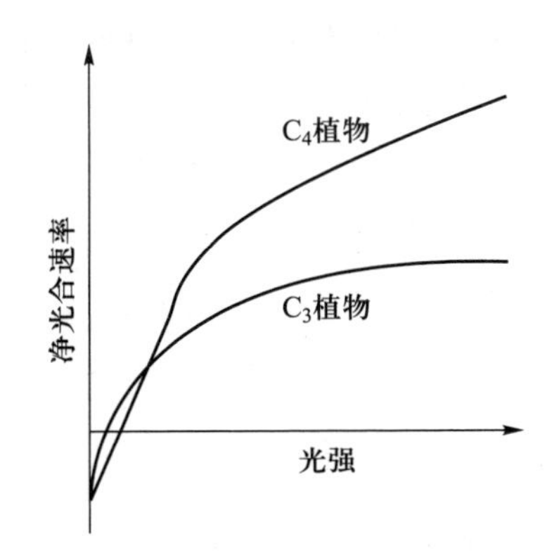

图 12.4 植物的光合作用-光响应曲线

由于气体分析技术在光合作用测定上的广泛应用，积累了大量的观测数据，使叶片光合作用机理模型的建立成为可能。在这些模型中，光合作用的变化可根据光合参数的变化来评价，与以前的统计方程相比较，模型中的各参数具有更明确的生物学意义。

常用的描述光合作用-光响应的经验方程（Tenhunen *et al.*，1980；Thornley，1976）主要有

$$P_n=\frac{\alpha IP_{max}}{(P_{max}+\alpha I)} \tag{12.9}$$

$$P_n=\frac{\alpha IP_{max}}{(P_{max}^2+\alpha^2I^2)^{1/2}} \tag{12.10}$$

$$\theta P_n^2-(\alpha I+P_{max})P_n+\alpha IP_{max}=0 \tag{12.11}$$

$$P_n=\min(\alpha I,P_{max}) \tag{12.12}$$

$$P_n=P_{max}[1-\exp(-\alpha I/P_{max})] \tag{12.13}$$

式中：P_n 为净光合速率；I 为光合有效辐射通量密度（PPFD）；α 为表观量子效率；P_{max} 为最大净光合速率；θ 为曲率，决定曲线的形状。

由图 12.5 可以看出，水稻的不同光合作用光响应经验方程（式（12.9）、式（12.10）、式（12.12）和式（12.13））所呈现的曲线形状具有一定的差异。上述方程中，以式（12.12）最为简单，在两个线性区间发生急剧变化，式（12.9）和式（12.12）均为式（12.11）的变形（$\theta=0$ 和 $\theta=1$）。式（12.9）和（12.10）是植物生理和生理生态学家最常用的。此外，还存在一些其他形式的经验方程。例如，Bassman 和 Zwier（1991）提出的方程为

$$P_n=P_{max}[1-C_0\exp(-\alpha I/P_{max})] \tag{12.14}$$

式中：C_0 为一个衡量弱光下净光合速率的指标。

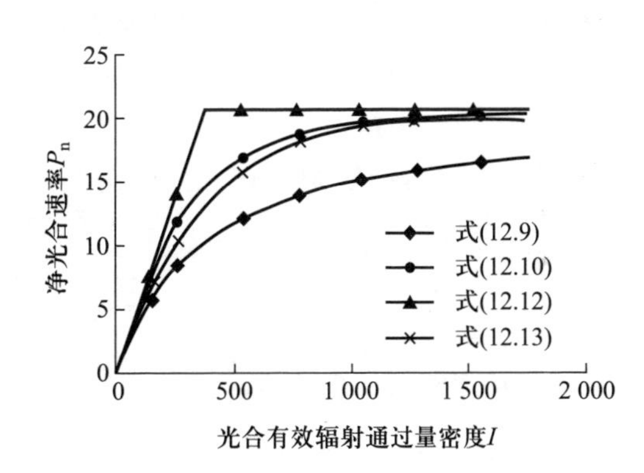

图 12.5 水稻的光合作用光响应经验方程曲线

Hollinger 等（1994）提出的两个方程为

$$P_n=\frac{P_{max}I}{(K_m^+I)-R_d} \tag{12.15}$$

$$P_n=P_{max}\{1-\exp[-\alpha(I-I_{LSP})]\} \tag{12.16}$$

式中：K_m 为 Michealis-Menten 常数，其值为光合速率达到最大值（P_{max}）一半时的光合有效辐射通量密度（PPFD）；I_{LSP} 为光补偿点。

图 12.5 是水稻光合作用对光响应的 α 和 P_{max} 取值范围，利用经验方程（12.9）~方程（12.13）所描述的响应曲线，从中可以看出各模型间的差异主要表现在曲线的曲率方面。尽管这些方程均是经验性

的，缺乏光合机理性的描述和解释，但由于其提供了简单而又灵活的描述叶片光响应的方程，且其中的参数均有其生理学意义，因而被广泛地应用于植物光合作用光响应特征的模拟。其中，以非直角双曲线、直角双曲线及其改进型的应用最多。对于上述经验方程中的主要参数 α 和 P_{max}，大多数研究是利用净光合速率和光合有效辐射通量密度（PPFD）的实测数据来拟合，也有研究利用其与叶片含氮量之间的线性关系来估计（Eckersten，1985；Reich *et al.*，1990）。

12.2.3　光合作用的温度响应

光合作用过程中的暗反应是由酶催化的化学反应，而温度直接影响酶的活性。温度对光合作用系统的影响包括两个方面：① 影响光合作用过程中的生物化学反应；② 影响叶片与大气之间的 CO_2 和水汽交换，也即对光合作用的物理过程产生影响。总体来看，温度对生化过程的影响大于对物理过程的影响。

每种植物都需在一定的温度范围内才能进行光合作用，并有其最低、最适和最高的温度范围（Larcher，1980）。当环境温度在短时间内偏离最适温度时，光合作用活性会降低，但当恢复到最适温度后，光合速率又会恢复到最大值。不同光合途径的植物对温度响应也不同，如图 12.6 所示。光合速率随叶温的变化多呈抛物线形式，可用下述经验方程描述（Battaglia *et al.*，1996；张小全和徐德应，2001）：

$$P_n(T_L)=P_{n,opt}-b(T_L-T_{L,opt})^2 \qquad (12.17)$$

式中：$P_n(T_L)$是叶温为 T_L 时的净光合速率；$T_{L,opt}$表示光合作用的最适叶温；$P_{n,opt}$表示在 $T_{L,opt}$时的净光合速率；b 为待定系数，代表抛物线的曲率，表示净光合速率对温度变化的敏感度。

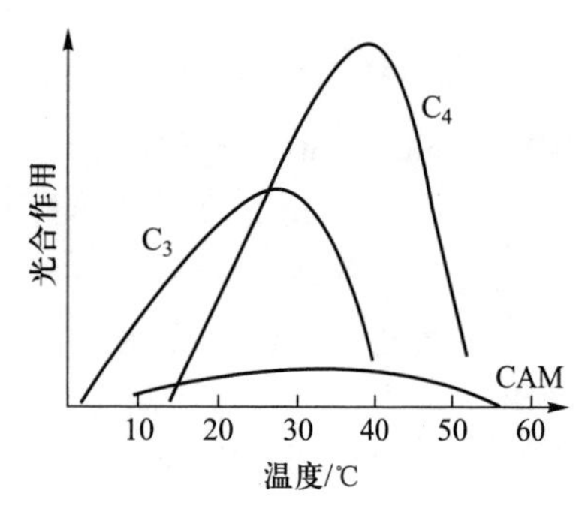

图 12.6　光合作用对温度的响应

然而，当植物长时间处于偏离最适温度的环境时，植物光合作用会对环境温度的变化产生适应，使最适温度发生变化，但不同植物光合作用对环境温度的适应不同。高环境温度可使光合最适温度提高，低环境温度会使光合最适温度降低（高煜珠等，1982），这就使得在不同的生长季节，随着温度的季节变化，植物进行光合作用的最适温度也会发生变化（Read & Busby，1990；Battaglia *et al.*，1996；张小全和徐德应，2001）。有人认为光合作用的最适温度接近于叶片前 10 天所处环境中最高温度的平均值（Slayter & Ferrar，1977；沈允钢等，1992），而 Battaglia 等（1996）认为当年生成熟叶光合最适温度与测定前 7 天内的平均温度线性相关，Koner & Diemer（1984）研究表明植物光合最适温度接近晴天平均叶温。

温度对光合作用的影响通常可以通过讨论光合作用模型中的关键参数（P_{max}，α，R_d，K_c，K_o）来体现。模拟温度对最大光合速率（P_{max}）的影响，通常是以光合作用的最低温度（T_{min}）、最适温度（T_{opt}）和最高温度（T_{max}）为基础，建立一个 P_{max} 的气温（T_a）或叶温（T_L）倍数因子函数 $f(T_a)$ 或 $f(T_L)$，Zhang 等（1994）使用的函数形式为

$$f(T_a)=\left(\frac{T_a-T_{min}}{T_{opt}-T_{min}}\right)^{\left[\frac{T_{opt}-T_{min}}{T_{max}-T_{opt}}\right]0.5}\cdot\left(\frac{T_{max}-T_a}{T_{max}-T_{opt}}\right)^{\left[\frac{T_{max}-T_{opt}}{T_{opt}-T_{min}}\right]0.5} \qquad (12.18)$$

Running 和 Coughlan（1988）使用的方程为

$$f(T_a)=\frac{(T_{max}-T_a)(T_a-T_{min})}{T_{max}} \qquad (12.19)$$

McMurtrie 等（1989, 1990）使用的方程为

$$f(T_a)=\frac{\gamma(T_a-T_{min})(T_{max}-T_a)^{\gamma}}{(T_{max}-T_{opt})^{1+\gamma}} \qquad (12.20)$$

式中：$\gamma=(T_{max}-T_{opt})/(T_{opt}-T_{min})$。此外，Sands（1995a, 1996）使用下列方程：

$$f(T_a)=1-\left(\frac{T_a-T_{opt}}{4T_{1/2}}\right)^2 \qquad (12.21)$$

式中：$T_{1/2}$为光合速率达到 $P_{max}/2$ 时的温度。Kajfez-Bogataj（1990）使用的方程为

$$f(T_L)=\frac{2(T_L-T_{min})^2(T_{opt}-T_{min})^2-(T_L-T_{min})^4}{(T_{opt}-T_{min})^4} \tag{12.22}$$

Aber 和 Federer(1992)使用的方程为

$$f(T_a)=\frac{(T_{max}-T_a)(T_a-T_{min})}{(T_{max}-T_{min})^2} \tag{12.23}$$

Hollinger 等(1994)和 Sullivan 等(1996)使用的方程为

$$f(T_a)=a+bT_a+cT_a^2 \tag{12.24}$$

从理论上讲,各种 C_3 植物的表观量子效率(α)应该是一样的,与植物种类和光照条件无关,但是 α 与温度有着密切的关系,高温可以导致 C_3 植物表观量子效率的降低(Bjorkman, 1981)。Zhang 等(1994)用式(12.25)表示表观量子效率(α)与温度的经验关系:

$$\alpha=\alpha_m\left[1-k_1\exp\left(\frac{k_2}{T_a+273}\right)\right] \tag{12.25}$$

Sands(1995b,1996)使用的经验方程为

$$\alpha=\alpha_0[1-\alpha_1(T_a-20)] \tag{12.26}$$

式中:$k_1=1.4\times10^{-5}$;$k_2=409$ K;$\alpha_m=12\times10^{-9}$ kg·J^{-1};α_0 为 20 ℃时的表观量子效率;α_1 为表观量子效率对温度的依赖程度。

在光合作用的生物化学模型中,温度对光合作用的影响可以通过方程(12.1)~方程(12.4)中的 R_d、K_c、K_o、V_{cmax}、J_{max} 等生理生化参数来表达,这些参数一般可用温度的 Q_{10} 函数来描述(Collatz *et al.*, 1991),即

$$K_x=K_{x25}Q_{10}^{(T_l-25)/10} \tag{12.27}$$

或用指数函数(Kim & Verma,1991)

$$K_x=K_{x25}\exp[E_x(T_l-25)/(298RT_k)] \tag{12.28}$$

式中:K_x 代表模型中的参数(R_d,K_c,K_o);K_{x25}是温度为 25 ℃时各参数的相应值;Q_{10}为温度变化 10 ℃时 K_x 的相对变化;$R=8.314$ J·mol^{-1}·K^{-1};T_l 为用摄氏温度表示的叶温(℃);T_k 为用热力学温度表示的叶温(K);E_x 为相应的活化能。

考虑到式(12.28)在温度超过 35 ℃时能真实地反映 V_{cmax} 随着温度的变化,可将 V_{cmax} 进一步用 Arrhenius型函数来表示(Collatz *et al.*,1991):

$$V_{cmax}=V_{cmax0}\left\{1+\exp\left[\frac{-a+b(T_l+273)}{R(T_l+273)}\right]\right\}^{-1} \tag{12.29}$$

式中:V_{cmax0}为 25 ℃时的最大羧化速率;a 和 b 为待定参数。

J_{max} 与温度的关系可由下式给出(Kim & Verma,1991):

$$J_{max}=\frac{a_1\exp[a_2(1/298-1/T_k)/R]}{1+\exp[a_3(1/a_4-1/T_k)/R]+\exp[a_5(1/a_6-1/T_k)/R]} \tag{12.30}$$

或由 Field (1983)的函数给出:

$$J_{max}=\frac{J_{max,25}\exp\left[\frac{E(T_k-298.2)}{298.2R}\right]}{\exp\left(\frac{710\ T_k-H}{RT_k}\right)+1} \tag{12.31}$$

式中:T_k 为叶温(K);a_1 为常数;$a_2\sim a_6$ 为待定参数;$J_{max,25}$为 25 ℃时的 J_{max},E 和 R 分别为活化能和气体常数。

12.2.4 光合作用的水分响应

水分是光合作用的原料之一,水分缺乏时光合速率会下降。水分对光合作用的影响是间接的。土壤中的水分变化影响叶片含水量,从而影响叶水势。叶水势对光合速率的影响是:随叶水势的降低,植物固定 CO_2 的效率或表观量子效率会明显下降。一般 C_3 植物要求水势必须保持在-0.8 MPa 以上才能维持叶片正常光合作用的水分需求。水分胁迫可通过增加 CO_2 气孔传导阻力和降低与光合作用有关的生化过程效率,使光合速率大大降低(Boyer, 1976)。

水分胁迫可导致 RuBP 羧化酶活性和 RuBP 再生速率的降低(Sharkey & Badger,1982;Sharkey & Seemann,1989)。Kim 和 Verma(1991)基于大量的实测数据,建立了最大羧化速率(V_{cmax})和最大电子传递速率(J_{max})与叶片水势(ψ_L)的经验方程,即

$$V_{cmax}=\frac{V_{cmax0}}{\{1+1\,000\exp[-3.5(\psi_L+3)]\}^{1/(1-m)}} \tag{12.32}$$

$$J_{max}=\frac{J_{max0}}{\{1+2\ 500\exp[-4.0(\psi_L+3)]\}^{1/(1-n)}} \tag{12.33}$$

式中：m，n 是方程参数；V_{cmax0}和 J_{max0}分别为 $\psi_L=0$ 时的 V_{cmax}和 J_{max}的值。

仅就气象环境条件的影响而言，在光照条件较充足，不构成限制因素时，温度（T）和大气饱和水汽压差（VPD）将会共同影响光合作用速率，如图 12.7 所示，光合速率（A_{net}）对温度和 VPD 的响应可以用三维趋势面来表示。

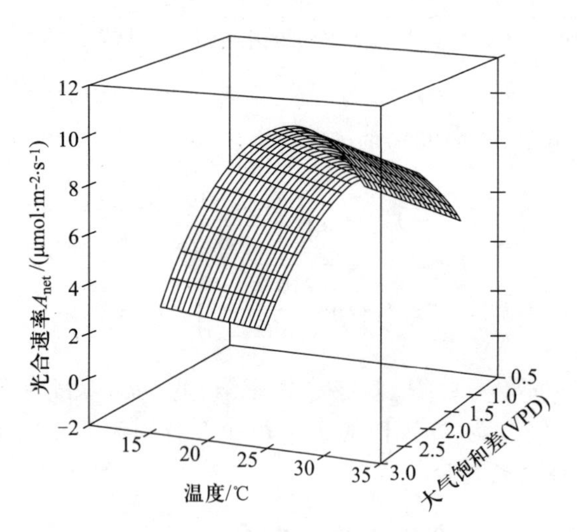

图 12.7　光饱和条件下（PPFD>750 μmol·m^{-2}·s^{-1}）光合速率（A_{net}）对温度和 VPD 响应的趋势（Sullivan *et al.*, 1996）

12.3　土壤呼吸的环境响应与过程机理模型

12.3.1　全球变化对土壤呼吸的影响

土壤是一个巨大的碳库，全球土壤的碳储量为 1.394×10^{18} g（Jenkison *et al.*, 1991），而森林土壤中的碳储量占全球土壤碳库的 73%（Post *et al.*, 1982）。根据估算，全球土壤 CO_2 的释放通量介于 68～77 Pg·a^{-1}（以 C 质量计）（Raich & Schlesinger, 1992; Raich & Potter, 1995; Field *et al.*, 1998），远远高于燃料燃烧释放的 CO_2 量（5.2×10^5 g·a^{-1}）（Fernandez *et al.*, 1993）。估计的土壤呼吸释放的 CO_2 通量大体上与净初级生产力（NPP）相一致，也与凋落物形成量的变动范围 50～60 Pg·a^{-1}（以 C 质量计）相符（Field *et al.*, 1998; Matthews, 1997），因而控制土壤呼吸，将会有效地缓和大气 CO_2 浓度的升高和温室效应。

土壤呼吸作为生态系统碳循环中的一个重要过程，是将植物光合作用所固定的碳再以 CO_2 形式返回大气的主要途径，是土壤与大气间 CO_2 交换的生物过程，是生态系统的碳同化和异化平衡的结果。土壤呼吸是一个复杂的生态学过程，包括土壤微生物呼吸、土壤动物呼吸和根呼吸三个生物学过程以及一个化学氧化过程（Singh & Gupta, 1977；崔骁勇等，2001）。这些过程一方面决定于土壤碳库内部属性，另一方面受到气候、土壤及生物等自然环境因素和人为因素等条件的综合制约（图 12.8）。这些因素基本上是通过影响有机质有效性和微生物生物量与活性来影响土壤的呼吸强度，而人为因素还可以通过对自然环境因素的作用而间接影响土壤呼吸。

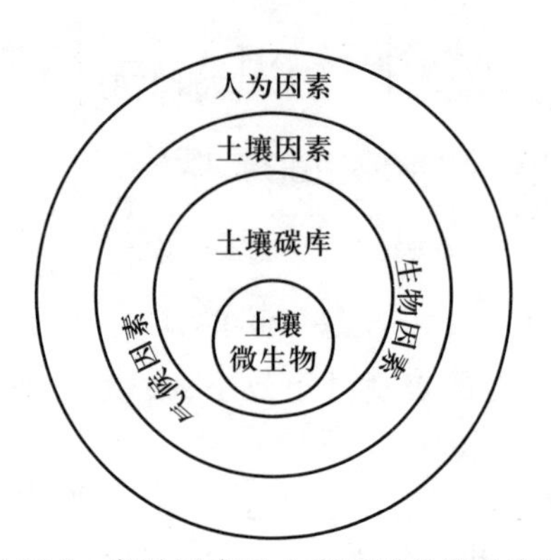

图 12.8　各种因素对土壤呼吸的影响作用

（1）土壤理化性质

土壤类型、土壤温度、土壤水分、土壤质地、土壤微生物的生物量及活性、有机质含量及透气性等土壤理化性质均会影响土壤呼吸。土壤类型比植物种类对土壤微生物的生物量和活性影响更大（Groffman *et al.*, 1996）。氮、磷等营养物质缺乏是很多自然生态系统的限制因子，在这种情况下温度升高或水分条件的变化对碳同化和异化过程的影响与养分充足时不同（Mukesh & Joshi, 1995）。土壤呼吸与土壤有机质（SOM）含量及其组成有关。一般将 SOM 分为活性组分、中间组分和惰性组分三种，不同组分对温度和 CO_2 浓度升高的响应不同（Townsend *et al.*, 1997）。在 CENTURY 模型中就将土壤呼吸的 80%归结为活性组分的分解，其余 20%

归结为中间组分的贡献(Schimel *et al.*, 1994a)。

(2) 温度升高

全球变化的直接效应之一是全球变暖,气温和土壤温度升高。很多模型都预测这种变化的结果可能导致土壤呼吸的增强,促进土壤的碳排放(Raich & Potter, 1995;Peterjohn *et al.*, 1994;Christensen *et al.*, 1997;Rustad & Fernandez, 1998),尤其是热带生态系统更为敏感(Seatedt *et al.*, 1994;彭少麟等,2002)。全球气候变化模型也预示全球变暖将会导致土壤碳含量的下降(Schimel *et al.*, 1994b;McGuire *et al.*, 1995)。一般来讲,在水分等不构成限制因素的条件下,温度升高将极大地促进土壤呼吸。全球温度升高会使分解作用受低温限制的地区(比如北方森林和苔原地区)减少,扩大全球土壤呼吸的范围,加快土壤中 CO_2 的释放。

(3) 大气 CO_2 浓度的升高

大气 CO_2 浓度的升高必然对土壤呼吸产生显著的影响。在其他因子不变的条件下,一定程度的大气 CO_2 浓度上升引起的施肥效应和抗蒸腾效应将有利于植物生长,从而增加植物的生物量;这必将引起植物凋落物向土壤传输量的增大,从而提高土壤的有机质输入量,其中一小部分保持未分解状态,导致生态系统中根密度增大、地下碳的分配量和储量增加(Thomas *et al.*, 1996),使土壤具有大气 CO_2 汇的功能(Van Veen *et al.*, 1991; 彭少麟等,2002)。由植物生产的有机物向根的分配,使植物生长量增长的最大部分常见于地下部即证明了这一点(Rogers *et al.*, 1994)。Harrison 等(1993)运用原料箱控制模型(a model with donor compartment control)研究发现,CO_2 施肥效应导致土壤储存更多的碳,CO_2 对植物生长的促进作用可解释大约 1/2 的大气 CO_2"失汇"。一些田间试验也表明,当植物生长在高 CO_2 浓度环境下时,土壤有机质增加(Wood *et al.*, 1991; Hungate *et al.*, 1997)。但是,另一方面微生物的生物量和活性受土壤有机质的有效性限制(Zak *et al.*, 1994)。如果土壤中的碳增多,将有利于微生物分解有机碳,增加土壤微生物释放的 CO_2 量。美国北卡罗来纳州的 CO_2 倍增试验(FACE 试验)表明,土壤毛细管中的 CO_2 浓度及土壤表面 CO_2 通量均比周围环境大约上升了 30%。其中约 30%~50% 的 CO_2 来源于根系活动,而其余的则来自土壤微生物(Bowden *et al.*, 1993; Andrews *et al.*, 1999;Allen *et al.*, 2000)。因此,大气 CO_2 浓度升高可以增大有机质对土壤碳库的输入,但同时也可能通过促进土壤呼吸而促进 CO_2 排放,加速地下碳的损失(彭少麟等,2002)。但在北方森林,由于低温抑制了分解作用,大量的植物凋落物被积累在土壤中(Schlesinger, 1977)。由此可见,气候变化和大气 CO_2 浓度升高与土壤碳吸收(carbon sequestration)之间的关系是高度相关的,并且是相当复杂的(彭少麟等,2002)。

大气 CO_2 浓度升高本身使土壤有机质增加,但其中的大部分又会通过微生物分解作用以 CO_2 的形式返回到大气圈。只有在分解作用受温度限制的地区,碳才能被截留并得以聚集,使土壤成为 CO_2 的汇(李玉宁等,2002)。但是在这些研究中尚存在不足,例如,对植物的响应及有机质分解速率的研究还没有考虑温度和水分限制的相互作用(彭少麟等,2002)。

(4) 土地利用变化

全球土地利用变化资料表明,在过去两个世纪里,陆地生态系统排放的碳总量占人类活动释放 CO_2 总量的一半(Houghton *et al.*, 1990;Schimel *et al.*, 1994b)。人类活动的影响主要体现在土地利用和土地覆被变化(LUCC)方面。目前,快速的人口增长要求作物的产量不断提高,在 21 世纪需要更多的土地转化为耕地(Fischer & Heilig, 1997)。而自然植被转化为农业用地时,植物凋落物的输入量较以前减少,而输出量则不断增大。根据 Houghton (1995)的估算,全世界在 1850—1990 年期间因土地利用变化而导致的 CO_2 释放总量为 120 Pg(以 C 质量计),年释放量由 1850 年的 0.4 $Pg \cdot a^{-1}$ 增加到 1990 年的 1.7 $Pg \cdot a^{-1}$;其中大约1/3的释放量是来自开垦所致的土壤有机质分解,其余 2/3 则是来自植物生物量氧化(燃烧或分解)。因此,需要加强和改进土壤管理,通过合适的管理实践来增加农业土壤中的碳储存和缓和大气 CO_2 浓度上升。

(5) 耕作措施

传统耕作的主要目的是改善有机质分解作用的条件(土壤透气和水含量),促进土壤呼吸,使土壤中保持的养分得以释放,满足作物养分的需求量,从而导致了土壤有机质含量的下降。另一方面耕作也破坏了土壤团聚体，使得被稳定吸附的有机质被暴露，从而加速了其分解的过程（Elliott，1986；Balesdent *et al.*，1990；Six *et al.*，1998）。研究表明，当将传统耕作转变为免耕之后，土壤团聚体的数量和稳定性明显增加，减少了团聚体内部有机质的分解作用，有机质的平均滞留时间增加了 1 倍左右（Balesdent *et al.*，1990；Six *et al.*，1998）。

12.3.2　土壤呼吸对温度变化的响应及其模拟

由于土壤呼吸的复杂性和研究方法的限制，关于土壤呼吸的过程和机理研究，特别是在区域甚至全球尺度上的研究工作还存在着很大的困难。因此，很多研究者根据已有的认识，结合观测数据，发展了很多不同形式的土壤呼吸模型，希望通过环境变量（如温度、水分等）的变化，来估算在全球气候变化条件下不同尺度生态系统的土壤呼吸及其响应。

土壤温度是控制土壤呼吸作用最为重要的环境因子之一，如果没有水分和养分的限制，生态系统净初级生产力（NPP）和有机质分解均可能随着温度的升高而提高（彭少麟等，2002）。Kirschbaum（1995）研究表明，有机质分解可能比 NPP 更易被全球变暖所促进。图 12.9a 和图 12.9b 分别为土壤呼吸随纬度的变化和土壤呼吸与年均温度的关系，从中可以明显看出温度升高对土壤呼吸的促进作用。

许多研究表明，土壤呼吸速率与地表温度或土壤温度之间具有显著的相关关系，一般可用线性函数、二次函数、指数函数、幂函数和对数函数等形式来描述（Fang & Moncrieff，2001），其主要的函数形式有

$$R_s = a + bT_{soil} \tag{12.34}$$

$$R_s = a + bT_{soil} + cT_{soil}^2 \tag{12.35}$$

$$R_s = a\exp(bT_{soil}) \text{ 或 } R_s = a\exp(bT_{soil} + cT_{soil}^2) \tag{12.36}$$

$$R_s = a(T_{soil} + 10)^b;\ R_s = b(T_{soil} - T_{soil,min})^2 \\ R_s = a(T_{soil} - T_{soil,min})^b \tag{12.37}$$

$$R_s = \frac{d}{a + b^{-[(T_{soil} - 10)/10]}} \tag{12.38}$$

或

$$R_s = \frac{d}{a + b^{-[(T_{soil} - 10)/10]}} + c \tag{12.39}$$

上述各式中：a、b、c 和 d 为参数；T_{soil} 为地表或土壤的温度，通常取地表或 10 cm 深度处的土壤温度，也有的研究者取 8 cm 深度处的土壤温度；$T_{soil,min}$ 为土壤呼吸开始时的最低温度；R_s 为土壤呼吸速率。

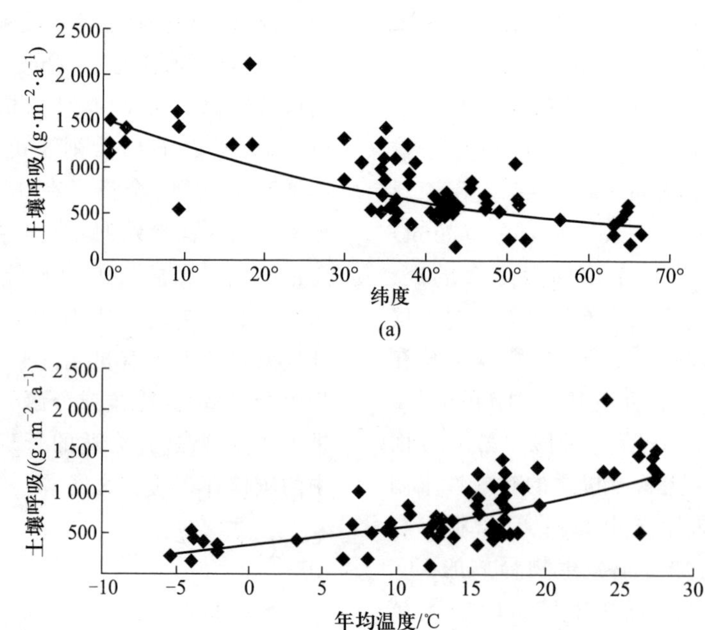

图 12.9　土壤呼吸与纬度和年均温度的关系（以 C 质量计）
（改自刘绍辉和方精云，1997）

在指数函数中，不同学者提出了不同的模型表达形式。其中 Arrhenius、Lloyd-Taylor 和 Van't Hoff 模型得到了广泛应用。Arrhenius 模型是一种机理性较强的生态系统呼吸模型，Qi 等(2002)和 Fagle 等(2001)采用的 Arrhenius 模型形式分别为

$$R_s = a\exp\left(-\frac{E_a}{RT_{soil}}\right) \tag{12.40}$$

和

$$R_s = R_{ref}\exp\left[\frac{E_a}{R}\left(\frac{1}{T_{ref}}-\frac{1}{T_{soil}}\right)\right] \tag{12.41}$$

式中：a 为拟合参数；E_a 为活化能($J\cdot mol^{-1}$)；R_{ref} 为参考温度下的土壤呼吸速率；R 是气体常数($8.314\ J\cdot mol^{-1}\cdot K^{-1}$)；$T_{ref}$ 和 T_{soil} 分别为参考温度和土壤温度(K)。Anthoni 等(2002)的研究中将参考温度 T_{ref} 设置为 10℃，式(12.41)简化为

$$R_s = R_{ref,10}\ \exp\left(\frac{E_a}{R}\left(\frac{1}{283.15}-\frac{1}{T_{soil}}\right)\right) \tag{12.42}$$

式中：$R_{ref,10}$ 表示 10℃参考温度下的土壤呼吸速率。

Lloyd 和 Taylor(1994)基于 Arrhenius 模型提出了 Lloyd-Taylor 模型。Qi 等(2002)和 Reichstein 等(2002)分别采用的 Lloyd-Taylor 模型形式为

$$R_s = R_{ref}\ \exp\left(-\frac{E_o}{T_{soil}-T_{ref}}\right) \tag{12.43}$$

和

$$R_s = R_{ref}\ \exp\left(E_o\left(\frac{1}{T_{ref}-T_o}-\frac{1}{T_{soil}-T_o}\right)\right) \tag{12.44}$$

式中：E_o 是不同于 E_a 的参数(K)；T_o 为温度拟合参数，一般取−46.02℃。

Swanson 等(2001)则利用 Arrhenius 和 Lloyd-Taylor 混合模型估算土壤呼吸，其中土壤表层和深层呼吸分别利用 Arrhenius 模型和 Lloyd-Taylor 模型描述为

$$R_s = R_{10,s}\ \exp\left(\left(\frac{E_{as}}{R}\right)\left(\frac{1}{T_{ref}}-\frac{1}{T_s}\right)\right) + R_{10,d}\ \exp\left(E_{od}\left(\frac{1}{T_{ref}-T_o}-\frac{1}{T_s-T_o}\right)\right) \tag{12.45}$$

式中：$R_{10,s}$ 和 $R_{10,d}$ 分别表示参考温度为 10℃时表层和深层的土壤呼吸速率；T_s 和 T_d 分别为表层(1 cm)和深层(10 cm)土壤温度；E_{as} 是表层土壤的活化能($J\cdot mol^{-1}$)；E_{od} 取 308.56 K；T_{ref} 和 T_o 分别取 10 和−46.02℃。方程中温度的单位均为 K。

Van't Hoff 模型的形式为

$$R_s = R_{ref}\ \exp(B_s(T_{soil}-T_{ref}))\text{ 或 }$$

$$R_s = R_{ref}\ \exp(B_s\ T_{soil}) \tag{12.46}$$

式中：$B_s = \ln(Q_{10})/10$，Q_{10} 被定义为 5~20℃，温度每增加 10℃时，呼吸速率增加的倍数。Q_{10} 是温度与土壤呼吸关系研究中的一个重要内容，也由此发展了许多“Q_{10} 模型”。Van't Hoff 模型可以写为 Q_{10} 的表达形式(Reichstein *et al.*, 2002; Drewitt *et al.*, 2002; Janssens *et al.*, 2003)

$$R_s = R_{ref}\ Q_{10}^{\frac{T_{soil}-T_{ref}}{10}} \tag{12.47}$$

由于 Q_{10} 能够直接反映土壤呼吸对温度的响应，决定了土壤呼吸的温度敏感性，有助于理解生态系统碳交换对全球气候变化的响应，因此通常被用于不同生态系统土壤呼吸对温度的敏感性或依赖性的评价，在全球碳循环研究中得到了广泛应用。在当前的生态系统碳循环模型中，Q_{10} 均作为常数出现(表 12.1)。这与大量研究所观测到的 Q_{10} 具有明显的变异性不一致。土壤呼吸的 Q_{10} 约为 2.0~2.4(Harvey, 1989; Raich & Schlesinger, 1992)，具有明显的时空变异性(Xu & Qi, 2001; Raich & Potter, 1995)和生态系统依赖性(Raich & Schlesinger, 1992)，高纬度地区的 Q_{10} 比低纬度的要高(Townsed *et al.*, 1992; Raich & Potter, 1995; 刘绍辉和方精云, 1997)，并且 Q_{10} 随着温度的升高而降低(Xu & Qi, 2001; Luo *et al.*, 2001; Drewitt *et al.*, 2002; Janssens *et al.*, 2003)。一般 Q_{10} 取 2.0 左右(Kirschbaum, 1995; Palmer-Winkler *et al.*, 1996; Kötterer *et al.*, 1998)。对表层碎屑样品以及寒冷气候区土壤的研究表明，土壤呼吸有最大的温度响应值(Lloyd & Taylor, 1994; Niklínska, 1999)，根呼吸对温度的响应显著，Q_{10} 值高达 4.6(Boone *et al.*, 1998)。由于 Q_{10} 一个小的变化就可能造成土壤呼吸通量估算中的显著差异(Qi *et al.*, 2002)，所以全球生态系统模型用不变的 Q_{10} 就会出现对土壤呼吸的错误估算，夸大或缩小生态系统呼吸的温度敏感性和对未来气候变化的响应。因此，Q_{10} 及其变异性的精确评价对于评估生态系统的碳收支及其不确定性至关重要。

表 12.1　不同生态系统呼吸模型中的土壤呼吸速率与 Q_{10}（改自 Qi *et al.*，2002）

模型	方程	Q_{10}	敏感性	参考文献
TEM	$R_s = Q_{10}^{T_{soil}/10}$	2	0.0693	Raich 等（1991）
Biome-BGC	$R_s = Q_{10}^{(T_{soil}-25)/10}$	2/2.4	0.0693/0.0875	Running 和 Hunt（1993）
Hadley Center	$R_s = Q_{10}^{(T_{soil}-25)/10}$	2/2.4	0.0693/0.0875	Cox（2001）
CASA	$R_s = Q_{10}^{(T_{soil}-30)/10}$	2	0.0693	Potter 等（1993）
Heimann	$R_s = Q_{10}^{T_{soil}/10}$	1.5	0.0693	Heimann 等（1989）

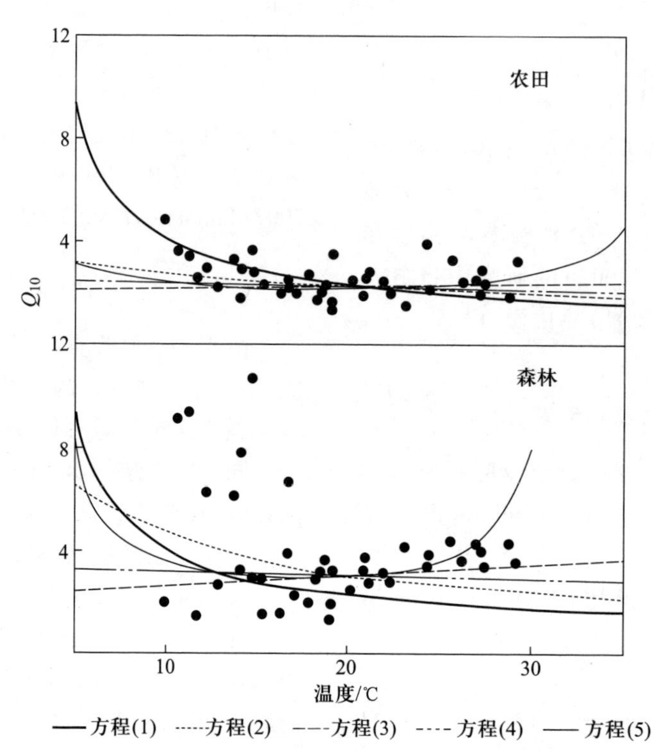

图 12.10　不同模型 Q_{10} 随温度的变化（改自 Fang & Moncrieff，2001）

图中方程 1—5 分别表示二次函数式（12.35）、幂函数式（12.37）、二次指数函数式（12.36）、Arrhenius 模型式（12.41）、Logistic 模型式（12.39）

Fang 和 Moncrieff（2001）通过对农田和云杉林土壤的室内培养，分析和评价了线性函数、二次函数、指数函数、幂函数和 Logistic 函数以及 Arrhenius、Lloyd-Taylor 和 Van't Hoff 模型等不同形式的温度-呼吸模型的模拟能力，并对不同模型计算的 Q_{10} 进行了对比分析。研究结果表明，虽然不同模型均和实验测定的土壤呼吸拟合性较好，但不同模型计算的 Q_{10} 之间存在明显差异。图 12.10 表明，二次函数（式（12.35））得到的 Q_{10} 在森林和农田两种土壤之间没有差异，且随着温度的升高而降低，但是这种模型仅仅是经验性的描述，无法提供机理性的解释。由二次指数函数（式 12.36）得到的 Q_{10} 随着温度的升高而增大，这显然与观测到的 Q_{10} 随温度的升高而降低的现象相反。Logistic 函数（式（12.39））得到的 Q_{10} 在温度较低时随着温度的升高而降低，而当温度较高时 Q_{10} 又随着温度的升高而升高。尽管在温度较低时，由 Arrhenius 模型得到的 Q_{10} 偏低，但 Arrhenius 模型可以较准确地反映 Q_{10} 随温度的变化，而且 Arrhenius 模型的生态系统过程和机理明确，适于土壤呼吸测定结果的分析和解释。同时 Fang 和 Moncrieff（2001）提出了式（12.37）中的 $R_s = a(T_{soil} - T_{soil,min})^b$ 经验方程，与 Arrhenius 模型相比，这种模型可以很好地估算温度较低时的 Q_{10}。

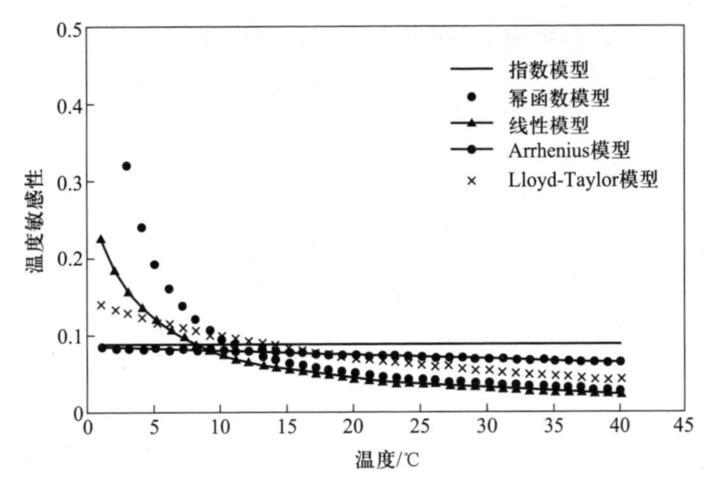

图 12.11　不同模型土壤呼吸温度敏感性随温度的变化(改自 Qi *et al.*,2002)

Fang 和 Moncrieff(2001)的研究表明,一次指数函数(如 Q_{10}模型)中的 Q_{10}是常数,不随温度发生变化,这与实际的观测不符。Qi 等(2002)对不同模型的温度敏感性所进行的分析也表明,与线性函数、幂函数、Arrhenius 模型和 Lloyd-Taylor 模型相比,Q_{10}模型的温度敏感性为常数,而其他模型均表现出温度敏感性随温度升高而降低的趋势,但在一定的温度变化范围内,Q_{10}模型的温度敏感性与其他模型相当(图 12.11)。因此,Q_{10}模型只适合于较小的温度范围,而其他模型因为考虑了土壤呼吸温度敏感性的变异性而可应用的温度范围较大。

12.3.3　土壤呼吸对土壤水分变化的响应及其模拟

在陆地生态系统中,水分的分布不仅决定了生态系统的分布,同时也影响植物的生物量、根系分布、微生物群落的组成和活性等,进而显著地影响土壤呼吸,以致对全球的碳循环产生深远的影响(Billings,1987;陈全胜等,2003)。生态系统的水分状况对土壤呼吸的影响可以分别从降水过程和土壤含水量两个方面的影响来讨论。

(1) 降水过程的影响

降水一方面是土壤水分最主要的来源,另一方面也会促进地上的有机残体随之向下运输,使之成为土壤呼吸重要的有机基质(Gupta & Singh,1981)。降水过程往往使土壤水分在短期内迅速增加,土壤的通透性、土壤溶液中可溶性和有机质的浓度等土壤理化性质也会发生相应的变化,而且不同植物根系和不同微生物对这些变化做出的反应可能各不相同,降水的不同形式及其强度的大小、历时的长短等都不可避免地对土壤 CO_2 排放速率产生或大或小的影响(陈全胜等,2003)。

降水过程对土壤呼吸的影响可分为两种,一是降水过程降低了土壤呼吸速率,如 Kursar(1989)在巴拿马潮湿的热带半常绿林观察到 1.7 cm 的降雨过后,土壤中产生的 CO_2 量较降水前减少了 29%;Cavelier 和 Peňula(1990)在对哥伦比亚一个雾林的土壤呼吸进行的研究中发现,被植被枝叶拦截的雾滴会沿着茎干注入或直接滴落到土壤中,这些增加到土壤中的水分会导致随后一天土壤释放的 CO_2 量的减少;Davidson 等(2000)在研究巴西亚马孙河流域东部的森林和草原的土壤呼吸的过程中也发现,大的降雨事件过后,土壤呼吸会受到明显的抑制。二是降水过程激发了土壤呼吸,Medina 和 Zelwer(1972)观察到,在热带落叶林的干季,零星降雨的 1~2 天内,土壤中产生的 CO_2 会有所增加;在 Pawnee 矮草草原,Clark 和 Clieman(1972)发现在一场大的降雨过程中,CO_2 的排放量增加了十几倍(由 1.02 $g\cdot m^{-2}\cdot d^{-1}$增加到 13.38 $g\cdot m^{-2}\cdot d^{-1}$);与此类似,Holt 等(1990)在澳大利亚昆士兰州北部发现,在旱季,大的降雨过后,土壤 CO_2 排放量较降雨之前增加幅度达 300%。

在湿润的生态系统,或有干湿交替季节变化的生态系统比较湿润的季节,降水事件对土壤呼吸可能会产生明显的抑制现象;而在干旱的生态系统,或干湿交替季节变化的生态系统比较干旱的季节里,降水事件可能会强烈地激发土壤呼吸(陈全胜等,

2003)。陈全胜等(2003)将降水过程影响土壤呼吸的机制总结为以下几个方面:

① 替代效应:大气降水沿着土壤孔隙下渗或侧渗,取代土壤孔隙中原先空气所占据的位置,包括 CO_2 等在内的气体在短时间内从土壤中迅速排出,Anderson(1973)、Orchard 和 Cook(1983)认为这是造成土壤 CO_2 排放量在旱季的雨后迅速增加的一个短时效应(1 h 内)。

② 阻滞效应:Cavelier 和 Peňula(1990)认为,降雨的水分在取代了土壤中 CO_2 占据的位置的同时,也会使土壤通透性变差,CO_2 在土壤中的扩散阻力因此而增大,导致雨后实际测定的土壤 CO_2 排放量减少。Rochette 等(1991)指出,在野外条件下,降水对土壤中 CO_2 扩散的限制会对土壤 CO_2 排放量产生极为重要的影响。

③ 对微生物活动的刺激效应:降雨过后,土壤中的水分会迅速增加,这会促进微生物的活动,呼吸量因此迅速增大。Anderson(1973)、Orchard 和 Cook(1983)把降雨对微生物活动和土壤中可溶性有机碳分解的促进作用看作另外的一个短时效应(1 h 内)。

④ 微生物生物量激增效应:Anderson(1973)、Orchard 和 Cook(1983)认为,土壤中的微生物数量会在雨后激增,这是造成雨后土壤中 CO_2 排放量增加的一个长时效应(1 天内)。

(2) 土壤水分的影响

植物和微生物的许多生命活动需要水分的参与,所以水分对于植物和微生物来说,是一个非常重要的环境因子。土壤呼吸是植物根系和土壤微生物生命活动的集中体现,但土壤水分和土壤呼吸之间的关系,不同的研究者在各自特定条件下所得出的结果有着较大差异(表 12.2)。

由于土壤呼吸的复杂性,只考虑一种温度因素不足以正确地描述土壤呼吸对环境的响应,水分(包括降水和土壤水分)、地上部生物量(如叶面积指数)、土壤理化性质(如 pH)和土壤有机质含量等因素对土壤呼吸都有显著的影响,因此在一些模型中考虑了这些因素的影响,但是现有的模型主要是考虑土壤温度与土壤含水量的综合影响。

Yu 等(2005)将 Q_{10} 表达为温度和土壤含水量的二次函数。利用 Q_{10} 模型很好地模拟了 ChinaFLUX 中的长白山温带混交林和千烟洲人工针叶林的生态系统呼吸,并分析和评价了干旱对生态系统呼吸的影响。

表 12.2 土壤呼吸与土壤水分之间的关系(改自陈全胜,2003)

地点	生态系统或群落类型	土壤呼吸与土壤水分的关系
美国威斯康星州南部	草原,玉米耕地	正相关,但不显著
美国华盛顿州东部	干旱草地	正相关,暮春、初夏极显著
美国佛罗里达州	*Slash pine* 松树种植园	无明显关系
美国缅因州	北方阔叶林	区域水平上无显著关系
美国马萨诸塞州	温带针阔混交林	8、9 月正相关,其余月份负相关
瑞典 Skogaby	挪威杉	与土壤水分无明显关系
意大利南阿尔卑斯	再生挪威杉林和草地	与土壤水分无明显关系
德国 Schlewig-Holstein	农业生态系统	正相关
巴西 Pará 州	森林和草地	负相关
中国锡林河盆地	羊草草原	正相关
中国锡林河盆地	大针茅草原	正相关
中国东部中亚热带	青冈林	正相关
	毛竹林	无明显关系
	茶园	正相关
美国加利福尼亚州北部	黄松幼林	当体积含水量<19%时正相关
		当体积含水量>19%时负相关

Richard 等(1998)提出的模型为

$$R_s = a+bT_{soil}+cW+dT_{soil}^2+eW^2+fT_{soil}W \quad (12.48)$$

式中:a、b、c、d、e、f 均是系数;T_{soil} 是土壤温度(℃);W 是土壤含水量(%)。

Drewitt 等(2002)提出的模型为

$$R_s = \frac{q}{a_1+q} \times \frac{a_2}{a_2+q} a_3 Q_{10}^{(T_{soil}-T_{ref})/10} \quad (12.49)$$

式中:a_1、a_2、a_3 是参数;q 是土壤含水量($m^3 \cdot m^{-3}$);T_{ref}是参考温度(10 ℃)。

Cox 等(1998)提出的模型为

$$R_s = S_1\left(\frac{q-S_2}{0.4-S_2}\right) \exp(S_3(T_a-25)) \quad (12.50)$$

式中:$S_1 = 17.8\ \mu mol \cdot m^{-2} \cdot s^{-1}$(以 CO_2 物质的量计);$S_2 = 0.2$,$S_3 = 0.062$ ℃$^{-1}$;T_a 是气温;q 是土壤含水量(%)。

Frank 等(2002)提出的模型为

$$R_s = -0.91-0.11T_a+(0.36+T_s)+4.79\ SWC \quad (12.51)$$

式中:T_a、T_s 分别是空气和土壤表面温度;SWC 是土壤水分含量。

Ouyang 和 Zheng(2000)提出的模型为

$$R_s = a(1-\exp(b\theta))$$
$$a = 0.2(T_{soil}-5)^{0.66}, b = 0.3e^{-0.5}T_{soil}+0.19 \quad (12.52)$$

式中:θ 是体积含水量。

Yang 等(2002)提出的模型为

$$R_s = 0.6323\exp(0.051\,2\ MAT)\min(R_w, R_d) \quad (12.53a)$$

其中,

$$R_w = 0.061\ PET_r^{0.7521} \quad 当\ PET_r<1.0$$
$$R_d = 0.0476\ PET_r^{-0.3305} \quad 当\ PET_r>1.0 \quad (12.53b)$$

$$PET_r = 58.73T_b/P$$

式中:T_b 是生物学温度;P 是降水量;MAT 是年平均温度,该模式适用于平衡态。Peng 等(1998)提出的模型为

$$R_s = 7.6401\exp(0.029\,2T_a)P^{0.171\,0}AET^{0.423\,1} \quad (12.54)$$

式中:T_a 是年平均气温(℃);P 是年降水;AET 是年实际蒸散。

另外,Verhoef 等(2000)考虑了植被要素对土壤呼吸的影响提出的模型为

$$R_s = aL_t\exp(bT_s) \quad (12.55)$$

式中:a, b 是常数(℃$^{-1}$);L_t 是叶面积指数;T_s 是土壤表面温度(℃)。

Lee 和 Jose(2003)考虑了细根(<2mm)产量,微生物生物量和土壤有机质含量的影响,提出了下列模型

$$R_s = a+b(FRP)+c(MB)+d(SOM)+e(pH) \quad (12.56)$$

式中:a、b、c、d、e 均是参数;FRP 是细根(<2 mm)产量($g \cdot m^{-2} \cdot a^{-1}$);MB 是微生物生物量(mg/kg 干土壤);SOM 是土壤有机质含量(%)。

12.4 陆地生态系统碳循环和碳交换量的评价模型概要

12.4.1 生态系统碳循环模型概要

关于陆地生态系统碳循环和碳交换量的评价模型研究,自 20 世纪 50 年代 Craig(1957)在全球碳循环模式中用两个储库来模拟陆地生态系统的碳平衡以来,经过 Emanuel(1984, 1985)对陆地生态系统在全球碳循环中的作用模式的早期探索,陆地生态系统碳循环模式研究得到了极大的发展,被认为是进行大尺度生态系统碳通量估计的有效途径(woodward *et al.*, 1995; 汪业勖,1998)。这是因为:

① 目前对碳交换通量的观测点较少,且分布不均匀,无法通过实际观测数据的内插或外推方法来估计邻近点的通量值,进而估计大区域的碳通量空间格局,同时这个通量与气候等环境要素的关系密切,仅仅利用简单的测定值无法评价通量数值随时间的变化;

② 碳循环模式可以有效地综合已知的有关陆地生态系统碳循环的基本生态学理论(如光合、呼吸、凋落死亡、分解等过程及其与环境要素之间的关

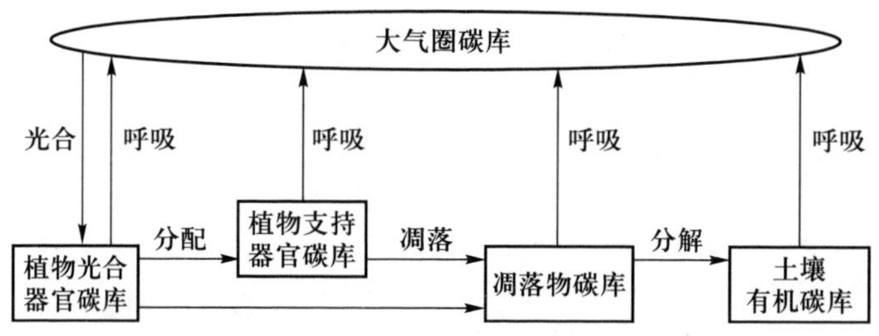

图 12.12 陆地碳循环模型的基本结构(延晓冬,2004)

系),将其概括成严密的系统动力学模拟系统,实现对不同时段、不同区域、国家乃至全球尺度生态系统碳收支状况的评价,这是估计区域尺度生态系统碳平衡的时间和空间格局特征的较为方便的技术途径。

通过对现有陆地生态系统碳循环模型的综合考察,延晓冬(2004)给出了如图 12.12 所示的陆地碳循环模型的基本结构(陈泮勤,2004)。由此可以看出,陆地生态系统碳循环模型研究的重点是对生态系统光合作用、异养呼吸和自养呼吸的过程以及这三个过程与大气圈相互作用的精细刻画,这在本章的第 2 节和第 3 节中已经做了系统性的说明。

植被-大气系统的碳交换模型及以此为基础的陆地生态系统区域模式的开发与改良,一直是生态系统碳循环研究的重要内容,也是通量观测的目的之一,得到了生物物理、生物化学和生物地理等学科领域的普遍关注,他们从各自的科学领域都推出了大量的模型(详见于贵瑞等,2003;陈泮勤等,2004)。区域尺度的碳循环模型开发主要有自下而上(bottom-up)和自上而下(top-down)两种基本途径(于贵瑞等,2003),为了缩短单个模式的发展历程,加速模式的发展,国际上组织了大量的模型对比实验,成为模型发展的重要途径之一(于贵瑞等,2003)。根据现有模型结构的差异,陆地生态系统碳循环模型大致分为两大类,即基于静态植被的生态系统碳循环模型和基于动态植被的生态系统碳循环模型(延晓冬,2004)。于贵瑞等(2003)在《全球变化与陆地生态系统碳循环和碳蓄积》中,系统地评述了陆地生态系统碳循环模型的发展,并且较详细地讨论了经验-半经验模型、基于植物生理化学机制的光合作用模型、基于生态学过程的生物地理模型、基于生态学过程的生物地球化学模型以及生态系统碳循环的生物物理模型的发展与问题,还讨论了 GIS 和 RS 技术在碳循环模型中的应用等问题。陈泮勤等(2004)在《地球系统碳循环》中分别就森林、草地、农田、湿地、内陆水体和海洋碳循环模型的发展进行了较全面的评述。在上述两部专著中所讨论的许多模型都与生态系统的碳、水和能量通量有关,可供读者参考。目前用于评价生态系统植被-大气间碳交换量的模型主要有基于植被-气候关系的碳交换模型、基于土壤-植物-大气系统的物质和能量传输过程的生物物理模型、生物地球化学模型以及通过卫星遥感技术反演物质和能量传输过程关键参数或变量的遥感模型等多种类型。

12.4.2 生态系统与气候系统相互作用模型的发展

区域或全球尺度的生态系统与大气间的碳、水和能量交换通量的评价和预测必须依赖于对生态系统与气候系统相互作用关系的理解,需要陆地表面生态过程与大气环流模式的有机结合。自 20 世纪 70 年代以来,生态系统与气候系统相互作用模型研究经历了 5 个发展阶段:

(1) 大气环流模型中引入陆面过程参数系统的研究阶段

在 20 世纪 70 年代,生态系统与气候系统相互作用模型研究的重点是将陆面过程参数系统引入到第一代大气环流模型之中,研究了地面反射率、粗糙度和土壤湿度变化对气候的作用。这些参数系统的引入大大地改善了大气环流模型对地面蒸发、显热、潜热、水汽汇集和降雨的估计,但是该阶段的研究工作仍然是把地面与大气之间的能量和水汽交换作为纯物理过程来模拟,因而不能现实地估计植被-土壤系统变化的气候效应。

(2) 大气环流模型与生物物理模型相连接的研究阶段

20 世纪 80 年代开始,科学家们开始注意陆面生物物理模型与第二代大气环流模型的连接,主要研究生物物理过程对地面能量转化和水文循环的影响。生物物理模型考虑植被形态特征（如冠层结构、根系深度、叶面积）和生理过程（植物生长水势和气孔传导等）对蒸腾、蒸发和热量交换的影响，以模拟植物-土壤-大气连续体的水热交换过程。这些模型应用了 20 世纪 70 年代大规模资源调查所提供的植被分布、土壤类型和土地利用数据，对区域蒸腾、蒸发、降雨和径流做出了比较现实的估计，分析了森林砍伐、作物种植、农田灌溉和沙漠化的气候效应，揭示了植被类型和覆盖率与区域气候的密切关系，证实了生态系统变化确实能够影响区域及更大尺度的气候特征。

（3）大气环流模型与生物地球化学循环模型连接的研究阶段

自 20 世纪 90 年代开始，模型研究更加重视大气环流模型与生物地球化学循环模型的连接，关注生物地球化学循环对气候变化的反馈作用。大气 CO_2 平衡的研究发现，大气中 CO_2 积累量和海洋对 CO_2 的吸收量之和小于人为活动实际排放的 CO_2 总量（Tans *et al.*, 1990），同时大气 CO_2 浓度增长、气候变暖和大气氮沉降可能会提高植物光合速率和生产力，人们据此推测陆地生态系统可能成为大气 CO_2 浓度的重要的汇。全球生物地理模型（Prentice *et al.*, 1992; Neilson, 1995）和生物地球化学模型（Parton *et al.*, 1993; Raich *et al.*, 1991）相继出现，人们开始将第三代大气环流模型与生态系统模型、大尺度的空间和时间动态数据库相连接，来研究气候过程与生态系统过程（如气孔传导、蒸腾作用、光合作用、土壤分解、植被组成和分布的变化等）的相互作用关系，定量分析生态系统对气候变化的响应和反馈（Melillo *et al.*, 1993; Prentice *et al.*, 1992; Smith & Shugart, 1993）。

（4）大气环流模型与动态全球植被模型连接的研究阶段

近年来，为了充分研究植被和气候系统之间的相互作用机制，模型研究开始耦合大气环流模型和动态全球植被模型（毛嘉富等，2006）。动态全球植被模型能够同时模拟陆地表面物理过程、冠层生理过程、植被动态过程、碳循环和氮循环等过程，还能同时模拟全球气候变化和人类扰动（如土地利用/土地覆盖变化）等各种情景下植被的动态响应和植被功能型的变化，因此适用于研究大尺度上陆地生态系统对环境变化的响应和反馈。将动态全球植被模型与大气环流模型相耦合，能够在全球气候系统模式中体现生态系统的直接反馈过程，模拟不同时间尺度上生态系统与气候系统之间的相互作用机制，评估陆地碳库、碳通量以及 CO_2 施肥效应、大气氮沉降、气候变化、生态系统扰动等的可能影响。

（5）跨尺度-多过程模型综合集成的研究阶段

以往的观测与模型研究主要侧重在各尺度或少数过程上分别进行，缺乏对不同尺度生态系统过程相互作用的机理研究。当前碳循环模型的发展趋势为：

① 建立全球碳循环动态模型，并更加注重碳循环的机理过程，模拟从几十年到几个世纪的不同时间尺度上的碳循环动态（Walker & Steffen, 1997; Cramer *et al.*, 2001; Bonan, 2008）。全球动态植被模型（DGVM）中就已包括了陆地表面模块、植被气候模块、植被动态模块和碳平衡模块等组成部分（Walker & Steffen, 1997）。各个模块在不同的时间尺度（从 1 小时到 1 年）上运行，不同的模块之间通过物质、能量和水分交换相互作用。其中叶面积指数关系到植物的光合、呼吸、水分、植被特性及其反馈作用，是模型模拟和尺度转换中的重要变量。

② 从单一碳循环模拟向碳、氮、磷等多种元素循环相耦合模拟发展。陆地生态系统碳循环与氮、磷等营养物质循环之间往往具有复杂的耦合关系，生态系统中不同元素之间处于相互制约的平衡关系（Townsend & Rastetter, 1993; 于贵瑞等，2013）。在多种时间尺度上碳循环都与其他元素的循环相关联，特别是氮、磷和硫（Hudson, 1994），而正是这些循环的相互作用构成了生态系统的主要功能。研究表明，可利用氮的不足将限制生态系统碳的吸收和存储（Walker & Steffen, 1997）。因此，碳循环模型中必须直接或间接地模拟其他营养元素对碳循环的影响。

③ 开始注重土地利用与土地覆盖变化对碳循环的影响。由于人口的急剧增长，人类活动导致的土地利用与土地覆盖变化对陆地碳循环的影响更为突出，特别是引起大量的碳排放。当前，对未来土地利用与土地覆盖变化模式的预测仍是碳循环模拟中的主要不确定因素，并已成为碳循环模型研究的新热点（Leemans, 1995, 1997; Di Vittorio *et al.*, 2014）。

④ 多尺度观测数据－模型融合系统（Data-Model Fusion System）的发展与应用。传统生态模型的建立以单一尺度、零散（少量和非系统）的试验和观测数据为基础，而今后的生态系统模型的建立将应用多尺度、大量的试验和观测数据，构建多尺度数据－模型融合系统（Heimann & Kaminski，1999；Luo *et al.*，2003；White & Luo，2002；Zhang *et al.*，2010；曹明奎，2004；张黎等，2009；任小丽等，2012；于贵瑞等，2014）。随着实验技术的不断发展（如涡度相关技术、高分辨率遥感应用），可以获取不同尺度上的各种数据，如 CO_2 净交换通量、NDVI、叶面积指数、有效辐射吸收和植被生产力等；同时，野外控制实验也从单因素向多因子交互作用过渡，研究对象主要集中在生态系统碳、氮、水及其他养分循环和能量流动及生态系统结构和功能的动态变化，并与自然环境梯度或陆地生态系统样带方法相结合（于贵瑞等，2011）。应用这些数据，可以验证和检验模型在不同尺度上的有效性。最终，数据－模型融合将应用动态观测数据对模型模拟进行连续驱动、检验和引导，现实地预测和预报生态系统动态变化。

12.4.3 我国生态系统碳循环和碳通量模型研究进展

我国陆地碳循环模型研究始于20世纪80年代，但主要是静态模型，关于动态模型的研究进展缓慢，大多数用于全球变化研究的动态模型是根据生态系统的特点对国外有关模型的改进（周广胜等，1997）。静态模型主要是有关中国自然植被净初级生产力估算的模型，例如，周广胜和张新时（1995）根据植物的生理生态学特点和区域蒸散模式建立了植物初级生产力模型。同时，森林植被生产力和生物量估算模型较多（刘兴良等，1997；李文华和罗天祥，1997），但是大部分是根据经验关系和实测数据建立的区域统计相关模型，没有研究全球变化和植被之间的响应关系，不能解释其中的反馈关系和植物的生理反应机制。

随着各项研究工作的深入，我国科学家也开始建立了一些陆地表层碳循环模型。康德梦等（1992）通过建立碳循环的微分方程组，得到碳元素的数学模式，通过解算碳循环动态模式，核算碳储量的变化。由于该模式建立的是一组微分方程组，求解时需要相应的初始条件，因此，需计算某一年的存储量作为初始条件。虽然利用该模型计算了1986年中国大陆碳素的存储量及其年通量，并对模型进行了敏感性分析，但是模型没有考虑陆地表层碳循环过程中的反馈机制，仅仅考虑碳循环中的流通率，无法研究大气与陆地之间的各种相互关系和作用。仪垂祥（1994a，b）采用非线性方法建立了陆地表层碳循环和能量循环的耦合动力学理论框架，研究陆地碳循环与气候变化的反馈过程，确定这种反馈响应过程的机制。延晓冬和赵士洞（1995）使用分室模型，通过合理模拟落叶阔叶林和常绿针叶林对光的竞争和光合产物的分配，建立了温带阔叶红松林生态系统的碳循环模型；该模型依据每天的碳平衡计算得到任一时刻的各分室的碳储量变化，考虑了植物的光合作用过程，是一个机理性的动态模型。陈育峰和李克让（1996）利用开发的林窗模型FOREC在气候－森林响应过程敏感性研究的基础上，将全球变化作为扰动加入到模型之中，模拟森林群落在组成结构以及生物量等方面的可能变化。模拟结果与实际状况基本吻合，说明该模型在研究森林群落演替和生物量的影响上是可行的。肖向明等（1996）将著名的CENTURY模型应用到内蒙古典型草原生态系统，利用实测资料检验了该模型，并模拟了羊草草原和大针茅草原的生物量动态和土壤有机质含量及其对未来气候变化的反应。方精云等（1996a，b）根据各种文献，估算了中国陆地生态系统的碳库和碳通量，对中国陆地生态系统碳循环的各个构成要素进行了研究，在此基础上，发展了一个中国陆地生态系统碳循环模式，然而仅仅是一个碳库和碳通量的模式流程图，并不是一个真正意义上的碳循环模型。徐德应研制了用于中国森林碳储量计算以及土壤利用方式改变碳排放的计算模型（CARBON），该模型可分区、分林种计算中国森林碳存储的分布和变化（聂道平等，1997）。李忠佩和王效举（1998）采用双组分模型模拟土地利用方式变更后土壤有机碳储量的变化，并用一些调查和检测数据进行了初步验证。此双组分模型将土壤有机碳分为新形成的有机碳和原有有机碳两个部分，每个组分有机碳的形成转化用一级动力学方程描述，此方法适用于模拟不同土壤类型下土地利用系统变更初期的土壤有机碳动态变化过程；但实际上该模型是根据经验关系建立的统计相关模型，没有考虑温度、水分在土壤有机碳动态变化过程中的反应，也未解释土地利用和土地覆盖变化中各个过程的反馈机制和相互作用。但是，上述模型仅仅针对表层碳循环的某一环节进行研究,并没有建立完整的碳循环过程模型,有的模型对地表的复杂性又过于简化,忽略了微地貌对碳循环的影响,而且没有考虑人为活动对陆地碳循环的影响,模拟预测的功能较弱,并且尚未分析中国陆地生态系统碳储量对气候变化的响应。

但是近些年来,我国也拥有了具有自主知识产权的生态系统碳循环模型,如 AVIM 模型(Ji, 1995)、CEVSA 模型(Cao *et al.*,1998)、EPPML 模型(张娜等, 2001, 2003a,b,c,d,e)。其中 AVIM 模型是一个大气-植被相互作用模式,由一个陆面过程模块和一个植被生理生长模块构成。两个过程形成了不可分割的整体,大气和植被间的相互作用建立在完全动态、内部协调的互动过程基础之上。AVIM 模型更为突出的一个特点是,植被的季节变化不是人为给定的,而是模式中一系列生理过程的结果。该模型已在青藏高原区域得到应用,并参与了国际上的模型比较计划,取得了较好的模拟结果。关于 EPPML 模型和 CEVSA 模型将在第 12.5 节和第 12.6 节详细介绍。

综上可见,我国在陆地生态系统碳循环和地表过程模型研究方面也取得了一些重要进展。但总体而言,模型的研究尚处于发展阶段,与国际水平相比还具有一定的差距,对中国陆地生态系统碳循环过程以及生态系统与气候变化相互作用的研究还需要不断深入。此外,碳循环模型的研究工作还应针对不同空间尺度和时间尺度碳循环的多尺度、多层次的综合研究,并且要结合全球大气环流模型来考虑多种生态类型和气候变化的反馈。

2011 年,中国科学院启动了"应对气候变化的碳收支认证及相关问题"的战略性先导科技专项;其中,生态系统固碳任务群在中国森林、灌丛、草地和农田生态系统约 16000 个野外样地进行了系统的野外调查,并开展了四大生态系统类型及全国尺度碳循环模型的发展和验证(方精云等,2015)。2015 年,启动了国家 973 计划"人类活动与全球变化相互影响的模拟与评估"项目,正在进行人类活动模型与碳循环模型的耦合,以及陆地碳循环模型与气候模式的耦合。

12.4.4 陆地生态系统碳循环模型的不确定性

陆地生态系统碳循环模型是模拟生态系统关键过程,进行时间和空间上连续的碳通量估计的有效途径,估计和预测不同尺度碳收支格局和变率的有效手段(Cao *et al.*, 2005),促进了人们对生态系统碳循环时空变化的认识。但由于模型结构的复杂性,以及模型参数和输入数据的误差,导致碳循环模型模拟不可避免地存在一定的不确定性(Lin *et al.*, 2011, Ren *et al.*, 2013, He *et al.*, 2014)。

(1) 模型结构的不确定性

由于人们对生态系统关键过程及其控制机制的认识仍不完备,因此模型都是在一定的假设和主观判断下对现实世界进行简化而得到的。因此,模型结构本身存在局限性,这会带来模型的代表性误差(即模型的模拟变量与观测变量并不具有完全相同的生态学意义),使得模型模拟结果不可能准确地模拟生态系统过程,而是一种近似。随着人们对生态系统关键过程的理解不断深入,模型结构也会不断完善,逐渐接近其真实情况。

(2) 模型参数的不确定性

模型参数取值的确定也是一个难点。通过试验或观测获取是最佳和最可靠的途径,但是有些参数只能在较小尺度上观测,有时需要将其直接应用或转换到较大尺度上,在观测和尺度转换过程中都存在不确定性(Braswell *et al.*, 2005)。而有些参数可能无法观测或条件不允许,因此大多数模型参数和初始状态变量的取值只能通过查阅相关文献得到;有些文献发表的数据是观测得到的,而也有一部分是通过模拟或反演得到的,这样可能导致参数值不合理,从而影响模型模拟结果。

(3) 驱动数据的不确定性

模型的驱动数据通常是环境变量,如温度和降水等。这些数据在观测的过程中难免会产生系统误差和随机误差;观测的假设条件不具备或仪器设备故障、人为干扰等还会造成数据的不完整性;观测数据与模型驱动数据的尺度不匹配问题也不容忽视,如果数据观测尺度与模型所需数据的尺度并不一致,数据对于模型来说代表性就会比较差。尺度转换是解决这个问题的一个方案,但由于生态系统不同尺度的过程往往不是简单的线性关系,而是复杂的非线性关系,因此尺度转换至今仍是尚未完全解决的核心问题。

12.5 生态系统尺度的通量模型

生态系统尺度的碳通量模型主要是依据土壤-植物-大气系统的物质传输和能量交换构建的，主要考虑植物的光合作用和生态系统的自养和异养呼吸过程。国际上对生态系统尺度的通量模型的开发与应用已经取得了很大的进展，各种类型的模型不断涌现，这里仅介绍几个代表性的模型，供读者参考。

12.5.1 基于气孔行为的光合-蒸腾耦合模型

通过植物的光合作用和蒸腾作用进行的土壤-植被-大气系统之间的物质和能量交换信息是定量评价植物生产和植被-大气之间相互作用的基础。水汽的扩散和 CO_2 的吸收是同时通过植物气孔进行的两个过程，气孔的开闭运动同时控制着光合和蒸腾。因此，基于对气孔行为控制的光合和蒸腾的生理机制的综合理解，开发基于气孔行为的光合-蒸腾耦合模型是建立生态系统水-碳通量模型的基础。Yu 等(2001, 2003)开发了一个适合 C_3 和 C_4 植物的基于气孔行为的光合-蒸腾耦合模型(SMPTSB)。该模型不仅可以直接评价植物的光合作用速率和蒸腾速率，还可以用于评价植物的水分利用效率(water use efficiency, WUE)。模型由蒸腾作用和光合作用模型、气孔和内部导度模型、光合-蒸腾耦合模型和水分利用效率模型四部分组成。

(1) 蒸腾作用和光合作用模型

叶片表面的 CO_2 和 H_2O 通量是由大气、植被、土壤中的许多因子共同决定的。根据电学类比原理，水的通量(蒸腾速率)可以表示为

$$T_r = \frac{W_i - W_a}{r_{bw} + r_{sw}} = \frac{g_{bw} g_{sw} (W_i - W_a)}{g_{bw} + g_{sw}} = g_{tw} (W_i - W_a) \tag{12.57}$$

式中：T_r 为蒸腾速率($mol \cdot m^{-2} \cdot s^{-1}$)；$W_i$ 是气孔内水汽的摩尔分压($mol \cdot mol^{-1}$)；W_a 是大气中水汽的摩尔分压($mol \cdot mol^{-1}$)；r_{bw} 和 g_{bw} 分别为边界层对水汽的阻力($m^2 \cdot s \cdot mol^{-1}$)和导度($mol \cdot m^{-2} \cdot s^{-1}$)；$r_{sw}$ 和 g_{sw} 分别为气孔对水汽的阻力($m^2 \cdot s \cdot mol^{-1}$)和导度($mol \cdot m^{-2} \cdot s^{-1}$)；$g_{tw}$ 为水汽通过气孔和边界层扩散的总导度($mol \cdot m^{-2} \cdot s^{-1}$)。

CO_2 通量，或净光合速率 P_n($\mu mol \cdot m^{-2} \cdot s^{-1}$)一般可以表示为

$$P_n = \frac{C_a - C_i}{r_{bc} + r_{sc}} = \frac{g_{bc} g_{sc} (C_a - C_i)}{g_{bc} + g_{sc}} = g_{gc} (C_a - C_i) \tag{12.58}$$

式中：C_a 为环境 CO_2 浓度($\mu mol \cdot mol^{-1}$)；C_i 为胞间 CO_2 浓度($\mu mol \cdot mol^{-1}$)；r_{bc} 和 g_{bc} 分别为边界层对 CO_2 的阻力($m^2 \cdot s \cdot mol^{-1}$)和导度($mol \cdot m^{-2} \cdot s^{-1}$)；$r_{sc}$ 和 g_{sc} 分别为气孔对 CO_2 的阻力($m^2 \cdot s \cdot mol^{-1}$)和导度($mol \cdot m^{-2} \cdot s^{-1}$)；$g_{gc}$ 是 CO_2 通过气孔和边界层扩散的气态导度($mol \cdot m^{-2} \cdot s^{-1}$)，即

$$\frac{1}{g_{gc}} = \frac{1}{g_{sc}} + \frac{1}{g_{bc}} \tag{12.59}$$

考虑到由蒸腾作用引起的气孔内部的相互作用，Jarman(1974)与 von Caemmerer 和 Farquhar(1981)对方程(12.57)进行了修正：

$$T_r \left(1 - \frac{W_i + W_a}{2}\right) = \frac{g_{bw} g_{sw} (W_i - W_a)}{g_{bw} + g_{sw}} \tag{12.60}$$

对水汽扩散的总导度 g_{tw} 可以用下式计算：

$$g_{tw} = \frac{g_{bw} g_{sw}}{g_{bw} + g_{sw}} = \frac{T_r (1 - (W_i + W_a)/2)}{W_i - W_a} \tag{12.61}$$

同理，方程(12.58)变为

$$P_n = \frac{g_{bc} g_{sc} (C_a - C_i)}{g_{bc} + g_{sc}} - \frac{C_a + C_i}{2} T_r \tag{12.62}$$

方程(12.58)和方程(12.62)表明，对净光合速率的控制是由气孔和边界层对 CO_2 的供应产生的，因此，这些方程通常称为植物同化作用的“供应函数”(Leuning, 1990, 1995; Jones, 1992)。但实际的净光合速率不仅仅决定于气态的扩散，还要受叶肉中的生物化学和光化学过程的控制，例如，光反应、暗反应，甚至是磷的供应。在模拟生化和光化学效应的过程时，Farquhar 等(1980)的生化模型及其改进形式被广泛应用。这些模型表明净光合速率是由生物化学和光化学过程中的 CO_2 需求控制的，因此通常被称为植物同化作用的“需求函数”(Leuning, 1990, 1995)。为了实现评价生化和光化学过程对净光合速率调节作用表达式的简化，SMPTSB 模型使用的是 Jones(1992)提出的另一种“需求函数”的

形式，即

$$P_n = g_{ic}(C_i - \Gamma_*) = \frac{C_i - \Gamma_*}{r_{ic}} \tag{12.63}$$

式中：Γ_* 为无暗呼吸时的 CO_2 补偿点（μmol·mol^{-1}）；g_{ic} 被定义为内部导度（mol·m^{-2}·s^{-1}）；其倒数（r_{ic}）被定义为内部阻力（m^2·s·mol^{-1}）。

忽略进出气孔的水分子之间的相互作用，同时考虑"供应函数"和"需求函数"，净光合速率模型可以写成

$$P_n = \frac{(C_a - \Gamma_*)}{r_{bc} + r_{sc} + r_{ic}} = g_{tc}(C_a - \Gamma_*) \tag{12.64}$$

式中：g_{tc} 为 CO_2 同化的总导度（mol·m^{-2}·s^{-1}）。

（2）气孔和内部导度模型

关于气孔导度模型，SMPTSB 模型采用了经 Leuning 等修正的 Ball-Berry 光合速率–气孔导度关系的半经验方程

$$g_{sw} = g_0 + a_1 P_n f(D_s)/(C_a - \Gamma) \tag{12.65}$$

式中：Γ 为 CO_2 补偿点；$f(D_s)$ 为气孔导度对湿度响应的一般函数。不同学者已经提出了多种函数来表达这种响应（Ball *et al.*, 1987；Lloyd, 1991；Lohammer *et al.*, 1980；Collatz *et al.*, 1991；Leuning, 1995），较有代表性的是

$$f_1(D_s) = h_s \tag{12.66a}$$

$$f_2(D_s) = D_s^{-1} \tag{12.66b}$$

$$f_3(D_s) = D_s^{-1/2} \tag{12.66c}$$

$$f_4(D_s) = 1 - D_s/D_0 \tag{12.66d}$$

$$f_5(D_s) = (1 + D_s/D_0)^{-1} \tag{12.66e}$$

式中：h_s 为相对湿度；D_s 为叶面饱和水汽压差（hPa）；D_0 为实验常数。因为叶面的 D_s 较难直接测定，通常用冠层内的饱和水汽压差 D_e 来代替（Yu *et al.*, 2003）。

依据方程（12.63），内部阻力 r_{ic} 可以表示为下面的形式：

$$r_{ic} = 1/g_{ic} = (C_i - \Gamma_*)/P_n \tag{12.67}$$

（3）光合–蒸腾耦合模型

方程（12.58）还可以另一种形式来表达，即

$$P_n = (C_a - C_i)/r_{gc} \tag{12.68}$$

其中，$r_{gc} = r_{bc} + r_{sc}$。由于水和 CO_2 的分子量不同，其扩散速率也有差异，两者导度关系为 $g_{sw} = 1.56 g_{sc}$，$g_{bw} = 1.37 g_{bc}$，联立方程（12.65）与（12.68），得

$$C_i = C_a - \frac{1.56 P_n}{g_0 + a_1 P_n f(D_s)/(C_a - \Gamma)} - 1.37 P_n r_{bw} \tag{12.69}$$

方程（12.68）和（12.69）中的 g_0 还可以看作是角质层对水汽的导度，且 $g_0 \ll g_{sw}$。因此，当考虑通过气孔的 CO_2 扩散时，g_0 通常可以忽略。如果假定 g_0 可以忽略，将方程（12.69）代入方程（12.63）或将方程（12.64）与方程（12.65）联立，就可以得到一个基于气孔行为的估算 CO_2 同化的耦合模型为

$$P_n = \frac{(C_a - \Gamma_*) - 1.56(C_a - \Gamma)/[a_1 f(D_s)]}{1.37 r_{bw} + r_{ic}} \tag{12.70}$$

Γ_* 与叶温有关，在 SMPTSB 中采用了一个经验的二次多项式（Brooks & Farquhar, 1985）来描述 C_3 作物 Γ_* 与叶温 T_L（℃）的关系，即

$$\Gamma_{*c3} = 42.7 + 1.68(T_L - 25) + 0.012(T_L - 25)^2 \tag{12.71}$$

依据 Woodward 和 Smith（1994），C_4 植物和 C_3 植物 Γ_* 之间的关系为

$$\Gamma_{*c4} = 0.1 \Gamma_{*c3} \tag{12.72}$$

在田间试验条件下，Γ_* 与 Γ 之间的差异不大（Yu *et al.*, 1999），因此，方程（12.70）又可以简化为

$$P_n = \frac{(C_a - \Gamma_*)[1 - 1.56/(a_1 f(D_s))]}{1.37 r_{bw} + r_{ic}} \tag{12.73}$$

将方程（12.65）代入方程（12.57），即可得到估算蒸腾速率 T_r（mol·m^{-2}·s^{-1}）的耦合模型

$$T_r = \frac{(W_i - W_a)}{r_{bw} + 1/[g_0 + a_1 P_n f(D_s)/(C_a - \Gamma)]} \tag{12.74}$$

将方程（12.73）代入方程（12.74），式（12.74）的蒸腾模型变为

$$T_r = \frac{(e_w(T_L)-e)/P}{r_{bw}+1/[g_0+(a_1f(D_s)-1.56)/(1.37r_{bw}+r_{ic})]} \tag{12.75}$$

式中：$e_w(T_L)$ 为叶温下的饱和水汽压（hPa）；e 为冠层内空气的水汽压；P 为大气压（1 013 hPa）。

（4）水分利用效率模型

如果将方程（12.70）与方程（12.74）联立，就可以得到基于叶片气体交换的水分利用效率模型

$$\mathrm{WUE} = \frac{(C_a-\Gamma_*)-1.56(C_a-\Gamma)/[a_1f(D_s)]}{(e_w(T_L)-e)/P}K_r \tag{12.76}$$

其中，K_r 是与 r_{bw}，r_{ic} 和 $f(D_s)$ 有关的项，可以表示为

$$K_r = \left[\frac{r_{bw}}{1.37r_{bw}+r_{ic}}+\frac{1}{g_0(1.37r_{bw}+r_{ic})+a_1f(D_s)-1.56}\right] \tag{12.77}$$

联立方程（12.64）和（12.74），还可以得到简化的水分利用效率模型

$$\mathrm{WUE} = \frac{(C_a-\Gamma_*)[1-1.56/(a_1f(D_s))]}{(e_w(T_L)-e)/P}K_r \tag{12.78}$$

（5）模型的应用与尺度扩展

① 模型的应用进展。

Yu 等（2003）首先用玉米和大豆田间实测数据对 SMPTSB 模型进行了检验，结果表明：模型可以较好地模拟没有环境胁迫条件下大田作物的净光合速率、蒸腾速率和水分利用效率。Yu 等（2004）又对水分和土壤养分胁迫条件下模型的适用性进行了检验。对于净光合速率和蒸腾速率，SMPTSB 模型估计的结果与实测值吻合较好。水分利用效率虽然也与实测值基本吻合，但对 C_4 作物（玉米）的水分利用效率估计偏低，通过引入角质层导度对净光合速率的贡献因子，对环境胁迫条件下的水分利用效率模型进行了修正，取得了较好的模拟效果。此外，齐华（2003）还应用 SMPTSB 模型对千烟洲 4 个树种的净光合速率、蒸腾速率和水分利用效率进行了模拟，进一步证明了模型在树木上也具有较好的适用性。

② 模型的尺度扩展。

SMPTSB 模型是一个叶片尺度的模型，为了在更大尺度上应用该模型，任传友等（2004）基于“大叶模型”的基本假设，对 SMPTSB 模型进行了尺度扩展，得到了冠层尺度上估算光合速率的模型为

$$A_c = \frac{(C_a-\Gamma_*)[1-1.56/(a_1f(D_s))]}{r_a+1.37r_{bw}+r_{ic}}+R_{eco} \tag{12.79}$$

其中，R_{eco} 为总生态系统呼吸，夜间的 R_{eco} 可以通过涡度相关系统测得的 CO_2 通量直接得到，在无水分胁迫情况下，R_{eco} 是温度的指数函数（Lloyd & Taylor，1994），即

$$R_{eco} = a\exp(bT_a) \tag{12.80}$$

式中：T_a 为气温；a 和 b 为系数。

估算冠层蒸腾速率的模型为

$$E_c = \frac{(W_i-W_r)}{r_a+r_{bw}+1/[g_0+a_1A_cf(D_s)/(C_r-\Gamma_*)]} \tag{12.81}$$

根据涡度相关通量测定数据，任传友等（2004）和王秋凤等（2005）分别对 SMPTSB 模型在森林生态系统和农田生态系统的适用性进行了检验，两种生态系统得到的冠层光合速率的模拟值与实测值都比较接近，但是 SMPTSB 模型对冠层蒸腾速率的模拟普遍偏低，这主要是与模型在尺度扩展时的基本假设有关，也是进一步发展该模型时应该注意的一个问题。

③ 模型中关键参数的确定。

a. $f(D_s)$ 的参数化方法与函数类型

当 $f(D_s)$ 采用不同形式时，方程（12.65）中的参数 g_0 和 a_1 取值相差较大，而这些参数的取值直接关系到模型对光合速率和蒸腾速率的模拟精度。在叶片尺度上，Yu 等（2001，2003）的研究表明，对于玉米和大豆，方程（12.66）中五种 $f(D_s)$ 形式的 R^2 值均以 $f_1(D_s)$ 和 $f_5(D_s)$ 最大；而齐华（2003）在树木上的研究结果表明，不同树种最适的 $f(D_s)$ 形式并不相同。在冠层尺度上，任传友的研究表明 $f(D_s)$ 采用式（12.66a）时模拟效果最佳。

b. 内部导度 g_{ic} 的参数化

内部导度是 SMPTSB 模型中的一个重要参数。Yu 等（2001）的研究指出，在没有环境胁迫的条件下，内部导度与光量子通量密度（Q_p）相关最为密切，两者之间存在着很强的线性关系。玉米的内部

导度可以由下式估算：

$$g_{ic}=1.225\times10^{-4}Q_p-0.000\,3;\quad R^2=0.845,n=143 \tag{12.82}$$

大豆的内部导度估算公式为

$$g_{ic}=0.636\times10^{-4}Q_p+0.012\,4;\quad R^2=0.795,n=73 \tag{12.83}$$

当有环境胁迫存在时，g_{ic}除了与光量子通量密度有关外，还与叶面饱和水汽压差（D_s）和叶水势（Ψ_L）关系密切（Yu *et al.*, 2004）。对于大豆，内部导度和环境变量之间的关系可以表示为

$$g_{ic}=0.079\,8+9.806\times10^{-5}Q_p-0.002\,44D_s+0.041\,3\Psi_L$$
$$R^2=0.818,n=72 \tag{12.84}$$

对于玉米，内部导度和环境变量之间的关系可以表示为

$$g_{ic}=0.148\,7+6.881\times10^{-5}Q_p-0.003\,35D_s+0.063\,2\Psi_L$$
$$R^2=0.542,n=72 \tag{12.85}$$

在冠层尺度上，内部导度可通过单叶的内部导度在冠层内对光量子通量密度积分求得（任传友，2004），即

$$g_{ic}=\int_{Q_b}^{Q_t}(a+bQ_p)\mathrm{d}Q_p=\left(aQ_p+\frac{1}{2}bQ_p^2\right)\Bigg|_{Q_b}^{Q_t} \tag{12.86}$$

根据 Beer-Lambert 定律，冠层下层的光量子通量密度 Q_b 可以表示成（Mackay *et al.*, 2003）

$$Q_b=Q_t\exp(-\varepsilon L) \tag{12.87}$$

式中：Q_t 为冠层上部的光量子通量密度；ε 为消光系数；L 为叶面积指数。因此，方程（12.86）可以写成

$$g_{ic}=aQ_t(1-\exp(-\varepsilon L))+\frac{1}{2}bQ_t^2(1-\exp(-2\varepsilon L)) \tag{12.88}$$

c. 空气动力学阻力 r_a 和边界层阻力 r_{bw} 的计算方法

空气动力学阻力 r_a 由冠层植被特性与冠层内和冠层上的气流决定。在封闭冠层条件下，中性层结下的冠层空气动力学阻力采用下面的对数风速廓线形式（Monteith，1990）计算：

$$r_a=2.24\times10^{-2}\frac{1}{\kappa^2u_r}\left[\ln\left(\frac{Z_r-d}{Z_0}\right)\right]^2 \tag{12.89}$$

式中：u_r 为参照高度 Z_r 处的风速；κ 为 Karmen 常数，$\kappa=0.4$；d 和 Z_0 分别为零平面位移和地表粗糙度，对于森林群落而言，$d=0.78h$，$Z_0=0.075h$，其中 h 为冠层高度。

当考虑大气层结的影响时，r_a 可修正如下（于贵瑞，2001）：

$$r_a=2.24\times10^{-2}\frac{1}{\kappa^2u_r}\left[\ln\frac{Z_r-d}{Z_0}+\Phi_m\right]^2 \tag{12.90}$$

$$\Phi_m=\begin{cases}(1-5R_i)^{-1} & \text{稳定}\\ 1 & \text{中性}\\ (1-16R_i)^{-1/4} & \text{不稳定}\end{cases} \tag{12.91}$$

式中：R_i 为梯度 Richardson 数。

对于叶片两面都有气孔分布的植物，冠层边界层阻力（于贵瑞，2001）可以表示为

$$r_{bw}=2.24\times10^{-2}\frac{50\alpha}{L}\frac{(W/u_h)^{1/2}}{1-\exp(-\alpha/2)} \tag{12.92}$$

式中：α 为冠层内风速的衰减系数（$\alpha=3$）；L 为叶面积指数；W 为叶宽幅（m）；u_h 为冠层高度 h 处的风速（$\mathrm{m\cdot s^{-1}}$）；2.24×10^{-2} 为 r_a 和 r_{bw} 由单位 $\mathrm{s\cdot m^{-1}}$ 向 $\mathrm{m^2\cdot s\cdot mol^{-1}}$ 转化的系数。

d. 冠层导度的确定

冠层导度 g_c 可以认为就是冠层的总气孔导度 g_{sw}，由 Penman-Monteith 方程，可以得到计算冠层导度的公式为

$$\frac{1}{g_{sw}}=\frac{1}{g_c}=\frac{\Delta(R_n-G)r_a+\rho\mathrm{VPD}_r}{\gamma\lambda E_c}-r_a \tag{12.93}$$

式中：Δ 为饱和水汽压-温度曲线的斜率；ρ 为空气密度；VPD_r 为参照高度的饱和水汽压差；λ 为潜热蒸发当量；γ 为干湿球常数；R_n 为净辐射；G 为土壤热通量。

12.5.2 土壤-植物-大气系统的通量模型

土壤-植物-大气系统的物质传输和能量交换是构建生态系统尺度的碳通量模型的基础，目前常见的土壤-植物-大气系统的 CO_2、H_2O 和能量通量模型主要有 Forest-BGC 模型、AVIM 模型等，这里以 Forest-BGC 模型为例详细介绍，供读者参考。

Forest-BGC（forest biogeochemical cycles）是 Running 和 Coughlan（1988）建立的一个基于过程的模拟森林生态系统碳、水和氮循环的生物地球化学

循环模型。模型由每日的标准气象数据及一些气象衍生变量驱动。初始输入数据还包括关键立地因子、植被变量、雪的深度和土壤含水量的初始值。Forest-BGC 模型是从森林动力学模型发展而来，以光合生物化学反应和土壤水平衡为基础，计算光合作用强度和初级生产力。它应用叶片氮含量的可能变化来估计光合作用对大气 CO_2 浓度变化的反应，把土壤碳和氮分为四个部分，并考虑土壤温度、含水量和枝叶脱落物木质素含量对有机物质分解速率的影响。

Forest-BGC 模型所模拟的生理和生态过程较为简单，但由于考虑了多个生态过程和气候因素，模型包含了大量的状态变量、中间变量和参数，需要大量的生理试验和气象观测数据对参数进行估计，这大大地增加了模型应用的难度。模型所模拟的日变化过程主要包括了水循环和光合-呼吸两个过程。水循环模型主要包括水分对树冠的胁迫、叶片水势及修正的 Penman-Monteith 公式（Running & Coughlan, 1988）。冠层日光合同化量根据 Lohammar(1980)提出的公式计算，即

$$P_{c,day}=\frac{\Delta_{CO_2}g_c g_m}{g_c+g_m}D_L\mathrm{LAI} \qquad (12.94)$$

式中：$P_{c,day}$ 为冠层日光合量；Δ_{CO_2} 为 CO_2 浓度梯度；g_c 为冠层导度；g_m 为冠层 CO_2 叶肉导度；LAI 为叶面积指数；D_L 为白昼长度。

$$g_m=g_{mmax}f(N)f(R)f(T) \qquad (12.95)$$

式中：g_{mmax} 为最大 CO_2 导度；$f(N)$、$f(R)$、$f(T)$ 分别为叶片氮浓度、日辐射和温度调节系数。

$$f(N)=67N_L \qquad (12.96)$$

$$f(R)=(R-R_0)/(R+R_{0.5}) \qquad (12.97)$$

$$f(T)=(T_{max}-T_a)(T_a-T_{min})/T_{max}^2 \qquad (12.98)$$

式中：N_L 为叶氮浓度；R 为冠层日辐射；R_0 为光补偿点；T_a 为日平均气温；T_{max} 和 T_{min} 分别为光合作用最高和最低温度。

模型的碳和水过程通过一个导度模型连接起来。模型所模拟的年变化过程包括碳分配、生长呼吸、凋落物分解，主要是对每日的碳固定量与呼吸量之差进行累计，得到森林一年的净碳生产量。然后将每年的净光合产物分配到叶片、树干和根系，并在此基础上模拟生态过程的年进程。

Forest-BGC 模型具有混合的时间分辨率。其中水循环、冠层气体交换、光合和维持呼吸过程以日为尺度模拟，地上和地下的碳分配、凋落物量、有机物分解过程及所有的氮循环过程以年为尺度模拟，较为全面地反映了生态系统内不同生态过程在时间尺度上的联系和差异性。因此，可以认为 Forest-BGC 模型在时间尺度上实现了多个生态过程的耦合，以及这种耦合过程对生物地球化学循环的影响（Waring & Running, 1998；葛剑平，1996）。

Forest-BGC 模型的空间尺度为一个面积较小的同质山坡或林分，可以直接用于模拟小尺度森林生态系统的功能及与环境之间的相互作用。但是在较大空间尺度（如景观和区域）上，森林生态系统的结构和功能存在着相当大的异质性，不能直接采用该模型模拟（葛剑平，1996）。因此，Running 和 Hunt (1993) 对 Forest-BGC 进行了进一步的改进，形成了可以模拟多个生物群区生物地球化学循环的 BIOME-BGC 模型。

12.5.3 景观尺度的过程模型

景观尺度上的碳循环和碳平衡模型研究是从生态系统尺度向全球尺度扩展的重要环节，但也是当前碳循环和碳平衡研究中最不充分的部分。

鉴于以上现状，张娜等（2001，2003a，b，c，d，e）在 Century、Forest-BGC、BIOME-BGC 和 BEPS 等模型基础上建立了一个景观尺度的基于过程的生物地球化学循环模型——EPPML。EPPML 模型主要是用于模拟土壤-植物-大气系统中的碳流和水流的机理过程；气孔导度将这两个循环过程紧密地联系在一起。整个模拟过程具有混合时间尺度，其中生态系统水循环过程、光合和呼吸过程以天为尺度来模拟，生态系统生产力的动态过程以年为尺度来模拟；模拟的空间尺度为 30 m。EPPML 结合遥感技术、GIS 手段以及地面实测数据，从而提供了一个空间耦合的理论框架，包括景观空间数据的输入、景观网格上的模型参数估计以及模型的运行和输出。EPPML 模拟系统主要包括 5 个子模块：能量传输子模块、气孔导度子模块、光合作用强度子模块、净初级生产力子模块、土壤水分平衡子模块。模型需要输入每日观测的气象数据（降水量、最高气温、最低气温、平均气温、正午时的太阳高度角、大气压、风速等）及景观上每个网格的植被类型信息（叶面积指数、植被类型、植物主要器官的含碳量（叶、干、枝和

根)、叶的含氮量)、立地信息(纬度、海拔高度、坡度、坡向)、生物量和 LAI 等。模拟过程比较简单,且容易理解和实现。模型在每个网格中运行并做累加,可以输出碳循环和水循环变量的空间分布图,包括 NPP、蒸腾量、蒸散量、土壤水分含量等从一天到一年不同时间阶段的平均值或总量值。因此,EPPML 模拟系统提供了一种将同质模型扩展到异质景观的综合方法,从而实现了由斑块尺度到景观尺度生态系统过程的空间转换,实现景观尺度 NPP 和蒸散的模拟。

12.6 区域尺度生态系统碳交换过程模型

12.6.1 区域尺度生态系统碳交换过程模型概述

区域尺度生态系统的碳交换量评价,是全球碳循环及其对全球变化的区域响应研究的重要内容,而区域尺度的过程模型则是分析和预测区域碳平衡的重要技术途径。20 世纪 80—90 年代开发了许多区域或全球尺度的碳交换过程模型,具有代表性和广泛影响的模型有:TEM 模型、CENTURY 模型、DNDC 模型、PnET 模型、CEVSA 模型、AVIM 模型和 INTEC 模型等。近年来,黄耀等自主研发了 Agro-C 模型,主要用于农田生态系统碳收支的模拟。

TEM 模型是第一个为估计全球陆地生态系统初级生产力而设计建立的机理性生态模型(McGuire *et al.*,1995)。它把陆地生态系统分为 18 个类型,通过大量搜集有关试验调查数据确定这些生态系统类型的特定生理生态参数,如光合潜力、氮吸收能力、理想碳氮比例、叶面积季相特征、枝叶脱落比率和碳氮分解矿化速率等,并以这些参数为基础计算生态系统的生产力和碳氮循环。尽管 TEM 模型是一个机理模型,但因其使用了大量的经验参数和经验公式,未对光合作用、光合产物分配、气孔传导、叶片形成和枝叶脱落等生物生理过程进行描述,因而在估计植物生产力和枝叶脱落的季节变化方面仍有许多缺陷。

CENTURY 模型最初是用于模拟草原土壤碳循环的模型,后经扩展可计算各种生态系统生产力和碳、氮、硫、磷循环(Parton *et al.*,1993)。它以植物最大光合潜力为基础,应用经验公式计算辐射、温度、土壤水分和大气 CO_2 浓度对光合强度的影响,把植物和土壤的碳氮比作为控制生态系统碳氮循环的主要变量。CENTURY 模型是一种通用的植物-土壤生态系统模型,用于模拟植物产量、土壤的碳动力学、土壤养分动力学、土壤水分和温度。这一模型已广泛用于全球各种重要生态系统的动力学模拟,以及主要耕地和农业生态系统的模拟。模型的主要输入变量包括:① 研究地区经纬度;② 月降水量、月平均最高、最低气温;③ 土壤质地、土壤 pH;④ 植物体内的木质素、N、S 和 P 含量;⑤ 植被类型、植物类型;⑥ 土壤和大气的氮输入。如果要模拟水分循环,还要求输入土壤厚度。CENTURY 模型共包括三个子模块:植物产量子模块、土壤有机质子模块、土壤水和温度子模块。植物产量子模块以月平均土壤温度和降水量为函数,来计算潜在的植物产量和养分需求,根据有效土壤养分和 C、N、P 在植物不同部位的分布来还原植物产量。月土壤水流量模型用于计算水平衡、土壤水储量、土壤水消耗及径流量;月平均土壤温度作为计算植物地上生物量的函数。月降水量、土壤含水量和土壤温度调控土壤有机质库的分解率及其养分释放。土壤有机质子模块可模拟不同土壤有机质库的碳和土壤养分的动力学。土壤有机质库的分解可使土壤有机质库的土壤养分释放出来,可被植物摄取。植物产量子模块中的死植物体进入地面和地下凋落物库,进入土壤有机质子模块。

DNDC(denitrification and decomposition,反硝化作用和分解作用)模型是一个整合了与碳、氮循环有关的生物地球化学因素和过程的模型,涉及了导致氮和碳离开土壤进入大气的反硝化作用和分解作用两个主要反应过程,可以用来预测全球气候变化、人类活动和陆地生态系统间的相互影响(Li *et al.*,1992, 1994)。该模型由两个部分组成:第一部分包含土壤气候、植物生长和有机质分解三个子模块,其作用是根据输入的气象、土壤、植被、土地利用和农田耕作管理数据预测植物-土壤系统中诸环境因子的动态变化;第二部分包含硝化、反硝化和降解三个子模块,这部分的作用是由土壤环境因子来预测上述三个过程的反应速率。该模型首先计算土壤剖面的温度、湿度、氧化还原电位等物理条件及碳、氮等化学条件;然后将这些条件输入到植物生长子模块中,结合有关植物生理及物候参数,模拟植物生长;

当作物收割或植物枯萎后,DNDC将残留物输入有机质分解子模型,跟踪有机碳、氮的逐级降解;由降解作用产生的可给态碳、氮被输入硝化、反硝化及降解子模块中,进而模拟有关微生物的活动及其代谢产物。DNDC模拟的时间尺度可短至几日,长至几百年。输出项包括土壤理化条件、植物生长状况、土壤碳及氮库、土壤-大气界面的碳及氮交换通量。DNDC模型最初是用于草地和旱地的模拟,经不断改进和完善,最近又发展了可以模拟作物生长的Crop-DNDC模型(Zhang *et al.*, 2002)和适应于林地、湿地生态系统的Wetland-DNDC模型(http://www.dndc.sr.unh.edu)。近年来,DNDC模型在中国、德国、加拿大、英国、澳大利亚、东南亚及中美洲等一些国家和地区得到了广泛的应用和验证(李长生,2001;郭佳伟等,2013)。

PnET模型是一个简单的森林碳水平衡模型,时间步长为月(Aber & Federer, 1992)。模型的建立所依据的两个基本原则是:① 最大光合速率是叶片氮含量的函数;② 气孔导度是光合速率的函数。模型中有5个分室,11个通量(其中3个是碳通量,8个是水通量)。除碳向林木和细根分配是取年终超过净光合累积的碳外,其他的通量都是按月计算。在时间步长方面,PnET与CENTURY模型相似,而且运用了一组参数来定义植物群落的生理特征,仅按器官来生成生物量。在碳水过程方面,主要是通过氮的可用性与叶片生理特征之间的相互关系将光合作用与蒸腾作用联系起来。

Agro-C模型(Huang *et al.*, 2009),致力于模拟农田生态系统碳收支,是国内目前生物地球化学循环模型的代表作。Agro-C模型由两个子模型组成:Crop-C子模型和Soil-C子模型。Crop-C子模型模拟作物光合作用、自养呼吸(autotrophic respiration)和净初级生产力(NPP); Soil-C子模型模拟土壤异养呼吸(heterotrophic respiration),Agro-C模型也可模拟估算生态系统CO_2净交换量(NEE)。Crop-C子模型通过模拟由降雨、温度、辐射、湿度、CO_2浓度等环境因素所驱动的光合作用和呼吸作用进而模拟作物的NPP;而Soil-C子模型是通过调动一阶动力学方程来模拟土壤有机质的分解。该模型利用文献资料、多年农业和气象统计资料、中国陆地生态系统通量观测研究网络以及田间试验数据,通过应用于估算我国农田生态系统的碳收支,Agro-C模型现已在中国通过大样本的验证。

CEVSA模型和INTEC模型是20世纪90年代后期开发的模型,在模型中吸收了许多模型成功的经验,在这里作较为详细的介绍,供读者参考。

12.6.2 CEVSA模型

CEVSA (carbon exchange in vegetation-soil-atmosphere)模型是基于植物光合作用和呼吸作用以及土壤微生物活动等过程对植被、土壤和大气之间碳交换进行模拟的生物地球化学模型(Cao & Woodward, 1998a; Cao & Woodward, 1998b; Woodward *et al.*, 1995)。模型应用的生物和生态学原理、计算方程和参数均来自于大量的实验室和野外试验。模型估算的NPP、NEP、叶面积指数及植被和土壤中的碳储量与实地调查和测定值有很好的一致性(Cao & Woodward, 1998b; Woodward *et al.*, 1995; Tao *et al.*, 2007)。该模型已被应用于全球和区域水平的陆地生态系统碳循环对气候年际变化的响应研究(Cao & Woodward, 1998a; Cao *et al.*, 2001; Cao *et al.*, 2002; Cao *et al.*, 2004; 陶波等, 2003)。CEVSA模型包括三个子模块:① 估计植被-土壤-大气之间水热交换、土壤含水量和气孔传导等过程的生物物理子模块;② 计算植物光合作用、呼吸作用、氮吸收速率、叶面积以及碳、氮在植物各器官之间分配、积累、周转和凋落物产生的植物生理生长子模块;③ 估计土壤有机质分解与转化和有机氮矿化等过程的土壤碳、氮转化子模块(图12.13)。本书主要介绍植物光合作用,植被碳分配、积累和周转,土壤有机质分解和积累等几个过程。

(1) 植物光合作用

在CEVSA模型中,综合考虑了光合作用、气孔导度、呼吸作用、氮吸收和蒸发、蒸腾等地球化学过程来确定NPP和叶面积。大气CO_2通过植物光合作用转化为有机碳,进入生态系统碳循环过程。光合作用速率取决于叶肉组织光合酶对CO_2的利用效率和CO_2向叶肉组织的扩散速率。由生物化学过程决定的光合速率(A_b)可由式(12.99)表达(Collatz *et al.*, 1991)。

$$A_b = \min\{W_c, W_j, W_p\}(1-0.5P_o/\tau P_c) - R_d \tag{12.99}$$

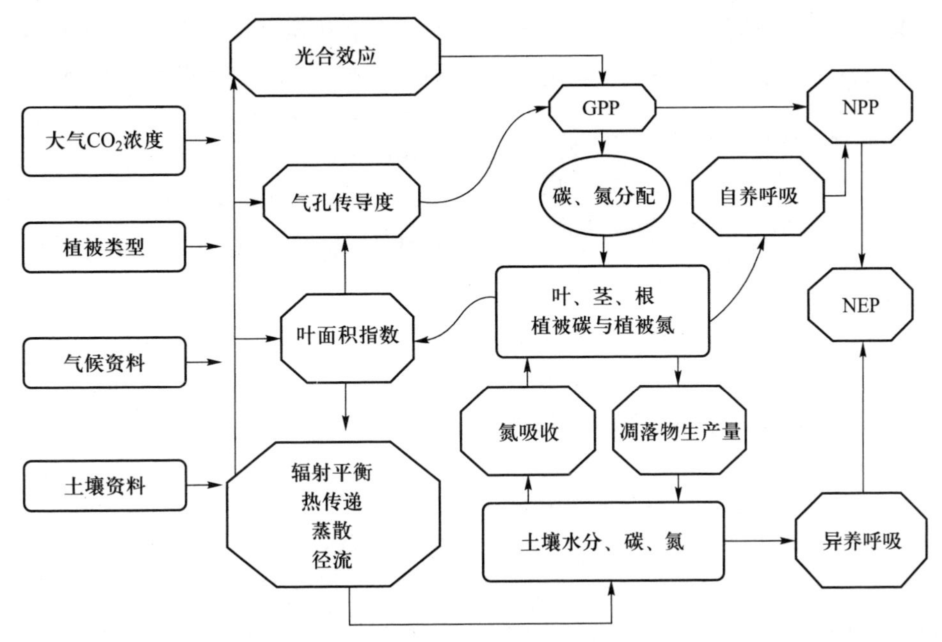

图 12.13 CEVSA 模型结构示意图

式中：W_c 由 Rubisco 活性决定，与叶片氮含量直接相关；W_j 取决于光合反应过程中的电子传递速度和叶片吸收的光合有效辐射；W_p 取决于叶片对光合产物的利用和输出能力；P_o 和 P_c 分别是叶肉组织中 O_2 和 CO_2 的分压，取决于大气 CO_2 分压和叶片气孔导度；τ 是 Rubisco 对 CO_2 浓度的特定反应参数；R_d 为白天的暗呼吸速率。

大气 CO_2 向叶肉组织的扩散速率取决于叶片气孔导度，由其决定的光合速率（A_d）为（Harley *et al.*，1992）

$$A_d = g_s(P_a - P_c)/160 \tag{12.100}$$

$$g_s = (g_0(T) + g_1(T)Ah_s/P_a)k_g(w_s) \tag{12.101}$$

式中：P_a 为大气 CO_2 分压；g_s 为气孔导度；g_0 是在光补偿点下光合速率为零时的气孔导度；g_1 为一灵敏度参数；A 为实际光合速率；h_s 为叶片周围空气相对湿度；T 为热力学温度；$k_g(w_s)$ 为气孔导度对土壤含水量 w_s 的反应函数。

从以上方程可以看出，光合速率除了与各种环境条件有关外，还与气孔导度相互作用、相互影响，其生理意义是平衡光合反应过程中 CO_2 的供给和需求，以维持叶肉组织中 CO_2 的合理浓度。在 CEVSA 模型中，为求出实际的光合速率，采用连续迭代的方法解有关的非线性方程组使由生物化学过程和气孔导度决定的光合速率相等。在植被冠层尺度上，光合速率还与叶面积及由此决定的光合有效辐射和叶片含氮量的垂直分布有关。模型把植被冠层划分为与叶面积指数相等的层次并对其所接受的光合有效辐射、气孔导度和光合速率分别进行计算。叶面积增加一方面提高整个冠层的光合速率，另一方面也增加了呼吸消耗和水分蒸腾蒸发。叶面积指数和光合速率根据光合与呼吸及水供应与需求的共同平衡和整个冠层光合速率最大化原则来确定（Woodward *et al.*，1995）。

（2）*植被碳分配、积累和周转*

为保持冠层碳固定与根系水和养料的吸收平衡以及这些物质在各器官间的传输，光合产物在首先满足叶片和根系生长需要后，在各个器官之间按比例分配。CEVSA 模型中，草本植物的碳在叶、茎和根之间按固定比例分配，树木和灌丛的碳分配按如下公式计算：

$$A_I = C_L + C_S + C_R \tag{12.102}$$

式中：A_I 为植被冠层的光合速率；C_L、C_S 和 C_R 分别代表向叶、茎和根的分配量。C_L 由叶面积指数（LAI）计算：

$$C_L = \mathrm{LAI}/S \tag{12.103}$$

式中：S 是比叶面积，其值因植物类型而异。按照 Givnish 理论（Givnish，1986），向叶片分配的碳比例

(f)可由下式计算：

$$f=R_m/(R_s+R_m) \quad (12.104)$$

式中：R_m 是 CO_2 在叶肉组织中的扩散阻力(leaf mesophyll resistance)；R_s 是水分传导的气孔阻力(Woodward *et al.*,1995)。向根系分配的碳计算为

$$C_R=C_L(1-f)/f \quad (12.105)$$

然后，C_S 由式(12.102)计算得到。分配到叶、茎和根中的一部分碳消耗于维持呼吸和生长呼吸，剩余部分或积累下来或以凋落物形式进入土壤。维持呼吸和生长呼吸与碳储量、温度和光合速率有关(Woodward *et al.*,1995)。叶、茎和根的碳储量和凋落物产生量由碳在该库中的周转期决定，它因植物类型而异。对碳储量和凋落物产生量的计算，CEVSA 模型应用了 Lloyd 和 Farquhar(1996)给出的各植物类型叶、茎和根的碳周转期及其概率分布函数，并根据各植物类型的季相特征(Box,1988)和以上所计算的碳分配来确定凋落物产生的季节分布。植被 NPP 和碳储量(S)的变化可表达为

$$\text{NPP}=A_I-\sum R_i \quad (12.106)$$

$$dS/dt=A_I-\sum R_i-\sum \text{LT}_i \quad (12.107)$$

式中：R_i 和 LT_i 分别为叶、茎或根的呼吸消耗和凋落物产生量。

(3) 土壤有机质分解和积累

进入土壤的凋落物分解为 CO_2 或转化为土壤有机质，这些转化的有机物最终也会矿化为 CO_2。CEVSA 模型基于 CENTURY 模式(Parton *et al.*, 1987, 1988, 1993)对这些过程进行了模拟。应用了不同的函数来估算土壤水分对分解作用的影响。土壤水分通过在低土壤含水量下对水分有效性的作用和在高土壤含水量下对氧有效性的作用来影响分解作用。根据以下函数计算这一影响(Raich *et al.*,1991)：

$$D_p=0.8M_{SAT}^a+0.2 \quad (12.108)$$

$$a=\left[\frac{\theta_s^b-\theta_o^b}{\theta_o^b-100^b}\right]^2 \quad (12.109)$$

式中：D_p 是潜在衰变率(potential decay rate)下的水分因子(对最优土壤水分没有作用)；θ_s 是土壤饱和含水量(%)；θ_o 是分解作用的最适土壤水分(%)；M_{SAT}、a 和 b 是参数，其值随土壤结构而定。

在有机质分解过程中，如果释放的氮不满足分解微生物的条件，分解率将会降低(Parnas,1976; Bosatta & Berendse,1984)。CEVSA 中应用以下几个函数来模拟氮对土壤有机碳分解的限制。

微生物利用的潜在碳(C_{mi}, g·m^{-2}·month^{-1}，以 C 质量计)和潜在氮(N_{mi}, g·m^{-2}·month^{-1}，以 N 质量计)按下式进行估算：

$$C_{mi}=\sum_i P_iK_i \quad (12.110)$$

$$N_{mi}=\sum_i P_iK_i(\text{CN}_i)^{-1} \quad (12.111)$$

式中：i 表示不同的碳库；P_i 为各个碳库的大小(g·m^{-2}，以 C 质量计)；K_i 为潜在衰变率(month^{-1})，CN 为碳氮比。氮的潜在需求和供应量之间的平衡用 β(g·m^{-2}·month^{-1})表示，按下式(Moorhead & Reynolds,1991)计算：

$$\beta=N_{mi}+N_{av}-\frac{\varepsilon C_{mi}}{\text{CN}_j} \quad (12.112)$$

式中：N_{av} 表示在土壤中已有的矿化氮；ε 表示同化效率，如被分解的碳中用来合成微生物组织的部分(Parton *et al.*,1993)；j 表示微生物库。如果 $\beta<0$，系统受氮的限制(Bosatta & Berendse,1984)，各个库的衰变率降低程度如下(Moorhead & Reynolds,1991)：

$$N_{avi}=N_{mi(i)}-\frac{\varepsilon C_{mi(i)}}{\text{CN}_j} \quad (12.113)$$

$$N_{SUP}=N_{av}+\sum_i N_{avi} \qquad N_{avi}\geq 0 \quad (12.114)$$

$$N_{NED}=\sum_i N_{avi} \qquad N_{avi}<0 \quad (12.115)$$

$$F_{NIGi}=\begin{cases}\dfrac{N_{SUP}}{N_{NED}} & N_{avi}<0\\ 1.0 & N_{avi}\geq 0\end{cases} \quad (12.116)$$

N_{avi} 表示库 i 中分解过程中的潜在矿化(或固定)氮(potentially mineralized or immobilized nitrogen)，$N_{avi}<0$，则库 i 受氮的限制。N_{SUP} 是受氮限制的库中支持分解过程的氮量。N_{NED} 是在受氮限制的库中的氮需求量，F_{NIGi} 的值为 0~1，表示氮对库 i 分解作用的限制。实际各个土壤有机碳库的衰变率用 $K_{ag(i)}$ 表示，土壤呼吸量 R_h，即以 CO_2 形式流失的土壤有机碳按下式计算，ε 为同化效率(assimilation efficiency)。

$$R_h = \sum_i P_i K_{ag(i)}(1-\varepsilon) \tag{12.117}$$

土壤有机碳(SOC)的变化可表达为总凋落物产生量(LT)与 R_h 之差

$$dSOC/dt = LT - R_h \tag{12.118}$$

在 CEVSA 模式中,土壤水分影响 NPP、土壤分解和植被分布。土壤水分(θ)取决于降水(P)注入的水量和通过蒸发(E)损失的量,即

$$\theta_m = \min\{[\theta_{m-1}+Q-E], \theta_{sat}\} \tag{12.119}$$

式中:m 表示计算的时间步长;Q 表示总的输入水量,包括降雨和雪水融化;θ_{sat}表示土壤饱和持水量。当土壤水分比 θ_{sat}高时,水就以径流的形式损失。

降雪和降水之间的区分(Aber & Federer,1992):

$$S_{NFC} = \begin{cases} 0 & T_{MM} \geq 2\ ℃ \\ -\dfrac{T_{MM}-2.0}{7.0} & 2\ ℃ > T_{MM} > -5\ ℃ \\ 1.0 & T_{MM} \leq -5\ ℃ \end{cases} \tag{12.120}$$

式中:S_{NFC}表示降雪形式的降水量比例;T_{MM}表示月平均温度。根据 Aber 和 Federer(1992)的研究,当月平均温度大于 1 ℃时雪开始融化,此时雪量为最大值:

$$S_{NME} = 45T_{MM} \tag{12.121}$$

这样,进入土壤的水量则为

$$Q = P(1-S_{NFC}) + S_{NME} \tag{12.122}$$

水分损失 E 是供应函数 S 和需求函数 D 两者中的较少者(Federer,1982),即

$$S = ET_{max}\frac{\theta}{\theta_{sat}} \tag{12.123}$$

$$E = \min(S, D) \tag{12.124}$$

ET_{max}为最大蒸散率。蒸发需求 D 按下式计算:

$$D = [\Delta/(\Delta+\gamma)]/R_n/L \tag{12.125}$$

式中:R_n 为净辐射;Δ 为饱和水汽压随温度变化的斜率;γ 为干湿常数;L 为蒸发潜热(2.5×10^6 J·kg^{-1})。对说明干旱程度的土壤水分指数定义如下(Prentice *et al.*,1993):

$$\theta_d = E/D \tag{12.126}$$

12.6.3 InTEC 模型

InTEC 模型(integrated terrestrial ecosystem carbon cycle model)是 Chen 等(2000)开发的陆地生态系统碳循环综合集成模型,主要用来模拟加拿大北方森林生态系统碳汇/源在过去 100 年的时空变化特征,它是考虑了林分年龄及森林扰动(火灾和伐木)影响的模型,适合于研究各种森林管理措施对森林碳吸收的影响。

(1) 模型概要

InTEC 模型是在 Forest-BGC 模型和 CENTURY 模型的基础上构建的。净初级生产力(NPP)用来测量单位时间和空间内植物对碳的吸收量,通常以 g·m^{-2}·a^{-1}或 t·hm^{-2}·a^{-1}(以 C 质量计)为单位。在基于过程(process-based)的估算中,NPP 是总初级生产力(GPP)(如树木总冠层的光合作用)与生物自养呼吸作用(R_a)的差,即

$$NPP = GPP - R_a \tag{12.127}$$

净生态系统生产力(NEP)决定了除由扰动因素直接释放出的碳以外的地表(包含有植被与无植被)与大气层之间的净碳交换量。由 NPP 与异养呼吸(R_h)之间的差表示,即

$$NEP = NPP - R_h \tag{12.128}$$

异养呼吸作用(R_h)是由土壤中死亡有机体的分解作用产生的,这些土壤包括矿质土层和沼泽、湿地上的凋落物层。依据这一定义,当 NEP>0 时,地表就成了一个汇,即它所吸收的碳要超过其所释放的碳。在微气象学测量碳通量的各种方法中,净生态系统碳交换(NEE)是一常用术语(Black *et al.*,1996)。在忽略水平碳交换(如径流中溶解有机物)的情况下,NEE 和 NEP 的绝对值相同,符号相反。

净生物群落生产力(NBP)是用来计算除生物群落水平上发生扰动所引起的碳损失以外的碳交换量,在空间分辨率为1 km的 InTEC 模型中,NBP 的估算公式为

$$NBP = NEP - D \tag{12.129}$$

式中:D 是扰动发生时直接释放的碳量,通常由三部分组成,即

$$D = D_{fire} + D_{insect} + D_{log} \tag{12.130}$$

D_{fire}、D_{insect}、D_{log}分别代表由森林火灾、昆虫导致树木死亡及伐木所引起的 CO_2 释放量。在以前的计算中(Chen *et al.*,2000b),所有这三部分的估算值都为年均值。由于难以获取上述三种扰动的空间数据,因此 InTEC 模型中将所有的扰动因素都归为火灾影响,并将各种碳释放估计为

$$D_{fire}=B_f+0.25B_w+L_{deft} \tag{12.131}$$

式中:B_f 与 B_w 分别代表单位面积内的树叶类物质和木材类物质的群落生物量密度;L_{deft}则代表植物叶凋落物。

火灾扰动因素会释放出植物叶中的所有碳、地表木材所含碳量的 25%以及叶凋落物中的所有碳。方程(12.131)是 Kasischke 等(2000)所建模型的简化形式。木材类物质的系数 0.25 表示在普通燃烧作用下树木主枝与次枝失去的碳量及部分树木主干由于剧烈燃烧所丧失的碳量(Kasischke *et al.*,2000)。木材类消耗系数 0.25 是通过调整得到的,以便总释放量与 Amiro 等(2000)及 Stocks(1991)的估算值相一致。所有的生物量及凋落物组分在空间上都有变化,可通过 InTEC 模拟得出,InTEC 模型综合了所有扰动因素与非扰动因素对生态系统碳平衡所产生的影响(Chen *et al.*,2002a)。模型中 D_{fire} 的值是 0~2 000 g·m^{-2}(以 C 质量计),其平均值约为 1 210 g·m^{-2}。这一均值仅略小于 1959—1999 年加拿大所有森林火灾中释放碳的均值(1 300 g·m^{-2})(Amiro *et al.*,2001),而略高于 Stocks(1991)对极地圈森林的估算值(1 200 g·m^{-2})。由于缺少数据,InTEC 模型研究中并未考虑猛烈燃烧对碳释放的作用(Kasischke *et al.*,2000)。在一个立地被燃烧后,所有现存的生物量都被烧死并转移至凋落物碳库,其中包括植物细根(fine root)与粗根(coarse root)及残存的枝干。

(2) 模型在估算净生物群落生产力中的应用

InTEC 模型三个重要的输入数据需要利用卫星遥感技术提供:① 土地覆盖类型;② 生物物理学参数,如叶面积指数(LAI)(Chen *et al.*,2002a);③ 森林燃烧的大致日期(Amiro *et al.*,2000,2003)。结合土壤质地、气象数据、土地覆盖、叶面积指数(LAI)的信息,InTEC 模型可以估算出 NPP 的空间分布(Liu *et al.*,1999,2002)。对于基于像素的森林碳动力学状况模拟而言,最新扰动因素数据是相当重要的,因为森林 NPP 会随立地年龄的变化而变化。

InTEC 模型集成了描述土壤碳、氮动力学的 CENTURY 模型(Parton *et al.*,1987;Schimel *et al.*,1994)、应用时空尺度转换方法模拟冠层年光合作用的 Farquhar 叶生物化学模型(Farquhar *et al.*,1980)以及 NPP-立地年龄的经验关系(Chen *et al.*,2002b)。InTEC 模型综合了气候变化(温度和降水)、大气变化(CO_2 浓度和氮沉积)和扰动因素(火灾、昆虫和收割)对森林碳循环影响的各种表现,同时还考虑了碳循环过程中的扰动因素与非扰动因素的交互作用。

InTEC 模型采用约束条件策略来减少由 NPP 及 R_h 估算中的不确定因素所导致的 NEP 估算误差,该方法是通过假设工业革命前 NPP 和 R_h 处于动态平衡的方式来实现的(Chen *et al.*,2000b)。在这一方式中,所估算出的目前碳平衡是自工业革命以来所有变化影响累积的结果,因此由平衡假设所产生的误差也加大了由其他因素所产生的总误差。

除确定工业化前平衡条件下每个像素的总异养呼吸作用外,平衡条件下不同土壤碳库大小的估算也是十分必要的。因为在一个森林生命循环周期内或在气候变化的影响下,这些碳库的大小会发生改变,并影响以后非平衡年中的碳平衡。尽管工业化前平衡假设的重要性就 NBP 来说是排在第二位的,但使用数据验证模型各组分仍是必需的步骤。通过平衡条件下不同碳库交互作用的微分方程,InTEC 模型可以计算得到不同碳库的储量。这些方程包括对应不同碳库的依赖于温度、湿度的呼吸作用系数。从数学角度来看,第 i 个碳库的呼吸系数(K_i)为(Parton *et al.*,1993)

$$K_i=K_{i\_max}f_T(T_s)f_P\left(\frac{P+W}{E}\right)[f_{Li}(L_s)f_{Si}(T_{sc})] \tag{12.132}$$

式中:K_{i_max}是第 i 个碳库呼吸作用速率系数的最大值;T_s、P、W 和 E 分别代表年均土壤温度、降水量、土壤含水量和土壤水分蒸发损失总量;L_s 表示地表凋落物和土壤的结构性木质素容量;T_{sc}代表矿质土壤中粉砂和黏土所占的比例。f_T、f_P、f_{Li}和f_{Si}是括号内给定变量的函数。最后两个函数下方的 i 表明其与碳库相关。通过使用 Peng 等(1998),Gholz 等(2000)和 Trofymow 等(1998)提出的系数及方法,L_s 由各生物量组分估算得出。T_s 通过“加拿大土壤景

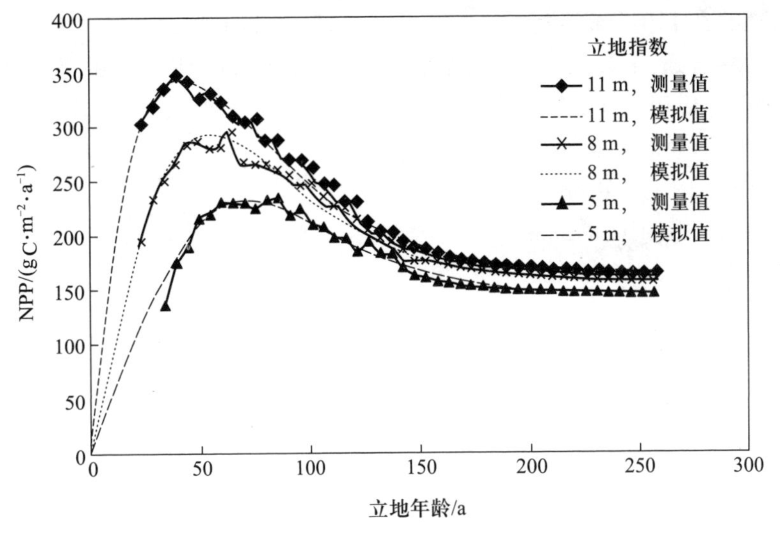

图 12.14 NPP 和立地年龄之间的模拟关系(Chen *et al.*,2002b)

观"中的 GIS 数据库得到(见 Shields *et al.*, 1991; Schut *et al.*, 1994, http://sis.agr.gc.ca/cansis/references/1994ss_a.html)。在基于像素的模型建立过程中,采用了 CENTURY 模型(Parton *et al.*,1993)来评价土壤湿度、木质素容量和土壤质地对不同碳库中有机碳分解速率的影响。

在这个假设条件下,分解作用于 35 ℃时达到最大值,温度响应函数可表述为(Chen *et al.*,2000a)

$$f(T_s)=\exp\left[308.56\left(\frac{1}{35+46.02}-\frac{1}{T_s+46.02}\right)\right] \tag{12.133}$$

这一方程对于年均 $T_s<35$ ℃的地区是可靠的,而所有的加拿大森林均满足这一条件。

Chen 等(2002b)通过对加拿大安大略省黑云杉立地产量数据的研究,建立了 NPP 和立地年龄之间的经验关系,这些关系随着使用立地指数(site index, SI)定量化的站点条件而发生变化(图 12.14)。为了将该关系式应用到更大的区域上,开发了一个通用的半经验数学方程:

$$\mathrm{NPP}(\mathrm{age})=A\left[1+\frac{b\left(\frac{\mathrm{age}}{c}\right)^d}{\exp\left(\frac{\mathrm{age}}{c}\right)}\right] \tag{12.134}$$

式中:参数 A、b、c 和 d 均依赖于立地指数(SI)。在大区域的应用中,SI 通常被认为是"影响森林生长的主导因子",可以表示为年均气温(T_a)的函数。

12.7 区域尺度碳通量评价的过程-遥感模型

12.7.1 区域尺度碳通量评价过程-遥感模型概述

目前,应用卫星遥感手段结合模型模拟来进行陆地生态系统碳循环研究已经成为碳循环研究的一个重要的发展方向。早期区域尺度遥感模型主要是利用 NDVI 来评价生态系统的 LAI、生物量以及植被分类,用于估算或评价生态系统碳储量时间和空间格局;对于碳通量主要是通过时间序列的碳储量的变化来估算。近年来,大量研究工作是将生态系统碳循环过程与遥感技术结合,建立评价区域尺度碳通量的过程-遥感模型。比较成功的模型有光能利用率(Light use efficiency, LUE)模型、BEPS(boreal ecosystem productivity simulator)模型等。

12.7.2 光能利用率模型

光能利用率模型也叫产量效率模型(productivity efficiency model, PEM),认为植被生产力等于吸收的光合有效辐射(absorbed PAR, APAR)与植物 LUE 的乘积。LUE 模型有两个基本假设:① 假定生态系统生产力通过 LUE 与 APAR 直接相关,这里 LUE 定义为每单位 APAR 的碳累积量;② 假定"实际 LUE"可以通过环境胁迫因子(如温度、水分等)来修正“潜在 LUE”而得到(Running *et al.*, 2004)。近年来,随着遥感技术的飞速发展,大量 LUE 模型不断涌现并应用在生态系统生产力的估算中,如 CASA (Carnegie-Ames-Stanford approach)模型、GLO-PEM(the global production efficiency model)模型、VPM(vegetation photosynthesis model)模型、EC-LUE(eddy covariance-light use efficiency)模型等。

VPM(vegetation photosynthesis model)模型是 Xiao 等(2004)提出的一个以涡度相关通量观测数据为基础,以遥感观测数据为驱动变量,模拟陆地生态系统总初级生产力的光能利用率模型,引入了光合植被(photosynthetically active vegetation, PAV)和非光合植被(non-photosynthetically active vegetation, NPV)的概念,将植被吸收的光合有效辐射比例(FAPAR)区分为光合植被吸收部分($FPAR_{PAV}$)和非光合植被吸收部分($FPAR_{NPV}$);其最大光能利用率参数随着植被功能型的不同而不同。EC-LUE 模型是 Yuan 等(2007)以全球涡度相关碳通量观测资料为基础,发展的一个简单的光能利用率模型,用于估算陆地生态系统植被总初级生产力,驱动变量为归一化植被指数、光合有效辐射、空气温度和波文比;其假设全球所有植被类型的最大光能利用率是相同的,从而简化了 GPP 的模拟。VPM 模型和 EC-LUE 模型对生态系统总初级生产力的模拟与 GLO-PEM 模型和 CASA 模型类似,在这里详细介绍 GLO-PEM 模型和 CASA 模型,供读者参考。

(1) GLO-PEM 模型

GLO-PEM 模型是一个完全由遥感驱动的生态系统模型,主要用于模拟区域尺度的 GPP 和 NPP。Goetz 等(1999)在自养呼吸、时间积分方案、数据筛选程序等方面进行了更新,形成了第二版模型 GLO-PEM2。该模型由描述冠层辐射吸收和利用、自养呼吸、环境因子的调节过程等一系列相互连接的组分构成(Prince & Goward, 1995; Goetz *et al.*, 2000)。其主要方程为

$$NPP = \sum t[(S_t N_t)\varepsilon_g - R] \tag{12.135}$$

式中:S_t 为 t 时刻入射的 PAR;N_t 为植被冠层吸收的入射 PAR 部分,是 NDVI 的函数(Prince & Goward 1995; Goetz *et al.*, 1999);ε_g 是辐射利用效率;R 是自养呼吸,是植被生物量、气温、光合速率的函数(Prince & Goward 1995; Goetz *et al.*, 1999)。

植被冠层对 PAR 的吸收率由下式计算:

$$N_t = 1.67NDVI - 0.08 \tag{12.136}$$

辐射利用效率的计算公式为

$$\varepsilon_g = f(T, D, CSI)\varepsilon_g^* \tag{12.137}$$

式中:T、D、CSI 分别表示气温、饱和水汽压差和土壤水分累积胁迫指数;ε_g^* 为最大可能辐射利用效率,主要受光合途径、温度和 CO_2/O_2 竞争比率影响,可以表示为

$$\varepsilon_g^* = 55.2\ \alpha \tag{12.138}$$

式中:α 为表观量子效率。

通过自养呼吸消耗的碳由一个半经验公式估算:

$$R = \left[0.53\left(\frac{W}{W+50}\right)\right]\exp\left(\frac{T_c - T_a}{50}\right) \tag{12.139}$$

式中:T_c 为平均气温;W 表示地上部生物量。即

$$W = 7\ 166.1\ \rho_{min}^{-2.6} \tag{12.140}$$

ρ_{min} 为最小的年可见光通道的反射率。

Cao 等(2004)进一步改进了模型中辐射利用效率的估算,得

$$\varepsilon_g = \varepsilon_g^* \sigma \tag{12.141}$$

σ 为由控制气孔导度的环境因素导致的辐射利用效率的减少,即

$$\sigma = f(T)f(\delta_q)f(\delta_\theta) \tag{12.142}$$

式中:$f(T)$、$f(\delta_q)$ 和 $f(\delta_\theta)$ 分别表示气温、饱和水汽压差和土壤水分对气孔导度的影响。

温度的影响 $f(T)$ 在最适温度时达到最大(1.0),随温度的升高和降低而减小,即

$$f(T) = \frac{(T - T_{min})(T - T_{max})}{(T - T_{min})(T - T_{max}) - (T - T_{opt})^2} \tag{12.143}$$

式中:T 为气温;T_{min}、T_{opt} 和 T_{max} 分别表示光合作用的最低、最适和最高气温。最适温度用生长季的长期平均温度表示。

叶片和土壤的水分状况是影响气孔导度的关键因子。当空气干燥时,气孔逐渐闭合以避免叶片干枯,因此 $f(\delta_q)$ 减小(Jarvis, 1976):

$$f(\delta_q)=\begin{cases}1-0.05\delta_q & 0<\delta_q\leqslant 15\\ 0.25 & \delta_q>15\end{cases}\quad(12.144)$$

$$\delta_q=Q_w(T)-q\quad(12.145)$$

式中：δ_q 为比湿差；$Q_w(T)$ 为气温 T 时的饱和比湿；q 为气温 T 时的比湿。土壤水分通过根和叶片间的水文和非水文联系影响气孔导度（Gollan *et al.*，1992）。即使叶片的水分状况保持不变，气孔导度也会随土壤水分的降低而减小。土壤水分对气孔导度的影响表示为

$$f(\delta_\theta)=1-\exp(0.081(\delta_\theta-83.03))\quad(12.146)$$

式中：δ_θ 为上部 1.0 m 土层内的土壤水分差，由饱和含水量与实际含水量的差计算。

（2）CASA 模型

CASA 模型（Carnegie-Ames-Stanford approach biosphere model）是一个基于过程的遥感模型（Potter *et al.*，1993；Potter *et al.*，1994），耦合了生态系统生产力和土壤碳、氮通量，由网格化的全球气候、辐射、土壤和遥感植被指数数据集驱动。模型包括土壤有机物、微量气体通量、养分利用率、土壤水分、温度、土壤结构和微生物循环。模型以月为时间分辨率来模拟碳吸收、营养物分配、残落物凋落、土壤营养物矿化和 CO_2 释放的季节变化。Potter 和 Klooster 考虑了人为活动导致的土地覆盖变化，对 CASA 模型以及某些参数做了一些调整，来改善与植物吸收需求有关的土壤碳循环和总生态系统可获得氮量的计算（Potter *et al.*，1997）。CASA 模型的驱动变量和子模型如图 12.15 所示。

① NPP 模拟的子模型。CASA 模型（Potter *et al.*，1993）中植被净初级生产力主要由植被所吸收的光合有效辐射（APAR）与光能转化率（ε）两个变量来确定。

$$\mathrm{NPP}(x,t)=\mathrm{APAR}(x,t)\times\varepsilon(x,t)\quad(12.147)$$

式中：t 表示时间；x 表示空间位置。

植被所吸收的光合有效辐射 APAR 取决于太阳总辐射和植被对光合有效辐射的吸收比例，用下列公式表示。

$$\mathrm{APAR}(x,t)=\mathrm{SOL}(x,t)\times\mathrm{FPAR}(x,t)\times0.5\quad(12.148)$$

式中：SOL(x,t) 是 t 月份像元 x 处的太阳总辐射量（$\mathrm{MJ\cdot m^{-2}}$）；FPAR(x,t) 为植被层对入射光合有效辐射（PAR）的吸收比例；常数 0.5 表示植被所能利用的太阳有效辐射（波长为 0.14~0.17 μm）占太阳总辐射的比例。

植被对太阳光合有效辐射的吸收比例取决于植被类型和植被覆盖状况。研究证明，由遥感数据得到的归一化植被指数（normalized difference vegetation index，NDVI）能很好地反映植物覆盖状况（Potter *et al.*，1993）。模型中 FPAR 由 NDVI 和植被类型两个因子来表示，并使其最大值不超过0.95。

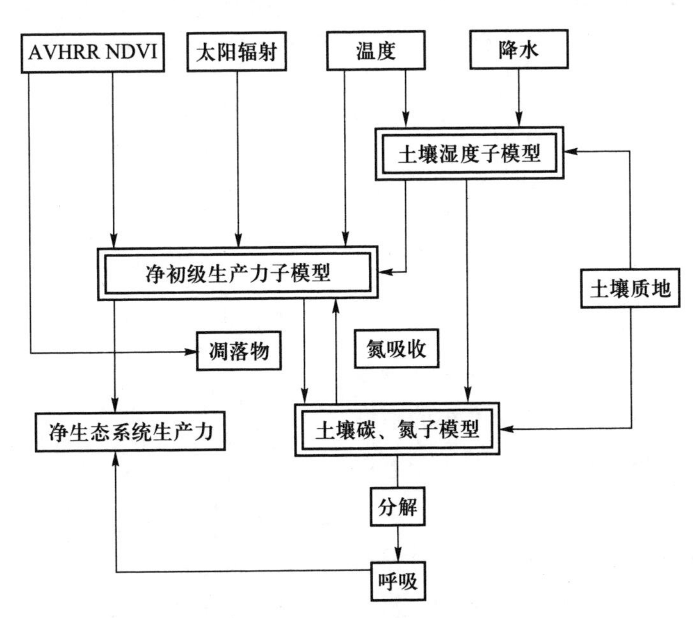

图 12.15 CASA 模型驱动变量及子模型耦合框架

$$\mathrm{FPAR}(x,t)=\min\left[\frac{\mathrm{SR}(x,t)-\mathrm{SR}_{\min}}{\mathrm{SR}_{\max}-\mathrm{SR}_{\min}},0.95\right] \tag{12.149}$$

式中：SR_{min}取值为1.08，SR_{max}的大小与植被类型有关，取值范围在4.14到6.17之间。$SR(x,t)$由$NDVI(x,t)$求得，即

$$\mathrm{SR}(x,t)=\frac{1+\mathrm{NDVI}(x,t)}{1-\mathrm{NDVI}(x,t)} \tag{12.150}$$

光能转化率ε是指植被把所吸收的光合有效辐射(PAR)转化为有机碳的效率。Potter等(1993)认为在理想条件下植被具有最大光能转化率，而在现实条件下光能转化率主要受温度和水分的影响，用式(12.151)表示。

$$\varepsilon(x,t)=T_{\varepsilon1}(x,t)\times T_{\varepsilon2}(x,t)\times W_{\varepsilon}(x,t)\times\varepsilon_0 \tag{12.151}$$

式中：$T_{\varepsilon1}$和$T_{\varepsilon2}$表示温度对光能转化率的影响；W_{ε}为水分胁迫影响系数，反映水分条件的影响；ε_0是理想条件下的最大光能转化率。

全球植被最大光能转化率的取值对净初级生产力的估算结果影响很大。人们对它的大小一直存在争议，不同学者在不同模型中的取值不一样，取值范围为$0.09\sim2.16\ g\cdot MJ^{-1}$(以C质量计)，Potter等(1993)认为全球植被的最大光能转化率为$0.389\ g\cdot MJ^{-1}$。$T_{\varepsilon1}$反映在低温和高温时植物内在的生化作用对光合作用的限制而降低净初级生产力(Potter *et al.*, 1993; Field *et al.*, 1995)，用式(12.152)计算：

$$T_{\varepsilon1}(x)=0.8+0.02T_{\mathrm{opt}}(x)-0.000\,5T_{\mathrm{opt}}(x)^2 \tag{12.152}$$

式中：$T_{opt}(x)$为某一区域一年内NDVI值达到最高时的月平均气温。当某一月平均温度小于或等于−10 ℃时，$T_{\varepsilon1}$取0。

$T_{\varepsilon2}$表示环境温度从最适宜温度($T_{opt}(x)$)向高温和低温变化时植物的光能转化率逐渐变小的趋势(Potter *et al.*, 1993; Field *et al.*, 1995)，用式(12.153)计算：

$$T_{\varepsilon2}(x,t)=1.181\,4/[1+\exp(0.2T_{\mathrm{opt}}(x)-10-T(x,t))]/[1+\exp(0.3(-T_{\mathrm{opt}}(x)-10+T(x,t)))] \tag{12.153}$$

当某一月平均温度($T(x,t)$)比最适温度($T_{opt}(x)$)高10 ℃或低13 ℃时，该月的$T_{\varepsilon2}$值等于月平均温度($T(x,t)$)为最适温度($T_{opt}(x)$)时$T_{\varepsilon2}$值的一半。

水分胁迫影响系数(W_{ε})反映了植物所能利用的有效水分条件对光能转化率的影响。随着环境中有效水分的增加，W_{ε}逐渐增大。它的取值范围为0.5(在极端干旱条件下)到1(非常湿润条件下)，由下列公式计算：

$$W_{\varepsilon}(x,t)=0.5+0.5\mathrm{EET}(x,t)/\mathrm{PET}(x,t) \tag{12.154}$$

式中：PET为潜在蒸散(potential evapotranspiration, mm)，由Fang和Yoda(1990)建立的植被-气候关系模型的计算方法求算，实际蒸散EET(estimate evapotranspiration, mm)由土壤水分子模型求算。当月平均温度小于或等于0 ℃时，该月的$W_{\varepsilon}(x,t)$等于前一个月的值$W_{\varepsilon}(x,t-1)$。

② 土壤水分子模型。土壤水分子模型中每一个栅格的月平均土壤含水量是利用月平均温度、月平均降水量(mm)、土壤中黏粒和砂粒所占百分比以及土壤深度等变量来求算：

当月平均降水量PPT<潜在蒸散量PET时：

$$\mathrm{SOILM}(x,t)=\mathrm{SOILM}(x,t-1)-[\mathrm{PET}(x,t)-\mathrm{PPT}(x,t)]\mathrm{RDR} \tag{12.155a}$$

当月平均降水量PPT≥可能蒸散量PET时：

$$\mathrm{SOILM}(x,t)=\mathrm{SOILM}(x,t-1)+[\mathrm{PPT}(x,t)-\mathrm{PET}(x,t)] \tag{12.155b}$$

式中：$SOILM(x,t)$(mm)指某一月的土壤含水量；PPT(mm)表示月平均降水量；相对干燥率RDR(relative drying rate)表示土壤水分的蒸发潜力。Potter等(1993)假设当某一月的平均温度小于或等于0 ℃时，土壤含水量不发生变化，与上一月的土壤含水量相等，而该月的降水(雪的形式)将累加到从该月起第一个出现温度大于0 ℃的月份。

土壤含水量的上限值为田间持水量(FC)($m^3\cdot m^{-3}$)和土壤深度(cm)的乘积，下限值为萎蔫含水量(WPT)($m^3\cdot m^{-3}$)和土壤深度(cm)的乘积。模型中田间持水量和萎蔫含水量是由土壤质地确定的。Potter等(1993)认为，粗土壤质地的田间持水量等于土壤水势为10 kPa时的土壤体积含水量；中、细土壤质地的田间持水量等于土壤水势为33

kPa 时的土壤体积含水量；土壤中萎蔫含水量则等于土壤水势为 1 500 kPa 时的土壤体积含水量。当土壤含水量大于上限值时，模型中假设剩余水流出该栅格，但与相邻的栅格之间没有相互作用。田间持水量（FC）和萎蔫含水量（WPT）通过土壤含水量和土壤水势之间的关系求出（Saxton *et al.*，1986），并假设森林类型的土壤深度为 2 m，其他植被类型的土壤深度为 1 m。RDR 通过式（12.156）求出：

$$\mathrm{RDR}=(1+a)/(1+a\theta^{b}) \tag{12.156}$$

式中：a，b 是根据 Saxton 等（1986）提出的经验公式求出的系数，而 θ 是前一个月的土壤体积含水量。

$$a=\exp[-4.396-0.0715(\mathrm{clay})-4.880\times10^{-4}(\mathrm{sand})^{2}-4.285\times10^{-5}\times(\mathrm{sand})^{2}(\mathrm{clay})]\times100 \tag{12.157}$$

$$b=-3.140-0.0222(\mathrm{clay})^{2}-3.484\times10^{-5}(\mathrm{sand})^{2}(\mathrm{clay}) \tag{12.158}$$

$$\Psi=a\theta^{b} \tag{12.159}$$

式中：clay 和 sand 分别是土壤中黏粒和砂粒所占的百分比；Ψ 是土壤水势（kPa）。

确定上述关系之后，便可以利用求算的上一月的土壤含水量和 WPT、RDR、PET 来计算 EET（实际蒸散量），计算公式如下：

当月平均降水量 PPT<潜在蒸散 PET 时：

$$\mathrm{EET}(x,t)=\min\{\{\mathrm{PPT}(x,t)+[\mathrm{PET}(x,t)-\mathrm{PPT}(x,t)]\mathrm{RDR}\},\{\mathrm{PPT}(x,t)+[\mathrm{SOILM}(x,t-1)-\mathrm{WPT}(x)]\}\} \tag{12.160a}$$

当月平均降水量 PPT≥潜在蒸散 PET 时：

$$\mathrm{EET}(x,t)=\mathrm{PET}(x,t) \tag{12.160b}$$

③ 土壤碳-氮循环子模型。图 12.16 为不同土壤碳库间凋落物和土壤 C、N 的转化过程。由图可见，土壤碳库分为凋落物碳库、微生物碳库和土壤有机碳库。土壤有机碳库又主要以 SLOW 和 OLD 两种形式存在。

在 CASA 模型的土壤有机碳子模型中，每一个状态变量的分解都遵循下式（Parton *et al.*，1987）：

$$\mathrm{d}C_i/\mathrm{d}t=K_iM_\mathrm{d}T_\mathrm{d}C_i \tag{12.161}$$

式中：C_i 为不同状态下的碳含量，i=1，2，3，4，5，6，7，分别代表土壤表面有机质的结构库和代谢库、土壤中有机质的结构库和代谢库、活性土壤有机质、慢分解土壤有机质、惰性土壤有机质；K_i 为第 i 状态下最大分解速率（每周）（K_i=0.076，0.28，0.094，0.35，

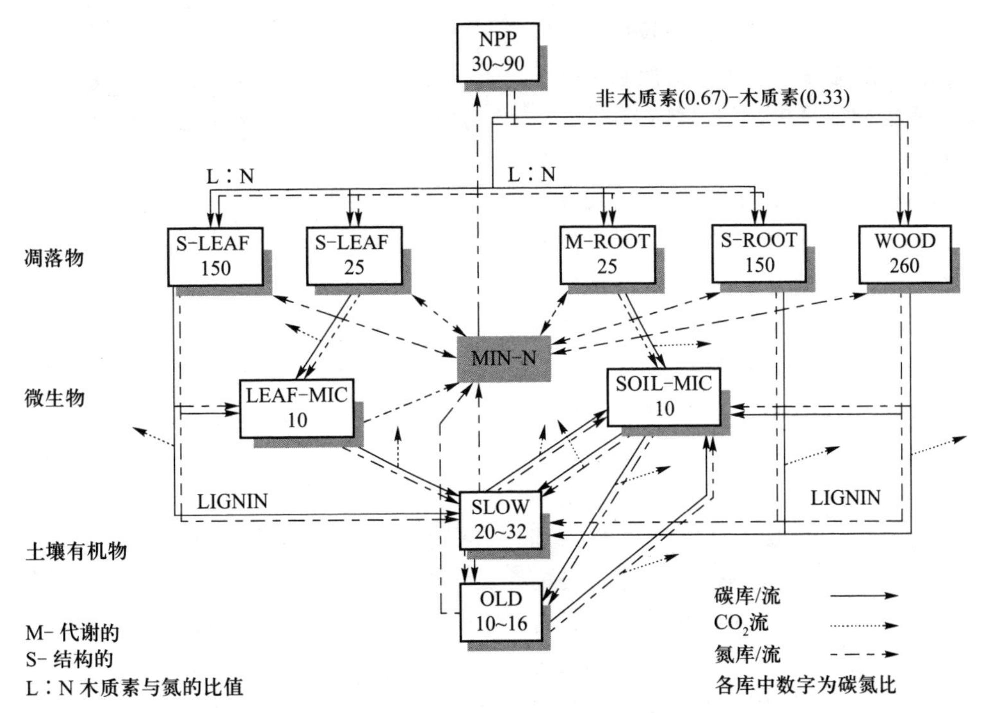

图 12.16 不同土壤碳库间凋落物和土壤 C、N 的转化

MIN-N：矿化氮库；SLOW：分解较缓慢的库；OLD：难分解库

0.14,0.0038,0.00013);M_d 为月降雨量与月最大可能蒸发量的比值对分解的影响;T_d 为月平均土壤温度对分解的影响。木质素与氮素含量比对有机物质进入结构库和代谢库的影响为

$$F_M = 0.85 - 0.018L/N \quad (12.162)$$

$$F_S = 1 - F_M \quad (12.163)$$

式中:F_M 为植物残体代谢库部分;F_S 为植物残体结构库部分;L/N 为木质素与氮素含量比。

结构库中的木质素含量对有机质分解速率的影响为

$$K_1^a = K_1 \exp(-3.0L_S) \quad (12.164)$$

$$K_3^a = K_3 \exp(-3.0L_S) \quad (12.165)$$

式中:K_1^a、K_3^a 分别是地表和土壤有机物质结构库的分解率;K_1、K_3 分别是地表和土壤有机物质结构库的最大分解率。活性土壤有机质的分解受到土壤质地的影响,其关系式为

$$K_5^a = K_5(1-0.75T) \quad (12.166)$$

式中:K_5^a 为活性库分解率;K_5 为活性库最大分解率;T 为土壤粉粒和黏粒部分。

12.7.3 BEPS 模型

BEPS 模型(boreal ecosystem productivity simulator)是加拿大遥感中心发展的旨在模拟加拿大北方陆地生态系统碳平衡的计算机模拟系统(Liu *et al.*, 1997,1999),能够用于整个加拿大或其中的一个区域。BEPS 以 Forest-BGC 模型为基础,定量描述那些控制生态系统生产力的生物物理过程,但对 Forest-BGC 模型作了一些重大修改。第一,增加了经过改进的冠层辐射模块,同时引入叶聚集指数(Ω),以减小因为植物冠层的形状结构对辐射吸收、叶面受光以及相互遮蔽产生的影响。Ω 的值因植被类型不同而不同(Chen,1995)。第二,利用从遥感数据获取的土地覆被信息调整主要的生物物理和生物化学参数,利用网格化的气象数据和土壤数据,而不是单个气象站数据,将林分水平的模拟扩展到较大的区域。第三,BEPS 模型对光合作用子模块进行了改进,采用了 Farquhar 等(1980)提出的光合作用生物化学模型,在一个更大的时空尺度上模拟。

Chen 等(1999)根据气象条件的日变化规律进行逐日积分,对 Farquhar 模型通过简化的日积分推导出其解析解,完成了模型由瞬时至日尺度的时间尺度转换。根据 Farquhar(1980)的研究,叶片总光合速率为 Rubisco 限制的光合速率(W_c)和光限制的光合速率(W_j)的较小值,W_c 和 W_j 分别为

$$W_c = V_m \frac{C_i - \Gamma}{C_i + K} \quad (12.167)$$

$$W_j = J \frac{C_i - \Gamma}{4.5C_i + 10.5\Gamma} \quad (12.168)$$

式中:V_m 为最大羧化速率;J 为电子传递速率;C_i 为胞间 CO_2 浓度;Γ 为 CO_2 补偿点;K 为酶动力学常数。Γ 和 K 是与温度有关的参数,根据 Collatz 等(1991)和 Sellers 等(1992b)的研究可以表示为

$$\Gamma = 1.92 \times 10^{-4} O_2 1.75^{(T-25)/10} \quad (12.169)$$

式中:O_2 为大气中的氧浓度;T 为气温。K 可以由下式计算

$$K = K_c(1 + O_2/K_o) \quad (12.170)$$

K_c 和 K_o 分别为 CO_2 和 O_2 的 Michaelis-Menten 常数。

V_m 可以表示为温度的函数(Collatz *et al.*,1991)或温度和叶片含氮量的函数(Bonan,1995),即

$$V_m = V_{m25} 2.4^{(T-25)/10} f(T) f(N) \quad (12.171)$$

式中:V_{m25} 为 25 ℃时的 V_m,与植被类型有关;$f(T)$ 和 $f(N)$ 分别为温度和氮的限制因子,定义如下:

$$f(T) = (1 + \exp((-220\,000 + 710(T+273)) / (R(T+273))))^{-1} \quad (12.172)$$

$$f(N) = N/N_m \quad (12.173)$$

式中:N 为叶片含氮量;N_m 为最大叶片含氮量。

J 与叶片吸收的光合有效辐射通量密度(PPFD)有关(Farquhar & von Caemmerer,1982),即

$$J = J_{max} \mathrm{PPFD} / (\mathrm{PPFD} + 2.1J_{max}) \quad (12.174)$$

式中:J_{max} 为电子传递的光饱和速率。根据 Wullschleger(1993),J_{max} 与 Rubisco 活性有关,即

$$J_{max} = 29.1 + 1.64V_m \quad (12.175)$$

净同化速率(A)由总光合速率减去叶片暗呼吸(R_d)计算

$$A = \min(W_c, W_j) - R_d \quad (12.176)$$

根据 Collatz 等(1991)的研究可得

$$R_d = 0.015V_m \tag{12.177}$$

另外,净光合速率也可以用下式描述(Leuning, 1990;Sellers *et al.*, 1996):

$$A = (C_a - C_i)g \tag{12.178}$$

式中:C_a 为大气 CO_2 浓度;g 为从叶片边界层大气到胞间的 CO_2 导度,计算如下

$$g \approx 10^6 g_s / (R(T+273)) \tag{12.179}$$

式中:g_s 为气孔导度;R 为气体常数。通过①用方程(12.178)替代方程(12.167)和(12.168)中的 C_i;② 将结果与方程(12.176)结合;③ 选择二次方程的较小的根(Leuning,1990),可以得到

$$A_c = \frac{1}{2}\Big((C_a+K)g+V_m-R_d- \sqrt{((C_a+K)g+V_m-R_d)^2-4(V_m(C_a-\Gamma)-(C_a+K)R_d)g} \Big) \tag{12.180}$$

$$A_j = \frac{1}{2}\Big((C_a+2.3\Gamma)g+0.2J-R_d- \sqrt{((C_a+2.3\Gamma)g+0.2J-R_d)^2-4(0.2J(C_a-\Gamma)-(C_a+2.3\Gamma)R_d)g} \Big) \tag{12.181}$$

式中:A_c 和 A_j 分别为减去暗呼吸后对应的 W_c 和 W_j。

从理论上讲,为计算日总光合的日积分应该是对时间积分,但是由于气孔导度和时间之间是一种近似正弦曲线的非线性关系,因此,BEPS 模型选择了一种新的对气孔导度积分的方式。通过对式(12.180)和(12.181)积分,得到计算日光合的模型为

$$A = \frac{1.27}{2(g_n-g_{min})}\Big(\frac{a^{1/2}}{2}(g_n^2-g_{min}^2)+c^{1/2}(g_n-g_{min})- \frac{2ag_n+b}{4a}d+\frac{2ag_{min}+b}{4a}e^{1/2}+ \frac{b^2-4ac}{8a^{3/2}}\ln\frac{2ag_n+b+2a^{1/2}d}{2ag_{min}+b+2a^{1/2}e} \Big) \tag{12.182}$$

$$d = (ag_n^2+bg_n+c)^{1/2} \tag{12.183}$$

$$e = (ag_{min}^2+bg_{min}+c)^{1/2} \tag{12.184}$$

式中:A 代表受 Rubisco 活性限制的光合速率(W_c)或受光限制的光合速率(W_j)。对于 W_c,

$$a = (K+C_a)^2 \tag{12.185}$$

$$b = 2(2\Gamma+K-C_a)V_m+2(C_a+K)R_d \tag{12.186}$$

$$c = (V_m-R_d)^2 \tag{12.187}$$

对于 W_j,

$$a = (2.3\Gamma+C_a)^2 \tag{12.188}$$

$$b = 0.4(4.3\Gamma-C_a)J+2(C_a+2.3\Gamma)R_d \tag{12.189}$$

$$c = (0.2J-R_d)^2 \tag{12.190}$$

式中:g_n 为正午时的气孔导度;g_{min} 为日出前或日落后的最小气孔导度,一般设为 0(Chen *et al.*,1999)。

BEPS 模型利用阳生叶和阴生叶分离模型实现了单叶模型向冠层模型的空间尺度转换。模型首先分别计算阴生叶和阳生叶的光合作用总量,然后获得冠层的光合作用总量(Norman,1982),即

$$A_{canopy} = A_{sun}\mathrm{LAI}_{sun}+A_{shade}\mathrm{LAI}_{shade} \tag{12.191}$$

式中:A_{canopy} 为冠层总光合量;A_{sun} 为阳生叶的光合总量;A_{shade} 为阴生叶的光合总量;LAI_{sun} 和 LAI_{shade} 分别为阳生叶和阴生叶的叶面积指数。

在 BEPS 模型中,维持呼吸(R_m)由下式计算

$$R_m = \sum_{i=1}^{3} M_i \alpha_{25}^i Q_{10}^{\frac{T-25}{10}} \tag{12.192}$$

式中:$i=1,2,3$,分别代表叶、树干和根;M_i 为各器官的生物量;α_{25}^i 为各器官 25 ℃ 的呼吸系数;Q_{10} 为呼吸作用的温度敏感系数;T 为空气温度。

生长呼吸(R_g)可以表示为(Bonan,1995)

$$R_g = 0.25\mathrm{GPP} \tag{12.193}$$

土壤呼吸的模拟主要考虑了土壤水分和土壤温度的影响,即

$$R_h = R_{h,10} f(\theta) f(T_s) \tag{12.194}$$

式中:$R_{h,10}$ 为土壤温度为 10 ℃时的土壤呼吸速率,θ 为土壤含水量,T_s 为土壤温度。

BEPS 模型中的水循环过程考虑了大气降水、冠层截留、穿透降水、融雪、雪的升华、冠层蒸腾、冠层和土壤蒸发、地表径流及土壤水分变化等多个过程。其中地上部分的蒸散用下式计算,即

$$\mathrm{ET} = T_{plant}+E_{plant}+E_{soil}+S_{ground}+S_{plant} \tag{12.195}$$

式中：ET 为蒸散量；T_{plant} 为植被的蒸腾量；E_{plant} 和 E_{soil} 分别为植被和土壤的蒸发量；S_{plant} 和 S_{ground} 分别为植物表面雪的升华和地面雪的升华量，式中各项均采用修正后的 Penman-Monteith 方程计算。

BEPS 模型具有混合时间分辨率，气象数据以日为步长，LAI 以 10 日为步长，土地覆盖以年为步长，而土壤有效水含量在一个很长的时间周期内变化。模型要求输入 LAI（来源于遥感数据）、每日气象数据（总辐射、温度、湿度和降水量）及土壤有效水含量。模型在每个网格点上运行，分辨率为 1 km ×1 km，其基本假设为每个网格点内的植被和环境条件均相同，最后输出 NPP 和其他碳水循环过程变量。BEPS 模型以其所需参数较少，高效、适时而实用的特点，已被广泛应用于不同地区和不同生态系统的研究。1997 年 Liu 等用该模型模拟和绘制了加拿大北方森林的 NPP 和蒸散量空间分布图。刘明亮（2001）和 Bunkei（2002）分别用 BEPS 模型模拟了中国和东亚地区的陆地生态系统生产力。

为了与通量数据的时间尺度相匹配，Wang 等（2005）对 BEPS 模型做了调整，对长白山阔叶红松林的碳、水和能量通量进行了模拟，并用涡度相关通量观测数据进行了检验。模型的调整首先是对土壤呼吸子模块进行改进。土壤与大气的碳交换大约占陆地表层生态系统碳总量的 2/3（Post *et al.*，1982），因此对土壤呼吸估算的精度将在很大程度上影响整个生态系统的碳交换量的评价。在原 BEPS 模型中，只考虑了土壤水分和土壤温度对土壤呼吸的影响，而实际上土壤呼吸还受土壤有机质的组成、土壤质地等因子的影响。因此，根据 CENTURY 模型（Parton，1993）中的相关模块，可以把土壤分为 9 个碳库，如茎叶凋落物、根系凋落物、土壤微生物、快和慢分解土壤腐殖质等。每个碳库有各自的分解和转化参数，并与土壤温度、土壤湿度、土壤质地和凋落物性质（木质素与氮的比值）有关，土壤呼吸速率就可以用下式描述

$$R_h = \sum_{i=1}^{9} C_i K_{max}^i f(T_s) f(\theta) f(li) f(te) \tag{12.196}$$

式中：$i=1,2,\cdots,9$ 分别代表土壤中不同的碳库；C_i 为土壤中各碳库的含碳量；K_{max}^i 为各碳库的最大分解速率；$f(T_s)$ 为土壤温度对土壤分解速率的影响因子；$f(\theta)$ 为土壤水分对土壤分解速率的影响因子；$f(li)$ 为纤维素影响因子；$f(te)$ 为土壤质地影响因子。

另外，模型的调整还考虑了土壤内部的热量和水分传输过程，借鉴 Sellers（1996）的方法，对土壤进行了分层处理。各层次土壤水分的模拟方程为

$$\frac{d\theta_i}{dt} = \begin{cases} I - E_{soil} - Q_i - T_i & i=1 \\ Q_{i-1} - Q_i - T_i & i=2,3,4,\cdots,N \end{cases} \tag{12.197}$$

式中：i 表示土壤的不同层次；θ_i 为土壤不同层次的含水量；I 为降落到土壤表面的降水，Q_i 为土层间水分的传输；T_i 为不同土层中的植被蒸腾损失水分。

参考文献

曹明奎，于贵瑞，刘纪远等.2004.陆地生态系统碳循环的多尺度试验观测和跨尺度机理模拟.中国科学 D 辑，34（增刊Ⅱ）：1～14

曹明奎，李克让.2000.陆地生态系统与气候相互作用的研究进展.地球科学进展，15（4）：446～452

陈泮勤，黄耀，于贵瑞.2004.地球系统碳循环.北京：科学出版社

陈全胜，李凌浩，韩兴国等.2003.水分对土壤呼吸的影响及机理.生态学报，23（5）：972～978

陈育峰，李克让.1996.应用林窗模型研究全球气候变化对森林群落的可能影响——以四川西部紫果云杉群落为例.地理学报，51（增刊）：73～80

崔骁勇，陈佐忠，陈四清.2001.草地土壤呼吸研究进展.生态学报，21（2）：315～325

方精云，刘国华，徐嵩龄.1996.中国陆地生态系统的碳库.见：王庚辰，温玉璞.温室气体浓度和排放监测及相关过程.北京：中国环境科学出版社：109～139

方精云.2000.全球生态学——气候变化与生态响应.北京：高等教育出版社

高煜珠，王忠.1982.关于光呼吸与光合作用关系的研究Ⅱ：环境因素对光合作用的影响及其与光呼吸的关系.植物生理学报，8（4）：373～382

葛剑平.1996.森林生态学建模与仿真.黑龙江：东北林业大学出版社

郭佳伟，邹元春，霍莉莉等. 2013. 生物地球化学过程模型 DNDC 的研究进展及其应用. 应用生态学报，24（2）：571～580

康德梦，张孟威，陈利顶.1992.中国环境中碳、氮元素变化与大气温室效应的系统分析.见：叶笃正，陈泮勤.中国的全球变化预研究第二部分报告.北京：地震出版社：211～269

李长生.2001.生物地球化学的概念与方法——DNDC 模型的

发展.第四纪研究,21(2):89~99

李克让.2002.土地利用变化和温室气体净排放与陆地生态系统碳循环.北京:气象出版社

李文华,罗天祥.1997.中国云杉林生物生产力格局及其数学模型.生态学报,17(5):511~588

李玉宁,王关玉,李伟.2002.土壤呼吸作用和全球碳循环.地学前缘,9(2):351~357

李忠佩,王效举.1998.红壤丘陵区土地利用方式变更后土壤有机碳动态变化的模拟.应用生态学报,9(4):365~370

刘明亮.2001.中国土地利用/土地覆被变化与陆地生态系统植被碳库和生产力研究.中国科学院遥感应用研究所博士研究生学位论文

刘绍辉,方精云.1997.土壤呼吸的影响因素及全球尺度下温度的影响.生态学报,17:469~476

刘兴良,鄢武先,向成华等.1997.沱江流域亚热带次生植被生物量及其模型.植物生态学报,21(5):441~454

毛嘉富,王斌,戴永久.2006.陆地生态系统模型及其与气候模式耦合的回顾.气候与环境研究,11(6):763~771

聂道平,徐德应,王兵.1997.全球碳循环与森林关系的研究问题与进展.世界林业研究,5:33~40

彭少麟,李跃林,任海等.2002.全球变化条件下的土壤呼吸效应.地球科学进展,17(5):705~713

齐华.2003.亚热带红壤丘陵区主要树种光合特性及光合与蒸腾作用耦合模型研究.中国科学院地理科学与资源研究所博士后研究工作报告

任传友,于贵瑞,王秋凤等.2004.冠层尺度的生态系统光合-蒸腾耦合模型研究.中国科学D辑,34(增Ⅱ):141~151

任小丽,何洪林,刘敏等.2012.基于模型数据融合的千烟洲亚热带人工林碳水通量模拟.生态学报,32(23):7313~7326

沈允钢,许大全.1992.植物生理与分子生物学:XⅧ光合机构对环境的响应与适应.北京:科学出版社:225~235

陶波,李克让,邵雪梅等.2003.1981—1998年中国陆地净初级生产力时空特征模拟.地理学报,58(3):372~380

汪业勖,赵士洞.1998.陆地碳循环研究中的模型方法.应用生态学报,9(6):658~664

王秋凤,牛栋,于贵瑞等.2004.长白山温带阔叶红松林生态系统 CO_2 和水热通量及其模拟.中国科学D辑,34(增Ⅱ):131~140

王秋凤.2005.陆地生态系统水-碳耦合循环的生理生态机制及其模拟研究.中国科学院地理科学与资源研究所博士研究生学位论文

肖向明,王义凤,陈佐忠.1996.内蒙古锡林河流域典型草原初级生产力和土壤有机质的动态及其对气候变化的反应.植物学报,38(1):45~52

延晓东,赵士洞.1995.温带针阔混交林林分碳贮量动态的模拟模型Ⅰ:乔木层的碳贮量动态.生态学杂志,14(2):6~12

延晓冬.2004.地球系统碳循环的基本模型.见:陈泮勤等,地球系统碳循环.北京:科学出版社:357~386

仪垂祥.1994a.地球表层动力学理论研究:陆地表层系统.北京师范大学学报(自然科学版),4:511~515

仪垂祥.1994b.地球表层动力学理论研究:动力学方程组.北京师范大学学报(自然科学版),4:516~524

于贵瑞.2001.不同冠层类型的陆地植被蒸散模型研究进展.资源科学,23(6):72~84

于贵瑞等.2003.全球变化与陆地生态系统碳循环与碳蓄积.北京:气象出版社

于贵瑞,方华军,伏玉玲等.2011.区域尺度陆地生态系统碳收支及其循环过程研究进展.生态学报,31(19):5449~5459

于贵瑞,高扬,王秋凤等.2013.陆地生态系统碳-氮-水循环的关键耦合过程及其生物调控机制探讨.中国生态农业学报,21(1):1~13

于贵瑞,张雷明,孙晓敏.2014.中国陆地生态系统通量观测研究网络(ChinaFLUX)的主要进展及发展展望.地理科学进展,33(7):903~917

张黎,于贵瑞,何洪林等.2009.基于模型数据融合的长白山阔叶红松林碳循环模拟.植物生态学报,33(6):1044~1055

张娜,于贵瑞,于振良等.2003a.基于3S的自然植被光能利用率的时空分布特征的模拟.植物生态学报,27(3):325~336

张娜,于贵瑞,于振良等.2003b.基于景观尺度过程模型的长白山地表径流量时空变化特征的模拟.应用生态学报,14(5):653~658

张娜,于贵瑞,于振良等.2003c.基于景观尺度过程模型的长白山净初级生产力空间分布影响因素分析.应用生态学报,14(5):659~664

张娜,于贵瑞,赵士洞等.2003d.长白山自然保护区生态系统碳平衡研究.环境科学,24(1):24~32

张娜,于贵瑞,赵士洞等.2003e.基于遥感和地面数据的景观尺度生态系统生产力的模拟.应用生态学报,14(5):643~652

张娜,于振良,赵士洞.2001.长白山植被蒸腾量空间变化特征的模拟.资源科学,23(6):91~96

张小全,徐德应.2001.温度对杉木中龄林针叶光合生理生态的影响.林业科学,38(3):27~33

张新时,杨奠安.1995.中国全球变化样带的设置与研究.第四纪研究,2:43~54

周广胜,张新时.1995.自然植被净第一性生产力模型初探.植物生态学报,17:1~8

庄亚辉.1997.全球生物地球化学循环研究的进展.地学前缘,4(1-2):163~168

Aber A D, Federer C A. 1992. A generalized lumped-parameter model of photosynthesis, evapotranspiration and net primary production in temperate and boreal forest ecosystems. *Oecologia*, 92:463~474

Allen A S, Andrews J A, Finzi A C, *et al*.2000.Effects of free-air CO_2 enrichment (FACE) on belowground processes in a *Pinus teada* forest.*Ecological Applications*, 10(2):437~448

Amiro B D, Chen J M, Liu J. 2000. Net primary productivity following forest fire for Canadian ecoregions.*Canadian Journal of Forest Research*, 30:939~947

Amiro B D, Chen J M.2003.Dating forest fire scar using SPOT-VEGETATION for Canadian ecoregions. *Canadian Journal of Forest Research*, 33:1116~1125

Amiro B D, Todd J B, Wotton B M, *et al*. 2001. Direct carbon emissions from Canadian forest fires, 1959—1999. *Canadian Journal of Forest Research*, 31:512~525

Anderson J M.1973.Carbon dioxide evolution from two temperate deciduous woodland soils.*Journal of Applied Ecology*, 10:361~375

Andrews J A, Harrison K G, Matamala R, *et al*. 1999. Separation of root respiration from total soil respiration using ^{13}C labeling during Free Air CO_2 Enrichment (FACE). *Soil Science Society of America Journal*, 63(5):1 429~1 435

Anthoni P M, Unsworth M H, Law B E, *et al*. 2002. Seasonal differences in carbon and water vapor exchange in young and old-growth ponderosa pine ecosystems.*Agricultural and Forest Meteorology*, 111:203~222

Balesdent J, Mariotti A, Boisgontier D.1990. Effect of tillage on soil organic carbon mineralization estimated from ^{13}C abundance in maize fields.*Soil Science*, 41:587~596

Ball J T, Woodrow I E, Berry J A.1987.A model pre-dicting stomatal conductance and its contribution to the control of photosynthesis under different environmental conditions. In: Biggins I, ed.*Progress in Photosynthesis Research*.Netherlands: Martinus Nijhoff Publishers:221~224

Ball J T.1988.An analysis of stomatal conductance.Ph.D.thesis. Standford University

Bassman J B, Zwier J C. 1991. Gas exchange characteris-tics of *Populus trichocarpa*, *Populus deltoides* and *Populus trichocarpa*× *Populus deltoides* clone.*Tree Physiology*, 8:145~149

Battaglia M, Beadle C, Loughhead S, 1996. Photosynthetic temperature responses of *Eucalyptus globulus* and *Eucalyptus nitens*.*Tree Physiology*, 16:81~89

Billings W D.1987.Carbon balance of Alaskan tundra and taiga ecosystems: past, present and future. *Quaterly Science Review*, 6:165~177

Björkman O.1981.Responses to different quantum flux densities. In: Lange O L, ed.*Physiological plant ecology I.Encyclopedia of plant physiology*, *Vol.12A*.Berlin: Springer-verlag

Black T A, Hartog G, Neumann H H, *et al*.1996.Annual cycles of water vapour and carbon dioxide fluxes in and above a boreal aspen forest.*Global Change Biology*, 2:219~229

Bonan G B.1995.Land-atmosphere CO_2 exchange simulated by a land surface process model coupled to an atmos-pheric general circulation model.*Journal of Geographysical Research*, 100(D2): 2817~2831

Bonan G B. 2008.*Ecological Climatology: Concepts and Applications, second edition*. New York: Cambridge University Press

Boone R D, Nadelhoffer K D, Canary J D, *et al*. 1998. Roots exert a strong influence on the temperature sensitivity of soil respiration.*Nature*, 396:570~572

Bosatta E, Berendse F.1984.Energy or nutrient regulation of decomposition: implications for the mineralization immobilization response to perturbations. *Soil Biology and Biochemistry*, 16: 63~67

Bowden R D, Nadelhoffer K J, Boone R D, *et al*. 1993. Contributions of aboveground litter, belowground litter, and root respiration to soil respiration in a temperate mixed hardwood forest.*Canadian Journal of Forest Research*, 23:1402~1407

Box E O.1988.Estimating the seasonal carbon source-sink geography of a natural, steady-state terrestrial biosphere.*Journal of Applied Meteorology*, 7:1109~1124

Boyer J S.1976.Water deficits and photosynthesis.In: Kozlowaki T T, ed. *Water Deficits and Plant Growth*. New York: Academic Press:153~190

Braswell B H, Sacks W J, Linder E, *et al*. 2005. Estimating diurnal to annual ecosystem parameters by synthesis of a carbon flux model with eddy covariance net ecosystem exchange observations.*Global Change Biology*, 11(2): 335~355

Brooks A, Farquhar G D.1985.Effect of temperature on the CO_2/O_2 specificity of rubulose-1,5-bisphosphate carboxylase / oxygenase and the rate of respiration in the light. *Planta*, 165: 397~406

Bunkei M, Tamura M.2002.Integrating remotely sensed data with an ecosystem model to estimate net primary productivity in East Asia.*Remote Sensing of Environment*, 81:58~66

Cao M K, Prince S D, Shugart H H.2002. Increasing terrestrial carbon uptake from the 1980s to the 1990s with changes in climate and atmospheric CO_2. *Global Biogeochemical Cycles*, 16(4):1069

Cao M K, Prince S D, Small J, *et al*.2004.Remotely sensed interannual variations and trends in terrestrial net primary productivity 1980—2000.*Ecosystems*, 7:233~242

Cao M K, Prince S D, Tao B, *et al*. 2005. Regional pattern and interannual variations in global terrestrial carbon uptake in response to changes in climate and atmospheric CO_2. *Tellus Series B, Chemical and Physical Meteorology*, 57(3): 210~217

Cao M K, Woodward F I.1998a.Dynamic responses of terrestrial ecosystem carbon cycling to global climate change. *Nature*,

393:249~252

Cao M K,Woodward F I.1998b.Net primary and eco-system production and carbon stocks of terrestrial ecosystems and their response to climatic change.*Global Change Biology*,4:185~198

Cao M K,Zhang Q,Shugart H H.2001.The dynamic responses of terrestrial ecosystem cycling in Africa to climate change. *Climatic Research*,17:183~193

Cavelier J,Penuela M C.1990.Soil respiration in the cloud forest and dry deciduous forest of Serrania de Macuria, Colombia. *Biotropica*,22(4):346~352

Chen J M,Chen W,Liu J,*et al.*2000b.Annual carbon balance of Canada's forests during 1895—1996. *Global Biogeochemical Cycles*,14:839~850

Chen J M,Cihlar J.1995.Quantifying the effect of canopy architecture on optical measurements of leaf area index using two gap size analysis methods. *IEEE Transactions Geoscience and Remote Sensing*,33(3):777~787

Chen J M,Liu J,Cihlar J,*et al.*1999.Daily canopy photosynthesis model through temporal and spatial scaling for remote sensing applications.*Ecological Modelling*,124:99~199

Chen J M,Pavlic G,Brown L,*et al.*2002a.Derivation and validation of Canada-wide leaf area index maps using ground measurements and high and moderate resolution satellite imagery. *Remote Sensing of Environment*,80:165~184

Chen W J,Chen J M,Liu J,*et al.*2000a.Approaches for reducing uncertainties in regional forest carbon balance.*Global Biogeochemical Cycles*,14:827~838

Chen W J,Chen J M,Price D T,*et al.*2002b.Effects of stand age on net primary productivity of boreal black spruce forests in Canada.*Canadian Journal of Forest Research*,32:833~842

Chen J,Ju W,Cihlar J,*et al.*2003.Spatial distribution of carbon sources and sinks in Canada's forests.*Tellus*,55B:622~641

Christensen T R,Michelsen A,Jonasson S,*et al.*1997.Carbon dioxide and methane exchange of a subarctic heath in response to climate change related environmental manipulations.*Oikos*,79:34~44

Clark F E, Coleman D C. 1972. Secondary productivity belowground in Pawnee grassland. US/IBP Grassland Biome Technical Report No. 169. Colorado State University, FortCollins,23

Collatz G J,Ball J T,Griver C,*et al.*1991.Physiological and environmental regulation of stomatal conductance, photosynthesis and transpiration: a model that includes a laminar boundary layer.*Agricultural and Forest Meteorology*,54:107~136

Cox P M, Huntingford C, Harding R J. 1998. A canopy conductance and photosynthesis model for use in a GCM land surface scheme.*Journal of Hydrology*,212-213:79~94

Craig H.1957.The annual distribution of radiocarbon and the exchange time of carbon dioxide between atmosphere and sea. *Tellus*,9:1~17

Cramer W, Bondeau A, Woodward F I, *et al.* 2001. Global responses of terrestrial ecosystem structure and function to CO_2 and climate change:Results from six dynamic global vegetation models.*Global Change Biology*,7:357~373

Davidson E A,Verchot L V,Cattanio J H,*et al.*2000.Effects of soil water content on soil respiration in forests and cattle pastures of eastern Amazonia.*Biochemistry*,48:53~69

Di Vittorio A V, Chini L P, Bond-Lamberty B,*et al.* 2014. From land use to land cover: Restoring the afforestation signal in a coupled integrated assessment—Earth system model and the implications for CMIP5 RCP simulations. *Biogeosciences*, 11(22): 6435~6450

Drewitt G B, Black T A, Nesic Z, *et al.* 2002. Measuring forest floor CO_2 fluxes in a Douglas-fir forest.*Agricultural and Forest Meteorology*,110:299~317

Eckersten H.1985.Comparison of two energy forest growth models based on photosynthesis and nitrogen productivity. *Agricultural and Forestry Meteorology*,34:301~314

Edwards N T,Norby R J.1999.Belowground respiratory responses of sugar maple and red maple saplings to atmospheric CO_2 enrichment and elevated air temperature.*Plant and Soil*,206:85~97

Elliott E T. 1986. Aggregate structure and carbon, nitrogen, and phosphorus in native and cultivated soils.*Soil Science of Society America Journal*,50:627~633

Emanuel W R, Killough G G, Post W M, *et al.* 1984. Modelling terrestrial ecosystems in the global carbon cycle with shifts in carbon storage capacity by land-use change. *Ecology*, 65: 970~983

Emanuel W R, Shugart H H, Stevenson M P. 1985. Climate change and the broad scale distribution of terrestrial ecosystem complexes.*Climatic Change*,7:29~43

Fang C,Moncrieff J B.2001.The dependence of soil CO_2 efflux on temperature.*Soil Biology & Biochemistry*,33:155~165

Fang J Y, Yoda K. 1990. Vegetation and climate in China. Ⅲ. Water balance in relation to distribution of vegetation. *Ecological Research*,4:71~83

Farquhar G D,von Caemmerer S,Berry J A.1980.A biochemical model of photosynthetic CO_2 assimilation in leaves of C_3 species.*Planta*,149:79~90

Farquhar G D, von Caemmerer S.1982.Modeling photosynthetic response to environmental conditions.In:Lange O L,*et al.* eds. *Encyclopedia of Plant Physiology.* Berlin:Spring-Verlag:549~587

Farquhar G D,Wang S C.1984.An empirical model of stomatal

conductance. *Australian Journal of Plant Physiology*, 11: 191~120

Federer C A. 1982. Transpirational supply and demand: plant, soil, and atmospheric effects evaluated by simulation. *Water Resource Research*, 18: 355~362

Fernandez I J, Son Y, Kraske C R, *et al.* 1993. Soil carbon dioxide characteristics under different forest types and after harvest. *Soil Science Society of America Journal*, 57: 1115~1121

Field C B, Behrenfeld M J, Randerson J A, *et al.* 1998. Primary production of the biosphere: Integrating terrestrial and oceanic components. *Science*, 281: 237~240

Field C B, Randerson J T, Malmstrom C M. 1995. Global net primary production: Combining ecology and remote sensing. *Remote Sensing of Environment*, 51: 74~88

Field C. 1983. Allocating leaf nitrogen for the maximization of carbon gain: Leaf age as a control on the allocation program. *Oecologia*, 56: 341~347

Fischer G, Heilig G K. 1997. Population momentum and the demand on land and water resources. *Philosophical Transaction of the Royal Society of London*, 352B: 869~889

Frank A B, Liebig M A, Hanson J D. 2002. Soil carbon dioxide fluxes in northern semiarid grasslands. *Soil Biology & Biochemistry*, 34: 1235~1241

Gholz H L, Wedin D A, Smitherman S M, *et al.* 2000. Long-term dynamics of pine and hardwood litter in contrasting environments: Toward a global model of decomposition. *Global Change Biology*, 6: 751~765

Givnish T J. 1986. Optimal stomatal conductance, allocation of energy between leaves and roots, and the marginal cost of transpiration. In: Givnish T J, ed. *On the Economy of Plant Form and Function*. Cambridge: Cambridge University Press: 171~213

Goetz S J, Prince S D, Goward S N, *et al.* 1999. Satellite remote sensing of primary production: An improved production efficiency modeling approach. *Ecological Modelling*, 122: 239~255

Goetz S J, Prince S D, Small J, *et al.* 2000. Interannual variability of global terrestrial primary production: Reduction of a model driven with satellite observations. *Journal of Geophysical Research*, 105(D15): 20077~20091

Gollan T, Schurr U, Shulze E C. 1992. Stomatal response to drying soil in relation to changes in the xylem sap composition of *Helianthus annuus* I. the concentration of cations, anions, amino acids in and pH of, the xylem sap. *Plant, Cell and Environment*, 15: 551~559

Groffman P M, Eagan P, Sullivan W M, *et al.* 1996. Grass species and soil type effects on microbial biomass and activity. *Plant and Soil*, 183(1): 61~67

Gupta S R, Singh J S. 1981. Soil respiration in a tropical grassland. *Soil Biology & Biochemistry*, 13: 261~268

Harley P C, Sharkey J W. 1991. An improved model of C_3 photosynthesis at high CO_2: Reversed O_2 sensitivity explained by lack of glycerate re-entry into the chloroplast. *Photosynthesis Research*, 27: 169~178

Harley P C, Thomas R B, Reynolds J F, *et al.* 1992. Modeling photosynthesis of cotton grown in elevated CO_2. *Plant, Cell and Environment*, 15: 272~282

Harrison K G, Broecker W S, Bonani G. 1993. A strategy for estimating the impact of CO_2 fertilization on soil carbon storage. *Global Biogeochemical Cycles*, 7: 69~80

Harvey L D D. 1989. Effect of model structure on the response of terrestrial biosphere models to CO_2 and temperature increases. *Global Biogeochemical Cycles*, 3: 137~153

He H L, Liu M, Xiao X M, *et al.* 2014. Large-scale estimation and uncertainty analysis of gross primary production in Tibetan alpine grasslands. *Journal of Geophysical Research: Biogeosciences*, 119(3): 466~486

Heimann M, Kaminski T. 1989. Inverse modeling approaches to infer surface trace gas fluxes from observed atmospheric mixing ratios. In: Bouwman A F, ed. *Approaches to Scaling of Trace Gas Fluxes in Ecosystems*. Amsterdam: Elsevier: 275~295

Hollinger D Y, Kelliher F M, Byers J N, *et al.* 1994. Carbon dioxide exchange between an undisturbed old-growth temperate forest and the atmosphere. *Ecology*, 75: 134~150

Holt J A, Hodgen M J, Lamb D. 1990. Soil respiration in the seasonally dry tropics near Townsville, North Queens-land. *Australian Journal of Soil Research*, 28(5): 737~745

Houghton J T, Ding Y, Griggs D J, *et al.* 2001. *IPCC: Climate Change 2001: The Scientific Basic*. Cambridge: Cambridge University Press

Houghton R A, Skole D L, Turner B L, *et al.* 1990. *The Earth as Transformed by Human Actions*. Cambridge: Cambridge University Press: 393~408

Houghton R A. 1995. Changes in the storage of terrestrial carbon sine 1850. In: Lai R, ed. *Soil and Global Change*. Boca Raton, Florida: CRC Press: 45~65

Huang Y, Yu Y Q, Zhang W, *et al.* 2009. Agro-C: A biogeophysical model for simulating the carbon budget of agroecosystems. *Agricultural and Forest Meteorology*, 149: 106~129

Hudson R J M, Gherini S A, Goldstein R A. 1994. Modeling the global carbon cycle: nitrogen fertilization of the terrestrial biosphere and the "missing" CO_2 sink. *Global Biogeochemical Cycles*, 8(3): 307~333

Hungate B A, Holland E A, Jackson R B, *et al.* 1997. The fate of carbon in grasslands under carbon dioxide enrichment. *Nature*, 388: 576~579

Jacobs C M J, van der Hurk B J J M, de Bruim H A R. 1996.

Stomatal behavior and photosynthesis rate of unstressed grapevines in semi-arid condition. *Agricultural and Forest Meteorology*, 80: 111 ~ 134

Janssens I, Pilegaard K. 2003. Large Seasonal Changes in Q_{10} of soil respiration in a beech forest. *Global Change Biology*, 9: 911 ~ 918

Jarman P D. 1974. The diffusion of carbon dioxide and water vapor through stomata. *Journal of Experimental Botany*, 25: 927 ~ 936

Jarvis P G. 1976. The interpretation of the variation in leaf water potential and stomatal conductance found in canopies in the field. *Philosophical Transactions of the Royal Society, London, Series B*, 273: 593 ~ 610

Jenkison D S, Adams D E, Wild A. 1991. Model estimates of CO_2 emissions from soil in response to global warming. *Nature*, 351: 304 ~ 406

Ji J. 1995. A climate-vegetation interaction model: simu-lating physical and biological processes at the surface. *Journal of Biogeography*, 22: 445 ~ 451

Jones H G. 1992. Plants and Microclimate. New York: Cambridge University Press, 163 ~ 214

Kajfez-Bogataj L. 1990. Photosynthetic model for predicting net willow stand production. *Agricultural and Forest Meteorology*, 50: 55 ~ 85

Kasischke E S, O'Neill K P, French N H F, *et al.* 2000. Controls on patterns of biomass burning in Alaska boreal forests. In: Kasischke E S, Stocks B J, eds. *Fire, Climate Change and Carbon Cycling in the Boreal Forest*. New York: Springer-Verlag

Kim J, Verma S B. 1991. Modeling canopy photosynthesis: Scaling up from a leaf to canopy in a temperate grassland ecosystem. *Agricultural and Forest Meteorology*, 57: 187 ~ 208

Kirschbaum M U F. 1995. The temperature dependence of soil organic matter decomposition, and the effect of global warming on soil carbon storage. *Soil Biological Geochemistry*, 27: 753 ~ 760

Kohlmaier G H, Janecek A, Kindermann J. 1990. Positive and negative feedback loops within the vegetation/soil system in response to a CO_2 greenhouse warming. In: Bouwman A F, eds. *Soils and the Greenhouse Effect*. New York: John Wiley & Sons: 415 ~ 422

Koner C H, Diemer M. 1984. CO_2 exchange in the alpine sedge Carex curvula as influenced by canopy structure, light and temperature. *Oecologia*, 1984: 53 ~ 98

Kötterer T, Reichstein M, Andren O, *et al.* 1998. Temperature dependence of organic matter decomposition: A critical review using literature data analyzed with different models. *Biological Fertile Soils*, 27: 258 ~ 262

Kursar T A. 1989. Elevation of soil respiration and soil CO_2 concentration in a low land moist forest in Panama. *Plant and Soil*, 113: 21 ~ 29

Larcher W. 1980. Physiology Plant Ecology (2nd edition). Berlin-Heidelberg: Springer-Verlag

Lee K H, Shibu J. 2003. Soil respiration, fine root production, and microbial biomass in cottonwood and loblolly pine plantations along a nitrogen fertilization gradient. *Forest Ecology and Management*, 185: 263 ~ 273

Leemans R, Zuidema G. 1995. Evaluating changes in land cover and their importance for global change. *Trend in Ecology, Evoluation*, 10(2): 76 ~ 81

Leemans R. 1997. Effects of global change on agricultural land use: Scaling up from physiological processes to ecosystem dynamics. In: Jackson L, ed. *Ecology in Agriculture*. San Diego: Academic Press: 415 ~ 452

Leuning R. 1990. Modeling stomatal behavior and photosynthesis of *Eucalyptus grandis*. *Australian Journal of Plant Physiology*, 17: 159 ~ 175

Leuning R. 1995. A critical-appraisal of a combined stomatal-photosynthesis model for C_3 plants. *Plant, Cell and Environment*, 18: 339 ~ 355

Li C, Frolking S, Frolking T A. 1992. A model of nitrous oxide evolution from soil driven by rainfall events: 1. model structure and sensitivity. *Journal of Geophysical Research*, 97 (D9): 9759 ~ 9776

Li C, Frolking S, Harriss R. 1994. Modeling carbon biogeochemistry in agricultural soils. *Global Biogeochemical Cycles*, 8 (3): 237 ~ 254

Lin J, Pejam M, Chan E, *et al.* 2011. Attributing uncertainties in simulated biospheric carbon fluxes to different error sources. *Global Biogeochemical Cycles*, 25(2): GB2018

Liu J, Chen J M, Cihlar J, *et al.* 1999. Net primary productivity distribution in the BOREAS region from a process model using satellite and surface data. *Journal of Geophysical Research*, 104 (22): 27735 ~ 27754

Liu J, Chen J M, Cihlar J, *et al.* 1997. A process-based boreal ecosystem productivity simulator using remote sensing inputs. *Remote Sensing of Environment*, 62: 158 ~ 175

Liu J, Chen J M, Cihlar J, *et al.* 1999. Net primary productivity distribution in the BOREAS study region from a process model driven by satellite and surface data. *Journal of Geophysical Research*, 104(D22): 27735 ~ 27754

Liu J, Chen J M, Cihlar J, *et al.* 2002. Net primary productivity mapped for Canada at 1 - km resolution. *Global Ecology and Biogeography*, 11: 115 ~ 129

Lloyd J, Farquhar G D. 1996. The CO_2 dependence of photosynthesis, plant growth responses to elevated atmospheric CO_2 concentration and their interaction with soil nutrient status. I. general principals and forest ecosystems. *Functional Ecology*, 10: 4 ~ 32

Lloyd J, Taylor J A. 1994. On the temperature dependence of soil respiration. *Functional Ecology*, 8: 315 ~ 323

Lloyd J. 1991. Modelling stomatal responses to environment in *Macadamia integrifolia*. *Australian Journal of Plant Physiology*, 18: 649 ~ 660

Lohammar T, Linder S, Falk O. 1980. FAST-simulation models of gaseous exchange in Scots pine. In: Persson T, ed. *Structure and Function of Northern Coniferous Forests—An Ecosystem Study. Ecological Bulletins*, 32: 505 ~ 523

Luo Y Q, Wan S, Hui D, *et al.* 2001. Acclimatization of soil respiration to warming in a tall grass prairie. *Nature*, 413: 622 ~ 625

Luo Y Q, Jackson R B, Field C B, *et al.* 1996. Elevated CO_2 increases belowground respiration in California grasslands. *Oecologia*, 108: 130 ~ 137

Luo Y, White L, Canadell J, *et al.* 2003. Sustainability of terrestrial carbon sequestration: A case study in Duke Forest with inversion approach. *Global Biogeochemical Cycles*, 17(1): 1021

Mackay D S, Ahl D E, Ewers B E, *et al.* 2003. Physiological tradeoffs in the parameterization of a model of canopy transpiration. *Advances in Water Resources*, 26: 179 ~ 194

Matthews E. 1997. Global litter production, pools, and turnover times: estimates from measurement data and regression models. *Journal of Geophysical Research*, 102: 18771 ~ 18800

McGuire A D, Melillo J M, Kicklighter D W, *et al.* 1995. Equilibrium responses of carbon to climate change: Empirical and process-based estimates. *Journal of Biogeography*, 22: 785 ~ 796

McMurtrie R E, Landsberg J J, Linder S. 1998. Research priorities in field experiments on fast-growing tree plantations: implication of a mathematical model. In: Pereira J S, Landsberg J J, eds. *Biomass Production by Fastgrowing Trees.* Dordrecht: Kluwer: 181 ~ 207

McMurtrie R E, Rook D A, Kelliher F M. 1990. Modeling the yield of *Pinus radiata* on a site limited by water and nitrogen. *Forest Ecology Management*, 30: 381 ~ 413

McMurtrie R E, Running R, Thompson W A, *et al.* 1992. A model of canopy photosynthesis and water use incorpo-rating a mechanistic formulation of leaf CO_2 exchange. *Forest Ecology and Management*, 52: 261 ~ 278

Medina E, Zelwer M. 1972. Soil respiration in tropical plant communities. In: Golley P M, Golley F B, eds. *Proceedings of the Second International Symposium of Tropical Ecology.* Athens, Georgia: University of Geogia Press: 245 ~ 269

Melillo J M, MchGuire A D, Kicklighter D W, *et al.* 1993. Global climate change and terrestrial net primary production. *Nature*, 363: 234 ~ 240

Monteith J L, Unsworth M H. 1990. *Principles of Environmental Physics*, 2nd edition. London: Edward Arnold

Moorhead D L, Reynolds J F. 1991. A general-model of litter decomposition in the Northern Chihuahuan desert. *Ecological Modelling*, 56: 197 ~ 219

Mukesh J, Joshi M. 1995. Patterns of soil respiration in a temperate grassland of Kumaun Himalaya, Indian. *Journal of Trop Forest Science*, 8(2): 185 ~ 195

Neilson R P. 1995. A model for predicting continental-scale vegetation distribution and water balance. *Ecological Application*, 5: 362 ~ 385

Niklínska M, Maryánski M, Laskowski R. 1999. Effect of temperature on humus respiration rate and nitrogen mineralization: Implications for global climate change. *Biogeochemistry*, 44: 239 ~ 257

Norby R J, Luo Y. 2004. Evaluating ecosystem responses to rising atmospheric CO_2 and global warming in a multi-factor world. *New Phytologist*, 162: 281 ~ 395

Norman J M. 1982. Simulation of microclimates. In: Hat-field J L, Thomason I J, eds. *Biometeorology in Integrated Pest Management.* New York: Academic Press: 65 ~ 99

Orchard V A, Cook F J. 1983. Relationship between soil respiration and soil moisture. *Soil Biology & Biochemistry*, 22: 153 ~ 160

Ouyang Y, Zheng C. 2000. Surficial processes and CO_2 flux in soil ecosystem. *Journal of Hydrology*, 234: 54 ~ 70

Palmer-Winkler J, Cherry R S, Schlesinger W H. 1996. The Q_{10} relationship of microbial respiration in a temperate forest soil. *Soil Biological Biochemistry*, 28: 1067 ~ 1072

Parton W J, Ojima D S, Cole C V, *et al.* 1993. A general model for soil organic matter dynamics: sensitivity to litter chemistry, texture and management. *Soil Science Society of America Journal Special Issue*, 39: 147 ~ 167

Parton W J, Schimel D S, Cole C V, *et al.* 1987. Analysis of factors controlling soil organic matter levels in Great Plains grasslands. *Soil Science Society of America Journal*, 51(5): 1173 ~ 1179

Parton W J, Scurlock J M O, Ojima D S. 1993. Observations and modeling of biomass and soil organic matter dynamics for the grassland biome worldwide. *Global Biogeochemical Cycles*, 7: 785 ~ 809

Parton W J, Stewart J W B, Cole C V. 1988. Dynamics of C, N, P and S in grassland soils: A model. *Biogeochemistry*, 5: 109 ~ 131

Peng C H, Apps M J, Price T D, *et al.* 1998. Simulating carbon dynamics along the boreal forest transect case study (BFTCS) in central Canada, 1. model testing. *Global Biogeochemical Cycles*, 12: 381 ~ 392

Peng C H, Guiot J, Van Campo E. 1998. Past and future carbon balance of European ecosystems from pollen data and climatic models simulations. *Global and Planetary Change*, 18: 189 ~ 200

Peterjohn W T, Melillo J M, Steudler P A, *et al.* 1994. Responses of trace gas fluxes and N availability to experimentally elevated soil temperature.*Ecological Application*,4:617~625

Post W M,Emanuel W R,Zinke P J,*et al.* 1982.Soil pool and world life zones.*Nature*,298:156~159

Potter C S,Klooster S A.1997.Global model estimates of carbon and nitrogen storage in litter and soil pools: Response to change in vegetation quality and biomass allocation. *Tellus*, 49B:1~17

Potter C S, Randerson J T, Field C B, *et al.* 1993. Terrestrial ecosystem production:a process model based on global satellite and surface data. *Global Biogeochemical Cycles*, 7(7):811~841

Prentice I C,Cramer W,Harrison S P,*et al.*1992.A global biome model based on plant physiology and dominance, soil properties,and climate.*Journal of Biogeography*,19:117~134

Prentice I C,Sykes M T,Cramer W.1993.A simulation model for the transient effects of climate change on forest landscapes. *Ecological Modeling*,117~134

Prince S D, Goward S J. 1995. Global primary production: A remote sensing approach. *Journal of Biogeography*, 22: 316~336

Qi Y, Xu M, Wu J. 2002. Temperature sensitivity of soil respiration and its effects on ecosystem carbon budget: Nonlinearity begets surprises.*Ecological Modelling*,153:131~142

Raich J W,Pastetter E B,Melillo J M,*et al.*1991.Potential net primary productivity in South America: Application of a global model.*Ecological Applications*,1:399~429

Raich J W,Schlesinger W H.1992.The global carbon dioxide fluxes in soil respiration and its relationship to vegetation and climate.*Tellus*,44B:81~99

Raich J W, Potter C S. 1995. Global pattern of carbon dioxide emissions from soils.*Global Biogeochemical Cycles*,9:23~36

Rastetter E B,Aber J D,Peters D P C,*et al.*2003.Using mechanistic models to scale ecological processes across space and time.*BioScience*,53:68~76

Read J,Busby J R.1990.Comparative response to temperature of the major canopy species of Tasmanian cool temperature rainforest and their ecological significance. Ⅱ.net photosynthesis and climate analysis.*Australian Journal of Botany*, 38: 185~205

Reich P B, Eusworth D S, Kloeppel B D, *et al.* 1990. Vertical variation in canopy structure and CO_2 exchange of oak-maple forests:influence of ozone,nitrogen,and other factors on simulated canopy carbon gain.*Tree physiology*,7:329~345

Ren X L, He H L, Moore D J P, *et al.* 2013. Uncertainty analysis of modeled carbon and water fluxes in a subtropical coniferous plantation.*Journal of Geophysical Research*: *Biogeosciences*, 118(4): 1674~1688

Richard D B,Kathleen M N,Gina M R.1998.Carbon dioxide and methane fluxes by a forest soil under laboratory-controlled moisture and temperature conditions.*Soil Biology & Biochemistry*, 30(12):1591~1597

Rochette P,Desjardins R L,Pattey E.1991.Spatial and termporal variability of soil respiration in agricultural fields. *Canadian Journal of Forest Science*,71:189~196

Rogers H H,Runion G B,Krupa S V.1994.Plant responses to atmospheric CO_2 enrichment with emphasis on roots and the rhizosphere.*Environmental Pollution*,83:155~189

Runing S W,Hunt E R.1993.Generalization of a forest ecosystem process model for other biomes, BIOME-BGC, and an application for global-scale models.In:Ehleringer J R,Field C B,eds.*Scaling Ecological Processes from Leaf to Globe*.San Diego:Academic Press:141~158

Running S W, Nemani R R, Heinsch F A, *et al.* 2004. A continuous satellite-derived measure of global terrestrial primary production.*Bioscience*, 54(6): 547~560

Running S T,Coughlan J C.1988.A general model of forest ecosystem processes for regional applications. I. Hydrologic balance, canopy gas exchange and primary production processes. *Ecological Modelling*,42:125~154

Rustad L E,Fernandez I J.1998.Experimental soil warming effects on CO_2 and CH_4 flux from a low elevation spruce-fir forest soil in Maine,USA.*Global Change Biology*,4:597~605

Sands P J. 1995a. Modelling canopy production. I. optima distribution of photosynthetic resources.*Australian Journal of Plant Physiology*,22:593~601

Sands P J.1995b.Modelling canopy production. Ⅱ.from single-leaf photosynthetic parameters to daily canopy photosynthesis. *Australian Journal of Plant Physiology*,22:603~614

Sands P J.1996.Modeling canopy production. Ⅲ.canopy light-utilisation efficiency and its sensitivity to physiological and environmental variables.*Australian Journal of Plant Physiology*, 23:103~114

Saxton K E, Rawls W J, Romberger J S, *et al.* 1986. Estimating generalized soil water characteristics from texture.*Soil Science Society of America Journal*,50:1031~1036

Schimel D S,Braswell B H,Holland E A,*et al.*1994a.Climatic, edaphic,and biotic controls over carbon and turnover of carbon in soils.*Global Biogeochemistry Cycles*,8:279~293

Schimel D S,Braswell B H,Holland E A,*et al.*1994b.The global carbon cycle.*America Journal of Science*,78:310~326

Schlesinger W H. 1977. Carbon balance in terrestrial detritus. *Annual Review of Ecological Systematics*,8:51~81

Schulze E D, Caldwell M M. 1994. Ecophysiology of Photosynthesis. Berlin Heidelberg:Springer-Verlag

Schut P, Shields J, Tarnocai C, *et al.* 1994. Soil Landscapes of Canada—An Environmental Reporting Tool Canadian Conference on GIS Proceedings.June 6–10,1994,Ottawa,953~965

Seatedt T R,Coxwell C C,Ojima D S,*et al.*1994.Controls of plant and soil in a semi-humid temperate grassland.*Ecological Applications*,4(2):344~353

Sellers P J, Berry J A, Collat G J, *et al.* 1992a. Canopy reflectance,photosynthesis and transpiration.Part Ⅲ:A reanalysis using enzyme kinetics-electron transport models of leaf physiology.*Remote Sensing of Environment*,42:187~216

Sellers P J,Heiser M D,Hall F G.1992b.Relationship between surface conductance and spectral vegetation indices at intermediate (100~150 m^2) length scales.*Journal of Geophysical Research*,*FIFE Special issue*,97:19033~19060

Sellers P J, Los S O, Tucker C J, *et al.* 1996. A revised land surface parameterization(SiB_2) for atmospheric GCMs.Part Ⅱ: The generation of global fields of terrestrial biophysical parameters from satellite data.*Journal of Climate*,9:706~737

Sharkey T D,Badger M R.1982.Effects of water stress on photosynthetic electron transport, photophosphorylation and metabolite levels of Xanthium strumarium mesophyll cells. *Planta*,156:199~206

Sharkey T D,Seemann J R.1989.Mild water stress effects on carbon-reduction-cycle intermediates, ribulose biphosphate carboxylase activity and spatial homogeneity of photosynthesis in intact leaves.*Plant Physiology*,89:1060~1065

Sharkey T D.1985.Photosynthesis in intact leaves of C_3 plants: Physics, physiology and rate limitations. *Botanical Review*, 51: 53~105

Shields J A,Tarnocai C,Valentine K W G,*et al.*1991.Soil landscapes of Canada, procedures manual and user's hand book. Agric.Can.Publ.1868/E,Agric.Can.,Ottawa,Ontario,Canada

Singh J S,Gupta S R.1977.Plant decomposition and soil respiration in terrestrial ecosystem. *Botanical Review*, 43 (4): 449~528

Six J,Elliott E T,Paustian K.1998.Aggregation and soil organic matter accumulation in cultivated and native grassland soils. *Soil Science of Society America Journal*,62:1367~1377

Slayter R O,Ferrar P J.1977.Altitudinal variation in the photosynthetic characteristics of snow gum, *Eucalyptus pauciflora* Sieb.Ex Spreng. Ⅱ.Effects of growth temperature under controlled conditions. *Australian Journal of Plant Physiology*, 4:289

Smith T M, Shugart H H. 1993. The transient response of terrestrial carbon storage to a perturbed climate.*Nature*,361: 523~526

Soegaarda H,Thorgeirssonb H.1998.Carbon dioxide exchange at leaf and canopy scale for agricultural crops in the boreal environment.*Journal of Hydrology*,212–213:51~61

Stocks B J.1991.The extent and impact of forest fires in northern circumpolar countries.In:Levine J S,ed.*Global Biomass Burning: Atmospheric, Climatic and Biopsheric Implications.* Cambridge,MA:MIT Press:197~202

Sullivan N H,Bolstad P V,Vose J M.1996.Estimates of net photosynthetic parameters for twelve tree species in mature forests of the southern Appalachian.*Tree Physiology*,16:397~406

Swanson R V, Flanagan L B.2001.Environmental regulation of carbon dioxide exchange at the forest floor in a boreal black spruce ecosystem. *Agricultural and Forest Meteorology*, 108: 165~181

Tans P P,Yung I Y,Takahashi.1990.Observational constrains on the global atmospheric CO_2 budget.*Science*,247:1431~1438

Tao B, Cao M K, Li K R, *et al.* 2007. Spatial patterns of terrestrial net ecosystem productivity in China during 1981—2000. *Science in China Series D*,*Earth Sciences*, 50(5): 745~753

Tenhunen J D,Hesketh J D,Gates D.1980.Leaf photo-synthesis model. In: Hesketh J D, Jones J W, eds. *Predicting Photosynthesis for Ecosystem Models*,*Vol.I.* Florida:CRC Press Inc.:123~182

Thomas S M,Whitehead D,Adams J A,*et al.*1996.Seasonal root distribution and soil surface carbon fluxes for one-year-old *Pinus radiate* trees growing at ambient and elevated carbon dioxide concentration. *Tree Physiology*,16:1015~1021

Thornley J H M.1976.Mathematical Models in Plant Physiology. London,New York,San Francisco:Academic Press

Thornthwaite C W. 1948. An approach toward rational classification of climate.*Geographic Review*,38:55~94

Thronley J H M,Johnson I R.1990.*Plant and Crop Modeling:A Mathematical Approach to Plant and Crop Physiology.* Oxford: Clarendon Press

Topwnsend A R,Vitalsek P M,Desmarais D J,*et al.*1997.Soil carbon pool structure and temperature sensitivity inferred using CO_2 and $^{13}CO_2$ incubation fluxes from five Hawaiian soils.*Biogeochemistry*,38:1~17

Townsend A R,Vitousek P M,Holland E A.1992.Tropical soils could dominate the short-term carbon cycle feedbacks to increased global temperature.*Climatic Change*,22:293~303

Townsend A R, Rastetter E B. 1993. Nutrient constraints on carbon storage in forested ecosystems.In Apps M J,Price D J, eds. *Forest Ecosystem*, *Forest Management and the Global Carbon Cycle.* NATO ASI Series. Vol.I *Global Environmental Changes* .Heidelberg:Springer-Verlag: 35~45

Trofymow J A & the CIDET working group.1998.The Canadian Intersite Decomposition Experiment (DCIDET): Project and site establishment report. Information Report BC-X-378. Canadian Forest Service,Pacific Forest Centre,Victoria,BC, Canada.126

Van Veen J A,Liljeroth E,Lekkerkek L J A,*et al.*1991.Carbon fluxes in plant soil systems at elevated atmospheric CO_2 levels. *Ecological Applications*, 1: 175 ~ 191

Verhoef S J A.2000.A SVAT scheme describing energy and CO_2 fluxes for multi-component vegetation: cali-bration and test for a Sahelian savannah. *Ecological Modelling*, 127: 245 ~ 267

von Caemmerer S, Farquhar G D. 1981. Some relationships between the biochemistry of photosynthesis and the gas exchange of leaves. *Planta*, 153: 376 ~ 387

Walker B, Steffen W. 1997. An overview of the implications of global change for natural and managed terrestrial ecosystems. *Conservation Ecology*, 1(2): 2

Walker B, Steffen W. 1997. IGBP Science No. 1: the Terrestrial Biosphere and Global Change: Implications for Natural and Managed Ecosystems. *A Synthesis of GCTE and Related Research*. Stockholm: IGBP, 1 ~ 24

Wang Q F, Niu D, Yu G R, *et al.* 2005. Simulating the exchanges of carbon dioxide, water vapor and heat over changbai mountains temperate broad-leaved Korean pine forest ecosystem. *Science in China, Series D*, 34: 131 ~ 140

Waring R H, Running S W. 1998. Forest Ecosystems: Analysis at Multiple Scales. San Diego: Academic Press, 370

White L, Luo Y. 2002. Inverse analysis for estimating carbon transfer coefficients in Duke Forest. *Applied Mathematics and Computation*, 130: 101 ~ 120

Wood C W, Westfall D G, Peterson G A. 1991. Soil carbon and nitrogen changes on initiation of no-till cropping system. *Soil Science Society of America Journal*, 55: 470 ~ 476

Woodward F I, Lomas M R, Betts R A. 1998. Vegetation-climate feedbacks in greenhouse world. *Philosophical Transactions of the Royal Society*, 353B: 29 ~ 39

Woodward F I, Smith T M, Emanuel W R. 1995. A global land primary productivity and phytogeography model. *Global Biogeochemical Cycles*, 9(4): 471 ~ 490

Woodward F I, Smith T M. 1994. Global photosynthesis and stomatal conductance: modelling the controls by soil and climate. *Advances in Botanical Research*, 23: 1 ~ 41

Wullschleger S D. 1993. Biochemical limitations to carbon assimilation in C_3 plants—A retrospective analysis of the A: Ci curves from 109 species. *Journal of Experimental Botany*, 44: 907 ~ 920

Xiao X M, Hollinger D, Aber J, *et al.* 2004. Satellite-based modeling of gross primary production in an evergreen needleleaf forest. *Remote Sensing of Environment*, 89(4): 519 ~ 534

Xu M, Qi Y. 2001. Spatial and seasonal variations of Q_{10} determined by soil respiration measurements at a Sierra Nevadan forest. *Global Biogeochemical Cycles*, 15(3): 687 ~ 696

Yang X, Wang M X, Huang Y, *et al.* 2002. A one-compartment model to study soil carbon decomposition rate at equilibrium situation. *Ecological Modelling*, 151: 63 ~ 73

Yu G R, Kobayashi T, Zhuang J, *et al.* 2003. A coupled model of photosynthesis-transpiration based on the stomatal behavior for maize (*Zea mays* L.) grow in the field. *Plant and Soil*, 249(2): 401 ~ 415

Yu G R, Wang Q F, Zhuang J. 2004. Modeling the water use efficiency of soybean and maize plants under environ-mental stresses: Application of a synthetic model of photosynthesis-transpiration. *Journal of Plant Physiology*, 16(3): 303 ~ 318

Yu G R, Zhuang J, Yu Z L. 2001. An attempt to establish a synthetic model of photosynthesis-transpiration based on stomatal behavior for maize and soybean plants grown in field. *Journal of Plant Physiology*, 158: 861 ~ 874

Yu G R. 1999. A study on modeling stomatal conductance of maize (*Zea mays* L.) leaves. *Technical Bulletin of Faculty of Horticulture, Chiba University*, 53: 145 ~ 239

Yuan W P, Liu S, Zhou G S, *et al.* 2007. Deriving a light use efficiency model from eddy covariance flux data for predicting daily gross primary production across biomes. *Agricultural and Forest Meteorology*, 143(3-4): 189 ~ 207

Zak D R, Tilman D, Parmenter R R, *et al.* 1994. Plant production and soil microorganisms in late-successional ecosystems: A continental-scale study. *Ecology*, 75: 2333 ~ 2347

Zhang L, Luo Y Q, Yu G R. 2010. Estimated carbon residence times in three forest ecosystems of eastern China: Applications of probabilistic inversion. *Journal of Geophysical Research*, 115: G01010

Zhang Y, Li C, Moore B Ⅲ. 2002. A simulation model linking crop growth and soil biogeochemistry for sustainable agriculture. *Ecological Modelling*, 151: 75 ~ 108

Zhang Y, Reed D D, Cattelino P J, *et al.* 1994. A process-based growth model for young red pine. *Forest Ecology and Management*, 69: 21 ~ 40

第13章 陆地生态系统的水循环及水通量的评价模拟

水是存在于地球上的一种最普通但又极其重要的物质，对生物的遗传基因、生理化学过程、生长发育及其生存环境都产生深刻的影响。水的特殊分子结构（双极子）决定了水的一系列特殊的物理化学特性，也正因为水的这些特性才使得地球上生物的存在成为可能。土壤、植物和大气系统中水的能量状态通常用水势来表示，它是单位质量（或体积）水的自由势能，在非等温、等压条件下，土壤、植物和大气系统中水的总水势是重力、压力、基质、浸透分压和温度各成分的总和。

海洋、地下水、内陆水、极地的冰川、冰河和大气中的水构成了地球的水圈，在维持地球的水和热量平衡，生态系统结构和功能中发挥着极其重要的作用，是构成地球生命维持系统的最基本条件。

地球上的水通过相变、蒸发、凝结和降水等过程循环不已，是地球最大的物质流，同时也是最重要的能量流。地球系统水的循环运动作为营养物质和能量传递的载体，推动着全球规模的陆地与海洋，大气与陆地之间的物质、能量和信息的传递和运转，推动着生物圈的生物地球化学循环。

依据自然陆地生态系统植被冠层的垂直结构和群落的覆被程度，我们可以将其划分为单层封闭型冠层（OLCC）、单层疏松型冠层（OLS/CC）、多层封闭型冠层（MLCC）和多层疏松型冠层（MLS/CC）四种类型。适用于估算这四种类型植被冠层的水热通量（蒸散）的数学模型主要有单涌源模型（SSMs）、双涌源模型（DSMs）和多涌源模型（MSMs）。这些模型都是以植物-大气间的水蒸气输送的K理论为依据，在Penman-Monteith或者Shuttleworth & Wallace方程的基础上发展起来的，在预测小尺度的农田至中尺度（mesoscale or regional climate），甚至大尺度（larger continental scale or global climate）的微气象或者气候变化研究中被广泛应用。在这些模型中所使用的表面阻力的概念的含义不同，模型中的各种阻力的测量和估算方法也多种多样。

本章初版执笔者：于贵瑞，高鲁鹏，宋霞；再版修订者：胡中民

本章主要符号

符号	含义
A	有效辐射能通量
B	波文比
C_d	平均阻力系数
c_i	i 溶质的浓度
D_{ref}	参照高度处的饱和差
D_V	水蒸气的分子扩散系数
E	饱和水汽压
E	蒸发量
E_{cs}	饱和抽出液的电导度
E_M	群落的蒸腾速度
$E_{m,i}$	各叶层 i 的蒸腾
e_r	在参照高度处的水汽压
$e_w(T_0)$	对应于蒸发面温度 T_0 的饱和水汽压
$e_w(T_L)$	对应于叶温 T_L 的大气饱和水汽压
f	上层植被的覆被率,(1-f)为下层植被的覆被率
G	土壤热通量
$g_b(L_d)$	L_d 处的单叶叶面的边界层导度
$g_b(Z)$	位于群落内高度 Z 处的单叶边界层导度
g_c	表面导度
g_{ct}	角质层导度
g_{max}	最适环境条件下的气孔导度最大值
$g_{st}(L_d)$	在 L_d 处的单叶气孔导度
H	显热通量
κ	Karman 常数
K	湍流扩散系数
K_h	显热的输送系数
K_m	动量输送系数
K_w	潜热输送系数
K_s	辐射的衰减系数
l	干燥土层的深度
L	潜热
L_d	叶面积指数深度
L_e	冠层全体阴叶的叶面积指数
LE	潜热垂直输送量
L_f	有效叶面积指数
L_n	冠层全体阳叶的叶面积指数
n	湍流扩散系数的衰减常数
P	降水量
p	土壤孔隙度
P_c	光合作用的能量存留通量
$q(Z)$	比湿
Q_{ref}	比湿饱和差
r	水-空气界面的曲率半径
R	气体常数
r_a	从 Z_c 至 Z_r 高度的空气动力学阻力
r_{ah}	非湿润表面显热的空气动力学阻力
r_{am}	蒸发面 Z_c 和 Z_r 之间的动量输送的空气动力学阻力
r_{as}	从地表面 Z=0 至 Z_c=Z_0+d 高度的空气动力学阻力
r_{aw}	非湿润表面潜热的空气动力学阻力
r_B	总叶面边界层阻力
r_{Bh}	对应于显热通量的总叶面边界层阻力
r_{Bw}	对应于潜热通量的总叶面边界层阻力
r_c	冠层阻力
r_{cb}	总表面或气孔阻力
r_{cg}	全球冠层或表面阻力
r_s	表面阻力
r_{ss}	土壤表面阻力
r_{st}	气孔阻力
r_{ST}	总气孔阻力
r_{sb}	总表面阻力
r_{sg}	全球表面阻力
R_i	理查森数
R_n	净辐射通量
R_{s0}	在群落顶部处的辐射强度
R_{SL}	L_d 处的叶片所接受的辐射强度
R_w	水汽的比气体常数
S_c	植被内的热存留通量
T	热力学温度
T_c	冠层温度
$u(Z)$	群落内的风速垂直分布
u_*	摩擦速度
u_h	冠层高度 h 处的风速
u_L	叶面的风速
u_r	参照高度 Z_r 处的风速
W	叶宽幅
z	从定义 Ψ_g=0 的基准面计算的高度
Z_0	土壤表面的粗糙度
$Z_{0h,w}$	对应于显热及潜热的粗糙度
Z_c	动量的汇/源高度
Z_0	粗糙度
Z_p	平均涌源高度
α	冠层上层植被的覆被率
β	冠层下层植被的覆被率

θ_s	表层土壤含水率	Ψ_m	基质势
θ_{sat}	土层的饱和含水率	Ψ_P	压力势
λE	潜热通量	Ψ_s	浸透势
λE_{cp}	冠层植被上层的潜热通量	Ψ_{s0}	饱和抽出液的浸透势
λE_t	冠层植被全体的潜热通量	Ψ_T	温度势
λE_{up}	冠层植被下层的潜热通量	Ψ_w	总水势
ρ_w	水的密度	Ψ_{Pa}	空气压
σ	表面张力	Ψ_{Pw}	净水压
Φ_m	大气稳定度的函数	$\Psi_{P\Omega}$	荷重压
χ_i	i 溶质的浸透系数	ω	屈曲度
Ψ_g	重力势		

13.1 水的概念及性质

13.1.1 水的生态学意义

“水”是存在于地球上的一种最普通但又极其重要的物质。水的重要性自人类社会有史以来就已被人们深刻认识，在古代的神话、宇宙观中也占有重要的地位。水不仅是生命的必需物质，也是动植物最重要的组成要素，是决定生态系统特性和演替的要素，同时还为生命诞生和进化提供重要动力。原始生命起源于水，通过进化从水生到陆生，它们时时刻刻都离不开水。人类栽培的植物以陆生植物为主，陆生植物也是从水生植物进化而来的，仍保持着含水的特性。

水对植物的遗传基因、生理生化过程、生长发育及其生存环境都产生着深刻的影响。水是植物体内最多的成分，是植物生命活动所不可缺少的物质。植物的生长与发育都离不开水，每个生长细胞都浸透着水，新陈代谢只有在水分相当饱和的状态下才能协调进行。不论植物体内还是它生活的环境都需要保持一定的水分，如果水分缺乏，生命的正常活动就会受破坏，影响植物的生长发育，严重缺水时还可能造成植物的死亡。水不仅是生物体的组成成分，生物化学反应的基质，各种无机物和有机物的溶剂和输送载体，而且还维持着生物细胞和组织的膨压，调节生物组织的体态和运动。植物，尤其是陆生植物与水分的关系是一种非常复杂的现象。植物一方面需要从环境中吸收水分以维持相当的水分饱和度，另一方面又要散失大量的水分到空气中去，这两个矛盾过程只有取得合理的动态平衡，才能保证植物的正常生长发育。植物体与它的生活环境条件是统一的，其中水分是联系两者的重要环节。从生态学的角度来看，水分状况不仅是气候、植被和生态系统地带性的决定要素，同时，也是这种地带性形成的原因之一，水还是生态环境的基本要素，是生态系统物质、能量运动和信息传递的载体。

水资源是自然资源的基本要素，是生态系统结构和功能的组成部分。水以其存在形态与系统内部各要素之间发生着有机联系，构成生态系统的形态结构；水以其运动形式作为营养物质和能量传递的载体，不停地运转，逐级分配营养和能量，形成系统的营养结构；水在生态系统中永无休止的运动，驱动着生态系统与外部环境之间的物质循环与能量转换，形成生态系统的功能。水是可恢复再生的自然资源，通过全球规模的水循环，往复于陆地与海洋，大气与陆地之间，推动着物质、能量和信息的传递与运转，以及生物圈的生物地球化学循环（biogeochemical cycle）。

水不仅是植物生长发育的环境和资源，而且也是人类生存、经济发展的保障性资源。水资源是一个国家和地区社会经济发展的重要条件，尤其在发展的初级和中级阶段更是如此。人类的发展历史表明，古人就是逐水栖居，四大古人类文明都是起源于大江、大河区域，分别为埃及的尼罗河、中国的黄河和长江、印度的恒河、中东的底格里斯河和幼发拉底河的两河流域。目前，世界和我国的一些有名的大城市大多数都是分布在沿海或沿河、水资源丰富的区域。这都证明了社会经济发展与水资源的依赖关系。

农业生产对水的依赖关系更是不言而喻的。但是令人关切的是,地球陆地面积的 34.9%为干旱、半干旱地区,世界耕地的 43.9%分布于降雨量500 mm 以下的干旱、半干旱地区。对于这些地区的农业生产而言,合理管理农田用水是十分重要的。特别是分布在世界各地的大量干旱和沙漠地带,没有灌溉就无法进行农业生产,那里居住着世界上绝大部分的贫困人口。如何在这些地区合理开发水资源,提高水分利用率,发展农业生产,解决居民最基本的食物供给问题,已成为近年来国际社会共同关注的难题。我国水资源匮乏,水资源短缺和水资源污染已经成为社会经济发展所面临的严峻挑战。特别是北方干旱地区缺水尤为严重,并且随着工农业的发展更加显现出问题的严重性,加上水的利用不合理,污染加剧,人口增加,使得水资源合理开发与利用问题更加重要,已成为迫切需要解决的重大资源与环境问题。

13.1.2 水的化学结构

水分子由两个氢原子与一个氧原子构成,分子式为 H_2O。因为氢原子有 3 种同位素(^1H,^2H,^3H),氧原子也有 3 种同位素(^{16}O,^{17}O,^{18}O),所以有 18 种 H_2O 组合的可能性,但是,自然界中^1H 和^{16}O 以外的组合形式很少存在。由 2 个 H 原子和 1 个 O 原子构成的 H_2O 分子,其 2 个氢原子呈约 109°的"V"字形分布,以约 105°的角度与氧原子结合(图 13.1)。因为氢原子的非对称分布,产生了 H_2O 分子电荷配置的不均衡性。即氢原子一侧正电荷多,而氧原子一侧有负电荷剩余,所以 H_2O 分子成为具有正负极的"双极子"。双极性的水分子之间,相互吸引,以 H—O 键方式相互结合,形成水分子的重合体(图 13.2a)。这种构造上的特征在冰结晶中看得更清楚。冰结晶中,水的各分子通过 H—O 键结合与相邻的 4 个分子结合在一起(图 13.2b)。

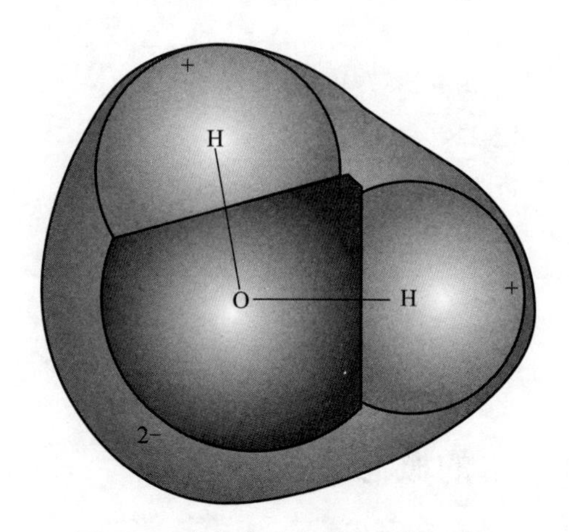

图 13.1 水的分子及其重合体的结构

但是这种 H—O 结合不像分子内的 H—O 那样强。氢键与其他的键相比所含的能量很小,如氢键含能量只有 8 ~ 42 kJ,而 S—S 为 209 kJ,C—S 为 238 kJ,C—N 为 263 kJ,C—C 为 267 kJ。水在液态或固态状态下,氢键都是牢牢地吸引着邻近水分子的氧原子,只有当水变成为气体状态时,分子的距离变远,水才成为分离分子状态。如图 13.3 所示,氢键在水分子中并不是结合得很牢固,常常发生破裂。当水分子摇动或流动,又使氢键再接合起来。氢键从破坏到恢复的时间是很快的,一般不到十亿分之一秒。液态水经常就是摇曳不定的团块或是连接在一起的团块。

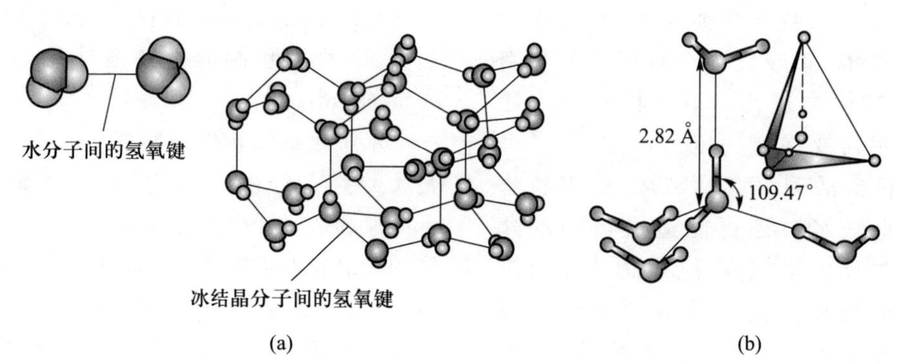

图 13.2 冰结晶的结构模式

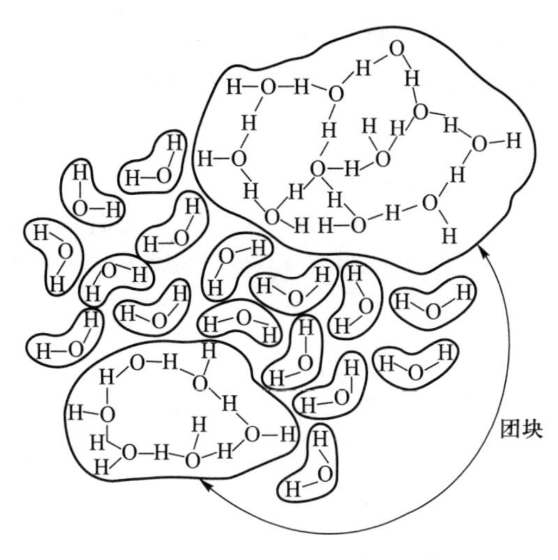

图 13.3 液态水中游动的团块模型

13.1.3 水的物理和化学特性

水的特殊分子结构(双极子)决定了水的一系列特殊的物理化学特性,也正因为水的这些特性才使得地球上生物的存在成为可能。

(1) 水的状态变化

水以三种状态存在,即液态、气态和固态。在不同温度和大气压下,水能从一种状态转变为另一种状态。在标准大气压下,0 ℃时水在液态和固态间变化,100 ℃时水在液态和气态间变化。当大气压发生变化,水的冰点和沸点也会发生变化。例如,在青藏高原,由于海拔升高,大气压下降,所以水在低于 100 ℃的温度条件下就可以沸腾。在温度为 0.007 3 ℃,压力为 101.3 kPa 时,冰、水和水汽可以共同存在。

(2) 水合、水解和溶解作用

水的极性也使水与多数化合物水合作用。原生质中的亲水胶体也因为水合作用而比较稳定。图 13.4 是水合时水分子结成的外壳。阳离子吸着水分子的负电荷,使多个水分子环绕着它,而阴离子吸着水分子的正电荷,同样地也可使多个水分子环绕着它。事实上水分子形成的外壳不止一层,可以有好几层,那些越是朝外的水分外壳与离子的吸着力越是不牢固。

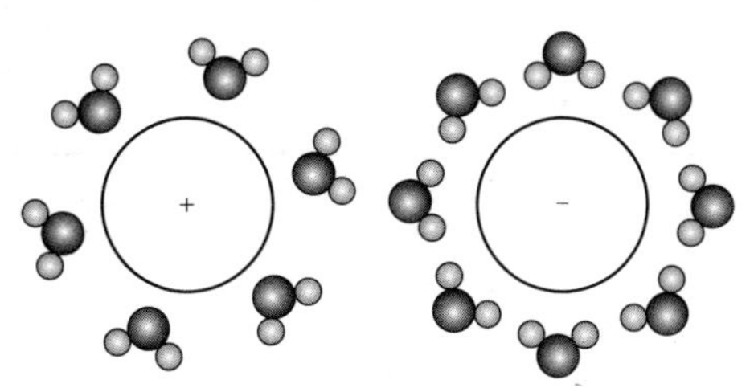

图 13.4 水合时水分子结成的外壳

水的另一个重要的化学性质,是与一些代谢有机物质如酯、蛋白质及多糖等化合,形成水解产物。水还可以分离为氢离子与氢氧根离子,影响植物细胞的酸度,由于植物体内有不少有机酸,能起到缓冲的作用,才保证了许多代谢过程的正常进行。

水是很好的溶媒,有很大的溶解物质的能力。水对物质的溶解主要有三种方式:一是溶质发生电离,水分子的偶极性使它们形成一层水分的外壳,水壳隔离异性电荷的吸力,溶质的电离部分才能互相分离,并且能稳定下来;二是溶质在水内不电离,如葡萄糖、蔗糖及氨基酸等,它们都是依靠氢键与水连接;三是碳氢化合物溶质,这些无极性物质占据了水溶液的非结构空间,穿插在水的结构中,因此这些物质的溶解度是很小的。

(3) 水的密度和比重

水的密度比较大,但是有趣的是,其保持最大密度的温度不是在冰点(0 ℃),而是在 4 ℃。此时水的比重为 1,而冰的比重为 0.92。所以当水冻结时体积增大,冰的体积比水增大 9%。这种特征使江河湖海等水体的冰浮在水面,为水中生物提供生存空间;水的冻融交替成为土壤形成的驱动因子。

(4) 水的热力学性质

① 沸点与汽化热。水是一种氢化物,但是与其他的氢化物相比,水有较高的沸点与汽化热。水的沸点为 100 ℃,汽化热为 2 255 $J \cdot g^{-1}$,在 25 ℃时则为 2 424 $J \cdot g^{-1}$,0 ℃时为 2 498 $J \cdot g^{-1}$。这一特点决定了地球上的水主要以液体形式存在,形成了大自然的江海湖川,它那无穷的能量和永不衰退的意志造就了千姿百态、丰富多彩的自然地貌和景观。水的热力学性质还决定了地球上的水能够以固态、液态和气态并存,自然地相互转化,保持着永恒的地球水循环,推动着生物地球化学循环,维持着生命的延续和进化。水较高的沸点与汽化热,是由于水分子间有强烈的吸引力所造成的。一个水分子要从液态变成气态,不但需要充足的动能,而且需要额外的热能才能破坏水分子间的氢键连接。

② 比热与潜热。水分的另一个特性是可以吸收很多热量而温度上升很少，与其他物质相比，它有较高的比热。比热是使 1 g 物质在 15 ℃时升高1 ℃所需要的热量。水有较高的比热，也是由于水分子间紧密地互相吸引造成的，打破水的氢键就需要比其他物质耗费更多的热量。水的比热虽然比液氨小13%，但是与常温条件下的其他所有液体相比是比热最大，同时它还具有极大的熔解热和蒸发潜热。水的这种特性决定了水在维持生物个体、局地气候以及地球温度环境的稳定方面的特殊作用。

(5) 水的动力学性质

水的极性使水的分子与分子之间具有很强的凝聚力，与其他液体相比具有比较强的表面张力(图13.5)和附着力。这构成了土壤和植物体内水分运动的驱动力，使土壤中的水分既能有效地保存，又能被植物吸收利用。水的表面张力使液体水的表面可形成一层紧密的膜，这层膜的牢固程度足可以支撑小虫子在其上自由行走。

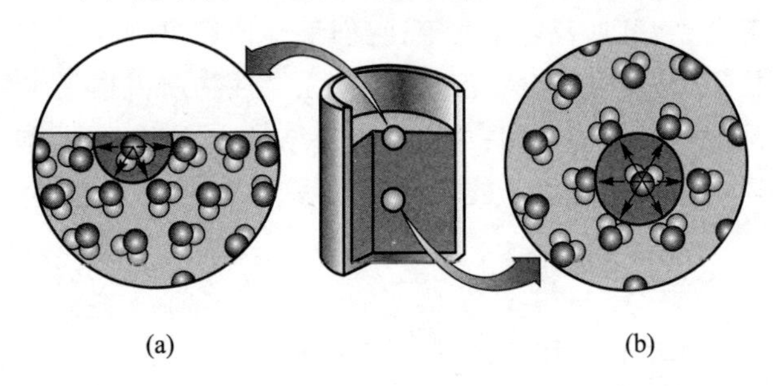

图 13.5　水的张力：(a) 液体表面；(b) 液体内部

液体水分子间的凝聚力引起的表面张力和附着力还使水发生毛细管现象，很容易分布到任何微细的物质孔隙中去，很快地从潮湿区域移动到干燥的区域去。水在树茎内形成的毛细管，好像一条条长线，攀升得很高，直到水柱的重量与表面张力相等时，水柱才停止上升，水能上升到数十丈高的树顶。水分子强的附着力使水分子较容易附着在蛋白质、纤维素、木材及黏土等物质的表面上。

(6) 诱电率和热电导率

水的弱离解性和高的诱电率使水成为非常好的溶剂，它能够溶解各种无机物和有机物，既是各种物质运动的载体，也是多种化学和生物化学反应的媒体。

水的热电导率比金属低，比固体非金属和其他液体高。水能够使可见光很好地通过，而红外线等长波光却不容易通过，是一种很好的滤波器(表13.1)。

表 13.1　水的一些物理和化学特性

项　　目	特征值	状态或环境条件/℃
分子量	18	14.5
比热/($J\cdot g^{-1}$)	4.18	
熔点/℃	0	
熔解热/($J\cdot g^{-1}$)	335	0
沸点/℃	100	
蒸发热/($J\cdot g^{-1}$)	2 255	100
密度/($g\cdot cm^{-3}$)	1	4
热电导度	1.40×10^{-3}	20
诱电率	18	18

13.1.4 自然界水溶液的化学组成

水体的各种水溶液的化学成分差异很大，海水溶质的主要成分为 NaCl（Na^+ 18.8 g·L^{-1}，Cl^- 19.4 g·L^{-1}，平均密度 1.027 g·cm^{-3}）。其他的主要阳离子为 Mg^{2+}（1.3 g·L^{-1}）、Ca^{2+}（0.4 g·L^{-1}）和 K^+（0.4 g·L^{-1}），阴离子为 SO_4^{2-}（2.7 g·L^{-1}）、HCO_3^-（0.14 g·L^{-1}）和 Br^-（0.009 g·L^{-1}）。除此以外的大多数元素的浓度在 μg·L^{-1}以下，以离子或化合物形式存在。淡水中含有大量的 Ca^{2+} 和 HCO_3^-。大量矿物质随着河流进入水体，会造成水体的富营养化，富营养化的湖泊（P：0.03～5 mg·L^{-1}；N：0.5～15 mg·L^{-1}以上）的固体物和溶解性矿物质的浓度可达到贫营养湖的 300 倍。水中的气体溶解度随着大气压力增加和水体温度降低而增加（表 13.2）。CO_2 易溶于水，自由的 CO_2 的比例依赖于水中的 pH 值，在酸性条件下，自由的 CO_2 的比例高，而在 pH 值为 9 以上只有碳酸氢根离子和碳酸根离子，溶解的 HCO_3^- 主要与阳离子 Ca^{2+} 和 Mg^{2+} 相结合。海水和湖水中的 C 占地球全碳的 0.14%，以碳酸氢盐和碳酸或者溶解性无机碳（DIC）的形式存在，主要分布于海洋的深层（38 000×10^9 t），表面水仅含生物圈无机碳的0.2%，其平均的氧含量大体与大气的氧分压保持平衡（表 13.2）。

13.1.5 水的能量状态

水的能量状态通常用水势来表示。水势是单位质量（或体积）水的自由势能，在非等温、等压条件下，土壤、植物和大气系统中某处的总水势 Ψ_w 是下列各成分的总和：

$$\Psi_w = \Psi_g + \Psi_P + \Psi_m + \Psi_s + \Psi_T \qquad (13.1)$$

式中：各下标分别表示重力成分（g），压力成分（P），基质成分（m），浸透压成分（s）和温度成分（T）。这些水势成分因 SPAC 内的水分载体的特性而异，在各种水流过程中各成分的作用也不相同。

（1）基质势（Ψ_m）

基质势（Ψ_m）为多孔介质质体内的水被基质吸引产生的物理学力、毛管力等产生的自由能损失分量，是土壤-植物系统中非常重要的成分之一，通常为 0 或负值。在土壤中是起因于土壤基质引起的毛管力和吸着力；在植物体内虽然细胞和细胞壁的胶体和表面静电可以引起吸着力及微小毛管的毛管力，但是对于实际的植物，基质势（Ψ_m）究竟有多大还不清楚，大多数情况下不予考虑。土壤的毛细管和土的间隙中存在着各种形态的水，因为水和空气界面具有曲率，毛管力所决定的基质成分，可用下列的毛管上升高度方程计算：

$$\Psi_m = \frac{-2\sigma}{r\rho_w} \qquad (13.2)$$

式中：r 为水-空气界面的曲率半径；σ 为表面张力（surface tensor）；ρ_w 为水的密度。但是，Ψ_m 下降到 $-10^3 \sim -10^4$ J·kg^{-1}程度时，与水被保持在粒子间隙相比，主要是被粒子表面所吸着，上述毛管上升高度方程不能成立。在不饱和的土中或植物根的表皮层和叶肉细胞壁内，水流的 Ψ_m 作为驱动力发挥着重要作用。

表 13.2 不同温度条件下与空气处于平衡状态时的水溶液 CO_2 和 O_2 的溶解度和容量浓度大气的分压 35 Pa，CO_2 分压 21 kPa

温度/℃	CO_2		O_2		O_2/CO_2
	溶解度/(μmol·L^{-1})	容量浓度/%	溶解度/(μmol·L^{-1})	容量浓度/%	/(mol·mol^{-1})
0	26	0.059	458	1.02	17.6
10	18	0.041	3.56	0.79	19.8
15	15	0.035	318	0.72	21.2
20	13	0.030	291	0.66	22.4
25	11	0.026	263	0.59	23.9
30	9	0.026	245	0.55	27.2

(2) 浸透势(Ψ_s)

浸透势(Ψ_s)为溶解于水溶液的溶质所引起的成分,通常为 0 或负值。简单地说,它相当于当水溶液和纯水隔着半透膜接触时,为了使双方保持平衡必须向溶液一方施加的能量。浸透势(Ψ_s)为植物细胞水势的重要构成要素,对植物的吸水过程具有重要影响。可是,在土壤中因为不存在半透膜的隔离,溶质与水同时运动,所以 Ψ_s 对土中的水运动不起作用。如果水溶液的各成分浓度已知的话,浸透势(Ψ_{s0})可由下式计算:

$$\Psi_{s0} = \sum(-v_i c_i \chi_i RT) \tag{13.3}$$

式中:v_i 为 i 溶质一个分子中解离出的离子数;c_i 为 i 溶质的浓度($mol \cdot kg^{-1}$);χ_i 为 i 溶质的浸透系数;R 为气体常数($8.314\ 2\ J \cdot mol^{-1} \cdot K^{-1}$);$T$ 为热力学温度。另外,当溶液的组成未知时,可以由溶液的电导度来推算。对于大多数土壤而言,其经验公式为

$$\Psi_{s0} = -36E_{cs} \tag{13.4}$$

式中:Ψ_{s0} 和 E_{cs} 为饱和抽出液的浸透势和电导度(dS/m)。即使土壤干燥,溶质依然存在,如果可以不考虑 χ_i 的浓度依存性、阴离子的排除效果和低溶解度的盐类沉淀等影响,不饱和土壤的 Ψ_s 可用下式计算:

$$\Psi_s = \Psi_{s0}\theta_s/\theta \tag{13.5}$$

式中:θ 和 θ_s 为体积含水率和它的饱和值。

(3) 重力势(Ψ_g)

重力势(Ψ_g)是由地球的重力场作用,处在某高度的水所受到的向地球中心的引力所引起的成分。重力势与水化学状态及压力条件无关,只由水所处的相对高度决定,可用下式计算:

$$\Psi_g = gz \tag{13.6}$$

式中:g 为重力加速度($9.8\ m \cdot s^{-2}$),z 为从定义 $\Psi_g = 0$ 的基准面计算的高度。

(4) 压力势(Ψ_P)

压力势(Ψ_P)是在压力场作用下,基准系统与对象系统的压力差所引起的成分。如果对象系统的水所承受的压力与标准大气压的压力差为 ΔP,压力势(Ψ_P)即可发挥作用。压力 P(Pa)和压力势的关系为

$$\Psi_P = P/\rho_w \tag{13.7}$$

因此,对象水所受的压力可能比基准压高,也可能比基准压低,即压力势既可能取正值也可能取负值。土壤中的压力势 Ψ_P 一般可分为静水压(Ψ_{Pw})、空气压(Ψ_{Pa})和荷重压($\Psi_{P\Omega}$)三部分。在植物细胞内,主要是由细胞的膨压引起的,通常为正值,当植物凋萎时,压力势为 0。木质部的木部压力势蒸腾时为负值,排水植物因根压的作用压力势为正值。

(5) 温度势(Ψ_T)

温度势(Ψ_T)是由温度场的温度差引起的成分,对于恒温系统温度势为 0。

13.2 水的相变与水循环

水圈中的水循环是地球系统最为重要的物质循环之一,是地球的生物化学循环的主要载体和重要驱动力(见第 3 章)。大气从海洋、湖泊、河流及潮湿土壤的蒸发中或植物的蒸腾中获得水分。水分进入大气后由于它本身的分子扩散和空气的运动传递而散布于大气之中。在一定条件下水汽蒸发、凝结,形成云、雾等天气现象,并以雨、雪等降水形式重新回到地面。地球上的水分就是通过蒸发、凝结和降水等过程循环不已。因此,地球上水分循环过程对地-气系统的热量平衡和天气变化起着非常重要的作用。

13.2.1 水的状态与相变

水圈中的水以气态(水汽)、液态(水)和固态(冰)三种形态共存于水体、土壤、生物和大气之中,并通过不断的相变、传输进行着不同尺度的水循环。水的三种状态分别存在于不同的温度和压强条件下。水只存在于 0 ℃以上的温度范围,冰只存在于 0 ℃以下的温度范围,水汽虽然可以存在于 0 ℃以上及以下的温度范围,但其压强却被限制在一定范围内。

在水的相变过程中,还伴随着能量的转换。蒸发潜热 L(单位为 $J \cdot kg^{-1}$)与温度的关系为

$$L = (2\ 500 - 2.37t) \times 10^3 \tag{13.8}$$

根据式(13.8),当 $t=0$ ℃时,有 $L=2.5\times10^6$ $(J\cdot kg^{-1})$,而且 L 是随温度的升高而减小的。不过在温度变化不大时,L 的变化也很小,所以一般取 L 为 $2.5\times10^6\ J\cdot kg^{-1}$。当水汽发生凝结时,这部分潜热又会被全部释放出来,这就是凝结潜热。在相同温度下,凝结潜热与蒸发潜热相等。同样,在冰升华为水汽的过程中也要消耗热量,这一热量包含两部分,即由冰化为水所需消耗的溶解潜热和由水变为水汽所需消耗的蒸发潜热。溶解潜热 L_d 为 $3.34\times10^5\ J\cdot kg^{-1}$。所以,升华潜热 L_s(单位为 $J\cdot kg^{-1}$)可以表示为

$$\begin{aligned}L_s&=L+L_d\\&=2.5\times10^6+3.34\times10^5\\&=2.8\times10^6\end{aligned}\tag{13.9}$$

大气中的水分状态通常用大气的水汽压、饱和水汽压、绝对湿度、相对湿度、饱和差、比湿、水汽混合比和露点等表示大气中水汽量多少的物理量来描述(见第3章)。饱和水汽压和蒸发面的温度、性质(水面、冰面、溶液面等)、形状(平面、凹面和凸面)以及所带电荷之间有密切关系。随着温度的升高,饱和水汽压显著增大。饱和水汽压与温度的关系可由克拉珀龙-克劳修斯(Clapeyron-Clausius)方程描述:

$$\frac{dE}{dT}=\frac{LE}{R_wT^2}\tag{13.10}$$

或

$$\frac{dE}{E}=\frac{L}{R_w}\frac{dT}{T^2}\tag{13.11}$$

式中:E 为饱和水汽压;T 为热力学温度;L 为凝结潜热;R_w 为水汽的比气体常数。对式(13.11)积分,并将 L, R_w, E_0($t=0$ ℃时纯水面上的饱和水汽压),$T=273+t$ 代入,则得

$$E=E_0e^{\frac{19.9t}{273+t}}\tag{13.12}$$

$$E=E_0 10^{\frac{8.5t}{273+t}}\tag{13.13}$$

根据式(13.13)可知,空气温度的变化对蒸发和凝结有重要影响。高温时,饱和水汽压大,空气中所能容纳的水汽含量增多,因而能使原来已处于饱和状态的蒸发面因为温度升高而变得不饱和,蒸发重新出现;相反,如果降低饱和空气的温度,由于饱和水汽压减小,就会有多余的水汽凝结出来。另外,饱和水汽压随温度的改变量,在高温时要比低温时大。例如,温度由30 ℃降低到25 ℃时,饱和水汽压减少10.76 hPa,而温度从15 ℃降到10 ℃时,饱和水汽压只减少4.77 hPa。所以降低同样的温度,在高温饱和空气中形成的云要浓一些,这也说明了为什么暴雨总是发生在暖季。

通常,水温在0 ℃时开始结冰,但是实验和对云雾的观察发现,有时水在0 ℃以下,甚至在-20~-30 ℃以下仍不结冰,处于这种状态的水称为过冷却水(supercooled water)。过冷却水与同温度下的冰面比较,它们的饱和水汽压并不一样。以升华潜热式(13.9)取代式(13.11)中的蒸发潜热 L,并积分可得到冰面上的饱和水汽压 E_i 为

$$E_i=E_0 10^{\frac{9.77t}{273+t}}\tag{13.14}$$

在实际应用中,经常采用经验公式确定饱和水汽压和温度的关系。最常用的比较准确的是马格努斯(Magnus)经验公式

$$E=E_0 10^{\frac{\alpha t}{\beta+t}}\tag{13.15}$$

式中:α、β 为经验常数,它们与理论值稍有不同,对水面而言 α、β 分别是7.63和241.9;对冰面而言,α、β 分别是9.5和265.5。

不少物质都可溶解于水中,所以天然水通常是含有溶质的溶液。溶液中溶质的存在使溶液内分子间的作用力大于纯水分子间的作用力,使水分子脱离溶液面比脱离纯水面困难。因此在同一温度下,溶液面的饱和水汽压比纯水面要小,且溶液浓度愈高,饱和水汽压愈小。这种作用对在可溶性凝结核上形成云或雾的最初胚滴相当重要,而且以溶液滴刚形成时较为显著,随着溶液滴的增大,浓度逐渐减小,溶液的影响就不明显了。

13.2.2 水的凝结

水由气态变为液态的过程称为凝结(condensation);水汽直接转变为固态的过程称为凝华(deposition/sublimation)。大气中水汽凝结或凝华一般需要两个条件:① 大气中的水汽要达到或超过饱和状态;② 要具有凝结核或凝华核。

饱和时,水处于两相(水汽与水或水汽与冰)的平衡状态。而当过饱和时,平衡受到破坏,空气中的气态水分子进入到水面或冰面的机会就大于水分子

从水面和冰面逸出的机会。在这种过程中，伴随着出现了水汽的凝结或凝华。设空气中的水汽压为e，相应温度下的饱和水汽压为E，因此，凝结的必要条件是$e \geqslant E$。要使$e \geqslant E$的情况发生，在大气中是通过两种过程来达到的：① 在一定温度下使水面不断蒸发，以增加大气中的水汽含量，即加大e的值；② 使含有一定量水汽的大气温度降低，从而使饱和水汽压降低，使E减小到与实际大气中的水汽含量e相等或小于e的程度。

要增加大气中的水汽含量，只有在具有蒸发源且蒸发源表面温度高于气温的条件下才有可能。例如当冷空气移到暖水面时，由于暖水面上水分迅速蒸发，可以使冷空气达到过饱和。此外，雨淋过的潮湿地面和河流、湖泊等，当受到日光照射以后，由于水分蒸发，也可能使接近它的空气中的水汽达到过饱和。

多数的凝结或凝华现象是产生在降低温度这一过程中，也就是使气温降低到露点或露点以下，这种过程可发生在以下四种情景。

(1) 辐射冷却

因为空气中的水汽和杂质吸收和散失热量的能力都很强，所以在夜间，水汽和杂质集中的气层内，因辐射冷却，使空气的温度降低得也比较快，尤其是在潮湿空气层和云的顶部，因得不到地面辐射的补偿，容易产生凝结现象，生成雾或云。

(2) 平流冷却

暖湿空气流经冷的下垫面时，将热量传递给冷的地表，造成空气本身温度降低。如果暖空气与冷地面温度相差较大，暖空气降温较多，也可能产生凝结。

(3) 绝热冷却

指空气上升时，由于绝热膨胀而导致的空气冷却作用。这是引起自由大气中水汽凝结或凝华的最重要的过程。在大气中很多水汽凝结物或凝华物，如云就是在这种过程中产生的。

(4) 水平混合冷却

两个温度不同的饱和或接近饱和的空气团相互水平混合，由于饱和水汽随温度的变化呈指数曲线形式，就使混合后空气团的平均水汽压可能比混合气团平均温度下的饱和水汽压要大，于是多余的水汽就会凝结出来。但在实际大气中，两气团的温差不会很大，因此由气团混合凝结出来的水分，其量是很少的。

使纯净空气中的水汽凝结成水滴是非常困难的。因为小水滴表面的饱和水汽压非常大。例如，要形成的水滴半径$r<10^{-7}$ cm时，其过饱和的程度要达到800%~900%，即使考虑到水滴由于带微量电荷，受电荷影响的结果，在形成小水滴时，其过饱和程度也至少要求达到400%。在试验室中，在相对湿度达到600%时，纯净空气仍不能发生凝结。可是实际大气中根本达不到这种饱和的程度，而云、雾等水汽凝结的现象却是经常发生的，甚至有时当饱和程度还不到100%时，凝结就产生了。其原因在于大气中存在着大量的固体微粒，水汽就以这些微粒为核心凝结，因此固体微粒又叫作凝结核。若水汽直接在其上凝华成冰晶时，它的核心就叫作凝华核。

因凝结核或凝华核本身存在着一定的体积，所以半径r较大，这样，水汽若附着其上形成水滴，其饱和水汽压就降低很多，凝结现象就得以产生。而且因开始形成的水滴较大，不至于很快蒸发。凝结核半径越大，水汽在核上越容易凝结。大气中的凝结核分为吸湿性的和非吸湿性的两种。吸湿性凝结核是最活跃的凝结核，具有很强的吸水能力。如NaCl的微粒及硫化物等的微粒吸收水分而变成很浓的盐或酸溶液的液滴，由于受溶液的影响，其表面的饱和水汽压较小，另一方面，由于半径较大，也使得饱和水汽压减小，因此有这种凝结核存在时，相对湿度接近100%时，就会形成水汽的凝结。

从上面分析知道，要使大气中的水汽产生凝结，除了空气要达到饱和外，还必须要有凝结核的存在，而在大气中总是有很多凝结核存在，所以只要大气处于饱和或过饱和状态时，水汽就会产生凝结。大气中水汽的凝结都是发生在微小的凸面或凹面上的。凸面的有以凝结核为中心凝结成的小水滴、冰晶等；凹面的有在土壤、植物和毛织品上形成的凝结。同是凸面，曲率半径不同，饱和水汽压也不相同，水滴愈小，曲率愈大，饱和水汽压愈大，水滴愈大，饱和水汽压愈小。云雾中的水滴有大有小，大水滴曲率小，小水滴曲率大。如果实际水汽压介于大小水滴的饱和水汽压之间，也会产生水汽的转移现象。小水滴因不断蒸发而减小，大水滴因凝结而增大。该效应对温度高于0 ℃的暖云形成降水有重要意义。云雾中的水滴常带有电荷,电荷使水滴的饱和水汽压减小。对于很小的水滴,当 $r<10^{-6}$ cm 时,电荷的影响比曲率大;但对 $r>10^{-6}$ cm 的大水滴,曲率的影响大于电荷的影响。

13.2.3 地球的水资源与水循环

水圈包括海洋、地下水、内陆水、极地的冰川、冰河和大气中的水。海洋覆盖了地球表面的 71%,储藏了世界 74%的水(Larcher,1994)。这一巨大容积的水,储藏着巨大的物质和能量,其结果使海洋成为诸多地球物理学和地球化学过程的最为重要的稳定装置。水的第二储藏库是大陆,其大部分为地下水,仅有 1%的水分布在植物根系可能到达范围的地表层,其余部分的水将渗透到数百米的深层。作为地表水的湖和江河在水圈中仅占非常小的比重,但是作为植物的生存环境,其重要性却非常之大。大陆和海洋上空的云和雾作为大气中的水蒸气,仅占地球水总量的 0.001%,但是其循环速度非常快,大气中水蒸气的平均滞留时间仅 10 天左右,因此他们在维持地球的水和热量平衡中具有极其重要的作用。虽然说在地球上有大约 14 亿 km^3 的水,可其中的 97.3%为海水。淡水只不过 2.7%左右,并且这些淡水的 77%分布在南北极地。包括地下水在内的河流、湖泊等我们周围可利用的淡水资源只不过为地球上水资源的 0.6%。当今世界,社会经济迅速发展,对水的需求量与日俱增,使人们越来越深刻地认识到淡水资源的不足。为了克服水资源短缺,保证所需水的稳定供给,如何合理地利用、科学地开发和管理水资源,已成为人类生存和经济可持续发展的重大理论课题。

图 13.6 为地球的水资源分布与循环。从地球的物质循环量来看,水循环是地球最大的物质流,同时也是最重要的能量流。地球所吸收的太阳辐射能的大部分是用于水的蒸发,水圈是地球气候系统的决定因素。大气中的水存在量虽然不过 0.001%,可是对于热量的输送起到了重要作用。

表 13.3 总结了单位面积陆地、海洋和全球平均的热垂直输送量和降雨量的状况。由表可见,进入地球表面(包括地面、陆面和海面)的单位面积净辐射量为 98.6 $W \cdot m^{-2}$,其中的 82%(80.8 $W \cdot m^{-2}$)被用于水的蒸发,12.7%(17.8 $W \cdot m^{-2}$)用于大气加热。全球平均降水量为 1 024 $mm \cdot a^{-1}$,把总降水量换算成质量则相当于 5.2×10^{17} $kg \cdot a^{-1}$,由此推算的大气中的水量平均 11 天交换一次。

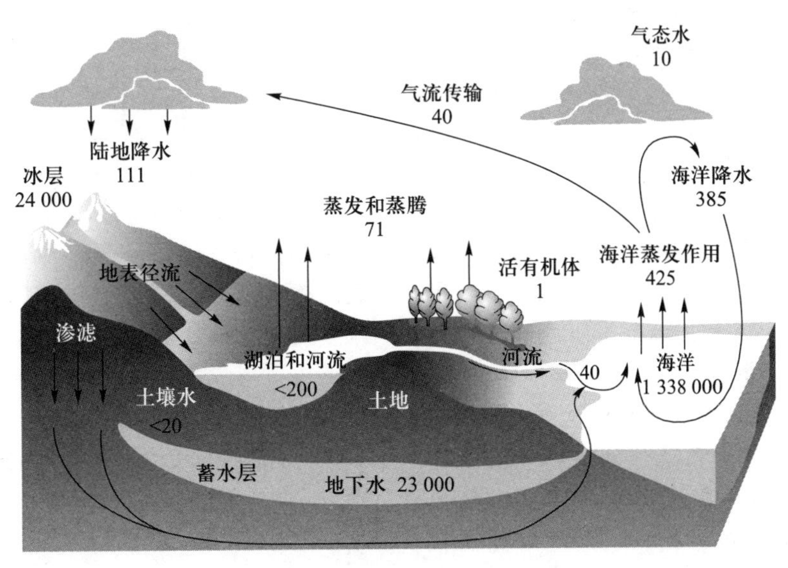

图 13.6 地球的水资源分布与循环

数字为水资源分布的储量(单位为 10^3 km^3),数据来源于 Schlesinger(1997)

表 13.3　陆地和海面的热量平衡、蒸发量和降雨量

	陆地	海洋	全球
净辐射 R_n/($W\cdot m^{-2}$)	65.5	112.2	98.6
潜热垂直输送量 LE/($W\cdot m^{-2}$)	35.4	99.5	80.8
显热垂直输送量 H/($W\cdot m^{-2}$)	30.1	12.7	17.8
波文比 B(=H/LE)	0.85	0.13	0.22
蒸发量 E/($mm\cdot a^{-1}$)	447	1 256	—
降水量 P/($mm\cdot a^{-1}$)	741	1 135	1 024
总蒸发量 E/($10^{17}kg\cdot a^{-1}$)	0.666(12.8%)*	4.534(87.2%)*	5.2
总降雨量 P/($10^{17}kg\cdot a^{-1}$)	1.104(21.2%)*	4.096(78.8%)*	—
面积/(10^{14} m^2)	1.49	3.61	5.1

* 括号内的数据为占全球的百分比。

表 13.4　地球水圈水循环的地理分布(陆渝蓉,1999)

	面积 A	降水量B	蒸发量C	径流量D	径流深E	内流区径流量F	内流区降水量G	大陆径流量 H		海洋流补偿量 I
	/(10^3km^2)	/km^3	/km^3	/km^3	/mm	%	%	/km^3	/mm	/km^3
海洋	36 111.0	385 000	424 700	-39 700				-39 700		
北冰洋	850.9	826	452	374				2 611		2 985
大西洋	9 801.3	74 626	111 085	-36 459				19 351		-17 108
印度洋	7 777.0	81 024	100 506	-19 483				5 601		-13 882
太平洋	17 688.8	228 523	212 655	15 868				12 137		28 002
陆地	14 890.4	111 100	71 400	39 700	266	22.3	7.4		344	
欧洲	1 002.5	6 587	3 761	2 826	282	17.5	12.4		310	
亚洲	4 413.3	30 724	18 519	12 205	276	28.7	8.7		397	
非洲	2 978.5	20 743	17 334	3 409	114	41.0	13.3		194	
大洋洲	889.5	7 144	4 750	2 394	269	47.2	14.0		509	
北美洲	2 412.0	15 561	9 721	5 840	242	3.7	2.0		252	
南美洲	1 788.4	27 965	16 926	11 039	618	8.2	2.2		672	
南极洲	1 406.2	2 376	389	1 987	141		6.0		141	
全球	51 001.4	496 100	496 100							

注:$D=B-C$,$E=(B-C)/A$,$I=D+H$。

表 13.4 为地球水圈水循环的地理分布。从表中可以看出,水资源通过全球规模的循环,总的降水量与蒸发量保持平衡,而地区间由于所处地理位置的不同,接受的辐射热量、降水量等具有差异,使得水资源分布不均匀。大陆上的降水量比蒸发量超出 39 000 km^3,同时这部分水量通过径流补充了海洋上蒸发量大于降水量的差值。单位面积上的径流量即为径流强度,也可用单位时间(a)及单位面积(km^2)上的径流深度表示。从表 13.4 中可以看出,非洲和南极洲极其干燥,径流深分别只有 114 mm 和 141 mm,而南美洲水量最多,径流深达到 618 mm。内流区由于水资源欠缺,极其干旱,其面积大小对其所在地区的水资源分布具有较大影响(陆渝蓉,1999)。由于研究人员对全球水资源估算的方法、时间和资料来源等方面的差异,导致报道结果之间略有差异,如表 13.3 与表 13.4 中所示的全球降水量与蒸发量就具有一定差异。

13.3　陆地生态系统的蒸散通量评价模型

13.3.1　陆地生态系统植被冠层类型

自然生态系统的植被以及农作物的冠层构造多种多样,我们可以根据冠层的垂直结构和群落的覆被程度将其划分为以下四种主要类型(图 13.7)。

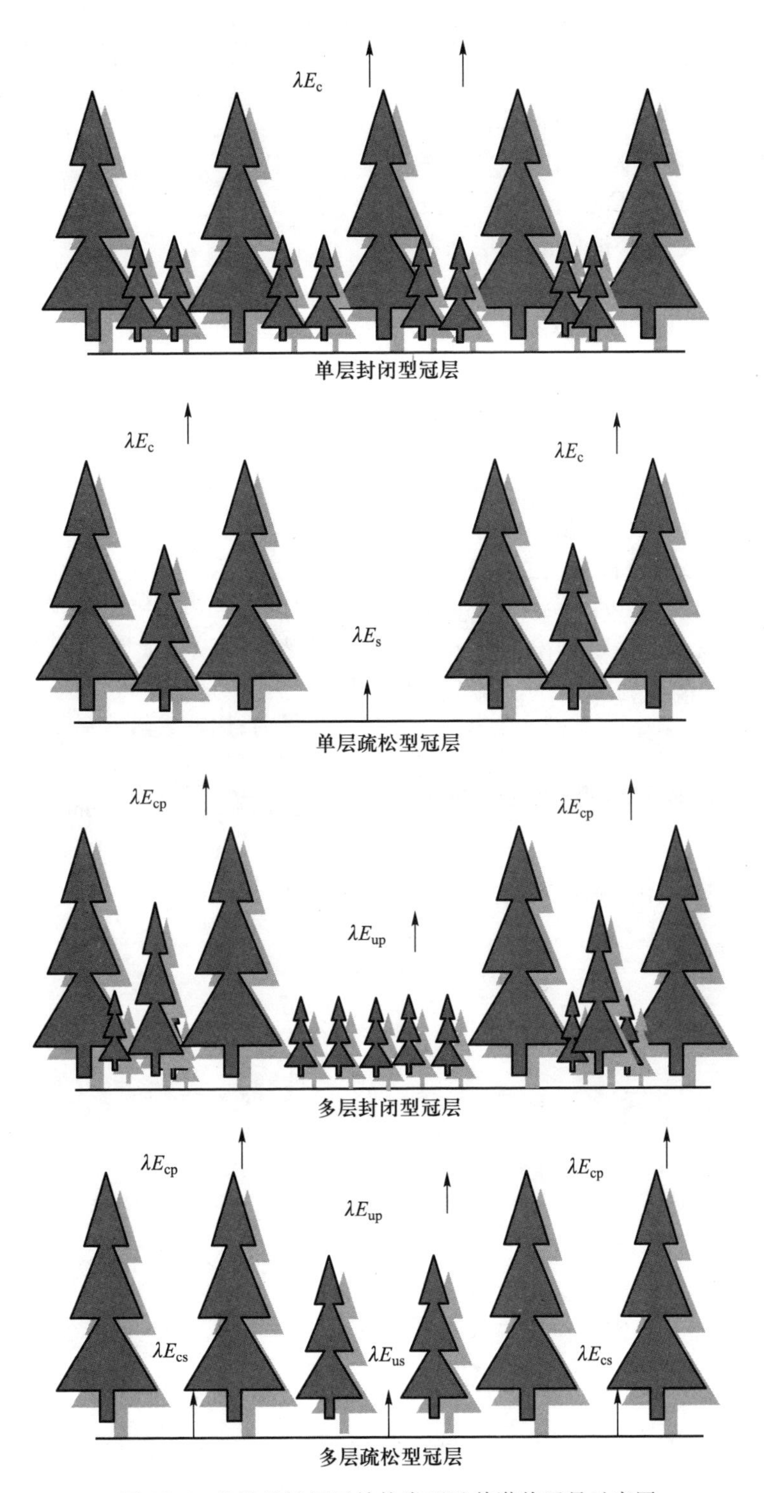

图 13.7 各种植被冠层结构类型及其潜热通量示意图

λE_c:冠层蒸腾潜热;λE_s:土壤表面蒸发潜热;λE_{cp}:上层植被蒸腾潜热;λE_{up}:下层植被蒸腾潜热;λE_{cs}:冠层上层植被下土壤表面蒸发潜热;λE_{us}:冠层下层植被下土壤表面蒸发潜热

（1）*单层封闭型冠层*（one-layer and closed canopies，OLCC）

这种类型的植被冠层往往是由一种或几种优势物种构成的，各优势物种的高度基本相同或紧密镶嵌，形成垂直方向的单一冠层，而植被叶面积指数比较大（$L\geqslant 4$），使得陆地表面基本被植被冠层所封闭。例如，热带森林、密植的作物群体、生长良好的草坪等都可以看作为典型的 OLCC 型植被冠层。

（2）*单层疏松型冠层*（one-layer and sparse or clumping canopies，OLS/CC）

这类植被冠层基本上也是由一种或几种优势物种构成的垂直方向的单一冠层，但是在水平分布上群落疏松或者各优势物种呈丛生群聚状态，因其植被叶面积指数比较小（$L\leqslant 4$），冠层不能够完全封闭陆地表面。例如，垄作的农田（特别是作物没有充分发育的生育阶段）、疏松的林地和干旱区域的草原等属于 OLS/CC 型冠层。

（3）*多层封闭型冠层*（multiple-layer and closed canopies，MLCC）

MLCC 的特征是植被群落中有多种不同高度的优势物种，并且这些优势物种又呈丛生群聚状态，使冠层在垂直方向上具有多层构造，但是因植被叶面积指数比较大（$L\geqslant 4$），陆地表面几乎全部被植被所覆盖。例如，由草本植物、乔木和灌木构成的热带草原，高秆作物和矮秆作物构成的农田等。

（4）*多层疏松型冠层*（multiple-layer and sparse or clumping canopies，MLS/CC）

与 MLCC 相同，冠层是由多种不同高度的优势物种构成的多层结构，可是因冠层群落的生物量低，陆地表面通常不能被植被完全覆盖。例如，作物生育前期的间作农田以及干旱地区的林地等都属于 MLS/CC 型冠层。

各种不同类型的植被冠层，因其潜热/显热的涌源（source）不同，它们的蒸散量估算模型也就不同。

目前，比较成熟的基于 K 理论的蒸散数学模型主要有单涌源模型（single source models，SSMs）、双涌源模型（dual source models，DSMs）、多涌源模型（multiple source models，MSMs）和其他数值模拟模型。

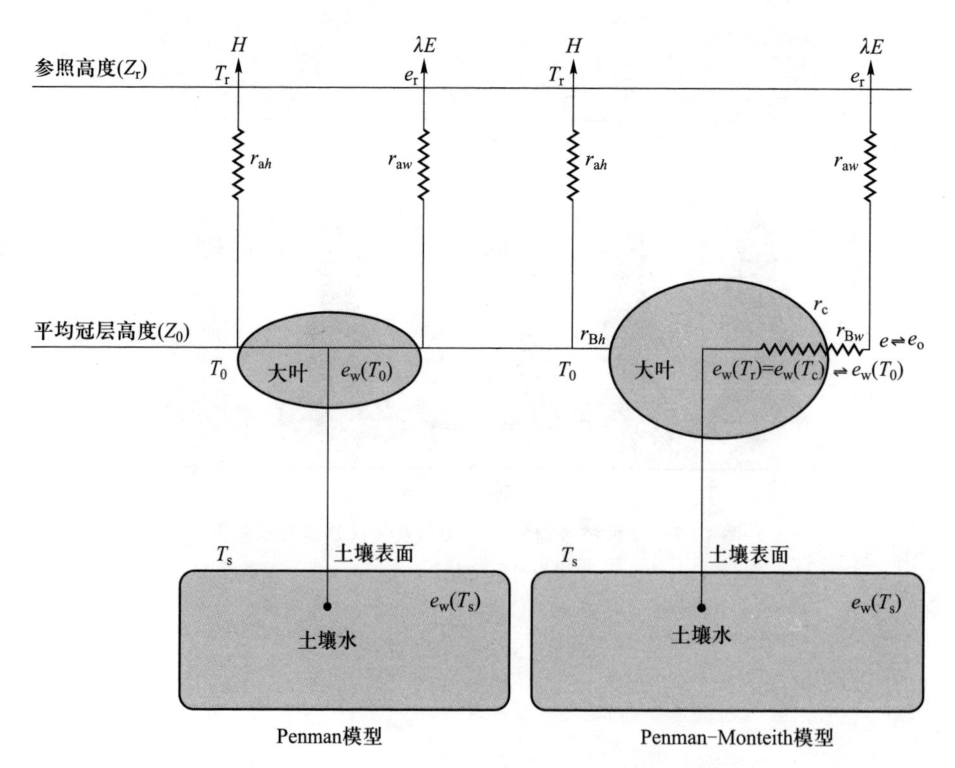

图 13.8 Penman 模型与 Penman-Monteith 模型示意图

13.3.2 单涌源模型

一般蒸发面的能量平衡可以用下式给出：

$$A=\lambda E+H=R_n-S_c-P_c-G \quad (13.16a)$$

式中：A 为有效辐射能通量，R_n 为净辐射通量，G 为土壤热通量，λE 为潜热通量，H 为显热通量，S_c 和 P_c 分别为植被内的热和光合作用的能量存留通量。通常情况下，S_c 和 P_c 相对其他分量而言，其数量很小，多可以忽略不计。那么，一般的能量平衡方程可以被简化为

$$A=\lambda E+H=R_n-G \quad (13.16b)$$

如图 13.8 所示，根据 Fick 定律，在蒸发面和大气之间，向下方向输送的动量 τ，向上方向输送的潜热通量 λE 和显热通量 H 可用下列方程给出：

$$\tau=\rho K_m\frac{\partial u(Z)}{\partial Z} \quad (13.17)$$

$$\lambda E=-\frac{\rho c_p}{\gamma}K_w\frac{\partial e(Z)}{\partial Z} \quad (13.18)$$

$$H=-\rho c_p K_h\frac{\partial T(Z)}{\partial Z} \quad (13.19)$$

式中：$\partial u(Z)/\partial Z$、$\partial e(Z)/\partial Z$、$\partial T(Z)/\partial Z$ 分别为风速、水汽压和温度的垂直梯度；K_m、K_w 和 K_h 分别为动量、潜热和显热的输送系数。

另外，如果把 $u(Z)=0$ 处的动量汇源（sink）高度 Z_c 表面作为蒸发面（图 13.8），从 Z_c 到参照高度 Z_r 的动量通量、潜热和显热通量可依据 Ohm 法则用下式表述：

$$\tau=\rho\frac{u_r}{r_{am}} \quad (13.20)$$

$$\lambda E=\frac{\rho c_p}{\gamma}\frac{(e_w(T_0)-e_r)}{r_{aw}} \quad (13.21)$$

$$H=\rho c_p\frac{(T_0-T_r)}{r_{ah}} \quad (13.22)$$

式中：$e_w(T_0)$ 为对应于蒸发面温度 T_0 的饱和水汽压；e_r 和 u_r 为在参照高度 Z_r 处的水汽压和风速；r_{am}、r_{aw} 和 r_{ah} 分别为对应于蒸发面 Z_c 和 Z_r 之间的动量、潜热和显热输送的空气动力学阻力。虽然 $r_{ah}/r_{aw}=0.93$，但是大多数的研究者则假定 $K_w=K_h$ 以及 $r_{ah}=r_{aw}=r_a$。

若饱和水汽压曲线的斜率 Δ 用式（13.23a）定义，$e_w(T_0)-e_r$ 可用式（13.23b）来概算：

$$\Delta=\frac{\partial e_w(T)}{\partial T} \quad (13.23a)$$

$$e_w(T_0)-e_r=(e_w(T_r)-e_r)+\Delta(T_0-T_r) \quad (13.23b)$$

将式（13.23b）代入式（13.21），消去 $e_w(T_0)$，进而联立求解式（13.16b）和式（13.22b），消去表面温度 T_0，就可得到著名的 Penman 方程：

$$\lambda E=\frac{\Delta(R_n-G)+\rho c_p(e_w(T_r)-e_r)/r_a}{\Delta+\gamma} \quad (13.24)$$

$(e_w(T_r)-e_r)$ 为在高度 Z_r 处的大气饱和差 D_{ref}。Penman 方程是假定蒸发面为饱和状态而推导出的，所以它被广泛地应用于估算潜在蒸散量。

可是，普通的蒸发面经常是处于非饱和状态，估算来自植被表面的实际蒸散时必须考虑水蒸气扩散的表面阻力。假定植被是由单层的大叶片构成的（大叶模型，big leaf model），并且蒸发面是水分的单涌源（single source），那么来自冠层的潜热通量可用下式表示（图 13.8）：

$$\lambda E=\frac{\rho c_p}{\gamma}\frac{(e_w(T_L)-e_r)}{r_a+r_c} \quad (13.25)$$

式中：$r_c=r_{ST}+r_{Bw}$ 为表面阻力，$e_w(T_L)$ 为对应于叶温 T_L 的大气饱和水汽压。进一步假定冠层温度 T_c 与叶温 T_L 以及蒸发表面温度 T_0 相等，与式（13.24）相同，可以推导出下列的 Penman-Monteith 方程（PM式）（Monteith，1965）：

$$\lambda E=\frac{\Delta(R_n-G)+\rho c_p(e_w(T_r)-e_r)/r_a}{\Delta+\gamma(1+r_c/r_a)} \quad (13.26)$$

在 $u(Z)=0$ 的蒸发表面 Z_c，假定 $e(Z)=e_0$，$T(Z)=T_L=T_0$，r_c 可用下式定义（Monteith 1965）：

$$r_c=\frac{\rho c_p}{\gamma}\frac{(e_w(T_0)-e_0)}{\lambda E}=\frac{\rho c_p}{\gamma}\frac{(e_w(T_0)-e_r)}{\lambda E}-r_a \quad (13.27)$$

这里 r_a 的值可用式（13.86）~式（13.90）计算。另外，因为 r_c 表示由植被气孔决定的阻力，所以通常称之为总气孔阻力 r_{ST}，或者直接简称为气孔阻力（桜谷，1991；于贵瑞等，1997；Thom，1972；Balley & Davies，1981；Wallace，1995；Daamen，1997）。

在 PM 式中，假定 $r_a = r_{am} = r_{ah} = r_{av}$。但是，Thom (1972) 指出，对应于显热和潜热的粗糙度 $Z_{0h,w}$ 与对应于动量的粗糙度 Z_0 不同，植被冠层显热和潜热的平均涌源高度 $Z_p = d + Z_{0h,w}$，通常情况下 Z_p 比动量的汇源高度 $Z_c = d + Z_0$ 要低（图 13.9）。

如图 13.9 所表示，在动量的汇源高度 Z_c 表面，$u(Z)=0$，$e(Z)=e_0$，$T(Z)=T_0$，而在显热和潜热的平均涌源高度 Z_p 表面，则令 $e(Z)=e_m$，$T(Z)=T_m$，那么分别从两个表面求得的潜热和显热通量为

$$\lambda E = \frac{\rho c_p}{\gamma}\frac{(e_m - e_r)}{r_{aw}} = \frac{\rho c_p}{\gamma}\frac{(e_0 - e_r)}{r_{am}} \quad (13.28)$$

$$H = \rho c_p \frac{(T_m - T_r)}{r_{ah}} = \rho c_p \frac{(T_0 - T_r)}{r_{am}} \quad (13.29)$$

因为 $e_m < e_0$，$T_m < T_0$，所以 r_{ah} 和 r_{aw} 要比 r_{am} 大，如果将它们的差记作为 r_{Eh} 和 r_{Ew}，则下列关系成立（Thom，1972；Monteith，1975；Sinclair *et al.*，1976）：

$$r_{Eh} = r_{ah} - r_{am} \quad (13.30)$$

$$r_{Ew} = r_{aw} - r_{am} \quad (13.31)$$

r_{Eh} 和 r_{Ew} 是由 bluff-body 效果和源/汇的差异引起的阻力，通常称作剩余阻力（excess resistance）（Stewart & Thom，1973；Monteith，1975）或者增加的阻力（incremental resistance）（Szeicz *et al.*，1973）。进而，如果将高度 Z_c 表面的表面阻力记为 r_C，高度 Z_p 表面的表面阻力记为 r_{Cp}，它们分别可用式（13.32）和式（13.33）定义：

$$r_C = \frac{\rho c_p}{\gamma}\frac{(e_w(T_0) - e_0)}{\lambda E} \quad (13.32)$$

$$r_{Cp} = \frac{\rho c_p}{\gamma}\frac{(e_w(T_m) - e_m)}{\lambda E} \quad (13.33)$$

r_C 大于 r_{Cp}，两者间的差为 r_{Ec}（$r_{Ec} = r_C - r_{Cp}$）。那么，可以利用式（13.28）、式（13.29）、式（13.32）和式（13.33）给出来自植被冠层的潜热通量更严密的数学模型为

$$\lambda E = \frac{\rho c_p}{\gamma}\frac{(e_w(T_m) - e_r)}{(r_{aw} + r_{Cp})} = \frac{\rho c_p}{\gamma}\frac{(e_w(T_0) - e_r)}{(r_{am} + r_C)} \quad (13.34)$$

进一步，利用式（13.16b）和式（13.23b），做与式（13.24）和式（13.26）同样的整理，可以给出下列的 Thom（1972）方程：

$$\lambda E = \frac{\Delta(R_n - G) + \rho c_p (e_w(T_r) - e_r)/r_{aw}}{\Delta + \gamma(1 + r_{Cp})/r_{aw}} \quad (13.35a)$$

或

$$\lambda E = \frac{\Delta(R_n - G) + \rho c_p (e_w(T_r) - e_r)/r_{am}}{\Delta + \gamma(1 + r_C/r_{am})} \quad (13.35b)$$

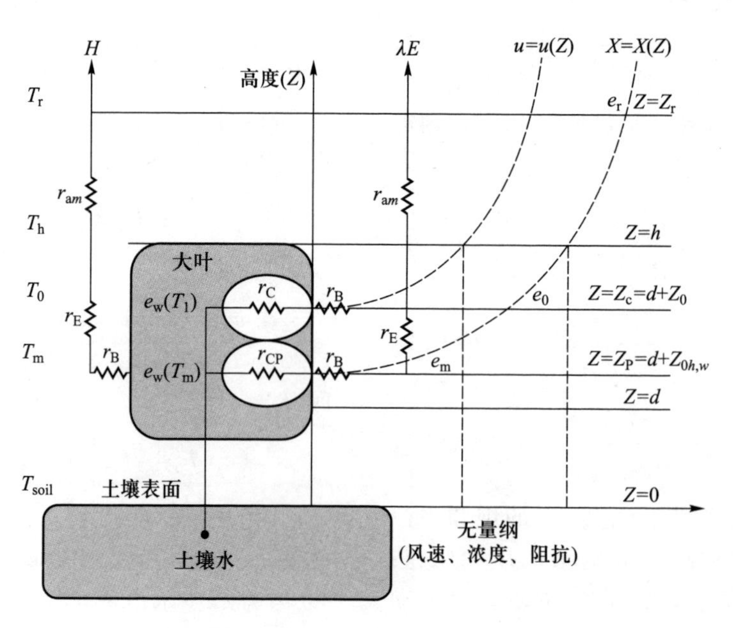

图 13.9　标准化的风速廓线，property concentration 廓线，$X(Z)$，及植被的动量、物质和热量交换的阻力

r_{ah} 和 r_{aw} 以及 r_{Eh} 和 r_{Ew} 可分别用式(13.93)和式(13.94)定义,用式(13.96)计算 r_{ah} 和 r_{aw},用式(13.86)~式(13.90)计算 r_{am}。

13.3.3 双涌源模型

SSMs 能够很好地估算封闭型冠层的蒸散量。可是,对于疏松的植被冠层必须考虑来自土壤面的蒸发,所以这种情况下,有必要对 SSMs 进行改良。Shuttleworth 和 Wallace (1985)用与 PM 式同样的方法,假定冠层为大叶(big leaf),他们提出了图13.10a 所示的双涌源模型。

与式(13.16b)相同,冠层全体的能量平衡可以表示为

$$A_t = \lambda E_t + H_t = R_{nt} - G \tag{13.36}$$

把 A_t,λE_t,H_t,R_{nt} 分别看作植被和它的下部土壤面两部分的总和,即

$$A_t = A_c + A_s \tag{13.37}$$

$$R_{nt} = R_{nc} + R_{ns} \tag{13.38}$$

$$\lambda E_t = \lambda E_c + \lambda E_s \tag{13.39}$$

$$H_t = H_c + H_s \tag{13.40}$$

式中:下标 t、c 和 s 分别表示冠层全体、植被和土壤面。土壤面的有效辐射能平衡为

$$A_s = \lambda E_s + H_s = R_{ns} - G \tag{13.41}$$

植被的有效辐射能平衡为

$$A_c = \lambda E_c + H_c = A_t - A_s = R_{nt} - R_{nc} \tag{13.42}$$

另外,λE_t、λE_c、λE_s 以及 H_t、H_c、H_s 可分别与式(13.21)和式(13.22)同样定义为

$$\lambda E_t = \frac{\rho c_p}{\gamma}\frac{(e_0 - e_r)}{r_{aw}} \tag{13.43}$$

$$H_t = \rho c_p \frac{(T_0 - T_r)}{r_{ah}} \tag{13.44}$$

$$\lambda E_c = \frac{\rho c_p}{\gamma}\frac{(e_w(T_L) - e_0)}{r_{ST} + r_{Bw}} \tag{13.45}$$

$$H_c = \rho c_p \frac{(T_L - T_0)}{r_{Bh}} \tag{13.46}$$

$$\lambda E_s = \frac{\rho c_p}{\gamma}\frac{(e_w(T_s) - e_0)}{r_{asw} + r_{ss}} \tag{13.47}$$

$$H_s = \rho c_p \frac{(T_s - T_0)}{r_{ash}} \tag{13.48}$$

r_{aw} 和 r_{ah} 以及 r_{asw} 和 r_{ash} 分别为从 $Z_c = d + Z_0$ 至 Z_r,以及从土壤面至 Z_c 的潜热和显热通量的空气动力学阻力,r_{ST} 为总气孔阻力,r_{Bw} 和 r_{Bh} 对应于潜热和显热通量的总叶面边界层阻力,r_{ss} 为土壤表面阻力(图13.10a)。

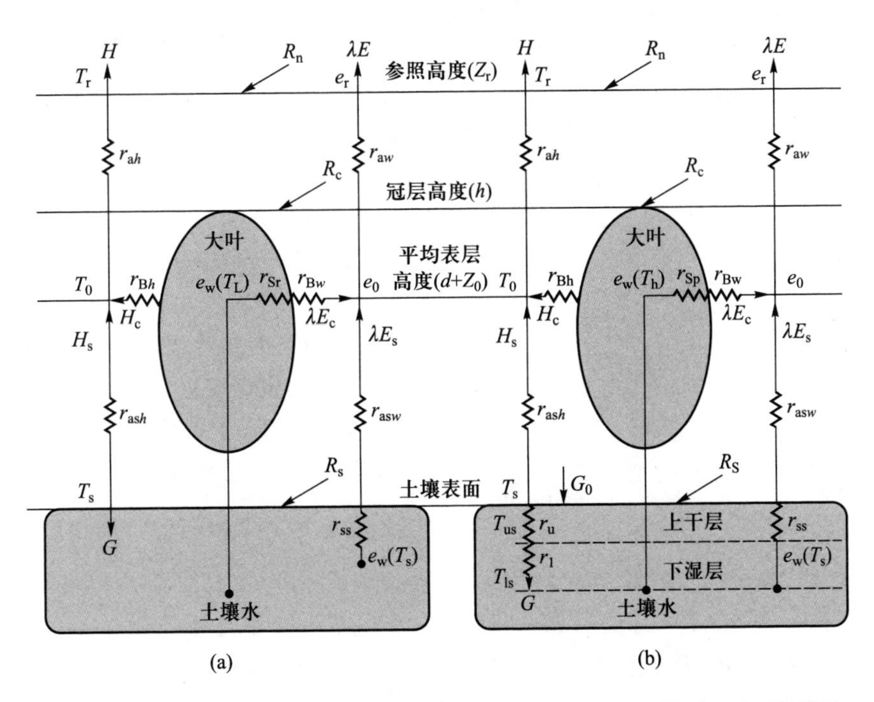

图 13.10 疏松植被能量分量的一维和多维模型图解:(a) SW 模型;(b) CM模型

假定 $r_a=r_{am}=r_{ah}=r_{aw}$，$r_B=r_{Bw}=r_{Bh}$，$r_{as}=r_{asw}=r_{ash}$，Z_c 处的 T_0，e_0，D_0 用方程(13.49)～(13.52)表示。由式(13.43)、式(13.45)和式(13.47)，得 e_0 为

$$e_0=[r_a(r_{as}+r_{ss})e_w(T_L)+r_a(r_B+r_{ST})e_w(T_s)+(r_B+r_{ST})(r_{as}+r_{ss})e_r]/[(r_B+r_{ST})(r_B+r_{ss})+r_a(r_B+r_{ST}+r_{as}+r_{ss})] \tag{13.49}$$

由式(13.44)、式(13.46)和式(13.48)，得 T_0 为

$$T_0=\frac{r_ar_{as}T_L+r_ar_BT_s+r_br_{as}T_r}{r_Br_{as}+r_ar_{as}+r_Br_a} \tag{13.50}$$

另外，饱和差 $D_0=e_w(T_0)-e_0$ 可由下式给出：

$$D_0=e_w(T_0)-e_0=e_w(T_r)-[e_w(T_r)-e_w(T_0)]-e_0 \tag{13.51}$$

那么，由式(13.23)、式(13.41)、式(13.43)、式(13.44)和式(13.49)得到 D_0 的方程为

$$D_0=D_{ref}+\frac{[\Delta A_t+(\Delta+\gamma)\lambda E_t]r_a}{\rho c_p} \tag{13.52}$$

D_{ref}为参照高度处的饱和差。依据以上推导，可得到下列的 Shuttleworth 和 Wallace(1985)蒸散模型(SW)：

$$\lambda E_t=C_c\text{PM}_c+C_s\text{PM}_s \tag{13.53}$$

$$\text{PM}_c=\frac{\Delta A_t+[\rho c_pD_{ref}-\Delta r_BA_s]/(r_a+r_B)}{\Delta+\gamma[1+r_{ST}/(r_a+r_B)]} \tag{13.54}$$

$$\text{PM}_s=\frac{\Delta A_t+[\rho c_pD_{ref}-\Delta r_{as}(A_t-A_s)]/(r_a+r_{as})}{\Delta+\gamma[1+r_{ss}/(r_a+r_{as})]} \tag{13.55}$$

其中，

$$C_c=\left[1+\frac{R_cR_a}{R_s(R_c+R_a)}\right]^{-1},\quad C_s=\left[1+\frac{R_cR_a}{R_c(R_s+R_a)}\right]^{-1} \tag{13.56a}$$

$$R_a=(\Delta+\gamma)r_a,\quad R_s=(\Delta+\gamma)r_{as}+\gamma,\quad R_c=(\Delta+\gamma)r_B+\gamma r_{ST} \tag{13.56b}$$

由式(13.56)可知，当 r_{ss}和 R_s 为无限大时，C_s 等于 1，H_s 和 A_s 等于 0，式(13.54)即为通常的 PM 方程。与此相对应，当 r_{ST}和 R_c 为无限大时，$A_t=A_s$，式(13.55)则成为估算裸地蒸发的 PM 方程。如果 SW 方程的各个阻力值能够推算，那么既可利用该模型估算冠层的蒸散量，还可以对土壤蒸发和植被蒸腾进行分离评价，所以该模型已经得到广泛的应用(Lafleur & Rouse，1990；Wallace *et al.*，1990；Wollenweder，1995；Wallace，1995；Raupach，1995；Daamen，1997)。

另外，Choudhry 和 Monteith(1988)、Shuttleworth 和 Gurney(1990)对于 SW 方程中的各个阻力的推算方法进行了严格地定义；Dolman 和 Wallace(1991)把 MP、SW 和 SG 方程与 Lagrangian 理论作了比较；Choudhry 和 Monteith(1988)把 SW 方程发展为包括干燥土壤层和湿润层的四层模型(CM)(图13.10b)。

13.3.4　多涌源模型

SSMs 和 DSMs 作为大叶模型，分别是以 OLCC 类型和 OLS/CC 类型的冠层为对象提出的。Dolman(1993)及 Brenner 和 Incoll(1997)等为了估算 MLCC或者 MLS/CC 类型冠层的蒸散，以 SW 方程为基础提出了多涌源模型(图 13.11a)。

Dolman(1993)的模型将群落的总潜热通量作为上层植被(upper canopy)和下层植被(understory)的潜热通量的加权和来处理：

$$\lambda E_t=\alpha\lambda E_{cp}+\beta\lambda E_{up} \tag{13.57a}$$

或者

$$\lambda E_t=\alpha C_c\text{PM}_{cp}+\beta C_u\text{PM}_{up} \tag{13.57b}$$

式中：λE_t、λE_{cp}和 λE_{up}分别为冠层的植被全体以及来自其上层和下层的潜热通量，可以用与 DSMs 的式(13.43)、式(13.45)和式(13.47)相同的方式定义。α 和 β 分别为冠层的上层和下层植被覆被率(fractional vegetative cover)。

对于 OLCC 类型冠层，当 $\alpha=0$，$\beta=1$ 时，该模型将转化为 PM 方程。对于 OLS/CC 类型冠层，当 $\alpha=\beta=1$ 时，模型将转化为 SW 方程。进而，就 MLS/CC 类型冠层而言，其模型可用下列的一般式表示(图 13.11b)：

$$\lambda E_t=f(\lambda E_{cp}+\lambda E_{cs})+(1-f)(\lambda E_{up}+\lambda E_{us}) \tag{13.58a}$$

$$\lambda E_t=f(C_{cp}\text{PM}_{cp}+C_{cs}\text{PM}_{cs})+(1-f)(C_{up}\text{PM}_{up}+C_{us}\text{PM}_{us}) \tag{13.58b}$$

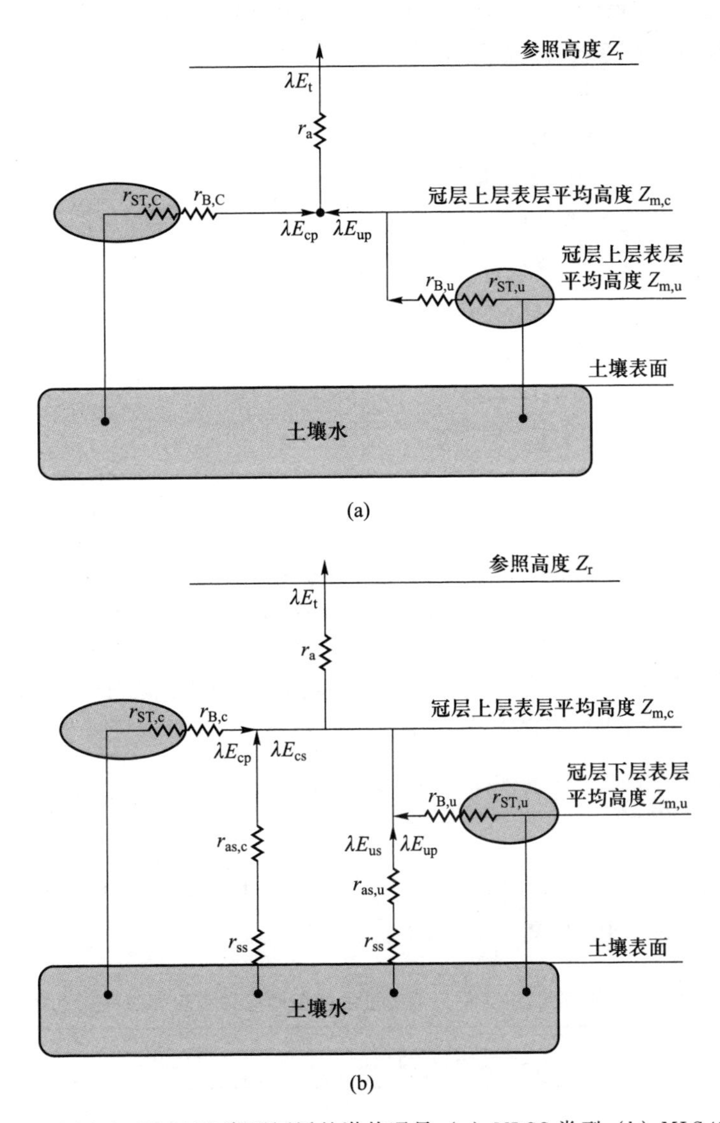

图 13.11 MLCC 与 MLS/CC 类型冠层的潜热通量:(a) MLCC 类型;(b) MLS/CC 类型

这里的下标 cp、cs 分别表示上层植被和它的底部土壤表面,up、us 分别为下层植被和它的底部土壤表面。f 为上层植被的覆被率,$(1-f)$ 为下层植被的覆被率。例如,Brenner & Incoll(1997)对疏松灌丛(sparsely vegetated shrubland)使用了下列模型:

$$\lambda E_t = f(C_p \mathrm{PM}_p + C_s \mathrm{PM}_s) + (1-f)(C_{bs} \mathrm{PM}_{bs}) \quad (13.59)$$

下标 p、s 和 bs 分别表示植被、植被下部的土壤和裸地土壤表面。关于式(13.57)和式(13.59)的有关系数以及各种阻力的推算方法,可以参考前述的 DSMs 模型。

13.3.5 数值模拟模型

SSMs,DSMs 和 MSMs 是基于植物-大气间的水蒸气输送的 K 理论,对应于不同类型冠层,以 PM 式或者 SW 式为基础发展起来的。这些模型在预测农田至中尺度(mesoscale or regional climate),甚至大尺度(larger continental scales or global climate)的微气象或者气候变化研究中,作为估算潜热和显热通量的基础模型被广泛应用。同时,以这些模型为基础,学者们还开发了大量包含了更为严密的土壤-植被-大气系统的动量和物质输送的物理学和植物生理学过程的数值模拟模型。例如,作物产量以及田间土壤水分和蒸散的预测模型有 CERES(Jones & Kiniry, 1986; Fechter *et al.*, 1991)、ENWATBAL(Lascano *et al.*,1987;Evett & Lascano,1993;Lascano *et al.*, 1994)、SPACM(Federer, 1979)、SWATR(Feddes *et al.*,1978)、SWEAT(Daamen & Simmonds, 1996; Daamen, 1997)、SWIM(Ross, 1990)和

WATBAL (Bavel *et al.*, 1984, 1985)等。近年来，作为预测区域或地球规模的气候变化的 GCMs (general circulation model)子模型，还开发出了 BATS (Dickinson *et al.*, 1986)、MAESTRO (Wang & Jarvis, 1990)、SiB (Sellers *et al.*, 1986; Schelde *et al.*, 1997)、SiB_2 (Sellers *et al.*, 1996)、SVAT (Famiglietti & Wood, 1994; Liang *et al.*, 1994; Blyth, 1995; Franks *et al.*, 1997; Seen *et al.*, 1997)和 NEO SPAM 模型(神田等, 1990a, b; Yoshimoto *et al.*, 2000)。

13.4　植被的表面阻力

13.4.1　植被表面阻力的各种表现

在上述的各类蒸散模型中，都使用了表面阻力的概念，其倒数被称为表面导度。对于式(13.26)，当令 $H+\lambda E=R_n-G$ 时，可得到表面导度 g_c 和表面阻力 r_c 的推算式为

$$r_c=g_c^{-1}=\left(\frac{\Delta}{\gamma}\frac{H}{\lambda E}-1\right)r_a+\frac{\rho c_p}{\gamma}\frac{D_{ref}}{\lambda E} \tag{13.60}$$

用有效辐射能通量 A 和波文比 B 来表示时，式(13.60)变为(Stewart & Thom, 1973; Munro, 1989; Ogink-Hendriks, 1995)：

$$r_c=g_c^{-1}=\left(\frac{\Delta}{\gamma}B-1\right)r_a+\frac{\rho c_p}{\gamma}\frac{D_{ref}}{A}(1+B) \tag{13.61}$$

$$B=\frac{H}{\lambda E};\lambda E=\frac{A}{1+B} \tag{13.62a}$$

对于式(13.18)和式(13.19)，令 $K_w=K_h$，则

$$B=\frac{H}{\lambda E}=\gamma\frac{\partial T(Z)}{\partial e(Z)} \tag{13.62b}$$

此外，以比湿 $q(Z)$ 来替换 $e(Z)$，则

$$B=\gamma\frac{\partial T(Z)}{\partial e(Z)}=\frac{c_p}{\lambda}\frac{\partial T(Z)}{\partial e(Z)} \tag{13.62c}$$

因此，与 γ 相对应的 γ' 为 c_p/λ。进一步把在参照高度 Z_r 的水汽压差用比湿饱和差 $Q_{ref}=(q_w(T_r)-q_r)$ 替换，那么式(13.60)变形为下列方程(Shuttleworth, 1988; Wright *et al.*, 1995)：

$$r_c=\left(\frac{\Delta\lambda}{c_p}\frac{H}{\lambda E}-1\right)r_a+\rho\lambda\frac{Q_{ref}}{\lambda E} \tag{13.63}$$

式(13.61)变形为方程(13.64)(Stewart, 1988; Gash *et al.*, 1989; Stewart & Gay, 1989; Dolman *et al.*, 1991)：

表 13.5　不同尺度、不同冠层类型的模型中冠层和表面的气孔阻力

尺度	冠层类型	对冠层	对表面	模型
单叶或单株		r_{st}		SLM or SPM
田地或森林	OLCC	r_{ST}或 r_c	$r_s=r_c$	SSMs
	OLS/CC	r_{ST}		
	MLCC	r_{ST}或 r_c	$r_s=r_c$	MSMs
	MLS/CC	r_{ST}	r_{cb}	MSMs
中尺度	OLCC	r_{cb}	r_{sb}	SSMs
	OLS/CC	r_{cb}	$r_{sb}=r_{cb}$	DSMs
	MLCC	r_{cb}	$r_{sb}=r_{cb}$	MSMs
	MLS/CC	r_{cb}	r_{sb}	MSMs
大尺度	OLCC	r_{cg}	$r_{sg}=r_{cg}$	SSMs(GCMs 子模型)
	OLS/CC	r_{cg}	r_{sg}	DSMs(GCMs 子模型)

r_{st}：气孔阻力，r_{ST}：总气孔阻力，r_c：冠层阻力，r_s：表面阻力，r_{cb}：总表面或气孔阻力，r_{sb}：总表面阻力，r_{cg}：全球冠层或表面阻力，r_{sg}：全球表面阻力，SLM：单叶模型，SPM：单株模型，SSMs：单涌源模型，DSMs：双涌源模型，MSMs：多涌源模型，GCMs：大气环流模型。

$$r_c = \frac{1}{g_c} = \left(\frac{\Delta\lambda}{c_p}B - 1\right) r_a + \rho\lambda \frac{Q_{ref}}{A}(1+B) \quad (13.64)$$

基于这些方程定义的 r_c 或 g_c，因冠层类型的不同其意义有所不同。在以封闭冠层（OLCC，MLCC）为对象的情况下，一般称为冠层阻力，总气孔阻力 r_{ST}，或直接简称为气孔阻力。可是，对于农作物、森林等疏松冠层（OLS/CC，MLS/CC）以及区域或全球尺度的表面，其 r_c 中不仅包含了植物气孔阻力，也包含了土壤表面阻力，所以此时的 r_c 被称作为总表面阻力或总冠层阻力（Wright *et al.*，1995；Kelliher *et al.*，1995；Raupach，1995）。最近，在研究全球尺度的问题时，常常使用全球冠层阻力或全球表面阻力的概念（Courault *et al.*，1996）。这些概念因研究者的偏好，通常被定义为不同的术语并用不同的符号表示。这里，我们依据研究对象的尺度大小和冠层类型，建议使用表 13.5 所示的定义和符号系统。

13.4.2 植被总气孔阻力和单叶气孔阻力的关系

关于不同尺度下的表面导度和气孔导度的关系，Kelliher 等（1995）和 Raupach（1995）进行了比较详细的综述。这里仅以封闭冠层（OLCC，MLCC）为对象，讨论单叶气孔阻力和植被总气孔阻力（冠层阻力）的关系。

群落的蒸腾速度 E_M 可以假定为来自各叶层 i 的蒸腾 $E_{m,i}$ 的总和，如果群落内的空气动力学阻力可忽略时，群落的总蒸腾速度 E_M 可以表示为

$$E_M = \sum_i L_i E_{m,i} = \frac{\rho c_p}{\gamma\lambda} \sum_i L_i \frac{(e_w(T_{L,i}) - e_i)}{(r_{st,i} + r_{b,i})}$$
$$= \frac{\rho c_p}{\gamma\lambda} \frac{(e_w(\overline{T}_L) - \overline{e})}{(r_{ST} + r_B)} \quad (13.65)$$

式中：$\overline{T}_L$ 和 $\overline{e}$ 为群落的平均叶温和叶周围的平均水汽压。由此，总气孔阻力 r_{ST} 和单叶的气孔阻力的关系为

$$r_{ST} = \sum_i \frac{r_{st,i}}{L_i}; g_{ST} = \sum_i \frac{L_i}{r_{st,i}} = \sum_i L_i g_{st,i} \quad (13.66)$$

对于式（13.66）进行积分，则

$$g_{ST} = r_{ST}^{-1} = \int_0^L g_{st}(L_d)\,dL_d \quad (13.67)$$

$$L_d = \int_Z^h L(Z)\,dZ \quad (13.68)$$

L_d 称为叶面积指数深度，是对冠层内的叶面积指数的垂直分布函数 $L(Z)$ 从 Z 到 h 的积分值。$g_{st}(L_d)$ 为在 L_d 处的单叶气孔导度。

由式（13.68）可得，当 $Z=0$ 时，则 $L_d = L$，所以可将式（13.67）用下式简化（桜谷，1991；于贵瑞等，1997；Thom，1972；Shuttlworth & Wallace，1985；Kustas *et al.*，1996）：

$$g_{ST} = r_{ST}^{-1} = \overline{g}_{st} L = L/\overline{r}_{st} \quad (13.69)$$

$\overline{r}_{st}$ 为冠层内的气孔阻力平均值。

13.4.3 植被总气孔导度的测定方法

叶片的气孔导度可使用气孔计（如 LI-1600）等直接测定。因此，如果能够测定各叶层的气孔导度和叶面积指数，依据式（13.66）即可估算 g_{ST} 或 r_{ST}。但是，在冠层内因各叶片受光照条件差异很大，所以要得到真正的 $g_{st,i}$ 的测定值非常困难。为此一些学者提出把群落内的叶片分为阳叶（sunlit leaf）和阴叶（shaded leaf），由它们的测定值来推算 g_{ST} 值的方法。主要方法有以下几种：

（1）整体平均法（bulk average）（Balley & Davies，1981）

$$g_{ST} = [(g_{st,n} + g_{st,e})/2]L \quad (13.70)$$

式中：$g_{st,n}$ 为冠层全体阳叶的平均 g_{st} 值，$g_{st,e}$ 为阴叶的平均 g_{st} 值。

（2）顶层阳叶分层采样法（top sunlit layer sampling）（Whitehead *et al.*，1981）

$$g_{ST} = g_{st,n,T} L \quad (13.71)$$

式中：$g_{st,n,T}$ 为冠层上部的 25%L 处的阳叶 g_{st} 值。

（3）权重法（weighted type）（Dunacan *et al.*，1967；Sinclair *et al.*，1976）

$$g_{ST} = g_{st,n} L_n + g_{st,e} L_e \quad (13.72)$$

式中：L_n 和 L_e 分别为冠层全部阳叶和阴叶的叶面积指数。

（4）有效叶面积指数法（effective leaf area index）（Szeicz & Long，1969）

$$g_{ST} = [(g_{st,n} + g_{st,e})/2]L_f \quad (13.73)$$

式中：L_f 为有效叶面积指数，当 $L \leqslant L_{max}/2$ 时，定义 $L_f = L$，当 $L > L_{max}/2$ 时，定义 $L_f = L/2$，L_{max} 为实际试验期间的最大叶面积指数。

（5）*水平冠层分层法*（horizontal canopy layer）（Rochette *et al.*, 1991）

$$g_{ST} = \sum_{i}^{I} (g_{st,n,i} L_{n,i} + g_{st,e,i} L_{e,i}) \tag{13.74}$$

式中：$i = 1, 2, \cdots, I$ 表示冠层的层次。

（6）*多冠层叶倾角分类法*（multiple leaf angle classes canopy layer）（Sellers *et al.*, 1986）

$$g_{ST} = \sum_{i}^{I} \left[\sum_{i}^{J} (g_{st,n,i,j} L_{n,i,j} + g_{st,e,i,j} L_{e,i,j}) \right] \tag{13.75}$$

式中：$i = 1, 2, \cdots, I$ 表示冠层的层次，$j = 1, 2, \cdots, J$ 表示叶的倾角组的序列。

另外，对于由多种植物构成的复合冠层，Munro（1989）使用下列方法：

$$g_{ST} = \sum_{i=1}^{n} \sum_{j=1}^{m} L_{ij} g_{st,ij} \tag{13.76}$$

式中：$i = 1, 2, \cdots, n$ 表示冠层的层次，$j = 1, 2, \cdots, m$ 表示植物的种类序列。

13.4.4　植被总气孔导度的推测方法

利用上述的各种方法，虽然可以实际测定总气孔导度，但是在实际测定时，不仅测定成本高，而且也容易产生测定误差，特别是在研究区域尺度问题时，要对所有对象群落进行实际测定是不可能的。因此，很多研究者致力于探讨推测 g_{st} 的方法研究，把 g_{st} 用环境变量模型 $G(X)$ 表示，则 g_{ST} 的推测模型可一般地表示为

$$g_{ST} = \int_0^L G(X, L_d) \mathrm{d}L_d \tag{13.77a}$$

式中：$G(X, L_d)$ 为叶面积指数深度 L_d 处的环境变量 $X \in \{R_s, D_e, T_a, \cdots\}$ 所决定的气孔导度；$R_s, D_e, T_a, \cdots$ 表示辐射、饱和差和气温等。对式（13.77a）进行简化，可以得到下面的方程式（Stewart, 1988; Gash *et al.*, 1989; Noilhan & Planton, 1989; Shuttleworth, 1989; Wright *et al.*, 1995; Seen *et al.*, 1997）：

$$g_{ST} = LG(X) \tag{13.77b}$$

一般来说，可以假定冠层内的 g_{st} 仅仅由辐射的垂直分布所左右，所以对方程（13.77a）可做如下简化（Choudhry & Monteith, 1988; Shuttleworth & Gurney, 1990; Saugier & Katerji, 1991; Kelliher *et al.*, 1995; Raupach, 1995）：

$$g_{ST} = \int_0^L G(R_{sL}) \mathrm{d}L_d \tag{13.78}$$

R_{sL} 为 L_d 处的叶片所接受的辐射强度，用下列的光分布模型表示：

$$R_{sL} = R_{s0} \exp(-K_s L_d) \tag{13.79}$$

式中：R_{s0} 为在群落顶部处的辐射强度，K_s 为辐射的衰减系数。关于气孔导度对于辐射强度的响应模型 $G(R_{sL})$，现在已经提出了各种各样的表达函数（Yu, 1999）。因此，式（13.78）的积分结果也就因所选择的函数形式的不同而多种多样。例如，Choudhry 和 Monteith（1988）所推导的 g_{ST} 的推测方程为

$$g_{ST} = g_{ct} L + g' R_{s0} [1 - \exp(-K_s L)] \tag{13.80}$$

这里的 $g' = \partial g_{st} / \partial R_{sL}$，$g_{ct}$ 为角质层导度。另外，Shuttleworth 和 Gumey（1990），Saugier 和 Katerji（1991）推导出的方程为

$$g_{ST} = g_{ct} L + \left(\frac{c_1}{c_2 K_s} \right) \ln \left[\frac{1 + c_2 K_s R_{s0}}{1 + c_2 K_s R_{s0} \exp(-K_s L)} \right] \tag{13.81}$$

式中：c_1 和 c_2 为试验系数。与此相似，Raupach（1995）和 Kelliher 等（1995）提出的模型为

$$g_{ST} = \frac{g_{max}}{K_s} \ln \left[\frac{R_{s0} + R_{sc}}{R_{s0} \exp(-K_s L) + R_{sc}} \right] \tag{13.82}$$

g_{max} 为最适环境条件下的气孔导度最大值。R_{sc} 为 $g_{st} = g_{max}/2$ 时的 R_{sL} 值。另外，应用微气象的观测数据，由式（13.60）~式（13.64）求得的冠层导度也经常被当作总气孔导度来使用。

13.5　蒸散模型中其他各种阻力的估算方法

13.5.1　封闭冠层的空气动力学阻力

从参考高度 Z_r 至汇源（sink）高度 $Z_c = d + Z_0$ 的动量输送阻力可用下式定义：

$$r_{am}=\rho\frac{u_r}{\tau} \tag{13.83}$$

$$\tau=\rho u_*^2 \tag{13.84}$$

$$u_r=\frac{u_*}{\kappa}\ln\left(\frac{z_r-d}{Z_0}\right) \tag{13.85}$$

式中：u_r 为参照高度 Z_r 处的风速；u_* 为摩擦速度（$m\cdot s^{-1}$）；κ 为 Karman 常数（$\kappa=0.41$）；d 为地表面修正量（m）；Z_0 为粗糙度（m）。Monteith（1965）假定潜热和显热的涌源与动量的汇源处于相同高度。那么，可以假定潜热和显热输送的空气动力学阻力为 $r_a=r_{ah}=r_{aw}$ 与 r_{am} 相等，则其推测方程为

$$r_a=\frac{\rho c_p}{\gamma}\frac{(e_0-e_r)}{\lambda E}=\frac{u_r}{u_*^2}=\frac{1}{\kappa u_*}\ln\left(\frac{Z_r-d}{Z_0}\right)=\frac{1}{\kappa^2 u_r}\left[\ln\left(\frac{Z_r-d}{Z_0}\right)\right]^2 \tag{13.86}$$

关于 d 和 Z_0 的值，一般的作物群落可用式（13.87a）近似估算（Monteith，1973，1975），对于森林群落而言，则可用式（13.87b）来近似估算（Jones，1992）：

$$d=0.63h;Z_0=0.13h \tag{13.87a}$$

$$d=0.78h;Z_0=0.075h \tag{13.87b}$$

式中：h 为冠层的高度（m）。

当考虑大气稳定度的影响时，冠层以上的风速廓线可用式（13.88）表示（Monteith，1975）：

$$\frac{\partial u(Z)}{\partial Z}=\frac{u_*}{\kappa(Z-d)}\Phi_m \tag{13.88}$$

式中：Φ_m 为大气稳定度的函数，定义为

$$\Phi_m=\begin{cases}(1-5R_i)^{-1} & 稳定\\ 1 & 中性\\ (1-16R_i)^{-1/4} & 不稳定\end{cases} \tag{13.89}$$

式中：R_i 为 Richardson 数。由式（13.83）、式（13.84）和式（13.88）可推导出下列的 r_a 计算式：

$$r_a=\frac{1}{\kappa^2 u_r}\left[\ln\frac{Z_r-d}{Z_0}+\Phi_m\right]^2 \tag{13.90}$$

Thom（1972）进而指出，冠层的潜热和显热的涌源高度 $Z_p=d+Z_{0h,w}$ 一般低于运动量的汇源高度 $Z_c=d+Z_0$。$Z_{0h,w}$ 为对应于显热及潜热的粗糙度。如式（13.30）和式（13.31）所示，由于这种源/汇的差异而产生的显热和潜热的剩余阻力记为 r_{Eh} 和 r_{Ew}，则对应于显热和潜热的空气动力学阻力可用下式求算（Thom，1972；Monteith，1975；Sinclair *et al.*，1976）：

$$r_{ah}=r_{am}+r_{Eh} \tag{13.91}$$

$$r_{aw}=r_{am}+r_{Ew} \tag{13.92}$$

r_{ah} 和 r_{aw} 以及 r_{Eh} 和 r_{Ew} 分别由式（13.93）和式（13.94）定义（Monteith，1975）：

$$r_{ah}=r_{aw}=\frac{1}{\kappa u_*}\ln\frac{Z-d}{Z_{0h,w}} \tag{13.93}$$

$$r_{Eh}=r_{Ew}=\frac{1}{\kappa u_*}\ln\frac{Z_0}{Z_{0h,w}} \tag{13.94}$$

Thom（1972）的研究表明，$Z_{0h,w}$ 大约为 Z_0 的1/5，r_{Eh} 和 r_{Ew} 的值可近似地用下式估算：

$$r_E=r_{Eh}=r_{Ew}=(\text{constant})u_*^{-2/3} \tag{13.95}$$

湿润表面的显热和水蒸气扩散常数为 5.245 $s^{1/3}\cdot m^{-1/3}$，一般的非湿润表面其值为6.266 $s^{1/3}\cdot m^{-1/3}$。另外，对于 CO_2 的扩散，其数值为 10.12 $s^{1/3}\cdot m^{-1/3}$。因此，由式（13.83）、式（13.84）、式（13.91）、式（13.92）和式（13.95）可推导出非湿润表面的潜热和显热的空气动力学阻力 r_{aw} 和 r_{ah} 为

$$r_{aw}=r_{ah}=r_{am}+6.226u_*^{-2/3}=r_{am}+6.226(u_r/r_{am})^{-1/3} \tag{13.96}$$

13.5.2 疏松冠层的空气动力学阻力

对于非封闭的疏松冠层，由冠层的上部和内部的风速分布方程，可以得到湍流扩散系数 K（Shuttleworth & Wallace，1985；Choudhry & Monteith，1988；Shuttleworth & Gurney，1990）为

$$K=\kappa u_*(Z-d)\quad Z>h \tag{13.97}$$

$$u_*=\frac{\kappa u_r}{\ln\{(Z_r-d)/Z_0\}} \tag{13.98}$$

$$K=K_h\exp[-n(1-Z/h)]\quad Z\leqslant h \tag{13.99}$$

$$K_h=\kappa u_*(h-d) \tag{13.100}$$

式中：κ 为 Karman 常数；n 为湍流扩散系数的衰减常数（$n=2.5$）；K_h 为冠层高度 h 处的 K 值。

根据式（13.97）~式（13.100），从地表面 $Z=0$ 至 $Z_c=Z_0+d$ 高度的空气动力学阻力 r_{as}（Shuttleworth

& Wallace, 1985; Choudhry & Monteith, 1988; Shuttleworth & Gurney, 1990)为

$$r_{as}=\int_{Z_0'}^{d+Z_0}\frac{1}{K(Z)}\mathrm{d}Z$$
$$=\frac{h\exp(n)}{nK_h}\left[\exp\left(\frac{-nZ_0'}{h}\right)-\exp\left(\frac{-n(d+Z_0)}{h}\right)\right] \tag{13.101}$$

Z_0' 为土壤表面的粗糙度(≈ 0.01 m)。同样,从 Z_c 至 Z_r 高度的空气动力学阻力 r_a 为下式(Shuttleworth & Wallace, 1985):

$$r_a=\int_{d+Z_0}^{Z_r}\frac{1}{K(Z)}\mathrm{d}Z$$
$$=\frac{1}{\kappa u_*}\left[\ln\frac{Z-d}{h-d}+\frac{h}{n(h-d)}\left(\exp\left(n\left(1-\frac{d+Z_0}{h}\right)\right)-1\right)\right] \tag{13.102}$$

关于疏松植被冠层的 Z_0 和 d 的值,应用 Shaw 和 Pereira(1982)的公式可与叶面积指数 L 相关联(Choudhry & Monteith, 1988; Daamen, 1997),即

$$d=1.1h\ln(1+X^{1/4}) \tag{13.103a}$$

$$Z_0=Z_0'+0.3hX^{1/2} \quad 0\leqslant X\leqslant 0.2 \tag{13.103b}$$

$$Z_0=0.3h\left(1-\frac{d}{h}\right) \quad 0.2<X\leqslant 1.5 \tag{13.103c}$$

$$X=C_dL \tag{13.103d}$$

C_d 为平均阻力系数。关于封闭型冠层($L\geqslant 4$)的 Z_0 和 d,Monteith(1973, 1975)的公式(13.87a)被广泛采用。因此,在 $L=4$ 的冠层,如果把源/汇高度作为 $Z_c=d_p+Z_{0p}$,d_p,Z_{0p} 的值应该为

$$d_p=0.63h;Z_{0p}=0.13h \tag{13.104}$$

但是,令 $L=4$,$d=d_p=0.63h$,代入式(13.103)时,则 $C_d=0.09$,$Z_0=0.11h$。此外,令 $Z_0=0.13h$ 时,则 $d=0.57h$,$C_d=0.05$。由此可见,式(13.103)与式(13.104)在数值上是不一致的。所以对于式(13.103)的普遍的 C_d 值是难以确定的(Shuttleworth & Gurney, 1990)。Shuttleworth 和 Gurney(1990)用下式估算 r_{as} 和 r_a 值:

$$r_{as}=\frac{h\exp(n)}{nK_h}\left[\exp\left(\frac{-nZ_0'}{h}\right)-\exp\left(\frac{-n(d_p+Z_0)}{h}\right)\right] \tag{13.105}$$

$$r_a=\frac{1}{\kappa u_*}\left[\ln\frac{Z_r-d}{h-d}\right]+\frac{h}{nK_h}\left\{\exp\left[n\left(1-\frac{d_p+Z_0}{h}\right)\right]-1\right\} \tag{13.106}$$

这里,令 $C_d=0.07$,$d_p=0.63h$,用式(13.103)表示 d、Z_0 和 L 的关系。式(13.105)和式(13.106)作为中立条件下的 r_{as} 和 r_a 的推测式,目前被广泛应用(Dolman, 1993; Brenner & Incoll, 1997; Daamen, 1997)。当考虑大气稳定度的影响时,Choudhry 和 Monteith(1988)及 Daamen(1997)采用下列的估算方法:

$$r_a=\frac{1}{\kappa^2u_r}\left[\ln\frac{Z_r-d}{h-d}\right](1+\delta)^{-\varepsilon} \tag{13.107a}$$

$$\delta=\frac{5g(Z_r-d)(T_0-T_r)}{T_ru_r^2} \tag{13.107b}$$

这里,当 $\delta<0$ 时,$\varepsilon=2$;当 $\delta>0$ 时,$\varepsilon=3/4$;g 为重力加速度。另外,Dolman(1993)及 Brenner 和 Incoll(1997)等也提出了考虑大气稳定度影响的 r_a 的推测式。例如,Brenner & Incoll(1997)的方程式为

$$r_a=\frac{1}{\kappa u_*}\left[\ln\frac{Z_r-d}{h-d}\right](1+\delta)^{-\varepsilon}+\frac{h}{nK_h}\left\{\exp\left[n\left(1-\frac{d_p+Z_0}{h}\right)\right]-1\right\} \tag{13.108}$$

13.5.3 土壤表面阻力

Shuttleworth 和 Wallace(1985)及 Shuttleworth 和 Gurney(1990)根据土壤表面的水分状态,令土壤表面的阻力 r_{ss} 分别取值为 0、500 $\mathrm{s\cdot m^{-1}}$ 和 2 000 $\mathrm{s\cdot m^{-1}}$。即湿润的土壤表面或自由水面的 r_{ss} 为 0,非常干旱的土壤表面 r_{ss} 为 2 000 $\mathrm{s\cdot m^{-1}}$,其中间状态取值为 500 $\mathrm{s\cdot m^{-1}}$。干燥的土壤层的潜热通量可用下式给出:

$$\lambda E_s=\frac{\rho c_p}{\gamma}\frac{pD_V}{l\omega}(e_wT_s-e_s)=\frac{\rho c_p}{\gamma}\frac{(e_wT_s-e_s)}{r_{ss}} \tag{13.109}$$

则 r_{ss} 的推算方程(Choudhry & Monteith, 1988)为

$$r_{ss}=\frac{l\omega}{pD_V} \tag{13.110}$$

式中:p 为土壤孔隙率(soil porosity);D_V 为水蒸气的分子扩散系数(molecular diffusion coefficient);ω 为屈曲度(toruosity factor);l 为干燥土层的深度。

除此以外,关于 r_{ss} 的几个经验公式也被广泛使用。例如,Mahfouf 和 Noihan(1991)使用的经验式为

$$r_{ss}=A\exp(B\theta_s) \tag{13.111}$$

θ_s 为表层土壤(0~20 mm 或 0~50 mm)的含水率($m^3\cdot m^{-3}$),A 和 B 为与土壤特性有关的系数。Kond 等(1990)和 Daamen 和 Simmonds(1996)使用的经验式为

$$r_{ss}=3\times10^{10}(\theta_{sat}-\theta_s)^{16.6} \tag{13.112}$$

θ_s 为 0~20 mm 表层土壤的含水率,θ_{sat} 为同土层的饱和含水率($m^3\cdot m^{-3}$)。Camillo 和 Gurney(1986)及 Seen 等(1997)使用的经验方程为

$$r_{ss}=4\ 140(\theta_{sat}-\theta_s)-805 \tag{13.113}$$

13.5.4 植被总叶面边界层阻力

根据式(13.65),总叶面边界层阻力 r_B 可用下式表示:

$$r_B=\sum_i\frac{r_{b,i}}{L_i};\quad g_B=\sum_i\frac{L_i}{r_{b,i}}=\sum_i L_i g_{b,i} \tag{13.114}$$

对式(13.114)进行积分,则

$$g_B=r_B^{-1}=\int_0^L g_b(L_d)\,dL_d \tag{13.115}$$

L_d 为叶面积指数深度,可用式(13.68)表示。$g_b(L_d)$ 为 L_d 处的单叶叶面的边界层导度。与式(13.69)同样,当 $Z=0$ 时,$L_d=L$,式(13.115)可简化为

$$g_B=r_B^{-1}=\bar{g}_bL=L/\bar{r}_b \tag{13.116}$$

$\bar{r}_b$ 为用式(13.117)求得的单叶叶面的边界层阻力的平均值:

$$r_b=K_b\left(\frac{W}{u_L}\right)^{1/2} \tag{13.117}$$

式中:W 为叶宽幅(m),u_L 为叶面的风速($m\cdot s^{-1}$),K_b 为系数。关于 K_b 的值,Monteith(1965)总结多人的试验结果,求得 $K_b=130\ s^{1/2}\cdot m^{-1}$。Horie(1978)以水稻为对象所报道的数值为 204~214 $s^{1/2}\cdot m^{-1}$。此外,Choudhry 和 Monteih(1988)使用 100 $s^{1/2}\cdot m^{-1}$,Jones(1992)使用 150 $s^{1/2}\cdot m^{-1}$ 等数值。对叶片的单面而言,Monteith(1965)推测 K_b 的值约为上述数值的一半左右,即约为 65 $s^{1/2}\cdot m^{-1}$。另外,Shawcroft 等(1974)使用 60 $s^{1/2}\cdot m^{-1}$,Shuttleworth 和 Gurney(1990)使用 50 $s^{1/2}\cdot m^{-1}$,Brennrer 和 Incoll(1997)使用 70 $s^{1/2}\cdot m^{-1}$。

对于位于群落内高度为 Z 处的单叶,其边界层导度 $g_b(Z)$ 和群落内的风速垂直分布 $u(Z)$ 分别用式(13.118)和式(13.119)表示:

$$g_b(Z)=r_b(Z)^{-1}=\frac{1}{K_b}\left[\left(\frac{W}{u(Z)}\right)^{1/2}\right]^{-1}=a\left(\frac{u(Z)}{W}\right)^{1/2} \tag{13.118}$$

$$u(Z)=u_h\exp[\alpha(Z/h-1)] \tag{13.119}$$

式中:$a=1/K_b$,α 为风速的衰减系数($\alpha=3$);u_h 为冠层高度 h 处的风速,可用下式求得:

$$u_h=\frac{u_r\ln\{(h-d)/Z_0\}}{\ln\{(Z_r-d)/Z_0\}} \tag{13.120}$$

依据式(13.118)~式(13.120),群落的平均叶面边界层导度为

$$\bar{g}_b=\int_0^L a\{u(Z)/w\}^{1/2}dL_d\Big/\int_0^L dL_d \tag{13.121}$$

假定叶面积的垂直分布为均一的,则 $dL/dZ=L/h$,可给出下列的 g_B 计算式(Choudhry & Monteith, 1988;Daamen,1997):

$$g_B=L\frac{2a}{\alpha}\left(\frac{u_h}{W}\right)^{1/2}\{1-\exp(-\alpha/2)\} \tag{13.122}$$

关于 a 的值,如同对式(13.117)进行的讨论那样,可以取各种各样的数值。对于叶两面都有气孔分布的植物,大多使用 $a=0.01\ m\cdot s^{-1/2}$ 的值(Choudhry & Monteith, 1988; Shuttleworth & Gurney, 1990; Daamen,1997;Seen *et al.*,1997)。因此,总边界层阻力 r_B 可用下式推测:

$$r_B=\frac{50\alpha}{L}\frac{\left(\frac{W}{u_h}\right)^{\frac{1}{2}}}{1-\exp\left(-\frac{\alpha}{2}\right)} \tag{13.123}$$

13.6 区域尺度蒸散的遥感评估模拟

区域尺度陆地生态系统蒸散的估算是地球科学领域的重要主题。长期以来,科学家致力于利用在

区域尺度上易于获取的气候与遥感数据来模拟生态系统蒸散。一般来说，利用遥感数据估算 ET 的模型分成三类：一是基于经验关系的回归方程法；二是基于能量平衡的余项法；三是基于 PM 方程的过程模型法。

13.6.1 基于经验关系的回归方程法

经验方程法即基于观测到的蒸散与气候或遥感变量的统计关系来估算区域尺度的蒸散。例如，

$$LE_{\mathrm{d}}=R_{\mathrm{nd}}-B(T_{\mathrm{s}}-T_{\mathrm{a}})^{n} \qquad (13.124)$$

式中：LE_{d} 和 R_{nd} 分别为日均蒸散发和净辐射；T_{s} 和 T_{a} 分别为地表温度和气温；B 和 n 为经验关系的回归方程系数，取决于地表粗糙度、风速和大气稳定度等因素，一般通过线性回归或由土壤-植被-大气传输模型（soil-vegetation-atmosphere transfer，SVAT）或边界层模型模拟得到。

13.6.2 基于能量平衡的余项法

当植被的光合作用、地表残留物的储热以及水平平流的能量影响忽略不计时，地表净辐射可以分解为土壤热通量、显热通量和潜热通量三部分，用公式表示为

$$LE=R_{\mathrm{n}}-G-H \qquad (13.125)$$

式中：LE 为潜热通量；R_{n} 为地表净辐射；G 为土壤热通量；H 为显热通量。由上式可见，当地表净辐射、土壤热通量和显热通量已知时，潜热通量便可通过这三部分的能量之差求得，因此利用地表能量平衡模型估算潜热通量的方法又称为地表能量平衡余项法。

（1）土壤热通量的估算方法

土壤热通量（G）是指用来加热或冷却土壤的能量。传统上，它通过埋在表层土壤下方的热通量板测得，与土壤热传导率和土壤温度随深度的变化率成正比。区域尺度土壤热通量估算的常见公式为（Bastiaanssen *et al.*，1998）

$$G=0.30(1-0.98\mathrm{NDVI}^{4})R_{\mathrm{n}} \qquad (13.126)$$

式中：NDVI 为归一化植被指数。

（2）显热通量的估算

显热通量（H）是指在地表和大气能量交换的过程中用来加热或冷却地表上方大气的那部分能量。在一源模型中，基于莫宁-奥布霍夫相似理论，显热通量通过联合空气动力学温度（T_{aero}）与气温（T_{a}）之差和空气动力学阻抗（r_{a}）得到：

$$H=\rho C_{\mathrm{p}}\frac{\Delta T}{r_{\mathrm{a}}} \qquad (13.127)$$

式中：ρ 为空气密度（$\mathrm{kg\cdot m^{-3}}$）；C_{p} 为空气比热容（$\mathrm{J\cdot kg^{-1}\cdot K^{-1}}$）；$\Delta T=(T_{\mathrm{aero}}-T_{\mathrm{a}})$ 为动力学温度 T_{aero} 与大气温度 T_{a} 的差值（K）；r_{a} 为空气动力学阻抗（$\mathrm{m\cdot s^{-1}}$）。

空气动力学温度是气温廓线向下延伸到冠层热量源汇处的空气温度，在实际应用中较难确定，常以地表温度 T_{s} 来代替，由此可能导致较大的估算误差。Bastiaanssen 等在陆地表面能量平衡算法（surface energy balance algorithm for land，SEBAL）模型中，提出通过 T_{s} 和 ΔT 之间的简单线性关系来计算显热通量：

$$\Delta T=aT_{\mathrm{s}}+b \qquad (13.128)$$

式中：a、b 为线性回归系数，根据遥感影像中的“冷”、“热”像元的温差来确定。另外，利用遥感影像中的干、湿区产生“蒸发比”（evaporative fraction）的概念，研究者开发出陆面能量平衡指数（surface energy balance index，SEBI）模型，以估算区域 ET 量：

$$E_{\mathrm{r}}=\frac{\mathrm{LE}}{\mathrm{LE}+H}=\frac{\mathrm{LE}}{R_{\mathrm{n}}-G} \qquad (13.129)$$

只要分别求出净辐射通量（R_{n}）、土壤热通量（G）和蒸发比（E_{r}），就可以得到潜热通量（LE）。关于 E_{r} 如何估算目前已有诸多方法发展起来，可参考 Li 等（2009）。

13.6.3 基于 PM 类方程的过程模型法

PM 方程是模拟蒸发散的经典模型，以 PM 模型为核心已经发展了双源与多源蒸散模型（详见第 13.3 节）。然而，在区域尺度上，以 PM 模型为核心的过程模型面临诸多难题，其主要原因在于多个关键参数，如冠层气孔阻抗、土壤表面阻抗等难以估算。近年来，遥感技术的发展使一些重要参数在区域尺度的估算变成现实，该类型模型在区域上的应用随之取得重大突破。

有研究人员提出利用遥感反演的归一化植被指数（NDVI）、叶面积指数（LAI）以及植被覆盖度模拟

植被的冠层气孔阻抗。例如,Mu 等(2007)根据 Jarvis(1976)的理论,基于水汽压差、气温和 LAI 估算冠层气孔导度:

$$c_c = C_L \cdot f_{T_{min}} \cdot f_{VPD} \quad (13.130a)$$

$$r_s = c_c \cdot LAI \quad (13.130b)$$

式中:C_L 为单位叶面积平均潜在气孔导度,$f_{T_{min}}$ 和 f_{VPD} 是来自最低温度和最小水汽压差对气孔导度的限制。在以上研究的基础上,Mu 等又将模型做了进一步完善,增加了对夜间蒸散发和土壤热通量的模拟,优化了气孔导度、空气动力学阻抗和冠层边界层阻抗的模拟方法等(Mu *et al.*,2011)。

基于 PM 类方程的另外一种重要的方法是 Shuttleworth-Wallace(SW)模型,该模型是 1985 年由 Shuttleworth 和 Wallace 对 PM 模型进行扩展后提出的,是用于计算稀疏植被和土壤蒸散发的双源模型(详见第 13.3.3 节)。Hu 等(2013)采用与 Mu 不同的方法解决了土壤表面阻抗和冠层气孔阻抗在区域尺度模拟的技术难题,实现了该模型在区域尺度上的应用。该模型除土壤表面阻抗 r_{ss}、冠层阻抗 r_{sc} 外,其余方法参见第 13.5 节。土壤表面阻抗 r_{ss} 估算方法为

$$r_{ss} = b_1 \left(\frac{\theta_s}{\theta}\right)^{b_2} + b_3 \quad (13.131)$$

式中:θ 和 θ_s 分别为土壤表层含水量和土壤表层的饱和含水量($m^3 \cdot m^{-3}$);b_1、b_2 和 b_3 为经验参数($s \cdot m^{-1}$),b_1 通常取值为 3.5 $s \cdot m^{-1}$。

估算冠层阻抗 r_{sc} 是结合气孔阻抗模型 Ball-Berry 模型求得:

$$r_{sc} = \frac{1}{g_0 + a_1 P_n h_s / C_s} \quad (13.132)$$

式中:g_0、a_1 为经验参数;P_n 为光合速率($\mu mol \cdot m^{-2} \cdot s^{-1}$);$h_s$ 为冠层表面空气相对湿度;C_s 为叶片表面的 CO_2 浓度。P_n 是估算 r_{sc} 的关键驱动因子之一,可以使用光能利用率模型估算的 GPP(总初级生产力)代替:

$$GPP = \varepsilon \times PAR \times FPAR \quad (13.133)$$

式中:PAR 为光合有效辐射;FPAR 为植被冠层吸收的 PAR 占总入射 PAR 的比例(根据 NDVI 计算 FPAR=1.24NDVI-0.618);ε 为根据气温、土壤表层含水量、饱和水汽压差标准化后的光能利用率($\mu mol\ CO_2\ \mu mol^{-1} PPFD$):

$$\varepsilon = \varepsilon_{max} \times f(T) \times f(VPD) \quad (13.134a)$$

$$f(T) = \frac{(T-T_{min})(T-T_{max})}{(T-T_{min})(T-T_{max}) - (T-T_{opt})^2} \quad (13.134b)$$

$$f(VPD) = \frac{VPD_{max} - VPD}{VPD_{max}} \quad (13.134c)$$

式中:ε_{max} 为表观量子效率或最大光能利用率;$f(T)$ 和 $f(VPD)$ 分别为减量调节后温度和饱和水汽压差标量;T_{min}、T_{max} 和 T_{opt} 分别是温度最小值、温度最大值和光合作用最适温度。如果温度低于最小温度值或高于最大温度值,$f(T)$ 为 0。T_{min}、T_{max} 和 T_{opt} 分别取值为 0 ℃、20 ℃和 40 ℃。如果 VPD 小于 0.5 kPa,$f(VPD)$ 为 1。如果估算出的 $f(VPD)$ 小于 0,则 $f(VPD)$ 取值为 0。VPD_{max} 取值 3.5 kPa。其余关于 SWH 双源蒸散模型的具体描述参见文献 Hu 等(2013)。

参考文献

陆渝蓉.1999.地球水环境学.南京:南京大学出版社:36~60

神田学,日野幹雄.1990a.大気—植生—土壌系モデル(NEO SPAM)による数値シニュレーション,(1)植生効果のモデリング.水文·水資源学会誌,3(3):37~46

神田学,日野幹雄.1990b.大気—植生—土壌系モデル(NEO SPAM)による数值シニュレーション,(2)植生の気候暖和効果の数值実験.水文·水資源学会,3(3):47~55

桜谷哲夫.1991.耕地の蒸散と土壌水分の研究.氣象研究ノート,171:19~27

于貴瑞,中山敬一,松冈延浩等.1997.SPAC 内の水流に対する抵抗の分布特性.日本生態学会誌,47:261~273

佐伯敏郎監訳.1975.生物環境物理.東京:共立出版

Balley W G, Davies J A. 1981. The effect of uncertainty on aerodynamic resistance on evaporation model. *Boundary-Layer Meteorology*, 20: 187~199

Bastiaanssen W G M, Pelgrum H, Wang J, *et al.* 1998. A remote sensing surface energy balance algorithm for land (SEBAL): part 2: Validation. *Journal of Hydrology*, 213(1-4), 213-229

Bavel C H M, Lascano R J, Baker J M. 1985. Calibrating two-probe, gamma-gauge densitometers. *Soil Science*, 140(5): 393~395

Bavel C H M, Lascano R J, Stroosnijder L. 1984. Test and analysis of a model of water use by sorghum. *Soil Science*, 137(6): 443~456

Blyth E M. 1995. Using a simple SVAT scheme to describe the effect of scale on aggregation. *Boundary-Layer Meteorology*, 72: 267~285

Brenner A J, Incoll L D. 1997. The effect clumping and stomatal response on evaporation from sparsely vegetated shrublands. *Agricultural and Forest Meteorology*, 84: 178~205

Camillo P J, Gurney R J. 1986. A resistance parameter for bare-soil evaporation models. *Soil Science*, 141(2): 95~105

Choudhry B J, Monteith J E. 1988. A four-layer model for the heat budget of homogeneous land surfaces. *Quarterly Journal of the Royal Meteorological Society*, 114: 373~398

Courault D, Lagouarde J P, Aloui B. 1996. Evaporation for maritime catchment combining a meteorological model with vegetation information and airborne surface temperatures. *Agricultural and Forest Meteorology*, 82: 93~117

Daamen C C, Simmonds L P. 1996. Measurement of evaporation from bare soil and its estimation using surface resistance. *Water Resources Research*, 32(5): 1 393~1 402

Daamen C C. 1997. Two source model of surface fluxes for millet fields in Niger. *Agricultural and Forest Meteorology*, 83: 205~230

Dickinson R E, Henderson-Sellers A, Kennedy P J, *et al*. 1986. Biosphere-atmosphere transfer scheme (BATS) for the NCAR community climate model. NCAR Tech. Note NCAR/TN-275+STR, National Center for Atmospheric Research, Boulder, CO.

Dolman A J, Wallace J S. 1991. Lagrangian and K-theory approaches in modeling evaporation from sparse canopies. *Quarterly Journal of the Royal Meteorological Society*, 117: 1325~1340

Dolman A J, Gash J H C, Roberts J *et al*. 1991. Stomatal and surface conductance of tropical rainforest. *Agricultural and Forest Meteorology*, 54: 303~318

Dolman A J. 1993. A multiple-source land surface energy balance model for use in general circulation models. *Agricultural and Forest Meteorology*, 65: 21~45

Dunacan W B, Loomis R S, Williams W A, *et al*. 1967. A model for simulating photosynthesis in plant communities. *Hilgardia*, 38: 181~205

Evett S R, Lascano R J. 1993. ENWATBAL BAS: A mechanistic evapotranspiration model written in compiled basic. *Agronomy Journal*, 85: 763~772

Famiglietti J S, Wood E F. 1994. Application of multiscale water and energy balance models on a tall grass prairie. *Water Resources Research*, 30: 3079~3093

Fechter J, Allison B E, Sivdkumar M V K, *et al*. 1991. An evaluation of the SWATRER and CERES-Millet models for southwest Niger. Soil Water Balance in the Sudano-Sahelian Zone (Proceedings of the Niamey Workshop, February 1991) IAHS Publication, 199: 505~513

Feddes R A, Kowalik P J, Zaradny H. 1978. Simulation of Field Water Use and Crop Yield. PUDOC, Wageningen, Netherlands

Federer C A. 1979. A soil-plant-atmosphere model for transpiration and availability of soil water. *Water Resources Research*, 15: 555~562

Franks S W, Beven K J, Quinn P F, *et al*. 1997. On the sensitivity of soil-vegetation-atmosphere transfer (SVAT) schemes: equifinality and the problem of robust calibration. *Agricultural and Forest Meteorology*, 86: 63~75

Gash J H C, Shuttleworth W J, Lloyd C R, *et al*. 1989. Micrometeorological measurements in Les Landes forest during HAPEX-MOBILHY. *Agricultural and Forest Meteorology*, 46: 131~147

Gleick P H. 1996. Water Resources. In: Schneider S H, eds. *Encyclopedia of Climate and Weather* vol. 2. New York: Oxford University Press: 817~823

Horie T. 1978. Studies on photosynthesis and primary production of rice plants in relation to meteorological environments. *Journal of Agricultural Meteorology*, 34(3): 125~136

Hu Z M, Li S G, Yu G R, et al. 2013. Modeling evapotranspiration by combing a two-source model, a leaf stomatal model, and a light-use efficiency model. *Journal of Hydrology*, 501, 186~192

Jones H G, Kiniry J R. 1986. *CERS-Maize: A Simulation Model of Maize Growth and Development*. Texas A & M University Press

Jones H G. 1992. *Plants and Microclimate*, 2nd edition. New York: Cambridge University Press

Kelliher F M, Leuning R, Raupach M R, *et al*. 1995. Maximum conductances for evaporation from global vegetation types. *Agricultural and Forest Meteorology*, 73: 1~16

Kondo J, Saigusa N, Sato T. 1990. A parameterization of evaporation from bare soil surfaces. *Journal of Applied Meteorology*, 29: 385~389

Kustas W P, Stannard D I, Allwine K J. 1996. Variability in surface energy flux partitioning during Washita'92: Resulting effects on Penman-Monteith and Priestley-Taylor parameters. *Agricultural and Forest Meteorology*, 82: 171~193

Lafleur P M, Rouse W R. 1990. Application of an energy combination model for evaporation form sparse canopies. *Agricultural and Forest Meteorology*, 49: 135~153

Lascano R J, van Baumhardt R L, Hicks S K, *et al*. 1994. Soil and plant water evaporation from strip-tilled cotton: measurement and simulation. *Agronomy Journal*, 86: 987~994

Lascano R J, van Bavel C H M, Hatfield J L, *et al*. 1987. Energy and water balance of a sparse crop: simulated and measured soil and crop evaporation. *Soil Science Society of America*

Journal,51:1113~1121

Liang X,Lettenmaier D P,Wood E F,*et al*.1994.A simple hydrologically based model of land surface water and energy fluxes for general circulation models. *Journal of Geophysical Research*,99(D7):14415~14428

Li Z L, Tang R, Wan Z, *et al*. 2009. A Review of Current Methodologies for Regional Evapotranspiration Estimation from Remotely Sensed Data. *Sensor*,9(5), 3801-3853

Mahfouf J F, Noihan J. 1991. Comparative study of various formulations of evaporation from bare soil using *in situ* data. *Journal of Applied Meteorology*,30:1354~1365

Mayumi Y,Harazono Y,Kawamura T.2000.Analysis of the CO_2 budget in a soybean canopy under the estimated global warming conditions by numerical simulation with the NEO soil-plant-atmosphere model. *Journal of Agricultural Meteorology*, 56(3):163~179

Monteith J L.1965.Evaporation and Environment.*Symposia of the Society for Experimental Biology*,19:205~234

Monteith J L.1975. *Vegetation and the Atmosphere*. London and New York:Academic Press

Munro D S.1989.Stomatal conductance and surface conductance modeling in mixed wetland forest. *Agricultural and Forest Meteorology*,48:235~249

Mu Q, Heinsch F A, Zhao M, *et al*. 2007. Development of a global evapotranspiration algorithm based on MODIS and global meteorology data. Remote Sensing of Environment, 111:519~536

Noilhan J,Planton S.1989.A simple parameterization of land surface processes for meteorological models.*Monthly Weather Review*,117:536~549

Ogink-Hendiks M J. 1995. Modelling surface conductance and transpiration of an oak forest in the Netherlands. *Agricultural and Forest Meteorology*,74:99~118

Raupach M R. 1995. Vegetation-atmosphere interaction and surface conductance at leaf, canopy and regional scales. *Agricultural and Forest Meteorology*,73:151~179

Rochette P, Pattey E, Desjardins R L, *et al*. 1991. Estimation of maize(*Zea mays* L.) canopy conductance by scaling up leaf stomatal conductance.*Agricultural and Forest Meteorology*,54:241~261

Ross P J.1990.SWIM-a simulation model for soil water infiltration and movement: reference manual. CSIRO Div. of Soils, Townsville,Qld

Saugier B, Katerji N. 1991. Some plant factors controlling evapotranspiration. *Agricultural and Forest Meteorology*, 54:263~277

Schelde K, Kelliher F M, Massman W J, *et al*. 1997. Estimating sensible and latent heat fluxes from a temperate broad-leaved forest using the simple biosphere(SiB) model.*Agricultural and Forest Meteorology*,84:285~295

Seen D L,Chehbouni A,Njoku E,*et al*.1997.An approach to couple vegetation functioning and soil-vegetation-atmosphere transfer models for semiarid grasslands during the HAPEX-Sahel experiment.*Agricultural and Forest Meteorology*,83:49~74

Sellers P J, Mintz Y, Sud Y C, *et al*. 1986. A simple biosphere model(SiB) for use within general circulation models.*Journal of Atmospheric Sciences*,43:505~531

Sellers P J, Randall D A, Collatz G J, *et al*. 1996. A revised land surface parameterization (SiB2) for atmosphere GCMs. Part I: Model formulation.*Journal of Climate*,9:676~705

Shaw R H, Perira A R. 1982. Aerodynamic roughness of a plant canopy:A numerical experiment.*Agricultural Meteorology*,26:51~65

Shawcroft R W,Lemon E R,Allen J L H,*et al*.1974.The soil-plant-atmosphere model and some of its predictions.*Agricultural Meteorology*,14:287~307

Shuttleworth W J, Gurney R J. 1990. The theoretical relationship between foliage temperature and canopy resistance in sparse crops. *Quarterly Journal of the Royal Meteorological Society*, 116:497~519

Shuttleworth W J, Wallace J S. 1985. Evaporation from sparse crops-an energy combination theory. *Quarterly Journal of the Royal Meteorological Society*,111:839~855

Shuttleworth W J. 1988. Evaporation from Amazonian rainforest. *Proceedings of Royal Society*,*London B*,233:321~346

Shuttleworth W J. 1989. Micrometeorology of temperate and tropical forest.*Philosophical Transactions of Royal Society*,*London B*,324:299~334

Sinclair T R, Murohy C E, Knoerr K R. 1976. Development and evaluation of simplified models for simulating canopy photosynthesis and transpiration.*Journal of Applied Ecology*,13:813~829

Stewart J B,Gay LW.1989.Preliminary modelling of transpiration from the FIFE site in Kansas.*Agricultural and Forest Meteorology*,48:305~315

Stewart J B,Thom A B.1973.Energy budgets of pine forest.*Quarterly Journal of the Royal Meteorological Society*,99:154~170

Stewart J B. 1988. Modelling surface conductance of pine forest. *Agricultural and Forest Meteorology*,43:19~35

Szeicz G, Long I F. 1969. Surface resistance of crop canopies. *Water Resources Research*,5:622~633

Szeicz G C,van Bavel H M,Takami S.1973.Stomatal factor in the water use and dry matter production by sorghum.*Agricultural Meteorology*,12:361~389

Thom A S. 1972. Momentum, mass and heat exchange of

vegetation. Quarterly Journal of the Royal Meteorological Society, 98: 124~134

Wallace J S, Roberts J M, Sivakumar M V K. 1990. The estimation of transpiration from sparse dryland millet using stomatal conductance and vegetation area indices. *Agricultural and Forest Meteorology*, 51: 35~49

Wallace J S. 1995. Calculating evaporation: resistance to factors. *Agricultural and Forest Meteorology*, 73: 253~366

Wang Y P, Jarvis P J. 1990. Description and validation of an array model-MAESTRO. *Agricultural and Forest Meteorology*, 51: 257~280

Whitehead D, Okali D U U, Fasehun F E. 1981. Stomatal response to environmental variables in two tropical forest species during the dry season in Nigeria. *Journal of Applied Ecology*, 18: 571~587

Wollenweder G C. 1995. Influence of fine scale vegetation distribution on surface energy partition. *Agricultural and Forest Meteorology*, 77: 225~240

Wright I R, Manzi A O, de Rocha H R. 1995. Surface conductance of Amazonian pasture: model application and calibration for canopy climate. *Agricultural and Forest Meteorology*, 75: 51~70

Yoshimoto M, Harazono Y, Kawamura T. 2000. Analysis of the CO_2 budget in a soybean canopy under the estimated global warming conditions by numerical simulation with the NEO soil-plant-atmosphere model. *Journal of Agricultural Meteorology*, 56(3): 163~179

Yu G R. 1999. A study on modeling stomatal conductance of maize (*Zea mays* L.) leaves. *Technical Bulletin of Faculty of Horticulture, Chiba University*, 53

第 14 章 陆地生态系统碳-氮-水耦合循环及模拟模型

陆地生态系统的碳循环、氮循环和水循环是三个最为重要的生态系统物质循环，它们相互依赖、相互制约，通过土壤-植物-大气系统的一系列能量转化、物质循环和水分传输过程紧密地耦联在一起。水循环是生态系统各种循环的前提，既为生物提供赖以生存的淡水资源，又是其他元素循环的溶剂和载体。碳循环是无机环境和有机生物之间的物质循环锁链，是系统能量流动和保持大气CO_2平衡的重要循环过程。碳循环的关键过程(如光合作用、呼吸作用)均受到营养元素(特别是氮素)和水分条件的控制；同时，光合产物的形成和分配、有机质的分解过程等也都伴随着碳、氮、水等物质循环的共同作用。准确模拟碳、氮、水循环过程及其相互作用是预测气候变化条件下生态系统变化和大气CO_2浓度变化的重要基础。传统的碳循环过程模型，如FOREST-BGC、CENTURY、CEVSA、BEPS、ORCHIDEE等，可以较好地模拟碳水耦合过程，但对碳氮耦合过程的模拟较为简单。Biome-BGC (version 4.1.2)模型对碳氮耦合过程进行了较为完整的模拟，并将其应用到地球系统模式的公用陆面模式(Community Land Model,CLM)中。近年发展的DLEM模型也能够系统地模拟碳-氮-水耦合循环过程。目前，参与IPCC第五次报告的地球系统模式中，仅有两个模式包含碳氮相互作用，考虑到氮循环过程对全球碳循环的重要影响，参与IPCC第六次报告的大多数地球系统模式可能都将包含碳氮相互作用过程。本章将在简要阐述陆地生态系统的主要碳-氮-水耦合过程的基础上，对以CEVSA2、DLEM为代表的生态系统尺度的陆地碳-氮-水耦合模型，以及以CLM模型为代表的地球系统模式框架下的陆地碳-氮-水耦合模型进行较为详细的介绍，最后围绕流域尺度研究简要介绍碳-氮-水耦合模型分类及其评价。

本章执笔者：张黎，任小丽，何洪林，高扬，李攀，于贵瑞

本章主要符号

符号	含义
A_c	受 Rubisco 活性限制的光合速率
A_e	受光合产物传输速度限制的光合速率
A_j	受 RUBP 再生限制的光合速率
A_{max}	叶片最大光合速率
A_n	叶片净光合速率
CF_{avail_alloc}	用于植物生长的 GPP
$CF_{GPP,mr}$	用于维持呼吸的 GPP
$CF_{GPP,xs}$	用于存储碳库的 GPP
CF_{GPPact}	氮限制下的实际 GPP
CF_{GPPpot}	无氮限制时的潜在 GPP
CF_{gr}	生长呼吸
CF_{mr_froot}	细根维持呼吸
CF_{mr_leaf}	叶维持呼吸
$CF_{mr\_livecroot}$	活粗根维持呼吸
$CF_{mr\_livestem}$	活茎维持呼吸
C_i	叶片胞间 CO_2 分压
CN_L	叶片碳氮比
DIN	土壤水溶液中无机氮含量
DYL	日长
F_{LNR}	Rubisco 含氮量占叶片氮的比例
g_c	冠层气孔导度
GPP	总初级生产力
g_s	叶片气孔导度
J	电子传递速率
J_{max}	潜在电子传递速率
k	直射光消光系数
k_{base}	凋落物库的最大分解速率
k_c	Rubisco 羧化的米氏常数
k_n	叶片含氮量的衰减系数
k_o	Rubisco 氧化的米氏常数
L	冠层叶面积指数
L_{sha}	阴叶叶面积指数
L_{sun}	阳叶叶面积指数
MR_{base}	单位氮的基础维持呼吸速率
MR_{Q10}	维持呼吸的温度敏感系数
N_a	基于面积的叶片氮含量
N_{av}	土壤有效氮
N_{dep}	大气氮沉降
N_{fert}	施肥氮
N_{fix}	生物固氮
NF_{plant_demand}	植物需氮量
$NF_{plant\_demand\_soil}$	土壤需提供给植物的需氮量
$NF_{retrans,alloc}$	植物器官转移的氮量
$N_{leached}$	淋失的氮
N_{min}	土壤矿质氮
NS	植物体活组织的氮含量
N_{up}	植物氮吸收速率
O_i	叶片胞间 O_2 分压
Q_{10}	呼吸对温度变化的敏感性系数
Q_{dis}	径流量
R_d	光照下的叶片暗呼吸速率
r_{depth}	土壤深度对碳周转速率的影响函数
R_{gas}	气体常数
R_{mf}	叶片维持呼吸速率
r_{oxygen}	氧气对碳周转速率的影响函数
r_s^{sha}	阴叶气孔阻抗
r_s^{sun}	阳叶气孔阻抗
r_{tsoi}	土壤温度对碳周转速率的影响函数
r_{water}	土壤湿度对碳周转速率的影响函数
S_c	土壤有机碳
SLA_0	冠层顶部的比叶面积
S_n	土壤有机氮
T	温度
T_{10}	10 天平均气温
T_{2m}	2 m 处空气温度
T_f	冰点温度
T_p	磷酸丙糖利用速率
T_s	土壤温度
T_v	叶片温度
V_{cmax}	最大羧化速率
w_s	土壤含水量
α_{25}	Rubisco 的比活性
ψ	土壤水势
ψ_{max}	饱和土壤水势
ψ_{min}	最低土壤水势
Γ_*	CO_2 补偿点

14.1 陆地生态系统碳-氮-水耦合循环过程

陆地生态系统碳循环是驱动生态系统变化的关键过程，它与氮循环、水循环通过土壤-植物-大气连续体的能量转换、物质循环和水分传输等过程紧密耦合在一起（于贵瑞等，2013）。生物圈和大气圈之间的碳、水交换过程主要通过植物光合作用和蒸腾作用实现，两者存在显著的相互作用与反馈。生物圈和大气之间的碳、氮交换过程主要通过植物和微生物的碳、氮代谢过程耦合在一起，碳氮关系决定了生态系统中碳、氮的利用、储存和转移。陆地生态系统的碳、氮和水循环之间这些耦合关系，不仅受到环境条件的影响，还在很大程度上受到生态系统本身的生物学调控。在全球变化影响下，这些耦合过程的变化直接或间接地影响着生态系统的结构、功能、生物多样性和可持续性。

14.1.1 光合作用过程中的碳-氮-水耦合

植物叶片中水分条件的好坏不仅影响气孔开闭状况，还影响光合器官的光合活性（关义新等，1995）。随叶片水势的下降，气孔导度降低，以减少叶片水分的进一步散失，同时引起光合速率下降。水分亏缺还会抑制叶绿素合成，甚至促进叶绿素的分解，使叶片呈黄褐色。此外，叶片严重缺水还可能降低光合酶的活性。

叶片中氮素含量影响叶绿素合成和核酮糖-1，5-二磷酸羧化酶（Rubisco）的活性。一方面，氮素缺乏会影响叶绿素的形成，引起植物的缺绿病；另一方面，在一定范围内，叶氮含量增加会使叶绿素含量和Rubisco的活性增加，但是当氮含量超过一定值后，叶绿素含量和Rubisco活性达到一定的极限，光合能力将呈现下降趋势（Nakaji *et al.*，2001；Bekele *et al.*，2003）。在叶片尺度，如果不考虑其他环境因子的影响，叶氮含量往往能够反映光合能力，它与光合能力呈线性正相关关系（Field & Monney，1986；Evans，1989；Reich *et al.*，1994）。这种关系在涵盖较多的物种数量时更为明显（Field & Monney，1986；Reich *et al.*，1991a），而在同一物种内或物种数较少时会具有较高变异（Evans，1989；Reich *et al.*，1994；Reich *et al.*，1995）。氮素增加还可能增大叶面积，提高冠层对光能的截获利用，促进冠层干物质生产量（Evans & Edwards，2001）。

14.1.2 自养呼吸过程中的碳-氮耦合

由于大约85%的维持呼吸与蛋白质的修复和周转有关，并且植物体内大多数的氮存在于蛋白质中，因此植物维持呼吸与植物组织体内氮含量有着较强的相关关系（Penning de Vries，1975；Ryan，1991）。两者之间的这种相关关系被大多数模型所采用。有些模型如TRIPLEX假设植物各器官维持呼吸与氮含量的关系保持固定，将植物作为一个整体计算其维持呼吸；有些模型如BIOME-BGC、Hybrid等，假设不同植物器官维持呼吸与氮含量的关系不同；还有些模型如CEVSA中仅假设叶的维持呼吸速率与氮含量相关，而其他器官的维持呼吸则仅与生物量和温度有关。

14.1.3 异养呼吸过程中的碳-氮-水耦合

异养呼吸主要包括根际微生物呼吸、凋落物和土壤有机质分解过程中释放的CO_2。异养呼吸速率受底物供应、土壤温度、土壤湿度、氧气、含氮量、土壤质地、土壤pH等多种因素的共同影响。其中，温度在很大程度上影响呼吸酶的活性，是影响异养呼吸速率的重要环境因子，可以用指数方程或Arrhenius方程来描述。土壤水分一方面直接影响根和微生物的生理过程，另一方面通过影响呼吸底物及氧气的扩散而间接影响异养呼吸（Luo & Zhou，2006）。由于氮对凋落物和土壤有机质分解作用的影响机制尚不明确（Sinsabaugh *et al.*，2002），多数模型假设土壤有机碳的分解速率受土壤温度和湿度的控制，未考虑土壤含氮量对土壤有机质分解速率的影响。施氮可能改变土壤和凋落物中酚氧化酶和微生物的活性（Gulledge *et al.*，1997；Saiya-Cork *et al.*，2002），降低木质素降解酶的效率（Berg *et al.*，1986），通过含氮化合物和酚类物质的反应使土壤有机质变得更难分解（Haider *et al.*，1975），还可能促使胞外酶活性受磷限制（Sinsabaugh *et al.*，2002），从而导致异养呼吸降低。考虑到氮对凋落物和土壤有机质分解的作用，IBIS模型（Liu *et al.*，2005）引入一个土壤含氮量的函数来调控土壤有机碳分解速率。DLEM模型假设地上、地下凋落物库的分解过程受氮状况调控，其控制作用是稳定有机质库的C∶N值的函数。

14.2 生态系统尺度的陆地碳-氮-水耦合模型

在全球变化背景下,准确估计陆地生态系统碳吸收量及其时空变化是预测气候变化的基础和前提,它不仅是一个重大科学问题,也是国家应对气候变化的决策基础(曹明奎等,2004)。自 20 世纪 90 年代以来,随着实验数据的不断积累和对生态系统过程认识的不断深入,基于生态系统过程的陆地生态系统碳循环模型得到不断发展和广泛应用,例如,TEM 模型、CENTURY 模型、DNDC 模型、PnET 模型、CEVSA 模型、AVIM 模型和 INTEC 模型等。这些模型主要模拟生态系统与大气之间的碳、水交换和能量平衡,具体包括植物光合作用、植物自养呼吸作用、光合产物分配、异养呼吸作用、土壤蒸发、植被蒸腾等过程。在对上述生态系统过程的模拟中,多数模型主要考虑大气 CO_2浓度、温度、水分、辐射等环境因素的影响,一些模型如 CEVSA、TEM、CENTURY 等也部分考虑到氮素供应对生产力和土壤有机质分解的限制作用。随着大气氮沉降和人为活动引起的活性氮的不断增加,陆地生态系统碳-氮-水耦合模型成为定量评估这些变化对全球和区域陆地生态系统碳收支影响的有效工具。具有代表性的陆地碳-氮-水耦合模型包括 Biome-BGC 4.1.2 (Thornton & Rosenbloom, 2005)、DLEM(田汉勤等, 2010)、OCHIDEE-CN(Zaehle & Friend, 2010)、CEVSA2 模型(Gu *et al.*, 2010)等。这些模型在原有碳水耦合过程的基础上,增加了氮循环过程及碳、氮、水的相互作用过程。下面将以 CEVSA2 模型和 DLEM 模型为例对这些过程进行简要介绍。

14.2.1 CEVSA2 模型

在 CEVSA 模型的基础上增加了氮循环模块,主要包括氮动态对光合产物分配过程的影响、氮沉降的模拟、土壤总氮的动态及其土壤碳氮比的动态变化模拟,形成了生态系统碳-氮-水耦合循环模型 CEVSA2(Gu *et al.*, 2010, 2015)。该模型中光合产物的分配受土壤水分、光和氮三种资源有效性的影响,植物通过增加吸收最受限资源的量以获得最大的生长,以保持植物碳、水、养分资源吸收的平衡;土壤碳氮比根据土壤有机碳和氮的含量变化而动态变化;土壤有效氮不仅包括矿化氮,还包括施肥和大气氮沉降。基于 Harvard Forest 温带落叶阔叶林和长白山阔叶红松林的观测数据对 CEVSA2 模型的验证结果表明,在低氮沉降下或受氮限制的生态系统中,该模型能够较好地模拟氮沉降对植被生产力、植被生物量碳和净生态系统生产力的促进作用(Gu *et al.*, 2010)。该模型被成功应用于大气氮沉降对中国森林碳储量的影响研究(Gu *et al.*, 2015)。

(1) 植物氮吸收及其对光合和呼吸的影响

CEVSA2 模型中,植物氮吸收速率N_{up}是土壤碳S_c、土壤氮S_n、温度 T 和土壤水分w_s的函数。

$$N_{up}=120\min\{S_n/600,1\}e^{-8\times10^{-5}S_c}f_N(T)f_N(w_s) \tag{14.1}$$

植物吸收的氮分配到冠层的不同层次,叶片氮含量 N_p 的多少影响植物叶片的最大光合速率A_{max},表示为

$$A_{max}=\frac{190N_p}{360+N_p} \tag{14.2}$$

叶片维持呼吸速率R_{mf}也受到叶片氮含量的影响。叶片维持呼吸速率表示为

$$R_{mf}=\frac{N_p}{50}e^{r_1-\frac{r_2}{8.3144T_k}} \tag{14.3}$$

式中:r_1和 r_2分别为经验系数;T_k为温度。

(2) 植物氮含量对碳分配的影响

根据植物通过增加吸收最受限资源的量以获得最大的生长这一假设(Sharpe & Rykiel, 1991; Friedlingstein *et al.*, 1999),模型综合考虑水分、光照和氮含量对光合产物分配的影响。对于树木和带茎秆的作物,分配给茎、根、叶的比例分别为

$$a_s=\frac{\varepsilon_s+\omega(1.5-L-0.5N_{ava})}{1+\omega(3-L-W-N_{ava})} \tag{14.4}$$

$$a_R=\frac{\varepsilon_R+\omega(1.5-L-0.5N_{ava})}{1+\omega(3-L-W-N_{ava})} \tag{14.5}$$

$$a_L=\frac{\varepsilon_L}{1+\omega(3-L-W-N_{ava})}=1-a_S-a_R \tag{14.6}$$

式中:ε_s、ε_R、ε_L和 ω 是和植被类型相关的参数,其中

$\varepsilon_s+\varepsilon_R+\varepsilon_L=1$,$L$ 和 W 是光照和水分的有效性系数,N_{ava}是氮有效性对碳分配的影响系数:

$$N_{ava}=\left(\frac{N_M-N_{Mmin}}{N_{Mmax}-N_{Mmin}}\right)^{0.5} \quad (14.7)$$

式中:N_M、N_{Mmax}、N_{Mmin}分别为土壤氮含量、最大和最小土壤氮含量。

(3) 土壤碳氮比和土壤总氮含量

CEVSA 模型是根据土壤碳含量和固定的碳氮比计算得到土壤氮含量,而在 CEVSA2 模型中,土壤氮含量N_{min}是根据动态变化的大气氮沉降N_{dep}、施肥氮N_{fert}、生物固氮N_{fix}和土壤有效氮N_{av}之和计算得到。

$$N_{min}=N_{dep}+N_{fert}+N_{fix}+N_{av} \quad (14.8)$$

14.2.2 DLEM 模型

陆地生态系统动态模型(dynamic land ecosystem model, DLEM)综合考虑植被动态与生物地球化学过程,包括生物物理、植物生理、土壤生物地球化学、植被动态和土地利用及管理 5 个模块(田汉勤等,2010)。DLEM 模型包含植被库、凋落物库、土壤有机质库、微生物库、产物库和土壤有效氮库 6 个碳氮储存库,以及阳叶、阴叶、凋落物层、第一层土壤(0~50 cm)和第二层土壤(50~150 cm)5 个物理层。植被库分为根、茎、叶三个组成部分。土壤有机质库包含极活跃、中度活跃、难分解库和可溶性有机碳(dissolve organic carbon,DOC)共 4 个部分。产物库依其周转速率分为周转期为 1 年、10 年和 100 年三个库。土壤有效氮库包含 NH_4^+、NO_3^-和可溶性有机氮。在 DLEM 模型中,氮循环通过各个生物量库和土壤有机质库的恒定 C∶N 值与碳循环过程紧密相关。植物氮通过光合、呼吸、同化物分配、有机质分解等过程直接影响碳循环;同时,碳循环过程中产生的凋落物、对植物氮吸收能力的影响等也直接调控氮循环。

(1) 植物氮吸收

DLEM 模型假设氮吸收速率 N_{up}由植物氮需求、氮素有效性和植物氮吸收能力共同决定,部分采用 Michaelis-Menten 动力学过程来模拟植物吸收。

$$N_{up}=\min(N_{pot,up}, N_{av}, N_{deficit}) \quad (14.9)$$

$$N_{pot,up}=K_{maxnup}f_{nup}(N_{av})f_{nup}(T_{soil})f_{nup}(W) \quad (14.10)$$

$$f_{nup}(N_{av})=\frac{ks_{nup}\times N_{av}}{k_{nup}+ks_{nup}\times N_{av}} \quad (14.11)$$

式中,$N_{pot,up}$为植物潜在氮吸收能力;N_{av}为土壤有效氮,包括无机含氮离子(NH_4^+和 NO_3^-) 和溶解性有机氮(DON);$N_{deficit}$为包含叶氮亏缺和活性储存库亏缺的总量;T_{soil}为日平均土壤温度;K_{maxnup}是某一植被功能型对应的最大氮吸收速率;k_{nup}为半饱和系数,即该浓度下植物氮吸收速率是最大氮吸收速率的一半,ks_{nup}是土壤湿度调控因子。

(2) 氮对光合作用和维持呼吸作用的影响

DLEM 模型中,一方面氮对光合作用的影响表现在叶片氮含量对最大羧化速率(V_{cmax})的限制,最大羧化速率受气温(T)、土壤湿度和叶片氮含量的共同影响:

$$V_{cmax}=V_{cmax25}\alpha^{\frac{T-25}{10}}f(T)f(N)\beta_t \quad (14.12)$$

式中:V_{cmax25}为气温在 25 ℃时的最大羧化速率;α 是温度敏感指数;$f(T)$、$f(N)$ 和β_t分别为温度、叶片氮含量和土壤湿度对最大羧化速率的影响函数。叶片羧化速率对叶片氮含量的响应是非线性关系,当叶片氮含量达到最优时光合速率最大,超过这一临界值则光合速率不再增加。

另一方面,表现在为维持各个植物器官的固定的 C∶N 值,当植物氮储量不足以用于形成碳同化物时,则利用$f(N_{av})$限制 GPP。

$$GPP'=GPP\times f(N_{av}) \quad (14.13)$$

植物维持呼吸速率(R_m)受温度(T)、植物器官氮含量(N)及生长阶段(b_g)的限制:

$$R_m=r_m b_g N f(T) \quad (14.14)$$

式中,r_m为 10 ℃时植物维持呼吸速率。

(3) 氮对光合产物分配的影响

与 CEVSA2 模型类似,DLEM 模型也基于植物生长倾向于获得最受限制的资源这一假设,利用修订的 Friendlingstein 等(1999)分配方程来模拟光照、水分和氮含量对光合产物分配的限制。光合产物分配到根a_R、茎a_s和叶a_L的比例分别表示为

$$a_R=3\,r_0\times\frac{L}{L+2\times\min(W,N)} \quad (14.15)$$

$$a_s = 3\ s_0 \times \frac{\min(W,N)}{2L+\min(W,N)} \tag{14.16}$$

$$a_L = 1 - a_R - a_s \tag{14.17}$$

式(14.15)~式(14.17)中，r_0和s_0为无限制条件下碳分配到根和茎的比例，L、W和N分别表示光照、土壤水分和氮素的可利用状况，其值为0~1。

(4) 氮对土壤有机质分解的影响

DLEM模型假设仅有地上和地下凋落物库的分解速率受氮供应条件的限制。凋落物库的分解速率k可以表示为

$$k_i = k_{\text{base},i} f(\text{T}) f(\text{W}) f(\text{N}) \tag{14.18}$$

$$f(\text{N}) = 0.9 + 0.1\sqrt{\frac{\text{CN}_{\text{srini}}}{\text{CN}_{\text{sr}}}} \tag{14.19}$$

式中：$k_{\text{base},i}$为凋落物库i的最大分解速率；CN_{srini}为稳定有机质库的初始碳氮比；CN_{sr}为当前稳定有机质库的碳氮比。

(5) 氮素再分配

在植物进行维持呼吸释放CO_2的同时，氮也按照一定的碳氮比离开这些植物器官进入植物氮储存库。随着植物组织的凋落，氮也按照一定的碳氮比离开植物活体，进入植物氮储存库。

14.3 地球系统模式框架下的陆地碳-氮-水耦合模型

公用陆面模式(Community Land Model, CLM)是地球系统模式(Community Earth System Model, CESM)中的陆面模式，主要模拟地表的水分和能量平衡、生物地球化学循环过程(Oleson *et al.*, 2013)。目前，CLM的最新版本是于2013年6月发布的CLM4.5，被用于CESM1.2中。本节将详细介绍该模型中碳氮循环过程的模拟方法。

14.3.1 光合作用

CLM4.5模型中C_3植物光合作用的计算主要是基于Farquhar模型，C_4植物则采用Collatz模型。叶片净光合速率可简单表达为

$$A_n = \min(A_c, A_j, A_e) - R_d \tag{14.20}$$

式中：A_n为叶片净光合速率；R_d为光照下的叶片暗呼吸速率。其中，受Rubisco活性限制的CO_2同化速率A_c用式(14.21)进行计算：

$$A_c = \begin{cases} \dfrac{V_{\text{cmax}}(C_i - \Gamma_*)}{C_i + k_c\left(1 + \dfrac{o_i}{k_o}\right)}, & C_3\text{植物} \\ V_{\text{cmax}}, & C_4\text{植物} \end{cases} \tag{14.21}$$

受RUBP再生限制的CO_2同化速率A_j的计算公式为：

$$A_j = \begin{cases} \dfrac{J}{4}\ \dfrac{(C_i - \Gamma_*)}{(C_i + 2\ \Gamma_*)}, C_3\text{植物} \\ \alpha(4.6\phi), C_4\text{植物} \end{cases} \tag{14.22}$$

光合产物传输速度限制的CO_2同化速率A_e用式(14.23)进行计算：

$$A_e = \begin{cases} 3\ T_p, C_3\text{植物} \\ k_p \dfrac{c_i}{P_{\text{atm}}}, C_4\text{植物} \end{cases} \tag{14.23}$$

上述三个方程中，C_i为叶片胞间CO_2分压(Pa)；$O_i = 0.209P_{\text{atm}}$，是叶片胞间$O_2$分压(Pa)；$k_c$和$k_o$分别为Rubisco羧化和氧化的米氏常数；$\Gamma_*$为$CO_2$补偿点(Pa)；$V_{\text{cmax}}$是最大羧化速率($\mu\text{mol}\cdot\text{m}^{-2}\cdot\text{s}^{-1}$)；$J$是电子传递速率($\mu\text{mol}\cdot\text{m}^{-2}\cdot\text{s}^{-1}$)；$T_p$是磷酸丙糖利用速率($\mu\text{mol}\cdot\text{m}^{-2}\cdot\text{s}^{-1}$)；$\alpha = 0.05\ \text{mol}\ CO_2\cdot\text{mol}^{-1}\cdot\text{photon}$，为表观量子效率；$\phi$是叶片吸收的光合有效辐射($\text{W}\cdot\text{m}^{-2}$)；$K_p$为$C_4$植物$CO_2$浓度响应曲线的初始斜率($\mu\text{mol}\cdot\text{m}^{-2}\cdot\text{s}^{-1}$)。

对于C_3植物，电子传递速率J的大小取决于叶片吸收的光合有效辐射，其计算公式为：

$$\theta_{\text{PSII}} J^2 - (I_{\text{PSII}} + J_{\text{max}})\ J + I_{\text{PSII}} J_{\text{max}} = 0 \tag{14.24}$$

式中：J_{max}为潜在电子传递速率($\mu\text{mol}\cdot\text{m}^{-2}\cdot\text{s}^{-1}$)；$\theta_{\text{PSII}} = 0.7$，为曲率参数；$I_{\text{PSII}}$是光系统Ⅱ中电子传递过程中利用的光量子($\mu\text{mol}\cdot\text{m}^{-2}\cdot\text{s}^{-1}$)。在给定的光合有效辐射下，$I_{\text{PSII}}$的计算公式为：

$$I_{\text{PSII}} = 0.5\ \Phi_{\text{PSII}}(4.6\phi) \tag{14.25}$$

式中：Φ_{PSII}是光系统Ⅱ的量子效率；0.5代表一个光子被光系统Ⅰ和Ⅱ吸收的概率相同。其中叶片吸收的光合有效辐射ϕ可以分为阳叶吸收的光合有效

辐射ϕ^{sun}和阴叶吸收的光合有效辐射ϕ^{sha}，从而得到阳叶和阴叶的A_j。

k_c、k_o、Γ_*、V_{cmax}、J_{max}、T_p、K_p、R_d均受温度的影响。当温度为25 ℃，$k_{c25}=404.9\times10^{-6}P_{atm}$，$k_{o25}=278.4\times10^{-3}P_{atm}$，$\Gamma_{*25}=42.75\times10^{-6}P_{atm}$，$J_{max25}=1.97V_{cmax25}$，$T_{p25}=0.167V_{cmax25}$，$R_{d25}=0.015V_{cmax25}(C_3)$，$R_{d25}=0.025V_{cmax25}(C_4)$，$K_{p25}=20\ 000V_{cmax25}$。当打开生物地球化学模块后，$R_{d25}=0.257\ 7N_a$，$N_a$为基于面积的叶片氮含量($g\cdot N\cdot m^{-2}$)。对于$C_3$植物，上述各参数与温度的关系如下：

$$V_{cmax}=V_{cmax25}f(T_v)f_H(T_v) \tag{14.26}$$

$$J_{max}=J_{max25}f(T_v)f_H(T_v) \tag{14.27}$$

$$T_p=T_{p25}f(T_v)f_H(T_v) \tag{14.28}$$

$$R_d=R_{d25}f(T_v)f_H(T_v) \tag{14.29}$$

$$K_c=K_{c25}f(T_v) \tag{14.30}$$

$$K_o=K_{o25}f(T_v) \tag{14.31}$$

$$\Gamma_*=\Gamma_{*25}f(T_v) \tag{14.32}$$

式中：$f(T_v)$、$f_H(T_v)$的计算如下：

$$f(T_v)=\exp\left[\frac{\Delta H_a}{298.15R_{gas}}\left(\frac{T_v-298.15}{T_v}\right)\right] \tag{14.33}$$

$$f_H(T_v)=\frac{1+\exp\left(\frac{298.15\Delta S-\Delta H_d}{298.15R_{gas}}\right)}{1+\exp\left(\frac{\Delta ST_v-\Delta H_d}{R_{gas}T_v}\right)} \tag{14.34}$$

式中：T_v为叶片温度(K)；ΔH_a、ΔH_d、ΔS分别为相应的活化能($J\cdot mol^{-1}$)、失活能($J\cdot mol^{-1}$)和熵($J\cdot K^{-1}\cdot mol^{-1}$)；$R_{gas}$为气体常数。

对于C_4植物，V_{cmax}、R_d、K_p与温度关系如下：

$$V_{cmax}=V_{cmax25}\left[\frac{Q_{10}^{\frac{(T_v-298.15)}{10}}}{f_H(T_v)f_L(T_v)}\right] \tag{14.35}$$

$$R_d=R_{d25}\left[\frac{Q_{10}^{\frac{(T_v-298.15)}{10}}}{1+\exp[s_5(T_v-s_6)]}\right] \tag{14.36}$$

$$K_p=K_{p25}Q_{10}^{\frac{(T_v-298.15)}{10}} \tag{14.37}$$

式中：$Q_{10}=2$；$s_5=1.3\ K^{-1}$，$s_6=328.15\ K$；$f_H(T_v)$、$f_L(T_v)$的表达式如下：

$$f_H(T_v)=1+\exp[s_1(T_v-s_2)] \tag{14.38}$$

$$f_H(T_v)=1+\exp[s_3(s_4-T_v)] \tag{14.39}$$

式中：$s_1=0.3\ K^{-1}$，$s_2=313.15\ K$，$s_3=0.2\ K^{-1}$，$s_4=288.15\ K$。

根据Kattge和Knorr(2007)的研究结果，CLM4.5模型采用ΔS随温度的变化来反映光合作用对温度的适应性(acclimation)，即V_{cmax}和J_{max}的最适温度随着气温增加而增加，其具体表达形式为

对V_{cmax}而言：

$$\Delta S=668.39-1.07(T_{10}-T_f) \tag{14.40}$$

对J_{max}而言：

$$\Delta S=659.70-0.75(T_{10}-T_f) \tag{14.41}$$

除此之外，J_{max25}/V_{cmax25}随着环境温度的升高而减小：

$$\frac{J_{max25}}{V_{cmax25}}=2.59-0.035(T_{10}-T_f) \tag{14.42}$$

式中：T_{10}为10天平均气温(K)，T_f为冰点温度(K)。光合作用的温度适应性范围为$11\leqslant T_{10}-T_f\leqslant35$。

25 ℃时，叶片最大羧化速率V_{cmax25}是叶片氮含量、比叶面积等的函数，计算公式为：

$$V_{cmax25}=N_aF_{LNR}F_{NR}\alpha_{25} \tag{14.43}$$

式中：N_a为基于面积的叶片氮含量($g\ N\cdot m^{-2}$)，F_{LNR}为Rubisco含氮量占叶片氮的比例，F_{NR}为Rubisco与Rubisco含氮量的质量比，α_{25}为Rubisco的比活性。N_a是利用基于质量的叶片氮含量和比叶面积计算得到：

$$N_a=\frac{1}{CN_LSLA_0} \tag{14.44}$$

式中：CN_L是叶片C∶N值($g\ C\cdot g^{-1}\ N$)；SLA_0为冠层顶部的比叶面积($m^2\cdot g^{-1}\ C$)。

CLM4.5模型通过假设N_a随着冠层累积叶面积指数的增加呈指数下降来分别计算冠层阳叶和阴叶的V_{cmax25}，V_{cmax25}与冠层的累积叶面积指数的关系如下：

$$V_{cmax25}(x)=V_{cmax25}(0)e^{-k_nx} \tag{14.45}$$

式中：$V_{cmax25}(0)$为利用SLA_0得到的冠层顶部的V_{cmax25}；k_n为叶片含氮量的衰减系数。冠层阳叶和阴叶的积分公式如下：

$$V_{cmax25}^{sun}(x) = \int_0^L V_{cmax25}(x) f_{sun}(x)\,dx = V_{cmax25}(0)\,[1-e^{-(k_n+k)L}]\frac{1}{k_n+k} \quad (14.46)$$

$$V_{cmax25}^{sha}(x) = \int_0^L V_{cmax25}(x)\,(1-f_{sun}(x))\,dx = V_{cmax25}(0)\left\{[1-e^{-k_nL}]\frac{1}{k_n} - [1-e^{-(k_n+k)L}]\frac{1}{k_n+k}\right\} \quad (14.47)$$

式中：L 为冠层叶面积指数，$f_{sun}(x)=\exp(-kx)$ 为在给定的累积叶面积指数下阳叶的比例，k 为直射光消光系数。J_{max25}、T_{p25}、K_{p25} 的冠层积分方法与 V_{cmax25} 类似。V_{cmax25} 同时也受日长的影响，即

$$V_{cmax25}(x) = V_{cmax25}(0)\,e^{-k_nx} f(\mathrm{DYL}) \quad (14.48)$$

式中：$f(\mathrm{DYL})$ 为日长影响因子。$f(\mathrm{DYL})$ 表示为

$$f(\mathrm{DYL}) = \frac{\mathrm{DYL}^2}{\mathrm{DYL_{max}}^2} \quad (14.49)$$

当关闭生物地球化学模块时，V_{cmax25} 会被乘以氮限制因子 $f(\mathrm{N})$，$f(\mathrm{N})$ 被定义为与植被功能型有关的参数。此外，V_{cmax} 和 R_d 还受土壤水分胁迫的间接影响，CLM4.5 中用土壤水分限制因子 β_t 来表示。β_t 的计算公式为

$$\beta_t = \sum_i w_i r_i \quad (14.50)$$

式中：w_i 为第 i 层土壤的植被萎蔫因子；r_i 为第 i 层土壤中根分布的比例；w_i 的函数表达形式如下：

$$w_i = \begin{cases} \dfrac{\phi_c-\phi_i}{\phi_c-\phi_o}\left[\dfrac{\theta_{sat,i}-\theta_{ice,i}}{\theta_{sat,i}}\right] \leqslant 1, & T_i > T_f-2 \text{ 且 } \theta_{liq,i}>0 \\ 0, & T_i \leqslant T_f-2 \text{ 或 } \theta_{liq,i} \leqslant 0 \end{cases} \quad (14.51)$$

式中：φ_i 为第 i 层土壤水势；φ_o 和 φ_c 分别为气孔导度完全打开和完全闭合时的土壤水势；$\theta_{sat,i}$、$\theta_{liq,i}$ 和 $\theta_{ice,i}$ 分别代表第 i 层土壤饱和体积含水量、体积液态水含量和体积含冰量；T_i 和 T_f 代表的是第 i 层土壤温度和冰点温度。

模型采用 Ball-Berry 模型来描述叶片气孔导度和净光合速率间的关系，其计算方法为：

$$g_s = m\frac{A_n}{c_s/P_{atm}}h_s + b\,\beta_t \quad (14.52)$$

式中：g_s 为叶片气孔导度（$\mu mol \cdot m^{-2} \cdot s^{-1}$）；$m$ 为与植被功能型相关的参数（C_3 植物为 9，C_4 植物为 4）；A_n 为叶片净光合速率（$\mu mol\ CO_2 \cdot m^{-2} \cdot s^{-1}$）；$c_s$ 为叶片表面 CO_2 分压（Pa）；P_{atm} 为大气压（Pa）；h_s 为 e_s（叶片表面水汽压，Pa）与 e_i（叶片温度下叶片内部饱和水汽压，Pa）的比值；b 为最小气孔导度（C_3 植物为 10 000 $\mu mol \cdot m^{-2} \cdot s^{-1}$，$C_4$ 植物为 40 000 $\mu mol \cdot m^{-2} \cdot s^{-1}$）；$\beta_t$ 是土壤水分限制因子（0~1）。模型通过分别计算阳叶和阴叶的净光合速率分别得到对应的阳叶气孔导度和阴叶气孔导度。冠层气孔导度的计算采用如下公式：

$$g_c = \frac{L_{sun}}{r_b + r_s^{sun}} + \frac{L_{sha}}{r_b + r_s^{sha}} \quad (14.53)$$

式中：g_c 为冠层气孔导度；L_{sun} 和 L_{sha} 分别为冠层阳叶叶面积指数和阴叶叶面积指数；r_s^{sun} 和 r_s^{sha} 分别为阳叶和阴叶的气孔阻抗（气孔导度的倒数，$s \cdot m^2 \cdot \mu mol^{-1}$）；$r_b$ 为叶片边界层阻抗（$s \cdot m^2 \cdot \mu mol^{-1}$）。

假设叶片表面储存的 CO_2 和水汽可以忽略不计，叶片净光合速率可以表示为

$$A_n = \frac{c_a - c_i}{(1.4\,r_b + 1.6\,r_s)\,P_{atm}} = \frac{c_a - c_s}{1.4\,r_b P_{atm}} = \frac{c_s - c_i}{1.6\,r_s P_{atm}} \quad (14.54)$$

式中：c_a 为大气 CO_2 分压（Pa），P_{atm} 是大气压（Pa），1.4和 1.6 代表叶片边界层和气孔对于 CO_2 和水的扩散比。叶片蒸腾速率可以表达为

$$\frac{e_a - e_i}{r_b + r_s} = \frac{e_a - e_s}{r_b} = \frac{e_s - e_i}{r_s} \quad (14.55)$$

式中：e_a 为植被冠层空气的水汽压。将以上方程与气孔导度模型和植物光合模型联立起来，迭代计算直到 C_i 收敛。由于 k_c、k_o、Γ_*、V_{cmax}、J_{max}、T_p、K_p、R_d 均受植被温度的影响，因此需要在植被温度收敛的前提下，确定收敛的叶片胞间 CO_2 分压 C_i 才能得到最终的光合速率和气孔导度。

14.3.2 植被碳库和氮库

CLM 模型包括一个考虑碳和氮相互作用的 CN 模块，可以动态预测植被、凋落物和土壤有机质中所有的碳和氮的状态变量。模型中将植物体分为 6 个

部分:叶、活枝干、死亡枝干、细根、活粗根和死亡粗根。植物体中碳库共计20个,氮库共计19个。植物体的碳库和氮库的划分如下:

- 植物组织的结构碳库和氮库;
- 植物组织的结构碳库和氮库分别有两个对应的存储库(储存物质,主要是非结构性的碳水化合物和易分解的氮,用于开始落叶植物的生长季);
- 生长呼吸的存储碳库以及维持呼吸的存储碳库;
- 氮转移库。

14.3.3 碳、氮分配过程

陆地生态系统中的碳循环起源于植物通过光合作用吸收大气中的 CO_2,并生成糖类。CLM模型中假设植被所生产的光合产物首先分配给维持呼吸,其次是补充维持呼吸的存储碳库(当GPP小于维持呼吸的时候,额外所需的碳由此碳库提供),最后是用于植物各器官的生长。CLM模型首先利用无氮限制情况下得到的潜在GPP (CF_{GPPpot}),用于碳分配,然后利用植被各器官的碳氮比计算植被需氮量,并与生态系统实际供氮量比较,最终确定氮限制下"实际"的碳、氮分配量。

除去用于维持呼吸($CF_{GPP,mr}$)和存储碳库($CF_{GPP,xs}$)的量,剩余的植物固定的碳水化合物(CF_{avail_alloc})被用于植物各器官的生长:

$$CF_{avail\_alloc}=CF_{GPPpot}-CF_{GPP,mr}-CF_{GPP,xs} \tag{14.56}$$

分配给不同器官的糖类量的比例是不一样的,其分配比为

a_1=用于细根生长的碳水化合物量/用于叶生长的碳水化合物量;

a_2=用于粗根生长的碳水化合物量/用于枝干生长的碳水化合物量;

a_3=用于枝干生长的碳水化合物量/用于叶生长的碳水化合物量;

a_4=用于活木质部(粗根、枝干)生长的碳水化合物量/用于总木质部生长的碳水化合物量;

g_1=用于生长呼吸的碳水化合物量/用于植物生长的碳水化合物量。

植物体内氮的分配是通过植物体各个器官的碳氮比计算得到。模型根据不同植被型设定对应的 a_1、a_2、a_3、a_4以及各个器官的碳氮比。分配给植物所有器官的总碳量(CF_{alloc},g C·m^{-2}·s^{-1})和氮量(NF_{alloc},g N·m^{-2}·s^{-1})均表示为分配给新叶的碳量($CF_{GPP,leaf}$,g C·m^{-2}·s^{-1})的函数:

$$CF_{alloc}=CF_{GPP,leaf}C_{allom} \tag{14.57}$$

$$NF_{alloc}=CF_{GPP,leaf}N_{allom} \tag{14.58}$$

式中,C_{allom}和N_{allom}是 a_1、a_2、a_3、a_4、g_1以及各个器官碳氮比的函数。

植物需氮量(NF_{plant_demand},g N·m^{-2}·s^{-1})根据植物各器官的碳氮比计算得到:

$$NF_{plant\_demand}=CF_{avail\_alloc}\frac{N_{allom}}{C_{allom}} \tag{14.59}$$

对于许多植物来说,新生器官中的一部分氮来自于即将死亡的器官。这些器官(如叶)在凋落前将一部分氮转移到植物其他器官中。因此,土壤矿物氮库需要提供给植物的氮量($NF_{plant\_demand\_soil}$,g N·m^{-2}·s^{-1})为植物需氮量减去植物器官转移氮量($NF_{retrans,alloc}$,g N·m^{-2}·s^{-1}):

$$NF_{plant\_demand\_soil}=NF_{plant\_demand}-NF_{retrans,alloc} \tag{14.60}$$

植物和土壤异养微生物会竞争土壤矿物氮。将植物所需要的总氮量和土壤矿物氮库可提供的氮量之比定义为氮限制因子(f_{plant_demand}),则土壤矿物氮库可提供给植被的氮量($NF_{soil,alloc}$,g·N m^{-2}·s^{-1})可以表示为

$$NF_{soil,alloc}=NF_{plant\_demand\_soil}f_{plant\_demand} \tag{14.61}$$

生态系统可提供给植被的矿物氮量(NF_{alloc},g N·m^{-2}·s^{-1})为

$$NF_{alloc}=NF_{retrans,alloc}+NF_{soil,alloc} \tag{14.62}$$

则氮限制下碳分配量(CF_{alloc}, g C·m^{-2}·s^{-1})为

$$CF_{alloc}=NF_{alloc}\frac{C_{allom}}{N_{allom}} \tag{14.63}$$

氮限制下实际的GPP为

$$CF_{GPPact}=CF_{GPPpot}-(CF_{avail_{alloc}}-CF_{alloc}) \tag{14.64}$$

氮限制下用于合成新叶的碳量:

$$CF_{\text{alloc,leaf\_tot}} = \frac{CF_{\text{alloc}}}{C_{\text{allom}}} \quad (14.65)$$

每个植物组织都有对应的生长库(displayed pool)和存储库(storage pool),两个库间的碳、氮分配比例(f_{cur})与植被类型相关。利用$CF_{\text{alloc,leaf_tot}}$、$f_{cur}$,以及植物各器官的碳分配比和碳氮比就可以计算氮限制下分配到各个植物器官的生长库和存储库的碳、氮量。

14.3.4 自养呼吸

自养呼吸包括用于新组织合成的生长呼吸和已形成的活组织在维持功能状态过程中的维持呼吸。植物体活组织(叶、细根、活粗根、活枝干)的维持呼吸是温度和含氮量的函数,其表达式如下:

$$CF_{\text{mr\_leaf}} = NS_{\text{leaf}} MR_{\text{base}} MR_{\text{Q10}}{}^{(T_{2m}-20)/10} \quad (14.66)$$

$$CF_{\text{mr\_livestem}} = NS_{\text{livestem}} MR_{\text{base}} MR_{\text{Q10}}{}^{(T_{2m}-20)/10} \quad (14.67)$$

$$CF_{\text{mr\_livecroot}} = NS_{\text{livecroot}} MR_{\text{base}} MR_{\text{Q10}}{}^{(T_{2m}-20)/10} \quad (14.68)$$

$$CF_{\text{mr\_froot}} = \sum_{j=1}^{nlevsoi} NS_{\text{froot}}\, rootfr_j\, MR_{\text{base}}\, MR_{\text{Q10}}{}^{(Ts_j-20)/10} \quad (14.69)$$

式中:NS 为植物体活组织的氮含量($g\ N \cdot m^{-2}$);MR_{base}($=2.525e^{-6}$)为每单位氮的基础维持呼吸速率($g\ C \cdot g^{-1}\ N \cdot s^{-1}$);$MR_{\text{Q10}}$($=2.0$)为维持呼吸的温度敏感系数;$T_{2m}$为 2 m 空气温度(℃);$Ts_j$是 j 层土壤温度(℃);$rootfr_j$为 j 层土壤细根比例。分配给植被生长碳量的 30%用于生长呼吸。

14.3.5 土壤碳库和氮库以及土壤有机质分解

CLM 模型对于土壤的碳库和氮库的划分有两种类型:一种是基于 BIOME-BGC 模型;一种是基于 CENTURY 模型。除此之外,还可以选择是否分层计算。

当假定土壤为单层结构时,分解库的碳平衡方程如下式:

$$\frac{\partial C_i}{\partial t} = R_i + \sum_{j \neq i} (1 - r_j)\, T_{ji}\, k_j\, C_j - k_i\, C_i \quad (14.70)$$

式中:C_i为碳库 i 的大小;R_i为植物组织输入到碳库 i 的量(只有凋落物库和粗死木质残体库才有输入);k_i为碳库 i 的周转速率;T_{ji}为碳库 j 分解的有机质进入碳库 i 的比例;r_j为碳库 j 分解过程中的呼吸比例。

当假定土壤为多层结构时,分解库的碳平衡方程如下:

$$\frac{\partial C_i(z)}{\partial t} = R_i(z) + \sum_{j \neq i} (1 - r_j)\, T_{ji}\, k_j(z)\, C_j(z) - k_i(z)\, C_i(z) + \frac{\partial\left(D(z)\frac{\partial C_i}{\partial z}\right)}{\partial z} + \frac{\partial(A(z)\, C_i)}{\partial z} \quad (14.71)$$

实际碳库周转速率受到环境因子的影响。对于单层土壤有机质库结构,模型只考虑前五层土壤的平均温度(r_{tsoi})和湿度(r_{water})对周转速率的影响;对于多层土壤有机质库结构,模型则额外考虑 O_2(r_{oxygen})和土壤深度(r_{depth})对于周转速率的影响,并且分层计算环境因子的影响。

温度对土壤有机碳周转速率的影响采用 Q_{10} 的形式表达:

$$r_{\text{tsoi}} = \sum_{j=1}^{5} Q_{10}{}^{\left(\frac{T_{\text{soi},j} - T_{\text{ref}}}{10}\right) r_j} \quad (14.72)$$

式中:$T_{\text{soi},j}$、T_{ref}分别代表第 j 层土壤温度和参考温度(25℃);$Q_{10}=1.5$;r_j 为前 5 层土壤中根在第 j 层中分布的比例。

土壤水分对土壤有机碳周转速率的影响表示为

$$r_{\text{water}} = \sum_{j=1}^{5} \begin{cases} 0 & \psi_j < \psi_{\min} \\ \dfrac{\log\left(\dfrac{\Psi_{\min}}{\Psi_j}\right)}{\log\left(\dfrac{\Psi_{\min}}{\Psi_{\max}}\right)} r_j & \psi_{\min} \leqslant \psi_j \leqslant \psi_{\max} \\ 1 & \psi_j \geqslant \psi_{\max} \end{cases} \quad (14.73)$$

式中:ψ_j、$\psi_{\min}$和 $\psi_{\max}$分别为第 j 层土壤水势、最低土壤水势(-10 MPa)和饱和土壤水势。模型利用土壤深度因子(r_{depth})来模拟不同深度周转速率的变化:

$$r_{\text{depth}} = \exp\left(-\frac{z}{z_\tau}\right) \quad (14.74)$$

式中:z 为土壤深度,z_τ($=0.5$ m)为周转速率的 e 折减深度。

14.3.6 氮限制对凋落物及土壤有机质分解的影响

在不受氮限制的情况下，"上游库"的潜在分解速率为($CF_{\mathrm{pot,u}}$, $\mathrm{g\ C\cdot m^{-2}\cdot s^{-1}}$)：

$$CF_{\mathrm{pot,u}} = CS_{\mathrm{u}} k_{\mathrm{u}} \tag{14.75}$$

式中：CS_{u}为"上游库"的有机碳含量($\mathrm{g\ C\cdot m^{-2}}$)，$k_{\mathrm{u}}$为"上游库"的分解速率($\mathrm{s^{-1}}$)。有机质从"上游库"进入到"下游库"是一个无机氮源的氮汇过程，可通过下式确定：

$$NF_{\mathrm{pot\_min,u\to d}} = \frac{CF_{\mathrm{pot,u}}\left(1 - rf_{\mathrm{u}} - \dfrac{CN_{\mathrm{d}}}{CN_{\mathrm{u}}}\right)}{CN_{\mathrm{d}}} \tag{14.76}$$

式中：rf_u是"上游库"分解过程中的呼吸比例；CN_{u}和CN_{d}分别为"上游库"和"下游库"的碳氮比。$NF_{\mathrm{pot_min,u\to d}}$为负值表明有机质从"上游库"进入到"下游库"是一个无机氮源过程，即有机氮矿化；$NF_{\mathrm{pot_{min},u\to d}}$为正值，则表明是一个无机氮汇过程，即无机氮固定过程。所有正值之和为无机氮固定量($NF_{\mathrm{immob\_demand}}$, $\mathrm{g\ N\cdot m^{-2}\cdot s^{-1}}$)，所有负值之和为总有机氮矿化量($NF_{\mathrm{gross\_nmin}}$, $\mathrm{g\ N\cdot m^{-2}\cdot s^{-1}}$)。无机氮固定量和植物需氮量($NF_{\mathrm{plant\_demand\_soil}}$, $\mathrm{g\ N\cdot m^{-2}\cdot s^{-1}}$)之和为土壤矿物氮库($NS_{\mathrm{sminn}}$, $\mathrm{g\ N\cdot m^{-2}}$)需要给生态系统提供的矿物氮量($NF_{\mathrm{total\_demand}}$, $\mathrm{g\ N\cdot m^{-2}\cdot s^{-1}}$)：

$$NF_{\mathrm{total\_demand}} = NF_{\mathrm{immob\_demand}} + NF_{\mathrm{plant\_demand\_soil}} \tag{14.77}$$

当$NF_{\mathrm{total_demand}}\Delta_t < NS_{\mathrm{sminn}}$时，植被生长以及无机氮固定都不受氮限制；反之，则受氮限制。氮限制对植被生长和无机氮固定的影响用下式表达：

$$f_{\mathrm{plant\_demand}} = f_{\mathrm{immb\_demand}} = \frac{NS_{\mathrm{sminn}}}{NF_{\mathrm{total\_demand}}\Delta_t} \tag{14.78}$$

式中：Δ_t为模型的时间步长。

14.3.7 外部氮循环过程

CLM4.5 模型中包含两种模拟大气与土壤间氮循环的方法。第一种方法采用原始的 CLM-CN 的公式，该方法不区分NO_3^-和NH_4^+，利用有机氮矿化速率乘以常数来计算反硝化速率。第二种方法基于 CENTURY 模型，该方法不仅区分NO_3^-和NH_4^+，并且考虑环境因子对于硝化和反硝化作用的影响。

(1) 大气氮沉降和生物固氮

CLM 模型不区分干、湿沉降，采用一个变量(N_{dep}, $\mathrm{g\ N\cdot m^{-2}\cdot s^{-1}}$)来代表总氮沉降量，并提供全球氮沉降数据集作为默认输入数据。CLM-CN 假设大气氮沉降直接进入土壤矿物氮库，而基于 CENTURY 模型的方法测定假设大气氮沉降全部进入NH_4^+库。

固氮微生物可以将大气中的分子态氮(N_2)还原成铵态氮，这部分固氮量是全球氮收支的重要组分，但目前对其机理的理解还不够充分。CLM 模型中假设生物固氮(N_{fix}, $\mathrm{g\ N\cdot m^{-2}\cdot a^{-1}}$)与年净初级生产力($CF_{\mathrm{ann_{NPP}}}$, $\mathrm{g\ C\cdot m^{-2}\cdot s^{-1}}$)有关，其计算公式如下：

$$N_{\mathrm{fix}} = 1.8[1 - \exp(-0.003\ CF_{\mathrm{ann\_NPP}})]/(86\ 400\cdot 365) \tag{14.79}$$

(2) 硝化和反硝化

在氧气充足的情况下，土壤微生物在分解有机物时会以O_2为电子受体；当处于厌氧条件时，土壤微生物分解有机物时则以NO_3^-为电子受体，生成N_2并伴随着NO_x和N_2O，这就是反硝化过程。通常我们假设工业革命以前全球生物固氮量和反硝化量接近平衡。CLM-CN 采用有机氮矿化速率乘以常数($f_{\mathrm{denit}} = 0.01$)来计算反硝化速率，并且不考虑环境因子(如温度、水分和 pH)对反硝化过程的影响。反硝化过程的产物以气体的形式进入到大气中。

当基于 CLM-CN 方法时，模型中还考虑另外一种反硝化途径，即当生态系统处于氮饱和时氮的损失量。其计算公式如下：

$$NF_{\mathrm{sminn,denit}} = \begin{cases} \left(\dfrac{NS_{\mathrm{sminn}}}{\Delta_t} - NF_{\mathrm{total\_demand}}\right) f_{\mathrm{dnx}}, & NF_{\mathrm{total\_demand}}\Delta_t < NS_{\mathrm{sminn}} \\ 0, & NF_{\mathrm{total\_demand}}\Delta_t \geq NS_{\mathrm{sminn}} \end{cases} \tag{14.80}$$

式中：$f_{\mathrm{dnx}} = 0.5\dfrac{\Delta_t}{86\ 400}$过剩氮进行反硝化的比例，即每天有一半过剩的矿物氮通过反硝化进入到大气中。

基于 CNETURY 模型的方法详细刻画了环境因子对于硝化和反硝化的影响，其中硝化速率($f_{\mathrm{nitr,p}}$, $\mathrm{g\ N\cdot m^{-2}\cdot s^{-1}}$)是土壤温度、土壤水分和 pH 的函数：

$$f_{nitr,p}=[NH_4^+]k_{nitr}f(T)f(H_2O)f(pH) \quad (14.81)$$

式中：$[NH_4^+]$为土壤NH_4^+库的量($g\ N\cdot m^{-2}$)；k_{nitr}为最大硝化速率($0.1\ d^{-1}$)。$f(T)$、$f(H_2O)$、$f(pH)$分别为土壤温度、土壤水分、pH对硝化速率的影响因子，前两个因子与影响碳库周转速率的因子相同。CLM模型不计算土壤pH，采用固定值6.5来计算$f(pH)$，$f(pH)$的计算方法同于Parton等.(1996)。

潜在反硝化速率($f_{denitr,p}$，$g\ N\cdot m^{-2}\cdot s^{-1}$)受$NO_3^-$浓度和有机碳分解速率的共同限制，并且只发生在土壤中的厌氧部分，其表达式为：

$$f_{denitr,p}=\min(f(decomp),\quad f([NO_3^-]))frac_{anox} \quad (14.82)$$

式中：$f(decomp)$和$f([NO_3^-])$分别为有机碳分解速率限制函数和NO_3^-浓度限制函数，$frac_{anox}$为土壤微环境中缺氧比例。

(3) 氮素淋失

经过植物利用、土壤无机氮固定和反硝化过程后，剩余的土壤无机氮会有一部分随着水流而淋失($N_{leached}$，$g\ N\cdot m^{-2}\cdot s^{-1}$)，其计算公式如下：

$$N_{leached}=DIN\cdot Q_{dis} \quad (14.83)$$

式中：DIN代表土壤水溶液中无机氮含量($g\ N\cdot kg^{-1}H_2O$)；Q_{dis}为径流量($kg\ H_2O\cdot m^{-2}\cdot s^{-1}$)，表达式如下：

$$DIN=\frac{NS_{sminn}sf}{WS_{tot\_soil}} \quad (14.84)$$

式中：WS_{tot_soil}为土壤水含量($kg\ H_2O\cdot m^{-2}$)；sf为土壤无机氮可溶组分的比例，其中CLM-CN方法假设$sf=0.1$，即总无机氮库中有10%为可溶性硝态氮，而基于CENTURY的方法假设淋溶仅发生在NO_3^-库，NH_4^+库全部被土壤矿物表面吸收，不受淋溶影响。

(4) 火灾损失氮

火灾损失氮包括两部分：一部分为火灾燃烧进入大气；另一部分为火灾引起植被死亡，进入到凋落库中。

14.4 流域尺度碳-氮-水耦合模型分类及评价

流域尺度的生态系统碳-氮-水循环耦合模拟主要是利用水文、农业、环境等学科代表性模型，依据研究需要进行功能扩展，从而模拟碳-氮-水在土壤、植被、大气、水体等不同介质中的循环过程。目前，相关模型可以分为三类。① 基于水文过程的扩展模型。这类模型基于降水-径流关系，耦合关键的生物地球化学和水质过程。代表性模型有HSPF (Bicknell *et al.*, 1993)、ANSWERS (Bouraoui & Dillaha, 1998)、GBNP(Yang *et al.*, 1998)、HBV-N(Arheimer & Brandt, 2000)、HIMS(刘昌明等，2006)和HYPE (Lindström *et al.*, 2010)等。② 基于河流水质过程的扩展模型。这类模型重点关注水体污染物的迁移转化过程，可以精确模拟河道水系中高时空分辨率的水质要素(如不同形态氮素等)变化。代表性模型包括WASP (Di Toro *et al.*, 1983)、EFDC (Hamrick, 1992)。③ 基于生物地球化学过程的扩展模型。这类模型在模拟田间尺度植被生理生态过程，营养源(碳、氮、磷等)和水在土壤中的垂向运动方面具有较强的优势。代表性模型有SOILN (Johnsson *et al.*, 1987)、EPIC(Sharpley & Williams, 1990)、DNDC (Li *et al.*, 1992a, b)和ICECREAM (Tesoriero *et al.*, 2009)。

自碳-氮-水耦合循环系统的概念提出以来，水文、环境、生态、农业、气象、社会等与水相关的学科根据不同研究目的，已开展了大量多学科模型的耦合集成研究。在流域碳-氮-水循环模拟方面，SWAT(Soil and Water Assessment Tool)是目前应用最广泛的模型之一(Arnold *et al.*, 1998)。但由于模型部分模块采用简单的经验关系，对极端径流(Borah & Bera, 2004)、土壤碳氮和闸坝调控流域径流(Zhang *et al.*, 2016)等过程的模拟效果并不理想。因此，模型一直在完善中，并涌现了不少新的版本，如SWIM (Krysanova *et al.*, 1998)和SWAT-N (Pohlert *et al.*, 2007)。Krysanova等(1998)耦合SWAT模型水文模块和MATSALU模型氮循环模块，形成了SWIM模型。Pohlert等(2007)将具有物理机制的生物地球化学模型(DNDC)耦合到SWAT中，较好模拟了德国小流域氮素的输出负荷。Deng等(2011)将SCS径流曲线和MUSLE泥沙侵蚀方程引入到DNDC模型中，实现了流域尺度地表径流、土壤侵蚀以及氮素流失的模拟，并应用于中国西南农业流域土壤氮流失模拟。Zhang等(2016)基于时变增益水文模型(TVGM)，以水循环和营养物质循环为纽带，耦合流域水文、生物地球化学、水质和生态等多个与水相关过程以及人类活动影响，构建了流域水系统模型(HEQM),提高了径流和氮素指标的模拟精度。

14.4.1 模型分类及比较

(1) 按降雨径流值模型的复杂程度分类

① 以水文学中的推理公式为基础的模型。这类模型的降雨径流值模型从最简单的径流系数法到美国土壤保持局的SCS法。

② 以水文学中的时段单位线或瞬时单位线概念为基础的模型。可分为两种情况:一是降雨径流子模型采用单位线法进行汇流计算,即用时段或瞬时单位线推求流量过程线;二是用时段或瞬时单位线推求非点源污染负荷过程线。

③ 以水文数学模型为基础的非点源数学模型。这类模型大都属于物理过程模型,试图详尽地描述非点源污染的物理、化学和生物过程。

(2) 按对研究区域(流域)的处理方法分类

① 集总参数模型:将研究区域作为一个整体来考虑,在有关特性均匀一致条件下建立的模型。

② 分散参数模型:将研究区域划分成较小的具有下垫面特性单一的单元,然后对每个单元进行模拟,通过迭加的方法得到流域总输出。

(3) 模型比较

从表14.1可以看出,这些模型只适用于较小的流域面积,不便推广。采用网格法划分单元,不仅破坏了流域实际的产汇流过程,而且增大了搜集整理模型输入资料的工作量。试图详尽描述非点源发生过程(包括降雨径流与土壤侵蚀过程)的模型,如ARM等,可称为"微观"模型。这类模型中的物质迁移转化部分,要对各种物质进行具体研究(如ARM模型中的N、P转化),需要确定的模型参数很多,因此对输入资料要求很高;同时,计算复杂且量大。径流子模型采用SCS(美国农业部土壤保持局曲线数)法,产沙子模型采用USLE(通用土壤流失方程)法,在我国缺乏应用经验和有关图表,较难推广。目前,我国较成熟的模型还不多,今后在人工模拟试验研究与野外试验结合的基础上,应加强机理性方面的研究。

14.4.2 生物地球化学模型与非点源模型耦合

随着计算机模型的发展,特别是生物地球化学循环过程模型和非点源污染模型(以下统称过程模型)的迅速发展,为解决这方面的问题提供了新的思路,并成为估算生物量、非点源污染、气体排放以及全面深入探索生态系统中物质循环特征(包括产生、迁移途径等)等不可或缺的工具之一。基于生物地球化学过程的模型通过综合分析观测数据和总结规律,并在理论知识验证的基础上,对不同气候、土地利用类型、土壤类型等条件下的物质循环过程进行定量估算,进而为评估和制订科学管理策略以服务可持续发展提供科学依据。

近20年来,以不同的研发思路和科研目标为基础,国内外研究人员开发了若干基于生物地球化学过程的计算机模型。目前的生物地球化学循环模型主要针对C、N循环模拟研究,这类模型的出现,使得系统描述陆地生态系统C、N循环的生物地球化学过程成为可能。这类模型通过追踪不同生态环境因子驱动下C、N循环中各个过程的发生与联系,

表14.1 常见流域非点源污染模型

项目	模型名称				
	ANSWERS	CREAMS	AGNPS	ARM	李怀恩
模型类型	分散	集总	分散	集总	集总
单元划分	方形网格	—	方形网格	—	—
流域面积/km^2	10	约0.1	200	2~5	100~200
径流子模型	概念模型	SCS或下渗模型	SCS	SWM IV	逆高斯分布汇流模型
产沙子模型	概念模型	USIE	USIE	Negev	逆高斯分布迁移模型
水质子模型	与沙量有关	概念模型	同CREAMS	概念模型	概念模型

从而实现对循环中各组分的准确模拟。国际上已经发展起来的主要有 CENTURY 模型(Parton *et al.*, 1993; Del Grosso *et al.*, 2000)、DAYCENT 模型(Parton *et al.*, 1994; Del Grosso *et al.*, 2000; Del Grosso *et al.*, 2001a)、DNDC 模型(Denitrification and Decomposition)(Li *et al.*, 1992a; Li *et al.*, 1992b; Li *et al.*, 1994; Li *et al.*, 1996; Li, 2000)、PnET-N-DNDC(Photosynthesis and Evapotranspiration-Nitrification-Denitrification and Decomposition)模型(Stange *et al.*, 2000; Butterbach-Bahl *et al.*, 2001)、CANDY(Carbon-Nitrogen-Dynamics)模型(Franko, 1996; Franko *et al.*, 2007)和 Expert-N 模型(Engel *et al.*, 1993)等;国内有 Agro-C 模型(Huang *et al.*, 2009)。这些模型现已被广泛应用于 C、N 迁移和转化的生物地球物理、化学机理,估算区域乃至全球 C、N 气体的排放研究,探讨 C、N 成分和生态影响因子的关系,最终为寻求控制 C、N 循环成分的有效途径提供科学依据。

CENTURY 模型(Parton *et al.*, 1993; Del Grosso *et al.*, 2000)由美国科罗拉多州立大学 Parton 等建立,基于过程的以月为步长的生态系统模型,以气候、管理措施、土壤结构功能、植物生物量以及土壤有机质分解过程之间的相互关系为基础的陆地生物地球化学模型,是当前国际上具有代表性的生物地球化学循环模型之一,被广泛应用于各种生态系统模拟。CENTURY 是一个可模拟农业、草地及森林生态系统中 C、N 在大气-植被-土壤之间交换的生态系统模型,模型的主要目的是为生态系统研究提供一个分析工具,验证数据的一致性并评估生态系统对管理和气候变化的响应。最初被应用于模拟草地生态系统中的不同时空尺度土壤有机质变化及植物的生长(张永强等, 2007; Motavalli *et al.*, 1994; Del Grosso *et al.*, 2000; Mikhailova *et al.*, 2000; Bandaranayake *et al.*, 2003),现已广泛应用于森林生态系统以及农田生态系统以模拟各组分 C、N 变化对植被生产力的影响(黄忠良, 2000; 申卫军等, 2003; Motavalli *et al.*, 1994; Gholz *et al.*, 2000)。CENTURY 模型包括 4 个子模块:植物生产力模块、土壤有机质模块、土壤水分运动模块和营养循环模块。主要输入数据包括气象因子(最高/最低气温和降水)、土壤性质、作物生理生态特性以及农作管理(如耕作制度、施肥、翻耕、灌溉等)。Parton 研究团队于 1998 年发展了以日为模拟步长的版本——DAYCENT (Parton *et al.*, 1998, 2001), 是由 CENTURY 模型耦合含 N 痕量气体产生和排放模块 NGAS 发展而来(Parton *et al.*, 1996; Del Grosso *et al.*, 2000, 2001b),其研发目的是通过更详尽地描述陆地生态系统中 C、N 循环过程来准确估算陆地生态系统痕量气体的排放。NGAS 模块模拟土壤中硝化和反硝化过程含 N 气体(NO、N_2O 及 N_2)的排放,其数据的输入以 CENTURY 为基础,包括土壤的含水量、土壤温度、土壤 CO_2 通量、N 的有效性以及硝化速率等。

CANDY 模型(Franko, 1996; Franko *et al.*, 2007)是一个模块化系统的模拟模型,模型参数以实测值、初始值、气象数据和土壤管理数据组成数据库系统的模型。模型通过模拟土壤 C、土壤温度和水分的动态变化,从而为作物 N 吸收、N 淋溶及其对水质的影响提供可鉴信息。CANDY 模型利用半群组分析(semi-cohort)追踪腐殖质腐烂并计算生物活性的时间长度,使之能够在多样点之间进行比对。而通过计算小于 6 μm 的土壤颗粒比例来计算惰性有机质成分。CANDY 模型已在世界各地利用长期观测数据得到验证并取得良好的模拟效果。

EXPERT-N 模型(Engel & Priesack, 1993)由 C、N 循环中相关模块集成组成。模型通过开发和收集描述 C、N 循环过程的许多模块,以及经过标准化和系统集成后提供给用户,用户结合所关注的科学问题、模拟对象、所拥有的输入数据,选择合适的过程方程或模块加以组合再进行模拟。在模拟 C、N 周转的同时还可以进行不同模块之间的比较。该模拟系统可分为土壤热量传输、土壤水分运动、土壤 N 传输以及作物生长 4 个模块,每个模块再由不同子模块构成,其中大多数是已发表了的模型,如 CERES(Godwin & Jones, 1991)、DAISY(Hansen *et al.*, 1991; Huang *et al.*, 2009)、SUCROS(Van Laar *et al.*, 1992)、LEACHM(Hutson & Wagenet, 1992)、HYDRUS(Simunek *et al.*, 1998)等。

借助于计算机术的发展和区域尺度数据库的扩展,模型模拟技术得到迅速的发展,国际 C、N 生物地球化学循环研究已从点位过程研究过渡到区域研究,从估算清单的研究过渡到评价管理技术及减排措施的研究(Li *et al.*, 2002, 2005),从优化单一目标的研究过渡到优化多目标的综合集成研究(Goulding *et al.*, 2007; Farahbakhshazad *et al.*, 2008),从针对单一生态系统的研究扩展到针对复合景观或复合生态系统的研究。但是流域尺度的相关研究因机理和方法缘故目前还不甚完善,如何更加准确地定量流域尺度的 C、N 循环过程中相关产物,已成为当前区域 C、N 平衡研究的难点和瓶颈。针对这一科学问题,发展和完善生物地球化学 C、N 循环过程模型成为关键。并且 C、N 循环过程模型的发展和完善亟需大量的实测研究工作为其提供全面的监测数据,以保证过程模型得到不断的发展和完善(李长生, 2004; Li, 2007)。

参考文献

曹明奎, 于贵瑞, 刘纪远等. 2004. 陆地生态系统碳循环的多尺度试验观测和跨尺度机理模拟. 中国科学 D 辑(地球科学), 34 (增刊Ⅱ): 1~14

关义新, 戴俊英, 林艳. 1995. 水分胁迫下植物叶片光合的气孔和非气孔限制. 植物生理学通讯, 4: 293~297

黄忠良. 2000. 运用 CENTURY 模型模拟管理对鼎湖山森林生产力的影响. 植物生态学报, 24(2): 175~179

李长生. 2004. 陆地生态系统的模型模拟. 复杂系统与复杂性科学, 1(1): 49~57

刘昌明, 郑红星, 王中根等. 2006. 流域水循环分布式模拟. 郑州:黄河水利出版社

申卫军,彭少麟,邬建国等. 2003. 南亚热带鹤山主要人工林生态系统 C、N 累积及分配格局的模拟研究. 植物生态学报, 27(5): 690~699

田汉勤, 刘明亮, 张弛等. 2010. 全球变化与陆地系统综合集成模拟——新一代陆地生态系统动态模型(DLEM). 地理学报, 65(09): 1027~1047

于贵瑞, 高扬, 王秋凤等. 2013. 陆地生态系统碳氮水循环的关键耦合过程及其生物调控机制探讨. 中国生态农业学报, 21(1): 1~13

张永强, 唐艳鸿, 姜杰. 2007. 青藏高原草地生态系统土壤有机碳动态特征. 中国科学 D 辑(地球科学), 36(12): 1140~1147

Arheimer B, Brandt M. 2000. Watershed modelling of non-point nitrogen pollution from arable land to the Swedish coast in 1985 and 1994. *Ecological Engineering*, 14: 389~404

Arnold J G, Srinivasan R, Muttiah R S, *et al*. 1998. Large-area hydrologic modeling and assessment: Part I. Model development. *Journal of the American Water Resources Association*, 34 (1): 73~89

Bandaranayake W, Qian Y L, Parton W J, *et al*. 2003. Estimation of soil organic carbon changes in turf grass systems using the CENTURY model. *Agronomy Journal*, 95 (3): 558~563

Bekele A, Hudnall W H, Tiarks A E. 2003. Response of densely stocked loblolly pine (*Pinus taeda* L.) to applied nitrogen and phosphorus. *Southern Journal of Applied Forestry*, 27: 181~190

Berg B. 1986. Nutrient release from litter and humus in coniferous soils: A mini review. *Journal of Forest Research*, 1: 359~369

Bicknell B R, Imhoff J C, Kittle J L, *et al*. 1993. Hydrologic Simulation Program—FORTRAN (HSPF): User's Manual for Release 10. Athens. Ga.: U.S. EPA Environmental Research, Lab.Report No.EPA/600/R-93/174

Bonan G B. 2014. Connecting mathematical ecosystems, real-world ecosystems, and climate science. *New Phytologist*, 202 (3): 731~733

Borah D K, Bera M. 2004. Watershed-scale hydrologic and non-point-source pollution models: Review of application. *Transactions of the American Society of Agricultural Engineers*, 47 (3): 789~803

Bouraoui F, Dillaha T A. 1998. ANSWERS-2000: Runoff and sediment transport model. *Journal of Environmental and Engineering*, 122(6): 493~502

Butterbach-Bahl K, Stange F, Papen H, *et al*. 2001. Regional inventory of nitric oxide and nitrous oxide emissions for forest soils of southeast Germany using the biogeochemical model PnET-N-DNDC. *Journal of Geophysical Research: Atmospheres*, 106(D24): 34155~34166

Del Grosso S J, Parton W J, Mosier A R, *et al*. 2000. General model for N_2O and N_2 gas emissions from soils due to dentrification. *Global Biogeochemical Cycles*, 14(4): 1045~1060

Del Grosso S J, Parton W J, Mosier A R, *et al*. 2001a. Simulated interaction of carbon dynamics and nitrogen trace gas fluxes using the DAYCENT model. In: Shaffer M J, Ma L, Hansen S, eds. *Modeling Carbon and Nitrogen Dynamics for Soil Management*. Boca Raton, FL: CRC Press: 303~332

Del Grosso S J, Parton W J, Mosier A R, *et al*. 2001b. Simulated effects of land use, soil texture, and precipitation on N gas emissions using DAYCENT. In: Follett R F, Hatfield J L, eds. *Nitrogen in the Environment: Sources, Problems and Management*. Amsterdam, Netherlands: Elsevier: 413~432

Deng J, Zhu B, Zhou Z X, *et al*. 2011. Modeling nitrogen loadings from agricultural soils in southwest China with modified DNDC. *Journal of Geophysical Research: Biogeosciences*, 116 (G2): 1602~1602

Di Toro D M, Fitzpatrick J J, Thomann R V. 1983. Water quality analysis simulation program (WASP) and model verification program (MVP)—Documentation. Hydroscience, Inc., Westwood, NY, for U.S. EPA, Duluth, MN, Contract No.,

68-01-3872

Engel T, Priesack E. 1993. Expert-N—A building block system of nitrogen models as resource for advice, research, water management and policy.In:Eijsackers H, Hamers T,eds.*Integrated Soil and Sediment Research: A Basis for Proper Protection.* Netherlands:Springer:503~507

Evans J R. 1989. Photosynthesis and nitrogen relationships in leaves of C_3 plants. *Oecologia*, 78:9~19

Evans J R,Edwards E. 2001. Nutrient uptake and use in plant growth. *Net Ecosystem Exchange Workshop Proceedings*, 75~81

Farahbakhshazad N, Dinnes D L, Li C,*et al.* 2008. Modeling biogeochemical impacts of alternative management practices for a row-crop field in Iowa. *Agriculture, Ecosystems and Environment*, 123(1-3):30~48

Field C, Mooney H A. 1986. *On the Economy of Plant Form and Function.* Cambridge University Press: 25~55

Franko U. 1996. Modelling approaches of soil organic matter turnover within the CANDY system.In:Powlson D S,Smith P, Smith J U, eds. *Evaluation of Soil Organic Matter Models.* Berlin-Heidelberg:Springer:247~254

Franko U, Kuka K, Romanenko I A,*et al.* 2007. Validation of the CANDY model with Russian long-term experiments. *Regional Environmental Change*, 7(2): 79~91

Friedlingstein P, Joel G, Field C B,*et al.* 1999. Toward an allocation scheme for global terrestrial carbon models. *Global Change Biology*, 5: 755~770

Friedlingstein P,Meinshausen M,Arora V K, *et al.* 2014. Uncertainties in CMIP5 climate projections due to carbon cycle feedbacks. *Journal of Climate*,27(2): 511~526

Gholz H L, Wedin D A, Smitherman S M,*et al.* 2000. Long-term dynamics of pine and hardwood litter in contrasting environments: toward a global model of decomposition. *Global Change Biology*, 6(7): 751~765

Godwin D C, Jones C A. 1991. Nitrogen dynamics in soil-plant systems.In:*Modeling Plant and Soil Systems.* American Society of Agronomy-Crop Science Society of America-Soil Science Society of America, Madison, 287~321

Goulding K, Steve J, Whitmore A. 2007. Optimizing nutrient management for farm systems. *Philosophical Transactions of the Royal Society of London Series B, Biological Sciences*, 363: 667~680

Gu F X, Zhang Y D, Huang M,*et al.* 2015. Nitrogen deposition and its effect on carbon storage in Chinese forests during 1981-2010. *Atmos.Environ.*, 123: 171~179

Gu F X, Zhang Y D, Tao B,*et al.* 2010. Modeling the effects of nitrogen deposition on carbon budget in two temperate forests. *Ecol.Complex*, 7(2): 139~148

Gulledge J M, Doyle,Schimel J P,*et al.* 1997. Different NH_4^+-inhibition patterns of soil CH_4 consumption: A result of distinct CH_4 oxidizer populations across sites. *Soil Biology and Biochemistry*,29: 13~21

Haider K,Trojanowski J.1975.Decomposition of specifically ^{14}C-labelled phenols and dehydropolymers of coniferyl alcohol as models for lignin degradation by soft and white rot fungi. *Archives of Microbiology*,105(1):33~41.

Hamrick J M. 1992. A three-dimensional environmental fluid dynamics computer code: Theoretical and computational aspects. Special Report. The College of William and Mary, Virginia Institute of Marine Science, Virginia, USA, 317

Hansen S, Jensen H E, Nielsen N E, *et al.* 1991. Simulation of nitrogen dynamics and biomass production in winter wheat using the danish simulation model DAISY. *Nutrient Cycling in Agroecosystems*, 27(2): 245~259

Huang Y, Yu Y Q, Zhang W,*et al.* 2009. Agro-C: A biogeophysical model for simulating the carbon budget of agroecosystems. *Agricultural and Forest Meteorology*, 149: 106~129

Hutson J L, Wagenet R J. 1992. *LEACHM—Leaching Estimation and Chemistry Model.*New York:Cornell University

Johnsson H, Bergstrom L, Jansson P E, *et al.*1987. Simulated nitrogen dynamics and losses in a layered agricultural soil. *Agriculture, Ecosystems & Environment*, 18(4): 333~356

Kattge J, Knorr W. 2007. Temperature acclimation in a biochemical model of photosynthesis: A reanalysis of data from 36 species.*Plant,Cell & Environment*, 30: 1176~1190

Krysanova V, Mueller-Wohlfeil D I, Becker A. 1998. Development and test of a spatially distributed hydrological/water quality model for mesoscale watersheds.*Ecological Modelling*, 106: 261~289

Li C S. 2000. Modeling trace gas emissions from agricultural ecosystems.*Nutrient Cycling Agroecosystems*, 58(1-3): 259~276

Li C S. 2007. Quantifying greenhouse gas emissions from soils: Scientific basis and modeling approach.*Soil Science and Plant Nutrition*, 53(4): 344~352

Li C S, Frolking S, Frolking T A. 1992a. A model of nitrous oxide evolution from soil driven by rainfall events: 1. Model structure and sensitivity. *Journal of Geophysical Research*, 97 (D9): 9759~9776

Li C S,Frolking S, Frolking T A. 1992b. A model of nitrous oxide evolution from soil driven by rainfall events: 2. Model applications. *Journal of Geophysical Research*, 97(D9): 9777~9783

Li C S, Frolking S, Harriss R. 1994. Modeling carbon biogeochemistry in agricultural soils. *Global Biogeochemical Cycles*, 8: 237~254

Li C S, Narayanan V, Harriss R. 1996. Model estimates of

nitrous oxide emissions from agricultural lands in United States. *Global Biogeochemical Cycles*, 10: 297 ~ 306

Li C S, Qiu J, Frolking S, *et al.* 2002. Reduced methane emissions from large-scale changes in water management of China's rice paddies during 1980-2000. *Geophysical Research Letters*, 29(20):33 ~ 31

Li C S, Frolking S, Xiao X, *et al.* 2005. Modeling impacts of farming management alternatives on CO_2, CH_4, and N_2O emissions: A case study for water management of rice agriculture of China. *Global Biogeochemical Cycles*, 19(3):119 ~ 133

Lindström G, Pers C P, Rosberg R, *et al.* 2010. Development and test of the HYPE (Hydrological Predictions for the Environment) model—A water quality model for different spatial scales. *Hydrology Research*, 41(3-4): 295 ~ 319

Liu J X, Price D T, Chen J A. 2005. Nitrogen controls on ecosystem carbon sequestration: A model implementation and application to Saskatchewan, Canada. *Ecological Modelling*, 186: 178 ~ 195

Luo Y, Zhou X. 2006. *Soil Respiration and the Environment*. San Diego: Elsevier

Mikhailova E A, Bryant R B, Vassenev I I, *et al.* 2000. Cultivation effects on soil carbon and nitrogen contents at depth in the Russian Chernozem. *Soil Science Society of America Journal*, 64(2): 738 ~ 745

Motavalli P P, Palm C A, Parton W J, *et al.* 1994. Comparison of laboratory and modeling simulation methods for estimating soil carbon pools in tropical forest soils. *Soil Biology and Biochemistry*, 26(8): 935 ~ 944

Nakaji T, Fukami M, Dokiya Y, *et al.* 2001. Effects of high nitrogen load on growth, photosynthesis and nutrient status of *Cryptomeria japonica* and *Pinus densiflora* seedlings. *Trees*, 15: 453 ~ 461

Oleson K W, Lawrence D M, Bonan G B, *et al.* 2013. Technical description of version 4. 5 of the community land model (CLM). *National Center for Atomospheric Research*, 37(7): 256 ~ 265

Parton W J, Hartman M, Ojima Ds, *et al.* 1998. DAYCENT and its land surface submodel: Description and testing. *Global and Planetary Change*, 19(1): 35 ~ 48

Parton W J, Holland E A, Del Grosso. *et al.* 2001. Generalized model for NOx and N_2O emissions from soils. *Journal of Geophysical Research*, 106: 9869 ~ 9878

Parton W J, Mosier A R, Ojima D S, *et al.* 1996. Generalized model for N_2 and N_2O production from nitrification and denitrification. *Global Biogeochemical Cycles*, 10(3): 401 ~ 412

Parton W J, Ojima D S, Cole C V, *et al.* 1994. A general model for soil organic matter dynamics: Sensitivity to litter chemistry, texture and management. *Soil Science Society of America Special Publication*, (39):147 ~ 167

Parton W J, Scurlock J M O, Ojima D S, *et al.* 1993. Observations and modeling of biomass and soil organic matter dynamics for the grassland biome worldwide. *Global Biogeochemical Cycles*, 7(4): 785 ~ 809

Penning de Vries F W T. 1975. The cost of maintenance processes in plant cells. *Annals of Botany*, 39: 77 ~ 92

Pohlert T, Breuer L, Huisman J A, *et al.* 2007. Integration of a detailed biogeochemical model into SWAT for improved nitrogen predictions—Model development, sensitivity and uncertainty analysis. *Ecological Modelling*, 203 (s3-4): 215 ~ 228

Reich P B, Kloeppel B D, Ellsworth D S, *et al.* 1995. Different photosynthesis-nitrogen relation in deciduous hardwood and evergreen coniferous trees species. *Oecologia*, 104: 24 ~ 30

Reich P B, Walters M B, Ellsworth D S. 1991. Leaf age and season influence the relationships between leaf nitrogen, leaf mass per area and photosynthesis in maple and oak trees. *Plant, Cell & Environment*, 14: 251 ~ 259

Reich P B, Walters M B, Ellsworth D S, *et al.* 1994. Photosynthesis-nitrogen relations in Amazonian tree species. *Oecologia*, 97: 62 ~ 72.

Ryan M G. 1991. Effects of climate change on plant respiration. *Ecological Applications*, 1 (2): 157 ~ 167

Saiya-Cork K R, Sinsabaugh R L, Zak D R. 2002. The effects of long term nitrogen deposition on extracellular enzyme activity in an Acer saccharum forest soil. *Soil Biology Biochemistry*, 34: 1309 ~ 1315

Sharpe P J H, Rykiel Jr. E J. 1991. Modelling integrated response of plants to multiple stresses. In: Mooney H A., Winner W E, Pell E J, eds. *Response of Plants to Multiple Stresses*. San Diego: Academic Press: 205 ~ 224

Sharpley A N, and Williams J R. 1990. EPIC-erosion/productivity impact calculator: 1. Model documentation. *Technical Bulletin - United States Department of Agriculture*, 4 (4): 206 ~ 207

Simunek J, Huang K, Van Genuchten M T. 1998. The HYDRUS code for simulating the one-dimensional movement of water, heat, and multiple solutes in variably-saturated media. Research Report 144, United States Department of Agriculture

Sinsabaugh R L, Carreiro M M, Repert D A. 2002. Allocation of extracellular enzymatic activity in relation to litter composition, N deposition, and mass loss. *Biogeochemistry*, 60: 1 ~ 24

Stange F, Butterbach-BahlK, Papen H, *et al.* 2000. A process-oriented model of N_2O and NO emissions from forest soils: 2. Sensitivity analysis and validation. *Journal of Geophysical Research*, 105(D4): 4385 ~ 4398

Tesoriero A J, Duff J H, Wolock D M, *et al*. 2009. Identifying pathways and processes affecting nitrate and orthophosphate inputs to streams in agricultural watersheds. *Journal of Environmental Quality*, 38: 1892~1900

Thornton P E, Law B E, Gholz, *et al*. 2002. Modeling and measuring the effects of disturbance history and climate on carbon and water budgets in evergreen needleleaf forests. *Agricultural and Forest Meteorology*, 113: 185~222

Thornton P E, Rosenbloom N A. 2005. Ecosystem model spin-up: Estimating steady state conditions in a coupled terrestrial carbon and nitrogen cycle model. *Ecological Modelling*, 189: 25~48

Van Laar H H, Goudriaan J, Van Keulen H. 1992. Simulation of crop growth for potential and water-limited production situations, as applied to spring wheat. *CABO-DLO*, http://edepot.wur.nl/359573

Yang D W, Herath S, Musiake K. 1998. Development of a geomorphology-based hydrological model for large catchments. *Journal of Hydraulic Engineering*, 42: 169~174

Zaehle S, Friend A D. 2010. Carbon and nitrogen cycle dynamics in the O-CN land surface model: 1. Model description, site-scale evaluation, and sensitivity to parameter estimates. *Global Biogeochemical Cycles*, 24(1): 1468~1470

Zhang Y Y, Shao Q X, Ye A Z, *et al*. 2016. Integrated water system simulation by considering hydrological and biogeochemical processes: Model development, with parameter sensitivity and autocalibration. *Hydrology and Earth System Sciences*, 12(5): 4997~5053

第15章 全球陆地生态系统的通量观测及其实例

最近十几年来，全球碳收支研究引起了人们越来越广泛的兴趣。从最初关注大气微量气体和全球变暖之间的联系，到目前更加关注基本的CO_2交换过程及其反馈机制，在这些研究中启动了许多国际碳水循环研究计划和联合观测项目，使全球范围的碳水循环的研究内容和范围不断扩展与强化。

农田生态系统的植物种群单一，结构简单，观测设备的投资相对较少，所以是开展通量观测方法和技术研究的理想植被类型。涡度相关技术的最早应用和实验性的探索也是从农田生态系统开始的。现在国际上对不同类型的农田生态系统已经开展了大量的观测研究工作，在国际通量观测研究网络正式注册的农田观测站有142个，主要分布在北半球的北美、北欧和东亚大陆温带地区（29°～55°N）的重要农业区。另外，由于农田生态系统的观测周期短，观测设备相对比较简易，便于移动，所以大量的观测是季节性和非长期的定位观测。这些观测通常是为了研究农田生态系统的碳或水循环的过程机理，开发碳或水过程的遥感观测技术以及配合其他的综合性研究计划而实施的。

草地占地球表面自然植被面积的32%。近年来，对草地生态系统的通量观测的报道日益增加，草地生态系统在全球碳收支研究中的重要性逐渐引起人们的重视。草地生态系统的植被下垫面通常比较开阔，植被高度多在1 m以内，是开展通量观测方法论以及通量观测结果的尺度扩展等研究工作比较理想的植被类型。目前，在国际通量观测研究网络正式注册的草地生态系统观测站有216个，主要分布在北美（主要在美国）大草原和南非萨瓦纳等草原区。

世界的森林面积约为0.61×10^{14} m^2，约占整个陆地面积（1.49×10^{14} m^2）的41%，被公认为陆地生态系统中最大的大气CO_2汇，《京都议定书》已经将各国的森林固碳功能以及通过人工造林、再造林和森林生态系统管理的固碳效果计入温室气体减排指标的核算体系之中。这使得世界各国更加重视研究森林生态系统的CO_2源/汇功能，许多国家的长期通量观测也主要集中分布在各种森林生态系统，目前大约有283个不同类型的森林生态系统在开展连续观测。此外，随着全球变化和生态环境问题的国际化，人们更加关注森林生态系统的环境服务功能的形成机理和价值评估，这有赖于对森林生态系统变化、物质循环和能量平衡的理解和科学数据的支持。森林生态系统结构的复杂性、系统演化的长周期性和地形的复杂性，给通量观测增加了难度，也对科学家的科学探索提出了许多具有挑战性的科学问题。

本章初版执笔者：伏玉玲，张雷明，于贵瑞，赵风华；再版修订者：陈智，于贵瑞

本章主要符号

c	CO_2 浓度	S	航空器的瞬时对地速度
c^-	风向向下时 CO_2 的平均浓度	T	时间总长
c^+	风向向上时 CO_2 的平均浓度	T'	气温的脉动
E	平均地表蒸散	T_s	土壤温度(℃,5 cm 深度)
F_c	CO_2 通量	u	水平风速
F_{Cadh}	水平平流通量	u_*	摩擦风速
F_{Cadv}	垂直平流项	W_s	土壤含水量
F_{Cst}	储存通量	w'	垂直风速的脉动
F_{Ctb}	湍流涡度通量	w	垂直风速
h_0	山脊的高	z	对地飞行高度
L	山脊的宽	Δt	时间增量
P	降水	ΔW_s	一定时间内土壤含水量的变化
PAR	光合有效辐射	σ_w	垂直风速的标准差
R_{10}	土壤温度为 10 ℃时的土壤呼吸	$\Delta\,\overline{\rho CO_2}$	Δt 时间内平均 CO_2 浓度的变化
R_a	地表径流	$\bar{S}$	平均飞行速度
R_s	土壤呼吸 CO_2 通量	$\langle w'c'\rangle$	期望的 w 与 c 的协方差
R_u	地下径流	$\langle w'c'\rangle_m$	观测的 w 和 c 之间的协方差

15.1 全球陆地生态系统通量观测概况

15.1.1 全球通量观测的发展

在过去的一个世纪,地球大气圈和生物圈发生了很大的变化。自从工业革命以来,为了满足人类社会人口剧增的需求,陆地表面发生了剧烈的变化,许多农田变成城市郊区和城市用地,湿地干涸,大面积热带森林被采伐和焚烧后退化为草地,地球大气中 CO_2 浓度从 288 ppm 迅速增至 368 ppm(Conway *et al.*, 1994;Keeling & Whorf, 1994)。大气 CO_2 浓度的长期持续增长主要是由人类和自然源的 CO_2 排放率与生物圈、海洋汇 CO_2 的吸收率之间的不平衡所致,土地利用变化改变了地表反射率、波文比,从而改变了地球辐射平衡、叶面积指数、植物吸收碳的能力。对大气 ^{13}C 和 ^{18}O 的分布研究显示,陆地生物圈在 CO_2 增加量的年际变化中起着重要作用(Ciais *et al.*,1995)。大气 CO_2 浓度增高造成的全球变化主要有:El Niño/La Niña 事件、全球地表变暖、极冰融化、海平面上升等。对这些问题的深刻理解都需要深入了解陆地表面的碳、水和能量如何与植物和生态系统的物理气候和生理功能的相互作用关系。目前,有许多研究大气圈-生物圈间 CO_2 交换量的技术和方法,每种方法都有其明显的优点和不足。而基于微气象学理论的涡度相关技术因可直接测定植被大气间的净 CO_2 和水汽通量,经过长期发展和改进已成为观测陆地生态系统 CO_2 和水汽净交换量的合理选择(Massman & Lee, 2002)。

直到 20 世纪 80 年代,随着数字化计算机的出现,超声风速计和红外光谱仪技术也有很大改进,涡度相关技术才得以普遍应用。起初是在生长旺季的农田、森林和天然草地上进行短期实验研究,到 80 年代末 90 年代初,观测技术进一步改进后,科学家才得以展开更长时间的涡度相关连续观测。Wofsy 等(1993)和 Vermetten 等(1994)分别在哈佛森林站和荷兰率先用涡度相关技术进行了为期一年的森林生态系统的 CO_2 和水汽通量的长期观测,随后在北美洲和欧洲及日本迅速建起一批通量观测塔,这预示着长期通量观测时代的开始,代表性的实验有"北方生态系统-大气研究"(BOREAS)(Sellers *et al.*,1997)和"北半球气候-陆面过程试验"(Northern Hemisphere Climate-Processes Land-Surface Experiment,NHCPLSE)(Halldin *et al.*,1999)。

在 20 世纪 90 年代初,北美洲(Greco & Baldocchi, 1996)、欧洲(Valentini *et al.*, 1996)和日本(Yamamoto *et al.*, 1999)开始进行多站点联合的长期通量观测。1995年,在La Thuile举行的通量观测研讨会上,国际同行正式讨论了成立“国际通量观测研究网络”(FLUXNET)(Baldocchi *et al.*, 1996),此次会议促成了之后全球范围内更多通量观测站的建立和区域性通量观测网络的迅速发展。1994年,全球不足20个站点,到2004年已建立起300余个站点,到2014年为止,全球发展到680多个通量观测站(图15.1)。

全球通量观测站点观测的生态系统分布在南纬30°到北纬70°之间,从热带到寒带的各种植被类型上,包括常绿阔叶林(evergreen broadleaf forest, EBF)、落叶阔叶林(deciduous broadleaf forest, DBF)、常绿针叶林(evergreen needleleaf forest, ENF)、落叶针叶林(deciduous needleleaf forest, DNF)、针阔混交林(mixed forest, MF)、萨瓦纳多树草原(woody savannas)、萨瓦纳稀树草原(savannas)、温带草地(temperate grassland)、湿地(wetland)、苔原(tundra)、灌丛(shrubland)、农田(cropland)、荒地(barren)和城市生态系统(urban)等(图15.2)。图15.3为到2015年10月为止在FLUXNET注册的517个有效观测站点在各种植被类型上的分布情况(http://www.fluxnet.ornl.gov/maps-graphics)。总体来看,在面积较大的植被类型上分布的观测站也较多,其中拥有观测站最多的几种生态系统类型依次是农田、常绿针叶林、混交林和草地。但也存在现有的通量观测站与植被类型面积分布不均衡的现象,比如面积较大的稀疏灌丛的观测站还明显不足。此外,在植被较稀疏但面积较大的萨瓦纳稀树草原生态系统的通量观测也很缺乏。

15.1.2 通量观测站分布不均衡的原因及未来发展方向

通量观测站在植被类型上分布不均衡是多种因素影响的结果。森林生态系统一直被认为是重要的陆地生态系统碳汇,因此众多有关全球碳收支的大型国际碳计划也都以森林生态系统为研究重点,在北美洲和欧洲的森林生态系统中早已开展了广泛的通量观测研究(如 Wofsy *et al.*, 1993; Black *et al.*, 1996; Goulden *et al.*, 1996, 1998; Lee *et al.*, 1999)。欧洲和北美加拿大境内的北方针叶林面积较大,森林生态系统的通量观测也以北方针叶林为主,因此图15.3中常绿针叶林中的通量观测站所占比例较大。草地生态系统约占地球表面自然植被面积的32%(Adams *et al.*, 1990),但在早期的通量研究中草地却很少受到关注。然而草地生态系统丰富的土壤碳储量及其对气候变化的敏感性,使人们逐渐认识

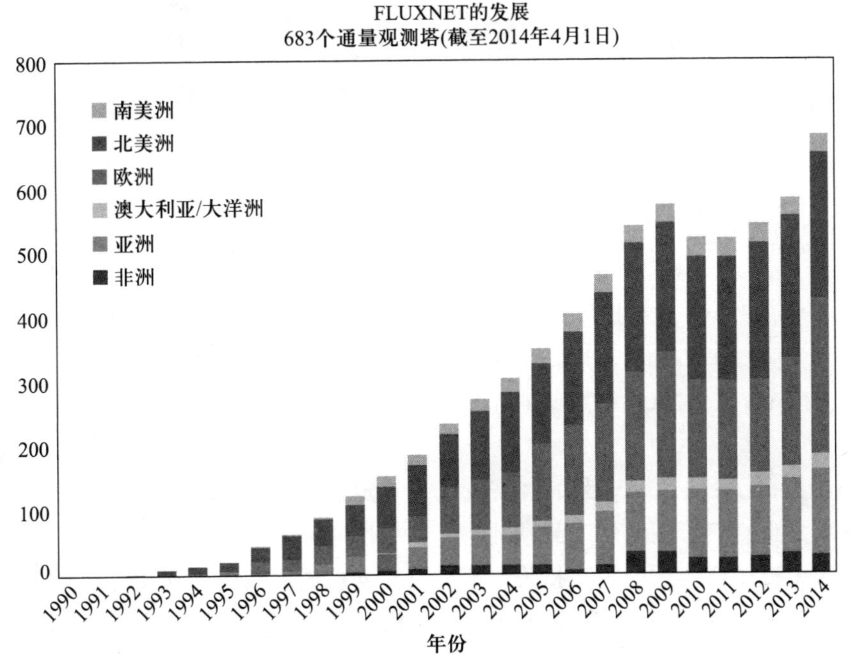

图15.1 全球通量观测站点的发展(2014年4月统计)

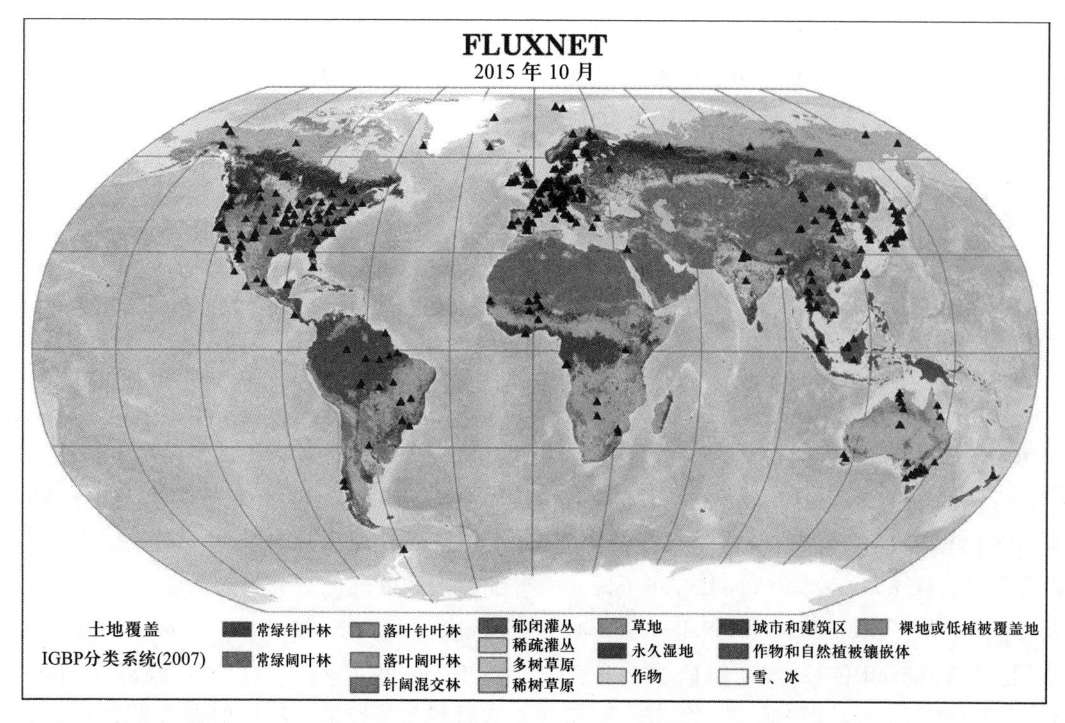

图 15.2 全球通量观测站点在各植被类型上的分布(见书末彩插)

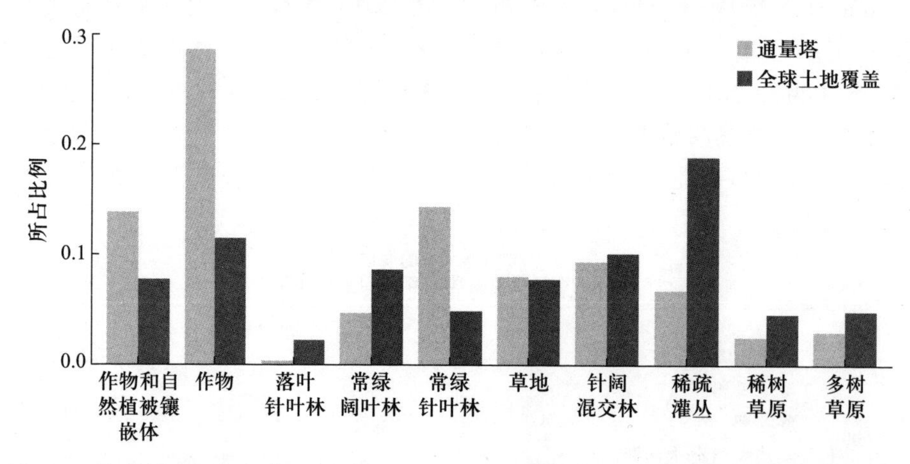

图 15.3 各植被类型占全球陆地面积百分比及在各植被类型上的全球通量观测站数量比例

到草地在全球碳平衡中的作用,对草地生态系统通量的观测和研究日益加强(如 Flanagan *et al.*, 2002; Surkey *et al.*, 2003; Hunt *et al.*, 2004 等),草地通量观测站也在逐渐增多。

除了以上自然因素外,各国家和地区的经济发展水平及科学技术实力也直接影响通量观测站的空间分布。在通量观测中被广泛应用的涡度相关技术是流体力学和微气象学的理论研究、微气象观测仪器及计算机技术长期发展的结果(Baldocchi, 2003)。仪器缺乏曾一度阻滞了涡度相关方法的应用,当有了相对快速响应的风速和温度传感器后,涡度相关法也只能在晴好天气状况下观测极平坦地形上的低植被(农田)-大气间的热量和动量通量。这些早期的试验性研究为后来的农田 CO_2 通量观测奠定了很好的理论和实验基础。但由于当时仍然缺少快速 CO_2 和风速传感器,CO_2 通量观测也只能以梯度理论为基础。到 20 世纪 70 年代人们发现梯度法不适于高大植被的通量观测,之后快速响应的开路红外气体分析仪的出现和普及才使得涡度相关技术被逐渐用于各种植被(包括农田及各种森林和草地)与大气间的 CO_2 通量观测。尽管目前已有多种可选择的低成本微量气体传感器和分析仪,但将这些观测仪器用于长期通量观测时,系统维护较难、成本也较高,在众多发展中国家由于资金限制一定程度上阻碍了涡度相关通量观测的广泛开展。此外,涡度相关系统的运行和维护也要求使用者具有一定的文化水平,这些因素都不同程度地限制了涡度相关通量观测技术在经济和科学发展水平较落后地区的应用和普及,这也正是在图 15.2 中通量观测站主要集中在经济发达的北美洲和欧洲,而在非洲和南美洲等发展中国家和地区通量观测站点较少的主要原因。

15.2 全球农田生态系统通量观测

15.2.1 农田生态系统在全球碳蓄积中的作用

农业生产是地球上规模最大的人类活动,全球植被总面积约为 87.6 亿 hm^2,其中耕地面积占 17%,然而在全球植被 0.53 Pg C 的年固碳量中,农作物在各类植被中的固碳量最高,占了 47%。一般而言,农业植被的碳储量平均为 5~6 $kg \cdot m^{-2}$(以 C 质量计)而农业土壤中的碳储量平均为 7~11 $kg \cdot m^{-2}$(以 C 质量计)(Wood *et al.*,2000),农业土壤碳储量总共占全球土壤碳储量的 5%~20%。农田生态系统中的碳库是全球碳库中最活跃的部分,人类对地球陆地系统的干扰使农田生态系统成为一个潜在的向大气排放 CO_2 的巨大碳源。农田土壤碳储量受农田管理措施(耕作制度、施肥、灌溉、收获等)和各种自然因子(立地特征、温度、降水等)的严重制约,科学的农田管理措施(如适度施肥、降低耕作强度等)将会增大农田生态系统碳蓄积量,使农田土壤成为碳库;而不合理的农业土地利用和土地管理方式不但会造成土壤碳储量的流失,严重的则会造成土地沙漠化。研究结果也表明,美国农业土壤碳储量因大肆拓垦和开荒从 1907 年开始不断下降,到 20 世纪 50 年代下降了 47%、70 年代之后因广泛采用免耕和保护性耕作措施,使土壤碳储量逐渐回升(Lal *et al.*,1998)。另据 IPCC(1996)的估计,未来 50~100 年,农业土壤的固碳量可以达到 40~80 Pg C(Cole *et al.*,1996),假若果真如此,那么仅农田土壤的固碳量就可以抵消或补偿在未来 12~24 年内人类活动向大气排放的 CO_2。由此可见,农田生态系统管理对全球温室气体特别是 CO_2 浓度变化具有很大的影响。

根据联合国粮农组织(FAO)最近的统计数据,2013 年世界总耕地面积为 13.96 亿 hm^2,其中亚洲 4.67 亿 hm^2,欧洲 2.75 亿 hm^2,非洲 2.37 亿 hm^2,美洲 3.69 亿 hm^2,拉丁美洲 1.47 亿 hm^2,大洋洲 0.48 亿 hm^2(图 15.4,见书末彩插)。世界耕地中一半以上用于粮食生产,其中小麦、玉米和水稻是世界上最重要的粮食作物,2013 年世界播种面积分别为小麦 2.17 亿 hm^2、水稻 1.62 亿 hm^2、玉米 1.45 亿 hm^2(FAO,2013)。世界小麦生产主要集中于温带和亚热带地区,可划分为 5 个小麦生产带:① 欧洲平原至西伯利亚南部;② 地中海沿岸—土耳其,伊朗—南亚平原;③ 中国东北、华北、长江中下游平原;④ 北美洲中部平原;⑤ 南半球的不连续生产带。世界稻谷产区集中于高温多雨、人口稠密的亚洲南部和东部。世界玉米产量 80% 集中于北美洲、亚洲、欧洲,形成世界三大玉米地带:① 美国中部;② 中国的华北平原、东北平原、关中平原和四川盆地;③ 欧洲南部平原。

开展长期连续的农田碳水通量观测,以及结合定期的群落调查将有助于我们更准确地了解农田生态系统中的碳水循环过程及其环境控制机理,从而为农业政策决策者制定合理的农田管理措施提供理论依据和数据支持。目前,在国际通量观测网络上正式注册的农田通量观测站有 142 个,主要位于东亚(日本、韩国、中国)、中南欧(意大利、德国和匈牙利)和美国的中纬度农业区。由于农作物的生育周期较短,且观测设备比较简单便于移动,所以农田站的通量观测研究大都以季节性和非长期的定位观测为主,这些观测通常是为了研究农田生态系统碳或水循环过程机理、开发碳或水循环过程的遥感观测技术以及配合其他综合性研究计划而进行的。

很多研究结果都普遍认为在过去的一个世纪里由于耕作强度不断增强,致使农田生态系统成为陆地生态系统中的一个明显碳源(Baker & Griffis,2005),在欧洲北部某些干旱和半干旱地区的农田生态系统即使在夏季的生长季也处于净碳排放状态(Soegaard *et al.*, 2003)。但是,农田生态系统 CO_2 通量的多样性和变异性也与土地利用方式显著相关(Schimel *et al.*, 2000)。过去因不合理的耕作和管理手段造成农田生态系统碳储量流失的事实也说明采取适当的耕作和管理措施(如免耕、少耕和轮作)有可能增加农田生态系统的碳吸收能力,而使其转变为净碳汇。

15.2.2 农田生态系统通量观测的特点

用涡度相关技术进行通量观测需要两个基本条件:① 边界层大气均匀混合;② 具有一定面积的均匀平坦的下垫面。农田生态系统的群落物种单一,其矮小的植被冠层结构简单均质性高,是进行涡度相关通量观测实验和技术理论研究的理想植被类型。此外,在农田生态系统开展试验研究还有以下三个特点:① 农作物植被发育过程的阶段性明显,具有明显的季节性变化;② 农田群落物种单一,便于进行叶面积指数、群落结构、生物量动态变化等生态学调查,以及光合作用、呼吸作用和蒸腾蒸发等生理生态测定;③ 农田生态系统中易于开展人工控制实验(施肥、灌溉、种群密度)监测其水分和养分平衡等状况。

鉴于以上的种种有利条件,农田生态系统的通量观测最容易与生态、生理观测相结合,开展通量观测的方法论、通量形成的生态过程机理模型的开发与验证等方面的研究工作。实际上最早的植被-大气间能量和水碳通量观测的实验性研究也是从农田生态系统开始的。早期因缺乏快响应的 CO_2 传感器,通量观测只能在晴好天气条件下的平坦的低植被(农田)地区进行,主要研究大气边界层结构及短期的热量和动量通量传输(Swinbank, 1951; Baldocchi, 2003)。至20世纪50年代末60年代初,日本科学家首先在低矮平坦的农田植被上开展了 CO_2 通量观测(Inoue, 1958);1968年在美国堪萨斯州的农田开展的大规模的近地大气边界层观测实验,正式将超声风速计投入到实际的涡度相关通量观测之中(Kaimal *et al.*,1990)。这些早期的农田实验研究为后来兴起的涡度相关通量观测奠定了良好的理论和实验基础,也在近地大气边界层结构和特性研究中发挥了重要作用。而现在流行的大多数通量观测技术、边界层气象学、湍流理论和相关模型开发大多都是以农田生态系统为平台开始的。

在农田生态系统的通量观测因各种因素的限制也会遇到一些难题。首先,农田生态系统的生理生态学研究历史悠久,研究手段先进,如果通量观测系统的观测达不到期望的精度,其观测数据对生理生态学研究起不到关键的作用,那么使用昂贵的通量观测设备将失去其意义;其次,农业生态系统的生产和经营目标明确,其研究工作的主题往往是针对生态系统管理的应用性研究,必须面对大量的复杂田间实验处理,有限的观测仪器如何在田间有效布置就会面临许多难题。再者,在现实的农业生产中,来自农业经营、耕地所有权(使用权)、种植制度和耕种习惯等方面的因素,使得农田生态系统的斑块化比较严重,下垫面经常无法满足涡度相关通量观测的基本要求。最后,如果针对农田管理进行通量观测,那么,如何解释从复杂的田间试验获得的观测数据,如何区分各种实验处理的影响(包括来自地上和地下的影响)就存在很大的困难。

早期的农田生态系统通量观测主要是围绕认识大气边界层的湍流特征、研究通量观测技术和理论及开发生态系统生产力和水分消耗评价方法而开展的。而现阶段的农田通量观测研究目的主要包括以下几个方面:① 验证通量观测的新理论,开发新的通量观测技术;② 认识农田生态系统 CO_2、H_2O 和能量通量的日变化和季节变化特征,分析生物和环境因素以及农业管理措施对农田生态系统碳循环和水循环过程的影响;③ 验证生态系统碳循环和水循环的过程机理模型和大尺度的卫星遥感模型;④ 评价农业耕作制度和管理措施对生态系统水、碳循环的影响及其生态环境效益;⑤ 研究农田生态系统生产力对全球变化的响应与适应,预测粮食生产与食物安全;⑥ 开发节水农业灌溉技术。

15.3 全球草地和湿地生态系统通量观测

15.3.1 全球草地和湿地生态系统概况

据估计,世界草地面积约为32亿 hm^2,约占地球表面自然植被面积的32%(Adams *et al.*,1990),加上温带干旱及半干旱区的草原,全球草地约占陆地表面积的50%(Sims *et al.*,2001),是世界上分布最广泛的植被类型之一(两者对草地定义不一致,所以数据有一定出入)。草地在各大洲的分布极不均衡,表15.1统计了世界各大洲的草地面积,可见非洲和亚洲的草地面积最大,其次是南美洲和大洋洲,北美洲中部也分布有大面积的温带草地。另据

表 15.1 世界各大洲草地面积统计表(章祖同等,1992)

地区	全世界	非洲	亚洲	澳洲	南美洲	北美洲	中美洲	欧洲	苏联
草地面积/($\times10^8$ hm^2)	31.58	7.78	6.45	4.60	4.56	2.65	0.95	0.86	3.73
占世界草地面积的比例/%	100.0	24.7	20.4	14.6	14.4	8.4	3.0	2.7	11.8
占其土地面积的比例/%	24	26	25	55	26	14	32	18	17

联合国粮农组织(FAO)统计,2002 年世界草原面积为34.85 亿 hm^2,其中亚洲 11.10 亿 hm^2,非洲 9.00 亿 hm^2,南美洲 6.16 亿 hm^2,大洋洲 4.13 亿 hm^2,北美2.63 亿 hm^2,欧洲 1.83 亿 hm^2(FAOSTAT:http://faostat.fao.org/faostat,2004)。

按照草地植被的形成和发生机理可将世界草地分为三大类(图 15.4,见书末彩插):① 热带草地(tropical grassland),通常被称为热带或亚热带萨瓦纳稀树草原。植被以草本为主,稀疏地有树木生长,主要分布在中非(几乎占据了非洲一半的面积)、澳大利亚、南美洲和印度等大陆的干热气候区。气候是萨瓦纳植被形成的最重要的影响因子,通常在萨瓦纳植被分布的地区年降水量约为 500~1 270 mm,但多集中在夏季,有明显的干湿季之分。② 温带草地(temperate grassland),植被中无树木或高大灌木,降水明显比萨瓦纳草原少,冬冷夏热,气温年变化大。主要分布在北美洲和亚欧大陆中纬度的温带大陆性气候区和南美洲阿根廷。③ 高寒草地(alpine grassland),主要分布在亚洲青藏高原和美洲安第斯山脉的山地,降水量介于热带草原和温带草原之间,因海拔高而气温常年偏低,生长季短。

根据德国全球变化咨询委员会(WBGU)(1998)的估计,全球陆地生态系统中草地生态系统的碳储量仅次于森林生态系统,研究也发现草地在全球碳平衡中有很重要的作用(Tans *et al.*,1990),因此草地植被与大气间的 CO_2 交换对理解全球陆地生态系统碳收支有重要意义。早期的通量观测研究对草地生态系统与大气间的 CO_2 交换的关注较少(Adams *et al.*,1990)。近年来对草地生态系统的通量观测的报道日益增多,很多站点都在进行多年连续观测。目前在国际通量观测研究网络正式注册的草地生态系统观测站有 216 个,主要分布在美国中部的温带大草原、非洲萨瓦纳和亚洲温带草原上,另外在欧洲和澳洲也分布有少数草地通量观测站。

联合国《湿地公约》中将湿地定义为"天然或人工、长久或暂时之沼泽地、湿草甸、泥炭地或水域地带,带有或静止或流动,或为淡水、半咸水或咸水水体者,包括低潮时水深不超过 6 m 的水域",所有季节性或常年积水地段,包括沼泽、泥炭地、湿草地、湖泊、河流及洪泛平原、河口三角洲、滩涂、珊瑚礁、红树林、水库、池塘、水稻田以及低潮时水深浅于 6 m 的海岸带等,均属湿地范畴(图 15.5,见书末彩插)。

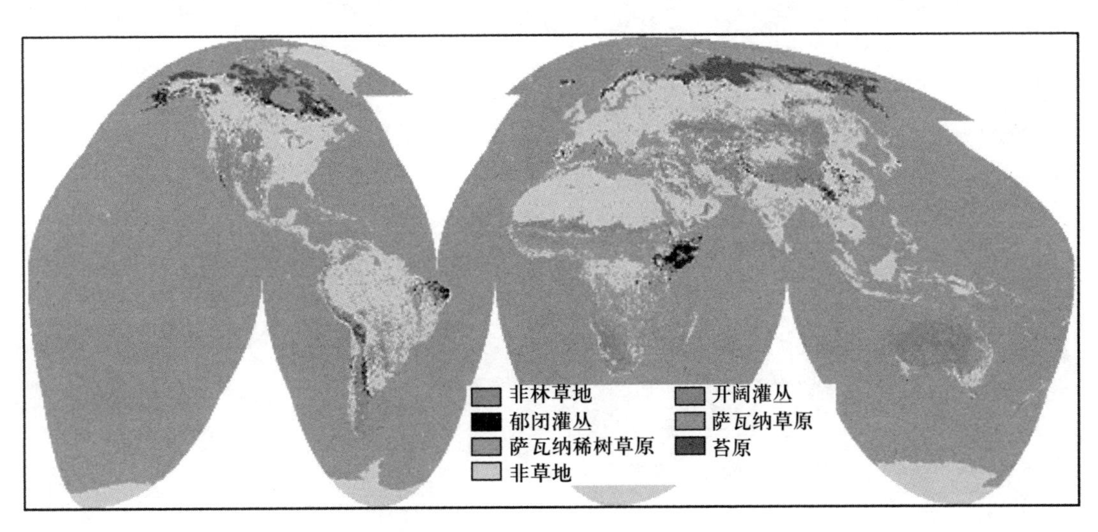

图 15.4 世界主要草地植被分布(见书末彩插)

资料来源:World Resources Institute(2000)

水生环境和陆生环境的双重特性,使湿地成为全球生态和社会经济价值最高的生态系统。目前,全世界约有湿地 5.7 亿 hm^2,加拿大湿地面积居世界首位,约有 1.27 亿 hm^2,占全世界湿地面积的 24%,美国 1.11 亿 hm^2,之后是俄罗斯、中国、印度。我国湿地面积约 0.66 亿 hm^2(包括稻田和人工湿地),居世界第四位。湿地不但具有丰富的资源,还有巨大的环境调节功能和生态效益。各种类型的湿地在保护生物多样性、维持淡水资源、调节流量、蓄洪防旱、调节气候、降解污染物和为人类提供生产、生活资源方面发挥了重要作用,湿地的这些重要功能和价值一直是人类社会发展和文明进步的物质基础。过去,由于人们对湿地的价值缺乏了解,不重视湿地的保护,随着地球人口的急剧增加,为解决农业用地的扩张,对湿地的不合理开发利用导致世界湿地面积日益减少、功能和效益下降。在过去的半个世纪,人类对湿地的开发使全球的湿地面积缩小了 1/2,世界各国为加强湿地保护,于 1971 年制定了《关于特别是作为水禽栖息地的国际重要湿地公约》(简称《湿地公约》),并确定每年的 2 月 2 日为世界湿地日。

1992 年《联合国气候变化框架公约》(UNFCCC)出台以来,要求在全球范围内限制温室气体的排放和增强温室气体的陆地汇,一些国家开始考虑湿地的碳汇功能。1997 年《京都议定书》通过以后,湿地在全球碳循环和碳蓄积中的作用得到越来越多的重视。对全球湿地碳蓄积总量的估计各家有异,加拿大 1998 年的国家碳汇报告所估算的结果认为湿地占了全球陆地面积的 6%,其碳储量占全球陆地生物圈总碳库量的 14%(Canada,1998);而联合国粮农组织报告中认为湿地仅占全球陆地生物圈碳总量的 7%(FAO,2001)。

湿地在缓解全球变化中起着两个关键的作用:① 吸收温室气体,② 通过物理作用缓冲气候变化的影响。虽有研究表明寒带的泥炭地是重要的碳汇,如果被破坏或将湿地转为农用地将会释放大量的温室气体,但人们对湿地在全球碳储存中的源/汇作用还不是很清楚。科学家们用各种方法和手段来研究湿地生态系统中的碳循环过程,以了解不同湿地(沼泽地、泥炭地、人工湿地等)在陆地生态系统碳源/汇中的作用。而国际通量研究组织也逐渐开始重视湿地生态系统与大气间的 CO_2、CH_4 等温室气体交换的研究,目前在 FLUXNET 上注册的永久湿地通量观测站有 17 个,其中美国和加拿大的湿地碳通量研究较多。中国是亚洲湿地类型最齐全、数量最多、面积最大的国家,在 ChinaFLUX 首批启动的通量观测站中就考虑了湿地生态系统(海北),现已在三江、崇明等多个湿地生态系统上建立起通量观测站。

15.3.2 草地和湿地生态系统通量观测的特点

草地和湿地生态系统的植被下垫面通常比较平坦开阔,其植被高度、冠层结构和下垫面性质都与农

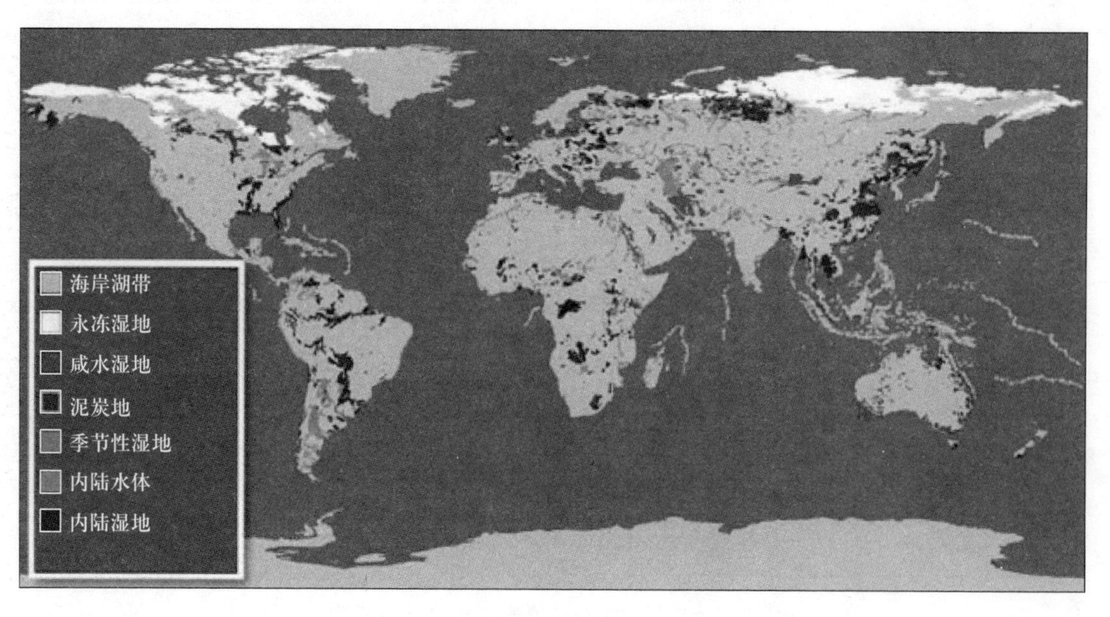

图 15.5 全球的湿地生态系统分布(见书末彩插)

田生态系统比较相近，因此比较容易进行涡度相关通量观测，也是开展通量观测方法与技术以及通量观测的尺度扩展理论方法研究的理想植被类型。草地生态系统按其利用状况通常分为自然草地、放牧草地和人工草地。人工草地与农田生态系统相似，其通量观测的特点和研究目的也比较相同。自然草地和放牧草地的分布面积大、类型多样，是开展草地生态系统碳循环和水循环研究的主要对象。

虽然草地生态系统的冠层结构和下垫面与农田相似，但因为草地生态系统通常是多物种构成的复杂群落，且各物种的组成比例、植株高度等在空间分布上差异很大，尤其是灌丛和稀树草原生态系统的植被结构更为复杂，在景观上多成斑块镶嵌或带状分布，不仅为生态系统的生理生态学调查研究带来极大的不便，也为选择通量观测点、确定观测塔的空间代表性带来较大困难。湿地的通量观测也会遇到与草地生态系统相同的问题，更主要的是湿地生态系统地下水位的空间和季节变化会对通量观测产生较大的影响，在非平坦区域内，由于地形地势的变化会造成区域内地表排水状况差异很大，从而出现草地与湿地镶嵌分布的景观，在这种植被上进行通量观测必须充分考虑地表异质性对通量观测可能造成的影响，从而科学地选择观测塔的位置。此外，在山间草地进行通量观测时，还需要注意地形坡度、周围环山等产生的水平平流和泄流对通量造成偏低估算。

放牧是草地利用的主要方式，也对生态系统形成了巨大的环境压力。分析放牧强度对生态系统的结构、功能和过程的影响是人们长期关注的科学问题之一。同时由于放牧管理的困难可能带来下垫面植被变化以及牧群可能对观测系统的破坏等问题，通常需要对观测场周围实施禁牧管理。然而长期禁牧又会造成观测场围栏内外地上生物量、群落叶面积、冠层高度等植被结构上的差异，而涡度相关法观测的通量代表的是一定区域内的平均值，因此在放牧草地上进行通量观测需要设计有效的放牧管理措施，来减少放牧对正常观测的影响。

尽管如此，在草地和湿地生态系统进行 CO_2、H_2O 和能量通量以及生态系统过程的综合观测的难度与森林生态系统相比还是小得多，同时由于天然草地大多分布在人类活动较少的地域，地面开阔，相对森林而言景观格局均一，因此天然草地是开展近地边界层的湍流理论和通量观测方法研究的理想场所，也是进行定点通量观测与区域卫星遥感观测间的尺度转换研究比较理想的生态系统类型。

早期的草地和湿地生态系统的通量观测研究除了服务于边界层湍流特征和通量观测方法技术研究之外，还服务于生态系统生产力过程与动态研究，近年来随着全球变化科学的发展，草地通量观测研究更多地关注以下几方面的问题：① 草地和湿地生态系统在全球变化和全球碳收支中的作用；② 草地和湿地生态系统的碳循环和水循环过程对全球变化的响应与适应；③ 草地生态系统 CO_2 和 H_2O 通量的日变化和季节变化特征及其长期变化的生物和环境控制机理；④ 生态系统碳循环和水循环过程机理模型的开发及大尺度卫星遥感评估方法的研究；⑤ 土地利用变化、生态系统管理措施对草地碳循环和水循环过程变化的影响及其生态学与环境学效应。

15.4 全球森林生态系统的通量观测

15.4.1 全球森林生态系统通量观测概况

森林是陆地生态系统的主体，在全球经济发展和环境保护中有着不可替代的作用。从 1947 年开始，联合国粮农组织与联合国欧洲经济理事会（UN-ECE）及联合国环境规划署（UNEP）等国际组织合作，每 10 年对全球森林资源情况进行一次清查和评估，并给出评估报告和相关的图件。表 15.2 给出了世界各大洲的森林植被面积（FAO，2013）。2010 年全球森林植被面积为 40.33 亿 hm^2，占据了地球陆地面积的 31%，其中天然林占 93%，人工林占6.9%。其中又以欧洲森林面积最大，约有 10 亿 hm^2，占世界森林总面积的 25%；而南美洲的森林覆盖率最高，达 47%，占世界森林总面积的 24%，仅次于欧洲。亚洲分布着世界面积最大的人工林，达 1.23亿 hm^2。据表中数据计算出的 2010 年全球森林总覆盖率为 31%。

图 15.6 是按 4 个主要陆地生态带划分的 2000 年全球森林植被空间分布图。世界上的热带和亚热带森林植被主要分布在非洲（占世界热带森林总面积的 36%）、南美洲（30%）和南亚（21%）；其中热带雨林大部分集中在南美洲（58%），非洲也有相当面积的热带雨林（24%），其余大部分在亚洲（17%）。几乎所有的温带和寒带森林生态系统都

表 15.2　2010 年全球森林植被按大洲分布的统计情况(FAO,2013)

地区	土地面积 /(10^6 hm^2)	森林(天然林和人工林)				天然林面积 /(10^6 hm^2)	人工林面积 /(10^6 hm^2)
		总面积 /(10^6 hm^2)	占各洲陆地面积的比例/%	占世界森林总面积的比例/%	1990—2010 年的净变化/(10^6 hm$^2\cdot$a^{-1})		
非洲	2 978	674	22.7	16.7	-6.5	654	20
亚洲	3 085	592	19.2	14.6	1.6	469	123
欧洲	2 260	1 005	45.5	24.9	0.25	936	69
北美洲	1 866	614	32.9	15.2	-0.4	580	34
大洋洲	849	191	22.6	4.7	-0.35	187	4
拉丁美洲和加勒比海	2 025	956	47.2	23.7	-4.6	937	19
世界总计	13 063	4 032	31	100	-10	3 763	269

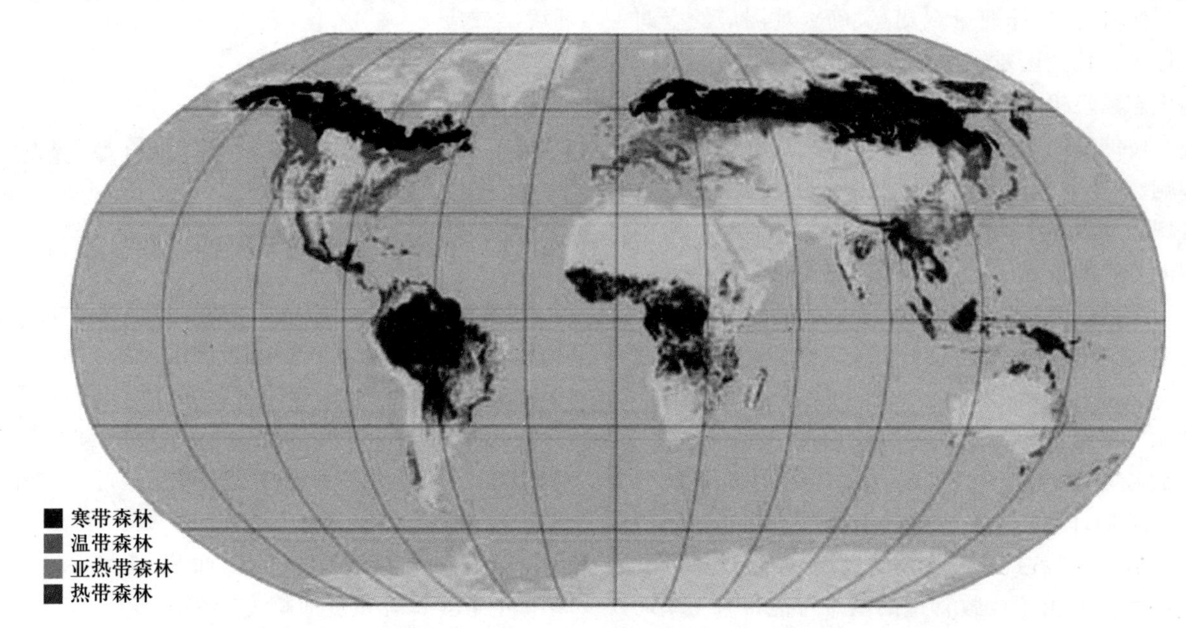

图 15.6　按主要生态带划分的 2000 年世界森林植被分布图(见书末彩插)
资料来源:FAO(2001)

分布在欧洲和北美洲北部和中部。若按国家或地区来划分,世界上三分之二的森林仅分布在十个国家:苏联、巴西、加拿大、美国、中国、澳大利亚、刚果共和国、印度尼西亚、安哥拉和秘鲁。可见森林生态系统在各国的分布很不均匀。

因各国森林清查资料存在很大不确定性,且后来对森林生态系统定义也有变化,这些统计数据也存在很大的不确定性,但调查数据显示的世界森林覆被自 1950 年以来持续缩小的趋势是毫无疑问的。近些年虽然部分国家开始采取造林、再造林及退耕还林等措施恢复森林覆被,但据估算 1990—2010 年世界森林面积平均每年仍净减少 650 万 hm^2,在世界各大洲中,仅亚洲和欧洲分别增长了 160 万 hm^2 和 25 万 hm^2。联合国环境规划署报告称,有史以来全球森林已减少了一半,且主要是人类活动造成的后果。工业革命以来世界人口急剧增加,为满足日益增长的粮食需求,大面积的森林被开垦为农业用地。然而导致森林面积减少的最主要因素则是开发森林木材及林产品;森林火灾的损失亦不可低估;非法砍伐森林是导致森林锐减的另一个十分重要的因素。据联合国粮农组织 2002 年的报告,全球四大木材生产国(俄罗斯、巴西、印尼和刚果)所生产的木材有相当比重来自非法森林采伐。为了扭转森林资源日益减少的趋势,国际社会有必要采取有效措施来保护地球上有限的森林资源。

森林已被公认为是陆地生态系统中最大的大气 CO_2 汇,在《京都议定书》中已经将各国的森林固碳功能以及通过人工造林、再造林和森林生态系统管理的固碳效果计入温室气体减排指标的核算体系之中。这使得世界各国更加重视对森林生态系统 CO_2 源汇功能的研究,因而许多长期通量观测网络也主要集中在不同类型的森林生态系统上(图 15.3)。森林生态系统的通量观测受到人们特殊关注的还有以下 3 个重要的理由:① 森林生态系统具有强大的气候调节功能、水源涵养功能、水土保持功能、生物多样性保护以及食物、木材、纤维和药材的生产功能。随着全球变化和生态环境问题的国际化,人们更加关注森林生态系统环境服务功能形成的机理和评估,这都有赖于对森林生态系统变化、物质循环和能量平衡的理解和科学数据的支持。② 森林生态系统结构复杂,演化周期长,过程研究和观测结果的不确定性极大,具有极大的挑战性,也是在全球变化与陆地生态系统研究中难度最大的研究领域。③ 世界上的大多数森林分布在地形复杂的山地,即使在一些相对比较平坦地区的森林,也由于人类活动的影响,使景观的破碎化十分严重,这给通量观测带来了极大的困难,也向科学家提出了许多具有探索性、挑战性的科学问题。

根据不完全统计,目前在世界范围内大约有 283 个森林站在开展长期连续的通量观测,主要分布在热带、亚热带和温带的常绿针叶林(95)、常绿阔叶林(43)、针阔混交林(114)和落叶阔叶林(27)和落叶针叶林(4)等自然植被带上。常绿针叶林站集中分布在美国、加拿大和北欧等国;常绿阔叶林站主要分布在南美洲的巴西和东南亚国家;而针阔混交林则主要分布在北美的美国、加拿大和东亚的中国、日本、韩国等。世界范围内的森林生态系统通量观测已积累了大量的数据,并取得了丰硕的研究成果,西方的大多国家都有很多研究小组在开展该领域的研究。亚洲的森林生态系统通量研究以日本时间最长,在日本的针叶林、泰国的热带雨林地区积累了大量数据,并在这些森林的 CO_2 通量观测中尝试了涡度相关法(eddy covariance)、拓宽湍涡积聚法(relaxed eddy accumulation)、改良梯度法(vertical gradient)等多种观测方法(详见第 7 章),为世界通量观测技术发展做出了重要贡献。森林也是中国陆地生态系统通量观测研究的重点,首批启动的观测站有一半在森林生态系统中,包括针阔混交林、常绿针叶林、常绿阔叶林等主要植被类型。

15.4.2 森林生态系统通量观测的特点

森林生态系统结构复杂,演化周期长,其生理和生态学过程的调查和野外测定的难度极大,现阶段对森林生态系统的通量特征以及过程机制的理解还存在很大的不确定性,因此对森林生态系统结构、功能与过程的理解也相对落后于农田和草地生态系统。森林生态系统大多是分布在地形复杂的山地,一些相对比较平坦的森林植被也在人类活动的影响下成为破碎化的景观格局。森林生态系统的特殊性给通量观测研究增加了很大的难度,其短期内的研究工作也难以获得科学上的公认,这种探索性和挑战性的科学问题,也激起了科学家的热情和兴趣。森林生态系统通量观测研究主要具有以下三个特点:

(1) 下垫面地形较复杂

森林生态系统大多分布在山区,尤其是一些特殊类型的森林也只有在特定的地域和地形条件下存在,因此,在森林生态系统中选择观测点时,很难兼顾森林植被类型的区域代表性和涡度相关技术对平坦地形条件的严格要求,许多观测站不得不建立在山谷、坡地或山脊等地形条件比较复杂的地点。而这种复杂地形条件下的山地小气候、局地风等不够理想的气象条件难以满足涡度相关通量观测的基本理论假设,从而会影响生态系统与大气之间的湍流交换过程,最终可能会造成对生态系统光合作用、呼吸作用以及生态系统 CO_2 交换量的偏高或偏低估计。因此,在复杂地形条件下的通量观测需要进行风浪区(fetch)和实际通量贡献区(footprint)、湍流谱特征、坐标系转换、林冠内的 CO_2 储存效应及平流效应的评价。

(2) 植被高大、结构复杂

森林植被的高度通常在几米到几十米不等,高大的天然林,尤其是热带和亚热带森林物种丰富,具有复杂的垂直分层结构,对其开展生理生态学的过程观测十分困难,往往要依赖于特殊的可水平和垂直移动的用于冠层分析的作业塔。实际上更为困难的是群落生理生态参数的垂直分布和水平分布的差异很大，利用在某些空间样点的观测数据上推到群落尺度水平存在很大的不确定性。此外，对森林群落具有破坏性的采样调查（地上和地下生物量、叶面积等）工作量巨大，并且森林一旦破坏则需要较长时间才能恢复。由此可见利用生态生理学调查数据对森林生态系统通量观测数据进行验证很难做到，且精度不高。模型分析和数据同化技术是一种可行的尺度转换途径，在森林生态系统通量观测过程中要特别强调对群落内部和冠层上的气象要素、CO_2 和 H_2O 浓度的垂直分布等的观测，尽可能多地测定生态系统碳循环和水循环过程参数，这有助于模型模拟和验证方面的研究。

(3) *景观格局破碎、林分类型多样*

除了少数的人工林外，大部分森林为混交林，且在空间上多为斑块状组合结构。天然林常有大量的林窗，在不同地段会形成以某种树木为优势的林分，在景观上成为多种林分镶嵌的格局，为建立通量观测塔和确定通量数据的区域代表性增加难度。通量观测的风浪区大小与仪器的观测高度有关，在山区林地进行观测时，往往森林的风浪区会足够大，但是因山地小气候和地形的影响，林分的空间变异性也很大；而平原区的森林植被往往因人类干扰而导致景观破碎化严重，在这些地区所观测的林斑大小是否能够满足通量观测的需要，需要作充分的论证。森林生态系统的通量观测高度经常会受到观测塔高度的限制，也受设备的管路长度和信号传输距离等方面的限制，仪器设置过高会带来很多不便，并且需要考虑森林景观格局的异质性的影响；仪器设置过高也可能引起非目标林分的影响。相反，在森林下垫面粗糙度较大的情况下，观测高度过低可能会使观测仪器不在常通量层内，带来测定误差，也可能使观测数据的风浪区过小，仅仅代表十分有限的森林植被通量。所以如何保证观测高度的风浪区和通量贡献区能落在有效的目标植被范围内，同时保证通量观测边界层假设成立是比较棘手的问题，现在还没有标准的确定方法，主要是依靠观测经验判断，或者根据一段时间的实际观测数据的分析和论证来调整和确定。

人工造林、再造林和林业管理的碳汇效应是当前全球变化科学领域关注的重要问题，不少通量塔被设在人工林上，主要是观测人工造林的生态系统碳汇功能，揭示森林生长过程规律和碳汇功能的动态变化。人工林的测定相对于自然林较容易些，因为森林的生长历史比较清楚，其植被结构也比较简单，但是人工林的面积是否能够达到通量观测所需要的下垫面要求也需要充分论证。另外，在评价人工林以及林业管理的碳汇效应时，应注意其对比的对象森林与被观测森林的在地理空间和立地条件方面的异同。

森林是现在的通量观测网络中站点数量最多的生态系统类型，其观测研究的目的主要在于以下 6 个方面：① 评价森林生态系统在全球变化和全球碳平衡中的作用，确立碳汇清查与核算的方法；② 评价森林生态系统的碳循环和水循环过程对全球变化的响应与适应性；③ 研究森林生态系统 CO_2、H_2O 及能量通量的日变化、季节变化及长期变化的生物和环境控制机理，为生态系统过程模式开发提供科学认识；④ 为大尺度生态系统过程模拟、卫星遥感模式提供有效的参数化方法和地面检验数据；⑤ 综合研究复杂地形和非均匀植被条件下的通量观测理论与技术；⑥ 评价森林的碳汇功能和水源涵养功能及全球变化情景下的生态系统服务功能变化。

15.5　几种具代表性的通量观测实例

15.5.1　开路系统通量观测

开路系统结构简单，仪器的灵敏度高，被广泛应用于农田、草地等生态系统的短期通量观测中。近年来因为仪器性能稳定性逐渐提高，开路系统也在森林等复杂生态系统的长期通量观测中得到广泛应用。图 15.7 为 ChinaFLUX 在草地和农田生态系统的开路观测系统示意图。

在草地生态系统运行的开路系统主要由开路红外气体分析仪（如 LI-7500）和三维超声风速计（如 CSAT-3）组成，分别用来测量大气中 CO_2 和 H_2O 浓度及三维风速，传感器将信号传递给数据采集器，再由数据采集器进行信号转换和相关的处理，最终输出植被与大气间的 CO_2、潜热和显热通量。同步观测的微气象要素包括光合有效辐射（PAR）、净辐射（R_n）、风向、两层风速和空气温湿度、冠层红外温度

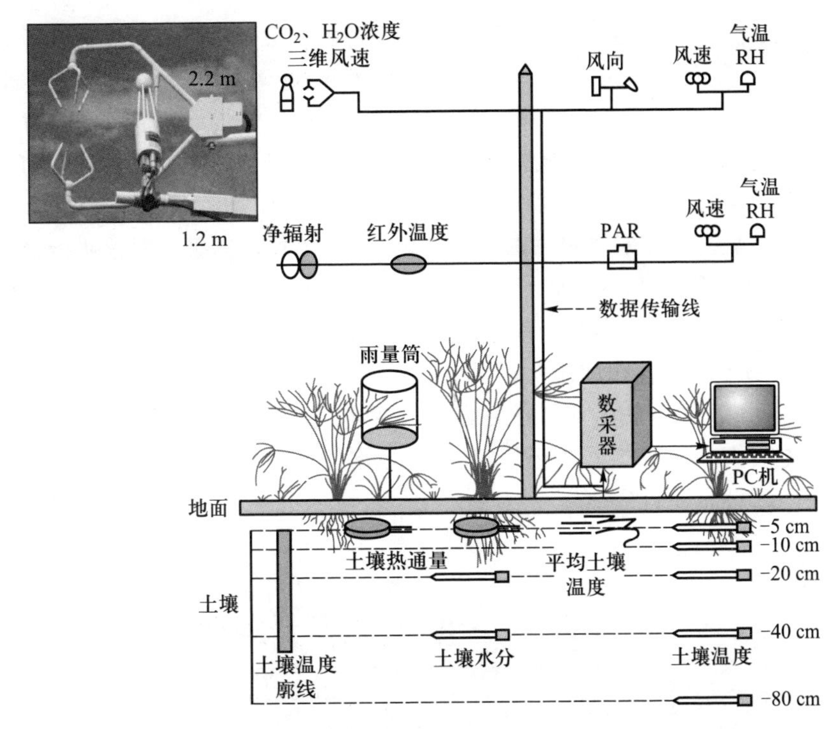

图 15.7 ChinaFLUX 草地/农田生态系统通量观测系统配置图及开路系统关键传感器超声风速仪(CSAT-3)和红外气体分析仪(LI-7500)照片

和降水;土壤环境监测要素包括土壤水分、土壤温度(5层)、地表平均温度及土壤热通量等。所有探测信号都通过数据传输线传递给数据采集器,按设定程序进行相关运算,以半小时为步长进行记录和存储。数据采集器可与PC机相连来下载数据。草地生态系统通常有明显的生长季和非生长季之分,研究者必须在生长季辅助性地调查通量塔周围的植物群落生物量、叶面积指数、植物光合作用、土壤呼吸等植被生理生态特征。

农田生态系统与草地生态系统很相似。农田群落的物种单一,植被高度和冠层结构比草地更加均匀,且农田生态系统的地面通常开阔而平坦,这些有利条件使得农田生态系统很容易开展涡度相关通量观测与研究。通常农田生态系统的通量观测的仪器配置也与草地很相似,除了开路涡度相关通量观测(LI-7500 和 CSAT-3 测 CO_2、H_2O 和能量通量)和常规气象观测(辐射、空气温湿度、风、降水、土壤温湿度)外,由于农作物植被发育过程的阶段性和季节性明显,还需要定期测定叶面积指数、群落的垂直结构、生物量等的季节变化。农田生态系统是受人工控制的系统,耕种、施肥、灌溉和收获等人类活动强烈影响了该系统的物质和能量交换,因此在农田生态系统进行涡度相关通量观测时还需要详细记录人工管理活动的时间和强度,这些辅助观测有助于解释通量形成的生态机制和过程模型的开发与验证。

近年来,经济实用且灵敏度高的开路红外气体分析仪迅速发展,这为开路涡度相关系统的广泛应用提供了便利。开路系统结构简单、系统稳定性好且容易维护,只要保证正常供电,系统基本上就能正常运行。需要注意的是在最初选址时应尽量选择下垫面均一平坦的地方,同时要保证观测塔的上风向有足够的风浪区,使观测塔远离山丘、水沟、道路及居民环境。安装仪器时让红外气体分析仪和超声风速计的探头迎风,且红外分析仪和超声风速计不可分开太远,尽量保证两者观测的同步性。红外气体分析仪需要定期进行零点校正,以防止系统随时间发生飘移,通常需要每年校正一次;另外还需要保持超声风速计和红外气体分析仪的探头清洁,以防止雾霜露雪、昆虫禽鸟等污染探头而产生错误的观测数据。开路系统中传感器几乎是实时地进行微量气体(CO_2、H_2O)浓度和三维风速的同步原位观测,测定的数据不必做管路的延迟校正和管内气体浓度波动衰减的校正,因此OPEC的数据后处理比闭路系统简单,最基本的数据处理是进行坐标旋转和Webb校正(详见第8章)。

15.5.2　闭路系统通量观测

闭路系统结构复杂，需要大量的附属控制和校正装置（详见第 8 章），但是因为其观测系统在短期观测中稳定性较好、准确性高，且便于及时校正等特点被广泛应用于森林生态系统的长期观测。图15.8是 ChinaFLUX 千烟洲站的通量观测系统装置示意图，现在以该站为实例对闭路观测系统配置、观测项目、观测技术要点和数据分析等做简要的说明。

森林生态系统中使用的闭路系统与开路系统的主要区别在于其不同的微量气体传感器和分析仪。闭路系统由一个三维超声风速计（CSAT-3）测定三维风速，同时用一个气泵带动的进气口将超声风速计近旁的空气经导气管抽送至置于地面的红外气体分析仪（LI-7000）中，由其分析所抽取的气体中的 CO_2 和 H_2O 浓度，再将信号传递给数据采集器（CR5000），数据采集器按照指定程序将三维风速与 CO_2 和 H_2O 浓度进行相关转换和计算处理，最终得出植被与大气间的 CO_2、潜热和显热通量。与通量观测同步进行的常规气象要素有辐射（总辐射、净辐射、光合有效辐射）（图 15.8）、风向、冠层上下的七层风速和空气温湿度、冠层红外温度和降水；土壤

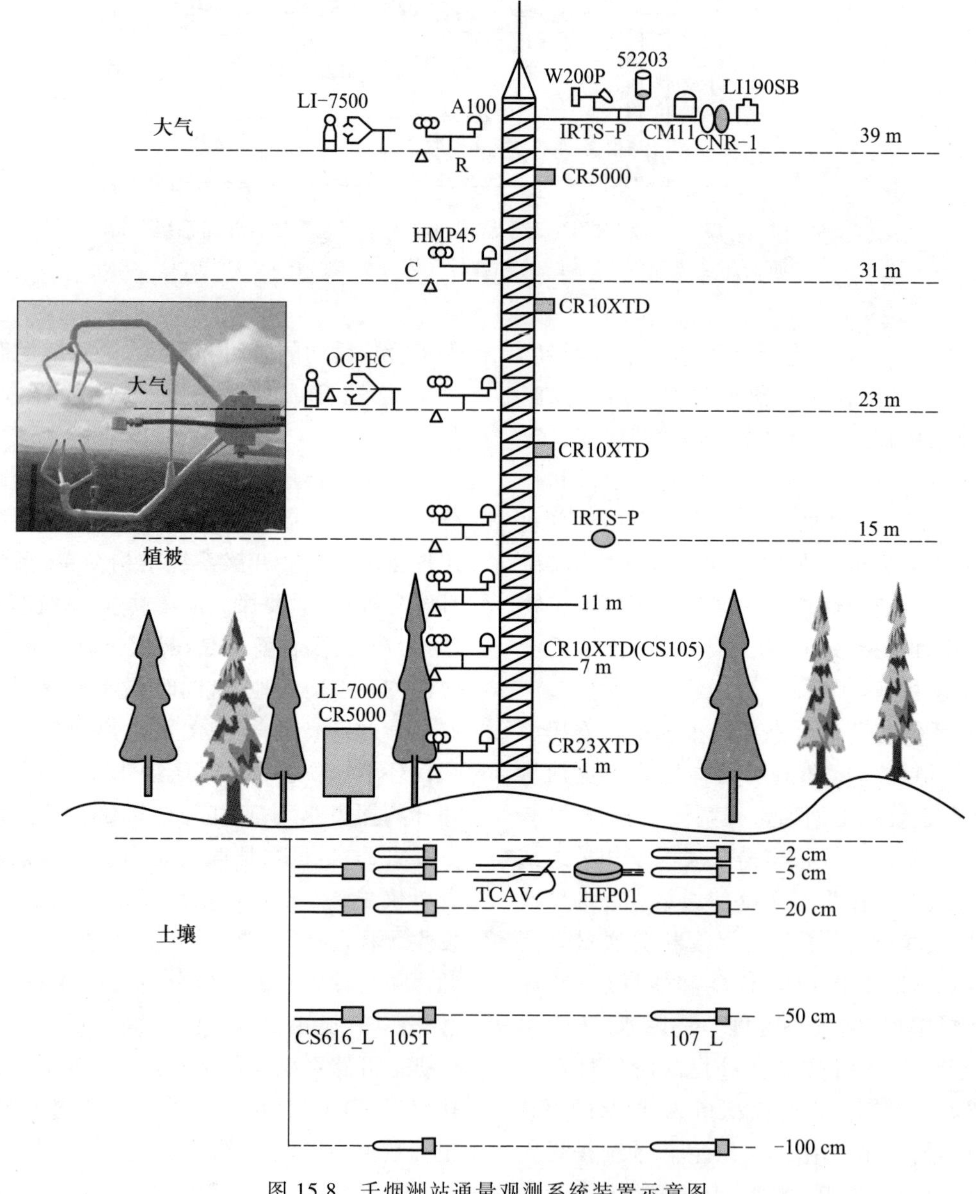

图 15.8　千烟洲站通量观测系统装置示意图

包括一套开路系统（33 m）和一套开闭路对比观测系统（23 m），
图中的照片为闭路系统的主要传感器：超声风速计和空气采样口

环境要素监测包括土壤水分、土壤温度、地表平均温度及土壤热通量等。各层常规观测数据都以半小时为步长由数据采集器记录输出。

闭路系统可以将分析仪放置在温度可以人工调控的地方，所以受天气的影响较小，性能相对比较稳定。闭路系统结构复杂，其正常运行还需要配置空气主动取样控制系统、大容量抽气泵和 CO_2 浓度自动校正系统等辅助系统，需要专业的技术人员进行长期而及时的现场维护和校正。用闭路系统进行通量观测时，气体样品必须通过抽气管进入到样品室后才进行分析，这样就会发生 CO_2/H_2O 浓度测定与超声风速计的风速测定在时间上的滞后，从而需要对闭路系统进行管路延迟校正；同时，因管道质地、清洁维护等因素会造成信号的高频丢失，这些都是闭路系统测定结果中不确定性的重要来源，需要通过与开路系统平行观测比较，对通量进行相应的校正（详见第 8 章）。

除了以上闭路系统本身的局限性外，森林生态系统植被和地形的复杂性也会对涡度相关通量观测产生误差和影响。在数据后处理和数据分析中需要考虑高大的森林植被所造成的 CO_2 和能量的储存效应、复杂地形产生的平流和泄流效应及通量计算的坐标系选择等问题。

15.5.3 开路和闭路系统的对比观测

过去十几年里，开路和闭路系统观测仪器的实用性和稳定性都有了很大改善，因而涡度相关技术也被广泛用于各种生态系统的长期通量观测，开路和闭路两种观测方法都有各自的优点，但其观测系统在理论和实践应用中也都还存在不足。在用涡度相关法直接测定植被与大气间的 CO_2 和 H_2O 交换量时，最适合的方法是采用超声风速计和开路红外气体分析仪的组合，并且这种方法已经被广泛接纳和采用。采用开路气体分析仪的主要优点是通量的计算相对简单，但是开路分析仪还存在设备维护和保养困难、天气状况较差时难以进行有效观测等问题，不适合用于长期的连续通量观测。闭路分析仪的系统便于人工控制进行及时维护和校正，受外界干扰小，可保证系统的长期稳定性；但采用闭路系统测得的数据需要进行多项校正，数据后处理比较困难。

在早期的通量观测中，由于观测系统设备成本较高，很少在一个站进行开路和闭路系统的并行观测，近几年随着通量观测的普及，人们也开展了较多的开路和闭路系统的比较研究，以期在不同的植被上选用更合适的观测系统。此外，通量观测设备的成本也在逐渐降低，观测技术的进步也为开路和闭路系统的并行观测提供了条件，在同一通量观测站进行两套系统的并行观测，有助于进行两套系统的相互校正和两套数据的相互补充。

ChinaFLUX 分别在长白山（CBS）和千烟洲（QYZ）两个试验站同时安装了开路（OPEC）与闭路（CPEC）两套涡度相关通量观测系统。与以往不同的是，这两个站上的两套观测系统采用了同种型号的观测仪器，而且两套系统的观测项目完全一致，克服了早期开闭路对比研究中存在的问题。观测系统配置图和相关图片请参见第 8 章。

OPEC 与 CPEC 两种涡度相关系统包括以下组分：CSAT－3 三维超声风速计（Campbell Scientific, Inc）、LI－7000 闭路红外气体分析仪（LI－COR, Inc.）、LI－7500 开路红外气体分析仪（LI－COR, Inc.）、空气温湿度传感器（HMP45C, Vaisala）和数据采集器（CR5000, Campbell Scientific, Inc.）（图 15.8）。在该系统中开路和闭路系统计算通量时共用同一个超声风速计测的三维风速（见第 8 章图 8.12），而用各自测定的 CO_2 和 H_2O 浓度。超声风速计和两个气体分析仪的采样频率均为 10Hz；采集器的程序控制整个观测系统。

千烟洲站的 OPEC 系统的三维风速计、开路红外分析仪（LI-7500）和闭路进气口安装在距离地面 23 m 高度处（如图 15.8），长白山试验站的则安装在 41.4 m 处；闭路红外气体分析仪（LI－7000）和 CR5000 数据采集器都在近地面处。两个站的涡度相关系统与常规气象观测系统的配置也如图 15.8 所示。下面是对开路与闭路系统测定结果的一些比较。

长白山和千烟洲站用 OPEC 和 CPEC 两种观测系统测得的垂直风速（w）和 CO_2 浓度（c）的协谱如图15.9所示。该图是对两种协谱分别进行了标准化后的 log-log 图。两个试验站的 OPEC 和 CPEC 两种观测系统的垂直风速和 CO_2 浓度的协谱（wc）与 $-4/3$斜线非常一致，当频率小于 1 Hz 时，开路分析仪和闭路分析仪的观测结果非常一致。大约在 0.03 Hz左右，wc 协谱达到最大值。本研究的对象为森林，且观测系统安装在冠层以上，那么协谱的最大值所对应的频率范围应该低于农田生态系统的观测

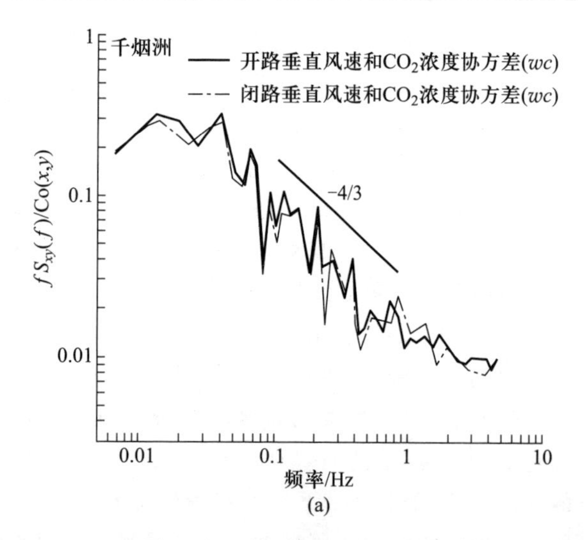

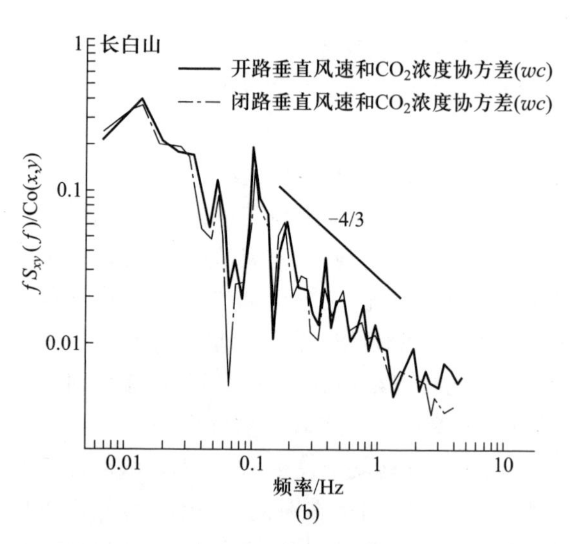

图 15.9 千烟洲和长白山站用开路与闭路测得的 *wc* 协谱比较:(a) 千烟洲站;(b) 长白山站
其中 x,y 分别为开路与闭路观测系统观测的垂直风速和 CO_2 浓度

值,这正是闭路涡度相关系统更适合于观测高大植被的优势所在,因为观测高大植被时,对通量有用的频率段趋向于低频范围,而这些低频区域恰好可以被一种响应速度相对较慢的传感器所涵盖。

Leuning 和 Judd(1996)在 OPEC 与 CPEC 观测系统的协谱比较中发现当频率大于 0.1 Hz 时,由于气体浓度在闭路系统管内衰减,导致闭路系统所观测的通量明显小于开路系统;宋霞等(2004)在长白山和千烟洲站也发现当频率大于 1 Hz 后,闭路分析仪所观测的协谱小于开路分析仪;这些结果都说明响应较慢的闭路系统明显影响了 CO_2 通量的观测。

图 15.10 是文字信贵(2000)给出的闭路和开路系统测定 CO_2 和水蒸气协谱的比较结果。从图 15.10a可看出,闭路系统测得的水汽和垂直风速的协谱在高频一侧比开路系统小,而在低频段两种方法的观测结果差别很显著。研究者认为这是由于开路分析仪的输出在低频部分不稳定所造成的。这种不稳定性出现的规律在各测定周期之间呈现不同的表达方式,难以进行修正。从图 15.10b 可见,两种方法测得的 CO_2 通量在低频部分的变化基本类似,但在高频区基本看不出两者对水汽通量的影响有何差别。

图 15.11 比较了用开路和闭路系统在日本某森林生态系统测得的 CO_2 和潜热通量(文字,2000)。可以看出,两个系统观测的通量观测结果一致性较高,在以开路系统的观测结果为基准的前提下,闭路系统观测的潜热通量比开路系统略微偏高,但闭路系统测得的 CO_2 通量则为开路系统的 92%,该结果与 Yasuda 等(2001)的结果十分吻合,说明开路系统和闭路系统测的 CO_2 和潜热通量基本一致,两套系统的观测数据可以相互校正,并相互插补缺失的数据段。

图 15.12 比较了在长白山站和千烟洲站用开路和闭路两套观测系统所观测的两天的 CO_2 通量时间序列。从这两天的 CO_2 通量日变化可以看出,不管白天还是夜间两个试验站的开闭路通量观测结果都非常一致,进一步证明了开路系统和闭路系统用于通量观测的一致性和可靠性。此外,众多研究也发现,开路系统更适合用于草地和农田等简单植被类型上的通量观测,而在植被高大而地形复杂的森林生态系统,尤其在温度和湿度都较高的热带和亚热带森林生态系统中,更适合采用闭路观测系统。

15.5.4 应用 REA 法的长期通量观测

森林植被和大气间的 CO_2 交换量虽然已进行过大量的实际观测,但是还有测定精度和长期连续观测等许多问题没有解决。为了在森林中进行 CO_2 通量的长期连续观测,REA(relaxed eddy accumulation)法是一种重要可行的途径。这里以日本京都大学(文字信贵,2000)在某针叶林用 REA 法进行的 CO_2 通量连续观测为例,来概述 REA 法的测定系统、测定方法和结果分析等问题。

实验是在京都大学农学部某实验林的观测塔上进行的,连续观测了 5 个月,对观测结果进行了分析和整理。京都大学农学部实验林位于滋贺县琵琶湖东南岸,该生态系统为侧柏和红松混交林,树高约

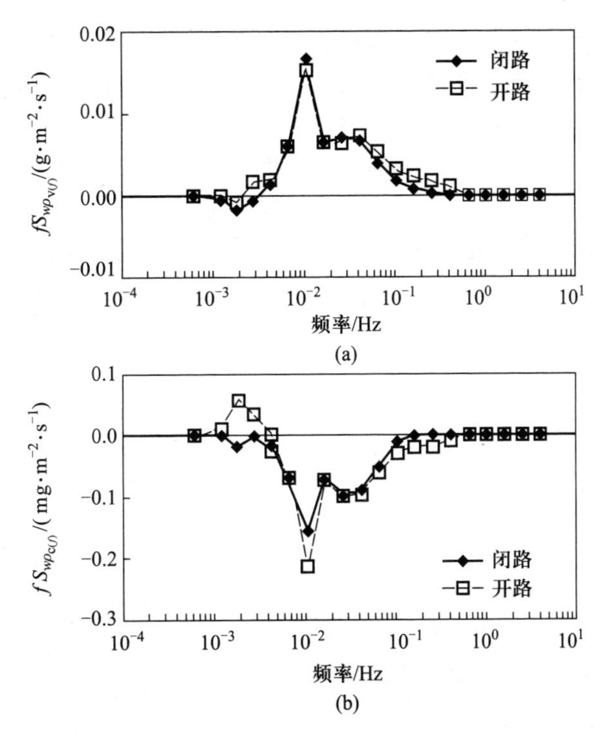

图 15.10 开路和闭路法测得的 CO_2 和水汽通量的协谱比较：(a) 水汽通量；(b) CO_2 通量（文字信贵，2000）

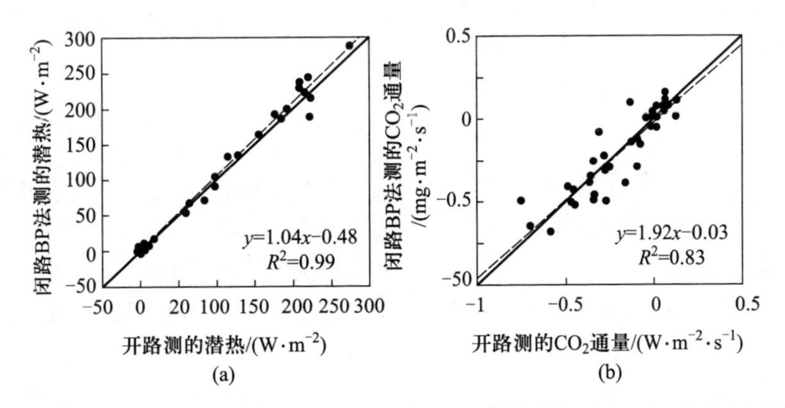

图 15.11 开路和闭路法测得的潜热和 CO_2 通量比较：(a) 潜热通量；(b) CO_2 通量（文字信贵，2000）

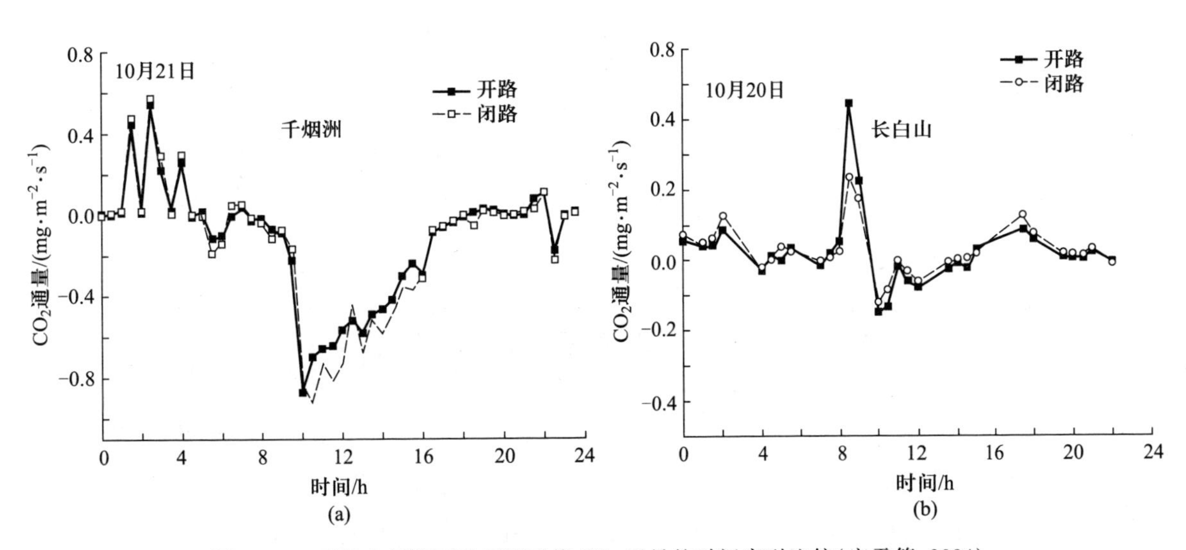

图 15.12 开路和闭路两种观测系统 CO_2 通量的时间序列比较（宋霞等，2004）

15 m，通量观测高度为 23 m。用 REA 法测定森林群落 CO_2 通量的装置与常规通量观测系统基本类似。为了使测定能长期自动连续进行，研究者对整个装置的系统结构进行了改造，并在测定开始前在原地进行了充分的校正。

如第 7 章所述，用 REA 法计算通量的表达式为

$$F_c = b\sigma_w(c^+ - c^-) \quad (15.1)$$

式中：F_c 为 CO_2 通量；c^+为风向向上时 CO_2 的平均浓度；c^-为风向向下时 CO_2 的平均浓度；σ_w 是垂直风速的标准差；b 是通过实验求得的系数。在空气取样时使用电磁阀，将空气样品集中到 20 L 的取样包中，再送到红外气体分析仪（富士机电制造，ZRH 型）中测定 CO_2 浓度。这些气体的收集（30 min）、分析与排放（30 min）过程以 1 h 为周期，由电磁阀和抽气泵自动完成。

对于显热通量的实验系数 b，用与涡度相关法比较的方法求得。为此，用细线热电耦（直径 50 μm）和超声风速计（Kaijo，DA-600 型）分别测定气温和垂直风速的脉动 T'和 w'，在数据采集器内用小型计算器每 30 min 自动计算 w 和 T 的协方差 $\overline{w'T'}$及 w 的标准差 σ_w。同时辐射、净辐射、降水、群落上的干球温度、湿球温度、平均风速、风向、地温等也用数据采集器自动记录。

利用显热通量求得的系数 b 通常在 0.5 附近，但是在雨天等太阳辐射极小时，则会偏离 0.5 很远。在 1 月到 6 月期间，群落的 CO_2 通量变化过程见图 15.13，所有数据都代表一小时的通量。由于测定的森林是侧柏，冬天不落叶，所以在白天通量一直为负，夜间为正值但非常小。从 1 月到 6 月白天的光合碳吸收通量和夜间的呼吸碳排放通量同时增加，日平均 CO_2 通量始终为负，从冬天到春天的转变过程中（2 月到 4 月）通量值快速增加。

白天 CO_2 通量与太阳辐射（日积分值）的关系如图 15.14 所示。可以看出，在一定范围内随着太阳辐射增加，群落的 CO_2 吸收量也有增大的趋势；但在日变化过程中，太阳辐射最强时，群落的 CO_2 吸收量未必最大；这也说明了光照并不是影响生态系统 CO_2 吸收量的唯一因素，在光照充足的条件下，生态系统的碳吸收能力还会受到其他环境因子（如温度和水分等）的限制。

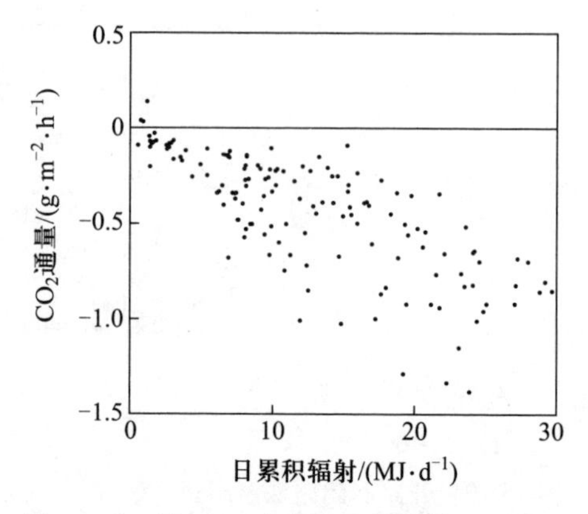

图 15.14 用 REA 法求得的针叶林 CO_2 通量与太阳辐射的关系（文字信贵，2000）

15.5.5 应用改良梯度法的通量观测

在实际的观测中梯度法也是常用的通量观测方法之一，在缺少涡度相关观测设备的情况下，梯度法不失为一个有效的通量观测替代方法，同时在许多生态系统的小气候观测系统中都没有气象要素梯度的观测，因而利用梯度观测数据来计算生态系统通量可以极大地开发数据资源的价值。这里以文字信贵（2000）所介绍的东南亚热带雨林的研究实例来介绍梯度法在通量观测中的应用。实验观测是在泰国的热带雨林进行的，目的是求算太阳辐射、风速、温度、湿度等气象要素与生态系统 CO_2 交换量之间的关系，以期从热带雨林的生长环境来推测大区域内热带雨林生态系统的 CO_2 吸收力。

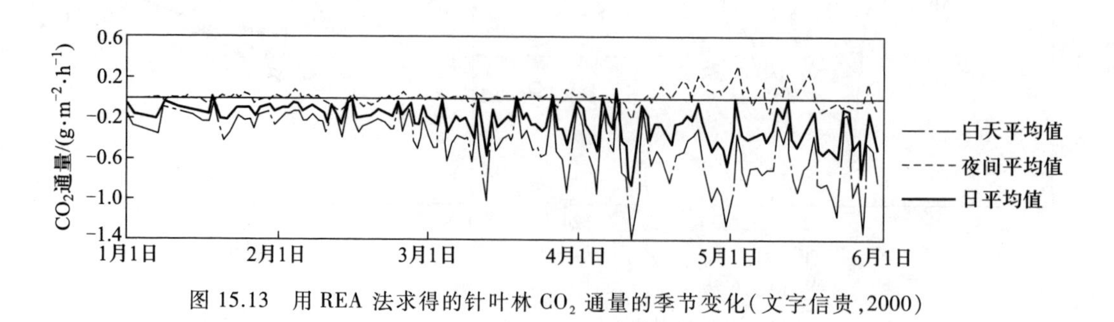

图 15.13 用 REA 法求得的针叶林 CO_2 通量的季节变化（文字信贵，2000）

实验观测场在泰国南部的 Phangnga(8°20′N, 98°27′E)。Phangnga 的热带雨林是泰国最大的次生林,树龄在 10~20 年,森林面积约有 3 万公顷,能保证满足微气象观测所必需的水平均一的下垫面要求。主要物种约有 10 种,不足4 m高的树木占群落的大多数。平均树高 5 m,群落高约 7 m。用植物冠层分析仪(LI-COR,LI-2000)在 1998 年 8 月求得的群落平均叶面积指数(LAI)为 3。通量观测在 1994—1998 年的 5 个时间段(1994 年 7—8 月,1995 年 3—4 月,1996 年 12 月—1997 年 1 月,1997 年 7—8 月,1998 年 8—9 月)进行,其中在旱季的 1996 年 12 月—1997 年 1 月、雨季的 1997 年 7—8 月,进行了大致相同的观测,使得观测资料能够用于雨季和旱季的通量比较分析。另外,1998 年 8—9 月应用了闭路涡度相关法对 CO_2 和水汽通量进行了直接估测。观测塔高15.6 m,边宽 1.5 m,塔上观测仪器的安装如图 15.15 所示。

通量观测使用梯度法和涡度相关法同时进行。梯度法的仪器分别设在 15.6 m 和 8.1 m 两个高度,由三杯风速计(牧野仪器厂制造)、通风干湿计(铜热电耦)和测定 CO_2 浓度用的空气取样口组成。从两个高度吸入的空气通过导气管进入气体分析仪(LI-6262)。铁塔顶部 15.7 m 高处安装了三维超声风速计和细线热电耦(50 μm)温度计,用于涡度相关法来求显热通量。另外,1998 年 8—9 月的观测中在超声风速计旁边安装了用于涡度相关法的热电偶风速计(KANOMAX)和用于闭路涡度相关法的空气取样口。从空气取样口到闭路分析仪(CIRAS-SC,PPsystem)用 90 cm 长的导管相连。用于涡度相关法的湍流信号通过 10 Hz 的低通滤波后经 AD 变换记录到计算机磁盘中。在铁塔顶部还安装了太阳辐射计(英弘精机,ML020V)、净辐射计(英弘精机,CN-11)、雨量筒、风向标。另外,在14 m高处装有测定冠层叶温的辐射温度计(IT-340),潮位的测定使用安装在附近的基于压力设备的水位计。这些数据通过底部的两台数据采集器传送到计算机中存储。

1996 年 12 月—1997 年 1 月的观测从旱季开始,天气晴朗,几乎不下雨。观测到的两次小雨也仅有1 mm左右。1997 年 7—8 月的雨季进行了与旱季大致相同的观测。虽然这段时间是雨季,但有雨期和无雨期循环出现,约 2 周左右为一个周期。雨季的降雨量持续在每天几十毫米,最大日降雨量达 100 mm。

图 15.16 比较了 1997 年 1 月分别用梯度法和涡度相关法测得的显热通量的日变化,可看出两种方法观测的结果一致性很高。可见,在缺乏涡度相关设备或观测场地不适宜用涡度相关技术的情况下,梯度法不失为一种很好的通量研究替代方法。此外,利用梯度 $\varphi_h\varphi_m$ 与稳定度的关系计算的热带雨林在旱季和雨季晴天的 CO_2 通量日变化如图 15.17和图 15.18 所示。从图中可看出该生态系统的

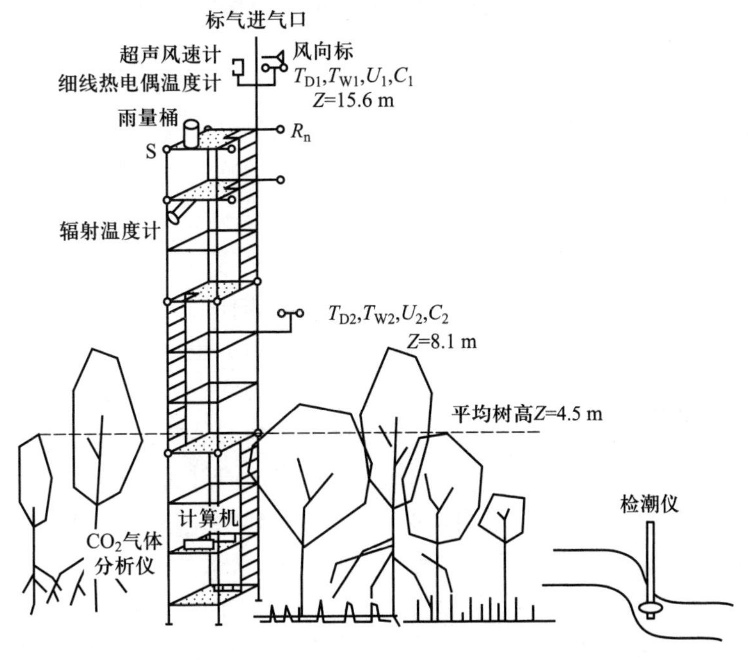

图 15.15 热带雨林通量观测的安装状况(文字信贵,2000)

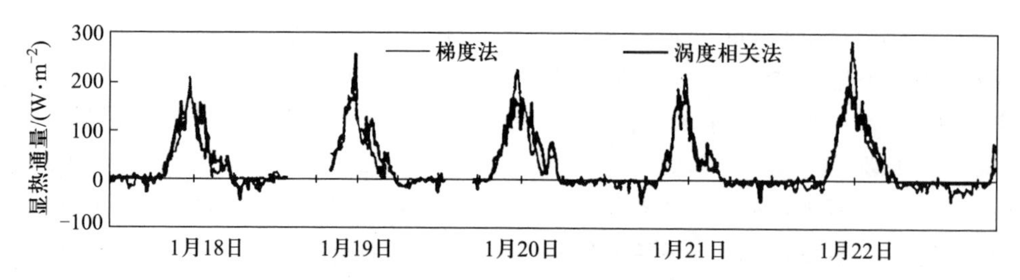

图 15.16　基于 $\varphi_h\varphi_m$ 和 R_i 关系计算的显热通量和直接利用涡度相关法测得的显热通量的比较(文字信贵,2000)

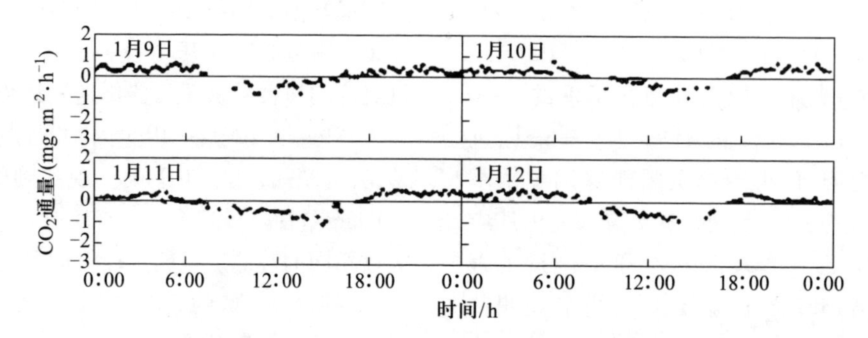

图 15.17　用改良梯度法求得的旱季热带雨林 CO_2 通量日变化(文字信贵,2000)

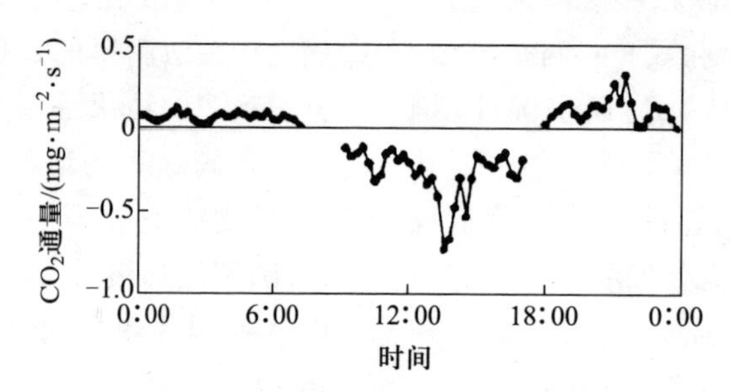

图 15.18　用改良梯度法求得的热带雨林在雨季晴天的 CO_2 通量日变化(文字信贵,2000)

CO_2 通量在雨季晴天与旱季几乎具有相同的日变化趋势,但在雨天由于太阳辐射减弱,相应地 CO_2 通量也较小(图略)。太阳辐射与 CO_2 通量具有负相关关系,光补偿点大约为 50 $W \cdot m^{-2}$。另外,即使太阳辐射增加,通量也不是以一直线方式增加,这里存在光饱和现象,光饱和时的 CO_2 通量大约为 −0.5 $mg \cdot m^{-2} \cdot s^{-1}$。

15.5.6　复杂地形下的通量观测

理想的涡度相关观测要求仪器安装在 CO_2 通量不随高度发生变化的内边界层即常通量层内(对于常通量层的明确解释,请参见第 9 章),且要求有足够长的风浪区和具有水平均匀的下垫面。然而当大气热力分层达到稳定或湍流混合作用较弱时,从地表和叶片释放的 CO_2 不能迅速扩散与大气均匀混合,因此违背了常通量层的稳态假设。在这种条件下如果 CO_2 源/汇是同质的,并且地形是平坦的,涡度相关测定结果就必须加上通量储存项,净生态系统 CO_2 交换量就为湍流涡度通量和储存通量之和。通常储存项对于低矮作物来说很小,但对于较高大的森林植被却很重要。

而当下垫面处于异质条件下时,物质和能量的平流就会发生。气流流过不同粗糙度或不同源/汇强度表面的区域(森林和农田、植被和湖泊、沙漠和灌溉农田的过渡带)时,物质和能量的平流效应十分显著;此外,复杂地形(山谷、丘陵等)往往会使气流分流、改变方向,在复杂地形条件下进行通量测定时,平流和泄流也会频繁发生。从景观格局上看,这些非理想的环境条件可能同时存在,因此植被-大气间的净生态系统 CO_2 交换量的估算应包括 4 个成分:湍流涡度通量(F_{Ctb})、储存通量(F_{Cst})、垂直平流项(F_{Cadv})和水平平流通量(F_{Cadh})。垂直平流项可以根据 Lee(1998)的方法进行量化,但是水平平流项的量化是非常困难的,根据 Yi 等(2000)的方法只能粗略地估计水平平流以及总平流项的量级,而不可能准确地定量评价。目前平流效应是植被-大气间的净生态系统 CO_2 交换量估算的不确定性的一个主要来源,特别是复杂地形下,没有二维和三维的水平平流模型的帮助很难完全地量化它们的影响(Massman & Lee,2002)。超声风速计是为在平坦地形进行通量观测而设计的,复杂的地形对通量观测的重要影响有以下 4 个方面(Massman & Lee,2002):① 复杂地形上很容易发生泄流(drainage flow),即使在某些地形较平坦的站点,若周围面积比 footprint 的范围大也很容易发生泄流;② 复杂地形可以通过非流线形体效应改变其周围的气流,因此也能影响到观测塔所在大气层的气流运动,风场的变化造成的湍流应力的变化会引起水平平流;③ 当气流流经地形变化的区域时,地表通量的源汇强度也不同,比如 Raupach 等(1992)发现区域上入射光的不同会产生明显的水平热量平流;④ 复杂地形产生的重力波的空间尺度及其三维特性往往超出了传统微气象的研究框架,在这种条件下进行的涡度相关通量测定存在很大的不确定性。

由此可见,复杂地形森林生态系统的通量观测的技术难度很大,需要在观测系统的设计和数据分析等方面给予充分的考虑。在一般的观测实践中应采取的主要措施包括坐标系统的变换、风浪区和 footprint 评价、平流和泄流校正等方面,这里仅举实例简单讨论一下在复杂地形上的森林生态系统实施通量观测进行的坐标变换和 footprint 分析。

(1) 复杂地形下通量观测的坐标变换

首先以文字(2000)所介绍的在日本滋贺县南部的森林生态系统进行的通量测定试验为例来说明在复杂地形上进行涡度相关测定的坐标变换问题。实验区域内的地形有较大的坡地起伏。观测塔周围的地形大体走向是向北倾斜 10°(图 15.19),植被是高约 15 m 的侧柏林,夹生着红松,用植物冠层分析仪测得叶面积指数约为 4.5。实验通过距离地面高 22.6 m 的三维超声波风速计测定 3 个方向风速的脉动和平均值,用细线热电耦温度计(直径约50 μm)测定气温脉动,Advanet 的 CO_2/H_2O 分析仪测定 CO_2 和 H_2O 的浓度脉动。观测时间是 1995 年 8 月上旬的 4 个晴天。

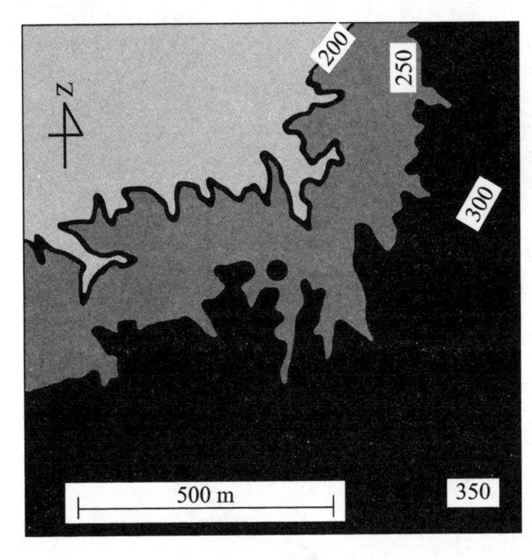

图 15.19 观测地附近的地形(文字信贵,2000)

在 4 天的测定期间内,风向变化无常。风的倾角 arctan(w/u)与风向的关系见图 15.20。其中 w 和 u 分别为风的垂直分量和水平分量在 30 min 内的平均值。由于地形向北倾斜,因此吹向观测塔的北风、东北风主要是上升气流(图中正号方向),而西风和南风主要是下沉气流(图中负号方向);在观测期间很少刮东风。由于风的倾角也与大气的稳定度等地形以外的因素有关,所以风向与倾角的关系未必就是如此。有时倾角虽大,但由于地形具有约 10°的倾斜角度,所以倾角也几乎都在 10°以内。

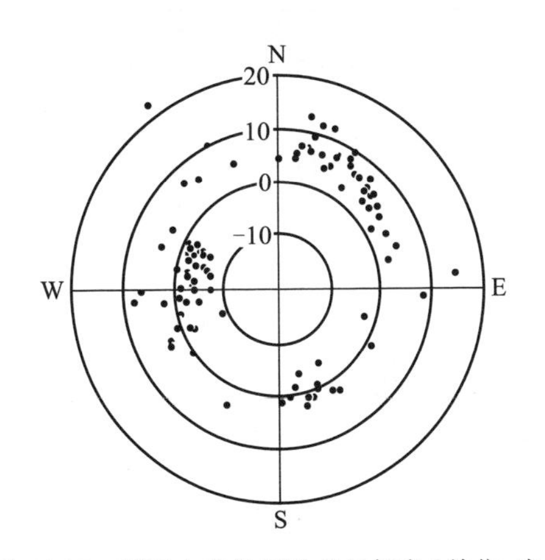

图 15.20 因风向变化导致的风倾角(单位:度)的变化(文字信贵,2000)

0 等值线外侧为上升气流,内侧为下降气流

图 15.21 显示了通过坐标变换可能引起的动量($\overline{u'w'}$)、热量($\overline{w'T'}$)、CO_2 通量($\overline{w'c'}$)的变化情况。就协方差而言,坐标变换的结果使$\overline{u'w'}$变大。这是

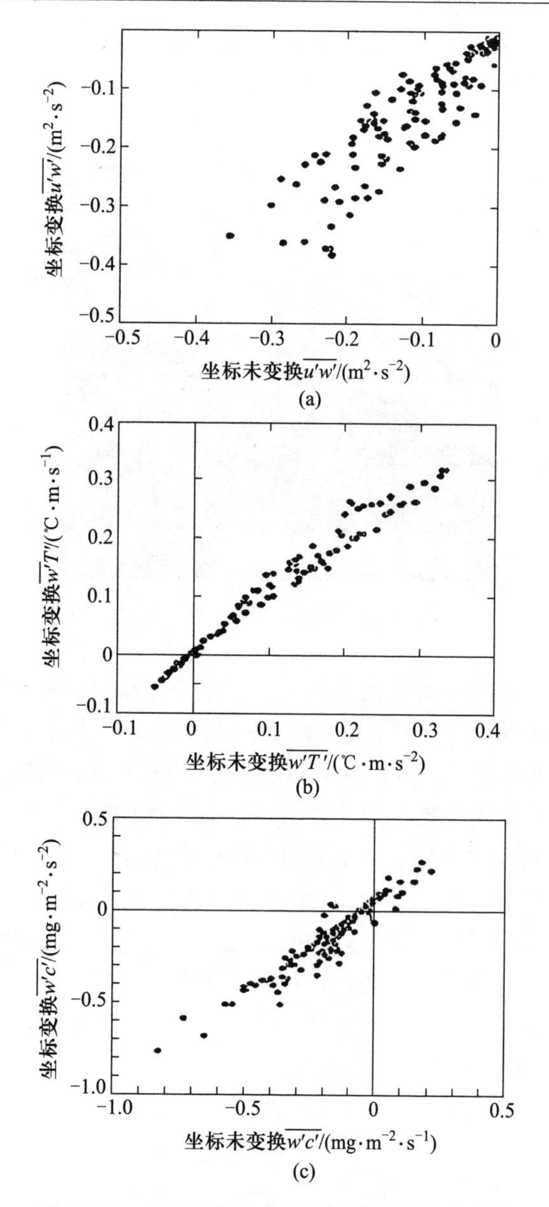

图 15.21　坐标变换和未变换情况下通量的比较（文字信贵等,2000）

由于坐标倾斜对 u 和 w 两者都有影响,将 u 成分加入到 w,$\overline{u'^2}$是$\overline{u'w'}$的误差变大的缘故。对于标量,坐标变换的影响不大,但对于$\overline{w'c'}$是否做坐标变换会有很大的区别。在$\overline{w'c'}$变换中,由于采用了对含有密度脉动修正的$\overline{w'T'}$和$\overline{w'q'}$分别进行坐标变换的结果,所以可能有累积效果。

由坐标变换引起的各通量变化的比例,因情况不同显示出较大的差别。就$\overline{u'w'}$而言,标量通量受到坐标变换的影响很小。但如果考虑到分析通量本身的值,进行坐标变换后,显热($\overline{w'T'}$)、潜热($\overline{w'q'}$)、CO_2 通量($\overline{w'c'}$)的变化范围只有通量值的百分之十几,多数情况下即使不进行修正也不会有多大问题。也就是说,在精度允许的情况下,即使不用三维风速计,而用一维风速计测定也是可能的,也不需要烦琐的坐标变换。但是,应注意的是$\overline{u'w'}$与$\overline{w'T'}$、$\overline{w'q'}$、$\overline{w'c'}$等标量通量相比有较大误差。

（2）复杂地形上的 footprint 分析

在实践中,大部分森林通量观测塔都建在非平坦地形的复杂植被上,很少能满足涡度相关微气象通量观测的平坦地形和均一植被要求。尽管如此,由于技术和方法的局限,针对平坦地形所建立的 footprint 模型还是常被用来评价非平坦地区的通量与通量源(source & footprint)之间的关系。这也造成人们在解释数据过程中还存在很多困难和不确定性,主要原因是缺少一套成熟的理论和方来准确地评价在复杂地形和植被上所测通量的贡献区。Sogachev 等(2004)用一种数字模拟试验法研究了复杂地形上森林植被通量的 footprint,这里以该研究为例分析复杂地形上的 footprint。

① 山地上方的气流运动特征:一个孤立山丘的形状可以用下面的函数来表示:

$$h(x)=\frac{h_0}{2}\left[1-\cos\left(\frac{2\pi x}{L}\right)\right] \tag{15.2}$$

式中:h_0 和 L 分别是山脊的高和宽;x 是距山脚的距离。众所周知,稳定气流条件下回流带(recirculation zone)或气流分离(separation bubble)的形成取决于障碍物的倾斜度。为了描述不同山丘的形状,我们采用了不同的山脊高宽比(h_0/L= 0.05, 0.1, 0.2, 0.3),在数字模拟实验中,山脊的宽始终为常数 1 000 m,山脊高的变化范围是 50~300 m。气流经过无植被覆盖、地表粗糙度 z_0 为 0.3 的山脊时的模拟气流场变化如图 15.22 所示。结果说明山脊在气流运动中起着障碍物的作用,山脊的大小和形状明显影响了气流场的模式。当风经过较平滑的山脊时,气流受到挤压导致风速增大;若山脊逐渐增高则会引起气流分离;在背风坡往往气流速度减慢,而在陡峭的山脊背风坡处气流往往分离并改变方向(图 15.22 中的 c 和 d),这就是所谓的"尾流区",该处气流高度混合。图中的虚线表示气流回流带。

自然环境中这样平滑的山脊并不常见,实际中的地形比这更复杂,有粗糙植被覆盖的山脊对气流的阻滞作用更强,造成气流的湍流强度增加,在靠近分离气流的回流区风速很低。Sogachev 等(2004)模拟了山脊上有高 20 m、LAI 为2.4 m^2m^{-2}的均匀森林覆盖时对气流的阻滞和干扰作用(图 15.23)。当地表粗糙度或入侵气流的剪应力较大时,压力干扰程度就越大,在平缓坡面上也就容易发生气流分离。比较图 15.22 的 a、b 与图 15.23 的 a、b,能够发现对于相同坡度的山脊,地表粗糙度越大气流越容易分离,这与 Belcher 和 Hunt (1998)的结论非常一致。

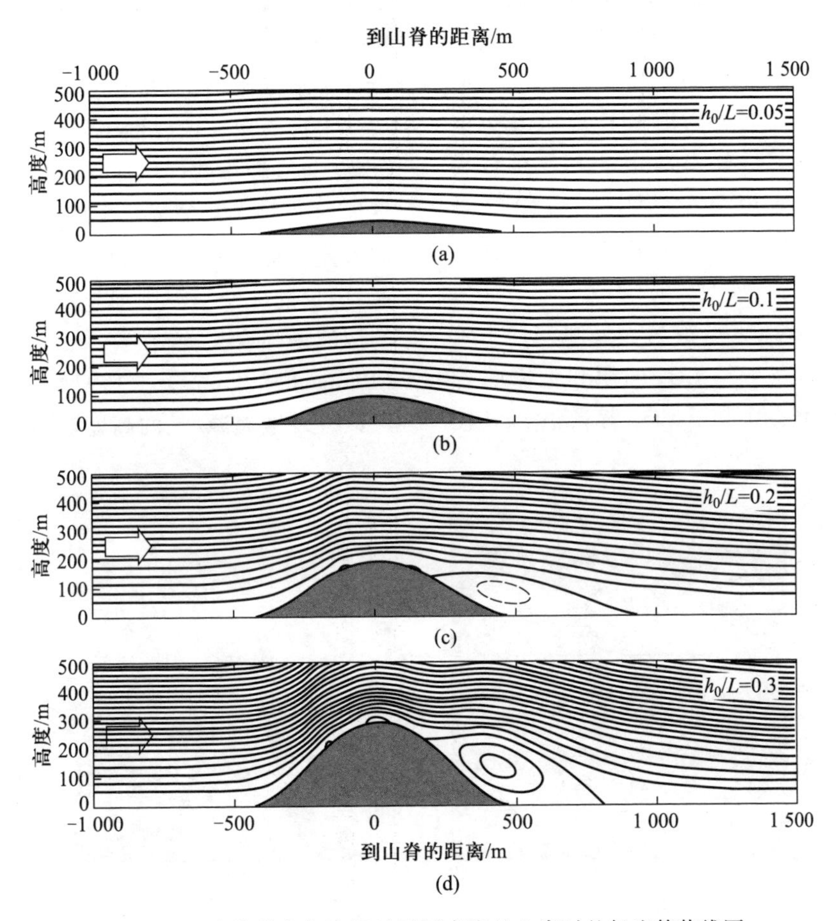

图 15.22 中性稳定气流经过不同高度的山脊时的气流等值线图

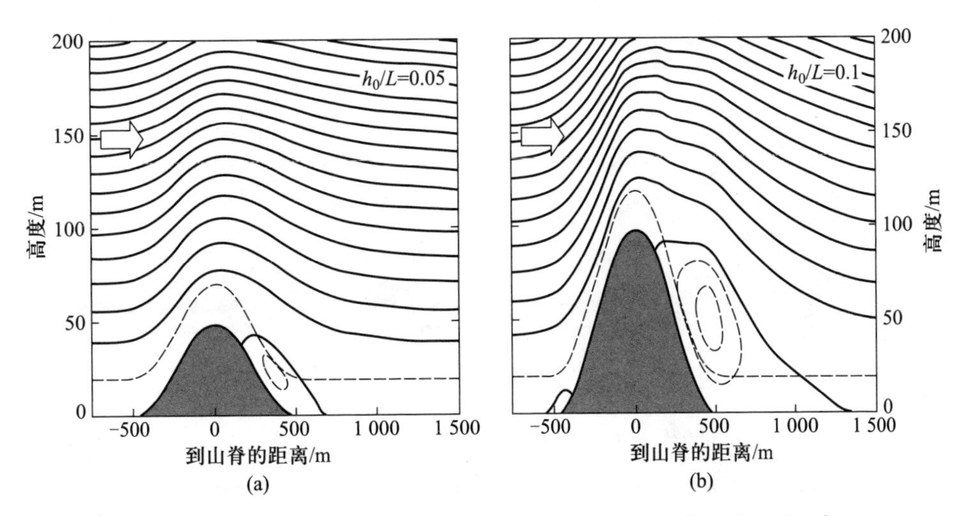

图 15.23 气流经过有森林覆被的山脊时的气流等值线模拟图

由此可见，Sogachev 等（2004）的模型能够定量地再现山地丘陵区最显著的气流特征，适合用于探讨复杂地形上物质扩散和 footprint 模式。

② 典型山脊对气体浓度场和通量场的影响：地表变化不仅改变气流场，还同样改变湍流交换强度，因此相对于理想的平坦均质地形，复杂地形上的气体浓度和通量场也被改变。白天森林生态系统的 CO_2 通量主要由光合和呼吸通量决定。图 15.24 给出了有森林覆被的山脊上方周围 CO_2 通量分布情况（与图 15.23 中的森林特征相似）。这次模拟过程中假定模拟区域的上边界处 CO_2 体积分数为 360×10^{-6}，土壤呼吸释放的 CO_2 通量为 4 $\mu mol\cdot m^{-2}\cdot s^{-1}$，植物叶片光合吸收的 CO_2 通量为 -8 $\mu mol\cdot m^{-2}\cdot s^{-1}$，因此地表植被与大气间的净 CO_2 通量就是 -4 $\mu mol\cdot m^{-2}\cdot s^{-1}$。$CO_2$ 的源和汇影响着空气中的 CO_2 浓度场，但由于 CO_2 背景值相对较高，大气中 CO_2 体积分数偏离背景值只有大约 4×10^{-6} ~ 5×10^{-6}（图 15.24a），林冠内 CO_2 浓度偏离最大（数据未显示）。

图 15.24 也表征了植被-大气间的净 CO_2 通量（b）、地表呼吸通量（c）和植被光合吸收通量（d）的空间分布。为便于比较，所有的通量都进行了标准化处理。在平坦地形上的地表通量近似为常数，但由于地形的影响，通量场偏离了其在上风向的理论值。可以看出在山脊的不同位置地形的影响也不同分为：通量较小的迎风面、通量场极不规则的山脊偏下风向处和背风向面。这些异常的通量场是由不同的气流特征造成的，在山脊迎风面往往发生气流减速；山顶的极端不规则通量场则与气流加速及相应的湍流增强有关；而在背风面则往往发生气流分离（Raupach & Finnigan，1997）。比较图 15.24c 和 d 可以发现地表源/汇的高度对通量场的影响，越靠近

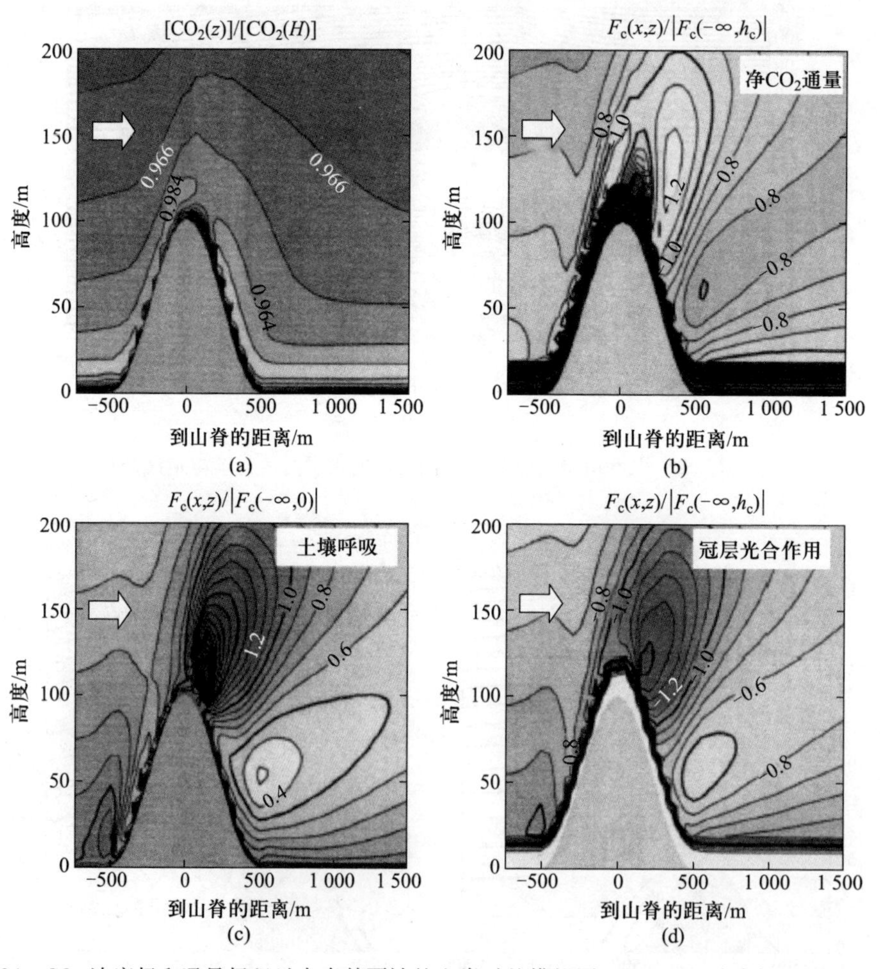

图 15.24 CO_2 浓度场和通量场经过有森林覆被的山脊时的模拟图：（a）CO_2 浓度场；（b）呼吸作用和光合作用的净通量；（c）地表呼吸强度为 4 $\mu mol\cdot m^{-2}\cdot s^{-1}$ 时的地表碳源强度的空间分布；（d）光合速率为 -8 $\mu mol\cdot m^{-2}\cdot s^{-1}$ 地表碳汇强度的空间分布

地表森林上方的通量就越大(图15.24c)。

图 15.25 显示了山脊不同位置上的垂直通量相对于远处上风向同一高度处 CO_2 通量的偏离量,此偏离量的大小取决于源/汇的垂直位置。因为地形对气体扩散的影响在地表最强,因此地表呼吸排放通量的偏离量也最大。而对于净 CO_2 交换量,源和汇的综合效应对复杂地形上的通量场有显著的改变作用,从而造成在复杂地形上的通量可能低估或高估数倍,取决于通量观测的位置,通常在山顶上的通量观测误差最小,而在靠近山脊的下风向处误差最大(图 15.25)。

③ 山脊上不同点的源权重函数评价:源权重函数(source weight function)是经过标准化处理的一个 footprint 的替代函数,这种函数是对冠层内 CO_2 源/汇垂直分布的积分。在相似的模拟条件下,Sogachev 等(2004)估算了山脊上典型的三个点(上风向山脚、下风向山脚和山顶)的源权重函数(图 15.26)。从图中可看出,山脊上这三个点的源权重

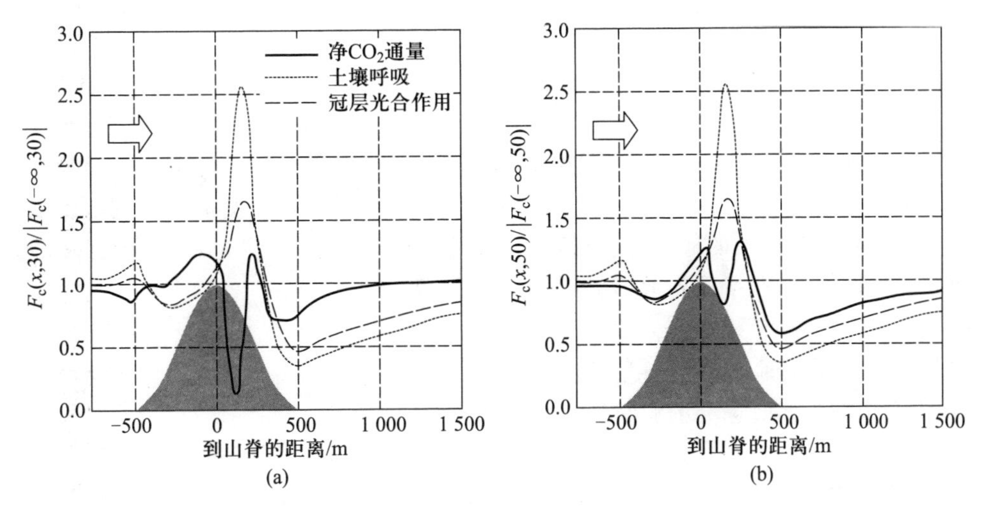

图 15.25 有森林覆被的地表上一定高度处的垂直 CO_2 通量:(a) 高度为 30 m;(b) 高度为 50 m

其中地表光合和呼吸强度与上图相同,山脊高 100 m,宽 1 000 m

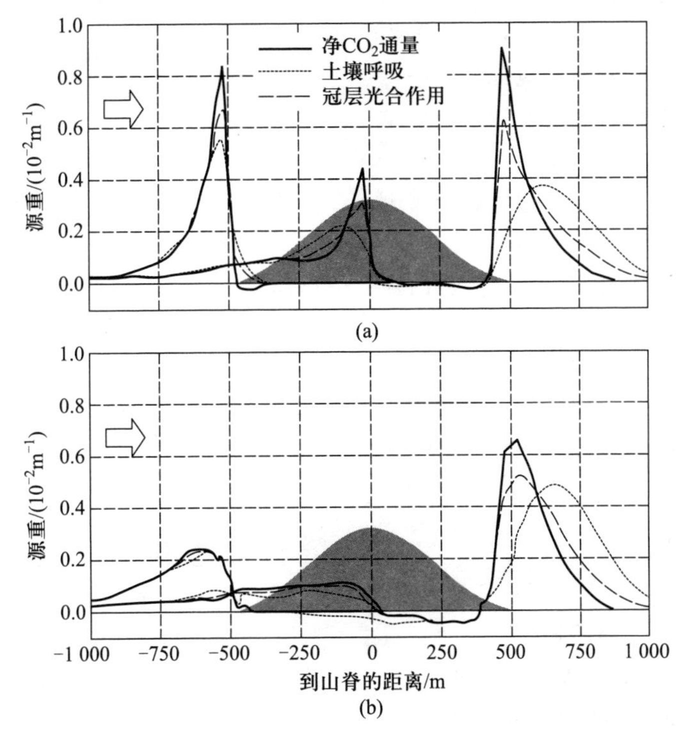

图 15.26 山脊上不同点通量的源重函数:迎风面山脚(-500 m)、背风向山脚(500 m)和山顶(0 m):

(a) 高度为 30 m;(b) 高度为 50 m

函数完全不同:在山脊顶端 footprint 峰最小,远处的源对该点的通量贡献更大,这是气流经过山丘时加速的结果;另外,从源权重函数来看在山脊的背风面气流方向发生改变,即尾流区的 CO_2 通量源来自相反的方向,而在尾流区也确实如此(参见图 15.23)。在离开山顶 200 m 的区域,通量变化最大(参见图 15.25),土壤呼吸和冠层光合作用的源权重函数相对比较平滑,但净 CO_2 通量的 footprint 源权重函数却存在很大的变化(数据未显示)。净 CO_2 通量的 footprint 源权重函数主要取决于土壤 CO_2 源和冠层 CO_2 汇的强度比,而源/汇强度的垂直分布对净通量的 footprint 源权重函数的影响通过地形的作用而被显著放大。

通过以上在复杂地形上的 footprint 和通量分析,可以得出以下几个结论:

- 相对于上风向同一高度处的通量,山脊的迎风坡、背风坡回流区的通量受到地形的严重干扰;
- 通量源权重函数极大地依赖于通量观测的位置,在山脊顶部观测时远处的源对通量的贡献更大;在背风坡的回流带(也称尾流区)通量来自转向气流的贡献,而气流转向常在背风坡的地表附近发生;
- 地形通过改变气流的运动而影响通量源权重函数,这种影响在近地表层对 CO_2 源的作用最强,这说明用微气象技术观测夜间的呼吸通量时,即使不考虑边界层大气稳定层结的影响,也很容易产生观测偏差;
- 考虑到地形变化,在多山地区选择通量观测塔的位置取决于相对水平地形上的通量值的偏差最小,在风向分布较一致的地方,最好的观测位置是山脊顶部。

15.6 不同尺度的通量观测实例

15.6.1 农业景观尺度的通量观测

农田生态系统因受人类活动的强烈影响而具有与其他生态系统不同的特性,其地表平坦植被均一,但景观破碎化非常严重。Soegaard 等(2003)研究了丹麦某农业区的 CO_2 收支状况,该研究在 5 种主要农田作物上安装了 6 套涡度相关系统来平行观测 CO_2 通量,并结合卫星遥感的土地利用类型图像,估算了景观尺度的 CO_2 通量,从而量化了该农业区的年度碳收支。研究区域位于丹麦(9.42°E, 56.49°N),在面积为 25 km^2 的范围内有 9 种不同的土地利用类型,详见图 15.27 和表 15.3。

在春大麦、冬大麦、草地、玉米和冬小麦田地内分别安装了一套涡度相关系统,利用图 15.27 和表 15.3 中各种作物分布面积可以估算整个区域的 CO_2 通量。同时在图 15.27 中的 T 点 48 m 高处安装一套涡度相关系统,以对整个区域的 CO_2 交换量进行整体评价。对于观测过程中由于仪器故障和天气等原因引起的数据缺失,研究者采用相应的光合与呼吸模型进行了数据插补。在比较2.5 m 和48 m高处平行观测的通量时,需要对 48 m 高处的观测值进行两测定高度差之间的 CO_2 储存校正,即

$$F_{\text{storage}}=\frac{\Delta\,\overline{\rho CO_2}}{\Delta t}(z_2-z_1) \tag{15.3}$$

式中:z_2-z_1 是观测高度差(48 m−2.5 m=45.5 m);$\overline{\Delta\rho CO_2}$是 30 min($\Delta t$)内平均 CO_2 浓度的变化,平均 CO_2 浓度取两高度的平均值。土壤呼吸 CO_2 通量(R_s)按如下模型计算:

$$R_s=R_{10}\exp(308.6(1/56-1/(T_s+46))) \tag{15.4}$$

式中:R_{10}是土壤温度为 10 ℃时的土壤呼吸;T_s 是土壤温度(℃,5 cm)。在将 48 m 高处测得的区域通量与在各作物区测定的 CO_2 通量加权平均所得的区域 CO_2 通量(F_{CW})进行比较时,采用了下面的方法:

$$F_{CW}=\frac{\sum_1^n W_iF_{ci}}{\sum_1^n W_i} \tag{15.5}$$

式中:W_i 是根据各种土地类型和面积赋予的权重,F_{ci}是在各种作物上测得的 CO_2 通量。结果表明,两种方法测得的 CO_2 通量一致性很高(图 15.28)。

(1) CO_2 通量日变化特征

利用 2.5 m 高处测的 CO_2 通量和遥感图像得

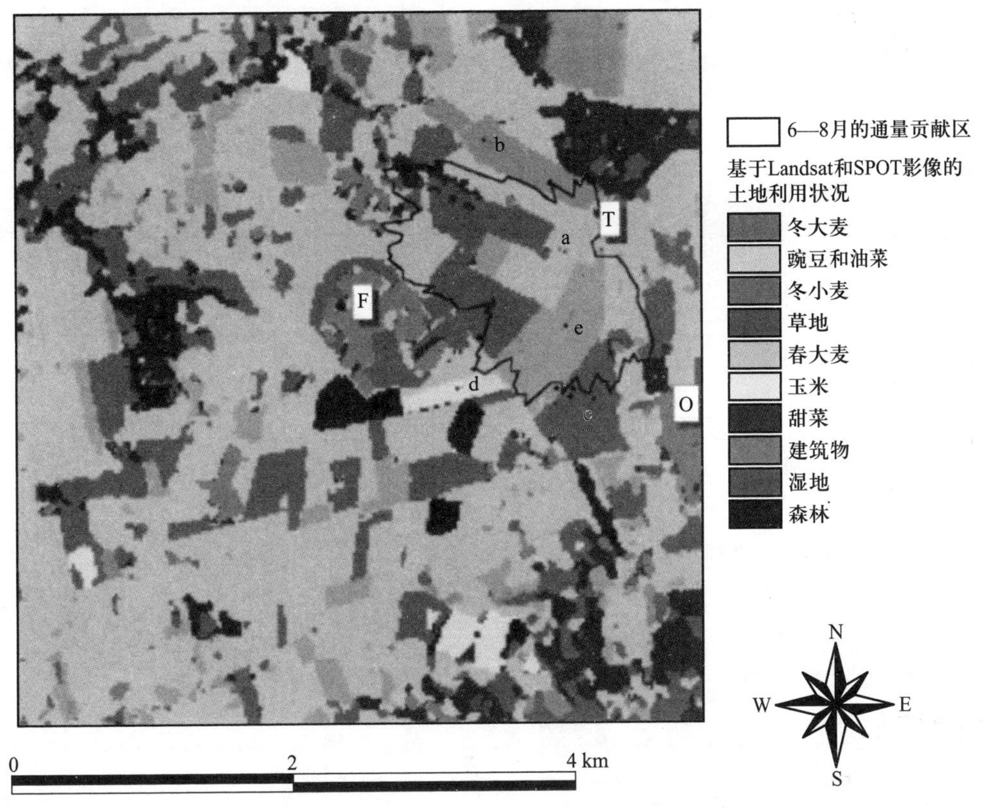

图 15.27 研究区土地利用分类图(见书末彩插)

图内细线勾出了48 m高的观测塔,T在6—8月白天90%的 CO_2 通量贡献区,风向为150°~360°;

F为研究中心所在地;O表示Oerum镇

a—春大麦;b—冬大麦;c—草地;d—玉米;e—冬小麦

表 15.3 研究地区内的土地利用状况和 CO_2 通量测定技术

土地利用类型	研究区内该类型面积/km^2	研究区内该类型面积/%	footprint内该类型面积/%	在景观尺度上 CO_2 通量估算方法
冬大麦	1.6	6.5	1.3	涡度相关
豌豆和油菜	2.4	9.7	8.1	平均绿叶面积
冬小麦	1.9	7.7	10.8	涡度相关
草地	4.2	16.6	24.7	涡度相关
春大麦	10.6	42.5	37.1	涡度相关
玉米	0.4	1.5	1.3	涡度相关
甜菜	0.6	2.3	2.2	与玉米等同
林地/湿地	2.5	9.9	8.7	与未割草地等同
建筑用地	0.8	3.2	5.6	—

出的作物面积,结合权重估算的景观尺度 CO_2 通量如图15.29,可以看出两个高度测定的 CO_2 通量基本相同,6月的绝对值在三个月中最大,达到18 $\mu mol\cdot m^{-2}\cdot s^{-1}$。通量观测还表明除了晚熟的作物玉米和甜菜之外,6月的 CO_2 通量变化与作物生长发育明显相关,即作物生长最旺盛时期和 CO_2 通量最大的时期相吻合。从图15.29中还可看出农田 CO_2 通量的日变化也随作物生长发育发生季节性变化,8月白天的通量比6月降低了1/3以上,日间净 CO_2 吸收时间明显缩短,而全天的 CO_2 的吸收与释放基本平衡。

(2) 农田生态系统 CO_2 通量的季节变化

图15.30是各种作物农田NEE的季节变化,

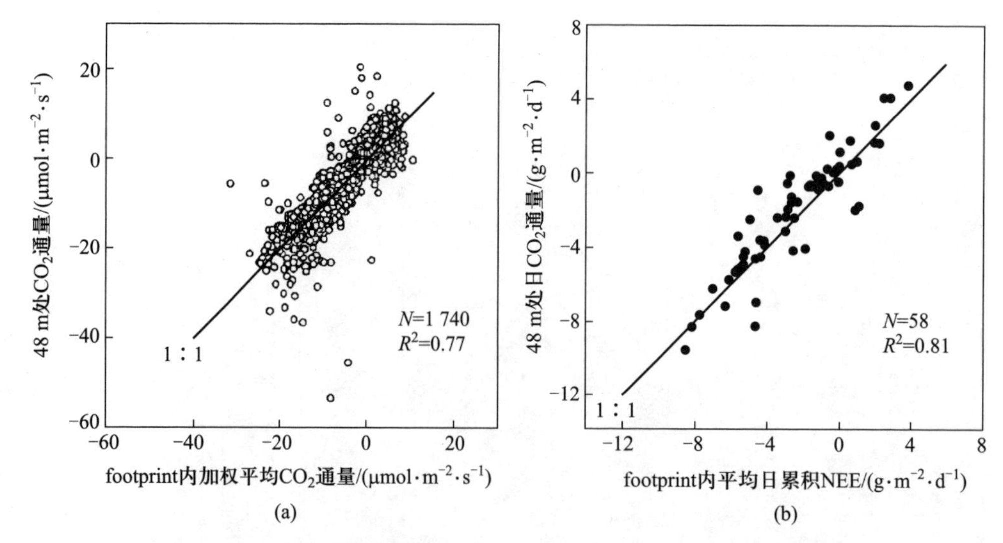

图 15.28 48 m 处观测的通量与近地面各作物观测加权平均通量的比较:(a) 半小时平均值(以 CO_2 物质的量计);(b) 日 CO_2 净交换量(以 CO_2 质量计),观测时间是 1998 年 6—8 月

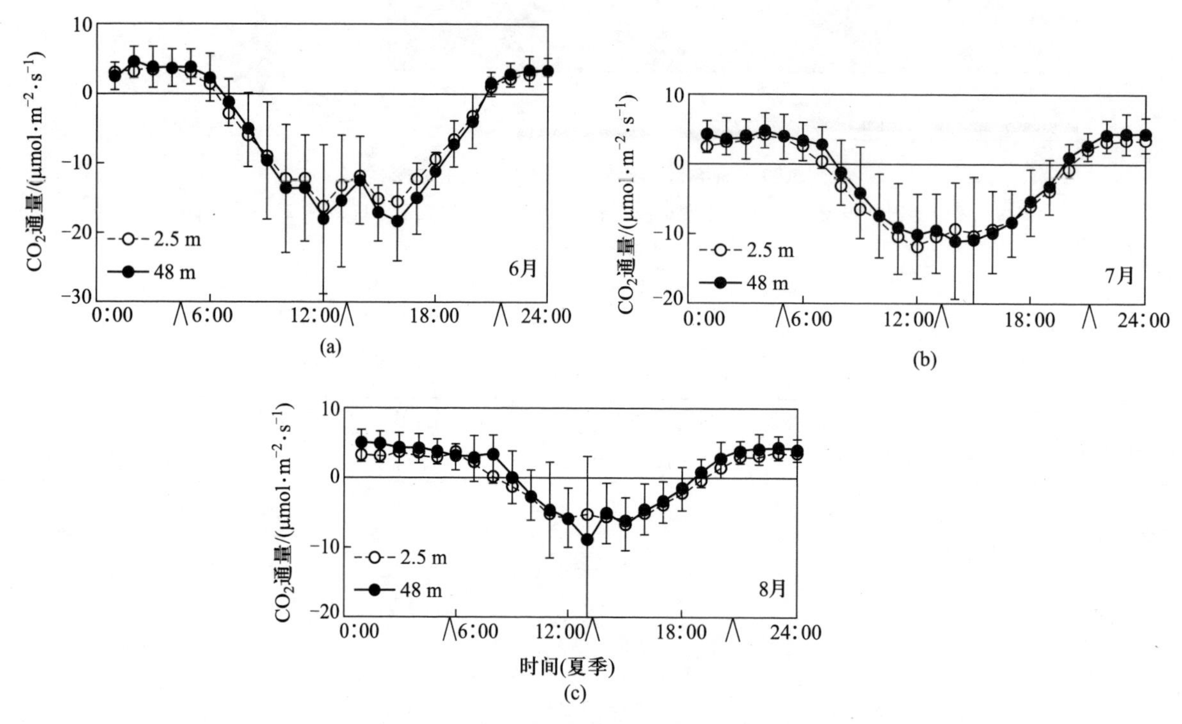

图 15.29 6—8 月在不同高度测定的 CO_2 通量月平均日变化(以 CO_2 物质的量计)

箭头分别表示每个月的日出、日中和日落时间

可以清楚地看到本地区农田 NEE 的时间变化模式可以大致分为三类:谷物、草地和玉米。三种谷物(冬小麦、冬大麦和春大麦)的 NEE 季节变化很相似,最大 CO_2 通量出现的时间取决于该作物的播种时期,即冬大麦的 NEE 峰值出现在 5 月中旬、冬小麦出现在 15~20 天之后、而春大麦出现的时间则再推后 14 天;作物发育阶段的差异同样表现在农田从碳汇转变为碳源的生长后期。玉米的播种时间晚于其他作物,其最大吸收速率出现在 8 月。因为玉米是 C_4 作物,C_4 作物的生长强烈地依赖于温度的高低,而 1998 年的月平均温度相对较低,碳吸收受到了限制。

草地全年保持绿色,在 4 月中旬生长季节开始时,CO_2 日吸收速率甚至高于冬小麦。由于 6 月

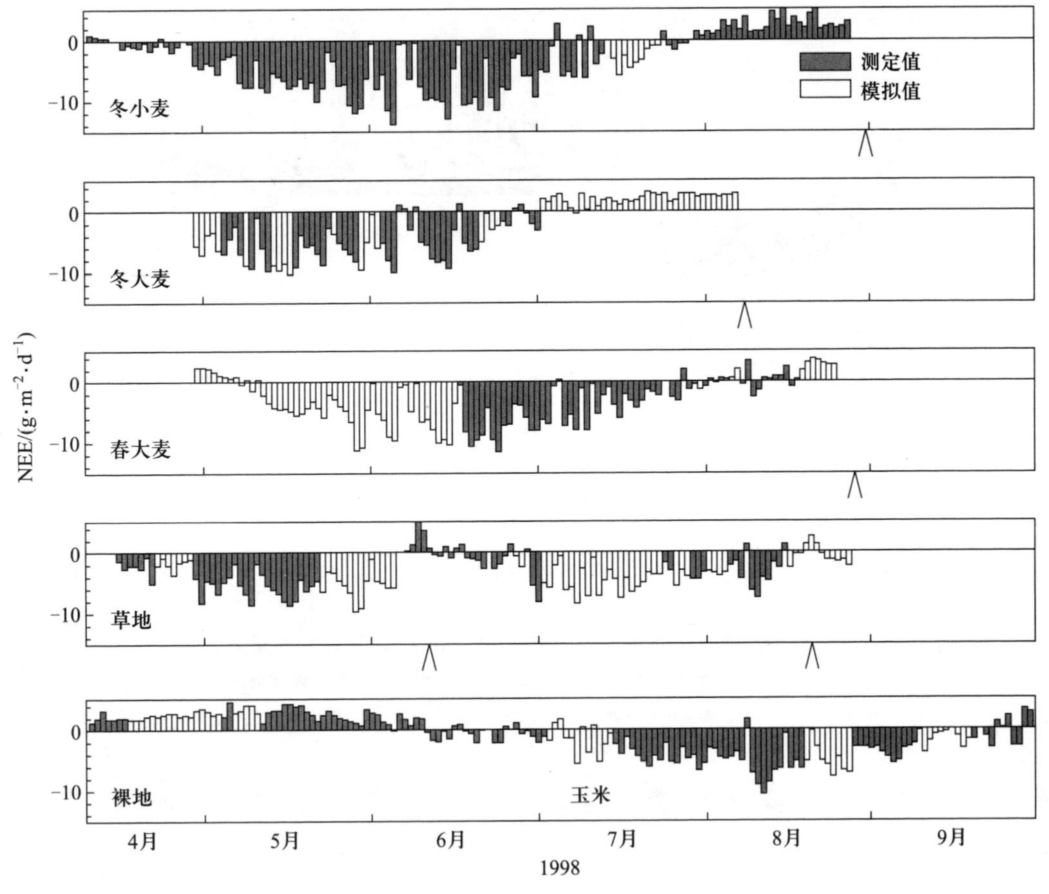

图 15.30 不同作物 NEE 的季节变化(以 C 质量计)

图中箭头表示作物收获和草地收割

8 日和 8 月 18 日的两次地面收割,草地 NEE 发生了明显的突变。从图中可看到在每次收割后,草地的吸收能力都下降,甚至由碳汇转为碳源。以上分析表明,由于冠层发育、叶面积的不同,不同种类的农田作物在吸收 CO_2 功能方面存在着明显差异。

根据测定的 CO_2 通量和模型估算的土壤呼吸,作者评价了实验区域内 NEE 的年收支状况(图 15.31)。在 4 月初,该区域的碳释放速率是 $1\ g\cdot m^{-2}\cdot d^{-1}$(以 C 质量计),进入 4 月中旬,随着作物的快速生长,作物和草地的光合能力增强,叶面积增大,从而表现为净 CO_2 吸收,并且一直持续到 8 月末多数作物收获后(除了玉米)。夏末偏高的土壤温度造成的土壤净 CO_2 释放速率达 2 ~ $3\ g\cdot m^{-2}\cdot d^{-1}$(以 C 质量计)。因此,生态系统的碳累积量在 8 月达到最大,之后随着作物光合作用降低以及辐射、温度等气候因子的变化,生态系统累积的 CO_2 吸收量逐渐减少。玉米收获之后,NEE 保持在 $1\ g\cdot m^{-2}\cdot d^{-1}$(以 C 质量计)水平。

15.6.2 流域尺度的通量与水文过程的联合观测

(1) 水文观测与模拟概述

地球上的水通过蒸发、水汽输送、降水、地面径流、下渗、和地下径流等水文过程相互转化,不断更新,形成一个庞大的动态系统。水的这种周而复始不断转化、迁移和交替的现象称水文循环。水文循环是自然界最重要的物质循环,它成云致雨,影响着一个地区的气候和生态,塑造地貌和实现地球化学物质的迁移,为人类提供不断再生的淡水资源和水能资源。

早在 20 世纪 50 年代中期,伴随着系统理论的发展,科学家就开始把流域水文循环的各个环节作为一个整体来研究,并提出了“流域水文模型”的概念,如今流域水文模型已经可以描述水循环的各个过程,如气候和天气、暴雨系统、降水、地面漫流、蒸散、暴雨地面漫流、地下水、河网汇流以及海湾与河

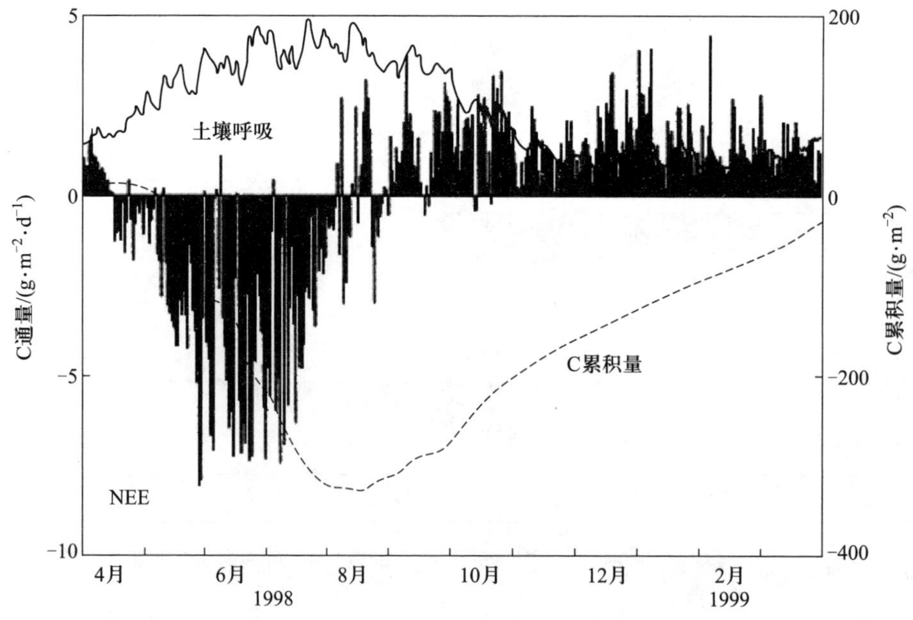

图 15.31　研究区域内地表平均年 NEE 收支状况(以 C 质量计)

柱状图表示用涡度相关测得的 NEE,土壤呼吸是用方程(15.3)计算得到的,

虚线表示从 4 月 1 日起生态系统的碳累积量

口的潮汐等。从对流域水文过程描述的离散程度看,流域水文模型可分为集总模型(lumped model)和分布式模型(distributed model)两种。集总模型不考虑各部分流域特征参数在空间上的变化,把全流域作为一个整体;分布式模型则是按流域各处地形、土壤、植被、土地利用和降水分布的不同,将流域划分为若干个水文模拟单元,在每一个单元上用一组参数反映该部分的流域特性。

为了适应气候变化和人类活动影响下的流域水资源管理需求,分布式水文模型已成为流域水文模拟的重要发展趋势。但是近年来,流域水文模拟面临着许多新的挑战,包括需要处理空间变化和尺度的问题,需要明确考虑水文、地球化学、环境生态、气象和气候之间的耦合关系。流域尺度的通量与水文观测的结合是全球变化重点研究方向之一。

(2) 单站水文观测与通量观测的联合

20 世纪 90 年代国际社会对全球变化的普遍关注引起了世界范围内的全球碳收支和碳循环研究的热潮,全球通量观测研究也是在全球变化研究的大背景下发展起来的。通量研究多是以单个观测站为基本单元建立的,从现在的情形来看,碳通量和碳循环研究仍然是 FLUXNET 的重点研究内容和对象,生态系统的碳循环研究本已有很深厚的理论和实践基础,国内外的生态学家们利用新获得的碳通量数据,结合成熟的植物生理生态测定和群落调查数据,已在各通量观测站展开了详尽而全面的碳循环研究,并取得了一系列的成果,包括:

- 揭示生态系统和大气间净 CO_2 交换量的时空变化特征及其环境控制机制;
- 确定各陆地生态系统的碳源/汇性质及其在区域和全球碳收支中的作用和地位;
- 建立生态系统碳循环的各环节与环境因子间的关系,如植被光合作用与光照和水分间的响应关系、生态系统呼吸与温度间的关系、凋落物分解速率与分解过程的控制因子等;
- 区分生态系统呼吸的各个组分(包括叶片呼吸、茎秆呼吸、根系呼吸和土壤微生物呼吸)在生态系统呼吸中的比例,确定植物光合产物在植物体内的分配规律;
- 估算生态系统植被、土壤的碳蓄积能力、碳储量及其周转速率等。

这些研究成果为区域和全球尺度的碳循环研究奠定了良好的数据和理论基础。

碳循环和碳收支因与全球变化这一敏感问题直接相关而受到人们的密切关注,但实际上 FLUXNET 的通量站基本上都在同时观测碳通量和水通量,因为在任何生态系统内光合作用(碳循环重要过程)

和蒸腾作用(水循环重要过程)都是受同一气孔行为控制的两个互相耦合的生理生态过程。某些碳通量和碳循环过程机理的解释也需要有水循环和水通量数据的支持,因此生态系统水通量和水循环观测也是生态学家们的重要研究对象之一。

常规通量观测中的水分观测仅包括局地降水量、群落总蒸散(即观测的 H_2O 通量)和观测塔周围土壤含水量,仅依靠这些资料进行生态系统水循环和区域水平衡的研究还很薄弱。过去由于观测方法和观测仪器的限制,无法准确地观测生态系统水循环的各个环节,因此国际通量研究群体在水循环方面的研究也主要集中在估算群落的蒸散的时空变异性及其对环境变化的响应,进而预测未来全球变化下生态系统蒸散的变化及其对生态系统生产力的影响。

所幸的是国际上的通量观测站大多建在有一定观测历史的生态环境监测站上,这十分有利于通量观测与其他观测手段及观测结果的结合。涡度相关法测得的 H_2O 通量是植被蒸腾和地表蒸发之和,若不寻求其他观测手段的帮助,很难区分涡度相关 H_2O 通量中蒸腾和蒸发的比例,就无法进一步探讨生态系统的水分耗散、水分对生态系统生产力的影响等问题。而树干茎流(sapflow)法能监测单株植物的树干内水流通量,用相关的模型将观测结果上推到群落尺度,即可估算整个群落的蒸腾量;若在通量观测站同时合理布局和实施树干茎流观测,则不仅能区分群落蒸散中蒸腾和蒸发量的比例,并能估算生态系统光合作用过程中的水分耗散量及水分利用效率。

水文观测中的降水量、地表径流和土壤含水量比较容易观测,但以往缺少涡度相关观测手段时,还无法准确估测地表蒸散,多是通过模型估算表面潜在蒸腾蒸发量(PET);此外,传统的水量平衡研究中因无法监测深层土壤水分运动,通常假设土壤底下为不透水层,因此区域水平衡中不考虑地下水的下渗。这种估算存在很大的误差和不确定性,而且这些参数的估算也直接影响到整个流域水循环模拟的合理性。而涡度相关法却能准确地测量地表蒸腾蒸发量,将涡度相关观测与区域水文观测、树干茎流等观测技术相结合,不仅能提高评价区域水分平衡方程式中其他参数的精度,还能提高区域水文平衡观测和模拟的准确性和预测结果的可信度。

另一种替代性的能量通量观测方法是大孔径闪烁仪(large aperture scintillometer,LAS)。许多研究结果都证明 LAS 在测量区域平均显热通量上有很大的潜力,相对于其他传统的通量观测方法比如涡度相关,LAS 在观测显热通量上的优点有数据可靠、不易受仪器附近气流变化的影响、成本低、便于运行操作等。此外,基于相似性理论的涡度相关法适合于在水平均质的地表进行通量观测,而在观测实践中大多地表状况都无法满足这一要求,而 LAS 却能更准确地观测非均质地表的显热通量,因此在地形不平坦或植被较复杂的地区更适合用 LAS 观测该区域的显热通量,再利用波文比能量平衡法,即可较准确地推算区域的潜热通量,即地表蒸散。

由此可见,在通量观测中结合各种观测方法(涡度相关、sapflow、LAS、区域水文观测等)不仅能大大丰富水通量观测的内容,提高生态系统水循环过程观测的精度,各种观测方法之间还可相互验证,提高区域水循环和水量平衡研究能力。需要注意的是涡度相关和 LAS 的观测结果都代表一定空间区域(几平方公里)的平均值,而 sapflow、土壤含水量和地下水等则是单点水平上的观测,因此在实际操作中,需要在区域内合理布局进行多点观测,以便与涡度相关通量的观测区域相匹配。

(3) 流域尺度的联合通量观测

过去的十年内通量研究从零星单站观测发展到目前区域/全球通量联合观测网络的形成,在数据积累和通量理论技术研究方面已取得了很多的进步(Baldocchi, 2003)。可是这些观测站多是各国根据实际情况(现有环境监测观测站、国家或地区的植被覆被状况和类型)及科研需要而建立的,在空间、生态地带性和植被类型上的分布都很不均匀,因此在通量观测研究的初期很少有从流域范围考虑通量观测塔的建立和联合观测。

亚马孙河是世界上流域面积最广、流量最大的河流,世界上面积最大的热带雨林就生长在亚马孙河流域,这里同时还是世界上面积最大的低平原(面积达 560 万 km^2),大部分在海拔 150 m 以下,多雨、潮湿及持续高温是其显著的气候特点。这里蕴藏着世界上最丰富多样的生物资源,各种生物多达数百万种。随着全球通量观测的迅速发展,亚马孙热带雨林在全球生态环境和气候变化中的作用和地位也受到人们的广泛关注,各研究机构也陆续在亚马孙河流域建立了通量观测塔,目前在亚马孙河从上游到下游入海口已经构成了比较系统的流域尺度通量观测网络系统(图15.32),对热带雨林生态系统

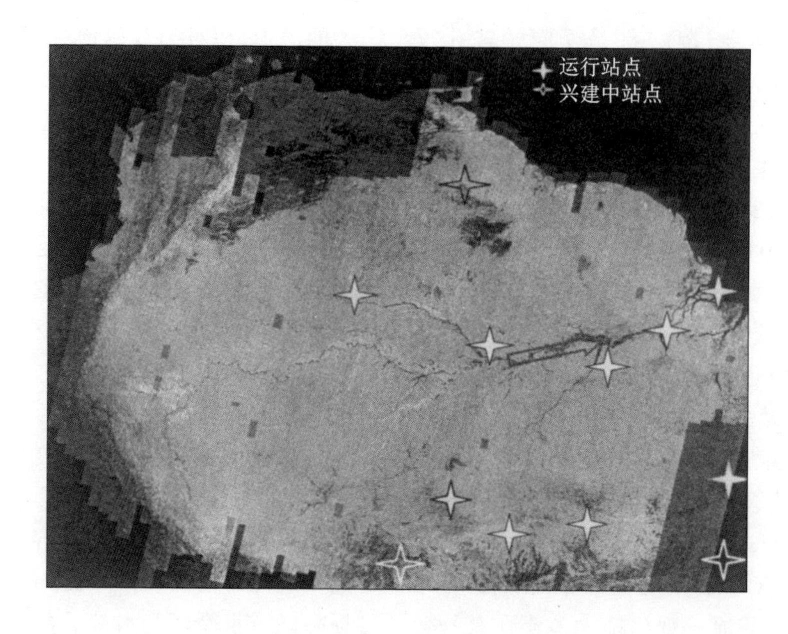

图 15.32　亚马孙流域联合通量观测塔分布图

的水、碳通量的季节和年际变化及其对环境因子的响应都有了较深入的理解。在水热充足的热带雨林生态系统中，水分和光照都不是植被生长的限制因子，生态系统的年 NEE 变化也不大，而 NEE 的昼夜变化和季节变化比年际变化显著得多，而这些变化多是受物候、季相以及长期的养分状况的影响（Kruijt *et al.*, 2004）。

地表径流和地下径流不仅仅带动水分、养分和泥沙的流失，同时土壤中各种溶解态的和非溶解态的含碳物质随着水土流失往往也造成大量的碳素流失。基于单站的通量观测通常便于揭示植被和大气在垂直界面上的物质（CO_2、H_2O）和能量交换量及其时间动态；但这种定点观测在水平空间上的代表性仍十分有限。传统的水文观测和水文模型主要是研究小流域范围内的降水（P）、地表蒸散（E）、地表径流（R_s）、地下径流（R_u）和土壤含水量（W_s）等水文过程及其时空分布，在这些研究中通常都假设土壤底层为封闭不透水的岩石层，可以不考虑深层地下水的下渗，因而可以通过流域内的水文观测来估算地表蒸散。理论上一定区域范围内的水量平衡方程式为

$$P=E+R_s+R_u+\Delta W_s \tag{15.6}$$

其中，ΔW_s 为一定时间内土壤含水量的变化。图 15.33 为某河流水系结构及流域水内的水分循环主要过程示意图，假设河流由一条干流（从上游 F1 至下游的 F6）和沿途的四条支流构成，在流域水量平衡研究中可以将整个流域划分为 5 个子流域（图中粗虚线代表子流域分水岭界限，根据水文观测站的编码将个小流域分别按 1~5 编号）。在每个子流域内我们都能用方程（15.6）进行小流域的水量平衡研究。在假设土壤底层为不透水层的条件下，那么地下径流最终也汇入地表径流。每个支流流域平均地表蒸散为 E_i，各层土壤含水量变化为 $\Delta W_{s,i}$，那么在各子流域的水文站 F_i（$i=1,2,\cdots,5$）测得的支流径流量（$R_{s,i}$）就可用下式表示：

$$R_{s,i}=P_i-E_i-\Delta W_{s,i} \tag{15.7}$$

式中的下标 $i=1,2,\cdots,5$，代表 5 个子流域，即支流流域内的降水除了蒸发和下渗外，其他的水分都应以地表径流的形式注入干流。那么，在 F_6 处测得的河流入海流量（$R_{s,6}$）就应为

$$R_{s,6}=R_{s,1}+R_{s,2}+R_{s,3}+R_{s,4}+R_{s,5} \tag{15.8}$$

则有

$$R_{s,6}=(P_1+P_2+\cdots+P_5)-(E_1+E_2+\cdots+E_5)-(\Delta W_{s,1}+\Delta W_{s,2}+\cdots+\Delta W_{s,5}) \tag{15.9}$$

式（15.9）为评价和研究流域水平衡关系的基本方程。传统的水文观测研究是通过对流域水文和降雨的观测来评估流域的蒸腾和蒸发，可是实际的流域水循环和水分运动往往比以上的基本理论复杂得多，尤其是土壤中的水分运动及深层地下水渗透会

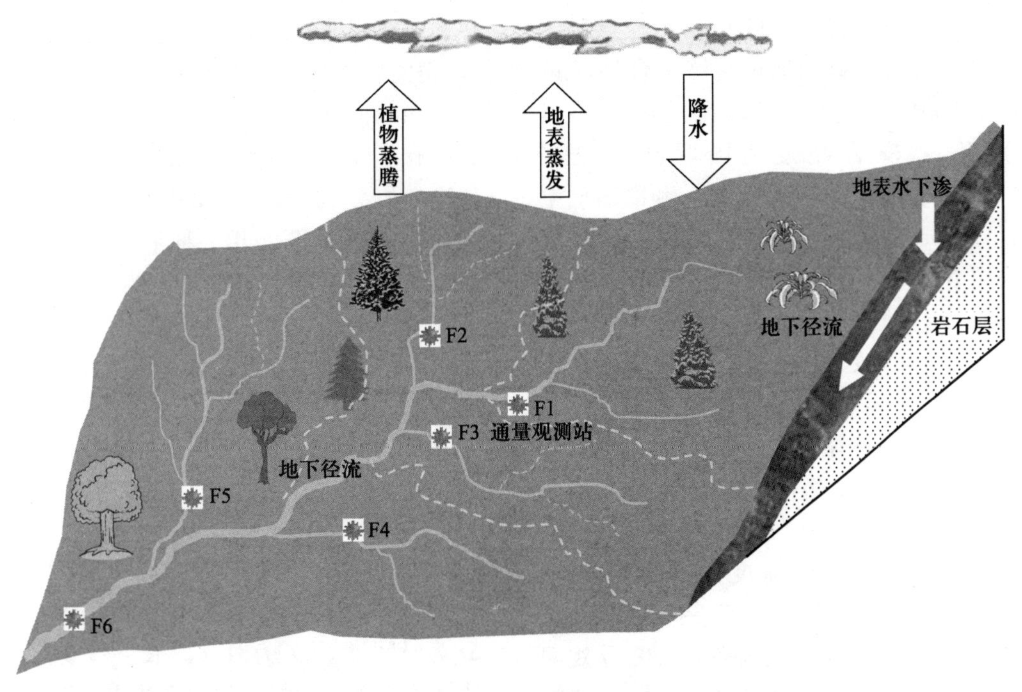

图 15.33 流域尺度水量平衡观测研究示意图

因土壤和底层岩石圈结构复杂性而具有很大的空间和时间的变异性，使得水分在土壤和岩石圈中的运动过程很难准确观测，进而使上述方程不能闭合。而利用通量观测网络对流域的地表蒸腾和蒸发通量进行评价已成为可能，可以极大地降低流域水量平衡研究中的不确定性，从而也降低了地下水循环研究的难度，对研究区域尺度上碳水平衡、水分利用效率及其对未来全球气候变化的响应等问题有重要的意义。同时，利用流域内水量平衡的通量观测与水文观测的联合，对不同途径观测数据相互验证和融合，提高流域尺度水量平衡研究也具有重要的应用价值。

15.6.3 大区域的航空通量观测

近年来，航空涡度相关技术（airraft eddy covariance）作为一种工具逐渐被用于“区域尺度（$n\times 10^2$ km^2）”的通量观测。用小型航空器观测地表和大气间的气体交换的想法在20世纪80年代就已产生（Lenschow *et al.*，1981；Desjardins *et al.*，1982），而目前用装配有现代精密仪器的航天涡度相关技术测得的通量结果精度与传统的通量观测塔相当。时间序列的通量塔观测数据主要是基于风速平流输送经过传感器的湍流大小；而航空器因其飞行速度快，可在短时间内快速形成空间上的线型采样序列（Gioli *et al.*，2004），这种观测可展示出某地区的瞬时湍流场，并不会像传统涡度相关技术那样受到时间趋势和非稳态效应的影响。大气边界层作为地表和大气间通量的介质在区域尺度的通量观测中起着关键作用（Culf *et al.*，1997；Gioli *et al.*，2004）。

ERA（environmental research aircraft）是在国际合作的基础上开发的一种新的通量观测平台，这种航空器在“欧洲碳收支的区域评估和模拟（RECAB，Regional Assessment and Modelling of the Carbon Balance in Europe）”研究计划中被用来测量欧洲五个地区（西班牙、意大利、德国、荷兰和瑞典）的区域地表通量，并与地面通量塔观测结果进行对比，评估了航空通量观测的精度和可信度，其中航空观测与通量塔观测的对比研究包括了多种气候条件和土地利用状况，生态系统有农田、针叶林和阔叶林等。下面简要介绍航空涡度相关通量观测的技术要点及观测结果。

（1）环境调查航空器简介

RECAB 基于 SA650 小型航空器研发了一种经济适用的环境调查航空器，其上装有可测量三维风速、湍流、气体浓度和其他大气参数的高频传感器。基本材料是碳纤维和环氧树脂，可乘坐两人，启动功率为75 kW，翼展 9.6 m，机身长 8.2 m，机翼面积 13.1 m^2，最大载重 648.6 kg，航空器以 45 $m\cdot s^{-1}$ 的速度可飞行3.5 h，飞行距离可达 500 km，作业高程可从地面以上 10 m 到海拔 3 500 m。该航空器于 1999 年被重新设计成为移动通量观测平台(mobile flux platform, MFP),包括一套大气观测传感器(图 15.34)。仪器安装经过美国联邦航空署(Federal Aviation Administration, USA)和欧盟航空规章(Joint Aviation Regulations, EU)的鉴定,大气湍流观测采用 NOAA-ATDD 和澳大利亚 ARA 研制的"最佳航空器湍流"探头。BAT 探头可测量相对于航空器的气流速度,安装在机头处可避免上仰流或侧洗流对空气气流的影响;实际的对地风速是经过三维风速的倾斜、翻转等校正后得到的;对地飞行速度是用传统的差分 GPS 测得(10 Hz), 另用四个 GPS 系统以 10 Hz 的频率观测航空器的姿态角,最终得出的飞机姿态和飞行速度的观测频率是 50 Hz。由于航空器可以较低的速度飞行,大气湍流观测频率也可达 50 Hz,在无风的条件下,50 Hz 观测的水平距离为0.7 m,这样波长大于 1.4 m 的涡流就可被探测得到。其他常规观测有空气温度、净辐射(Q^*7,REBS USA)、上风向和下风向的 PAR(200s, Li-COR USA)、空气湿度、地表温度等。大气 CO_2 和 H_2O 浓度用红外气体分析(LI-7500, USA)以 50 Hz的频率进行采样。所有观测信号经转换后被存储在航空器上的一个 PC 机上。关于航空通量观测的基本理论和技术问题请参见 Dumas 等(2001)。

(2) 航空观测的通量计算

航空观测的通量计算流程需要从移动通量观测平台获得 50 Hz 的原始三维风速,之后 CO_2、H_2O、潜热和显热等通量计算与传统的涡度相关通量技术相同,也需要考虑开路气体分析仪的所有校正计算。航空和地面涡度相关观测的主要区别是取平均运算。有研究发现垂直方向的空气运动和航空器的对地速度相关,造成某些结构类型的湍流采样频率比其他的密集,如果只用一种平均时间,那么这种影响会对通量计算产生 20%的误差。因此,在航空观测中湍流脉动是在空间上取平均(m^{-1}),而不是像地面涡度相关那样在时间上取平均(s^{-1})。以垂直风速为例,这种"空间平均"用下面的方程定义为(Crawford *et al.*,1993)

$$\bar{w} = \frac{1}{\bar{S}T}\sum_i w_i S_i \Delta t \tag{15.10}$$

式中:S_i 是航空器的瞬时对地速度;$\bar{S}$ 为平均速度;Δt 为时间增量;T 为时间总长。涉及涡度相关通量计算的所有变量都用这种方法进行平均。确定合适的平均长度对于保证捕捉到所有重要的对通量有贡献的湍流波长十分关键,这一平均长度取决于飞行高度、地表粗糙度和大气稳定度等。Desjardins 等(1989) 曾用协谱的累积积分来确定对通量不再有贡献的频率,此频率的倒数即为包括所有通量贡献的最小平均时间。该累积积分为

$$O_{xy}(f_0) = \int_{\infty}^{f_0} Co_{xy}(f)\,\mathrm{d}f \tag{15.11}$$

式中:x 和 y 为两个变量;$Co_{xy}(f)$ 是 x 和 y 的协谱。用这种方法求得的合适平均长度在不同条件下从 3 000 m到4 500 m不等(表 15.4)。

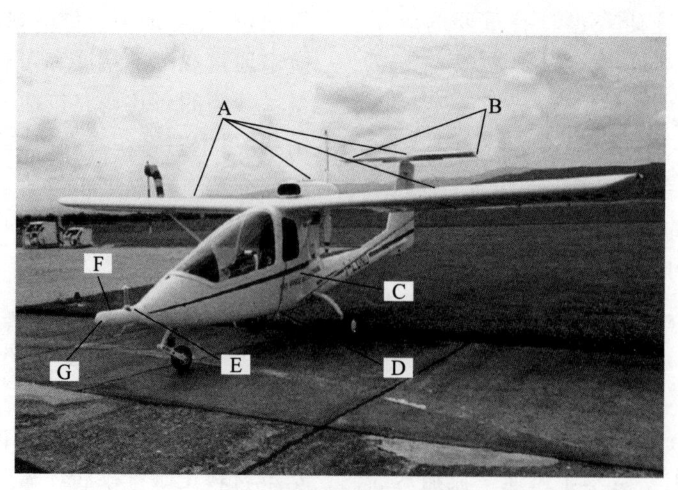

图 15.34　ERA 航空器及通量观测传感器安装照片

A—姿态监测的 GPS 矢量系统的 4 根天线;B—净辐射和光合有效辐射计;C—计算机和电子设备;
D—地表温度和露点温度计;E—CO_2 和 H_2O 红外气体分析仪;F—三维风速和定位观测的 GPS 天线;G—压力计

表 15.4 RECAB 研究的 5 个观测点的综合信息

站名	观测时间	飞行高度/m	样带数	每条样带上采样数	飞行距离/m	气温/℃ 最低	气温/℃ 最高	光合有效辐射/($W \cdot m^{-2}$) 最小	光合有效辐射/($W \cdot m^{-2}$) 最大
西班牙	2001.6.20—2001.7.15	25,50	60	320	3 000	21	28	67	439
Valencia	2001.11.25—2001.12.10	25,50	70	404	3 000	7	20	37	192
意大利 Roccarespampani	2002.6.1—2002.6.20	50	24	54	4 000	18	33	196	381
德国,Hainich	2001.7.10—2001.7.30	70	22	99	4 000	13	26	66	429
荷兰,Cabauw	2002.1.15—2002.2.5	70	24	52	4 000	3	15	11	130
Cabauw	2002.7.10—2002.7.27	70,160,250,600	22	58	4 000	15	23	30	422
荷兰,Loobos	2002.1.15—2002.2.5	60	24	130	4 000	2	15	11	131
Loobos	2002.7.10—2002.7.27	60	22	127	4 500	15	24	36	395
瑞典,Norunda	2001.8.10—2001.8.25	100	30	78	4 000	14	21	11	331
瑞典,Skyttorp	2001.8.10—2001.8.25	70	30	125	4 000	15	21	7	362

涡度相关技术测定高频通量受到一系列因素的限制,包括仪器的动力学频率响应不足和平均线路长度的限制,这些因素都会造成通量观测的损失。因此需要用一个飞行高度、风速和大气稳定度的函数来进行通量校正。Gioli 等(2004)用了一个简化的方程来估算采用一个时间常数的线性一阶响应传感器造成的通量衰减量,即

$$\frac{\langle w'c'\rangle_{\mathrm{m}}}{\langle w'c'\rangle}=\frac{1}{1+(2\pi n_{\mathrm{m}}\tau_{\mathrm{c}}\bar{u}/z)^{\alpha}} \tag{15.12}$$

式中:$\langle w'c'\rangle_{\mathrm{m}}$ 为观测的垂直风速 w 和标量 c 之间的协方差;$\langle w'c'\rangle$ 为期望的协方差;u 是空气速率;z 是对地飞行高度。在中性不稳定条件下,$\alpha=7/8$,$n_m=0.085$。

(3) 观测区域及其站点

RECAB 的航空和地面通量观测于 2000 年和 2001 年在欧洲选了 5 个地区同时进行,总共有 7 个观测塔(如表 15.5),其间航空观测达 83 次,收集数据点达 200 多个。为了增加航空和地面观测比较的意义,在每个地区都选择了较大面积均质下垫面观测场,以保证航空器在同一天的不同飞行时段获得足够的重复观测。每个观测场都有相应的涡度相关地面观测塔以便进行每 30 分钟的通量校正,航空器通过观测塔上空时的数据用线性内插法进行估算。被选的 5 个观测区的位置如下图所示(图 15.35),各站详细特征请参见表 15.5(Gioli *et al.*, 2004)。

表 15.5 基于航空和地面塔的涡度相关通量比较的 5 个观测站点特征及地理位置

站名	地理坐标	土地利用类型	冠层高度/m	观测塔高/m	贡献率/%*
西班牙,Valencia	39°54′N,0°21′W	稻田	0.5	8	96
意大利,Roccarespampani	42°23′N,11°51′E	阔叶林	14	20	55
德国,Hainich	51°5′N,10°28′E	阔叶林	33	43.5	60
荷兰,Cabauw	51°58′N,4°56′E	草地	0.5	10	65
荷兰,Loobos	52°10′N, 5°45′E	常绿林	14	24	57
瑞典,Norunda	60°5′N,17°27′E	森林	28	102	58
瑞典,Skyttorp	60°7′N,17°44′E	森林	25	32	71

* 观测塔所在土地类型对航空通量观测值的贡献率。

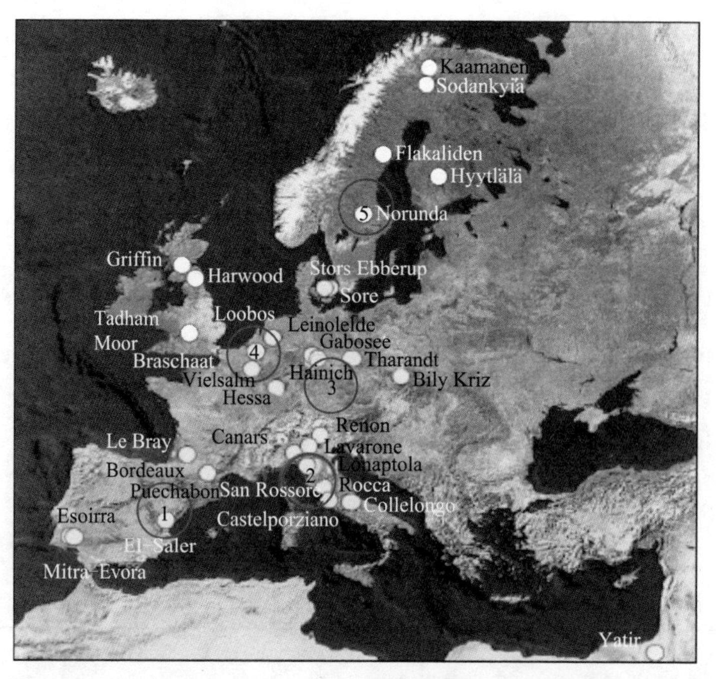

图 15.35 欧洲通量观测站及 RECAB 项目选择的 5 个观测场的分布图

1—西班牙的 Valencia 站;2—意大利的 Roccarespampani 站;3—德国的 Hainich 站;4—荷兰的 Loobos 和 Cabauw 站;5—瑞典的 Norunda 和 Skyttorp 站

(4) 观测结果与分析

湍流通量的通量贡献区决定了通量观测的空间范围和关系,并量化了下垫面状况对湍流交换的影响。观测塔与航空飞机观测的通量的通量贡献区面积则明显不同,因为航空器的观测高度通常高于地面塔高,其对应的通量贡献区距离也就相对要长。航空器在一定空间距离上测得的通量往往是通量贡献区面积内所有对通量有贡献的点的积分,而因基于航空的动点观测和基于地面观测塔的定点观测这两种方法的通量贡献区面积不同,其观测结果难以直接进行比较。为了比较航空观测与地面观测的结果,调查者选择了与地面观测塔相同的下垫面的飞行片断的数据,以求尽量减小两种观测方法之间通量贡献区的差异。图 15.36 比较了航空测得的该研究区域内的各站平均净辐射和同时在通量塔上测得的净辐射。虽然整体上来看,图中两种方法的观测值很相似,但仍然存在一些差别。其中德国 Hainich 站的地面观测塔的净辐射观测值比航空观测值平均低 21%,主要原因是两种方法的平均地表能量平衡对植被表面属性的内在变异性的不同响应造成的。

将通量贡献区模型和详细的土地覆被图组合,通过评价航空观测通量贡献区范围内每个像素对通量的贡献,即可评价和计算不同土地利用类型对航空观测通量的相对贡献,这种分析结果在一定程度上量化了每个观测站地表植被的均质性。2002 年夏季在荷兰 Loobos 站专门进行的此项飞行研究表明:① 即使在一系列重复观测中走同样的路线,不同天气状况所引起的通量贡献区差异也可能显著影响航空通量观测的结果;② 通量贡献区内的地表异质性可能引起航空通量观测变异性的整体增加;③ 通量贡献区不同对航空器和地面通量塔的观测有比较明显的影响。

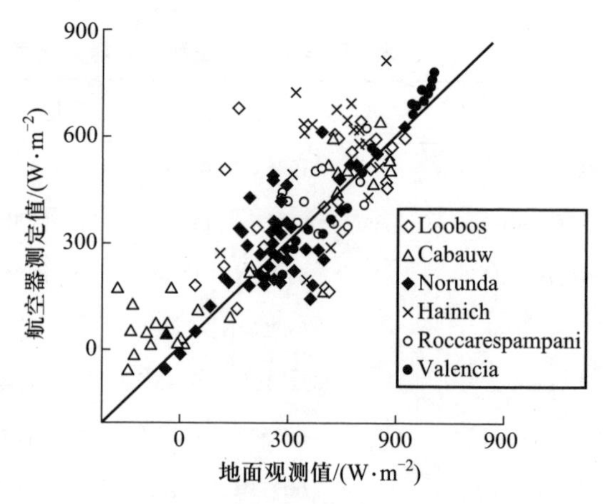

图 15.36 各站由航空器测的净辐射与地面观测塔观测值的比较

随后的“均质”表面航空通量表示几天内不同条件下的一系列观测的平均值，航空器与地面塔观测结果的比较总结在的散点图 15.37a，b，c，d 中。为清楚起见，每个观测场的航空通量观测平均值也在各散点图中并被定义为“站点平均”，各点上的垂直和水平线分别代表所有航空观测和地面观测结果的标准差。

从图中可看出，摩擦风速的航空和地面观测值比较相似（数据点十分靠近 1:1 线），其线性回归系数为 1.08（图 15.37a），两种方法观测结果的标准差都约为 0.16 $m \cdot s^{-1}$。航空观测的 CO_2 通量比地面通量塔的观测值低 28%（图 15.37b），地面通量塔的观测结果的标准差（5.44 $\mu mol \cdot m^{-2} \cdot s^{-1}$）高于航空观测的标准差（3.87 $\mu mol \cdot m^{-2} \cdot s^{-1}$）；航空器观测的潜热比地面塔观测要高 3%（图 15.37c），其标准差（72 $W \cdot m^{-2}$）也比地面塔大（55 $W \cdot m^{-2}$）；虽然两种方法观测的显热通量的标准差相当，但航空观测的显热通量却比地面观测值低35.4%（图 15.37d）。

到目前为止，文献中报道的两种方法测得的摩擦风速（u_*）都很相近，说明在所有的站上用航空器观测湍流是合适的，且与地面观测具有可比性。然而，CO_2、潜热和显热通量的差异与站点显著相关，并随季节变化，两种方法的观测结果最匹配的是 2001 年夏季在西班牙很均一稻田上的观测结果，该次观测的飞行高度为 25 m，与塔的观测高度相差 17 m，结果航空器测得的 CO_2 通量、潜热通量、显热通量分别是 −17.9 $\mu mol \cdot m^{-2} \cdot s^{-1}$、249 $W \cdot m^{-2}$、35.2 $W \cdot m^{-2}$，同时地面塔观测的 CO_2 通量、潜热通

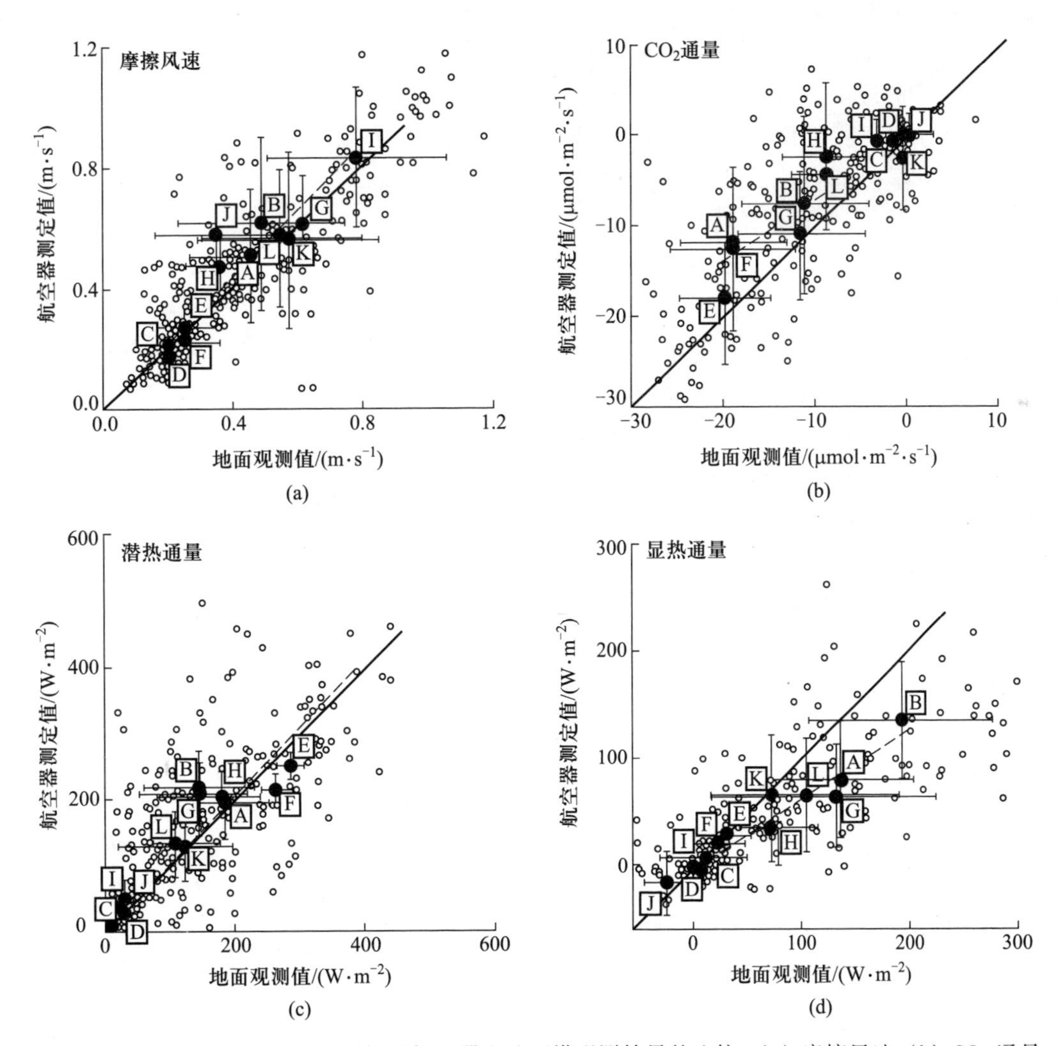

图 15.37 RECAB 项目中 7 个观测场的航空器和地面塔观测结果的比较：(a) 摩擦风速；(b) CO_2 通量；(c) 潜热(latent heat)通量；(d) 显热(sensible heat)通量

图中代号分别为：A. Hainich；B. Roccarespampani；C. Valencia 高度为 25 m；D. Valencia 高度为 50 m；E. Valencia 高度为 25 m；F. Valencia 高度为 50 m；G. Loobos；H. Cabauw；I. Loobos；J. Cabauw；K. Norunda；L. Skyttorp；除了 C，D，I 和 J 外，所有飞行都在夏季进行

量和显热通量分别是 − 19.7 μmol · m^{-2} · s^{-1}、280 W·m^{-2}、34.6 W·m^{-2}。显热通量较低是因为观测期间稻田处于灌溉期。另外在瑞典 Norunda 站，当航空器飞行高度与通量塔一样高时，其观测值与通量塔的结果也十分吻合。

而在德国的 Hainich 地区，2001 年夏季的航空观测与通量塔观测结果差异很大，与通量塔的观测结果相比较，航空观测的平均 CO_2 通量低估 37%，潜热通量高估 5%，显热通量则低估了 38%。地面观测塔和航空器观测的通量贡献区的空间异质性和空间范围的不同是造成这种差异的主要原因。而两种方法观测的净辐射差异则很可能是观测区内的森林面积不同及地形变化导致的地表光吸收率、反射率和不同林分表面能量收支不同造成的。但是在其他站点和其他季节发现航空观测与地面观测的 CO_2 和显热通量的差异并不能完全符合"空间变异性"或"不同通量贡献区"的假说。从理论上讲，不同的通量贡献区通常会导致观测数据分散性增加，而不应导致一致的 CO_2 和显热通量偏低估算，因此以上 CO_2 和显热通量的差异可能是垂直通量辐散造成的。当表面气体和能量交换发生在行星边界层内时，就会产生垂直通量辐散（Mahrt, 1998）。垂直通量辐散假说的另一个间接证据是来自在瑞典 Norunda 站的观测数据，该站的地面涡度相关系统安装在 102 m 高的塔上，当航空器飞行高度与地面观测塔涡度相关系统一样高时，两种方法测得的显热通量十分吻合（图 15.38）。

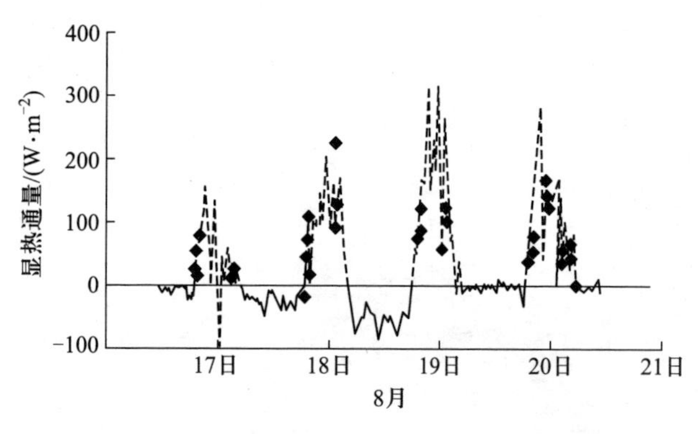

图 15.38 2001 年夏季连续 4 天在瑞典 Norunda 站 102 m 观测塔上测的（虚线）和用航空器测的（点数据）显热通量（H）的比较

综合各站点之间和同一站点内的基于航空器和基于地面塔的通量观测结果比较可知，当地表均质性较好，且航空器飞行高度和观测塔相差不大时，航空与地面塔观测的通量非常吻合；航空器与地面塔通量观测的通量贡献区不同可能会造成数据分散性较大；当航空器飞行较高时，航空观测的 CO_2 和显热通量都会偏低，而潜热通量稍微偏高，这种差异主要是因垂直通量辐散的存在所造成的。欧洲的 RECAB 研究计划获得了 7 个地区较可靠的航空通量观测数据，这为未来量化和解释缺少地面观测塔的大面积不同土地利用类型地区的航空通量观测提供了背景资料；也为航空涡度相关通量观测的广泛使用创造了契机，这有可能在未来几年内，为验证卫星遥感和模型方法估算的 GPP、并帮助我们理解陆地碳循环和大气-陆地生物圈相互作用机理提供一种更先进的方法论。虽然航空通量观测已经取得初步成功，技术方面也得到持续改进，但这种新的通量观测仍需要大尺度上的实验验证来提高其在区域通量估算中的可信度。

参考文献

宋霞，刘允芬，徐小峰等.2004.红壤丘陵区人工林冬春时段碳、水、热通量的观测与分析.资源科学，26(3)：96～104

文字信贵，平野高司等.1997.气象环境学. 東京：环善珠式会社

章祖同，刘起.1992.中国重点牧区：草地资源及其开发利用.北京：中国科学技术出版社

Adams J M, Faure H, Faure-Denard L, *et al*.1990.Increases in terrestrial carbon storage from the last glacial maximum to the present.*Nature*, 348:711～714

Baker J M, Griffis T J.2005.Examining strategies to improve the carbon balance of corn/soybean agriculture using eddy covariance and mass balance techniques.*Agricultural and Forest Meteorology*, 128(3-4): 163～177

Baldocchi D D, Valentini R, Running S R, *et al*.1996.Strategies for measuring and modeling CO_2 and water vapor fluxes over terrestrial ecosystems.*Global Change Biology*, 2:159～168

Baldocchi D D.2003.Assessing the eddy covariance technique for evaluating carbon dioxide exchange rates of ecosystems: past, present and future.*Global Change Biology*, 9:479～492

Baldocchi D, Finnigan J, Wilson K, *et al*.2000. On measuring net ecosystem carbon exchange over tall vegetation on complex terrain.*Boundary-Layer Meteorology*, 96:257～291

Belcher S E, Hunt J C R. 1998. Turbulent flow over hills and waves.*Annual Review of Fluid Mechanics*, 30:507～538

Black T A, Hartog G D, Neumann H H, *et al*.1996.Annual cycles of water vapor and carbon dioxide fluxes in and above a boreal aspen forest. *Global Change Biology*, 2: 219~229

Canada. 1998. National Climate Change Process. National Sinks Tables Foundation Paper, 71

Ciais P, Tans P P, Trolier M, *et al.* 1995. A large northern hemisphere terrestrial CO_2 sink indicated by the $^{13}C/^{12}C$ ratio of atmospheric CO_2. *Science*, 269: 1098~1102

Conway T J, Tans P P, Waterman L S, *et al.* 1994. Evidence For Interannual Variability of the Carbon Cycle From the National Oceanic and Atmospheric Administration Climate Monitoring and Diagnostics Laboratory Global Air Sampling Network. *Journal of Geophysical Research - Atmospheres*, 99 (D11): 22831~22855

Cole C V, Cerri C, Minami K, *et al.* 1996. Agricultural options for mitigation of greenhouse gas emission. In: *Climate Change 1995: Impactism Adaptations and Mitigation of Climate Change*, 745~771

Crawford T L, McMillen R T, Dobosy R J, *et al.* 1993. Correcting airborne flux measurements for aircraft speed variation. *Boundary-Layer Meteorology*, 66: 237~245

Culf A D, Fiosch G, Mahli Y, *et al.* 1997. The influence of the atmospheric boundary layer on carbon dioxide concentrations over a tropical rain forest. *Agricultural and Forest Meteorology*, 85: 149~158

Desjardins R L, Brach E J, Alno P, *et al.* 1982. Aircraft monitoring of surface carbon dioxide exchange. *Science*, 216: 733~735

Desjardins R L, MacPherson J I, Schuepp P H, *et al.* 1989. An evaluation of aircraft measurements of CO_2, water vapour and sensible heat. *Boundary-Layer Meteorology*, 47: 55~69

Dumas E J, Brooks S B, Verfaillie J. 2001. Development and testing of a Sky Arrow 650 ERA for atmospheric research. In: *Proceedings of the 11th SMOI Symposium, 81st Annual American Meteorological Society Meeting*. Albuquerque, NM, January, 13-18

FAO. 2001. Global Forest Resources Assessment 2000. Main Report

FAO. 2013. FAO statistical yearbook 2013. World Food and Agriculture. Rome.

Flanagan L B, Wever L A, Carlson P J. 2002. Seasonal and interannual variation in carbon dioxide exchange and carbon balance in a northern temperate grassland. *Global Change Biology*, 8: 599~615

Gioli B, Miglietta F, Martino B, *et al.* 2004. Comparison between tower and aircraft-based eddy covariance fluxes in five European regions. *Agricultural and Forest Meteorology*, 127: 1~16

Goulden M L, Munger J W, Fan S-M, *et al.* 1996. Exchange of carbon dioxide by a deciduous forest: response to interannual climate variability. *Science*, 271: 1576~1578

Goulden M L, Wofsy S C, Harden J W, *et al.* 1998. Sensitivity of boreal forest carbon balance to soil thaw. *Science*, 279: 214~217

Greco S, Baldocchi D D. 1996. Seasonal variations of CO_2 and water vapor exchange rates over a temperate deciduous forest. *Global Change Biology*, 2: 183~198

Halldin S, Gryning S E, Gottschalk L, *et al.* 1999. Energy, water and carbon exchange in a boreal forest landscape—NOPEX experiences. *Agric. For. Meteorol*, 98/99: 5~29

Hunt J E, Kelliher F M, Mcseveny T M, *et al.* 2004. Long-term carbon dioxide exchange in a sparse seasonally dry tussock grassland. *Global Change Biology*, 10: 1785~1800

Inoue I. 1958. An aerodynamic measurement of photo-synthesis over a paddy field. In: *Proceedings of the 7th Japan National Congress of applied Mechanics*, 211~214

IPCC. 1996. *Climate Change 1995: The Science of Climate Change*. Cambridge: Cambridge University Press

Kaimal J C, Wyngaard J C. 1990. The Kansas and Minnesota experiments. *Boundary-Layer Meteorology*, 50: 31~47

Keeling C. D., and T. P. Whorf. 1994. Atmospheric CO_2 records from sites in the SIO air sampling network. A Compendium of Data on Global Change. ORNL/CDIAC-65: 16~26

Lal R, Kimble J M, Follet R F, *et al.* 1998. The potential of US cropland to sequestration carbon and mitigation to the greenhouse effect. Chelsea, : Sleeping Bear Press: 55~87

Lee X, Fuentes J D, Staebler R M, *et al.* 1999. Long-term observation of atmospheric exchange of CO_2 with a temperate deciduous forest in southern Ontario, Canada. *Journal of Geophysical Research*, 104(D13): 15975~15984

Lee X. 1998. On micrometeorological observation of surface-air exchange over tall vegetation. *Agricultural and Forest Meteorology*, 91: 39~49

Lenschow D H, Pearson Jr R, Stankov B B. 1981. Estimating the ozone budget in the boundary layer by use of aircraft measurements of ozone eddy flux and mean concentration. *Journal of Geophysical Research*, 86: 7291~7297

Leuning R, Judd M, 1996. The relative merits of open-and closed-path analyzers for measurement of eddy fluxes. *Global Change Biology*, 2: 241~253

Mahrt L. 1998. Flux sampling errors for aircraft and towers. *Journal of Atmospheric and Oceanic Technology*, 15: 416~429

Massman W J, Lee X. 2002. Eddy covariance flux corrections and uncertainties in long term studies of carbon and energy exchanges. *Agricultural and Forest Meteorology*, 113: 121~144

Raupach M R, Finnigan J J. 1997. The influence of topography on meteorological variables and surface-atmosphere interactions. *Journal of Hydrology*, 190: 182~213

Raupach M R, Weng W S, Carruthers D J, *et al*. 1992. Temperature and humidity fields and fluxes over low hills. *Quarterly Journal Royal Meteorological Society*, 118:191~225

Schimel D, Melillo J, Tian H Q, *et al*. 2000. Contribution of increasing CO_2 and climate to carbon storage by ecosystems in the United States. *Science*, 287 (5 460):2004~2006

Sellers P J, Dickinson R E, Randall D A, *et al*. 1997. Modeling the exchanges of energy, water and carbon between continents and the atmosphere. *Science*, 275: 502~509

Sims P L, Bradford J A. 2001. Carbon dioxide fluxes in a southern plains prairie. *Agricultural and Forest Meteorology*, 109: 117~134

Soegaard H, Jensen N O, Boegh E, *et al*. 2003. Carbon dioxide exchange over agricultural landscape using eddy correlation and footprint modeling. *Agricultural and Forest Meteorology*, 114: 153~173

Sogachev A, Rannik U, Vesala T. 2004. Flux footprints over complex terrain covered heterogeneous forest. *Agricultural and Forest Meteorology*, 127:143~158

Suyker A E, Shashibb B V, Burba G. 2003. Interannual variability in net CO_2 exchange of a native tall grass prairie. *Global change Biology*, 9:255~265

Swinbank W C. 1951. Measurement of vertical transfer of heat and water vapor by eddies in the lower atmosphere. *Journal of Meteorology*, 8:135~145

Tans P P, Fung I Y, Takahashi T. 1990. Observational constrains on the global atmospheric CO_2 budget. *Science*, 247:1431~1438

Valentini R, Angelis P, Matteucci G, *et al*. 1996. Seasonal net carbon dioxide exchange of a beech forest with the atmosphere. *Global Change Biology*, 2:199~208

Vermetten A W M, Ganzeveld L, Jeuken A, *et al*. 1994. CO_2 uptake by a stand of Douglas fir: flux measurements compared with model calculations. *Agricultural and Forest Meteorology*, 72: 57~80

Wofsy S C, Goulden M L, Munger J W, *et al*. 1993. Net exchange of CO_2 in a mid-latitude forest. *Science*, 260:1314~1317

Wood S, Sebastian K. 2000. Pilot analysis of Global Ecosystem: Agroecosystems Technical Report. Washington D C World Resources Institute and International Food Policy Research Institute

Yamamoto S, Murayama S, Saigusa N, *et al*. 1999. Seasonal and interannual variation of CO_2 flux between a temperate forest and the atmosphere in Japan. *Tellus*, 51B:402~413

Yasuda U, Wanatabe T. 2001. Comparative measurements of CO_2 flux over a forest using closed-path and open-path CO_2 analyzers. *Boundary-Layer Meteorology*, 100:191~208

Yi C, Davis K J, Bakwin P S, *et al*. 2000. Influence of advection on measurement of the net ecosystem-atmosphere exchange of CO_2 from a very tall tower. *Journal of Geophysical Research*, 105:9991~9999

第 16 章 全球陆地大气边界层观测试验/生态系统通量观测网络与相关研究计划

在全球碳和水循环的观测模拟研究中，一方面需要大尺度、长期、连续的陆地/海洋–大气之间 CO_2、H_2O 和能量通量观测数据的支撑，另一方面需要加强对全球碳和水循环关键过程与基础理论的理解。全球陆地大气边界层观测试验是研究大气湍流理论与通量观测的基础。国际大气边界层气象试验观测、国际水文与大气先行性试验(HAPEX)、国际卫星地表气候研究计划(ISLSCP)、全球能量和水循环试验(GEW-EX)、平流层过程及其在气候中的作用(SPARC)试验观测、国际全球大气化学计划(IGAC)、全球海洋通量联合研究计划(JGOFS)和亚马孙河流域大尺度生物圈–大气圈试验(LBA)等大型国际研究计划为开展边界层气象学、植被与大气相互作用理论以及通量观测技术等方面的研究奠定了基础。为了确定全球尺度的碳、水和能量通量的时空变化，仅靠单个站点或某个区域的观测是不可能实现的，全球通量观测研究网络(FLUXNET)的建立以及遥感和地理信息技术的发展为生态系统碳、水循环的大尺度和综合性研究提供了可靠的数据来源。FLUXNET 是全球微气象通量观测网络，致力于生物圈与大气圈之间 CO_2、H_2O 和能量交换的观测研究，其主要目的是分析各观测点间由于气候、植被变化引起的碳收支差异和大区域碳收支的空间变化过程，共享各观测站点的通量观测方法和数据分析方法，使各观测站点的数据资源能互相利用和共享，构建全球规模的通量观测信息和数据共享的平台。在全球微气象通量观测网络中，AmeriFlux(美洲通量网)、CarboEurope(欧洲通量网)、OzFlux(澳洲通量网)、AsiaFlux (亚洲通量网)、CarboAfrica(非洲通量网)和 ChinaFLUX(中国通量网)等一些主要区域网络利用自身的特色积极地发展生态系统碳、水循环研究，充实了 FLUXNET 的观测内容。但目前在国际通量观测研究中仍存在一些值得关注的前沿性科学问题，主要集中在开发新的通量与边界层观测技术、通量与全球碳模拟、通量与遥感观测、通量水文学、通量生物地理学和区域碳平衡等研究领域。为了能够在全球部署综合性、战略性的碳观测计划，政府间地球观测特设工作组(GEO)制定了集成性全球碳观测(IGCO)主题。该主题采用多技术观测手段在全球范围内进行长期碳观测，是一项具有全面性和综合性的战略计划。集成性全球碳观测以区域尺度的大气和地球表面之间的 CO_2 通量观测为基础，利用观测数据与模型模拟以及尺度转换相结合的方法来推算区域和全球尺度的碳收支。此外还有一些与其他通量观测相关的国际性计划，如全球碳计划(GCP)、整合陆地生态系统–大气过程研究(iLEAPS)以及未来地球(Future Earth)等。这些国际性观测研究计划对通量的观测和理论发展具有重要的推动作用。

本章初版执笔者：李正泉，伏玉玲，赵风华，于贵瑞，刘新安；再版修订者：陈智，于贵瑞

16.1 大气边界层气象的综合观测试验

大气边界层的结构特征和大气运动基本规律的观测与试验研究是大气湍流理论与通量观测的基础，由于大多数气象业务部门无法提供全球变化的陆面过程、大气边界层特征和大气湍流运动的观测数据，所以需要专门设计地表过程和大气边界层气象的野外观测试验，获取观测数据，发展边界层气象以及植被与大气相互作用的理论和观测技术。大气边界层观测试验的主要观测内容包括：大气边界层结构、边界层内的气象要素和重要物质浓度的垂直分布，下垫面生态系统的结构、植被类型的识别，生态系统生物量动态变化，陆地-大气系统之间热量、动量、水汽和 CO_2 的传输通量等。大气边界层观测试验的主要目的包括：

- 理解大气边界层结构特征；
- 验证和发展边界层湍流运动模拟的理论和方法；
- 理解陆地生态系统与大气间的相互作用机制；
- 设计边界层数值模式；
- 建立全球地表数据库、为全球环流模式、生态系统过程机理模式以及地面过程遥感模式提供知识和数据信息及参数化方案。

早在20世纪50年代开始，国际上就开展了不同规模的大气边界层气象观测试验，早期有名的大气边界层野外试验有1953年在美国内布拉斯加州进行的大平原野外湍流计划（U.S.Great Plains obser-vatins）（Lettau & Davidson，1957），1967年和1974年在澳大利亚进行的Wangara试验（Clarke *et al.*，1971）和Koorin试验（Clarke & Brook，1979），1973年在美国进行的Minnesota试验（Izumi & Caughey，1976）等。大气边界层观测试验必须有专门的观测试验场地，需要投入较多的人力和物力，一般较大型的边界层探测试验都是以国际合作方式进行的。20世纪80年代前较为著名的国际合作大气边界层试验有1969年的BOMEX试验（Kuettner & Holland，1969），1974年的GATM试验（Kuettner & Parker，1976），1974—1975年的AMTEX试验（Lenschow & Agee，1976）和1978年的JASIN试验（Charnock & Polland，1983）等。到了20世纪80年代，人们对边界层试验的要求越来越高，所需费用也不断增长，其国际合作趋势也更加明显。20世纪80年代发起的著名大气边界层试验计划有国际水文与大气先行性试验（HAPEX）（Andre *et al.*，1986）和国际卫星地表气候研究计划（ISLSCP）（Stull，1988），此后的大型国际合作计划主要有全球能量和水循环试验（GEWEX）、国际全球大气化学计划（IGAC）、全球海洋通量联合研究计划（JGOFS）、亚马孙河流域大尺度生物圈-大气圈试验（LBA）等。在以上的大型研究计划中开展了许多与大气边界层气象相关的综合观测试验，其中最为有名的是FIFE试验、CASES试验、BOREAS试验等。我国在同期也相继开展了以黑河试验（HEIFE）和青藏高原科学试验（TIPEX）为代表的多个试验研究（杨兴国等，2003），包括“南海季风试验”项目（South China Sea Monsoon Experi-ment ，SCSMEX）、“青藏高原地-气系统物理过程及其对全球气候和中国灾害性天气影响的观测和理论研究”项目（简称高原试验）（Tibetan Plateau Field Experiment，TIPEX）、“淮河流域能量和水分循环试验”项目（简称淮河试验）（Huaihe River Basin Energe and Water Cycle Experiment and Research Pro-gram ，HUBEX）、“海峡两岸及邻近地区暴雨试验研究”项目（简称华南暴雨试验）（Torrential Rainfall Experiment over the Both Side of the Taiwan Strait and Adjacent Area）和“内蒙古半干旱草原土壤-植被-大气相互作用”项目（Inner - Mongolia Semi - Arid Grassland Atmosphere Surface Study ，IMGRASS），其中前四个试验项目统称中国四大气象科学试验。

这里简要介绍20世纪80年代中、后期开始以及目前仍在继续的一些涉及陆地-大气相互作用的大型国际合作试验计划和部分有代表性的大气边界层观测试验，希望能对读者了解边界层科学探测技术及其相关理论发展过程提供有用的信息。

16.1.1 国际水文和大气先行性试验

国际水文与大气先行性试验（Hydrology-Atmos-phere Pilot Experiment，HAPEX）是由世界气象组织（World Meteorology Organization，WMO）所属的世界气候研究计划（World Climate Research Programme，WCRP）牵头组织的观测试验计划，其目的是充实并完善全球环流模式中含代表性植被地段的地表及水文参数化方案。HAPEX计划包括一系列大型外场试验，主要进行了3次较大规模的观测试验

(http://www.ird.fr/hapex/htdocs/whatis.htm,2005)。

(1) HAPEX-MORILHY 试验

该试验是整个 HAPEX 计划的第一次外场试验,由法国气象研究中心负责实施。试验区位于法国西南部,面积 100 km×100 km,其中 60%的陆地表面为混合农作区,其余为海岸松林。区域内由自动气象站组成稠密的观测网,并有完整的水文资料观测。外场试验的观测项目包括常规气象要素、显热通量、径流量以及土壤湿度等,以上观测持续了1年。1986 年 5 月,进行了一次外场强化试验,观测持续了 10 个星期。在强化试验期间,有飞机和卫星遥感观测,并实施密集的探空观测,同时进行地表能量通量(特别森林上空)及植物生理学和生物学测量(http:// blg. oce. orst. edu/hapex/description/experiment_notes.html,2004)。

(2) HAPEX-Sahel 试验

该试验在非洲的尼日尔进行。试验区位于撒哈拉沙漠边缘的沙漠侵蚀地区,地表植被类型为半干旱地带边缘植被和草原灌丛。观测试验主要集中于 1990—1992 年,并且在 1992 年的植被生长中期和后期进行了持续 8 周的联合观测。试验的主要目的是研究大气环流对荒漠大草原植被的年内和年际波动的影响,特别是对其持续干旱期的影响。试验中进行了大量的大气边界层和陆面过程观测,主要是为了获得能支持大气环流模型(GCM)的数据库(http://www.ird.fr/hapex/htdocs/whatis.htm,2004)。

(3) BOREAL (Boreal Ecosystem-Atmosphere Study,BOREAS)森林试验

该试验又称北美大森林试验,着重研究加拿大北方森林(boreal forest)这一特殊的陆地生态系统与大气的相互作用机制。BOREAL 试验是近年准备较充分、试验规模较大的一次野外观测,NASA 从 1992 年开始发布研究计划,向全世界范围征求最佳研究方案,研究工作的总体目标是:① 了解控制和影响边界层内大面积森林植被与大气之间的能量、水分、热量、CO_2 及其他痕量气体交换的过程和机理;② 建立并验证遥感信息识别系统,根据遥感资料将外场试验中得到的局部资料信息扩展到较大范围;③ 验证各种数值模式对下垫面上的能量和质量平衡过程(主要是 H_2O 和 CO_2)的敏感性,数值模式由遥感资料和气象资料驱动。模式输入值为依据遥感信息推演的数据和现场观测到的各种物理量通量数据。该试验拟定的观测项目包括辐射平衡量、热量、水汽、CO_2 和动量的湍流通量,状态变量有地表植被盖度、植被类型、冠层的光合有效辐射吸收量、叶面积指数、土壤湿度等,气象变量有温度、湿度、降水、风向、风速和云,水文变量有土壤湿度、径流量、雪溶水量、林冠以上和冠层以下的降水量、蒸散量等。并且将各地面观测量与飞机、卫星遥测的数据进行比较。

16.1.2 国际卫星地表气候研究计划

国际卫星地表气候研究计划(The International Satellite Land-Surface Climatology Project,ISLSCP)是一个与国际水文与大气先行性试验(HAPEX)并行的另一个大型国际边界层外场试验研究计划。该项目最早由空间研究委员会(Committee on Space Research,COSPAR)和国际气象学和大气科学协会(International Association of Meteorology and Atmospheric Sciences,IAMAS)提议,并在联合国环境署有关机构的赞助下开展。项目的总体目标是根据卫星遥感信息,建立边界层全球地表资料数据库,这一数据库是全球气候研究所必需的。在计划的总体目标下设立了若干个子目标:① 对卫星资料自身的评估和管理;② 下垫面植被类型的识别;③ 生物量估测;④ 地-气系统之间热量、动量、水汽和 CO_2 的传输等。ISLSCP 计划已经开展了许多大型观测试验,以 FIFE 试验最为著名,其中黑河试验是在我国河西走廊的黑河试验区进行的(http://islscp2.sesda.com/ISLSCP2_1/html_pages/islscp2_home.html,2004)。

(1) FIFE 试验

FIFE 是 ISLSCP 的第一次场地试验(First ISLSCP Field Experiment,FIFE),1987—1989 年在美国堪萨斯(Kansas)州的 Konza 草原上实施。FIFE 是 ISLSCP 的关键部分,也是美国国家航空航天局(NASA)开发有物理基础的卫星遥感应用系统的核心。FIFE 的目标是:① 弄清影响地面与大气之间辐射、水汽、CO_2 等通量交换的生物过程;② 发展试验遥感方法,在像元尺度上遥感观测这些过程;③ 利用对全过程的模拟,弄清像元尺度的信息怎样与区域尺度信息相对应(http://www-eosdis.ornl.gov/FIFE/FIFE_Home.html,2005)。

FIFE 的试验场地是一块 20 km×20 km 的草地。FIFE 资料主要通过场地观测和强化观测获得。场地观测工作在整个 1987—1989 年三年内几乎是连续进行的，内容包括获取 NOAA/AVHRR, LANDSAT/TM, SPOT/HRV 和 GOES 卫星资料，获取观测场地内 14 个自动气象站的气象资料，并收集土壤含水量、水流量和生物观测资料，以及可用于研究大气对卫星资料的影响的大气光学性质资料。1987 年实施了 57 天的场地强化观测，即当卫星或飞机在场地上空飞行观测时，同时获取地面观测资料，用于研究空间尺度从毫米到千米，时间尺度从分秒到季节的生物和能量过程。

（2）中国黑河试验

位于我国甘肃省的黑河试验是 ISLSCP 计划在我国进行的外场试验，主要由我国和日本的科学家参加，试验目的是研究干旱气候形成和变化的陆面物理过程，为气候模式在中纬度干旱、半干旱地带的水分和能量收支的参数化方案提供观测依据，以便提高气候预报的能力；同时研究本地区作物需水规律和节水灌溉技术，为河西农业发展提供节水和合理用水方案。试验区面积 70 km×90 km，西侧为世界最高的青藏高原，北部为世界著名的戈壁沙漠，区域所反映的地表类型有冰川、冻土、荒漠、森林、草地和耕作农田，包括了从沙漠向耕作农区过渡的各种主要地表利用类型。除了固有的气象和水文观测站外，试验期间又增设 15 个自动雨量站，均匀地排列在 20 km×20 km 的范围内。野外试验从 1990 年 6 月开始持续了 1 年多时间，分别在早春、生长期（4 月）、作物成熟期（7 月）和晚秋生长季末期进行了四次强化观测。在 1992 年的强化观测中，陈发祖和孙晓敏等在中国第一次开展了 CO_2/H_2O 通量的连续观测试验，试验中使用了 CO_2/H_2O 分析仪与 E009 组合进行了涡度相关的梯度观测和对比观测。

（3）苏丹试验

该试验由德国研究基金资助，试验区位于苏丹北部，多学科组成的研究小组包括地质、水文、生物、物理、气象和遥感等方面的专家。试验的主要目的是对遥感信息的定量化，希望将大气校正后的遥感资料用于地表温度、反射率、光谱反射、地表辐射平衡状况和植被指数等地面特征参数的估计。

（4）波茨瓦纳试验

该试验由荷兰自由大学、瓦赫宁根农业大学、美国 NASA 空间飞行中心和波茨瓦纳气象服务中心等机构联合实施。试验的主要目的是利用可见光、近红外、远（热）红外以及微波波段的综合信息观测土壤湿度和植被蒸发过程。观测项目包括微气象、植被特征、土壤水分、地热通量和表面温度等。试验中将卫星观测与同时刻的低空飞行观测相结合，并且对遥感信息的大气校正以及与植物生理活动有关的气孔阻力及表面发射率等项目也同时进行了观测。

（5）Kurex-88 试验

该试验以苏联科学院地理研究所的 Kursk 生物试验站为基地，由 25 个苏联的研究机构和 13 个来自波兰、东德、捷克斯洛伐克、保加利亚、匈牙利、中国（中国科学院地理科学与资源研究所）、越南和古巴的研究所参加，试验区位于 Seym 河流域 Lgov 城以下地区。属于中俄罗斯高地森林向农业区的过渡地带，域内 72% 为耕作农田，10% 为森林，其余为牧场。观测从 1987 年 11 月开始，持续了 1 年时间。其中 40 天强化观测在植物生长最旺盛的季节（6 月 10 日—7 月 20 日）进行。除常规水文气象观测外，还在三种不同地表特征地段内设有 13 个梯度光合强度计，6 个瞬时脉冲计，直接测量 5 种不同作物品种的光合有效辐射。水文观测包括雪地观测和 7 种不同立地类型条件下的地表径流，并特别注意土壤水分含量的测定。卫星遥感资料被用来估算陆地-大气热量和水汽通量，依据下垫面的光谱特征和温度鉴别大气的光学特性。强化观测期间，在探测直升机上配备有分光光谱仪、分光极性光谱仪、辐射仪和 SHF 土壤水分探头等现代化探测设备。

此外，ISLSCP 开展的观测试验还有在法国进行的 Lacran 试验、在德国开展的 LOTREX-HIB88 试验、在北欧的格陵兰联合试验和在非洲的尼日尔试验。

16.1.3 全球能量和水循环试验

全球能量和水循环试验（Global Energy and Water Cycle Experiment, GEWEX）旨在改善和提高模拟全球降水和蒸发的能力，精确评估大气辐射和云的敏感程度以及水分循环、水资源对全球气候变化的响应；从模式研制、资料同化到有关观测系统的应用和运行,把所有气候研究的各个方面结合成了一个协调的计划(http://www.cais.com/gewex/gewex.html,2004)。

GEWEX 的科学目标为:① 根据对全球大气和陆面特征的测量,确定陆地的水文循环和能量通量;② 模拟全球水循环及其对大气、海洋和陆面的影响;③ 提高预测全球及区域的水文过程和水资源变化及其对环境变化响应的能力;④ 促进观测技术、资料管理和同化系统的发展,使其适用于长期天气预报、水文和气候预测。

GEWEX 的执行分两个阶段,第一阶段为1996—2001 年,进行与国际地球观测平台计划同步的全球观测;第二阶段是 2002—2004 年,主要是对第一阶段任务的扩展和深入。

在第一阶段,其主要任务是:① 为地球观测平台的数据与信息系统的建设做准备工作;② 进行包括大气-植被-水文相互作用的各种过程研究;③ 研制、改进和优化各种尺度的模式。为完成上述目标和任务,GEWEX 设计了下列四个子计划:

(1) GEWEX 大陆尺度国际计划(GCIP)

在美国密西西比河流域开展未来气候模式中大气和水分过程的试验,为期至少五年,具体目标为:① 确定大尺度水文和能量平衡的时空变化;② 构建和检验与高分辨率大气模式相衔接的大尺度水文模式以及水文-大气耦合模式;③ 建立和验证信息反演方法,并将其与卫星观测资料相结合,加强与地面观测系统的衔接;④ 提供一种能够评价未来全球气候变化对区域水资源影响的方法。

(2) GEWEX 云系统研究(GCSS)

旨在改进气候模式和天气预报数值模式中云过程的表示方法,研究目标是为发展云过程参数化提供科学基础,促进云过程参数化方案的评估和阐释。在进行云参数化的研究中,将着重考虑下述物理过程,即云和辐射的相互作用,热量、水汽和动量输送,降水的微观物理和降水强度的尺度分布特征,云和地表通量的相互作用,地形效应以及与平流层的相互作用。

(3) 全球降水气候计划(GPCP)

研究目的是在全球范围内观测与估算降水的时空变化。研究内容包括:① 通过静止气象卫星所获取的红外图像来估算月降水量,计算方法采用美国的"GOES 降水指标";② 通过极轨卫星上安装的微波辐射计,估算非热带地区的锋面降水;③ 收集利用雨量计获得的地面降水观测数据;④ 为了验证根据卫星资料进行的估算,对作为标准使用的降水进行测量(船舶雨量计、测雨雷达)。

(4) GEWEX 的水汽计划(GVaP)

1992—1995 年为 GVaP 的预试验阶段。预试验的目标是:① 评估目前使用的各种星载传感器测定全球大气水汽含量的能力;② 在一个水汽观测站上得到三个月的水汽气候资料,实现大气水汽传感器的野外对比;③ 为业务探空提供一种最佳的水汽传感器的处理方法。1995 年以后开始了正式的研究计划。

16.1.4 平流层过程及其在气候中的作用试验

平流层过程及其在气候中的作用(Stratospheric Processes and Their Role in Climate,SPARC)研究计划是 WCRP(World Climate Research Programme)于1992 年开始的一项计划,它旨在了解平流层如何影响气候,并预测未来平流层对于对流层-平流层气候系统的影响(http://www.atmosp.physics.utoronto.ca/SPARC/index.html,2004)。SPARC 涉及的内容包括人类活动导致的平流层臭氧变化,火山喷发进入平流层的气溶胶,以及温室气体浓度增加导致的平流层变化等对气候的影响。平流层的变化可以多种方式影响气候。例如,平流层臭氧的减少会导致大气对太阳紫外辐射吸收的减少,从而造成到达地面的紫外辐射增加,还将导致平流层降温,从而减少进入对流层的红外辐射,引发对流层的降温效应。作为辐射通量流入和流出的结果,气候将可能发生变化。SPARC 计划包括有四项主要任务:① 平流层对气候的影响;② 与平流层臭氧变化相关的物理学和化学;③ 平流层的变率及其观测;④ 紫外辐射(UV radiation)变化。为此开展了三个方面的工作:

(1) 平流层对气候变化的指示性反映观测

在全球范围内对平流层的变化(臭氧、水汽、温度、动态特征)进行长期的、连续的观测;提高观测技术和观测手段,保证观测数据的连续性和有效性。

(2) 平流层过程及其与气候的关系研究

主要包括平流层底层与顶层的动态交换与传输

过程;平流层底层与顶层的化学和微观物理学特征及其变化;地球引力在平流层的波动过程;以及以上各项变化过程与气候的关系。

(3) 模型研究

对平流层内的各项过程以及与气候变化的关系进行模型模拟。

16.1.5 国际全球大气化学计划

国际全球大气化学计划(International Global Atmospheric Chemistry Project,IGAC),是1988年11月由国际气象学和大气科学协会(IAMAS)的国际大气化学和全球污染委员会(International Commission on Atmospheric Chemistry and Global Pollution, ICACGP)制定的IGAC 10年执行计划。该计划不仅注重大气化学研究,还特别注意大气化学与人类活动之间的联系(http://www.igac.unh.edu/,2005)。

IGAC的总目标是观测、认识全球大气化学目前的变化,及预测其21世纪的变化,特别是那些影响大气的氧化能力、影响气候以及影响大气化学与生物圈相互作用的变化。其具体目标是:① 推进对决定大气化学成分的基本化学过程的认识;② 认识大气化学组成与生物过程和气候过程之间的关系;③ 预测自然力和人为活动对大气组成的影响;④ 为保护生物圈和气候提供必要的知识。为了达到上述目标,IGAC在全球大气化学分布和长期变化趋势、地表交换过程、气相化学反应、多相过程以及模拟对流层化学系统及其与海洋和陆地系统相互作用的区域模式、全球模式等方面进行了观测和研究。该计划的研究重点区域是海洋大气、热带大气、极区与北半球中高纬度地区。IGAC包括以下7个重点研究领域:

(1) 海洋大气的自然变化和人为扰动

包括“北大西洋地区研究”;“海洋气体排放、大气化学和气候”;“东亚-北太平洋区域研究”三个课题。

(2) 热带大气化学的自然变化和人为扰动

从热带地区生物圈和大气痕量气体交换、重要生物地球化学痕量气体的沉降、生物物质燃烧对全球大气和生物的影响、稻田耕作与痕量气体交换四个方面来研究热带大气的自然变化及人为活动引起的变化。

(3) 极区在大气化学组成变化中的作用

其目标是了解极区对流层化学过程在全球变化中的作用,建立大气化学成分与冰川雪冰化学成分之间的关系,提供有关资料,包括北极日出试验、北极气体和气溶胶取样计划、南极对流层和雪化学、格陵兰冰川化学研究。

(4) 北半球北方地区在生物圈-大气圈相互作用中的作用

其目标是研究作为痕量气体的源和汇的北半球北方地区的作用及控制这些痕量气体通量的生态系统的动力学,内容包括作为痕量气体源和汇的高纬度生态系统和北方湿地研究。

(5) 中纬度(北半球温带地区)生态系统中的痕量气体通量

主要研究中纬度生态系统与光化学氧化物(重点在北美、欧洲、东亚地区)及中纬度陆地系统与大气的痕量气体交换。

(6) 大气成分的全球分布、转化、变化趋势与模拟

建立全球对流层臭氧观测网络、开展全球大气化学测量、全球对流层CO_2观测网络、多相大气化学、全球排放表编制和全球综合与模拟。

(7) IGAC的支撑活动

建立大气化学和全球变化的教育包括通讯联络(IGAC通讯)和相互标定与相互比较系统。

16.1.6 全球海洋通量联合研究计划

全球海洋通量联合研究计划(Joint Global Ocean Flux Study,JGOFS)的主要目的是从全球尺度研究和了解控制海洋中控制碳及相关生物组成元素通量变化的各种过程,估计其与大气、海床和陆地之间的交换以及海洋对大气中CO_2的吸收、储存和转移能力,据此预测大气中CO_2含量的变化趋势,以有助于气候和生物资源研究(http://www.uib.no/jgofs/jgofs.html,2004)。该计划于1990年3月确定并正式开始实施。

(1) JGOFS 的研究目标

在全球尺度上确定和了解海洋中控制碳及相关生物元素通量随时间变化的过程,估计它们与大气、海床和海陆边界间的交换量。具体内容包括:① 描述与海洋碳系统变化有关的关键生物地球化学过程的地理分布和速率,作为预测该系统变化的必要条件;② 确定海洋中控制海洋、海水混合、扩散和颗粒下沉而运移的因素;③ 确定海洋生态系统对季节性到十年尺度变化产生的物理和化学作用的响应;④ 估计海洋边界处的交换量,包括海-气交换、海洋-海床的交换(与底栖生物群落的交换和与埋藏沉积物的交换)以及在海陆边界处的交换。

发展在全球尺度上预测海洋生物地球化学过程对人为扰动,尤其是与气候变化有关的扰动的响应能力。具体内容包括:① 确定海洋在减缓大气中人为造成的 CO_2 以及其他影响气候的气体浓度增加中的作用;② 发展海洋的物理和生物地球化学耦合模式,以检验和改进我们理解和预测气候变化的能力;③ 在自然季节性和时间变化性的基础上,制定观测与气候变化有关的海洋生物地球化学循环长期变化的策略;④ 研究晚第四纪古海洋学记录,确定海洋环流、古有机物生产率与大气 CO_2 含量间的关系,以帮助对未来与 CO_2 有关的气候变化的预测。

要圆满完成 JGOFS 的目标,需要开展大规模的全球海洋调查和加强特定地区生物地球化学过程的深入研究,利用海盆研究和全球调查以及卫星数据提供的海洋特定时空位置的各有关变量的资料,详细地了解海洋过程,识别关键过程和参数,建立可以模拟和预测生物地球化学通量的模式,并将引进到海盆尺度研究中,以及预测海洋的未来状况。

(2) JGOFS 的研究内容

① 开展若干过程研究以阐明控制全球海洋中各个部分碳循环的机理。

② 运用遥感、海洋调查船等开展大尺度全球断面调查以及在关键地点开展长时间序列观测计划,以改进对生物地球化学过程变动的基本描述。

③ 开展模式研究,识别关键过程和变量,将观测到的参数引入海盆尺度或全球尺度研究中,并预测海洋的未来状况。

④ 在深水和大陆架沉积物中采集地球化学样品,研究过去的气候记录。

⑤ 建立国际数据档案,以便有效地利用 JGOFS 观测研究期间获得的大量高质量数据。

该计划还包括完成 JGOFS 目标的措施、生物地球化学组成成分的确定、过程研究、遥感、大空间-时间尺度调查、模拟研究、海底过程与沉积记录、数据管理等问题,以及今后进一步完善其科学设计的补充实施计划设想。

16.1.7 亚马孙河流域大尺度生物圈-大气圈试验

亚马孙河流域大尺度生物圈-大气圈试验(Large Scale Biosphere-Atmosphere Experiment in Amazonia ,LBA),由巴西领导并联合南美、北美和欧洲多个国家联合开展的一项多学科的大型试验计划,该计划 1996 年开始筹划,1998 年部分大型观测试验开始实施,至今已有 100 多家科研团队 600 多位科学家参加,试验区域位于巴西亚马孙河流域 2 000 km×2 000 km 范围内,下垫面主要包括原始森林、退化森林及草地等,其目的在于探索亚马孙河流域森林生态系统在气候学、生态学、地球化学和水文学等多方面上的特征和功能,人类活动特别是土地利用方式的变化对这些功能的影响,以及亚马孙河流域森林生态系统和整个地球系统的相互作用(http://lba.cptec.inpe.br,2005)。

(1) LBA 的核心问题

① 亚马孙河流域作为一个区域性整体的现行功能。

② 土地利用和气候变化对亚马孙河流域生态系统在生物、化学和物理功能上的影响,这个问题又同时包含两个层次:第一是对该区域的可持续性发展的影响;第二是该区域对全球生态系统的影响。

(2) LBA 的主要研究内容

① 对亚马孙河流域的水、热、碳、痕量气体和营养物质的循环转化的物理学、化学和生物学过程进行量化观测、理解和模拟,并探索它们对全球大气的影响。

② 量化观测、理解和模拟亚马孙地区森林采伐、农业生产活动及其他土地利用方式变化对水、热、碳、痕量气体和营养物质的循环转化过程的影响及其在气候变化背景下的情况。

③ 预测在未来土地利用和气候变化情景下,上

述过程在亚马孙地区的变化以及对亚马孙地区以外区域的影响。

④ 确定亚马孙地区生态系统与大气间的主要温室气体交换过程和对大气氧化性能的影响,并理解气体交换中的过程调节。

⑤ 为亚马孙地区生态保护政策和可持续发展计划的制定提供定性、定量的科学信息和依据,以确保亚马孙河流域生态系统维持对区域和全球的正常的生态贡献功能。

(3) LBA 的研究领域

LBA 的试验内容涵盖了以下 6 个领域:自然气候、碳存储和碳循环、生物地球化学、大气化学、水文以及土地利用和地表覆被。

① 自然气候学研究:集中于水和能量的通量研究,在时间尺度上从日到季节到年,在空间尺度上从点到面到整个亚马孙河流域进行多尺度的综合研究,重点研究水和能量通量在时间和空间上的动态分布和变化以及对气候变化的作用和响应。

② 碳存储和碳循环研究:研究围绕两个科学问题展开,第一是亚马孙地区未受干扰森林生态系统的源汇定性问题;第二是在森林采伐、农业生产等人类活动干扰下,亚马孙森林生态系统的碳释放问题。

③ 生物地球化学研究:重点是观测研究原始森林、次生森林和人类控制土地的物质循环和温室气体的吸收或排放。观测试验沿土壤肥力、土地利用方式梯度和气象要素梯度等多点进行,对甲烷、氮氧化物等痕量气体、营养物质储量和流量开展定量化长期持续观测,并结合 GIS 和 RS 技术手段对观测数据进行尺度扩展;在以上观测研究基础上对亚马孙区域生态系统对土地利用方式改变扰动的耐受能力进行评估和预测。

④ 大气化学研究:主要研究亚马孙区域生态系统对热带地区乃至全球大气组成和变化的影响,特别是对臭氧、烃类物质、氮氧化物、碳氧化物、气溶胶等大气组分进行研究。观测研究中将长期地面观测和集约型高空观测结合起来,从而形成了从点尺度到整个亚马孙河流域尺度的多尺度有效观测,并构建大尺度、三维立体的大气化学结构模型,对亚马孙河流域与全球大气圈的温室气体、痕量气体和气溶胶的交换进行模拟。

⑤ 水文观测试验:从水体流量和对营养物质的迁移两个方面对亚马孙盆地内水体在土壤、河流和植被联合传输体内的流量和存储、转移等过程进行研究,对森林的水体涵养功能以及森林采伐导致的水体流失过程进行研究。

⑥ 土地利用和地表覆被变化研究:观测亚马孙森林生态系统在人类活动影响下,土地利用和植被覆盖的动态变化,重点是研究亚马孙森林受采伐、垦殖等人为破坏后在生态功能上的变化,以及森林的再生、恢复研究。

(4) LBA 的主要观测试验

在 LBA 框架内开展了大量观测试验,其中与大气边界层相关的主要观测试验有:

① 热带降水测量计划(TRMM):试验时间为 1998—2000 年,是由美国国家航空航天局和日本国家航天发展处(NASDA)联合开展的一项卫星观测试验计划,也是 LBA 的第一项大型观测试验。试验中使用降水雷达(PR)、雷电成像传感器(LIS)和被动微波图像等遥感手段,同时进行地面观测,在半径为 150 km 的覆盖范围内对亚马孙地区热带雨林中水汽的运动,降水的形成和分布,以及热量传输的动态过程和规律进行观测研究。

② LBA 水文气象学研究(HYDROMET):试验时间为 1999—2002 年,由美国国家航空航天局主持,试验内容包括:地表辐射的观测和能量平衡研究;地表覆盖动态过程观测;亚马孙气候动态模拟;土地利用和地表覆被变化对不同时空尺度上水文气象的影响研究;遥感手段对降水和能量平衡的观测。

③ 亚马孙地区痕量气体和大气化学欧洲研究(EUSTACH-LBA):试验时间为 1998—2000 年,围绕两个主题展开,其一是亚马孙地区对全球碳平衡的贡献和作用,其二是亚马孙地区对全球活跃痕量气体(H_2O、CO_2、CH_4、N_2O、O_3)、气溶胶以及其他化学性质活跃气体的收支和大气组成的影响。观测试验主要集中在大气边界层,对土壤-大气、植被-大气的气体交换传输开展定量观测、过程机理和模型模拟研究。

④ FAPESP 计划:该试验分为 1998—2001 年和 2002—2006 年两个阶段实施,前者的研究内容主要是从微观区域上对亚马孙地区生物-大气系统进行观测研究,后者的研究内容主要是对亚马孙干湿季节转化时期的热量、水分、气体交换、气候变动及其与全球大气系统的互动过程开展研究。

⑤ PPG-7 计划:试验分为三个阶段实施,

1997—1999 年开展亚马孙中部地区热带雨林的热量、水汽、二氧化碳平衡观测试验;2000—2002 年开展亚马孙旱季火灾的起火前气象与生态系统过程研究;2000—2003 年开展森林采伐对亚马孙生态系统的自然气候影响研究。

⑥ 碳存储和碳循环试验:LBA 开展了大量碳存储和碳循环观测试验,观测试验集中于大气边界层中的 CO_2 交换和能量传输以及陆面过程。众多的试验基本上分成 1998—2002 年的初步观测阶段和 2003—2005 的强化观测阶段,观测试验的主要内容为:碳存储在空间上的分布和转移及其在时间上的动态变化规律;亚马孙地区整体及各个局部的碳通量特征及其年际和季节变化规律;碳存储和碳循环与气象因素、地理因素、人为活动和气候变化的关系;亚马孙地区碳循环在全球碳循环中的功能。

16.1.8 北美北方生态系统-大气研究

北美北方生态系统-大气研究(Boreal Ecosystem-Atmosphere Study,BOREAS)是 20 世纪 90 年代由加拿大自然科学工程研究委员会(NSERC)、遥感中心(CCRS)、自然资源管理局(NRS)、林业部(CFS)和美国国家航空航天局(NASA)、国家科学基金委(NSF)、环保局(EPA)等多家单位共 85 个科研团队联合开展的一项大尺度、国际性、交叉学科的试验计划,是 FIFE 试验的延伸和扩展。

试验在加拿大北部 Saskatchewan 省 Manitoba 的 1 000 km×1 000 km 的区域上开展。它主要是研究加拿大北部针叶林生态系统与大气系统交互作用的过程、机理和模型,其主要内容包括:北部针叶林与大气的相互影响;碳储量和碳通量;气候变化对该生态系统的影响等。BOREAS 在 1994 年和 1996 年进行了两次集中的观测试验。在 1994 年的"黄金日"(golden days)系列联合观测中,选择了 10 个天气晴好、稳定、各项数据良好的时间段,各个研究小组共进行了 60 多天的联合观测,取得了大量精确的观测数据。在 1995 年经过 1 年的分析和准备后,针对 1994 年观测中的不足又在 1996 年开展了 4 次联合观测:冬季雪地观测、4 月 2 日到 28 日的早春观测、6 月 8 日到 8 月 9 日的夏季观测和 10 月 1 日到 21 日的秋季观测。在联合观测中应用了通量塔、飞行器、卫星遥感等先进的科技手段,并对观测数据进行了计算机模拟和建模预测(http://www-eosdis.ornl.gov/BOREAS/bhs/BOREAS_Home.html,2004)。

16.1.9 加拿大麦哥泽河流域水热研究

加拿大麦哥泽河流域水热研究(Canadian Mackenzie GEWEX Study,MAGS),是 GEWEX 的水文气象研究板块中的一项重要试验。试验区域位于加拿大北部的麦哥泽河流域。麦哥泽河是注入北冰洋的最大北美河流,麦哥泽河流域能较好地反映该地区的气候变化和气象波动,并且有变暖迹象,因此对于麦哥泽河流域的水热循环、大气和水文运动研究,是全球变化下寒带地区很好的代表性研究区域。研究的总目标是:理解和模拟高纬度地区水和热的循环、交换、转移的过程以及对全球气候的影响;预测气候变化本身及其连锁反应对加拿大水资源的影响(http://www.usask.ca/geography/MAGS/index_e.htm,2005)。

试验内容主要是寒带地区陆地-大气之间的相互作用和寒带地区气候的变动规律,观测对象是对全球气候有重要影响的极地冰雪、永冻带、极地气团、陆面辐射平衡等。

MAGS 试验分成 1996—2001 年和 2002—2005 年两个阶段。在第一阶段主要研究内容和目的是(http://www.usask.ca/geography/MAGS/Intro/Plan/MAGS_Implementation_Plan_e.pdf,2005):

① 进行野外观测试验,对高纬度地区水和热的循环、交换、转移的过程进行量化研究,获取大量数据;

② 初步判断高纬度地区各种陆面-大气过程的作用;

③ 为下一步模型的开发整理、校正、准备数据基础;

④ 构建模型的初步框架,以期能对麦哥泽河流域的水、热传输进行模型模拟反演和长期预测。

第二阶段的主要研究内容和目的是:

① 完善对麦哥泽河流域的水、热传输在时间、空间上的研究,在时间上包括年、月及其他短期尺度;在空间上包括从局部流域到完整流域尺度;

② 完善和发展模型的模拟可靠性;

③ 对麦哥泽河流域的水、热循环过程及其对气候变化的相应过程进行模拟预测;

④ 将开发出的模型应用于对环境、水资源等问题的分析与解决;

⑤ 将模型转化到加拿大及 GEWEX 的其他大尺度试验区域进行应用探索。

16.1.10 中国黑河流域遥感地面观测联合试验

中国黑河流域遥感地面观测联合试验旨在以具备鲜明的高寒与干旱区伴生为主要特征的黑河流域为试验区，以水循环为主要研究对象，利用航空遥感、卫星遥感、地面雷达、水文气象观测、通量观测、生态监测等相关设备，开展航空、卫星和地面配合的大型观测试验，精细观测干旱区内陆河流域高山冰雪和冻土带、山区水源涵养林带、中游人工绿洲及天然荒漠绿洲带的水循环和生态过程的各个分量。以航空遥感为桥梁，通过高精度的真实性验证，发展尺度转换方法，改善从卫星遥感资料反演和间接估计水循环各分量及与之密切联系的生态和其他地表过程分量的模型和算法。发展流域尺度的陆面/水文数据同化系统，集成观测与模拟结果，生成高分辨率的、时空一致性的高质量数据集；进一步发展能够实时融合多源遥感观测的数据同化系统，实现卫星遥感对流域水文与生态过程的动态监测（李新等，2008）。

黑河流域为我国第二大内陆河流域，面积约12.87万 km^2，位于97°24′~102°10′E，37°41′~42°42′N，包括高山冰雪带、森林草原带、平原绿洲带及戈壁荒漠带等不同的景观类型（图16.1）。黑河流域遥感地面观测联合试验由3个试验（寒区水文试验、森林水文试验和干旱区水文试验）（图16.1）以及一个集成研究（模拟平台和数据平台建设）组成。

（1）上游寒区水文试验

在寒区水文试验区开展微波辐射计、激光雷达、高光谱航空遥感试验。利用机载多波段微波辐射计获取雪深、地表冻融状况和土壤水分；利用机载激光雷达测量雪深和地表粗糙度；从高光谱遥感提取雪盖面积、雪反射率、雪粒径及试验区地表覆盖类型。以航空遥感为桥梁、以地面真实性检验为标准，重点研究卫星数据反演雪水当量和土壤冻融的方法和精度。选择典型小流域同步开展双偏振多普勒雷达降

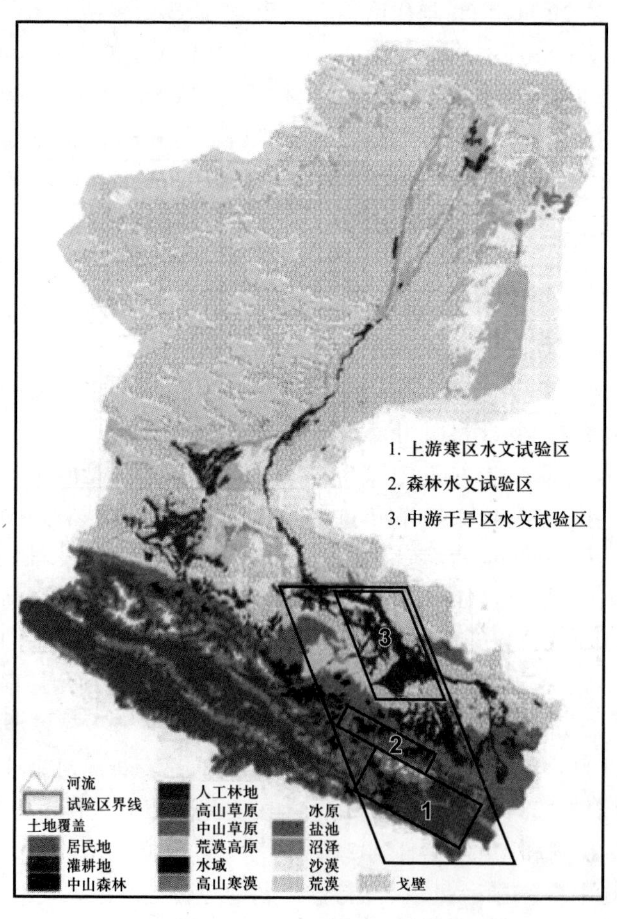

图16.1 黑河流域遥感地面观测联合试验重点试验区布置图（引自李新等，2008）

水观测，地基微波辐射计观测，建立寒区水文径流场，加密观测寒区水文过程，定点测量积雪和冻土的各种物理属性和水热变化特征。获取同期的雷达、被动微波、可见光近红外和热红外卫星遥感数据，研究多尺度数据在空间和时间尺度上的转换机制。构建用于发展、改进和验证寒区陆面过程模型和分布式水文模型所需的数据集。

(2) 森林水文试验

在森林水文试验区开展高光谱、多角度热红外、激光雷达航空遥感试验。从高光谱遥感提取生物物理参数及植被类型；利用多角度热红外遥感器，获取森林、灌丛和草地的观测数据，反演地表和冠层温度；利用激光雷达测量植被的三维结构，并估算生态系统生产力。利用以上观测/反演量提高对森林水文的重要分量——蒸散发、截留、树干茎流、透过流的估算精度。获取同期的可见光近红外和热红外卫星遥感数据及雷达降雨观测数据。选择重点小流域加密观测森林水文和生态过程。构建用于发展、改进和验证森林水文模型和生态模型所需的数据集。

(3) 中游干旱区水文试验

在干旱区水文试验区开展高光谱、多角度热红外、激光雷达、微波辐射计航空遥感试验。从高光谱遥感提取生物物理参数及地表覆盖类型；利用多角度热红外遥感资料反演地表和冠层温度；利用激光雷达测量植被的三维结构和粗糙度；利用微波辐射计观测土壤水分。获取同期的各类卫星遥感数据及雷达降雨观测数据。配合航空遥感试验开展地面同步观测试验。以临泽内陆河流域综合研究站和张掖国家气候观象台为依托，选择中游典型生态系统样带或样区，开展植被和土壤相关参数的地面加密观测试验。改善从航空遥感和卫星遥感资料反演和间接估计蒸散发的模型和算法，发展地面观测验证反演结果的尺度转换方案。

(4) 模拟平台和数据平台

以现代陆面过程模型和水文水资源模型（包括地下水动态模型）为骨架，构建“大气-水文-生态”综合模拟模型平台。发展流域尺度的陆面/水文数据同化系统，集成观测与模拟结果，生成全流域空间分辨率为 1 km、时间分辨率为 1h 的同化数据集。进一步发展能够实时融合多源遥感观测的数据同化系统，实现卫星遥感对流域水文与生态过程的动态监测。在“数字黑河”基础上，建立黑河遥感试验信息系统，发布原始试验数据、各级数据产品及同化数据。

黑河流域遥感地面观测联合试验在 3 个重点试验区依据不同景观类型新建了 7 个自动气象站，4 套涡度相关观测，2 套大孔径闪烁仪。新建的观测系统和试验区已有的 5 个自动气象站，2 套涡动相关，8 个业务气象站及 34 个气象区域站相配合，在试验区约 23 700 km^2的范围内，形成了包括常规站（常规气象观测）、重点站（增加多层气象要素、辐射平衡 4 分量观测、多层土壤温度和土壤含水量以及浅层土壤热流观测）和重点加强站（增加湍流通量观测）三位一体的黑河中上游地区地面气象水文观测网（图 16.2）。

黑河流域遥感地面观测联合试验综合利用航空遥感、卫星遥感、地面雷达、水文气象观测、通量观测、生态监测等相关设备，精细观测水循环及与之密切联系的生态过程和其他陆面过程，将有望加深对流域尺度和更大尺度上的物质循环机理和资源转化规律的认识，同时，也将对实现流域水资源、土地资源与其他自然资源的可持续利用发挥潜在的重要价值（李新等，2008）。

16.1.11 大气边界层气象综合观测试验的发展趋势

综上所述，80 年代后期以来，世界范围内的边界层外场试验有了很大发展。由于其高昂的费用和对现代化设施的高要求，试验多是以国际合作的方式进行的。随着新技术的开发和应用，今后边界层探测的规模会越来越大，精度也会不断提高，任何一个孤立的科研机构要进行如此大规模的外场试验都是不可能的，今后的边界层观测必定需要更加广泛的国际合作。

综合近期国内外大型的大气边界层气象观测试验计划，当前该领域内的热点问题和发展趋势大致包含以下四个方面：

(1) 边界层气象的大尺度观测

全球变化下的边界层气象研究是当前的热点，在此研究中要求有大尺度的、连续的观测数据，因此大尺度上的边界层气象观测技术和实践成为边界层气象研究的热点。

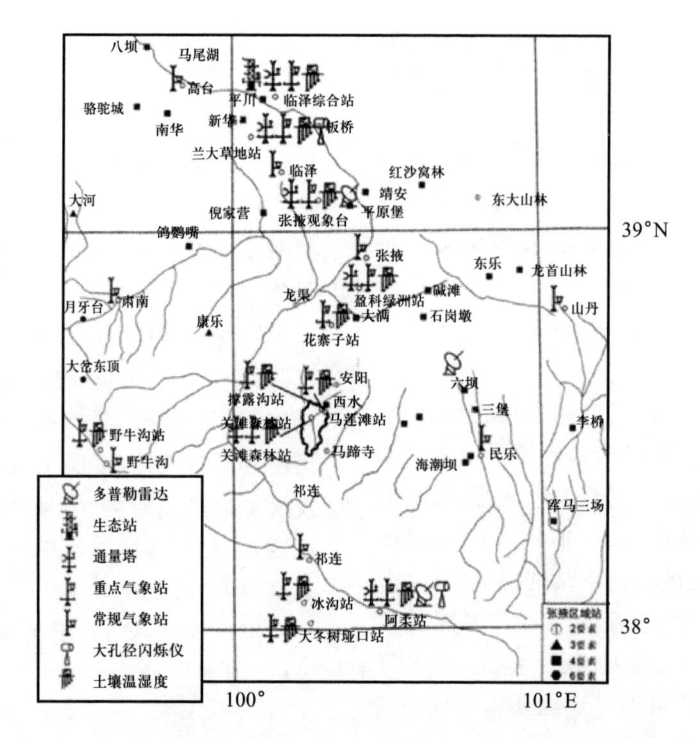

图16.2 黑河流域遥感地面观测联合试验通量和气象水文观测网络(引自李新等,2008)
区域站中,2要素是指气温和降水;3要素是指气温、降水和风向;4要素是指气温、降水、风向和风速;
6要素是指气温、降水、风向、风速、气压和总辐射

(2) 遥感观测技术在边界层气象观测中的应用

传统的单纯依靠近地面观测技术已不能适应当前边界层气象研究中对尺度扩展的要求,精准的遥感观测技术是对其最好的补充。如何应用、改进遥感观测技术,是当前边界层气象观测研究热点的另一方面。

(3) 注重对陆面过程的研究

将气象学的基础理论结合到陆面观测中,研究由于陆面过程中的生态、水文、地质和人类活动等多种因素,在大气边界层上对大气和气候变化的影响,是当前研究的主流和热点,也因为陆面过程的复杂性,使其成为研究的难点。

(4) 对复杂下垫面、特殊地形和特殊地区的研究

城市、极地、荒漠、青藏高原等大气边界层的观测研究是对传统边界层气象研究的扩展和深入,也是使大气边界层气象由理论走向实践化和应用化的重要一步(http://www.mmm.ucar.edu/research.html,2005)。

我国近年正以空前积极的姿态参与有关的国际合作,如中日黑河试验、中美青藏高原试验和中美南海季风试验等,有关的大气边界层理论模型和外场试验都为边界层的生态研究工作奠定了坚实的基础,也提供了丰富的素材。随着互联网的发展和普及,各种计算机载体的数据容量也在不断增加。上述各种试验结果已陆续以各种形式公之于世,如BOREAS试验数据和HAPEX数据等。这就为今后的研究工作提供了极大的方便,也无须每一个研究小组都从最原始的野外观测做起,这是现代科学研究的新特色。

16.2 FLUXNET的发展与合作机制

16.2.1 FLUXNET的创建与发展

(1) FLUXNET的创建

最近几十年来,关于对全球变化与陆地生态系统的研究已经从人类最初关注大气微量气体和全球

变暖之间的联系(Wigley and Schlesinger,1985),发展到更多地关注生态系统及植被-大气界面的 CO_2 交换过程和反馈机制,全球碳收支的精确评价与控制机制成为人们越来越感兴趣并且被高度重视的研究领域(Houghton *et al.*,1990,2001)。为此,国际上启动了一批大型国际研究计划,正在展开不同地区和不同生态系统类型的碳水循环和碳水通量的试验观测,并建立了相关的观测研究网络(Baldocchi *et al.*, 2001)。早在 20 世纪 90 年代初,北美(Greco and Baldocchi,1996)、欧洲(Valentini *et al.*,1996)和日本(Yamamoto *et al.*,1999)就已开始进行多站点联合的长期通量观测,1995 年在 La Thuile 举行的通量观测研讨会上,国际同行正式讨论了成立"国际通量观测研究网络"(FLUXNET)(Baldocchi *et al.*, 1996),此次会议促成了之后全球范围内更多通量观测站的建立和区域性通量观测网络的迅速发展。随着欧洲通量网(Euroflux)和美洲通量网(AmeriFlux)分别于 1996 年和 1997 年成立,以及全球对地观测系统(EOS)的加入,美国国家航空航天局(NASA) 决定于 1998 年开始以验证 EOS 产品的名义资助全球尺度的 FLUXNET 项目。全球通量观测站点不断增加,到 2014 年为止,全球已有 680 多个通量观测站点在 FLUXNET 注册。

(2) FLUXNET 的发展

目前,FLUXNET 由美洲通量网(AmeriFlux)、欧洲通量网(CarboEurope, EuroFlux)、澳洲通量网(OzFlux)、亚洲通量网(AsiaFlux)、非洲通量网(CarboAfrica)、日本通量网(JapanFlux)、韩国通量网(Ko-Flux)、中国通量网(ChinaFLUX)、墨西哥通量网(MexFlux)9 个主要的区域性通量研究网络及 Canadian Carbon Program, BERMS, Agroforestry Panama, CAROMONT, CarboExtreme, GREENGRASS, TCOS-Sibeia 等一些专项性研究机构的共同参与组成(图 16.3)。观测站点早期主要分布在欧洲、北美洲大陆和日本,与这些国家和地区开展通量研究时间较长、设备投资能力强有关。近年来随着全球碳收支研究日益受到重视,越来越多的国家和地区竞相开展陆地生态系统碳水通量的观测和研究,亚洲、非洲和南美洲等发展中国家和地区的通量观测站也在逐渐增多,极大地减弱了全球通量观测研究的空间不均匀性。此外,通量观测技术和设备的改进和完善,也加速了全球通量观测事业的发展。

ChinaFLUX 的启动,填补了我国在全球 CO_2 和

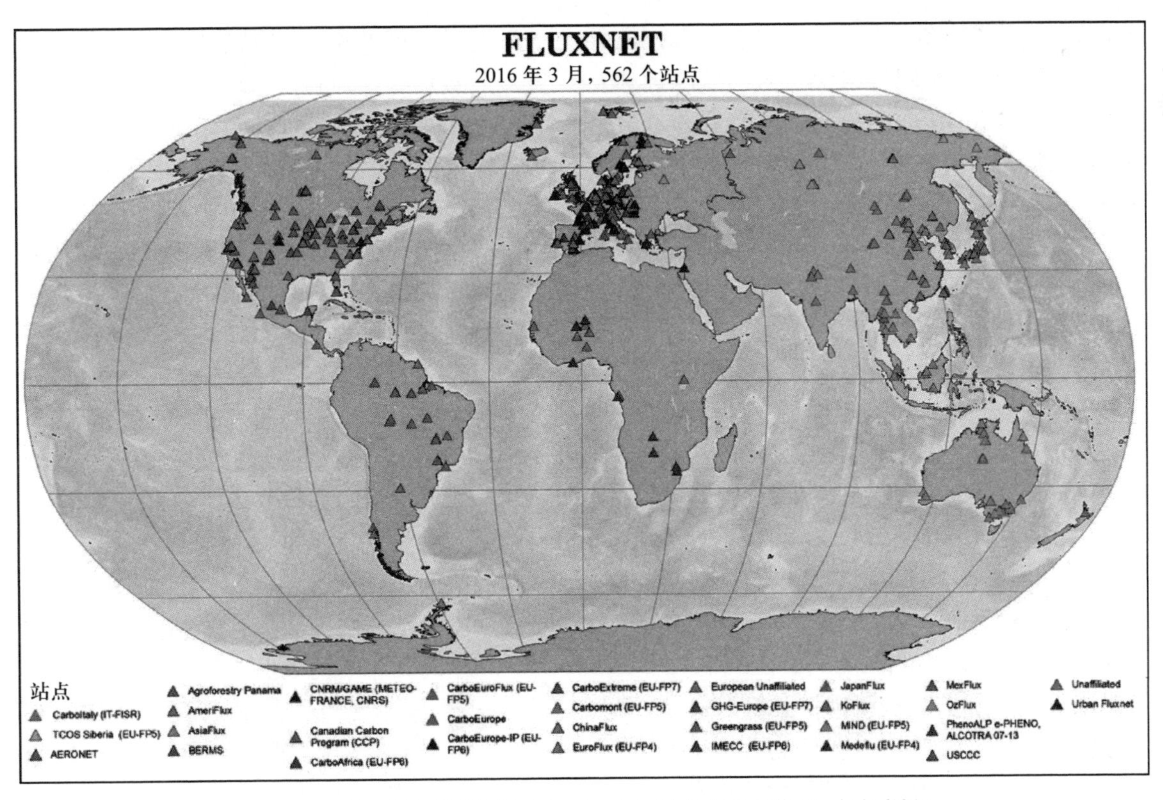

图 16.3 国际通量观测研究网络(FLUXNET)的组成网络(见书末彩插)

水热通量长期观测研究中的区域空白。虽然过去也曾应用微气象法对农田生态系统 CO_2 和水热通量做过一些研究，而对草原和森林生态系统的研究却十分少见。中国生态系统研究网络（Chinese Ecosystem Research Network, CERN）经过十多年的建设已经为中国陆地生态系统的水碳循环研究平台的建立奠定了良好的基础。尽管过去的研究工作比较零散，但是也有相当程度的理论和经验积累，2002年，中国陆地生态系统通量观测研究网络（ChinaFLUX）全面启动，2014年7月ChinaFLUX进一步融合升级成为通量观测研究联盟，目前ChinaFLUX已拥有70余个微气象通量观测站，涵盖了我国主要的农田、草地、森林和水体等生态系统（详见第17章）。

16.2.2 FLUXNET的合作机制

（1）FLUXNET的运作机制

FLUXNET成立的目的是为人类更好地了解调控 CO_2、水汽和能量交换的时空尺度的机制，同时为检验NASA的Terra卫星估测的净初级生产力（NPP）、蒸腾蒸发量及能量利用率提供地面信息。FLUXNET的运作机制是将各国和区域的通量观测网络组织成为一个全球综合网络。秉着自由和开放的原则，各个区域的通量观测组织将观测获取的通量数据上传到FLUXNET平台进行分享与合作。目前，有400余个台站的观测数据已经到FLUXNET注册存储。FLUXNET有两个工作部门，一个是项目办公室，另一个是数据存储部门。

项目办公室有骨干研究人员和博士后科学家，FLUXNET项目办公室的主要职责包括：

- 负责参与者间的交流以保证数据的及时存储和文件的及时投稿；
- 构造和分析总体数据库以方便原始数据的综合和土壤-植被-大气传输模型的检验和改进；
- 组织各种研讨会进行数据分析和模型验证；
- 在FLUXNET学术活动中评论（peer-reviewed）论文和报告；
- 提供站点间进行比较研究和分析的基金；
- 为FLUXNET数据和信息系统（data and information system, DIS）提供科学的指导。

数据存储部门主要负责包括：

- 用统一的格式对数据进行整编和文件化；
- 发展数据指导方针并协助FLUXNET数据和信息系统（DIS）的发展；
- 用标准质量控制保证程序详查数据集；
- 维护FLUXNET网页（http://www-eosdis.ornl.gov/FLUXNET）以便于FLUXNET成员间的数据交换；
- 将FLUXNET数据和气象数据转成长期的档案文件，目前指定为"洛基山国家实验室分布式活动档案中心"。

（2）数据质量控制

为了保证观测数据的质量需要对上报数据进行质量控制分析（QA/QC）。由于上报到FLUXNET的数据来自于不同国家和区域，在观测地点、观测的方法和观测目的上存在着很大差异，为了使数据具有可比性和综合分析能力，需要将这些数据调节到同一水平和统一的框架上。数据同一水平和统一的框架的调节主要包括以下几个部分：

- 确保数据的兼容性：需要保证数据的采样频率、记录的平均时间、记录单位和测量参数的一致性，制定通量观测数据的元数据。
- 对不同站点的数据进行整合以便它们可以直接对比，同时对数据进行进一步集成以便用来进行区域性和全球性分析。
- 使编辑的FLUXNET数据具有灵活性以便于用户的下载。
- 站点特征数据的外推。基于站点观测的通量数据往往只代表通量贡献区的几平方米到几平方公里空间范围，任何一个单一的尺度都不能满足FLUXNET的分析，因此需要对数据在几个空间尺度上进行拓展。
- 1 h或30 min的通量数据是从站点观测的瞬时原始数据计算出来的，由于仪器的问题和数据质量标准的控制往往会造成数据在时间尺度上的不连续。目前还没有规范的方法估算缺失数据将数据整合为日平均、月平均和年平均数据。
- 通量数据从单站点到区域网络再到FLUXNET最终形成长期数据档案。FLUXNET的DIS存储月、年通量数据。最终的数据和元数据将存储在永久性数据中心。

- 数据处理：许多通量数据的处理、质量分析和存档过程都是由各通量站操作的，区域网络从站点获取 1 h 或 30 min 的通量数据和元数据。FLUXNET 从区域网络获取数据和元数据，并编撰站点特征信息。
- 数据插补：通量数据的使用者（如模型开发人员）通常需要连续时间序列的数据，然而由于观测系统和数据质量控制的原因在一年中平均约有 25%～55% 的数据缺失，这就需要对数据进行插补。测试结果表明25%～35%的数据缺失插补不会在分析中带来显著性的偏差。

（3）*FLUXNET 的学术活动*

FLUXNET 有几个基本的功能，首先，它为科学委员会提供编辑和发布碳、水、热量通量数据，气象、植物、土壤数据的基本框架；其次，FLUXNET 支持台站之间的校准和通量比较等活动；再次，FLUXNET 通过资助项目科学家和项目顾问来支持各种研讨会，以进行数据和科学思想的综合、讨论和交流。总之，FLUXNET 的宗旨是衔接各国家和地区活动而提高国际合作水平，达到数据共享和信息交流的目的，为国际通量观测的协力发展提供工作平台。为此，FLUXNET 项目科技部门定期举办各种学术活动：

- 定期举办国际通量观测学术会议：邀请业内专家作通量观测有关的科技报告，进行学术交流；
- 经常举办与通量有关的国际学术研讨会和通量观测技术培训班：讨论现场通量观测、数据处理和分析、观测仪器标准等问题，以国际标准统一通量观测技术，使观测数据达到国际认可的标准；
- 为方便各国科技人员进行人员交流和合作，FLUXNET 提供参与 FLUXNET 的组织和部门的招聘通知。

16.3 世界主要区域的通量观测研究网络

FLUXNET 主要由美洲（北美洲和南美洲）、欧洲、亚洲、澳洲和非洲五大区域性网络组成。在各个区域性通量观测网络中，由于历史发展背景和研究基础不同，它们目前处于不同的发展阶段。由于美洲、欧洲和亚洲三个区域性通量观测网创建较早，而且发展很快，现在三者在 FLUXNET 上注册的观测站点已达 500 余个，约占总注册的站点数的 90%，并且都已经成功地建立了数据共享网站。在 FLUXNET 中，美洲、欧洲和亚洲通量观测网是观测技术和观测力量雄厚，影响规模强大的三个区域性网络。非洲区域通量观测网（主要指 CarboAfrica 观测网）和澳洲区域通量观测网（主要指 OzFlux 观测网）分布的通量观测站点也在日益在增加，目前处于快速发展阶段。下面简要地介绍一下这五大区域性通量观测网络。

16.3.1 美洲区域的通量观测研究网络

整个美洲区域通量观测研究网络主要包括 AmeriFlux、Mexflux、Canadian Carbon Program、LBA、LTER、Agroforestry Panama、BERMS 和 Carbomont 等多个子区性研究网络与研究计划。观测站点分布在美洲区域的苔原、草地、萨瓦纳、农田、热带雨林和针叶林、落叶林等生态系统中。目前在美洲通量网 AmeriFlux 上注册的微气象通量观测站点有 223 个。

多年来美洲区域通量网积累的大量的观测数据为研究生态系统对其周围环境变化的响应和反馈作用提供了大量的宝贵信息，为碳循环研究在气候年际变化对净碳吸收的影响和干扰以及对碳储量和碳通量的影响等方面做出了很大的贡献，同时为卫星产品的有效性验证提供了科学依据。

美洲区域通量网的总体目标是通过不同功能植被类型内和类型间的比较探索碳通量的一般变化规律，将研究成果进行由站点向景观和区域尺度的扩展。通过规范测量和规范标定，提高网络站点数据的兼容性，同时保证观测数据的灵活性以适应新方法和新技术的开发研究。总体观测战略是整合各种观测手段包括长期微气象观测、气象观测、生物学测量、模型和遥感观测，革新数据分析技术，提高碳通量和碳储量在相应尺度上的估算精度。因此需要进行多尺度观测，评价过程模型在大尺度上的应用，在典型生态系统进行长期观测，寻找碳通量和碳储量的一般变化趋势和基本原理，并将这些趋势和原理应用于区域尺度的研究中。探索碳通量和碳储量的空间变异性，研究它们对干扰和管理策略的响应以及随植被演替的变化。美洲区域通量网在一些站点还进行了附加项目观测,来研究碳储量和水碳通量的时空变异性与气候、植被、地形和干扰历史的关系。有些站点适合碳收支整合的研究,有些站点适合碳储量和碳通量过程的研究,对于这些站点,区域通量网分别给予不同的观测内容。观测标准的制定对于跨站的分析研究以及与其他碳通量站的合作研究十分重要。美洲区域通量网的主要目标:

- 在不同干扰历史和气候条件下,美洲主要植被类型下的植被、土壤的碳储量与水、碳、能量通量的定量化。
- 加深对碳同化、呼吸和碳储存过程的理解。通过观测和模型进一步提高对碳、氮、水和能量之间的联系的认识。
- 减少能量、CO_2 和水汽通量估算中的不确定性。
- 在景观和区域尺度上,认清碳储量与 CO_2、能量和水汽通量的时空变异性。
- 帮助提高对于未来大气 CO_2 浓度预测的精度。

16.3.2 欧洲区域的通量观测研究网络

在欧洲区域注册在 FLUXNET 上的微气象通量观测站点约 222 个,整个欧洲区域通量观测研究网络主要包括欧洲通量网(EuroFLUX)、地中海通量网(MedeFLUX)、瑞士通量网(Swiss Fluxnet)和 GHG-Europe 等多个子区性研究网络和研究计划。欧洲通量网始建立于 1996 年,2000 年在欧洲计划的倡导下,欧洲通量网和地中海通量网等合并成为 CarboEurope。欧洲区域通量网站点分布较美洲区域网集中。气候类型主要包括地中海气候、温带气候和干旱性气候。欧洲区域通量网大部分站点集中在森林植被上,这种集约化研究使得准确评价欧洲森林在碳沉积方面的作用成为可能。欧洲区域通量网主要目的是定量化评价欧洲目前陆地碳平衡以及在局地、区域和洲尺度碳平衡估算中存在的不确定性,其具体目标是:

① 确定欧洲大陆碳平衡的空间格局和这种格局随时间的变化。

- 基于碳库和 CO_2 交换量等生态测量的一系列图层的制作;
- CO_2 和其他痕量气体高精度大气观测系统的进一步增强;
- 在区域水平上实施高空间分辨率的实验;
- 利用数据同化系统、自下而上过程模型和自上而下反演模型整合碳平衡的各组分。

② 加深对欧洲生态系统碳循环控制机制以及气候变化和土地管理对欧洲碳平衡的影响的理解。

- 在局地、区域和洲尺度上把碳通量划分成各种子分量(同化、呼吸和化石燃烧);
- 基于数据的综合,定量评价生态系统管理对生态系统净碳交换量的影响;
- 研究、评价并优化生态系统过程模型。

③ 根据《京都议定书》欧洲所承担的义务,设计和发展观测碳储量和碳通量变化的观测系统。

- 在《京都议定书》约定的时间框架下,利用仪器和模型探测大气 CO_2 浓度的变化;
- 基于碳通量观测、土壤和生物碳储量变化的清查资料、植被属性的遥感观测资料和大气浓度观测资料,在《京都议定书》约定的第二时期制定出碳清单的框架。

16.3.3 亚洲区域的通量观测研究网络

在通量观测网络正式建立之前,亚洲区域已经采用各种观测技术对不同类型的陆地生态系统碳通量进行了观测研究。AsiaFlux 于 1998 年在日本建立,KoFlux 于 2000 年在韩国建立,极大地推动了亚洲地区的通量观测研究工作的发展。中国陆地生态系统通量观测研究网络(ChinaFLUX)是在中国生态系统研究网络(CERN)的基础上于 2002 年建立的,ChinaFLUX 填补了欧亚大陆通量观测的区域空白,增加了生态系统类型的代表性(于贵瑞,2004)。截止到 2014 年底,亚洲地区通量观测研究网络约有 200 个观测站点在利用涡度相关技术,并结合箱式法观测以及植物生理生态过程研究,对不同类型的生态系统 CO_2、H_2O 和能量通量进行综合观测和研究工作。近年来,中国的通量观测保持了很好的发展势头,为亚洲地区的通量观测事业发展起到进一步的推动作用。值得关注的是,亚洲区域的一些卫星遥感和环境观测方面的大型研究计划正在与通量观测网络密切配合,这无疑会极大地提高通量观测网络的综合研究能力,拓宽观测成果的应用领域。

AsiaFLUX 建立以来,亚洲通量界已经成功举行了 13 次大规模的学术交流活动。"International Workshop for Advanced Flux Network and Flux Evaluation"于 2000 年 9 月在日本 Sapporo 的 Hokkaido 大

学召开。这次研讨会的主要目的是讨论通量观测技术，观测结果与研究人员的交流与合作等方面的问题。研讨会还介绍了 CarboEurope 和 AmeriFLUX 的研究方法、主要结论和经验。并将 AsiaFLUX 所获得的初步观测结果与 CarboEurope 和 AmeriFLUX 的研究结果进行了比较。“Second International Workshop on AsiaFlux”于 2002 年在韩国 Jeju Island 举行。这次研讨会的目的在于增进对陆地生态系统碳源/汇强度的大小、分布、时间变异性和成因的认识。研讨会的重点是建立典型生态系统 C、N、S、H_2O 和能量交换的长期观测的数据收集、数据综合和数据发布规范；收集用于确定全球 CO_2、H_2O 和其他微量气体收支的重要信息，以提高对未来气候变化的预测能力；增强对重要陆地生态系统 C、N、S、H_2O 和能量通量、净生态系统生产力、碳吸收能力和水资源管理的理解。作为 Takayama 观测站的十年庆典活动，“Synthesis Workshop on the Carbon Budget in Asian Monitoring Network”于 2003 年 10 月在日本的 Takayama 观测站举行。会议主要展示了 Takayama 观测站连续 10 年所获得的通量观测结果，以及在生态系统碳循环研究领域所获得的理论成果，并讨论了观测站未来的长期观测研究计划。

“International Workshop on Flux Observation and Research in Asia”于 2003 年 12 月在北京举行。研讨会由 ChinaFLUX 和 AsiaFLUX 共同组织，并得到了 FLUXNET 和 ILTER 的支持。会议的目的在于增进学术交流，推动亚洲区域的通量观测与研究事业的发展。研讨会围绕涡度相关通量观测、土壤与植物呼吸、生态系统碳水循环机制及模型模拟、通量观测与研究的国际合作 4 个议题展开了广泛的讨论与交流。会议重点讨论了现阶段在通量观测与研究中，急需解决的一些理论和技术问题，如复杂地形和稳定大气条件下的 NEE 估算，通量数据的质量评价和同化，站点观测结果的尺度扩展等前沿性学术问题。此外会议还就亚洲区域的通量观测研究的国际合作机制交换了意见。

亚洲地区的通量观测研究已有 10 多年的历史，在准确地评价亚洲陆地生态系统碳/源汇的时空分布特征及其对环境变化的响应方面开展了较为深入的研究工作。但要全面认识生态系统物质与能量循环，一方面迫切需要充分认识生态系统中碳-氮-水三大物质循环的过程，三者之间的耦联关系，时空变异格局及其影响机制；另一方面需要将通量观测、空间分析和模型模拟紧密结合，实现通量观测研究结果的尺度扩展。此外，为了评价亚洲地区的陆地生态系统对全球变化的贡献和响应，还需要加强区域内各观测网络之间的合作与交流，强化通量观测数据的整合和共享，重点应开展以下三方面的研究工作（于贵瑞，2004；于贵瑞等，2014）：

(1) 陆地生态系统碳-氮-水耦合循环过程及其调控机制

陆地生态系统碳循环、氮循环和水循环是生态系统生态学和全球变化科学研究长期被关注的三大物质循环，它们表征着全球、区域及典型生态系统的能量流动、养分循环和水循环。然而，自然界的生态系统碳循环、氮循环和水循环是相互联动、不可分割的耦合体系，在生态学、生理学、生物化学等方面受多个生物、物理、化学和生物学过程的调节和控制。过去大量研究工作旨在对陆地生态系统的碳、氮、水循环单个过程及其生物学机理的认识，关于陆地生态系统的碳、氮、水循环之间的耦合关系，这种耦合关系的时间和空间分异规律，以及植物和土壤微生物的调控机制等研究积累还十分有限，难以支撑全球变化（温度、降水和氮沉降等）对生态系统生产力和碳源/汇功能影响的预测分析。开展陆地生态系统碳-氮-水耦合循环过程、生物调控及其对环境变化响应机制的理论探讨，不仅可以提升全球变化与生态系统碳循环研究的整体认识水平，更重要的是可以为全球尺度的碳循环调控以及温室气体源汇管理提供科学依据，也是改善生态系统管理和保障生态安全的迫切需要。加强以下 4 个方面的综合研究工作将有助于这一问题的解决：

- 生态系统碳-氮-水耦合循环的关键过程及其生物调控机制；
- 生态系统碳-氮-水耦合循环通量组分的相互平衡关系及其环境影响机制；
- 生态系统碳-氮-水耦合循环调控陆地碳源汇时空格局机制；
- 生态系统碳-氮-水耦合循环生物过程对全球变化的响应和适应。

(2) 通量观测、稳定性同位素观测、过程研究与遥感观测的有机结合

稳定性同位素技术以其可以区分生态系统各组

成部分对 CO_2、H_2O 和能量通量的贡献,在生态学研究中具有不可替代的独特作用,逐渐得到了广泛的应用。在亚洲区域的通量观测研究中,这一技术的应用还十分有限,需要进一步加强。生态系统水碳循环的生理生态过程研究是解释和论证通量观测结果的必要手段,也是建立生态系统过程模型,提高观测数据的利用效率的迫切需要,所以加强观测站点的植物光合作用、生长规律和凋落物分解与土壤呼吸作用等生态学过程的精细调查与试验研究,对推动通量观测研究事业的发展和成果产出具有重要的意义。要实现通量塔观测数据有效地向区域尺度扩展,预测未来的变化趋势,必须依靠卫星遥感(RS)、数字模拟技术以及地理信息系统(GIS)的支持。鉴于上述理由,可以认为一个综合的区域性通量观测网络应该是建立在生态系统研究网络的基础之上的,是通量观测与生物圈-大气稳定性同位素观测、卫星遥感观测、生态学过程研究以及模型开发研究紧密结合的多学科合作的综合性研究组织。

(3) 亚洲区域通量观测研究的区域合作

尽管现有的亚洲各区域通量观测网络已经开始对亚洲地区的主要类型生态系统开展通量的观测研究工作,但是要想阐明不同类型生态系统的通量特征和环境响应机制,评价亚洲地区的陆地生态系统对全球变化的贡献和响应,现有的观测站点的空间布局依然满足不了对观测数据的需求。亚洲区域通量观测网络的发展,需要在进一步增加观测站点的空间和类型代表性的同时,更应加强观测站点研究向区域尺度扩展的研究力度,需要强化和综合各种小尺度(plot-scale)通量观测数据的整合和数据资源共享。为此,当前亚洲区域通量观测网络还需继续加强 AsiaFlux、Ko-Flux 和 ChinaFLUX 等通量观测组织的合作,有效地组织和协调各子网络间的合作与观测数据资源共享,组织观测技术培训促进科学家之间的交流与合作,提高亚太地区观测研究网络的综合研究能力和数据服务能力。

16.3.4　非洲区域的通量观测研究网络

非洲是对气候变化极为敏感的区域,但却是气候变化研究中认识最缺乏的区域。非洲通量网(CarboAfrica)的建立致力于开展对非洲区域温室气体通量的长期监测,以量化、认识和预测撒哈拉以南非洲地区的温室气体排放量及其时空变异。非洲通量网将有助于增强对地球系统的观测能力和提高对全球变化进程的认知力。非洲通量网的研究成果和能力建设活动,将促进撒哈拉以南非洲国家的可持续发展之路。目前在非洲通量网上注册的微气象通量观测站点有 25 个,其中有 14 个站点已完成在全球 FLUXNET 注册存储。非洲通量观测研究网络主要包括南样带、北样带和热带关键区三大区域。观测站点分布在非洲区域的萨瓦纳、热带雨林和稀疏灌丛等生态系统。

非洲通量网的总体目标是建立一个温室气体通量的非洲监测网络,通过综合多学科的方法,量化、认识和预测撒哈拉以南非洲的温室气体排放量及其空间和时间上的变异。具体目标是:

(1) 巩固和扩大撒哈拉以南非洲地区的陆地二氧化碳和其他温室气体通量监测网络

CarboAfrica 项目将扩大和完善现有的非洲碳观测系统。通过协调和交流非洲整个地区的通量测定方法,收集已有的知识和协调已有的基础工作,扩大在不同的生态系统类型的通量塔建设和生态监测,加强对非洲代表性生物多样性的监测能力,并且尝试覆盖之前未考虑的热带森林。此外,还将整合 TEMS(陆地生态系统监测点)现有的网络模型的输入参数,奠定在撒哈拉以南非洲地区建立一个完整的温室气体监控系统的基础。

(2) 为建立撒哈拉以南非洲地区的陆地温室气体监测系统提供分析

CarboAfrica 的目的之一是要充分利用现有的温室气体碳通量和储量的观测能力和当前的地理分布,针对 UNFCCC 和 IPCC 执行准则的最终用户要求,为设计出最理想的监控系统网络提供科学分析。

(3) 量化和预测撒哈拉以南非洲的温室气体收支及其时空变化

水分和养分循环是热带稀树草原碳动态过程的重要驱动力,和火灾一起直接和间接地影响和控制碳分配。这些因素之间复杂的相互作用也影响植被类型和动态,从而间接影响碳分配。CarboAfrica 通过整合的方法将通量观测与土壤、大气、农业、水文、火灾和生态变量的数据模型融合,确定碳循环与养分循环、水文循环、火灾和土地利用之间的联系,以了解碳源或汇的时间变异和空间分布。

(4) 评估当前土地利用变化背景下撒哈拉以南非洲地区的碳固存潜力

CarboAfrica 的一个预期的目标是为实现自然生态系统碳汇功能，减轻全球气候变化的战略管理行为提供建设性意见。特别是就撒哈拉以南非洲地区造林和再造林的清洁发展机制的潜在作用进行评估。研究计划的开展将会推动二氧化碳和其他温室气体排放通量数据的传播，为非洲的土地可持续利用和主要生态系统自然资源的合理利用提供建议。

16.3.5 澳洲区域的通量观测研究网络

澳洲通量网 OzFlux 是国家生态系统研究网络，旨在采用全国统一的方法监测澳大利亚和新西兰主要生态系统的能量和水交换通量。OzFlux 是全球通量网 FLUXNET 的一部分。目前在澳洲通量网上注册的微气象通量观测站点有 36 个，其中有 26 个站点已完成在 FLUXNET 注册存储。澳洲通量观测站点分布在澳大利亚和新西兰区域的热带萨瓦纳、热带雨林、稀疏灌丛和干旱农田等生态系统。

OzFlux 的主要研究目标是：

- 了解在一定时间尺度和空间范围内的陆地生态系统与大气之间的碳、水和能量交换的调控机制；
- 为模型验证提供关键的生态系统碳收支和水平衡数据；
- 为使用遥感辐射数据进行的净初级生产力、蒸发和能量吸收的估算提供验证信息；
- 为在复杂地形的流量和气流监测的微气象学理论的发展提供验证数据；
- 提供高精度二氧化碳浓度测量数据，以用于碳循环的区域和大陆尺度的碳循环及全球大气反演研究。

16.4 全球通量观测研究关注的主要科学问题

自从 1995 年在意大利 La Thuile 举行的通量观测研讨会上提出成立全球通量观测网络以来，FLUXNET 在过去的十年里迅速发展壮大，并取得了许多重要的研究成果，主要包括：

- 通量观测仪器得到大力发展，通量观测技术理论逐渐成熟，为通量观测在全球各种陆地生态系统的广泛开展提供了有利的条件；
- 获取了大量植被-大气间的 CO_2、H_2O 和能量通量数据，揭示了全球各种森林、草地、灌丛、沼泽、苔原和农田等生态系统的通量季节变化和年际变化特征及其与环境因子间的响应关系；
- 集成各区域网络的通量和微气象观测数据及辅助的背景调查资料，建立了标准的 FLUXNET 数据信息系统（FLUXNET-DIS），并形成了一套较规范的数据采集和后处理方法和流程；
- 通量观测数据被广泛用于验证土壤-植物-大气连续体（SPAC）的气体传输模型、鉴定全球植被动力学模型和反演模型中的植被功能型、改善 SPAC 或其他生物地球化学模型中的物候模块等研究中；
- 全球通量观测网络的建立以及遥感和地理信息技术的进步为生态系统碳循环的大尺度和综合性研究提供了可靠的数据支持。

虽然如此，在通量观测研究中也还存在很多未解决的问题，例如还未找到一种能准确测定夜间通量的技术，夜间通量的校正方法还不完善，复杂地形或植被上的通量评价及平流效应和 footprint 分析，大多数通量站的能量不闭合等。这些问题目前已引起了人们的关注，也已有人开展了相关研究，但要彻底解答这些问题仍需要更多的数据支持和理论技术的进一步发展。此外，随着通量数据的积累和通量观测试验的推广，新的问题仍在不断产生，在未来的全球通量观测研究中需要特别关注和亟待发展的优先领域包括：

- 综合全球的通量观测数据，分析全球陆地生态系统碳收支的时空格局，并尽可能协助解答生态学、水文学、生物地球化学、生物地理学、遥感和全球碳循环模型中的问题；
- 加强 CH_4、O_3 及 N_2O 等其他温室气体的量化研究；
- 深入开展通量观测的数据与模型的同化研究；
- 增加城市与城郊等人类活动区和非洲、印度、拉丁美洲等发展中国家和地区的通量观测。

16.4.1　通量与边界层

量化区域、全球尺度的陆地表面和大气间的水热和 CO_2 交换量对于预测未来气候变化、确定 CO_2 的源/汇区域起着关键的作用，近年来涡度相关技术被广泛用于各种植被类型的局地生态系统 CO_2 和水热通量的长期观测，使我们能够进一步理解生态系统的生理过程在时空上的变异性（Valentini *et al.*，2000）。要实现景观或区域尺度的通量观测、完成从单点观测到大尺度和全球模型的模拟反演等研究，仍存在很大困难，主要原因是大多数微气象观测站本身的空间代表性不够高，限制了将单点涡度相关通量观测结果上推到区域尺度的研究。此外，夜间的大气状况无法满足涡度相关技术的理论假设的要求，使得涡度相关技术在夜间测得的通量数据的可用度不高，最终导致估算 NEE 年总量和年际变化存在很大的不确定性。

大气边界层在大尺度（$>10^4$ km^2）的地表通量和大气间起着重要的媒介作用（Culf *et al.*，1997），陆地表面的大气边界层包含了进出生物圈的大部分 CO_2 通量，因此准确估算边界层内大气 CO_2 收支有助于确定区域尺度地表和大气间的物质和能量交换。大气边界层内 CO_2 和水汽浓度随时间在不断变化，根据大气运动和大气性质可将大气边界层分为日间的对流边界层（CBL）和夜间的稳定边界层（NBL），这两种大气边界层的结构和性质完全不同，因此需要采用不同的方法和技术来测定各自的 CO_2 通量。

只有在边界层完全均匀混合的条件下，充分采样并准确测定地表 CO_2 的源汇强度，才能准确估计边界层内的物质和能量平衡。因此，在观测实践中通常都假设日间地表和大气间的 CO_2、H_2O 和热量交换活动剧烈，对流边界层内大气充分均匀混合，在这种情况下的涡度相关观测结果比较可靠。但实际上因天气条件和地表状况的时空变异性，对流边界层上界夹带气流、下沉气流和侧流等大气运动都会造成边界层内的物质不守恒。此外，地表和大气间的物质和能量收支计算结果的可靠性关键还是取决于对边界层厚度的正确估算。在夜间，由于地表辐射冷却作用往往形成稳定的大气边界层（NBL），NBL 的厚度比白天的 CBL 要浅薄得多，NBL 内大气分层结构稳定，夜间地表植被和土壤呼吸排放的 CO_2 都沉积在近地表层的大气中，无法达到仪器的观测高度，从而使得传统的涡度相关技术无法准确估测夜间的 CO_2 通量。夜间稳定边界层的厚度及其连续性与夜间通过 NBL 和邻近 NBL 的大气层的风切应力大小及白天地表-天空的辐射平衡状况有关，因此地表的摩擦风速等尺度转换参数还不足以有效地反映夜间通量和大气的关系。由于气体无法均匀混合，会出现明显的垂直浓度梯度，因此需要对 NBL 的厚度进行积分来推算夜间的表面 CO_2 的源强度。此外，由于夜间稳定边界层条件下还容易发生平流和泄流造成夜间通量的低估。

到目前为止对于如何更准确地估测夜间通量已有很多研究和讨论，并已取得了一定的成效。但夜间通量低估及其校正问题始终没有得到彻底解决，因此也无法精确地估算大的时间或空间尺度上的生态系统 CO_2 通量。一种估测区域尺度的通量的方法是将涡度相关与航空技术相结合（详见第15章），但这种技术成本高，只能初步用于短期的观测活动，且这种观测活动容易受微气象条件的影响。边界层收支和航空通量观测技术在很多方面具有互补性，在未来的通量观测研究中，两种方法的结合具有很大的潜力，有助于提高涡度相关观测的精度，并实现大尺度通量的估算（图 16.4）。

在未来通量和边界层研究中的主要问题是能否找到新的技术或方法来克服上面所说的边界层通量观测的不足。其中对流边界层需要解决的问题有：

- 设计一套适用于多数大气条件的通量观测系统；
- 阐明在通量观测中控制对流边界层内气体浓度变化的主要过程；
- 表征大尺度上的平流和非稳态大气、下沉气流、深层对流状态下的大气 CO_2 浓度变化；
- 找到遥感观测、通量网观测与边界层收支观测的结合点。

而夜间稳定边界层（NBL）的通量研究要解决的问题有：

- 揭示 NBL 存在和消解的条件及 NBL 中的主要大气运动过程；
- 寻找在 NBL 内具有代表性的采样方法，解决夜间通量的观测和校正问题；
- 提出平流和泄流效应的量化方法。

16.4.2　通量测定的新技术

传统生态学是通过测量生态系统生物量和土壤

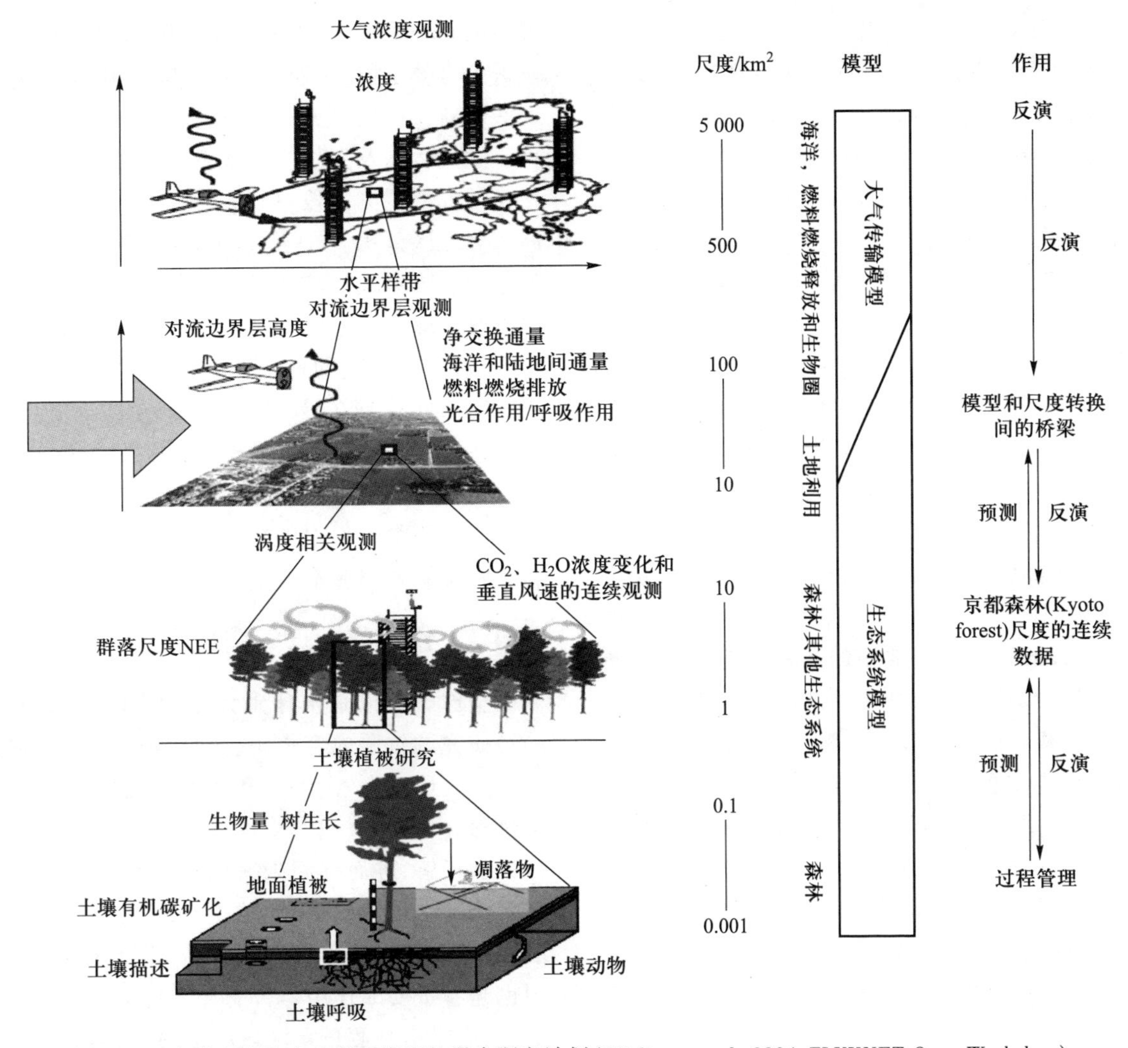

图 16.4 各种观测技术和模型模拟的联合研究计划(Miglietta *et al.*,2004,FLUXNET Open Workshop)

呼吸的时间变化来确定净生态系统碳交换量的年变化,近年来涡度相关技术逐渐成为估算净生态系统碳交换量的一种重要方法,而这种方法的广泛使用是以长期的流体力学和微气象学的田间试验研究及微气象观测仪器、计算机技术的发展为基础,经过不断发展和改进才实现的。目前开路和闭路系统是使用最为广泛的两种涡度相关通量观测系统,也是各区域通量观测网络和全球通量网建立的技术平台(Baldocchi,2003)。

在全球范围内用涡度相关技术进行通量测定虽然已经取得了可喜的成果,但因涡度相关技术本身还存在众多局限性,如只适用于平坦地形的通量测定、在复杂地形和植被上的观测结果具有较大的不确定性和误差;涡度相关观测的空间代表性及其观测覆盖的地表面积很有限;涡度相关还无法准确地观测土壤呼吸及其各组分(自养呼吸和异养呼吸)等,要更全面准确地观测全球陆地生态系统通量及各组分、提高通量观测的空间代表性,迫切需要引进和开发新的观测技术。目前已经出现一种可替代的航空通量观测技术(详见第 15 章),航空地面观测已有近二十年的历史,但将航空观测与涡度相关技术相结合进行通量观测只是近几年才出现。因航空通量观测覆盖的面积大、空间区域代表性强,在欧洲通量网和一些大型国际研究计划中已开始启用航空通量观测技术。但由于航空通量观测本身容易受天气条件和航空技术的限制,目前还无法像地面通量塔那样进行长期的连续观测。此外航空涡度相关通量观测的 footprint 及其飞行距离都较大,很难保证下垫面的均质性,其观测结果较难与通量塔的结果进行直接比较;夜间大气微量气体浓度的垂直梯度大,航空观测结果与飞行高度密切相关,夜间的航空观测结果几乎无法使用。尽管如此,航空通量观测仍然具有相对优势并且在未来具有广泛的应用潜力，人们仍在努力改进航空观测的技术水平，减少其观测中的不确定性以提高结果的可靠性，期望在未来将航空观测与地面定点通量观测相结合，综合各种观测方法的优点，提高全球通量观测的区域代表性和观测结果的可靠性。

呼吸碳排放是陆地生态系统与大气间最重要的碳通量之一，由于人们对土壤呼吸的理解不够，从而限制了人类预测陆地生态系统对未来全球变化响应的能力。目前涡度相关测得的 CO_2 通量（NEE）是生态系统光合作用碳吸收（GPP）与呼吸作用碳排放（*Re*）之间的净收支。估算陆地生态系统的初级生产力和量化生态系统呼吸强度，或验证生态系统碳循环模型参数和遥感植被指数，需要将观测的 NEE 分解为 GPP 和 *Re*，并分别进行量化（Baldocchi，2003）。目前常用的几种土壤呼吸观测方法都存在很多不足，如静态箱式法会改变观测箱内外的大气和土壤条件（水分、温度、风速等），致使观测结果与真实值不符；动态箱式法难以实现长期自动观测、难以区分生态系统的自养呼吸和异养呼吸。因此，开发和应用新的土壤呼吸仪器对于更准确地观测土壤呼吸及全球碳循环研究都具有重要的意义。FLUXNET 研究群体已经认识到这一点，已将开发新的土壤呼吸仪器作为未来通量观测研究的重要内容之一。

此外，稳定性同位素技术、无线传感器、无线网络传输也是新兴起的观测技术。同位素观测技术在未来的通量观测中有巨大的应用潜力（参见第 10 章）；无线传感器和无线数据传输技术可以摆脱目前实验观测受到的电力限制、减少因传输距离造成的信号衰减、实现通量观测的实时数据监控，能大大提高通量观测的应用范围和观测精度，这些都是 FLUXNET 要提高和改进通量观测水平所急需采用的观测技术。

此外，在未来的通量观测中，不同空间尺度的联合观测及各种观测结果间的尺度转换是深入理解不同时空尺度上的碳循环过程及量化区域或全球碳收支的主要方法。图 16.4 为利用不同空间尺度上的观测技术和模型模拟（自下而上的生态系统碳循环模型、自上而下的反演模型）相结合的观测计划（以 CarboEurope 为例）。目前已有较先进的仪器可测定叶片尺度（$\approx 10^{-2}$ m^2）的植物光合作用和根系呼吸作用（如 LI-6400 等光合测定系统）；而涡度相关法已经成为一种观测群落尺度（10 km^2）生态系统交换量的有效手段并被广泛接受和应用；航空观测是近些年新兴起的用来研究区域尺度（10^2 km^2）的边界层大气运动及大气与地表植被间微量气体和能量交换过程的观测手段，但目前这种技术还只是在欧洲部分地区试用。在不久的未来，若将航空通量观测应用到国家或区域通量观测网络，并与地面定点观测及全球卫星遥感观测相结合，将有助于人们估算区域植被-大气的通量及评价全球碳循环和碳收支状况。此外，不同尺度的地面观测资料还可以验证和参数化各种大气传输模型以及生态系统过程模型，改善模型模拟结果的精确度，提高模型在尺度转换计算和预测过程中的精度，最终减小全球碳循环和碳收支研究中的不确定性。

16.4.3　通量与全球碳模拟

全球碳模拟是全球碳计划（Global Carbon Project）研究的重要内容之一，全球碳循环研究致力于通过模拟地球大气、海洋和生物圈之间碳循环的关键过程，来增强人们对全球气候和环境变化机理的认识和了解，进而预测未来的全球变化趋势及其在未来全球变化情景下，地球生态系统各种功能的可能变化和响应。全球碳模拟在估算全球碳收支研究中也起着重要的作用。目前无论是定点的生理生态测定、通量塔观测还是区域航空观测，其观测面积都无法覆盖到全球范围内的生态系统（图 16.5）。而要研究全球碳收支，就必须借助模型模拟的手段，将地面的定点观测经尺度扩展上推到区域、大洲或全球尺度。

通量观测（箱式法和通量塔）与不同尺度的区域碳通量模型及反演模型的尺度转换关系如图16.5所示。联合地面通量观测、生态系统生物生态测定和遥感卫星观测的土地覆被、植被指数和物候变化等资料，利用通量和气象数据驱动的生态系统碳模型估算区域生态系统碳收支和碳动态，即为尺度上推（upscaling）。这需要准确把握生态系统碳交换的关键过程（光合碳吸收和呼吸碳排放）对环境的响应和适应性，从而才能降低生态系统的空间变异性在尺度扩展中对模型模拟结果产生的误差。此外，通量塔的观测数据常被作为地面检验点来验证区域生态系统碳模型的模拟结果。而经地面观测数据检验和改善后的大尺度反演模型能再现缺少地面观测区域的生态系统碳交换动态。

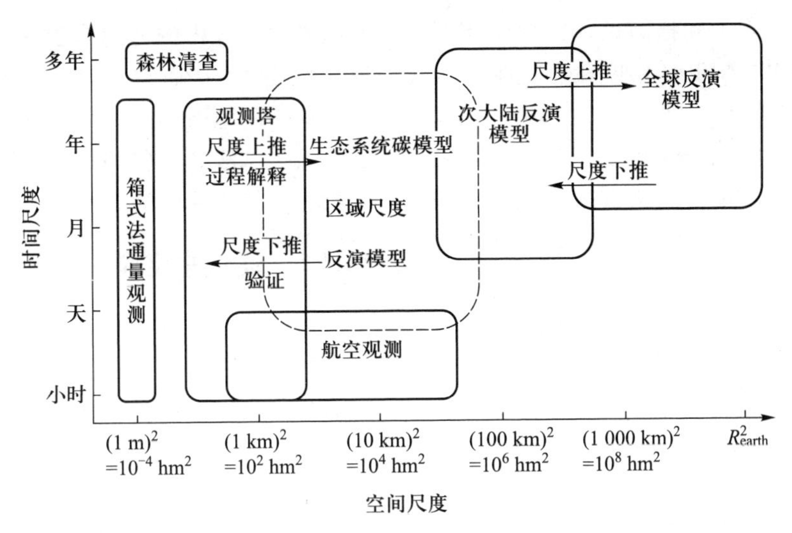

图 16.5　不同时空尺度上的通量观测与全球碳模拟的联合研究示意图

经过几十年的发展，碳循环模型在模拟陆地生态系统生产力、预测未来陆地生态系统生产力对环境变化的响应及估算温室气体源/汇等方面已取得了令人瞩目的成就，但陆地碳循环模拟研究中仍有很多问题未得到解决，比如，目前陆地生态系统作为 CO_2 源/汇的空间格局及其对未来环境胁迫的可能响应还不清楚；对未来陆地生态系统的碳收支状况的认识基本还处于未知状态；陆地生态系统在千年尺度上对大气 CO_2 浓度变化的作用及响应还没有被证实等。目前，仅仅依靠时空尺度尚十分有限的通量观测数据还很难解答这些问题，还需要将实验观测数据与模型相结合，利用模型反演历史时期生态系统对气候和环境变化的响应，并预测未来生态系统的变化趋势，帮助人们解答更大时空尺度上的问题。FLUXNET 的观测数据对于解答这些问题的可能作用在于：利用通量观测数据和区域生态系统模型来估算大洲或全球尺度的生态系统碳收支状况；为各种碳模型的参数化、验证和校正提供数据，从而提高模型预测和反演的精度和准确度；建立各种碳模型间的尺度转换方法，并开发新的通量模型。此外，利用数据-模型同化技术来估算区域尺度的生态系统通量也是未来通量观测与碳循环模型综合研究的重要突破点之一。

16.4.4　通量与遥感观测

如前所述，由于 FLUXNET 能获取局部范围内的高时空分辨率的微气象，土壤，生态系统碳、水和能量通量数据，此外大部分通量观测站在通量观测的同时也在进行群落生物量、植被叶面积指数、土壤呼吸、植物叶片光合作用、叶片含氮量等生理生态的测定，这些观测为我们更好地理解和观测各种调控生态系统过程的碳吸收或排放过程提供了丰富而可靠的信息，也为验证卫星遥感观测结果和模型模拟提供了直接的地面观测数据。而估算全球生物圈的生产力也需要 FLUXNET 这样的地面观测网络和模型验证点来量化生态系统生产力的季节和年际变化。目前全球通量观测网络正在壮大，观测站点的分布范围和代表性也在逐渐扩大和增强，但是每个通量观测站所能观测的空间范围仍然十分有限，而在地球上所有植被区建立通量观测塔也是不现实的。虽然通量塔的采样频率可高达 10 Hz，但全球现有的通量塔观测所能覆盖的面积仅占地球表面积的 0.0002%（Running，2004），因此需要将地面单点通量观测与其他观测或模型方法相结合才能估算全球尺度的陆地生态系统生产力。卫星遥感以日为步长能观测全球的 100% 地域内的植被动态，但卫星遥感却不能像地面通量观测塔那样准确地观测大气 CO_2、H_2O 浓度和精确地估算地表与大气间的 CO_2、H_2O 通量；此外遥感观测的辐射、气温、大气湿度、植物生理特征等也都具有很大的不确定性。可以看出 FLUXNET 的地面通量观测和卫星遥感观测具有很强的时空互补性，全球长期通量观测可用来解释地球生物圈在时间尺度上的变化，而全球卫星遥感观测系统则适用于量化生物圈在空间尺度上的变异性，两种不同的观测方法结合则能综合地评价全球生物圈内的生态系统生产力、群落呼吸等活动的时空变化,并有利于改善和提高以往仅仅基于遥感观测估算的全球 GPP、NPP 的精度和准确性。

目前科学家们已开始尝试联合涡度相关和卫星观测数据来估算全球生态系统 GPP、NPP 和 NEE 及其时空变化,比如将地面通量观测数据与陆地卫星植被分类图像相结合,通过尺度上推来估测和预测区域或全球尺度的生态系统生产力(如图 16.6),然而由于通量站点仍有限,空间植被代表性也不够,在估算大尺度的生态系统 NEE 时仍有较大的误差。

美国 NASA 陆地生态项目支持的 BIGFoot 计划开始准备直接提供 MODLand (MODIS land science team) 科学产品,包括土地覆盖、叶面积指数、光合有效辐射的吸收量和净初级生产力。BIGFoot 的主要任务是使用遥感和生态过程模型将涡度相关观测的资料进行尺度拓展。另一方面是验证 MODIS 的土地覆盖类型、叶面积指数和 NPP 科学产品。全球陆地观测系统的目标是部署一个长期观测全球 NPP 的观测网络,BIGFoot 将致力于成为这个网络中的一个中坚力量。他们利用地面测量、遥感卫星、生态系统过程模型再现各站点的生物量,并在每个点上进行了多年的生态系统结构和与陆地碳循环有关功能特征的观测。此外,人们也更多地开始提出将 FLUXNET 与遥感观测相结合才能解决的问题,例如,是否能够用通量观测塔得出的基于宽波段的 NDVI 来验证 MODIS 和其他卫星的遥感植被指数(如归一化植被指数(NDVI)或增强植被指数(EVI)驱动)驱动的模型或其他卫星产品?能否将通量塔的通量贡献区内的通量数据上推到 MODIS 的一个像元范围内,从而估算区域尺度的 CO_2 通量交换量?这些问题引起了人们的浓厚兴趣,很多科学家已开始尝试解答这些问题,这也是未来全球通量观测研究中需要共同解决的问题。

16.4.5　通量水文学

传统的水文学主要研究区域降水、陆地表面蒸发、地表径流、土壤水分变化及下渗等水分运动过程间的分配和反馈机制。在全球变化情形下,上述水文过程的变化及其对陆地生物圈的影响也成为水文学研究的重要内容之一。生态水文学是生态学和水文学的交叉学科,主要研究水文过程对生态系统结构和功能的影响以及生态过程对水循环的响应,重点研究陆地表层系统的生态格局与生态过程变化的水文学机理、生态系统的生态过程与水循环过程间的相互作用以及与水循环过程相关的生态环境变化的成因与调控等问题。

生态系统碳循环和水循环是两个密切相关的耦合过程,FLUXNET 除了研究与碳有关的各种科学问题外,生态系统的水通量观测和水循环研究也是 FLUXNET 的重要研究内容之一。涡度相关系统能较准确地同时观测各种生态系统在冠层尺度的 CO_2 和 H_2O 通量,其中 H_2O 通量包括群落的植物蒸腾和土壤蒸发。FLUXNET 的水通量观测对水文生态学研究具有深远的意义,但是 FLUXNET 在水文生态学或生态水文学领域的研究和应用才刚刚起步。在未来的通量研究中,FLUXNET 将加强通量观测与水

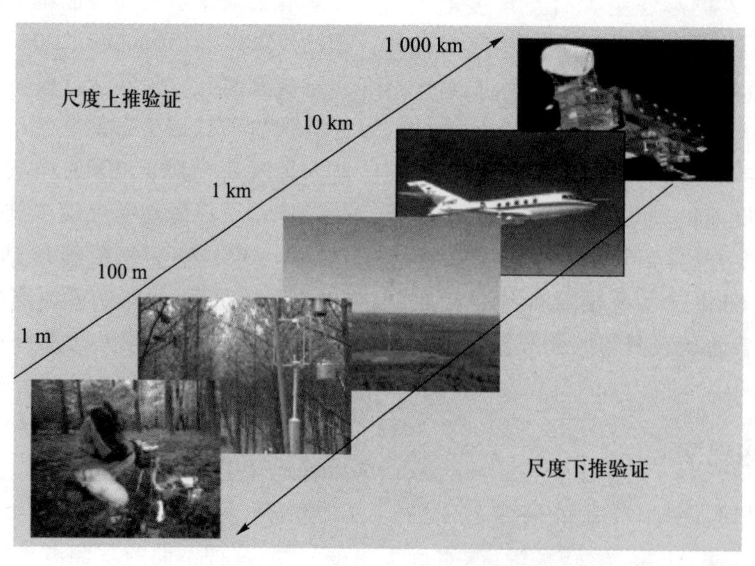

图 16.6　地面通量观测和卫星遥感观测间的尺度转换(Running,2004)

文研究的结合，为解答更多的水文学问题提供数据和试验支持，同时也可从水文学的角度来帮助解释通量的形成机理及其变化的原因。生态系统碳通量和水通量的观测对生态水文学研究具有重要的作用：首先，高时空分辨率的长期水通量观测数据可以揭示生态系统蒸散在不同时间尺度上的变化特征和规律，而多站点的联合观测与对比能揭示地表植被蒸散的空间变异性；其次，各通量站的气象与通量观测相结合，可准确地表征局地生态系统的水分平衡状况及其环境控制机制，区域尺度的联合通量观测网络则有助于加强流域水文平衡的研究，并检验和参数化相关的水文模型（详见第 15 章）；再次，FLUXNET 的 CO_2 通量和 H_2O 通量观测还可用来解释不同地区、不同气候条件下各种植被的水分利用效率，为提高植被生产的水分利用效率提供依据。

此外，在干旱和半干旱地区，生态系统的各种生态生理活动受水分限制较严重，研究水分胁迫下的水文过程对生态系统结构、功能的形成和变化也有重要的科学意义。这些都是 FLUXNET 和水文学研究在未来需要共同解决的问题。

16.4.6 通量生物地理学

生物地理学是研究生物圈内的各种生物以及生态生理过程在时间和空间的分布状况，阐明生物圈内生物有机体的空间分布和变化的地理学决定机制的科学。FLUXNET 能够获取高分辨率的时间序列数据，包括气象和微气候（如光照、降水、土壤水分、气温、叶温、土温等）、水通量和能量通量（如蒸散、显热、潜热、降雨、土壤水分）、生态系统碳通量（又可被分为 GPP 和 RE）等。通常来说，FLUXNET 通量观测站是唯一能观测群落尺度生态系统内水、碳和能量通量的试验站，此外在通量观测站进行的其他观测，比如区分蒸腾和蒸发的树干茎流观测；植物茎秆、叶片和根系间的碳素分配比例的观测，叶片含氮量和凋落物分解观测，土壤和茎秆呼吸测定等，都有助于我们更仔细深入地理解气候与生态系统水分利用和碳交换等生理生态过程在不同时间尺度上（从分钟到多年）的相互作用关系；从空间尺度上来看，多站点间的综合比较研究还有利于我们探讨和发现这些生理生态过程在不同站点间的共性。

FLUXNET 能为生物地理学研究提供详细的群落尺度生态系统水、碳和能量循环的信息，分析和解释关键的生物地理学问题，包括：

- 气候如何影响和限制生物群系的碳、水和养分循环及能量的传输？在何种尺度上能决定植物类型、植物形态及其生理过程？气候和植被特征对生态系统 CO_2、H_2O 和热量通量的控制和调节机制是什么？
- 用 FLUXNET 的观测数据分析干旱对生态系统 CO_2 和 H_2O 通量的影响，能否找到不同生物群系对干旱响应的共性？
- 外界干扰，如放牧、收获、灌溉、施肥等人类管理活动是如何调节和控制 CO_2、水分和能量通量的交换的？
- 以上的分析在何种程度上能帮助我们预测生态系统过程、生物群系、生态功能型和物种的时空分布？

这些问题都需要将通量观测与其他生物地理学观测相结合才能解决。有些影响生物地理学的因素，如生态系统的管理历史，长期的气候变异性，火灾等突变环境、气候对群落再生能力的限制及土壤肥力等，还很难完全解释。这些生物地理学问题已经引起人们的关注和兴趣，也已有人开始进行初步的试验研究和探讨（如 Malhi *et al.*，2004），需要在未来的通量观测中进一步探讨并加以解释。

16.4.7 区域碳平衡及其对全球变化的响应与适应

在过去的十年，FLUXNET 已经通过在世界各地建立的观测塔，观测了对地表各种植被与大气间的净 CO_2 交换量的日变化、季节变化和年际变化特征等进行了观测，观测的植被类型包括在世界分布最广的森林、草地和农田生态系统，并初步分析了气候条件（辐射、温度、水分）和植被类型、植被动态对生态系统 CO_2 通量的物理学和生物学控制调控（Falge *et al.*，2002；Law *et al.*，2002）。众多研究结果表明北半球中纬度的温带森林生态系统是大气 CO_2 的汇，近期研究发现，东亚季风区亚热带森林也是重要的碳汇功能区，其碳吸收强度与欧洲和北美中高纬度温带森林相当，但其他地区的森林和其他植被类型的源/汇功能目前还无法确定，仍需要更长时间的观测数据来证明。

虽然目前全球已有 600 多个通量观测站在不同地区的不同生态系统上进行着长期连续的通量观测，但如前面所提到的，通量塔所能观测到的面积只占地球表面积很小的一部分，不足以估算区域或全球尺度的碳平衡，因此FLUXNET还需要继续增加通量观测站，提高观测站点在空间域上的代表性，同时FLUXNET要与其他观测手段，比如航空通量观测、卫星遥感观测和大尺度的模型研究相结合来估算区域或全球碳平衡状况，同时要加强农田、草地的净生态系统CO_2通量的测定和模型化研究，减少评价草地和农田在全球碳平衡中的贡献的不确定性，并预测各种生态系统在未来全球变化下的可能响应。以上研究还需要更多的数据支持，包括增强观测数据在时间域和空间域上的代表性，这些都需要增加目前通量观测的对象和区域，同时加强涡度相关通量观测和其他观测方法（遥感卫星、模型模拟预测）的联合研究，并继续开发新的观测技术，提高通量观测研究的科学价值和试验研究意义。

16.5 全球碳观测研究计划

16.5.1 集成性全球观测战略

集成性全球观测战略（Integrated Global Observing Strategy，IGOS）是联合一些主要的卫星和地面观测系统，来对全球的大气、海洋和陆地环境进行观测，制定进行联合研究、长期观测与运行的计划，同时分析确定全球环境观测系统中尚存在的差距并寻求解决方案。集成性全球观测战略主要是由集成性全球观测战略合作伙伴关系（IGOS-P）国际协调组织进行部署实施。IGOS-P成立于1998年6月，是在巴黎召开的潜在伙伴关系非正式会议上决定成立的。它成立的目的是加强全球对地观测系统之间的协调和综合集成，充分利用有限的资源，认识地球及其环境的现状与变化，促进社会可持续发展。该组织目前的成员有：国际科学联合会（International Council for Science，ICSU）、联合国粮农组织（Food and Agriculture Organization of the United Nations，FAO）、联合国教科文组织（United Nations Educational，Scientific and Cultural Organization，UNESCO）、联合国环境规划署（United Nations Environment Programme，UNEP）、政府间海洋地理协调委员会（Intergovernmental Oceanographic Commission，IOC/UNESCO）、世界气象组织（WMO）、全球气候观测系统（Global Climate Observing System，GCOS）、全球海洋观测系统（Global Ocean Observing System，GOOS）、全球陆地观测系统（Global Terrestrial Observing System，GTOS）、国际地圈-生物圈计划（International Geosphere-Biosphere Programme，IGBP）、世界气候研究计划（World Climate Research Programme，WCRP）以及由世界主要航天和卫星应用机构组成的国际对地观测卫星委员会（Committee on Earth Observation Satellite，CEOS）等。

集成性全球观测战略的主要目的是：① 增强各国政府对全球观测战略重要意义的理解；② 提出一个确保关键变量能够实施连续观测的决议框架；③ 召开信息交流论坛，促进各成员国在全球观测技术和科学研究领域之间的对话；④ 充分考虑所有地球观测用户的需求，寻找现存观测系统的观测空白区；⑤ 加强特殊领域的发展并增强单方面的研究以证实集成性全球观测战略的价值；⑥ 促进不同研究小组之间的合作以及监督各成员国、国际组织对观测战略的实施。

IGOS目标的实施是通过“主题”来实现，近年来，政府间地球观测特设工作组（GEO）制定了全球对地观测系统（GEOS）的实施计划，多个集成性全球观测战略主题已经得到认可。集成性全球观测战略的主题有：海洋主题、全球碳观测主题、大气化学主题和全球水循环主题（http://www.igospartners.org，2005）。

海洋主题：1999年上半年，集成性全球观测战略组织认识到集中力量发展海洋全球综合观测的必要性。这一计划是建立在先前发起的主要海洋学研究计划的基础上，著名的海洋学研究计划有：热带海洋和全球大气计划（Tropical Ocean & Global Atmosphere，TOGA），全球气候学研究的世界大洋环流实验（World Ocean Circulation Experiment，WOCE），这些卓越的研究成果使得海洋学的研究遥遥领先于其他领域的观测研究。因此集成性全球观测战略组织优先制定出了海洋主题。海洋主题总的目标是部署一个海洋观测的总体战略，获得大量的海洋数据和信息，以便于海洋学的研究，为海洋科学家、政策制定者提供科学依据，更好地服务于港口、海岸区的管理、旅游业、渔业、水产业、海运和海岸采矿业等公共事业。为发展和验证“海洋流动”（how the ocean work）假说，研究海洋变化提供连续的长期观测数据。科学家可以进一步地根据不同客户的需求开发出产品、提供服务，比如说海面温度和海运天气的预报等。

全球碳观测主题：由于温室气体的排放和人类活动对全球气候变化的影响，全球碳循环备受人们关注。碳循环的有效管理是呈现在政策制定者和碳观测研究团体面前的一个挑战。集成性全球观测战略组织对这一挑战也迅速地做出了响应，提出了集成性全球碳观测（Integrated Global Carbon Observation，IGCO）主题。对于全球碳循环的研究，IGSO 采取分步研究的方法，第一步先开展陆地碳观测（Terrestrial Carbon Observation，TCO）研究，第二步再开展海洋碳观测工作。全球碳主题的主要目标是：在 2012 年前部署一个灵活、强大的国际性的全球碳观测网络；集成碳研究方法（结合遥感资料和实地调查资料），整合陆地、海洋和大气的碳观测研究成果；加强国际碳循环研究团体之间的合作。陆地碳观测是近十年全球碳观测的主要内容，它包括陆地碳源/碳汇的确定。人们在开展通量观测以前就可以从遥感图像中获取估算陆地碳的一些关键参数，可是当前的地面直接测量碳通量的观测网络还处于发展阶段，因此需要一个操作系统来连接这两种观测手段，管理陆地碳观测数据。

大气化学主题：在过去十年里，地面和空中的观测数据表明大气化学成分在发生变化，此事在政界引起了许多争论，同时举行了许多旨在限制人类向大气中排放有害气体的国际会议。为了定量研究大气化学组分的变化以及这种变化对气候系统的影响，需要进一步加强大气的综合观测，填补观测数据的空缺。需要一个全球性的观测手段来解决大气化学成分变化对整个生物圈的影响，特别是大气污染对农业和人类健康的影响。集成性全球观测战略组织举行了大气化学成分变化的研究论坛，开始部署大气化学成分变化观测数据获取的最优战略。全球大气化学综合观测（Integrated Global Atmospheric Chemistry Observations，IGACO）的总体目标是确保全球范围内长期连续的痕量气体和气溶胶的观测，整合地面观测、实地调查和基于空间的测量资料，把它们融合成一个有机的整体，以便于不同用户使用。具体表现在以下几个方面：① 大气组分观测以及自然变化和长期趋势；② 为了服务于当前和将来的国际协议，对气候变化与环境条件相关的关键参数进行测量；③ 认识到现在观测策略的不足，建立将来在对流层和平流层的大气化学组分的观测系统；④ 增强对地球系统过程的理解，以便对气候进化和空气质量进行预测；⑤ 在小尺度、区域尺度和全球尺度上研究人口膨胀与空气污染和健康危害的关系。

全球水循环主题：更好地理解气候变化对区域和全球水资源的影响是人们 21 世纪面临的最主要挑战。随着世界人口的增长，到 2050 年人们除了会面临食物短缺，还会面临严峻的淡水资源不足的局面。目前，有大约 7% 的世界人口居住在水分匮乏的地区。根据最近的全球水资源评估报告，到 2050 年约有 70% 的世界人口将面临水资源供应不足，16% 的人口将没有足够的水分维持他们的基本生活。2001 年 11 月，集成性全球观测战略制定了全球水循环综合观测（Integrated Global Water Cycle Observations，GWCO）主题，目的在于通过对气候物理基础（水循环驱动）的进一步认识来减少水循环研究中的不确定性以及提高降水和水资源时空分布及变化的预测能力。

16.5.2 集成性全球碳观测研究计划

由于大气中痕量气体浓度增加引起温室效应，导致全球气候变暖，所以很多国家对碳循环方面的研究比较感兴趣。当前的很多碳循环研究主要是出于对经济因素的考虑，研究的主要对象为陆地和海洋生态系统生产力。近几十年来，碳循环科学研究的空间尺度逐渐扩展，由区域尺度逐渐转移到全球尺度。IGOS 制定的集成性全球碳观测计划是一项采用多手段在全球尺度进行长期碳观测，具有全面性和综合性的战略计划。集成性全球碳观测计划明确了一系列系统的、长期的陆地碳观测项目，强调了所面临的挑战，阐述了建立全球碳观测体系的概念框架（Cihlar，2000）。

（1）集成性全球碳观测计划的目的与意义

人类活动造成的大气 CO_2 浓度增加是造成潜在气候波动和变动的一个重要因素，正是由于 CO_2 浓度的增加所带来的一系列气候效应，使得全球碳循环问题变成了政策争论和科学研究的前沿问题，加大力度来理解碳循环的过程及机理将有助于对未来气候变化趋势的预测。全球碳循环涉及地球的三个主要部分，即大气、海洋和陆地，每部分都是一个时时变化且与外界环境进行交换的碳库。工业革命以前的几个世纪里，大气、海洋和陆地三种碳库之间的净碳变化量近似平衡，在长时间内，不管在大空间尺度还是在小空间尺度上，各库之间的净碳交换量近似为零。自从工业革命以来，这种情况发生了明显的变化，引起这种变化的主要原因是由于化石燃料的燃烧，增加了陆地碳向大气的排放。由于碳库之间存在反馈机制，大气中碳的增加也影响了海洋和陆地碳库。控制库与受控库之间的碳通量相互作用过程的时间尺度是多种多样的，从日尺度到百年尺度或更长时间。

全球碳循环研究的时空尺度多样性使得碳循环的研究具有非常大的挑战性，在设计碳观测系统战略时这些因素都必须加以考虑。碳循环的不确定性及其在环境、经济和社会层次上的重要性导致了在国家和国际水平上的各类活动的不断加强。通过系统的、长期的陆地、海洋和大气以及与之相关联的碳库之间的温室气体交换的观测，碳循环观测系统将有助于人类对碳循环的全面理解和管理。为达到上述目的，必须要有一种观测系统能够观测大气中 CO_2 及其他气体的浓度，同时这种观测系统也能够获得地球表面的通量、定位试验站点的通量以及相应的卫星遥感信息。在不同生态系统类型布设这种观测系统，通过多个观测系统的观测可以估测出不同时空尺度的 CO_2 源/汇面积及其组成。然后在时空尺度上扩大观测网络的范围，同时结合多种观测手段以相互检验，从而尽量降低由于单种观测方法所带来的不确定性。

（2）集成性全球碳观测计划的概念框架

集成性全球碳观测需要观测陆地、海洋和大气等项目如图 16.7 所示。这种观测系统的建立需要以区域尺度内的大气和地球表面之间的 CO_2 通量观测为基础，同时利用观测数据与模型模拟相互结合的方法，以及其他的尺度转换方法来推算区域和全球尺度的碳收支。

IGCO 需要满足以下具体的要求才能实现其观测目标：

- 集成性全球碳观测计划应实现可利用模型来预测某种生态系统的 CO_2 通量，并与实际的观测结果进行多种比较，使得用模型预测大尺度范围内的 CO_2 通量成为可能。在预测未来大气中 CO_2 浓度的发展趋势方面也必须把实测数据与模型相互结合，但是在全

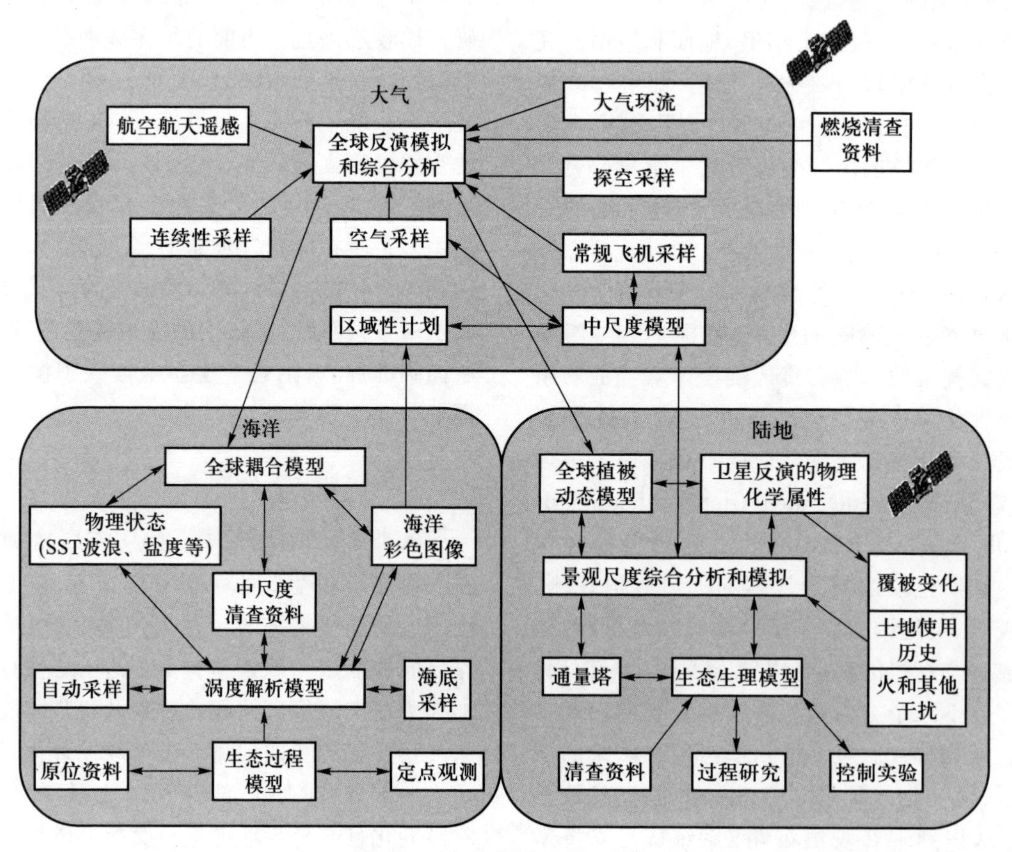

图 16.7　全球碳循环观测系统

球尺度范围内大气中 CO_2 浓度不断变化，所以在模型的使用过程中必须对以前建立的基于大气 CO_2 浓度恒定假设的过程模型进行重新验证。

- 集成性全球碳观测计划应该包括各种不同的生态系统类型，为了克服空间尺度上的异质性，应利用基于过程的研究、利用卫星遥感观测来刻画地表特性的异质性、绘制空间分布图和大气的平均特性，进而估算大尺度范围内的 CO_2 通量。
- 集成性全球碳观测计划应该提供不同时间段的高分辨率 CO_2 源/汇分布图，然后在不同尺度上与观测数据相互结合，从而使得观测系统不仅仅是一个简单的多种观测的集合。因为某一种观测方法只能反映出局部区域内的物质循环过程特征或特定时间内的大尺度物质能量的平衡。从卫星图像所得到的模型参数必须经过空间尺度外推，从局部尺度扩展到区域尺度，从而使得模拟结果可以代表整个区域的结果。
- 模型建立的目标是建立一个多尺度，并且含有多种方法，能够进行相互对照检验来估测通量的模型系统。在一定的时间范围内，试验站点可以通过实际观测，根据碳循环过程机制建立模型，通过实际通量观测结果与模型的模拟结果相互对照比较，从而得到相对精确可靠的通量观测信息。
- 集成性全球碳观测计划的观测系统也是一个不断渐进完善的过程，其发展目标是实际观测的数据和模拟的通量结果应当尽量满足当前的用户需求。另外，要不断完善模型所需参数的精确性和对模型参数的深层次理解，从而为以后的研究发展奠定良好的基础。

(3) 集成性全球碳观测计划的研究内容与阶段性目标

① 在一些政策法规的制定和碳循环研究领域应当明确陆地生态系统的碳分布和时空变化信息，主要包括：

- 国家委员会在制定环境公约和多边协议时，应当充分了解的陆地生态系统碳分布和变化信息；
- 《联合国气候变化框架公约》(包括《东京议定书》)的缔约方向大会提供可靠的系统观测研究信息和研究报告；
- 需要了解的陆地生态系统的时空变化和生产力信息，包括土地利用方式的变化和其他方面的信息，这是建立可持续发展和资源管理的基础；
- 揭示碳循环过程，宣传碳循环知识，扩大对碳循环知识的了解，指导采取有效的政策措施来应对气候变化所带来的影响，从而更好地适应和缓解气候变化所造成的负面效应。

总之，不管是国家政府部门(制定政策、规划和可持续发展计划)，还是国际科学组织和政策实体，陆地生态系统碳信息都是非常宝贵的信息资料。目前，虽然全球的碳通量观测系统已经形成一定的规模，全球通量观测系统的核心部分已经建立，但各个子通量观测系统间的合作和连续性方面仍存在很大的缺陷和不足。因此，各个国家的通量观测系统应当尽量集中、全面地执行初始制定的通量观测部署。

② 集成性全球碳观测计划的阶段性目标

- 2005 年，在次大陆空间尺度(10^7 km，精度 ±30%)上，估算出陆地-大气间碳通量、年净生态系统生产力，同时在更精确的空间尺度(10^6 km，全球)上估算出某些为特殊需要而选定的特定区域的净生态系统生产力；
- 2008 年，计算全球年净生态系统生产力，使其空间分辨率提高到 10^6 km，精度为±20%；
- 在每个时间阶段，把估测的净生态系统生产力，同卫星和其他的图像输入途径在最高空间分辨率条件下进行制图。

为达到这些目标，IGOS-P 需要确保能够准时获得地球表面的通量观测数据和卫星观测信息，把地面数据和卫星观测数据应用于陆地-大气碳交换模型中，然后根据模型模拟情况来估测陆地生态系统的净生态系统生产力。与此研究目标相关联的发展计划是必须对地面观测数据的质量、观测方法进行完善，对中间产品及模型的输入参数和模型输出信息进行不断深入地理解，确保获得信息的可靠性和真实性。

(4) 碳循环研究的其他信息观测

IGOS-P 的陆地生态系统碳通量观测基本宗旨是尽量填补观测系统的数据缺失，达到连续、一致、实时的通量观测数据，尽量推动各个通量观测网络之间的合作和协作，使数据产品能够发挥最大的作用和效益。至于在实际观测中可能遇到的问题，IGOS报告论述了主要的挑战，即长期、连续、一致的观测和知识发展。基于长期、连续、一致的观测的挑战，IGOS提出了卫星观测信息获取和站点观测布局两个方面的要求：

① 卫星观测信息要求

- 需要地表植被覆被及其时空变化信息以及火对地表植被覆盖影响的观测数据；
- 实时的从卫星传感器获得冠层结构和生物量的观测信息；
- 数据产品生成和质量控制的标准化，包括将本站观测数据合并为适当的、在不同观测体系中相互校正的、可还原的数据。

② 站点观测布局要求

- 生态和土壤观测：增加观测站点的密度，以便更有效地得到和使用可获得的数据，加强与卫星数据产品的融合。
- 表面-大气通量：在一个站点维持一个已存在的观测项目至少需要十年，在当前观测网络中应增加还未被充分代表的地理区域和生态条件，加强数据处理技术研究和国际合作；另外，选择作为长期观测的主站进行气候变化的研究。确保已扩大的观测网络提供数据以改进卫星产品的质量和生物地球化学模型的可操作性。
- 大气浓度观测：确保长期的全球空气瓶采样计划的连续性和稳定性，包括提高精度和实验之间校准的技术。在空气瓶采样网络中增加站点，为陆地生态系统提高大气反演结果的精度。确保增加由国家各部门提供的化石燃料排放数据的可信性和覆盖面。

16.5.3 国际上其他与通量观测相关的研究计划

(1) 全球碳计划

全球碳计划（Global Carbon Project，GCP）成立于2001年，旨在认知碳循环科学的大挑战和关键过程，以实现地球可持续性发展该项目的科学目标是全面认识一个完整的全球碳循环过程，包括其生物物理特性以及与人类之间的相互作用和反馈机制。全球碳计划是为了帮助国际科学界建立一个公认的科学知识基础，用以支持减缓温室气体在大气中的增加速度的政策制定和行动计划。

人们日益认识到由人为导致的气候变化已成事实。科学界、决策者和社会公众日益关注温室气体浓度的不断上升，特别是大气中二氧化碳（CO_2）。通过《联合国气候变化框架公约》及《京都议定书》的提出和签订，正致力于减缓大气中温室气体的增长速度。这些社会行动需要一个对碳循环的科学认识，也需要国际科学界建立一个公认的知识基础，以支持政策的制定和执行。全球碳计划通过建立与国际地圈-生物圈计划（IGBP）、国际全球环境变化人文因素计划（IHDP）、世界气候研究计划（WCRP）和生物多样性的合作伙伴关系来共同应对这一挑战。这种伙伴关系构成了地球系统科学伙伴关系（ESSP）。

全球碳计划的科学目标是全面认识一个完整的全球碳循环过程，包括其生物物理特性以及与人类之间的相互作用和反馈机制，要回答以下几个科学问题：

- 格局和变异：全球碳循环中的主要碳库和通量的当前空间分布和时间变异特征是什么？
- 过程和相互作用：决定碳循环的动态过程的控制和反馈机制是什么？包括哪些人为和非人为因素？
- 碳管理：碳-气候-人类这个系统的未来发展动态是什么？人类社会管理这个系统的切入点和机会在哪里？

全球碳计划的任务：

- 发展一个全球碳循环的生物地球化学、生物物理和人类组成部分的一体化研究框架，包括发展数据模型融合方案、设计高效经济的观测和研究网络。
- 综合目前对全球碳循环的认识，向研究和政策群、公众提供快速反馈信息。
- 开发工具和概念框架，以期耦合碳循环的生物物理和人类因素。
- 为区域/国家碳计划提供一个全球协调平台，以提升观测网络的设计、数据标准化、信息和工具传输以及基础实验时间。
- 加强广泛的国家和地区碳研究项目，通过更好的合作与多学科项目在IGBP、IHDP、WCRP计划和IGCO衔接并发展概念框架。
- 开发一些新的研究计划，能在3~5年的时间框架上可行,以解决困难的和跨学科的碳循环问题。

- 促进区域(如热带亚洲)的新的碳研究,通过促进各机构之间的伙伴关系和交流访问,更好地降低大陆和全球碳收支的不确定性。

(2) 整合陆地生态系统-大气过程研究

整合陆地生态系统-大气过程研究(integrated Land Ecosystem-Atmosphere Processes Study,iLEAPS)旨在提高从过去到未来,从局地到全球的各个尺度上,对土地-大气界面能量和物质运输的生物、化学和物理过程,特别强调人为活动对这些过程的影响的认知。地气界面是受人类操控和影响的主要界面。人类通过影响陆地和大气之间的能量和微量气体的通量交换的多种方式来改变土地表面。这些气体的排放改变大气的化学组成,以及人为气溶胶通过散射将太阳辐射返回到太空并改变云的性质,直接和间接地改变全球辐射平衡。土地、大气以及营养物质和微量气体的生物地球化学循环的所有过程及其反馈通路,又将人类的影响进一步扩大。

整合陆地生态系统-大气过程研究 iLEAPS,是 IGBP 的核心项目,是地球系统科学合作计划中关于陆地-大气间关系的研究部分,专注于研究连接陆地-大气间气体交换、气候、水循环和大气化学的基本生物地球化学过程。

iLEAPS 计划的总体科学目标是提高对从过去到未来,从局地到全球的各个尺度上,对土地 - 大气界面能量和物质运输的生物、化学和物理过程,特别强调人为活动对这些过程的影响的认知。这一目标促进生物、化学和物理过程纳入模型,并能被准确描述包括土地利用变化和生态系统的变化以及它们对地球系统的影响等。

iLEAPS 沿着两个主题开展研究:

主题 1:了解在以人类为主导的地球系统中,决定陆地、生态系统和大气间相互作用的动态过程以及其中的反馈过程。

主题 2:增进对陆地生态系统和大气的可持续发展的管理知识

研究计划主要分为以下 4 个关注点:

- 陆地-大气间活性和惰性化合物的交换以及在地球系统中的相互作用和反馈。例如,二氧化碳、甲烷、挥发性有机物、氮氧化物。
- 气候系统中的陆地生物群、气溶胶和大气成分间的反馈作用。例如,生物圈-气溶胶-云相互作用、表层大气交换和大气的自我净化机制。
- 地表-植被-水-大气系统的相互作用和反馈。例如,边界的水文-生物地球化学关系、地区问题和全球问题。
- 土壤-冠层-边界层系统中的物质和能量传递:观测和模拟。例如,湍流通量测定传感器的研制、观测塔的测量、边界层收支法测量、机载测量、遥感、测量和模型的融合,模型的开发和评价。

(3) 未来地球计划

未来地球(Future Earth)计划是一个为期 10 年的国际研究计划,在 2012 年 6 月于巴西里约热内卢召开的联合国可持续发展大会(“里约+20”峰会)上被正式提出。该计划是整合原有的国际全球环境变化研究四大计划的一个新的综合性全球变化与可持续发展研究计划。

未来地球计划将回答下列几个基本问题:全球环境如何以及为什么发生变化?未来可能的变化有哪些?这些变化对人类发展和地球生命多样性的影响是什么?该计划将确定减少与全球环境变化相关的风险和脆弱性、增强恢复力的机遇,为国际社会提供向繁荣和公正的未来转型的方法。

未来地球计划作为一个国际性的枢纽以协调新的、跨学科的方法来研究以下三个主题:动态地球、全球可持续发展和可持续性转变。

- 动态地球:了解自然现象和人类活动对行星地球的影响。重点观测、解释、了解与预测地球、环境和社会系统趋势、驱动力和过程及其相互作用,以及预测全球阈值和风险。根据已有知识,特别关注不同范围的社会和环境变化的相互作用。
- 全球可持续发展:人类对可持续、安全、公正地管理食物、水、能源、材料、生物多样性及其他生态系统功能和服务的迫切需要的知识。未来地球计划研究主题的重点将集中在认识全球环境变化与人类福祉和发展之间的联系。
- 可持续性转变:了解转型过程与选择,评估这些转变如何与人的观念和行为、新兴技术以及社会经济发展路径联系起来,并评估跨部门和跨尺度的全球环境治理与管理战略。该研究主题重点解决导向型的科学问题，以从根本上实现社会转型，迈向可持续的未来。该主题还将探索哪些制度、经济、社会、技术和行为的改变能使全球可持续发展更加有效，以及这些改变如何能得到最好的实施（未来地球计划过渡小组，2015）。

参考文献

李新，马明国，王建等.2008.黑河流域遥感-地面观测同步试验：科学目标与试验方案.地球科学进展，23(9)：897～914

未来地球计划过渡小组. 2015. 未来地球计划初步设计. 北京：科学出版社

杨兴国，牛生杰，郑有飞.2003.陆面过程观测试验研究进展.干旱气象，21(3)：83～90

于贵瑞，王秋凤，方华军. 2014. 陆地生态系统碳-氮-水耦合循环的基本科学问题、理论框架与研究方法. 第四纪研究，34(4)：683～698

于贵瑞，张雷明，孙晓敏等.2004.亚洲区域陆地生态系统碳通量的观测研究进展.中国科学D辑，34(增刊II)：15～29

André J C, Goutorbe J P, Perrier A.1986.HAPEX-MOBILHY, a hydrologic atmospheric pilot experiment for the study of water budget and evaporation flux at the climate scale.*Bulletin of The American Meteorological Society*, 67：138～144

Aubinet M, Grelle A, Ibrom A, *et al.*2000.Estimates of the annual net carbon and water exchange of forests: The EUROFLUX methodology.*Advances in Ecological Research*, 30：113～176

Baldocchi D D.2003.Assessing the eddy covariance technique for evaluating carbon dioxide exchange rates of ecosystems: past, present and future.*Global Change Biology*, 9：479～492

Baldocchi D, Falge E, Gu L H, *et al.* 2001. FLUXNET: A new tool to study the temporal and spatial variability of ecosystem-scale carbon dioxide, water vapor, and energy flux densities. Bulletin of. America. *Meteorology Society*, 82 (11): 2415～2434

Charnock H, Pollard R T.1983.Results of the Royal Society joint Air-Sea Interaction Project (Jasin).Proceedings of a Royal Society Discussion Meeting June 2-3, 1982

Clarke R H, Brook R R.1979. *The Koorin Expedition-Atmospheric Boundary Layer Data over Tropical Savannah Land.* Canberra: Bureau of Meteorology, Australian Environment Publishing Service: 359

Clarke R H, Dyer A J, Brook R R. 1971. The Wangara Experiment: Boundary layer data.Technical Paper, Division of Meteorological Physics, CSIRO, Australia

Cook B, Holladay S, Gu L, *et al.*2004. FLUXNET: Data Support. FLUXNET 2004 Open Workshop, Frienze, Italy, Dec, 13-15

Culf, A D, Fisch G, Mahli Y, *et al.*1997.The influence of the atmospheric boundary layer on carbon dioxide concentrations over a tropical rain forest.*Agricultural and Forest Meteorology*, 85：149～158

Cihlar J, Denning A S, Gosz J, *et al.*2000.Global Terrestrial Carbon Observation: Requirements, Present Status, and Next Steps.Report of a Synthesis Workshop at Ottawa, Canada, Feb. 8-11：1～7

Desjardins R L, 1974. A technique to measure CO_2 exchange under field conditions.*International Journal of Biometeorology*, 18：76～83

Falge E, Tenhunen J, Baldocchi D D, *et al.*2002.Phase and amplitude of ecosystem carbon release and uptake potentials as derived from FLUXNET measurements.*Agricultural and Forest Meteorology*, 113：97～120

Houghton J T, Ding Y, Griggs D J, *et al.* 2001. *IPCC Third Assessment Report: Climate Change* 2001. *The Scientific Basis.* Cambridge: Cambridge University Press

Houghton J T, Jenkins J J, Ephraums J J. 1990. *Climate Change: The IPCC Scientific Assessment.* Cambridge: Cambridge University Press

Izumi Y, Caughey S J.1976.Atmospheric Boundary Layer Experiment Data Report. Air Force Cambridge Research Paper No.547

Keeling C D, Whorf T P. 1994. Atmospheric CO_2 records from sites in the SIO air sampling network.A Compendium of Data on Global Change.ORNL/CDIAC-65：16～26

Kuettner J P, Holland E J, 1969.The BOMEX project.*Bulletin of The American Meteorological Society*, 50：394～402

Kuettner J P, Parker D E.1976.GATE: Report on the field phase. *Bulletin of the American Meteorological Society*, 57：11～27

Law B E, Falge E, Gu L, *et al.*2002.Environmental controls over carbon Dioxide and water vapor exchange of terrestrial vegetation. *Agricultural and Forest Meteorology*, 113：97～120

Lenschow D H, Agee E M.1976.Preliminary results from the air mass transformation experiment.*Bulletin of The American Meteorological Society*, 57：1346～1355

Lettau H H, Davidson B.1957. *Exploring the Atmosphere's First Mile.* New York: Pergamon Press, Vol.1-2：1340～1343

Massman W J, Lee X.2002.Eddy covariance flux corrections and uncertainties in long-term studies of carbon and energy exchanges.*Agricultural and Forest Meteorology*, 113：121～144

Miglietta F, Gioli B, Huties R, *et al.*2004.An integrated approach to measure regional fluxes. FLUXNET 2004 Open Workshop, Dec.13-15, Frienze, Italy

Running S. 2004. What should we do for the next 10 years of FLUXNET? FLUXNET 2004 Open Workshop, Dec. 13 – 15, Frienze, Italy

Stull R B.1988. *An Introduction to Boundary Layer Meteorology*. Dordrecht: Kluwer Academic Publishers

Valentini R, Matteucci G, Dolman A J, *et al*. 2000. The carbon sink strength of forests in Europe: Novel results from the flux observation network. *Nature*, 404: 861 ~ 865

Wofsy S C, Goulden M L, Munger J W, *et al*. 1993. Net exchange of CO_2 in a midlatitude forest. *Science*, 260: 1314 ~ 1317

Wigley T M L, Schlesinger M E. 1985. Analytical solution for the effect of increasing CO_2 on global mean temperature. *Nature*, 315: 649 ~ 652

http://www. atmosp. physics. utoronto. ca/SPARC/index. html, 2004

http://www. blg. oce. orst. edu/hapex/description/experiment _ notes.html, 2004

http://www.clic.npolar.no/, 2005

http://www.cais.com/gewex/gewex.html, 2004

http://www.daac.ornl.gov/FLUXNET/, 2005

http://www. eosdis. ornl. gov/BOREAS/bhs/BOREAS _ Home. html, 2005

http://www.igac.unh.edu/, 2005

http://www.igospartners.org/, 2005

http://www.ird.fr/hapex/htdocs/whatis.htm, 2005

http://www.islscp2.sesda.com/ISLSCP2_1/html_pages/islscp2_home.html, 2004

http://www.mmm.ucar.edu/research_topics.php, 2005

http://www.ncdc.noaa.gov/coare/toga.html, 2005

http://www.uib.no/jgofs/jgofs.html, 2004

http://www.usask.ca/geography/MAGS/index_e.htm, 2005

http://www.usask.ca/geography/MAGS/Intro/Plan/MAGS_Implementation_Plan_e.pdf, 2005

第17章

中国通量观测研究网络建设、研究进展及发展方向

基于微气象学理论的涡度相关通量观测技术实现了对生态系统尺度的生产力、能量平衡和温室气体交换等功能和过程的直接测定，全球尺度的通量联合观测是实现从生态现象观察和生态要素观测跨越到全球尺度生态系统功能状态变化观测的重大突破。

中国陆地生态系统通量观测研究网络(ChinaFLUX)是中国生态系统研究网络(CERN)的一个重要专项科学研究观测平台，始建于2002年，以提升国家生态系统观测研究网络的综合观测能力，构建生态系统碳、氮、水通量的观测理论和方法论体系，服务于国家陆地碳收支评估和碳汇定量认证为长期科学目标，以生态系统格局的区域地理分异性、区域尺度生态系统类型的多样性以及关键地带的代表性为重点优化站点布局，强调多种物质通量-环境要素-生态过程以及生态系统碳-氮-水通量与循环过程的协同观测；着重开展碳、氮、水通量时间变化过程的动力学机制、空间格局的生物地理生态学机制以及碳-氮-水耦合循环机制的理论研究。

经过10余年的发展，ChinaFLUX已经成为一个涵盖70余个台站(网)的重要区域性观测研究网络，在碳-氮-水通量观测关键技术及碳氮水通量时空变异规律研究等领域取得了重要进展。ChinaFLUX研究了陆地生态系统碳、水和能量通量观测的理论和方法论，设计了多尺度、多要素协同观测的技术体系和数据-模型融合系统；解决了复杂地形条件下的碳水通量观测技术难题，研制了中国区域通量观测研究和数据分析的技术规范，设计了观测塔-研究台站-综合中心之间的远程传输和设备监控系统，实现了观测系统的远程操控和观测数据的在线处理分析；获取我国唯一的碳通量/储量动态变化科学数据，有效填补了东亚季风区通量观测数据的区域空白；开展了生态系统碳氮水通量动态变化规律及其环境控制机制研究；定量评价了我国和东亚地区的生态系统碳通量空间变异特征，揭示了温度和降水对生态系统碳通量空间格局的生物地理学控制机制，发展了简单、有效的区域尺度生态系统碳交换通量空间格局的地学统计评估模型，发现了东亚季风区森林碳汇功能区及碳通量空间格局的同向偶联共变现象。

在生态学研究即将进入生态预测新阶段的历史机遇期，全球通量观测研究将为生态预测科学提供坚实的数据基础，ChinaFLUX将继续有效组织涵盖中国区域的生态系统通量观测，发展多类型碳氮水通量的综合观测体系，形成以温室气体通量为核心的立体化观测系统，开展多站点协同观测，服务于区域和全球尺度的碳源汇评估。

本章初版执笔者：于贵瑞，孙晓敏，牛栋；再版修订者：朱先进，陈智，于贵瑞，张雷明

17.1　ChinaFLUX 的建设背景

碳循环是全球环境变化科学研究的基础问题之一。评估全球、不同区域以及各国陆地碳收支和碳交换通量既是全球变化成因分析及科学预测的重大科技需求，也是支撑 IPCC 全球温室气体管理、国际社会联合减排和共同应对全球气候变化的科技需求（于贵瑞等，2011；Le Quërë *et al.* 2012；Baldocchi *et al.*，2014）。近几十年来，在我国社会经济得到迅速发展的同时，温室气体排放量的增长速率也跃居世界第一，不仅面临着巨大的温室气体减排压力，而且也成为我国大气环境污染、威胁人类健康和社会经济可持续发展的瓶颈因素。开展我国陆地生态系统碳源/汇时空分布格局、增汇潜力和技术途径的综合研究成为现阶段解决环境问题和应对全球变化急迫而重大的科技命题（于贵瑞等，2011，2013；Gao *et al.*，2012）。

生态系统与大气之间的碳氮温室气体通量是揭示生态系统碳汇功能及其变异的重要指标，多过程、多要素的长期协同观测将为陆地生态系统碳氮水循环过程的机理研究以及碳源/汇的时空分布评价提供重要的观测数据（于贵瑞和孙晓敏，2006；Baldocchi *et al.*，2014）。在全球尺度的陆地生态系统碳氮水循环科学研究中，科学家采用多种观测技术开展了广泛的研究工作，也积累了大量的科学数据（于贵瑞等，2011，2013），其中常用的观测技术包括群落清查、通量观测、同化箱测定、模型模拟和遥感反演等。近几十年来，随着基于微气象学理论的涡度相关观测技术的发展和成熟，生态系统尺度的碳水交换通量的直接测定得以实现，并形成了全球和多个区域性的通量观测网络，为评价全球尺度的碳水收支以及各类生态系统和典型区域陆地生态系统碳水平衡，分析生态系统对全球变化的响应和适应提供了重要的科学知识及数据基础（于贵瑞和孙晓敏，2008；于贵瑞等，2011；Baldocchi，2001）。

17.2　ChinaFLUX 的研究内容、目的和设计思路

ChinaFLUX 的建设启动于 2001 年，是在中国科学院知识创新工程重大项目“中国陆地和近海生态系统碳收支研究”项目的资助下，以 CERN 为母体所而创建的，成为 CERN 的一个重要专项科学研究观测平台。经过一年左右的观测系统设计、观测台站和通量观测塔选址、观测仪器选型等技术方案的反复论证，以及野外工程实施和观测系统安装与调试，于 2002 年首期建设了 6 个观测研究站（含 8 个生态系统，即 4 个森林、3 个草地和 1 个农田）和 1 个综合研究中心正式建成，并组织开展了中国陆地生态系统碳水通量的多站点联合观测研究（于贵瑞和孙晓敏，2006；Yu *et al.*，2006）。

17.2.1　科学目标

ChinaFLUX 创建伊始，就面向我国应对气候变化和生态建设的国家需要以及发展生态系统碳循环与全球变化科学的迫切任务，设定了以下几个长期的科学目标（图 17.1）。其一是创建中国陆地生态系统通量观测平台，提升国家生态系统观测研究网络的综合观测能力，积累多要素长期观测数据。其

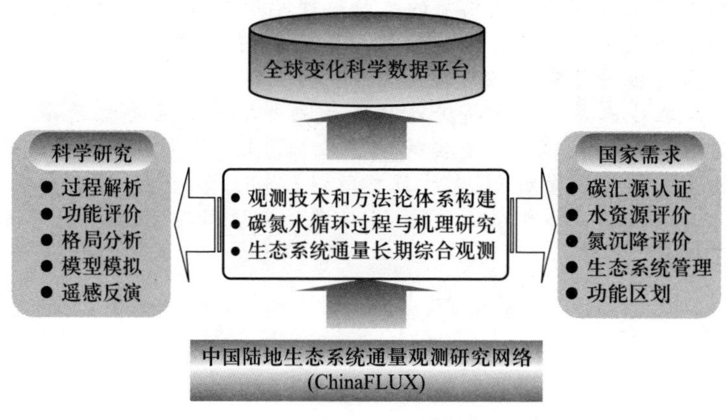

图 17.1　ChinaFLUX 的科学目标

二是构建生态系统碳氮水通量的观测理论和方法论体系，构建支撑科学研究的野外观测平台、数据-模型融合平台和国际合作平台。其三是开展生态系统-样带-区域尺度碳氮水循环过程机理研究，评价生态系统碳源汇强度及其时空分布格局，服务于国家陆地碳收支评估和碳汇定量认证。

17.2.2 设计思路

在 ChinaFLUX 的设计过程中，率先提出了通量观测网络与全球变化陆地样带整合的设计理念，通过 ChinaFLUX 观测站的优化布局，构建面向国际科学研究前沿的中国生态系统科学观测与研究平台。ChinaFLUX 的站点布局强调了生态系统格局的区域地理分异性、区域尺度生态系统类型的多样性以及关键地带的代表性；采用观测站点-样带-区域的优化布局，有机地整合了全球变化陆地样带与生态过程实验研究平台。ChinaFLUX 观测技术系统强调多种物质通量-环境要素-生态过程以及生态系统碳-氮-水通量与循环过程的协同观测；并且前瞻性地开展了碳通量时间变化过程的动力学机制、空间格局的生物地理生态学机制以及碳-氮-水耦合循环机制的理论研究。

在 ChinaFLUX 的台站布局和建设过程中，依据欧亚大陆森林和草地的地理分布特征、结合中国区域气候带区划成果，在中国区域原有的东北样带(NECT)和东部南北样带(NSTEC)基础上，又提出了中国草地样带(CGT)、欧亚大陆东缘森林样带(EACEFT)和欧亚大陆草地样带(EACGT)的新概念，构造了亚洲区域通量观测和全球变化科学研究的样带体系(于贵瑞和孙晓敏，2006，2008；Yu *et al.*，2006；于贵瑞等，2014)。在此基础上，整合欧亚大陆样带研究与台站的观测资源，发展了基于 ChinaFLUX的亚洲区域陆地生态系统碳计划(Carbon-EastAsia)国际合作的基础平台，填补了亚洲季风区观测研究的空白，增强了 ChinaFLUX 的区域代表性，提高了 ChinaFLUX 在国际通量观测研究网络(FLUXNET)中的地位和作用(图 17.2)。

17.2.3 研究主题与重点

ChinaFLUX 观测技术的进步已经使其逐渐具备了综合开展典型陆地生态系统碳氮水通量协同观测、国家尺度的碳氮水通量联网观测，以及生态系统对全球变化适应性野外控制实验研究的初步功能，已经发展了开展陆地生态系统碳-氮-水偶合循环及其对全球环境变化的响应和适应等前沿科学问题研究的观测实验基地。现阶段 ChinaFLUX 重点致力于推动不同时空尺度下的陆地生态系统碳氮水循环过程及相互关系的生态学机制整合研究，关注

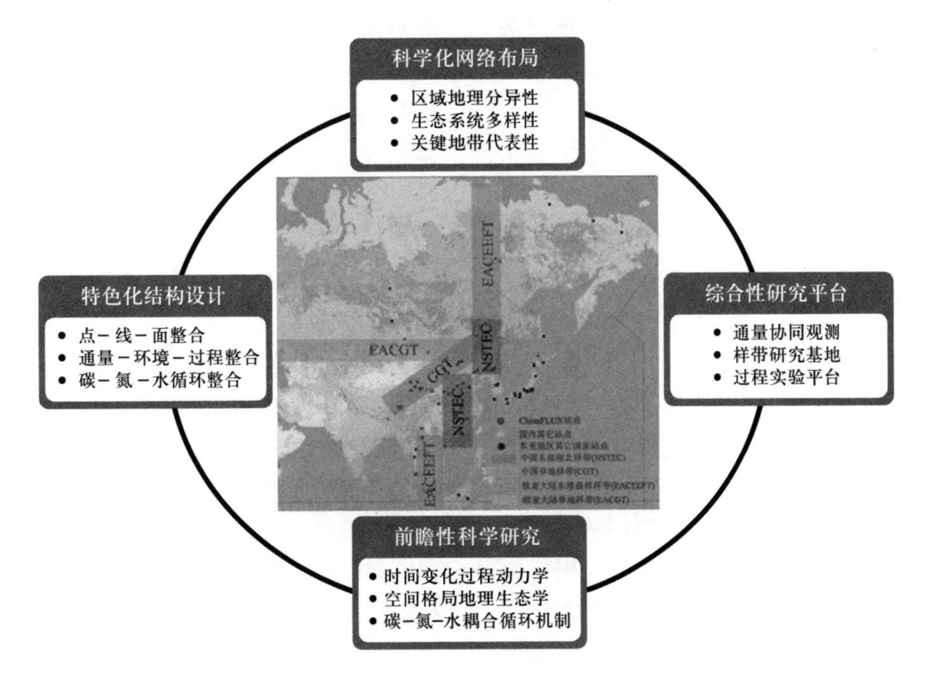

图 17.2 ChinaFLUX 的设计理念与空间布局及其关注的科学问题

4 个核心科学问题：① 陆地生态系统碳-氮-水耦合循环的关键过程及其生物调控机制；② 生态系统碳-氮-水耦合循环通量的计量平衡关系及其环境影响机制；③ 生态系统碳-氮-水耦合循环对陆地生态系统碳源/汇时空格局的调控机制；④ 生态系统碳-氮-水耦合循环的生物过程对全球变化的响应和适应机制。

深入认知这些科学问题将会增强我们对陆地生态系统碳氮水耦合循环过程及其对全球环境变化响应机制的理解，有助于我们建立生态系统碳氮水耦合循环与服务功能权衡关系的理论联系，认知生态系统能量转换、营养物质循环和水分供给关系调控的科学原理和技术途径。

典型生态系统的碳-氮-水通量协同观测和实验研究的重点任务是认知生态系统碳、氮、水循环的生物环境控制机制，碳氮水通量的多时间尺度变化及其动力学机制、生态系统碳氮水耦合循环过程及其对全球变化的响应与适应机制。进而在 ChinaFLUX 的网络层面上，通过联网观测和联网试验与区域生态清查和卫星遥感数据资源的整合生态学研究，揭示陆地生态系统碳氮水通量及其耦合关系空间格局的生物地理生态学机制，定量评估区域尺度的陆地生态系统的碳氮水通量、资源要素（光能、水分、氮素、碳素）利用效率（LUE、WUE、NUE、CUE）时空变化，评估资源要素对生态系统生产力和生态服务的承载能力，以及全球变化生态系统服务功能的影响（Yu *et al.*, 2006，Yu *et al.*, 2008；Yu *et al.*，2013，于贵瑞等，2014）。

17.3　ChinaFLUX 的观测台站、主要仪器设备及观测项目

17.3.1　观测站点的发展与空间布局

ChinaFLUX 的建立和运行为中国的全球变化与碳循环领域的科学研究提供了重要的科技平台，先后支撑了国家重点基础研究发展计划（973）项目“中国陆地生态系统碳循环及其驱动机制”、国家自然科学基金重大研究项目“我国主要陆地生态系统对全球变化的响应与适应性样带研究”、中国科学院知识创新工程重要方向项目“陆地生态系统碳氮通量过程及其耦合关系集成研究”、国家重点基础研究发展计划项目“中国陆地生态系统碳-氮-水通量的相互关系及其环境影响机制”、国家自然科学基金委员会 A3 前瞻计划重大国际合作研究项目“CarbonEastAsia：基于通量观测网络的生态系统碳循环过程与模型综合研究”、中国科学院战略性先导科技专项项目“陆地生态系统固碳现状、速率、机制和潜力”以及国家自然科学基金重大项目“森林生态系统碳-氮-水耦合循环过程的生物调控机制”等多个重大研究计划的实施。

ChinaFLUX 在这些重大研究计划的带动下，其通量观测台站的数量不断扩大，空间代表性不断增强，观测内容和综合观测功能不断扩展和提升，成为 CERN 中的一个特色鲜明的专项科学观测研究网络，成为 FLUXNET 的重要组成部分，促使了亚洲通量网（AsiaFlux）的重组，实现了我国通量观测研究事业从无到有、由国内起步走向国际前沿的跨越式发展。

ChinaFLUX 的发展带动了中国的林业、农业气象、部门以及部分高校的碳水通量观测站的建设，为中国区域的多部门联合观测和数据资源整合共享事业的发展奠定了基础。2014 年，ChinaFLUX 联合国内行业部门及高等院校共同组建了中国通量观测研究联盟。目前，中国通量观测研究联盟已经拥有 71 个台站（网），其中森林站 22 个、草地（含荒漠）站 17 个、农田站 17 个、湿地站 13 个、城市站 1 个和湖泊观测网 1 个，其生态观测站点基本涵盖了我国主要的地带性陆地生态系统类型，初步形成了国家层次的生态系统碳、氮、水和能量通量观测研究网络体系。

17.3.2　主要仪器设备

ChinaFLUX 选用了目前国际最新型号的观测仪器设备。各测定要素所采用的主要仪器设备的传感器与分析仪及制造商分列于表 17.1。其中，开路涡度相关系统（OPEC）和闭路涡度相关系统（CPEC）是由美国 Campbell Scientific 公司提供的超声风速仪（CSAT3）、数据采集和通信系统（DATALOGGER，CR5000）与 LI-COR 公司提供的红外 CO_2/ H_2O 分析仪（LI-7500，LI-7000）组合构成的（图 17.3 和图 17.4）。7 层 CO_2 采样系统（CPS7）、6 层 CO_2 和水汽采样系统（CHPS6）利用了 LI-COR 的红外 CO_2/H_2O 分析仪（LI820，LI6262），常规气象观测系统（RMET）由 VAISALA 和 KIPP & ZONEN

表 17.1 各测定要素所用关键设备的传感器和分析仪及其制造商

观测系统	测定要素	传感器和分析仪	制造商
RMET	风向	W200P	VECTOR
	风速	A100R	VECTOR
	温度、湿度	HMP45C	VAISALA
	雨量	52203	RM YOUNG
		TE525MM	RM YOUNG
	红外温度	IRTS-P	APOGEE
	大气压力	CS105	VAISALA
	总辐射	CM11	KIPP&ZONEN
	光合有效辐射	LI190SB	LI-COR
		LQS70-10	APOGEE
	净辐射	CNR-1	KIPP&ZONEN
	土壤温度	TCAV	Campbell Scientific
		105T	Campbell Scientific
		107_L	Campbell Scientific
		STPO1	Campbell Scientific
	土壤热通量	HFP01	HUKSEFLUX
		HFP01SC	HUKSEFLUX
	土壤含水量	CS616_L	Campbell Scientific
OPEC	CO_2和水热通量	CSAT3	Campbell Scientific
		LI-7500	LI-COR
CPEC	CO_2和水热通量	CSAT3	Campbell Scientific
		LI-7000	LI-COR
CPS7	CO_2廓线	LI820	LI-COR
CHPS6	CO_2/ H_2O 廓线	LI6262	LI-COR
SLS	热平均通量	SLSCWA-140	SCINTEC
DATALOGGER	数据采集与通信	CR10X-TD	Campbell Scientific
		CR23X-TD+AM25T	Campbell Scientific
		CR5000	Campbell Scientific

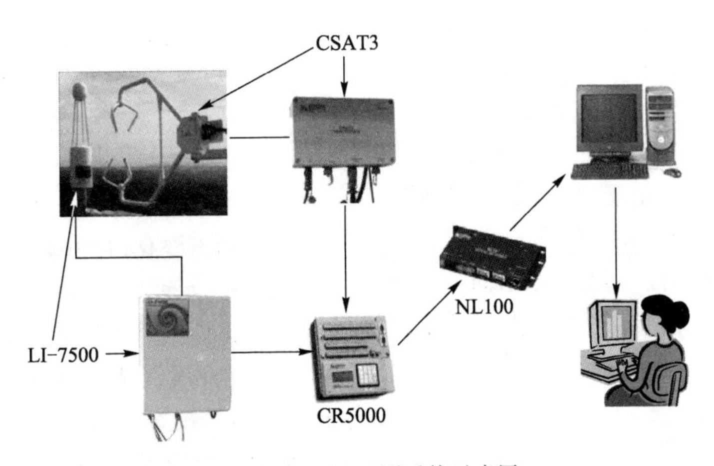

图 17.3 OPEC 观测系统示意图

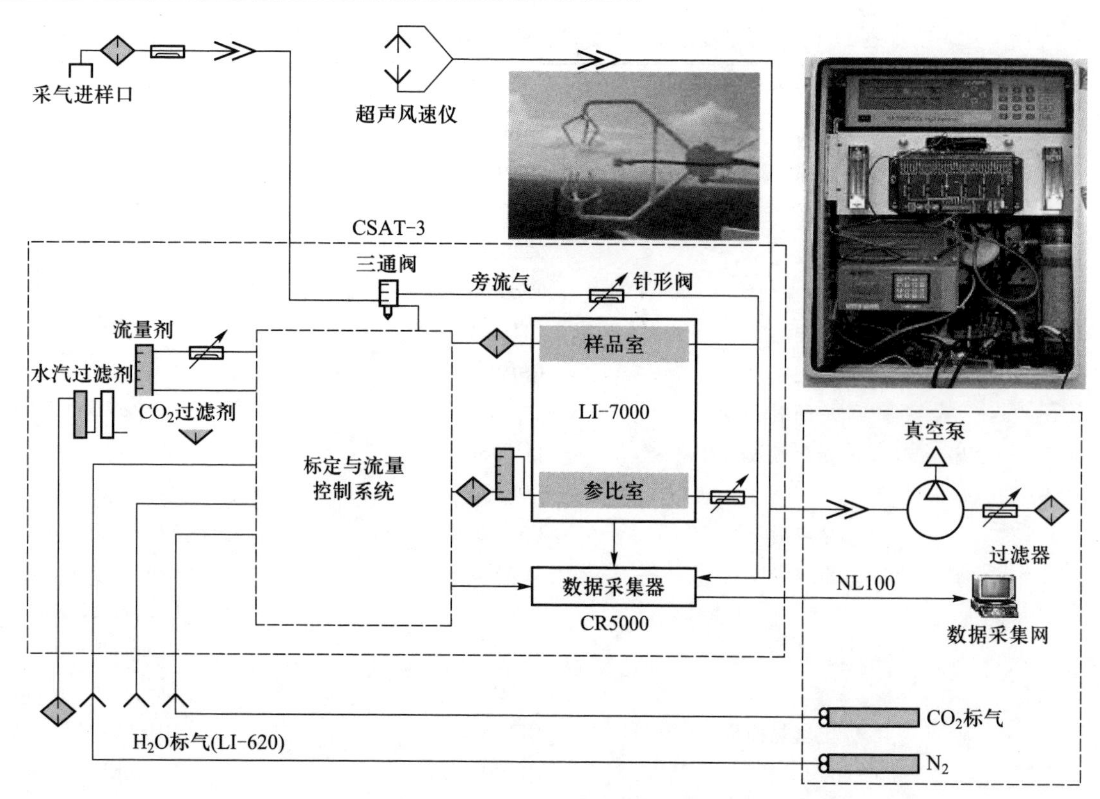

图 17.4　CPEC 观测系统示意图

等公司提供，表层闪烁仪（the Surface Layer Scintillometer，SLS）由德国的 SCINTEC 公司提供。另外，土壤温室气体的箱式测量系统采用了中国科学院大气物理研究所自行开发的静态箱-气相色谱（static chamber-gas chromatographic techniques，SCGCT）观测系统。该系统具有一次采样同时测定 CO_2、CH_4 和N_2O的优点，可十分方便地用于不同种植方式、不同生态系统管理措施下的温室气体排放量的测定。

长白山站和千烟洲站两个森林观测站采用 OPEC 与 CPEC 进行平行观测，同时两站还安装了 7 个高度的常规气象观测系统（Routine meterological system RMET）与 7 层 CO_2/ H_2O 采样系统（CHPS7），增加了测定土壤-植被交换量的 OPEC 和测量土壤温室气体的箱室系统的对比观测。

农田和草地观测站的通量观测采用了开路涡度相关系统，同时装了两个高度的 RMET 观测设备和 6 层 CO_2/H_2O 采样系统。另外，增加了不同种植制度和生态系统管理条件下的土壤温室气体的箱式测量系统。

17.3.3　观测内容与方法

各观测站因地形条件和生态系统类型的差异，分别设计了重点不同的研究问题，配备了不同的观测系统。为了开展开路涡度相关系统（OPEC）和闭路涡度相关系统（CPEC）的比较研究，以及碳循环和水循环的动力学机制的综合研究，在长白山站和千烟洲站设计了以下观测项目：

- 植被-大气间的 CO_2和水热通量（OPEC 和 CPEC ）；
- 土壤/地被层-森林间的 CO_2 和水热通量（OPEC）；
- CO_2和水汽浓度的垂直分布（CHPS7）；
- 土壤/地被层-植被间的 CO_2、CH_4和 N_2O 通量（SCGCT）；
- 植被群落微气象和生态环境要素的分布（RMET）；
- 植被光合作用速率、植物生长和群落结构的动态变化（LI-6400 等，生物调查，叶面积分析仪器，冠层分析仪器 LI-2000 等）；
- 试验站周边生态系统碳水循环的基本数据。

为了开展复杂地形条件下的通量观测技术、不同观测技术的综合对比、观测资料的尺度转换、生态系统水-碳耦合循环机理等问题综合研究工作的需要，在低山丘陵的千烟洲增设了以下的观测设备和

项目:

- 小流域的冠层水热通量(SLS);
- 小流域生态系统碳储量和平均碳通量的地面遥感观测(高光谱仪,遥感图像分析等);
- 小流域内微气象要素的空间异质性(RMET);
- 小流域内生物量、凋落物、土壤有机质、碳储量、土壤水分和土壤理化性质的空间异质性(样方调查)。

鼎湖山和西双版纳森林站的观测项目和方法:

- 植被-大气间的 CO_2 和水热通量(OPEC);
- 土壤/地被层-森林间的 CO_2 和水热通量(OPEC);
- 土壤/地被层-植被间的 CO_2、CH_4 和 N_2O 通量(SCGCT);
- 植被群落微气象和生态环境要素的分布(RMET);
- 植被光合作用速率、植物生长和群落结构的动态变化(LI-6400 等,生物调查,叶面积分析仪器,冠层分析仪器 LI-2000 等);
- 试验站周边生态系统碳水循环的基本数据。

禹城农田站和海北、内蒙古、当雄草地站的观测项目和方法:

- 植被-大气间的 CO_2 和水热通量(OPEC);
- 土壤/地被层-植被间的 CO_2,CH_4 和 N_2O 通量(SCGCT);
- 植被群落微气象和生态环境要素的分布(RMET);
- 植被光合作用速率、植物生长和群落结构的动态变化(LI-6400 等,生物调查,叶面积分析仪器,冠层分析仪器 LI-2000 等);
- 试验站周边生态系统碳水循环的基本数据。

17.4 ChinaFLUX 观测研究的主要进展

17.4.1 陆地生态系统碳-水-通量协同观测技术系统的设计及其关键技术研究

(1) 陆地生态系统碳-氮-水通量协同观测技术体系的集成研究

① 多尺度的生态系统碳-氮-水通量协同观测技术体系的设计。ChinaFLUX 强调优化观测实验站点的空间布局,遵循生态系统格局的区域地理分异性、区域尺度生态系统类型的多样性以及关键地带代表性的科学原理,采用观测站点-陆地样带-区域遥感观测技术整合优化的技术途径,系统设计了多尺度的生态系统碳-氮-水通量协同观测技术体系(Site-transect-region complex multiscale flux observation system, FTR)(于贵瑞等,2014)。实现了区域尺度的生态系统碳-氮-水通量及循环过程的多尺度协同观测。

ChinaFLUX 提出了气候变化科学研究的关键区位地带性生态系统,生态系统碳-氮-水耦合循环及生物调控过程等新的概念体系(于贵瑞等, 2014),致力于整合通量观测、控制实验、样带研究等科技资源,推动野外通量观测网络和实验研究网络平台的建设和发展。ChinaFLUX 重点选择了气候变化科学研究关键区位的地带性生态系统,开展多要素-多过程-多技术途径的观测与实验整合研究,这为超级通量观测和实验研究站的建设奠定了基础(于贵瑞和孙晓敏, 2006, 2008;于贵瑞等,2014;Yu *et al.*, 2006)。

② 典型生态系统的碳氮水多要素协同观测系统的设计。ChinaFLUX 观测站的系统设计以长期连续观测与控制实验研究的有机结合为指导思想,强调多种温室气体的交换通量-环境要素-生态过程的综合观测,以及生态系统碳-氮-水通量与循环过程的协同观测。ChinaFLUX 以生态系统碳水同位素通量原位连续观测系统、土壤 CO_2、CH_4 和 N_2O 通量协同观测装置等新技术研制,以及大气沉降通量观测和氮素示踪技术等关键技术及其规范研制为重点,通过生态学-气象学-同位素技术的系统集成,前瞻性地构建了生态系统水-碳-氮通量与同位素通量整合的协同观测系统(Ecological-meterological-isotopic measurement system, EMI)(图 17.5)(于贵瑞等,2014)。

生态系统碳-氮-水同位素通量的原位连续观测新技术的研发,解决了仪器非线性响应难题(Wen *et al.*, 2008, 2013),实现了大气水汽 $\delta^{18}O$ 和 δD(Wen et al., 2010; Zhang *et al.*, 2011; Huang *et al.*, 2014)以及大气 CO_2 $\delta^{13}C$ 比值和通量的原位连续观测(Pang *et al.*, 2016),突破了涡度相关与稳定同位素技术协同观测的技术瓶颈实现了生态系统碳水通量及 $\delta^{18}O$、δD、和 $\delta^{13}C$ 通量的协同观测(Wen *et al.*, 2012, 2016)。"全自动多通道土壤 CO_2、CH_4 和 N_2O

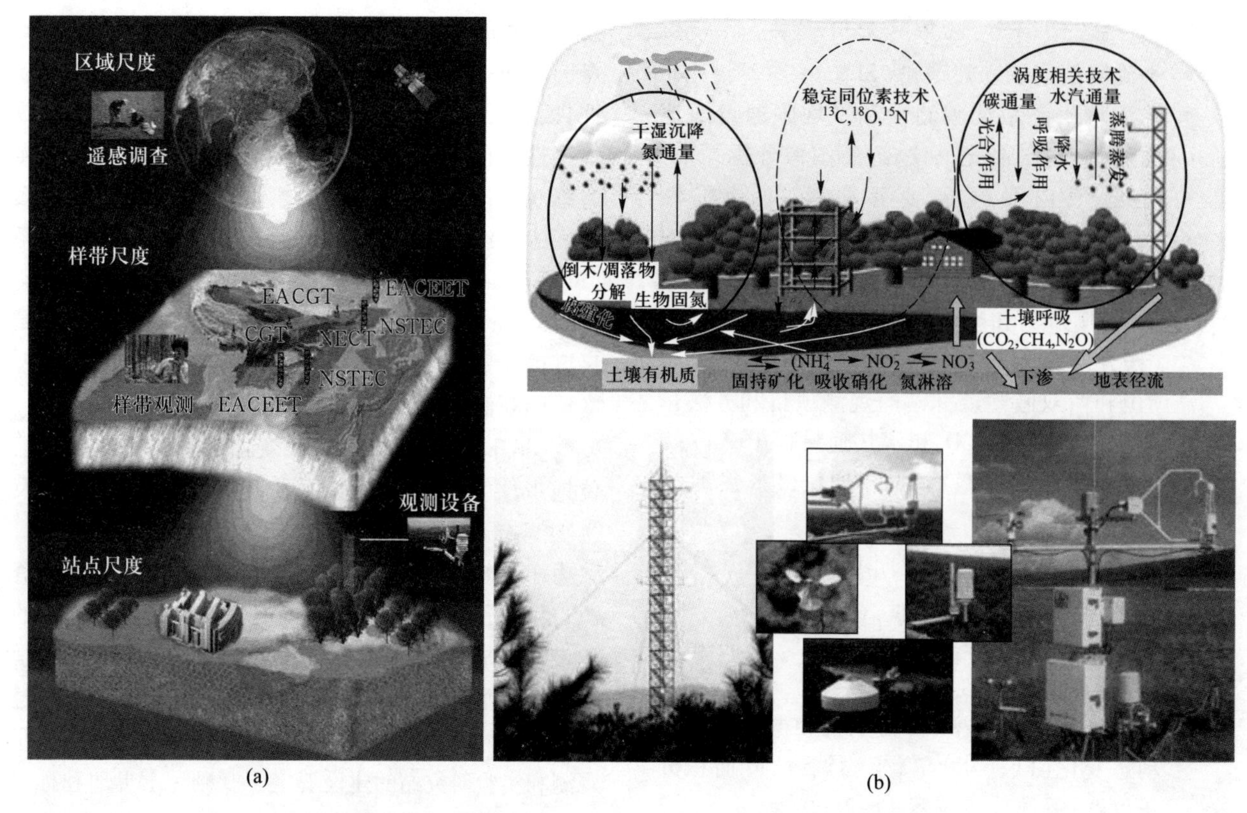

图 17.5 站点-样带-区域碳通量多尺度协同观测技术体系(FTR)

通量协同观测装置”的研制，实现了 CO_2、CH_4和 N_2O 通量同步观测和野外的自动化数据采集，增加了观测数据的时空代表范围以及 CO_2、CH_4和 N_2O 通量同步观测数据的整合分析，为碳氮温室气体耦合关系研究提供的先进技术①。协同观测系统中研制了大气干沉降和湿沉降通量观测技术规范，探讨了^{15}N 自然丰度和添加^{15}N 标记物的稳定性氮同位素示踪技术在氮循环过程机制研究中的应用(Sheng *et al.*, 2012; Sheng *et al.*, 2014a,b;Xu *et al.*, 2014; Zhan *et al.*, 2014; Zhu *et al.*, 2015a)。

③ 生态系统过程和卫星遥感模型开发与数据-模型融合系统。生态系统过程机理模型和卫星遥感反演模型是预测与评估生态系统碳氮水通量动态变化及区域特征的重要技术途径。ChinaFLUX 不仅重视国外已有模型的引进和改良，更加重视基于生态系统过程机制模型和卫星遥感模型的研发，致力于野外观测数据-生态过程机理模型-遥感反演模型融合引进体系的发展，开发了 ChinaFLUX 的过程机理模型-遥感反演模型-观测数据融合系统(Model-data fusion system,MDFS)。

ChinaFLUX 采用模型引进、改良与自主开发相结合的技术途径，发展了适应于不同时间和空间尺度的碳水循环和通量评估模型体系。先后引进和改良了 CEVSA(顾峰雪等,2008;Cao *et al.*, 2005)、InTEC(Wang *et al.*, 2007)、EALCO(米娜等, 2007; Mi *et al.*, 2009)和 BEPS (Wang *et al.*, 2005; Ju *et al.*, 2010)等生态过程模型，以及 VPM(Li *et al.* 2007; Wu *et al.* 2008)等遥感反演模型。ChinaFLUX 在引进和改良现有模型基础上，还自主开发了 AVIM2(Ji *et al.*, 2008; Huang *et al.*, 2014)、CEVSA2(Gu *et al.*, 2010, 2015)和蒸发散(Ren *et al.*, 2005;Hu *et al.*, 2013)等碳水循环过程模型、遥感光合模型 PCM(Gao *et al.*, 2014)、遥感呼吸模型 ReRSM(Gao *et al.*, 2015)以及 GSM 地理统计学模型(Zheng *et al.*, 2009; Yu *et al.*, 2010; Zhu *et al*, 2014)。

在上述生态过程和遥感模型开发工作基础上，

---

① 于贵瑞，温学发，李晓波等. 2015.土壤二氧化碳、甲烷和二氧化氮通量验证装置以及验证方法. 专利号:CN104280529A

为量化和减小模拟误差，基于马尔可夫链-蒙特卡罗、蒙特卡罗模拟退火、Sobol'等算法开发了模型-数据融合技术（张黎等，2009；任小丽等，2012；Zhang *et al.*，2010）和模型不确定性分析方法体系（Ren *et al.*，2013），构建了服务于区域碳收支评估的模型-数据融合系统（Model Data Fusion System，MDFS）（图17.6），应用于涡度通量数据的不确定性分析（Liu *et al.*，2009；He *et al.*，2010）、站点尺度（Zhang *et al.*，2010；2012；Liu *et al.*，2015）和区域尺度（He *et al.*，2014）碳循环模型参数的反演和碳通量模拟结果不确定性评估，为单站点长期观测与区域综合评估两者之间的尺度转换提供了有效的解决方案，也为开展国家尺度的陆地生态系统碳收支和水平衡综合评估提供了模拟分析平台（何洪林等，2012）。

（2）陆地生态系统碳水通量观测技术和数据质量控制规范研究

ChinaFLUX 系统解决了复杂地形条件下的碳水通量观测技术难题，研制了中国区域通量观测研究和数据分析的技术规范，得到了国际学术界的认可，被国内同行普遍应用。与此同时，还根据野外台站多分布在偏远山区、公共通信基础设施薄弱的特点，设计了观测塔-研究台站-综合中心之间的远程传输和设备监控系统，实现了观测系统的远程操控和观测数据的在线处理分析，有效提高了 ChinaFLUX 的观测效率和观测能力。

① 复杂地形地貌条件下的碳水通量观测技术体系。由于中国的多个通量观测站不得不建在山区复杂地形条件下，可能存在 CO_2 和水汽的储存、平流、泄漏等现象，影响测定数据准确度。针对这些实际问题，根据边界层扩散理论，研制了复杂地形和夜间大气稳定层结条件下的通量观测技术及其数据处理方法。通过试验研究，解决了采样频率与平均周期确定（Sun *et al.*，2006）、坐标轴选择和变换方法（Zhu *et al.*，2005）、夜间通量低估校正（Wen *et al.*，2005；Zhang *et al.*，2005；Zhu *et al.*，2006）、冠层储存项计算（张弥等，2010；姚玉刚等，2011；Han *et al.*，2003）、能量闭合（Li *et al.*，2005）、高频信号损失校正与低频大气传输对通量影响（Wu *et al.*，2005；Yu *et al.*，2006）、开闭路观测系统性能对比（Song *et al.*，2005）、缺失数据插补策略（He *et al.*，2006；刘敏等，2010；李春等，2008）、辐射仪器衰减校正（朱治林等，2011）、通量覆盖区评价（Zhang & Wen，2015；Mi *et al.*，2006）和通量数据不确定性分析（Liu *et al.*，2009，2012；He *et al.*，2010）等技术难点，建立了复杂地形/植被条件下生态系统碳水通量观测技术与数据分析方法论（于贵瑞和孙晓敏，2008，2010；Yu *et al.*，2006）。

② 生态系统氮输入和输出通量的联网观测技术。结合我国野外生态台站的人力配置与空间分布特点，利用雨水收集法和阴阳离子树脂法，分别制定了科学的、规范的大气（湿）氮沉降监测技术规范，具体包括采样装置及其安装、样品收集与保存、分析测试仪器和测试方法、后续数据汇交与共享等，既保障了氮沉降联网监测的顺利进行，还显著地提高了监测的数据质量（盛文萍等，2010；Zhan *et al.*，2014；Zhu *et al.*，2015a）。

静态箱-气相色谱法是土壤 N_2O 释放通量观测

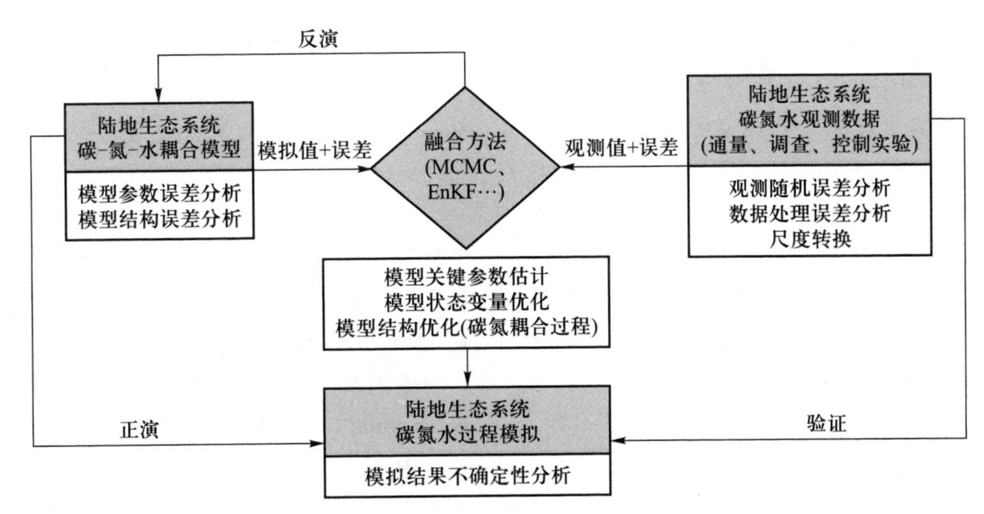

图 17.6 ChinaFLUX 过程机理模型-遥感反演模型-观测数据融合系统（MDFS）框架示意图

的传统方法（Zheng *et al.*, 2008）。由于森林、草地、农田、湿地等不同生态系统具有较大的空间异质性和各自独特的特点，因此，静态箱构造、样地选择和样地重复数等因素均为对结果造成较大的影响，并影响不同结果间的可比性或整合性。通过在中国区域实施的一系列重大研究项目，研究人员从静态箱结构优化、典型生态系统在样地设置或重复数对实验结果的影响、气相色谱法与红外/激光技术等测试方法比对等各方面进行了深入的研究，并探讨了一套科学的操作规范（Zheng *et al.*, 2008），目前已被国内各相关研究单位和科研人员广泛应用（Fang *et al.*, 2014; Wang *et al.*, 2015b）。

③ 观测数据的质量控制、数据远程传输和在线处理系统。基于通量观测理论和技术研究成果，ChinaFLUX 在系统评价观测仪器精度和稳定性的基础上，研究制定了统一的联网观测数据流程和技术规范（于贵瑞和孙晓敏，2008；Yu *et al.*, 2006）。自主开发了观测系统远程监控和数据实时传输系统，以及研制了通用性的碳水通量数据分析和计算机自动化处理系统（于贵瑞和孙晓敏，2008；何洪林等，2012；Liu *et al.*, 2012），保障了观测技术的规范性、观测数据的可比性和网络管理的高效性。在江西千烟洲、山东禹城、广东鼎湖山、吉林长白山、青海海北、西藏当雄、云南哀牢山 7 个 ChinaFLUX 台站，实现了野外观测数据的实时传输、存储、处理与共享服务，带动了我国生态系统研究网络和相关部门的信息化建设，为野外台站联网、仪器设备的网络监控、数据实时采集、传输、处理等信息化建设提供良好的解决方案和经验。

17.4.2 陆地生态系统碳、氮、水通量时空格局及环境影响机制研究

ChinaFLUX 经过连续 10 余年的联网观测，获取我国唯一的碳通量/储量动态变化科学数据，有效填补了东亚季风区通量观测数据的区域空白。进而开展了生态系统碳氮水收支评价、通量交换过程动态变化规律及其环境控制机制，以及生态系统碳通量空间格局及其生物地理生态学机制等方面的科学研究，并且取得了一系列的重要进展。

（1）基于通量观测数据的生态系统碳汇功能评价

基于生态系统碳水通量和大气氮沉降的观测数据，开展了我国不同类型生态系统的碳氮水通量的科学评估。统计分析表明，我国森林生态系统总体上表现为净 CO_2 吸收，并进一步确认了长白山、哀牢山和鼎湖山等成熟林（Guan *et al.*, 2006; Zhang et al., 2006a, b; Zhang *et al.*, 2006; Yu *et al.*, 2008, 2013; Tan *et al.*, 2010, 2012; Zhang *et al.*, 2010; Yan *et al.*, 2013; Liu *et al.*, 2014a, b）和南方亚热带人工林（Liu *et al.*, 2006; Wen *et al.*, 2010）具有显著的固碳能力。相较而言，北方草地表现为较弱的碳汇，但在不同生态系统和年份之间存在很大的变异性，并易受到年际间降水与温度等条件的干扰而表现为碳源（Fu *et al.*, 2006, 2009; Li *et al.*, 2006; Shi *et al.*, 2006; Zhao *et al.*, 2006; Wang *et al.*, 2011; Yu *et al.*, 2013）。

（2）生态系统碳水通量的动态变化及其环境控制机制

① 我国地带性生态系统碳通量的动态变化特征。基于 ChinaFLUX 不同台站的长期、连续观测资料，分析和揭示了不同类型生态系统碳通量在日、季节和年际尺度上的动态变化特征。结果表明，在日尺度上，不同类型生态系统的 CO_2 通量均与植被的光合作用过程密切相关，在季节尺度上，高纬度和青藏高原高寒生态系统碳通量随温度的变化呈现出显著单峰变化，而亚热带和热带地区生态系统的 CO_2 通量的季节变异明显偏小，并且主要受降水季节分配的影响；受降水变异的制约，草地生态系统碳通量的变异性也显著高于森林和农田生态系统；受作物的种植方式的影响，不同区域农田生态系统碳交换的季节变化特征也存在显著差异。在年际尺度上，不同类型生态系统的碳交换均表现出了显著的年际变异（于贵瑞和孙晓敏，2006; Wen *et al.*, 2010; Zhang *et al.*, 2011; Tan *et al.*, 2012; Yan *et al.*, 2013a, b）。

② 生态系统碳交换过程及其对环境变化的响应机制。典型生态系统的碳通量观测和实验研究重要任务是认知生态系统碳循环的生物环境控制机制，碳通量的多时间尺度变化及其动力学机制、生态系统碳循环过程及其对全球变化的响应与适应机制。ChinaFLUX 的研究工作发现了生态系统碳交换过程中的一些重要的生态学现象，并分析与探讨了其形成原因和内在机制。例如，温带草原和高寒草甸群落尺度的“光抑制”现象（Fu *et al.*, 2006,

2009）、生态系统碳通量对温度的非线性响应（于贵瑞和孙晓敏，2008）、土壤呼吸温度响应的异质性（Wang *et al.*, 2011；贾丙瑞等，2013；Song *et al.*, 2013；Tan *et al.*, 2013）、生态系统碳通量组分间的“同向偶联”（Yu *et al.*, 2013；Chen *et al.*, 2015）等新的生态学现象。

研究工作还揭示了生物和环境因子对生态系统总初级生产力（GPP）、生态系统呼吸（RE）和净生态系统生产力（NEP）的影响，如散射辐射对碳通量的影响（Zhang *et al.*, 2010, 2011；Fan *et al.*, 2011）、土壤水分对生态系统呼吸的控制作用（Wen *et al.*, 2006）、脉冲降水对碳通量的激发效应（Hao *et al.*, 2010, 2011, 2013；Yan *et al.*, 2011a,b）、山地的碳湖效应（姚玉刚等，2012；Yao *et al.*, 2012）、干旱作用对碳通量的制约作用（郝彦宾等，2010；Wang *et al.*, 2011；Yan *et al.*, 2011a,b）、季节性干旱或降水季节分配变化对碳汇功能的影响（Yu *et al.*, 2005；Wen *et al.*, 2010；Zhang 2010）。阐明了群落光能利用效率的时空变异（Zhang *et al.*, 2006c；Wu *et al.*, 2008；Yuan *et al.*, 2010）与生态系统碳通量年际变异（Wen *et al.*, 2010；Zhang *et al.*, 2011c；Tan *et al.*, 2012；Yan *et al.*, 2013a,b）的形成机制。

（3）生态系统碳通量的空间格局及其生物地理生态学机制

陆地生态系统在调控大气 CO_2 浓度、减缓全球气候变暖中发挥着重要作用。但是，陆地生态系统与大气间的碳交换量有显著的空间变异性。要减少陆地生态系统在全球碳收支评估中的不确定性，必须要深入了解陆地生态系统与大气间碳交换的空间变异及其调控机制。对此，以 ChinaFLUX 的生态系统碳通量观测数据为基础，结合亚洲和全球的观测数据，定量评价和刻画了我国和东亚地区的生态系统碳通量空间变异特征，揭示了区域尺度上温度和降水对生态系统碳通量空间格局的生物地理学控制机制，发展了简单、有效的区域尺度生态系统碳交换通量空间格局的地学统计评估模型。

① 中国和亚洲区域生态系统碳通量空间分布规律及影响因素。整合中国区域观测站点发表的文献数据分析，发现中国区域陆地生态系统的碳汇功能区主要分布在东部的亚热带至温带森林生态系统，东北温带草原、青藏高原东缘草甸草原以及东部滨海湿地等区域。中国区域气候地带特征的复杂性导致了 GPP、RE、NEP 空间格局的复杂性。GPP、RE 和 NEP 纬向格局特征明显，而其经向格局因为青藏高原的影响异化的十分复杂。年均气温、年总降水量及其交互作用解释了中国区域 GPP、RE、NEP 空间变异的 79%、62%和 66%。GPP 和 RE 的空间格局主要受年总降水量的影响，而年均气温可以解释更大比例的 NEP 的空间变异（Yu *et al.*, 2013）。

亚洲区域的陆地生态系统碳交换通量的整合分析，也发现亚洲 GPP 和 RE 的空间变异主要受年均气温和年总降水量调控，并且这种空间格局变异规律及其气候影响机制不因生态系统类型的变化而改变。NEP 空间变异受到 GPP 与 RE 对年均温度和年均降水响应方式的协同调控。该结果有力证明了气候决定生态系统碳收支空间格局理论在亚洲区域的普适性，提出了从气候地理分布格局来分析和评估区域和全球尺度的生态系统碳收支的新思路（Chen *et al.*, 2013）。

②“东亚季风区森林碳汇功能区”的发现及其成因。中高纬度陆地生态系统长期被认为是北半球的主要碳汇区，尤其是欧洲和北美洲的温带和北方林带森林生态系统，而对低纬度亚热带森林生态系统关注较少。开展亚洲碳交换通量空间格局的分析发现，在 1990—2010 年，20°~40°N 东亚季风区亚热带森林具有高碳吸收强度，NEP 达到 362±39 g C·m^{-2}·a^{-1}。该净生态系统生产力超过了亚洲和北美洲 0°~20°N 的热带森林，也高于亚洲和北美洲 40°~60°N 的温带和北方林带森林，与北美洲东南部亚热带森林和欧洲 40°~60°N 高效管理的温带森林相当。东亚季风区亚热带森林的总 NEP 量约为 0.72±0.08 Pg C·a^{-1}。东亚季风区亚热带森林的 NEP，占全球森林 NEP 的 8%。表明亚洲亚热带森林生态系统在当今全球碳循环和碳汇功能中的作用不可忽视，启示我们需要重新评估北半球陆地生态系统碳汇功能区域的地理分布格局及其区域贡献。解析了年幼的林龄结构、增加的区域氮沉降和充足的水热条件三者的叠加作用是促使东亚季风区亚热带森林生态系统具有高碳吸收强度的主要原因（Yu *et al.*, 2014）。

③ 生态系统 GPP 和 RE 空间格局的同向偶联共变现象及其成因。对全球碳交换通量数据的整合分析表明，亚洲、欧洲、北美洲、南美洲、非洲、亚太六个区域，南北半球乃至全球范围内，GPP 与 RE 在空

间变异格局上均呈现出同向偶联共变关系。六个区域的GPP空间格局对RE的空间格局的决定系数为0.66~0.92，全球整合的GPP空间格局对RE的空间变异的贡献率达到90%。研究的六个区域之间以及南北半球之间的RE/GPP均没有显著差异，RE/GPP也不随气候和生物因子在空间格局上的变化而变化。超过85%的陆地生态系统的RE/GPP集中稳定在0.7~1.2的范围内波动，全球陆地生态系统RE/GPP平均约为0.87。虽然一些干扰因素可以引起局地生态系统RE/GPP的变异性，但是不会改变大尺度空间格局上的GPP-RE"同向偶联共变关系"。同向偶联共变关系形成的原因在于GPP和RE的空间格局受共同的气候和生物因子所调控，并且GPP和RE对气候和生物因子具有相似的响应函数。根本生理学原因则是因为生产力GPP为RE的呼吸底物的直接供给者(Chen *et al.*, 2015)。

④ 全球陆地生态系统碳通量空间格局及生物地理生态学机制。通过对亚洲、北半球和全球碳通量数据的分析表明，GPP、RE和NEP的空间变异主要受年均气温和年总降水量的影响(Chen *et al.*, 2013; Yu *et al.*, 2013; Chen *et al.*, 2015)。在北半球，年均气温、年总降水量和植被指数共同解释了北半球陆地生态系统60%的GPP空间变异和58%的RE空间变异。其中，年均气温和年总降水量的直接作用以及通过调控植被指数产生的间接作用共决定了46%和45%的GPP和RE的空间变异(Chen *et al.*, 2015)。年均气温和年总降水量共同解释了全球陆地生态系统60%的GPP和RE的空间变异。进一步的分析揭示了年均气温和年总降水量格局通过塑造生长季长度和碳吸收能力，以及现存生态系统有机物质的地理格局，从而决定了GPP和RE的空间分布格局。GPP和RE对气候格局的差异响应及干扰对RE/GPP值的影响共同决定了NEP的地理格局。该系列结果辨析了气候、植被和土壤因子在调控全球陆地生态系统碳通量空间格局上的层次关系，揭示了碳通量空间格局的生物地理生态学调控机制。

(4) 生态系统水通量的动态变化及其水分利用效率的环境控制机制

① 中国区域生态系统蒸散量的时间-空间变化规律及影响因素。蒸散是陆地生态系统水分循环和能量平衡的重要分量(Wang & Dickinson, 2012)，研究蒸散的时间和空间变化规律及其影响因素对于陆地水资源的管理与评估具有重要意义。涡度相关系统可以直接观测生态系统-大气间的水汽交换通量(Yu *et al.*, 2006; Baldocchi, 2008)，在探讨蒸散量的时空变化规律及影响因素中发挥了重要作用。ChinaFLUX以涡度相关法观测的水通量为基础，揭示了典型陆地生态系统蒸散量的日变化(Li *et al.*, 2010; Zheng *et al.*, 2014)、季节变化(Zhou *et al.*, 2010; Tang *et al.*, 2014)和年际变异(Zhou *et al.*, 2010; Xu *et al.*, 2014)规律，发现了蒸散量的日变化过程对气温和饱和水汽压差的非对称响应现象(Zheng *et al.*, 2014)，揭示了土壤含水量(Li *et al.*, 2010; Tang *et al.*, 2014)、大气状况(Li *et al.*, 2010; Zhou *et al.*, 2010)等在蒸散季节动态中的作用，阐明了生态系统响应和气候变异在蒸散年际变异中的贡献(Zhou *et al.*, 2010; Xu *et al.*, 2014)。此外，还以涡度相关法观测的蒸散量为基础，发展了Shuttleworth-Wallace模型，实现了该模型在草地和森林生态系统中的应用(Hu *et al.*, 2009; 2013; Zhu *et al.*, 2015)，并结合同位素在线观测技术发展了基于氢氧同位素的蒸散组分拆分方法(Hu *et al.*, 2014)，为准确揭示蒸散量不同组分的变异规律提供了工具。

在典型生态系统蒸散通量动态过程机制研究基础上，ChinaFLUX还利用联网化的涡度相关观测数据分析了典型区域年蒸散量的强度，揭示了年蒸散量的空间变异规律及其与气候和植被格局间的紧密关系，发现了年总净辐射、年总降水量和年均气温在空间上对年蒸散量的重要控制作用，为评估年蒸散量的空间格局提供了依据(Zheng *et al.*, 2016)。同时，还优化了蒸散的遥感模型，并基于该遥感模型评估了中国区域蒸散量的空间分布(Li *et al.*, 2014)。

② 中国区域生态系统水分利用效率的时间-空间变化规律及环境和生物学控制机制。生态系统的水分利用效率(WUE)是表征生态系统碳水关系的重要指标，揭示水分利用效率的时空变异有助于增进我们对陆地生态系统碳水循环的理解，同时也为合理利用区域水资源提供依据。涡度相关技术可以同时观测陆地生态系统的碳水通量，为分析水分利用效率的时空变异规律奠定了数据基础。以涡度相关观测的总初级生产力和蒸散为基础，分析了典型生态系统WUE的动态变化规律，发现了森林(Yu *et al.*, 2008)、草地(Hu *et al.*, 2008)和农田(Zhao *et al.*, 2007)生态系统碳-水通量动态变化过程的"耦

合与解耦”现象,阐明了 WUE 动态变化的环境与生物学控制机制(Hu *et al.*, 2008;Yu *et al.*, 2008),揭示了地带性生态系统 WUE 对环境响应的差异及机制(Zhu *et al.*, 2014)。

在此基础上,还利用联网化的涡度相关观测数据,分析了森林(Yu *et al.*, 2008)、草地(Hu *et al.*, 2008)及不同类型生态系统(Zhu *et al.*, 2015)的 WUE 空间变异规律,发现了不同类型生态系统 WUE 空间变异的差异。研究表明,中国区域的年均气温和年总降水量是影响森林生态系统 WUE 空间变异的主导因素(Yu *et al.*, 2008),但 LAI 决定了草地生态系统 WUE 的空间变异(Hu *et al.*, 2008)。进一步的研究首次发现不同类型生态系统的 WUE 差异与海拔的垂直变化密切相关,大区域的 WUE 空间变异可以用海拔和 LAI 来综合反映(Zhu *et al.*, 2015)。以此为基础,勾画了 WUE 的空间分布趋势,分析了植树造林的固碳耗水成本,发现了适宜的造林固碳成本临界阈值出现在 400~500 mm 降水线附近,此临界线以西的区域造林存在着极大的水资源限制风险(Gao *et al.*, 2014),中国的西南地区橡胶林种植也会引起水分的大量消耗(Tan *et al.*, 2011),为开展造林运动选择适宜区域提供了依据。

(5) 大气无机氮沉降时空变化及其环境影响机制和生态效应

① 中国区域湿沉降的时间-空间变化规律及影响因素。中国是全球氮沉降的三大热点地区之一,如何科学地评估大气氮沉降和磷沉降的生态效应受到科学家与公众的高度关注。基于中国生态系统研究网络和部分野外生态站,ChinaFLUX 组建了国家尺度典型陆地生态系统大气氮沉降和磷沉降的联网观测网络。基于联网观测和实验数据,首次在全国尺度定量化中国区域的大气氮(湿)沉降的组分,其中溶解性总氮、硝态氮、铵态氮的年均沉降量为 13.69 kg N·hm^{-2}·a^{-1}、7.25 kg N·hm^{-2}·a^{-1}、5.93 kg N·hm^{-2}·a^{-1};NH_4^+/NO_3^-值平均为 1.22;此外,颗粒态氮的沉降量为4.33 kg N·hm^{-2}·a^{-1},占沉降总量的 24%,是氮沉降的重要组成部分,忽略颗粒态氮会一定程度上造成大气氮沉降总量的低估(Sheng *et al.*, 2012; Zhan *et al.*, 2014; Zhu *et al.*, 2015a)。基于 1980—2010 年公开发表数据,氮(湿)沉降的全国均值由 11.11 kg·hm^{-2}·a^{-1}上升到 13.87 kg·hm^{-2}·a^{-1},增加了近 25%(Jia *et al.*, 2014);氮(湿)沉降从南方地区向西、北方向呈逐渐降低的趋势。降水量、氮肥施用量以及能源消耗量与大气氮素湿沉降通量显著相关,分别可以解释大气氮素湿沉降 20%~40%、43%~67%以及 23%~44%的变异(Zhu *et al.*, 2015a)。

② 中国区域干沉降的时间-空间变化规律及影响因素。通过收集全球大气氮干沉降观测数据和 OMI 传感器(NASA)的 NO_2 柱浓度数据,基于活性氮在大气中的化学转化原理,研究工作首次建立了直接利用遥感数据和地面数据评估全球干沉降的方法,评估了 2005—2014 年全球及中国干沉降通量的空间格局及变化趋势。研究发现,中国大气氮干沉降的年输入总量为 7.78 kg N·hm^{-2};其中,NO_2、HNO_3、NH_4^+、NO_3^- 和 NH_3 的年沉降通量分别为 0.67、1.15、0.28、0.07 和5.61 kg N·hm^{-2}(Jia *et al.*, 2016)。从空间格局上来看,华北、华东和华中地区是中国干沉降的高值区,其他地区干沉降较低。从干沉降的年均变化量上来看,华北、华东和华中地区在近 10 年干沉降年均增加量为 1~2 kg N·hm^{-2}·a^{-1},其他地区增加较慢(Jia *et al.*, 2016)。中国不仅成为全球干沉降通量最高的地区,而且是近 10 年干沉降增加最快的地区,可以说是目前全球氮沉降最热点的地区。造成中国地区持续的高氮沉降的原因是 NO_x 和 NH_3的高排放(Jia *et al.*, 2016)。

③ 大气氮沉降对中国草地和森林温室气体排放的影响及作用机制。陆地生态系统土壤是大气 CO_2、CH_4和 N_2O 的源和汇,易受到大气氮沉降等外源性氮素输入的影响,显著影响区域和全球陆地生态系统碳平衡(Liu & Greaver, 2010)。以中国东部南北样带(NSTEC)四种地带性老龄林为研究对象,系统阐述了多种环境因子对土壤 CO_2排放和 CH_4吸收的影响,发现自然状态下土壤 NO_3^- 和 NH_4^+ 分别对森林土壤 CO_2和 CH_4交换通量具有正、负调节作用,该研究为地下碳氮耦合循环联网研究提供了新的范式(Fang *et al.*, 2010)。氧化性 NO_3^- 和还原性 NH_4^+ 输入对土壤碳氮气体交换通量影响截然不同,铵态氮对土壤碳氮气体通量的促进或抑制作用较硝态氮更强(Jiang *et al.*, 2010;Fang *et al.*, 2012;Wang *et al.*, 2014)。而且,土壤的碳氮温室气体通量对施氮剂量的响应呈现非线性,低剂量施氮抑制了土壤 CO_2和 N_2O 排放,促进了土壤 CH_4吸收,而中、高剂量氮输入的效应正好相反,取决于生态系统“氮饱和”阶段特征,包括三个演变阶段(Fang *et al.*,

2012,2014; Xu *et al.*, 2014)。就环境驱动机制而言,南方与北方森林土壤碳氮气体通量对增氮响应的驱动机制不尽相同,南方森林主要受 NO_3^- 调控,而北方森林受水分、NO_3^- 含量共同驱动(Li *et al.*, 2015)。土壤 CO_2 排放的微生物学机制研究发现,北方森林土壤微生物群落主要利用高能量基质,而亚热带森林微生物对各种底物等效利用,微生物资源利用策略的差异支配着异氧呼吸(Rh)的空间格局,而站点尺度自养呼吸(Ra)与 Rh 对增氮的响应相反,两者之间的权衡关系决定了土壤 CO_2 排放对增氮响应的年际变异(Fang *et al.*, 2014; Wang *et al.*, 2015b)。此外,施氮增加氨氧化古菌(AOA)群落丰度,不改变氨氧化细菌(AOB)活性;AOA 丰度与 CH_4 吸收负相关,与 N_2O 排放正相关,氨氧化菌群落结构变化能够很好地解释 CH_4 吸收和 N_2O 排放之间的消长作用(Wang *et al.*, 2016)。基于上述研究系统论述了土壤 CO_2、CH_4 和 N_2O 通量的耦合关系在不同时间尺度上表现形式不同(协同、消长、随机),受生态系统类型、气候条件、氮素有效性的影响,微生物功能群结构动态为三种气体通量的权衡(trade off)关系提供了机理性解释,为降低"氮促碳汇"评估的不确定性提供了理论依据(方华军等,2014,2015)。

④ 中国区域陆地河流的碳氮迁移通量及对近海碳循环的影响。陆地河流是连接陆地生态系统与海洋生态系统 C-N-H_2O 交换的核心纽带,河流 C-N-H_2O 迁移通量观测对于陆地生态系统的 C、N 生物地球化学过程及其水平尺度耦合研究具有重要意义(Gao *et al.*, 2013)。有研究认为,中国陆地生态系统的河流向近海年输入径流量和泥沙量分别达到 $1.49\times10^{12}\ m^3\cdot a^{-1}$ 和 $4.27\times10^9\ t\cdot a^{-1}$,其中渤海年泥沙输入量可达 $2.06\times10^9 t\cdot a^{-1}$,所占比重最大(中华人民共和国水利部,2012)。基于主要河流的径流及含碳量的整合分析发现,我国陆地生态系统河流每年向近海输送 64.35 Tg $C\cdot a^{-1}$,其中黄河、长江和珠江贡献了 76.9% 的 C 输送。黄河和长江的年输出量分别为 21.71 Tg $C\cdot a^{-1}$ 和 16.3 Tg $C\cdot a^{-1}$,分别占到总河流输出的 33.7% 和 25.3%(朱先进等,2012; Gao *et al.*,2015)。

对于我国河流的 N 输出及其对近海 C 循环过程的影响,虽然国内外已开展了相关的工作(Doney *et al.*, 2007),但从河流-海洋尺度通过分析 C、N 迁移通量,阐明生态系统 C、N 耦合关系研究工作尚未开展。利用水体中 C/N 反应比率方程,评估了河流 N 输出对水体 C 循环的影响(Gao *et al.*, 2015a)。结果表明,我国河流每年向近海输送的 N 主要以 NO_3^- 为主,每年 N 净输出量约 $12\times10^8\sim15\times10^8$ kg $N\cdot a^{-1}$,占到河流总养分输出的 80% (Gao *et al.*, 2015a)。进而根据以下的碳-氮化学反应方程

$$106CO_2 + 16NO_3^- + 138H_2O \rightarrow \text{有机物} + 16OH^- + 138O_2 \qquad (17.1)$$

$$106CO_2 + 16NH_4^+ + 106H_2O \rightarrow \text{有机物} + 16\,OH^- + 106O_2 \qquad (17.2)$$

初步评估得到中国陆地生态系统 N 迁移通量可影响水-气界面 11%左右的无机 C 交换(Gao *et al.*, 2015a)。未来对于中国陆地生态 C-N-H_2O 耦合循环的研究,需要加强流域或区域尺度的 C-N-H_2O水平输出通量的监测,加强外源性 N、P 输出的观测有利于正确评估中国陆地生态系统 C 收支,阐明河流在陆地生态系统 C-N-H_2O 耦合循环的作用。

(6) 中国区域的陆地生态系统碳收支及碳汇功能的空间格局

通过对以往各种研究结果整合分析得知,中国陆地生态系统 0~1 m 土壤有机碳和无机碳储量分别为 93.9 Pg C 和 61.2 Pg C (1 Pg = 10^{15}g = 10 亿 t),陆地植被碳储量约为 14.9 Pg C,其中森林植被 7.8 Pg C、草地植被 2.1 Pg C、灌丛植被 3.4 Pg C、农田植被 0.95 Pg C、荒漠植被 0.49 Pg C、湿地植被 0.25 Pg C。进而分析得出,我国陆地生态系统 GPP 约为 5.56 Pg $C\cdot a^{-1}$,NPP 约为 2.84 Pg $C\cdot a^{-1}$,土壤呼吸约为 3.95 Pg $C\cdot a^{-1}$,NEP 约为 0.21 Pg $C\cdot a^{-1}$(于贵瑞等, 2013)。

从 20 世纪 80 年代以来,森林覆被率由 20 世纪 80 年代的 13.92%,增加到了 2010 年的 20.36%;随着我国大面积人工林(或低龄林)的逐步成长,森林将具有巨大的固碳潜力(Liu *et al.*, 2014b)。在森林演替至成熟林情景下,中国森林生态系统植被固碳潜力约为 10.81 Pg C、土壤固碳潜力约为 5.01 Pg C (Liu *et al.*, 2014b;Wen *et al.*, 2016);基于植物生长曲线和林龄构建的模型,预计 2010—2050 年森林植被的理论固速率平均约为 0.34 Pg $C\cdot a^{-1}$。

基于年均气温和年总降水量对 GPP、RE、NEP 和土壤呼吸(RS)空间格局的调控机制认识(Yu *et al.*, 2013),首次建立了中国区域 GPP、RE、NEP 和

RS 的生物地理学统计模式（Yu *et al.*, 2010; Zhu *et al.*, 2014），量化了中国陆地生态系统碳收支通量的强度及空间分布。评估结果表明，2001—2010 年期间，中国区域气候潜在的 GPP、NEP、RE 和 RS 分别为 7.78、1.71、6.05 和 3.96 Pg C·a^{-1}，分别占全球总量的 4.45% ~ 7.04%、8.14% ~ 11.40%、5.87% ~ 6.30%和4.93%（Yu *et al.*, 2010; Zhu *et al.*, 2014）。

此外，把我国的陆地区域整体假设为一个大尺度的生物-社会群区生态系统，构建了采用多源数据整合分析技术和方法的中国陆地生态系统的碳汇强度评估体系（朱先进等，2014，Wang *et al.*, 2015），为评估区域陆地生态系统的碳汇提供了一条新的途径。评估结果认为，我国陆地区域可以形成 0.41±0.12 Pg C·a^{-1}的碳汇总量。人为干扰引起的碳排放可以达到整个生态系统 NEP 的 42.65%，说明加强生态系统过程管理，减少人为活动的碳排放，增加已经固定的有机碳在大尺度生物-社会群区生态系统的滞留时间也是增加陆地碳吸收，减缓气候变化的重要措施之一（Wang *et al.*, 2015）。

17.5 全球通量观测研究网络的新使命及 ChinaFLUX 的发展展望

17.5.1 全球尺度通量观测研究网络的历史使命

生态学作为研究生物与环境的相互关系，探讨生态系统和生物圈变化机制、可持续利用和管理的基础科学，其基本任务是发现生态现象、认识生态规律、揭示生态过程机理、定量评估和预测生态功能变化，解决人类社会发展重大生态问题（Yu *et al.*, 2017）。全球气候变化、粮食安全、清洁水安全、生物多样性丧失和生态系统服务退化等全球范围内的重大问题日益严重，为生态学研究带来了巨大压力，也为生态学进入新的发展时代提供了机遇。如何将生态学研究尽早地推进到大尺度、定量化、可预测和可预警的新时代，不仅成为生态学自身发展的迫切愿望，也是区域和全球可持续发展的迫切需求，更是社会公众的殷切期待（Yu *et al.*, 2017）。然而，实现这一愿望的根本性制约因素则是缺乏可以直接观测生态系统结构和功能变化的实用技术，还缺乏足够时间长度和空间代表性的生态系统尺度的科学观测数据。

生态系统的通量观测技术的发明正是生态观测的一次重大技术革命，它可以实现对生态系统尺度的生产力、能量平衡和温室气体交换等功能和过程的直接测定，全球尺度的通量观测网络的建设和发展有可能是我们实现将生态学研究从生态现象观察和生态要素观测跨越到对全球不同区域、不同类型的生态系统功能状态变化监测的重大突破（Yu *et al.*, 2017）。气象观测事业经过了几百年的努力才逐步实现了由单个气象要素的人工观测，走向了多要素的自动化协同观测、区域性的高空-卫星-雷达联合观测和涵盖全球的地面观测-航空观测-卫星遥感的立体观测体系，诞生了现代的气象预报事业和气候预测，建立了全球气候变化科学的理论和应用技术体系（Yu *et al.*, 2017）。

回顾全球气象观测事业的发展历史及其科技贡献，为重新认识全球尺度通量观测事业的科学使命提供了重要借鉴和启示，这就是一个定量化、可预测和可预报科学的诞生与发展必须依靠观测技术的科技进步和基础性科学数据的长期积累。生态学家也期望以全球尺度的通量观测网络为基础，建立起涵盖全球的生态系的结构和功能的地面观测-航空观测-卫星遥感观测的网络体系，来推动生态观测事业从生态要素观测向生态系统功能监测跨越的重大革命。我们可以认为"走气象观测研究事业发展之路，奠定生态预测科学的数据基础"正是全球尺度通量观测研究事业新的历史使命（Yu *et al.*, 2017），这也是实现生态学研究从基础理论探索走向直接服务全球可持续发展的定量评估、科学预测、情景预估和生态安全预警重大转变的有效途径。

17.5.2 ChinaFLUX 的发展展望

全球尺度通量观测的独特优势和潜在价值以及对社会可持续发展的科学贡献依然没有被科技界、公众和政府所充分认识，这导致了推动全球通量观测网络的标准化建设、观测行动以及数据资源共享等事业的发展仍然步履艰难。现在我们需要重新认识全球尺度通量观测事业的科学使命，建立起未来 50~100 年的生态观测事业的发展路线图，逐步实现直接面向全球可持续发展的定量评估、科学预测、情景预估和生态安全预警的生态学发展目标积累有效的科学数据（Yu *et al.*, 2017）。

（1）ChinaFLUX 发展的科学目标

借鉴国家气象观测事业发展的经验，有效组织和开展涵盖我国区域的生态系统、自然景观、重要区域的生态系统通量观测，推动生态系统观测的自动化、立体化、标准化，发展生态观测卫星系统，改进和优化生态系统模型体系。具体包括：

- 获取多源、精密、实时、连续的生态系统碳-氮-水循环及相关环境要素的观测和实验数据，实现由站点到区域和全国的跨尺度数据融合，成为国家资源环境领域科学数据生产基地；
- 全方位、深层次地认知生态系统碳-氮-水循环的过程机理、生物控制机制、优化调控和适应技术原理，成为国家生态建设和环境治理技术和模式的实验基地；
- 综合评估对人类活动和气候变化的生态系统的影响，预测陆地生态系统服务功能、环境承载能力、气候调节功能、环境缓冲和净化功能的演变，成为生态服务供给安全、生态环境安全的综合分析、预测和预警的服务中心。

（2）ChinaFLUX 未来发展重点

- 根据陆地生态系统空间多样性和分布规律，形成集生态系统碳氮水循环协同观测、控制实验、生态系统模拟与预测一体化、分布式的科学设施，以及生态系统研究创新集群和人才培养高地；
- 实现从单一的观测/实验/模拟研究向跨学科交叉与系统研究的跨越式转变，有效提升我国陆地生态系统观测和实验水平，提升解决气候变化领域重大科学问题的基础能力，更好地服务于应对全球变化的国家科技需求；
- 形成国家尺度的天-地-空一体化、观测-实验-模拟三位一体、多过程-多要素-多尺度协同观测，覆盖全国不同生态区的分布式、网络化观测和实验科学设施，实现国家尺度的联网观测、联网实验、模拟与预测，打造成为国际领先的生态系统观测实验研究平台。

参考文献

方华军，程淑兰，于贵瑞等. 2014. 大气氮沉降对森林土壤甲烷吸收和氧化亚氮排放的影响及其微生物学机制. 生态学报，34：4799~4806

方华军，程淑兰，于贵瑞等. 2015. 森林土壤氧化亚氮排放对大气氮沉降增加的响应研究进展. 土壤学报，52：262~271

顾峰雪，于贵瑞，温学发等. 2008. 干旱对亚热带人工针叶林碳交换的影响. 植物生态学报，32：1041~1051

郝彦宾，王艳芬，崔骁勇. 2010. 干旱胁迫降低了内蒙古羊草草原的碳累积. 植物生态学报，34：898~906

何洪林，张黎，黎建辉等. 2012. 中国陆地生态系统碳收支集成研究的 e-Science 系统构建. 地球科学进展，27：246~254

贾丙瑞，周广胜，蒋延玲等. 2013. 寒温针叶林土壤呼吸作用的时空特征. 生态学报，33：7516~7524

李春，何洪林，刘敏等. 2008. ChinaFLUX CO_2 通量数据处理系统与应用. 地球信息科学，10：557~565

刘敏，何洪林，于贵瑞等. 2010. 数据处理方法不确定性对 CO_2 通量组分估算的影响. 应用生态学报，21：2389~2396

米娜，于贵瑞，王盘兴等. 2007. 基于 EALCO 模型对中亚热带人工针叶林 CO_2 通量季节变异的模拟. 植物生态学报，31：1119~1131

任小丽，何洪林，刘敏等. 2012. 基于模型数据融合的千烟洲亚热带人工林碳水通量模拟. 生态学报，32：7313~7326

盛文萍，于贵瑞，方华军等. 2010. 大气氮沉降通量观测方法. 生态学报，29：1671~1678

姚玉刚，张一平，于贵瑞等. 2011. 热带森林植被冠层 CO_2 储存项的估算方法研究. 北京林业大学学报，33：23~29

姚玉刚，张一平，于贵瑞等. 2012. 热带季节雨林近地层 CO_2 堆积的气象条件分析. 应用基础与工程科学学报，20：36~45

于贵瑞，方华军，伏玉玲等. 2011. 区域尺度陆地生态系统碳收支及其循环过程研究进展. 生态学报，31(19)：5449~5459

于贵瑞，高扬，王秋凤等. 2013. 陆地生态系统碳-氮-水循环的关键耦合过程及其生物调控机制探讨. 中国生态农业学报，21(1)：1~13

于贵瑞，何念鹏，王秋凤. 2013. 中国区域生态系统碳收支及碳汇功能——理论基础与综合评估. 北京：科学出版社：1~321

于贵瑞，孙晓敏等. 2006.陆地生态系统通量观测的原理与方法. 北京：高等教育出版社：1~508

于贵瑞，孙晓敏. 2008.中国陆地生态系统碳通量观测技术及时空变化特征. 北京：科学出版社：1~676

于贵瑞，王秋凤，刘迎春等. 2011. 区域尺度陆地生态系统固碳速率和增汇潜力概念框架及其定量认证科学基础. 地理科学进展，30(7)：771~787

于贵瑞，王秋凤，朱先进. 2011. 区域尺度陆地生态系统碳收支评估方法及其不确定性. 地理科学进展，30(1)：103~113

于贵瑞，张雷明，孙晓敏. 2014. 中国陆地生态系统通量观测

研究网络(ChinaFLUX)的主要进展及发展展望. 地理科学进展,33: 903~917

张黎，于贵瑞，Luo Yiqi 等. 2009. 基于模型数据融合的长白山阔叶红松林碳循环模拟. 植物生态学报，33: 1044~1055

张弥，温学发，于贵瑞等. 2010. 二氧化碳储存通量对森林生态系统碳收支的影响. 应用生态学报，21: 1201~1209

张弥，于贵瑞，张雷明等. 2009. 太阳辐射对长白山阔叶红松林净生态系统碳交换的影响. 植物生态学报，33: 270~282

中华人民共和国水利部. 2012. 中国河流泥沙公报 2012. 北京:中国水利水电出版社:1~63

朱先进，王秋凤，郑涵等. 2014. 2001~2010 年中国陆地生态系统农林产品利用的碳消耗的时空变异研究. 第四纪研究，34: 762~768.

朱先进，于贵瑞，高艳妮等. 2012. 中国河流入海颗粒态碳通量及其变化特征. 地理科学进展，31:118~22

朱治林，孙晓敏，于贵瑞等. 典型森林生态系统总辐射和光合有效辐射长期观测中的仪器性能衰变和数据校正. 应用生态学报，22: 2954~2962

Baldocchi D. 2008. Breathing of the terrestrial biosphere: Lessons learned from a global network of carbon dioxide flux measurement systems. *Australian Journal of Botany*, 56: 1~26

Baldocchi D D. 2014. Measuring fluxes of trace gases and energy between ecosystems and the atmosphere—The state and future of the eddy covariance method. *Global Change Biology*, 20: 3600~3609

Baldocchi D, Falge E, Gu LH, *et al*. 2001.FLUXNET: A new tool to study the temporal and spatial variability of ecosystem-scale carbon dioxide, water vapor, and energy flux densities. *Bulletin of the American Meteorological Society*, 82 (11): 2415~2434

Cao M K, Yu G R, Liu J Y, *et al*. 2005. Multi-scale observation and cross-scale mechanistic modeling on terrestrial ecosystem carbon cycle. *Science in China Series D*, 48(Supp.I): 17~32

Chen Z, Yu G R, Ge J P, *et al*. 2013. Temperature and precipitation control of the spatial variation of terrestrial ecosystem carbon exchange in the Asian region. *Agricultural and Forest Meteorology*, 182: 266~276

Chen Z, Yu G, Ge J, *et al*. 2015. Roles of Climate, Vegetation and soil in regulating the spatial variations in ecosystem carbon dioxide fluxes in the northern hemisphere. *PLoS ONE*, 10: e0125265

Chen Z, Yu G, Zhu X, *et al*. 2015.Covariation between gross primary production and ecosystem respiration across space and the underlying mechanisms: A global synthesis. *Agricultural and Forest Meteorology*, 203:180~90

Doney S C, Mahowald N, Lima I, *et al*. 2007. Impact of anthropogenic atmospheric nitrogen and sulfur deposition on ocean acidification and the inorganic carbon system. *Proceeding of the National Academy of Sciences of the United States of America*, 104: 14580~14585

Fan Y Z, Zhang X Z, Wang J S, *et al*. 2011.Effect of solar radiation on net ecosystem CO_2 exchange of alpine meadow on the Tibetan Plateau. *Journal of Geographical Sciences*, 21(4): 666~676

Fang H, Cheng S, Yu G, *et al*. 2012. Responses of CO_2 efflux from an alpine meadow soil on the Qinghai Tibetan Plateau to multi-form and low-level N addition. *Plant and Soil*, 351: 177~190

Fang H, Yu G, Cheng S, *et al*. 2010. Effects of multiple environmental factors on CO_2 emission and CH_4 uptake from old-growth forest soils. *Biogeosciences*, 7: 395~407

Fang H J, Cheng S L, Yu G R, *et al*. 2014. Low-level nitrogen deposition significantly inhibits methane uptake from an alpine meadow soil on the Qinghai-Tibetan Plateau. *Geoderma*, 213: 444~452

Fu Y L, Yu G R, Sun X M, *et al*. 2006. Depression of net ecosystem CO_2 exchange in semi-arid *Leymus chinensis* steppe and alpine shrub. *Agricultural and Forest Meteorology*, 137: 234~244

Fu Y L, Zheng Z M, Yu G R, *et al*. 2009. Environmental influences on carbon dioxide fluxes over three grassland ecosystems in China. *Biogeosciences*, 6: 2879~2893

Gao Y, He N P, Yu G R, *et al*. 2015. Impact of external nitrogen and phosphorus input between 2006 and 2010 on carbon cycle in China seas. *Regional Environmental Change*, 15: 631~641

Gao Y, Yu G R, He N P, *et al*. 2012. Is there an existing healthy threshold for carbon storage in the ecosystem? *Environmental Science and Technology*, 46: 4687~4688

Gao Y, Yu G R, He N P. 2013. Equilibration of the terrestrial water, nitrogen, and carbon cycles: advocating a health threshold for carbon storage. *Ecological Engineering*, 57: 366~374

Gao Y N, Yu G R, Li S G, *et al*. 2015. A remote sensing model to estimate ecosystem respiration in Northern China and the Tibetan Plateau.*Ecological Modelling*, 304:34~43

Gao Y N, Yu G R, Yan H M, *et al*. 2014.A MODIS-based photosynthetic capacity model to estimate gross primary production in Northern China and the Tibetan Plateau. *Remote Sensing of Environment*, 148: 108~118

Gao Y, Zhu X J, Yu G R, *et al*. 2014. Water use efficiency threshold for terrestrial ecosystem carbon sequestration in China under afforestation. *Agricultural and Forest Meteorology*, 195-196: 32~37

Gu F, Zhang Y, Huang M, *et al*. 2015. Nitrogen deposition and its effect on carbon storage in Chinese forests during 1981－2010. *Atmospheric Environment*, 123:171～179

Gu F X, Zhang Y D, Tao B, *et al.* 2010. Modeling the effects of nitrogen deposition on carbon budget in two temperate forests. *Ecological Complexity*, 7: 139～148

Guan D X, Wu J B, Zhao X S, *et al.* 2006. CO_2 flux over an old, temperate mixed forest in Northeastern China. *Agricultural and Forest Meteorology*, 137:138～149

Han S J, Lin L S, Yu G R, *et al.* 2003. Dynamics of profiles and storage of carbon dioxide in broadleaved/Korean forest in Changbai Mountain. *Journal of Forestry Research*, 14: 275～279

Hao Y B, Kang X M, Wu X, *et al.* 2013. Is frequency or amount of precipitation more important in controlling CO_2 fluxes in the 30-year-old fenced and the moderately grazed temperate steppe? *Agriculture, Ecosystems and Environment*, 171: 63～71

Hao Y B, Niu H S, Wang Y F, *et al.* 2011. Rainfall variability in ecosystem CO_2 fluxes studies. *Climate research*, 46: 77～83

Hao Y B, Wang Y F, Mei X R, *et al.* 2010. The response of ecosystem CO_2 exchange to small precipitation pulses over a temperate steppe. *Plant Ecology*, 209:335～347

He H, Liu M, Xiao X, *et al.* 2014. Large-scale estimation and uncertainty analysis of gross primary production in Tibetan alpine grasslands. *Journal of Geophysical Research: Biogeosciences*, 119: 466～486

He H L, Liu M, Sun X M, *et al.* 2010. Uncertainty analysis of eddy flux measurements in typical ecosystems of ChinaFLUX. *Ecological Informatics*, 5: 492～502

He H L, Yu G R, Zhang L M, *et al.* 2006. Simulating CO_2 flux of three different ecosystems in ChinaFLUX based on artificial neural networks. *Science in China Series D*, 49 (Supp. II): 252～261

Hu Z M, Li S G, Yu G R, 2013. Modeling evapotranspiration by combing a two-source model, a leaf stomatal model, and a light-use efficiency model. *Journal of Hydrology*, 501: 186～192

Hu Z M, Wen X, Sun X, *et al.* 2014. Partitioning of evapotranspiration through oxygen isotopic measurements of water pools and fluxes in a temperate grassland. *Journal of Geophysical Research: Biogeosciences*, 119(3): 358～372

Hu Z M, Yu G R, Fu Y L, *et al.* 2008. Effects of vegetation control on ecosystem water use efficiency within and among four grassland ecosystems in China. *Global Change Biology*, 14: 1609～1619

Hu Z M, Yu G R, Zhou Y L, *et al.* 2009. Partitioning of evapotranspiration and its controls in four grassland ecosystems: Application of a two-source model. *Agricultural and Forest Meteorology*, 149: 1410～1420

Huang M, Ji J J, Deng F, *et al.* 2014. Impacts of extreme precipitation on tree plantation carbon cycle. *Theoretical and Applied Climatology*, 115: 655～665

Huang L J, Wen X F. 2014. Temporal variations of atmospheric water vapor delta D and delta O-18 above an arid artificial oasis cropland in the Heihe River Basin. *Journal of Geophysical Research-Atmospheres*, 119:11456～11476

Ji J J, Huang M, Li K R. 2008. Prediction of carbon exchanges between China terrestrial ecosystem and atmosphere in 21st century. *Science in China (Series D), Earth Sciences*, 51: 885～898

Jia Y L, Yu G R, Gao Y N, *et al.* 2016. Global inorganic nitrogen dry deposition inferred from ground- and space-based measurements. *Scientific Reports*, 6:19810

Jia Y L, Yu G R, He N P, *et al.* 2014. Spatial and decadal variations in inorganic nitrogen wet deposition in China induced by human activity. *Scientific Reports*, 4: 3763

Jiang C, Yu G, Fang H, *et al.* 2010. Short-term effect of increasing nitrogen deposition on CO_2, CH_4 and N_2O fluxes in an alpine meadow on the Qinghai-Tibetan Plateau, China. *Atmospheric Environment*, 44:2920～2926

Ju W M, Wang S Q, Yu G R, *et al.* 2010. Modeling the impact of drought on canopy carbon and water fluxes for a subtropical evergreen coniferous plantation in southern China through parameter optimization using an ensemble Kalman filter. *Biogeosciences*, 7:845～857

Le Quéré C, Andres R J, Boden T, *et al.* 2012. The global carbon budget 1959－2011. *Earth System Science Data*, 5: 165～185

Li J, Yu Q, Sun X M, *et al.* 2006. Carbon dioxide exchange and the mechanism of environmental control in a farmland ecosystem in North China Plain: *Science in China (Series D)* Earth Science, 49(Supp-II): 226～240

Li X, Liang S, Yuan W, *et al.* 2014 Estimation of evapotranspiration over the terrestrial ecosystems in China. *Ecohydrology*, 7: 139～149

Li X, Cheng S, Fang H, *et al.* 2015. The contrasting effects of deposited NH_4^+ and NO_3^- on soil CO_2, CH_4 and N_2O fluxes in a subtropical plantation, southern China. *Ecological Engineering*, 85: 317～327

Li Y N, Sun X M, Zhao X Q, *et al.* 2006. Seasonal variations and mechanism for environmental control of NEE of CO_2 concerning the *Potentilla fruticosa* in alpine shrub meadow of Qinghai-Tibet Plateau. *Science in China (Series D)*, 49 (Supp. II): 174～185

Li Z, Yu G, Wen X, *et al.* 2005. Energy balance closure at ChinaFLUX sites. *Science in China (Series D), Earth*

Sciences, 48(Supp.I):51~62

Li Z Q, Yu G R, Xiao X M, *et al.* 2007.Modeling gross primary production of alpine ecosystems in the Tibetan Plateau using MODIS images and climate data. *Remote Sensing Environment*, 107: 510~519

Li Z, Zhang Y, Wang S, *et al.* 2010. Evapotranspiration of a tropical rain forest in Xishuangbanna, southwest China.*Hydrological Processes*, 24: 2405~2416

Liu L, Greaver T. 2010. A global perspective on belowground carbon dynamics under nitrogen enrichment. *Ecology Letters*, 13: 819~828

Liu M, He H L, Ren X L *et al.* 2015.The effects of constraining variables on parameter optimization in carbon and water flux modeling over different forest ecosystems. *Ecological Modelling*, 303:30~41

Liu M, He H L, Yu G R, *et al.* 2009. Uncertainty analysis of CO_2 flux components in subtropical evergreen coniferous plantation. *Science in China (Series D), Earth Sciences*, 52: 257~268

Liu M, He H L, Yu G R, *et al.* 2012. Uncertainty analysis in data processing on the estimation of net carbon exchanges at different forest ecosystems in China. *Journal of Forest Research*, 17: 312~322

Liu Y C, Yu G R, Wang Q F, *et al.* 2014a. How temperature precipitation and stand age control the biomass carbon density of global mature forests. *Global Ecology and Biogeography*, 23: 323~333

Liu Y C, Yu G R, Wang Q F, *et al.* 2014b. Carbon carry capacity and carbon sequestration potential in China based on an integrated analysis of mature forest biomass.*Science China: Life Sciences*, 57: 1218~1229

Liu Y F, Yu G R, Wen X F, *et al.* 2006.Seasonal dynamics of CO_2 fluxes from subtropical plantation coniferous ecosystem. *Science in China (Series D), Earth Science*, 49(Supp. II): 99~109

Mi N, Yu G R, Wang P X, *et al.*2006. A preliminary study for spatial representiveness of flux observation at ChinaFLUX sites. *Science in China(Series D), Earth Science*, 49(Supp. II): 24~35

Mi N, Yu G R, Wen X F, *et al.* 2009. Use of ecosystem flux data and a simulation model to examine seasonal drought effects on a subtropical coniferous forest. *Asia-Pacific Journal of Atmospheric Sciences*, 45: 207~220

Pang J P, Wen X F, Sun X M. 2016. Mixing ratio and carbon isotopic composition investigation of atmospheric CO_2 in Beijing, China. *Sciences of the Total Environment*, 539: 322~330

Ren C Y, Yu G R, Wang Q F, *et al.* 2005. Photosynthesis-transpiration coupling model at canopy scale in terrestrial ecosystem. *Science in China (Series D), Earth Science*, 48(Supp. I):160~171

Ren X, He H, Moore D J P, *et al.* 2013. Uncertainty analysis of modeled carbon and water fluxes in a subtropical coniferous plantation. *Journal of Geophysical Research: Biogeosciences*, 118:1674~88

Sheng W P, Yu G R, Fang H J, *et al.* 2014a. Regional pattern of ^{15}N natural abundance in the forest ecosystems along a large transect in eastern China. *Scientific Reports*,4(4): 4249

Sheng W P, Yu G R, Fang H J, *et al.* 2014b.Sinks for inorganic nitrogen deposition in forest ecosystems with low and high nitrogen deposition in China. *PLoS ONE*, 9: e89322

Sheng W P, Yu G R, Jiang C M, *et al.* 2012. Monitoring nitrogen deposition in typical forest ecosystems along a large transect in China. *Environmental Monitoring and Assessment*, 185: 833~844

Shi P L, Sun X M, Xu L L, *et al.* 2006.Net ecosystem CO_2 exchange and controlling factors in a steppe-Kobresia meadow on the Tibetan Plateau. *Science in China (Series D), Earth Science*, 49(Supp. II): 207~218

Song Q H, Tan Z H, Zhang Y P, *et al.* 2013. Spatial heterogeneity of soil respiration in a seasonal rainforest with complex terrain. *iForest-Biogeosciences and Forestry*, 6: 65~72

Song X, Yu G R, Liu Y F, *et al.* 2005.Comparison of flux measurement by open-path and close-path eddy covariance systems. *Science in China (Series D), Earth Science*, 48(Supp.I): 74~84

Sun X M, Zhu Z L, Wen X F, *et al.* 2006.The impact of averaging period on eddy fluxes observed at ChinaFLUX sites. *Agricultural and Forest Meteorology*, 137: 188~193

Tan Z H, Zhang Y P, Liang N S, *et al.* 2012. An observational study of the carbon~sink strength of East Asian subtropical evergreen forests. *Environmental Research Letters*, 7: 044017

Tan Z H, Zhang Y P, Liang N S, *et al.* 2013. Soil respiration in an old-growth subtropical forest: Patterns, components, and controls. *Journal of Geophysical Research-Atmospheres*, 118: 2981~2990

Tan Z H, Zhang Y P, Song Q H, *et al.* 2011. Rubber plantations act as water pumps in tropical China. *Geophysical Research Letters*, 38: 24406

Tan Z H, Zhang Y P, Yu G R, *et al.* 2010.Carbon balance of a primary tropical seasonal rain forest. *Journal of Geophysical Research*, 115: 411~454

Tang Y K, Wen X F, Sun X M, *et al.* 2014. The limiting effect of deep soil water on evapotranspiration of a subtropical coniferous plantation subjected to seasonal drought. *Advances in Atmospheric Sciences*, 31: 385~395

Wang K, Dickinson R E. 2012. A review of global terrestrial evapotranspiration: Observation, modeling, climatology, and climatic variability. *Reviews of Geophysics*, 50: RG2005

Wang Q F, Niu D, Yu G R, *et al.* 2005. Simulating the exchanges of carbon dioxide, water vapor and heat over Changbai Mountains temperate broad-leaved Korean pine mixed forest ecosystem. *Science in China (Series D), Earth Science*, 48 (Supp.I): 148~159

Wang Q F, Zheng H, Zhu X J, *et al.* 2015 Primary estimation of Chinese terrestrial carbon sequestration during 2001-2010. *Science Bulletin*, 60: 577~590

Wang S Q, Chen J M, Ju W M, *et al.* 2007. Carbon sinks and sources in China's forests during 1901-2001. *Journal of Environmental Management*, 85: 524~537

Wang Y, Cheng S, Fang H, *et al.* 2014. Simulated nitrogen deposition reduces CH_4 uptake and increases N_2O emission from a subtropical plantation forest soil in southern China. *PLoS ONE*, 9: e93571

Wang Y, Cheng S, Fang H, *et al.* 2016. Significant regulations of ammonia-oxidizing communities to methane uptake and nitrous oxide emission from the subtropical plantation soil under nitrogen enrichment. *European Journal of Soil Biology*, 73: 84~92.

Wang Y D, Li Q K, Wang H M, *et al.* 2011. Precipitation frequency controls interannual variation of soil respiration by affecting soil moisture in a subtropical forest plantation. *Canadian Journal of Forest Research*, 41: 1897~1906

Wang Y F, Cui X Y, Hao Y B, *et al.* 2011. The fluxes of CO_2 from grazed and fenced temperate steppe during two drought years. *Science of the Total Environment*, 410-411: 182~190

Wang Y S, Cheng S L, Fang H J, *et al.* 2015. Contrasting effects of ammonium and nitrate inputs on soil CO_2 emission in a subtropical coniferous plantation of southern China. *Biology and Fertility of Soils*, 51: 815~825

Wen D, He N P. 2016. Forest carbon storage along the north-south transect of eastern China: Spatial patterns, allocation, and influencing factors. *Ecological Indicators*, 61: 960~967

Wen X F, Lee X H, Sun X M, *et al.* 2012. Dew water isotopic ratios and their relationships to ecosystem water pools and fluxes in a cropland and a grassland in China. *Oecologia*, 168: 549~561

Wen X F, Meng Y, Zhang X Y, *et al.* 2013. Evaluating calibration strategies for isotope ratio infrared spectroscopy for atmospheric (CO_2) - C - 13/(CO_2) - C - 12 measurement. *Atmospheric Measurement Techniques*, 6:1491~1501

Wen X F, Sun X M, Zhang S C, *et al.* 2008. Continuous measurement of water vapor D/H and $^{18}O/^{16}O$ isotope ratios in the atmosphere. *Journal of Hydrology*, 349:489~500

Wen X F, Wang H M, Wang J L, *et al.* 2010. Ecosystem carbon exchanges of a subtropical evergreen coniferous plantation subjected to seasonal drought, 2003-2007. *Biogeosciences*, 7: 357~369

Wen X F, Yang B, Sun X, *et al.* 2016. Evapotranspiration partitioning through in-situ oxygen isotope measurements in an oasis cropland. *Agricultural and Forest Meteorology*, 230:89~96

Wen X F, Yu G R, Sun X M, *et al.* 2005. Turbulence flux measurement above the overstory of a subtropical *Pinus* plantation over the hilly region in southeastern China. *Science in China (Series D), Earth Science*, 48(Supp.I): 63~73

Wen X F, Zhang S C, Sun X M, *et al.* 2010. Water vapor and precipitation isotope ratios under the influence of the Asian monsoon climate. *Journal of Geophysical Research-Atmospheres*, 115: D01103

Wu J B, Guan D X, Sun X M, *et al.* 2005. Eddy flux corrections for CO_2 exchange in broad-leaved Korean pine mixed forest of Changbai Mountains. *Science in China (Series D), Earth Science*, 48(S1): 106~115.

Wu W X, Wang S Q, Xiao X M, *et al.* 2008. Modeling gross primary production of a temperate grassland ecosystem in Inner Mongolia, China, using MODIS imagery and climate data. *Science in China(Series D), Earth Science*, 51(10): 1501~1512

Xu M, Cheng S, Fang H, *et al.* 2014. Low-level nitrogen addition promotes net methane uptake in a boreal forest across the Great Xing'an Mountain region, China. *Forest Science*, 60: 973~981.

Xu M J, Wen X F, Wang H M, *et al.* 2014. Effects of climatic factors and ecosystem responses on the inter-annual variability of evapotranspiration in a coniferous plantation in subtropical China. *PLoS ONE*, 9: e85593

Xu X, Li Q, Wang J, *et al.* 2014. Inorganic and organic nitrogen acquisition by a fern *Dicranopteris dichotoma* in a subtropical forest in South China. *PLoS ONE*, 9: e90075

Yan J H, Liu X Z, Tang X L, *et al.* 2013. Substantial amounts of carbon are sequestered during dry periods in an old-growth subtropical forest in South China. *Journal of Forest Research*, 18: 21~30

Yan J H, Zhang Y P, Yu G R, *et al.* 2013. Seasonal and inter-annual variations in net ecosystem exchange of two old-growth forests in southern China. *Agricultural and Forest Meteorology*, 182: 257~265

Yan L M, Chen S P, Huang J H, *et al.* 2011a. Increasing water and nitrogen availability enhanced net ecosystem CO_2 assimilation of a temperate semiarid steppe. *Plant and Soil*, 349: 227~240

Yan L M, Chen S P, Huang J H, *et al.* 2011b. Water regulated effects of photosynthetic substrate supply on soil respiration in a semiarid steppe. *Global Change Biology*, 17: 1990~2001

Yao Y G, Zhang Y P, Liang N S, *et al.* 2012. Pooling of CO_2 within a small valley in a tropical seasonal rain forest. *Journal of Forest Research*, 17: 241~252

Yu G R, Chen Z, Piao S L, *et al.* 2014. High carbon dioxide uptake by subtropical forest ecosystems in the East Asian monsoon region. *Proceedings of the National Academy of Sciences of the United States of America*, 111: 4910~4915

Yu G R, Chen Z, Zhang L M, *et al.* 2017. Recognizing the scientific mission of flux tower observation networks—Lay the solid scientific data foundation for solving ecological issues related to global change. *Journal of Resources and Ecology*, 8(2): 115~120

Yu G R, Song X, Wang Q F, *et al.* 2008. Water-use efficiency of forest ecosystems in eastern China and its relations to climatic variables. *New Phytologist*, 177: 927~937

Yu G R, Wen X F, Li Q K, *et al.* 2005. Seasonal patterns and environmental control of ecosystem respiration in subtropical and temperate forest in China. *Science in China (Series D), Earth Science*, 48(Supp.I): 93~105

Yu G R, Wen X F, Sun X M, *et al.* 2006. Overview of ChinaFLUX and evaluation of its eddy covariance measurement. *Agricultural and Forest Meteorology*, 137: 125~137

Yu G R, Zhang L M, Sun X M, *et al.* 2008. Environmental controls over carbon exchange of three forest ecosystems in eastern China. *Global Change Biology*, 14: 2555~2571

Yu G R, Zheng Z M, Wang Q F, *et al.* 2010. Spatiotemporal pattern of soil respiration of terrestrial ecosystems in China: the development of a geostatistical model and its simulation. *Environmental Science and Technology*, 44: 6074~6080

Yu G R, Zhu X J, Fu Y L, *et al.* 2013. Spatial patterns and climate drivers of carbon fluxes in terrestrial ecosystems of China. *Global Change Biology*, 19: 798~810

Yuan W P, Liu S G, Yu G R. 2010. Global estimates of evapotranspiration and gross primary production based on MODIS and global meteorology data. *Remote Sensing of Environment*, 114: 1416~1431

Zhan X Y, Yu G R, He N P, *et al.* 2014. Nitrogen deposition and its spatial pattern in main forest ecosystems along north-south transect of Eastern China. *Chinese Geographical Science*, 24: 137~146

Zhang H, Wen X F. 2015. Flux footprint climatology estimated by three analytical models over a subtropical coniferous plantation in Southeast China. *Journal of Meteorological Research*, 29: 654~666

Zhang J H, Han S J, Sun X M, *et al.* 2005. UU_* filtering of nighttime net ecosystem CO_2 exchange flux over forest canopy under strong wind in wintertime. *Science in China (Series D), Earth Science*, 48(S1): 85~92

Zhang J H, Han S J, Yu G R. 2006. Seasonal variation in carbon dioxide exchange over a 200-year-old Chinese broad-leaved Korean pine mixed forest. *Agriculture and Forest Meteorology*, 137: 150~165

Zhang L, Luo Y Q, Yu G Q, *et al.* 2010. Estimated carbon residence times in three forest ecosystems of Eastern China: Applications of probabilistic inversion. *Journal of Geophysical Research-Biogeosciences*, 115(G1): 137~147

Zhang L, Yu G R, Gu F X, *et al.* 2012. Uncertainty analysis of modeled carbon fluxes for a broad-leaved Korean pine mixed forest using a process-based ecosystem model. *Journal of Forest Research*, 17: 268~282

Zhang L M, Yu G R, Sun X M, *et al.* 2006b. Seasonal variation of carbon exchange of typical forest ecosystems along the eastern forest transect in China. *Science in China (Series D), Earth Science*, 49(Supp. II): 47~62

Zhang L M, Yu GR, Sun X M, *et al.* 2006a. Seasonal variations of ecosystem apparent quantum yield (α) and maximum photosynthesis rate (P_{max}) of different forest ecosystems in China. *Agricultural and Forest Meteorology*, 137: 176~187

Zhang M, Yu G R, Zhang L M, *et al.* 2010. Impact of cloudiness on net ecosystem exchange of carbon dioxide in different types of forest ecosystems in China. *Biogeosciences*, 7: 711~722

Zhang M, Yu G R, Zhuang J, *et al.* 2011. Effects of cloudiness change on net ecosystem exchange, light use efficiency, and water use efficiency in typical ecosystems of China. *Agricultural and Forest Meteorology*, 151: 803~816

Zhang S C, Sun X M, Wang J L, *et al.* 2011. Short-term variations of vapor isotope ratios reveal the influence of atmospheric processes. *Journal of Geographical Sciences*, 21: 401~416

Zhang W J, Wang H M, Yang F T, *et al.* 2011. Underestimated effects of low temperature during early growing season on carbon sequestration of a subtropical coniferous plantation. *Biogeosciences*, 8: 1667~1678

Zhang Y P, Tan Z H, Song Q H, *et al.* 2010. Respiration controls the unexpected seasonal pattern of carbon flux in an Asian tropical rain forest. *Atmospheric Environment*, 44: 3886~3893

Zhao F H, Yu G R, Li S G, *et al.* 2007. Canopy water use efficiency of winter wheat in the North China Plain. *Agricultural Water Management*, 93(3): 99~108.

Zhao L, Li Y N, Xu S X, *et al.* 2006. Diurnal, seasonal and annual variation in net ecosystem CO_2 exchange of an alpine shrubland on Qinghai-Tibetan plateau. *Global Change Biology*, 12: 1940~1953.

Zheng H, Wang Q, Zhu X, *et al.* 2014. Hysteresis responses of evapotranspiration to meteorological factors at a diel timescale: Patterns and causes. *PLoS ONE*, 9: e98857.

Zheng H, Yu G, Wang Q, *et al.*, 2016.Spatial variation in annual actual evapotranspiration of terrestrial ecosystems in China: Results from eddy covariance measurements. *Journal of Geographical Sciences*, 26(10): 1391~1411

Zheng X H, Mei B L, Wang Y H, *et al.* 2008. Quantification of N_2O fluxes from soil-plant systems may be biased by the applied gas chromatograph methodology. *Plant and Soil*, 311: 211~234

Zheng Z M, Yu G R, Fu Y L, *et al.* 2009. Temperature sensitivity of soil respiration is affected by prevailing climatic conditions and soil organic carbon content: A trans-China based case study. *Soil Biology & Biochemistry*, 41: 1531~1540

Zhou L, Zhou G S, Liu S H, *et al.* 2010. Seasonal contribution and interannual variation of evapotranspiration over a reed marsh (*Phragmites australis*) in Northeast China from 3-year eddy covariance data. *Hydrological Processes*, 24: 1039~1047

Zhu J X, He N P, Wang Q F, *et al.* 2015a. The composition, spatial patterns, and influencing factors of atmospheric nitrogen deposition in Chinese terrestrial ecosystems. *Sciences of Total Environment*, 511: 777~785

Zhu X J, Yu G R, He H L, *et al.* 2014. Geographical statistical assessments of carbon fluxes in terrestrial ecosystems of China: Results from upscaling network observations. *Global and Planetary Change*, 118: 52~61

Zhu X J, Yu G R, Hu Z M, *et al.* 2015. Spatiotemporal variations of T/ET (the ratio of transpiration to evapotranspiration) in three forests of Eastern China. *Ecological Indicators*, 52: 411~421

Zhu X J, Yu G R, Wang Q F, *et al.* 2014. Seasonal dynamics of water use efficiency of typical forest and grassland ecosystems in China. *Journal of Forest Research*, 19(1): 70~76

Zhu X J, Yu G R, Wang Q F, *et al.* 2015. Spatial variability of water use efficiency in China's terrestrial ecosystems. *Global and Planetary Change*, 129: 37~44

Zhu Z L, Sun X M, Zhou Y L, *et al.* 2005.Correcting method of eddy covariance fluxes over non-flat surfaces and its application in ChinaFLUX. *Science in China(Series D), Earth Sciences*, 48(S1): 42~50

Zhu Z L, Sun X M, Wen X F, *et al.* 2006.Study on the processing method of nighttime CO_2 eddy covariance flux data in ChinaFLUX. *Science in China (Series D), Earth Sciences*, 49 (Supp.2): 36~46

附录 I
国际单位制(SI):常用单位及其换算表

A. SI 基本单位

量的名称	单位名称	单位符号
长度	米	m
质量	千克(公斤)	kg
时间	秒	s
电流	安培	A
热力学温度	开尔文	K
物质的量	摩尔	mol
发光强度	坎德拉	cd

B. SI 辅助单位

量的名称	单位名称	单位符号
平面角	弧度	rad
立体角	球面度	sr

C. SI 导出单位

量的名称	单位名称	单位符号	用 SI 单位表示	用 SI 基本单位表示
频率	赫兹	Hz	—	s^{-1}
力	牛顿	N	$J\cdot m^{-1}$	$m\cdot kg\cdot s^{-2}$
压力、压强	帕斯卡	Pa	$N\cdot m^{-2}$	$m^{-1}\cdot kg\cdot s^{-2}$
能量;功;热	焦耳	J	$N\cdot m$	$m^{2}\cdot kg\cdot s^{-2}$
功率;辐射通量	瓦特	W	$J\cdot s^{-1}$	$m^{2}\cdot kg\cdot s^{-3}$
电荷量	库仑	C	—	$s\cdot A$
电压;电动势;电位	伏特	V	$J\cdot C^{-1}$	$m^{2}\cdot kg\cdot s^{-3}\cdot A^{-1}$
电容	法拉	F	$C\cdot V^{-1}$	$m^{-2}\cdot kg^{-1}\cdot s^{4}\cdot A^{2}$
电阻	欧姆	Ω	$V\cdot A^{-1}$	$m^{2}\cdot kg\cdot s^{-3}\cdot A^{-2}$

续表

量的名称	单位名称	单位符号	用 SI 单位表示	用 SI 基本单位表示
电导	西门子	S	$A \cdot V^{-1}$	$m^{-2} \cdot kg^{-1} \cdot s^{3} \cdot A^{2}$
磁通量	韦伯	Wb	$V \cdot s$	$m^{2} \cdot kg \cdot s^{-2} \cdot A^{-1}$
磁通量密度、磁感应强度	特斯拉	T	$Wb \cdot m^{-2}$	$kg \cdot s^{-2} \cdot A^{-1}$
电感	亨利	H	$Wb \cdot A^{-1}$	$m^{2} \cdot kg \cdot s^{-2} \cdot A^{-2}$
光通量	流明	lm	$cd \cdot sr$	—
光照度	勒克斯	lx	$lm \cdot m^{-2}$	$m^{-2} \cdot cd \cdot sr$
放射性活度	贝可勒尔	Bq	—	s^{-1}
吸收剂量	戈瑞	Gy	$J \cdot kg^{-1}$	$m^{2} \cdot s^{-2}$
剂量当量	希沃特	Sv	$J \cdot kg^{-1}$	$m^{2} \cdot s^{-2}$

D. SI 复合单位

量的名称	单位名称	单位符号
面积	平方米	m^{2}
体积	立方米	m^{3}
密度	千克每立方米	$kg \cdot m^{-3}$
速度	米每秒	$m \cdot s^{-1}$
加速度	米每秒^{2}	$m \cdot s^{-2}$
角频率	弧度每米	$rad \cdot s^{-1}$
力矩	牛顿米	$N \cdot m$
表面张力	牛顿每米	$N \cdot m^{-1}$
黏度	帕斯卡秒	$Pa \cdot s$
运动黏度	平方米每秒	$m^{2} \cdot s^{-1}$
辐射照度	瓦特每平方米	$W \cdot m^{-2}$
热容量	焦耳每开尔文	$J \cdot K^{-1}$
比热容	焦耳每千克开尔文	$J \cdot kg^{-1} \cdot K^{-1}$
热导率	瓦特每米开尔文	$W \cdot m^{-1} \cdot K^{-1}$
电场强度	伏特每米	$V \cdot m^{-1}$
电通量密度	库仑每平方米	$C \cdot m^{-2}$
介电常数	法拉每米	$F \cdot m^{-1}$
电流密度	安培每平方米	$A \cdot m^{-2}$
磁场强度	安培每米	$A \cdot m^{-1}$
摩尔浓度	摩尔每立方米	$mol \cdot m^{-3}$
亮度	坎德拉每平方米	$cd \cdot m^{-2}$

E. SI 以外的单位

量的名称	单位名称	单位符号	SI 单位值、定义
长度	埃	Å	10^{-10} m
	天文单位	Au	1.49597870×10^{11} m,1Au 是基于重力常数与太阳质量的乘积由开普勒第三定律定义的。日地之间地平均距离£ $_0$ = 1.000000031Au
	海里		1 852 m
质量	原子质量单位	u	$1.660540\ 2\times10^{-27}$ kg,一个 ^{12}C 原子质量的 1/12
	吨	t	1 000 kg
面积	公亩	a	100 m^2
	公顷	hm^2	10^4 m^2
体积	升	L	$10^{-3}m^3$
速度	节		1 海里/小时(定义)= 0.5144 $m\cdot s^{-1}$
加速度	伽	Gal	1 $cm\cdot s^{-2}$(定义)= 10^{-2} $m\cdot s^{-2}$用于表示重力加速度
力	达因	dyn	$1g\cdot cm\cdot s^{-1}$(定义)= 10^{-5}N
	千克力	kgf	9.806 65 N
压力	巴	bar	$10^6 dyn\cdot cm^{-2} = 10^5 N\cdot m^{-2} = 10^5 Pa$
	毫巴	mb mbar	10^{-3}bar = 1 hPa
	毫米汞柱	mmHg	(101 325/760) Pa
	大气压	atm	760 mmHg (定义)= 101 325 Pa
功、能量、热量	尔格	erg	$1dyn\cdot cm$ (定义)= 10^{-7} J
	电子伏特	eV	1.60217733×10^{-19}J
	不定温度卡路里	calorie cal	4.18605 J(计量法)= (1/860) W·h
	15 ℃卡路里	cal_{15}	4.1855 J
	国际蒸气卡路里	cal_{IT}	4.1868(接近 1 g 水从 0 ℃上升到 100 ℃所需热量的 1/100
	热化学卡路里	cal_{th}	4.184 J(定义)
	千卡、大卡	kcal	(1 000/860) W·h = 1 000 cal = 4.18605×10^3 J
	千瓦时	kW·h	3.6×10^6 J
单位面积热量		ly	1 cal/cm^2(定义)= (104/860) $W\cdot h/m^2 = 4.18605\times10^4 J/\ m^2$
静止黏度系数	泊(poise)	P	$1dyn\cdot s\cdot cm^{-2}$(定义)= $0.1Pa\cdot s$
运动黏度系数	史托(stoke)	St	1 $cm^2\cdot s^{-1}$(定义)= 10^4 $m^2\cdot s^{-1}$
单位气柱臭氧当量	多布森单位	DU	2.687×10^{20}个· m^{-2},在 0 ℃,1 个大气压下,底面积为 1 cm^2 的垂直气柱内的臭氧全量占 1 cm 厚的情况下作为 1atm-cm,1 DU为其 1/1 000

F. 用于构成十进倍数和分数单位的词头

所表示的因数	词头名称	词头符号
1 000 000 000 000 000 000 (10^{18})	艾	E
1 000 000 000 000 000 (10^{15})	拍	P
1 000 000 000 000 (10^{12})	太	T
1 000 000 000 (10^9)	吉	G
1 000 000 (10^6)	兆	M
1 000 (10^3)	千	k
100 (10^2)	百	h

续表

所表示的因数	词头名称	词头符号
10 (10)	十	da
0.1 (10^{-1})	分	d
0.01 (10^{-2})	厘	c
0.001 (10^{-3})	毫	m
0.000 001 (10^{-6})	微	μ
0.000 000 001 (10^{-9})	纳	n
0.000 000 000 001 (10^{-12})	皮	p
0.000 000 000 000 001 (10^{-15})	飞	f
0.000 000 000 000 000 001 (10^{-18})	阿	a

G. SI 单位换算表

量的名称	用 SI 单位表示	换算关系
长度	1 m	= 3.281 ft
面积	1 m^2	= 10.72 ft^2
		= 2.469×10^{-4} acre
体积	1 m^3	= 35.31 ft^3
质量	1 kg	= 2.205 1 b
密度	1 $Mg\cdot m^{-3}$	= 1.00 $g\cdot cm^{-3}$
能量	1 J	= 0.238 8 cal
能量密度	1 $J\cdot m^{-2}$	= 2.388×10^{-5} $cal\cdot cm^{-2}$(langley)
辐射通量	1 $W\cdot m^{-2}$	= 1.433×10^{-3} $cal\cdot cm^{-2}\cdot min^{-1}$
运动黏度	1 $m^2\cdot s^{-1}$	= 10^4 stokes
潜热	1 $J\cdot kg^{-1}$	= 2.388×10^{-4} $cal\cdot g^{-1}$
比热容	1 $J\cdot kg^{-1}\cdot K^{-1}$	= 2.388×10^{-4} $cal\cdot g^{-1}\cdot K^{-1}$
热导率	1 $W\cdot m^{-1}\cdot K^{-1}$	= 2.388×10^{-3} $cal\cdot s^{-1}\cdot m^{-1}\cdot K^{-1}$
水势	1 $J\cdot kg^{-1}$	= 1kgPa
		= 0.01bar
水分通量	1 $kg\cdot m^{-2}\cdot s^{-1}$	= 1$mm\cdot m^{-2}\cdot s^{-1}$(1mm/s)
		= 8.64×10^3 $cm\cdot d^{-1}$
透水系数	1 $kg\cdot s\cdot m^{-3}$	= 9.8×10^{-3} $m\cdot s^{-1}$
		= 58.8$cm\cdot min^{-1}$
		= 3.53×10^3 $cm\cdot h^{-1}$
电流传导度	1 $dS\cdot m^{-1}$	= 1.0$mmho\cdot cm^{-1}$

附录Ⅱ 饱和水汽压与温度的微分方程

（1）Lowe（1977）：（$-50\sim50$ ℃）

对于温度为 T ℃的水面：

$$e_{sat}=A_0+T(A_1+T(A_2+T(A_3+T(A_4+T(A_5+A_6T)))))$$

$A_0=6.107799961$，　$A_1=4.436518521\times10^{-1}$，　$A_2=1.428945805\times10^{-2}$，

$A_3=2.650648471\times10^{-4}$，　$A_4=3.03124396\times10^{-6}$，　$A_5=2.03480948\times10^{-8}$，

$A_6=6.136820929\times10^{-11}$

$$\frac{de_{sat}}{dT}=B_0+T(B_1+T(B_2+T(B_3+T(B_4+T(B_5+B_6T)))))$$

$B_0=4.438099984\times10^{-1}$，　$B_1=2.857002636\times10^{-2}$，　$B_2=7.938054040\times10^{-4}$，

$B_3=1.215215065\times10^{-5}$，　$B_4=1.036561403\times10^{-7}$，　$B_5=3.532421810\times10^{-10}$，

$B_6=-7.090244804\times10^{-13}$

（2）Tetens（1930）（$0\sim50$ ℃）

对于温度为 T ℃的水面：$e_{sat}=6.1078\times10^{k}$，$k=\dfrac{7.5T}{T+237.3}$

（3）Bolton（1980）（$-50\sim35$ ℃）

对于温度为 T℃的水面：$e_{sat}=6.112\exp\left(\dfrac{17.67T}{T+243.5}\right)$

（4）Goff-Gratch（1947 年，据国际气象组织 IMO）

对于水面：

$$\lg e_{sat}=-7.90298(T_s/T-1)+5.02808\lg(T_s/T)-1.3816\times10^{-7}(10^{11.344(1-T/T_s)}-1)+8.1328\times10^{-3}(10^{-3.49149(T_s/T-1)}-1)+\lg e_{ws}$$

对于冰面：

$$\lg e_{sat}=-9.09718(T_0/T-1)-3.56654\lg(T_0/T)+0.876793(1-T/T_0)+\lg e_{i0}$$

在以上两式中，T 是水面或冰面温度加上 273.16。另外，

$T_s=373.16$ K，　$T_0=273.16$ K

$e_{ws}=1013.246$ hPa，　$e_{i0}=6.10714$ hPa

（5）Clausius-Clapeyron（1932）

对于温度为 T（K）的水面：$\dfrac{de_{sat}}{dT}=\dfrac{L_e e_{sat}}{R_w T^2}$

式中：L_e，R_w 为单位质量的水从水面蒸发的潜热和水蒸气的气体常数，这个公式根据（1）—（4）式给出 e_{sat}，进而用于求解 de_{sat}/dt

附录Ⅲ 大气科学中常用的参数

地球平均半径	约 6 371 km
地球质量	5.97367×10^{24} kg
地球大气的总质量	约 5.27×10^{18} kg
日地的平均距离	$\pounds_0 = 1.4959787\times10^{11}$ m = 1.000000031 Au
地球标准重力加速度	$9.80665\ \text{m}\cdot\text{s}^{-2}$
地球自转角速度	$\Omega = 7.292116\times10^{-5}\ \text{s}^{-1}$
太阳辐射常数	$I_0 = 1370\ \text{W}\cdot\text{m}^{-2}$
地球反照率	$A_t = 0.3$
(普适)气体常数	$R = 8314.51\ \text{J}\cdot\text{kmol}^{-1}\cdot\text{K}^{-1}$
气温 0 ℃,气压 1000 hPa 的干燥空气密度	$1.275\ \text{kg}\cdot\text{m}^{-2}$
干燥空气的分子量	$n_d = 28.961$
干燥空气的(比)气体常数	$R_d = 287.09\ \text{m}^2\cdot\text{s}^{-2}\cdot\text{K}^{-1}$
干燥空气的定压比热	$c_p = 1004.67\ \text{m}^2\cdot\text{s}^{-2}\cdot\text{K}^{-1}$
干燥空气的定积比热	$c_v = 717\ \text{m}^2\cdot\text{s}^{-2}\cdot\text{K}^{-1}$
水蒸气的分子量	$n_w = 18.015$
水蒸气的(比)气体常数	$R_w = 461\ \text{m}^2\cdot\text{s}^{-2}\cdot\text{K}^{-1}$
水蒸气的定压比热	$c_{wp} = 1844\ \text{m}^2\cdot\text{s}^{-2}\cdot\text{K}^{-1}$
水蒸气的定积比热	$c_{wv} = 1383\ \text{m}^2\cdot\text{s}^{-2}\cdot\text{K}^{-1}$
液态水的比热(0 ℃)	$c = 4217.4\ \text{m}^2\cdot\text{s}^{-2}\cdot\text{K}^{-1}$
单位质量水的蒸发潜热(T ℃)	$L_e = (2.5008-0.002374T)\times10^6\ \text{J}\cdot\text{kg}^{-1} \approx 2.5\times10^6\ \text{J}\cdot\text{kg}^{-1}$
冰的融解热(0℃)	$3.34\times10^5\ \text{J}\cdot\text{kg}^{-1}$
冰的气化热(0℃)	$2.83\times10^6\ \text{J}\cdot\text{kg}^{-1}$
ICAO 标准大气压(采用 1964 年国际民间航空机构(ICAO)标准)	
地面气压、气温	1013.25 hPa,15℃
高度在 11 km 以内的气温分布	$\Gamma = -\text{d}T/\text{d}z = 6.5\ \text{K}\cdot\text{km}^{-1}$
大气圈界面的高度、气压、气温	11 km,226.32 hPa,-56.5℃
高度在 20 km 以内的气温分布	$\Gamma = -\text{d}T/\text{d}z = 0\ \text{K}\cdot\text{km}^{-1}$
高度在 30 km 以内的气温分布	$\Gamma = -\text{d}T/\text{d}z = -1.0\ \text{K}\cdot\text{km}^{-1}$

附录Ⅳ 重要术语的中英文名称对照表

A. 重要机构或组织

缩写	英文全称	中文名称
GEO	Intergovernmental Group on Earth Observations	政府间地球观测特设工作组
AmeriFlux	Long-term Flux Measurement Network of American	美洲通量网(美洲长期通量观测网络)
AsiaFlux	Systematization of Carbon-budget Observation in Asia	亚洲通量网
CCCO	Committee on Climatic Change and the Ocean	气候变化与海洋联合委员会
CCRS	Canada Centre for Remote Sensing	加拿大遥感中心
CEOS	Committee on Earth Observation Satellites	国际对地观测卫星委员会
CERN	Chinese Ecosystem Research Network	中国生态系统研究网络
CFS	Canadian Forest Sector	加拿大林业部
ChinaFLUX	Chinese Terrestrial Ecosystem Flux Research Network	中国陆地生态系统通量观测研究网络(中国通量网)
EPA	Environmental Protection Agency	美国环保局
ESF	European Science Foundation	欧盟科学基金会
EuroFLUX	Long-term Carbon dioxide and Water Vapour Fluxes of European Forests and Interactions with the Climate System	欧洲通量网(欧洲森林与气候系统相互作用的长期碳水通量观测网络)
FAO	Food and Agriculture Organization of the United Nations	联合国粮农组织
Flux-Canada	Fluxnet Canada Research Network	加拿大通量网
FLUXNET		国际通量观测研究网络
IAMAS	International Association of Meteorology and Atmospheric Sciences	国际气象学和大气科学协会
ICACGP	International Commission on Atmospheric Chemistry and Global Pollution	国际大气化学和全球污染委员会
ICSU	International Council for Science	国际科学联合会
IGFA	International Group of Funding Agencies	国际基金组织
IOC/UNESCO	Intergovernmental Oceanographic Commission	政府间海洋地理协调委员会
IPCC	Intergovernmental Panel on Climate Change	政府间气候变化专门委员会
JSC	Joint Scientific Committee	联合科学委员会
Ko-Flux		韩国通量网
NASA	the National Aeronautics and Space Administration	美国国家航空航天局
NCAR	the National Center for Atmospheric Research	美国国家大气研究中心
NSERC	Natural Sciences and Engineering Research Council of Canada	加拿大自然科学工程研究委员会
NSF	National Science Foundation	美国国家科学基金会

续表

缩写	英文全称	中文名称
NSSL	the National Severe Storms Laboratory	美国国家暴风雪试验室
OzFlux	Australian Regional Flux Network	澳洲通量网
SCAR	Scientific Committee on Antarctic Research	南极研究科学委员会
SCOR	Scientific Committee on Oceanic Research	海洋研究科学委员会
UNEP	United Nations Environment Programme	联合国环境规划署
UNESCO	United Nations Educational, Scientific and Cultural Organization	联合国教科文组织
USGS	United States Geological Survey	美国地质调查局
WCRP	World Climate Research Program	世界气候研究项目组织
WMO	World Meteorological Organization	世界气象组织

B. 大型国际研究计划

缩写	英文全称	中文名称
ACSYS	Arctic Climate System Study	北极气候系统研究
ARM	the Atmospheric Radiation Measurements Program	大气辐射观测计划
ARS	the Agricultural Research Service	农业研究服务
BAHC	Biospheric Aspects of the Hydrological Cycle	水分循环的生物学方面
BASIN	Biosphere-Atmosphere Stable Isotope Network	生物圈-大气圈稳定同位素观测网络
BOREAS	Boreal Ecosystem-Atmosphere Study	北方生态系统-大气研究
CASES	Cooperative Atmosphere-Surface Exchange Study	大气地表传输系统联合研究
CliC	Climate and Cryosphere Project	气候和冰雪圈计划
CLIVAR	Climate Variability and Predictability Programme	气候变异性及可预报性计划
COARE	Coupled Ocean-Atmosphere Response Experiment	海洋-大气耦合响应实验
EOS	Earth Observing System	对地观测系统
GCIP	GEWEX Continental-scale International Project	GEWEX 大陆尺度国际计划
GCOS	Global Climate Observing System	全球气候观测系统
GCP	Global Carbon Project	全球碳计划
GCSS	GEWEX Cloud System Studies	GEWEX 云系统研究
GEWEX	Global Energy and Water Cycle Experiment	全球能量和水循环试验
GOOS	Global Ocean Observing System	全球海洋观测系统
GPCP	Global Precipitation Climatology Project	全球降水气候计划
GTOS	Global Terrestrial Observing System	全球陆地观测系统
GVaP	Global Water Vapor Project	GEWEX 的水汽计划
HAPEX	Hydrology-Atmosphere Pilot Experiment	国际水文与大气先行性试验
IGAC	International Global Atmospheric Chemistry Project	国际全球大气化学计划
IGACO	Integrated Global Atmospheric Chemistry Observations	全球大气化学综合观测
IGBP	International Geosphere-Biosphere Programme	国际地圈-生物圈计划
IGCO	Integrated Global Carbon Observation	集成性全球碳观测
IGWCO	Integrated Global Water Cycle Observations	全球水循环综合观测
IHDP	International Human Dimensions Programme on Global Environmental Change	全球环境变化人文因素计划
ISLSCP	International Satellite Land Surface Climatology Project	国际卫星地表气候研究计划
JGOFS	Joint Global Ocean Flux Study	全球海洋通量联合研究计划

续表

缩写	英文全称	中文名称
LBA	Large Scale Biosphere-Atmosphere Experiment in Amazonia	亚马孙河流域大尺度生物圈-大气圈试验
LOICZ	Land-Ocean Interactions in the Coastal Zone	海岸带陆海相互作用项目
LTER	Long-Term Ecological Research	长期生态研究
LUCC	Land Use and Land Cover Change	土地利用与土地覆被变化
LULUCF	Land Use, Land-Use Change and Forestry	土地利用/土地利用变化与林业
MAGS	Canadian Mackenzie GEWEX Study	加拿大麦哥泽河流域水热研究
NHCPLSE	Northern Hemisphere Climate-Processes Land-Surface Experiment	北半球气候-陆面过程试验
NWS	the National Weather Service	美国国家气象服务计划
PAGES	Past Global Changes	全球变化研究计划
SIBAE	Stable Isotopes in Biospheric-Atmospheric Exchange	生物圈-大气气体交换稳定同位素特征的研究计划
SOLAS	Surface Ocean-Lower Atmosphere Study	上层海洋与底层大气研究计划
SPARC	Stratospheric Processes and their Role in Climate	平流层过程及其在气候中的作用
TCO	Terrestrial Carbon Observation	陆地碳观测
TOGA	Tropical Ocean & Global Atmosphere	热带海洋和全球大气计划
USWRP	the United States Weather Research Program	美国气候研究计划
WCRP	World Climate Research Programme	世界气候研究计划
WOCE	World Ocean Circulation Experiment	世界大洋环流实验

名词索引

A

B

C

D

E

F

G

H

I

J

K

L

M

N

O

P

Q

R

S

T

U

W

X

Y

Z

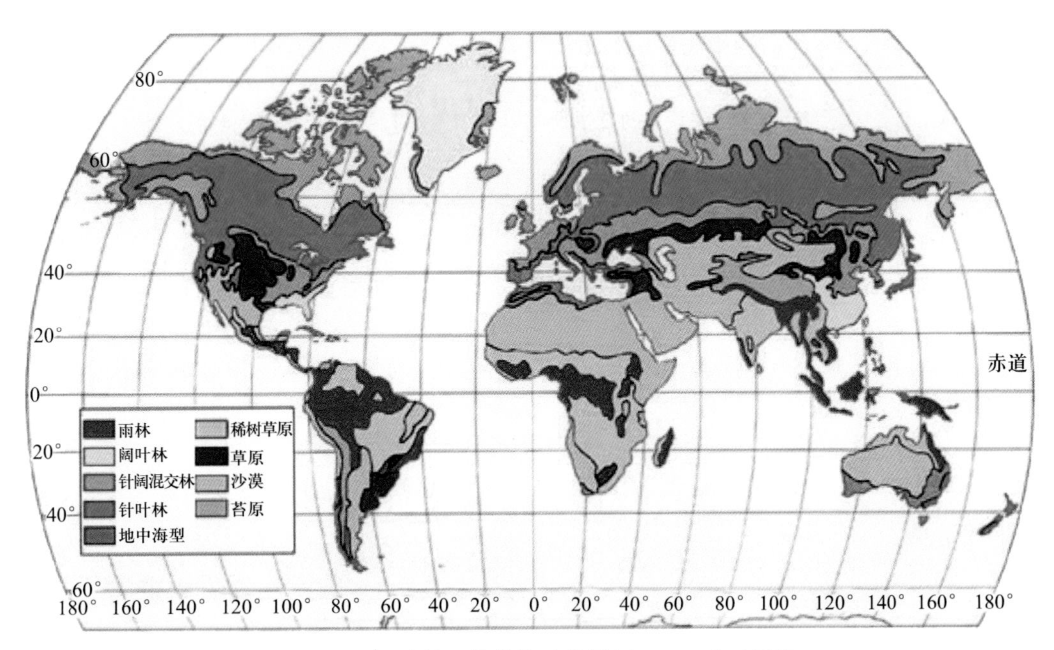

图 2.2 世界植被地带结构示意图(Getis *et al.*,1996)

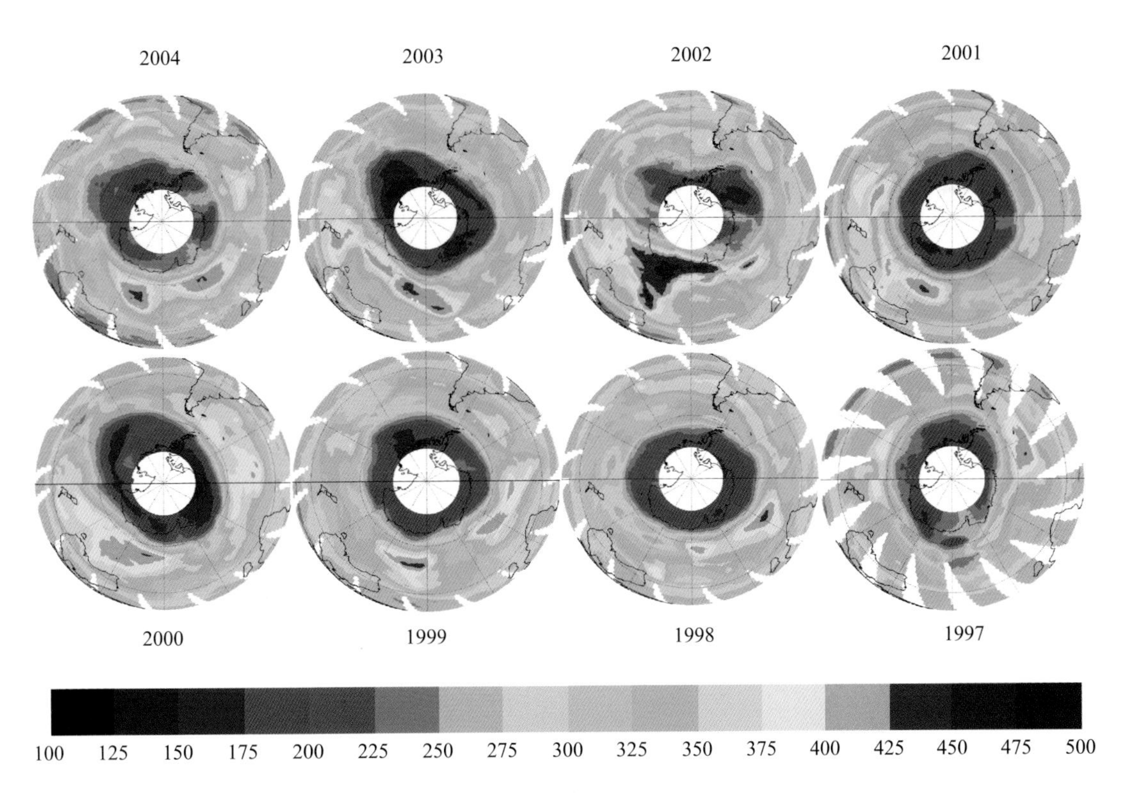

图 3.13 南极 1997 年至 2004 年 9 月 1 日臭氧洞(ozone hole)的图示

资料来源:http://toms.gsfc.nasa.gov/ozone/ozone_v8.html,2005

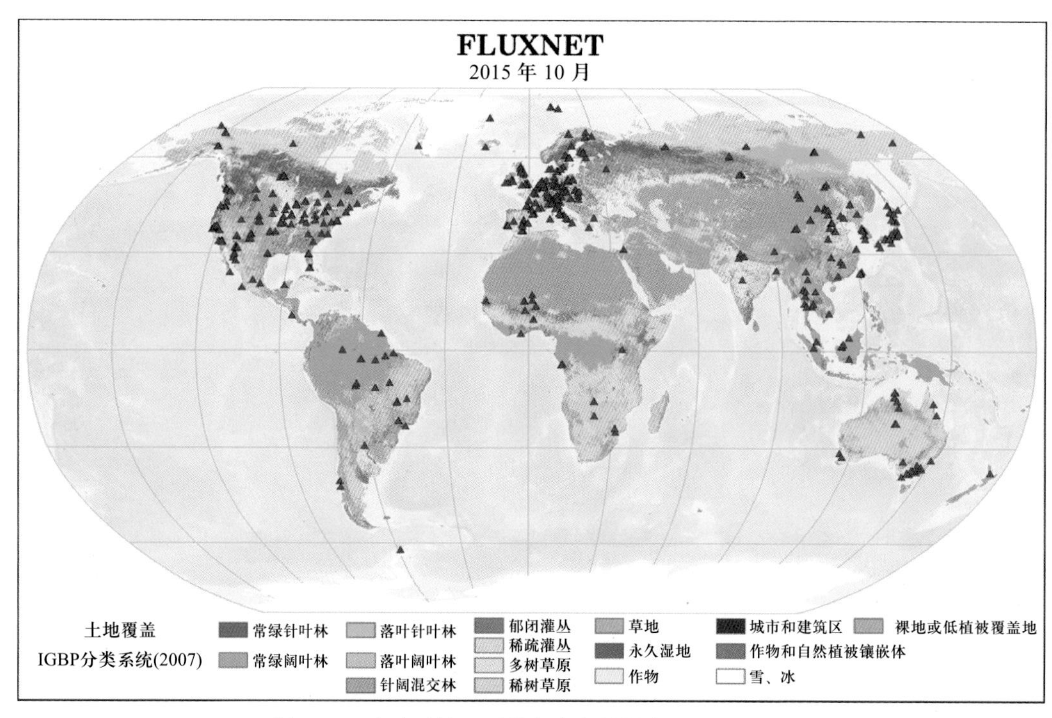

图 15.2　全球通量观测站点在各植被类型上的分布

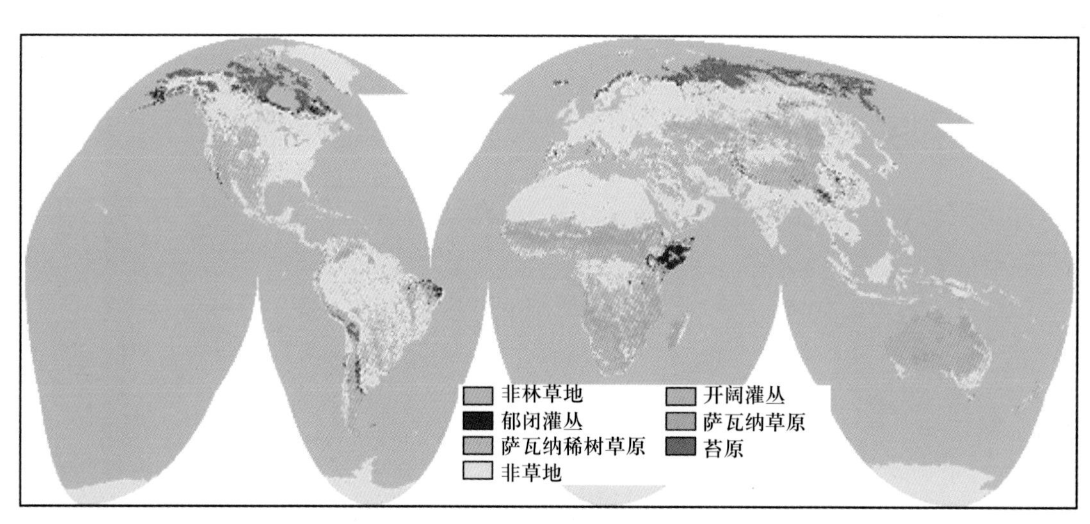

图 15.4　世界主要草地植被分布

资料来源:World Resources Institute(2000)

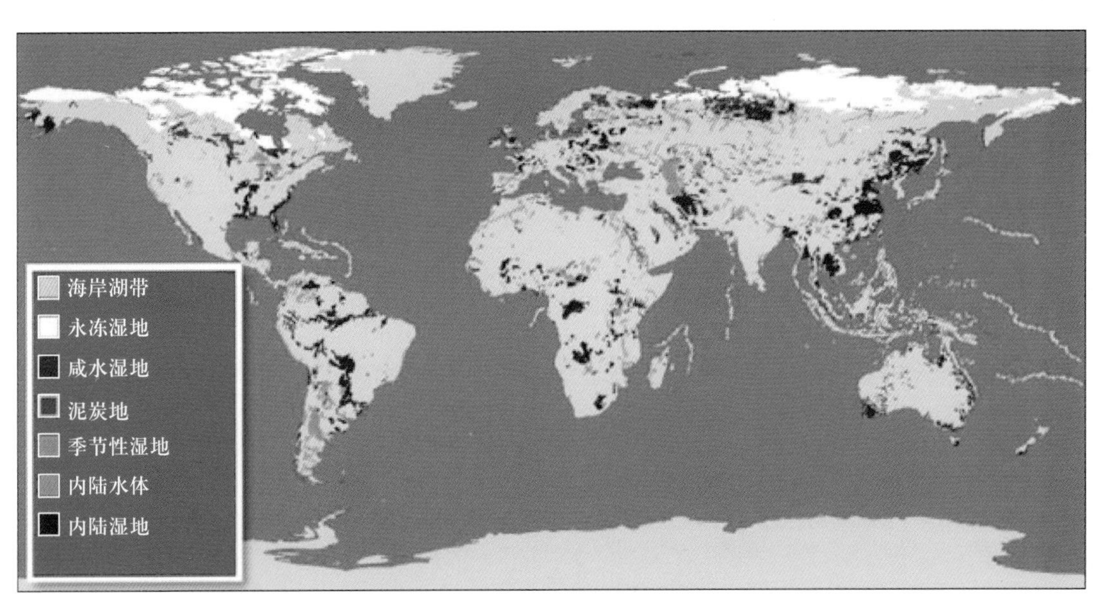

图 15.5　全球的湿地生态系统分布

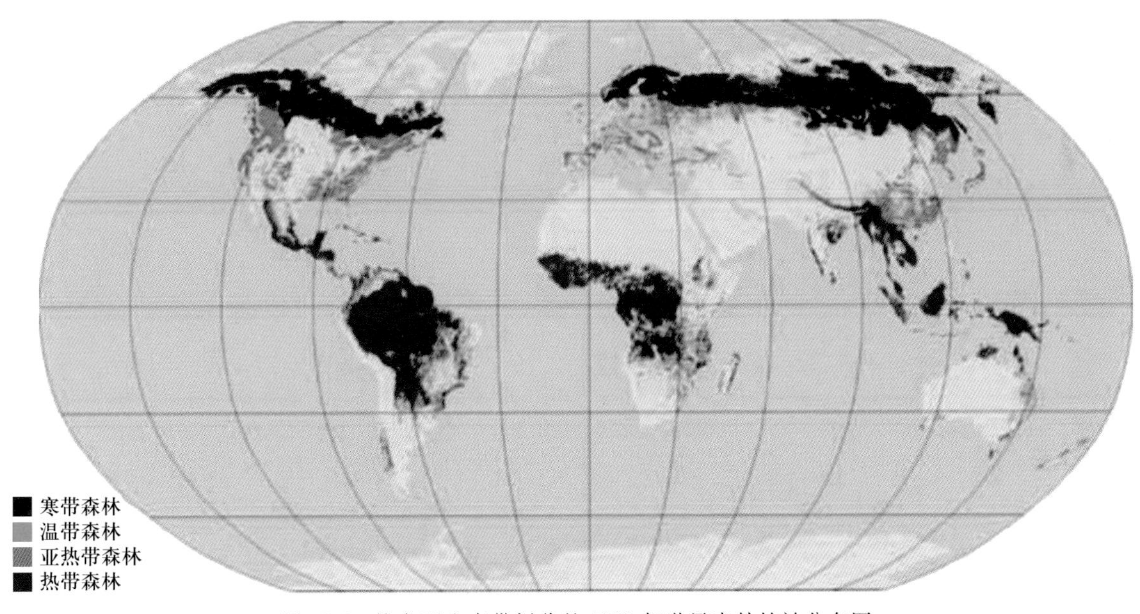

图 15.6　按主要生态带划分的 2000 年世界森林植被分布图

资料来源:FAO(2001)

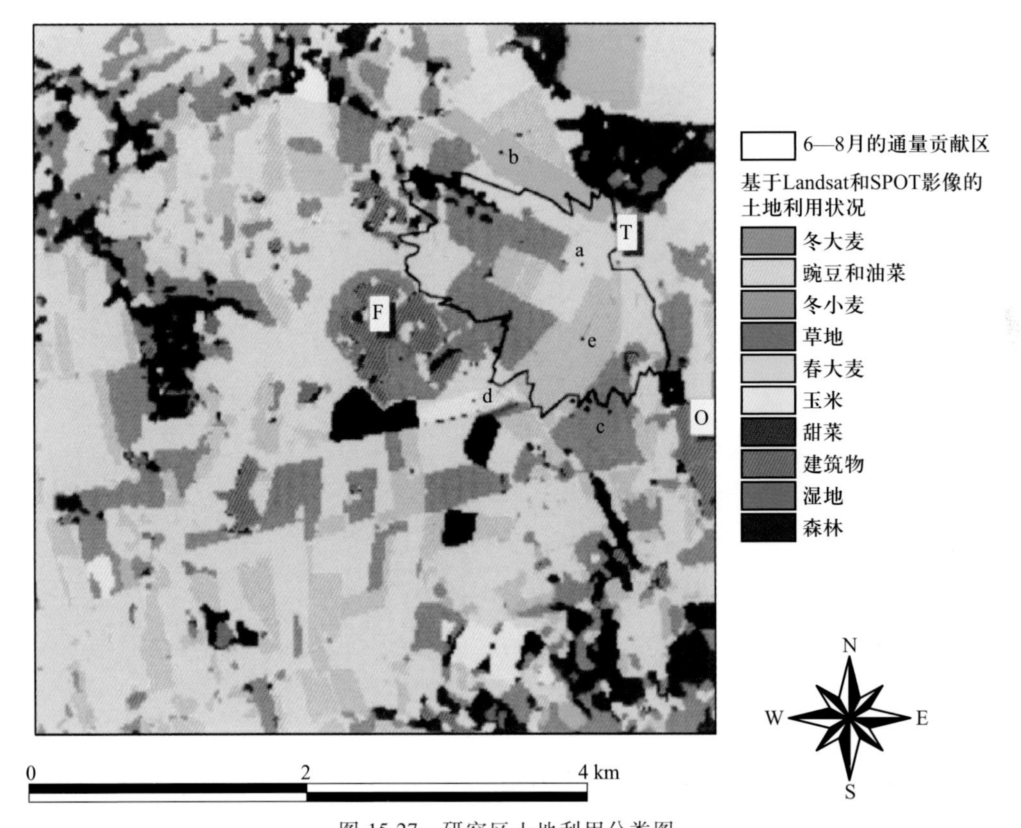

图 15.27　研究区土地利用分类图

图内细线勾出了 48 m 高的观测塔，T 在 6—8 月白天 90% 的 CO_2 通量贡献区，风向为 150°～360°；F 为研究中心所在地；O 表示 Oerum 镇

a—春大麦；b—冬大麦；c—草地；d—玉米；e—冬小麦

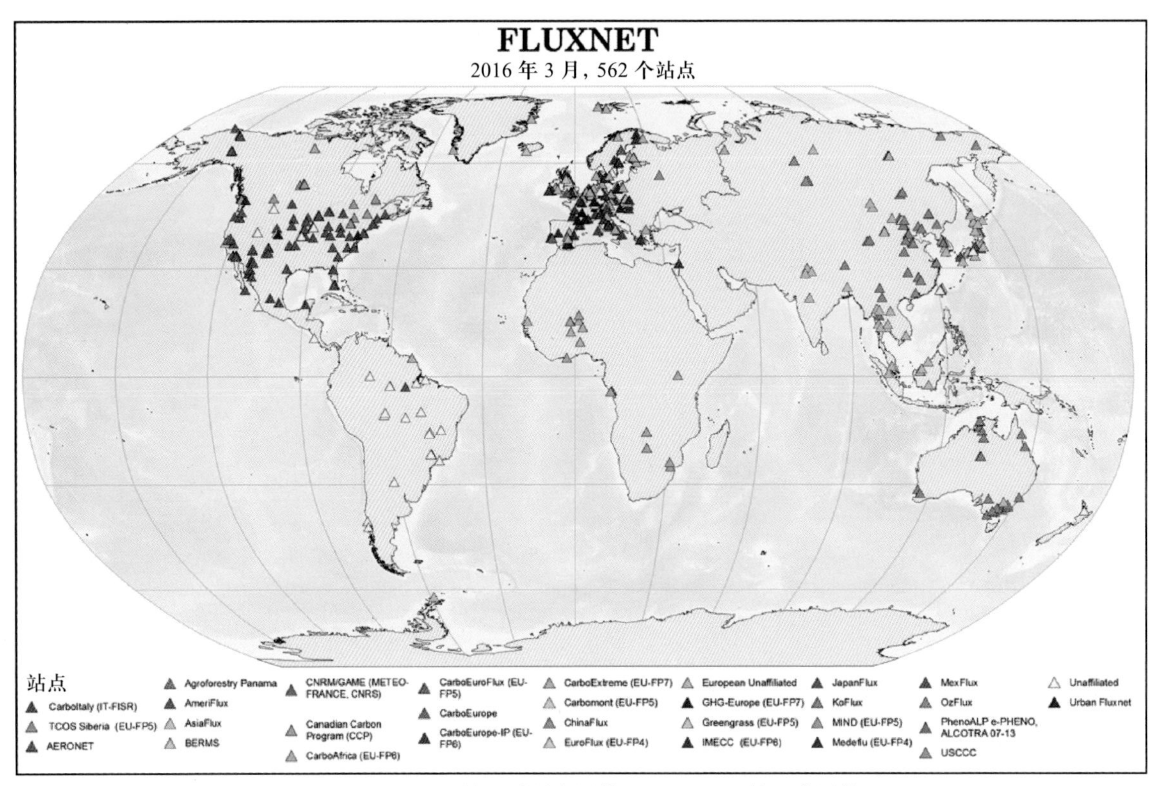

图 16.3　国际通量观测研究网络（FLUXNET）的组成网络